《屠夫之鸟》彩图集

6./Schl.G 2中队Fw 190F-2（有资料称是Fw 190A-5）在上西里西亚格利维采成立时摆拍照片。

Ⅱ./JG 26大队指挥官约阿西姆·慕钦堡Fw 190A-3战斗机，照片拍摄于1942年法国。

9./JG 2中队Fw 190A-3战斗机，照片拍摄于1942年2月法国。

美国人在检查1架5./JG 4中队Fw 190A-8战斗机，战争临近结束时，该机被美军缴获。

被美国人缴获的1架Fw 190A-8战斗机，地面用防陷丝网铺设作为停机坪。

Ⅰ./JG 54大队队部1架Fw 190A-4战斗机。

2./JG 51中队Fw 190A-4战斗机，照片拍摄于1942年9月29日，地点是列宁格勒东南85公里柳班。

福克-沃尔夫公司总设计师库尔特·谭克和Ⅲ./JG 26大队时任指挥官约瑟夫·普瑞勒，他们旁边是Fw 190A-2战斗机。照片拍摄于1942年。

4./JFS 4训练中队1架“蓝色4”号Fw 190A-2战斗机，照片拍摄于1942年。

Ⅰ./JG 54大队2架Fw 190A-5战斗机飞越苏联广阔领土上空。

5./JG 54中队Fw 190A-5战斗机，当时Ⅱ./JG 54大队驻扎在苏联北部。

5./JG 54中队Fw 190A-5战斗机，照片颜色有些失真，发动机罩下方黄色和“+”处黄色条纹十分清楚。

Fw 190A-8/R2飞机被美军缴获，德军5./JG 4中队瓦尔特·瓦格纳驾驶该机降落在比利时，向当地美军投降。

被美军缴获的Fw 190A-5/U8飞机。

被美军缴获的Fw 190G-3飞机。

6./JG 6中队的1架Fw 190D-9飞机战争末期被盟军缴获。

JG 4联队的1架Fw 190A-8战斗机，在“底板行动”中该机迫降后被盟军缴获。

Fw 190S-8飞机，现代照片。

Fw 190D-9战斗机，现代照片。

从左到右：Fw 190V-5、Fw 190V-2（RM+CA）、Fw 190A-0/U11（W.Nr.0015）、Fw 190A-1（KB+PJ）和Fw 190A-0/U4（W.Nr.0022），照片可能拍摄于1941年6月。

从左到右：厄恩斯特·乌德特、阿道夫·加兰德和维尔纳·莫尔德斯。

第一架Fw 190A-1战斗机。

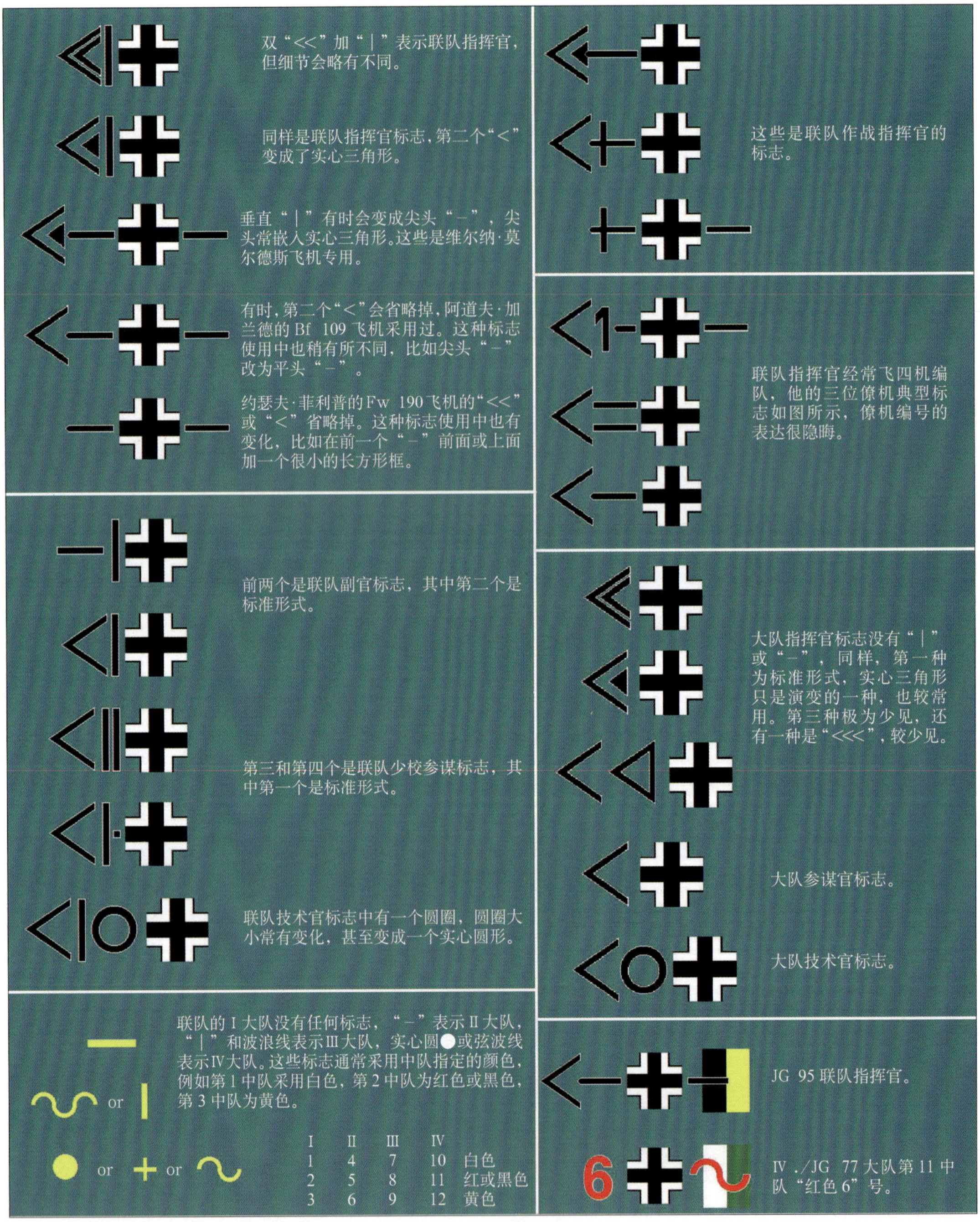
双“<<”加“|”表示联队指挥官，但细节会略有不同。
同样是联队指挥官标志，第二个“<”变成了实心三角形。
垂直“|”有时会变成尖头“-”，尖头常嵌入实心三角形。这些是维尔纳·莫尔德斯飞机专用。
有时，第二个“<”会省略掉，阿道夫·加兰德的Bf 109飞机采用过。这种标志使用中也稍有所不同，比如尖头“-”改为平头“-”。
约瑟夫·菲利普的Fw 190飞机的“<<”或“<”省略掉。这种标志使用中也有变化，比如在前一个“-”前面或上面加一个很小的长方形框。
前两个是联队副官标志，其中第二个是标准形式。
第三和第四个是联队少校参谋标志，其中第一个是标准形式。
联队技术官标志中有一个圆圈，圆圈大小常有变化，甚至变成一个实心圆形。
联队的I大队没有任何标志，“-”表示II大队，“|”和波浪线表示III大队，实心圆●或弦波线表示IV大队。这些标志通常采用中队指定的颜色，例如第1中队采用白色，第2中队为红色或黑色，第3中队为黄色。
or
or
or
I II III IV
1 4 7 10 白色
2 5 8 11 红或黑色
3 6 9 12 黄色
这些是联队作战指挥官的标志。
1
联队指挥官经常飞四机编队，他的三位僚机典型标志如图所示，僚机编号的表达很隐晦。
大队指挥官标志没有“|”或“-”，同样，第一种为标准形式，实心三角形只是演变的一种，也较常用。第三种极为少见，还有一种是“<<<”，较少见。
大队参谋官标志。
大队技术官标志。
JG 95 联队指挥官。
6
IV./JG 77 大队第11中队“红色6”号。

德国空军机身标志。

经典战史回眸 空战系列

Fw 190

高智 著

屠夫之鸟

二战德国空军Fw 190战斗机战史

WUHAN UNIVERSITY PRESS
武汉大学出版社

图书在版编目(CIP)数据

屠夫之鸟:二战德国空军 Fw 190 战斗机战史/高智著 .—武汉: 武汉大学出版社,2018.8(2024.5 重印)
经典战史回眸.空战系列
ISBN 978-7-307-20243-6

Ⅰ.屠…　Ⅱ.高…　Ⅲ.第二次世界大战—歼击机—史料—德国
Ⅳ.E926.31

中国版本图书馆 CIP 数据核字(2018)第 106575 号

责任编辑:王军风　　责任校对:李孟潇　　版式设计:汪冰滢

出版发行: **武汉大学出版社**　(430072　武昌　珞珈山)
(电子邮箱: cbs22@ whu.edu.cn　网址: www.wdp. com.cn)
印刷:武汉中科兴业印务有限公司
开本:787×1092　1/16　印张:51.25　字数:1265 千字　插页:6
版次:2018 年 8 月第 1 版　2024 年 5 月第 2 次印刷
ISBN 978-7-307-20243-6　定价:148. 00 元

目　录

序 言

毫无疑问，福克-沃尔夫公司的Fw 190是第二次世界大战最著名的战斗机之一，它作为德国主力战斗机，活跃在欧洲的东线和西线、北非和地中海地区，以及最惨烈的帝国保卫战战场之上。

提起德国空军战斗机，读者的第一印象往往是出道更早、产量更大、孕育出顶级王牌埃里希·哈特曼的Bf 109战斗机。但该型号研制之时，德国还受到国际条约的限制，因而先天性结构受限，火力不足，可以说是一款优点和缺点同样突出，性格鲜明的战斗机。

虽然火力偏弱，起降性能广受诟病（轮距窄），Bf 109战斗机仍是当时世界最先进的战斗机之一，因此，在研制Fw 190战斗机时，设计师有充足的时间认真总结当时Bf 109战斗机的使用得失，以及思考未来战场的特点，这使得Fw 190战斗机在研制之初就避免了Bf 109飞机存在的缺点。与前辈相比，这款绰号“屠夫之鸟”的战机具备两个明显优点：

一、火力猛烈

Fw 190战斗机研制时，德国已经完全不受国际条约限制，因此基本武器配备强大，结构设计时更是考虑到了未来安装机炮的需要，后来火力升级较为顺利。

火力猛烈是制空作战一大优势。特别是二战中期开始，美国重型轰炸机开始出现在欧洲战场，遮天蔽日的“轰炸机洪流”特点是载弹量大、自卫火力密集、抗打击能力强，给德国造成的损失最大，因此，拦截美国重型轰炸机成为德国空军在西线战场上最重要的战斗形式。Fw 190战斗机最早装备的就是西线的JG 2、JG 26和JG 1战斗机联队，虽然参战时间较晚，但很快就表现出在拦截美国重

跟Bf 109战斗机相比，Fw 190战斗机突出的优点就是火力猛烈，而且为适应不同作战任务的火力增减更加容易。图中Fw 190A-8战斗机机翼安装了4门机炮，座舱前及发动机上方还有2挺机枪。这架“白色40”号飞机在二战后期被遗弃在机场，照片拍摄于1945年6月。

Fw 190飞机采用风冷发动机，因此造成头大尾小的布局，但整体气动较为流畅，飞机座舱视野良好。图中是美国缴获的Fw 190G-3飞机（有资料称是Fw 190A-4，实际上Fw 190G-1就是Fw 190A-4/U8的新编号），没有安装武器系统，机徽也是非标准的。

型轰炸机方面的优势。

鉴于拦截重型轰炸机作战效能高，西线的三个联队的大部分大队都换装了Fw 190战斗机，为了排除盟军护航战斗机的干扰，一些仍然装备Bf 109战斗机的单位经常执行为Fw 190战斗机护航的任务，即引开护航战斗机让Fw 190飞机专注攻击轰炸机。

二、安全可靠

在武器系统之外，不能不提Fw 190战斗机的气冷发动机。需要指出的是，前辈Bf 109采用的液冷发动机功率大、迎风面积小，然而复杂的结构是一大命门，空战中，倘若一发子弹击穿冷却系统，冷却液体流光，那么，发动机的工作寿命只剩下短短的三分钟。

与之相比，Fw 190发动机最初采用的BMW 801气冷发动机结构更简单、更加结实耐用，也更能承受破坏。在帝国防空战的枪林弹雨中，Fw 190能够经受住美国重型轰炸机猛烈的自卫火力，甚至整个汽缸被打掉后仍能安全返回基地，正常着陆。毫无疑问，正因为气冷发动机在抗打击方面的先天优势，使得Fw 190在重型轰炸机拦截作战、甚至制空作战和对地攻击中优势突出，成就了一代威名。

值得一提的是，后期Fw 190换装Jumo 213液冷发动机，变身“长鼻子多拉”（“多拉”指Fw 190D型）之后，空战性能更上一层楼。这一点更能说明，采用什么发动机是综合因素考虑的结果，液冷发动机和气冷发动机各有长短，采用什么样的发动机不是一成不变的定律，下文中有详细介绍。

另外，Fw 190飞机机体结构设计上也相当有特色，生产工艺得到简化，机体结构强度高。再加上宽大的轮距，飞机适应简易机场的能力更好，起降更轻松，这点在北非和苏联战场尤其明显，得到飞行员的一致好评。

与同时期的盟国高性能战斗机相比，Fw190的突出优点就是滚转速度快，能够迅速改变飞机方向；水平加速和维持高速能力强，俯冲加速性能好，这些都是空战胜利的要素。当时其他飞机，如德国Bf 109，盟军“喷火”、“台风”、P-51“野马”、P-47“雷电”和P-38“闪电”等战斗机也各有千秋，这些战斗机的优势性能方面只是稍稍占优，并不是决定性的；同样，Fw 190战斗机的优势也不是遥遥领先。不过，关键在于德国空军经验丰富的老手飞行员，他们非常善于扬长避短，加上四处征战积累的作战经验，Fw 190战斗机在他们手中被发挥到极致，成为纳粹德国

Fw 190战斗机是个多面手，各方面性能比较均衡，因此德国空军两个主要军种：战斗机军种和对地攻击军种都想争取更多的生产份额。图中是执行对地攻击任务的Fw 190A-4型号，机翼只保留2门翼根机炮，机翼中部的MG FF机炮被去除以减轻重量，火力增减根据作战任务来决定。

侵略的利器。

相比Bf 109战斗机，Fw 190战斗机最大的优点是性能均衡，也就是多任务性能优秀，除了作为制空战斗机，还可以作为截击机、战斗轰炸机、夜间战斗机、照相侦察机、护航战斗机和对地攻击机等来使用。例如，长期以来，该款战机在英吉利海峡承担起你来我往的骚扰式对地攻击任务，甚至还常飞到英国首都伦敦执行作战任务。二战初期，Ju 87“斯图卡”俯冲轰炸机令盟军闻风丧胆，这一代传奇也逐渐被性能更好的Fw 190战斗机所取代。在德国空军对地攻击单位，扔下炸弹后的Fw 190飞机仍然会对盟军战斗机构成威胁，一些对地攻击单位飞行员在制空作战中也取得不俗的成绩，在北非和地中海战场、苏联战场都出现过这样的情况，对地攻击单位被迫转而执行制空作战任务，这方面作战给盟军造成的损失也不小。因而，尽管产量不足，德国空军战斗机部队和对地攻击部队都想争取更多的Fw 190飞机装备部队，原因就是这款飞机各方面性能都相当出色。

任何一款战斗机都不可能永远立于不败之地，Fw 190战斗机获得成功后，福克-沃尔夫公司并未停步，除了研制全新战斗机，还进一步深化改进Fw 190战斗机，这就是Ta 152战斗机，虽然跟Fw 190战斗机气动布局上很相像，但实际上Ta 152飞机称得上是全新设计的飞机，它和美国P-51“野马”战斗机一道被称为螺旋桨战斗机的巅峰之作。对于这一型号，本书也安排有一定篇幅介绍。

本书之前，笔者曾经出版过《尖叫死神——二战德国Ju 87“斯图卡”俯冲轰炸机战史》和《长空鹰隼——二战德国Bf 109战斗机战史》，有读者提问为什么总写老旧过时飞机。笔者觉得，这些老旧飞机的历史照样对现在有借鉴意义，作为航空强国，如英国、美国特别注重培养爱好者的兴趣，航空教育做得都比较好，很多航展上都有二战老飞机在飞行，一些骨灰级的爱好者不惜倾家荡产修复老飞机使之重

诺曼底战役期间的1架Fw 190G-2对地攻击飞机，这场战役期间，作战模式完全颠倒，战斗机单位执行对地攻击任务，而对地攻击单位却执行起了制空作战任务。图中飞机机翼上趴着一位地勤人员，他在为飞行员指引方向，座舱内飞行员视野受限看不到前方。

Fw 190战斗机的另一个系列就是安装液冷发动机的“长鼻子多拉”，即Fw 190D型号。采用风冷发动机和液冷发动机完全根据德国国情和对战术的认识等诸多因素取舍，两种类型发动机也各有千秋，不是谁比谁先进。图中Fw 190D-9飞机是Fw 190D型号中最重要的型号，该型飞机性能更优异，但装备部队时已是二战末期，驾驶它的飞行员严重缺乏训练，未能发挥飞机的性能。

返蓝天，航空情怀可见一斑，这是其一。其二，每款成功飞机的背后所透露出的国家战略战术得失，作战方式、方法等却没有“老旧”一说，这方面内容恰恰对现今的中国都有借鉴和指导意义。提高公众爱好者的素养对于中国空军建设很有益处，整体航空素养的提升有利于带动航空事业的发展。笔者在参阅外文资料时发现数百种有关Fw 190飞机的图书，甚至一个型号就有一本，里面有非常精美的绘制图片。在中国，甚至没有一本完整的有关世界著名飞机的图书，我和一些有志者希望能系统地介绍外国著名飞机，为中国航空文化出一份力，推进中国航空教育更上一个台阶，我想这正是我们这些航空爱好者工作的一点意义吧。

笔者在写一些飞机研制和作战历史时也在思考，英国、美国和德国空军为什么成为强大的空军？德国空军的失误在哪里？英国人为什么在德国“海狮行动”之后不久就跨海空袭德国目标？通过这些年研究飞机发展和作战历史，笔者有了全新的认识。恰巧一位读者研读一篇英国皇家发展战略的专业论文时，发现里面的观点跟我的不谋而合，我想这正是读者在阅读这些书时应该可以感受到的，只要肯思考，研究历史肯定对现在大有裨益。

笔者要感谢好友蒙创波在我写这本书时提供的帮助，文章动手之前、写作过程和之后，我们共同对文章的结构、战史部分、联队发展和文章配图，乃至序言构思等方面进行了广泛沟通，他提供了很多有益的建议。另一位不得不提的是好友侯戈，他是发动机方面专家，这本书中有关发动机的知识我逐一向他请教，力求用词准确，理解个中含义。侯戈不仅仅指点我专业名词用法，还由此帮助我进一步拓展这方面知识，使得笔者受益颇多。

本书中（尤其是表中）所使用的数据资料，都是采自于国外相关出版物中的原始数据，其中有些数据，特别是在加和时，具有明显的不准确之处。为了保持这些数据的原样（原始价值），笔者未对它们做修改。读者参考这些数据时，请谨慎为之。有兴趣深究者，可以本书后“主要参考书目”中所列著述为线索，在其原初背景下，直接参考相关第一手数据资料。

高 智

2018年1月25日

第一篇

Fw 190战斗机研制历史

福克-沃尔夫公司简史

怀特兄弟发明的飞机首飞前13年，即1890年10月8日，德国北部不来梅参议院有影响的人物约翰·福克博士家新添一个儿子，这个名为海因里希·卡尔·约翰·福克（Henrich Karl Johann Focke，简称海因里希·福克）的男孩对未来的航空技术发展，特别是直升机技术的发展产生了很大的影响。

1908年12月，当时只有18岁，仍在汉诺威学习期间的海因里希·福克帮助他的哥哥威廉获得了一项推进飞机设计方面的专利，这个飞行器在1909年完成了研制，但是，该机只是成功地在地面进行了很短距离的蛙跳飞行。威廉的另一个飞机设计项目比较成功，项目飞机在1909年年底完成研制，并在鲁姆普勒公司投产。与此同时，海因里希将他的兴趣转移到了小型滑翔机研制上。在共同筹集足够的资金后，兄弟俩共同研制了另一种推进式飞机，这种飞机安装了1台8马力NSU发动机，后者是奥斯卡·穆勒公司研制的发动机。遗憾的是，兄弟俩的新飞机没能离开地面。之后，海因里希和一个名叫科尔托夫的朋友合作研制了一款仍安装NSU发动机的常规布局单翼飞机，发动机安装在飞机头部，发动机螺旋桨在前面，这是有别于推进式发动机的牵引式发动机（推进式和牵引式可以简单地理解为发动机安装在飞机的位置不同，推进式发动机安装在飞机后部或机翼后缘，牵引式发动机安装在飞机头部或机翼前缘）。这个飞机的正式名称是科尔托夫·福克A 4，由于发动机功率太低，飞机仍然没能离开地面升空。

1912年间，一个年仅17岁的年轻人——乔治·沃尔夫（Georg Wulf）加入到海因里希·福克的队伍，这个新队伍虽然很小，却积极参与各类航空活动，年轻人精力旺盛，对航空的热情堪称痴迷。新队伍第一个成功的设计是A 5飞机，这是一款鸠形中单翼飞机，飞机采用固定四轮起落架和敞开式座舱。A 5飞机在1912年年底进行了首飞，驾驶飞机的是科尔托夫。首飞后，这架A 5飞机又进行了一系列测试飞行，毫无例外，试飞过程中发现飞机很多设计缺陷和各种各样的问题，飞机为此坠毁数次，好在坠毁事故对飞机的破坏并不严重，一次次地修复后继续进行试验。乔治·沃尔夫也在这期间自学了飞机驾驶，并且很快就成为一名技艺娴熟的飞行员。这个年轻的微型队伍下一个设计是A 6，该机在1914年完成研制。

由于第一次世界大战爆发，1914年8月，福克和沃尔

福克-沃尔夫公司两位创始人，左侧为海因里希·福克，右侧为乔治·沃尔夫。航空业刚刚起步，很多航空爱好者投身到航空事业中，世界各国各大航空公司创始人，未来空军优秀指挥官大都有这种经历。海因里希·福克后来专注旋翼式飞机的研制，公司也改换门庭，只是名称没有变化。

夫应征入伍，由于心脏问题，福克入伍时间推迟，最后被编入一个步兵团。由于具备航空方面的专业技能，在东线服役结束后，福克被分配到德意志帝国陆军航空兵部队。但是，在1916年，福克驾驶飞机在兰斯附近的瑟兰库尔遭遇严重的坠机事故，他本人幸无大碍。一战结束后，福克在1920年毕业并获得工程学硕士学位。福克毕业后的第一份工作是在不来梅的弗兰克公司当一名水煤气系统工程师，在这家公司期间，福克仍然在业余时间继续进行自己的航空试验，其间他和沃尔夫又研制了A 7“鹳”（Storch）式飞机，这是在A 6飞机的基础上改进的一个型号。A 7飞机在试验期间坠毁，但是飞机得以修复并换装一台55马力西门子公司Sh 10星形发动机。1922年12月，A 7飞机获得国家交通部飞行许可证。A 7飞机的成功引起了不来梅当地商人的关注，以著名的咖啡贸易公司老板路德维希·罗斯琉斯博士为首的商人共同出资成立了一家飞机制造公司。

1923年10月23日，新公司“不来梅飞机制造股份公司（Bremer Flugzeugbau AG）”正式成立，几个月后的1924年1月1日，公司更名为福克-沃尔夫飞机制造股份公司（Focke-Wulf Flugzeugbau AG）。海因里希·福克是新公司的技术指导，乔治·沃尔夫是试飞员，维尔纳·诺曼博士是商业总监。新公司第一个真正成功的设计是福克-沃尔夫A 16飞机，这架飞机实际上是在不来梅机场的一座机库里生产的，当时的飞机有一间房子加上工具就可以生产出来。A 16是一款3—4座轻型客机，该型机在1924年6月23日进行了首飞，其后的三年里，A 16飞机共生产了23架。

A 16飞机首次取得成功后，福克-沃尔夫飞机制造股份公司（以下简称福克-沃尔夫公司）在1925年推出了S 1并列双座单翼教练机，1926年推出了在A 16飞机基础上改进的GL 18双发教练机等。1926年，福克-沃尔夫公司在不来梅有了自己的工厂设施。1927年，福克-沃尔夫公司的单发单翼系列运输机中的第一个型号，即A 17“海鸥”运输机诞生，同时诞生的还有S 24“田凫”轻型飞机。不仅研制常规的飞机，福克-沃尔夫公司还研制了各种布局怪异超前的飞机，如F 19“鸭子”（Ente，即Duck）鸭式布局单翼飞机，飞机采用固定式前三点起落架，飞行员座舱为敞开式，机身密封舱可载4名乘客。通常认为的水平尾翼从机尾移到了机头位置，通过几个支撑杆安装在机头座舱正前方。机翼通过吊舱方式安装2台110马力西门子Sh 14星形发动机，主起落架承力支撑也在发动机吊舱上。第一架F 19飞机在1927年9月2日进行了首飞，不幸的是，9月29日，在一次验证单发飞行试验期间F 19飞机坠毁，驾驶飞机的乔治·沃尔夫因此丧生。事故调查表明，导致飞机坠毁的原因是在飞行时飞机上的一个控制连杆断裂。1930年，福克-沃

福克和沃尔夫业余期间设计的A 7飞机引起了投资者的注意，这个型号也是两人首次合作研制新飞机。虽然A 7飞机只生产了1架，但这架飞机却是福克-沃尔夫公司诞生的基础。

（上下图）新公司第一个获得成功的型号是A 16轻型客机，飞机外形类似蝈蝈。

A 17是A 16放大机身型号，飞机看上去更现代，载客量也更大，尽管产量只有区区11架。

尔夫公司生产了第二架F 19飞机，随后的几年里，这架飞机到欧洲各国进行环游飞行演示活动。最后，这架F 19飞机被送给德国飞行博物馆，在1944年的盟军空袭中，这架飞机随博物馆其他展品一同被炸毁。

1930年，但泽技术学院主动提出聘请海因里希·福克任教，但是后者婉言拒绝。第二年，不来梅市授予海因里希·福克教授头衔。截至1931年，历史不长的福克-沃尔夫公司已经拥有了150名员工，在当时的德国，这个规模只算得上是一家小公司，由于没有拓展国外业务，公司在国外还没有任何名气，倒是经常有人将福克-沃尔夫公司的名称跟荷兰福克公司（Dutch Fokker）搞混淆，实际上两者没有任何关系，只是读音类似。1931年年底，福克-沃尔夫公司收购了柏林约翰内斯塔尔的阿巴托斯飞机制造有限公司（Albatros Flugzeugwerke GmbH），这次并购是福克-沃尔夫公司发展历史中十分重要的一件事，以此为契机，福克-沃尔夫公司开始快速发展壮大。

就在这一时期，海因里希·福克开始对旋翼飞机产生浓厚的兴趣，为此，他在公司内部专门成立一个独立的部门研究旋翼飞机，并且要求购买席尔瓦公司C.19旋翼飞机专利自行生产。由于这个重大的改变，福克-沃尔夫公司的总设计师和飞行测试负责人需要重新任命，为此，1931年11月1日，库尔特·谭克（Kurt Tank）硕士被任命为公司总设计师。

库尔特·谭克于1898年2月24日出生在比得哥什（现属波

样子怪异，鸭式布局的探索也早了些，但F 19在福克-沃尔夫公司的发展史上占据重要的地位，它不仅代表着公司具备技术探索的能力，更是不拘一格的创新能力的体现，同时，公司创始人乔治·沃尔夫因第一架F 19飞机的坠毁而丧生。

公司创始人乔治·沃尔夫（左）和试飞员科内硫斯·爱德扎德在F 19飞机前合影，背景是公司大楼。

20世纪30年代初期，福克-沃尔夫公司提出在F 19“鸭子”飞机的基础上改进的Fw 42轰炸机方案，这是一款双发中程轰炸机，机头和机尾分别有一个自卫炮塔。这个飞机方案递交给了德国空军，但遭到拒绝。后来方案出口到苏联和日本，遗憾的是国内和国外都没有获得订单。飞机预计采用2台功率为750马力的BMW Ⅵ发动机，飞机最大速度为300公里/小时，航程为1200公里。

兰），他的祖父是德国骑兵团的一名骑兵中士，他的父亲威廉·谭克则是第3师的一名掷弹兵中士。一战爆发后，库尔特·谭克想参加德意志帝国陆军航空队，但是，他的父亲坚持要求他遵循家族的传统参加骑兵团。一战结束时，谭克的军衔晋升到上尉，由于作战勇敢，他还获得不少其他勋章。战后，谭克进入柏林技术大学学习，其间他和志同道合的朋友联合成立了柏林航空学院学生航空爱好者协会，类似的航空爱好者协会在当时德国柏林还有十几个，谭克的协会主要设计和制造滑翔机，也进行航空动力学方面的研究。谭克设计的第一个滑翔机被称为“小恶魔”（Teufelchen），这个绰号是由他未婚妻夏洛特·托伊费尔（Charlotte Teufel）名字变化而来，是个充满爱意的称呼。谭克把自己的滑翔机设计方案给了阿巴托斯公司（上文提及过）希望投产，但是后者拒绝了谭克的方案，最终，位于施特拉尔松德（柏林正北，波罗的海沿岸小城）的LFG有限公司投产了谭克的滑翔机。1923年毕业后，谭克的一位导师为他在柏林斯塔根的罗尔巴赫金属飞机制造有限公司介绍了第一份工作。这个罗尔巴赫公司是全金属飞机研制方面的

库尔特·谭克称得上是天才设计师，他因设计Fw 190战斗机而闻名于世。二战后，谭克教授到几个国家继续飞机设计工作，但都不成功，大浪淘沙，属于他的时代过去了。

先驱，特别是该公司热衷飞机蒙皮采用光滑金属，在当时，世界范围流行的是飞机采用波纹蒙皮，当时德国著名的容克公司也是如此。

由于经济上遇到问题，谭克在1930年（世界经济大萧条时期）短暂在巴伐利亚飞机制造厂（BFW）的梅塞施密特公司任职，不久他又跳槽到福克-沃尔夫公司，在此，他一步步地晋升到该公司总设计师一职。战后，谭克到阿根廷和印度继续设计飞机工作，几次不成功后他回到了德国，最终于1983年6月10日在慕尼黑去世。

在罗尔巴赫公司期间，谭克在当时公司总设计师路德维希·施泰格手下工作，他的第一个设计任务是重新设计Ro Ⅱa水上飞机的机身，重新设计机身的就是Ro Ⅲa“罗德拉”，该机很快投产并获得了成功。第一架完全由谭克设计的水上飞机是“海豹”Ⅰ，这个型号飞机是在Ro Ⅲa“罗德拉”的基础上改进的。随后，谭克又设计了Ro Ⅴ“罗科”、Ro Ⅶ“海豹”Ⅱ和Ro Ⅹ“罗马尔”水上飞机，以及Ro Ⅷ“罗兰德”陆基飞机，这是“罗马尔”水上飞机的陆基型号。

由于《凡尔赛条约》限制德国航空工业（包括其他军事相关工业）的发展，很多“Ro”编号的飞机都是德国在国外的子公司生产的，如比利时哥本哈根等，其他后来世界闻名的公司也采取这种“曲线救国”的方法。双发“罗科”和三发“罗马尔”、“罗兰德”飞机全部由德国汉莎航空公司采购使用，一些飞机在该公司一直用到1936年。关于“罗兰德”飞机有一件有趣的事，早期设计该型飞机时，谭克就提出了封闭座舱设计，座舱前和左右是玻璃窗结构，这个当时算是激进的设计遭到了汉莎航空公司高层官员的拒绝。早期飞行员习惯了敞开式座舱，首次坐在全封闭座舱里让他们感到有点恐惧。早期从慕尼黑到意大利米兰的飞行期间，飞机飞越阿尔卑斯山时机组成员，包括汉斯·保尔（后来成为希特勒私人飞行员）抱怨在高空实在太冷了。针对这种抱怨，谭克称他早就指出了这个问题，并且找到了解决方案，那就是采用全封闭座舱。此后，所有“罗兰德”飞机全部换装全封闭座舱。谭克设计的最后一款罗尔巴赫飞机并且投产的是Ro Ⅸ“罗菲克斯”全金属单翼战斗机，该型机在1927年投产，之后在哥本哈根进行了试飞。

1929年，罗尔巴赫公司开始遇到销售问题，1930年1月1日，谭克被梅塞施密特公司聘用。1930年正值世界经济大萧条，德国国内很多飞机制造商都遇到了严重的财政危机，1931年6月，梅塞施密特公司被起诉破产，上文提到的罗尔巴赫公司也关门歇业。亨舍尔公司试图收购摇摇欲坠的容克公司，而福克-沃尔夫公司收购了已经破产的阿巴托斯飞机制造有限公司。

梅塞施密特公司破产后，谭克又到了福克-沃尔夫公司，很多资料称谭克预谋搞了一场“政变”赶走了公司创始人海因里希·福克，但未见资料说明。总之，到福克-沃尔夫公司不久，谭克被任命为公司总设计师。升任总设计师后，在谭克的规划下，福克-沃尔夫公司接手了很多原阿巴托斯公司的飞机设计方案，如L 75、L 84、L 102和L 103等，这些飞机都投了产。海因里希·福克离开公司前设计的最后一款飞机是A 43“猎鹰”三座高速运输机，尽管号称是当时欧洲飞得最快的运输机，A 43飞机只生产了区区1架。此后，福克对旋翼飞机越来越感兴趣，他的执着和兴趣最终开花结果，他设计的Fw 61直升机在1936年6月26日进行了首飞，这是世界上第一种实用直升机。同样在1936年，海因里希·福克迫于股东的压力离开福克-沃尔夫公司，表面上的原因是纳粹党认为他“政治上不可靠”，实际原因应该是怀疑他领导的公司是否有能力为刚刚成立的新德国空军生产亨克尔①He 45双翼飞机，最终，福克-沃尔夫公司生产了219架He 45轻型轰炸机。目前仍缺乏详细资料说明此事，不管怎么说，海因里希·福克被迫离开了自己一手缔造的公司。

实际上，福克的半独立性质旋翼飞机研制部门仍属福克-沃尔夫公司，此时的德国航空部（RLM）受到Fw 61直升机的鼓舞，要求福克成立一家公司专门研制直升机，同时，德国航空部还让福克为德国空军研制一款可以携带700公斤载荷的新型直升机。1937年4月27日，福克和飞行员格尔德·阿西格里斯联合在不来梅附近霍恩卡普成立福克-阿西格里斯有限公司，专门研制和生产直升机。此后不久，福克-沃尔夫公司被德国通用电气公司（AEG）兼并，兼并后的公司负责专利生产Bf 109战斗机。

来到福克-沃尔夫公司的库尔特·谭克在1932年设计了A 44“金翅雀”（Goldfinch，Stieglitz）双翼教练机，德国飞机标准命名系统颁布后，A 44更名为Fw 44。Fw 44是一款双座双翼教练机，飞机采用常规经典结构，安装1台西门子公司Sh 14a星形发动机，功率为150马力。Fw 44原型机在1932年夏天进行了首飞，驾驶飞机的是格尔德·阿西格里斯。在早期试验时发现飞机一些问题，这时，库尔特·谭克的才能开始显露出来，他不仅作为试飞员亲自驾驶飞机试验，还解决了试验中遇到的问题，他设计飞机的基本思路：结实耐用，操作简单，在Fw 44飞机上一一体现出来。得益于优异的操作性能，Fw 44飞机在整个二战前和二战期间被德国空军大多

公司创始人海因里希·福克后来专注旋翼飞机的研制，当时还无法解决飞机前进的动力问题，因此，飞机仍需要拉力（发动机在前）和推力（发动机在后）。一款革命性的飞行器早期总是那么简陋，而它所具备的却是革命性的意义。图中Fw 61V-2原型机在1937年10月18日进行了展示飞行，观众包括查理斯·林登伯格和德国滑翔机研究院（DFS）瓦尔特·乔吉教授。一个星期后，这架飞机飞行了108公里。

① 亨舍尔公司（Henschel）和亨克尔公司（Heinkel）因读音类似经常被误认为是一个公司，亨舍尔公司主要生产汽车、飞机、导弹和坦克，公司飞机以Hs开头；亨克尔公司是恩斯特·海因里希·亨克尔建立的飞机制造公司，公司飞机以He开头。两家公司都是德国著名的武器研制和供应商。

Fw 44“金翅雀”是谭克到福克-沃尔夫公司参与设计的第一款飞机，该型飞机设计中规中矩，技术上也不冒进，当时中国空军也购买了20架。

Fw 47是德国气象服务部门要求研制的一款气象侦察飞机，首架飞机在1932年6月首飞，共生产约20架。

数飞行员训练学校当作基础教练机来使用，甚至德国空军前线战斗机或轰炸机单位在接收指定飞机前将Fw 44飞机当作技术保持飞机来使用。Fw 44无疑是相当成功的飞机，为了满足德国空军数量庞大的订单，福克-沃尔夫公司不得不新建一个工厂来生产“金翅雀”飞机。除了德国空军的订单，Fw 44飞机被销往玻利维亚、智利、中国、捷克斯洛伐克、芬兰、罗马尼亚和瑞士，奥地利、阿根廷、保加利亚、巴西和瑞典还购买了专利在本国生产。

与此同时，原来阿巴托斯公司的飞机设计方案仍在进行，如L 102的改进型Fw 55等。由于技术力量的提升，谭克并不局限于原来阿巴托斯公司的方案，继Fw 44飞机后，谭克下一个重要的设计是Fw 56“鹰”（Hawk，Stösser）战斗机，这是第一款完全由谭克本人设计的飞机。这是为了满足德国空军国土防空战斗机技术指标研制的战斗机，而实际上，Fw 56飞机在二战期间被广泛地用作先进教练机。Fw 56飞机的机翼布局充满了阿巴托斯公司的色彩，即整个机翼通过斜支撑布置在机身上方，更贴切的说法是整个飞机吊挂在机翼下方，外文资料称这是太阳伞布局的机翼。Fw 56飞机原型机在1933年11月进行了首飞，这架原型机安装的是240马力阿格斯As 10C发动机，试验期间发现了飞机起落架的一些问题，重新设计起落架后问题很快得到解决。在与Ar 76和He 74竞争中，最后Fw 56以优异的性能胜出，德国空军的评价是Fw 56的飞行品质跟当时德国正在研制的单翼战斗机的十分相似。Fw 56飞机投产后一直生产到1940年，总数达到1000架。除了德国空军用作先进教练机外，奥地利和匈牙利空军也有装备。

库尔特·谭克的下一个设计是Fw 58“鹞”（Harrier，Weihe）双发训练和通讯飞机，这个型号飞机也获得了很大成功。这是福克-沃尔夫公司第一款采用回收起落设计的飞机，也是最终彻底解决公司财务问题的飞机。比较特别的是，Fw 58飞机的机头可以快速地更换以便执行不同的作战任务。Fw 58第一架原型机在1935年夏天进行了首飞，这架飞机采用的是光

Fw 56“鹰”完全是谭克本人设计的飞机，飞机的水平尾翼设计得非常有特色，实际上没多少优点。该机的气动布局充满着阿巴托斯公司的色彩。

Fw 58“鹞”飞机也是福克-沃尔夫公司发展史上一款重要机型，飞机获得了成功，并发展出很多型号，在二战期间得到广泛运用。图中是Fw 58C-2型号。

滑流线型圆形机头。第二架原型机是军用武装型号，机头上方和背脊处各安装1挺机枪。早期投产的Fw 58A生产数量较少，该型号主要用于盲飞（仪表飞行）训练和无线电操作训练，其中1架编号为D-ALEX的飞机改进后成了谭克的私人座机。

Fw 58的第四架原型机是Fw 58B的首架原型机，这个型号后来发展出五个子型号，这些飞机主要被德国空军用于各种训练任务，诸如机枪/机炮射击训练和仪表飞行等。Fw 58B有一个子型号是水上飞机，飞机安装两个浮筒，飞机编号是Fw 58BW；在Fw 58B基础上改进的是Fw 58C型号，这个型号在1938年出现，它既可作为军用飞机也可作为民用飞机，德国汉莎航空公司在1938—1939年间购买了8架，其中4架飞机原来的标准阿格斯As 10C发动机被换装成HM 508D发动机；Fw 58D是通讯飞机，这是专门为蔡斯光学设备公司研制的型号；Fw 58E是气象侦察和通用侦察型号，其中一个子型号安装了雪橇起落架，主要用于冬季积雪覆盖机场；Fw 58F是通讯型号，飞机安装了特制设备；Fw 58G为空中救护型号，也就是转送伤员的飞机；Fw 58H是专门用于测试空中加油的试验型号，飞机采用固定的前起落架，为Fw 58H加油的是Ju 90加油机；Fw 58J是另一个通讯型号，跟前两个通讯型号相比主要的改进是换装新型发动机；Fw 58K是出口型号，主要销售给阿根廷、保加利亚、中国、荷兰、匈牙利、罗马尼亚和瑞典。在第二次世界大战期间，大部分Fw 58飞机主要作为德国空军的训练和通讯飞机来使用，还有一些飞机执行撤离伤病员的行动，这些飞机被德国士兵亲切地称为“胶囊轰炸机”（Leukoplastbomber），这个称呼的典故不详。

此时，福克-沃尔夫公司因Fw 44“金翅雀”、Fw 56“鹰”和Fw 58“鹞”飞机在德国航空业奠定了扎实的基础，也赢得了良好的名声，但是，在战斗机领域，福克-沃尔夫公司跟当时德国其他公司相比还相差很多，这方面的尝试也没有取得成功。福克-沃尔夫公司尝试的第一款战斗机是Fw 57，这是根据德国空军1934年秋天提出的技术规范研制的远程重型战斗机，德国称之为驱逐机（Kampfzerstörer）。Fw 57飞机由班泽米尔博士设计，飞机安装2台功率为910马力的戴姆勒-奔驰公司研制DB 600发动机，第一架原型机在1936年晚春时候首飞。但是，Fw 57战斗机毛病不少，除了飞机结构超重外，飞机的操纵品质较差，跟其他竞争飞机相比没有任何优势，因此，又生产2架原型机后这个型号被放弃。

福克-沃尔夫公司的下一个设计是Fw 62，这是一款双座舰载水上飞机，为的是取代较老的He 60和He 114型号，这两个型号在使用中发现性能较差。但是，Fw 62飞机的设计也相当保守，福克-沃尔夫公司逐渐在德国积攒了一些名气，但是，公司飞机设计还没有形成特色，时而冒进超前，时而保守落伍。Fw 62飞机仍采用双翼布局和敞开式座舱，飞机安装1台880马力宝马公司研制的BMW 132Dc星形9缸发动机。虽然库尔特·谭克批准了Fw 62飞机投产，实际上他对这个极度保守的设计方案并不满意，为此，他将Fw 62飞机的详细生产图纸交付了工程师阿贝特朗去做。1937年春末，Fw 62的第一架原型机进行了试飞。很快谭克就发现，竞争对手的方案Ar 196飞机性能更优，这个型号飞机的速度比Fw 62快32公里/小时，而且前者采用了全封闭座舱。Fw 62的第二架原型机改进后采用一个大型浮筒，翼尖还有两个保持平衡的小浮筒。

1933年1月希特勒夺取政权后，快马加鞭发展德国空军，军事航空需求陡然增加。1934年早些时候，德国航空部开始制定并颁布新型战斗机技术规范以取代亨克尔公司的He 51战斗机，随后向福克-沃尔夫公司、阿拉多公司和亨克尔公司发出招标邀请，但是，没有邀请梅塞施密特公司，第二年（1935年）德国航空部同意梅塞施密特公司参与竞争，此次竞争的结果就是Bf 109战斗机的诞生。这种新型战斗机技术规范是德国航空部的技术办公室（Teachnical Office，C-Amt）长期技术研究的结果，它要求新型战斗机采用速度更快的下单翼结构；武器的最低配置是2挺7.92毫米的MG 17机枪；飞机在有动力俯冲的情况下具有足够的结构强度；飞机具有从螺旋状态改出的控制能力；飞机计划安装容克公司最新型12缸直列液冷Jumo 210发动机。四家递交的方案中（包括梅塞施密特公司的）除了福克-沃尔夫公司的方案飞机采用上单翼外，其他三家公司方案均采用下单翼方案，福克-沃尔夫公司似乎对上单翼特别着迷，该公司递交的方案是Fw 159，该方案飞机设计者是鲁道夫·布拉泽，这实际上是上文提到的Fw 56“猎鹰”战斗机的放大版，飞机采用可回收起落架，为的是减小阻力。

Fw 57是远程重型战斗机，在和梅塞施密特公司Bf 110和亨舍尔公司Hs 124方案竞争中败下阵来，Fw 57飞机比其他两个竞争方案的飞机更大更重，操纵性存在很大问题。

由于采用上单翼布局，主起落架设计非常麻烦，因此造成了设计上十分复杂：起落架有两个回转铰链点，先是向机身内侧收回，机轮再旋转塞入一个比机轮宽度仅大一点点的狭缝（机轮舱）里。尾部起落小得可怜，是否要收回机身并不重要。飞机采用封闭式座舱，座舱罩可向后滑动开启。

Fw 159第一架原型机在1935年夏初进行了首飞，驾驶飞机的是沃尔夫冈·施泰因（他后来成为福克-沃尔夫公司主要试飞员）。当天首飞中，主起落架成功地收回到狭小的起落架舱里，但是，30分钟后的着陆过程中，主起落架却未能完全伸展开，几次尝试失败后，施泰因决定驾机迫降，起落架触地后立即折断，飞机在跑道上翻了两个筋斗，最后倒扣着停了下来。不久，第二架原型机也生产完毕，根据第一架飞机出现的缺陷，第二架原型机起落架结构强度增加。2挺机枪都布置在发动机上方，这里还预留了20毫米机炮的位置。

1936年春天，四家公司递交的方案在特拉弗明德进行了对比评估试验，阿拉多公司的Ar 80飞机和福克-沃尔夫公司的Fw 159飞机在第一轮的对比中就败下阵来，Ar 80飞机采用固定起落架，这是让人无法接受的缺点，而Fw 159飞机落伍的上单翼布局和值得怀疑的起落架让人缺乏好感。最终，梅塞施密特公司的Bf 109战胜亨克尔公司的He 112成为最后的赢家。尽管惨遭淘汰，福克-沃尔夫公司还是在1937年夏天生产了第三架Fw 159原型机，这架飞机安装的是Jumo 210G发动机，其功率为730马力，飞机最大速度为405公里/小时。

虽然战斗机设计方面屡屡失败，福克-沃尔夫公司的其他飞机，如上文提到的Fw 56“鹰”和Fw 58“鹞”飞机等却给公司带来了发展壮大的资金，从1939年开始，公司规模急剧扩展，除了此前已经在不来梅海姆林根新建了一个飞机生产厂，之后不久，公司还在不来梅哈施泰德和不来梅诺因兰德又新建两个飞机生产厂。后来英国皇家空军频频突袭不来梅工业区，为此，库尔特·谭克决

以上四图为Fw 159飞机，这个方案在跟Bf 109等竞争中失利，从照片看，Fw 159飞机远远不如Bf 109飞机先进。此时，原来阿巴托斯公司飞机风格特点仍主宰着福克-沃尔夫公司飞机方案，不彻底舍弃就不会重生。

定将福克-沃尔夫的生产厂疏散到马林堡（即现在波兰的马尔堡）、科特巴斯、索劳和波森，而公司设计部门转移到明登附近的巴特艾尔森。福克-沃尔夫公司因Fw 190战斗机发展壮大后，公司又在德国境内其他城市新建很多飞机零部件生产厂和飞机组装厂。截至1944年，福克-沃尔夫公司已经成为德国最大的飞机制造厂之一，共有11920名正式员工，外加17040名间接员工（上下游产业员工）。

除了本书要讲述的Fw 190战斗机外，福克-沃尔夫公司另一个最著名的飞机就是Fw 200，早期两个型号是四发远程客机，Fw 200C开始转为军用，“秃鹰”（Condor）是民用型号的绰号，很多中外资料称之为军用型号的绰号，这也难怪，当时盟军在二战期间称呼所有Fw 200飞机都是“秃鹰”。20世纪30年代中期，美国研制的DC-2客机/运输机进入欧洲市场并威胁到德国汉莎航空公司，为此，福克-沃尔夫公司总设计师谭克在1936年7月16日向汉莎航空公司递交了与DC-2客机/运输机相抗衡的四发客机方案。谭克对本公司的方案相当自信，他承诺一年之后飞机就可以进行首飞，并且以一箱香槟酒打赌。谭克输掉了赌注，1937年7月27日，第一架远程客机原型机在公司位于不来梅的野外机场成功地进行了首飞，比预定的时间迟了11天。此次首飞，除了试飞员，库尔特·谭克也亲自坐进了驾驶舱，可见福克-沃尔夫公司对这个型号飞机的重视程度。

德国航空部对福克-沃尔夫公司的客机方案十分满意，这个型号的重要性也非同寻常，为此，航空部打破福克-沃尔夫公司飞机编号序列而专门为该机分配了“200”这个编号，即Fw 200。第一架Fw 200原型机安装的是4台875马力美国普拉特·惠特尼公司的“大黄蜂”星形发动机，早期试验表明飞机的飞行品质极好，大大超过预期。Fw 200客机可载客25—26人，飞机客舱分为两个部分，前面的是9人座吸烟舱，后面是16—17人普通舱。Fw 200第二和第三架原型机安装的是820马力的BMW 132G-1发动机，第三架原型机（Fw 200V-3）后来改进作为了希特勒的私人飞机。

首批9架Fw 200A预生产型[①]飞机大部分交付给德国汉莎航空公司，其中1架飞机（Fw 200V-1）在1938年6月27日进行了一次远程飞行演示活动，即从德国柏林起飞，经希腊萨罗尼卡，最终在埃及开罗着陆。此次推广活动中，谭克和汉斯·桑德尔（公司首席试飞员）轮流驾驶

Fw 200最早是作为民用客机研制的，后来改为军用。Fw 200的设计十分成功，如果不是二战它很可能成为畅销世界的民航客机。

① 不同资料描述有差异，有的把原型机也当作预生产型，有的将原型机和预生产型分开，不管是哪种，这些飞机多数作为试验飞机，并不装备部队或交付民用。这些飞机公司内部编号一般为+V—X，“X”表示数字。

Fw 200A飞机。当年8月10日，这架Fw 200A飞机进行了一次横跨大西洋的飞行，这架飞机从柏林起飞后横渡大西洋，最后在美国纽约着陆，整个飞行耗时长达24小时56分。三天后的返程由于顺风飞行耗时只有19小时47分。11月28日，这架飞机再次进行超远程飞行演示，飞机从柏林起飞，途经伊拉克巴士拉、印度卡拉奇（现属巴基斯坦）和越南河内，最后在日本东京着陆，整个航程连同着陆加油时间共耗时46小时18分。

1938年年底，少量Fw 200B运输机交付，跟此前型号相比，这个型号的空中重量增加，飞机结构得到加强。Fw 200的主要生产型号是Fw 200C“信使”，这是德国空军官方正式绰号，实际上德国之外没有人使用，这是远程轰炸/侦察军用型号，也是二战初期在大西洋给盟国造成重大损失的机型，被丘吉尔称为“大西洋的祸害”。Fw 200C主要通过投掷炸弹或是侦察巡逻时发现敌舰船后召来德国潜艇对盟国舰船进行猎杀，比如在1940年8—9月间，德国空军Ⅰ./KG 40大队摧毁盟国90000吨舰船，而实际上最成功的一次行动在10月26日。当天，德国空军中尉伯哈德·约佩驾驶Fw 200C飞机执行他本人第一次作战任务，行动中，Fw 200C飞机轰炸了已经被征为军用的英国42000吨“布列颠快航”号客轮。这么大的船竟然没有任何护航舰船在左右，肆无忌惮的Fw 200C飞机将炸弹全部投向了英国巨轮，其中2枚炸弹直接命中“布列颠快航”号。受损严重的巨轮被拖回多尼戈尔湾，两天后，德国海军U-32潜艇将其击沉。

由于数量不足，Fw 200C飞机需要长时间执行作战任务，因此飞机的结构强度消耗严重，加上盟国采取了对应的反制手段，从1941年秋天开始，“信使”飞机的损失急剧上升。进入到二战中期，Fw 200C飞机已经显得落后，那些经不起再折腾的飞机开始转向执行运输任务，大部分飞机参加过为斯大林格勒战役中德国第6集团军进行空中补给的行动。1943年夏天，几架Fw 200C飞机被改进携带2枚亨舍尔公司研制的Hs 293A火箭动力反舰导弹执行反舰任务。截至1944年春天，“信使”飞机的活动几乎全部停止，当年8月，最

改为军用后的Fw 200C飞机曾经祸害一时，给盟军造成巨大损失。图中是Fw 200C-4/U3型号，机头处伸出的叉子就是FuG 200雷达天线，这是携带Hs 293反舰导弹型号。

Fw 200C-8飞机的翼下可以携带2枚Hs 293反舰导弹，这种革命性武器的出现并没有挽救纳粹德国的命运。Hs 293导弹通过挂架吊挂在外侧发动机短舱下方，原因是导弹的翼展较大，不方便挂在发动机之间的翼下。

后一个Fw 200作战中队被撤消。

1937年7月29日，福克-沃尔夫公司在证券市场上市，公司全称是福克-沃尔夫飞机制造有限公司。同时，公司获得授权生产梅塞施密特公司的Bf 109战斗机。库尔特·谭克在福克-沃尔夫公司任总设计师期间，他个人的创造性天赋一点点显露出来，他在1937年设计的Fw 187重型战斗机就是他个人天才的展露。Fw 159战斗机竞争失败后，谭克冷静思考后决定重新设计一款战斗机，其性能要比当时能想到的其他公司的都要先进。他的这个Fw 187飞机方案采用2台星形发动机，单座布局。在当时，双发重型战斗机通常是两人或三人机组，提出单座布局设计相当大胆。更大胆的是，当时德国航空部并没有出台新的双发重型战斗机技术规范，谭克决定，没有航空部的文件也继续研制Fw 187战斗机，等飞机造出来，航空部见识飞机的性能后会出台重型战斗机竞争方案。当时德国和英国都有这种情况，就是主管单位根据现有的某家飞机性能制定技术规范，往往参照的飞机方案最终会获胜，谭克就是这种目的。

Fw 187飞机的设计围绕着2台戴姆勒-奔驰公司新研制的DB 600发动机而进行，这种直列式发动机功率为860马力，因为发动机正在研制之中，谭克估计采用这种发动机的Fw 187飞机的速度可以达到560公里/小时，比当时的Bf 109战斗机还要快。经过一番争论后，谭克成功地说服航空部的技术部同意生产Fw 187原型机，但技术部只同意原型机安装Jumo 210发动机，DB 600发动机即使生产出来也只能优先供应给服役飞机的改进型。

Fw 187的生产图纸由鲁道夫·布拉泽（Fw 159的设计者）全权负责，飞机此时也获得正式绰号“猎鹰”（这个绰号Fw 56飞机用过）。Fw 187采用双发下单翼布局，机头上方靠前位置是全玻璃座舱（跟现在的玻璃座舱概念完全不同），飞行员视野相当好。跟其他重型战斗机相比，Fw 187的机身截面积非常小，有利于减小阻力。机身截面积小导致座舱更小，飞行仪表布置甚至都困难，一些仪表不得不布置在发动机罩内侧的位置，飞行员往外才能看到“远处”的仪表（太超乎想象了）。飞机主起落架设计在发动机吊舱下方，起落架可收回到起落架舱内。1937年春末，第一架Fw 187原型机进行了首飞，这架飞机安装2台680马力Jumo 210Da发动机，尽管发动机功率比预计的要小，这架原型机最大速度还是达到了525公里/小时，比当时刚刚入役的Bf 109B战斗机快80公里/小时。但是，德国航空部对于某些飞行仪表设备布置在座舱外非常不满，进一步的测试被取消。

到第三架原型机，谭克还是决定由单座改为双座两人机组，早期的雷达和无线电需要额外的成员操作，飞行员一个人忙不过来。在单座的基础上，座舱向后延伸增加一个位置。1938年5月14日，试飞员保罗·鲍尔（第一架原型机的试飞员）驾驶Fw 187第三架原型机高速飞过不来梅上空，在穿越航线末端，保罗·鲍尔试图拉起飞机爬升，由于拉升角度过大，飞机失速进入螺旋并坠地爆炸。

尽管出现这么严重的事故，谭克最终还是等来了戴姆勒-奔驰公司的DB 600A发动机，这款发动机的起飞功率达到1000马力，远远超过Jumo 210Da发动机。DB 600A发动机安装在第六架Fw 187飞机上，尽管双座舱增加一些阻力，这架飞机试验期间获得的最大速度还是达到了惊人的635公里/小时。1939年夏天，3架生产型Fw 187飞机交付使用，这几架飞机的性能跟安装

Fw 187是福克-沃尔夫公司又一次不成功的尝试，但是，该公司的特点逐渐显现。Fw 187虽然是双发重型战斗机，其速度甚至比德国当时的单发战斗机还要快。但是，有时候细节决定成败，飞机某些仪表布置在发动机舱上，实在让人无法接受。

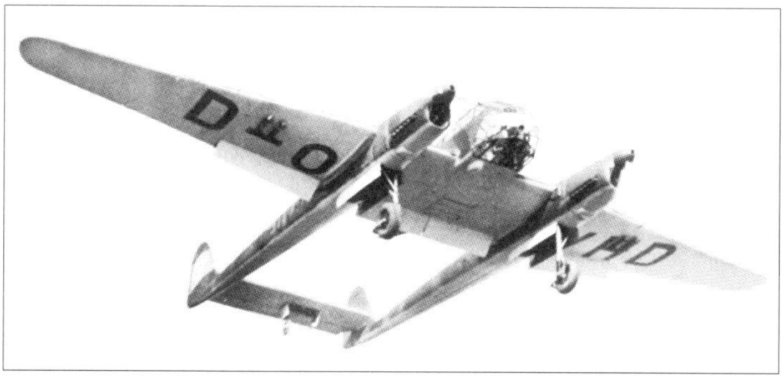

Fw 189“猫头鹰”采用较为独特的双尾撑布局，再次体现了福克-沃尔夫公司不拘一格的设计特点。Fw 189飞机设计较为成功，在二战中得到广泛使用。上图是Fw 189V-2原型机。

Fw 189V-5是Fw 189B教练型的原型机，座舱做了大幅度改进。Fw 189B是教练型，用于射击和导航训练。

Jumo发动机的原型机类似，但是安装了全部作战设备。尽管Fw 187战斗机表现出了优异的性能，德国航空部在1939年年底还是放弃了这个方案，航空部的解释是已经投产的Bf 110双发重型战斗机满足了德国空军的作战要求，虽然很多性能方面Fw 187要强于Bf 110，战争已经爆发的时候轻易变更机型会打乱Bf 110的生产，进而影响战争进程。虽然没有投产，已经生产出来的3架Fw 187战斗机被编入福克-沃尔夫公司的机场防空中队，后来正式名称是工厂防御中队，该中队于1940年在不来梅成立。

1937年2月，德国航空部颁布技术规范要求研制一款单发短程侦察机，阿拉多公司、福克-沃尔夫公司和汉堡飞机制造厂等三个单位递交了自己的方案，阿拉多公司递交的是Ar 198方案相当保守，没什么亮点，这个公司竞争过俯冲轰炸机，竞争过战斗机，最终分别败给了Ju 87和Bf 109等飞机。汉堡飞机制造厂的Ha 141方案飞机相当怪异，飞机采用不对称布局，视野良好的座舱在机翼右侧，机翼左侧连接发动机舱以及机尾延伸段，在延伸段尾部则安装了平尾和垂尾。飞机安装1台865马力的BMW 132N气冷式发动机。福克-沃尔夫公司递交的是Fw 189“猫头鹰”（Owl，Uhu），这个方案飞机的布局也很独特，也就是现在所谓的双尾撑布局，发动机短舱向后延伸形成尾撑，2台发动机之间是独立的机身，机身看上去几乎全是座舱玻璃，给人感觉飞机只有座舱没有机身。飞机安装2台430马力的阿格斯公司As 410发动机，这明显跟航空部要求的单发相悖。Fw 189飞机设计者为埃哈德·科塞尔博士，照例，总设计师谭克是项目监督者。

1938年7月，Fw 189飞机进行了首飞，驾驶飞机的是总设计师谭克，他不仅是出色的飞机设计师，也是优秀的飞行员。初期试验表明Fw 189飞机的操纵性能十分优异。竞争不久，阿拉多公司Ar 198和汉堡飞机制造厂的Ha 141方案就惨遭淘汰，后者后来演变为Bv 141飞机，产量不过13架。福克-沃尔夫公司Fw 189获得最后的胜利，飞机投入批量生产。Fw 189A是“猫头鹰”主要生产型号，它有四个子型号。Fw 189B是教练型号，从这个型号开始，飞机的座舱做了大的改进，早期那种看上去全是玻璃的座舱彻底被放弃，通俗地说，改得跟常规飞机的一样了。最特别的是飞机座舱可以坐一名教员和最多四名学员，这个型号不仅可以训练驾驶飞机的飞行员，还可以进行射击和导航训练。Fw 189B-1在1939年年底至1940年2月间生产10架交付德国空军使用。Fw 189C是一个特别型号，Fw 189第一架原型机改进作为Fw 189C的原型机，这个型号机身重新设计，整个机身缩小并且被防弹装甲板包裹着。这个型号为的是跟亨舍尔公司Hs 129方案竞争德国空军对地攻击机项目，因此装甲防护是特别强调的重点，但是，Fw 189C飞机的性能差强人意，性能比不上Hs 129方案，败下阵来的Fw 189C没有投产。Fw 189D是安装了浮筒的教练型。

尽管Fw 189飞机的性能比Hs 126短程侦察/观察飞机的要好，前者还是直到1941年年底才进入德国空军服役取代Hs 126飞机，第一个接收Fw 189飞机的是驻扎在苏联的2.(F)/11中队。在苏联作战期间，Fw 189飞机表现出极为优异的敏捷性，经常受到苏联战斗机攻击时轻易地逃离打击；飞机操作简单，飞行员极易上手，维护保养也十分方便；飞机装备的6挺机枪的火力让攻击者不得不三思而后行，虽然速度慢点，密集的火力还是可以赶走大部分敌机；飞机结构坚固结实，伤痕累累的飞机也可以返回基地，在苏联战场，这种情况很常见，甚至更为严重损伤的飞机也能安全着陆。

Fw 189飞机的产量较大，型号也多，之后出现的是Fw 189E，这个型号飞机安装2台700马力Gnome-Rhone 14M星形发动机；Fw 189F飞机安装2台580马力阿格斯公司As 411MA-1发动机；Fw 189G飞机安装2台950马力阿格斯公司As 402发动机，但是，这个型号没有发展下去就被放弃。1942年间，Fw 189飞机的生产从不来梅转移到捷克斯洛伐克布拉格的埃诺飞机生产厂和福克-沃尔夫公司控制的位于法国波尔多的国营西南飞机生产厂。截至1943年春天，只有法国飞机生产厂仍在生产Fw 189飞机，该厂共生产了167架该型飞机。

福克-沃尔夫公司的Fw 190战斗机被德国空军采用后，该公司大部分精力都花在这个型号飞机上，同时，其他飞机的研制也没有停止。Fw 190的下一个型号是Fw 191，这是一款布局简洁的中型轰炸机，为的是竞争德国空军1940年中型轰炸机项目。计划Fw 191飞机安装2台正在试验中的功率为2000马力的Jumo 222发动机，或是功率为1750马力的DB 603发动机。飞机采用增压座舱和遥控自卫机枪等新概念设计，比较特别的一个设计是采用汉斯·莫索普设计的莫罗索普襟翼（Multhopp-Klappe），这种设计巧妙地把俯冲减速装置和降落襟翼合为一体，更确切地说，减速板设计在襟翼上。第一架原型机Fw 191V-1在1942

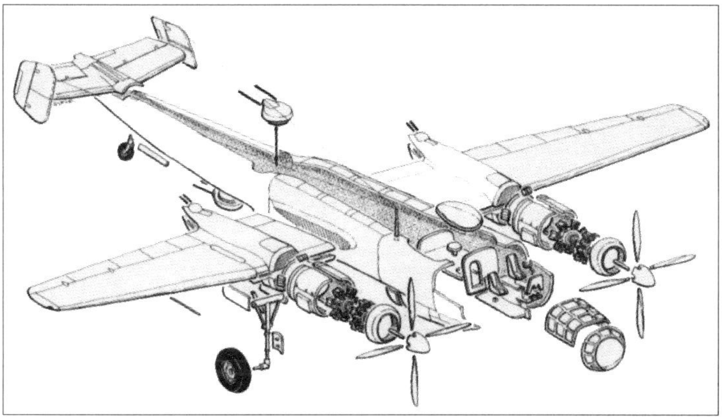

（上下图）Fw 191中型轰炸机气动布局上并不冒进，但是飞机内部却采用了很多独特的设计，有的时候，过于新潮的设计往往会带来很大的负面影响。Fw 191飞机采用电动控制的自卫机炮/枪，尤其特别的是发动机短舱后部也布置了机炮。

年初期进行了首飞，试飞员是库尔特·梅尔霍恩，当时这架原型机安装的是2台宝马公司的BMW 801MA发动机，功率为1600马力，很明显，发动机功率明显低于要求。不仅如此，德国航空部坚持要求把常规的液压机械系统换成电力机驱动系统又带来另一个问题：在飞机内安装大量的电线和电机使得Fw 191飞机获得了“飞行发电站”的绰号。这种驱动方式的缺点是大大增加了本已沉重的机身重量，尤其危险的是，只要发电机中弹，飞机上的全部系统就会瘫痪。不久，Fw 191V-2原型机也生产出来，这架原型机和Fw 191V-1原型机共进行了10架次的飞行，两机总计飞行时只有10小时。由于早期测试就发现大量问题，Fw 191V-3/4/5还没生产就被放弃[①]，因此，第三架原型机实际上是Fw 191V-6，这架飞机安装的是期盼已久的Jumo 222发动机，第一架原型机的电力操纵系统也改回常规的液压机械系统。Fw 191V-6原型机在1942年12月进行首飞，驾驶飞机的是试飞员汉斯·桑德尔，此后这架飞机又试验了一年之久。之后的Fw 191V-7—Fw 191V-12原型机也没生产就被放弃，福克-沃尔夫公司计划Fw 191V-13原型机安装24缸DB 606或DB 610发动机，不过，这架原型机跟之后的方案Fw 191V-14—Fw 191V-18原型机都没有生产。1943年年底，Fw 191飞机和竞争对手Ju 288方案都被放弃，德国空军中型轰炸机项目无果而终，此时的德国在各个战场上连遭败绩，这些不痛不痒于事无补的项目无法让德国扭转战局。项目放弃后，福克-沃尔夫公司又提出了Fw 391和Fw 491飞机项目，尚在论证阶段这些项目就被否决。

1942年，库尔特·谭克被选为德国航空研究学院副主席，还获得了不伦瑞克市技术学院教授头衔。1942年夏天，库尔特·谭克向德国航空部请求此后将福克-沃尔夫公司的飞机编号“Fw”改为“Ta”，这个请求

① 德国航空部命名系统规定新机研制时都会赋予“1—5”的编号。一款新机型至少需5架飞机才能保证基本的试验项目。常出现这种情况，那就是某架原型机还未生产就被放弃，推倒重来的从“6”开始，之前编号不再使用。

获得了批准，不久，福克-沃尔夫公司的最新快速轰炸/战斗机方案冠以“Ta”前缀，即Ta 211。这个方案飞机在研制过程中，经常有人将其与Jumo 211发动机搞混淆，为此，飞机编号后来改为Ta 154。

很明显，德国Ta 154飞机受到了英国皇家空军“蚊子”飞机的影响，在战略物资越来越匮乏的时期，采用木质材料制造飞机只是不得以而为之的事，英国“蚊子”夜间战斗机就是这样一款性能优异的飞机，被称为“木头奇迹”。Ta 154设计方案于1942年提交航空部审查，同年10月，鉴于德国本土防空形势渐趋恶化，米尔希决定放弃高速轰炸机研制计划，将之发展成一种木质夜间战斗机。最初作为高速轰炸机的Ta 154是一种中单翼后三点起落架布局飞机，改为夜间战斗机后，飞机后三点起落架改为前三点起落架，同时，为方便制造单块式木质机翼，Ta 154的机翼改为上单翼布局，使飞机外形与英国的“蚊”式更加接近。飞机计划采用2台1460马力的Jumo 211N发动机和增压座舱，机组成员为两人。第一架原型机Ta 154V-1在1943年7月1日首飞，随后，飞机被送到雷希林与He 219和Ju 388J飞机进行竞争对比试验。竞争

Ta 154属于东施效颦之作，由于战略物资匮乏，德国也希望模仿英国研制木质飞机。从技术上来说，这不是难题，但从时间上来说，在当时频繁遭到盟军轰炸的情况下，这样一款飞机的诞生相当艰难。图中是Ta 154V-7原型机。

Ta 154各个型号共生产了约50架（加上原型机），少量在二战中投入使用，其中几架曾装备NJG 3夜间战斗机联队，更有几架改进后用来训练喷气式战斗机飞行员。图中是Ta 154V-1原型机。

被盟军缴获的Ta 154A-1飞机。为了躲避盟军的轰炸，很多德国飞机都被隐藏在树林中，有的飞机翼展很大，隐藏并不容易，通常将机尾塞进树林，机头就完全指望树冠遮挡。

试验期间，Ta 154V-1飞机的最高速度几乎达到700公里/小时，速度方面轻松胜过对手，当然，由于进度领先，He 219和Ju 388J飞机都全副武装，而且安装了雷达。第三架原型机Ta 154V-3安装了全部武器和雷达，即使这样，飞机的最大速度只比第一架原型机少75公里/小时。随后，福克-沃尔夫公司生产了一小批Ta 154A-0飞机用于进一步试验。Ta 154V-8是第一架安装1750马力Jumo 213发动机的原型机。

当时福克-沃尔夫公司计划递交四个Ta 154A后继方案，Ta 154A-1是双座昼间战斗机，Ta 154A-2是单座昼间战斗机，Ta 154A-3是训练机，Ta 154A-4是双座夜间战斗机；Ta 154B-1和Ta 154B-2是计划在前机身安装金属板（资料未详细说明，可能是防弹装甲）的型号，但是方案很快被放弃；Ta 154C是安装Jumo 213发动机的型号，计划的几个型号分别是：Ta 154C-1是双座夜间战斗机，Ta 154C-2是单座战斗轰炸机，Ta 154C-3是双座昼间战斗机。

时过境迁，此时德国的形势十分糟糕，Ta 154飞机研制期间遇到一个很棘手的问题，那就是用于木质胶合板生产的酚醛树脂粘结剂工厂（在伍珀塔尔）被英国皇家空军飞机炸毁，其他紧急替代品未能达到性能要求，因此造成几架飞机坠毁事故。尽管时局相当艰难，还是有几架Ta 154飞机交付给了新成立的第154试验单位（Eprobungskommando 154[①]）进行试验，试验发现，飞机的起落架不够结实，几架飞机都出现过与起落架有关的事故。和很多作战飞机方案一样，1944年8月，Ta 154飞机项目被叫停，福克-沃尔夫公司仍可以使用的6架飞机被改进成子母机。企图挽救德国行将灭亡的命运，福克-沃尔夫公司

Ta 400轰炸机只存在于人们的想象中。德国空军曾傲视群雄，“辉煌”的背后就是其战略空军建设比较落后，这点远远比不上英国皇家空军，更难以比肩美国陆航。并不是德国不想发展战略空军，只是德国资源和国家军事战略并不支持战略空军。

Ta 183项目有两个方案，上图中就是第一个方案，第二个方案延长机身，采用向后滑动开启座舱，水平尾翼也改在后机身处。作为紧急项目，德国空军选定第一个方案来满足当时的防空需要，即使这个方案也处在风洞研究阶段。有意思的是，西方觉得苏联米格-15战斗机就是根据德国Ta 183项目产生的，这完全是无稽之谈。

① 这是临时性单位，单位番号跟机型编号对应，单位成员来自研制单位和作战单位，一般是借调人员，试验任务完成后试验单位就解散。

Ta 152H是在Fw 190战斗机的基础上改进的，两者气动布局类似，但是前者的内容改进较多，飞机的性能大幅度提高，它和美国P-51“野马”、英国“喷火”战斗机并称为螺旋桨战斗机发展的巅峰。

还提出了一个安装Jumo 213E发动机的Ta 254飞机项目，这个方案飞机实际上是Ta 154飞机的深度改进型，计划前机身采用金属结构，飞机采用双座舱，翼展大大延长，方案在论证阶段就被取消。

库尔特·谭克教授计划设计的另一款飞机是Ta 153单座战斗机，飞机安装1台DB 603发动机，其气动布局跟Fw 190战斗机十分相似。这个Ta 153项目计划与梅塞施密特公司的第二款Me 209战斗机（Me 209-Ⅱ，第一个Me 209-Ⅰ是比赛飞机）竞争德国空军下一代战斗机，这个方案提出不久谭克就感觉不现实，新机研制时间太长，德国已经等不及了，为此，谭克决定在Fw 190H的基础上研制Ta 152H战斗机，这个型号比Ta 153飞机要简单一些，时间上可以尽快完成研制并投产装备部队，下文会介绍Ta 152H飞机。德国灭亡前，福克-沃尔夫公司还提出过几个先进飞机方案，如Ta 400六发重型轰炸机，Ta 183喷气战斗机，Ta 283冲压动力截击机和垂直起降战斗机（Triebflügel，意思是喷气机翼猎杀者（thrust-wing hunter））方案等等，这些方案在二战结束前都没有完成。

第一章　自成一派——Fw 190战斗机的诞生

Bf 109战斗机在1938年春天装备德国空军后，空军觉得应该再装备一个型号战斗机。Bf 109是当时世界最先进的战斗机，在西班牙战场，Bf 109战斗机表现了远超苏联战斗机的作战性能。与Bf 109战斗机性能相似的当时只有英国“喷火”战斗机和日本三菱公司的“零”式战斗机，日本远在天边姑且不论，德国空军的心头大患是英国战斗机。英国皇家空军“喷火”战斗机首飞只比Bf 109战斗机晚几个月而已，最大的危险是，如果德国Bf 109战斗机性能被英国人破解，那么德国空军的优势地位将不保，在世界范围内，只有英国有这种能力，1940年8月开始的对英作战期间也出现过最新型号Bf 109F被英国人缴获的事件，英国人不失时机地对德国这个最新型号战斗机进行了详细研究。除此之外，一个国家只装备一种战斗机的装备体制并不利于全面的战争，即使是和平时期也是如此，当时的英国皇家空军除了性能最好的“喷火”战斗机外，还装备着性能稍逊的“飓风”战斗机，“喷火”研制时间比“飓风”迟，这是造成前者性能先进的原因，并不是英国皇家空军有意搞什么高低搭配。“喷火”战斗机问世后，英国又研制几个型号战斗机，如“台风”、“暴风”战斗机等。德国空军的装备体制构想也是装备两种战斗机，一方面防止Bf 109战斗机的优势被取代，另一方面，晚出现的战斗机要力求在性能上超过德国Bf 109和英国“喷火”战斗机。为此，德国航空部在1938年主动要求福克-沃尔夫公司设计一款新型战斗机。

Fw 190原型机

收到德国航空部的新型战斗机技术规范后，谭克教授向公司项目办公室出具一份报告（报告似乎是后来的回顾，不是Fw 190飞机项目前的指导文件）：

递交的几个方案飞机都围绕着一个概念，那就是飞机比梅塞施密特公司的Bf 109飞机更加结实耐用，其中一个方案被（航空部）接受，我们接到命令生产几架原型机，飞机的编号是Focke-Wulf 190。

当时世界上飞得最快的梅塞施密特公司的Bf 109和英国“喷火”战斗机可以简单看作在尽可能小的机身前方安装1台很大的发动机，因此，这两种飞机都在之后考虑逐渐增加武器系统。如果给予其精心的照顾，Bf 109和“喷火”战斗机可以被比作赛马，能在比赛中轻易取胜。如果环境恶劣或照顾不周，这些“赛马”就很难取得佳绩。在第一次世界大战期间，我当过骑兵和步兵，见识过非常恶劣的环境，这种条件下，军用设备必须能正常地工作。我确信另一种战斗机（相对于Bf 109和“喷火”）应该在未来的战争中有一席之地，（这种战斗机）可以在前线简易粗糙的机场起降；只经过简单培训的人员就可以驾驶和维护保养飞机；飞机承受巨大的破坏（也就受损严重）也能够飞回基地。这就是我对Fw 190飞机的背景思考，它不是一匹“赛马”，而是一匹不折不扣骑兵用的“战马”。

Fw 190的基本气动布局完全是常规式的，机头布置发动机加单翼在那个时候被认为是高性能战斗机最有效的布局，下单翼设计可以为起落架提供常规的起落架舱（这句话是针对上单翼布局导致起落架舱和起落架结构设计困难和复杂），这也意味着起落架支臂可以更短一些。同时，下单翼布局也可以提高飞行员的视野。根据我个人飞行的经验，我知道，对一名战斗机飞行员来说，尽可能的良好全向视野对他们有多么的重要，因此，我们决定为新战斗机设计一种无复杂结构框的水泡形座舱，后来这种座舱变得十分流行，但是，在1938年，多多少少这算得上是一次革新。

尽管新型战斗机必须坚固耐用，但在空中的操纵必须良好，要达到这个目的就得让飞机的控制舵面面积必须足够大，当然必须要精心地设计以达到气动方面和综合性能的平衡：如果欠平衡（气动补偿不

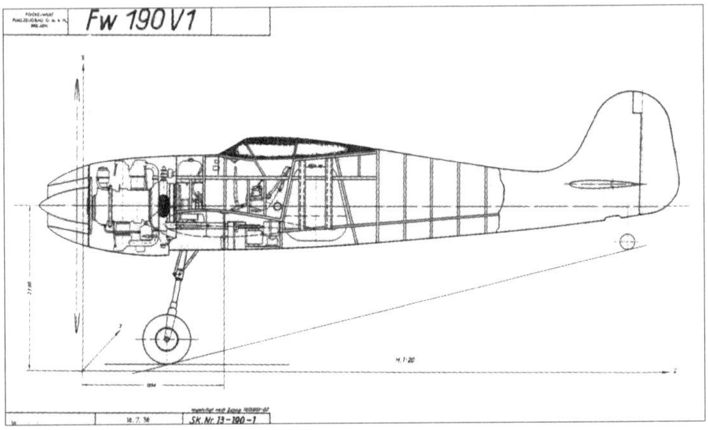

从这份文件的日期（1938年7月18日）判断这是福克-沃尔夫公司较早的Fw 190飞机方案，座舱较为低矮，桨毂罩很大，主起落架向后回收。

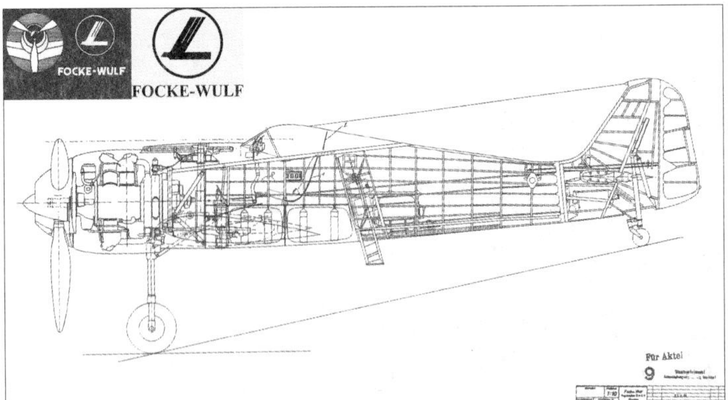

这是福克-沃尔夫公司资料显示的Fw 190飞机早期方案之一，飞机的前起落架向后收回机身，后来这个设计被放弃。画中画是公司标志，几经变化，右侧是最终采用的。

这是Fw 190飞机另一个早期方案，主起落架舱设计在机翼上，起落向后收回舱内。机翼上这种鼓胀的起落架舱无疑会增加飞机阻力，因此这个设计在早期阶段就被放弃。值得注意的是翼根伸出的机炮，说明此时德国空军已经将机炮考虑在飞机设计中。

足），控制舵面就会变得沉重，操纵效率降低；如果过度平衡（气动补偿过度），又会带来其他方面的问题。我们在Fw 190飞机上做了很多工作以便从控制上获得积极的和迅速的响应（也就是控制舵面快速响应以完成飞行员操纵目的）。在操纵杆和控制舵面之间，我们采用刚性连杆，而不是常规的柔性钢缆和滑轮组。柔性钢缆用久会出现松弛现象，因此在控制上会出现延迟。

我们为新型战斗机选用气

在全尺寸飞机生产之前，需要制作等比缩小的木质模型来供生产参考，飞机表面画了很多线。这个阶段，起落架已经移到机翼中部，起落舱在机腹部。注意看翼根为安装机枪预留的位置，右下小图是模型的风洞试验。

冷式星形发动机有两个原因：第一，气冷发动机比液冷发动机更加结实耐用，也更能承受破坏；第二，当时德国宝马公司正在进行台架试验1550马力的BMW 139发动机原型机，这款发动机比任何一款液冷发动机的功率都大。如果我们的“战马”在性能上要达到“赛马”的水平，我们会选择发动机功率更大的发动机。有人猜想我必须跟德国航空部进行艰苦的谈判才能让他们接受安装气冷发动机的战斗机，这其中内幕可能是个有趣的故事，但是，这不是历史。事实上，航空部内部有很高的呼声要求为德国空军装备这样一款战斗机。在西班牙内战期间，有几架苏联“拉塔”（I-16）战斗机被缴获并带回德国，试验测试表明，安装气冷发动机有利于提高飞机坚固耐用性能。再看看其他国家，特别是美国也在为战斗机研制功率大的气冷星形发动机，我们德国人不想在这方面落后于其他国家。

Fw 190飞机方案尚在概念研究阶段，德国只有两家公司在研制大功率气冷星形发动机，即位于柏林施潘道区的勃兰登堡发动机制造工厂有限公司（简称布拉莫）和位于慕尼黑的巴伐利亚发动机厂（简称宝马公司），布拉莫公司由原来的西门子-哈尔斯克发展而来，该公司发动机技术主要来源于英国布列斯托尔公司的“木星”发动机，这是德国在1929年购买的英国专利技术。“木星”发动机后来发展演变成Sh 22发动机，后者再发展演变成“布拉莫”323“法夫纳”（Fafnir，北欧神话中的一名侏儒，之后化身为龙）发动机，该型发动机采用燃油喷射技术和增压技术。在二战前，“法夫纳”发动机性能还算不错，至少较为稳定，在整个二战期间都在使用，共生产了5500台。但是，时至1936年，“法夫纳”发动机的潜力已经被挖掘殆尽，为此，布拉莫公司决定在1936年研制功率为1400马力的双列星形发动机，即“布拉莫”329。

德国宝马公司的发动机技术来源于美国普拉特·惠特尼公司，前者也在1936年前开始研制三种双排14缸BMW 138和BMW 139，以及18缸BMW 140发动机。有资料显示，宝马公司曾提出为Fw 190战斗机配备1300马力的BMW 138发动机，但是，在论证阶段这个提议就遭到否决，取而代之的是BMW 139发动机。1936年5月25日，宝马公司获得合同生产5台试验型号BMW 139发动机，这些发动机在1937年1—6月间完成生产。遗憾的是，试验型号BMW 139发动机的性能比预想的要差，宝马公司技术人员称可以通过增加一个两级增压器来解决问题。此后，宝马公司生产了第二批5台BMW 139发动机，这些发动机在1938年春天进行台架试验。

1938年年底，在德国属于小公司的布拉莫公司被德国

“布拉莫”329 和 BMW 139 发动机主要性能数据对比

	“布拉莫”329	BMW 139
排气量	40.2 升	41.2 升
重量	780 公斤	850 公斤
长度	—	1558 毫米
直径	—	1300 毫米
起飞功率	1400 马力	1500 马力
	2450 转/分	2700 转/分
爬升/作战	1580 马力	1410 马力
	2500 转/分	2000 转/分
额定高度	5700 米	7400 米

宝马公司收购，当时，德国航空部对德国航空企业进行了整合，要求一些小公司并入实力雄厚的大公司，为的是整合资源，减少企业数量，便于管理，以期为战争服务。1939年6月8日，布拉莫公司正式并入宝马公司，公司正式名称改为宝马勃兰登堡发动机制造工厂有限公司。合并后的公司产品编号以“800”开头，不是之前的“100”或“300”。

BMW公司的BMW 139双列14缸发动机，其功率达到1500马力，该型发动机后来演变成BMW 801发动机，成为Fw 190战斗机的动力装置。

研制BMW 139发动机的一名工程师埃尔温·施奈泽尔博士原供职于德国道尼尔公司，1936年12月1日进入宝马公司，他回忆称：

BMW 139发动机设计比较保守，技术基础仍来源于美国普拉特·惠特尼公司的专利，发动机设计输出功率是1500马力。但是，1938年早期，宝马公司技术部的主管变更，具有前瞻意识的原德国航空部GLC-E3部门主管赫尔穆特·萨克瑟取代了经验丰富，但却保守的马克斯·弗里茨博士。

企业并购后，新公司发动机编号做了调整，新发动机技术也主要采用美国普拉特·惠特尼公司的，宝马公司原来递交的18缸BMW 140发动机被放弃，取而代之的是重大改进的BMW 802发动机。不幸的是，BMW 802发动机设计太过复杂，尽管在这个项目上投入了大量精力，新发动机还是从未超过50小时满负荷运转测试。由BMW 139发动机改进而来的BMW 801麻烦少一些，因为改进的幅度并不那么激进，比如增加汽缸的肋片以提高结构强度，增加一个两级增压器，最重要的是增加一个操纵杆，这就是所谓的控制器。BMW 139和BMW 801发动机的外部尺寸基本一致，发动机罩、油冷却器、排气和冷却风扇仍然保留。但是，发动机内部设备安装位置进行了大幅度调整，比如温度传感器、发动机VDM液压控制单元和油冷却单元的空气控制装置等，快速分离的发动机防火墙也进行了优化处理。早期共生产了三个型号BMW 801发动机，BMW 801A和BMW 801B是用于机翼安装的型号，BMW 801C是为Fw 190单发战斗机研制的型号。

宝马公司的彼得·卡普斯也描述了BMW 139和BMW 801发动机之间的差别：“尽管BMW 801发动机是在BMW 139发动机和‘布拉莫’329发动机技术基础上诞生的型号，实际上，BMW 801是全新设计的发动机，发动机有了很大的提高以便满足苛刻的技术要求。结构强度增加的发动机曲轴、更加粗壮的主杆和其他方面的改进使得BMW 139和BMW 801发动机的重量也有所不同，前者的重量为850公斤，后者的重量为1012公斤。”从这点可以看出，BMW 801发动机在装备使用前还有很多工作要做，毕竟这几乎是全新设计的发动机。

尽管研制过程遇到很多问题，库尔特·谭克从来就不后悔为新型战斗机选用气冷发动机，他说：

气冷星形发动机装备Fw 190战斗机后，当新战斗机进入德国空军服役时，这种气冷发动机快速恢复能力在战争中一再证明具有优势，有几次一些战斗机在整个汽缸被打掉后仍能返回基地正常着陆。对于液冷发动机来说，一旦飞机的冷却系统被击穿，冷却液体流光，那么，发动机的工作寿命只有短短的三分钟。

跟所有成功的飞机相比，Fw 190战斗机设计是十分优秀的，它是团队精诚合作的结晶，我敢说，一个优秀的设计师本人可以设计出这么先进的战斗机，但是至少他要花八年的时间，而且那时几乎没有人对此有丝毫的兴趣。一款战斗机的设计价值在于能让战斗机快速问世，因此，设计团队紧密合作十分重要。我的助手威利·卡特尔负责协调这方面工作。鲁道夫·布拉泽（Fw 159飞机设计者）在设计办公室其他人的帮助下设计了Fw 190机体结构，他是个非常聪明，有实际经验的工程师，他总是能设计出精巧的特别结构达到技术规范要求的设计强度。路德维希·米特胡伯是Fw 190项目办公室主任，汉斯·桑德尔（Fw 200试飞员）和库尔特·梅尔霍恩（Fw 191V-1首飞试飞员）将担负早期的飞行测试项目，他们已经试飞了公司多种型号飞机，他们俩在Fw 190飞机设计之初就参与进来，他们对于飞机的控制有很大的发言权。总的来说，Fw 190的设计队伍核心主要包括十二个人。

新型战斗机的第一个确定方案，即第187技术方案在1938年7月27日正式公布，这个方案的福克-沃尔夫公司名称是Fw 190方案Ⅰ。方案要求飞机具备优异的操纵品质和作战性能，并且可以在最短的时间内投入批量生产。虽然设计简单，但所要求的高性能完全可以达到，最主要的是，飞机的次要系统设备可以在不增加工作量的情况下进行安装或更换，这句话实际上是说飞机的升级改进方便。由于设计上没有采用复杂的液冷或液压系统，飞机的可靠性可以达到最优，从当前德国或其他国家的实践来看液冷和液压系统经常会引起各种问题。通过精心设计维护舱口和合理的设备布置，飞机的维护保养可以达到简单方便。飞行员的防护可以通过发动机和油箱来实现，巨大的发动机可以为飞行员提供很大部分正面防护，而油箱通

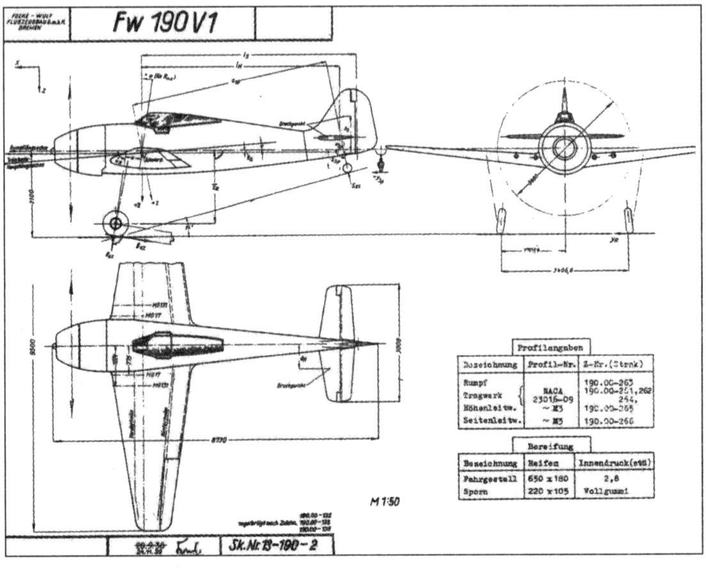

文件显示的时间是1939年11月24日，实际上这个方案草图应该是1938年9月20日的，飞机的武器系统为翼根2挺MG 17或MG 131机枪，发动机上方没有武器。

常要设计得比较坚固防止被小口径子弹击穿。

要满足上段中对飞机的性能要求，Fw 190飞机必须采用悬臂式下单翼布局，可回收起落架由气冷发动机提供的电力控制。尽管气冷发动机的直径相当大，通过精心的气动设计，可以在外形和受限制的尺寸上达到最佳以满足飞机良好操纵品质的要求。飞机的转弯性能是需要强调的重点，另外，通过增加简单的装置来有效地降低着陆速度。

为了减少建造工时，允许非熟练工人操作，Fw 190飞机的结构在设计上尽可能地简单，机身、机翼和尾翼单元采用硬壳结构，现代飞机多采用半硬壳结构。硬壳结构意思是飞机纵向完全由蒙皮（壳体）承受应力，它的优点是建造简单；而半硬壳结构指的是机身纵向受力部件，由纵向大梁与机身蒙皮共同受力的结构，一般说来弯矩和剪力由纵向结构承担，扭矩由蒙皮承担。其特点是结构布置更加灵活，重量更轻。Fw 190飞机在制造时，机身、机翼和尾翼单元被分成几个部分制成硬壳结构，最终拼装在一起，这种建造方法比当时德国普遍的建造方法省时省力省钱。其他飞机一般都有发动机支撑结构，发动机就

Fw 190飞机的机翼和水平尾翼设计成一个整体，这样简化了工艺，便于大规模生产，另一个好处就是飞机结构强度高。

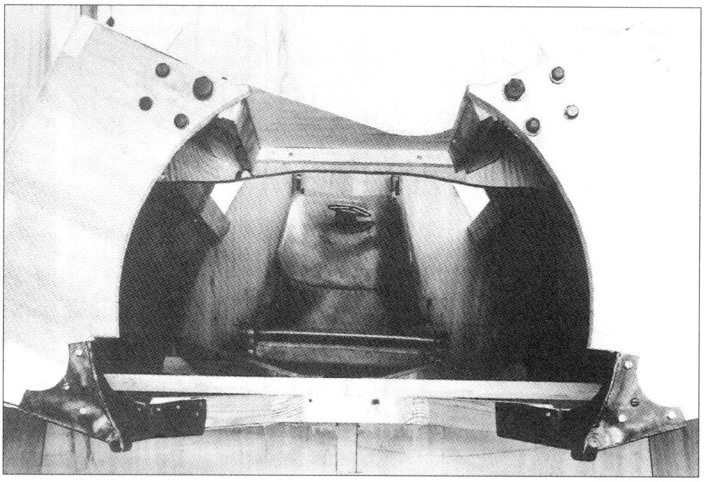

（上下图）早期阶段的全尺寸木质模型，飞机结构一目了然，上图中可见金属座椅。

布置在这个支撑之上，但是，Fw 190飞机省去了这个支撑结构，发动机直接与机身连接。机翼独立建造，也就是两侧机翼通过中央翼盒设计成一个整体，最后通过翼梁凸缘与机身连接在一起，这种方法省去了常规昂贵复杂的装配工作。

Fw 190机翼采用后缘分裂襟翼（也称为开裂襟翼），这种襟翼像一块薄板紧贴在机翼后缘下表面并形成机翼的一部分，使用时放下（即向下旋转），在后缘与机翼之间形成一个低压区，对机翼上表面的气流有吸引作用，使气流流速增大，从而增大了机翼上下表面的压力差，使升力增大。除此之外，襟翼下放后，增大了机翼翼型的弯度，同样可提高升力。这种襟翼一般可把机翼的升力系数提高75%—85%。在着陆过程中，放下襟翼可以明显地降低着陆速度。

可回收起落架设计也尽可能地简单，上文中提到的Fw 159战斗机设计了相当复杂的起落架，该机第一架原型机在第一次飞行中就出现起落架问题造成事故。Fw 159飞机这么复杂的起落架造成最严重的问题原因是可靠性差，维护保养更是恶梦。吸取这个教训，Fw 190飞机的起落架设计也要跟全机设计简单，维护保养方便的理念相一致。飞机后三点起落架通过电力驱动钢缆来回收起落架，主起落架向内收回翼根起落架舱，后起落架收回尾部机身内。伸出起落架不需要额外的装置，起落架靠重力伸出。早期方案中，主起落架向后回收，再旋转90度，让机轮水平塞进机翼起落架舱。明显，这个复杂的设计增加了不可靠性，因此早早被放弃。向内回收的主起落架轮距为3.20米，机轮采用轮刹，有利提高飞机滑行品质。

气冷发动机的优点是系统简单可靠、维护保养容易，由于没有液压发动机的液体冷却装置，气冷发动机只要打开维舱口盖就可以对发动机进行维护。而且，相当功率条件下，气冷发动机比液冷发动机更轻。发动机采用全自动电液驱动可变桨距三叶螺旋桨，其直径为3.40米。

靠近飞行员座椅的机身下方有两个具备自封能力的软油箱，油箱并不是固定的，可以视情况去除，前面的油箱容量为232升，后面的容量为292升，均采用C3标号燃油。C3航空燃油贫油指数（贫油气混合气辛烷值）为96号辛烷汽油（标号指的是做功能力），其富油指数（富油气混合气辛烷值）为150号辛烷汽油。英国和美国飞机采用高富油指数燃油常会使人误解某一种标号的燃油比另一种要好，这种观点并不正确，将某种燃油贫油和富油指数（“贫”与“富”，指的是航空汽油在混合气中所占的比例）综合考虑会更加准确，例如96/150号汽油。很多人没太注意，德国纯提练燃油，如A3和B4燃油是蓝色的，而合成燃油，如C2和C3燃油是绿色的。下表是宝马公司采用燃油喷射技术的14缸双排星形BMW 139发动机的技术参数：

最大短时输出功率	1分钟	1500马力(起飞功率)
短时输出功率	5分钟	1410马力(4500米)
增加持续输出功率	30分钟	1270马力(4900米)
持续输出功率		1150马力(5400米)

技术人员希望以后在飞行员座椅下方和后方布置大型油箱，这样可以有效地保护飞行员的后方。Fw 190的座舱罩设计也相当有特色，座舱罩向后滑动开启，福克-沃尔夫公司在Fw 159飞机上最早采用这种结构。另外，为了给飞行员提供良好的视野，座舱采用水滴形，飞行员前后视野都非常

好，当时德国空军主力Bf 109战斗机的飞行员后视视野比较差。另外，突出机身的座舱必须有足够的强度，这样飞机在倒扣状态时飞行员也可以逃出座舱。座舱内仪表精心设计，飞行员可以容易地判读仪表，减轻飞行员的工作负载让他专心地驾驶飞机和空中格斗作战。对于经常需要检查（修）和更换的设备，这里的维护舱口设计很重要，维护人员可以方便地直接操作。除了飞行和发动机仪表设备外，其他设备包括氧气系统和FuG Ⅶ无线电设备等。

新型战斗机的武器系统计划翼根安装2挺7.9毫米MG 17机枪，每挺机枪备弹800发；两侧机翼外侧安装2门20毫米MG 151机炮，备弹160发（2门）。飞机燃油量足够发动机在使用80%功率的情况下飞行1.5小时。机上电力设备由1000瓦24伏发电机提供，不同设备由断路器保护，如果电流过大，磁性遥控总开关会切断整个电源系统。发动机起动系统包括1个博世A1/SQC 24L-2惯性起动机，它有电动和手动模式。点火电流由一个外部连接器来提供。

第187技术规范，或称Fw 190方案Ⅰ演变的第一架飞机就是Fw 190V-1原型

这三张照片是第一架原型机生产前制作的木质模型，它可以显示飞机主要部件的安装位置，起落架位置、翼根机枪位置和发动机安装支撑等相当清楚。模型机腹下方类似独木舟的是雪橇起落架，下文有述。

Fw 190 战斗机估计性能参数

翼展	9.50 米
长度	8.65 米
高度	3.40 米
机翼面积	14.9 米²
正常起飞重量	2750 公斤
最大速度和所在高度	550 公里/小时在海平面
	605 公里/小时在 2000 米
	662 公里/小时在 4000 米
	690 公里/小时在 5600 米
	680 公里/小时在 7000 米
爬升高度和时间	2000 米需 1.6 分钟
	4000 米需 3.1 分钟
	6000 米需 4.9 分钟
	8000 米需 7.5 分钟
海平面爬升率	21 米/秒
实用升限	11000 米
正常航程	1000 公里
着陆速度	135 公里/小时

机[1]，序列号为W.Nr.0001，飞机民用代号是D-OPZE。1939年6月1日，Fw 190V-1飞机进行了首飞，驾驶飞机的是福克-沃尔夫公司首席试飞员约翰·汉斯·桑德尔中队长（Flugkapitän，不是军衔，是职位，指试飞队伍的长官）。这架原型机安装的BMW 139V-38发动机，其起飞功率为1500马力，5400米高度时的功率为1150马力。整个发动机都被整流罩罩住（因此也称发动机罩），发动机桨毂也被罩住，因此螺旋桨叶片似乎穿出整流罩。

从头（桨毂）到后，发动机整流罩似乎是一个整体，实际上桨毂罩与发动机罩是分离的，前者被称为管道式桨毂罩（Doppelhaube），这不仅仅是在发动机前加一个整流罩以达到减小阻力的目的，BMW 139的管道式桨毂罩设计上更为复杂，也是世界上首次在战斗机上采用，它首先具备的功能就是减小阻力，气冷发动机突出的一个特征就是直径大，迎风阻力也大，因此在头部，即桨毂位置加装整流罩是减阻力方法之一。但是，加装整流罩不能影响发动机散热，对于技术人员来说，必须找到收益的平

木质模型显示的座舱布局。新机研制早期阶段，各国都会生产本质模型进行分析，比如苏联有专门的模型审查委员会，争取把问题发现在早期。有的国家，例如当时英国，省去这个步骤造成的后果很严重，返工改进工作量非常大。

① 笔者写过《尖叫死神——Ju 87“斯图卡”俯冲轰炸机》和《长空鹰隼——二战德国Bf 109战斗机战史》，发现外文资料在原型机编号书写上存在着差异，比如很多资料写成“Fw 190V-1”，而其他资料写成“Fw 190V1”，从福克-沃尔夫公司图纸资料看大部分是后者，也有少数是前者的。即使本公司图纸的写法也不代表正确，很多本公司的人，或权威资料也常表述错误，比如美国军用设备编号有明文规定，战斗机编号有连字符，如F-15、F-16等，而发动机编号中没有连字符，如F110、F136等，但是，生产F136发动机厂家员工却写成了F-136，这明显是错误的，近年来流行将F-15写成F15也是错误的。德国的到底是“V-1”还是“V1”有待日后资料证实。

衡点，也就是精心设计整流罩满足各方面要求。对于这种创新式的管道式桨毂罩，并不是每个人都喜欢，此前，福克-沃尔夫公司和宝马公司的工程师为此进行了激烈的争论。宝马公司的工程师埃尔温·施奈泽尔并不喜欢这种设计，他说：

基于汉斯·莫索普对于压缩性的计算，福克-沃尔夫公司接受了管道式桨毂罩概念，据估计，加装桨毂罩后飞机的速度可以提高40公里/小时。为了解决赞同方和反对方的争论，必须进行实机对比飞行测试，担负试验的是2架Fw 190飞机，1架飞机安装BMW 139标准发动机（没有桨毂罩），另1架飞机安装管道式桨毂罩。测试的结果是，安装桨毂罩的飞机速度竟然比不安装的慢了20公里/小时，这大大出乎意料。但是，福克-沃尔夫公司并不打算放弃，经过计算技术人员发现，原来在螺旋桨和发动机罩之间留下的2.5厘米缝隙导致螺旋桨轴部吸收大量空气，这个现象进一步导致了阻力。因此，我设计的标准发动机整流罩、油冷却器和进气口获得了采纳。后来独立的排气管又进行了一些调整，机枪也从机身移到机翼。

给螺旋桨安装管道式桨毂罩的初衷是减阻，而事实却是安装桨毂罩比不安装的飞机速度还要慢。这里还涉及发动机散热问题，最终这种多此一举的桨毂罩被放弃。

不来梅生产厂中正在装配的Fw 190V-1原型机，加了桨毂罩使得飞机看上去比较匀称。这架原型机后面同时在生产的是Fw 189飞机，各个飞机研制单位的飞机研制时间上都有重叠。

原型机首飞

除了安装管道式桨毂罩，第一架原型机还计划安装10叶桨的冷却风扇，风扇由发动机减速器来驱动，前者的转速是螺旋桨的三倍。由于交付延迟，第一架原型机Fw 190V-1首飞时并没有安装冷却风扇，

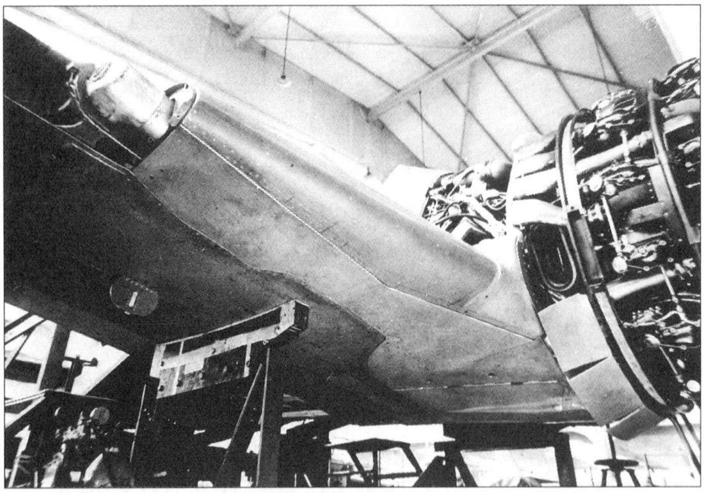

近距离看一下Fw 190V-1飞机的主起落架，部分舱门布置在起落架支臂上，还有一小部分在机腹。注意看粗壮的转动轴。

没想到因此引起很多严重的问题，桑德尔回忆称：

我一生中飞过很多漂亮的飞机，从来没有一次飞行比我第一次驾驶Fw 190飞机更加令人愉快，在出厂前的组装线上第一眼看到这款比例匀称的战斗机我就深深地爱上了它。我驾驶第一架原型机在1939年6月1日升空，飞机没有让我失望。升空后，在大约2000米高度，我开始螺旋爬升，螺旋爬升的目的是保持飞机在机场上空，让地面人员便于观察飞机和飞行。在不同的速度条件下，我做了两个高速转弯动作，同时我记录下了转弯动作所需杆力。从气动方面来说，原型机操纵起来相当舒服，总的来说，整个飞行过程中，控制相当轻柔、敏捷、均衡，我根本就不需要使用水平尾翼调整片（气动补偿片）。

这次首飞，我只穿了一件很薄的飞行服，常规靴子和飞行头盔，氧气罩处在松脱状态。起飞不久，我开始大量出汗。发动机的后部紧挨着座舱前壁板，发动机附件匣就在我的脚和脚踏板处，发动机散发的热量使得座舱温度急剧上升到55℃，我感觉我的脚在火堆里炙烤，座舱里的温度虽然还能让人忍受，但是此后飞行过程中我感觉就像是烤架上的肉任凭火烤。

更危险的潜在威胁是，座舱周围的密封效果很糟糕，发动机排出的废气通过缝隙钻进座舱。幸运的是，我用手拿着氧气罩紧扣着我的面部（正常情况，戴上的氧气罩与面部有缝隙）。以前我在雷希林差点发生事故，当时，我吸入过多一氧化碳而染病，这次病情影响直到六个月后才彻底消除（一氧化碳对脑部损伤较大，恢复特别慢）。我一只手紧紧地压住氧气罩，另一只手操纵飞机，整个首飞过程中我几乎呼吸的都是纯氧气。

首飞后不久的1939年7月3日，希特勒、空军司令戈林、空军装备部主管厄恩斯特·乌德特、空军巡视总监厄哈德·米尔希和国防军总司令威廉·凯特尔上将，以及随行人员到雷希林空军试验站进行了参观，在此，试验站向德国军方高层展示几款新型作战飞机，包括He 176火箭动力飞机、He 178喷气飞机、Hs 128V-1高空研究飞机、Fl 265直升机（弗雷特纳公司)、Bv 141高空侦察机和Fw 190V-1战斗机原型机等。

随着飞行试验的展开，Fw 190V-1原型机暴露出大量问题，特别是发动机罩引起的问题，这方面的问题大部分是由管道式桨毂罩安装位置引起的。1939年10月31日，雷希林试验中心富有经验的试飞员，战斗机评估大队指挥官海因里希·博维斯在不来梅驾驶Fw 190V-1飞机进行了短暂的测试飞行，他的试验报告对新型飞机的评价很有意思：

相对Bf 109战斗机，我们本能地从一开始就偏爱Fw 190飞机，关于这个观点的原因我详细地写在报告里。高速飞行时，Fw 190飞机的操纵力（通常所说的杆力）比较低，飞机的滚转率非常高。而且，飞机在设计上十分强调宽起落架轮距和机体结构强度，特别是机腹迫降时机体结构强度高才能保证飞机不散架。Fw 190飞机的后视视野极佳，宝马公司的星形发动机在遭到敌火力射击时不容易损坏，抗打击能力好。有人不相信Fw 190飞机转弯性能不好，我们的报告称：“还没有确定Fw 190战斗机的转弯半径是否比Bf 109的要小。”在我看来，这（指仅仅比较转弯半径）可能会引起误解，事实上，Fw 190飞机的转弯半径还没有测量，但这不是问题，真正的问题是转弯次数，在这方面来说，Bf 109飞机无疑明显占优。然而，Fw 190飞机完成一个完整滚转机动仅需要4秒钟，而Bf 109飞机却需要5秒钟。采用早期15米2机翼的Fw 190飞机的滚转率相当高，但是，我们还是建议福克-沃尔夫公司增大机翼面积。

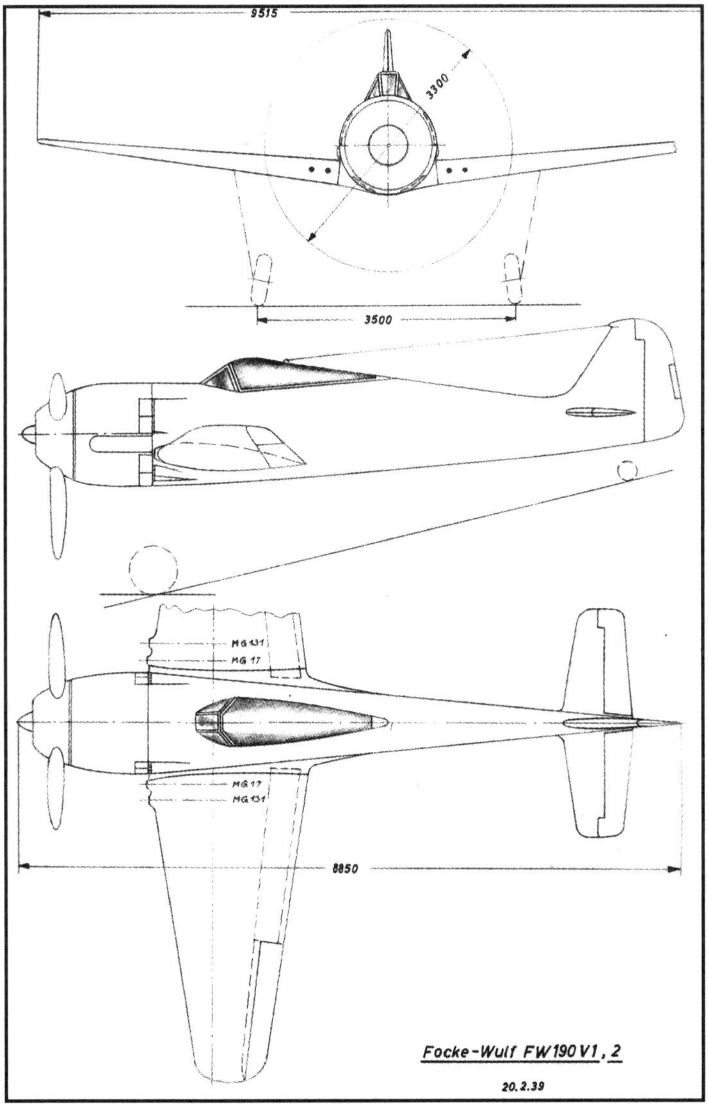

1939年2月20日的Fw 190V-1和V-2原型机线图，跟上文中1938年的图有了一些区别。

在仔细分析飞机的飞行表现后，海因里希·博维斯突然透过现象发现了Fw 190飞机的阿喀琉斯之踵，他说：“这个型号飞机的未来完全依赖于发动机的发展，Fw 190V-1原型机的BMW 139发动机让我的脚实在热得难受！”

就在海因里希·博维斯驾驶Fw 190V-1进行测试的当天，第二架原型机Fw 190V-2（序列号W.Nr.0002，机身编号FO＋LZ）也进行了首飞，这架飞机安装的是BMW 139V-31发动机，跟第一架原型机一样，Fw 190V-2原型机也没有安装冷却风扇。而且，这架原型机的起飞重量上升到了3125公斤，增加重量的原因是飞机安装了FuG Ⅶ无线电设备和Revi C/12C瞄准

当时手绘的Fw 190战斗机想象图。

具[①]，以及机翼翼根安装了2挺MG 131机枪（每挺备弹470发）和2挺MG 17机枪（每挺备弹750发）。MG 17机枪在机翼翼根，非常靠近机身，其外侧是MG 131机枪。技术人员还提出了机翼翼根2挺MG 17机枪（备弹1500发/挺）和发动机上方2挺MG 17机枪（备弹940发/挺）方案。

Fw 190V-1原型机正在进行首飞前的发动机试车。注意看机轮的整流罩（兼作舱门）有一半折起，松软的地面，特别是沙质和积雪跑道常会刮坏兼作舱门的整流罩，因此在这些地区使用时，地勤人员常会将其去掉。

首飞不久后，Fw 190V-2原型机终于安装了10叶桨冷却风扇，1939年12月1日、6日和12日，原型机对冷却风扇进行了飞行测试。冷却风扇起到了一点冷却作用，但是，发动机还是过热，最后设计人员认定问题出在管道式桨毂罩，上文中已经谈到埃尔温·施奈泽尔对桨毂罩的看法，技术人员首先得通过对比来比较一下有和无桨毂罩对飞机速度和其他方面的影响，为此，Fw 190V-1原型机被送回福克-沃尔夫公司工厂将管道式桨毂罩去掉，也就是常规发动机安装布局。这个改进期间，这架原型机被喷涂了全套德国空军飞机标识，原来民用代号改为军用代号：FO＋LY，军用代号实际上是无线电呼叫代号，作战单位并不使用。1940年1月25日，改装后的Fw 190V-1原型机进行了首飞。此后，Fw 190V-1

准备首飞。这个角度看兼作舱门的机轮整流罩并不是平的，有一半可以折叠将整个起落架舱盖住，后来这个折叠部分被去掉。

① Revi是德语Reflexvisier的缩写，意思是反射式瞄准具，Ju 87“斯图卡”俯冲轰炸机也安装这个型号瞄准具，但书写方式是C-12-C，正确写法应该是Revi C/12C，书写不规范、不统一给读者带来很大麻烦。

一名地勤人员正将空弹药箱从起落架舱塞进武器舱，这个阶段原型机还没有安装武器。

和Fw 190V-2原型机进行了一系列对比飞行试验，试验结果表明为减阻目的增加的管道式桨毂罩竟然阻力更大，飞机的速度比不安装的慢了20公里/小时。根据试验结果，管道式桨毂罩被放弃，其后的Fw 190原型机也不再安装。

Fw 190V-2原型机首飞后向空军司令戈林进行了展示飞行，飞机的优异性能给戈林留下了深刻的印象，不久，福克-沃尔夫公司收到首批40架预生产型Fw 190A-0飞机订单，毫无疑问，这个订单受到戈林个人印象的影响，订单数量不仅多，而且下单的速度也比此前飞机的要快。1940年3月2日，采用RM＋CB无线电代号的Fw 190V-2原型机在滑行过程中突然翻滚起来，飞机受损，

Fw 190V-1原型机首飞前照片，最下一张是高速滑行试验，尾轮离地，主轮不离地。此时飞机机身没有任何标志，也没有喷涂油漆。飞机座舱罩是整片玻璃，飞行员后视视野良好。

Fw 190V-1原型机升入空中，飞机已经采用了机徽。

飞行中的Fw 190V-1原型机，飞机的头部显得特别大，注意尾轮半收入机身。

首飞成功后，飞机两侧机身和机翼下表面都喷涂了民用登记号：D-OPZE。一位技术人员看着飞机启动准备升空试验。

1939年夏天在雷希林试验中心举行的面对德国高层展示会上，德国航空部门拿出了正在研发的各种最新科技产品，Fw 190V-1原型机也在之列。图中交谈的三人中正中是厄恩斯特·乌德特，其他两人是罗卢夫·卢赫特（左）和德国航空部技术部的卡尔·弗兰克（右），图中远处是1架Ju 87“斯图卡”飞机。

驾驶飞机的是埃瓦尔德·罗尔夫斯博士。事故前，这架原型机飞行时间已经达到了50小时。飞机修复后的1940年9月间，Fw 190V-2原型机被送到塔纳维兹试验站进行武器系统试验，德国其他作战飞机的武器系统试验大都在此处进行。1940年6月11日，Fw 190V-1原型机飞到雷希林试验中心，其间6月28日至9月26日，海因里希·博维斯驾驶Fw 190V-1飞机进行了六次飞行试验。这2架原型机一直进行着各类试验到1943年夏天。

更换发动机

到1940年夏初，宝马公司BMW 139发动机被彻底放弃，截至此时，该型号发动机已经生产了47台，慕尼黑和柏林施潘道区的发动机生产厂都转产到改进型BMW 801发动机上。此前的1939年4月，德国航空部下单订购730台BMW 801发动机，首批发动机在1940年2月交付，截至当年年底，宝马公司共生产232台该型发动机，其中200台是为Do 217E轰炸机研制的BMW 801A和BMW 801B型号，32台BMW 801C-0发动机是专门为Fw 190战斗机研制的型号。由于放弃了BMW 139发动机，Fw 190V-3和Fw 190V-4

地勤人员在检查Fw 190V-2原型机的BMW 139发动机，早期发动机麻烦不断，需要频繁地检查。

原型机生产停止，2架原型机当时正在进行机体结构建造，计划安装的就是BMW 139发动机。其中Fw 190V-3原型机结构建造已经完成，后来该机被当作拆用件飞机，尚未完成建造的Fw 190V-4飞机被用来进行静力破坏试验。德国原型机生产跟其他国家有一些不同，由于中途变更，在建的原型机被放弃而不再使用（只是进行废物利用），有的国家出现变更情况通常会继续使用。德国在这种情况下，编号（序列号）也停止使用而另用新编号，其他国家没有使用的飞机不赋予编号，或是停止使用后飞机编号给下一架飞机。从下文情况看，德国航空部，也许是研制单位提前（甚至提前几年）给飞机编号，后来情况有变，编号也不再使用的情况，因此，在阅读德国飞机研制方面的文献时，经常遇到某个型号并没有进行下去便被放弃，编号不再使用的情况，比如下文中的Fw 190V-11就是计划安装美国发动机的原型机，实际上飞机根本就没有建造。

安装BMW 801发动机的飞机被称为第220技术规范，或称Fw 190方案Ⅱ，该型号飞机总体结构跟Fw 190方案Ⅰ的类似，除了发动机，其他方面小有差别，如武器系统为发动机上方2挺7.9毫米MG 17机枪（备弹750发/挺）和翼根2挺13毫米MG 131机枪（备弹550发/

Fw 190V-1原型机后来改进去掉了管道式桨毂罩，飞机也采用迷彩涂装。这架飞机还安装了10叶冷却风扇。

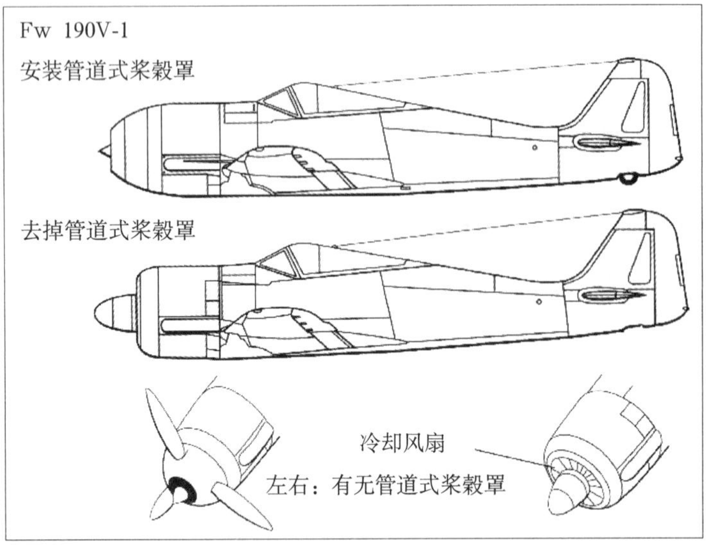

Fw 190V-1安装和去掉管道式桨毂罩对比图。

挺）。福克-沃尔夫公司总设计师库尔特·谭克夸赞新发动机优点时称：

除了增加了50马力功率，后来又改进增加了200马力，新发动机比BMW 139发动机更加可靠，而且不容易发热。安装新发动机的Fw 190V-5原型机在1940年4月初进行了首飞，尽管发动机功率增加50马力很有用，但我们发现新发动机重量增加了150公斤（相比

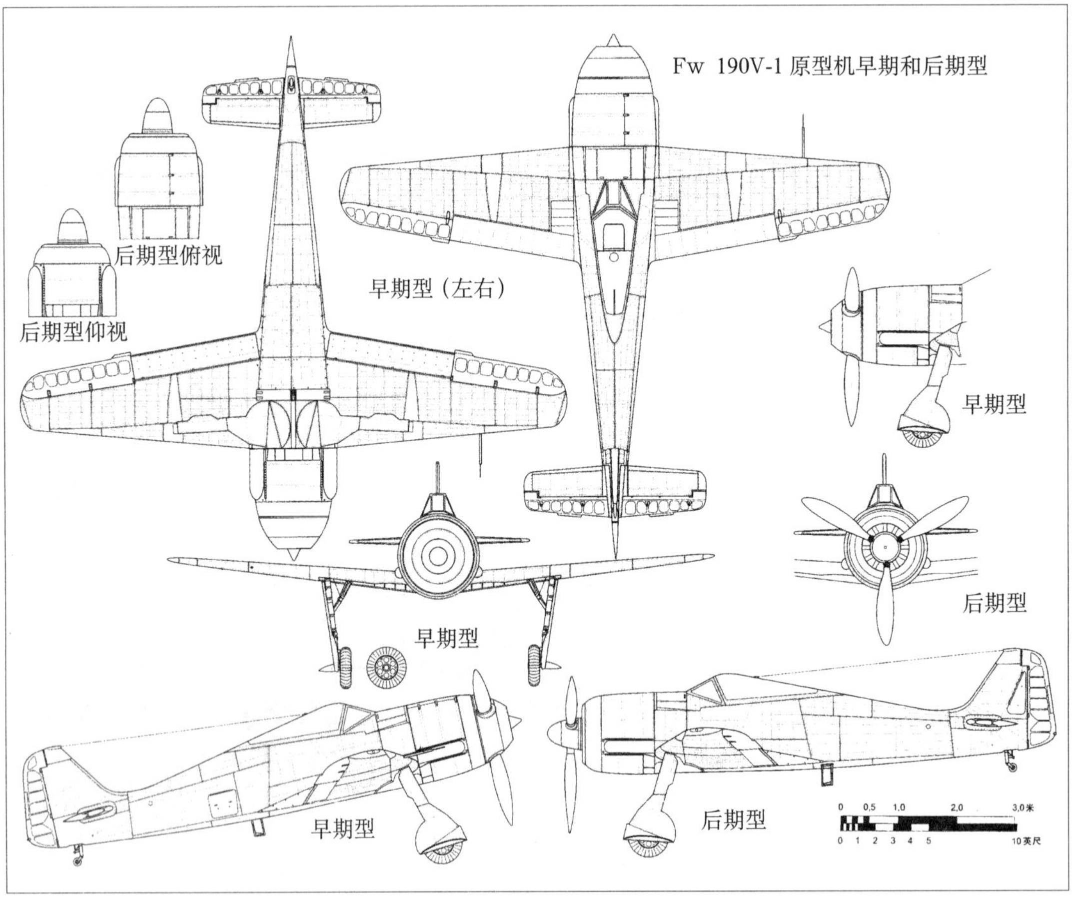

Fw 190V-1原型机早期和后期对比图。

BMW 139发动机），武器系统重量也增加了，还有德国空军现在要求增加新设备也增加了飞机重量，总的来说，飞机的空中重量增加了25%。起初，我们也发现BMW 801发动机冷却问题，但问题并不像BMW 139发动机上的那么严重，而且很快我们就改进降低到可接受的水平。

BMW 801C-0发动机功率达到1600马力，其功率比BMW 139的大，重量相应也重一些，为此，飞机机身结构必须重新设计以增加强度：座舱位置向后移动几厘米，机身长度由8.730米延长到8.798米，这两个改进带来两个额外的好处，一是进一步降低了座舱内温度，二是后移座舱腾出的空间便于在发动机上方安装机枪。座舱内部空间稍有减小，由于仪表板重新设计，座舱空间减小并没有造成负面影响。座舱罩后面的整流罩也进行了改进，即用杜拉铝板取代原来座舱罩部分有机玻璃，也就是将原来座舱罩一小半由透明玻璃改为铝板（参阅配图）。座舱后移唯一的缺点就是恶化了飞行员在滑行时的前方视野；垂直尾翼形状做了改进，其后缘调整片改为整个后缘镶嵌金属条的配平片，地勤人员可以根据实际情况在地面调整配平片的安装角度；飞机的空中重量增加（25%的增幅度还挺大），起落架也得使用更粗壮的支臂，而且其控制机械由液压系统改为电动系统。起落架舱门由原来设计在起落支臂上改在了机腹中心，通过机腹中心的铰链关闭。另外，采用直径更大的主起落架机轮；为了容纳下更大的起落架，机翼前缘下倾角度缩小，相应地前缘稍有延长，机翼面积略有增加。

BMW 801发动机在改进中增加了一个由海因茨·普利斯特研制的控制装置，这个装置是BMW 801发动机最重要、最了不起之处，安装这个控制装置后可以大幅度简化发动机操作，只需操作功率控制的油门杆就可以同步调节发动机进气压力、压气机变速、油气混合比、点火控制和恒速桨的桨距（通过调节桨距维持螺旋桨恒速）等，在当时其他国家飞机的发动机这几项功能是分别调节的。得益于增加了控制装置，BMW 801发动机虽然是由BMW 139改进而来，而前者的功率更大、性能更先进。

发动机性能先进无疑会大幅提高战斗机的性能，这正是福克-沃尔夫公司的需要，这也是宝马公司与福克-沃尔夫公司长期紧密合作的开端。但是，理论总是与实际有一些出入，从另一个角度看，新设备在最初状态总是那么不可靠，BMW 801发动机控制装置在

BMW 801发动机算不上是全新发动机，仍跟BMW 139和“布拉莫”329有技术渊源，但前者功率更大、更先进、更可靠，散热问题轻一些。

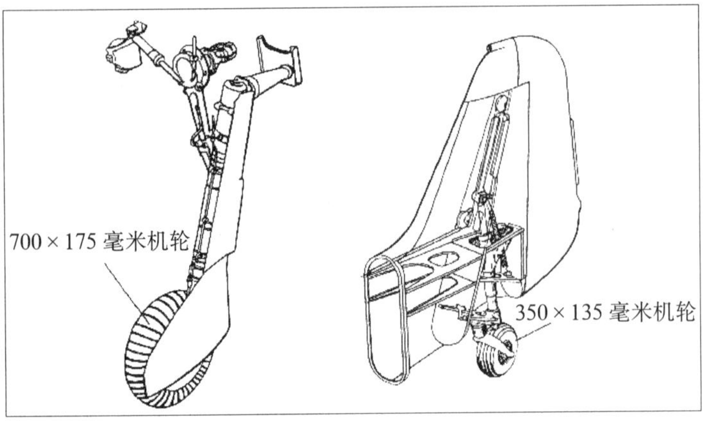

前后起落架主要结构示意图。

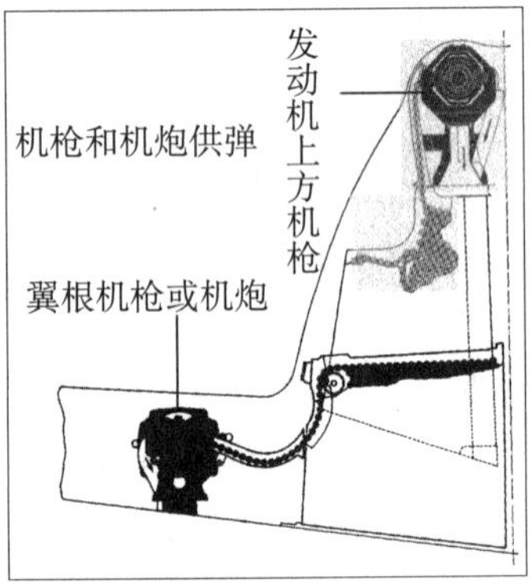

Fw 190飞机翼根和发动机上方机枪或机炮供弹示意图。翼根虽然从早期的MG 17、MG 131机枪改为MG 151机炮，供弹方式和弹药箱位置没有变化。

Fw 190V-5原型机上使用时遇到很多麻烦。理论上，飞行员只需要操作一个油门杆就可以完成几个功能操作，这仅仅是“理论上”，因为控制装置初期实际上表现并不如意，飞行试验中很多问题都跟这个装置（非正常工作）有关，特别让人困惑的问题之一是当飞机爬升到2650米以上高度时，增压器高速挡开关剧烈地自动频繁转换。

一次，同样也是一名优秀试飞员的总设计师库尔特·谭克驾驶Fw 190原型机（未指明是哪一架）执行试验任务，飞行期间飞机要在中等高度做一个筋斗动作，当谭克的飞机在2652米高度接近筋斗的顶部时，伴随着猛地一震，发动机增压器高速挡突然打开，突然变化的扭矩将飞机甩进了螺旋，这个过程极其短暂，谭克

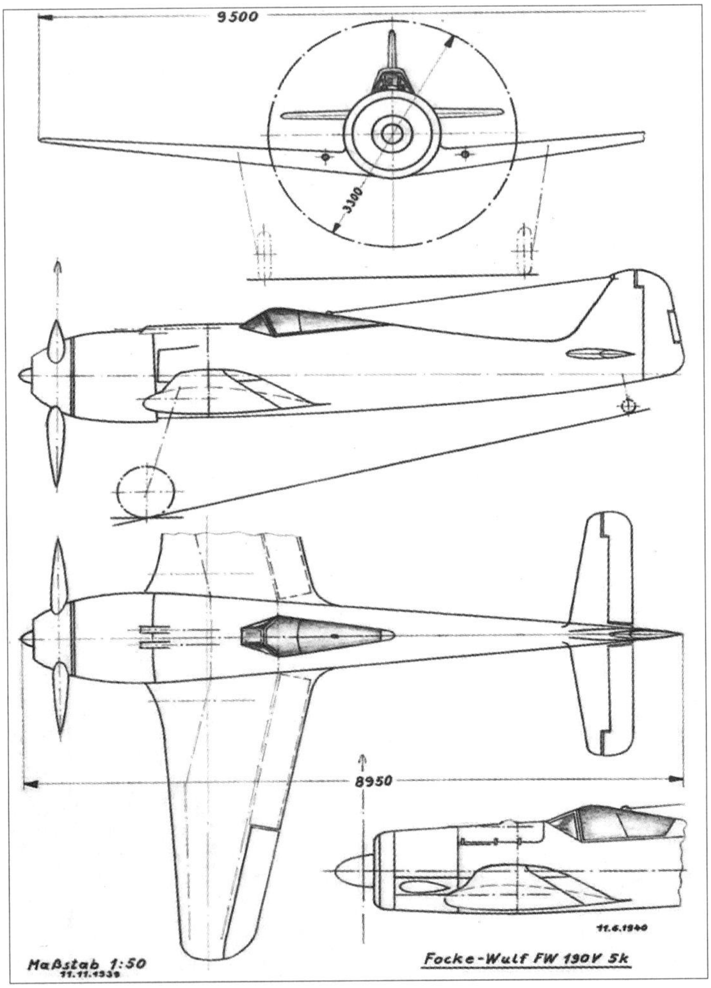

福克-沃尔夫公司1939年11月11日的Fw 190V-5k原型机线图，发动机上方布置了2挺机枪，翼根机枪减少到2挺。图中右下方是1940年6月11日的线图，座舱发动机罩和座舱罩都有所不同，这些都是生产型采用的设计。

当时完全失去了方向感，机上地平仪已经倾斜，座舱外有地面薄雾，也有天空云彩，谭克不知道哪儿是上哪儿是下，他甚至不知道自己的座机是垂直状态还是倒飞状态。飞机快速地损失高度，谭克仍在进行一连串的尝试和错误的操作，最后他终于将飞机从螺旋状态改出。安全着陆后，怒气冲冲的谭克径直到宝马公司，声称如果宝马公司不解决发动机问题和那个可怕的控制装置，他将利用自己的权力拒绝在Fw 190飞机上用BMW 801发动机！后来宝马公司对发动机进行了改进，控制装置也工作正常了。谭克后来称这件事几乎让福克-沃尔夫公司和宝马公司发生一场战争。

第一架安装BMW 801发动机的是Fw 190V-5原型机（W.Nr.0005），这架飞机1940年4月初在谭克的驾驶下进行了首飞，在随后的6架次飞行中，飞机的累计飞行时间只有2个小时。在1940年9月9日的第七次飞行试验中，发动机罩突然意外地被气流掀开，最后汉斯·桑德尔驾机设法安全着陆。这次事故中飞机严重受损，已无重新利用的价值，飞机报废并被拆解。不久后的1940年10月，第二架安装BMW 801发动机的原型机Fw 190V-6（W.Nr.0006）进行了首飞。这架原型机安装的是BMW 801C-0发动机（W.Nr.80131），飞机还安装了FuG Ⅶ无线电设备。Fw 190V-5和Fw 190V-6飞机都计划安装4挺MG 17机枪，2挺机枪在发动机上方，2挺在机翼翼根处，飞机后来按逆命名原则被称为Fw 190A-0/U1。

11月20日，德国空军战斗机评估大队指挥官海因里希·博维斯在雷希林试验中心驾驶Fw 190V-6原型机进行了测试，他对BMW 801发动机的某些方面性能并不满意，称："……手动操作压气机、缺少自动调整螺旋桨、发动机整个位置太靠前、油耗明显过高等，提高发动机功率的改进

（上下图）刚刚下线的Fw 190V-5原型机，这是第一个安装BMW 801C发动机的飞机，飞机仍采用小面积机翼。背景15号建筑内是1架Fw 189飞机。

（上下图）准备进行飞行测试的Fw 190V-5原型机。

仍是Fw 190V-5原型机。注意看座舱罩，后小半截由透明玻璃改为铝板。翼根圆孔就是机枪位置，武器还没有安装。

工作，也就是使用100标号燃油，以及增加发动机转数是当前最为迫切的任务。”

其他方面，他还批评道：“……座椅太窄小，背包式降落伞会伤着人，手去触碰仪表板上的设备控制开关非常困难，原因就是只有胸部高度（这个高度手臂肘关节活动自如）的仪表板的宽度太窄，但是，脚踏板和操纵杆位置是合适的。戴着手套操作发动机应急停车按钮安全盖非常困难，也许有人会习惯这种窄小的空间。”

首批预生产型飞机

继Fw 190V-5和V-6原型机后，福克-沃尔夫公司又生产了一小批9架飞机（W.Nr.0007—0015），这9架飞机的正式编号是Fw 190A-0，飞机全部安装BMW 801C发动机和FuG Ⅶ无线电设备。这些飞机的武器配置各不相同，一是试验武器的最佳组合，二是飞机试验执行不同的作战任务的最佳武器选择，武器配置的不同，飞机编号的后缀也不同，通常会使用“U”（Umbau，德语，意思是改进，通常指厂家改进的）字母。安装BMW 801发动机的11架原型机和预生产型飞机简单介绍如下：

试飞返航准备着陆的Fw 190V-5原型机。

0005 1940年5月15日[1]。也被称为Fw 190V-5，或是Fw 190A-0/U1，飞机安装1台BMW 801C-0，W.Nr.80130发动机。飞机安装4挺7.9毫米MG 17机枪。1940年9月9日发生事故前，飞机共进行了7架次，合计2小时飞行。

0006 1940年5月31日。也被称为Fw 190V-6，或是Fw 190A-0/U1，飞机安装1台BMW 801C-0，W.Nr.80130发动机。飞机在1940年10月首飞，在进行了9架次飞行后，飞机换装另1台BMW 801C-0，W.Nr.80189发动机。但仅仅1个架次后，飞机再次换装第三台BMW 801C-0，W.Nr.80212发动机。

0007 这是Fw 190A-1生产型原型机，序列号为W.Nr.0110.001。该机亦被称为Fw 190V-7，下文有介绍。[2]

0008 1940年7月20日。飞机无线电呼叫代号是KB+PJ，飞机的武器系统为4挺机枪，2挺7.9毫米MG 17机枪安装在发动机上方，备弹750发/挺；2挺13毫米MG 131机枪安装在机翼翼根，备弹550发/挺。这个型号也被称为Fw 190A-0/U2。截至1941年6月30日，这架飞机安装BMW 801C-0，W.Nr.80149发动机进行了9架次飞行，换装BMW 801C-0，W.Nr.80152发动机进行了12架次飞行，之后发动机给了下段中的0009飞机，最后，0008飞机再次换装BMW 801C-0，W.Nr.80216发动机又进行了10架次飞行。

0009 1940年8月6日。飞机无线电呼叫代号是KB+PK，飞机的武器系统为2挺安装在

这是Fw 190V-6原型机，座舱下方的机身有“0006”字样。

---

① 这个时间是1939年12月23日德国航空部规定的Fw 190原型机/预生产型飞机计划首飞期限，有时，首飞时间会迟于这个规定时间，也有的早于这个规定时间，比如Fw 190V-5的首飞时间就早于规定时间。

② 有资料称下文中的0011才是Fw 190V-7原型机。首先，“0007”是工厂序列号，“Fw 190V-7”是试验飞机序列号，两者没有必然的对应关系，也没有先后顺序关系，比如下文中0018机另一个编号是Fw 190V-10，而0021的另一个编号是Fw 190V-8。早期几个型号有对应关系，也有先后顺序关系。

试飞中Fw 190V-6原型机，飞机也没有安装武器系统。

KB＋PJ是0008号飞机，图中飞机的后机身被专门装置托住了，试验的内容不详。

不来梅机场上的几架原型机和预生产型飞机，从左向右依次是Fw 190V-8、Fw 190V-1、Fw 190V-6和2架预生产型飞机。

发动机上方的MG 17机枪、2挺安装在机翼翼根的MG 17机枪，以及外侧机翼2门20毫米MG FF机炮。这架飞机只是简单地称为Fw 190A-0，这种情况较为少见，明显地武器系统配置变化很大。这架飞机安装1台BMW 801C-0，W.Nr.80152发动机，也就是上段中0008飞机之前用过的。0009飞机在1941年年初首飞。

0010 1940年8月22日。飞机无线电呼叫代号是KB＋PL。该机安装的是BMW 801C-0，W.Nr.80159发动机。截至1941年6月30日，这架飞机共进行了30架次飞行。

0011 1940年8月30日。飞机无线电呼叫代号是KB＋PM，这是标准Fw 190A-0型号。飞机安装1台BMW 801C-0，W.Nr.80164发动机。截至1941年6月30日，这架飞机共进行了24架次飞行。有证据表明，这架0011飞机后来改装成了双座教练机原型机。

0012 1940年9月7日。飞机无线电呼叫代号是KB＋PN。这是标准Fw 190A-0/U2型号。截至1941年6月30日，该机安装BMW 801C-0，W.Nr.80162发动机共进行了3架次飞行，换装BMW 801C-0，W.Nr.80142发动机共进行了2架次飞行。1942年1月20日，

近处飞机发动机罩上有手写的“08”字样，这是第八架预生产型飞机，飞机刚出厂，机身还没有无线电呼叫代号，也没有安装翼根MG 131机枪。

MG 17机枪是二战时德国很多作战飞机的标准武器，其供弹方式为弹链，采用气冷冷却，机管后退自动原理。图中机枪下方两块平板就是弹药盒正面。从Fw 190A-0开始到Fw 190A-6，发动机上方MG 17机枪都是标准武器系统，图中是Fw 190A-6飞机。

0012飞机在莫里茨失事坠毁，当时驾驶该机的是航空工程师阿尔弗雷德·斯特芬，他是雷希林试验中心第5中队的成员，造成事故的原因可能是阳光刺眼导致飞行员判断失误。

0013 1940年9月16日。飞机无线电呼叫代号是KB＋PO。这是标准Fw 190A-0/U2型号。截至1941年6月30日，该机安装BMW 801C-0，W.Nr.80166发动机共进行了1架次飞行。

0014 1940年9月24日。飞机无线电呼叫代号是KB＋PP。这也是标准Fw 190A-0/U2型号。截至1941年6月30日，该机安装BMW 801C-0，W.Nr.80181发动机共进行了21架次飞行。1941年6月30日后该机换装BMW 801D发动机原型机，飞机编号改为Fw 190A-0/U2/U13。

飞机实物安装状态的MG 17机枪，通过同步协调器，射出的子弹穿过螺旋桨空隙。机身机枪/炮的射击精度比机翼安装的更高。

0015 1940年10月2日。飞机无线电呼叫代号是KB+PQ。飞机安装4挺MG 17机枪和2门MG FF机炮。截至1941年6月30日，该机安装BMW 801C-0，W.Nr.80179发动机共进行了10架次飞行。之后，飞机换装BMW 801C-1发动机，采用Fw 190A-2系列飞机的起落，安装VL 36b设备，改进后的飞机编号为Fw 190A-0/U11。1942年3月18日和22日，飞机在不同的起飞重量条件下进行了新起落架测试飞行。

安装BMW 801发动机和其他设备及武器后，飞机的重量增加了25%，而机翼面积仍然没有变，这导致机翼翼载陡然增加不少，这个时候技术人员不得不考虑这个问题，谭克教授称：“飞机的翼载从第一架原型机Fw 190V-1的1.60公斤/米^{2}增加到1.94公斤/米^2，飞机的转弯性能明显下降，为了恢复到第一架原型机令人愉快的操纵品质，我们通过将翼尖向外延伸50厘米来提高机翼面积，同时，缩小机翼的根梢比，这样翼尖弦长就会变宽。用这种办法，机翼面积增加了3.4米^2，翼载降低到一个合理水平，即1.51公斤/米^2。机翼面积增加，水平尾翼面积也得增加以达到与机翼面积相匹配。在整个Fw 190飞机发展过程

近处飞机座舱处机身和发动机罩上有“0010”字样。注意看座舱罩，后面一小部分蒙上了金属板。

这4架预生产型飞机从右向左分别是：W.Nr.0015机、W.Nr.008机、不详和W.Nr.0012机。

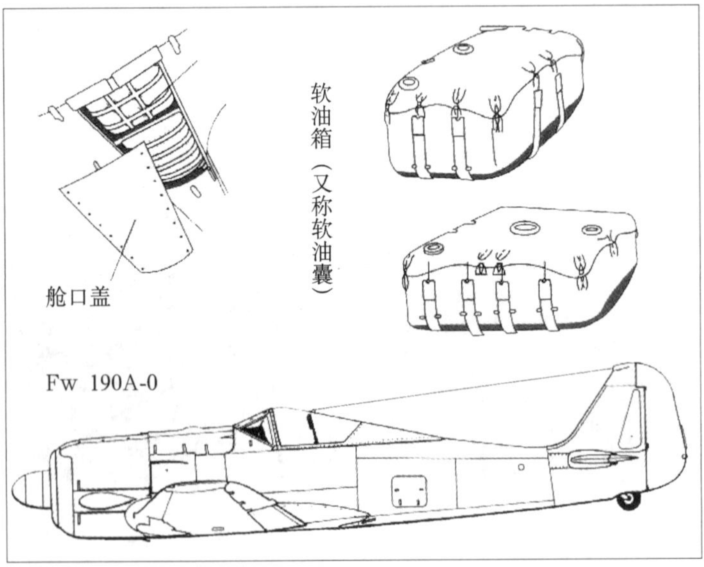

现代飞机也常使用软油箱，相对整体油箱，这种软油箱使用灵活，重量上没多少减少。

中，中低空型号飞机的机翼和水平尾翼都没有增加面积。”事实上，早在1939年11月，博维斯就已经建议Fw 190飞机增加机翼面积。而且谭克的回忆中没有提到飞机垂直尾翼高度也有增加。

采用新机翼的飞机编号为V5g，“g”（grosser Fläche）的意思是较大的，或是大机翼，采用旧机翼的则被称为V5k，“k”（kleiner Fläche）的意思是较小的，或者是小机翼。德文资料中只是简称“V5g”，似乎没有新生产飞机来试验新型机翼，第一架安装新机翼的是Fw 190V-16原型机。但是，笔者看到另一份资料称，“V5g”实际上是Fw 190V5g（应该是Fw 190V-5g），上文提到的Fw 190V-5飞机在第七次飞行中发动机罩意外被掀开导致飞机报废，后来这架飞机被改进安装新型机翼，飞机编号也相应改为Fw 190V5g。这种说法是有道理的，不管德文资料还是英文资料，在介绍原型机和预生产型飞机时都用简称，比如V15（V-15）、V16（V-16）和V22（V-22）等等。

首批2架原型机和9架预生产型完成后，福克-沃尔夫公司又生产了一批18架预生产型，这些飞机全部安装的是新型大

安装新旧机翼的飞机性能对比

	Fw 190V-5k	Fw 190V-5g
翼展	9.515 米	10.506 米
长度	8.798 米	8.798 米
高度	3.50 米	3.95 米
机翼面积	14.90 米^2	18.3 米^2
空重	2370 公斤	2474 公斤
安装设备后重量	2564 公斤	2737 公斤
起飞重量	3200 公斤	3400 公斤
最大速度和高度	695 公里/小时在 5600 米	685 公里/小时在 5600 米
海平面最大速度	602 公里/小时	590 公里/小时
巡航速度	576 公里/小时在 5200 米	565 公里/小时在 5200 米
着陆速度	144 公里/小时	135 公里/小时
实际升限	11000 米	11400 米
正常航程	1100 公里	1080 公里

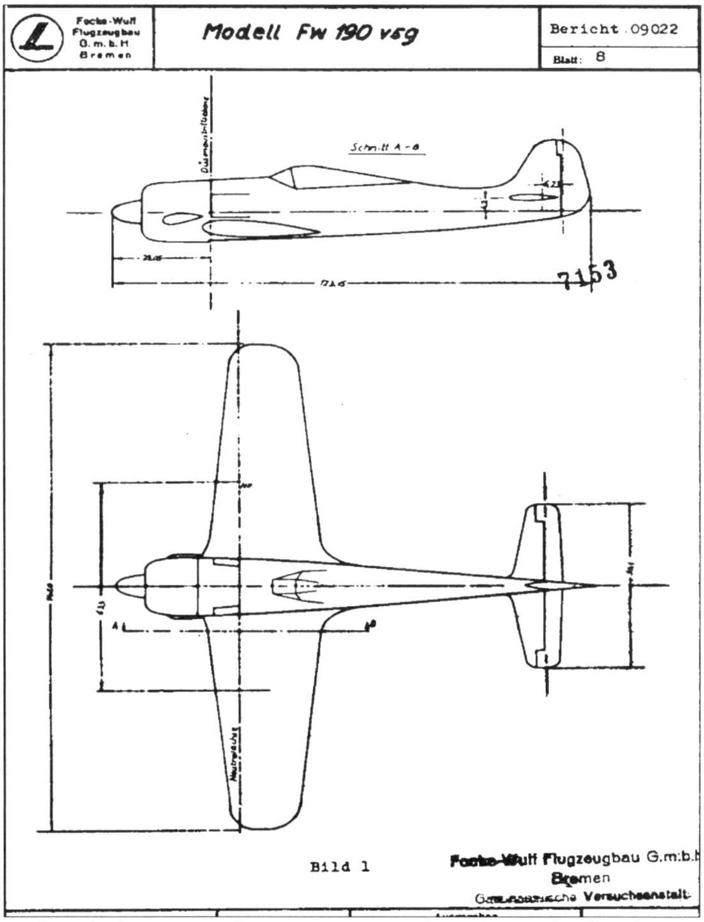

福克-沃尔夫公司文件中的Fw 190V-5g飞机，对比之前飞机，机翼的根梢比明显减小。

第一架采用大机翼的是W.Nr.0016飞机，这张照片可以明显地看到机翼前缘伸出的MG FF炮管，机翼下表面有突出的鼓包，这里是MG FF机炮弹药箱。

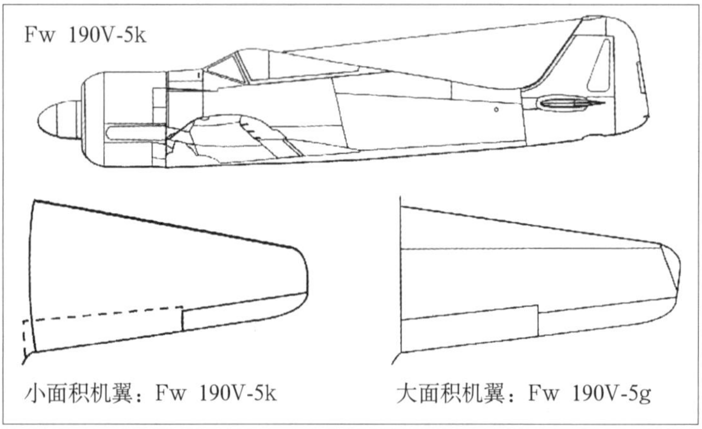

Fw 190V-5原型机安装大小机翼对比示意图。

面积机翼，这些飞机简要介绍如下：

0016 1940年10月10日。飞机无线电呼叫代号是KB＋PR。这是第一架“V5g”飞机，即安装新型大面积机翼。这架飞机直到1941年1月才首飞，飞机的武器配置为4挺MG 17机枪和2门MG FF机炮。该机安装BMW 801C-0，W.Nr.80130发动机共进行了17架次飞行，安装BMW 801C-0，W.Nr.80191发动机共进行了7架次飞行，安装BMW 801C-1，W.Nr.80408发动机共进行了46架次飞行，之后飞机又换装BMW 801C-1，W.Nr.80729发动机。0016飞机飞行测试期间的最大飞行高度是9000米，最后在一次着陆过程中，飞机失事倒扣在跑道上，飞机因严重受损而注销。

0017 1940年10月18日。飞机无线电呼叫代号是KB＋PS。飞机早期安装BMW 801D，W.Nr.80169发动机共进行了7架次飞行，该机也被称为Fw 190A-0/U7。新发动机安装一个单级三速增压器，它可以将发动机的起飞功率从1600马力增加到1700马力，但是，早期安装BMW 801D发动机使用中遇到很多问题，很快该型发动机就不得不被去除。这个型号发动机使用的是96号燃油。后来，0017飞机换装BMW 801C-1，W.Nr.80427发动机，截至1941年6月30日，换发后的飞机共进行了20架次飞行。跟BMW 801C型发动机相比，BMW 801D除了增加一个增压器，发动机其他方面也进行了改进，改进后发动机起飞功率从1600马力增加到1700马力，其他状态的功率，两个型号几乎没有区别。

0018 1940年10月26日。飞机无线电呼叫代号是KB＋PT。飞机武器配置是安装在发动机上方的2挺MG 17机枪和安装在机翼翼根的2门20毫米MG 151机炮，该机的编号为Fw 190V-10，或是Fw 190A-0/U5。截至1941年6月30日，该机安装BMW 801C-0，W.Nr.80183发动机共飞行了7架次，第八次飞行直到1942年2月5日才进行。

0019 1940年11月4日。飞机无线电呼叫代号是KB-PU。截至1941年6月30日，该机安装BMW 801C-0，W.Nr.80126发动机共飞行了21架次，安装BMW 801C-1，W.Nr.80605发动机共飞行了7架次。

0020 1940年11月12日。飞机无线电呼叫代号是KB＋PV。该机早期安装的是半新BMW 801D，W.Nr.80403发动机，这可能是介于BMW 801C和D之间的过渡型号。0020飞机的另一个编号是Fw 190A-0/U8。截至1941年6月30日，该机安装半新BMW 801D发动机共飞行了13架次，之后换装标准BMW 801C-1，W.Nr.80719发动机共飞行了43架次。

0021 飞机无线电呼叫代号是SB＋IA。这架飞机主要用于测试FuG 25无线电设备，飞机编号为Fw 190V-8，或者是Fw 190A-0/U3。截至1941年6月30日，该机安装BMW 801C-0，W.Nr.80197发动机共飞行了58架次，之后换装BMW 801C-1，W.Nr.80608发动机又飞行了15架次。Fw 190V-8飞机在1941年10月1日坠毁。

0022 飞机无线电呼叫代号是SB＋IB。这架飞机主要用于测试携带500公斤炸弹或300升副油箱，飞机编号为Fw 190V-9，或者是Fw 190A-0/U4。截至1941年6月30日，该机安装BMW 801C-1，W.Nr.80141发动机共飞行了21架次。后来该机换装过2台BMW 801C-1，W.Nr.80786和80824发动机。Fw 190V-9飞机至少进行了90架次飞行，最后，飞机改进被用来在朗根哈根（汉诺威北部郊区）测试一款试验型弹射座

难得一见的Fw 190A-0预生产型飞机在飞行，机腹部伸出了天线，注意看座舱罩，对比上文的Fw 190V-1原型机。

（上下图）预生产型飞机一般用于各类试验，通常用比较醒目的涂装，但是，Fw 190A-0飞机很多采用了作战部队的涂装。

技术人员正在排查W.Nr.0017飞机的发动机故障，虽然BMW 801发动机比此前的BMW 139更可靠，实际上可靠性远没有达到满意的程度。

这架W.Nr.0019飞机正在测试发动机上方2挺MG 17机枪，图中隐约可以看到机枪，发动机罩完全敞开。机枪/炮射击测试时必须将飞机尾部抬起。

第20架，即W.Nr.0020是第五架安装大机翼的Fw 190A飞机，翼根2炮炮管（文献中没介绍翼根安装的是机枪还是机炮，枪管不可能这么粗）清晰可见，而机翼中部的MG FF机炮炮管很短。机翼下表面鼓包就是MG FF机炮弹药箱位置，机腹被发动机排气熏黑。

椅，汉斯·桑德尔是这个测试项目负责人。

0023飞机无线电呼叫代号是SB＋IC。跟上段中0022飞机基本一致，也是1架Fw 190A-0/U4型号。

0024飞机无线电呼叫代号是SB＋ID。这是标准Fw 190A-0型号，飞机安装4挺机枪和2门MG FF机炮，安装1台BMW 801C-0，或是BMW 801C-1发动机。

0025飞机无线电呼叫代号是SB＋IE。该机是标准Fw 190A-0型号，飞机安装4挺机枪和2门MG FF机炮。飞机后改进用于测试BMW 801D发动机，这种配置的飞机编号为Fw 190A-0/U13。

0026飞机无线电呼叫代号是SB＋IF。该机也是标准Fw 190A-0型号，飞机安装4挺机枪和2门MG FF机炮。测试BMW 801D发动机时的飞机编号为Fw 190A-0/U13。1941年9月1日，该机在奥舍尔斯累本（萨克森-安哈特州的一个县城）坠毁，试飞员雷茨队长没有受伤。

0027飞机无线电呼叫代号不详，按顺序应该是SB＋IG，该机是标准Fw 190A-0型号，飞机安装4挺机枪和2门MG FF机炮。测试BMW 801D发动机时的飞机编号为Fw 190A-0/U13。

这架W.Nr.0020飞机正在进行地面加油，飞机发动机上方机枪槽可以隐约看到，翼根机枪或机炮没有安装，飞机侧面也被发动机排气熏黑。

W.Nr.0022就是Fw 190V-9原型机，又称Fw 190A-0/U4。飞机垂直尾翼方向舵和水平尾翼升降舵被固定住。

0028 飞机无线电呼叫代号不详，该机是标准Fw 190A-0型号，飞机安装4挺机枪和2门MG FF机炮。测试BMW 801D发动机时的飞机编号为Fw 190A-0/U13。该机安装1台BMW 801D，W.Nr.80768发动机进行了至少69架次飞机，试验的内容是解决发动机供油问题。

0029 飞机无线电呼叫代号不详，该机是标准Fw 190A-0型号，飞机安装4挺机枪和2门MG FF机炮。飞机安装1台BMW 801C-0，或者是BMW 801C-1发动机。

0030 飞机发动机上方安装2挺MG 17机枪，机翼翼根安装2门MG 151机炮，机翼外侧安装2门MG FF-C2机炮，这是MG FF机炮的改进，前者通过弹带供弹。这架飞机的编号为Fw 190A-0/U10，飞机安装1台BMW 801C-1发动机。

0031 在1942年3—9月间，该机专门用来测试BMW 801C-1，W.Nr.80721发动机的GM-1喷射助燃系统，飞机编号为Fw 190A-0/U12。绰号“戈林混合物”（Göring Mischung）的GM-1喷射助燃系统可以通过压缩空气向发动机增压器内喷射液态一氧化二氮，一氧化二氮作为发动机的氧化剂来使用，同时也可以为发动机降温，这对于飞机在高空执行任务来说十分重要，可以大大提高发动机的功率，进而提高飞机爬升率和高空飞行速度。

W.Nr.0021就是Fw 190V-8原型机，或称Fw 190A-0/U3。Fw 190飞机后视视野良好，但前视视野比较糟糕。请注意看，头靠装甲在座舱罩上，随座舱罩一起前后滑动。

SB＋IA飞机正在加油。

W.Nr.0024是标准预生产型飞机，飞机武器系统为4挺机枪和2门MG FF机炮。

W.Nr.0031飞机在1942年3月25日进行了第四架次飞行，最后一次有记录的飞行是1942年9月5日，截至此时，0031飞机已经进行74架次飞行，之后，飞机换装BMW 801D-2，W.Nr.85136发动机。

0032 飞机无线电呼叫代号不详，该机是标准Fw 190A-0型号，飞机安装4挺机枪和2门MG FF机炮，安装1台BMW 801C-0，或者是BMW 801C-1发动机。1940年10月，该机改进用来测试三点起落架。“三点起落架”说得不太明白，过去和现在战斗机都用三点起落架，但

图中这架Fw 190A-0预生产型飞机被固定在一个旋转平台上，平台有一块可以升起，将飞机尾部抬起。这种平台供试验使用，遗憾的是未见详细资料说明其作用。

是分前三点和后三点，就当时来说，主要是后三点起落架，而W.Nr.0032飞机测试的不清楚是前三点起落架还是后三点起落架。

0033 飞机无线电呼叫代号不详，该机是标准Fw 190A-0型号，飞机安装4挺机枪和2门MG FF机炮。飞机安装1台BMW 801C-0，或者是BMW 801C-1发动机。

0034 飞机无线电呼叫代号不详，该机是标准Fw 190A-0型号，飞机安装4挺机枪和2门MG FF机炮。飞机安装1台BMW 801C-0，或者是BMW 801C-1发动机。

飞行测试表明，安装新型大面积机翼的飞机最大速度只是降低了10公里/小时，但是其他方面性能，特别是爬升率等都大幅度提升。Fw 190A-0还有两个改进型，第一个是Fw 190A-0/U6，或是Fw 190V-11，该型号飞机计划安装美国怀特公司的“旋风”发动机的一个子型号，子型号编号不详，很可能是1700马力的14缸R-2600发动机，但是安装美国发动机的计划未能实施，Fw 190V-11飞机也没制造；第二个是Fw 190A-0/U9，这是专门用于测试BMW 801C-1发动机的试验飞机，后被放弃。

被用来进行武器试验的Fw 190A-0预生产型飞机，所有预生产型飞机都被用来进行各种试验。图中飞机携带1枚SC 250炸弹。

Fw 190A-0/U14飞机携带8枚SC 50炸弹，这个型号后来演变成Fw 190F，后者是对地攻击型号。

2架Fw 190A-0预生产型飞机在飞行，有些预生产型飞机没有喷涂无线电呼叫代号，2架飞机的涂装也不一样。

这架预生产型飞机的机翼前缘中部整流罩被去掉，可以清楚地看到MG FF机炮。飞机发动机已经启动，但后机身被地埋固定装置固定着，后机身隐约可见“KB”字样。

这架预生产型飞机没有安装MG FF机炮，因此判断是早期的预生产型飞机。

几架预生产型飞机起动了发动机，但是，主起落架机轮都放置了轮挡，这应该是试验发动机的。

Fw 190A-1/2/3/4/5/6战斗机

Fw 190A-1和Fw 190A-2战斗机

早在1941年初期，有1架Fw 190A-0飞机（W.Nr.0007）被改进成了首批生产型Fw 190A-1的第一架飞机，该机也称为Fw 190V-7，序列号改为W.Nr190.0110.001。这架飞机安装1台BMW 801C-1发动机，该型发动机在海平面转数为2700转/分钟时的功率为1560马力，在5700米高度，转数为2700转/分钟时的功率为1420马力。首架Fw 190A-1飞机的武器为安装在发动机上方的2挺7.9毫米MG 17机枪，2挺安装在机翼翼根的MG 17机枪，两种布置的机枪备弹均为850发/挺，机翼外侧为日后安装2门20毫米MG FF机炮预留了位置，机炮备弹每门

第一架 Fw 190A-1 飞机的性能数据

翼展	10.506 米
长度	8.798 米
高度	3.95 米
机翼面积	18.3 米^2
起飞重量	3850 公斤
最大速度和所在高度	545 公里/小时在海平面
	585 公里/小时在 1800 米
	585 公里/小时在 3100 米
	660 公里/小时在 5700 米
	635 公里/小时在 8000 米
	565 公里/小时在 10000 米
爬升高度和所需时间	2000 米需 2.2 分钟
	4000 米需 4.6 分钟
	6000 米需 7.7 分钟
	8000 米需 12 分钟
	10000 米需 20.8 分钟
海平面爬升率	16 米/秒
实用升限	11000 米
正常航程	750 公里(出航高度 5000 米)
起飞距离	300 米
着陆速度	130 公里/小时

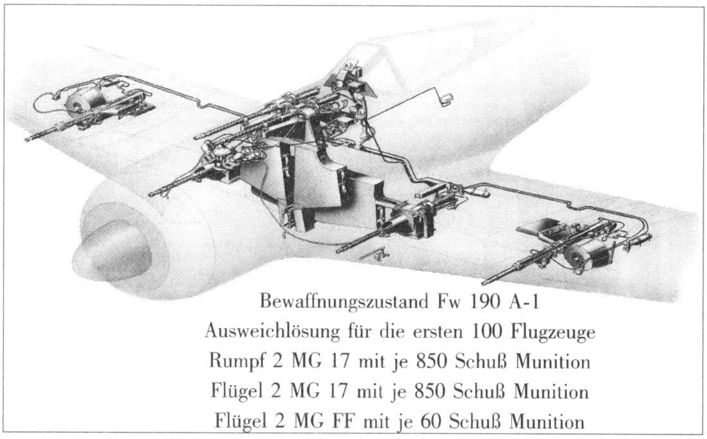

福克-沃尔夫公司文件显示的Fw 190A-1飞机的标准武器，发动机上方和翼根为MG 17机枪，机翼中部为2门MG FF机炮，因弹药箱较大，机翼下表面有明显的鼓包，弹药箱另一侧是退壳孔。MG 17机枪枪管较短，因此没有伸出翼根前缘。

MG FF机炮安装位置的机翼下表面有鼓包，鼓包上的方孔就是抛壳孔。

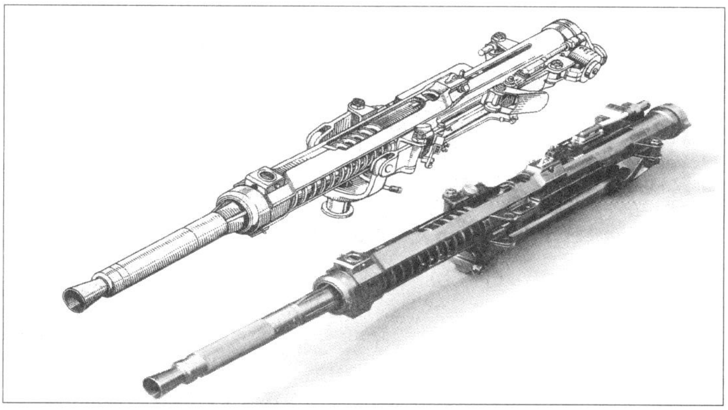

MG FF机炮实物和手绘图。西方航空教育方面搞得非常好，像福克-沃尔夫公司文件中有很多手绘精细图，一些爱好者的手绘作品有过之而无不及。

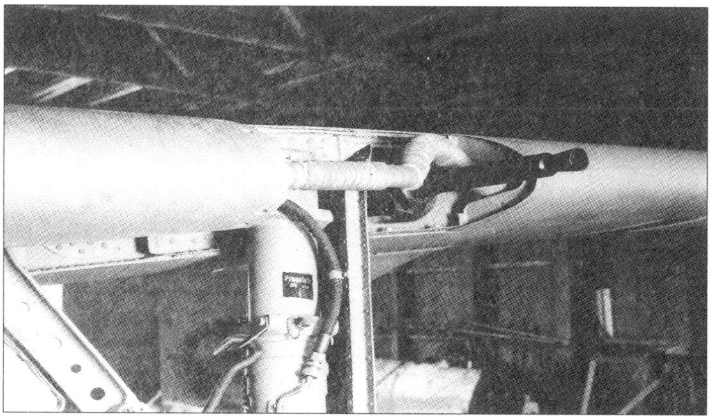

Fw 190A-1至Fw 190A-5飞机机翼外侧的MG FF机炮，有的对地攻击型去掉了该型机炮。图中绕过炮管的弹药箱热气管道，即发动机输送的热气为机炮弹药箱加温。

60发。

Fw 190A-1飞机安装FuG Ⅶa和FuG 25无线电设备。从1940年夏天往后，FuG Ⅶa设备改进安装一个双频电遥控装置和调制单元，在恶劣天气条件下，或是飞机在海上迫降时，战斗机飞行员可以在第二个频段发射飞机的位置信号，地面的测向设备可以根据信号锁定飞机位置，这样救援船可以及时赶到实施营救。FuG 25是无线电测向器，早期型号在Fw 190A-0/U3飞机上进行了测试，但效果并不令人满意，随后该型号被改进的FuG 25A所取代，新旧型号都有一根柱状天线，天线在后机身下方。首架Fw 190A-1飞机之后，德国在1941年6月至1942年5月间又在福克-沃尔夫公司的不来梅生产厂生产了101架该型号飞机。生产简单情况如下：

1941年06月	4架	1941年07月	18架	1941年08月	30架
1941年09月	23架	1941年10月	15架	1941年11月	6架
1941年12月	2架	1942年01月	2架	1942年02月	0架
1942年03月	0架	1942年04月	1架	1942年05月	1架

Fw 190战斗机主要结构，这个结构在未来改进时基本保持不变。

截至此时，福克-沃尔夫公司已经采用新的序列号命名系统，例如最后一架生产型Fw 190A-1飞机的序列号为W.Nr.190.0110.102，“190”很明显指的是飞机型号，即Fw 190飞机；“011”指的是飞机子型号，即Fw 190A-1；其后的“0”指研制单位，即福克-沃尔夫公司；最后三位“102”指的是这个型号的生产数量。连在一起，W.Nr.190.0110.102的意思是福克-沃尔夫公司研制的Fw 190A-1战斗机，飞机序列号为102。当时，德国飞机研制单位和生产工厂是一家，因此，一般只简称某某公司。但是大公司通常有好几个分散的工厂，通常只是简称某地的某某公司。德国飞机研制单位代号分别是：

0和1	福克-沃尔夫飞机制造有限公司，不来梅、马林堡和索劳。
2	阿戈飞机制造有限公司(简称阿戈公司)，奥舍尔斯累本(伯德)。
5和6	阿拉多飞机制造有限公司，瓦尔内明德。
7	尔哈德·费施乐飞机制造有限公司，卡塞尔。

跟德国所有飞机一样，Fw 190飞机也有四位字母工厂无线电代号和序列数字，无线电代号通常喷涂在机身侧面，有时也会同时出现在机翼下表面，字体非常大，这个代号伴随飞机终身，即使被其他标识或图案覆盖，文件上仍会保留无线电代号。原型机也经常采用民用代号，代号通常以元音字母开头，如D-AXXX，或D-EXXX等，军用飞机通常会采用民用的第一个字母，然后按顺序排列。上文提到的102架Fw 190A-1飞机工厂无线电代号如下：

001—026	SB+KA至SB+KZ
027—050	TK+MA至TX+MX
051—076	TI+DA至TI+DZ
077	不详
078—102	GD+FA至GD+FY

Fw 190A-1只有一个改进型号投产，即Fw 190A-1/U1，但是，关于这个子型号飞机的作战任务，德国官方记录有一些争论。有资料称安装BMW 801D发动机的SB＋KP，W.Nr.0110.016飞机在一次着陆事故中翻转过来，严重损坏的飞机报废。另一份资料称飞机的编号给了另1架飞机，即用来测试机腹携带8枚SC 50炸弹，机翼携带2枚SC 50炸弹的原型机，W.Nr.0110.098。该机携带不同炸弹载荷的飞行试验由伯恩哈德·马塞尔驾机执行，下表就是不同载荷条件下飞机损失的速度：

	速度	损失速度
无炸弹和炸弹挂架	498 公里/小时	—
携带机腹和每侧翼下 2 个挂架，无炸弹	438 公里/小时	60 公里/小时
机腹携带 4 枚 SC 50 炸弹	413 公里/小时	85 公里/小时
每侧翼下携带 2 枚 SC 50 炸弹	417 公里/小时	81 公里/小时
机腹携带 2 枚 SC 50 炸弹，每侧翼下携带 1 枚 SC 50 炸弹	406 公里/小时	92 公里/小时
机腹携带 4 枚 SC 50 炸弹，每侧翼下携带 1 枚 SC 50 炸弹	401 公里/小时	97 公里/小时
机腹携带 4 枚 SC 50 炸弹，每侧翼下携带 2 枚 SC 50 炸弹	395 公里/小时	103 公里/小时

这一排是Fw 190A-1战斗机，其中SB＋KH飞机（W.Nr.0110.008）在1941年8月29日的行动中在敦克尔刻附近被德军高炮击落，飞行员丧生。旁边TK＋MA飞机是6./JG 26中队指挥官瓦尔特·施奈德的座机，这架飞机在1941年12月22日的大雾中失踪。

这架Fw 190A-0是第98架预生产型飞机，座舱风挡前有“98”字样。这架飞机主要用来测试携带8枚SC 50炸弹，据称该机也是Fw 190A-1/U1的原型机。这架飞机侧面有“鱼鳃”，这是安装BWM 801D发动机的特征，早期原型机用于试验目的，也经常更换到寿的发动机。

福克-沃尔夫公司有给飞机用鸟名来命名的传统，比如A 43“猎鹰”、A 44/Fw 44“金翅雀”、Fw 58“鹞”和Fw 189“猫头鹰”等等，根据这个传统，Fw 190的绰号是“屠夫鸟”(Shrike，Würger)。这个绰号最早出现在1939年11月24日的文件里，“屠夫鸟”是一种雀科鸟，有鸟中猛禽之称。实际上，Fw 190飞机的这个绰号不太为人所熟知，读者宁可简称“190战斗机”。

在1941年8月间，第一架Fw 190A-2，即Fw 190V-14原型机开始交付使用，这个型号安装的是功率为1770马力的BMW 801C-2发动机，安装标准的FuG Ⅶa无线电和改进的FuG 25A无线电测向器。1941年，GEMA公司生产了几台FuG 25A“初生”（First Born，Erstling）测向器原型机用于试验，这个测向器跟德国“弗雷亚”早期预警雷达或

这架Fw 190A-1/U1飞机后来装备4./JG 26中队，成为维尔纳·米凯尔斯基少尉的座机，该机在1942年4月10日被英国皇家空军“喷火”战斗机击落。

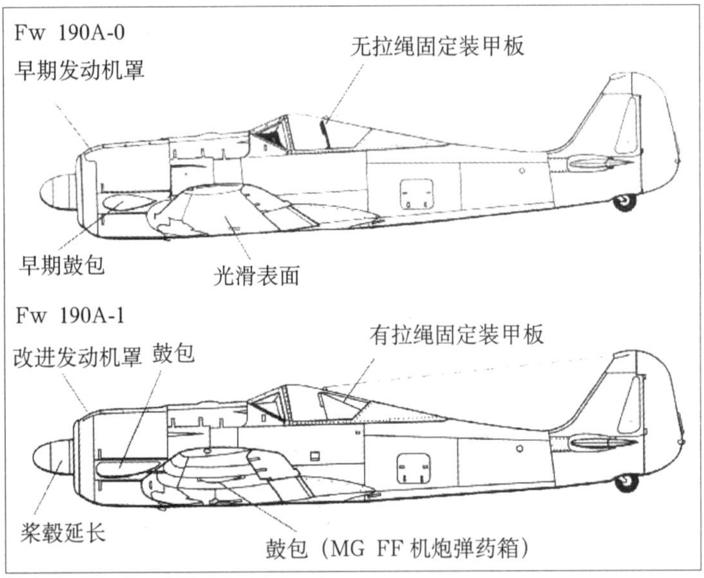

Fw 190A-0和Fw 190A-1的主要区别对比。

工人正在给Fw 190A-2飞机安装发动机VDM轻型金属螺旋桨，螺旋桨桨距可以电动调节。

是大维尔茨堡雷达共同工作，地面雷达探测敌战斗机距离和方向，再将这些数据传输给己方战斗机修正航线。首批FuG 25A无线电测向器通过JG 2联队在1942年夏天在英吉利海峡上空进行了测试，测试取得了十分满意的效果。从1943年开始，生产型无线电测向器开始装备西线的德国战斗机，帝国保卫战中，这种设备可以用来识别德国上空的己方飞机和敌人飞机。另外，Fw 190A-2战斗机的机翼内侧2挺MG 17机枪被2门20毫米MG 151机炮所取代，有的飞机后来在外侧机翼安装2门20毫米MG FF机炮。Fw 190A-2战斗机还可在大机腹携带1枚500公斤或者1枚250公斤炸弹，或者1个300升副油箱。细小的变化是机翼前缘的两个起落架回收指示杆去除了，战后苏联米格-15战斗机上也有这个指示杆，但作用相反，起落架伸出时这个指示杆才冒出来。

1941年8月，首批生产型Fw 190A-2飞机由阿拉多飞机制造有限公司在瓦尔内明德专利生产，随后福克-沃尔夫公司在不来梅的工厂和奥舍尔斯累本的阿戈飞机制造有限公司在10月也开始投产这个型号。在1941年，德国Fw 190战斗机计划生产如下：

在装配线上的飞机已经喷涂了德国空军涂装，这个阶段，德国空军四处征战，急需将下线的飞机投入战场。注意开裂式襟翼。

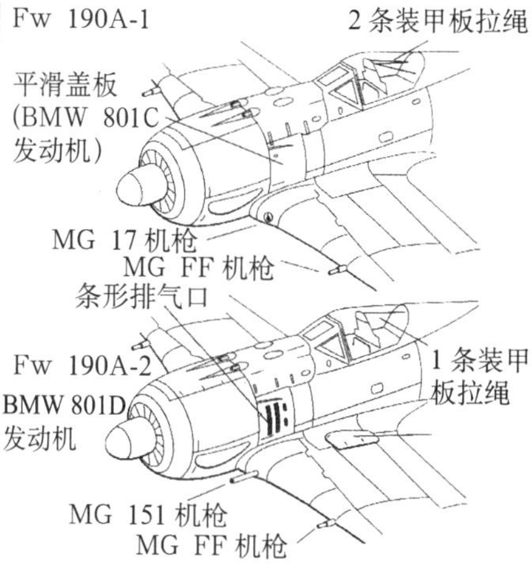

Fw 190A-1和Fw 190A-2型号的主要区别。

月份	子型号	生产商	建造数量	总计
1月	Fw 190A-0	福克-沃尔夫，不来梅	0架	0架
2月	Fw 190	福克-沃尔夫，不来梅	1架	1架
	Fw 190A-1	福克-沃尔夫，不来梅	0架	0架
3月	Fw 190A-0	福克-沃尔夫，不来梅	0架	1架
	Fw 190A-1	福克-沃尔夫，不来梅	0架	0架
4月	Fw 190A-0	福克-沃尔夫，不来梅	0架	1架
	Fw 190A-1	福克-沃尔夫，不来梅	0架	0架
5月	Fw 190A-0	福克-沃尔夫，不来梅	4架	5架
	Fw 190A-1	福克-沃尔夫，不来梅	0架	0架
6月	Fw 190A-0	福克-沃尔夫，不来梅	6架	11架
	Fw 190A-1	福克-沃尔夫，不来梅	4架	4架
7月	Fw 190A-0	福克-沃尔夫，不来梅	1架	12架
	Fw 190A-1	福克-沃尔夫，不来梅	18架	22架
8月	Fw 190A-0	福克-沃尔夫，不来梅	1架	13架
	Fw 190A-1	福克-沃尔夫，不来梅	30架	52架
	Fw 190A-2	阿拉多，瓦尔内明德	2架	2架
9月	Fw 190A-0	福克-沃尔夫，不来梅	2架	15架
	Fw 190A-1	福克-沃尔夫，不来梅	23架	75架
	Fw 190A-2	阿拉多，瓦尔内明德	5架	7架
10月	Fw 190A-0	福克-沃尔夫，不来梅	1架	16架
	Fw 190A-1	福克-沃尔夫，不来梅	15架	90架
	Fw 190A-2	福克-沃尔夫，不来梅	10架	10架
	Fw 190A-2	阿拉多，瓦尔内明德	10架	17架
	Fw 190A-2	阿戈公司，奥舍尔斯累本	2架	2架
11月	Fw 190A-0	福克-沃尔夫，不来梅	0架	16架
	Fw 190A-1	福克-沃尔夫，不来梅	6架	96架
	Fw 190A-2	福克-沃尔夫，不来梅	16架	26架
	Fw 190A-2	阿拉多，瓦尔内明德	15架	32架
	Fw 190A-2	阿戈公司，奥舍尔斯累本	17架	19架

由于对新型战斗机充满信心，主管飞机生产的厄哈德·米尔希元帅在1941年9月18日下令生产的Fw 190战斗机的数量是Bf 109的2.5倍之多，为了配合这么大的飞机产量，位于科隆多伊茨的道依茨有限公司也专利生产宝马公司BMW 801发动机。

Fw 190和Bf 109战斗机的性能对比

1941年9月，在雷希林试验中心战斗机评估大队指挥官海因里希·博维斯的监督下，Fw 190A-2战斗机和德国空军当时前线主力战斗机梅塞施密特公司的Bf 109F-4进行了对比测试，下文列举的一些对比试验结果对福克-沃尔夫公司来说并不那么鼓舞人心："总的来说，Fw 190A-2和Bf 109F-4的对比结果明显地倾向于Bf 109F-4战斗机。对比试验表明，Bf 109战斗机的加速性能明显占优，转弯性能也好于Fw 190飞机，但是，Bf 109飞机的操纵品质不如Fw 190飞机，比如方向舵控制力量较大。综合来说，这两个型号战斗机基本差不多。"

鉴于这个测试结果，德国空军决定两个型号战斗机进行进一步的对比试验，为此，雷希林试验中心又任命Ⅱ./JG 3大队指挥官戈登·戈洛布上尉作为对比试验的监督人，戈洛布当时已经是王牌飞行员，日后他在苏联战场的战绩猛增到144架。11月20日，戈洛布离开Ⅱ./JG 3大队到雷希林试验中心着手对比试验任务，他在1942年5月才返回作战单位，任JG 77联队指挥官。

戈洛布在12月10日出具了两机对比测试报告，报告提到几点：

速度。Fw 190A-2飞机的

换装前，德国空军主力是Bf 109F-4战斗机，在当时，这个型号已属世界先进水平，但海峡对面的英国皇家空军"喷火"战斗机是个难缠的对手，德国主力战斗机火力仍然偏弱。图中是Ⅲ./JG 2大队指挥官汉斯·"哈恩"·哈恩上尉的座机，"哈恩"在德语中有好斗公鸡的意思。

Fw 190A-2战斗机的火力比Bf 109战斗机的猛烈，但是，Bf 109F-4也不是一无是处，两者各有特色，各有自己的拥护者。从发动机排气部位没有"鱼鳃"判断这是Fw 190A-1型号，但是，飞机的武器系统却是Fw 190A-2/A-3的。

速度不如Bf 109F-4飞机的快，但是，在实用目的上，前者与后者几乎一样快。Fw 190飞机在高空速度方面明显不如Bf 109飞机，最糟糕的情况下速度会低于后者15—20公里/小时；在4000—4500米高度，两型飞机的速度相当；在地面高度，两型飞机基本相当，可能Fw 190飞机要快10公里/小时。

俯冲过程。两机俯冲对比试验在作战速度下进行，俯冲高度在2000米间隔的几个高度进行，飞机以20度角俯冲。对比结果表明，Fw 190A-2飞机在所有高度俯冲后的改出高度都比Bf 109F-4飞机高几百米（也就是更早改出），如果俯冲角度更大，俯冲距离更长，Fw 190飞机的优势更明显。

爬升过程。Fw 190A-2飞机从1000米爬升到10000米高度用时比Bf 109F-4飞机多6分钟，也就是爬升性能前者比后者差50%；在滚转响应方面，Fw 190完全胜出，这在空战中是个极大的优势。

然而，戈洛布上尉对Fw 190A-2飞机的发动机可靠性提出了严厉批评：

截至目前的使用情况来看，特别在装备JG 26联队后，Fw 190的发动机必须被划归到不可靠和不适合作战使用那一类，其平均作战使用寿命只有25小时。发动机的情况表明，在发动机改进后的可靠性达到DB 601E发动机的平均水平之前，装备宝马公司发动机的Fw 190战斗机可以被认定仅仅适合有限使用。宝马公司发动机目前极不可靠，加兰德上校认为Fw 190战斗机的用处有限：穿越海峡到英国领空作战目前根本就不可能。BMW 801C和BMW 801D发动机至少需要六个月的时间进行改进，直到可靠性达到要求才能在前线使用。

戈洛布最终的建议让福克-沃尔夫公司相当沮丧：

生产50%的Fw 190飞机和50%的Bf 109飞机的生产计划预示着其他空军单位要换装Fw 190战斗机。未来德国空军飞机几乎不可能只在自己的领空上作战，基于这一点，最重要的是这些飞机（Fw 190）要么解决所有的技术问题，要么生产大量发动机储存起来，这样才有可能在极短的寿命间隔里频繁地更换发动机，这一点几乎完全不可能。飞机的发展清楚地表明，相对Fw 190飞机，Bf 109飞机仍然速度更快，爬升率更高。爬升能力是我们最需要的指标之一，飞机的爬升性能要适用于特别的作战环境，比如此时在英吉利海峡上空。爬升到10000米高度，装备BMW 801C发动机的Fw 190A-2战斗机性能比Bf 109F-4飞机要差足足50%，即使安装新型BMW 801D发动机，两者的差距仍有25%—30%。基于慎重的考虑，Fw 190飞机50%的生产份额明显太高了，即使考虑到了Bf 109飞机空战中的易损性。

与此同时，JG 26联队的新型战斗机参与的战斗仍在进行，在1941年11月8日傍晚，Ⅱ./JG 26大队的Fw 190战斗机编队拦截了英国皇家空军正在掠过圣奥梅尔地区上空的战斗机编队，此次战斗，德国方面声称击落7架“喷火”战斗机，己方Fw 190A-1飞机也有损失。当天战斗中，4./JG 26中队卡尔海因茨·科恩中士驾驶的Fw 190A-1飞机在敦克尔刻上空被击落，另1架由大队队部林德曼中尉驾驶的飞机因被“喷火”战斗机击伤而在同一地点实施了迫降。第三架Fw 190A-1飞机被“喷火”战斗机击伤也实施了迫降，在科

两张非常清晰的Fw 190A-1照片，第二张机翼MG FF机炮处鼓包依稀可见。

这是第一架Fw 190A-1战斗机，虽然是正式生产型，飞机出厂后还要进行一些必要的试验。

德国空军不止一次为宣传目的而伪造一些照片，图中就是明显合成的照片，地面停放的是Fw 190A-0飞机，天上飞的可能是Fw 190A-0，也可能是Fw 190A-1或A-2飞机。

Fw 190A-1飞机正在进行射击试验，看来试验的是MG 17机枪，机翼MG FF机炮没有安装。

全新出厂的Fw 190A-1飞机，飞机上部颜色较深，这是德国空军典型的制空战斗机的涂装。

飞行中的早期Fw 190飞机照片较少，这是难得一张Fw 190A-1飞机照片，飞机机翼没有安装MG FF机炮。

阿戈公司生产的1架Fw 190A-2战斗机（W.Nr.0122.107），这架飞机正在做交付作战单位前的全面检查。飞机机身侧面KE＋XV是生产厂的无线电呼叫代号，并不是作战单位的战术编号。

（上下图）这架标准早期Fw 190A-2战斗机正准备进行交付前的飞行测试，这是生产厂家必做的工作。下图中四名地勤人员通过贯穿后机身铁棍推飞机，飞机这个部位有一个着力点，用于后机身吊装和牵引。这架Fw 190A-2飞机的翼根为2门MG 151机炮，这是长管机炮。

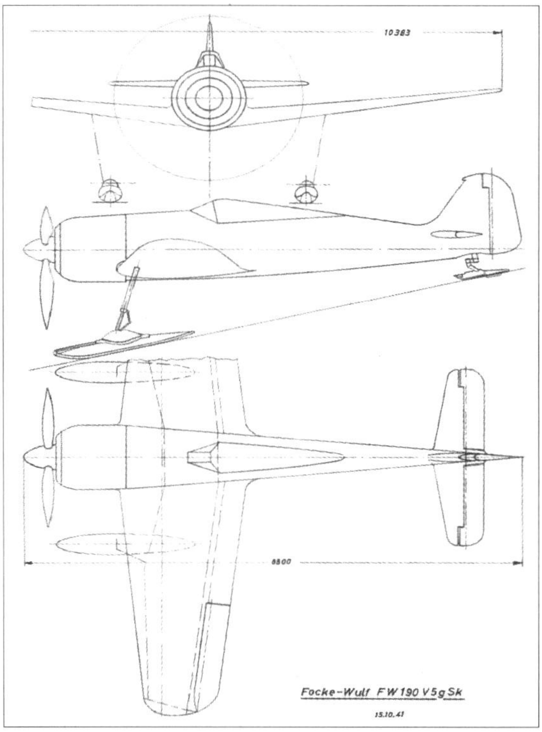

福克-沃尔夫公司文件显示的Fw 190V-5g Sk雪橇起落架方案，采用这种起落架为的是在冬天积雪覆盖的机场使用，各个公司都研制和试验过这种起落架，绝大多数没有实际运用。

1架Fw 190A-2飞机被改进用来测试雪橇起落架，这种起落架没有进一步研制，也没有专门的原型机用于此项试验。

凯勒斯迫降的飞行员毫发无损。

根据之前的记录，驻扎在科凯勒斯的Ⅲ./JG 26大队在1941年10月开始换装Fw 190战斗机。这个大队损失的第一架Fw 190飞机发生在11月27日，当天执行作战任务返航后，埃勒少尉驾驶飞机在基地迫降失败，后来伤重不治身亡。此后不久的12月6日，Ⅲ./JG 26大队指挥官格哈德·绍佩尔少校被任命为JG 26联队指挥官，他的大队指挥官位置被约瑟夫·普瑞勒取代。

尽管作战表明Fw 190是一款很成功的战斗机，但飞机也不是对任何气象条件都免疫，12月22日的战斗就说明了这一点。当时，6./JG 26中队指挥官沃尔特·施耐德中尉和本单位其他四位飞行员在浓雾中撞上小山，五人全部丧生。接替施耐德的是下文反复会提到的贝伦斯中尉，他对Fw 190战斗机的发展起到了非常重要的作用。不久，驻扎在法国圣奥梅尔和阿尔奎斯的Ⅰ./JG 26大队在开始换装Fw 190战斗机，该大队指挥官是约翰内斯·塞弗特少校。截至1942年1月，整个JG 26联队都换装了Fw 190战斗机。

1941年年底，福克-沃尔夫公司生产了Fw 190A-2几个子

Ⅱ./JG 26大队的1架Fw 190A-2飞机正在起飞。从这个型号开始，生产的飞机全部交付给作战单位，交付后立即投入战斗。

这架DN＋CB的Fw 190A-2飞机在着陆过程中发生尾轮事故，尾轮事故一般较少，危害也小得多。

1架Fw 190A-0，或是Fw 190A-1、Fw 190A-2飞机正飞在1架Fw 189飞机的后方，Fw 190的具体型号不详，外观上难以区分。

型号，如Fw 190A-2/U1，这个型号飞机（W.Nr.120315，CM＋CN）安装了帕汀公司研制的PKS 11自动驾驶仪，也可以说，这型号飞机改进为的是试验新型驾驶仪，因此该型号只生产1架；最令人感兴趣的是阿拉多公司生产的1架Fw 190A-2/Sk（W.Nr.5230，RI＋KW），这架飞机安装了海涅公司研制的雪橇起落架，主要用于飞机在冰雪地面起飞。据估计，去掉原起落架再装上雪橇起落架飞机起飞重量会增加97公斤。

Fw 190A-2的最后一个改进型是Fw 190A-2/U3，这是一个侦察型号，飞机的机身可以携带2个Rb 12.5/7×9照相机，另外，左侧机翼前缘也安装1个EK 16/BSK 16“机器人”照相机，同时，原来FuG 17无线电被标准的FuG Ⅶ所取代。EK 16是一种静物照相机，它可以在高空下至2000米高度拍摄照片。照相机上有磁控管自动控制相机快门，快门打开时，一个弹簧装置自动将胶片向前推一格。这种相机主要用来进行侦察照相，而不是当照相枪来用。

福克-沃尔夫公司的数据显示，在1941年8月至1942年8月间，公司共生产了426架Fw 190A-2战斗机，下表就是生产数量详细情况：

月份	福克-沃尔夫	阿拉多	阿戈公司	总计
1941 年 08 月	0 架	2 架	0 架	2 架
1941 年 09 月	5 架	1 架	0 架	6 架
1941 年 10 月	10 架	10 架	1 架	21 架
1941 年 11 月	13 架	15 架	17 架	45 架
1941 年 12 月	4 架	20 架	16 架	40 架
1942 年 01 月	25 架	15 架	21 架	61 架
1942 年 02 月	20 架	25 架	9 架	54 架
1942 年 03 月	14 架	40 架	14 架	68 架
1942 年 04 月	20 架	37 架	11 架	68 架
1942 年 05 月	10 架	4 架	9 架	23 架
1942 年 06 月	1 架	30 架	0 架	31 架
1942 年 07 月	0 架	0 架	3 架	3 架
1942 年 08 月	1 架	0 架	1 架	2 架
总计	118 架	203 架	105 架	426 架

Fw 190A-3战斗机

Fw 190A-3型号几乎跟Fw 190A-2型号同时生产，这两个型号的主要区别是前者安装功率稍大的BMW 801D-2发动机，由于更高的压缩比和采用了更高压力的压缩机，BMW 801D-2 的功率增大到1730马力。高压缩比和高压要求更高辛烷值的燃料，于是96号C3燃油取代了原来的87号B4燃油。其他方面的改进包括对机翼副翼进行了改进，为的是解决此前飞机上出现的副翼颤振问题。Fw 190A-3的标准武器和以前的型号相同。福克-沃尔夫公司提供的数据称，在1941年11月至1943年6月间，公司共生产了509架Fw 190A-3战斗机，下页表就是生产数量详细情况。

总的来说，福克-沃尔夫公司位于不来梅和马林堡的工厂生产了348架Fw 190A-2和A-3，序列号201—560；奥舍尔斯累本工厂生产235架，序列号2051—2290；位于瓦尔内明德的阿拉多公司生产332架，序列号5201—5532。1943年5月，费施乐公司位于卡塞尔的工厂也授权开始生产福克-沃尔夫公司的飞机，但在4个月里只生产了20架Fw 190A-3飞机，序列号7001—7020。

月份	福克-沃尔夫	阿拉多	阿戈公司	费施乐	总计
1941 年 11 月	3 架	0 架	0 架	0 架	3 架
1941 年 12 月	9 架	0 架	0 架	0 架	9 架
1942 年 01 月	20 架	0 架	0 架	0 架	20 架
1942 年 02 月	8 架	0 架	0 架	0 架	8 架
1942 年 03 月	34 架	0 架	0 架	0 架	34 架
1942 年 04 月	44 架	13 架	10 架	0 架	67 架
1942 年 05 月	16 架	21 架	17 架	1 架[1]	55 架
1942 年 06 月	24 架	32 架	9 架	6 架	71 架
1942 年 07 月	6 架	42 架	25 架	11 架	84 架
1942 年 08 月	21 架	6 架	32 架	2 架	61 架
1942 年 09 月	10 架	10 架	5 架	0 架	25 架
1942 年 10 月	1 架	1 架	0 架	0 架	2 架
1942 年 11 月	0 架	0 架	0 架	0 架	0 架
1942 年 12 月	11 架	0 架	0 架	0 架	11 架
1943 年 01 月	4 架	3 架	3 架	0 架	10 架
1943 年 02 月	6 架	0 架	3 架	0 架	9 架
1943 年 03 月	0 架	1 架	5 架	0 架	8 架[2]
1943 年 04 月	9 架	0 架	8 架	0 架	17 架
1943 年 05 月	2 架	0 架	0 架	0 架	2 架
1943 年 06 月	2 架	0 架	13 架	0 架	15 架
总计	230 架	129 架	130 架	20 架	509 架

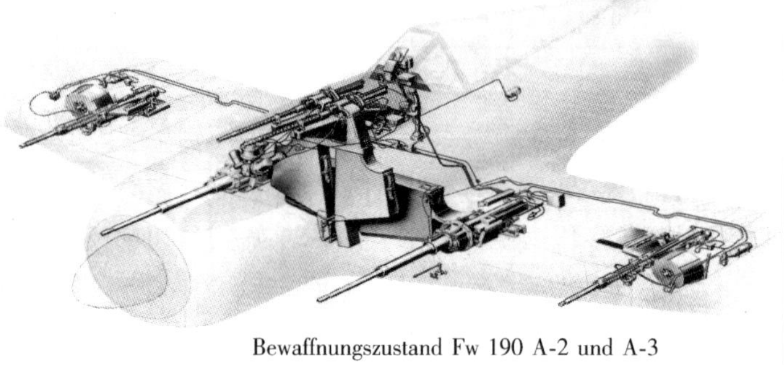

Bewaffnungszustand Fw 190 A-2 und A-3
Rumpf 2 MG 17 mit je 850 Schuß Munition
Flügel 2 MG 151 mit je 250 Schuß Munition
Flügel 2 MG FF mit je 60 Schuß Munition(2 Rüslsatz)

福克-沃尔夫公司文件显示的Fw 190A-2和Fw 190A-3的武器系统，其火力密度远比Bf 109战斗机的强。

Fw 190A-3也有很多子型号：

Fw 190A-3/U1　用于测试加长的发动机支撑结构，支撑架延长15厘米，最后Fw 190A-5采用了这个设计，仅生产1架飞机（W.Nr.0270，PG＋GY），这架飞机被称为Fw 190A-5原型机。

Fw 190A-3/U2　这是外侧翼安装6个RZ 65火箭发射管（左右各3个）的型号，只改进了1架飞机（W.Nr.0386，DM＋NJ）。RZ 65可以发射73毫米空对空火箭弹，由于射程近，火箭弹无需旋转稳定。火箭弹长262毫米，重量为2.4公斤（有资料称是2.78公斤），射程约为250米，战斗部重量0.685公斤。安装火箭发射管后，飞机的速度下降了10—15公里/小时。Fw 190A-3/U2飞机在1942年5月5日进行了首飞，1943年夏天，这架飞机在维特蒙德哈芬由第25试验单位（E.Kdo 25）进行了测试。但是，在一次试验期间，飞机着陆时右侧起落架折断，飞机损坏。

Fw 190A-3/U3（早期型号）　这是战术侦察型号，飞机机身携带2部Rb 12.5/7×9

① 文献称，费施乐公司是1943年5月开始生产Fw 190A-3飞机，不是1942年5月。

② 原文如此，这是个明显错误，5＋1＝6，而不是8。笔者认为，可能是制表过程中输入错误，而飞机总数应该是对的。

Fw 190A-2和Fw 190A-3除了发动机不同，其余基本一致，生产时间也相同。图中飞机没有无线电呼叫代号，因此不好判断是哪个型号。

Fw 190A-3飞机的座舱视野良好，特别是侧视和后视视野，前视视野稍差。图中是英军缴获的1架Fw 190A-3飞机，英国人正在对飞机进行检查。

Fw 190A-3/U2飞机试验了RZ 65空对空火箭弹，后文中会较详细配图介绍这种武器和Fw 190V-16的试验情况。

照相机，2部照相机均安装在飞行座椅后面的机腹部，此处增加一个小型整流罩以保护相机镜头。为了减重，飞机的2门MG FF机炮被取消。只有1架飞机（W.Nr.0300，CF＋QY）改进后在查莱斯默东进行了风洞试验，后来，“U3”编号重新颁布给对地攻击型号。

Fw 190A-3/U3（后期型号）　这个对地攻击型号名称首次出现在1942年5月20日，改进工作随后展开。跟以前飞机相比，这个型号飞机机头和发动机罩底部安装了5毫米和6毫米装甲防护板。机腹部和起落架舱门可以选择安装3毫米装甲板。据测算，飞机的净重量会增加250—370公斤。飞机的武器系统方案是2门30毫米莱茵金属公司下属博尔西希公司研制的MK 103机炮，或是4门30毫米MK 108机炮（炮管很短，MK 103是长管型号），再或者是2—6挺7.92毫米MG 81机枪，这几挺机枪数量组合不同可以安装在特制的容器内形成一种机枪吊舱，常用的是WB 81A机枪吊舱，吊舱内有3挺双管MG 81机枪，吊舱内“2—6挺MG 81机枪”的表述据怀疑是错误的，像Ju 87D“斯图卡”俯冲轰炸机后座舱安装2挺MG 81Z机枪是正确的，而

这是早期型号Fw 190A-3/U3侦察机，飞机可以携带3个副油箱增加航程，飞机正在做风洞试验。

1架Fw 190A-3飞机正在做风洞试验，飞机采用斑点涂装，上半部颜色较深，跟上一张Fw 190A-3/U3早期侦察机涂装不一样。

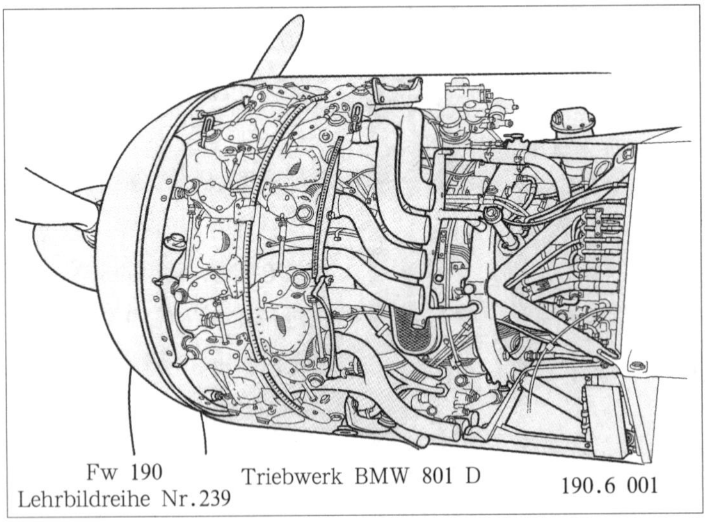

Fw 190A-3就是Fw 190A-2飞机换装BMW 801D的型号，其他基本一致。

吊舱内应该是2个枪管的1挺机枪。1942年11月5日，飞机装甲防护进一步加强，即座舱采用50毫米厚的装甲前风挡，座椅头靠采用12毫米装甲板，飞机座椅采用5毫米厚的装甲板，两侧座舱壁安装8毫米装甲板，机身油箱后部安装8毫米厚装甲板。此时，飞机所有装甲的总重量达到了420公斤。不同的武器配置组合，最好的情况下，飞机最大速度为650公里/小时，最差的情况下飞机最大速度为565公里/小时。Fw 190A-3/U3共生产了13架，这个型号进行了结构加强改进的是Fw 190Ra-2。

Fw 190A-3/U4　这是侦察型号，也称“侦察”H，共生产了12架。飞机机身安装1部Rb 20/30，或是Rb 50/30、Rb 75/30照相机，再或者是2部Rb 12.5/7×9照相机。同时，左侧机翼前缘安装1部EK 16/BSK 16“机器人”静物照相机。飞机安装FuG 17无线电，该电台工作在德国陆军频段，便于空地协调。除了不同照相机组合，飞机还可以携带1个或2个300升副油箱，或是携带最多可达8枚的50公斤SC 50炸弹。执行夜间侦察任务时，飞机可以携带BLC 50照明弹用于照明。不同的任务设备组合，飞机在最好的情况下最大速

这2架是已经装备海峡一侧作战单位的Fw 190A-3战斗机，机翼外侧没有MG FF机炮。

Fw 190A-3/U3是对地攻击型，图中飞机机腹安装了ETC 501挂架，这种挂架也可以挂载1个300升副油箱。

度为662公里/小时，最差的情况下最大速度为560公里/小时，飞机最大航程在720—1850公里之间。1942年3月，几架Fw 190A-3/U4飞机被交付给9.(H)/LG 2中队。

Fw 190A-3/U5　这是一个高空战斗机方案，为了提高飞机的升限，飞机进行了减重改进，比如去掉油冷却器，减少油箱数量，去掉防弹装甲，只保留翼根2门MG 151机炮等。另一个改进是发动机向前延伸15.2厘米，飞机全长增加到8.95米。这只是一个方案，没有飞机生产或改进。

Fw 190A-3/U6　这个型号跟Fw 190A-3/U5很相似，除了飞行员座椅装甲外，其他装甲全部去除，飞机采用的是标准Fw 190A-4机身，机身全长为8.798米。这只是方案，没有飞机生产或改进。

Fw 190A-3/U7　这是福克-沃尔夫公司早期试图改善飞机高空性能的方案，飞机也进行了减重处理，武器系统降低到只保留翼根2门MG 151机炮，其他机炮或机枪拆除。最主要的改进是安装BMW 801D-2发动机，这个子型号发动机更加泼辣一些，典型的特征是发动机罩的两侧有明显外伸的圆形空气进气口，发动机罩后面的冷却器挡板可以调节。这个型号生产了3架原型机，即W.Nr.130528，DJ＋AB；W.Nr.130530，DJ＋AD和W.Nr.130531，DJ＋AE，首架原型机在1942年8月16日进行了首飞，试飞员是贝恩哈德·马切尔。据估计，Fw 190A-3/U7飞机高空速度比标准的Fw 190A-3快8—10公里/小时。3架原型机后来在1942年9月被交付给JG 2联队队部使用，当年12月，这些飞机编号改为Fw 190A-4/U7，仍在JG 2联队使用。

Fw 190A-3/Trop　这个型号主要用来测试化油器进气口热带地区使用的过滤器，过滤器在发动机罩两侧。所谓“热带”不是我们想象中的高温高湿环境，德国方面特指的是在

以上两图是Fw 190A-3/U7飞机，这是福克-沃尔夫公司最早的高空战斗机探索，其典型的特征是发动机罩的两侧有明显外伸的圆形空气进气口，热带型也有这两个圆形进气口，不同之处在于后者圆柱形外罩上有过滤器。

Fw 190A-3/U7飞机较为清晰的全身照，重要细节改进一目了然。

德国飞机的检修舱口盖设计比较科学，对于地勤人员来说维护方便。

据笔者考证，这架应该是Fw 190A-3/Trop热带型号，发动机罩两侧有明显的过滤器。同时，飞机的机腹携带1个ETC 501挂架。

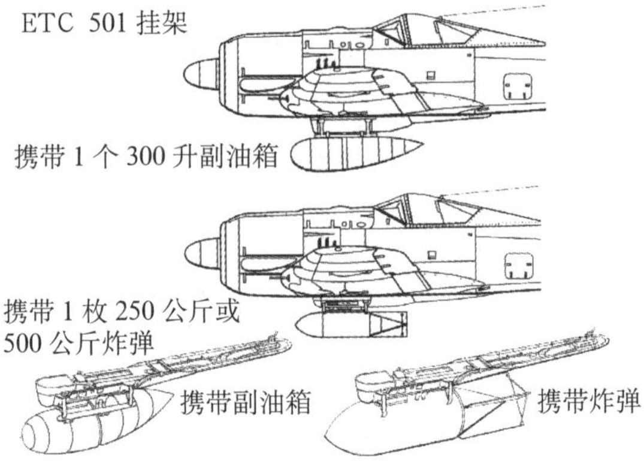

ETC 501多功能挂架。

热带沙漠地区使用，过滤器是过滤沙尘的。

跟Bf 109战斗机不同，Fw 190飞机只有一个型号是专门为外国用户研制的，这就是Fw 190Aa-3，绰号“汉堡”，这是专门为土耳其空军研制的型号。Fw 190Aa-3跟标准的Fw 190A-3基本相似，只是前者的武器系统改为机翼内侧2挺MG 17机枪和机翼外侧2门MG FF机炮，FuG 25无线电设备去除。土耳其空军共订购72架飞机，飞机单价510000德国马克。这些飞机中有31架是福克-沃尔夫公司在1942年10月至1943年5月间生产的，当24架Fw 190Aa-3飞机交付给土耳

Fw 190A-3 战斗机主要性能数据

机长	8.798 米
翼展	10.506 米
高度	3.95 米
机翼面积	18.3 $米^2$
起飞重量	3850 公斤
最大速度和所在高度	565 公里/小时在海平面
	600 公里/小时在 1300 米
	585 公里/小时在 3200 米
	680 公里/小时在 6500 米
	660 公里/小时在 8000 米
	610 公里/小时在 10000 米
爬升高度和所需时间	4000 米需 4.6 分钟
	6000 米需 7.2 分钟
	8000 米需 11.3 分钟
	9000 米需 15.0 分钟
海平面爬升率	16.5 米/秒
实用升限	11000 米
正常航程	810 公里(出航高度 5000 米)
起飞距离	300 米
着陆速度	130 公里/小时

土耳其空军的Fw 190Aa-3战斗机只保留了机翼武器，翼根2挺MG 17机枪和机翼中部2门MG FF机炮，机炮旁边的鼓包清楚可见。飞机方向舵隐约可见土耳其空军机徽。

其，还有12架正在生产线上组装时，这些飞机被土耳其方面拒绝接收，土方认为这些飞机没有达到性能要求。为此，福克-沃尔夫公司专门成立一个由斯皮兹·科拉梅尔领导的专家组到土耳其解决问题。斯皮兹·科拉梅尔在土耳其给福克-沃尔夫公司发送的电报称：序列号59的飞机在起飞过程中坠毁，造成土耳其方面三人死亡。问题解决后，德国继续为土耳其生产Fw 190Aa-3战斗机，最终的数量是70架。生产情况见下页表。

2016年消息称：近50架Fw-190A-3战斗机在土耳其中部出土。1941年土耳其政府与纳粹德国达成协议用铁矿与铬矿换取72架Fw-190战斗机。1943年交付土方后其中50架被送往中部的开塞利省。战后土耳其为接收美国剩余军机便在库存中将其注销，之后用油布包裹后埋入地下。德国当局称这批飞机仍可飞行。

福克-沃尔夫公司在1942年8月20日给阿拉多公司的一封信函里提到，后者在1943年1月至3月间至少还计划生产18架Fw 190Aa-3飞机，但是，实际上这些飞机并没有生产。上文中科拉梅尔的专家组解决了Fw 190Aa-3飞机的问题后，这些飞机被分配给土耳其空军驻

	福克-沃尔夫	阿拉多公司	阿戈公司	总计
1942年8月	—	5架	—	5架
1942年9月	—	10架	—	10架
1942年10月	—	1架	—	1架
1942年12月	10架	—	2架	12架
1943年1月	4架	—	3架	7架
1943年2月	6架	—	3架	9架
1943年3月	—	2架	5架	7架
1943年4月	8架	—	8架	16架
1943年5月	2架	—	—	2架
1943年6月	1架	—	—	1架
总计	31架	18架	21架	70架

这架Fw 190A-3飞机的机翼没有武器系统，执行不同任务时，这些武器系统可以增减。

天生一对冤家，却在一片蓝天下翱翔。土耳其空军同时装备着德国产Fw 190Aa-3和英国造“喷火”战斗机，后者圆弧形机翼相当显眼，后期的“喷火”飞机机翼跟Fw 190战斗机的类似。

这架Fw 190A-3飞机的ETC 501挂架上携带了ER-4适配器，这样一个ETC 501挂架可以携带4枚SC 50炸弹。

扎在布尔萨的第5航空团第3和第5中队，这些飞机一直服役到1948年。

Fw 190A-4战斗机

Fw 190战斗机下一个型号Fw 190A-4从1942年7月开始同时在福克-沃尔夫公司（不来梅和马林堡工厂）、阿戈公司（奥舍尔斯累本）、阿拉多公司（瓦尔内明德）和费施乐公司（卡塞尔）投产，最新型号Fw 190A-4飞机安装1台1700马力的BMW 801D-2发动机，该型号发动机为日后安装GM-1喷射助燃系统预留了空间；飞机的武器系统为发动机上方2挺7.9毫米MG 17机枪和翼根2门20毫米MG 151机炮，机翼外侧还为安装2门20毫米MG FF机炮预留了位置。机腹中心位置可以携带ETC 501挂架，挂架可以挂载1个300升副油箱，或是1枚500公斤炸弹。与此前型号相比，Fw 190A-4飞机最明显的外观区别是垂直尾翼顶端增加了天线桅杆，因为飞机上

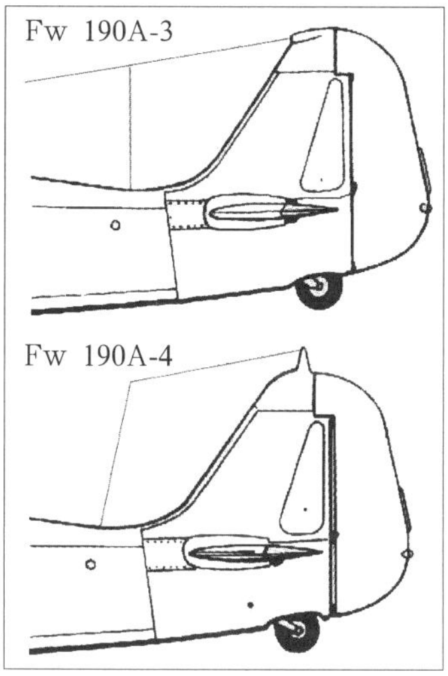

Fw 190A-4型号跟此前飞机相比最明显的外观特征是垂直尾翼顶端增加了天线桅杆。

安装了改进的FuG 16Z无线电收发机。另外，飞机还安装了FuG 25敌我识别装置，该装置的AAG 25天线在后机身下方。Fw 190A-4的第一架生产型是Fw 190V-24，W.Nr.0561，这架在Ⅱ./JG 1大队服役的飞机后来在1943年2月4日的一次紧急着陆过程中损坏。

Fw 190A-4有八个子型号和至少两个战场改进型组件，这些型号简介如下：

Fw 190A-4/U1　安装BMW 801C-2发动机。

Fw 190A-4/U2　编号未被使用。

Fw 190A-4/U3　对地攻击型号，其武器系统和装甲防护跟上文中的Fw 190A-3/U3一样，几架测试飞机中的1架序列号为W.Nr.0619，BX＋CS飞机在机腹携带1个ETC 501挂架，这个挂架安装一个ER-4适配器，通过适配器挂架可以携带4枚50公斤炸弹。携带炸弹挂架和炸弹使得飞机起飞重量从3670公斤增加到3997公斤，这架飞机首次记录飞行是1942年10月22日，实际首飞是几个

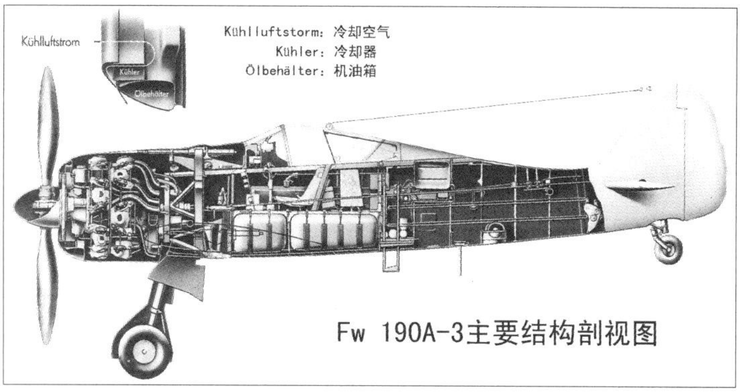

福克-沃尔夫公司绘制的十分精美的飞机主要结构剖视图，虽然是Fw 190A-3型号，Fw 190A-4结构与之基本相同。

权威资料称这是Fw 190A-4/U1飞机，没有关于该型号更详细的资料。图中飞机机翼携带了2枚SC 250炸弹，实际上机腹ETC 501携带SC 250炸弹较为常见。

Fw 190A-4/U3是对地攻击型，Fw 190战斗机的制空和对地攻击性能比较均衡，因此后来发展出了专门的对地攻击型，即F型和G型。图中飞机携带的是AB 250炸弹容器。

Fw 190A-4/U4是侦察型，机翼外侧的MG FF机炮被去除，因此下表面不再有鼓包。

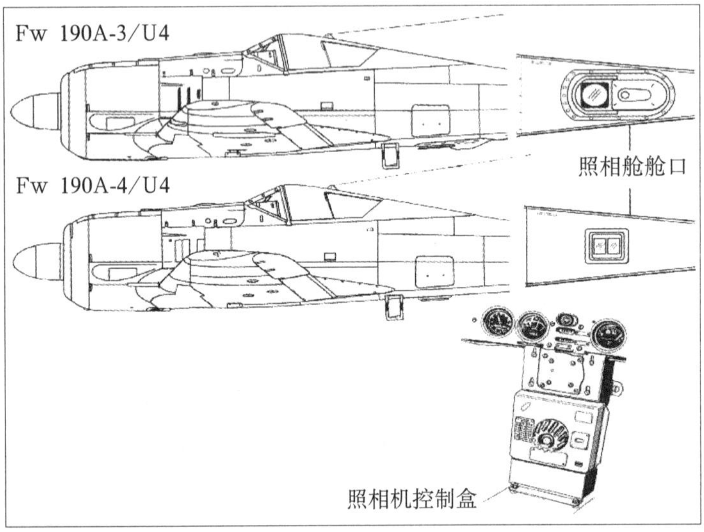

两个侦察型号照相舱舱口对比示意图。

Fw 190A-4/U7就是Fw 190A-3/U7，装备部队使用后改了编号，这种情况倒是少见。机翼外侧的MG FF机炮被去除，注意看垂尾，没有Fw 190A-4飞机才有的天线桅杆。

星期前。后来，Fw 190A-4/U3发展成Fw 190F-1战斗机。

Fw 190A-4/U4　侦察型号，跟上文中Fw 190A-3/U4的侦察设备一样。

Fw 190A-4/U5　这个编号可能是分配给高空飞机型号，跟上文中Fw 190A-3/U5一样，但是Fw 190A-4并没有使用这个编号。

Fw 190A-4/U6　这个编号可能是分配给高空飞机型号，跟上文中Fw 190A-3/U6一样，但是Fw 190A-4并没有使用这个编号。

Fw 190A-4/U7　这是Fw 190A-3/U7重新命名而来，参见上文内容。3架改进的飞机先是装备JG 2联队队部，后在1943年5月交付给新成立的10./JG 2中队，这些飞机似乎在中队成立几个月后退出作战使用。

Fw 190A-4/U8　在1942年春天，第一个Fw 190战斗轰炸机型号出台，该型号有标准的武器系统，但是去掉了阻塞气球钢缆剪切装置，飞机机腹挂架可以携带1个300升副油箱。飞机方案图纸上显示飞机机腹挂架可以携带1枚454公斤的SC 500炸弹、1个AB 500炸弹容器（也称武器吊舱）、1枚250公斤SC 250炸弹或4枚50公斤SC 50炸弹，这些武器不是同时携带。机翼挂架可以携带2枚SC 250炸弹（左右各1枚）和4枚SC 50炸弹。携带不同任务配置炸弹，飞机的最大速度在535—570公里/小时之间，航程在735—1650公里之间。当时，还提出一个在此基础上改进的远程战斗轰炸型Jabo-Rei，这个型号飞机每侧翼下都可以携带1个300升副油箱，同时还可以携带SC 500炸弹和AB 500武器吊舱，在这种武器携带方案下飞机估计最大速度为535公里/小时，航程为1650公里。这个远程战斗轰炸型最终成为Fw 190A-4/U8，飞机翼下挂架由容克公司设计，由于考虑各种挂载能力，挂架设计得非常笨重，阻力也不小，飞机的最大速度也降低到480公里/小时。Fw 190A-4/U8共有2架原型机，分别是W.Nr.0699，TI＋FQ和W.Nr.0670，TI＋FR，前者第一次被外界知晓的飞行是1942年10月19日，实际上这是该机的第九次飞行；另1架原型机相应的情况是1943年1月8日，第十八次飞行。Fw 190A-4/U8后来编号改为Fw 190G-1。

Fw 190A-4/R1　这个改进型飞机安装的是FuG 16ZE无线电收发电台，安装此设备的飞机可以通过使用Y程序技术充当飞机编队的领航机，这项

这架Fw 190A-4飞机机腹挂架携带了ER-4适配器，也就是一个挂架通过适配器携带4枚SC 50炸弹。

近距离看一下ER-4适配器，2枚一组前后排列，此前的是4枚并列，阻力较大。

这架Fw 190A-4飞机的翼下携带了4枚SC 50炸弹，机腹还携带1个ETC 501挂架，为了减重，机翼中部的机炮被去除。

技术又称Y战斗机控制系统，这是应德国空军第Ⅻ夜战航空军司令约瑟夫·卡姆胡贝尔中将的请求研制的，使用Y程序技术时，编队领航机的航向和距离等数据实时由“奥丁”Ⅲ（Wotan，北欧神话中的诸神之王，英语是Odin）地面指挥站进行修正。作为领航机，飞机上还安装1个S16B发射机、1个E16E接收机和1个甚高频测向器。“奥丁”Ⅲ的载波频率每20秒发射5秒，战斗机接收载频后自动用另一个频率发射给地面指挥站，这样可以建立一个独有的识别信息，地面指挥站同时可以测量飞机（编队）的航向和距离。战斗机的高度通过飞行员判读高度表数据用无线电发送给指挥站，这样地面指挥站可以实时掌握战斗机编队位置，并导引飞机编队飞向敌轰炸机航线上。同时，领航机的飞行员还可以将观察的信息回传给地面指挥站。发送给领航机的指令同时也会被编队中其他所有飞机接收。但是，领航机的自动转发频率只能由地面指挥站接收，其他飞机没有转发功能，也收不到这个频率信息。

Y战斗机控制系统首次实战使用是1942年8月，驻扎在荷兰翁斯德雷赫特和阿姆斯特丹斯希普霍尔的Ⅱ./JG 1大队装备了安装这个系统的Fw 190A-4/R1战斗机。初期，编队领航机安装FuG 16ZE设备，后来使用中发现，领航机的僚机改进成信标机会使得系统效率大大提高。Fw 190A-4/R1飞机安装的FuG 16ZE设备只是一种过渡设备，原因就是该设备没有导航功能，因此在1942年初期，洛伦茨公司收到合同研制更先进的新型导航设备，这就是FuG 16ZY，1943年4月开始交付使用。高峰时期，洛伦茨公司的FuG 16ZY每月产量达到7000部，为此，从1943年7月中旬开始，所有Fw 190和Bf 109战斗机均安装该设备。在实战使用中，Y战斗机控制系统十分有效，截至1944年秋天，有不少于500个

这架Fw 190A-4/U3飞机的机腹携带了1个ETC 501挂架，飞机只保留了翼根2门MG 151机炮。

Fw 190A-4/U8后来编号改为Fw 190G-1，飞机只保留翼根2门MG 151机炮。副油箱挂架日后几经变化，图中这种减阻油箱挂架的问题是功能单一，抛掉副油箱后挂架下方会形成强烈的紊流。

“奥丁”Ⅲ地面指挥站投入到各个战场使用。

Fw 190A-4/R2　具体内容不详

Fw 190A-4/R3　具体内容不详

Fw 190A-4/R4　具体内容不详

Fw 190A-4/R5　具体内容不详

Fw 190A-4/R6　Fw 190A-4的另一个战场改进型组件是Fw 190A-4/R6，这个型号飞机翼下可以携带2个W.Gr 210“多代尔”火箭发射管。W.Gr 210实际上是在陆军同等口径NbW 42火箭弹的基础上改进的，“210”指火箭弹直径，实际上火箭弹直径是214毫米，编号中通常取整数，上文提到的SC炸弹和AB炸弹吊舱重量也是如此。W.Gr 210火箭弹长1260毫米，其内部安装一

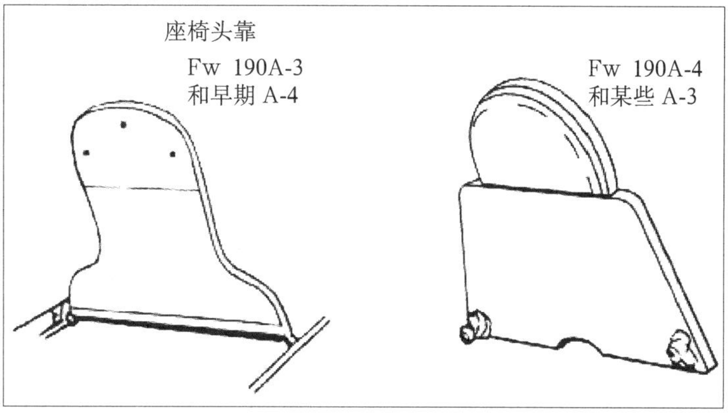

Fw 190A-3和Fw 190A-4头靠变化。

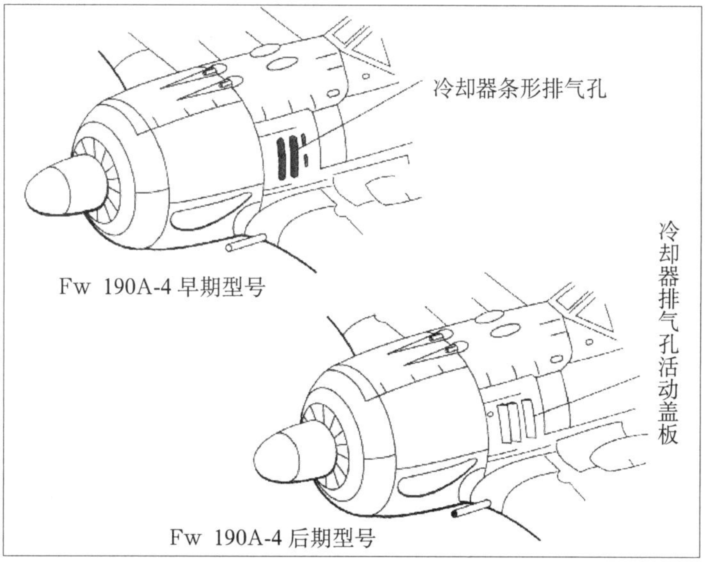

Fw 190A-4早期和后期型号冷却器排气孔变化。

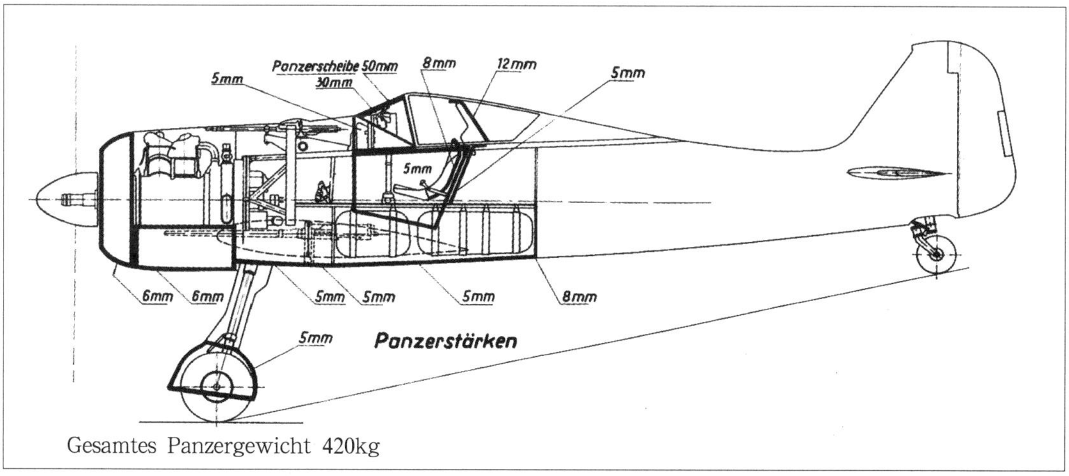

福克-沃尔夫公司文件记录的Fw 190A-4/U3和Fw 190A-5/U3的装甲防护，这两个型号的装甲防护方案跟Fw 190A-3/U3的完全一样。

台旋转稳定发动机，发动机采用18.4公斤的二甘醇固定燃料；采用高爆战斗部，其重量为40.8公斤，爆炸杀伤半径为30米；采用定时引信，引爆时间根据发射距离来定，分为两挡，即550米（600码）和1100米（1200码）。火箭弹飞行速度为320米/秒（1150公里/小时），有效射程为1200米。火箭发射管和火箭弹总重为112公斤。实战中使用发现，W.Gr 210火箭弹的作战效果非常令人失望，火箭弹320米/秒的速度对于精确瞄准来说还是太低，无制导火箭的命中精度跟火箭弹飞行速度有很大关系，速度快，累积误差小。定时引信问题也不少，引信是根据距离来引爆，但是，那个年代没有测距设备，距离远近全凭飞行员自己用眼睛估算，因此发射后的火箭弹经常会在轰炸机前，或是轰炸机后爆炸。如果说W.Gr 210火箭还有点用的话那就是打乱敌轰炸机队形，1943年7月28日的一次行动是极少数成功的战例之一，Fw 190战斗机发射的W.Gr 210火箭弹正好在1架B-17轰炸机的底部爆炸，巨大的爆炸先是使这架B-17飞机坠落，紧接着第二和第三架相继拖着烈焰坠毁。

Fw 190A-4/R6是携带W.Gr 210“多代尔”火箭发射管的型号，其他型号飞机携带该火箭发射管的都称为“R6”型。美国陆航超大规模的轰炸机在欧洲战场出现后，德国希望研制一种武器能一次击落数架轰炸机，W.Gr 21武器就是在这种情况下诞生的。后来，在意大利战场和西欧战场，德国空军也用该型武器攻击盟军地面目标。

福克-沃尔夫公司文件将图中飞机称为Fw 190A-5/R6，实际上这是Fw 190A-4/R6。W.Gr 21火箭弹攻击轰炸机的实战效果很差，载机的机动性也会大受影响。

Fw 190A-4/Trop　这个型号飞机安装化油器进气口过滤器，过滤器在发动机罩两侧，跟上文中的Fw 190A-3/Trop一样。改进用于测试这种过滤器的是W.Nr.0570，TF＋SR飞机，这架飞机的记录飞行是1942年9月18日，实际首飞在几个星期前。

用于Fw 190A-4系列飞机测试的发展型飞机还有3架，即W.Nr.0711，TN＋ZK、W.Nr.0783，SK＋OE和W.Nr.0665（无线电呼叫代号不详），在1942年8月至1943

Fw 190飞机安装和试验过很多型号热带地区使用的沙尘过滤器，图中是最常使用的。过滤器使用时，常规进气道就会关闭。

年3月11日间，TN＋ZK飞机进行了178架次飞行，主要用来测试不同的设备，很多设备设计为的是降低发动机温度；SK＋OE飞机主要用来进行性能测试，在1942年10月至1943年4月5日间共进行了68架次飞行。TN＋ZK飞机还被用来测试Fla-V-Anlagen火焰抑制设备，也就是消焰器，由于活塞机燃烧不充分，发动机排气口会蹿出火苗，夜间战斗这是个极为不利的缺点，在发动机排气口处安装消焰器可以解决这个问题；W.Nr.0665飞机主要用来测试在苏联作战的特制冬季设备，比如飞机换装了加固起落架，机腹中心线处的起落舱

舱门被去除。这架飞机进行了至少114架次飞行。

福克-沃尔夫公司文件显示，在1942年6月至1943年8月间，几个生产厂共生产了894架Fw 190A-4战斗机，其中福克-沃尔夫公司的不来梅和马林堡工厂生产219架（序列号0561—0810）、奥舍尔斯累本的阿戈公司生产230架（序列号2291—2520）、瓦尔内明德的阿拉多公司生产283架（序列号5533—5840）、卡塞尔的费施乐公司生产162架（序列号7021—7200）。这几家生产生产明细如下：

日期	福克-沃尔夫	阿拉多公司	阿戈公司	费施乐公司	总计
1942 年 06 月	12 架	0	3 架	0	15 架
1942 年 07 月	59 架	13 架	0	4 架	76 架
1942 年 08 月	41 架	54 架	13 架	21 架	129 架
1942 年 09 月	57 架	50 架	47 架	27 架	181 架
1942 年 10 月	48 架	55 架	53 架	26 架	182 架
1942 年 11 月	2 架	50 架	53 架	25 架	130 架
1942 年 12 月	0	32 架	19 架	41 架	92 架
1943 年 01 月	0	0	0	17 架	17 架
1943 年 02 月	0	0	0	1 架	1 架
1943 年 03 月	0	10 架	4 架	0	14 架
1943 年 04 月	0	16 架	13 架	0	29 架
1943 年 05 月	0	1 架	10 架	0	11 架
1943 年 06 月	0	2 架	2 架	0	4 架
1943 年 07 月	0	0	7 架	0	7 架
1943 年 08 月	0	0	6 架	0	0 架
总计	219 架	283 架	230 架	162 架	894 架

图中Fw 190A-4/U8飞机起动发动机准备起飞，飞机机翼携带2个副油箱，机腹挂架还携带1枚炸弹，飞机后面的树下仍可见2枚炸弹。

德国空军SKG 10对地攻击联队在穿梭轰炸英国目标期间，有1架Fw 190A-4/U8误降在英国机场，英国人捡个大便宜，对飞机性能进行了全面的飞行测试。

盟军最新战斗机登场

实战证明德国Fw 190战斗机性能要优于英国皇家空军的战斗机，特别是皇家空军寄予厚望的最先进"喷火"Ⅴ飞机。作为航空科技大国，英国当然不能忍受这种情况继续下去，很快英国推出了更加先进的"喷火"Ⅸ战斗机，这个型号的服役逐渐抹平了德国战斗机的优势。"喷火"Ⅸ的诞生为的是抗衡性能明显占优的德国战斗机，时间紧迫，因此这个型号的研制进度非常快。跟早期型号"喷火"飞机相比，"喷火"Ⅸ飞机安装了1台1720马力的"灰背隼"66发动机，这个型号发动机采用2级增压器和四叶螺旋桨。下文中介绍的迪耶普战役期间，英国皇家空军已经有三个中队装备了最新"喷火"Ⅸ战斗机。

随着"喷火"Ⅸ战斗机装备皇家空军作战单位，皇家空军也进行了服役型号"喷火"Ⅸ战斗机和缴获的德国Fw 190战斗机之间的对比试验，试验的主要内容是最高至7600米高度的飞机速度和机动性方面的对比。测试结果显示，在大部分高度内，英国"喷火"Ⅸ战斗机的速度稍优于德国Fw 190飞机，对比结果如下：

从下页表可以看出，德国

英国空军第611中队的"喷火"Ⅸ战斗机。"喷火"是皇家空军抗衡德国空军Bf 109和Fw 190的主力战斗机，前者的型号非常多，很多型号外观很难区别，给德国飞行员识别带来很大麻烦。

和英国的这两款战斗机的差距并不大，实际空战结果要看双方飞行员的个人技术发挥情况，以及实战环境对哪一方更有利，比如先敌发现，率先主动发起进攻的攻击方会占据一定的优势。

“喷火”Ⅸ战斗机的武器系统为2门机炮和4挺机枪，这个型号是专门为对抗Fw 190战斗机而研制的，两者性能各有所长。

在 600 米高度，Fw 190 战斗机的速度比“喷火”Ⅸ战斗机的高 11—12 公里/小时
在 1500 米高度，Fw 190 战斗机的速度跟“喷火”Ⅸ战斗机的几乎一样
在 2500 米高度，“喷火”Ⅸ战斗机的速度比 Fw 190 战斗机的高 12 公里/小时
在 4500 米高度，“喷火”Ⅸ战斗机的速度比 Fw 190 战斗机的高 8 公里/小时
在 5500 米高度，Fw 190 战斗机的速度比“喷火”Ⅸ战斗机的高 5 公里/小时
在 6400 米高度，Fw 190 战斗机的速度跟“喷火”Ⅸ战斗机的几乎一样
在 7600 米高度，“喷火”Ⅸ战斗机的速度比 Fw 190 战斗机的高 8—11 公里/小时

在最大连续爬升条件下，不同高度开始爬升到最高7000米高度时的爬升性能对比测试中，德英两国飞机的这方面性能几乎没有差别，要说有，英国“喷火”Ⅸ战斗机稍稍占优。在7000米以上高度，德国Fw 190战斗机的爬升率会快速下降，而英国“喷火”Ⅸ战斗机的却在增加；在高速巡航状态，从平飞拉起爬升的初始阶段，德国Fw 190飞机稍稍领先，这得益于这款飞机的加速性能好。从俯冲状态拉起爬升，德国飞机也具备优势。

德国Fw 190飞机的俯冲速度明显高于英国“喷火”Ⅸ战斗机，特别是俯冲的初始阶段，但是，优势不如和“喷火”VB飞机对比时的大。除了转弯性能，德国Fw 190战斗机的机动性好于英国“喷火”Ⅸ战斗机。Fw 190飞机的滚转性能更好，因此在遭到“喷火”Ⅸ战斗机攻击时，前者反方向俯冲转弯就很容易摆脱敌机攻击。“喷火”Ⅸ飞机虽然性能有较明显的提高，但是跟“喷

Fw 190A-4飞机正在进行地面武器射击测试，飞机的尾部已经被顶起。后机身有一处贯穿机身的洞，这里是承力结构。有些资料称这是Fw 190A-5型号。

火”VB飞机一样，对于Fw 190飞机反向转弯摆脱攻击战术仍然束手无策，换句话说，“喷火”Ⅸ飞机要跟上Fw 190飞机这个机动相当地困难；如果安装负过载化油器，那么“喷火”Ⅸ飞机可以较为容易地跟上Fw 190飞机俯冲转弯机动，在这种状态下，正常的化油器很容易“停工”。与Fw 190战斗机作战，“喷火”Ⅸ战斗机的不利高度是5500—6700米和低于900米，在这些高度，Fw 190飞机的速度稍微领先。

两型飞机在不利条件下遭遇对方时都想采用最佳规避战术，在高速巡航状态，并在远距离发现Fw 190飞机时，英国“喷火”Ⅸ战斗机不可能被对手盯上实施攻击。当“喷火”Ⅸ战斗机在低速巡航状态下，该型机加速性能比Fw 190飞机稍逊这一状况会使得对手有机可乘。当Fw 190飞机在不利条件下被“喷火”Ⅸ飞机盯上，“喷火”Ⅸ飞机要追上Fw 190飞机需要更长的时间。在所有飞行条件下的初始阶段，Fw 190飞机的加速性能都优于“喷火”Ⅸ飞机，但后者在大部分高度的平飞速度上有优势，也就是“喷火”Ⅸ飞机可以以较高的巡航速度飞行，因此，一方的加速性能优势被另一方的巡航速度优势所抵消，两型机这方面性能也就持平了。参与对比试验的英国飞行员普遍的印象是英国“喷火”Ⅸ飞机和德国Fw 190飞机的性能不相上下，如果主动发起攻击，那么毫无疑问“喷火”Ⅸ飞机有机会击落Fw 190飞机。

Fw 190A-5战斗机

截至1942年1月初，Fw 190飞机已经在福克-沃尔夫公司的各个工厂（包括法国境内工厂）紧锣密鼓地生产，下表是Fw 190飞机主要部件分散生产情况：

巴特艾尔森	结构办公室(负责每天设计和飞机发展项目)，设计部门负责项目设计
不来梅机场	最后的组装和飞行测试
不来梅哈施泰特	生产工具制造、原型机结构生产、金属加工、管道生产和抛光处理
不来梅赫梅林根	特种部件生产
阿德雷德	特种部件、机身、机翼和尾翼结构生产，这里也是原型机生产厂
文岑多夫	最后组装和飞行测试
奥拉宁堡	机翼生产
波兹南(现属波兰)	机翼、机身、尾翼结构和电气设备生产
马林堡(现属波兰)	最后组装和飞行测试
法国巴黎	替代部件生产

除了福克-沃尔夫公司，位于奥舍尔斯累本伯德（马格德堡西南30公里）的阿戈公司、位于瓦尔内明德（罗斯托克正北15公里波罗的海海滨小城）的阿拉多公司和位于卡塞尔的费施乐公司也正在生产Fw 190飞机。

福克-沃尔夫公司仍在改进Fw 190飞机，下一个型号就是Fw 190A-5，这是Fw 190家族飞机中第一个标准设计型号，日后的改进型均以Fw 190A-5作为基础。Fw 190A-5和Fw 190A-4十分相似，但是前者在发动机罩后和机身之间增加了一个160毫米的舱段，因此飞机全长由8.798米增加到8.95米。Fw 190A-5型号的其他改进包括，安装改进了冷却系统的BMW 801发动机、换装新型仪表设备、采用Eka 16照相枪和性能更好的Revi C/12d瞄准具，以及翼尖安装库托·纳泽阻塞气球缆索切割器等，机身左侧无线电设备检修口也进行了改进。

Fw 190A-5共有不少于18个厂家改进型（U型）和战场改进型组件（R型），这些型号如下：

Fw 190A-5/U1　改进安装BMW 801C-2发动机，可能只生产了1架，序列号为W.Nr.1192。

Fw 190A-5/U2　远程战斗轰炸型，为的是执行夜间作战任务。与标准型号相比，这个型号的武器系统降低到只保留翼根2门MG 151机炮，飞机机腹还可以携带1枚500公斤炸弹，或是1个300升副油箱，同时翼下挂架可以携带2个300升副油箱。最多可以携带3个300升副油箱，可以大大延长飞机航程。飞机的下机身安装一个试验型煤斗形状的消焰器，消焰器与机腹挂架综合设计在一起。另外，每侧发动机罩后方增加挡焰板；左侧机翼前缘安装2个搜索灯。Fw 190A-5/U2共有4架原型机，即W.Nr.1449、1450、1482和1513，第一架原型机于1943年8月24日进行了第

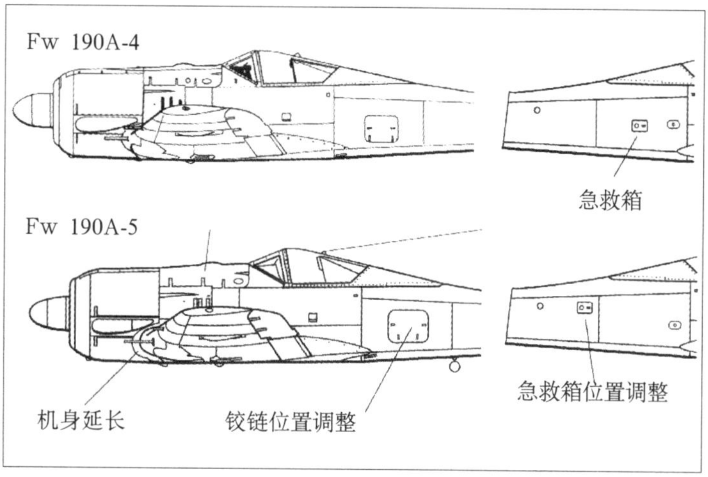

Fw 190A-4和Fw 190A-5主要区别示意图。

这是1架Fw 190A-5战斗机，但是，后机身没有圆圈形测向器天线和其他鞭状无线电通讯天线。

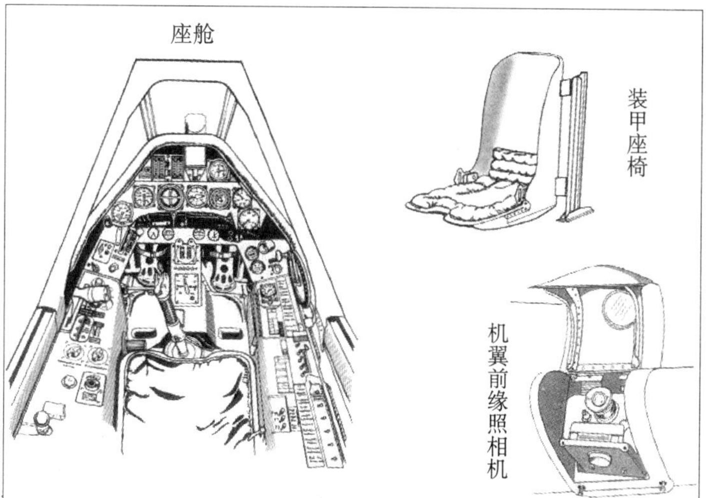

Fw 190A-5战斗机座舱、装甲座椅和机翼前缘照相机示意图。

这架Fw 190A-5/U2飞机的副油箱挂架比此前的更加简单，发动机排气口上方有一个片状板，功能是挡住发动机排出的火焰，但效果并不好。

Fw 190A-5飞机试验了几种火焰挡板，图中就是其中之一，上一张图中飞机就安装这种挡板。

这种火焰挡板比简单的片状挡板效果更好，阻力也更小。

17架次飞行。测试煤斗消焰器的是Fw 190V-42，W.Nr.1083飞机，该机于1943年6月在雷希林进行了测试飞行。Fw 190A-5/U2后来演变成Fw 190G-3/N型号。

Fw 190A-5/U3　对地攻击型号，也可以称之为战斗轰炸型，该型号的武器配置和装甲防护跟上文中Fw 190A-3/U3的一样，被称为“对地攻击飞机2”。Fw 190A-5/U3飞机每侧翼可以携带2个ETC 50炸弹挂架，每个挂架可以挂载1枚50公斤SC 50炸弹。飞机防护装甲总重为360公斤。最早，福克-沃尔夫公司计划将Fw 190A-5/U3编号改为Fw 190A-6投产，后来编号改为Fw 190F-2投产。Fw 190A-5/U3的热带型号被称为Fw 190A-5/U3/Trop，飞机安装了沙尘过滤器，所有机枪/机炮口都用特殊密封材料进行了密封。Fw 190A-5/U3的所有飞行测试都是在1架改进的Fw 190A-4飞机，W.Nr.0619上进行的，试验在1942年10—12月间进行，测试结果见下页表。

Fw 190A-5/U4　这是侦察型，跟上文提到的Fw 190A-3/U4的照相设备及配置类似。早期这个型号被称为Fw 190A-7，后来编号改为Fw 190E-1，但是，这个型号并没有投产。Fw 190A-5/U4的沙漠改进型是

改进型 Fw 190A-4 不同炸弹配置和飞机速度损失表

	速度	损失速度	速度	损失速度
不携带炸弹挂架和炸弹	513 公里/小时	—	318 公里/小时	—
机腹只携带 ETC 501 挂架	504 公里/小时	9 公里/小时	313 公里/小时	5 公里/小时
机腹携带 ETC 501 挂架和 1 枚 250 公斤炸弹	490 公里/小时	23 公里/小时	304 公里/小时	14 公里/小时
机腹携带 ETC 501 挂架和 1 枚 500 公斤炸弹	485 公里/小时	28 公里/小时	301 公里/小时	17 公里/小时
机腹 ETC 501 挂架和 50 公斤炸弹适配器	498 公里/小时	15 公里/小时	309 公里/小时	9 公里/小时
机腹 ETC 501 挂架和 4 枚 50 公斤炸弹	471 公里/小时	42 公里/小时	292 公里/小时	26 公里/小时

Fw 190A-5/U4/Trop。

Fw 190A-5/U5　编号未被使用。

Fw 190A-5/U6　编号未被使用。

Fw 190A-5/U7　塔纳维兹飞行试验中心（博尔滕哈根市东南3公里）的报告提到在1943年12月19日至30日间测试了“Fw 190A-5/U7”，但这可能与Fw 190A-5/U11混淆了。

Fw 190A-5/U8　这个战斗轰炸型号跟Fw 190A-4/U8类似，只不过基础型号是Fw 190A-5飞机。Fw 190A-5/U8翼下携带梅塞施密特公司设计的挂架，此前使用的是容克公司设计的挂架，体积和重量都较大。除此，飞机的左侧机翼前缘安装1个EK 16照相枪，航电设备增加1个升降速度仪（测量飞机实时爬升和下降速率）。福克-沃尔夫公司原计划这个型号投产编号改为Fw 190A-X，“X”指数字，后来却演变成了Fw 190G-2型号。Fw 190A-5/U8的原型机是Fw 190V-42，W.Nr.1083，GC+LA，1943年2月27日至3月11日间，这架原型机进行了11架次飞行测试机腹ETC 501炸弹挂架和每侧翼下2个ETC 50挂架。测试情况如下页表。

这架Fw 190A-5/U3飞机机腹携带1枚250公斤炸弹，地面还摆放着很多同型号炸弹。图中飞机属于在苏联战场作战的Ⅱ./SG 2大队，当时对地攻击单位多用字母表示飞机战术序列。

通过ER-4适配器，机腹挂架可以携带4枚50公斤炸弹，整个飞机一次可携带8枚50公斤炸弹。

Fw 190A-5/U8 不同炸弹配置和飞机速度损失表

	速度	损失速度	速度	损失速度
机腹只携带 ETC 501 挂架	532 公里/小时	—	330 公里/小时	—
机腹只携带 ETC 501 挂架，每侧机翼只携带 2 个 ETC 50 挂架	514 公里/小时	18 公里/小时	319 公里/小时	18 公里/小时
机腹只携带 ETC 501 挂架，每侧机翼携带 2 个 ETC 50 挂架和 2 枚炸弹	493 公里/小时	39 公里/小时	306 公里/小时	39 公里/小时
机腹携带 ETC 501 挂架和 ER-4 适配器，加 4 枚 50 公斤炸弹每侧机翼携带 2 枚炸弹	460 公里/小时	72 公里/小时	285 公里/小时	72 公里/小时

图中是Fw 190A-3/U4侦察机，Fw 190A-5/U4与其任务、设备和改进基本相同，只是采用了Fw 190A-5机体。

Fw 190A-5/U4是战术侦察型，高性能战斗机改进作为战术侦察机有无可比拟的优点，即飞机遭遇拦截时可以投入战斗，英国和美国战斗机也都有侦察型。图中可见地勤人员手拿相机。

应该指出的是，跟上文中用于试验的改进型Fw 190A-4，W.Nr.0619飞机相比，Fw 190A-5/U8，W.Nr.1083飞机的整体性能更好，原因是W.Nr.0619飞机安装标准武器系统：2挺MG 17机枪、2门MG 151机炮和2门MG FF机炮，而W.Nr.1083原型机武器系统下降到只安装2门MG 151机炮，飞机起飞重量有所减轻。Fw 190A-5/U8发展型项目还有4架原型机，即W.Nr.0883，TD＋SU、W.Nr.1286，SS＋GJ（机腹携带ETC 501挂架，每侧机翼携带梅塞施密特公司的副油箱挂架）、W.Nr.1288，SS＋GL和W.Nr.1428。

Fw 190A-5/U9　这是重武装型，飞机采用更大的机翼，但翼展仍然是10.506米。飞机的标准武器为机翼上4门MG 151机炮，发动机上方2挺MG 17机枪被2挺威力更大的2挺13毫米MG 131机枪取代，每挺机枪备弹475发。

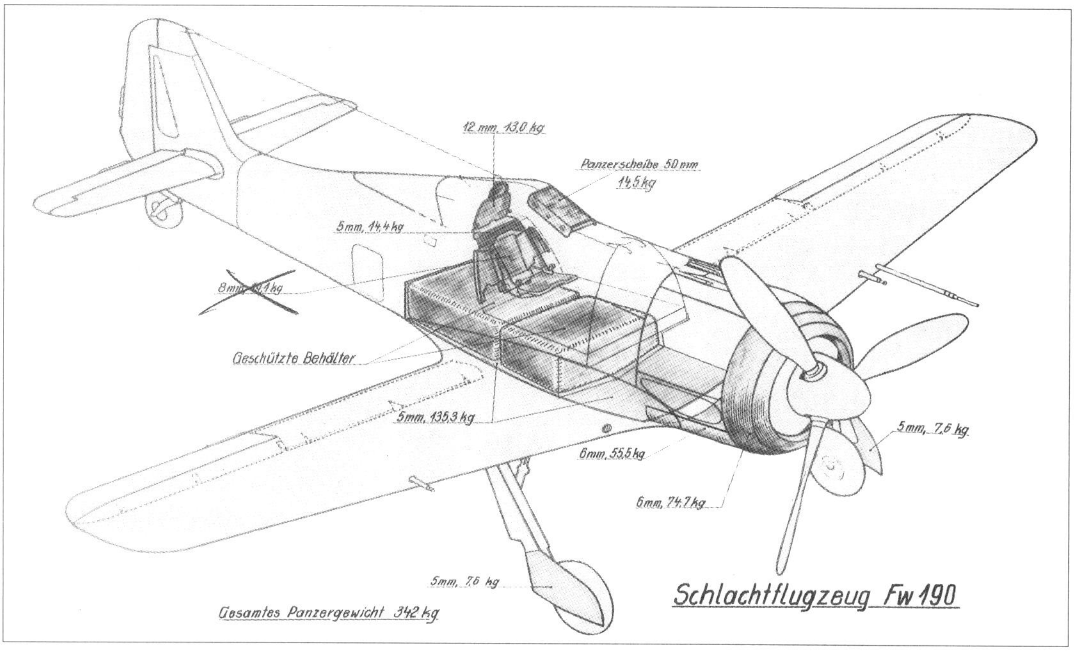

当时绘制的原图，显示Fw 190对地攻击型号安装的装甲板厚度及重量，从Fw 190A-3/U3开始这些就形成了标准。

这架Fw 190A-5/U8飞机主要用于测试梅塞施密特公司设计的翼下挂架，机腹携带的是ETC 501挂架。

两图都是Fw 190A-5/U8型号飞机，但是，携带副油箱的挂架和油箱都不相同，左图中是D型副油箱，油箱上下不对称；右图中为C型副油箱，油箱头部有短管，用途不详。还有一种B型副油箱，这种油箱呈对称型。

这架Fw 190A-5/U8飞机非常有意思，挂架、副油箱和飞机上表面的迷彩涂装是一体化喷涂，这架飞机很可能不是作战部队的飞机，而是用于试验的飞机。飞机的挂架仍是容克公司设计的笨重挂架。

这架Fw 190A-5/U9也是Fw 190V-35原型机（BH+CF），机翼外侧MG FF机炮被MG 151机炮替代，这个配置后来成了Fw 190A-7的基础。机炮离空速管太近，未来的Fw 190A-8就将空速管外移到翼尖位置。

这个重武装型只生产了2架飞机：W.Nr.0812，BH＋CB和Fw 190V-35，W.Nr.0816，BH＋CF，前者的第四次飞行是1943年7月29日，而后者的第二次飞行是1943年7月17日，驾驶这架飞机试验的是赫尔曼·斯蒂芬。

Fw 190A-5/U10　在标准Fw 190A-5基础上，用2门MG 151/20取代机翼外侧的MG FF机炮，MG 151/20机炮每门备弹145发。该型号飞机共生产2架：W.Nr.0861，BP＋LY和W.Nr.0862，BP＋LZ。福克-沃尔夫公司试飞员海因茨·芬克驾驶W.Nr.0861飞机的第六次飞行时间是1943年6月1日。后来费施乐公司又生产了5架Fw 190A-5/U10飞机，但是有资料称是阿戈公司生产的。

Fw 190A-5/U11　对地攻击型，在标准Fw 190A-5基础上翼下主起落架支撑点外侧（副油箱和炸弹挂架也在这个位置）携带2个（左右各1个）30毫米MK 103远射机炮吊舱，每门机炮备弹32发。这种大口径机炮主要对付地面目标，特别是坦克；当然，应急情况下也可以对付空中目标，特别是重型轰炸机。德国Bf 109战斗机有几个型号计划安装这种机炮。对地和对空攻击的射击诸元参数不一样，因此必须有相应的瞄准具。Fw 190A-5/U11只生产了1架原型机：W.Nr.1303，RG＋ZA，该机在1943年7月23日进行了第19架次飞行。之后，这架飞机转交给塔纳维兹飞行试验中心，并

（上下图）Fw 190A-5/U10飞机的机翼安装4门MG 151机炮，机翼外侧原来的MG FF是短管炮，MG 151是长管炮。Fw 190A-5/U9和Fw 190A-5/U10的区别在于前者发动机上方的机枪换成MG 131，后者机枪仍然是MG 17。

图中Fw 190A-5/U11飞机（RG＋ZA）主要用来测试外挂MK 103机炮，这种机炮体积较大，因此只能以吊舱形式翼挂。

在1943年8月19日进行了飞行测试，试验结果表明，该机炮攻击T-34坦克的效果并不好；1943年10月18日，飞机再次转交给第25试验单位进行测试飞行。Fw 190A-5/U11的武器配置后来成为R3改进型标准配置，如Fw 190A-8/R3、Fw 190F-3/R3和Fw 190F-8/R3等。德国北部的道尼尔公司共改进了6架飞机。

Fw 190A-5/U12　跟基本型号类似，但主起落架支撑点外侧携带2个（左右各1个）WB 151/20吊舱，类似船形的吊舱内安装2门MG 151/20机炮，每门机炮备弹145发。Fw 190A-5/U12共生产了2架原型机，分别是W.Nr.0813，BH＋CC和W.Nr.0814，BH＋CD。W.Nr.0813飞机的记录飞行是1943年6月8日，这是该机的第三次飞行，试飞员是芬克；W.Nr.0814飞机的记录飞行是1943年7月29日，这是该机第二次飞行。测试结果表明，携带2个WB 151/20吊舱，飞机的最大速度下降45公里/小时，这个型号后来作为Fw 190A-6/R1发展，R1也成为其他型号子型号的标准配置。Fw 190A-5/U12共生产了5架生产型，其中1架于1943年7月至10月在塔纳维兹飞行试验中心进行了测试，其他的飞机于1943年7月交付

很多资料称图中是Fw 190A-5/U11型号，但是，明显跟RG＋ZA飞机的机炮吊舱不一样，从武器发展的角度看，机炮吊舱整流罩也需要不断试验来测试最佳形状，因此，猜测是Fw 190A-5/U11飞机测试不同研制阶段的MK 103机炮吊舱，吊舱侧面开口是退壳孔。

Fw 190A-5/U12原型机（W.Nr.0813，BH＋CC）主要用来测试WB 151/20吊舱，这种武器主要用来攻击美国重型轰炸机，也可以用来攻击地面目标。这架飞机后来成为Fw 190A-6/R1的原型机。

给10./JG 2中队，但不久至少1架飞机转交给Ⅰ./JG 11大队。W.Nr.0814飞机于1943年11月5日的战斗中在赖讷地区被击落，当时驾驶该机的是爱德华·金勒中士，他仅受了点伤。

Fw 190A-5/U13　远程战斗轰炸型，跟Fw 190A-5/U8的类似，但机翼增加了分别携带1枚250公斤炸弹的能力，这种V.Fw Trg. 挂架是福克-沃尔夫公司自己设计的多功能挂架，不携带炸弹时也可以携带1个300升副油箱。飞机还安装方向控制器（即自动驾驶仪）、阻塞气球绳缆切割器和1部EK 16“机器人”照相机。有3架飞机被改进用来测试Fw 190A-5/U13的各种设备，分别是Fw 190V-43，W.Nr.0817，BH＋CG，用于白天测试飞行；Fw 190V-42，W.Nr.1083，GE＋LA，用于夜间测试飞行；Fw 190V-44，W.Nr.0855，BP＋LS，这架飞机采用福克-沃尔夫公司设计的多功能挂架，不是此前梅塞施密特公司的产品，这个型号后来演变成Fw 190G-3型号。

Fw 190A-5/U14　1943年1月19日，福克-沃尔夫公司开始在Fw 190飞机的基础上设计一款鱼雷攻击型，这个型号有两个方案，第一个方案Fw 190A-5/U14机腹通过改进的ETC挂架

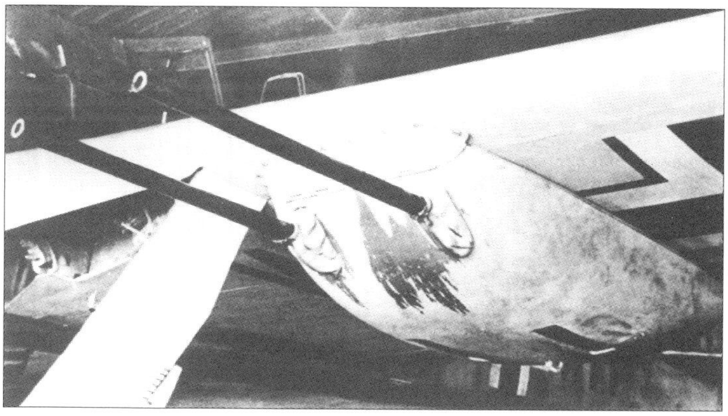

近距离观察WB 151/20机炮吊舱，整流罩上有两个抛壳孔，整流罩可以方便打开。下文Fw 190A-6/R1介绍中有详细配图。

这架飞机是Fw 190A-5/U13，也有资料称是Fw 190A-5/U8，两个型号很难从外观上去区分。

这架Fw 190A-5/U14飞机携带了1枚LTF 5b轻型鱼雷，为了提高机腹的净高度，飞机尾起落架进行了加高改进。

（ETC 502）携带1枚LTF 5b鱼雷，其他方面的改进包括安装1个升降速度仪和1个可调节的反射式瞄准具，改进机翼襟翼，加大垂直尾翼面积（Fw 190C型号飞机采用的垂尾，因此也称C-机尾），提高后起落架支臂高度，为的是增加机腹的净高度，便于携带鱼雷。飞机的武器减少到只有2门MG 151/20机炮。计划从1943年4月30日起生产3架Fw 190A-5/U14飞机，第一架飞机，W.Nr.1282，SS＋GF首先在埃肯弗德（基尔西稍偏北25公里港口城市）鱼雷站进行测试，随后的1943年5月到哥滕哈芬（现属波兰，改称格丁尼亚）的鱼雷研究中心进行飞行测试。第二架飞机，W.Nr.0871，TD＋SI的第二次记录飞行是1943年6月16日。第三架飞机是W.Nr.0872，TD＋SJ。

Fw 190A-5/U15　这是Fw 190A-5/U14基础上改进的滑翔弹攻击型，飞机安装1个自动驾驶仪和1个目标搜索装置，机翼通过容克公司设计的挂架携带2个（左右各1个）300升副油箱。进一步的改进包括翼尖安装库托·纳泽阻塞气球缆索切割器，安装1部EK 16“机器人”照相机，增加飞机的装甲防护能力和安装新型无线电设备等。2架原型机的生产计

这架Fw 190A-5/U15飞机（VL＋EQ）机腹携带1枚Bv 246“冰雹”制导鱼雷（或称滑翔炸弹），由于这种鱼雷较短，飞机的后起落架没有加高。

划在1943年6月28日和1943年7月12日完成，其中1架飞机W.Nr.5596，VL＋EQ后来测试了布洛姆与福斯公司（Blohm und Voss）研制的Bv 246“冰雹”制导鱼雷（各种资料称呼不同，有的称之为滑翔炸弹）。另1架飞机的无线电呼叫代号可能是DZ＋LW。在后期的试验中，1架Fw 190A-8/F-8（研制时间上有重叠）飞机也加入进来。由于Bv 246滑翔炸弹结构脆弱导致故障频频，试验很快终止。

Fw 190A-5/U16　与标准Fw 190A-5类似，但左右机翼下方各安装1门30毫米MK 108机炮，每门备弹35发，这是短管型机炮，上文中的MK 103是长管机炮，其他方面两者一样。Fw 190A-5/U16只生产了1架原型机，即W.Nr.1346，RM＋BR，该机记录飞行是1943年7月30日，8月6日是其第九次飞行。

Fw 190A-5/U17　装甲对地攻击型，飞机的武器系统为2挺MG 17机枪和2门MG 151/20机炮，机翼外侧的MG FF机炮被去除。飞机机腹可以携带1个ETC 501炸弹挂架，两侧机翼携带4个ETC 50炸弹挂架。Fw 190A-5/U17后来发展成Fw 190F-3/R1，这种情况下，前者就是后者的原型机。

Fw 190A-5/U18 计划改进安装MW 50水-甲醇增压器助燃系统的型号。MW 50助燃系统的喷射剂容器安装在座舱后面，喷射剂为49.5%水（W）和50%甲醇（M），外加0.5%的防冻液，当飞机飞行低于额定高度时，助燃系统将喷射剂注入增压器内提高其压力从而达到短时间增加发动机功率的目的，其工作时间不能超过10分钟。笔者查阅其他外文资料称，水-甲醇注入汽缸内通过冷却达到增加功率的目的，而加甲醇的目的是在冬天或高空防止溶剂结冰。这个助燃系统可以使BMW 801发动机的起飞功率至少增加300马力，大大提高了飞机的起飞性能。在6000米高度，它同样可以使发动机功率增加300马力，这对于空战极为有利。有一个非常有利的条件是发动机只需要安装一个特制的火花塞即可，不利的因素是甲醇具有的腐蚀性会使发动机寿命缩短。用于测试MW 50助燃系统的是1架Fw 190A-5飞机，W.Nr.1469。

Fw 190A-5/R1 跟上文中的Fw 190A-4/R1类似，只是在Fw 190A-5飞机上改进的。Fw 190A-5/R1只有1架原型机，W.Nr.1192。

Fw 190A-5/U16飞机的翼下外侧携带1门（单侧）MK 108短管机炮，短管机炮后坐力小，比MK 103长管炮更适合飞机携带，其后的型号安装到机翼内，不再以吊舱形式携带。

Fw 190A-5/U17也是对地攻击型，它的翼下外侧携带4个ETC 50挂架，实际上，几个对地攻击型号只是携带的挂架不同，其他方面没有区别，造成这种情况的原因是当时挂架功能单一。

机腹ETC 501挂架却可以挂载重磅炸弹，也可以携带1个300升副油箱。发动机桨毂后面的是冷却风扇叶片（10个）。

Fw 190A-5/R2　具体内容不详。

Fw 190A-5/R3　具体内容不详。

Fw 190A-5/R4　具体内容不详。

Fw 190A-5/R5　具体内容不详。

Fw 190A-5/R6　跟上文中的Fw 190A-4/R6类似，只是在Fw 190A-5飞机上改进的。

Fw 190A-5/Trop　这个型号飞机安装化油器进气口过滤器，过滤器在发动机罩两侧，跟上文中Fw 190A-4/Trop一样。

福克-沃尔夫公司还提出了三个Fw 190A-5改进的武器测试飞机，这些飞机都赋予了原型机编号，Fw 190V-37飞机在机翼外侧安装2门MG 151机炮，每门机炮备弹160发，这样，整个飞机的机翼上就有6门20毫米机炮，火力非常猛烈；Fw 190V-38的武器配置跟Fw 190V-37的类似，但是机翼外侧安装2门短管30毫米MK 108机炮，每门机炮备弹65发；Fw 190V-39的机翼携带2个（左右各1个）30毫米MK 103机炮吊舱，每门机炮备弹60发，跟上文中Fw 190A-5/U11的类似。3架原型机计划首飞时间是1943年8月，但因故推迟，前2架原型机可能于1944年4月在雷希林试验中心进行了测试。

Fw 190A-5 基础型主要性能数据

翼展	10.506 米
长度	8.95 米
高度	3.95 米
机翼面积	18.3 米^2
起飞重量	3855 公斤
最大速度和所在高度	565 公里/小时在海平面
	680 公里/小时在 6500 米
爬升高度和时间	3000 米需 3.5 分钟
	6000 米需 7.5 分钟
	9000 米需 15.0 分钟
海平面爬升率	16.8 米/秒
实用升限	10800 米
正常航程	875 公里(5000 米出航高度)
起飞距离	340 米
着陆速度	165 公里/小时

Fw 190A-5型号于1942年11月开始生产，投产发现很难保证飞机的产量，发动战争需要大量飞机，各种型号研制时间上有重叠，安排生产是个头疼的问题，就Fw 190A-5来说，一家生产厂同时投产的还有Fw 190F-2和Fw 190G-2等型号，这两个虽然是Fw 190A-5的“U”改进型重新赋予的编号，仍给生产安排带来很大麻烦。与此同时，福克-沃尔夫公司旧的序列号命名系统在德国航空部的要求下全部改为常规六位数字，例如，在1942年11月至1943年4月间，福克-沃尔夫公司位于西里西亚索劳（现属波兰，新名称为扎雷）飞机生产厂生产了148架Fw 190A-5飞机，飞机序列号为812—959，其中的925—959根据新的命名规则变成了180925—180959。福克-沃尔夫公司位于马林堡的工厂生产了约706架Fw 190A-5、Fw 190F-2和Fw 190G-2飞机，这些飞机的

序列号为1045—1751，采用新命名规则后，1488—1751序列号改为181488—181751；阿格公司位于奥舍尔斯累本工厂在1942年11月至1943年8月间共生产了283架Fw 190A-5、Fw 190F-2和Fw 190G-2飞机，这些飞机的序列号为2521—2746。但是，在1943年4月至6月间另外生产的203架飞机的序列号为410000—410275；阿拉多公司位于瓦尔内明德的工厂在1943年1月至3月间生产了40架Fw 190A-5飞机，在1943年2月至6月间生产了137架Fw 190F-2飞机，在1943年1月至5月间生产了128架Fw 190G-2飞机，也就是三个型号共生产了305架。这些飞机的序列号为5841—6024（共183架）和840001—840200（4个批次共122架）；费施乐公司位于卡塞尔的工厂在1943年1月至5月间共生产218架飞机，包括18架Fw 190G型号，这些飞机的序列号分别是7201—7395、710001—710021和710061—710070。

采用新序列号命名系统，加上生产上不断变更，甚至福克-沃尔夫公司也被搞迷糊了，福克-沃尔夫公司和德国航空部联合在1943年4月15日颁布的文件前言中特别提到了这一点：

这架Fw 190A-5战斗机已经交付给部队，机身侧面的符合代表不同的意思，下文会介绍。与众不同的是，飞机的机腹有毛巾架天线，具体用途不详。

已经交付给作战单位的Fw 190A-5战斗机，图中是标准制空型号，发动机侧面有摇柄，用于某种状态下起动发动机，摇柄就放在飞机侧机身的急救箱里。

图中Fw 190A-5/U8飞机携带2个副油箱和1枚SC 250炸弹，机翼外侧MG FF机炮被去掉，这个部位有明显鼓包整流罩，内部设备不详。

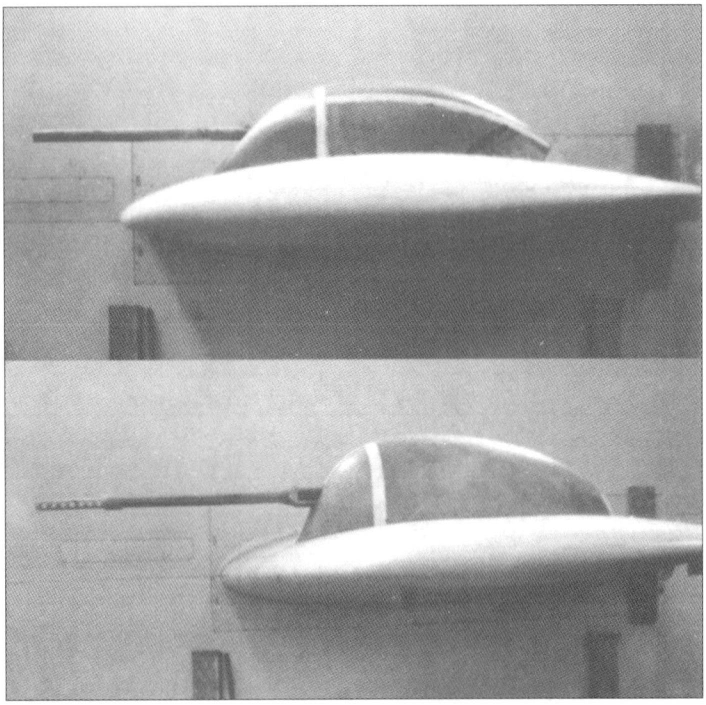

上图为WB 151/20吊舱，下图为MK 103机炮吊舱，两种吊舱在进行风洞试验，吊舱倒置为的是方便观察。

没想到Fw 190飞机短时间里发展出很多子型号，几个子型号的改进型又同时在生产，对一个生产厂来说，它目前只需要根据改进型的数据安排生产，而不像过去那样负责设计改进型数据。为这些单位（改进飞机）组织物资供应变得几乎不可能，因此，有必要重新审视一下型号的编号问题，限制他们在最初计划中使用改进型的图纸。Fw 190A-1到Fw 190A-4已经停产，生产物资应该只提供给Fw 190A-5这一个型号。

试飞员和工业保护

任何一款飞机在研制过程中都不应该忘记冒着生命危险的试飞员，就Fw 190飞机项目而言，试飞员们为飞机的诞生做出了关键性的贡献。Fw 190项目早期研制阶段，福克-沃尔夫公司的首席试飞员约翰·汉斯·桑德尔和他的副手库尔特·梅尔霍恩是最出色、最重要、贡献最大的试飞员，随着福克-沃尔夫公司不断壮大，公司的试飞员队伍也急剧扩充，这些试飞员的重要性对于Fw 190飞机的发展同样重要。截至1942年年底，福克-沃尔夫公司主要试飞员是维尔纳·巴特施、赫尔穆特·比乔夫、康拉德·卡尔、汉斯·坎普迈耶尔、海因茨·芬克、埃里希·弗勒贝、海因茨·卡尔、博托·克里伯格、伯恩哈德·马歇尔和沃尔夫冈·斯泰因。

对于这些试飞员们面对的挑战，汉斯·桑德尔评价称：

我十分荣幸的一点是作为一名试飞员必须付出自己的每一份努力，甚至是冒着生命的危险把飞机安全地带回来：即使是机场里一堆冒着烟的残骸（试飞一般会在机场附近，不会太远）也是价值昂贵的废物，它可以向我们揭示导致事故的原因，测试项目因此可以重新制定。为了最大程度减少风险，通常情况下我自己安排我的测试飞行，这样如果发动机出现故障，我可以驾驶飞机滑翔飞回机场。Fw 190飞机早期飞行测试项目阶段，发动机故障并不罕见，不止一次，事先的预案让我安全返回机场。

我从来没有在空中放弃过福克-沃尔夫公司的Fw 190飞机，但是我必须承认，有很多次我差点这么去做。有一次，我驾驶Fw 190早期型号原型机升空试验，飞行过程中突然出现一道闪光，随即座舱内涌入浓密刺鼻的烟雾，我紧紧地按住我的面罩并打开纯氧开关，之后我降低飞机的速度，打开座舱罩。（这么做后）我终于可以呼吸了，而且可以看清烟是从我脚下冒出来的。在飞机上，对飞行员危害最大的是火，如果火蔓延到我座椅下方的油箱，我生存的机会就相当渺茫了。我知道很多飞行员在这种情况下会立即离开飞机，也许是我的错误的职业意识（这种情况不鼓励飞行员冒险，弃机逃生是首选），我选择继续（驾驶飞机）：作为一名工程师，我有十分强烈的意识想知道是什么导致了事故，似乎是电气故障造成的，如果是，或者如果还没有控制住（当时的危情），解决问题的办法就是去掉产生电流的根源，即关闭发电机，而关闭发电机和其电气系统唯一的办法就是关闭发动机。我将螺旋桨调整到顺桨，切断燃油开关，关掉点火开关，发动机立即停止工作，我深深地松了一口气，座舱内的浓烟很快散去。此时的Fw 190飞机变成了1架滑翔机，但是在滑翔过程中我还有很多事要做，为的是飞机不再出现大的问题。和往常一样，我选择了足够的高度飞行，这样我才能在发动机因故障关闭的情况下驾驶飞机滑翔返回机场。这只是其中的一个例子，证明我的预防措施获得了回报。我在机场着陆让很多人大吃一惊，没有人听见我回来（发动机关闭，飞机速度慢，悄无声音），他们知道的第一件事就是我下降高度准备着陆。飞机着陆跟常规一样完美，飞机也没有受到任何损伤。随后的检查发现，一些电线的绝缘材料因为摩擦已经剥离了电线，发动机的震动导致了3千瓦主电力系统间歇性短路，毫无疑问，就是这个原因产生大量浓烟。这次事故之后，电力系统进行了调整，为的是在电路中就能切断发电机（不必关闭发动机）。

回过头来看，我相信一个事实，那就是我作为一个合格的工程师和一名试飞员应该做最大的努力解决Fw 190飞机装备部队的过程中遇到的一切问题，以后的研制过程（指改进型号）也是如此。我认为库尔特·谭克会同意这个观点，因为他后来评论时也称，他不想雇佣一个没有工程师资质的试飞员。在Fw 190飞机的研制阶段，在空中遇到的任何问题我都能够提供一些切实可行的工程技术解决方案，这大大加快了飞机研制进度。

福克-沃尔夫公司的试飞员另一个需要执行的任务是

位于不来梅的福克-沃尔夫公司总部，在1942年6月的两次英国皇家空军的轰炸中，公司建筑遭受严重破坏，为此，公司不得不迁到巴德艾尔森。

保卫自己的机场，1940年年初几个月里，英国皇家空军轰炸机司令部派出的轰炸机轰炸德国本土目标行动突然增加很多，不断增加的这种威胁迫使几家生产公司组成了各自的工厂防御中队（ISS，Industrie-Schutzstaffeln），为的是保卫本机场的设施。工厂防御中队的飞行员都是本工厂（或公司）的试飞员，飞机的维护完全由工厂工人来完成。福克-沃尔夫公司的第一个工厂防御中队于1940年4月4日在不来梅机场成立，当时这个中队装备的是本公司Fw 187双发战斗机，该型飞机未被德国空军采纳，原型机的数量也不大，执行防御任务也算是物尽其用。能飞到德国本土的都是英国皇家空军轰炸机，Fw 187这种双发重型战斗机完全可以胜任防御任务，火力也够猛烈。截至1940年6月，福克-沃尔夫公司工厂防御中队成员如下：

少尉和中队指挥官

库尔特·谭克

中士和副中队指挥官

库尔特·梅尔霍恩

飞行员

约翰·汉斯·桑德尔

飞行员

沃尔夫冈·斯泰因

飞行员

埃瓦尔德·罗尔夫斯

飞行员

路德维希·福格尔

飞行员

奥古斯特·林德

上述人员都暂时赋予了德国空军军衔，军衔非常之低，这些试飞员，有的还有博士头衔，总设计师不过是少尉军衔，其他的只能是士官。不过，这些并不重要，重要的是总设计师谭克还是工厂防御中队指挥官，上文提到过，谭克不仅是优秀的设计师，也是出色的飞行员，但是，一个公司根本无法承受总设计师的损失，鉴于这个问题，福克-沃尔夫公司的工厂防御中队在1940年8月23日被取消，另一个重要原因是英国在德国湾损失惨重，一时不敢再犯德国本土，英国战役的开始也让英国无暇顾及领土外的事。德国放弃进攻英国后，喘过气来的英国皇家空军再次在1941年1月派出远程轰炸机轰炸德国不来梅目标，1941年至1942年上半年间，福克-沃尔夫公司位于不来梅的工厂也遭受过轰炸，但是，损失极为轻微，德国北部的防御力量仍是作战能力超强的JG 26联队，以及同样不可小觑的JG 1联队。1942年6月3—4日夜，英国皇家空军派出170架飞机对德国不来梅地区目标进行了轰炸，部分不来梅城市和港口目标损失严重，甚至1艘驱逐舰也被炸沉，福克-沃尔夫公司工厂同样遭到轰炸，但并不严重。福克-沃尔夫公司的好运，推而广之，德国的好运很快就会终结，这次轰炸只是盟军大规模轰炸德国本土目标的序幕，重创德国的大规模轰

图中至少有12架Fw 190战斗机等待向作战单位交付，这一时期，出厂的飞机都喷涂了空军涂装、机徽和无线电呼叫代号。

炸行动很快就会到来。20多天后的1942年6月25—26日夜，英国皇家空军召集任何一架能用的飞机，或是从其他单位抽调飞机组成上千架轰炸机再次光顾德国不来梅，这次轰炸行动，皇家空军五个轰炸机大队成功地炸平了福克-沃尔夫工厂组装车间，严重炸毁了6幢建筑，另有11幢建筑轻微受损。

这次盟军空袭促使福克-沃尔夫公司于1942年10月15日重新组建工厂防御中队，此次中队装备的是6架Fw 190A-4战斗机，这些飞机是："黑色1"号，W.Nr.0724；"黑色2"号，W.Nr.0725；"黑色3"号，W.Nr.0726（后被W.Nr.5631飞机取代）；"黑色4"号，W.Nr.0779；"黑色5"号，W.Nr.0781和"黑色6"号，W.Nr.2335。中队共有13名飞行员驾驶这些飞机，中队制定了值勤表，轮流驾机升空作战。福克-沃尔夫工厂防御中队的指挥官仍是库尔特·谭克，此时他的临时军衔晋升为中尉，沃尔夫冈·斯泰因取代库尔特·梅尔霍恩成为中队副指挥官。汉斯·桑德尔回忆道："除了要驾驶试验飞机，我们福克-沃尔夫公司试飞员还得在盟军轰炸机空袭我们机场时驾驶战斗机执行作战任务，在后来的战斗中，我们取得了不错的战绩，我们同时也损失几位优秀的试飞员。战争后期，在不来梅和汉堡之间来回进行测试飞行已经变得不可能，因此我们转移到下萨克森州汉诺威的朗根哈根（不来梅东南96公里）机场，但是，即使在这里飞行也十分困难，因为我们机场正处在盟军轰炸机进击柏林的航线上，（战争后期）我们经常会看到天空中满满都是盟军轰炸机，护航的'野马'战斗机和'雷电'战斗机伴随在轰炸机群周围。"

截至1943年初期，正如上段中汉斯·桑德尔所说，福克-沃尔夫公司的飞行测试行动和工厂防御中队从不来梅转移到汉诺威朗根哈根机场。与此同

福克-沃尔夫公司首席试飞员汉斯·桑德尔担任了几乎所有重要机型的首飞任务。

库尔特·谭克在和公司副首席试飞员库尔特·梅尔霍恩耳语，当时后者带着耳机，得靠近讲话才行。

时，福克-沃尔夫公司第二个工厂防御中队在索劳（现波兰扎雷）成立，早在1942年10月，索劳的工厂就开始生产Fw 190飞机。索劳生产厂的防御中队指挥官是沃尔夫冈·斯泰因，副指挥官是康拉德·卡尔，主要飞行员是埃里希·弗勒贝、汉斯·沃格特和贝特霍尔德·凯梅纳。位于奥舍尔斯累本的阿格公司也有自己的工厂防御中队，虽然资料有限，几乎可以肯定阿拉多公司和费施乐公司的工厂也有自己的防御中队。

1943年4月17日，朗根哈根的工厂防御中队终于有机会证明自己存在的价值。当天，美国陆航第八航空队出动107架飞机去轰炸福克-沃尔夫公司位于不来梅的工厂，工厂防御中队出动5架Fw 190战斗机实施了拦截，事后的作战报告称：

我们单位首批2架飞机在12时43分起飞直奔不来梅方向，12时59分，我们在弗尔登（不来梅东南17公里）上空6000米高度看见敌机几个小编队正由西向东飞往不来梅。我们立即向北面威塞蒙德（即不来梅哈芬）飞去，并爬升到9000米高度。从威塞蒙德，我向西直奔利尔（不来梅哈芬西南80公里）方向飞去。13时15分，我们与敌机遭遇，芬克中士的“黑色1”号率先向1架波音轰炸机发起攻击，目标的左侧发动机当即冒出黑烟。受伤的敌机改变航线向西南方向飞去，这个过程中，芬克又发起两次攻击，其间1架Bf 109战斗机也来助阵。此时的波音轰炸机飞行高度是4000米，Fw 190和Bf 109战斗机攻击的空当儿，1架Bf 110驱逐机也加入这场屠杀。大约13时25分，飞行在3500米高度的波音轰炸机上有人员弃机跳伞。这个过程中Bf 110飞机也没有停止攻击，直到最后美国轰炸机在德国本土上实施迫降。芬克驾驶“黑色1”号Fw 190战斗机继续攻击另2架敌机，与他一起同时射击的还有两架Bf 109战斗机。这次攻击美国轰炸机行动是在韦斯特尔斯特德的维特蒙德哈芬（威廉港正西25公里）上空进行的，由于燃油告罄，芬克不得不脱离战斗，他在13时32分在耶弗尔机场着陆。

双机编队的另一架飞机是汉斯·坎普迈耶尔中士的“黑色3”号，他也对1架敌轰炸机发起了三次攻击，甚至看到了碎片从敌机上散落，但是，敌轰炸机上的机枪手还击的子弹也击中了坎普迈耶尔中士的座机机身、机身和副翼，这导致了Fw 190飞机上武器卡壳，坎普迈耶尔被迫返回朗根哈根机场着陆，另一个原因是他的座机燃油也不够了。

伯恩哈德·马歇尔中士在他的报告中称：

我驾驶的“黑色4”号飞机最后一个起飞，由于发动机事先没有起动，我起飞迟了。起飞后，我向地图参考位置QQ和OE方向飞去，我赶到战场太迟没能与敌机作战，原因是我还不太熟悉作战单位的机上无线电操作步骤，最后我只能返回基地。

库尔特·梅尔霍恩中士回忆道：

警报拉响后，我驾驶“黑色5”号的储备飞机在12时45分起飞，升空不久我就接到命令去追赶我前面2架飞往奥尔登堡（不来梅西30公里）的编队，幸运的是，我正准备向这个方向飞去。在弗尔登西面的阿勒尔河（威悉河支流）上空，我看见了不来梅附近6500米高度的敌机，无线电传来的信息证实了我的观察，“很多敌机在不来梅上空”。我靠近奥尔登堡过程中，我在8500米的距离看到了几个敌机编队，在相同的高度，我首先向右侧

非常罕见的福克-沃尔夫公司工厂防御中队的照片，图中近处“黑色4”号是阿戈公司生产的Fw 190A-4战斗机，远处“黑色1”号是公司总设计师库尔特·谭克的座机。

福克-沃尔夫公司工厂防御中队成员在与到此拜访的瓦尔特·诺沃特尼上尉合影，从左向右依次是汉斯·坎普迈耶尔、维尔纳·芬克、罗尔夫·蒙德里、瓦尔特·诺沃特尼和阿尔弗雷德·蒙特施，其中蒙德里和蒙特施身着有阿戈公司标志的飞行服。照片拍摄于1943年12月21日。

的轰炸机编队发起攻击，我亲眼看见有碎片从1架敌机上散落。随后，我压低机头向另一架6500—7000米高度，编队外侧的敌机射击，这次，我看见我射出的子弹/炮弹击中了敌机前部和左侧。当我再次靠近时，这架被我击中的飞机转弯飞进编队，我从左上方再次向其射击，敌机中弹起火，同时有碎片从机上散落。我又一次实施攻击，这架飞机开始损失高度，速度也大大降低，被前面的编队落下。我准备再次攻击时，我看见另1架Fw 190飞机已经在我之前向这架倒霉的飞机射击，之后又有1架Bf 109战斗机加入进来。我再次开火，但是，这架波音轰炸机试图俯冲躲避打击，我看见敌机机身和左侧机翼内侧的发动机被击中，同样也有碎片散落下来。不久，我看见空中有降落伞打开，被击中的轰炸机陷入螺旋几乎垂直冲向地面，我驾驶着Fw 190飞机也跟着想看个究竟，大地快速地向我靠近（下降速度非常快，应该是俯冲下降），在距地面1000—1500米高度，我看见几个白色的大型物体在空中乱飞，剩余的机体在一处村庄附近坠毁。

此时，我的座机燃油也快用完了，我在村庄北部（美国轰炸机坠毁地点）发现一块可能适合迫降的空地，如果找不到合适的机场着陆我就准备在此着陆。我在这块空地盘旋以评估可行性，但却发现空地上散落着一些水泥管和木梁，似乎这里准备建造一座机场，我放下了座机起落架，但随即我决定向东飞往耶弗尔机场着陆，这样似乎更安全一些。幸运的是，我在13时41分设法在耶弗尔机场安全着陆。应该指出的是，战斗中那架Bf 109战斗机攻击时，敌轰炸机上已经没有人，Bf 109飞行员很可能认为是自己的战果。在耶弗尔机场，我看见我的座机机身和螺旋桨上满是弹孔，在获得允许后，我驾驶飞机返回了朗根哈根机场，并在18时41分着陆。

在1943年4月17日的轰炸行动中，福克-沃尔夫公司的不来梅工厂遭到了531枚454公斤炸弹轰炸，

福克-沃尔夫公司位于不来梅工厂的生产车间，图中是飞机的整体机翼，即机翼和中央翼盒设计在一起，不仅便于生产，结构强度也高。图中机翼外侧的缺口就是副翼的位置。

近距离观察整体机翼。翼根黑洞为MG 17机枪位置，这是Fw 190A-0和Fw 190A-1的标准武器。

据德国方面估计，几乎一半工厂被摧毁。但是，早在六个月前，根据生产厂疏散规划，不来梅生产厂已经不生产Fw 190飞机了，也就是轰炸对Fw 190飞机的生产没造成太大影响。朗根哈根工厂防御中队获得的10个战绩中有5个属于库尔特·梅尔霍恩博士，但是，1943年10月8日，美国第八航空队又一次轰炸不来梅，战斗中，梅尔霍恩在哈伦西南2公里处的奥塔伦上空被击落身亡。汉斯·桑德尔回忆称："梅尔霍恩是我的副手，他是一名优秀的飞行，射击技术也是一流。在他最后一次作战任务中，他从目标前方实施攻击击落了3架B-17轰炸机，由于燃油不足，加上弹药快用光，他请求滑翔到最近的机场着陆，就在这个过程中他被敌护航战斗机击落。"工厂防御中队负伤的飞行员是蒙德里上士和蒙特施中士，1944年春天的一次遇袭中，蒙德里在朗根哈根机场被敌机扫射的子弹打断手臂，后来截肢；蒙特施于1944年10月9日的战斗中在赫尔戈兰岛迫降时受伤。另外，阿格公司的工厂防御中队有两名飞行员丧生，汉斯·瓦尔特·霍普菲尔中士于1944年1月12日在奥舍尔斯累本丧生，而菲利克斯·利德上士死于1944年8

月20日。

试飞员参加作战是得不偿失的事，德国当时情况也是无奈之举，必须利用一切资源来保卫国家。上述故事里可以透露一些信息，那就是试飞员（仅讨论战斗机试飞员）并不适合参加战斗。试飞员的主要任务是担任新机研制的飞行试验任务，为的是发现飞机的设计问题，以及挖掘飞机的性能极限，这些都是极危险的工作。试飞员需要扎实的航空专业知识和工程技术方面的专业知识，由上文可以看到，当时德国很多试飞员学历非常高，有的甚至是博士。试飞试验的工作性质决定了试飞员更加关注的是飞机自身的技术问题，而不是与敌机作战，他们的工作为的是使设计单位的飞机能交付给部队安全地供飞行员驾驶作战。而前线单位的飞行员专注的是与敌机作战，如何在战斗中消灭敌人，因此，他们的侧重点是战术运用，而不是科学技术。战术运用包涵的内容非常多，比如根据敌我双方飞机特点合理运用战术、编队飞行、导航、武器使用等，因此培养一名合格的飞行员需要较长的时间。另一个特点是，飞行员一般都比较年轻，超过年限就不再驾驶战斗机，而试

最后组装状态的Fw 190A-1飞机，桨毂后面为10叶冷却风扇。

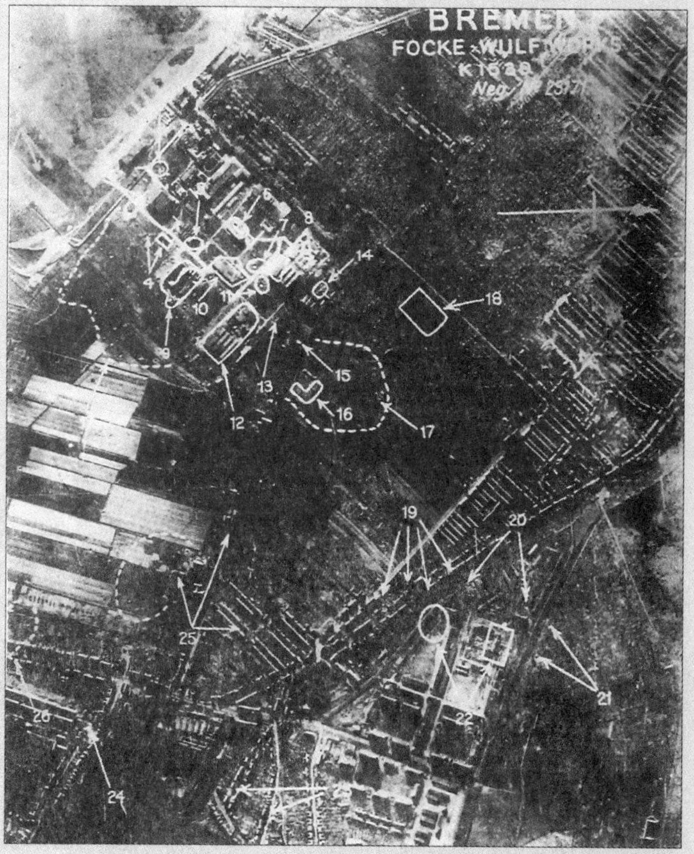

美国飞机航拍的1943年4月17日空袭福克-沃尔夫公司不来梅工厂战果评估照片，尽管遭到JG 1联队的大队和工厂防御中队的拦截，不来梅工厂还是有一半被炸毁。六个月前，不来梅工厂已经疏散，因此对Fw 190战斗机的生产影响较小。

飞员年龄稍大一些，经验更丰富。现代战斗机试飞员一般从现役单位（一线作战单位）抽调年龄较大、经验丰富的飞行员，而二战时期，很多试飞员从一开始就在设计单位做试飞工作，没有在作战单位服役过。上文中试飞员伯恩哈德·马歇尔中士不清楚德国空军无线电操作步骤就可见一斑，实际上，时过境迁，航空技术发展出现的新设备也不是试飞员都能掌握的，因为试飞员的工作分工非常细致，每个试飞员专注自己的试飞科目，其他方面至少可以说使用并不熟练。

随着航空技术发展，试飞工作和作战单位的差别越来越大，一名优秀的试飞员，不一定就是一名优秀的飞行员，二战时期的德国工厂防御中队的作战历史说明了这一切，福克-沃尔夫公司的防御中队和阿格公司的防御中队试飞员有的1架战绩也没取得就被击落。

因此试飞员并不适合作战，但是，试飞员改行做飞行员可以，飞行员改行做试飞员也行，双方的知识和技术都有交集，改变环境可能会很快适应。

两名德国军官在1架刚刚出厂的Fw 190A-5飞机（W.Nr.1026）前交谈，飞机没有涂装，后来的无线电呼叫代号是SV＋AR。

福克-沃尔夫公司试验站

除了福克-沃尔夫公司试飞员，Fw 190战斗机的大量发展过程中的试验工作是由德国空军试验站着手进行的，这些试验站包括雷希林飞机和发动机试验中心、塔纳维兹武器试验站（机枪/炮和空射火箭弹）、特拉弗明德海军航空试验站、乌德特菲尔德轰炸试验站、南方试验站（E'Stelle Süd①，鱼雷投放）、西佩纳明德试验站（火箭发动机和导弹）、韦尔诺伊亨（无线电和雷达）、北明斯特试验站（毒气）、热带试验站（热带设备）和多帕特试验站（属爱沙尼亚，现称塔尔图，冬季气候测试）等，这九个试验中最重要，与Fw 190战斗机测试有直接关系的就是雷希林试验中心，试验中心主任是奥托·贝伦斯少校，这个单位包括八个部门（如下页表所示）。

在雷希林试验中心，一款新机型进行测试飞行最需要关注的就是安全，正常情况下，送到这里来的试验飞机（Versuchs，原型机后缀中的“V”就来源于这个单词）必须完成工厂飞行测试，这是指任何一架飞机出厂后都进行的测试，也就是保证飞行绝对安

① “Süd”的意思是南方，用这么宽泛意思的词主要原因是这个试验站最早在意大利福贾成立，不久就转移到意大利格罗塞托，最后转移到法国南部卡佐。

E-2	飞机	哈里·博切尔高级参谋工程师①
E-3	发动机	奥托·库诺高级参谋工程师
E-4	无线电	冯·欧特维勒高级参谋工程师
E-5	仪表设备及安装	德兰格高级参谋工程师
E-6	弹药和火箭弹	布格穆勒高级参谋工程师、博士
E-7	炸弹、引信和瞄准具	苏菲尔德参谋工程师
E-8	地面设备	维格曼参谋工程师
E-10	燃油系统	吉斯曼高级参谋工程师

图中这架03+11飞机是Fw 190A-2或Fw 190A-3型号，机翼只有翼根1门机炮，垂尾顶部没有天线桅杆。这架飞机当时在某个试验站进行测试。

在E.Kdo 25试验单位进行试验的1架Fw 190A-5战斗机（W.Nr. 181789），飞机的翼下分别携带1个W.Gr 21火箭发射管，试验单位指挥官霍斯特·吉耶尔上尉驾驶这架飞机。

全，然后才能进行各类试验。设计单位早期原型机经过一段时间试验后，获得的数据用于生产后继飞机，这些后继飞机才能送到雷希林试验中心，工厂测试一般也要花几个星期时间。之后，飞机会由一名工厂试飞员驾驶转场到雷希林试验中心，抵达后，试验中心开始规划飞机的测试内容，其中比较重要的是飞机螺旋性能和俯冲性能，这两项性能中包括螺旋改出、控制和颤振方面内容。试验中心完成早期测试内容并出具测试报告后，其他工作仍需在这里进行，为的是飞机批量生产后，以及其改进型研制过程持续观察飞机，因为短时间内不可能发现全部问题，这类试验飞机完成测试任务后持续进行各类飞行，一般情况下飞行架次较多，以便及早发现潜在的问题。

有时候，试验中心飞行员和前线作战单位飞行员对飞机会有不同的看法，比如前者不太可能认识飞机武器系统、装甲板安装及安装位置和副油箱携带等问题，他们经常会根据驾驶原型机获得的认识对生产型飞机提出有害的建议，就拿

① 高级参谋工程师德文是Oberstabsingenieur，常缩写成Oberstabsing.，Oberstabsingenieur是德国军队中的文职官衔，不属于军衔，中文中也没有对应的词，因此只能意译。参谋工程师德文是stabsingenieur，缩写stabsing.。

Fw 190战斗机来说，著名的王牌飞行员维尔纳·莫尔德斯在驾驶了1架Fw 190原型机得出结论认为这款飞机的性能非常令人失望。世界著名的飞机早期都有过被著名飞行员批评的经历，甚至有的被骂得体无完肤，比如Ju 87和Bf 109飞机等。

雷希林试验中心最重要的测试工作之一就是探究飞机的极限性能，也就是飞机的性能包线，就二战时期的战斗机来说，飞机的加速性能是一个关键技术指标，这是试验的主要内容之一，测试时通常要用到电影经纬仪摄像机。爬升性能是评估飞机性能优劣的另一个重要指标，即使现代战斗机也是如此。测试Fw 190飞机的航程由试验中心E3部门着手进行。飞行速度快一直是追求的目标，特别是早期飞机，速度快是空战中一个有利的因素，虽然不是决定性因素，在飞行测试中，速度被放在测试内容的优先位置。Fw 190战斗机在早期发展中为了提高飞机的性能而采用了18.3米^{2}的大机翼，这使得飞机的最大速度下降了约10公里/小时，但飞机爬升性能大大改善。但是，并不是所有的人都赞同采用大机翼，因此雷希林试验中心进行了Bf 109

（上下图）第19试验单位的1架白色1号Fw 190A-4飞机（W.Nr.5614），在北非进行测试试验，雷希林试验中心经常派出单位到各种气候和地理环境的地区进行各种测试。

试验单位的事故是难免的，图中是第25试验单位的1架Fw 190A-4飞机因事故倒扣在机场，起落架完好，飞机毁坏也不严重。早期的后三点起落架飞机特别容易发生倒扣的事故，飞机不爆炸、不燃烧的情况下飞行员存活机会较大。

和Fw 190A战斗机的对比试验。

雷希林试验中心另一项工作是组建一些试验单位（简称E. Kdo），这是临时单位，完成任务就撤消，参试人员返回原单位。试验单位的主要任务是让前线战斗机飞行员驾驶新型号飞机参与试验，对飞机作战性能进行测试和评估，通常情况下，这些都是德国空军有经验的飞行员，他们完成测试任务后就返回前线单位成为新型号飞机的骨干飞行员，有的甚至是驾驶新型号飞机参加实战检验。普通飞行员的转型训练由各个联队专门的训练单位负责进行，这就跟试验中心没关系了。第一个装备Fw 190战斗机的是1942年7月1日在利比亚黎波里卡斯特尔贝尼多机场成立的第19试验单位（E. Kdo 19），这个单位包括两名教员和六名学员，学员来自JG 27联队和JG 53联队的训练中队。第19试验单位的主要任务是对比测试Bf 109和Fw 190战斗机哪个型号更适合热带环境下的对地攻击作战任务，上文提到过，Fw 190A-3、Fw 190A-4和Fw 190A-5都在1942年春天发展出了热带型号。第19试验单位唯一的损失是弗兰茨·埃尔伯勒少尉，他在1942年7月19日的飞行试验中驾驶1架Fw 190A-3，W.Nr.0515飞机在卡斯特尔贝尼多机场附近坠毁丧生。经过两个月的测试，第19试验单位在当年8月31日撤消，单位剩余的飞机转交给另一个单位。这些剩余飞机中有1架Fw 190A-4在卡斯特尔贝尼多东部650公里的班加西被发现，当时，盟军在获得了阿拉曼战役胜利后一直向西推进，南非陆军士兵在班加西发现了这架飞机。

图中穿美式轰炸机飞行夹克的是E.Kdo 25单位指挥官霍斯特·吉耶尔上尉。照片拍摄于1944年德国帕希姆机场。

Fw 190A-6战斗机

上文提到过Fw 190A-6型号，这实际上是对地攻击型号Fw 190A-5/U3更改编号的型号，福克-沃尔夫公司计划以编号Fw 190A-6投产，后来编号改为Fw 190F-2投产，Fw 190A-6就是Fw 190F的基础。后来“A-6”这个编号给了新型战斗机。1943年1月，福克-沃尔夫公司在Fw 190A-5/U10的基础上提出Fw 190A-6型号，更确切的说法是，Fw 190A-6就是Fw 190A-5/U10变更编号的型号，其主要特点就是用2门MG 151/20取代机翼外侧的MG FF机炮，MG 151/20机炮每门备弹140发，Fw 190A-5/U10备弹145发/门。由于新机炮的体积更大，机炮位置的机翼上表面有明显的鼓起，机翼下方安装了抛弹孔。另外，机翼前缘还安装了EK 16“机器人”照相机。1943年1月底，福克-沃尔夫公司内部文件强调了新型战斗机研制的必要性：“从1943年7月开始，MG FF机炮将不再需要，从A-5转换到A-6的研制进度必须尽可能地加快。另外，由于武器系统完全改变，飞机需要安装FuG 16Z-E无线电和升降速度仪。”令人奇怪的是，这份文件却在限制次级生产商阿戈公司、阿拉多公司和费施乐公司生产Fw 190A-6飞机。1943年4月，福克-沃尔夫公司的另一份文件详细描述了Fw 190型号的生产情况：“Fw 190A-1到A-5飞机已经交付使用，Fw 190A-5是唯一仍在生产的型号，因此，需要生产新型号飞机。Fw 190A-6有三个基本型号（的生产）已经在考虑之中。”

下面列出的是Fw 190A-6型号三个战场改进型组件（R型），后来又出现三个型号。

Fw 190A-6/R1　在Fw 190A-5/U12基础上改进的型号，也被称为“编队摧毁者”。这个型号飞机两侧机翼外侧各携带1个WB 151/20机炮吊舱，吊舱内为2门MG 151/20机炮，每门机炮备弹130发。携带船底形WB 151/20吊舱使得飞机的起飞重量从3930公斤增加到4310公斤，飞机的最大速度为615公里/小时。大约有60架Fw 190A-6飞机由德国空军在波兰萨根库柏进行了携带WB 151/20吊舱的改进，首批改进的飞机在1943年11月底交付给3./JG 11中队使用评估。

Fw 190A-6/R2　在Fw 190A-5/U16基础上改进的型号，两侧机翼内各安装1门30

两个型号20毫米机炮主要数据对比

	伊卡里亚 MG FF 机炮	毛瑟 MG 151/20
长度	1370 毫米	1766 毫米
重量	28 公斤	42.7 公斤
射速	530 发/分	680—750 发/分
炮口初速	585—718 米/秒	805 米/秒
高度	135 毫米	195 毫米
宽度	155 毫米	190 毫米

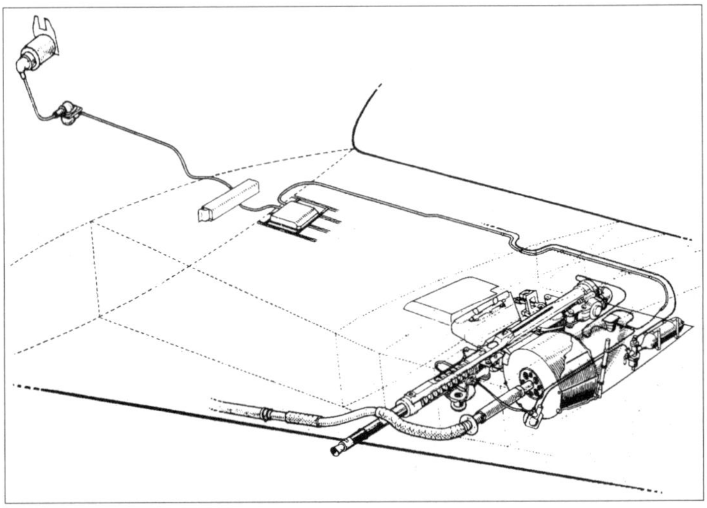

从Fw 190A-1到Fw 190A-5飞机机翼外侧安装MG FF机炮示意图。通常情况下，MG FF机炮的备弹量为60发/门，某些Fw 190A-5飞机的备弹量上升到90发/门。

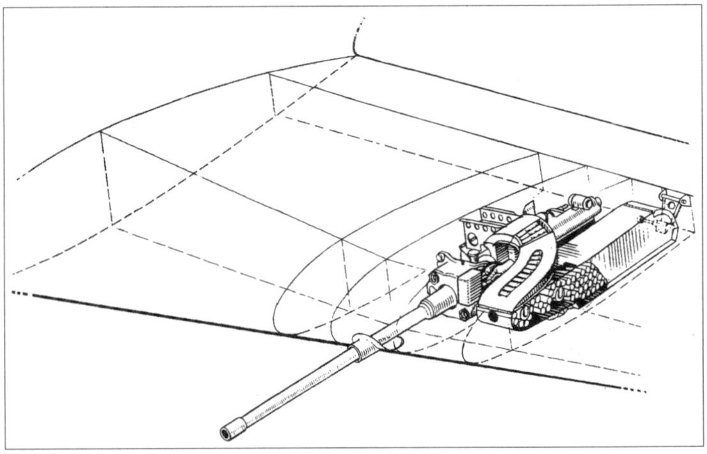

Fw 190A-6飞机机翼外侧用MG 151长管机炮代替短管MG FF机炮，前者威力更大。

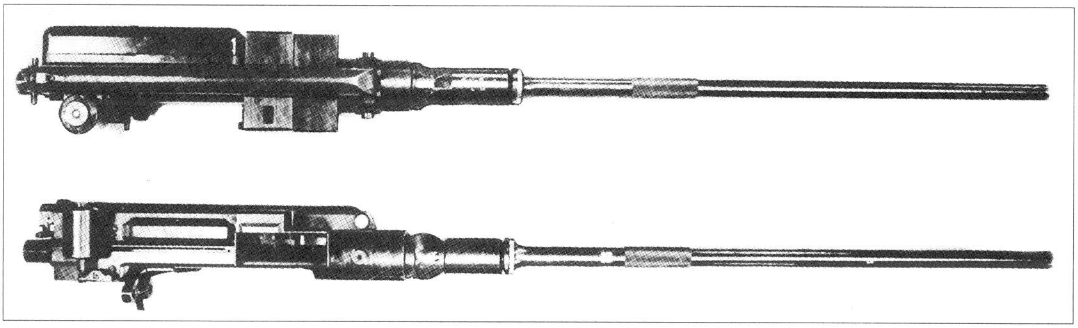

MG 151机炮实物图。

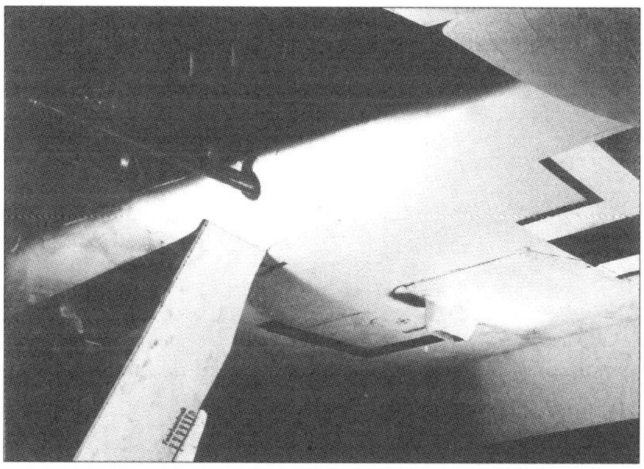

安装MG 151机炮后的机翼下表面仍有鼓包，但形状有所区别，抛壳孔突出鼓包表面。

这架飞机就是Fw 190A-5/U12第一架原型机，它被改进成为Fw 190A-6/R1原型机。

这架Fw 190A-6飞机机炮与机翼连接处没有整流罩，而且左侧机翼前缘，即2门机炮之间明显可以看到照相枪。

Fw 190A-6/R1飞机的火力极其猛烈，为对付美国重型轰炸机的利器。这个型号装备了JG 11联队试用，在1943年年初，美国重型轰炸机主要从德国北部，即JG 11联队的防区通过。

毫米MK 108机炮，每门备弹55发，而Fw 190A-5/U16的MK 108机炮安装机翼下方，备弹为35发/门。MK 108为短管机炮，其结构紧凑，易于生产，适装性也好，炮弹威力大。但是，该机炮的炮口初速小，弹道弯曲，前1000米的射程内炮弹高度会下降41米，因此较适合近距攻击。Fw 190A-6/R2只生产了1架原型机：Fw 190V-51，W.Nr.530765，这架原型机

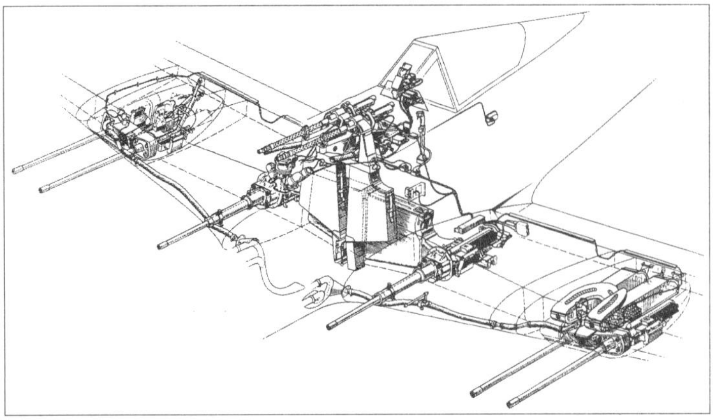

Fw 190A-6/R1飞机的火力惊人，被称为“编队摧毁者”，但是携带WB 151/20机炮吊舱会恶化飞机性能，盟军轰炸机有护航战斗机的护航下，Fw 190A-6/R1飞机必须有护航战斗机引开盟军护航飞机。

WB 151/20机炮吊舱内有2门机炮，因此吊舱有两个抛壳孔。维护时，机械师只需要拧动机关就可以打开吊舱整流罩，机炮垂下。

这个角度可以清楚地看到机炮垂下，后部有绳索拉住。

也是Fw 190A-7/R2原型机。

Fw 190A-6/R3　在Fw 190A-5/U11基础上改进的型号，两侧翼下主起落架支撑点外侧分别携带1个30毫米MK 103远射机炮吊舱，每门机炮备弹25发。MK 103机炮比MK 108机炮更大，炮管也更长，威力也大得多。

两个型号 20 毫米机炮主要数据对比

	MK 103	MK 108
长度	2335 毫米	1057 毫米
重量	145 公斤	58 公斤
射速	420 发/分	600 发/分
炮口初速	940 米/秒	520 米/秒

Fw 190A-6/R4　这个型号的原型机是Fw 190V-45，W.Nr.7347，RP+IU。这架原型机首飞时间不详，已知较早飞行的是1943年8月14日，试飞员维尔纳·巴特施飞行日志记录飞机首次安装GM-1喷射助燃系统飞行是8月25日。原型机于1943年11月25日从朗根哈根送到雷希林试验中心，在此，飞机先要进行发动机基础测试。为准备发动机测试试验，福克-沃尔夫公司对GM-1系统进行了大改。在某个阶段，Fw 190V-45原型机还换装BMW 801TS发动机，并在1944年10月被送到阿尔滕堡的飞机学校，这里的试验在1944年11月2日完成，之后飞机返回朗

Fw 190A-6/R3跟Fw 190A-5/U11的武器配置一样，实际上只是换个名字而已。吊舱式外挂武器系统在实战中并不多见，或者说没有在部队大规模使用，主要原因就是携带吊舱使得飞机性能下降，在躲避敌自卫火力时动作不够灵活。

Fw 190A-5/U16的30毫米MK 108机炮是通过吊舱形式翼下携带，而Fw 190A-6/R2飞机采用内置式，内置式比外挂式的射击精度更高。MK 108机炮对付美国重型轰炸机非常有效，缺点是射程近，因此这种飞机适合装备战斗突击单位。

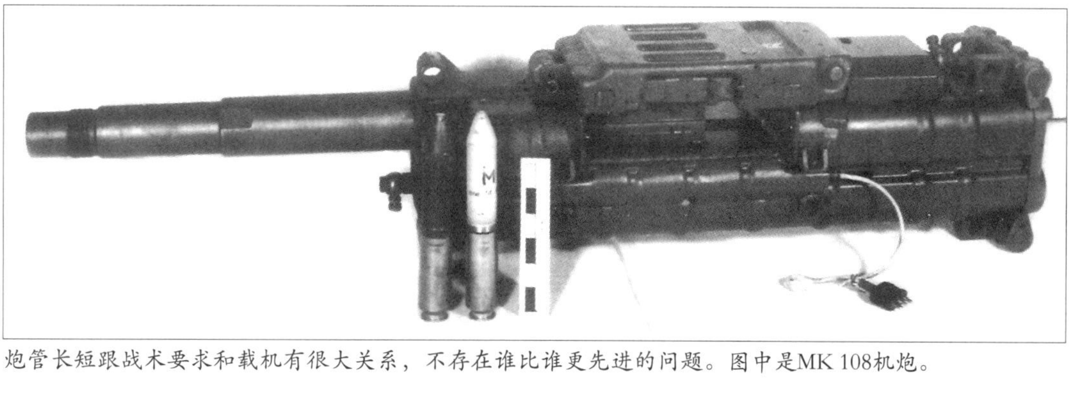

炮管长短跟战术要求和载机有很大关系，不存在谁比谁更先进的问题。图中是MK 108机炮。

根哈根。

Fw 190A-6/R5　这个型号情况不详。

Fw 190A-6/R6　这个型号跟Fw 190A-5/R6类似，即携带W.Gr 21火箭发射器。系列改进在1943年11月至1944年2月间进行。

Fw 190A-6/Trop　这个型号跟Fw 190A-5Trop类似，飞机安装化油器进气口过滤器，过滤器在发动机罩两侧。

MK 103是MK 108的长管炮，长管炮射击精度高，射程远，但是后坐力也很大，图中为Fw 190A-5/U11飞机（RG+ZA），它也是Fw 190A-6/R3的原型机。

1943年夏天，福克-沃尔夫公司评估和测试了安装BMW 801D-2发动机的Fw 190A-6飞机，这款发动机的起飞应急功率在2700转/分条件下的达到1800马力。飞机的基本起飞重量为4144公斤，武器系统是2挺7.9毫米MG 17机枪，备弹900发/挺；翼根2门MG 151/20机炮，备弹250发/门；机翼外侧另2门MG 151/20机炮，备弹140发/门。在全标准配置条件下，在6000米高度时的主要性能数据如下：

Fw 190A-6/R3战斗机正面照。Fw 190飞机的结构更结实，因此增加火力方面比Bf 109战斗机更容易，特别是内置式武器。

Fw 190A-6	4144 公斤	650 公里/小时
Fw 190A-6/R1	4450 公斤	610 公里/小时
Fw 190A-6/R3	4450 公斤	615 公里/小时
Fw 190A-6/R6	4400 公斤	597 公里/小时
Fw 190A-6+ETC 501	4150 公斤	635 公里/小时
Fw 190A-6+ETC 501+ER-4	4200 公斤	625 公里/小时
Fw 190A-6+ETC 501+副油箱	4150 公斤	615 公里/小时

1943年4月，阿戈公司首先交付Fw 190A-6战斗机，上文曾提过，福克-沃尔夫曾经不想让其他公司生产这个型号，而实际上就是这些公司最先交付Fw 190A-6生产型飞机。其他公司生产情况如下：

月份	阿拉多公司	阿戈公司	道尼尔公司[1]	费施乐公司	总计
1943 年 4 月	0	1 架		0	1 架
1943 年 5 月	0	0		8 架	8 架
1943 年 6 月	0	21 架		45 架	66 架
1943 年 7 月	8 架	100 架		61 架	169 架
1943 年 8 月	17 架	79 架		62 架	158 架
1943 年 9 月	30 架	79 架		58 架	167 架
总计	55 架	280 架		234 架	569 架

上表列出的生产数字截至1943年9月，此后生产到1944年2月停止，这个型号生产的数量可能是569架的双倍，下表也一并列出供参考。Fw 190A-6飞机从1943年6月开始交付给德国空军前线作战单位，Ⅰ./JG 1大队最早记录新机损失是6月3日，当时正在交付给该中队的转场飞行过程中，麦克尔下士的Fw 190A-6座机在利普施普灵格坠毁。第一架Fw 190A-6飞机作战损失是1943年6月27日，Ⅰ./JG 1大队的泽泰尔少尉在法国戈纳维尔上空被英国“喷火”战斗机击落。除了装甲防护外，Fw 190A-6飞机几乎没有再进行深化改进。Fw 190A-6飞机的生产在1944年2月停产，随后生产线转产Fw 190A-7飞机。

生产商	生产数量	日期	序列号
瓦尔内明德阿拉多公司(337 架)	164 架	1943 年 8—9 月	470001—470082　470201—470265
	102 架	1944 年 1 月	470401—470480　470581—470590
	71 架	1944 年 2 月	470601—470650　470751—470800
卡塞尔费施乐公司(370 架)	370 架	1943 年 5—11 月	530101—530180　530301—530430
			530711—530770　530901—530950
			531051—531100
奥舍尔斯累本阿戈公司(410 架)	410 架	1943 年 6—11 月	550131—550220　550431—550575
			550711—550800　550871—550930
			551096—551145
维斯马北德道尼尔公司(20 架)	5 架	1944 年 1 月	650491—650510
	15 架	1944 年 2 月	
总计	1137 架		

说明：序列号和前一栏的生产日期没有对应关系。

① 位于维斯马的北德道尼尔公司（Norddeutsche Dornier）被安排生产Fw 190A-6飞机，实际上这家公司直到1944年1月才开始正式生产，但仅仅生产了20架。

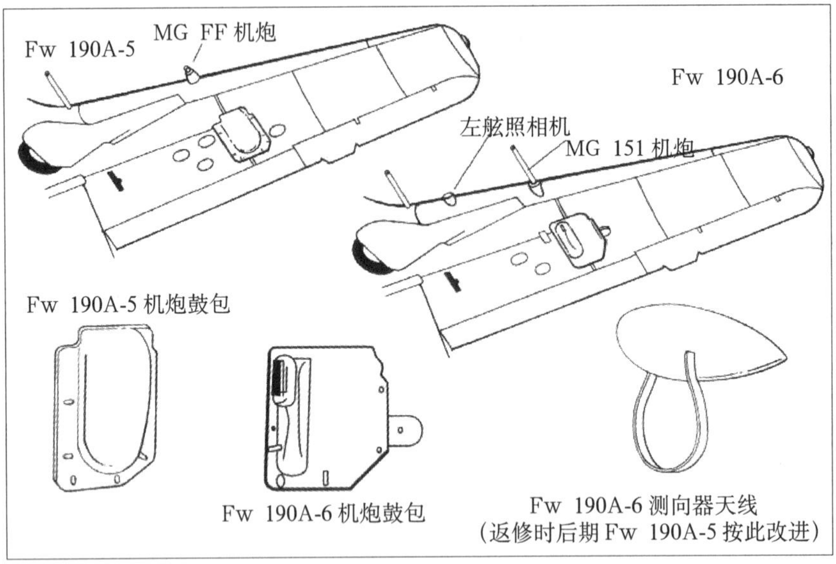

Fw 190A-5和Fw 190A-6主要区别示意图。

（上下图）标准的Fw 190A-6战斗机。机炮外侧伸出机翼的是空速管，机炮射击时肯定会影响空速管测量数据。

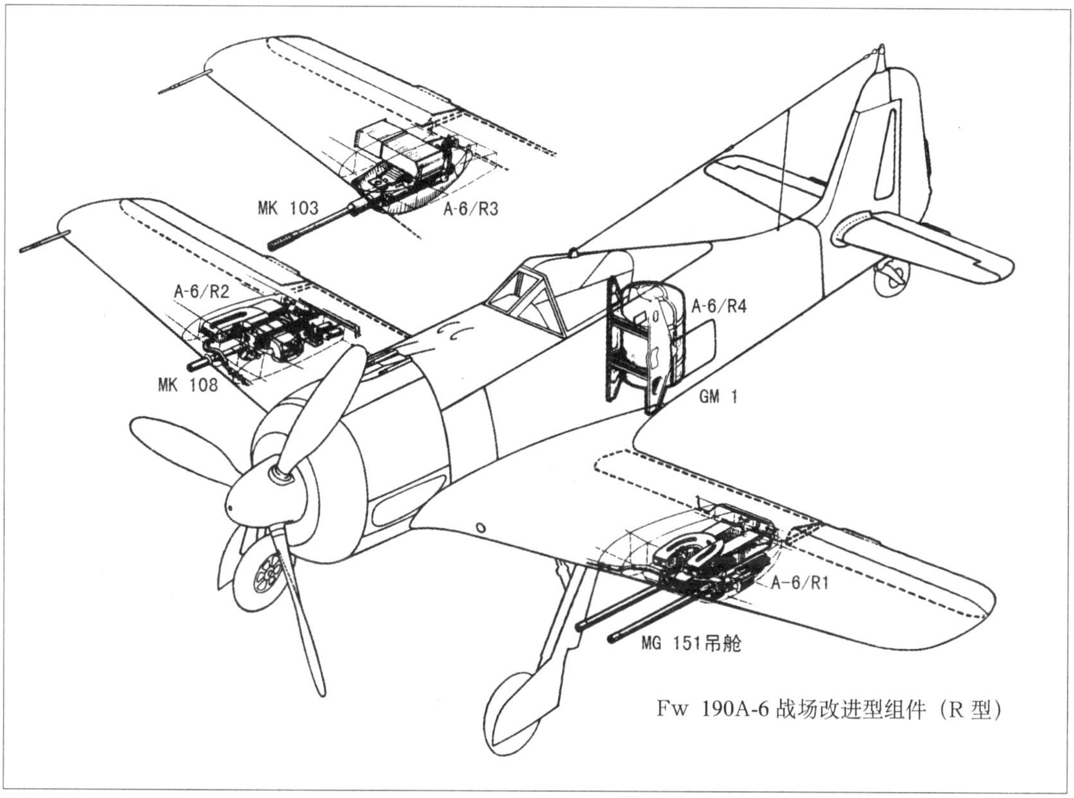

Fw 190A-6飞机的几个战场改进型组件。

高空战斗机：Fw 190B和Fw 190C

测试和使用证明Fw 190是一款中低空性能十分优异的战斗机，但是，德国航空部技术部也在考虑提高该型机的高空作战性能，毕竟，那个年代，速度和高度是制胜的关键。1942年春天，提高Fw 190战斗机高空性能的建议进一步向前推进，原因是德国情报部门获知美国和英国正在研制高空轰炸机，如英国“威灵顿”V和VI型高空试验轰炸机，据称，试验飞机的作战高度达到了12000米，这个高度超过了德国空军当时服役的任何战斗机。英国“威灵顿”V和VI轰炸机实际上并没有服役，但是英国的试验却促使德国航空部

飞行中的英国“威灵顿”VI型高空试验轰炸机。英国皇家空军十分重视重型轰炸机在战争中的作用，这和皇家空军“进攻就是最好的防御”战略一脉相承。自二战开始，英国皇家空军战略轰炸机就跨越海峡空袭德国目标，只是在英国战役期间进攻架次有所减少，其余时间一直压着德国打。

于1942年5月20日在梅塞施密特公司的奥斯伯格飞机生产厂召开一个会议，会议向主办方（梅塞施密特公司）和福克-沃尔夫公司粗略勾勒出高空战斗机的性能要求，同时，会议要求研究方案尽早提交给航空部。

梅塞施密特公司的高空战斗机方案是在Me 155A舰载战斗机上的基础上换装DB 628发动机，换发后的飞机编号为Me 155B，同时，飞机的翼展加大。

福克-沃尔夫公司最早的高空战斗机方案是Fw 190A-3/U7，上文介绍过，这个型号虽然提高了飞机在高空的速度，但还跟高空战斗机的技术要求相去甚远，提高飞机的高空性能并不仅仅体现在速度上。公司总设计师谭克的想法是为Fw 190飞机的BMW发动机增加一个排气驱动的涡轮增压器，提高了发动机高空功率，飞机的各方面性能提高就有了保障，但是，这种方法几乎不可能实现。在当时，发动机可以安装两个型号增压器，一种是机械驱动的，另一种就是发动机排气驱动的。很简单，机械驱动增压器直接由发动机来驱动，空气和燃油混合物在高压下注入化油器，或是燃油喷射系统。这种方法可以提高发动机功率，特别是在空气稀薄的高空；发动机排气驱动的涡轮增压器安装在发动机后方，发动机排气管排出的废气驱动增压器将空气和燃油混合物注入发动机，这种增压器结构比机械驱动的更复杂，但可以持续提供较高的输出功率，这点比机械驱动的增压器更强。

BMW公司彼得·卡普斯在解释Fw 190飞机计划安装涡轮增压器时称："我们的涡轮增压器研制主要针对的是多发飞机的发动机，并不适合单发Fw 190飞机的发动机。涡轮增压器和中冷器整合到BMW 801发动机上意味着增压器的排气口只能设计在座舱前的机身两侧。"

福克-沃尔夫公司的设计团队还在1943年1月提出过极其特别的解决问题方案，即增压器以环形吊舱形式布置在发动机下方，这里正是主起落架位置，机身下净高度足够，机腹其他位置根本容纳不下这个大型吊舱。这种吊舱式增压器设想用在20.3米^{2}机翼的飞机上，发动机也计划采用四叶螺旋桨。飞机的武器系统为座舱前发动机上方2挺MG 17机枪，翼根2门MG 151机炮。BMW公

（上下图）早期Fw 190A-3/U7高空飞机的探索为未来新型高空飞机的研制积累了一些经验。应该说，3架Fw 190A-3/U7飞机就是为高空战斗机项目服务的。

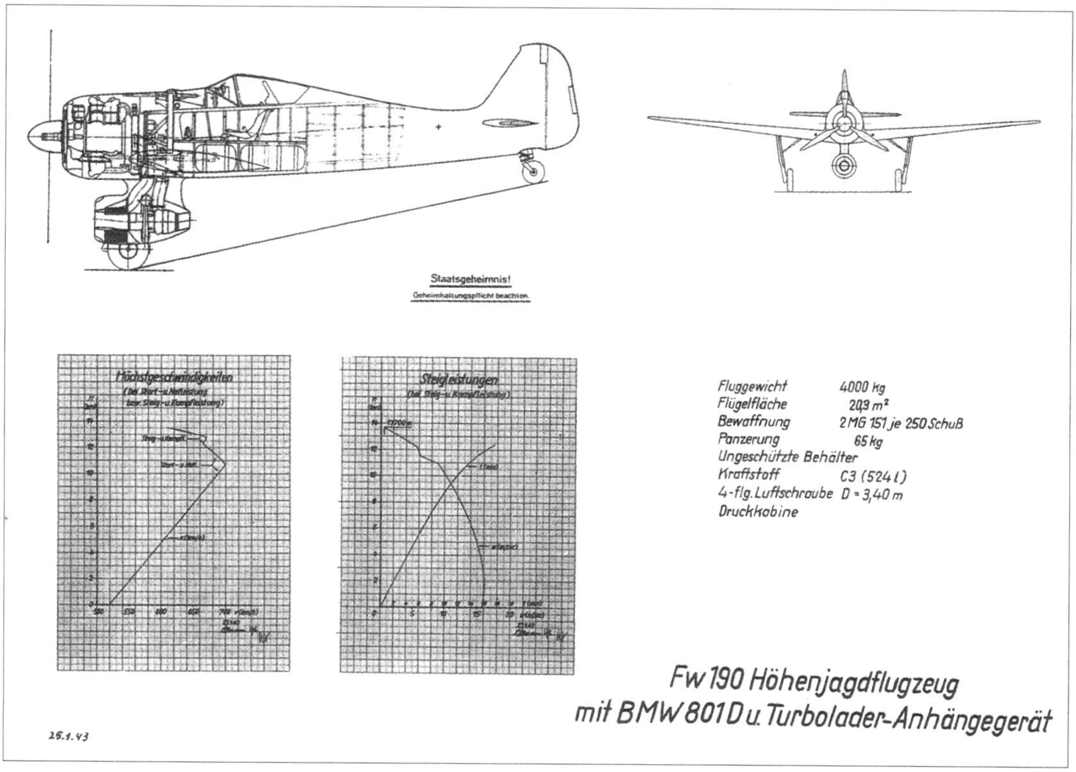

福克-沃尔夫公司文件显示的安装BMW 801D发动机的Fw 190高空战斗机方案，发动机下方吊挂着一个体积很大的增压器，计划发动机采用四叶螺旋桨，机翼面积增加到20.3米^2。

司彼得·卡普斯称："这个方案是唯一能保持飞机原始长度不变的方法，而且涡轮增压器的自动调节器和排气结构可以设计为一个整体。吊舱式增压器特别重，也特别大，它所产生的额外阻力使得飞机在高空的滞空时间大大缩短，即使采用GM-1喷射助燃系统也无法补偿它所带来的负面影响。"

吊舱式增压器方案提出之前的1942年8月，福克-沃尔夫公司提出了特殊的"高空战斗机" 1研制计划，该研制计划属于第251技术方案，即外界熟知的Fw 190B-1方案。这个型号飞机是在Fw 190A-3基础上改进的，主要改进包括采用新型外翼段，翼展从10.5米增加到12.4米，机翼面积从18.3米^{2}增加到20.3米^2。飞机还计划采用增压座舱，这种座舱已经在Fw 190V-12原型机，W.Nr.0035上进行了测试。另外，原来计划为发动机安装GM-1喷射助燃系统。这倒是一点也不令人意外，如此改进的飞机实用升限增加得并

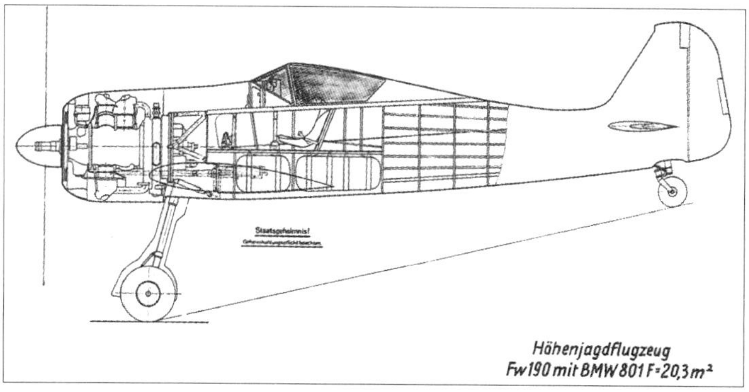

福克-沃尔夫公司的"高空战斗机" 1方案，比较重要的改进就是采用增压座舱和新型大面积机翼。

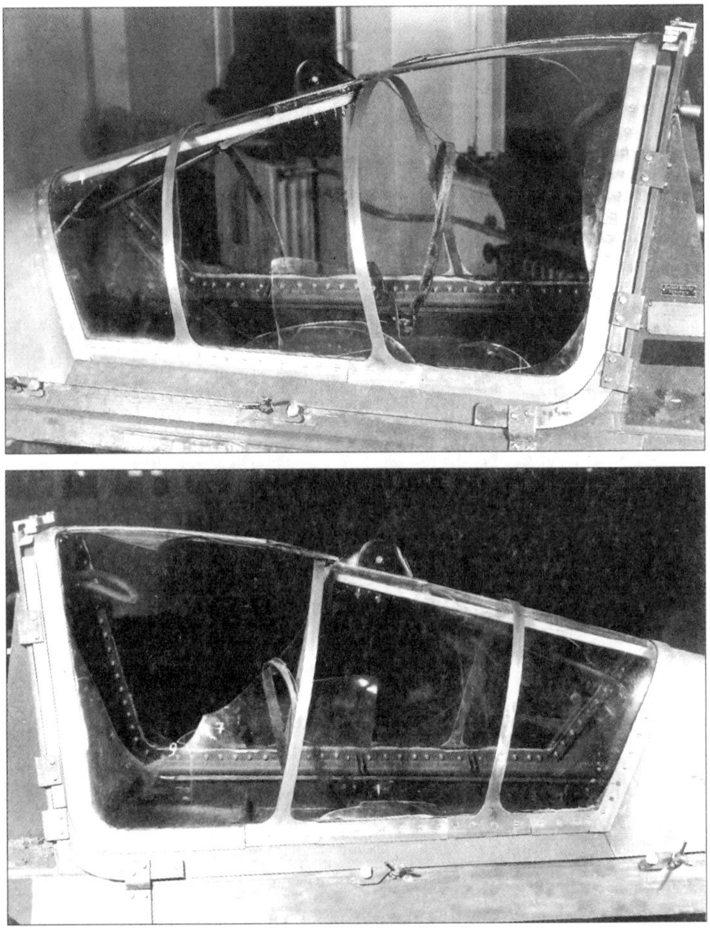

福克-沃尔夫公司文件显示的1架Fw 190B-0飞机（W.Nr.0046）在1942年12月23日进行座舱增压试验，正文中出现的压力数据应该是座舱内外的压力差，也就是压力差达到多少座舱玻璃会碎裂，是否达到使用要求。

不多，只是从11800米增加到了12500米，因此，Fw 190V-12原型机在1942年秋天被放弃，取而代之的是改进4架Fw 190A-0飞机，W.Nr.0046—0049，这几架飞机的新编号是Fw 190B-0。第一架用于地面测试的是W.Nr.0046，TI+IK飞机，该机在1942年12月初开始进行地面测试。这架飞机改进安装了德国航空研究所（DVL）增压器，座舱罩向后延长，座舱罩还增加了科佩施密特公司研制的支撑杆。考虑到高空会遇到各种情况，飞机必须进行增压测试，在12月23日的测试中，当压力刚刚增加到0.2个大气压（应该指的是压力差）时座舱罩玻璃就爆裂。事后调查显示，尽管座舱罩按要求应该采用6毫米厚的普列克斯有机玻璃，实际上，座舱罩玻璃厚度不均匀，厚度从4.4毫米到5.3毫米不等。试飞员汉斯·桑德尔警告称，座舱罩玻璃必须能承受0.4倍的大气压才能进行飞行试验。TI+IK飞机的座舱罩修复后继续进行各种条件的增压测试，最终测试项目在1942年12月28日至1943年1月5日间全部完成。1943年1月4日，在安装无线电天线过程中有人发现座舱罩向后滑动开启时座舱罩内衬剐蹭到了座舱密封材料（应该是橡胶密封条），导致密封材料破损，因此，技术人员决定将密封条直径加大到18毫米。

发动机开车状态的静态测试在1月6日开始进行，测试期间，对98秒内压力下降0.3个大气压，或是－0.1个大气压状态维持98秒进行了测试。在发动机转速达到1400转/分时测得的最大压力为0.35个大气压。在第二天的静态测试中，测试了发动机转速为250转/分时的0.095个大气压，和在最大转速为2700转/分时的0.285个大气压，虽然发动机转速增加，但座舱压力可以调节。

地面静态测试完成后，TI+IK飞机在1943年1月9日进行了首飞，首飞持续了69分钟，试飞员是汉斯·桑德尔。跟Fw 190A-5飞机一样，这架TI+IK飞机的发动机安装基座延长，增压器排气口（座舱前侧方两侧机身）采用类似鱼鳃的盖板，机翼采用新型副翼。飞机安装1台标准的BMW 801D-2发动机，机翼仍是小面积（18.3米^2）的老型号。首飞的测试结果：“飞机的每个方面都表现很好，座舱密封效果良好，在3/4小时内，座舱压力只是从2.5个大气压下降到2.1个大气压。”

随后的1月20日至24日，这架飞机又进行了五次（第二次至第六次）飞行试验，这几次的飞行试验试飞员是维尔纳·巴特施。同样，试验表明座舱增压系统工作正常。但是，令人奇怪的是，在第二次和第三次飞行中，维尔纳·巴特施称座舱内冷得让他不舒服，而外面的温度却相当温暖，测试设备显示在6000米高度，飞机外面的温度只有－39℃。为了解决座舱内过冷的问题，魏泽尔公司专门研制了双层玻璃座舱罩。在第五次飞行中，座舱内压力为0.205个大气压时飞机爬升到了6600米高度，这个座舱压力相当于3800米高度。

随后几次飞行试验没有资料记载，有资料记载的第13次和第14次飞行试验在1943年3月17日和18日进行，驾驶飞机的是福克-沃尔夫公司试飞员汉斯·坎普迈耶尔。这两次试验中遇到密封泄漏问题，即座舱风挡和滑动开启的座舱罩橡胶密封条漏气。第14次飞行试验两天后，这架飞机退出测试试验，飞机被送到阿德雷德工厂换装新型20.3米^{2}机翼，换装完成后飞机继续试验。1943年6月23日，雷希林飞行试验中心的飞行测试中队指挥官奥托·贝伦斯和战斗机评估专家海因里希·博维斯分别驾驶飞机进行了

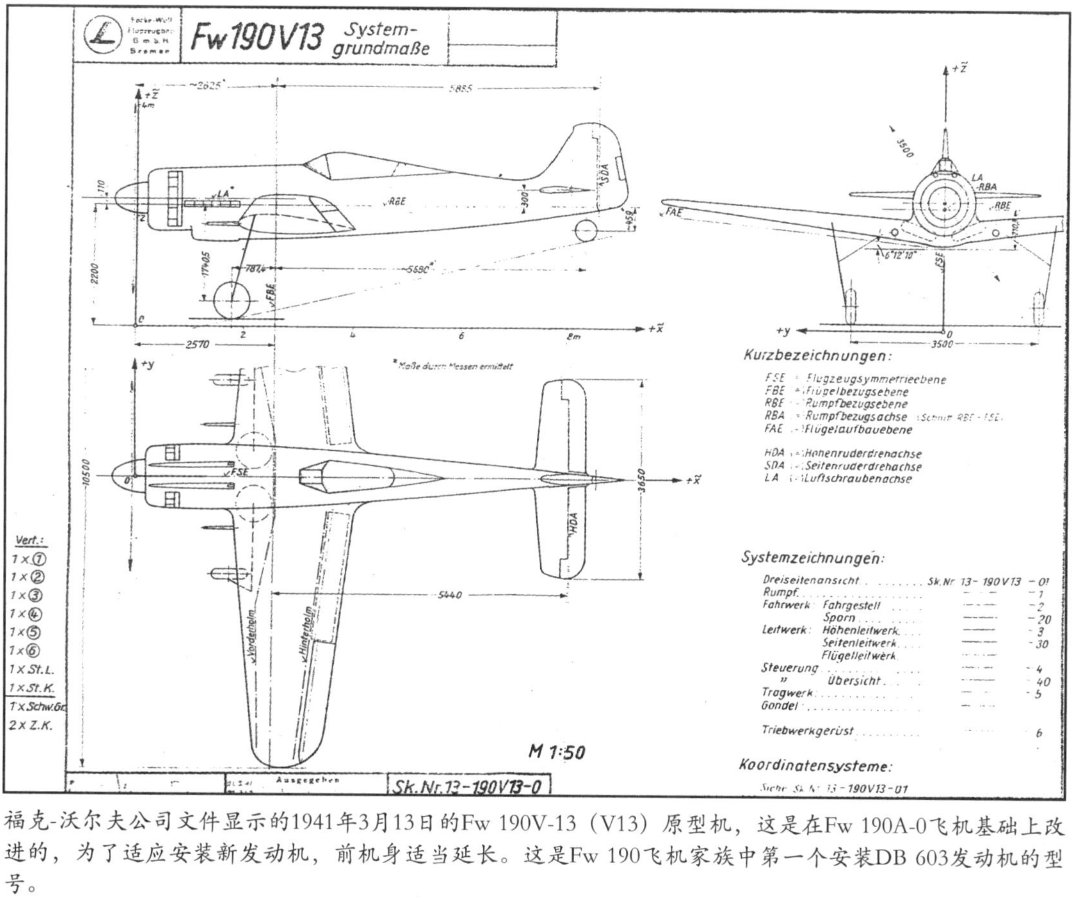

福克-沃尔夫公司文件显示的1941年3月13日的Fw 190V-13（V13）原型机，这是在Fw 190A-0飞机基础上改进的，为了适应安装新发动机，前机身适当延长。这是Fw 190飞机家族中第一个安装DB 603发动机的型号。

测试。福克-沃尔夫公司总设计师谭克本人也在7月1日驾驶了TI＋IK飞机。但是，当年10月1日，这架飞机的新机翼再次换回标准的小机翼。截至12月3日，这架飞机共完成了120架次飞行试验。

第二架Fw 190B-0，W.Nr.0047，TI＋IL飞机在1943年3月30日进行了20分钟的首飞，驾驶飞机的仍是试飞员汉斯·桑德尔。这架飞机早期采用的仍是单层玻璃座舱，后来换装了双层玻璃座舱。跟TI＋IK飞机相比，TI＋IL飞机的武器系统是2挺MG 17机枪和2门MG 151机炮。随后三次飞行试验由汉斯·坎普迈耶尔驾驶进行，其中最后一次于5月6日在汉诺威的朗根哈根进行。两天后，飞机换装双层玻璃座舱工作完成，之后进行了2架次飞行，驾驶飞机的是伯恩哈德·马塞尔和汉斯·坎普迈耶尔。所谓的双层玻璃，并不只是加厚玻璃达到保温效果，而是两层玻璃之间有空隙，发动机产生的热空气可以输送到这里，通过这种方法给座舱加温。但是，这种方法也有问题，之后两次飞行测试中的第11次，汉斯·坎普迈耶尔称玻璃上会产生冷凝水珠，这个问题一直没有有效地解决，但TI＋IL飞机的飞行测试仍未停下脚步，直到1944年1月4日飞机被送到雷希林试验中心进行进一步试验。

与此同时，1943年4月6日，第三架Fw 190B-0，W.Nr.0048，TI＋IM飞机在汉斯·桑德尔的驾驶下进行了首飞。这架飞机跟TI＋IL飞机类似，比如安装了双层玻璃座舱，但是前者的外侧机翼安装了2门MG FF机炮，还安装了托拉克斯加热系统，这个加热系统为的是消除高空状态下座舱玻璃上方形成的薄冰，北方的读者都知道窗户上薄冰一般会出现在窗户框的位置，Fw 190飞机的座舱结构框位置的玻璃会在高空结冰。截至1944年3月14日，TI＋IM飞机共进行了30架次飞行试验，大部分试验是罗尔夫·蒙德里驾驶该机。两个星期后，这架飞机开始进行Ta 152项目的飞行试验。1944年8月5日，TI＋IM飞机在雷希林试验中心试验时增压座舱故障而轻微受损，具体情况不详。

尽管前3架Fw 190B-0原型机要么安装新型大机翼，要么采用了增压座舱加大型机翼，实际上，第四架原型机，W.Nr.0049，TI＋IN才首次安装GM-1喷射助燃系统以增加发动机功率。跟第一架飞机，即W.Nr.0047，TI＋IK飞机一样，TI＋IN飞机的8号隔板后方安装了1个115升过氧化氢瓶，过氧化氢用于GM-1系统。第四架原型机的首飞和之后的飞行试验情况缺乏资料，目前只知道该机在1944年4月1日被送到BMW公司。这4架Fw 190B-0原型机后来编号改为Fw 190V-46/V-47/V-48/V-49。

早在1943年1月，福克-沃尔夫公司就提出生产6架Fw 190B-1飞机，这个型号的配置跟原型机的类似，飞机的生产序列号为W.Nr.811—W.Nr.816。但是，到了1943年中期，德国的战场形势不容乐观，Fw 190B-1的改进又算不上是很大进步，因此计划生产

Bf 109B原型机的翼展相当长，跟后来的Fw 190D的类似，这架原型机的无线电呼叫代码不详。

戴姆勒-奔驰公司的DB 603发动机。

6架的结局是只完成了1架飞机的生产，剩下的5架飞机被用在Fw 190A-5/U9和Fw 190A-5/U12项目的研制上。唯一的1架Fw 190B-1，W.Nr.0811，BH＋CA飞机最后在1944年1月21日进行了首飞，驾驶飞机的是阿尔弗雷德·蒙特施，两天后，维尔纳·巴特施也驾驶该机进行试验。Fw 190B-1飞机安装1台BMW 801D-2发动机，W.Nr.26025。福克-沃尔夫公司提出过两个Fw 190B改进型，一个是Fw 190B-1/R1，该机计划安装FuG 16Z-E无线电；另一个是Fw 190B-2，这是采用非增压座舱型号，这个型号没有进行下去，取代它的是Fw 190A-5。安装增压座舱的5架飞机（4架原型机和1架生产型）在福克-沃尔夫公司的试验一直持续到1943年年底，座舱加热和座舱罩问题一直就没有得到满意的解决，飞机也无法爬升到设计的高度，原因是座舱无法承受不同的压力。1944年1月，这些飞机送到雷希林试验中心后仍继续试验，试验中心的测试中队一直试图提高飞机的增压座舱设计以便为更先进的Fw 190飞机和Ta 152飞机服务，后两者当时正在研制之中。1944年夏末，Fw 190B-0原型机和Fw 190B-1飞机可能被拆解，从而结束了试验使命。

新发动机

其实，解决飞机高空性能最好的办法是换掉BMW 801星形直列式发动机，戴姆勒-奔驰公司的DB 603和容克公司的Jumo 213发动机都可以用于Fw 190飞机，甚至计划安装这两种发动机的飞机型号都确定为Fw 190C。早在1936年秋天，位于斯图加特下图尔克海姆的戴姆勒-奔驰公司就将DB 603发动机推荐给德国航空部，并声称未来发动机功率会提升到1400—1500马力，德国航空部拒绝了这款发动机但允许公司自筹资金继续研制该型发动机。到1939年，DB 603发动机的功率提升到了1800马力，这是台架试验测得的数据，实际装机会小一点。这个功率让德国航空部很满意，

DB 603 两个型号的性能主要数据

	DB 603A	DB 603E
排量	44.52 升	44.52 升
重量	910 公斤	910 公斤
缸径	162 毫米	162 毫米
行程	180 毫米	180 毫米
长度	2680 毫米	2680 毫米
直径	830 毫米	830 毫米
起飞功率	1750 马力/2700 转/分	1800 马力/2700 转/分
爬升/作战功率	1590 马力/2500 转/分	1575 马力/2500 转/分
额定使用高度	5700 米	7400 米

因此在1940年2月3日下单订购120台发动机，准备为需要的飞机安装。DB 603发动机有两个型号，最终两个型号的功率都增加到2000马力。

第一架安装新发动机的是1架Fw 190A-0，W.Nr.0036，SK+JS飞机，换发后的飞机编号为Fw 190V-13，该机第一份图纸在1941年3月21日颁发。DB 603A为12缸倒V形直列液冷发动机，其功率为1750马力，发动机采用环形散热器，增压器进气口在两个油冷却器之间。在第一阶段，福克-沃尔夫公司计划为飞机换装类似Fw 190B-0原型机的大机翼，早期设想的武器系统为发动机上方2挺MG 17机枪和翼根2门MG 151机炮，后来计划用13毫米MG 131机枪取代MG 17机枪，前者威力更大。为了简化测试，这架SK+JS飞机最终还是没有更换大机翼，仍旧是18.3米^{2}的标准机翼。

安装到Fw 190V-13原型机上的DB 603发动机，这款发动机采用的发动机支撑跟BMW 801发动机的完全不同。上图中Fw 190V-13原型机后面是Fw 190A-0飞机。

上文提到过，戴姆勒-奔驰公司的DB 603发动机研制出现延误，因此，Fw 190V-13飞机直到1942年年初才首飞，具体首飞日期不详，只知道1942年3月2日进行的第三次飞行试验中飞机安装的是预生产型DB 603A-0，W.Nr.17466发动机。汉斯·桑德尔驾驶这架飞机进行的试验，他报告称发动机冷却系统和油门控制杆存在问题，飞机还有总向右侧偏的趋势。3月14日，Fw 190V-13飞机又进行了两次（第四和第五次）五分钟的飞行试验，目的是检查发动机冷却液泄漏问题和升降舵的杆力。之后的3月17日进行了第六次飞行。

1942年3月23日，也就是与德国航空部两位代表弗雷贝尔和施瓦茨一番讨论两天后，福克-沃尔夫公司向德国航空部递交了最初方案，即3架Fw 190飞机安装DB 603发动机，7架安装Jumo 213发动机。在这个阶段，福克-沃尔夫公司的方案还存在着不确定性，也就是视情况而定多少飞机安装戴姆勒-奔驰发动机和容克发动机，虽然如此，安装DB 603发动机的3架飞机编号分别确定为Fw 190V-13（W.Nr.0036，

SK＋JS）、Fw 190V-15（W.Nr.0037，CF＋OV）和Fw 190V-16（W.Nr.0038），其他7架仍计划安装Jumo 213发动机。所有这些飞机都采用18.3米^{2}机翼，飞机安装FuG Ⅶa和FuG 25无线电设备，飞机没有安装武器系统。增压座舱和GM-1喷射助燃系统（可使用20分钟）计划日后安装，福克-沃尔夫公司还计划为安装DB 603发动机的Fw 190飞机研制排气驱动的涡轮增压器模型，以后准备在Fw 190V-15/V-16飞机上进行测试，请注意这里的时间比上文中介绍涡轮增压器的要早。

与此同时，Fw 190V-13原型机仍在进行飞行试验，在1942年4月9日至5月18日间，该机又进行了15次飞行，除了一次外，其余均由汉斯·桑德尔驾驶，试验地点在不来梅机场。不是汉斯·桑德尔驾驶的那次，是4月28日在雷希林试验中心进行的第18次飞行。测试飞行期间，飞机在5950米高度的最大速度达到了650公里/小时，这是4月18日飞行获得的数据。

之后的5月9日，第二架安装戴姆勒-奔驰公司发动机的Fw 190V-15，CF＋OV飞机进行了六分钟首飞，驾驶飞机的仍是汉斯·桑德尔。这架飞机安装1台DB 603A-0，W.Nr.211发动机，跟Fw 190V-13的发动机不同，W.Nr.211发动机罩左侧，即排气口上方有一个增压器进气口。初期的测试主要针对发动机冷却系统和飞机性能，汉斯·桑德尔的报告称：“（W.Nr.211）发动机比W.Nr.0036飞机的发动机更加粗野，起飞功率不能被用于持续飞行阶段。”1942年夏天，试验一直在进行，在1942年6月的一次飞行中，飞机在6950米高度的速度达到了696公里/小时。但是，这个阶段也经常会遇到水冷却器和滑油冷却系统问题。一段时间里，Fw 190V-15飞机还被用来测试管状排气管，这个粗壮的排气管贴着机身一直延伸到机翼后方，大大超出机翼后缘，这是涡轮增压器使用的排气管。德国航空研究所警告称，这种不合理的排气管设计会使飞机的速度下降幅度高达160公里/小时。排气管内的排气温度会达到800摄

图中这架Fw 190V-13原型机（W.Nr.0036）安装的是1台预生产型DB 603A-0发动机，该机喷涂了机身和无线电呼叫代号，但是机身并没有涂装。

氏度，其内部压力可能会达到2个大气压，排气的速度会达到100米/秒。为了防止灼伤机身，沿排气管的机身表面铺设了合金防热板，而且排气管与机身之间留有5毫米的间隔。为了防止热量损失，排气管外表加装了隔热层。

任何新发动机研制都会遇到各种问题，DB 603发动机研制过程中遇到过问题导致研制进度拖延，容克公司的Jumo 213发动机遇到的问题更难解决。1942年7月9日，福克-沃尔夫公司技术部主任威利·卡特尔出具一份报告：“在几天前，德国航空部就曾放言原来计划安装Jumo 213发动机的Fw 190C原型机可能也安装DB 603发动机。同时，德国航空部还原则上同意我们安装Jumo 213发动机的系列型号继续进行。”

就在威利·卡特尔报告中所称德国航空部做出决定前，福克-沃尔夫公司仍计划生产2架安装Jumo 213发动机的原型机，原型机仍采用旧机身，而且也没有武器系统，这2架飞机的编号是Fw 190V-17和Fw 190V-18，福克-沃尔夫公司希望试验型号的Jumo 213发动机尽快交付供装机试验。剩余的5架飞机，即Fw 190V-19—V-23飞机计划采用新机身（采用铝锌合金），安装武器系统和增压座舱等。上文提到的3架安装DB 603发动机的原型机Fw 190V-13、Fw 190V-15和Fw 190V-16也采用旧机身，也没安装武器系统。

由于德国航空部有意放弃Jumo 213发动机，也就是看好戴姆勒-奔驰发动机，福克-沃尔夫公司决定为已经完成生产的Fw 190V-13和Fw 190V-15原型机，以及接近完成生产的Fw 190V-16原型机中的1架安装1台DB 603A，W.Nr.17402发动机。组装线上的6架原型机情况如下：

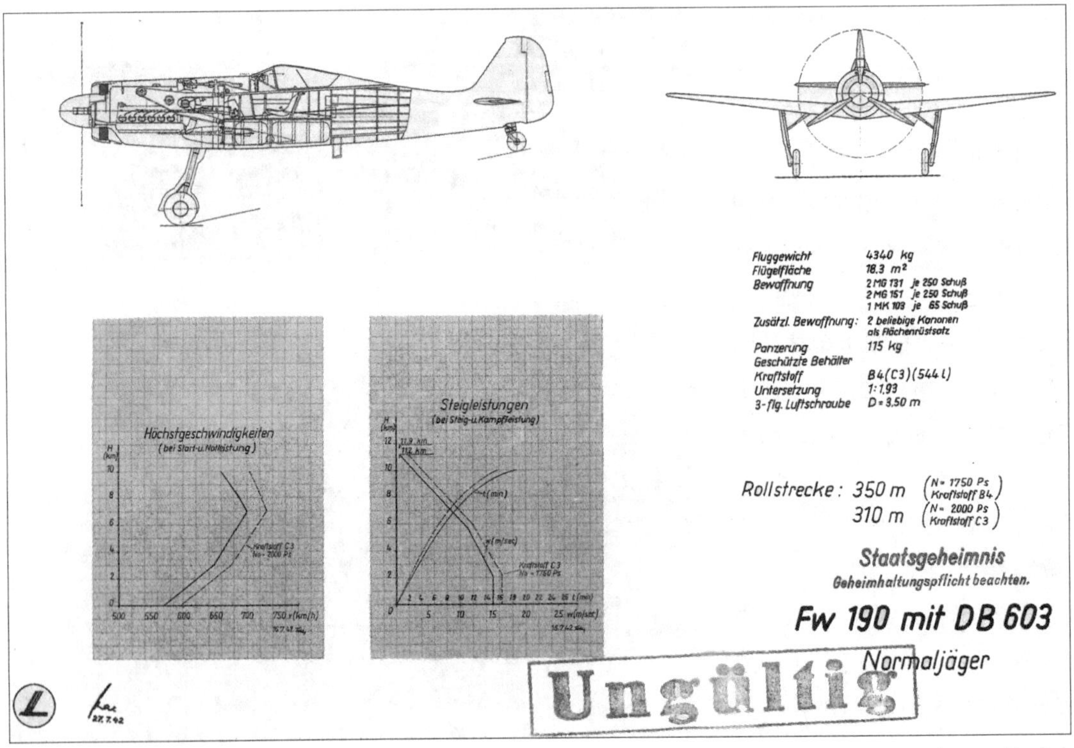

福克-沃尔夫公司文件显示的1942年7月27日安装DB 603发动机的Fw 190战斗机。但是项目飞机已经被列为“不再有效”。

第二架安装戴姆勒-奔驰公司DB 603发动机的是Fw 190V-15，CF+OV飞机，这架飞机后来被用来试验发动机的管状排气系统，文章没有详细说明为什么采用这种管状排气管，应该是用于夜战的抑光装置，延长排气管可以使未完全燃烧的燃料充分燃烧。汽油机功率大。

Fw 190V-19和Fw 190V-20原型机安装DB 603发动机，飞机仍采用老机身，没有武器系统和增压座舱。Fw 190V-19是第一架计划改进换装大型垂尾的飞机。但是，发动机一直存在着各种各样的问题，卡特尔称："公司必须做好由Jumo 213发动机取代DB 603发动机的准备。"

Fw 190V-21原型机安装DB 603发动机，飞机仍采用老机身，但是安装了武器系统和增压座舱。

Fw 190V-22和Fw 190V-23原型机安装Jumo 213发动机，飞机采用新机身，安装武器系统和增压座舱。

Fw 190V-25、Fw 190V-26和Fw 190V-27原型机在最后组装阶段安装的是DB 603发动机，飞机采用新机身，安装武器系统和增压座舱。

Fw 190V-28原型机用于铝锌合金机身的破坏试验。

1942年7月23日，卡特尔递交了另一份报告，报告中列举了高空战斗机项目采用排气驱动涡轮增压器的优点，部分内容如下：

1. 安装排气驱动涡轮增压器可以明显地提高Fw 190V-13飞机（安装DB 603发动机）的高空性能，研究显示，飞机的实用升限将比当前最好的高空战斗机的还要高2000米，这样，Fw 190战斗机将具备优异的高空性能在昼间拦截敌人高空轰炸机，而且可以免受标准战斗机的攻击，德国空军前线部队和德国航空部都强烈要求尽早获得这种飞机。

今天，我们收到了德国航空部的6架原型机订单合同，系列生产的决定随后就会下达，这个合同项目的紧迫性是不言而喻的，KB 1部门将选定一些人员并在今天开始设计工作，相关工作将分配给各个负责部门。为了在期限内完成任务，生产厂必须采取相关的紧急措施。

新的紧急部门除了享有SS级外，还将申请计划优先权，飞机还将安装一个BMW公司或是希尔特公司研制的涡轮。最新的说明将在下个星期早些时候公布。克劳尔先生和格罗斯先生正在分别去斯图加特和柏林的路上，准备跟希尔特公司、戴姆勒-奔驰公司和BMW公司商讨安装问题，他们得到指示要求带回涡轮机模型。

2. Fw 190V-13将被改进成高空战斗机，因为Fw 190V-13已经计划送到雷希林试验中心进行发动机测试试验，2架已经生产完毕的Fw 190V-15和Fw 190V-16原型机将进行改进（成高空战斗机），还要新生产4架飞机。由于时间不宽裕，4架新飞机将按Fw 190V-13原型机的配置来生产，将按照不同要求进行改进。关于这4

架飞机的动力装置，整个发动机罩，包括水冷却器和滑油冷却器通风片机构都必须重新设计，因为发动机前面的散热器比较大。发动机组装和油门控制杆无需改进。4架新生产飞机订单直接下达给生产工厂。

为了减少工作量，6架飞机（Fw 190V-15、Fw 190V-16原型机和4架新生产的）中最后2架将安装武器系统，所有飞机都将采用新型20.3米^{2}的机翼，这种新机翼将在法国的部门设计（改进），如果新型机翼未能按时交付，涡轮机可以在标准机翼的飞机上进行测试。

3. 设计文献和期限

为了节省时间，6架测试飞机的改进设计图纸尽可能简单明了，改进项目列出后将在1942年7月28日交给生产厂。在KB部门，波斯特先生将负责单位立即投入工作事宜，全机结构细节图纸将在1942年8月中旬至9月25日交付给生产厂。

第一架改进的飞机将在1942年11月15日首飞，工厂负责将剩余5架飞机完成情况汇报给谭克先生。在两个半月内完成改进工作需要采用跟KB部门类似的特别措施。KB部门只有两个月不到的时间用来重新设计和解决一些研制问题。当前德国空军空中行动的形势要求上述研制计划必须像跟德国航空部保证的那样严格执行。

卡特尔的报告还列举了需要改进的项目和各单位人员的相应责任，例如克劳尔负责设计“涡轮机安装、涡轮机润滑油系统（滑油容积为4—5升）、压气机中冷器和涡轮控制系统等，涡轮计划安装在机身一处可移动的面板上，涡轮载荷通过面板作用到机身承力结构上。这么安装的意图是便于涡轮机拆卸进行维护保养。涡轮增压器空气进气口面积应该达到10分米^2，而水冷却器面积大约为14分米^2”。设计要求“（涡轮机）所有的舱口盖都可以快速方便地打开（包括切断压气机空气和冷却水管）以便确保快速地更换涡轮机”。其他需要改进的是“……压气机进气口安装防护网，防止吸入沙石，这个防护网跟热带型号飞机上的过滤网功能类似。在起飞阶段，发动机所需的空气通过散热器后面的压气机进气口进入发动机，散热器进气口面积将从48分米^{2}加大到67分米^2，发动机将采用VDM公司的四叶螺旋桨。”卡特尔的报告最后总结称“……时间十分紧迫，如果新散热器和四叶螺旋桨没有及时交付，用于早期测试的Fw 190V-15原型机将采用原来的散热器和三叶螺旋桨”。

发动机下方半圆形是散热器进气口，其上方是冷却器排气口活门。图中是Fw 190V-16原型机。

当德国航空部决定将Fw 190V-15原型机和配置基本一样的Fw 190V-16原型机（计划1942年8月2日首飞）送到雷

希林试验中心进行测试时，这个计划引起了不必要的混乱，因此，德国航空部决定Fw 190V-13原型机改进用于测试涡轮增压器安装布局，另2架飞机，即计划安装Jumo 213发动机的Fw 190V-17和Fw 190V-18也安装DB 603发动机。德国航空部特别强调称："……福克-沃尔夫公司必须额外再生产3架飞机，考虑到项目期限问题，这3架飞机初期的布局和配置跟Fw 190V-13原型机类似，之后再根据需要进行改进。"然而，Fw 190V-13原型机在1942年7月30日的第35次飞行后注销，这架飞机安装的DB 603发动机，W.Nr.136在飞行过程中出现故障，飞行员霍普菲尔在福克-沃尔夫公司位于不来梅和汉堡之间的文岑多夫新测试机场实施了迫降，飞机严重受损，这个意外事件使得德国航空部的决定乱上加乱。

测试安装DB 603发动机的试验仍在继续，计划两个生产型的编号分别为Fw 190C-1和Fw 190C-2，两个型号的武器均为2挺13毫米MG 131机枪和2门20毫米MG 151机炮。Fw 190C-1飞机的序列号为190-0310，飞机采用非增压座舱；Fw 190C-2飞机的序列号为190-0320，该机采用增压座舱，而且飞机为在发动机上安装MG 151、MK 103或MK 108机炮预留了位置。

1942年12月，德国航空部下令在1943年3月至1944年3月的一年里生产727架Fw 190C战斗机。然而，1943年1月26日，德国航空部又决定取消安装DB 603发动机的飞机的进一步研制计划，实际上就是取消了批量生产Fw 190C计划，取而代之的是推进安装Jumo 213发动机的飞机研制。尽管动力装置不同，早期安装Jumo 213发动机的飞机仍被称为Fw 190C，安装DB 603发动机的飞机项目停止，这个编号给安装Jumo 213发动机的飞机无可厚非，考虑到已经有几架飞机安装了DB 603发动机，为避免混乱，安装Jumo 213发动机的飞机编号后来改为Fw 190D。仅存的2架安装DB 603发动机的原型机Fw 190V-15和Fw 190V-16此时被送到戴姆勒-奔驰公司位于斯图加特埃希特丁根的测试中心继续进行发动机测试。1943年间，Fw 190V-16飞机换装了1900马力DB 603G发动机，该机在9000米高度时测得的最大速度达到了722公里/小时。1944年夏天，这架飞机又换装了1800马力的DB 603E发动机，功率虽然小点，但发动机安装了MW 50水-甲醇增压器助燃系统，它可以使飞机爬升到12000米高度。1944年8月14日，Fw 190V-16原型机在盟军空袭埃希特丁根测试中心时被炸毁，毁伤达到65%程度，基本上没有再修复的必要了。

Fw 190V-15原型机座舱，值得注意的是操纵杆左侧"Schmierstoff"（燃油）和"Küstoff"（冷却剂）仪表的字母很大，在试验期间，这两个数据值得飞行员一直特别关注。

一段时间以来，Fw 190V-15原型机试验了一种可变桨距螺旋桨，也就是螺旋桨叶片可以在运行过程中调整，现在常听说的顺桨和逆桨就是桨距在调整。图中左是飞行状态，右是刹车状态。所谓“刹车”就是桨距调整后产生向后的拉力，现代军用运输机在非水泥机场着陆过程中，沙尘出现在螺旋桨的前面就是这个道理。

Fw 190V-16原型机跟Fw 190V-15原型机基本类似，但是没有安装管状排气管，图中排气管上方是化油器进气口。这架原型机一直在戴姆勒-奔驰公司进行着各种发动机试验。

Fw 190V-15原型机在空袭中幸存下来，最终于1945年4月18日在哥廷根被盟军缴获。

取消安装DB 603发动机的战斗机的决定使得此前那些计划安装DB 603发动机的原型机必须重新调整，Fw 190V-19—V-21和Fw 190V-24—V-27原型机此时决定安装Jumo 213发动机，而Fw 190V-22和Fw 190V-23原型机一段时间以来仍计划安装BMW P 8035试验型发动机，Fw 190V-28原型机仍然作为静力破坏试验机。

“高空战斗机”2项目

再回到安装DB 603发动机的高空战斗机项目，1942年8月，福克-沃尔夫公司颁布高空战斗机技术方案，方案有两个，一个是上文提到的“高空战斗机” 1项目，即Fw 190B-1方案。另一个是Fw 190的“高空战斗机” 2项目，这个项目中Fw 190飞机计划安装1台功率为2000马力带涡轮增压器的DB 603S发动机，飞机将采用新型20.3米^{2}机翼和增压座舱，这跟Fw 190B-1类似。DB 603S发动机使用的是VDM公司四叶螺旋桨，并且安装希尔特公司的涡轮增压器。从早期飞机图纸有关增压器的内容来看，似乎增压器的排气口在座舱的后

“高空战斗机”2 飞机的估计性能数据

翼展	12.30 米
长度	9.50 米
高度	3.95 米
机翼面积	20.3 米^2
安装设备后重量	3583 公斤
起飞重量	4520 公斤
正常最大速度	670 公里/小时在 11800 米
最大紧急速度	685 公里/小时在 11800 米
爬升时间和高度	9.3 分钟爬升 12000 米
实用升限	14000 米

方，但随后将排气口改在了机腹后方涡轮增压器整流罩的后面，也就是增压器设计在后机腹从而形成鼓胀的整流罩，人们戏称飞机像袋鼠。

第一个安装希尔特TK 11涡轮增压器的是第18架原型机，此时飞机编号改为Fw 190V-18/U1，W.Nr.0040，CF＋OY，上

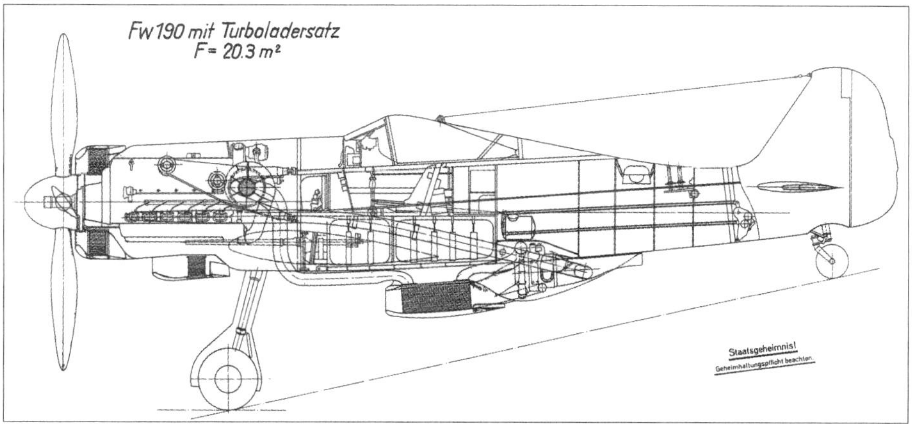

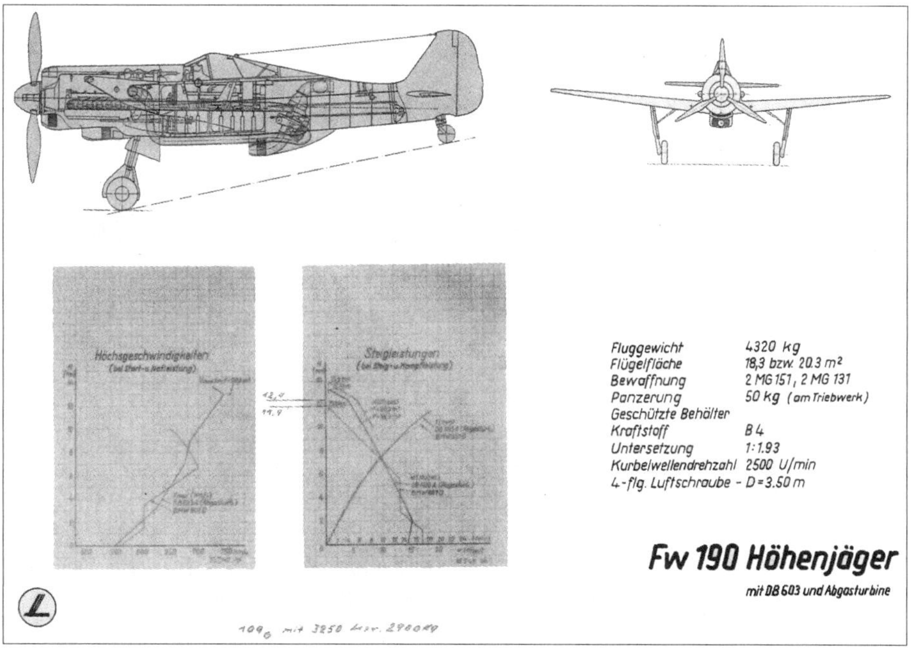

以上两图是福克-沃尔夫公司文件显示的第252号安装DB 603A发动机和涡轮增压器的Fw 190高空战斗机项目，两图中的增压器不同，因此其整流罩也不尽相同。上图中增压器排气口在整流罩后面，而下图中增压器排气口在座舱后面的机背部。

文中提到这架飞机准备安装的是Jumo 213发动机。Fw 190V-18/U1飞机仍采用18.3米^{2}的老机翼，面积加大的安定面和方向舵（两者合称垂直尾翼），后者是Fw 190V-19飞机计划安装的，后来被Ta 152系列飞机采纳。Fw 190V-18/U1飞机没有采用增压座舱。CF＋OY飞机在1942年12月20日进行了首飞，当天还进行了第二次飞行，两次飞行分别持续2分钟和8分钟，飞行时间极其短，试飞员汉斯·桑德尔显然对飞机表现并不满意，他的报告称：“静态测试其间，飞机没有什么特别明显的毛病，发动机运行非常平缓安静，但是冷却液的温度却比不带涡轮增压器的发动机高得多，甚至在发动机转速为1700转/分时的冷却液平均温度也高于122℃。当发动机停车时，蒸汽仍然从飞机

Fw 190V-18/U1原型机也采用Fw 190V-15原型机试验的管状排气管，但是两者已经有了很大的区别。这架原型机座舱进行了改进，但实际上不是增压座舱。机翼翼根上德文意思是“禁止踩踏”。

以上四图是Fw 190V-18/U1原型机的几个视角图，每个细节都清晰可见。这架飞机安装的是希尔特TK 11涡轮增压器，而且飞机采用大面积垂尾。

散发出去，用于冷却的水明显减少。（两次）飞行时间短的原因一是恶劣天气，二是飞机有过热的趋势。（因为飞行时间短）没有测试飞机的飞行品质，但是，飞机明显出现尾重现象。起飞后，发动机明显出现功率不足现象，原因是进气压力和预热不足。”

12月21日和28日，Fw 190V-18/U1飞机又进行两次飞行，其中28日的飞行持续了44分钟，其间，对爬升状态下的增压涡轮工作状态、滑油和冷却剂温度等进行了测试。在第六次飞行中，飞机换装了更大的滑油冷却器，之后的飞行包括试图解决涡轮增压器安装位置、滑油冷却器和四叶螺旋桨等遇到的问题。试飞员维尔纳·巴特施第一次驾驶Fw 190V-18/U1飞机是1943年1月24日，这也是这架飞机的第12次飞行，截至5月10日，该机共进行44架次飞行，合计31个飞行小时。六个月后，福克-沃尔夫公司的报告称，Fw 190V-18/U1飞机完成了66架次飞行，合计42个飞行小时。截至此时，飞行测试显示“高空战斗机” 2在11000米高度获得的最大速度为670公里/小时，在不使用涡轮增压器时飞机在9500米高度的最大速度为620公里/小时。

确定涡轮增压器位置始终是个头疼的问题，虽然如此，福克-沃尔夫公司还是决定再生产5架测试飞机，这些飞机都是在Fw 190A-0飞机的基础上

Fw 190V-30原型机。发动机上方机炮没有安装，取而代之的是整流罩。涡轮增压器的体积还是太大了。

Fw 190V-31原型机跟前面几架原型机的配置一样，但是，这架飞机却在一次着陆过程中失事，飞机注销。图中仍可见希尔特TK 11涡轮增压器和管状排气管。

改进的，为的就是提高增压器的可靠性。这5架飞机就是Fw 190V-29—V-33，所有飞机都计划安装增压座舱和大型垂尾。这5架中的第一架Fw 190V-29，W.Nr.0054，GH＋KS飞机安装1台DB 603S发动机，W.Nr.17801和FuG 16Z、FuG 25A无线电设备。Fw 190V-29飞机在1943年3月首飞，之后的6月27日，该机被送到希尔特公司为该公司的涡轮增压器研制做测试工作。Fw 190V-30，W.Nr.0055，GH＋KT飞机在1943年4月完成生产，早期该机安装1台DB 603S-1发动机，W.Nr.17803，后来换装1台W.Nr.17805发动机，发动机驱动一具施瓦茨公司的四叶木质螺旋桨。试飞员维尔纳·巴特施第一次驾驶该机是1943年10月22日，但是他的这次飞行只持续了4分钟，原因仍然是发动机过热问题。随后的10月23日和11月2日的飞行比较成功，分别持续了19分钟和30分钟。

Fw 190V-31，W.Nr.0056，GH＋KU飞机跟前一架飞机类似，但这架飞机在一次着陆过程中失事翻倒，很可能就是在1943年5月29日的首飞。Fw 190V-32，W.Nr.0057，GH＋KV飞机在1943年11月出厂，这架飞机安装了1台DB 603S-1发动机，W.Nr.17806，该机的翼根安装了2门MG 151机炮。1943年12月11日，维尔纳·巴特施第一次驾驶该机，飞行仅持续了3分钟。1944年1月26日，他第二次驾驶该机在空中飞行时间更短，只有2分钟！Fw 190V-33，W.Nr.0058，GH＋KW飞机跟前面的飞机也类似。截至1944年夏天，福克-沃尔夫公

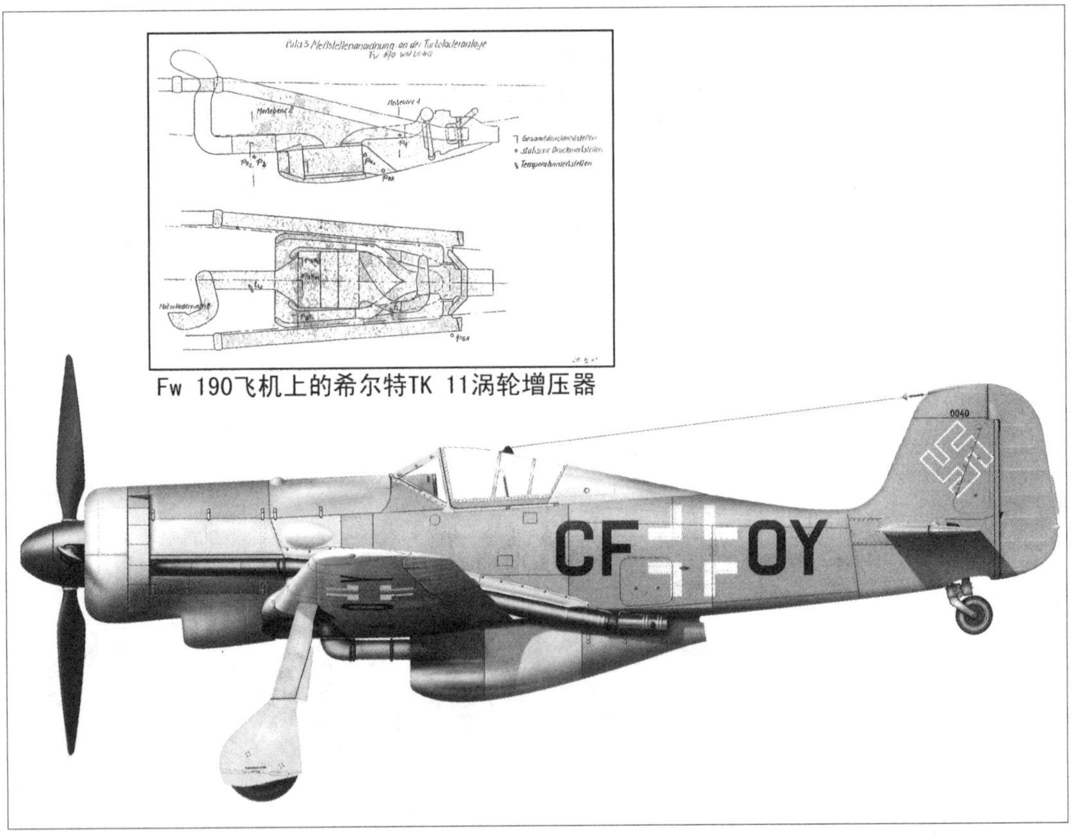

Fw 190V-18/U1原型机和增压器示意图。

司决定将所有幸存的“高空战斗机”2项目中飞机全部纳入Ta 152飞机的研制项目中，此前的6月1日，Fw 190V-18/U1飞机被送到斯图加特埃希特丁根的戴姆勒-奔驰公司，27天后，该机再次被送到斯图加特楚芬豪森的希尔特公司，在这两家公司中Fw 190V-18/U1飞机主要进行发动机和涡轮增压器的测试工作。

Fw 190F-1/2/3和Fw 190G-1/2/3系列对地攻击机

1942年12月间，一份文件对Fw 190战斗机各个型号主要作战任务进行了合理规划，也就是某一型号主要以某种作战任务为主进行改进，防止一个型号中飞机执行不同任务造成资源浪费和混乱。各个型号主要情况如下表所示：

Fw 190A-系列	W. Nr. 190. 0110	标准战斗机
Fw 190B-系列	W. Nr. 190. 0210	安装 BMW 801 发动机的高空战斗机
Fw 190C-系列	W. Nr. 190. 0310	安装 DB 603 发动机的高空战斗机
Fw 190D-系列	W. Nr. 190. 0410	安装 Jumo 213 发动机的高空战斗机
Fw 190E-系列	W. Nr. 190. 0510	战斗侦察机
Fw 190F-系列	W. Nr. 190. 0610	对地攻击战斗轰炸机
Fw 190G-系列	W. Nr. 190. 0710	远程对地攻击战斗轰炸机

上文中一些试验型号飞机后来变更编号就是这个原因，比如上文提到过Fw 190A-4/U3编号改为Fw 190F-1，Fw 190A-5/U3编号改为Fw 190F-2，而Fw 190A-4/U8编号改为Fw 190G-1，Fw 190A-5/U8编号改为Fw 190G-2。侦察型Fw 190E-1并没有投产，上文几个Fw 190A系列中的“U4”都是侦察型号，这个编号仍然保留。先回到Fw 190F系列，Fw 190A-4/U3飞机（Fw 190F-1）从1942年9月开始投产，出厂后的飞机被送到Schl.G 1训练联队的试验中队，这个型号生产数量可能只有区区18架，之后生产线转产Fw 190F-2型号。跟Fw 190A-5飞机相比，Fw 190F-2飞机增加了飞机装甲防护能力，发动机罩的化油器进气口增加过滤装置，增加机腹携带ETC 501挂架能力，这个挂架可以携带1个300升副油箱，或是1枚500公斤的SC 500炸弹，再或是ETC 501挂架上安装ER-4适配器，通过适配器可以携带4枚50公斤SC 50炸弹。携带炸弹和副油箱会降低飞机的速度，右下表列出的是Fw 190F-2飞机携带外挂时飞机最大速度。

Fw 190F-2型号生产的数量也非常少，该型号主要使用单位是Schl.G 1对地攻击联队、SG 2对地攻击联队和SG 77对地攻击联队，“Schl.G”的缩写就是“SG”，意思是对地攻击，不同时期，缩写不一样。

Fw 190F-3是在Fw 190A-5/U17的基础上改进的，机翼跟Fw 190A-6的一样，其前缘安装有“机器人”照相机。Fw 190F-3的主要型号是Fw 190F-3/R1，这个型号飞机机腹可以携带一个ETC 501炸弹挂架，两侧机翼分别携带2个ETC 50炸弹挂架。ETC 501

	起飞重量	最大速度
Fw 190A-5	3900 公斤	658 公里/小时
Fw 190F-2+ETC 501+ER-4	4200 公斤	601 公里/小时
Fw 190F-2+ETC 501+副油箱	4300 公斤	592 公里/小时
Fw 190F-2+ETC 501+SC 250	4450 公斤	577 公里/小时
Fw 190F-2+ETC 501+ER-4+4 枚 SC 50	4500 公斤	562 公里/小时
Fw 190F-2+ETC 501+SC 500	4700 公斤	557 公里/小时

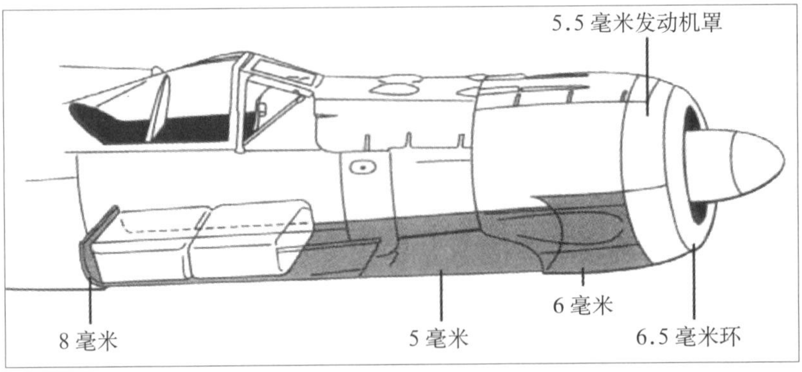

Fw 190F系列的装甲位置及厚度示意图。

ETC 501挂架通过ER-4适配器可以携带4枚SC 50炸弹，这种状态下飞机最大速度下降96公里/小时。具备携带这种挂架的是Fw 190F-2型号，Fw 190F-1生产数量极少，只供训练联队的试验单位使用。

这是早期1架Fw 190A-1飞机（W.Nr.0110.098），被用来试验另一种一次携带4枚SC 50炸弹的挂架，这种挂架明显横截面积大，因此气动阻力也大。

Fw 190F-1的产量很小，主要供训练单位使用。图中飞机的ETC 501挂架通过ER-4适配器携带4枚SC 50炸弹。

Fw 190F-2飞机有机腹ETC 501挂架可以携带1枚500公斤的SC 500炸弹，此时飞机的最大速度会下降101公里/小时。

图中Fw 190F-3/R1飞机的机腹携带1个副油箱，Fw 190所有型号飞机都极少通过机腹携带副油箱。

和ETC 50挂架都可以安装ER-4适配器，通过ETC 501挂架可以携带4枚，ETC 50则可以携带2枚50公斤SC 50炸弹，飞机最多可以携带8枚。通过小型电子释放装置，SC 50炸弹可以成双投放，也可以一次全部投放。飞机武器系统包括2挺MG 17机枪，备弹900发/挺；2门MG 151/20机炮，备弹250发/门。在执行战斗轰炸任务时，机枪通常会临时拆除。

Fw 190飞机的对地攻击型号都安装有FuG 16ZS无线电收发机，战斗机型号安装的是FuG 16ZY电台，在执行对地攻击任务时，FuG 16ZS电台可以使飞机随时跟德国地面部队保持通讯联系，这种对地攻击一般属于近距支援任务，跟跨海骚扰式的攻击地面目标不一样。

下表列出的是Fw 190F-3飞机携带外挂时飞机最大速度（除Fw 190A-6，其他情况飞机均携带ETC 50炸弹挂架）：

	起飞重量	最大速度
Fw 190A-6	4100 公斤	623 公里/小时
Fw 190F-3+ETC 501+ER-4	4300 公斤	590 公里/小时
Fw 190F-3+ETC 501+副油箱	4350 公斤	580 公里/小时
Fw 190F-3+ETC 501+SC 250	4550 公斤	570 公里/小时
Fw 190F-3+ETC 501+SC 500	4800 公斤	545 公里/小时
Fw 190F-3+ETC 501+副油箱+4 枚 SC 50	4750 公斤	543 公里/小时
Fw 190F-3+ETC 501+ER-4+8 枚 SC 50	4750 公斤	530 公里/小时
Fw 190F-3+ETC 501+SC 500+4 枚 SC 50	5000 公斤	525 公里/小时

Fw 190F-3飞机共生产432架，这个型号飞机全是阿拉多公司在1943年4月—1944年3月间生产的，生产详情如下表：

Fw 190F-3飞机是对地攻击的战斗轰炸型，因此首先交付给驻扎在法国的德国空军Ⅰ./SKG 10大队、驻扎在苏联的Ⅰ./Schl.G 1和Ⅱ./Schl.G 1大队，以及驻扎在西西里岛的Ⅱ./Schl.G 2大队，这些对地攻击单位正在各个战场奋战以挽救德国的命运。交付后的Fw 190F-3飞机首个作战损失是1943年5月17日，3./SKG 10中队的斯特拉克少尉被英国皇家空军“蚊子”战斗机击落。6月里的Fw 190F-3飞机损失包括5./Schl.G 1中队的格菲特下士在6月5日，同一中队的格鲁贝尔少尉在6月17日，2./Schl.G 1中队埃德尔下士在6月26日。所谓“损失”不一定就是阵亡，也不一定涉及战斗。

Fw 190F-3也有很多厂家改进型（U型）和战场改进型组件（R型），Fw 190F-3/R1上文已经提过，Fw 190F-3/R2型是用2门30毫米MK 103机炮取代翼下SC 50炸弹挂架，在德国空军位于塔纳维兹的武器

生产商	生产数量	日期	序列号
瓦尔内明德阿拉多公司	371 架	1943 年 4—12 月	670001—670090　670211—670270
	1 架	1944 年 1 月	670291—670300　670341—670500
	55 架	1944 年 2 月	670571—670600　670921—671000
	5 架	1944 年 3 月	671121—671130
总计	432 架		

Fw 190F-3飞机的两侧机翼分别携带2个ETC 50炸弹挂架，外侧挂架处的机翼前缘安装有“机器人”照相机，ETC 50挂架上采用的ER-4适配器只能携带2枚SC 50炸弹。

测试站的试验表明，这个型号飞机作战效率并不高，飞行员的报告称，飞机相当笨拙，MK 103机炮使用的常规炮弹无法击穿苏联T-34坦克装甲。尽管测试并不满意，阿拉多公司还是在1943年12月28日至1944年1月11日间生产了3架Fw 190F-3/R2飞机，其中1架序列号为W.Nr.670965。这几架飞机出厂后被送到位于乌德特机场（以厄恩斯特·乌德特命名的机场，现称卡托维兹国际机场，在波兰）的第26试验单位进行试验，情况不详。Fw 190F-3/R3是在Fw 190F-3/R2飞机基础上改进的，MK 103机炮超重和穿甲能力不足的问题没有得到根本解决，因此，Fw 190F-3/R3没有进入批量生产。文献记载有1架Fw 190F-3/R4飞机，W.Nr.670455，其战术编号是黄色21，没有进一步的详细资料，肯定也没有投产。Fw 190F-3/R6是携带W.Gr 21火箭发射管的型号，而Fw 190F-3/U3飞机机腹安装1个ETC 502挂架，挂架可以携带1枚BT 1400鱼雷炸弹（Bombentorpedo，或称炸弹鱼雷，既可以攻击舰船，也可以攻击陆上目标），Fw 190F-3/U4是夜间对地攻击型号，Fw 190F-3/U5飞机的机腹ETC 501挂架可以携带1枚BT 700炸弹鱼雷，或者是翼下ETC 503挂架携带2枚BT 400鱼雷炸弹，“BT”后面的数字表示重量（公斤）。Fw 190F-3/U14飞机可以携带1枚LTF 5b鱼雷。

炸弹鱼雷顾名思义兼具炸弹和鱼雷的功能，跟鱼雷相比它没有动力系统和控制系统，跟炸弹相比它具备从水下攻击目标能力，因此，炸弹鱼雷具备廉价和结构简单的优点，比如炸弹鱼雷的生产工时只有60小时，而LTF 5F鱼雷对应工时达到200小时，两者所耗金属，特别是重金属来说，炸弹鱼雷用得更少，这对于物资匮乏的德国来说是个可行的方

1架Fw 190飞机携带1枚SB 1000炸弹进行试验，这种炸弹重达1000公斤，装药量为850公斤，由于机腹下方净空间有限，炸弹尾翼的下半部分被去除。没有证据表明该型炸弹投入过实战使用，很可能炸弹去除部分尾翼（起稳定作用）后弹道变得复杂，命中精度变差。

案。1943年3月29日，福克-沃尔夫公司谭克教授、凯特尔总工程师、罗特凯格尔总工程师和诺曼博士，以及齐柏林伯爵研究所的乔治·马德隆教授和他的技术参谋联合举行了一次会议，会议的内容是关于Fw 190战斗机携带BT 700和BT 1000炸弹鱼雷的可行性。炸弹鱼雷是德国航空部技术部贝尼科博士和齐柏林伯爵研究院共同联合研制的方案，这种武器只是简单拉长常规炸弹，并且在弹尾部安装三片夹角为120度的稳定翼，看上去像炸弹也像鱼雷，或者两个都不像，不伦不类。德国共研制了七个型号炸弹鱼雷，生产数量极少。炸弹鱼雷最大的问题是瞄准和释放，因为这种武器的外形既不像炸弹也不似鱼雷，因此弹道，特别是空中和水中弹道复杂，有控制系统还好一些，关键的问题是，没有！TSA 2装置（TSA的意思是俯冲和低空轰炸自动装置，实际上是一种轰炸瞄准具）配合Revi 16瞄准具可以解决瞄准和释放的问题，但是TSA 2瞄准具出现太迟了。使用时，飞机投放后，炸弹鱼雷以10度角俯冲攻击目标，少量BT 400和BT 700炸弹鱼雷交付给了Ⅲ./KG 200大队，但并没有在实战中使用。有资料称1945年3月的攻击雷马根大桥行动中使用了BT 1850炸弹鱼雷，并无证据支持。

Fw 190G-1是在Fw 190A-4/U8基础上改进的远程战斗轰炸机型号，后者生产了2架用于试验，更改编号后又进行了小改进。Fw 190G-1机腹可以携带1个ETC 501挂架，可以携带1枚500公斤炸弹或是1个300升副油箱。为了减轻前起落架承受的过大的重量，机头发动机上方2挺MG 17机枪和装甲被去除，只保留翼根2门MG 151/20机炮。机翼外侧的MG FF机炮在作战时也经常拆掉以避免飞机超重。

为了研究携带炸弹和副油箱时起落架所承受的应力，德

1架Fw 190A-5飞机的ETC 501挂架携带1枚木质SB 1000炸弹进行训练，在携带这么大炸弹和300升副油箱时，飞机的起落架舱门会被去除，防止干扰。

七种型号炸弹鱼雷性能数据

	BT 200	BT 400	BT 700A	BT 700B	BT 1000	BT 1400	BT 1850
长度	2395 毫米	2946 毫米	3500 毫米	3358 毫米	4240 毫米	4560 毫米	4690 毫米
直径	300 毫米	378 毫米	426 毫米	456 毫米	480 毫米	620 毫米	620 毫米
尾翼翼展	560 毫米	710 毫米	1100 毫米	850 毫米	1305 毫米	1160 毫米	1160 毫米
重量	220 公斤	435 公斤	780 公斤	735 公斤	1180 公斤	1510 公斤	1923 公斤
战斗部	100 公斤	200 公斤	330 公斤	320 公斤	710 公斤	920 公斤	1050 公斤

国航空研究所（DVL）用1架Fw 190A-5/U8，W.Nr.1286，SS＋GJ飞机进行测试，这架飞机共进行了9架次飞行试验，试验结果表明，起落架液压减震器的下沉率从1.8米/秒增加到12米/秒，同时，飞机的着陆速度从183公里/小时降低到172公里/小时。测试期间发现，当起落架下沉率达到12米/秒，飞机着陆速度为172公里/小时时，飞机的机身开始明显变形。

1942年冬天的战斗表明，德国空军急需一种携带2个300升副油箱的远程型号以适应战场形势变化，特别是苏联战场纵深和宽度都相当大。德国威悉河飞机制造有限公司（简称Weserflug，或WFG）之前为Ju 87“斯图卡”俯冲轰炸机研制过一种翼挂副油箱挂架，为了避免挂架阻力过大影响飞机速度，V.Tr.Ju 87挂架进行了流线形处理，这种挂架也可以用在Fw 190飞机上。1架标准Fw 190A-5飞机和Fw 190G-1原型机被用来测试挂架对飞机速度的影响。德国空军对飞机速度下降28公里/小时和17公里/小时无法接受，即使不携带副油箱，空挂架造成的速度影响也无法接受。军方希望Fw 190G-1投产时，这个速度损失（17—28公里/小时）再降低一些。下表是标准Fw 190A-5飞机和Fw 190G-1原型机携带和不携带副油箱时的试验数据：

Fw 190A-5	3900 公斤	658 公里/小时
Fw 190G-1+ETC 501+2 个 V. Tr. Ju 87 挂架	3900 公斤	610 公里/小时
Fw 190G-1+ETC 501+2 个 V. Tr. Ju 87 挂架+2 个副油箱	3950 公斤	596 公里/小时

为了进行远程战斗轰炸机项目研究，1架Fw 190A-5飞机（W.Nr.1286，SS＋GJ）被改进用于试验，图中飞机翼下采用梅塞施密特公司研制的挂架，机腹还有一个ETC 501挂架，但是，这个挂架前携带了一个重物，见下文配图说明。

Fw 190G-2飞机的研制为的是解决或减小Fw 190G-1飞机携带炸弹和副油箱时的性能缺陷，炸弹和副油箱挂架是飞机阻力来源之一，为“斯图卡”飞机研制的挂架显然阻力太大，优化挂架结构和外形可以达到减阻的目的。Fw 190G-2飞机试验过加装硬铝合金材料整流罩的V.Tr.Ju 87挂架，阻力有所下降，但是，抛掉副油箱后整流罩形成的紊流对飞机的影响更大。梅塞施密特公司设计的V.Mtt.S骨架式挂架可以解决这些问题，该公司的Bf 109战斗轰炸型也要携带炸弹，遇到的问题也一样。这种骨架式挂架结构非常简单，去掉了挂架上固定油箱或导弹震动的结构件（学名防摆止动器），取而代之的是油箱用油箱和机翼之间用钢管（被称为骨架式挂架的原因）来固定，副油箱抛掉后，钢管也随之抛掉，只剩下小巧的挂架，阻力大大降低。用来试验梅塞施密特挂架的1架改进的Fw 190A-5/U8，W.Nr.1488，GH＋JD飞机，试验表明，挂架阻力明显降低，最大损失速度仅为3公里/小时。下页表为试验数据。

与此同时，福克-沃尔夫公司还在研制夜战型号，即在Fw 190A-5/U2基础上改进的Fw 190G-2/N，该型飞机每

Fw 190G-2+ETC 501+2 个 V. Mtt. S	3900 公斤	640 公里/小时
Fw 190G-2+ETC 501+2 个 V. Mtt. S+2 个副油箱	3950 公斤	602 公里/小时

2架用于试验的Fw 190G-2飞机，上图中飞机机腹有无线电测向器天线和其他无线电装置天线，下图是由1架Fw 190A-5/U8改进的原型机。

侧发动机罩后方增加挡焰板，一方面可以防止发动机排气火焰被敌人发现，另一方面可以防止飞行员眼睛被亮光晃瞎，“瞎”指的是夜间飞行员眼睛受到亮光刺激会急剧收缩瞳孔，此时无法看清周围夜空中或地面目标。安装挡焰板对飞机速度的影响几乎可以忽略不计，速度仅仅下降了1公里/小时。Fw 190G-2/N飞机于1943年6月进入德国空军SKG 10联队服役，该型机首个记录损失是在1943年8月1日，5./SKG 10中队的阿赫特上士丧生，不清楚是被击落还是事故。

Fw 190G-3是在Fw 190A-5/U13基础上改进的远程战斗轰

这架Fw 190A-5飞机（W.Nr.1286，SS＋GJ）的左侧起落架上安装了计量器，用于测量飞机着陆承受的重量。试验期间，飞机的着陆重量一点点地增加，最终看飞机能承受最大的武器载荷是多少。

这三张照片显示SS＋GJ飞机在第六次着陆进场，飞机以很陡的角度着陆，为的是测试飞机起落架承受的重量。飞机机腹ETC 501挂架携带了重物，重物的重量可以增减，而且可以前后移动，为的是找出最佳的起飞和着陆重心。

这是SS+GJ飞机第九次着陆试验。

由于承受的应力较大，飞机座舱后的机身已经变形。

炸型，飞机的翼下挂架既可以携带副油箱，也可以携带炸弹。可以选择携带副油箱和炸弹的是一种多功能挂架，上文提到的梅塞施密特公司研制的低阻挂架只能携带副油箱，Fw 190G-3飞机采用的是福克-沃尔夫公司自行设计的V.Fw.Trg.挂架，机翼外翼段携带这种挂架。多功能挂架要满足两种不同性质的外挂物，因此，达到通用性的同时产生了阻力大的问题，试验表明飞机的速度下降了18公里/小时，下表是Fw 190G-3飞机携带外挂时的主要性能数据：

Fw 190G-3+ETC 501+2 个 V. Fw. Tr. 挂架	4000 公斤	624 公里/小时
Fw 190G-3 + ETC 501 + ER-4 + 2 个 V. Fw. Tr. 挂架	4100 公斤	615 公里/小时
Fw 190G-3+ETC 501+副油箱+2 个 V. Fw. Tr. 挂架	4050 公斤	605 公里/小时
Fw 190G-3+ETC 501+2 个 V. Fw. Tr. 挂架+2 个副油箱	4050 公斤	589 公里/小时

Ju 87“斯图卡”的V.Tr.Ju 87挂架使得飞机速度降低较多而遭放弃，福克-沃尔夫公司的V.Fw.Trg.挂架也有同样的问题，因此德国空军对福克-沃尔夫公司并不满意，有关报告称：“机翼携带2个这种挂架使得飞机速度降低太多，必须认真考虑改进这种挂架。”在Fw 190G-3基础上改进的夜战型是Fw 190G-3/N，该型号的改进安装挡焰板的情况跟上文中的夜战型号一样，除此之外，飞机还安装了ÄA 128“蔡斯”探照灯，座舱内安装带调光器的ÄA 116高压灯和PKS 11

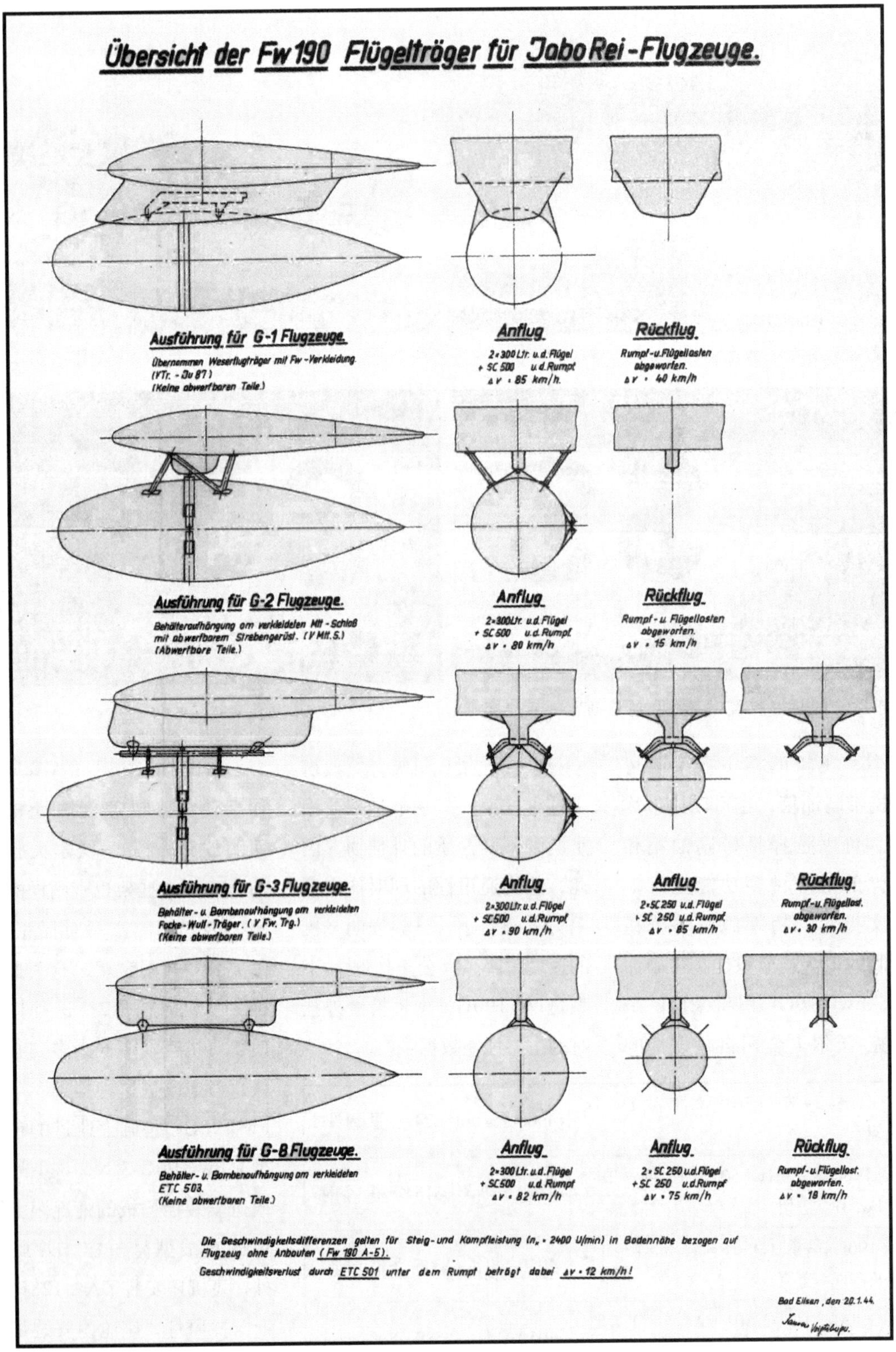

当时的文件显示Fw 190G系列飞机采用不同的副油箱挂架，详见正文。

1架Fw 190A-3飞机（W.Nr.669）被用来试验为Ju 87“斯图卡”俯冲轰炸机研制的V.Tr.Ju 87挂架，图中挂架还没有加装整流罩。用Fw 190A-3飞机来试验就是为Fw 190G-1项目服务，但是这种整流罩并不让人满意。

完整状态的V.Tr.Ju 87挂架，挂架安装了整流罩。加罩的目的是减阻和减少紊流，但是抛掉外挂物后的紊流更严重。

挂载副油箱状态下的V.Tr.Ju 87挂架，抛掉外挂物后，这种挂架的阻力仍然比较大。

这架Fw 190A-3飞机（W.Nr.669）携带2个300升副油箱和1枚500公斤炸弹。副油箱头部伸出的长杆作用不详。

梅塞施密特公司设计的骨架式挂架（V.Mtt.S）解决了V.Tr.Ju 87挂架的缺陷。前者在抛掉副油箱时，起固定作用的支撑杆也一同抛掉，只留下极小的挂架部分，它形成的阻力要小得多。

近距离观察骨架式挂架，图中最粗的弯曲管为油管，副油箱内的燃油通过这个管子进入机翼，再输送给发动机。最外侧笔直的机械连杆是飞行员释放副油箱装置。

1架标准的Fw 190G-2飞机，机翼外侧没有机炮，也没有照相枪。关于Fw 190G-2/N可以参见上文中Fw 190A-5/U2飞机。

这架Fw 190G-3飞机的机腹携带1个AB 250炸弹容器，机翼的挂架没有携带武器或副油箱，这种挂架阻力仍然偏大。

这架Fw 190G-2，DN＋FP飞机被美军缴获，后来送到美国进行试验，飞机机翼机炮已经拆除。

自动驾驶仪等。

除了上文提到的W.Nr.1488，GH＋JD飞机外，远程战斗轰炸机原型机还有W.Nr.0270、W.Nr.1083（Fw 190V-42）和W.Nr.1286飞机，第一架飞机，W.Nr.0270，PG＋GY已知的飞行是1942年4月15日至22日间，驾驶飞机的是福克-沃尔夫公司试飞员汉斯·桑德尔。这架飞机分别进行了携带250公斤和500公斤炸弹的试验，截至1943年7月27日，这架飞机进行了不少于125架次飞行试验，测试了不同挂架携带1—3枚SC 250炸弹。1943年9月10日，PG＋GY飞机在雷希林试验中心着陆时翻机，事故原因是发动机故障，劳伦兹·施密特空军工程少校受伤。

Fw 190G-3也有几个厂家改进型（U型），例如Fw 190G-3/U3型，该型机机腹ETC 502挂架可以携带1枚BT 1400鱼雷炸弹；Fw 190G-3/U4飞机是夜间对地支援型，而Fw 190G-3/U5型飞机机腹ETC 501挂架可以携带1枚BT 700鱼雷炸弹，或者是翼下ETC 503挂架携带2枚BT 400鱼雷炸弹，跟上文中Fw 190F-3/U5一样；Fw 190G-3/U14可能是携带1枚LTF 5b鱼雷的型号，跟上文中Fw 190F-3/U14飞机类似。特定U型相当于特定的套件，有对应关系。

这架就是被美军缴获的Fw 190G-2，DN＋FP飞机，机翼下表面有无线电呼叫代号，外侧的挂架已经去除，但痕迹仍在。

Fw 190G-3飞机携带的福克-沃尔夫公司自行设计的V.Fw.Trg.挂架，这种挂架比骨架式挂架功能更多，阻力也大一些。

Fw 190G-3有2个战场改进型组件（R型），一个是Fw 190G-3/R1，跟上文中Fw 190A-6/R1一样是重武装对地攻击型；另一个是Fw 190G-3/R5型，该型机的武器系统为发动机罩上方2挺13毫米MG 131机枪、翼根2挺MG 151/20机炮，执行对地攻击任务时，外加每侧翼下携带2个ETC 701挂架（很多资料也称ETC 71），目前仅知这种挂架更轻、更流线、更便宜。Fw 190G-3所有型号全部由福克-沃尔夫公司的飞机制造厂生产，共计550架，详情见下表：

制造商	生产数量	日期	序列号
马林堡福克-沃尔夫公司	387 架	1943 年 7—12 月	160001—160100　160231—160270
	66 架	1944 年 1 月	160301—160500　160601—160650
	53 架	1944 年 2 月	160681—160710　160811—160900
	44 架	1944 年 3 月	160911—160950
总计	550 架		

这架Fw 190G-3飞机采用了福克-沃尔夫公司自行设计的V.Fw.Trg.挂架，注意看，这种D型油箱上下轴不对称。

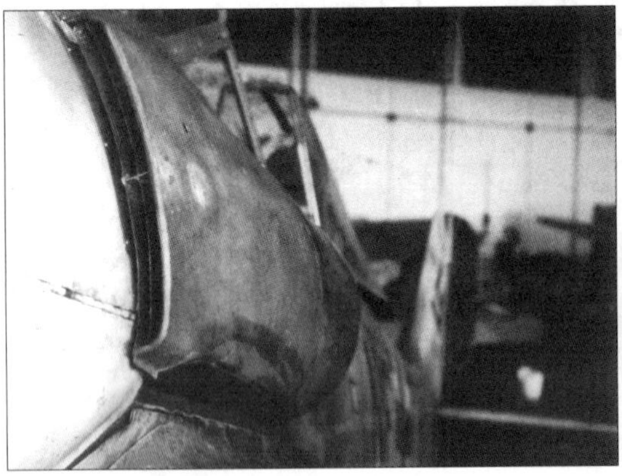

Fw 190G-2/N和Fw 190G-3/N夜战型号是在Fw 190A-5/U2飞机基础上改进的，飞机的消焰装置不尽相同，图中消焰器被戏称为“煤斗”。

装备Fw 190G-3战斗轰炸机的主要是SKG 10联队、SG 4联队和SG 10联队，该型飞机首个有记录的作战损失发生在1943年8月28日，当天作战中，9./SKG 10中队的舍费尔少尉被防空高炮击落。

Fw 190A-7/A-8、Fw 190F-8和Fw 190G-8

上文提到过，Fw 190A-7是1942年中期Fw 190A型号中的照相侦察型，该机型问世不久编号就改为Fw 190E，但是该型号并没有投产，后来，“Fw 190E”编号给了福克-沃尔夫公司Ta 152的侦察型号。原侦察型Fw 190A-7改为Fw 190E后，“Fw 190A-7”这个编号又给了Fw 190新型号战斗机，新型战斗机最早出现在1943年7月的文件记载中，这说明之前该型机就开始研制了。

Fw 190A-7战斗机

Fw 190A-7飞机跟之前生产型Fw 190A-6很类似，但是改进了以下方面：

1. 发动机上方2挺7.92毫米MG 17机枪被2挺13毫米MG 131机枪取代，后者口径更大，重量更重，威力更大。每挺MG 131机枪备弹475发，两个型号机枪都是莱茵金属公司下属博尔西希公司研制的。

2. 简化布线，无需遮蔽装置。

3. 用Revi 16B瞄准具取代旧型号Revi C/12D，这两个型号反射式瞄准具，在二战期间是德国空军战斗机安装的主要设备。Revi 16B瞄准具的研制始于20世纪30年代，瞄准具包括1个准直仪，准直仪瞄准信息反射到倾斜的平面玻璃上，飞行员只需看玻璃上的目标信息进行瞄准。准直仪的基本功能就是将无穷远的目标形成瞄准点，图像的位置取决于飞行员头部的位置。改进型Revi 16瞄准具有一个很大的镜头和功率更大的灯光系统，因此瞄准具的清晰度更高。

4. 标准的350×135毫米后起落架机轮被尺寸更大的380×150毫米机轮取代。

飞机的燃油携带量不变，机身内部两个油箱总容量为525升，机腹的ETC 501多功能挂架可以携带1个300升副油箱。

Fw 190A-7有四个战场改

MG 131 与 MG 17 机枪主要数据对比

	MG 17 机枪	MG 131 机枪
口径	7.92 毫米	13 毫米
长度	1175 毫米	1170 毫米
重量	10.2 公斤	16.6 公斤
射速	1200 发/分	900 发/分
机口初速	855—905 米/秒	750 米/秒

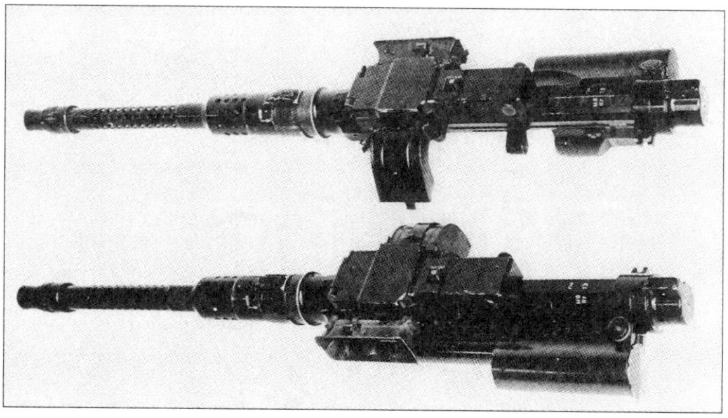

MG 131机枪口径更大，威力也较MG 17机枪大得多，但是，前者枪管稍短，机枪的体积也稍大一些。

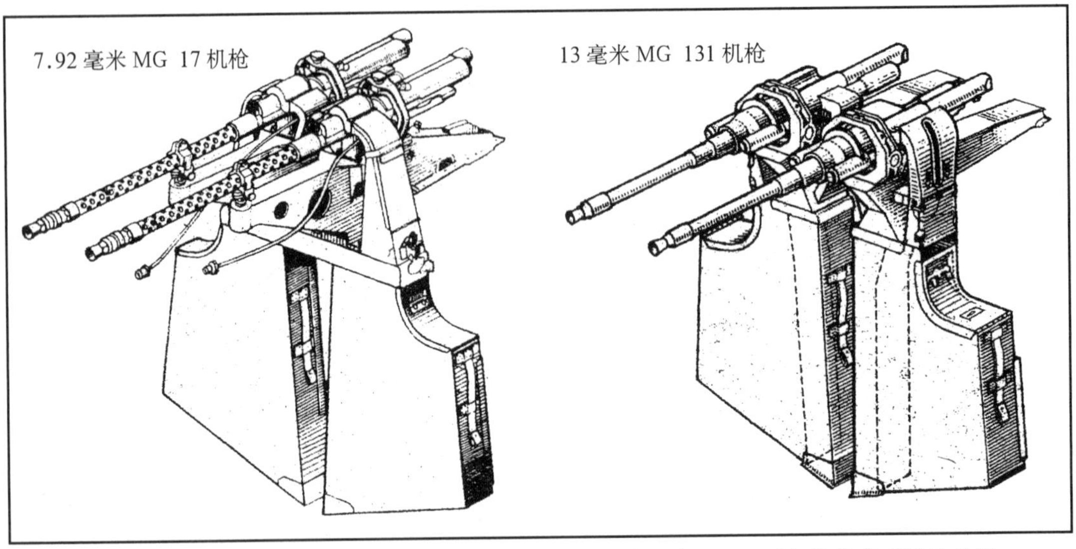

福克-沃尔夫公司早期文件显示的MG 17机枪和MG 131机枪安装示意图，两型机枪均采用弹链供弹。

进型组件（R型），Fw 190A-7/R1飞机的翼下可以携带2个船形整流罩的WB 151/20机炮吊舱，吊舱内为2门MG 151/20机炮，每门炮备弹145发。但是，这个战场改进型只是提出方案，实际上并没有飞机安装，上文中Fw 190A-5/U12和Fw 190A-6/R1飞机已经试验过，如果需要，飞机参照已经试验过的飞机安装即可；Fw 190A-7/R2飞机的机翼外侧用2门30毫米MK 108短管机炮取代原2门MG 151/20机炮，前者每门机炮备弹55发。费施乐公司在1943年11月生产了10架Fw 190A-7/R2飞机，12月生产20架，1944年1月生产30架；Fw 190A-7/R3飞机跟Fw 190A-6/R3类似，即两侧翼下主起落架支撑点外侧分别携带1个30毫米MK 103远射机炮吊舱，但是，前者的每门机炮备弹35发，Fw 190A-6/R3的为25发。Fw 190A-7/R3可能也只是提出方案，没有实际改进或生产飞机。最后一个型号是Fw 190A-7/R6，跟此前“R6”型号一样，这个型号飞机两侧机翼可以携带W.Gr 21火箭弹，德国阿戈公司和费施乐公司主要生产这个型号。

有三个飞机制造厂生产了Fw 190A-7飞机：位于索劳、马林堡和科特巴斯的福克-沃尔夫公司、位于奥舍尔斯累本的阿戈公司和位于卡塞尔的格哈特·费施乐公司，这几个飞机制造厂生产Fw 190A-7飞机情况如下页表：

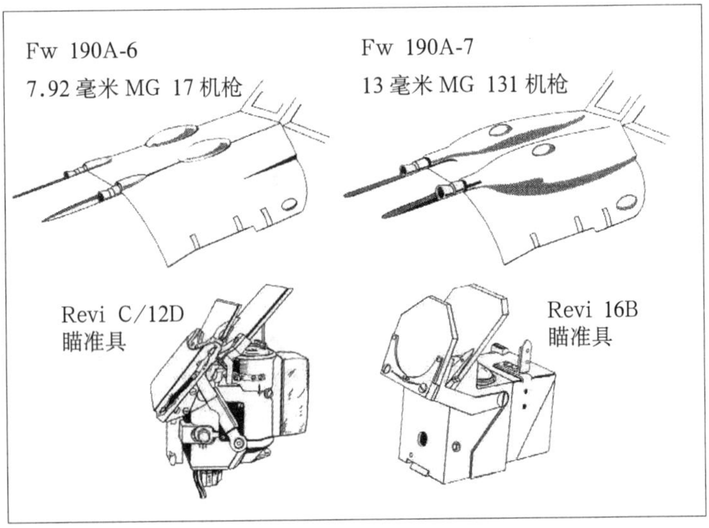

Fw 190A-6和Fw 190A-7主要外观区别和瞄准具区别。

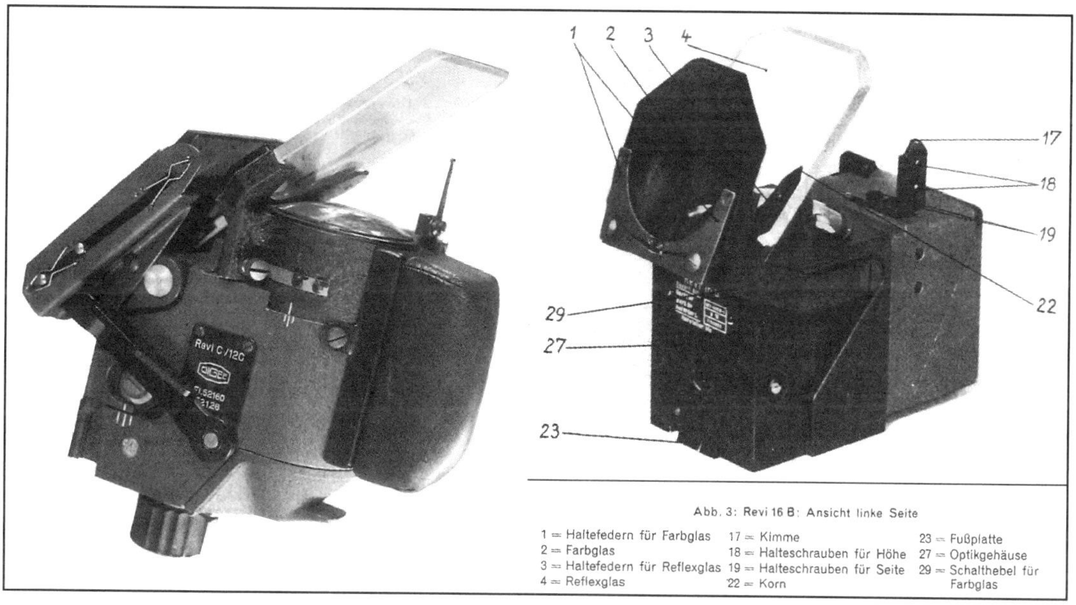

Revi C/12C和Revi 16B瞄准具实物对比图。

制造商	生产数量	日期	序列号
福克-沃尔夫公司(150 架)	10 架	1943 年 12 月	340001—340050，340251—340350
	68 架	1944 年 1 月	
	68 架	1944 年 2 月	
	4 架	1944 年 3 月	
阿戈公司(270 架)	63 架	1943 年 11—12 月	430161—430200，430341—430370
	67 架	1944 年 1 月	430461—430510，430641—430710
	22 架	1944 年 2 月	430991—431020，431111—431190
	110 架	1944 年 3 月	
	8 架	1944 年 4 月	
费施乐公司(200 架)	26 架	1943 年 11—12 月	642001—642560，642960—642999
	64 架	1944 年 1 月	643401—643420，643701—643730
	42 架	1944 年 2 月	643901—643950
	68 架	1944 年 3 月	
总计	620 架		

用来测试MG 131机炮的是1架Fw 190A-7原型机，这是1架原Fw 190A-6，W.Nr.530725，RR＋HD飞机改进的。1943年10月10日，Fw 190A-7原型机开始在塔纳维兹试验站进行了地面测试，测试时的射击距离为100米，试验持续到当年12月。Fw 190A-7战斗机在1943年12月进入德国空军服役，首次作战损失发生在12月16日，当时，1./JG 1中队拉查少尉在

两图是费施乐公司生产的第200架Fw 190A-7飞机（W.Nr.642545），机头发动机罩侧面有手写的“200”字样。下图中机翼外侧的MG 151/20E机炮突出整流罩十分明显。

Fw 190A-7/R2/R6飞机，“R2”指机翼外侧用MK 108机炮取代原MG 151机炮，“R6”指携带W.Gr 21火箭弹。

战斗中被美军四发重型轰炸机的自卫火力击落。

有一架Fw 190A-7（机身号 380394）被用作新型拖鞋式副油箱的试验平台。该项目由齐柏林伯爵研究院的伊泽曼工程师领导，研究目的是为了在保持较高燃油容量的同时尽可能减小副油箱的空气阻力。新副油箱的容量为270升，安装在机翼上表面。同时，试验机的武器也减少到2门MG 151/20E航炮。经过一系列试验之后，结果表明副油箱能够满足要求，但令人吃惊的是，德国航空部拒绝采用这种改进型副油箱，理由是，不能打乱生产秩序！

Fw 190A-8战斗机

下一个型号，也是生产数量最多的是Fw 190A-8飞机，记载这个型号飞机的最早文献的时间是1943年4月15日，可以看出，这个时间比Fw 190A-7还要早，或者说记载Fw 190A-8飞机的文献中没有提到Fw 190A-7飞机，倒是详细地提到了Fw 190A-6飞机。Fw 190A-8飞机跟Fw 190A-7飞机基本类似，主要改进如下：

1. 后机身增加一个装甲防护的115升油箱，这样在增加飞机航程的同时不会增加飞机的气动阻力。1944年8—9月，

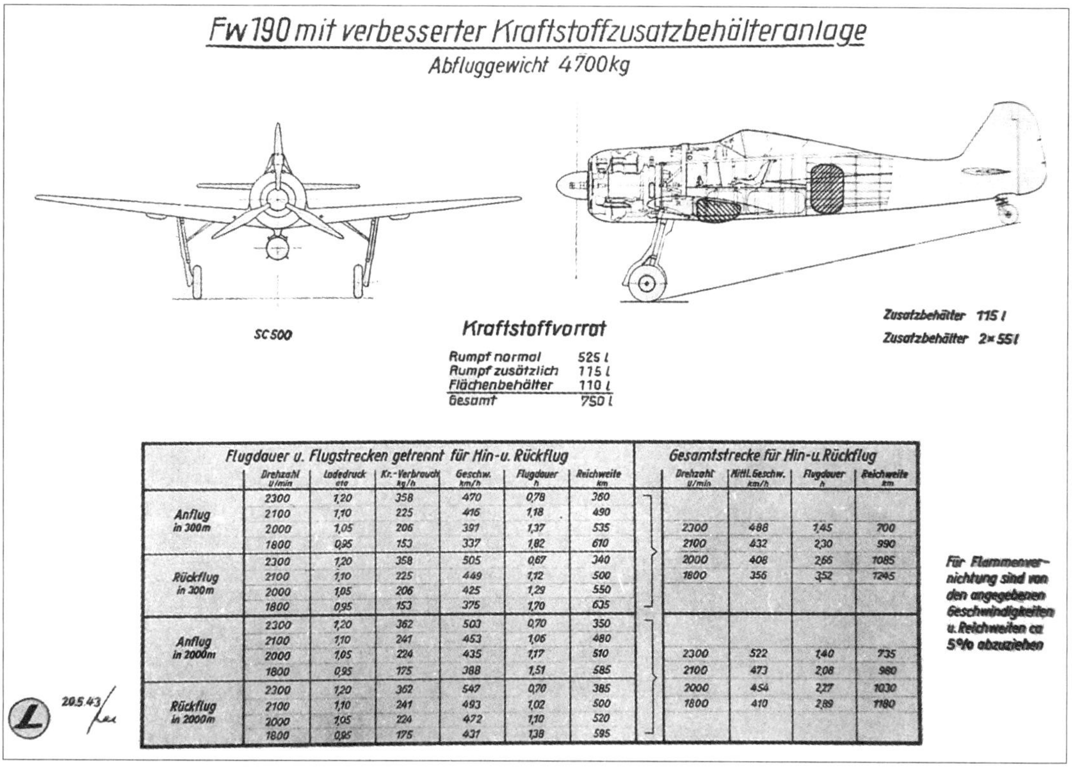

Flugdauer u. Flugstrecken getrennt für Hin- u. Rückflug	Drehzahl U/min	Ladedruck ata	Kr.-Verbrauch kg/h	Geschw. km/h	Flugdauer h	Reichweite km
Anflug in 300m	2300	1,20	358	470	0,78	360
	2100	1,10	225	416	1,18	490
	2000	1,05	206	391	1,37	535
	1800	0,95	153	337	1,82	610
Rückflug in 300m	2300	1,20	358	505	0,67	340
	2100	1,10	225	449	1,12	500
	2000	1,05	206	425	1,29	550
	1800	0,95	153	375	1,70	635
Anflug in 2000m	2300	1,20	362	503	0,70	350
	2100	1,10	241	453	1,06	480
	2000	1,05	224	435	1,17	510
	1800	0,95	175	388	1,51	585
Rückflug in 2000m	2300	1,20	362	547	0,70	385
	2100	1,10	241	493	1,02	500
	2000	1,05	224	472	1,10	520
	1800	0,95	175	431	1,38	595

Gesamtstrecke für Hin- u. Rückflug	Drehzahl U/min	Mittl. Geschw. km/h	Flugdauer h	Reichweite km
300m	2300	488	1,45	700
	2100	432	2,30	990
	2000	408	2,66	1085
	1800	356	3,52	1245
2000m	2300	522	1,40	735
	2100	473	2,08	980
	2000	454	2,27	1030
	1800	410	2,89	1180

该图来自福克-沃尔夫公司1943年5月20日关于Fw 190A-8飞机的文件，显示其额外内部油箱位置右上（颜色较深处），座舱后的机身增加1个115升油箱，翼根增加2个55升油箱。

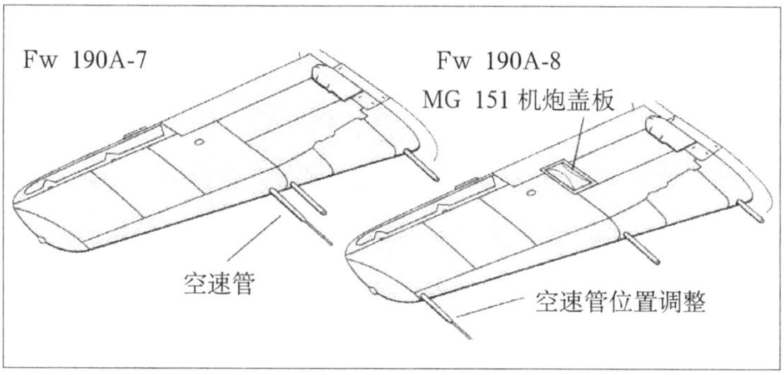

Fw 190A-7和Fw 190A-8飞机外观区别示意图。

所有Fw 190A-8飞机都增加了携带副油箱能力，新增的装甲油箱也可以去除安装MW 50增压器助燃系统的甲醇-水115升或140升储液瓶，或者是GM-1喷射助燃系统的85升过氧化氢和二氧化氮储液瓶。GM-1系统可以在6000米以上高度使用，在8000米高度使用时，它可以提高发动机功率，使飞机的速度增加58公里/小时。安装GM-1系统的Fw 190A-8飞机计划在阿戈公司生产，但是，这个计划在1944年1月31日被取消。所有Fw 190A-8飞机都有155升的装甲防护油箱。

2. 增加上段中的装甲防护油箱意味着飞机的FuG 16无线电设备必须从8号隔框移到飞行员座椅后方，为了检修无线电设备，设备舱位置的左侧机身增加了一个维护舱口，地勤人员方便操作。FuG 16ZY无线电取代早期型号的FuG 16Z，两个型号无线电类似，但是前者增加了E型测距电路。作为过渡措施，暂时安装没有导航能力的FuG 16ZE无线电。安装FuG 16ZY无线电的飞机典型外观特征是左侧机翼下方的

Morane天线。

3. 后机身增加油箱后，飞机的重心后移，类此，飞机的机腹ETC 501挂架向前移到200毫米。计划日后用气动更先进、功能更强的ETC 504挂架取代ETC 501挂架。

4. 为了提高飞机姿态感知能力，增加一个垂直速度指示表。

5. 从1944年6月开始，Fw 190A-8飞机计划安装BSK 16“机器人”照相枪，这种16毫米胶片照相机安装在左侧机翼前缘，镜头由玻璃罩保护着，玻璃罩也可以改为滤光罩。BSK 16照相枪由电驱动开启，胶片长度为15米，机枪和机炮射击时照相枪自动启动。安装BSK 16照相枪的Fw 190A-8飞机在1944年6月开始生产。

6. W.Gr 21火箭弹发射的安装装置形成标准化，之前和之后型号飞机携带这种武器更方便。

1架标准Fw 190A-8战斗机正在进行转场飞行，从不来梅飞往汉诺威。

飞机左侧机翼前缘的EK 16/BSK 16“机器人”静止照相机，从Fw 190A-2开始的大部分Fw 190战斗机都安装了这种照相机，也称照相枪，用于记录空战过程。

“D.(Luft)T.2190 A-8”内容节选

“D.(Luft)T.2190 A-8”是Fw 190A-8飞机的操作手册，以下是选取的部分内容。

Fw 190A-8单座战斗机具备很高的最大速度和良好的机动性，它也可以携带炸弹作为战斗轰炸机来使用，或者携带副油箱作为增程型战斗机。

飞机采用1台发动机，悬臂式下单翼，全金属结构，单个垂直尾翼和可回收起落架。机身为硬壳结构，表面硬壳为杜拉铝材料。前机身为圆形截面，为的是与发动机匹配，后机身为椭圆形截面。机身主要由两个部分组成，即防火墙到8号隔框的前机身和8号隔框到14号隔框的后机身。发动机支撑结构与防火墙连接（1号隔框），座舱和油箱在前机身内。紧急情况下，座舱罩可以通过炸药抛离。装甲防护板保护着飞行员免受敌人射击。后机身有一个设备舱，该舱有维护口。后机身还有一块纤维板，它可以防止发动机废气进入座舱。

起落架单元包括主起落架（前）和后起落架，后起落架机轮可以360度旋转，并可以锁定位置。起落架通过电动操作，起落架位置指示有两种方式，一种是电力，即座舱内指示器指示起落架位置，另一种是机械式，通过指示杆确定起落架位置。主起落架与机翼主梁连接，向内侧回收起落架舱，起落架支臂收回机翼前缘的狭缝中，机轮收回机腹。主起落架收回时，尾部的起落架机轮通过与推力杆连接的钢缆向上拉升，而推力杆又与右侧起落架支臂连接，这样就形成一个联动。尾部机轮并不完全收回后机身，一半仍暴露在外，为的是在紧急情况下做尾橇使用，相当于护尾功能，防止机尾部擦伤。

水平尾翼和垂直尾翼形成尾翼单元，水平尾翼后缘为升降舵，垂直尾翼后缘为方向舵。机翼的副翼在后缘外侧，内侧为着陆襟翼，襟翼为开裂式。水平尾翼升降舵和机翼副翼由飞行员的操纵杆控制，垂

考虑到火箭弹在飞行过程中受重力影响弹道下降，W.Gr 21火箭发射管必须前高后低倾斜挂载。火箭发射管就在机翼的MG 151机炮的下方，机炮的鼓包和抛壳孔可以明显看到。

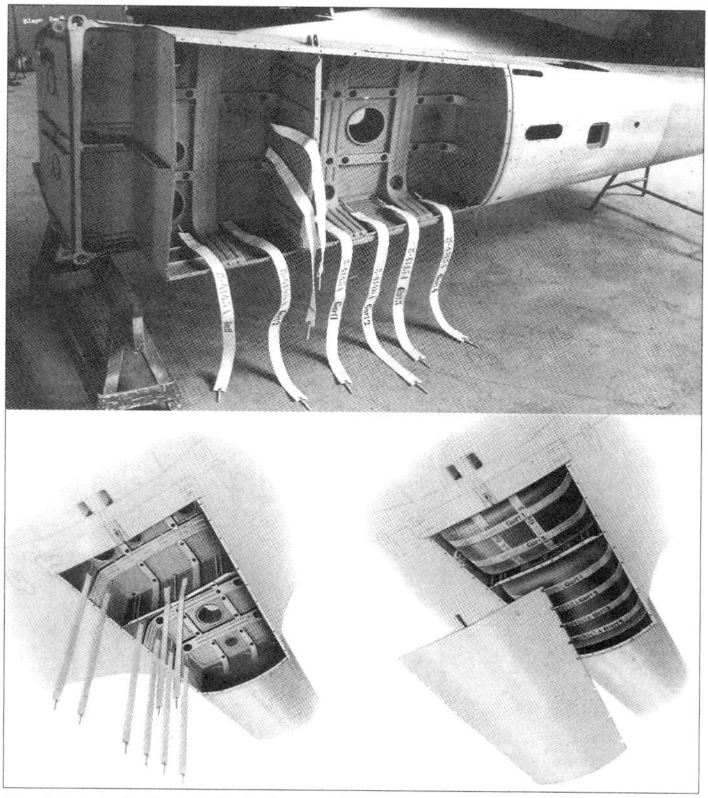

Fw 190飞机机腹两个软油箱，这种软油箱的优点是布置灵活，但并不比整体油箱重量轻，橡胶油囊重量比整体油箱壁板要重一些。

直尾翼方向舵由脚踏板控制。控制舵面的偏转移动通过钢缆、柔性推拉杆和曲柄完成。采用不同的装置，飞行员的操纵杆力或操纵行程很小就可以实施控制。水平尾翼和襟翼由电力控制致动器完成，通过一个同步开关，襟翼同步偏转。

机翼为单片式硬壳结构，主翼梁为连续式，即两侧机翼共用一整根，后翼梁为两段式，被机身分开。机翼与机身通过主翼梁和后梁连接。主翼梁形成下壳体部分，后翼梁形成上壳体部分。

飞机安装1台气冷14缸两列星形BMW 801D发动机，发动机带一个双速增压器、减速器和发动机冷却风扇。控制单元可以自动调节和监视螺旋桨转速，增加压力、燃油混合、点火时间调节和增压器转换等。发动机采用三叶恒速可调螺旋桨，自动控制如果出现故障，或者是发动机故障，螺旋桨可以通过电动控制或是手动控制复位。螺旋桨直径为3.30米。

机身有两个自密封功能的油箱，其总容积为520升，前油箱容积为230升，后油箱容积为290升，机腹ETC 501挂架可以携带1个300升副油箱。环形滑油箱由机头的装甲环形结构保护着，滑油箱容积为55升。装甲环形结构同时保护着油冷却器。发动机环形支撑结构形成的空间同时作为液压控制系统的液压油箱，其容积为5.6升。8号隔框后的115升油箱也可以作为GM-1系统储液箱，容积为85升。

无线电设备包括FuG 16ZY空对空和空对地甚高频通讯电台、导航设备和FuG 25A敌我识别应答单元等。

飞机的武器系统包括发动机上方2挺13毫米MG 131机枪，每挺机枪备弹475发；翼根2门20毫米MG 151/20E机炮，每门机炮备弹250发；机翼外侧2门MG 151/20E机炮，每门机炮备弹140发。

Fw 190A-8 战斗机主要数据

尺寸：	
翼展	10.50 米
全长	8.95 米
机高	3.95 米
机翼：	
翼展	10.50 米
最大弦长	2.30 米
机翼面积	18.30 米^2
控制舵面：	
水平尾翼面积	2.73 米^2
垂直尾翼面积	1.56 米^2
副翼面积	1.93 米^2
襟翼面积	1.69 米^2
起落架：	
轮距	3.50 米

续表

主起落架机轮尺寸	700×175 毫米			
后起落架机轮尺寸	350×135 毫米或 380×150 毫米			
主起落架机轮刹车	液压			
起落架回收	电动控制			
发动机性能：				
A. 额定高度(没有空气动压)增压器低设置				
	高度	功率	转速	增压
起飞和紧急情况(最长使用 3 分钟)	600 米	1705 马力	2700 转/分	0.139 兆帕
爬升和作战(30 分钟)	700 米	1500 马力	2400 转/分	0.129 兆帕
最大续航时间巡航	1200 米	1350 马力	2300 转/分	0.117 兆帕
最大经济巡航	1800 米	1045 马力	2100 转/分	0.108 兆帕
B. 额定高度(没有空气动压)增压器高设置				
	高度	功率	转速	增压
起飞和紧急情况(最长使用 3 分钟)	6000 米	1420 马力	2700 转/分	0.139 兆帕
爬升和作战(30 分钟)	5300 米	1300 马力	2400 转/分	0.129 兆帕
最大续航时间巡航	5500 米	1165 马力	2300 转/分	0.117 兆帕
最大经济巡航	1800 米	970 马力	2100 转/分	0.108 兆帕
重量数据				
作战任务说明：				
Ⅰ. 作战任务武器为 2 挺 MG 131 机枪和 4 门 MG 151/20E 机炮				
Ⅱ. 作战任务武器为 2 挺 MG 131 机枪和 4 门 MG 151/20E 机炮，增加航程				
Ⅲ. 作战任务武器为 2 挺 MG 131 机枪、4 门 MG 151/20E 机炮和 ETC 501 挂架				
Ⅳ. 作战任务武器为 2 挺 MG 131 机枪、4 门 MG 151/20E 机炮、ETC 501 挂架+ER-4 适配器+4 枚 ETC 50B1 或 4 枚 ETC 50L-2 炸弹 Ⅰ 和 Ⅱ 型作战任务中，飞机可以携带 210 毫米 W. Gr 21 火箭发射器，或是安装机身额外油箱(指装甲防护的 115 升油箱)				
作战任务种类	Ⅰ	Ⅱ	Ⅲ	Ⅳ
空重	3060 公斤	3060 公斤	3060 公斤	3060 公斤
额外设备	390 公斤	475 公斤	450 公斤	525 公斤
空装备重量①	3450 公斤	3535 公斤	3510 公斤	3585 公斤
飞行员	100 公斤	100 公斤	100 公斤	100 公斤
前机身 230 升油箱	180 公斤	180 公斤	180 公斤	180 公斤

① 空装备重量指飞机去除了一次性装备和载荷，包括可以拆卸式设备。这个数据极少用。

续表

后机身290升油箱	230公斤	230公斤	230公斤	230公斤
300升副油箱	—	235公斤	—	—
55升滑油油箱	50公斤	50公斤	50公斤	50公斤
2挺MG 131弹药	77公斤	77公斤	77公斤	77公斤
2门翼根MG 151/20E弹药	110公斤	110公斤	110公斤	110公斤
2门外翼MG 151/20E弹药	62公斤	62公斤	62公斤	62公斤
ETC 501挂架可投重量	—	—	517公斤	295公斤
冬季紧急装备	25公斤	25公斤	25公斤	25公斤
起飞重量	4284公斤①	4604公斤②	4861公斤③	4714公斤④

飞行性能：

最大速度(发动机转速2700转/分)	速度	高度
	541公里/小时	海平面
	561公里/小时	2000米
	592公里/小时	4000米
	640公里/小时	6000米
	611公里/小时	8000米
最大速度(发动机转速2300转/分)	速度	高度
	500公里/小时	海平面
	541公里/小时	2000米
	550公里/小时	4000米
	571公里/小时	6000米
	550公里/小时	8000米
爬升速度(发动机转速2700转/分)	速度	高度
	16米/秒	海平面
	12米/秒	1000米
	592公里/小时	4000米
着陆速度	速度	重量
	159公里/小时	3500公斤
	179公里/小时	4500公斤

① 如果携带W. Gr 21火箭发射器和火箭弹，飞机重量增加283公斤。
② 如果携带W. Gr 21火箭发射器和火箭弹，飞机重量增加283公斤。
③ 在这个起飞重量下，飞机超载，必须增加机轮胎压，并且只能在铺设跑道或是硬质跑道上起飞。
④ 当ER-4适配器上的4枚SC 50炸弹投放，飞机重量会下降32公斤。

续表

起飞距离(到 20 米高度)	距离	重量
草地跑道	810 米	4500 公斤
水泥跑道	780 米	4500 公斤
正常航程	航程	重量
发动机转速 2300 转/分	915 公里	4683 公斤
发动机转速 2000 转/分	1370 公里	4683 公斤
实用升限	高度	重量
发动机转速 2300 转/分	10600 米	4300 公斤
发动机转速 2000 转/分	9950 米	4300 公斤

第225号生产计划要求在1944年2月至5月间生产1950架Fw 190A-8战斗机，各个厂家生产计划如下：

飞机制造商	1944 年 2 月	1944 年 3 月	1944 年 4 月	1944 年 5 月	总计
福克-沃尔夫公司	136 架	170 架	215 架	239 架	760 架
阿戈公司	108 架	160 架	190 架	210 架	668 架
费施乐公司	95 架	120 架	140 架	155 架	510 架
阿尔格·罗兰公司	0	0	0	12 架	12 架
总计	339 架	450 架	545 架	616 架	1950 架

Fw 190A-8战斗机是Fw 190飞机家族中重要型号，也是产

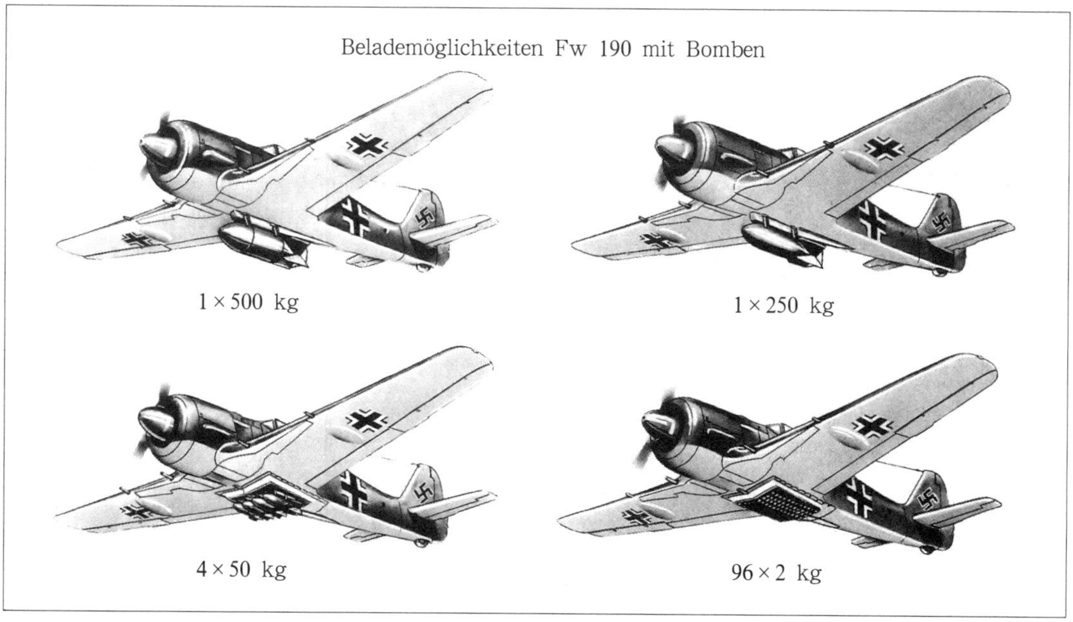

福克-沃尔夫公司文件显示的Fw 190飞机的武器挂载方案，其中“96×2”的是一种蝴蝶弹，在关于Ju 87俯冲轰炸机和Bf 109战斗机介绍的书中有详述，Fw 190对地攻击机也携带这种武器。

1架Fw 190A-1飞机（W.Nr.098）被用来试验飞机携带8枚SC 50炸弹，机腹并列挂架上文介绍过，而翼下是一种早期挂架，无需适配器就可以携带2枚炸弹。飞机翼根为MG 17机枪（枪管不外露），其外侧为1门MG FF机炮，这是Fw 190A-1飞机的武器系统。

这种复合挂架功能单一，后来被放弃，取而代之的是ETC 501挂架加上ER-4适配器来携带4枚SC 50炸弹。

量非常大的型号，因此，这个型号飞机有很多战场改进型组件（R型）和厂家改进型（U型），换句话说，上述的战场改进组件也适用Fw 190A-8飞机。

Fw 190A-8/U1　这个编号后来分配给了Fw 190双座教练型，也称Fw 190S-8教练机。

Fw 190A-8/U2　这是计划安装TSA 2轰炸瞄准具的型号。

Fw 190A-8/R1　每侧机翼携带1个WB 151/20机炮吊舱，吊舱内安装2门MG 151/20机炮。由于携带这种机炮吊舱后飞机性能明显下降，该型号在1944年4月8日被取消。

Fw 190A-8/R2　每侧机翼外翼段安装2门30毫米MK 108机炮，每门机炮备弹55发。费施乐公司从1944年2月开始批量生产该型号飞机。Fw 190A-8/R2也常被称为Fw 190A-8/MK。

Fw 190A-8/R3　每侧机翼外翼段安装2门MK 103机炮取代该位置的MG 151/20机炮，前者每门机炮备弹35发。2架飞机改进后进行了测试，另生产10架交付给前线作战部队实战评估测试。

Fw 190A-8/R4　与标准的Fw 190A-8类似，但是为机翼外翼段安装MK 103机炮预留了空间，这个型号的MK 103机炮备弹为50发，未说明是单门机炮还是2门机炮的备弹量。这个型号飞机在早期设想阶段就被取消。

Fw 190A-8/R5　这个编号可能特指飞机后部增加1个115升装甲油箱，后来，装甲油箱成为标配，该型号飞机也被取消。

Fw 190A-8/R6　每侧机翼携带1个W.Gr 21火箭发射器。

Fw 190A-8/R7　这是飞行员装甲防护增强型，增加的装甲包括风挡15毫米厚装甲板、侧控制台30毫米厚防弹玻璃和后机身两侧5毫米厚装甲板。风挡前的装甲主要用于保护MG 131机枪。这套改进组件也被称为ÄA 118，增加个人防护装甲说明飞机主要用于猎杀战斗，主要考虑就是拦截盟军重型轰炸机时防其自卫火力。但是，这个型号在1944年10月被放弃。

Fw 190A-8/R8　这个型号的装甲防护跟Fw 190A-8/R7的类似，其他改进包括用2门30毫米MK 108机炮取代标准型的MG 151/20机炮，这点跟Fw 190A-8/R2一样。额外为武器系统增加装甲防护的编号为ÄA 127。在某一阶段，少量飞机的2挺MG 131机枪被去除，枪口槽被整流罩覆盖。另外，有的该型飞机换装了BMW 801D发动机，发动机也增加了装甲防护，特别是油冷却器。费施乐公司负责这个型号的飞机生产。

Fw 190A-8/R11　这是恶劣气象条件下使用的战斗机，飞机换装BMW 801TU发动机，它有四个方面的特点：

a）PKS 12方向控制：帕汀公司研制的PKS 12控制系统（也称自动驾驶仪）可以通过信号输入给方向舵来控制飞机保持既定的航线，它可以帮助飞行员在恶劣气象条件下驾驶飞机，也可以帮助飞行员在连绵的云层中飞行，飞行员只需按下操纵杆上的转弯开关即可。这个开关包括一个双极转臂开关和一个五挡可调转弯率开关，前者可以转换到自动驾驶和非自动驾驶系统中，后者包括一个中间零位置，两个转弯率分别对应左转和右转。

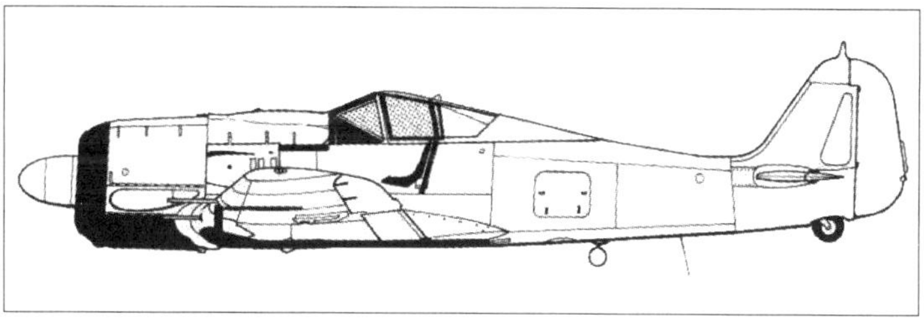

Fw 190A-8/R7是装甲防护增强型，这个型号主要装备战斗突击单位，近距离攻击美国重型轰炸机。

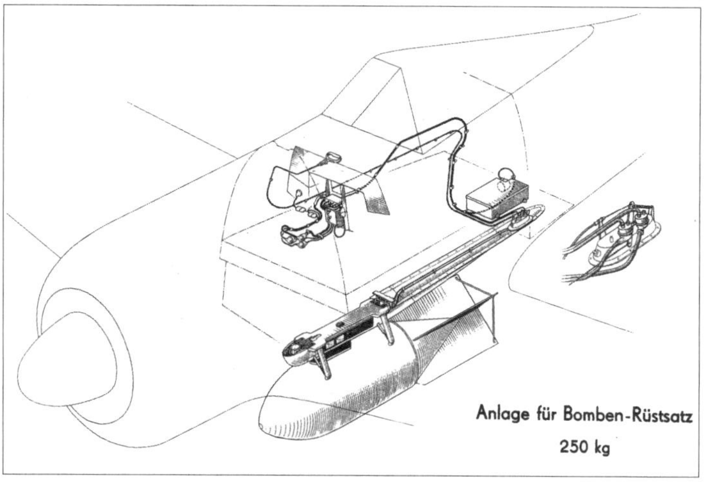

（上下图）Fw 190飞机只能通过机腹ETC 501挂架携带1枚SC 250炸弹，炸弹通过电动控制释放。

转弯率位置对应的是预先设置好的数据，比如1度/秒或2度/秒。正常人工控制状态，升降舵和副翼由飞行员手动控制。

b）加热座舱：早先的飞机只有风挡和左侧座舱玻璃可以加热，现侧面玻璃安装装甲防护板后，两侧座舱玻璃均可以加热，防止座舱玻璃上出现冷凝水。

c）改进瞄准具，后来换装EZ 42瞄准具：德国的陀螺瞄准具最早在1935年开始研制，研制公司是卡尔·蔡斯公司和阿斯卡尼亚公司。因为优先等级不高，直到五年后的1940年才完成设计，瞄准具名称为EZ 40，德语“EZ”意思是目标位置预测，也就是目前位置的提前量；“40”指的是年代。EZ 40瞄准具在1架Bf 109F战斗机上进行了测试，跟当时德国空军战斗机大量装备的Revi C/12C瞄准具相比，前者的命中概率提高了50%—100%。但是，EZ 40瞄准具并没有投产。

早在1942年，1架被德国缴获的美国P-47“雷电”战斗机上就安装了陀螺瞄准具，发现美国战斗机上已经安装了更先进的瞄准具，德国人立即加快本国型号陀螺瞄准具的研制。1943年夏天，蔡斯公司开始测试EZ 41瞄准具，但是，测试结果令人失望，这个型号因此被放弃。但是，阿斯卡尼亚公司在1942年夏天开始研制EZ 42“鹰”瞄准具，该公司的瞄准具可以根据敌机翼展进行调节，也就是调节光环大小与敌机翼展一致。阿斯卡尼亚公司的EZ 42瞄准具在1944年7月开始投产，1架Fw 190战斗机改进后在塔纳维兹试验站进行了测试。截至1944年12月，阿斯卡尼亚公司共交付84套瞄准具，德国空军希望该公司的月产量能达到250套。到1945年1月，德国空军甚至希望将月产量提升到600套，实际情况却是，到1月中旬才交付66套，不难想象战争后期德国工业的惨状。在1945年，苏联人抢占福克-沃尔夫公司的波森（波兹南旧称）和马林堡工厂，位于希尔施贝格的阿斯卡尼亚公司研发机构被占领，几套EZ 42瞄准具丢失。1945年2月13—14日夜，德累斯顿的蔡斯工厂（可能授权生产阿斯卡尼亚公司的EZ 42瞄准具）在盟军的空袭中彻底被毁，截至此时，共有350套瞄准具交付，其中200套安装在Fw 190和Me 262飞机上。飞行员的报告称，在20度的偏转角（20度的提前量）实施攻击是可能的，而且，理论上EZ 42瞄准具的最大攻击距离为1000米，实战中在1500米的距离也击落过几架敌机。

1架Fw 190A-0飞机（W.Nr.0022）被用来进行投放SC 250炸弹的试验。

1944年9月，德国EZ 42瞄准具原型装置和缴获的美国P-47战斗机上的GGS瞄准具进行了性能对比测试，两个型号瞄准具都在Fw 190飞机上进行测试，飞行员是同一人（避免人为操作习惯和爱好的不同造成主观判断）。测试的结果称美国GGS瞄准具上的移动标线设计并不合理，标线经常因瞄准具中出现敌机图像而变得模糊。相比德国EZ 42瞄准具，美国瞄准具的前置角平均会有20%的精度下降，而且每度前置角会有1%的精度变化。如果德国EZ 42瞄准具足够供德国空军每位战斗机飞行员使用，那么，这些飞行员就具备原来只少数专家级飞行员才具备的能力。

d）FuG 125无线电设备：劳伦兹公司研制的FuG 125“赫尔迈尼”是一种单发单座战斗机上使用的甚高频无线电信标接收机，它的工作频率范围是30—33兆赫兹，工作距离为200公里，重量是10公斤。在1945年，只有少量交付使用。

a）和b）改进的结构图纸计划在1944年8月3日完成，c）改进计划在1944年12月1日完成，d）改进计划于1944年8月30日完成。a）和b）改进的飞机计划从1944年9月开始由福克-沃尔夫公司生产，而d）改进的飞机计划1944年11月投产。安装PKS 12方向控制系统的2架原型机是Fw 190V-70，W.Nr.580029，GO＋KI（1944年8月25日坠毁）和Fw 190V-72，W.Nr.170727，GV＋BB，其中后者在1944年6月20日进行了首飞，这架飞机安装的是BMW 801TU发动机，还测试了FuG 125无线电设备。

Fw 190A-8/R12 跟Fw 190A-8/R11型号类似，但武器系统跟Fw 190A-8/R2型号的一样。

早期决定Fw 190A-8飞机的最后组装从1944年3月开始由两家公司进行：福克-沃尔夫公司的索劳厂、马林堡厂、科特巴斯厂和费施乐公司的卡塞

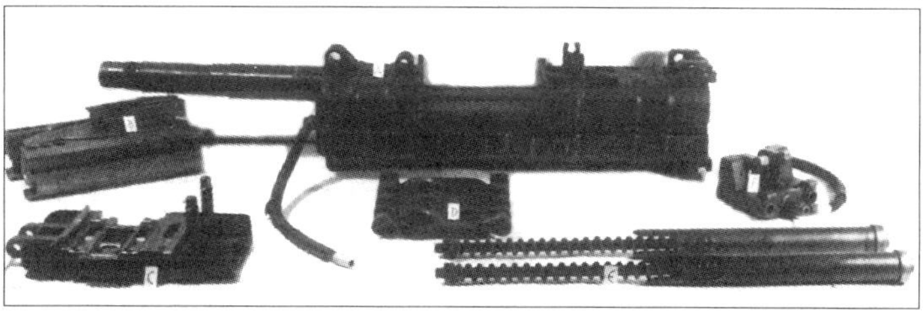

MK 108机炮完整状态（上）和分解状态（下）图。Fw 190A-7/R2和Fw 190A-8/R2飞机都安装这种威力巨大的机炮。

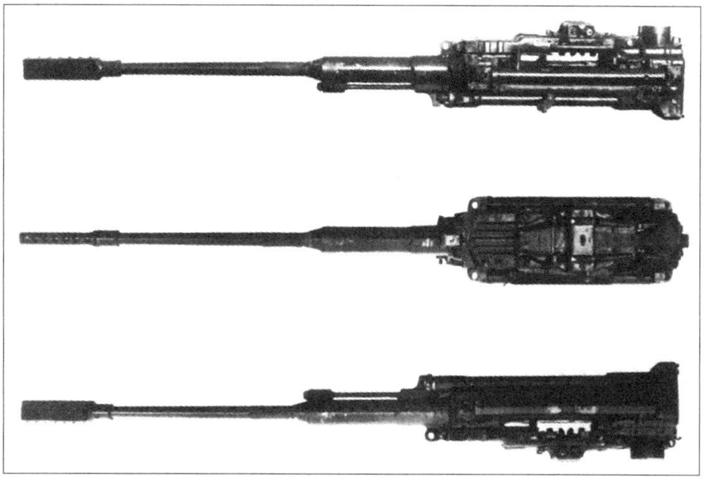

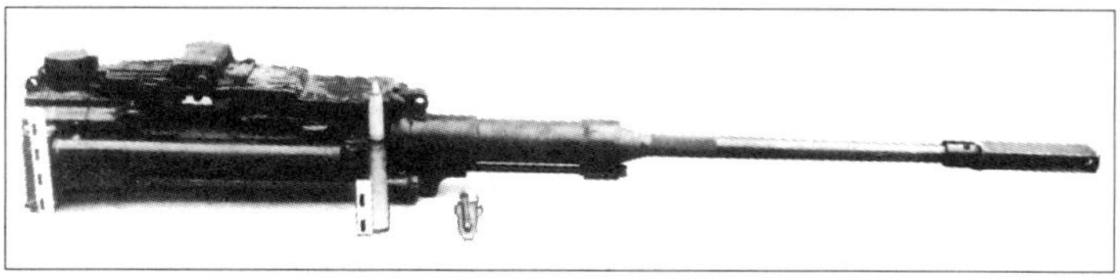

MK 103机炮几个视角图。口径相同，炮管越长后坐力越大，炮弹的炮口初速也越高，MK 103机炮更适合攻击装甲目标，发射穿甲弹的炮口初速为940米/秒，但对付苏联坦克仍勉为其难。

尔厂，随后的4月位于奥舍尔斯累本的阿戈公司也投产该型号。由于德国空军需求量大，后来，其他公司的生产厂也加入生产行列，如位于诺尔登哈姆的罗兰飞机制造厂（WFG）从1944年5月，位于柏林滕珀尔霍夫区的威悉飞机制造有限公司从1944年6月（该厂不久被盟军炸毁），位于维斯马的北德道尼尔公司从1944年9月，位于奥拉宁堡的亨克尔公司从1944年11月开始生产Fw 190A-8飞机。捷克小镇布德维斯（现称布杰约维采）的布德维斯轻型机械公司（L.B.B.公司）也生产少量Fw 190A-8飞机。上述飞机制造厂最后组装，生产飞机部件的工厂更多，有的既生产部件，也组装飞机，如罗兰飞机制造厂。

Fw 190A-8飞机的生产持续到1945年1月。关于飞机的生产序列号，有的生产厂的序列号比实际生产的数量要大，这种情况下序列号里可能没有生产数量数字。

各个生产商生产 Fw 190A-8 飞机情况

制造商	生产数量	日期	序列号
福克-沃尔夫公司(1579 架)	71 架	1944 年 3 月	170001—170140，170291—170450
	182 架	1944 年 4 月	170601—170750，170901—171100
	218 架	1944 年 5 月	171151—171200，171451—171750
	250 架	1944 年 6 月	172341—172340，172601—172650
	302 架	1944 年 7 月	172941—173100，173801—173950
	367 架	1944 年 8 月	174001—174050，174101—174135
	140 架	1944 年 9 月	175001—175060，175100—175229
	4 架	1944 年 10 月	175251—175300，175911—175960
	37 架	1944 年 11 月	176001—176120，177001—177020
	8 架	1945 年 1 月	
罗兰飞机制造厂(326 架)	15 架	1944 年 5 月	350151—350300，350341—350360
	70 架	1944 年 7 月	350851—350860，352501—352520
	61 架	1944 年 8 月	
	63 架	1944 年 9 月	
	56 架	1944 年 10 月	
	61 架	1944 年 11 月	
亨克尔公司(133 架)	80 架	1944 年 11 月	380151—380190，380331—380420
	53 架	1945 年 1 月	
威悉飞机制造有限公司(7 架)	7 架	1945 年 1 月	620201—620207
费施乐公司(1121 架)	12 架	1944 年 3 月	680101—680210，680411—680440
	78 架	1944 年 4 月	680491—680590，680711—680850
	106 架	1944 年 5 月	681021—681050，681251—681540
	103 架	1944 年 6 月	681851—681900，681961—682070

续表

制造商	生产数量	日期	序列号
	180 架	1944 年 7 月	682181—682320，682641—682690
	202 架	1944 年 8 月	682731—682840，682911—683000
	159 架	1944 年 9 月	683311—683340
	123 架	1944 年 10 月	
	88 架	1944 年 11 月	
	51 架	1945 年 1 月	
阿拉多公司(4 架)	4 架	1945 年 1 月	不详
康卡迪亚公司(10 架)	10 架	1945 年 1 月	不详
布德维斯轻型机械公司(10 架)	10 架	1945 年 1 月	690131—690160?
阿戈公司(1746 架)	87 架	1944 年 4 月	730281—730520，730901—731100
	170 架	1944 年 5 月	731391—731440，731711—731810
	163 架	1944 年 6 月	731991—732240，732261—732300
	200 架	1944 年 7 月	733681—733770，733961—734040
	220 架	1944 年 8 月	734381—734400，737351—737440
	252 架	1944 年 9 月	737921—738000，738111—738390
	205 架	1944 年 10 月	739131—739280，739311—739490
	263 架	1944 年 11 月	739511—739580
	186 架	1945 年 1 月	
北德道尼尔公司(230 架)	10 架	1944 年 9 月	960201—960330，960451—960490
	28 架	1944 年 10 月	960501—960560，960641—960730
	72 架	1944 年 11 月	961051—961250，961601—961620
	120 架	1945 年 1 月	961931—961970
总计	5147 架		

说明：序列号和日期没有对应关系。

EZ 42“鹰”陀螺瞄准具比此前反射式瞄准具更加先进，但是，它出现太迟，德国军工生产秩序已经被盟军的战略轰炸打乱，先进的武器或设备很难正常生产。

在某段时间，德国计划用BMW 801F-1(TH)发动机取代BMW 801D-2发动机，前者在2700转/分时的功率达到2400马力，它的增压器传动比有所不同，其他改进包括安装简化控制器、镀铬汽缸套，改进摇杆位置舱盖和螺旋桨安装环，采用新型磁电机定时器（控制点

Fw 190A-8/R3飞机座舱，这个型号飞机的机翼外侧安装2门MK 103机炮，座舱仪表可以看出这点：仪表最顶部，即瞄准具旁边有“MG 17”字样，这里是机枪/炮弹药计数仪表，从左向右依次是：MG 17—MG 17—MK 103—MG 151—MG 151—MK 103。

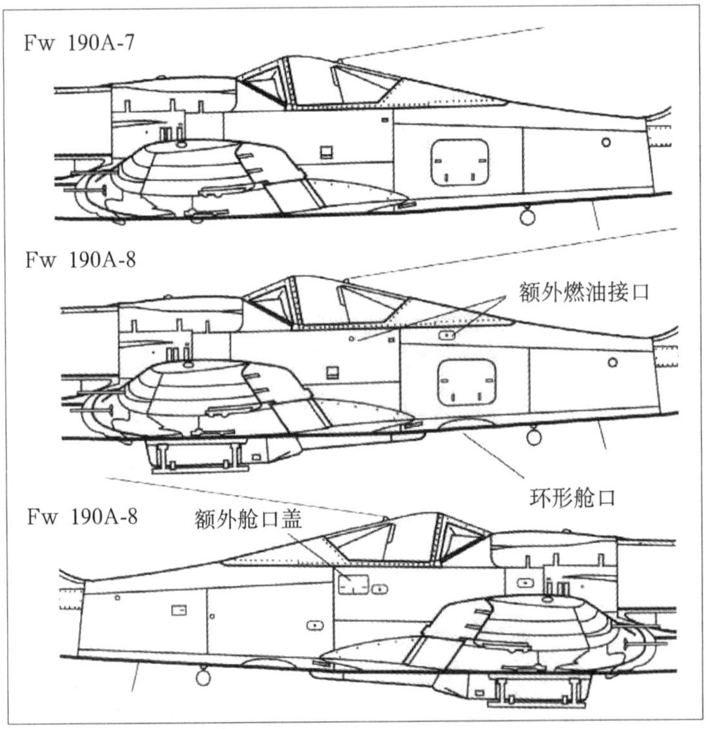

Fw 190A-7和Fw 190A-8飞机机身舱口盖的区别。

火时间）等。改进用于测试新型发动机的是1架Fw 190V-34，W.Nr.410230飞机，该机从1943年8月开始进行测试试验，另1架Fw 190V-35，W.Nr.816飞机从1944年3月开始进行测试。试验发现BMW 801(TH)发动机存在很多问题，作为临时措施，宝马公司研制了杂交型BMW 801U-1(TH)发动机作为过渡型号，该发动机跟BMW 801D-2发动机类似，但是采用BMW 801F(9-6196A)发动机的冷却系统和BMW 801(TH)滑油箱，机头装甲板厚度从6毫米增加到10毫米，滑油箱装甲板厚度从4毫米增加到6毫米。过渡型BMW 801U-1(TH)发动机比BMW 801D发动机重60公斤，发动机的紧急功率稍有增加。1943年8月至10月间，2架Fw 190A-5飞机，即W.Nr.710021，SM＋JS和W.Nr.410232，VO＋LY被改进在菲斯滕费尔德布鲁克测试了BMW 801TU（即BMW 801U-1(TH)）发动机。

从上段可以看出，宝马公司的发动机编号有点复杂，该公司当时一名工程师彼得·卡普斯回忆称：

在研制和生产期间，发动机采用三位数字表示型号，宝马公司的发动机数字以“8”开头，三位数字后的大写字母为改进型，如BMW 801C。该改进型后加连字符再加数字表示生产线上的小改进型，区别都非常小，如BMW 801C-2。厂家提供发动机主要有三种状态：

基本型发动机（Nackter

Motor），如BMW 801A，发动机包括所有附件匣、隔板、冷却风扇、安装环和螺旋桨桨距调节机构等，但是，不包括发动机罩、油冷却器和排气系统。实际上，基本型发动机就是裸机，不包含的部分恰恰是安装对象确定后才会据此设计。

动力装置（Motor Anlage），如BMW 801MA，在基本型的基础上安装发动机罩和油冷却器，但不包括排气系统和支撑结构。

推进系统（Triebwerk-Anlage），如BMW 801TA，这是一个完整的推进系统，包括基本型发动机加上排气系统和安装结构，只要装上飞机的防火墙就可以使用，这种状态的发动机在德国被称为"功率蛋"（power-egg）①。

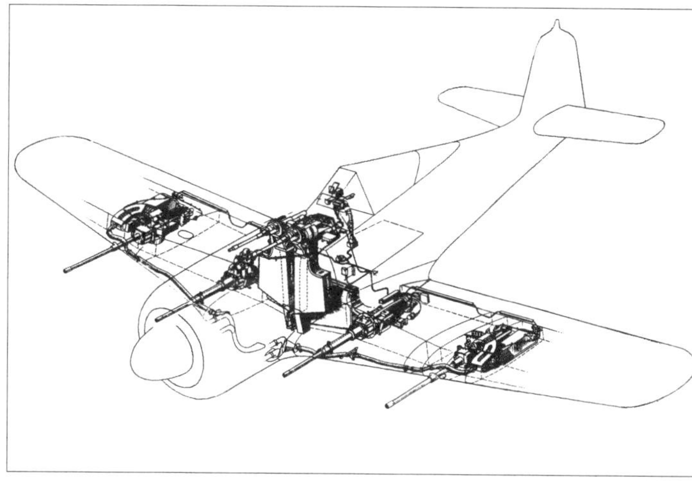

Fw 190A-8飞机武器系统示意图。

Fw 190F-8对地攻击机

随着越来越多地将Fw 190当作对地攻击飞机使用，很明显需要在Fw 190A-8飞机的基础上研制一个专门对地攻击型号，上文提到过Fw 190F型号的生产型主要是Fw 190F-3飞机，Fw 190F-4跟Fw 190F-3类

两名枪械员正在给MG 131机枪弹药盒补充弹药，从发动机侧面的热带沙尘过滤器可以判断这是Fw 190A-8/Trop型号。

Fw 190F-8/R3实际上是Fw 190A-5/U11型号发展而来的，"R3"也成为标准组件，即携带MK 103机炮吊舱型号。由于攻击苏联坦克的效果不佳，"R3"型号的产量都不大。

① 笔者查阅一些资料，通俗地讲，"功率蛋"（称"动力蛋"更合适一些）就是标准化发动机，可以安装到任何动力需求匹配的飞机上，单发、双发和四发飞机等都行，问题是基本型发动机的编号并非必然地与推进系统状态的编号一致，也就是跟彼得·卡普斯所说的只是加个后缀的情况不一样，比如，BMW 801F实际上就是BMW 801TH发动机的"功率蛋"状态的编号。

似，但是前者改进安装了电子投放炸弹系统，这样机翼的炸弹就可以分别投放，不必一次全投。另外，Fw 190F-4飞机没有安装“机器人”照相机。Fw 190F-4/R1和Fw 190F-4/R2与Fw 190F-3/R1和R2一样。但是，1943年4月15日的文件称“没有安装GM-1喷射助燃系统的Fw 190F-4系列不会投产，而改进后的该型号飞机安装GM-1系统的飞机编号改为Fw 190F-8”。上文提到过，德国空军对Fw 190飞机的后缀字母代表的意思进行了规划，“F”表示对地攻击的战斗轰炸机。F系列特别与众不同的是，每个子型号都来源于不同的型号飞机，比如Fw 190F-1来源于Fw 190A-4/U3，Fw 190F-2来源于Fw 190A-5/U3，Fw 190F-3来源于Fw 190A-5/U17，而Fw 190F-8就是在Fw 190A-8的基础上改进的对地攻击型号。

Fw 190F-8飞机的武器为2挺13毫米MG 131机枪和翼根2门MG 151/20E机炮，其他机载设备跟Fw 190A-8的类似，但无线电设备用FuG 16ZS取代FuG 16ZY，前者有ZVG 16导航单元，而且可以和野战部队直接通讯，这是制空战斗机与对地攻击机的一个重要区别，执行对地攻击任务中包括近距支援，即随时保持与地面部队联系，呼之即来，及时提供空中支援。

跟Fw 190A-8型号一样，Fw 190F-8型号也有很多改进型（U）和战场改进型组件（R）：

Fw 190F-8/U1　Fw 190G-8系列（见下文）改进项目取消后，福克-沃尔夫公司研制了Fw 190F-8/U1型号，这个型号飞机的翼下可以携带2个（左右各1个）ETC 503挂架，这样飞机就可以额外携带2枚SC 250炸弹。原ETC 501挂架此时只用于携带机腹副油箱，不再携带炸弹，当然，如果有必要，ETC 501挂架也可以携带1枚500公斤炸弹，也就是全机超载情况下一次可以携带2枚250公斤炸弹和1枚500公斤炸弹，这种情况下飞机的阻力可观，严重影响飞机的速度和航程。

Fw 190F-8/U2　这个型号跟Fw 190F-8/U1类似，但是飞机每侧翼下ETC 503挂架携带的是BT 400炸弹鱼雷，或者是用ETC 501挂架在机腹携带1枚BT 700炸弹鱼雷，后来ETC 501挂架被ETC 504挂架取代。炸弹鱼雷的投掷方式跟常规炸弹不一样，前者投放高度高，投放的角度也大得多，因此，飞机换装了TSA 2A轰炸瞄准具。因为主要以炸弹轰炸为主，飞机的基本武器降低为只保留发动机上方2挺MG 131机枪。Fw 190F-8/U2的改进由梅尼布姆公司负责在1944年11月至1945年3月间进行，但是，这个型号并没有投产，后来被Fw 190F-8/R15和R16所取代。

Fw 190F-8/U3　这个型号跟Fw 190F-8/U2一样，但是机身携带的是ETC 502挂架，飞机的电力系统重新设计，主要是为了携带BT 1400炸弹鱼雷。ETC 502挂架是由哥滕哈芬的鱼雷研究中心（TWP）研制的，重达1510公斤的炸弹鱼雷需要特制挂架携带。Fw 190F-8/U3飞机的尾部起落架支臂加长，飞机安装FuG 101无线电

战后被英军缴获的德国BT 400炸弹鱼雷，图中很可能是炸弹鱼雷的木质或水泥模型。

高度仪，采用为Ta 152C飞机研制的垂尾。BT 1400炸弹鱼雷太重，飞机安装常规功率发动机根本无法携带，必须等更大功率的BMW 801TS和BMW 801TH发动机出现，这是该型号飞机研制延误的主要原因之一。

Fw 190F-8/U4　夜间对地攻击型。飞机采用低可视涂装，安装新型电力系统、FuG 101无线电高度仪和PKS 12方向控制系统等，只生产1架飞机，即W.Nr.586596用于试验，后来这架飞机发展成Fw 190F-8/R13型号。

Fw 190F-8/U5　改进和简化机身电力系统，这些改进均属ÄA 132改进的一部分。ÄA 132改进指的是Fw 190F-8/U3、U4和U5改进项目，这三个型号改进有类似之处，因此规划为一类。

Fw 190F-8/U14　参见下文Fw 190F-8/R14的内容。

几乎所有的战场改进组件都适用Fw 190F-8飞机，主要情况如下：

Fw 190F-8/R1　飞机的两侧翼下携带电力控制投放的ETC 50炸弹挂架，飞机可以携带总计4枚SC 50炸弹。这种挂架计划在1944年8月由功能类似但更便宜的ETC 701挂架取代，后者不仅可以携带炸弹，还可以携带AB 70集束炸弹。大部分Fw 190F-8飞机都可以携带ETC 50挂架。

Fw 190F-8/R2　机翼外翼

阿拉多公司生产的1架标准Fw 190F-8飞机。照片拍摄于1944年夏天，地点是柯尼斯堡。

从发动机两侧的沙尘过滤器可以判断这是Fw 190F-8/R1/Trop型号，即热带型号。上图中飞机机腹和机翼都携带了炸弹。

段安装2门30毫米MK 108短管机炮，每门机炮备弹55发，北德道尼尔公司生产了2架该型号飞机，但是没有批量生产。

Fw 190F-8/R3　翼下携带2个30毫米MK 103长管机炮，每门机炮备弹35发。共生产了5架原型机用于试验：W.Nr.670965（1943年12月28日首飞）、W.Nr.670966（1944年1月5日首飞）、W.Nr.670967（1944年1月11日首飞）、W.Nr.932880（1944年9月30日首飞）和W.Nr.933285（计划1944年11月首飞）。这个型号飞机生产了60架。

Fw 190F-8/R13　由Fw 190F-8/U4发展而来的夜间对地攻击型。飞机的每侧翼下携带1个ETC 503挂架，挂架可以携带300升副油箱，其他改进包括安装FuG 16ZS、FuG 25A和FuG 101无线电设备，以及PKS 12方向控制系统、FLa-V消焰和反光保护装置、特制紧急设备和紫外线灯光系统等。飞机还计划换装BMW 801TU/TS/TH发动机。该型号飞机的首架原型机是W.Nr.586597，该机计划由位于伯布林根的克莱姆飞机制造厂负责在1944年12月进行改进，之后计划由布洛姆·福斯公司从1945年1月开始生产，月产量为20架飞机。德国空军NSGr 20大队装备了一些安装消焰器的Fw 190F-8飞机，这些只是前线单位在机场自行改进的，不是Fw 190F-8/R13型号。

Fw 190F-8/R14　这个型号最初编号是Fw 190F-8/U14。该型机设计为了在机腹ETC 502挂架上携载1枚LTF 5B鱼雷，这点跟上文中的Fw 190A-5/U14飞机一样。Fw 190F-8/R14

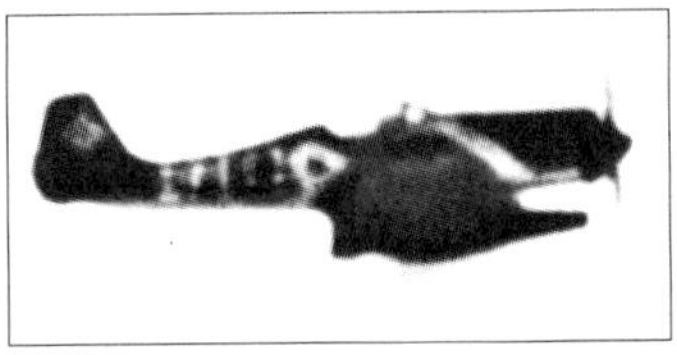

1架Fw 190D飞机携带1枚BT 1400炸弹鱼雷。权威资料称这是Fw 190F-8/R15飞机，这明显是错误的，图中飞机是Fw 190D型号，飞机尾部和发动机都是Fw 190D的特征。但是，下文中Fw 190D却没有提到飞机携带BT 1400炸弹鱼雷的内容。

这架Fw 190F-8/R15飞机被英军缴获，可能是战争结束时缴获的，注意看飞机的尾起落架非常高，提高飞机下方的净空间，方便挂载巨型炸弹。

Fw 190F-8/R1飞机可以携带ETC 701挂架，它既可以携带炸弹，也可以携带AB 70集束炸弹，挂架较为小巧。

被美军缴获的Fw 190F-8/R1飞机，美军编号是FE116。德国空军对地攻击单位的飞机迷彩涂装比较多样化，根据作战环境自行选择。这是后期型号，座舱为水泡形。

的其他改进包括加长后起落架支臂，采用Ta 152飞机的垂直尾翼，计划以后换装功率更大的BMW 801TS发动机。武器系统减少到仅保留翼根2门MG 151/20机炮。该型号计划由克莱姆飞机制造厂从1945年1月开始生产，月产量也是20架。少量该型号飞机交付给了德国空军11./KG 200中队使用。

Fw 190F-8/R15　这是Fw 190F-8/U3的新编号，首架飞机的改进工作在1944年12月完成，梅尼布姆公司负责从1945年2月开始生产这个型号飞机，月产量为5架。

Fw 190F-8/R16　这是Fw 190F-8/U2的发展型，只有少量飞机在1945年装备11./KG 200中队。Fw 190F-8/R14、R15和R16飞机的基本设备完全

这架Fw 190F-8/R1飞机的翼下携带了4个ETC 701挂架，机翼外侧机炮被去除，飞机携带的副油箱头部出现坑坑洼洼。

德国空军第25试验单位测试过一种280毫米的W.Gr 28/32火箭弹，图中飞机通过Ju 87“斯图卡”的V.Tr.Ju 87挂架来携带。W.Gr 28/32火箭弹的最大飞行速度只有W.Gr 21的一半，使用效果令人失望。

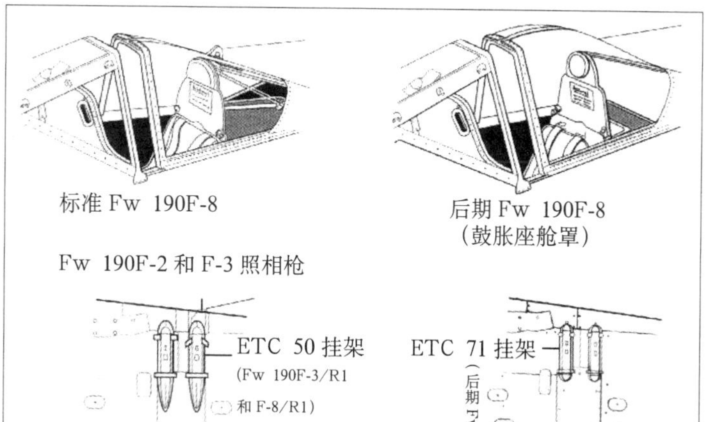

Fw 190F-8飞机的产量较大，因此生产过程中有一些小的改进，比较值得一提的就是采用鼓胀的座舱罩，飞行员视野更好。

一样。

Fw 190F-8飞机的生产从1944年3月开始，主要生产厂家是阿拉多公司和北德道尼尔公司，上文提到计划由克莱姆飞机制造厂、布洛姆·福斯公司和梅尼布姆公司生产最终没有实现。两家生产公司生产Fw 190F-8飞机详细情况如下：

制造商	数量	时期	序列号
阿拉多公司(2264 架)	98 架	1944 年 3 月	580001—580060，580181—580220
	172 架	1944 年 4 月	580371—580470，580581—580610
	192 架	1944 年 5 月	580631—580660，580931—581020
	220 架	1944 年 6 月	581201—581240，581271—581320
	290 架	1944 年 7 月	581441—581460，581571—581640
	300 架	1944 年 8 月	581661—581680，581751—581810
	281 架	1944 年 9 月	582021—582080，582191—582440
	281 架	1944 年 10 月	582741—582750，583051—583110
	210 架	1944 年 11 月	583241—583310，583421—583480
	220 架	1945 年 1 月	583571—583670，583901—583990
			584001—584100，583901—583990
			584331—584420，584521—584600
			586111—586140，586161—586210
			586371—586470，586581—586690
			586791—586860，586971—587000
			588021—588060，588201—588280
			588391—588520，588661—588730
北德道尼尔公司(1350 架)	40 架	1944 年 3 月	930171—930190，930471—930590
	93 架	1944 年 4 月	930831—930890，931001—931030
	140 架	1944 年 5 月	931301—931390，931471—931490
	170 架	1944 年 6 月	931611—931620，931791—931940
	225 架	1944 年 7 月	932141—932320，932491—932670
	211 架	1944 年 8 月	932711—932730，932851—932900
	255 架	1944 年 9 月	933021—933100，933211—933350
	132 架	1944 年 10 月	933401—933490，933811—933840
	84 架	1944 年 11 月	
总计	3614 架		

说明：序列号跟时期没有对应关系。

Fw 190G-8对地攻击机

与此同时，Fw 190G系列飞机也在发展过程中。G系列专指远程战斗轰炸型，而且上文只提到了Fw 190G-3，下一个型号理所当然就是Fw 190G-4，但是，为了跟Fw 190A-8和Fw 190F-8对应起来，Fw 190G-4编号在1944年8月1日改为Fw 190G-8。以此类推，原计划的Fw 190G-5和Fw 190G-6编号改为Fw 190G-9和Fw 190G-10，中间缺少的Fw 190G-7原计划是在Fw 190A-7的基础上改进的远程战斗轰炸型，这个型号没有投产。

Fw 190G-8（即原Fw 190G-4）也是在Fw 190A-8的基础上研制的远程战斗轰炸型，两者的主要设备，如FuG ZZY无线电、GM-1喷射助燃系统和PKS 11或PKS 12方向控制系统一样，不同的是前者的机腹可以携带ETC 501挂架，该挂架既可以携带炸弹也可以挂载1个300升副油箱。飞机的两侧机翼还可以挂载2个ETC 503挂架（左右各1个），这个挂架主要用来挂载300升副油箱。

图中舱门向上开启的是Fw 190飞机无线电设备舱和氧气瓶存放位置，这个设备舱非常值得一看，因为二战临近结束时，德国飞行员经常把人塞进这里逃跑。有时，军事记者也会被塞进这里拍摄，注意图中舱门有玻璃，这是专供拍摄的。

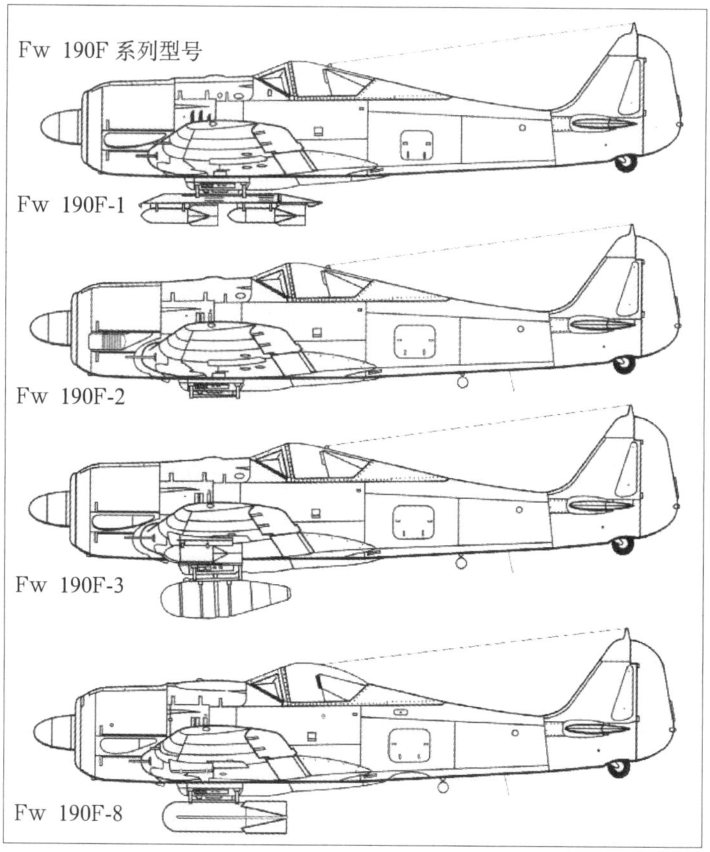

Fw 190F系列型号侧视对比示意图。

在机翼携带2个副油箱的情况下，飞机的速度会损失6公里/小时。同样，飞机的武器系统降低为只保留翼根2门MG 151/20机炮。另外，Fw 190G-8飞机还安装了“库托纳塞”阻塞气球线缆切割装置，飞机尾部起落采用380×150毫米的机轮。飞机计划安装“蔡斯”130E探照灯（ÄA 128改进）用于夜间作战。福克-沃尔夫公司从1944年3月开始生产少量Fw 190G-8飞机，这些飞机都采用Fw 190G-8/R5组件，即飞机翼下可以携带2个ETC 50挂架（ÄA 136改进）或者是ETC 701挂架，但是，阻塞气球线缆切割装置去除。Fw 190G-8飞机生产情况如下：

制造商	数量	日期	序列号
福克-沃尔夫公司	83 架	1944 年 3 月	190001—190146
	63 架	1944 年 4 月	
总计	146 架		

福克-沃尔夫公司提出过几个Fw 190G-8深度改进型，其中一个型号飞机安装MW 50水-甲醇增压器助燃系统，这个系统已经在第二架或是第三架生产型飞机Fw 190V-50上进行了测试。Fw 190G-8/N是夜间作战型号，飞机安装了消焰器，但是，还处在初期测试阶段，整个Fw 190G-8系列就在1944年4月被取消，德国全力生产Fw 190F-8/U1飞机。实际上，Fw 190F-8和Fw 190G-8很多都相同，如Fw 190G-8相当于Fw 190F-8/U1，而Fw 190G-8/R5相当于Fw 190F-8/R1。

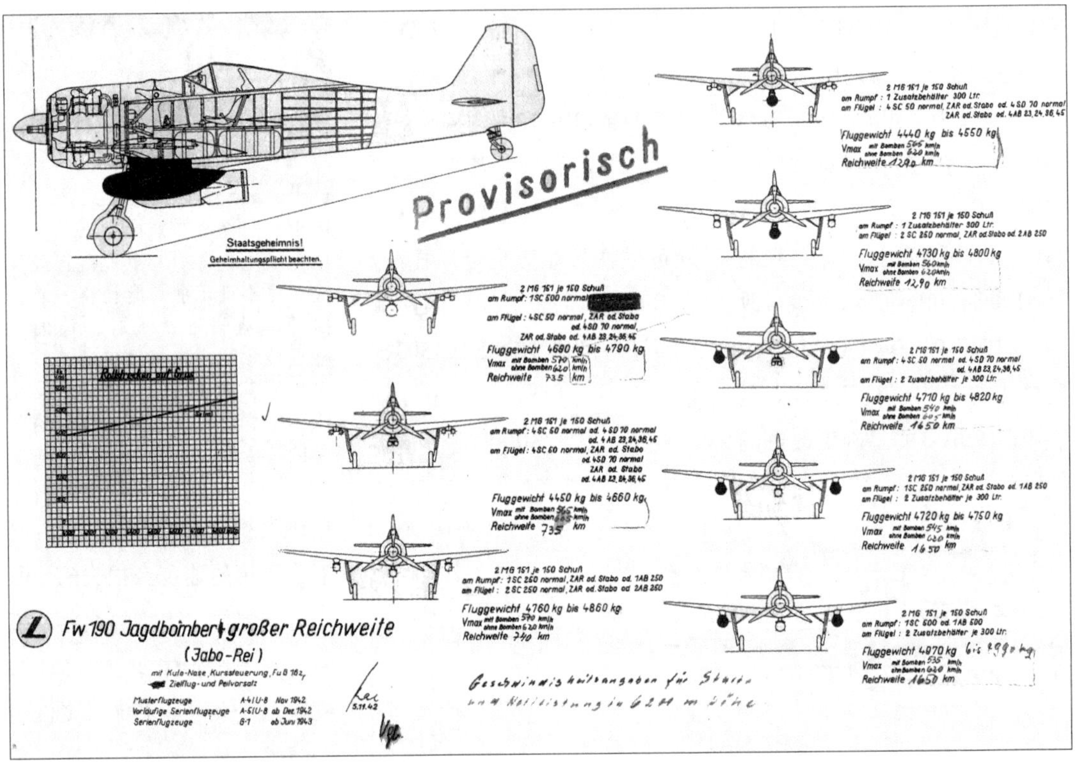

福克-沃尔夫公司远程战斗轰炸机，即Fw 190G系列炸弹和副油箱挂载方案。

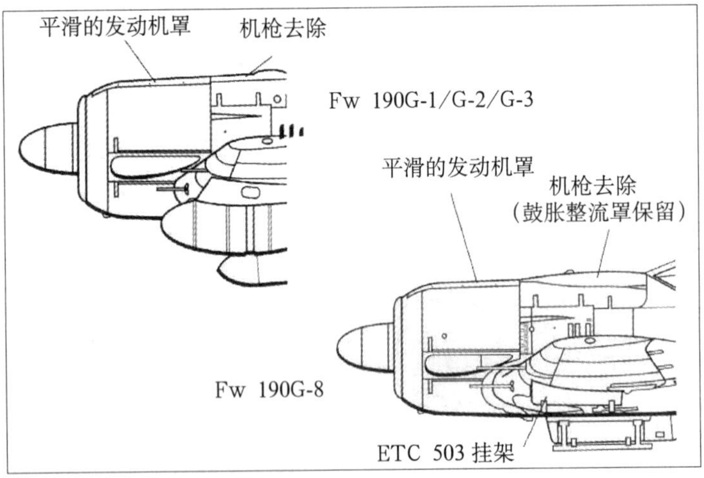

Fw 190G几个型号发动机罩变化示意图。

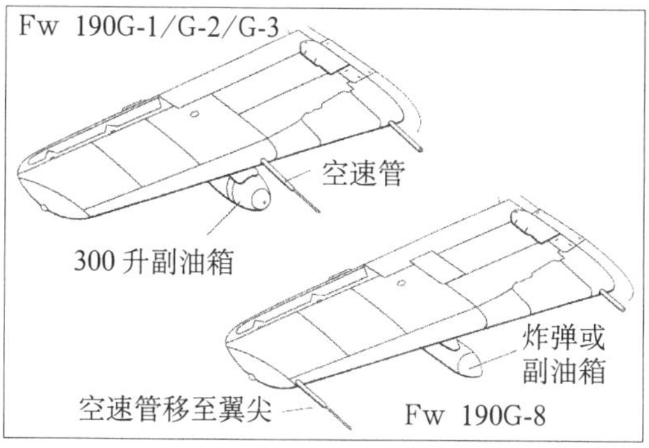

Fw 190G-8的改进跟Fw 190A-8的一样，机翼明显特征是空速管移到翼尖。

Fw 190G-8的产量很低，比较清楚的照片较少。图中飞机机腹携带1枚250公斤炸弹，翼下携带2枚重量不详的炸弹，这种炸弹配置较少。

Fw 190A-9、Fw 190F-9和Fw 190G-9

宝马公司BMW 801D-2发动机是Fw 190A-3飞机至Fw 190A-8飞机的标准动力装置，上文提到过，宝马公司已经在研制功率更大的该型发动机发展型，发动机代号为BMW 801F，或是BMW 801TH“功率蛋”。这款发动机已经在Fw 190V-34和V-35飞机上进行了飞行测试，但是一直也没有达到装备使用状态，作为过渡措施，宝马公司生产了首批BMW 801U(TU)和随后改进型BMW 801(TS)两个型号，这两款发动机都采用了BMW 801F/BMW 801TH一些设计。宝马公司还提出过BMW 801R(TR)发动机，但发动机从来就没有进行飞行测试，明显被放弃了。下表是BMW 801发动机主要型号性能对比表：

BMW 801 子型号	体积	直径	长度	功率
BMW 801C-0	41.8 升	1290 毫米	2006 毫米	1600 马力(2700 转/分，在 900 米高度)
				1460 马力(2400 转/分，在 700 米高度)
				1030 马力(2100 转/分，在 1500 米高度)
				990 马力(2100 转/分，在 4700 米高度)
BMW 801D-2	41.8 升	1290 毫米	2006 毫米	1700 马力(2700 转/分，海平面高度)
				1520 马力(2500 转/分，在 700 米高度)
				1440 马力(2700 转/分，在 5700 米高度)
				985 马力(2100 转/分，在 5400 米高度)
BMW 801F(TH)	41.8 升	1290 毫米	2256 毫米	2400 马力(2700 转/分，海平面高度)
				2200 马力(2500 转/分，海平面高度)
BMW 801R(TR)	41.75 升	1360 毫米	2550 毫米	2000 马力(2700 转/分，海平面高度)
				1950 马力(2700 转/分，在 5200 米高度)
				1760 马力(2700 转/分，在 8600 米高度)
BMW 801S(TS)	41.8 升	1290 毫米	2006 毫米	2000 马力(2700 转/分，海平面高度)
				1700 马力(2500 转/分，海平面高度)
				1470 马力(2400 转/分，海平面高度)
BMW 801U(TU)	41.8 升	1290 毫米	2256 毫米	1730 马力(2700 转/分，在 600 米高度)
				1710 马力(2700 转/分，在 5700 米高度)

Fw 190V-34原型机被用来测试宝马公司的BMW 801F(TH)发动机，但是，这个型号发动机的问题一直未能解决，因此，这架飞机后来换装了BMW 801S(TS)发动机。

图中是Fw 190V-34飞机上的BMW 801S(TS)发动机，该型发动机比BMW 801D-2发动机功率更大，因此空气进气口更大，发动机两侧的进气口跟Fw 190A-3/U7的类似。Fw 190A-9和Fw 190F-9飞机都安装BMW 801S(TS)发动机。

Fw 190A-9战斗机

早在1943年，福克-沃尔夫公司就提出了安装BMW 801F发动机的Fw 190战斗机，飞机编号为Fw 190H-1，这个型号飞机跟Fw 190A-8型号基本一致，只是前者采用了新发动机。1943年4月15日，新编号“H-1”被放弃，飞机编号重新命名为Fw 190A-9。宝马公司的BMW 801F(TH)发动机仍在研制，但进度相当缓慢，重视程度也不高，福克-沃尔夫公司1944年8月的文件记载：

“……主要系列生产型发动机新的交付日期仍不得而知（大概1945年5月？）……作为TH型发动机的替代品，宝马公司将在大概1944年秋天开始交付提高了性能的9-8801S-1（BMW 801TS）发动机。关于性能，BMW 801TS发动机跟BMW 801TH基本类似，前者可以和F 600（801D-2）和801TU发动机完全互换。提高应急功率是不可能的，螺旋桨的减速箱也不合理。BMW 801TS发动机重量比F 600（801D-2）重120公斤，比801TU重约60公斤。在8月初，宝马公司将向朗根哈根交付1台发动机安装到Fw 190A-8飞机上，这架飞机将进行简单的操作和性能测试。”

除了提高发动机功率外，Fw 190A-9飞机还将设计一个没有装甲防护的115升辅助油箱、安装Rö 20减压阀的油冷却器、油冷却器装甲防护板厚度由6毫米增加到10毫米、新容器和单一排气系统等。目前已知第一架安装BMW 801TS发动机的飞机是1架早期生产型Fw 190A-8，W.Nr.170002，DU+JB，改进后的飞机编号为Fw 190V-52。该机于1944年8月30日在朗根哈根首飞，驾驶这架飞机的是公司试飞员汉斯·桑德尔，

Fw 190V-35原型机也被用来试验BMW 801F(TH)发动机，后来可能也测试了BMW 801S(TS)发动机。还有资料称这架飞机后来测试了BMW 801E和DB 614发动机，飞机编号改为Fw 190V-35a/41。

但是，可能福克-沃尔夫公司其他试飞员在8月初就已经试飞过该机了。

稍提一下，Fw 190V-52原型机在1944年9月试验过SG 113A（也称MK 113）垂直射击反坦克炮（Förstersonde），这种反坦克炮口径为77毫米，一种滑膛炮，每侧机翼2门炮为一组，整流处理后为片状结构，这种炮可以单发也可以齐射，飞机飞越敌坦克时发射。1944年年底，SG 113A反坦克炮进行了测试，但是没有实际运用，其他飞机，如Hs 129飞机也进行过这种武器的测试，6门炮布置在机身中部。另外，Fw 190V-52原型机可能进行过自杀飞机方面的测试。

Fw 190V-52原型机试飞证明飞机是成功的，因此不久第一批生产型Fw 190A-9飞机就在科特巴斯工厂和诺尔登哈姆工厂下线，但Fw 190A-9飞机的生产数字只在1944年8月至11月和1945年1月统计数字中出现，没有1944年12月的统计数

生产商	生产数量	日期	序列号
福克-沃尔夫公司	6 架	1944 年 8 月	202361—202450，205001—205100
科特巴斯(353 架)	130 架	1944 年 9 月	205181—205300，205901—206000
	80 架	1944 年 10 月	206031—206200，207161—207240
	58 架	1944 年 11 月	
	79 架	1945 年 1 月	
阿戈公司	7 架	1945 年 1 月	不详
奥舍尔斯累本(7 架)			
阿拉多公司	8 架	1945 年 1 月	560021—560028
帕罗(8 架)			
罗兰德生产联合体	21 架	1944 年 6 月	750081—750180?
诺尔登海姆(133 架)	30 架	1944 年 8 月	
	47 架	1944 年 9 月	
	8 架	1944 年 10 月	
	27 架	1944 年 11 月	
亨克尔公司	20 架	1944 年 11 月	490021—490050?
奥拉宁堡(40 架)	20 架	1945 年 1 月	
北德道尼尔公司	6 架	1944 年 10 月	980150—980169，980201—980230
维斯马(40 架)	2 架	1944 年 11 月	980361—980380，980541—980590
	32 架	1945 年 1 月	
总计	466 架		

字，Fw 190A-9飞机实际生产可能持续到至少1945年4月，因此，Fw 190A-9飞机生产数量可能是上页表中列出的两倍左右，后来一些爱好者根据序列号估算实际数量可能将近900架。

另外，后期生产型Fw 190A-8、A-9、F-9和D-9飞机都采用视野更好的鼓胀座舱。不同文件的Fw 190A-9飞机的性能数据稍有不同，下表是该型号飞机主要数据。

最大速度(发动机转速 2700 转/分)	速度	高度
	570 公里/小时	海平面
	610 公里/小时	2000 米
	610 公里/小时	4000 米
	666 公里/小时	6000 米
	640 公里/小时	8000 米
爬升速度(发动机转速 2700 转/分)	速度	高度
	11.7 米/秒	8000 米
爬升时间	速度	高度
	19.6 分钟	到 10000 米
着陆速度	速度	重量
	159 公里/小时	3500 公斤
起飞距离(到 20 米高度)	距离	重量
水泥跑道	600 米	4500 公斤
正常航程	航程	重量
(发动机转速 2300 转/分)	915 公里	4683 公斤
(发动机转速 2000 转/分)	1370 公里	4683 公斤
实用升限	高度	重量
(发动机转速 2700 转/分)	10800 米	4370 公斤

首架Fw 190A-9飞机损失发生在1944年9月29日，当天6./JG 6中队哈特维希·奥托-雷特西候补军官在转场飞行中在布赫霍尔茨（汉堡市西南20公里）坠毁。此时，作战单位的飞行员经常被召到工厂来领取新飞机，而此前通常是德国空军专门的飞机转场联队负责将工厂下线的飞机交付到作战单位手中。

截至1944年10月，德国空军已经有几个战斗机联队开始换装Fw 190A-9战斗机，这时战场形势越来越明朗，几乎没有人会怀疑德国将输掉这场战争，已经从法国诺曼底登陆的盟军有了前线机场可用，德国空军战斗机单位作战任务更加繁重了。换装新型飞机为的就是尽快投入战场抗击盟军，就在这一时期，新型号Fw 190A-9飞机投入战斗并出现首次战损：8./JG 26中队陶伯特上士被“喷火”战斗机击落、2./JG 54中队威尔斯上士与苏联伊尔-2攻击格斗时被击落、1./JG 54中队梅尼克下士被苏联雅克-9战斗机击落，这些战损情况的细节将在下文战史中介绍。

跟Fw 190其他型号一样，Fw 190A-9飞机也有一些战场改进型组件（R型），大部分跟Fw 190A-8的类似，本来这些组件就形成了标准给任何其他型号使用，这些改进组件主要包括Fw 190A-9/R1，机翼下方增加2门（左右各1门）MG 151/20机炮；Fw 190A-9/R2，外侧机翼下方携带2门（左右各1门）30毫米MK 108短管机炮；Fw 190A-9/R3，外侧机翼下方携带2门（左右各1门）30毫米MK 103长管机炮；Fw 190A-9/R6，两侧机翼分别携带1个W.Gr 21火箭弹发射器；Fw 190A-9/R8，专门的战斗突击飞机。德国计划让费施乐公司从1944年12月或是1945年1月开始，道尼尔公

2架Fw 190A-9战斗机正在飞行，它与Fw 190A-8飞机的主要外观区别就是发动机两侧增压器进气口比较大。

Fw 190A-9飞机的照片比较少见，而且该型跟Fw 190A-8基本类似，只是发动机不一样。区别两个型号不太容易，发动机两侧增压器进气口的差别也不是本质上的。注意看水泡形座舱罩。

这架Fw 190A-9的后机身有彩色条纹，垂尾也采用彩色涂装，这是帝国保卫战中为了空中识别。注意看这架飞机鼓胀的座舱罩。

司和阿拉多公司从1945年2月开始生产前面几个型号飞机，不清楚到底有多少飞机最终完成了生产，战争后期一切秩序都乱了，统计数字欠缺。实际上，Fw 190A-9飞机中最重要的是Fw 190A-9/R11恶劣气象战斗机，这个型号跟Fw 190A-8/R11类似，而且生产数量很大，主要由福克-沃尔夫公司和阿戈公司生产，该型号飞机主要装备JG 301联队；Fw 190A-9/R12跟Fw 190A-9/R11类似，但武器系统却跟Fw 190A-9/R2的类似。Fw 190A-9飞机目前已知只有一个改进型（U型），即Fw 190A-9/U3，它是Fw 190/Ta 154子母机的上面部分。

Fw 190A系列中最后一个型号是Fw 190A-10，福克-沃尔夫公司为这个型号提供了两个方案，编号分别是Ra-5和Ra-7。这两个型号飞机都用液压系统取代电操作系统，主起落架和尾部起落架机轮尺寸更大，分别达到740×210毫米和380×150毫米。两个型号飞机最早计划安装BMW 801F(TH)发动机，后改为BMW 801TS发动机，Ra-7型的Fw 190A-10飞机采用标准的18.3米^{2}机翼，计划采用三个改进型组件，即Fw 190A-10/R1，外翼段下方携带2门MG 151/20机炮；

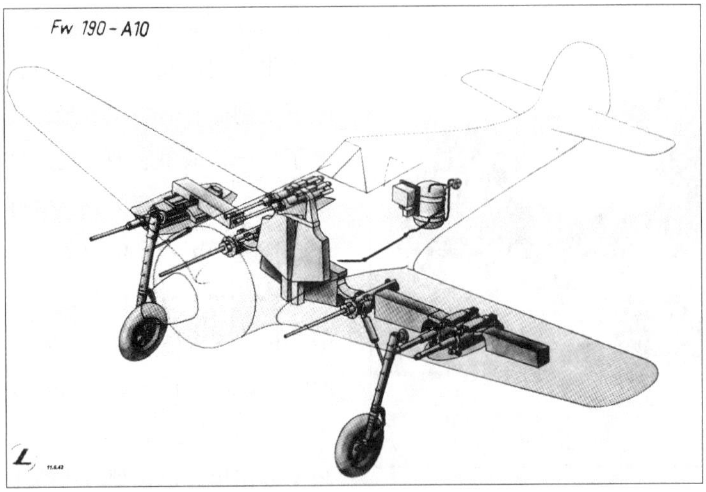

福克-沃尔夫公司文件显示的Fw 190A-10/R2方案，所有Fw 190A-10方案都只停留在文件阶段就没有了下文。

Fw 190A-10/R2，外侧机翼下方携带2门（左右各1门）30毫米MK 108短管机炮，备弹55发/门；Fw 190A-10/R3，外侧机翼下方携带2门（左右各1门）30毫米MK 103长管机炮，备弹40发/门。Ra-5型的Fw 190A-10飞机采用新型常规单一机翼，没有照片不太清楚这种机翼所谓“单一”指的是结构还是其他？新机翼的翼展为11.50米，机翼面积为20米^2。重新设计机翼的初衷是将MK 103机炮安装

飞机转场

新飞机完成组装和飞行测试（基本功能测试）后，或者修复完毕德国空军作战受损飞机后，这些飞机会交付给作战单位，正常情况下，负责驾驶这些飞机转场飞行交到作战单位手中的是德国空军第1飞机转场联队。这个联队于1942年5月在柏林帝国体育场成立，指挥官为蔡德勒中校，联队最初由一个队部和七个中队（1.—7./Fl.ü.G.1）组成，但是，1943年9月23日，联队大规模扩展并重组，改组联队由六个大队组成，每个大队包括四个中队，这些大队的基本情况如下：

北方大队(Fl. Ü. G. 1/Gruppe Nord)	驻地埃尔宾[1]，指挥官齐格菲尔·德陶伯特少校
东方大队(Fl. Ü. G. 1/Gruppe Ost)	驻地克拉考[2]，指挥官卡尔·萨克少校
南方大队(Fl. Ü. G. 1/Gruppe Süd)	驻地埃尔丁，指挥官弗兰茨·法赫纳少校
东南大队(Fl. Ü. G. 1/Gruppe Südost)	驻地维也纳，指挥官埃德温·布鲁纳少校
西方大队(Fl. Ü. G. 1/Gruppe West)	驻地威斯巴登，指挥官汉斯-于尔根·维勒斯少校
训练大队(Fl. Ü. G. 1/Erganzungs Gruppe)	驻地于特博格阿尔特斯拉格，指挥官汉斯·赞德少校

不久，飞机转场联队又增加一个大队，即中部大队，大队驻地在柏林斯塔根。第1飞机转场联队的主要职责跟英国皇家空军辅助空运单位类似，联队招收的飞行员一般是作战单位受伤或是不能再执行作战的人员，其中一名飞行员阿道夫·迪希上士回忆道：

1943年10月，我因伤仍在服药治疗，我手臂伤治愈后

① 现属波兰，称埃尔布隆格（Elblag）。
② 现属波兰，称克拉科夫（Krakow）。

发现手臂力量不足，不能再作战飞行。有一段时间，我曾驾驶通讯飞机，不久之后，我被送到瓦尔内明德的阿拉多公司飞机生产厂，工厂靠近罗斯托克，在这里我成为一名试飞和交付飞行员。到1944年春天，这个飞机生产厂正在以每月180架的速率交付Fw 190飞机，这些下线的飞机都必须先进行试飞，然后转场交付给其他战区的作战单位，如苏联、挪威北部、法国和意大利。

在转场飞行期间，我们驾驶的飞机武器都装了弹药，因为盟军远程战斗机在我们的领空活动越来越频繁，转场过程中遭遇敌机攻击的可能性越来越大，我们有的转场飞行员就被击落过，但是我很幸运。我唯一与敌战斗机遭遇是在纽伦堡附近看到4架美国“野马”战斗机，这时1架Me 262战斗机突然出现，美国战斗机立即分散，放弃追赶。

这是第1飞机转场联队的1架Fw 190飞机，转场的飞机机身编号通常字体较大，比如“25”；而且也不规则，比如垂尾部的“10”。

转场的方式很多，图中显示的是铁路运输，采用这种运输方式，飞机必须拆解，押运人员通常是后备役士兵。不管哪种转场方式都可能遭遇盟军飞机的空袭。

跟英国皇家空军的辅助空运单位飞行员一样，德国第1飞机转场联队也雇佣大量女性飞行员，美国航空部队也有专门的女性飞行员，而且数量相当大，达到1074人。德国空军女性飞行员少得多，据信，第1飞机转场联队共有40名飞行员，其中至少有8名女飞行员。女性飞行员一般会被分配到第3中队，这个中队主要负责转场教练机。但是，很快这些女性飞行员就被分到更具挑战性的岗位，比如比阿特·乌塞，在第3中队服役刚刚5个月，她就被调往第2中队，这个中队负责转场Fw 190战斗机。

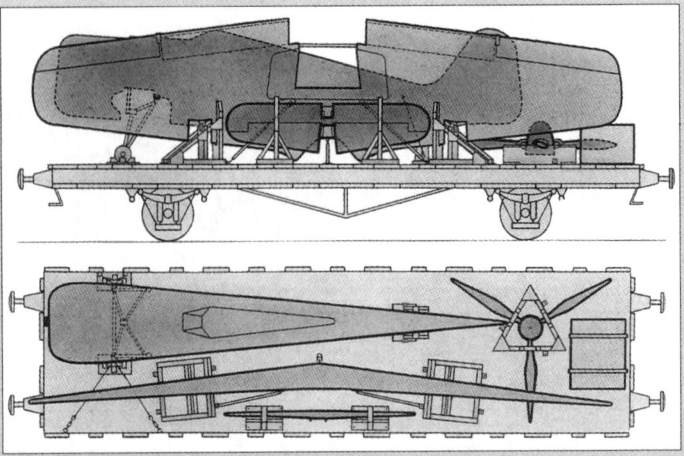

Fw 190飞机拆解后装车（列车）示意图。

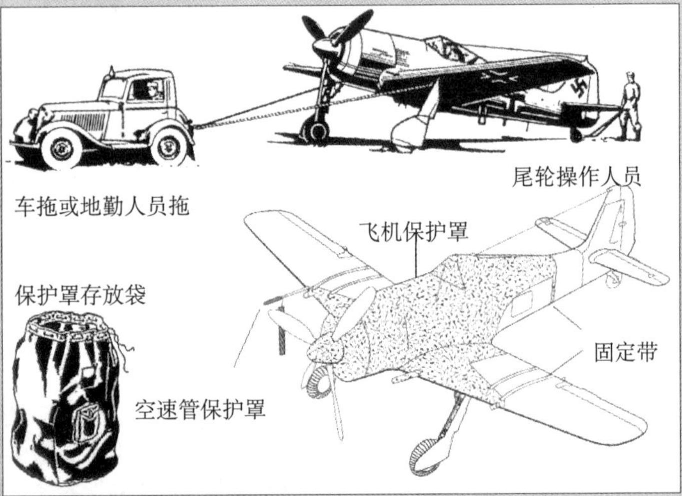

机场操作和飞机防护示意图。

女性飞行员大部分执行的是短距离转场任务，一般会限制在德国境内，再以比阿特·乌塞为例，她驾驶过的战斗机包括Fw 190、Bf 109，甚至在1945年4月30日，她还驾驶过Me 262喷气战斗机。另一名飞行员莉泽尔·巴赫回忆道：

我们的飞行主要在德国西部，但是，临近战争末期，我们的转场飞行几乎就是自杀任务。我驾驶的（转场）飞机确实携带了弹药，但是进行空中格斗和射击并不是我们的任务。我们必须安全地把飞机交付给作战单位，（转场过程中）避免与敌机接触，大部分时间里，我驾驶飞机超低空飞行完成了我的任务，当我在空中看到敌机，我会立即消失在另一树梢处（指超低空）。

随着德国本土越来越频繁，越来越猛烈地遭到盟军轰炸机空袭，德国第1飞机转场联队也开始出现伤亡，因为驾驶转场飞机的飞行员要么没有作战经验，要么身体素质无法支持其与敌机作战。情况大致是：戈德克候补中士在1944年5月29日、奥佩尔恩代理下士在1944年6月4日、穆勒上士在1944年6月17日损失。比阿特·乌塞回忆转场飞行员的这些经历，她说：

转场飞行员变成了危险的任务，我们常被敌机追击，我的飞机携带了全部弹药，但我很清楚，没有经过战斗机方面的训练，我肯定会在空中被“喷火”战斗机击落，因此，（遭遇敌机）最好的办法就是消失（主动避开敌机）。我会尽可能低地飞行，一般会低于树线（tree line，远处的树梢一线），这么低的高度，敌人很难发现我。但有一个危险必须

Fw 190飞机可以携带三个型号副油箱，左列三图为C型，右列上为B型，右列下为D型。

记住：我宁可撞上小山、电线杆或是建筑物，也不能被敌人击落。

最后，更安全的转场方式是让前线战斗机飞行员直接到工厂接收新飞机或修复完毕的飞机。因此，在1944年年底，德国空军第1飞机转场联队的转场任务越来越少，不再成为主要转场方式。

在机翼内成为内置机炮。Ra-5和Ra-7型Fw 190A-10飞机都没有投产，也不清楚进展到哪一步了。

Fw 190F-9对地攻击机

1943年4月15日，德国决定将Fw 190F-4编号改为Fw 190F-8，这个型号跟Fw 190A-8飞机一道生产。与此同时，福克-沃尔夫公司提交的Fw 190F-5和Fw 190F-6型号编号分别改为Fw 190F-9和Fw 190F-10，这个时候，“F”表示对地攻击型号，或者说，Fw 190F-9就是Fw 190A-9的对地攻击型号，“F-4”、“F-5”和“F-6”编号放弃的原因就是跟A系列中的子型号对应起来。Fw 190F-9飞机安装BMW 801TS发动机，武器系统缩减为发动机上方2挺MG 131机枪，备弹475发/挺；翼根2门MG 151/20机炮，备弹220发/门。飞机安装FuG 16ZS无线电，机腹可以携带ETC 501挂架，每侧翼下携带2个ETC 50挂架。

Fw 190F-9飞机的生产从1945年1月初开始在阿拉多公司的瓦尔内明德生产厂投产，

一个月后，维斯马的北德道尼尔公司也生产这个型号飞机。有证据表明还有一个生产厂生产少量Fw 190F-8和Fw 190F-9飞机，该厂生产的飞机序列号为638000。但没有1945年1月后的官方生产数字，仍然有证据证明阿拉多公司在1945年1月至4月间生产了310架Fw 190F-9飞机，道尼尔公司生产了110架。

Fw 190F-9飞机出现首架损失是1945年1月22日，当时，Ⅰ./SG 77大队的鲍塞少尉因飞机事故迫降时受伤。跟Fw 190F-8飞机的一样，Fw 190F-9飞机也有一些战场改进型组件（R型），包括Fw 190F-9/R1，每侧机翼携带2个ETC 701挂架，Fw 190F-9/R13、F-9/R14、F-9/R15和F-9/R16都跟Fw 190F-8的类似。上文提到过Fw 190F-6的编号改为了Fw 190F-10，这是Fw 190A-10的Ra-5型的对地攻击型，即新型单一机翼和加大尺寸的起落架机轮等。福克-沃尔夫公司甚至考虑过为飞机换装为Ta 152飞机设计的新型垂直尾翼。Fw 190F-10型号在1944年4月24日被放弃，取而代之的是Fw 190F-15型号，前者没有投产。

没有证据显示有Fw 190F-11至Fw 190F-14型号存在，因此下一个投产的对地攻击型就是Fw 190F-15。早先飞机的子型号是按顺序命名的，后来对地攻击型（F系列）编号与制空战斗型（A系列）对应起来命名，Fw 190A-10是A系列中最后一个型号，因此，没有Fw 190A-11至A-14也就没有Fw 190F-11至Fw 190F-14型号。Fw 190F-15是Fw 190F-9的发展型，前者也采用加大尺寸的机轮，即740×210毫米和380×150毫米。同样，Fw 190F-15也有两个候选方案，第一个方案采用BMW 801TS发动机，飞机安装FuG 16ZS无线电，该方案只有一个战场改进组件（R型）：Fw 190F-15/R1，新型ETC 504挂架取代老型号ETC 501，机翼携带ETC 701挂架，机轮尺寸加大。德国计划罗兰德生产联合体从1945年1月开始，一个月后道尼尔公司开始生产Fw 190F-15/R1飞机，但是这个型号并未投产，它被改进型Fw 190F-15（后来编号改为Fw 190F-16）所取代。

Fw 190F-16飞机计划安装BMW 801TH发动机，FuG 15改进型无线电和大尺寸机轮。ETC 504挂架取代ETC 501挂架，每侧机翼携带2个ETC 701挂架或是1个ETC 503挂架。Fw 190F-16型号的原型机是Fw 190V-66，W.Nr.584002，这架原型机在1945年2月15日一切就绪准备首飞，实际上首飞日期推迟到了3月3日。首飞试飞员是施尼尔中队长。由于BMW 801TH发动机一直无法交付，飞机只得安装1台BMW 801TS，W.Nr.337113发动机。第二架原型机是Fw 190V-67，

Fw 190F-9是Fw 190A-9的对地攻击型，因此前者也安装BMW 801S(TS)发动机。对地攻击型通常为了减重去掉机翼外侧的机炮，有时也会去掉发动机上方的机枪，但是图中这架Fw 190F-9的机枪仍在。机翼下表面的黑斑说明飞机在此携带反坦克武器。

W.Nr.930516，该型号飞机也计划采用面积更大的Ta 152垂直尾翼，它的面积达到1.77米^2，此前标准型号的面积为1.56米^2。该机在1945年3月完成地面测试准备首飞。德国计划由道尼尔公司从1945年4月开始生产该型飞机，飞机序列号为810000，很明显，德国无法完成这样的任务。目前仅知Fw 190F-16有两个战场改进组件（R型），第一个是Fw 190F-16/R5，每侧机翼增加一个55升油箱。该型号飞机计划由北德道尼尔公司在1945年5月开始生产；第二个是Fw 190F-16/R14，它和上段中Fw 190F-15/R1类似，机腹携带ETC 504挂架，这是一种鱼雷挂架，为了增加机腹部离地的净空间，起落架支臂需要延长（加高）。

以上两图是为Fw 190F-8/R3和Fw 190F-9/R3研制的MK 103机炮，跟上文中“R3”型号的机炮吊舱相比，图中的吊舱形状有所不同。另一个重要区别在于炮口制退器的开口朝上下，为的是将炮口火焰引向上下，而不是机身。不管哪种MK 103机炮吊舱都太笨重，反坦克效果也不好。

从Fw 190F-8型号开始，德国计划为飞机安装蔡斯公司研制的TSA 2A或TSA 2D俯冲轰炸瞄准具，1943年10月提出为飞机安装，安装这种瞄准具的飞机可以以10—40度角度进行俯冲轰炸，俯冲开始时，TSA 2瞄准具开启，目标中心设置在瞄准具的十字准星中。当达到距目标理想距离时，座舱内小灯会亮起，飞行员按下释放炸弹或鱼雷的按钮。武器载荷释放后，飞行员拉起飞机进入爬升状态避免被可能的防空火力和投掷的炸弹爆炸碎片伤及。

1944年6月，雷希林试验中心的E7部门开始测试TSA 2瞄准具，执行试验任务的是W.Nr.0871，TD＋SI飞机，试验的平均俯冲角度为25度。试验时，飞机在1600米高度靠近目标，随后俯冲并在530米高度投下SC 50训练弹，测试结果表明，50%的炸弹落在了靶心50米范围内。投掷炸弹测试完成后，飞机被送到哥腾哈芬的鱼雷研究中心进行鱼雷投放试验，其间又有2架飞机参与这个试验项目。测试期间，飞机投放了1400公斤的BT 1400鱼雷炸弹，随后飞行员做6g过载的机动改出俯冲状态。试验取得了成功，但是，参与试验的飞行员还是有点好奇地想看看试验对Fw 190飞机的机体结构的影响，1400公斤鱼雷加上6g过载机动都会对飞机结构产生影响。但资料没提到底什么影响。

二战结束前被美国缴获的1架Fw190F-9飞机，鼓胀的座舱罩很醒目。Fw 190系列中，很多型号相当难区别，特别是有对应关系的型号，比如Fw 190A-8和Fw 190F-8、Fw 190A-9和Fw 190F-9。“A”表示战斗机，“F”表示对地攻击，而“A”型也可以携带炸弹，“F”型也可以制空作战。

1944年9月5日，德国航空部技术部、对地攻击飞机兵种总监、蔡斯公司里特曼博士、鱼雷研究中心的古特纳硕士和福克-沃尔夫公司代表举行了研讨会，会议讨论的内容是KG 200联队飞机被指定将使用TSA 2A瞄准具和BT 400、BT 700、BT 1400系列炸弹鱼雷，并且在一次性作战任务中投入使用。试验表明，TSA 2A瞄准具的瞄准精度并不十分高，因此对瞄准具进行了改进，改进后的型号是

四张照片显示的是一种试验型可抛照相机吊舱，结构极其简单，吊舱镜头朝前，具体照相目的不详。吊舱外面德文意思是“不是炸弹”。

TSA 2D。但是，这个改进型瞄准具的生产因为战争出现延误，据估计要到1945年夏天才会进行大批量生产，因此，计划在1945年1月为Fw 190F-16飞机安装TSA 2D瞄准具的同时，计划新型号Fw 190F-17飞机将全部安装这种瞄准具。Fw 190F-17跟Fw 190F-16飞机基本类似，也安装Ta 152飞机的垂直尾翼，为的是消除测试期间发现的飞机尾翼单元颤震问题。飞机还计划安装BMW 801TS或TH发动机，机腹携带ETC 504挂架，两侧机翼携带4个ETC 701挂架，飞机计划在1945年8月投产。

Fw 190G-9对地攻击机

同样，上文提到Fw 190G-4编号在1943年8月1日改为Fw 190G-8，Fw 190G-5和G-6分别改为Fw 190G-9和G-10，改编号的原因也跟Fw 190F系列的一样，为的是与Fw 190A系列的对应起来。跟Fw 190A-9和Fw 190F-9一样，Fw 190G-9也计划安装BMW 801TS发动机，其他方面跟Fw 190G-8类似。Fw 190G的最后一个型号是Fw 190G-10，它与Fw 190A-10基本类似。Fw 190G-9和G-10飞机的研制都没有完成，因此，远程战斗轰炸任务都由Fw 190F-8/U1飞机完成。

剑走偏锋的Fw 190D战斗机

二战期间，德国轰炸机安装使用的最重要发动机之一就是上文提到过的Jumo 211发动机，这是容克公司研制的一种12缸倒V液冷直列发动机，该发动机最早在1936年4月进行台架测试，第二年开始批量

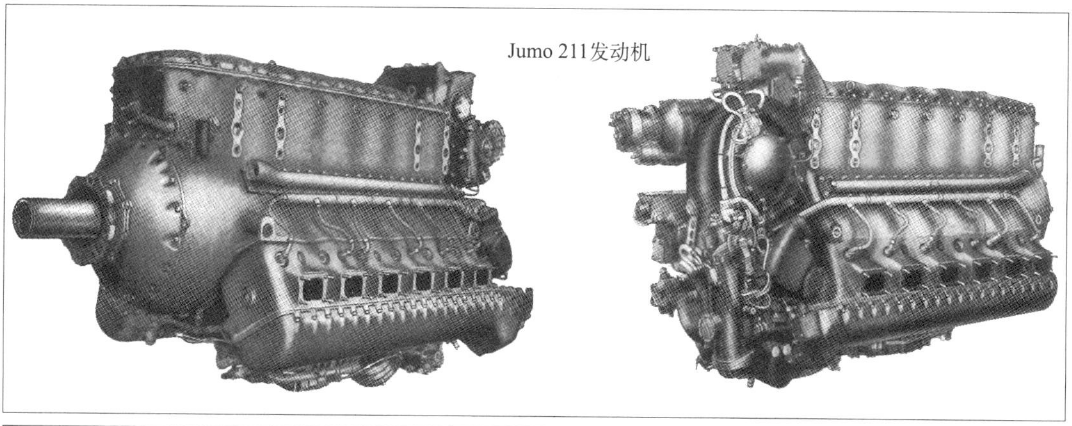

两图分别为Jumo 211发动机和Jumo 213发动机，后者是前者的改进型。液冷发动机横截面积比风冷发动机的要小，但是长度却更长。

生产。截止1944年中期停产，Jumo 211发动机进行了很多改进，出现很多型号，发动机功率不断增大。

和主要竞争对手，戴姆勒-奔驰公司研制的DB 601发动机相比，Jumo 211发动机的主要缺点是它有一个常压式液冷冷却系统，也就是通过泵压的水给发动机冷却，而给水增压的就是外部的空气。这就带来一个问题，水的沸点跟气压有关，压力越小，沸点越低，飞机爬升越高，气压越低，水的沸点也越低，必须降低水温防止过早沸腾蒸发。DB 601发动机上有专门的增压系统，它可以在任何高度保持压力不变，这样发动机安装相同冷却功率却可以携带相当少的水，而且所有高度冷却功率都相同。因此，DB 601发动机比Jumo 211发动机的体积更小，重量更轻，可以在更高的高度将冷却功率设置得更高，战斗机上多采用这种发动机。

为此，在1938年初期，容克公司研制部工程师奥古斯特·里赫特博士利用增压冷却系统为Jumo 211发动机设计了一个新型装置，采用新冷却系统的发动机编号为Jumo 213，它的功率在3250转/分时的功率达到1750马力。Jumo 213发动机增加很小一块体积容纳冷却电源，增压器的压力值也有所增加。容克公司有一招儿非常聪明，那就是Jumo 213发动机的安装支持点跟主要竞争对手DB 603的完全一样，而DB 603是在DB 601发动机基础上改进的12缸倒V形直列液冷发动机，其排量为44.52升（DB 601的为33.9升），功率为1750马力。发动机每个汽缸有四个阀门，螺旋桨桨毂为中空，机炮和机枪可以由此向前射击。不同寻常的是，左右两侧的压缩比不同，左侧为7.3，右侧为7.5。增压冷却系统采用50%的水和50%的乙二醇。最大允许温度为125℃，地面正常工作温度为115℃，随着高度增加，正常工作温度会降低。Jumo 213发动机的安装支撑点和DB 601/603的一样意味着两款发动机可以方便地互换，明显的外部特征是Jumo 213发动机的增压器进气口在右侧，而DB 603的在左侧。

直到1940年，Jumo 213A发动机才开始进行台架测试，其后的研制进度一直比较慢，1941年11月，安装Jumo 213发动机的Fw 190飞机方案首次被提了出来，首批2架用来测试新发动机的是Fw 190V-17，W.Nr.0039，CF＋OX飞机和Fw 190V-18，W.Nr.0040，CF＋OY飞机，安装新发动机后，2架原型机的后机身都插入了一个500毫米的舱段。随后还要生产5架发展型飞机（Fw 190V-19—V-23）用于试验，这5架飞机将按Fw 190Ra-1（Wb-1）项目内容进行改进和安装新设备，包括增加机身段（就是500毫米长的舱段），安装生产型Jumo 213发动机，新的液压起落架收放系统（不是此前的电力操作收放系统），增加垂直尾翼面积（增加到1.77米^2）等。福克-沃尔夫公司1942年3月23日文件证实，7架原型机（就是2架原型

Jumo 213 发动机和 DB 603 发动机的性能数据对比

	Jumo 213A(8-9213E)	DB 603A
缸径	150 毫米	162 毫米
行程	165 毫米	180 毫米
排量	35 升	44.52 升
长度	2266 毫米	2610.5 毫米
高度	980 毫米	1156 毫米
宽度	777 毫米	830 毫米
净重	940 公斤	920 公斤

跟Jumo 213发动机一样，DB 603发动机也是12缸倒V液冷发动机。图中DB 603L发动机采用两级增压器，发动机功率为2000马力。

Fw 190V-13原型机已经安装DB 603A发动机进行了测试，但是发动机的研制进度比较缓慢。

机加5架发展型飞机）计划安装Jumo 213发动机，还有3架原型机（Fw 190V-13、Fw 190V-15和Fw 190V-16）安装DB 603发动机。

截至1942年夏初，安装DB 603发动机的Fw 190V-13和Fw 190V-15飞机成功地进行了试飞，虽然试飞成功，DB 603发动机还是在之后的试验中暴露出很多问题。但是，遇到更大麻烦的是Jumo 213发动机，为此，福克-沃尔夫公司决定为原本计划安装Jumo 213发动机的原型机安装DB 603发动机。1942年7月9日的文件显示，Fw 190V-17和Fw 190V-18飞机仍计划安装Jumo 213发动机进行测试，但是，后来这些原型机安装发动机计划又进行了调整：

Fw 190V-19 和 Fw 190V-20 飞机安装 DB 603 发动机，飞机没有安装武器和增压座舱，也没有采用硬壳式结构。

Fw 190V-21 飞机安装 DB 603 发动机，飞机将安装武器和增压座舱，采用硬壳式结构。

Fw 190V-22 和 Fw 190V-23 飞机安装 Jumo 213 发动机，飞机将安装武器和增压座舱，还将用来测试铝锌合金结构。

Fw 190V-25、Fw 190V-26 和 Fw 190V-27 飞机安装 DB 603 发动机，飞机将安装武器和增压座舱，将采用铝锌合金结构。

Fw 190V-28 飞机将用来进行铝锌合金结构破坏性试验，飞机没有安装发动机和机尾。

最后，在1942年9月13日，安装Jumo 213发动机的Fw 190V-17飞机开始进行地面发动机试验，13天后，这架原型机进行了首飞，试飞员是汉斯·桑德尔，他的报告称，飞机的气动给人留下了很好的印象，但是发动机还是出现了问题。跟安装DB 603A发动机的原型机一样，Fw 190V-17飞机也安装了环形散热器，不一样的是，后者从一开始就安装了机头油冷却器。福克-沃尔夫公司的设计团队采用了这种设计，为的是尽量减少以后的改进。9月底，Fw 190V-17原型机进行了第二次飞行，10月4日进行了第三次飞行，10月22日进行了第四次仅九分钟飞行，这些飞行试验主要针对Jumo 213发动机出现的问题，试验表明，散热器出气口活动盖板设计有缺陷，动作不正常，这导致了发动机汽缸过热。其他问题还包括：冷却水蒸发过快，从机身后部油箱将燃油抽取过来十分困难，跟安装DB 603发动机的Fw 190V-13飞机相比，Fw 190V-17飞机的增压器仪表指示数据不准确。

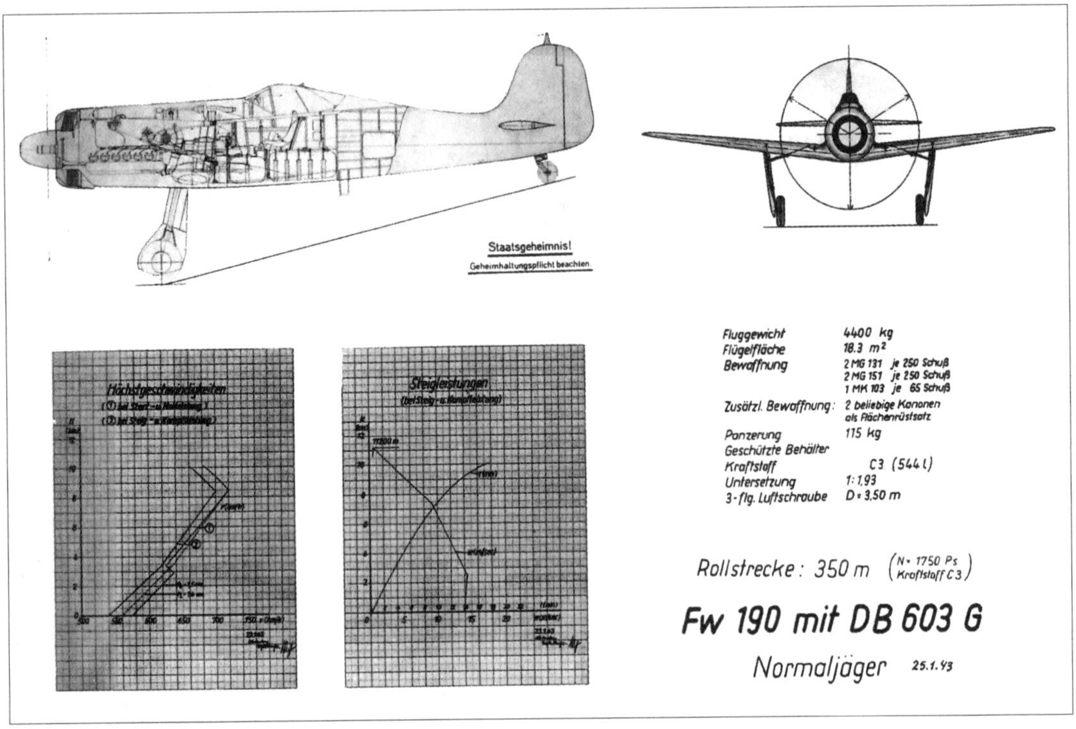

福克-沃尔夫公司文件显示的1943年1月25日安装DB 603G发动机的Fw 190飞机。本书介绍Fw 190B/C型号时都提到了DB 603G和Jumo 213发动机竞争的问题，实际上后者遇到的问题最多也最难解决，但德国空军却决定为Fw 190飞机采用Jumo 213发动机。其实，DB 603G和Jumo 213发动机性能上难分伯仲，Fw 190D的最早选择可能跟Jumo 213发动机的生产有关，之后不久，福克-沃尔夫决定为Fw 190D-14/15和Ta 152A/B/C安装DB 603G发动机。

截至1942年11月，由于Jumo 213发动机的麻烦不断，原计划安装该型发动机的Fw 190V-18飞机后来不得不安装DB 603发动机，这架原型机之后被用来进行高空飞行试验，飞机编号改为Fw 190V-18/U1“高空战斗机”2，与此同时，福克-沃尔夫公司又生产5架原型机参加“高空战斗机”2项目，即Fw 190V-29—V-33。

此时，福克-沃尔夫公司提交了安装DB 603发动机和Jumo 213发动机的Fw 190飞机生产型方案，其编号分别是Fw 190C和Fw 190D。Fw 190C-1和Fw 190C-2飞机发动机上方安装2挺MG 131机枪，翼根安装2门MG 151机炮，发动机正中间（两列汽缸之间）安装1

福克-沃尔夫公司第一个Fw 190D-1方案飞机模型在进行风洞试验，这是非增压座舱方案，Fw 190D-2是采用增压座舱方案，但两个方案都没有进行下去，因此Fw 190D的第一个型号实际上是Fw 190D-9。

门MG 151，或是MK 108，再或是MK 103机炮，炮管穿过螺旋桨桨毂。Fw 190C-1和Fw 190C-2飞机不同之处在于后者采用的是增压座舱。Fw 190D-1和Fw 190D-2飞机（计划采用的生产序列号分别为190-0410和190-0420）的发动机中间没有安装机炮，但是，Fw 190D-2飞机采用了增压座舱。由于Fw 190V-18飞机安装发动机计划有变化，实际上安装Jumo 213发动机的只有3架原型机，即Fw 190V-17、V-22和V-23，其中Fw 190V-22和V-23飞机计划测试增压座舱和发动机中间安装机炮。

同时，Fw 190V-17原型机的试验仍在继续，该机在1942年12月4日进行了第八次飞行试验，试飞员库尔特·梅尔霍恩在这次试验中驾驶飞机进行了8分钟飞行，他的报告称：“……发动机运行仍然十分粗野，导致一些测试项目无法展开，因为这个原因，试验中根本无法评估窄小的发动机整流罩。”发动机小毛病不断，解决起来也没那么快，因此，安装原Jumo 213发动机的飞机此后只进行了一次飞行试验，也就是1943年1月11日进行的第九次飞行，试飞员是鲁赫，飞行持续了36分钟。这次飞行后，这架Fw 190V-17飞机在1月15日被送回生产厂换装预生产型Jumo 213A-0，W.Nr.46发动机。

换发后的Fw 190V-17原型机在1943年2月27日进行了20分钟的首飞，当天首飞后又进行两次飞行，分别为六分钟和九分钟。这三次飞行中，飞机的无线电设备舱安装了130公斤的配重，垂直尾翼安装了12公斤的配重，机身中部安装15公斤配重，但是，飞行中机身和发动机仍然出现严重的共振现象，震动严重到飞机几乎无法飞行。这个问题必须解决，不然飞机根本无法作为战斗机使用，因为震动导致反射式瞄准具无法瞄准。

3月2日又进行了两次飞行试验，滞空时间分别是5分钟和7分钟，之后的3月4日的飞行进行了26分钟，两天后的飞行进行了12分钟，这四次飞行的驾驶员是伯恩哈德·马塞尔。桑德尔和马塞尔分别又进行一次飞行后，雷希林试验中心的试飞员奥托·贝伦斯上尉在3月29日驾驶Fw 190V-17飞机进行两次飞行，他的飞行报告对飞机的评价并不高：“跟安装以前的发动机（指第一台Jumo 213发动机）相比，新发动机只是稍稍有些改进。试验中发动机转速达到了2650转/分和2950转/分，尽管安装了新支撑，发动机工作仍然比较粗野，在某些情况下，震动导致排气管从根部断裂。”其他方面的问题包括冷却器排气口左右叶片闭合不同步，右侧的比左侧的灵敏五倍；润滑油和冷却液渗漏严重，报告称：“座舱地板被搞得全是油污。”木质的海涅VS 9螺旋桨也有问题，因此，技术人员考虑换装仍在试验的施瓦茨VS 10螺旋桨。最后反复强调的是：“垂直尾翼面积必须放大。”

为了改进试验中发现的问题，Fw 190V-17原型机被送到雷希林试验中心，在此，这架飞机于1943年4月30日进行了首次飞行。随后的飞行试验发现，导致发动机震颤的原因是一定速度范围内曲轴共振引起的，发现问题后，容克公司立即投入力量解决问题，方法是在曲轴和螺旋桨之间安装一圈小轮子，将共振引入到没有破坏性的转速范围内。同时，试验站的技术人员发现，通过理论计算，改变点火步骤可以消除共振，改进后的试验表明，改进相当成功，为此，容克公司放弃了自己的改进试验，完全接受了“雷希林点火步骤”。这个改进唯一的负面影响是发动机性能有8%的损失，因为排气和进气轴线是为以前

1942 年	生产数量	1943 年	生产数量
7 月	8 台	1 月	10 台
8 月	9 台	2 月	14 台
9 月	10 台	3 月	32 台
10 月	10 台	4 月	37 台
11 月	16 台	5 月	26 台
12 月	13 台		
1942 年总计	66 台	1943 年总计	119 台
两年总计	185 台		

图中Fw 190V-17原型机当时（1942年秋天）停在朗根哈根机场，飞机没有涂装也没有任何标识。值得一看的是飞机采用了后来Ta 152飞机采用的大面积垂尾，后来这架飞机被改为Fw 190V-17/U1，作为Fw 190D-9型号的第三架原型机。

点火步骤设计的。容克工厂内已经生产出来的185台发动机在1943年6月开始按试验改进的方法进行改进。

Fw 190V-17原型机在雷希林试验中心又进行四次飞行后返回福克-沃尔夫公司，在此，该机从1943年6月10日开始继续进行飞行试验，试飞员是马塞尔。此时，这架原型机换装了1台Jumo 213A-1，W.Nr.1001520078发动机，也换装了更加流线型的整流罩，飞机仍然没有安装武器；机身中部增加一个500毫米的舱段，由于发动机较长，为了补偿机头前伸，机尾采用“中等C2尾部”，也就是机尾延长并重新设计；最重要的一个改进就是采用新型大面积垂直尾翼，新垂尾在原来垂尾安定面和方向舵之间嵌入一段以达到增加面积的目的。6月28日开始，Fw 190V-17飞机采用一副施瓦茨VS 10螺旋桨，改进后的飞机起飞重量为3940公斤，之后的飞行试验报告称：“采用新型C2加大的尾部和机身的飞机飞行品质和稳定性十分优秀。”1943年8月15日至17日，这架原型机又换上Fw 190A的老式垂尾（小面积），为的是进行对比试验，或者说以此证明新式大面积垂尾的优异性，为此，这架飞机在8月18日恢复到早期布局。9月4日，飞机换装1台新Jumo 213A-1，W.Nr.1001520151发动机，11月11日，该机又换装1台试验性质的Jumo 213CV，W.Nr.1001570015发动机。换装这些发动机试验时采用的仍然是VS 9螺旋桨，直到1944年4月7日才换装VS 10螺旋桨。Fw 190V-17飞机的试验持续到1944年4月13日，这时，飞机从朗根哈根测试中心送到阿德雷德原型机生产厂。截至此时，这架原型机共进行了整整100架次飞行试验，其中8架次是库尔特·谭克驾驶的。

目前为止，Jumo 213发动机的大部分问题已经解决，可以进行批量生产了。容克公司位于德绍的发动机生产厂是Jumo 213发动机主要生产单位，后来其他公司也被要求生产该型发动机，主要有马格德堡、克滕和莱比锡等地生产厂，战争后期，其他生产厂也加入生产的行列。

日期	德绍	克滕	马格德堡	莱比锡	总计
截至 1944 年 5 月	185 台				185 台
1943 年 6 月	64 台				64 台
1943 年 7 月	64 台				64 台
1943 年 8 月	57 台				57 台
1943 年 9 月	50 台				50 台
1943 年 10 月	65 台	10 台			75 台
1943 年 11 月	0 台	14 台			14 台
1943 年 12 月	0 台	52 台			52 台
1943 年总计	485 台	76 台			561 台
1944 年 1 月		99 台			99 台
1944 年 2 月		146 台			146 台
1944 年 3 月		320 台			320 台
1944 年 4 月		533 台		10 台	543 台
1944 年 5 月		485 台		40 台	525 台
1944 年 6 月		588 台		80 台	668 台
1944 年 7 月		348 台	5 台	120 台	473 台
1944 年 8 月		177 台	15 台	150 台	342 台
1944 年 9 月		237 台	25 台	200 台	462 台
1944 年 10 月		244 台	40 台	250 台	534 台
1944 年 11 月		324 台	60 台	350 台	734 台
1944 年 12 月		410 台	100 台	450 台	960 台
1944 年总计		3911 台	245 台	1650 台	5806 台
1945 年 1 月		415 台	80 台	500 台	995 台
1945 年 2 月		405 台	80 台	500 台	985 台
1945 年 3 月		465 台	10 台	500 台	975 台
1945 年 4 月		0 台	0 台	0 台	0 台
1945 年 5 月		0 台	0 台	0 台	0 台
1945 年总计		1285 台	170 台	1500 台	2955 台
总计	485 台	5272 台	415 台	3150 台	9322 台

Jumo 213发动机共有10个主要型号，以下是这些型号的简介：

Jumo 213A	3250转/分时功率1750马力	主要生产型号，采用MW 50水-甲醇增压器助燃系统时的起飞功率为2100马力。
Jumo 213B	3250转/分时功率2000马力	设计使用100标号C3燃油，可以提高增压器压力。
Jumo 213C	3250转/分时功率1750马力	跟Jumo 213A类似，但是增压器、油泵等做了调整，因此可以在发动机中间安装机炮。
Jumo 213D		这是递交的方案型号，采用新型三级增压器，功率曲线比较平缓，提高了发动机高空性能，未投产。
Jumo 213E	3250转/分时功率1750马力	高空型号，采用三速两级中冷增压器，采用MW 50水-甲醇增压助燃系统时的起飞功率为2050马力。
Jumo 213EB	3250转/分时功率1900马力	Jumo 213E的增加功率型，1944年间研制，增压器压力更高。1945年1月开始进行台架试验，将来计划批量生产。
Jumo 213F	3250转/分时功率2120马力	跟Jumo 213E类似，但是没有外部冷却器，采用MW 50水-甲醇增压器助燃系统用于低空使用时的内部冷却。计划批量生产。
Jumo 213J	3700转/分时功率2250马力	递交的方案型号，每个汽缸有四个阀门，二战结束前没有装机进行飞行试验。采用MW 50水-甲醇增压助燃系统时为2600马力。
Jumo 213S	3250转/分时功率1750马力	低空使用的试验型号，没有投产。
Jumo 213T	1万米高度的功率1600马力	在Jumo 213A/C或E型号上增加涡轮增压器，这是递交的方案型号。

回到1943年1月26日，截至此时，在Fw 190V-17原型机上的测试表明，Jumo 213发动机满足了装机条件，因此，福克-沃尔夫公司提出为Fw 190V-19、V-20和V-21原型机安装Jumo 213发动机，这些飞机的试验内容也做了相应调整。Fw 190V-19，W.Nr.0041，TI+IF飞机安装1台Jumo 213A-1，W.Nr.1001570009发动机，发动机支撑延长但做了改进，其他方面，如延长的机身和尾部单元、起落架液压收放系统、襟翼和VS 9螺旋桨仍保留。这架原型机主要进行高速飞行、爬升和常规飞行测试，以及检查滑油系统和水冷却设备等。机上增加的紧急气压系统用于液压系统失效后的备份系统，现代战斗机上仍有这种系统。Fw 190V-19飞机在1943年7月6日进行了首飞。

Fw 190V-20，W.Nr.0042，TI+IG飞机安装1台Jumo 213A-1，W.Nr.1001570010发动机，总的来说跟Fw 190V-19飞机一样，这2架原型机都没有安装武器系统，但是Fw 190V-20飞机的座舱前防火隔板前增加了一个42升的滑油油箱，还安装了Fla-V火焰抑制设备，在这种配置下，飞机在7600米高度获得的最大速度达到了675公里/小时。如果去掉火焰抑制装置，飞机在7000米高度的最大速度可以达到692公里/小时，这个速度算相当高了，但比预想的还是小了35公里/小时。汉斯·桑德尔驾驶Fw 190V-20原型机在1943年11月23日进行首飞，第二天，伯恩哈德·马塞尔驾驶这架飞机从朗根哈根起飞飞到波罗的海沿岸的巴尔特，在此为德国航空部的高层进行了表演。

下一架就是Fw 190V-21，W.Nr.0043，TI＋IH飞机，该机在1944年3月13日进行了首飞，首飞时间持续了15分钟，驾驶该机的是马塞尔。Fw 190V-21跟Fw 190V-20飞机类似，但是前者安装1台Jumo 213CV，W.Nr.1001570012发动机，也安装了火焰抑制装置。这3架原型机安装Jumo 213发动机时，Fw 190V-17飞机仍在测试Jumo 213发动机，因此，几架飞机都遇到了发动机工作粗野的问题，有意思的是，后3架原型机更换螺旋桨后就解决了运行粗野的问题。Fw 190V-21飞机试验期间发现在高空温度较低的环境下冷却剂的温度过低，解决这个问题并不困难，改进一下冷却器排气口叶片的致动杆就行了。这个改进事实上非常有用，大大改善了飞机在冬季极寒环境下的使用。Fw 190V-21飞机的最大速度稍有提高，在海平面获得的最大速度达到了540公里/小时。下表是发动机不同转速条件下的耗油率：

3250 转/分	610 升/小时
3000 转/分	530 升/小时
2700 转/分	375 升/小时
2400 转/分	285 升/小时
2100 转/分	215 升/小时

在进行了267架次测试飞行后，Fw 190V-21飞机被送到雷希林试验中心的发动机试验中心进行进一步的试验，其他

Fw 190V-20原型机原计划安装DB 603发动机进行测试，后来该机安装了Jumo 213CV/A-1发动机进行了首飞。

这架Fw 190V-21原型机也计划用来测试DB 603发动机，后安装了Jumo 213发动机，图中可见飞机安装了火焰抑制器。

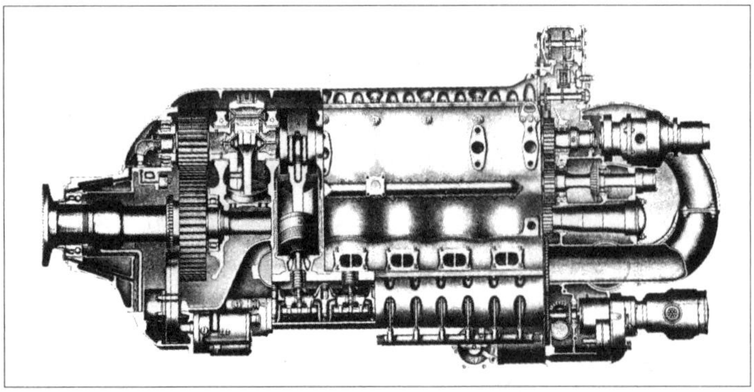
Jumo 213发动机和DB 603发动机主要结构完全相同，其他方面有一些区别，而且福克-沃尔夫公司计划其他Fw 190D型号采用DB 603发动机。

2架计划用来测试Jumo 213发动机的原型机是Fw 190V-22和Fw 190V-23飞机，但是，德国航空部在1943年6月3日取消了这个计划，取而代之的是Fw 190V-26和Fw 190V-27飞机，而实际上，这4架原型机都没有生产。原型机编号缺失的是Fw 190V-25飞机，这架飞机（W.Nr.0050）跟Fw 190V-21飞机相似，但安装的是Jumo 213C发动机，上文提到过，这个型号发动机中间可以安装MK 108或MK 103机炮。Fw 190V-25飞机在1944年完成生产，随后送到塔纳维兹试验站进行武器系统试验。

Fw 190D-9战斗机

到1943年秋天，德国空军此时已有两款主力战斗机，即Bf 109和Fw 190在各个战场上与西方盟军和苏联空军作战，德国这两款战斗机在世界上处于领先地位，盟军中英国和美国也不是吃素的，英国“喷火”就是可与德国主力战斗机媲美的先进战斗机，加上美国的参战带来了希特勒最不愿意看到的重型轰炸机，可以说，德国两款战斗机已经不具备压倒性的优势。鉴于这种情况，为了尽快解决目前面临的问题，德国航空部大力支持福克-沃尔夫公司研制安装Jumo 213发动机的Fw 190战斗机，这个换发的项目名称早期被称为Ra-8，后来改为Fw 190D-9。Fw 190D-1和D-2，编号一下子就跳到“D-9”的原因是为了跟Fw 190A-9战斗机平行发展，上文中的Fw 190F和Fw 190G都有这种现象，因此，没有Fw 190D-3至Fw 190D-8飞机。

Fw 190D-9最早的方案图被记载是1944年1月15日，实际研发日期可能再早几个月，最早的方案图显示这个型号的一些改进内容：机身延长，在后机身，即垂尾前方的后机身插入一个500毫米舱段；机尾

Fw 190V-53原型机是由1架标准Fw 190A-8飞机改装的，飞机最早安装1架Jumo 213C发动机，由上图可以看出，发动机驱动的是一副三叶宽弦螺旋桨。

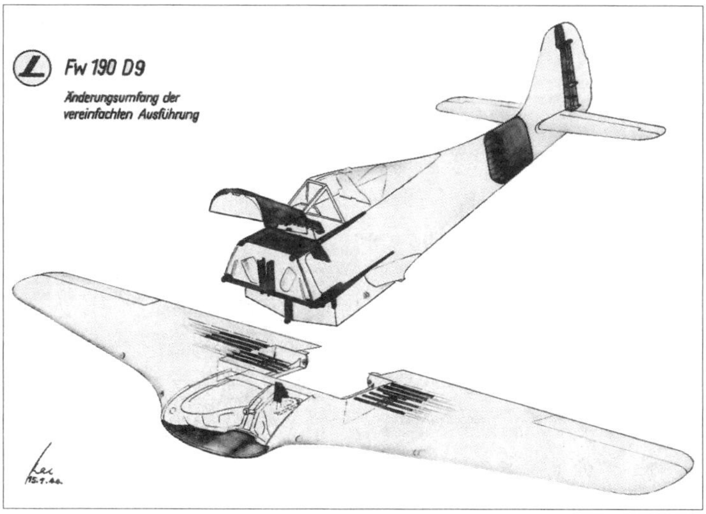

福克-沃尔夫文件显示的Fw 190D-9飞机和Fw 190A-8飞机的区别，图中颜色较深的部位是Fw 190D飞机。

Fw 190D-9座舱模型，仪表板最上方是Revi 16B瞄准具模型。

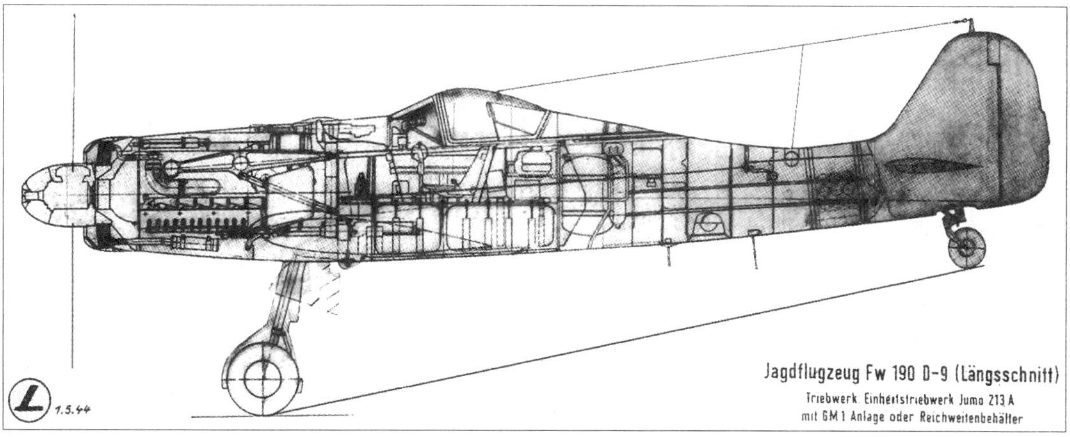

福克-沃尔夫公司文件显示的Fw 190D-9飞机，它跟Fw 190A-9的基本类似，只是发动机不同，后机身插入一个500毫米舱段。

部重新设计；前机身和机翼中心段（相当于中央翼盒）结构加强；发动机整流罩重新设计以适应Jumo 213A(8-9213E)直列发动机。1944年2月，一份新型号飞机的原型机项目报告称："由于改进已有的原型机（V-17、V-19和V-20）存在一些困难，有必要改进2架Fw 190A-8飞机作为Fw 190D-9型号的原型机。2架原型机必须立即着手在阿德雷德原型机生产厂改进，改进后的飞机编号为Fw 190V-53和Fw 190V-54。容克公司必须在4月底交付2台完整的Jumo 213A发动机，希望飞机换发10天后就进行飞行测试。"

尽管文件要求改进2架Fw 190A-8作为Fw 190D-9的原型机，实际上用来改进的是第17架原型机，改进后的编号为Fw 190V-17/U1，这架原型机是1944年4月底至5月初在阿德雷德原型机生产厂改进的。5月17日，伯恩哈德·马塞尔驾驶这架原型机进行了首飞，他驾驶飞机从阿德雷德工厂直接飞到朗根哈根机场。6月6日，Fw 190V-17/U1飞机再次飞到雷希林试验中心进行进一步的测试，此间的测试从6月11日至7月6日。与此同时，第二架Fw 190D-9的原型机Fw 190V-53，W.Nr.170003，DU＋JC飞机在1944年6月12日进行了首飞。这架原型机是由1架Fw 190A-8战斗机改进的，飞机换装1台Jumo 213CV，W.Nr.1001580035发动机，该型号发动机的中间可以安装机炮，炮管就在螺旋桨桨毂中间。Fw 190V-53原型机的发动机上方有2挺13毫米MG 131机枪，每侧机翼翼根和外侧机翼有2门MG 151机炮。该原型机进行了密集的飞行测试，在完成100架次飞行试验后，该机被改进成武器测试平台用于测试Ta 152B-5飞机的武器系统，编号也改为Fw 190V-68。第三架Fw 190D-9的原型机Fw 190V-54，W.Nr.174024，BH＋RX也是改进自1架Fw 190A-8飞机，生产厂家不同，飞机编号不一致。这架原Fw 190A-8飞机在1944年5月29日失事，飞机轻微受损，正好用来改进作为原型机使用。Fw 190V-54原型机主要用于测试MW 50水-甲醇增压器助燃系统，为此飞机座舱后安装了一个115升溶剂罐。MW 50助燃系统的喷射剂由49.5%水（W）和50%甲醇（M），外加0.5%的防冻液组成，当飞机飞行低于额定高度时，助燃系统将喷射剂注入增压器内提高其压力从而达到短时间增加发动机功率的目的，其工作时间不能超过10分钟。这个MW 50系统对于空战十分有用，使用时，Jumo 213发动机功率至少可以提高300马力，而且，为发动机安装这个系统只需安装一个特制的火花塞即可，无需对发动机进行任何改进。MW 50系统的缺点是甲醇有天然的腐蚀性，使用时会降低发动机寿命，但是，短时间内将发动机功率提高到2000马力还是值得使用的。

1944年8月5日，美国陆航第八航空队的重型轰炸机轰炸了德国汉诺威朗根哈根机场，Fw 190V-54原型机被炸毁，Fw 190V-53原型机轻微受损。另外，正准备测试戴姆勒-奔驰公司DB 603发动机的Fw 190V-20/U1原型机也被炸

Fw 190V-17原型机在测试Jumo 213发动机期间更换了几款子型号，包括Jumo 213A-0、A-2和A-3，后来飞机编号改为Fw 190V-17/U1，最终这架飞机又按标准Fw 190D-9飞机进行了改进。

毁，Ta 154双发重型战斗机项目因空袭而受到严重影响，Ta 154V-5、V-22和V-23原型机受损严重而注销，这进一步影响了154试验单位的测试活动。

尽管美国空袭造成很大的影响，德国Fw 190D-9飞机的研制仍在继续，此时也开始考虑批量生产的问题，计划由福克-沃尔夫公司位于科特巴斯和西里西亚索劳的生产厂生产的飞机在1944年8月向德国空军交付生产型Fw 190D-9战斗机，随后罗兰德生产联合体、位于卡塞尔瓦尔道的费施乐公司和位于奥舍尔斯累本的阿戈公司也在9月开始生产Fw 190D-9飞机。

第一架生产型Fw 190D-9，W.Nr.210001，TR＋SA飞机于1944年8月底在索劳工厂下线，8月31日，汉斯·桑德尔驾驶该机飞到朗根哈根进行试验。这架飞机发动机上方安装2挺MG 131机枪，翼根安装2门MG 151机炮。虽然几架试验Jumo 213发动机的原型机试验过程中发现发动机的很多问题，之后也进行了改进，生产型Fw 190D-9飞机仍然在使用中发现Jumo 213A-1发动机有很多问题，在9月7日的第九次飞行后，第一架生产型飞机才积累4小时12分的飞行时间，飞行报告称："很短的一段时间飞行后，第一台发动机（W.Nr.1021521415）就被换下，原因是增压器故障。另外，进气口的网状保护网有损坏，损坏的碎片被吸入增压器。第二台发动机（W.Nr.1021520539）在9月28日的飞行中出现增压器损坏情况，原因还没有找到。原本安装到Fw 190V-53原型机上的1台Jumo 213C发动机（W.Nr.1001580035）被拆下安装到第一架生产型飞机上。"第三台发动机完成了1小时38分运行就被第四台发动机（Jumo 213A-1，W.Nr.1061520465）所取代，Jumo 213C发动机被换掉的原因是曲轴和汽缸体之间漏水，进一步导致第四缸没有压力。第一架生产型Fw 190D-9飞机最后一次更换发动机是1945年1月10日，这次换上的是另一台Jumo 213A-1发动机（W.Nr.1021522229）。

第二架生产型Fw 190D-9，W.Nr.210002，TR＋SB飞机在1944年9月15日首飞，驾驶该机的是空军飞行员施密茨上尉。这架飞机安装1台Jumo 213A-1发动机（W.Nr.1021521862），武器系统为2挺MG 131机枪和2门MG 151机炮。首飞后的三天里，这架飞机又进行了5架次飞行，在总计6架次的飞行中，飞行小时数达到3小时51分，驾驶该机的有试飞员汉斯·桑德尔和施尼尔。此后，飞机被送回工厂安装机腹ETC 504挂架和可拆除的（此前的都是固定式）起落架舱门。这个配置下，飞机又进行了8架次飞行，合计4小时45分。当年10月，该机换装1台新Jumo 213A-1发动机，此后这架飞机主要用来测试MW 50增压器助燃系统。

随着9月中旬开始大批量生产，早期的几架生产型Fw 190D-9飞机被用来进行各种测试项目，包括W.Nr.210004和W.Nr.210006飞机在雷希林试验中心试验，但是，W.Nr.210004飞机于9月25日在罗根廷（罗斯托克东南郊区）坠毁，当时，这架飞机在着陆过程中撞上机场周围的物体，飞行员亚历山大·托伊纳斯高级参谋工程师丧生。第七架生产型Fw 190D-9飞机（W.Nr.210007）在10月22日被送到塔纳维兹武器试验站进行武器测试，第九架飞机（W.Nr.210009）于9月18日在索劳下线，八天后，该机被送到位于德绍的容克发动机有限公司，在这里，这架飞机主要被用作发动机测试平台，当时飞机安装的是1台Jumo A-1，W.Nr.1021520540发动机。还有1架飞机（W.Nr.210047）计划用来测试MW 50系统，但是，这架飞机10月17日在索劳坠毁。

首批Fw 190D-9飞机在福克-沃尔夫公司位于科特巴斯和索劳的工厂生产，随后位于卡塞尔的费施乐公司和罗兰德生产联合体也加入生产行列，一直以来就生产福克-沃尔夫公司飞机的阿戈公司这次被排除在外。德国航空部计划每天生产4架Fw 190D-9飞机，但实际上直到11月这个目标才实现。差不多这段时间，又有一家公司加入生产行动，即位于北爱尔福特的米米特尔公司（MMF）。德国生产Fw 190D-9飞机的生产厂家和生产序列号分配如下：

福克-沃尔夫公司位于科特巴斯和索劳的生产厂	W. Nr. 210001 开始往后	ncc 和 naz
位于诺登海姆的罗兰德生产联合体	W. Nr. 400201 开始往后	mdl
位于爱特福特的米米特尔公司	W. Nr. 500001 开始往后	mct
位于卡塞尔的费施乐公司	W. Nr. 600121 开始往后	hps

第一架Fw 190D-9生产型飞机发动机上方安装2挺MG 131机枪，翼根为2门MG 151机炮，火力配置并不算强，但日后肯定会增加火力，如Fw 190D-9/R1型号，改进并不困难。

第二架生产型Fw 190D-9飞机（W.Nr.210002，TR＋SB）被改进在机身侧面安装一个突出的倾斜照相机，这是在为Ta 152E-1/R1侦察型项目服务，约定俗成“E”是侦察型号。

Fw 190D-9型号项目开始就预想了至少4个战场改进型组件（R型），因为是标准化的改进，跟上文中提到的一样，如Fw 190D-9/R1型号，飞机的外翼段增加2门（左右机翼各1门）MG 151机炮；Fw 190D-9/R2型号，没有机身武器，也就是发动机上方2挺机枪被去除，取而代之的是每侧外翼段增加1门MK 108机炮；Fw 190D-9/R6型号，每侧翼下携带1个W.Gr 21火箭发射器；Fw 190D-9/R11型号，这是恶劣气象条件下使用的型号，飞机安装PKS 12方向控制系统（也称自动驾驶仪）、特制紧急设备、电加热风挡和FuG 125无线电信标等，这个型号计划从1944年11月11日开始投产。

截至二战结束，Fw 190D-9战斗机的生产数量没有一个精确的数字，目前已知至少1200

架，下表列出的是Fw 190D-9飞机的具体生产数量，时间从1944年9月至11月，及1945年1月，1944年12月和1945年2月也有生产，资料在战争中被毁。

生产厂家	生产数量	日期	序列号
福克-沃尔夫公司	40 架	1944 年 9 月	210001—210300，210901—211170
索劳生产厂(424 架)	70 架	1944 年 10 月	211901—211950，212101—212170
	142 架	1944 年 11 月	
	172 架	1945 年 1 月	
罗兰德生产联合体(93 架)	18 架	1944 年 10 月	400201—400320，400601—400640
	55 架	1944 年 11 月	401351—401400
	20 架	1945 年 1 月	
米米特尔公司(64 架)	64 架	1945 年 1 月	500001—500130，500381—500440
			500551—500700
费施乐公司(75 架)	1 架	1944 年 10 月	600121—600180，600311—600450
	40 架	1944 年 11 月	600601—600670，600761—600810
	34 架	1945 年 1 月	600981—601110，601221—601350
			601411—601490，601801—601810
			601961—601981
协和电气公司(14 架)	14 架	1945 年 1 月	不详

Fw 190D-9战斗机细节描述

以下关于这个型号飞机的细节描述主要来源于福克-沃尔夫公司1943年12月18日的第268号文件资料，部分内容涉及1944年的改进。

概况

Fw 190D-9是Fw 190A-8机体安装Jumo 213A发动机的单发单座战斗机，设计初衷机体改进尽可能地小。Fw 190D-9飞机没有安装发动机位置武器，但未来可以在发动机中间安装MK 108机炮。出于飞机重心变化的考虑，飞机后机身插入一个500毫米的舱段，这样可以补偿机头增加的重量，Jumo 213发动机

Fw 190V-53原型机（本图）和Fw 190V-54配置一样，而且都是从标准Fw 190A-8飞机改进而来的，后机身和垂尾都没有改进。

比原来BMW 801发动机要重。根据设备安装情况，垂直尾翼需要增加10—30公斤的配重。

Fw 190D飞机只是未来装备Ta 152战斗机前的过渡，因此计划交付的数量并不大，飞机设计上要求改动最小，费用上保持最低。由于发动机供应充足，后来要求Fw 190D-9飞机大量生产，为的是补充安装BMW 801TH发动机的飞机。另外，Fw 190D-9也是一个备份措施，防止空袭行动中BMW 801发动机突然中断供应，德国的战争形势越来越糟糕。

机身

Fw 190D-9飞机的机身主要结构与Fw 190A-8的类似，但是，由于安装不同的发动机，机身必须进行如下的改进。

原来的星形发动机有五个安装点，但是Fw 190D-9飞机的Jumo 213发动机底部支撑被去除，该处相应的安装点（支撑点）也被去掉。由于新发动机较重，安装点受力增加，必须增加支撑点和其后面的隔板结构强度，隔板由原来单一厚度改为厚度较小的。

跟BMW 801发动机相比，Jumo 213发动机稍长，因此后者的侧面积增加，这会对飞行品质造成影响，飞机的侧面积必须对应垂尾面积，否则会影响飞机的航向稳定性。为了补偿前机身侧面积的增加，后机身延长（插入一个500毫米舱段），延长的舱段内可以安装氧气瓶，原来氧气瓶在前机身，氧气瓶移到该处也是为了调节飞机重心的变化。

延长机身导致了机身力矩变化，因此必须加强后机身结构强度，这个补强改进跟当时正在研制的Ta 152的类似。另外，某些部件原来采用的是杜拉铝材料，补强改进时换成了钢材料。

起落架

电动控制的起落架跟Fw 190A-8和A-9的完全一样，但是，计划采用尺寸为740×210毫

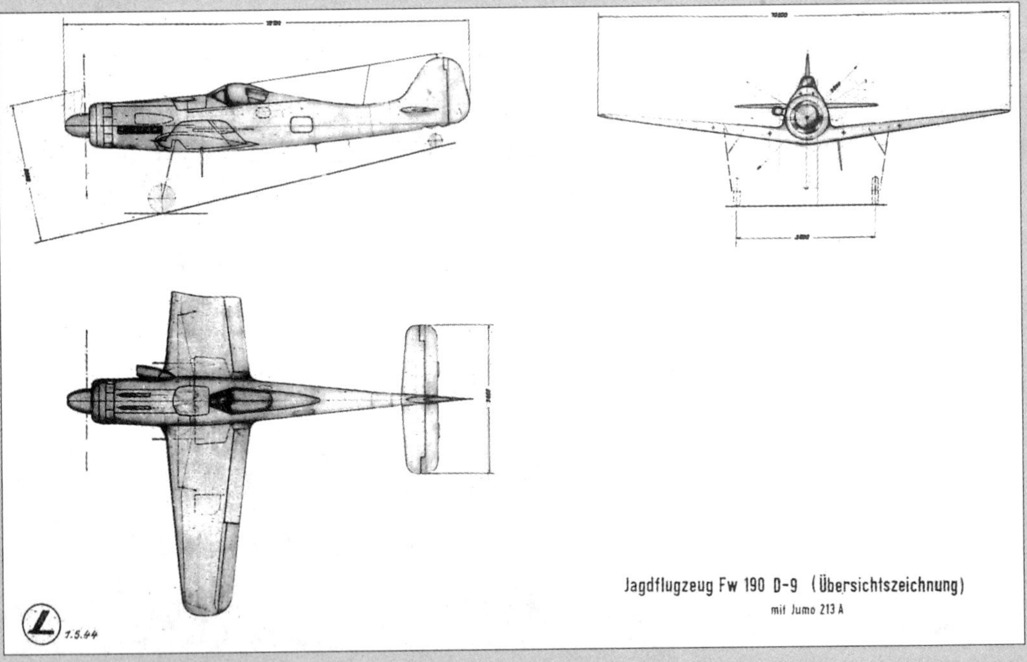

福克-沃尔夫公司文件显示的Fw 190D-9飞机，这只是一个Ta 152战斗机服役前的过渡方案，后来根据战争形势才大量生产。

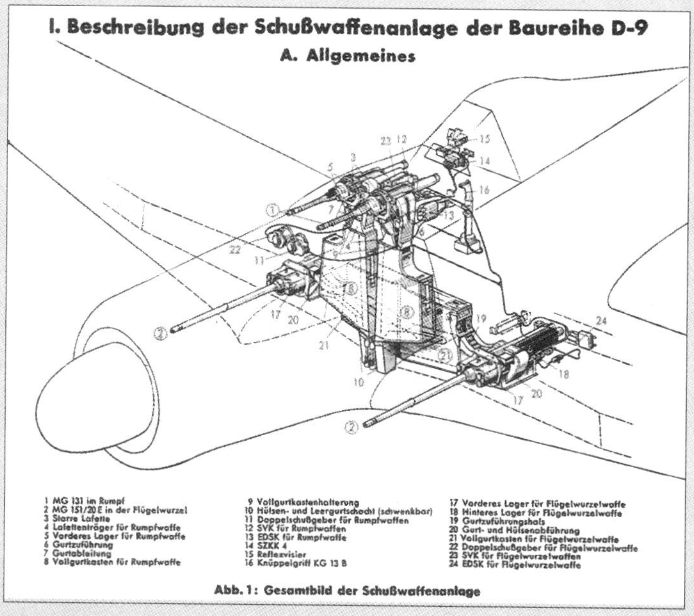

福克-沃尔夫公司文件显示，Fw 190D-9飞机的火力比大部分Fw 190飞机的要弱，因为这是大改的基础型，增加火力是日后考虑的内容。

仍然是生产的第一架Fw 190D-9飞机，发动机前方冷却器排气活门已经打开。标准Fw 190D-9飞机发动机安装的是VS 111螺旋桨，有些飞机测试了VS 9宽弦螺旋桨。

第一架生产型Fw 190D-9飞机机头发动机罩特写。图中可见发动机上方MG 131机枪和翼根MG 151机炮。

米的起落架机轮（此前型号的为700×175毫米）却没有写到合同里，因此，飞机的起飞重量必须限制在4900公斤。

尾翼单元

飞机垂直尾翼面积跟当前正在生产的飞机一样，没有变化（老式小面积垂尾），面积增加到1.77米^{2}的标准垂尾正在研制过程中，一旦完成研制就会在生产线上使用。新的标准大面积垂尾内部为增加配重（钢板）预留了空间和连接点，配重板与垂尾安定面的主梁连接，根据飞机安装设备的不同，配重板的重量从10公斤到30公斤不等。

控制连杆

控制连杆基本上没有变化，但是，后机身延长导致控制连杆的长度必须增加。

机翼

机翼跟当前正在生产的飞机的一样，只是主起落架舱舱门之间，即发动机底部支撑被去除。Fw 190飞机的两侧机翼设计为一个整体，中央翼盒前面与发动机底部结构有重叠，这个部位因发动机改变而小有改动。

动力装置

采用Jumo 213A-1发动机，这是一种12缸，60度倒V，直列式增压冷却发动机，8700米高度时的功率为1060马力，起飞功率为1750马力。发动机采用两速两级增压器和吸气式冷却器。锥齿轮驱动一个凸轮轴，凸轮轴两端与钢质飞轮连接。燃油系统采用容克公司的直接喷射泵。发动机一个完整的“功率蛋”重量为920公斤，其防火墙上有四个螺栓。发动机安装支架采用轻质合金。德国航空军希望Jumo 213A尽可能设计成标准的动力装置，在使用MW 50喷射助燃系统时，发动机的功率在海平面可以提升到2240马力，在3400米高度可以提升到2000马力，但是助燃系统只能短时间使用。

发动机托架采用Ju 88轰炸机的，托架的结构强度可以达到所有要求（指安装到任何飞机上），而且适合根据重心和其他设计要求安放发动机。但是，进气口可维护性不好，因为这里有一个弯曲的支撑杆。为了尽可能保持发动机支撑最短（短一些不会影响座舱前向视野），发动机的2个燃油过滤器移到了发动机下方。发动机未做改动交付，但到了福克-沃尔夫公司后，技术人员会根据情况进行小的改动。发动机排气系统包括常规排气活动叶片，没有计划安装火焰抑制装置。

燃油系统

机身有两个自封油箱，飞机采用87—90标号燃油。

1号主油箱(前)	230升
2号主油箱(后)	290升
总计	520升

为了提高飞机的高空性能，后机身可以增加一个GM-1喷射助燃系统储液罐，内装液态一氧化二氮，它可作为发动机的氧化剂来使用，同时也可以为发动机降温，使用时可以大大提高发动机的功率、飞机爬升率和高空飞行速度。GM-1系统消耗率为100克/秒，系统可使用约17分钟。

为了增加航程，飞机可以

1架标准Fw 190D-9战斗机，这架飞机发动机采用宽弦VS 9螺旋桨。Fw 190D型号较此前型号的性能有一些提高，但是实战表现却差强人意，原因是该型号飞机服役时驾驶其作战的多为新手，帝国风采不再，盟军飞行员的作战技能远远胜出。

JV 44专家中队的1架Fw 190D-9飞机在二战结束时被盟军缴获。再先进的战斗机也挽救不了纳粹德国失败的命运。

去掉GM-1系统，在此位置安装一个115升自封油箱。如果再增加航程，飞机的机腹ETC 503挂架可以携带一个300升副油箱。由于燃油系统是为115升油箱设计的，如果携带300升副油箱会消耗部分冷启动燃油。

冷却剂系统

两个半环形冷却剂散热器安装在减速器外壳周围并形成环形整流罩，其后方是环形布置的排气活动叶片。曲轴箱上方是恒温调节器自动控制散热器，排气叶片可以在座舱内控制开关进行调节。

散热器两个半环上部形成一个进气口，进入进气口的空气通过一个管道进入盒子，这个盒子就在两侧朝后的排气管周围（盒子包裹着排气管），散热器排出的热空气通过一个管道进入机翼前缘，热空气可以除冰，也可以为机炮加热。

两个L形冷却液集管箱安装在发动机两侧，右侧的集管箱有一个减压阀。两个集管箱容积均为13升，而且两箱是互通的。右侧集管箱将冷却液注入液压泵。

滑油系统

发动机左侧后方有两个滑油箱，稍大的35升油箱在左侧支撑位置，而稍小的25升油箱在左侧发动机托架旁，两个滑油箱也是互通的。滑油从位置稍低的油箱注入发动机的增压泵，使用过的滑油注入回油泵，回油泵再将滑油传输给油冷却器，冷却后的滑油流入金属盘状双层过滤网，过滤网通过一个金属杆转动。油冷却器的减压阀可以确保冷却后的滑油通过过滤网。通过过滤网的滑油再次回到位置较高的滑油箱，这样滑油就完成了一个循环。油冷却器是圆柱形。

由于出现较晚，一些Fw 190D-9战斗机被用来保护Me 262喷气战斗机基地，主要执行这类任务的是Ⅳ./JG 54大队。其他单位也装备Fw 190D-9飞机，如JG 26联队和JG 6联队等，图中是Ⅱ./JG 26大队的Fw 190D-9战斗机，战争快结束时该机被美国缴获。

二战后期被苏军缴获的1架Fw 190D-9飞机，西方盟军也缴获很多该型飞机。此时，苏联和西方盟军对德国螺旋桨战斗机的兴趣大大减少，德国喷气飞机和导弹才是争夺的重点。

螺旋桨

发动机采用容克公司的VS 111恒速液压可变桨距螺旋桨，螺旋桨为木质结构，每个叶片外壳都安装了配重块。

设备

设备跟Fw 190A-8系列飞机的基本类似，只是根据安装新型Jumo 213发动机而做了最小的改动。

武器系统

武器系统跟Fw 190A-8系列飞机的基本类似，由于安装了Jumo 213发动机，发动机上方2挺MG 131机枪的间距由260毫米增加到308毫米，为的是适合换发后同步协调器的改变。

可能的武器组合：

标准武器：2挺MG 131机枪，安装在发动机上方，每挺机枪备弹475发。2门MG 151机炮，安装在翼根，每门机炮备弹250发。

额外武器：2门MK 108机炮，安装在外翼段，每门机炮备弹55发。或者是2门MG 151机炮，安装在外翼段，每门机炮备弹140发。再或者2门MK 103机炮，安装在外翼段下方，每门机炮备弹40发。

如果防火隔板位置的空间足够，发动机上方2挺MG 131机枪可以去除，取而代之的是在发动机中间安装1门MK 108机炮，备弹75—100发，或者是在原MG 131机枪位置安装2门MG 151机炮，每门备弹200发。也可以是发动机中间1门MK 108机炮加发动机上方1门MG 151机炮。但是，这些改进只能在新型号飞机上实现。

外挂武器

Fw 190D是纯制空战斗机，外挂炸弹对地攻击只是一种可能

三张图均为Fw 190D-9飞机，这个型号理论上性能比此前型号更好，实际作战效果并不好，原因是二战末期德国缺乏训练充分的飞行员。

的选择，这种情况下，飞机可以通过ETC 503挂架携带炸弹，翼下携带外挂武器跟Fw 190A-8系列飞机的一样。

结构强度

机翼的安全负载系数为6.2时，对应的飞机毛重为4250公斤。发动机支撑架的设计负载系数为6.5，因此，飞机的后机身结构强度需要增加，这点对增加机翼结构强度更加重要。

上图为Ⅲ./JG 26大队的Fw 190D-9战斗机，下图为Ⅰ./JG 301大队的Fw 190D-9战斗机，后机身为帝国保卫战中的识别条纹。

尺寸数据	
翼展	10.506 米
机长	10.20 米
机高	3.335 米
机翼面积	18.3 米^2
重量数据(标准武器和空副油箱)	
机身	325 公斤
起落架(电动)	278 公斤
垂直尾翼(无配重)	124 公斤
控制连杆	32 公斤
机翼	453 公斤
机体结构	1212 公斤
动力装置(加 1 个 115 升油箱)	1878 公斤
正常设备	180 公斤
特别设备	220 公斤
装备重量	3490 公斤
1 名飞行员	100 公斤
520 升燃油	410 公斤
残余燃油(空 115 升油箱)	
油箱	90 公斤
滑油	40 公斤
MG 131 弹药(2×475 发)	80 公斤
MG 151 弹药(2×250 发)	110 公斤

续表

垂直尾翼配重	20 公斤(10—30 公斤，取中间值)
正常载荷	760 公斤
毛重	4250 公斤
重量数据(携带炸弹)	
装备重量	3490 公斤
炸弹投放设备	60 公斤
装备重量+炸弹投放设备+1 个副油箱	3550 公斤
1 名飞行员	100 公斤
520 升燃油	410 公斤
滑油	40 公斤
MG 131 弹药(2×475 发)	80 公斤
MG 151 弹药(2×250 发)	110 公斤
垂直尾翼配重	20 公斤(10—30 公斤，取中间值)
外挂载荷	500 公斤
正常载荷	760 公斤
毛重	4900 公斤(战斗轰炸机+115 升油箱，超载)
可去除 115 升油箱	-40 公斤
可去除 5 公斤配重	-5 公斤
GM-1 系统	41 公斤
GM-1 系统溶液	104 公斤
毛重	4350 公斤(战斗机+标准武器+GM-1 系统)
外翼段额外 2 门 MG 151 机炮(备弹 140 发/门)	175 公斤
外翼段额外 2 门 MK 108 机炮(备弹 55 发/门)	240 公斤
性能数据	
海平面最大速度	575 公里/小时
3300 米最大速度	640 公里/小时
6600 米最大速度	685 公里/小时
10000 米最大速度	640 公里/小时
内部油箱最大航程(出航高度 5650 米)	840 公里
爬升到 2000 米高度	2.1 分钟
爬升到 4000 米高度	4.5 分钟
爬升到 6000 米高度	7.1 分钟
爬升到 10000 米高度	16.8 分钟

其他Fw 190D新型号

福克-沃尔夫公司递交的Fw 190D-10方案跟Fw 190D-9类似，但是，前者发动机上方2挺MG 131机枪被1门MG 151机炮所取代，后者备弹475发，机炮位置在发动机上方偏右。在早期方案阶段，甚至考虑在发动机中间安装1门30毫米MK 108机炮，备弹80发，但是，Jumo 213A发动机尚未改进适合在内部安装机炮，后来的Jumo 213C才改进具备这种条件，为此，Fw 190D-10方案提出后就被放弃。下一个方案是Fw 190D-11，该型号也跟Fw 190D-9类似，但前者安装的是Jumo 213E发动机，该发动机没有中冷器（Jumo 213F），发动机驱动一副VS 9螺旋桨。方案初期，Fw 190D-11的武器系统跟Fw 190D-9的一致，但是，投产后，发动机上方的2挺MG 131机枪被去除，去除后这里加装了整流罩。飞机保留翼根2门MG 151机炮，外翼段增加2门30毫米MK 108机炮。Fw 190D-11型号共有7架原型机，具体情况如下：

Fw 190V-55	W. Nr. 170923	1944年8月6日	W. Nr. 1041650074
Fw 190V-56	W. Nr. 170924	1944年8月14日	W. Nr. 1041610037
Fw 190V-57	W. Nr. 170926	1944年8月19日	W. Nr. 1041610082
Fw 190V-58	W. Nr. 170933	1944年8月29日	W. Nr. 1041610035
Fw 190V-59	W. Nr. 350156	1944年9月13日	W. Nr. 1041650079
Fw 190V-60	W. Nr. 350157	1944年10月10日	不详
Fw 190V-61	W. Nr. 350158	1944年10月14日	W. Nr. 1041650070

1944年9月26日，Fw 190V-55原型机从阿德雷德被送到朗根哈根，在此，该机安装新发动机进行了常规测试；Fw 190V-56飞机安装了最终确定的武器方案，即2门MG 151机炮和2门MK 108机炮，测试期间，飞机安装了MW 50喷射助燃系统；Fw 190V-57飞机跟Fw 190V-56类似，但是该机的表面进行了磨光处理，飞机的速度比Fw 190D-11前2架原型机快25公里/小时；Fw 190V-58飞机作为武器发展平台在塔纳维兹试验站进行试验；Fw 190V-59原型机比较悲剧，该机在1944年10月9日转场到容克公司位于德绍机场时坠毁，飞行员丧生；Fw 190V-60飞机安装1台Jumo F-1发动机，发动机的传动装置结构加强，因此飞机

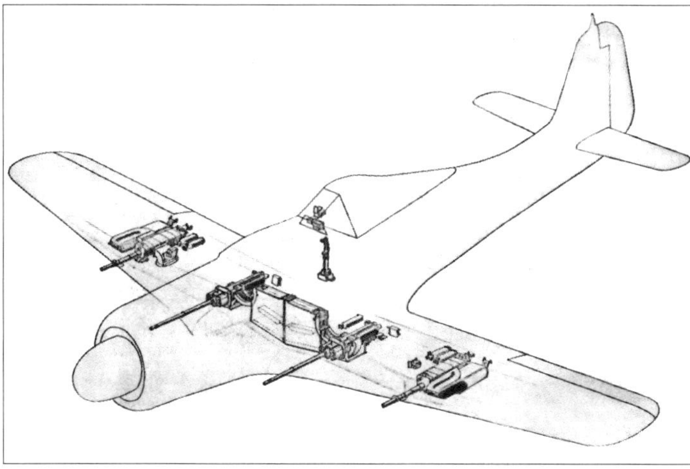

福克-沃尔夫公司文件显示的Fw 190D-11飞机的武器系统，一切为了拦截美国重型轰炸机，机枪虽然射速高，但威力小，只有更大口径的机炮才可以在第一轮攻击中重创盟军重型轰炸机。

Fw 190V-56原型机安装了全部武器系统，图中翼根伸出的炮管和起落架外侧MK 108机炮的抛壳孔清晰可见。该原型机安装Jumo 213F发动机，该型发动机问题较多，严重影响了飞机的服役。

Fw 190D-11的第一架原型机Fw 190V-55被推出位于阿德雷德的机库，这架飞机没有安装武器系统。远处左侧为1架Fw 190V-30/U1飞机和Ta 152H原型机。

Fw 190V-59原型机比较悲催，该机在一次转场飞行中失事，机毁人亡。

在9000米高度的最大速度可以达到716公里/小时；最后一架原型机Fw 190V-61被送到雷希林试验中心进行试验。截至1945年3月，德国至少生产了17架Fw 190D-11飞机，可能4月也生产少量，这个型号的序列号从220001开始。

跟此前型号的一样，Fw 190D-11型号也有4个战场改进型组件（R型），Fw 190D-11/R5在机身增加一个130升油箱，机翼增加4个软油箱；Fw 190D-11/R11是恶劣气象条件下使用的型号，飞机安装PKS 12自动驾驶仪和FuG 125无线电设备；Fw 190D-11/R20计划安装1台Jumo 213F-1发动机和增压型MW 50系统，上文提到的都是低压型，增压型的可靠性更好；Fw 190D-11/R21综合了R11和R20的改进。

Jumo 213F（8-9213H）发动机的一个优势就是可以在汽缸之间布置机炮，炮弹通过螺旋桨桨毂向前射击，福克-沃尔夫公司的1945年1月3日的报告称：

由于700×175毫米的轮胎承受的载荷过重，计划为Fw 190D飞机增加中部（指发动机中间）武器的方案只能在下列型号上出现：

Fw 190D-12：发动机中间

安装1门MK 108机炮，翼根仍为2门MG 151机炮。

Fw 190D-13：发动机中间安装1门MG 151机炮，翼根仍为2门MG 151机炮。

这些型号将占Fw 190D生产型号的50%，发动机上方2挺MG 131机枪和外翼段机炮都将去除。

福克-沃尔夫公司计划生产3架Fw 190D-12和2架Fw 190D-13原型机，这两个型号也将采用Fw 190A-8战斗机的机体，以及主要设备。

Fw 190V-62	W. Nr. 732053	Fw 190D-12 原型机，1945 年 1 月 20 日首飞。
Fw 190V-63	W. Nr. 350166	Fw 190D-12 原型机，1944 年 10 月 16 日首飞。
Fw 190V-64	W. Nr. 730254	Fw 190D-12 原型机，计划在 1945 年 1 月首飞。
Fw 190V-65	W. Nr. 350165	Fw 190D-13 原型机，1944 年 11 月 13 日首飞。
Fw 190V-66	W. Nr. 350167	Fw 190D-13 原型机，1944 年 11 月 15 日首飞。

这些原型机中，Fw 190V-63和V-65飞机几乎是立即被送到塔纳维兹武器试验站进行武器系统测试，由于阿德雷德缺少人手，其他3架飞机的交付严重滞后。Jumo 213F发动机采用两级三速增压器，它的性能明显要优于Jumo 213A发动机，使用MW 50喷射助燃系统时，它的起飞功率达到2100马力；在6000米高度时的功率达到1750马力。这样，飞机在6000米高度时的最大速度可以达到652公里/小时，在10000米高度时的最大速度达到690公里/小时。但是，Jumo 213F发动机的安装却出现了问题，为Fw 190D-12/D-13系列设计的环形散热器对新发动机来说太小，因此排气的叶片只能张开一点，如此一来，飞机将损失速度约20公里/小时。

Fw 190D-12/D-13也有几个战场改进型组件（R型），Fw 190D-12/R5和Fw 190D-13/R5跟Fw 190D-9/R5的类似，但增加了PKS自动驾驶仪，提高了不良气象条件下的使用能力；Fw 190D-12/R11和Fw 190D-13/R11计划作为主要生产型号，飞机安装了PKS 12自动驾驶仪和FuG 125无线电设备，是恶劣气象条件下使用的战斗机型号。费施乐公司计划从1945年1月开始生产Fw 190D-12/R11飞机，随后的阿拉多公司在2月投产该型号。Fw 190D-13/R11飞机计划由罗兰德生产联合体从1945年1月开始生产，也就是Fw 190D-12/R11和Fw 190D-13/R11飞机同时在不同厂家投产，后者的序列号分配为936001往后。1945年1月11日出台的227项目生产计划如下：

型号	生产厂家	1月	2月	3月	4月	5月
Fw 190D-11	福克-沃尔夫公司	40 架	140 架	230 架	50 架	—
Fw 190D-12/R11	费施乐公司	30 架	70 架	140 架	220 架	210 架
	阿拉多公司	—	50 架	100 架	160 架	240 架
Fw 190D-13/R11	罗兰德生产联合体	30 架	70 架	180 架	200 架	200 架

此时，德国的战争形势用“糟糕”一词形容都觉得涉嫌粉饰，纳粹德国离灭亡指日可待了，因此，227项目规定的生产计划根本无法实现，截止二战结束，Fw 190D-12和D-13只生产极少部分。

Fw 190D-12和D-13最后几个改进型组件是R14、R21和R25，R14型号可以通过机腹ETC 504挂架携带1枚LT 1B鱼雷，R21型号跟Fw 190D-11/

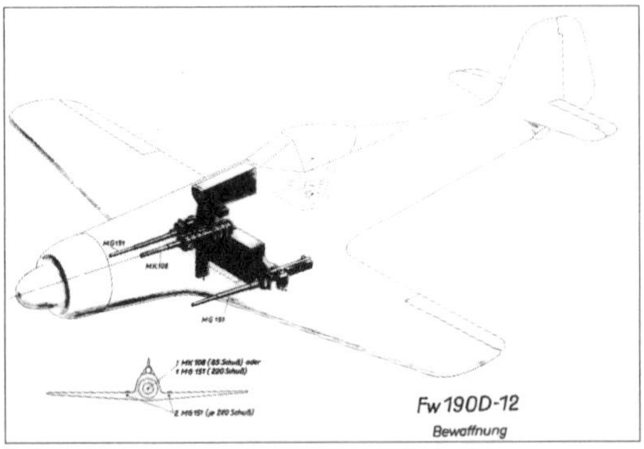

福克-沃尔夫公司文件显示的Fw 190D-12飞机，这是Fw 190飞机家族中第一个发动机中间安装机炮的型号。发动机中间机炮换装为MG 151就是Fw 190D-13飞机。

Fw 190V-65是Fw 190D-13的第一架原型机，该机于1944年11月13日进行了首飞。在塔纳维兹武器试验站的武器测试结果令人失望，发动机中间MG 151机炮总是卡壳，而且很难与翼根机炮联动。

二战结束时被美军缴获的1架Fw 190D-13飞机，该机属于JG 26联队。左图可见螺旋桨桨毂中间的炮口。

Ⅳ./JG 51大队的1架Fw 190D-9飞机陷入沟中，飞机后有一些轮印，说明这架飞机在迫降过程中主起落架陷入沟中。

很多Fw 190D飞机的命运就是还没有参战就被扔到了垃圾堆中，当时德国严重缺少燃油，很多飞机无法升空作战。

R21改进型一样，而Fw 190D-12/R25和Fw 190D-13/R25计划安装Jumo 213EB发动机，它的功率达到1880马力，使用MW 50喷射助燃系统的最大功率达到2250马力。采用新发动机，福克-沃尔夫公司估计飞机海平面最大速度将达到613公里/小时，在9500米高度的最大速度将达到770公里/小时。

二战后期，由海因茨·兰格少尉驾驶的1架Fw 190D-12，W.Nr.836017飞机和加拿大飞行员驾驶的霍克公司“暴风”战斗机进行了一场空战，两个型号战斗机性能相当，英国“暴风”战斗机低空的速度稍快。但是，随着高度增加，德国Fw 190D-12战斗机的速度优势逐渐明显。

安装戴姆勒-奔驰公司发动机的Fw 190D飞机

到1944年秋末，戴姆勒-奔驰公司的DB 603发动机性能已经十分可靠，这个功率为1750马力的发动机已经在德国空军几款双发轰炸机和战斗机上使用，包括道尼尔公司Do 217、亨克尔公司He 219和梅塞施密特公司Me 410飞机等。为了充分利用DB 603发动机（发动机产量大费用会降低，使用时间长可靠性也会大大增加，Fw 190采用Jumo 213发动机也是这个想法），有人提议为几款新研制战斗机安装戴姆勒-奔驰公司的发动机，包括福克-沃尔夫公司的Ta 152战斗机、道尼尔公司Do 335战斗机和Fw 190D-12改进型等，后者就是为Fw 190D-12飞机换装DB 603发动机，换发后的飞机编号为Fw 190D-14。Fw 190D-14飞机安装的实际上是DB 603E/A（9-8603C1）发动机（DB 603E发动机采用DB 603A系列的传动装置），其他方面跟Fw 190D-12的几乎一样。福克-沃尔夫公司最终采用的是DB 603LA发动机，它的起飞功率为1820马力，在10000米高度的功率为1400马力。

Fw 190D-14飞机的主要改进如下：

a）换装DB 603E/A发动机，后来换装成DB 603LA发动机；

b）采用高压MW 50喷射助燃系统；

c）在1号隔板前安装新的滑油容器，或是跟Fw 190D-15飞机（下文）的类似；

d）根据新发动机布局进行最小的改动；

e）发动机中间的MK 108机炮小改动；

f）座舱风挡前的发动机整流罩改进更加光滑流畅；

g）用EZ 42瞄准具取代Revi 16B瞄准具，新瞄准具可以为R4M或称“装甲闪电”反坦克火箭弹，以及机翼携带的炸弹提供瞄准具；

h）武器系统为发动机中间1门MK 108机炮和翼根2门MG 151机炮；

i）安装FuG ZY和FuG 25无线电设备。

Fw 190D-14的首批2架原型机由Fw 190D-9飞机改进而来，即Fw 190V-76，W.Nr.210040，TS + DN和Fw 190V-77，W.Nr.210043，TS + DQ，这2架飞机在1944年10月10日被送到戴姆勒-奔驰公司位于斯图加特埃希特廷根发动机工厂，抵达后，第一架飞机立即被拆解，随后送到巴克南（斯图加特东北40公里）安装DB 603E发动机，这个型号比Jumo 213发动机稍大。换装完成后，Fw 190V-76原型机再次返回埃希特廷根，在此，这架飞机于11月20日进行了首飞，驾驶飞机的是戴姆勒-奔驰公司试飞员埃伦瑞德队长。最初，Fw 190V-77飞机换发前主要用于和换发后的Fw 190V-76飞机进行性能对比试验，测试期间，Fw 190V-76飞机在6500米高度的最大速度为666公里/小时，而Fw 190V-77飞机的最大速度为662公里/小时。DB 603E发动机的最大增压高度是7400

米，此时Fw 190V-76飞机的最大速度可以达到678公里/小时，比安装Jumo 213发动机的Fw 190D-9快52公里/小时。后来，Fw 190V-77飞机也换装了DB 603发动机，该机在1945年1月10日进行了首飞。Fw 190D-14有一个恶劣气象条件下使用的型号，即Fw 190D-14/R11。

但是，让福克-沃尔夫和戴姆勒-奔驰公司失望的是，德国航空部技术部高层在1945年1月31日叫停了Fw 190D-14型号的研制，改进另外4架原型机计划和由阿拉多公司生产这个型号的计划都全部停止。德国航空部技术部希望用更简单的方法，即在Fw 190A-8

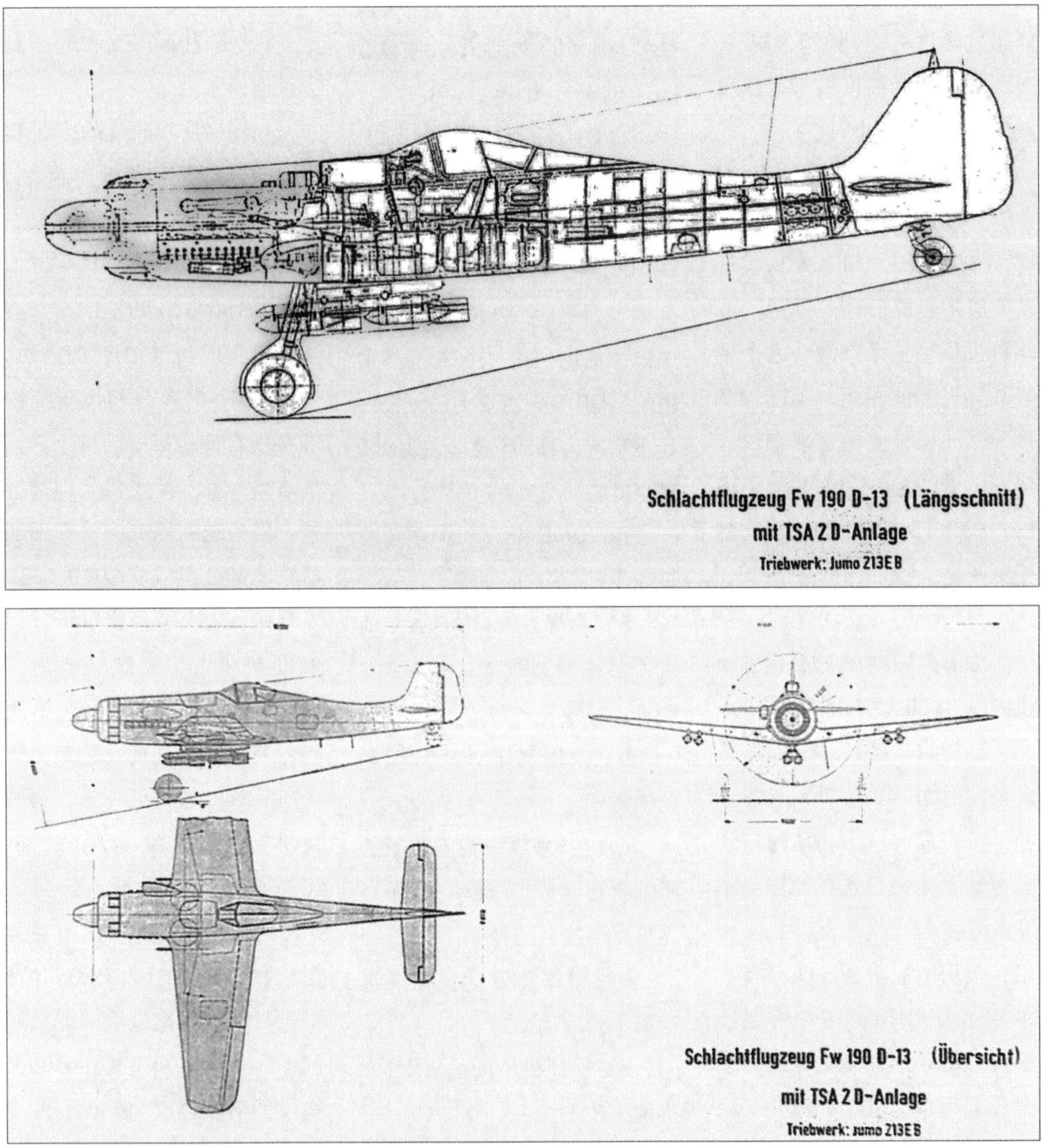

福克-沃尔夫公司文件显示的安装TSA 2D轰炸瞄准具的Fw 190D-13飞机，这是对地攻击型，机腹挂架通过ER-4适配器可以携带4枚，每侧翼下可以携带2枚SC 50炸弹。该型飞机只改进少量用于前线单位，包括SG 10对地攻击联队。

和Fw 190F-8飞机上直接换装DB 603E发动机的型号来取代Fw 190D-14型号，福克-沃尔夫公司的报告称：“（航空部技术部的）原因是避免造成刚刚投产的Fw 190D-12型号的延误，新系列的编号已经定为Fw 190D-15。”Fw 190D-15是安装DB 603发动机，去除发动机中间安装MK 108机炮，机翼外侧增加2门机炮的型号，为了尽可能快地投产（德国的战争形势已危如垒卵了），以下费施乐公司生产的Fw 190D-9飞机将送到戴姆勒-奔驰公司埃希特廷根发动机生产厂进行换发改进工作。

1945年5月8日，4架Ⅱ./JG 26联队Fw 190D-9飞机从库梅尔飞到北爱尔福特向西方盟军投降，盟军很快就对飞机进行了飞行测试。

3月11日	W. Nr. 601071
3月12日	W. Nr. 601098、601093、601096、601075、601089、601102
3月13日	W. Nr. 601063、601079、601289、601104、601286
3月14日	W. Nr. 601099
3月16日	W. Nr. 601068
3月17日	W. Nr. 601080

上段中引用的报告内容一共就两句话，两句话之间也没有逻辑关系，航空部技术部要求“在Fw 190A-8和Fw 190F-8飞机上直接换装DB 603E发动机”，而实际却是由Fw 190D-9飞机换发，没有资料说明为什么会有这种变化。

新型号Fw 190D-15飞机计划由福克-沃尔夫公司和北德道尼尔公司从1945年4月，路德维克工厂（Werk X）从1945年5月开始投产，所以飞机机腹可以携带ETC 501挂架，该挂架可以携带1个300升副油箱。但是纳粹德国没几口气了，据信德国只完成改进了1架Fw 190D-15原型机。计划Fw 190D-15飞机也有一个改进型，即Fw 190D-15/R11恶劣气象条件使用型号，飞机计划安装FuG 125和PKS 12自动驾驶仪。

美军飞行员眼中的Fw 190D-9战斗机

下面的美军飞行员评估德国Fw 190D-9战斗机报告摘要由美国陆航军需部于1946年6月5日印制，报告提供了一个中立的关于德国这款战斗性能的观点。

飞行员的评价和操纵品质真实数据

Fw 190D-9飞机由数个试飞员驾驶进行了共计6小时的飞行，为的是测试飞机的操纵品质和性能，为评价飞机做第一手准备。在飞行期间，飞机的起落架和襟翼工作不正常，这方面遇到了很大的困难。没有飞行员对飞机的配平性能提出正面评价，所有飞行员一致认为，飞机的操纵品质有待提高，飞机需要方向舵调整片和副翼调整片来进一步提高飞机飞行品质。

1. 重量和重心数据

所有飞行都是在起飞重量为3820公斤状态下进行的，飞机的重心为26.7%（未指明飞机轴线还是平均气动弦长，二战时期的飞机多用前者）。

2. 飞行品质

A. 座舱：进出座舱十分方便，有台阶和扶手。但是，坐到位置上有点困难，这跟座椅位置和空间局促有关。肩膀和手臂空间有限，飞机在地面状态下才能调整座椅，空中不行。控制方向舵的脚踏板也不能在空中调节。座椅太窄，后倾太过，导致飞行员在飞行中有点不舒服。

座舱仪表布置不科学，下仪表被上仪表板遮挡，读取仪表不方便。冷却剂叶片控制开关在仪表板下方，飞行员看不到，操作时极不方便。其他控制开关位置良好，飞行员很容易够到并操作。跟其他型号Fw 190飞机的一样，Fw 190D-9座舱内布局简洁，襟翼、起落架、发电机、燃油助力泵等均为按钮操作。正确选择螺旋桨桨距和任意功率条件下的燃油混合比的发动机控制设计非常优异，可以大大减轻飞行员的负担，也就是控制发动机的同时，飞行员可以分出注意力做其他事。

B. 滑行和地面操作：飞机滑行很困难，原来是刹车性能极差，以及座舱视野限制（早期后三点起落架飞机都有这个毛病）。当座舱罩开启状态地面滑行时，飞行员会感觉非常不舒服，原因是发动机排出的酸性烟雾小部分会涌入座舱。

C. 起飞和初始爬升：起飞距离非常短，但是减速板和方向舵必须用来对抗螺旋桨旋转产生的扭矩。初始爬升性能很好，起落架回收特别快，

“底板行动”中，德国空军10./JG 54中队1架Fw 190D-9飞机座舱在西奥尼贝尔发生事故，机翼已经脱离机身，木质螺旋桨断裂。

但是，在初始爬升速度时飞机会出现航向配平效果不佳的问题，也就是飞机刚刚爬升时航向不稳定。

D. 爬升：飞机可以进行大角度爬升，但是爬升过程中的配平和视野并不令人满意，方向舵和副翼都没有调整片进行微调。

E. 不同速度条件下的操作和控制：在大部分速度条件下，飞机的控制十分有效，上至605公里/小时表速，操作杆力温和，控制感觉良好。但是，在605公里/小时表速转弯时，控制升降舵的力量会变得十分沉重，同时飞机会出现颤震现象。

F. 配平和稳定性：飞机的纵向平稳可以通过水平尾翼安装角的改变来达到，而不是使用升降舵上的调整片。在地面地勤人员可以通过调整调整片来抵消部分的扭矩，但是在Fw 190D-9飞机上这么做效果却不明显。几乎可以肯定，飞机存在着配平困难的问题，稳定性令人满意，但失去动力的失速条件下例外。

G. 失速和失速警告：飞机失速较为温和，在失速前，飞机的控制舵面仍然有效，但失去动力的条件下例外。失速警告比较明显，也就是失速前一刻飞机和控制杆会开始震动，任何失速状态下都没有突然的滚降现象，失速很容易快速改出。

H. 机动和特技：飞机特别出色的性能，也是影响机动的指标之一就是它的滚转率，Fw 190D-9飞机的这方面性能优于美国P-51D和P-47战斗机，但是不如P-80和P-38J飞机。德国飞机的转弯半径较大，急转弯时升降舵的操作力会过大（飞行员操纵吃力）。转弯时，需要持续调整水平尾翼，如果转弯太突然，飞机极易进入失速状态而毫无告警提示。Fw 190D-9飞机在其他所有机动时，控制响应良好。

I. 配平调整：根据操作起落架和襟翼，飞机的配平调整量很小，通过调整水平尾翼（安装角）或是控制杆就可以完成配平调整的工作。

J. 噪音和颤震：在大部分情况下，座舱内的噪音水平非常高，但是，发动机的震动只会在滑行和发动机转速非常高时出现。飞机的颤震在速度超过605公里/小时表速时特别明显。

K. 舒适度：头部和肩膀空间小，座椅高度不舒适，加上座舱噪音水平高，飞行员在座舱内感觉很不舒服。执行2个小时或2个小时以上的作战任务时，飞行员会感到十分疲惫。

L. 视野：地面状态和爬升状态，飞机前视视野较差，但是其他飞行高度和状态视野很好，所有状态下侧向和后向视野合适。

M. 进场和着陆：进场过程中，飞机有很浅的滑翔角，进场速度比正常的稍高。进场时的视野较好，着陆没有什么困难。着陆后的滑行距离特别短，虽然刹车性能较差，但方向控制非常容易。

3.基本性能

A. 动力装置和相关设备：1750马力的Jumo 213E发动机性能良好，发动机为Fw 190D-9

德国空军7./JG 26中队的1架Fw 190D-9飞机，照片拍摄于1944年11月。Fw 190D型出现太晚，在战争中没有发挥多少作用。

飞机提供了可靠的动力，也是该型号飞机性能在当时优于盟军大部分型号战斗机的原因之一。为单发战斗机设计控制系统并不适合这种动力装置，在进场阶段，发动机降低功率过程中如果出现发动机故障就会十分危险。在所有其他飞行状态，动力装置相关的设备基本性能良好。

B. 液压、气动和电力系统：电动控制襟翼和起落架系统在使用过程中远远不尽如人意，经常会遇到起落架无法回收，或是襟翼无法伸出。飞行过程中，电仪表系统也常出现麻烦。用来操作冷却系统叶片的液压系统工作起来也不令人满意，操作十分困难。

C. 紧急系统：紧急系统用于抛离座舱罩，抛离按钮在座舱罩操作曲柄旁，按下按钮就可以抛离座舱。通过拉座舱内上位锁手柄可以在紧急情况下放下起落架，拉动上位锁后，通过重力放下起落架。

结论

虽然装甲防护较好，火力也较猛，Fw 190D-9战斗机从操作角度看，跟安装BMW 801发动机的Fw 190战斗机相比并不令人满意。前者的任何优点都会被较差的操作性能所抵消。

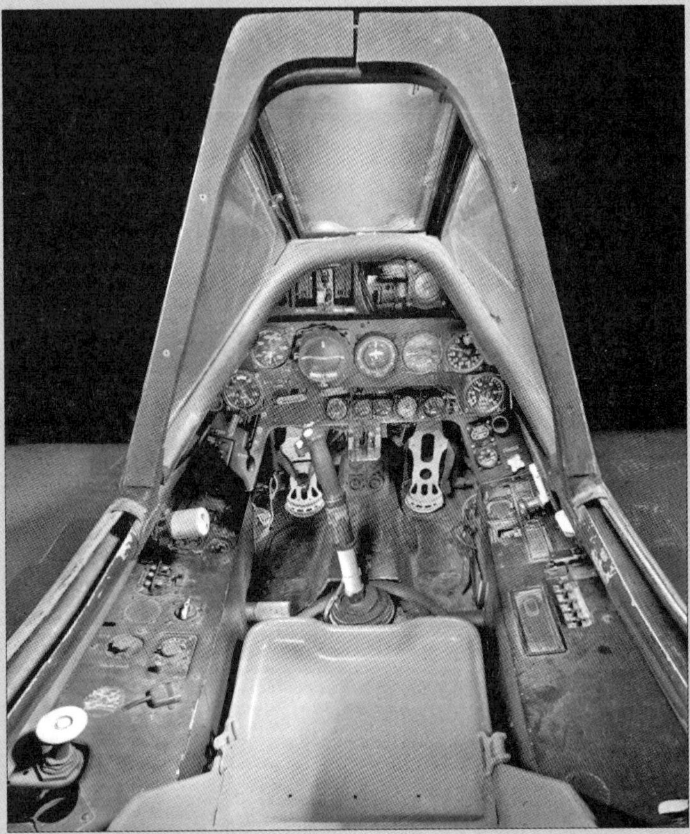

Fw 190D-9飞机的座舱。美国人对德国人设计的座舱评价并不高，在人机工效学上，美国人设计最好，德国人的设计中规中矩，英国人的非常有自己的特点：怪异。

Fw 190S-5和Fw 190S-8双座教练机

Fw 190战斗机早期研制阶段，谁也没曾想这个型号飞机性能这么优异，因此也没人敢大胆猜测德国空军会大量装备，故而早期阶段觉得没有必要为其研制一个双座教练型号，指定驾驶Fw 190飞机的飞行员一般都是有驾驶单发高性能战斗机经验的，对于这些人来说，只需要给他们进行一些指导，熟悉飞机一些特点就可以驾机升空。但是，随着Fw 190飞机逐渐取代过时的Ju 87“斯图卡”俯冲轰炸机执行对地攻击任务，有必要研制一款双座教练机来将俯冲轰炸机飞行员训练成战斗机飞行员，Fw 190战斗轰炸机主要还是战斗机，而现代的战斗轰炸机主要是轰炸机。

在1943年秋天，1架Fw 190A-5，W.Nr.410011，GO＋MV飞机被改进成双座双操纵系统教练机，改进工作在莱比锡南部45公里的奥滕堡空军基地进行，这里也是FFS C9盲飞指导学校和JG 110战斗机训练联队的驻地，后者的指挥官是马克斯·格斯滕伯格少校（不久晋升中校），他的联队还组建了第2341转型训练单位，单位指挥官是库尔特少尉，主要职责是在双座教练机上进行转型训练。

1943年11月23日，德国航空部施瓦茨空军工程少校和福克-沃尔夫公司希尔·克莱姆在电话中讨论了双座教练机：“研制工作在奥滕堡进行，但航空部和福克-沃尔夫公司负责监督。Bf 109飞机数量足够供应后逐渐减少改进Fw 190飞机工作，但是，仍需要少量安装双操纵系统的Fw 190教练机供福克-沃尔夫公司评估测试。”

德国有研制一款这样的教练机兴趣，设计工作也随即展开，到1944年夏初，教练机的设计工作全部完成。教练机的主要改进就是重新设计座舱罩和增加第二个座舱，后座舱布置在机身第8号和第10号隔框之间，座舱罩设计成三段式，中段为单片固定式，前后座舱罩铰链在右侧，座舱罩向右开

二战后各国战斗机的研制直到第三代战斗机才开始考虑同型教练机和单座战斗机统一设计，此前都是作战飞机设计完成后再考虑同型教练机的研制，不可避免地造成同型教练机前后座舱设计非常奇特，比如米格-25、雅克-28战斗机和SR-71侦察机的教练机。上两图为Fw 190S-5教练机。

图中Fw 190S-8教练机的座舱罩均向右开启，前后座舱之间有固定段。

这架Fw 190S-8飞机在战争后期被遗弃。跟上图相比，这架飞机的后座舱后有圆圈形测向器天线。

启，这跟Bf 109飞机座舱开启方式一样。座舱后面增加金属整流罩，使得座舱和机背部呈流线形。上文提到的Fw 190A-5，W.Nr.410011飞机主要改进就是新设计的参考，改进时发现，转型训练单位就可以进行改进工作，主要改进部位就是飞机机身，为Fw 190飞机储备的零部件仓库里很容易找到想用的部件，有些情况下，需要制作一些类似标准件的配件，有时也可以跟标准件互换。

双座教练机主要供训练学校使用，而且教官和学员的座椅可以互换，德国空军这个设计初衷目的不详，通常情况下后座是教官。双座型号的后座舱实在不算太好，好在这里一般是教官。前座舱的降落伞在座椅后面，而后座舱的降落伞在座椅顶部。座舱为三段式，这跟梅塞施密特公司的设计一样，即前后座舱均向右开启。后座舱的操纵系统跟前座舱的平行，而且后座舱也没有安装油量表，只是安装了最低油量告警灯，同样也与前面的告警灯并联。

由于空间不足，后座舱后面的外侧燃油连接器必须去除，因此，与后油箱连接的前面燃油连接器只得改道重新设计。为两个油箱加满油需要8—10分钟，携带副油箱处的连接器跟单座型号的一样，没有改动。

发动机上方2挺MG 17机枪被去除，机翼的武器系统没有改动。但是，这架Fw 190A-5，W.Nr.410011飞机的武器系统全部被去除，为的是进行测试试验。

标准的无线电设备保留，座舱罩的天线改在座舱后面的整流罩上，机身内的天线设备没有改动。后来的文件显示，改进后的飞机起飞重量估计是3900公斤，最大平飞速度为570公里/小时。W.Nr.410011飞机的首飞时间不详，只知道首飞后不久，飞机被送到福克-沃尔夫公司位于朗根哈根的检查站，维尔纳·巴特施的记录报告显示，飞机在1944年1月29日进行了15分钟的飞行，当时后座坐着汉斯·格奈特。接下来的测试期间，德国航空部GL/C 2/Ⅰ的F4特别委员会要求每月生产10架教练机装备转型训练单位，文件称：

1）设计工作由奥滕堡飞机制造厂负责进行，鉴于这个厂也生产Fw 190A-8型号，教练型号在Fw 190A-8飞机的基础上改进，双座教练型的编号为Fw 190A-8/U1。

2）奥滕堡机场应该能从福克-沃尔夫公司和航空部GL/C-E 2/Ⅲ那里获得足够的资料和建议，这方面工作由位于巴德艾尔森的办公建造公司负责在1944年10月1日至15日间进行。所需基本资料由SA F4特别委员会在1944年8月20日提供。

3）为了完成飞机的改进工作，奥滕堡的一名工程师被临时派往巴德艾尔森负责监督工作。而且，1架原型机将从朗根哈根送到奥滕堡一段时间，直到项目全部结束。

4）双座型号改进所需的设备同时在巴德艾尔森全部完成。

与此同时，第二架飞机，

即W.Nr.2541，TJ＋YE也准备进行改进，大约在1944年6月29日完成改进工作。进一步改进其他飞机的工作似乎并没有标准可言，完全是随心所欲，例如，大部分飞机都有肥大的座舱罩侧面玻璃，而有的型号后座舱罩有小型窗中窗，这样教官就可以获得从侧面向前看的视野。8月底，第二家公司，即位于汉堡哈尔堡的梅尼伯姆公司也被邀请参与将Fw 190飞机改进成教练机的工作，这家公司改进工作在施滕达尔进行，没有什么经验的这家公司起初遇到很多问题，后来一一解决才走上正轨。在1944年10月至1945年2月间，梅尼伯姆公司两处生产厂改进了至少58架飞机。

Fw 190S-8教练机前后座舱。

在1945年1月17日，德国空军司令部（OKL）文件提到在Fw 190A-8飞机基础上改进双座教练机的月生产量，双座飞机编号此时改为Fw 190S-8，注意这里的“-8”只是为了跟单座的对应起来。德国空军还要求将老旧的Fw 190A-2、A-3、A-4和A-5飞机改进成训练飞机，这些飞机的编号统一为Fw 190S-5。计划更先进的Fw 190S-8飞机将于1944年10月或11月交付使用，而Fw 190S-5飞机从1944年12月或是1945年1月起交付使用。这两个型号教练机都不携带武器，Fw190S-8飞机还计划安装BMW 801D-2或是BMW 801TU发动机。德国官方的损失记录中只有2架Fw 190A-8/U1飞机被毁，分别是1944年11月3日和12月3日。

二战后期，德国物资严重匮乏，耕牛也被用来拖曳飞机，惨状可见一斑。图中是1架Ⅱ./JG 301大队Fw 190S-8飞机。

第二章 Fw 190飞机的其他方案

安装新型发动机方案

1942年春天，福克-沃尔夫公司对BMW公司、戴姆勒-奔驰公司和容克公司当时正在研制的新发动机安装到Fw 190后继型号上进行了研究，为的是进一步提高飞机的性能，特别是高空性能（也就是让飞机飞得更高，高度是战斗机重要性能优势之一，盟军的轰炸机也越飞越高）。4月24日，福克-沃尔夫公司正式对此展开研究，计划安装新型发动机的飞机编号为Fw 190A-2，其原型机为Fw 190V-19。

上文已经提到过Fw 190A-2飞机系列，由于发动机安装空间限制，很难再安装涡轮增压器，因此，方案设计几经修改为的就是能安装新型发动机。要安装新型发动机，两个机翼，包括机翼主梁和后机翼连接点必须向前移动120毫米，机翼翼尖也得由逐渐变窄的尖形改为平直形状。飞机起落架也随着机翼的前移向前移动，但是，考虑到飞机重心问题，起落架伸缩点相对机身必须再向前移220毫米。另外，尾翼单位、武器系统和无线电设备也适当进行改进，只是改进幅度较小。Fw 190V-19原型机方案计划安装Jumo 213发动机，设计时也考虑了安装其他正在研制的功率更大的发动机。

安装新发动机的方案如下：

1. 容克公司Jumo 213发动机

当时考虑了1750马力的Jumo 213发动机两个子型号为Fw 190V-19原型机安装，Jumo 213发动机这两个子型号采用单级增压器，没有中冷器。第三个子型号采用两级增压器，有中冷器。Jumo 213发动机这三个型号和戴姆勒-奔驰公司所有型号（除了DB 609发动机）都将在后机身一侧安装散热

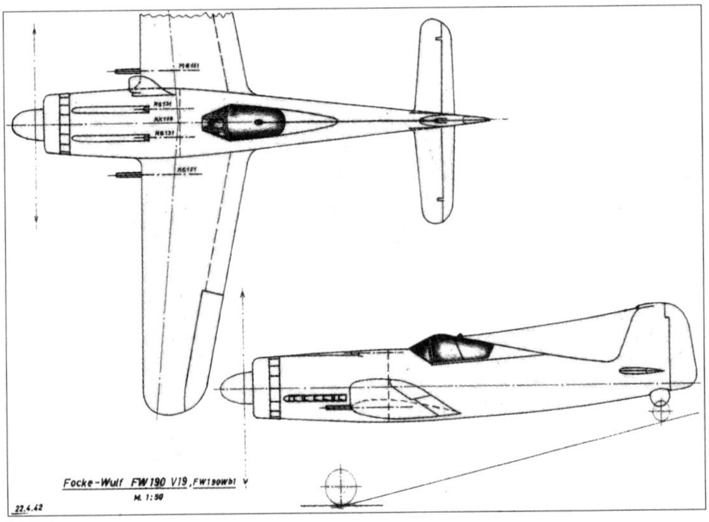

福克-沃尔夫公司文件显示的安装Jumo 213A发动机的Fw 190V-19原型机方案，该机发动机上方为2挺MG 131机枪、翼根2门MG 151机炮，发动机中间还有1门MK 108机炮。

器，DB 609发动机在早期论证阶段就被放弃。

2. 戴姆勒-奔驰公司DB 603发动机

安装DB 603发动机不需要改进发动机或是机体结构，该型号发动机在7000米高度时的功率可以达到1800马力。DB 603发动机的安装跟Jumo 213发动机的类似，安装点在同一个位置。安装发动机后的飞机重心跟安装Jumo 213发动机的也几乎一致。需要指出的是，DB 603和Jumo 213发动机桨毂中间都可以安装MK 108机炮，但是，安装在DB 603发动机上的机炮会向前伸，也就是发动机和主起落之间会留下很大空间，造成这种差异的原因是发动机内部结构不同。

3. BMW公司BMW 801J发动机

BMW 801J发动机是BMW 801C和BMW 801D的发展型，前者安装了一个涡轮增压器。BMW 801J发动机在海平面的输出功率为1785马力，在12000米高空的功率为1500马力，这款发动机比此前型号和其他标准发动机更大、更鼓，因此发动机安装需要额外的安装点，也就是发动机基座支撑架底部增加安装点。由于无法在发动机中间安装机炮，也不需要容纳弹药盒，前机身

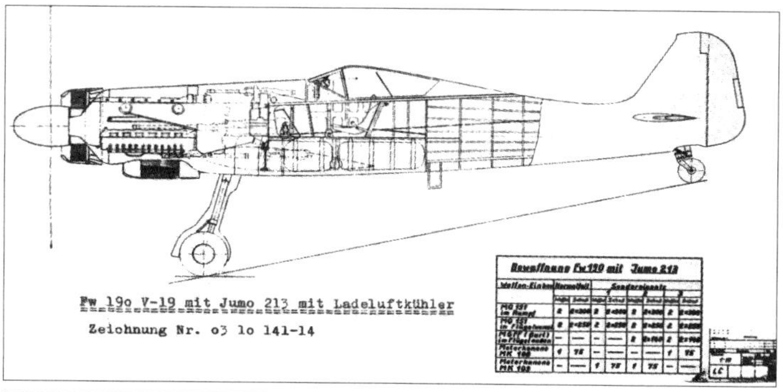

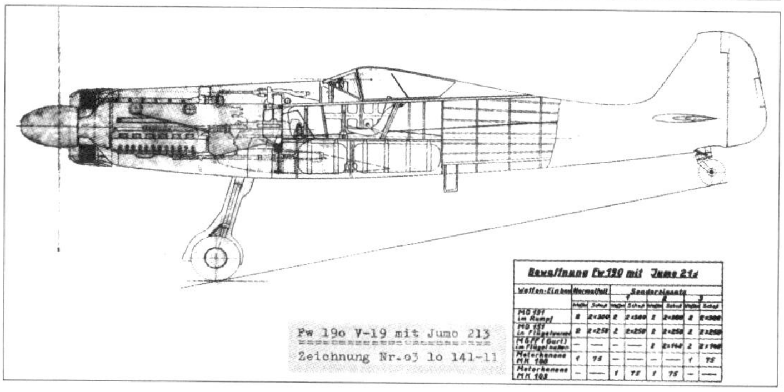

福克-沃尔夫公司另两个安装Jumo 213发动机的Fw 190V-19方案，上图中飞机采用两级增压器，下图飞机采用一级增压器。

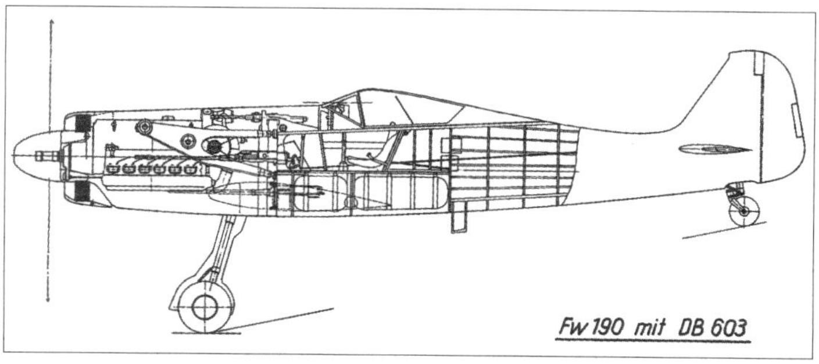

安装DB 603发动机跟安装Jumo 213发动机几乎完全一样，改进也差不多，发动机安装支撑点和飞机重心都没有变化，只是为了在发动机中间安装MK 108机炮，发动机需要前移。

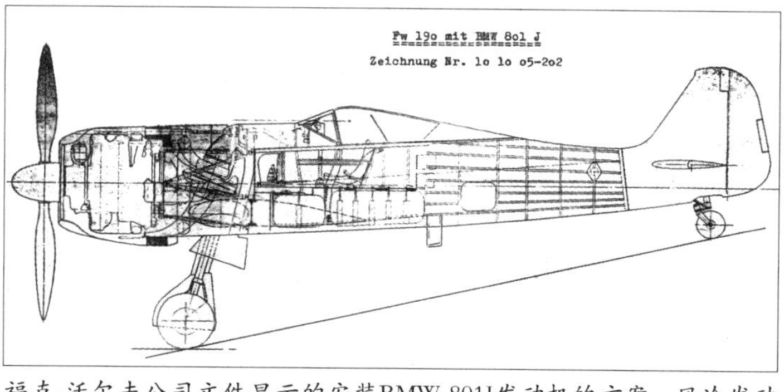

福克-沃尔夫公司文件显示的安装BMW 801J发动机的方案，风冷发动机迎风面积大，但长度较短。

底部可以布置一个比较大的油箱。BMW 801J的研制进度十分缓慢，直到1942年10月21日BMW公司才交付2台，这2台发动机安装到1架Ju 88飞机上进行试验。

4. BMW公司BMW P 8028发动机

BMW公司的BMW P 8028发动机在高空的输出功率为1550马力，由于采用中间布置增压器进气口，发动机基座下方无法安装中央支撑架，BMW公司发动机提出的安装点也无法使用，因此，发动机环形支撑结构件必须改进。但是，安装BMW P 8028发动机不需要对飞机结构进行大的改进，小的改进跟安装BMW 801J发动机一样。同样，不安装发动机中间机炮，也不需要弹药盒，这里的空间可以用作油箱。安装BMW P 8028发动机对飞机重心没有什么影响。

5. 戴姆勒-奔驰公司DB 614发动机

戴姆勒-奔驰公司的DB 614发动机在7700米高空的输出功率达到1810马力。为了安装发动机后给主起落架机轮留下足够的空间，同时在重心变化允许范围内，技术人员将发动机上的热交换器位置变动一下，即两个增压器呈45度角布置。由于发动机重量较大，发动机基座需要进行结构加强，而且发动机重量大还导致飞机重心前移，这跟Fw 190V-1和Fw 190V-2的情况类似。DB 614发动机在1942年6月被放弃。

6. 戴姆勒-奔驰公司DB 623A发动机

DB 623A发动机是DB 603发动机的改进型，前者采用两个增压器，其设计输出功率达到2265马力。由于增压器的净空间小，发动机上的支撑只有很小的面积安装到发动机基座上，发动机的重量还相当大。另外，安装这款发动机，机翼位置必须放得相当低，以获得

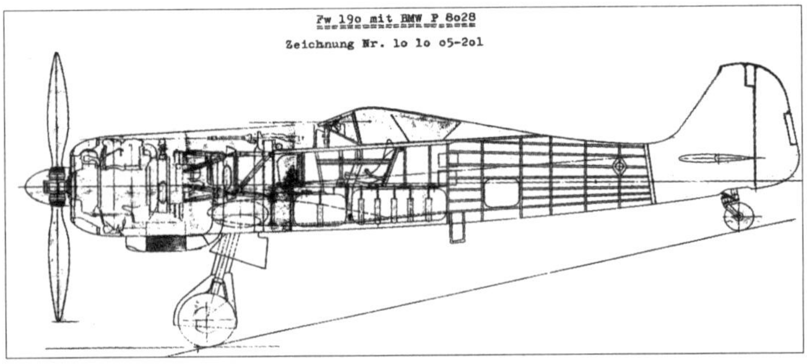

这是安装BMW P 8028的飞机方案，可以对比安装BMW 801J发动机的方案，两款发动机的增压器明显不同。

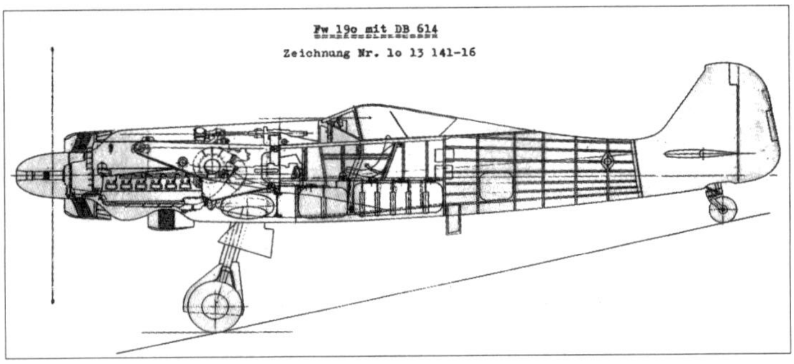

安装DB 614发动机的方案，这个型号发动机功率更大，更先进，因此飞机必须大幅度改进才能安装。其实，DB 614也不过是戴姆勒-奔驰公司的一个方案，最终方案遭放弃。

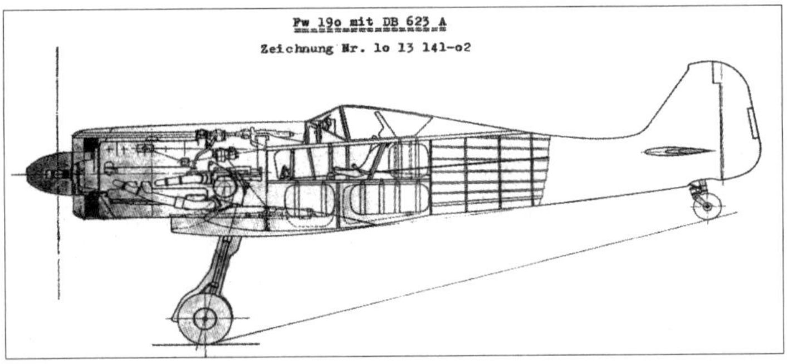

安装DB 623A发动机的方案，这款发动机并不适合改进Fw 190飞机，改进过大得不偿失。

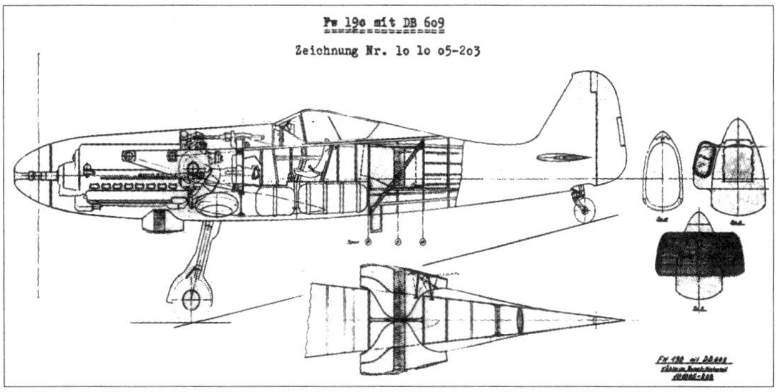

DB 609发动机不仅长度更长，飞机后机身还得安装散热器，这样改进幅度太大。

足够的空间布置起落架和涡轮增压器，这还意味着机身纵截面高度会增加，座舱位置感觉深陷机身内，也就是不像之前座舱那么突出了。很明显，DB 623A发动机并不适合Fw 190飞机采用，因此，该型发动机在1943年1月被放弃。

7. 戴姆勒-奔驰公司DB 609发动机

DB 609发动机是V16发动机采用DB 603发动机汽缸的型号，这款发动机设计既可以正放，也可以倒置，而且要保证在基础型号上改进最小。DB 609发动机每个缸体只有8个汽缸，不可避免地造成发动机长度很长，但是与DB 603发动机相比长度只是增加了267毫米。DB 609发动机最大功率达到2660马力。因为涉及重心问题，发动机的散热器有必要布置在飞机的后机身任意一侧，为的是抵消发动机增加的长度。机身布置散热器势必造成整个机身结构强度下降，特别是纵向结构载荷增加，为此，机身结构强度必须加强，而这又会导致整机重量的增加。飞机起飞重量的增加又导致起落架结构需要加强，还要换装更大直径的机轮。尽管各方面看上去安装DB 609发动机的Fw 190V-19比较令人满意，但是，最后结论是Fw 190V-19机体并不适合安装DB 609发动机，这是综合考虑的结果，比如对机体结构改进超过可接受的范围。1943年，DB 609发动机研制项目被取消。

8. 戴姆勒-奔驰公司DB 624发动机

DB 624发动机是DB 603发动机安装1个两级机械增压器和1个涡轮增压器的发展型，前者的最大功率为1900马力。因为重量和体积的缘故，特别是腹部排气槽设计，福克-沃尔夫公司认为DB 624发动机并不适合安装到Fw 190V-19飞机上。甚至图纸还没有印制，DB 624发动机就在1943年4月被取消。

其他发动机的研制

还有其他几个型号发动机计划用于Fw 190飞机，比如BMW公司的BMW P 8035发动机，这是在2000马力BMW 801E发动机基础上发展的型号，即在基础型上安装一个涡轮增压器。BMW P 8035发动机最大增压高度可以达到14000米。在1943年9月召开的一次空中武器会议上，领导层决

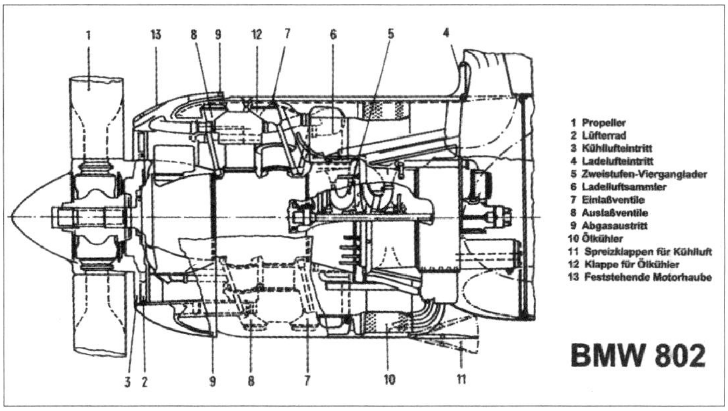

BMW公司文件显示的BMW 802发动机结构示意图。

BMW 802发动机实物图，发动机前面（图右侧）为冷却器风扇。

研制两列星形18缸的BMW 802发动机，这是在原两列14缸发动机的基础上改进的型号。彼得·卡普斯领导的BMW 802发动机设计团队可以自行确定高空功率损失率范围，包括采用提高三速增压器性能的做法。BMW 802发动机的设计性能指标是起飞功率为2600马力，在12000米高度的功率为1600马力，下表就是BMW 801D-2发动机和BMW 802发动机性能数据对比：

	BMW 801D-2 发动机	BMW 802 发动机
排量	41.8 升	53.67 升
发动机转速	2700 转/分	2600 转/分
重量	1012 公斤	1780 公斤
缸径	156 毫米	156 毫米
行程	156 毫米	156 毫米
长度	2006 毫米	3100 毫米
直径	1152 毫米	1500 毫米
起飞功率	1750 马力	2600 马力

定从1945年9月开始用BMW P 8035发动机取代BMW 801J发动机，这么长的时间意味着该型号发动机根本来不及用在Fw 190飞机上，发动机没有投产，计划为Fw 190D战斗机安装这款发动机也改为了Jumo 213发动机。

由于BMW 801发动机的高空性能差，BMW公司决定

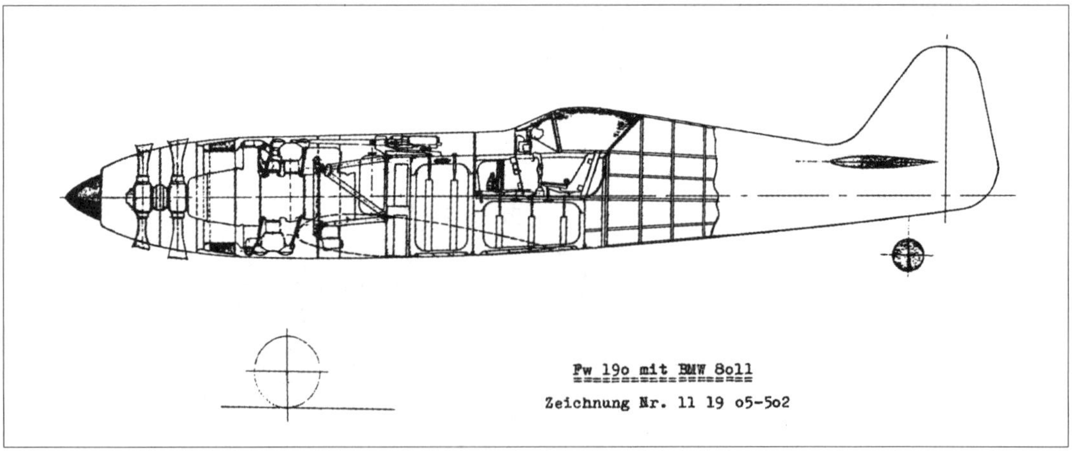

安装BMW P8011发动机的方案，座舱更加靠后，飞行员视野极差。这个方案更不现实，因此只停留在纸面上。

BMW 802发动机比BMW 801发动机大30%，因此前者安装到Fw 190飞机上几乎不可能，但是福克-沃尔夫公司确实有过项目计划，还绘制了图纸。因为BMW 802发动机较大，飞机的改动比较多，比如飞机的长度增加到11.60米，翼展达到13.00米。另外，机翼的外翼段带上反角，即外翼段上翘。BMW 802发动机的深化改进型是BMW P 8011型，这个型号发动机最大的特点是采用两副共轴反转螺旋桨，这只是研究项目，早期理论阶段就被放弃。BMW 802发动机项目主管彼得·卡普斯（后来他领导研制了BMW 003喷气发动机）总结称："跟Ta 152飞机相比，（Fw 190飞机采用BMW 802发动机）导致飞机起飞重量和费用大幅度增加，飞机在速度和作战距离增加方面却不明显。"

Fw190喷气战斗机(Strahljäger)

早在1941年，福克-沃尔夫公司的设计部汉斯·穆尔托普就开始研究用涡轮喷气发动机取代Fw 190飞机上BMW 801发动机的可行性。截至1942年夏天，这些研究已经深入到让总设计师谭克博士觉得有必要升格为研制项目，他明确要求发动机长度尽可能短，而且发动机直径不能超过Fw 190飞机的机身直径。

T1涡轮喷气发动机的研制由福克-沃尔夫公司奥托·帕布斯特领导的气动力部门着手进行，与此同时，由威廉·加特曼领导的结构设计部进行理论研究。T1发动机基本结构包括轴流式进口段、1个两级离心式压气机和1个轴流式涡轮等。发动机采用环形燃烧室，设计人员还研究了后燃油喷嘴技

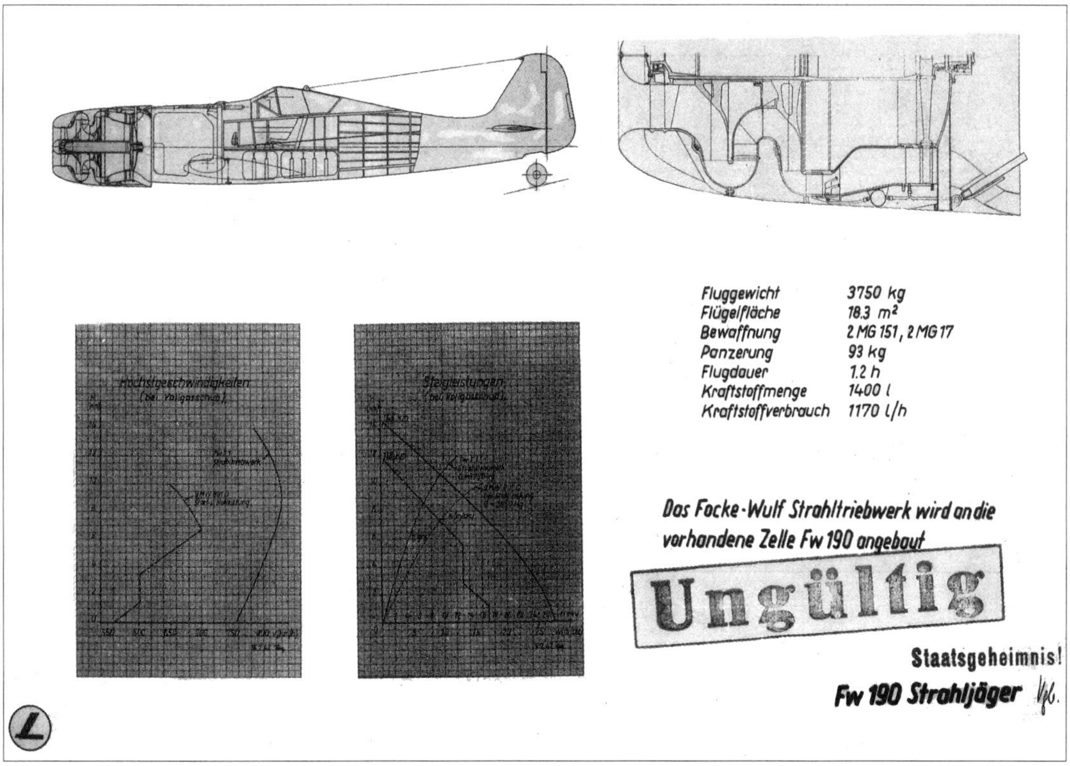

福克-沃尔夫公司文件显示的喷气式Fw 190飞机方案，德语"Ungültig"意思是不再有效，下一行"Staatsgeheimnis"意思是国家机密。

术，计划以后采用，这个技术跟福克-沃尔夫公司后来的试验型冲压发动机很类似，笔者猜测后燃油喷嘴类似如今喷气发动机的加力燃烧室。Fw 190喷气战斗机方案一个特点是发动机环形喷口到飞机座舱风挡处的机腹，后来，这种发动机喷口设计改为两个喷流稍稍向下的喷口。

为了容纳下涡轮发动机，座舱前的防火墙向前延长，其他的部分与正常Fw 190A的一样。在座舱前改进的部位，这里可以设计一个大油箱，这样整个飞机燃油量从640升增加到1400升，喷气式发动机的油耗比活塞式螺旋桨的要高得多，必须增加燃油量。燃油量增加了一倍还多，但是飞机的续航时间估计仍只有1.2小时，因为需要在这里设置油箱，发动机不得不前移，这是喷气式Fw 190飞机的座舱看上去十分靠后的原因。

此前，福克-沃尔夫公司的螺旋桨部门的赫尔伯特·沃尔夫和德国施瓦茨航空设备制造公司一道对木质轻型薄螺旋桨对飞机性能影响展开研究。与此同时，哥廷根的流体动力研究院（AVA）库希曼教授领导的一个部门也在研究共轴反转螺旋桨，流体力学院的风洞缩比模型试验显示，采用这种发动机的Fw 190飞机在7000米高空的最大速度可以达到820公里/小时，而标准的Fw 190飞机的该条件速度只有660公里/小时。据估计，喷气式Fw 190飞机的性能和采用共轴反转发动机的一样好，但没有特别超越的性能，而且采用Jumo 004喷气发动机的Me 262飞机已经取得了很大的进步，没有必要重复半路出家的喷气式飞机，这两个因素导致德国航空部在1942年年底决定取消喷气式Fw 190飞机项目。

1944年夏天，福克-沃尔夫公司再次提出一个喷气动力Fw 190飞机方案，这个方案飞机是在Fw 190A-10飞机的基础上在两侧翼尖安装2台Pabst冲压发动机，方案飞机也称Fw 190A-10“喷射管”（Strahlrohr），计划第二年进行飞行测试。德国航空研究院（LFA）已经对冲压发动机的配套设备进行了风洞测试，这种冲压发动机直径为960毫米，长度为1920毫米，安装该发动机后Fw 190飞机的翼展从10.5米增加到11.76米，飞机的BMW 801F发动机保留。但是，当时没有多余的飞机用来安装Pabst冲压发动机，项目被取消。

Ta 153和Ta 152飞机

在1942年夏天，德国航空部正式下令用“Ta”编号来取代“Fw”命名福克-沃尔夫公司的飞机，为的是突出公司总

喷气式 Fw 190 飞机的估计性能数据

翼展	10.506 米
长度	9.20 米
机翼面积	18.3 米^2
飞行重量	3750 公斤
装甲	93 公斤
燃油	1400 升
耗油率	1170 升/小时
最大速度	755 公里/小时(海平面)、830 公里/小时(9000 米高度)
爬升率	1620 米/分(海平面)、770 米/分(9000 米高度)
续航时间	1.2 小时
武器	2 挺 MG 17 机枪，备弹 1000 发/挺，2 门 MG 151 机炮，备弹 200 发/门

设计师谭克的贡献，第一个用“Ta”命名的飞机是Ta 211双发夜间战斗机，即后来的Ta 154飞机，编号更改的原因是避免与Jumo 211发动机混淆。紧随其后的是Ta 153昼间战斗机，这是为了应标德国航空部高性能标准护航昼间战斗机技术规范。

尽管外形上看跟Fw 190飞机几乎一样，实际上Ta 153飞机采用全新设计的机身，飞机尾部更长，发动机基座也大不相同。机身延长后势必加大垂直尾翼面积，水平尾翼也全新设计。另一个显著变化是飞机采用20米^{2}的机翼，飞机还采用液压操作起落架，机轮更大，尺寸为700×210毫米。计划Ta 153飞机发展两个主要型号，一个是Ta 153Ra-1型号（以Fw 190Ra-4飞机为基础），该型号安装1台Jumo 213A发动机，武器系统是6门20毫米机炮，加上1门发动机中间的30毫米机炮；Ta 153Ra-2型号，计划该方案飞机安装1台DB 603G，或是当时正在研制的发动机，飞机采用已经在1943年3月放弃的Fw 190H-1飞机的22.5米^{2}机翼，后者由于需要大量工时和生产工具等而停止研制，德国已经经不起等待了。

为了解决Ta 153飞机的问题，谭克在1943年4月设计了一个杂交飞机，这个型号保留Fw 190飞机的机身结构，后机身和尾翼单元重新设计，Jumo 213发动机保留，但采用全新机翼，机翼面积达到19.6米^2，翼展为11.00米，这个杂交的快速解决方案飞机编号为Ta 152。实际上，快速解决方案飞机称为Ta 153战斗机诞生前的过渡方案更合适。

这种新型战斗机的批量生产型编号为Ta 152H，凭空冒出个“H”后缀可能跟采用了原Fw 190H飞机的一些设计有关。Ta 152的早期原型机就是原“袋鼠项目”的5架飞机：Fw 190V-18、V-29、V-30、V-32和V-33，最先完成生产的是Fw 190V-33原型机，之后编号改为Fw 190V-33/U1的飞机安装1台Jumo 213E发动机，采用VS 9螺旋桨，发动机采用GM-1喷射助燃系统，发动机

Fw 190V-32被认为是Ta 153飞机的唯一原型机，该机安装了1台DB 603G发动机，发动机驱动四叶螺旋桨，采用宽翼展机翼。随着Ta 153项目终止，这架飞机又被改进成Fw 190V-32/U2。

Fw 190V-30/U1飞机安装的是Jumo 213E发动机，这架飞机在一次高空试验时因发动机失火而坠毁。

中间安装1门30毫米MK 108机炮，翼根安装2门MG 151/20机炮。前机身延长0.5米，后机身延长0.772米。新型机翼面积达到23.5米²，起落架通过液压操作，主起落架机轮尺寸为740×210毫米。Fw 190V-33/U1原型机于1944年7月13日进行了首飞，首飞进行了36分钟后，飞机坠毁在韦希塔，飞机损毁70%。

Ta 152H的第二架原型机率先完成生产的是Fw 190V-30/U1，该机与第一架原型机类似。Fw 190V-30/U1飞机在1944年8月6日首飞，仅仅一个星期后的8月13日，这架原型机在朗根哈根坠毁，试飞员阿尔弗雷德·托马斯丧生，坠毁前该机飞行的架次非常少；第三

Ta 152H飞机第三架原型机是Fw 190V-29/U1，它跟前2架原型机类似，也跟Fw 190D型号的外观很像。

Ta 152C的原型机Fw 190V-7（注意不是Fw 190的原型机Fw 190V-7，W.Nr.0007/0110.001，SB+KA），这架飞机刚刚出厂，照片摄于1945年。

图中Fw 190V-68原型机是由Fw 190V-53改进而来，主要用于重火力Ta 152B-5驱逐机的武器测试。

架原型机是Fw 190V-29/U1，该机在1944年9月23日首飞，它与前面2架原型机有细微的区别。在转移到朗根哈根前，这架原型机也在阿德雷德进行了改装；第四架原型机是Fw 190V-18/U2（或Fw 190V-18/U1），这架飞机从阿德雷德转移到朗根哈根前主要用于震颤测试，1944年11月11日，该机由公路运送到朗根哈根。11月19日，该机进行了首飞，驾驶飞机的是试飞员汉斯·桑德尔。外界所知是1945年4月该机还在莱恩斯恩，在德国投降前，德国陆军将其炸毁；最后一架原型机是Fw 190V-32/U1，这架原型机安装了施瓦茨公司的四叶螺旋桨。1945年1月，这架飞机被用来测试著名的MG 213转膛炮。

还有2架原型机用于Ta 152项目，第一架是Fw 190V-21/U1飞机，该机重新换装DB 603E

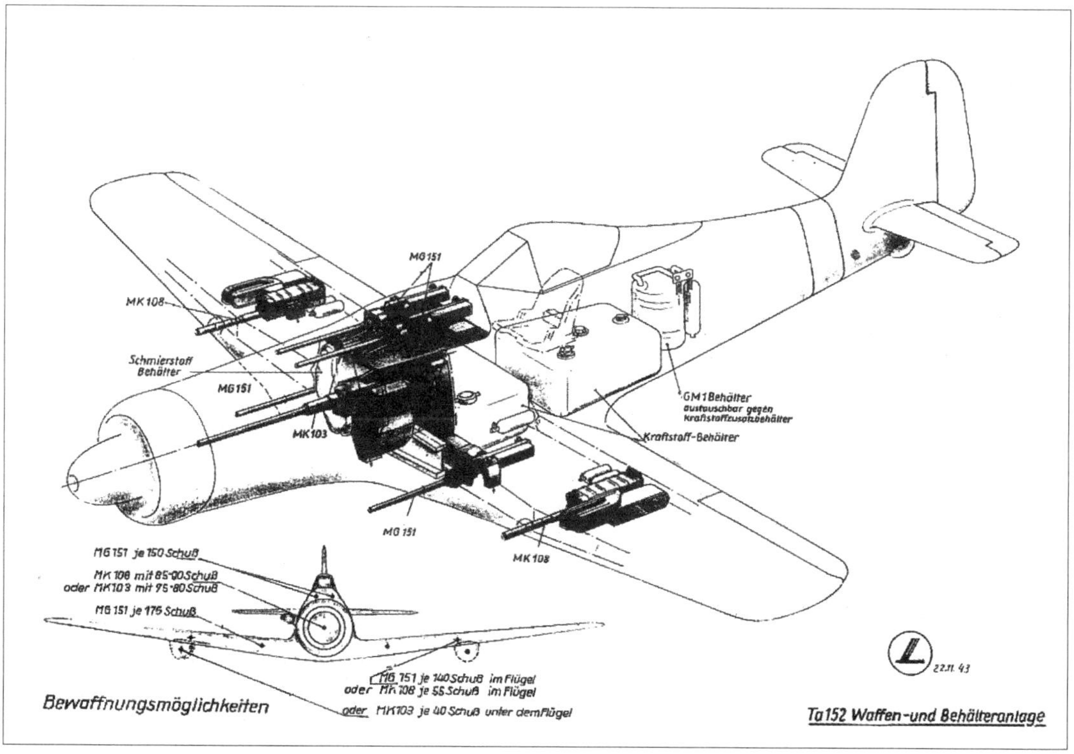

Ta 152重火力驱逐机的武器配置方案近乎变态，也可见德国对于拦截美国重型轰炸机的重视，盟军轰炸机给德国造成的损失太大了。

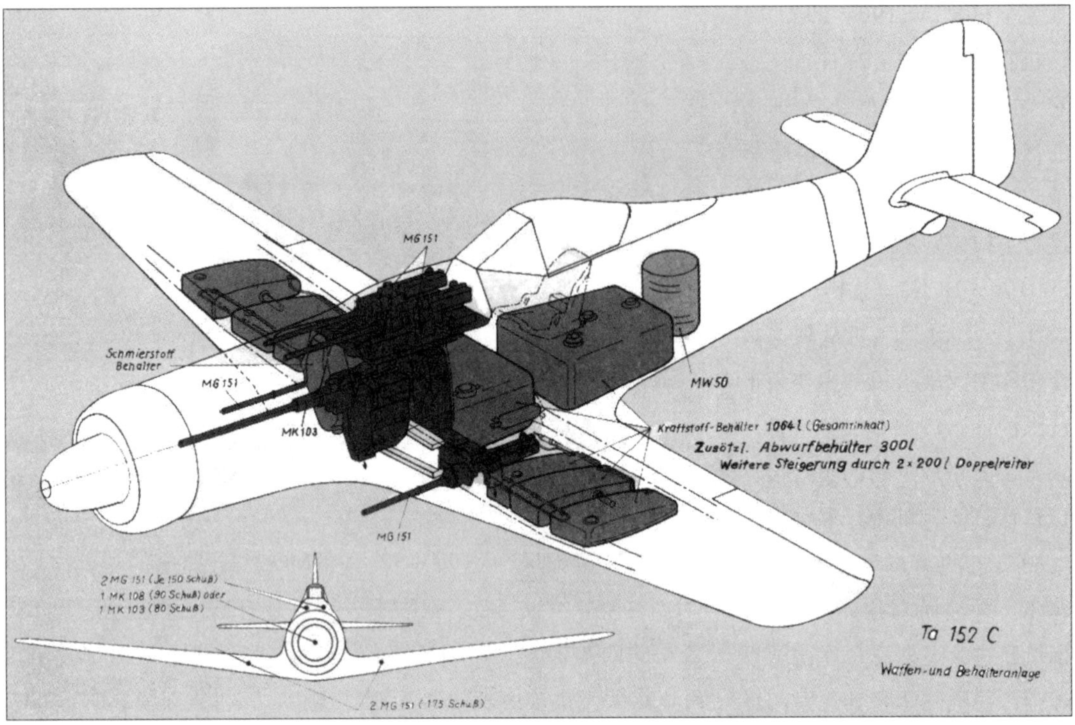

Ta 152C飞机的发动机上方由机枪改为机炮，发动机中间也安装1门机炮。另一个重要变化是机翼也设计了软油箱，机身原位置软油箱容积加大。

发动机后作为Ta 152项目中Ta 152C项目原型机，该机仍采用面积为18.3米^{2}的小机翼。Ta 152C飞机作为标准的昼间护航战斗机，跟Ta 152H型号不同，Ta 152C战斗机没有参加过实战；第二架原型机Fw 190V-68主要用于Ta 152B-5项目，这架原型机主要用来测试长管MK 103机炮的安装位置，1门机炮安装在发动机中间，另2门在机翼翼根。在塔纳维兹飞行试验中心（E-Stelle）的测试表明，机炮安装在发动机中间是可行的，但是，机炮炮管会伸出桨毂1380毫米。塔纳维兹试验中心指挥官马克希姆利

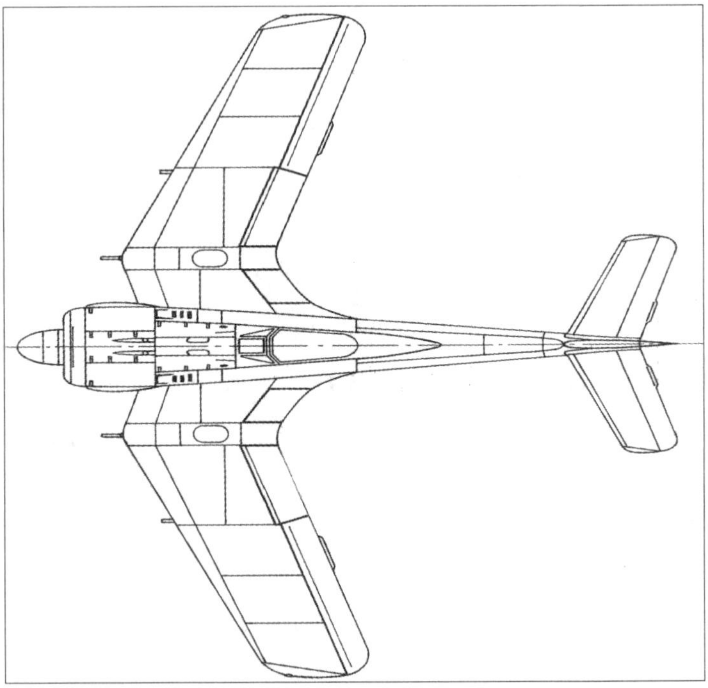

虽然项目没有进行下去，至少德国对后掠翼的研究比较领先，而且因战争的需要其实践运用也较早。

安·伯兰中校称：“……手头的工作负荷非常重，因为这个原因，给机翼翼根安装MK 103机炮需要两三个月时间，而福克-沃尔夫公司只需要四个星期时间。”不知二战结束时这些工作是否完成了。

后掠翼Fw 190飞机

早在1941年11月，福克-沃尔夫公司航空动力学专家汉斯莫索普就在研究用后掠机翼取代常规的平直机翼来提高飞机的马赫数（最大速度），主要做法就是内段机翼前掠，外段机翼后掠25度，内段机翼前掠的原因是为了保持Fw 190飞机的重心不变，也会保持升力中心不变，不然升力中心会后移。新型机翼的面积为19.3米^2，常规机翼的面积为18.3米^2。这个充满科幻色彩的方案在研究阶段就被放弃，后掠翼只会在速度更高时体现出优势，螺旋桨动力飞机采用后掠翼得不偿失。

弹射座椅试验

在1940年6月中旬，德国亨克尔公司开始研制弹射座椅以帮助飞行员从无法控制的飞机上跳伞逃生。早期，包括二战期间，飞行员跳伞（仅以战斗机为例）前需要自己爬出座舱跳出飞机，强大的气流经常把飞行员吹到后方，飞行员容易与飞机的尾翼单元（包括垂直尾翼和水平尾翼）相撞，著名飞行员约阿西姆·马尔塞尤就是跳伞时被飞机水平尾翼撞死的，其他被撞得断胳膊断腿的情况非常多。弹射跳伞就是给飞行员一个向上的速度，避免飞行员与飞机尾翼单元相撞，弹射跳伞最大的不同之处在于人和座椅一道出舱。亨克尔公司早期地面研究是在地面搭建一个5.7米长的倾斜滑轨，利用压缩空气推动座椅沿滑轨向上移动。1940年10月，早期地面测试开始进行，座椅上放置沙袋以模拟飞行员重量，整个座椅重量为120公斤。之后，整套弹射开始在He 280喷气战斗机模型上进行弹射试验，这些试验取得了成功，此后的11月开始进行进一步的真人弹射试验，所谓真人实际是一名志愿者，他来模拟飞行员。在真人弹射试验期间，“飞行员”在瞬间内承受了12g和10g的过载，心电图显示，两种过载都不会对飞行员产生持久的伤害。

目前已知世界上首次真人空中弹射发生在1943年1月13日，当天，安装阿格斯As 014发动机的He 280V-1喷气飞机原型机升空进行飞行试验。由于早期喷气发动机推力非常低，He 280V-1飞机需要由1架He 111飞机拖到空中释放飞机后飞行，He 280V-1飞机完成飞行任务后自行着陆。当时，He 111飞机拖曳着He 280V-1飞机起飞并迅速爬升到正在下雪的云层上方，在2400米规定高度，

Ju 87“斯图卡”俯冲轰炸机在进行弹射试验，德国几家大型飞机研制公司都在自行研制弹射座椅，这种方法以后会逐渐暴露出弊端来，由一家单位为所有飞机单位研制统一型号的弹射座椅效率更高，弹射座椅的性能也更好，这样也有利于节约资源。

He 111飞机准备释放He 280V-1飞机，但是，阿格斯公司飞行员申克队长此时发现由于结冰两机无法分离，最后，He 111拖曳飞机不得不抛掉拖曳钢缆，机头悬挂着一条钢缆的He 280V-1飞机不可能安全着陆，必须放弃飞机。这种情况下，申克队长实施弹射跳伞，他后来回忆此次经历：

我拉动弹射手柄，座椅（和我）迅速被抛入空中，与飞机没有任何接触（相对之前跳伞手拉脚踹）。在加速过程中，我并没有失去意识，也没有任何不舒服的感觉。我在空中剧烈地翻滚着，就好像我在做后空翻一样，记得这个过程中我仍能看到我的座机。在很短的时间内我就成功地抛掉了座椅，座椅快速向地面坠去。当降落伞张开后，我拉动伞绳。开伞的冲击比座椅尚未抛掉时更加剧烈（伞下重量变轻，受气流影响增大）。

弹射座椅的研制必须从地面台架试验开始，然后才能装机试验，后者也需几个步骤逐步过渡到真人真实情况弹射。

同样是在1941年11月，位于巴特艾尔森的福克-沃尔夫公司设计部和费施乐公司一道开始试验本公司设计的弹射座椅，1架Fw 191双发轻型轰炸机被用作测试平台，但是，这些试验很快就被放弃，原因是这种飞机用于改进的弹射舱太小了。1943年4月，再次将弹射座椅安装到1架Ta 154飞机上进行试验。当时，福克-沃尔夫公司对两种弹射方式同时进行试验，一种是利用压缩空气弹射，另一种是火药爆炸弹射。试验表明，火药爆炸弹射力量更大，而且体积小，因此座椅的重量可以从19公斤降低到5公斤。1943年6月，福克-沃尔夫公司和亨克尔公司共同对压缩空气弹射和火药爆炸弹射进行了技术评估，最后的意见是火药弹射更好，压缩空气弹射力量不足，因此弹射高度不够。为此，亨克尔公司利用2架He 219飞机原型机进行这方面的试验。世界上首次实战弹射发生在1944年4月11日，当天，2./NJG 1中队佩特皮克斯代理下士从1架He 219飞机上实施了弹射。

福克-沃尔夫公司也在朗根哈根继续弹射试验，这个试验项目负责人就是公司首席试飞员汉斯·桑德尔，当时1架Fw 190A-0飞机（W.Nr.0022）被用作弹射试验平台。1944年1月，首先进行地面木质模型弹射试验，之后进行空中弹射试验，此时使用的测试平台型号不详。在空中弹射试验期间，飞行速度达到300公里/小时时弹射，模型完全可以避开飞机尾翼单元，离尾翼距离为1—2米。但是，模型下降过程中，伞绳缠绕起来，降落伞没有张开，模型被毁。后来，有人建议采用条带式降落伞，同时，改进安全束带和扶手（扶手改进便于跳伞时将手臂约束起来，防止弹射过程中受伤），最大加速度也增加20g。目前已知，没有其他Fw 190飞机安装了弹射座椅，因此经常出现Fw 190的飞行员跳伞时被飞机尾翼单元撞伤甚至撞死事例。但是，到二战结束时，德国其他飞机已经有60%安装了

用来进行地面弹射试验的是1架Fw 190A-0，W.Nr.0022飞机，这架飞机座舱安装了木质假人。当时弹射动力来源于压缩空气，后来试验这个动力赋予的飞行员出舱速度远远不够。最下一张图：从Fw 190A-0飞机上弹射出舱，不像现代战机弹射时火光冲天，前者采用压缩空气推动飞行员出舱。

弹射座椅。

骑墙式副油箱

1944年4月，德国航空部要求研制一款翼上布置的容器，既可以用来运输人员，也可以作为副油箱来使用，用于运输人员的容器由齐柏林伯爵研究院负责研制，该研究院位于斯图加特鲁伊特，这种容器的德语名称是两用骑墙式容器（Doppelreiter，英语doule rider）。在进行了数次模型风洞研究后，“克莱姆”35轻型飞机被用来测试木质翼上容器模型，模型安置在机翼上表面中部。“克莱姆”35的试验表明技术上是可行的，为此，Ju 87俯冲轰炸机和Bf 109战斗机都进行了进一步的研究，Ju 87飞机的外翼段上方携带一种可容纳2人的载人容器，两名乘员前后串列乘坐，容器两侧有窗户，原则上这种容器可以小角度俯冲投放，容器内有降落伞，可以实现软着陆；Bf 109飞机的容器可以容纳一人，而且只能趴在容器里。这种容器上有一个水泡形透明玻璃，为的是给乘坐人员提供前方视野。Ju 87飞机和Bf 109飞机的容器都进行了测试，但是都没有实际使用，后来遭到放弃。

流线型翼上骑墙式容器看

“克莱姆”35轻型飞机进行了最早的骑墙式载人容器试验，更大的飞机采用这种容器不存在技术问题。

Ju 87D-3“斯图卡”飞机试验的载人容器，这种容器更大，可载两人，而且有窗户供飞行员观察。德国空军的设想是用这种容器运送突击队员或是运送伤病员。

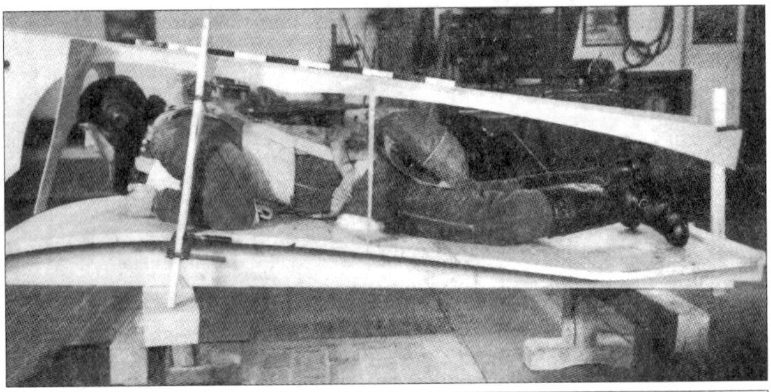

两图为Bf 109E战斗机试验的一种载人容器，这种容器只能容纳一人，而且趴着，乘员非常不舒服。

上去比副油箱还有前途，因此几家飞机研制单位都在研制，除了上述两家，福克-沃尔夫公司结构设计部克莱姆和齐柏林伯爵研究院的乔治·马德伦格、乌尔里希·胡特、弗里茨-迪特里希·雷德合作进行这方面研究，首先进行模型风洞试验以确定翼上容器的位置，一个方案是容器靠近机身，另一个方案是容器布置在机翼弦长中部，根据风洞试验结果最终确定后者。随后制造了木质模型用于试验，容器内部喷涂防油油漆（兼作油箱使用），1944年7月17日至8月23日间进行了早期飞行测试，用来改进的是1架Fw 190A-8飞机和1架Fw 190G-2飞机（可能是Fw 190V-44），飞行试验取得了成功，但也有一些小问题，比如飞机的航向稳定性下降。

9月25日，海因里希·博维斯空军工程少校驾驶1架Fw 190A-8，W.Nr.380394，“白色7”号飞机从雷希林到JGr 10战斗机评估大队所在的帕希姆进行进一步的细节测试。很快又有1架飞机加入测试项目，即Fw 190F-3，W.Nr.670007，“白色1”号飞机，Fw 190A-8和Fw 190F-3飞机都可以携带2个270升拖鞋式副油箱，1架白色C飞机在ETC挂架上携带常规副油箱用于对比试验，试验结果如下表：

飞机	状态	速度损失	额外死重
“白色 1”号	两个空拖鞋式副油箱	1. 5 公里/小时	64 公斤
“白色 7”号	两个空拖鞋式副油箱	0. 8 公里/小时	64 公斤
白色 C	机翼携带两个 ETC 挂架	13. 7 公里/小时	64 公斤
“白色 7”号	两个满油拖鞋式 270 升副油箱	5. 4 公里/小时	64 公斤
白色 C	携带两个 300 升副油箱	34. 2 公里/小时	96 公斤
“白色 7”号	一个满油拖鞋式 300 升副油箱	1. 0 公里/小时	32 公斤

上两图为早期阶段进行风洞试验以确定合适的容器安装位置，上图非常类似如今的保形油箱，但需求不同造成评估出现不同判断；下图类似将副油箱移到翼上位置。

以上四图为最终确定的骑墙式容器形状和安装位置，虽说这是最佳方案，实际使用问题也不少，特别是作战意义贡献不多，因此，项目没有发展下去。

拖鞋式副油箱看上去更有前途一些，冷战时期第一代喷气战斗机也使用过这种副油箱，如米格-15、米格-17和雅克-28战斗机等。这种副油箱的好处是燃油使用完后不需要抛掉，对飞机气动影响小，但是，副油箱抛掉对飞机影响更小，恰恰拖鞋式副油箱无法空中抛离。

尽管翼上两用容器的阻力小，飞机速度损失也小，但油箱内燃油耗尽后麻烦就来了，由于飞机轴线改变，飞机在飞行时出现蛇形现象，即忽左忽右。齐柏林伯爵研究院同时还是研究为Fw 190飞机安装机翼前缘预制保形油箱，相当于上文提到的改进套件，这个技术成熟计划用（选择使用）在所有Fw 190飞机上，1架用于改进试验的Fw 190G-2飞机称为Fw 190G-2/U6。这种油箱还计划用于生产型Bf 109K-5飞机，但最终决定只用于Fw 190A、Fw 190F、Fw 190D飞机和Me 262B-2喷气式夜间战斗机上，但是，这些最终都没有实现。

Fw 190“寄生”飞机

在两次世界大战之间，德国就在研究两架飞机组合在一起的方案以便执行不同的作战任务，其他国家也在这么干。二战开始后，德国容克公司首席试飞员齐格菲尔德·霍尔茨保队长想出一个大胆有创意的计划，即将战斗机架在1架携带大量炸弹的退役轰炸机上，到目标区上空，无人驾驶的轰炸机被释放去轰炸防空火力密集的目标，诸如战列舰、工厂、

1架Fw 190G-2/U6飞机被用来测试拖鞋式副油箱，图中副油箱跟风洞试验中的又有了一些区别。

桥梁、大型军火库和火炮阵地等。组合机上方的战斗机在两机分离后可以高速脱离战区，当然也可以在遭到敌机攻击时自卫。苏联空军的“寄生”飞机，或称子母机形式与此一样，作战要求上有一些区别，一般是轰炸机携带战斗机，而战斗机用于远程为轰炸机护航，解决战斗机腿短的问题。冷战时期，苏联和美国仍在研究“寄生”飞机，由于缺乏可操作性和子母机分离危险，而最终被放弃。

齐格菲尔德·霍尔茨保的这个概念被称为“寄生”飞机（Mistel，Misteltoe），经过大量非官方的试验后，他向容克公司项目办公室递交了一份方案：1架机体寿命和发动机寿命已经到期的Ju 88轰炸机被用来作为“寄生”飞机的下方飞机，除了携带大量炸弹，Ju 88飞机另一个重要的改进是用三轴自动控制系统取代原来的自动驾驶仪，“寄生”飞机的上方飞机飞行员可以控制下方飞机。还有一个比较重要的改进是为飞机安装陀螺稳定瞄准具。让霍尔茨保沮丧的是，容克公司项目办公室的人对他的方案表示了极大的怀疑，前者认为“……完全是浪费时间”。

一段时间以来，由于缺乏需求，“寄生”飞机概念无人问津，后来事情有了转机，位于艾因灵的德国滑翔机研究院（DFS）早就在研究用1架飞机拖曳另1架飞机，或者是2架飞机上下叠加的组合方案，其中后者就是类似齐格菲尔德·霍尔茨保的“寄生”飞机方案。早期的DFS 230滑翔机“寄生”方案中，上面的飞机主要是用来“拖曳”滑翔机的，也就是控制滑翔机到指定区域，当时德国滑翔机研究院试验了几个组合方案，外界知晓其中三个方案：克莱姆公司Kl 35双座轻型教练机加DFS 230滑翔机方案、福克-沃尔夫Fw 156单座巡逻飞机加DFS 230滑翔机方案和梅塞施密特Bf 109E战斗机加DFS 230滑翔机方案。1942年，试飞员弗里茨·斯塔梅尔驾驶“寄生”飞机进行了数次试验，他的试验报告称这种“寄生”组合是可行的。跟用钢缆拖曳方案相比，“寄生”方案优点更加明显，在恶劣气象环境下，钢缆拖曳飞行时，柔性钢缆摆动会影响飞行安全，这

1架Fw 190A-8飞机被架在1架Ju 88G-1飞机上。早期方案是利用寿命到期的轰炸机改进携带炸弹，它的缺点是携带炸弹量小。下图中Fw 190A-8是后期型号，座舱罩比较鼓。

1945年3月被盟军缴获的“寄生 2”结合飞机，组合的下面的飞机座舱已经改为空心炸药战斗部，战斗部的顶端为短杆引信，注意看，引信前端有4个黑点，那些是触发引信的触点。图中Fw 190飞机携带1个600升副油箱，而下面的飞机携带了1个900升副油箱（最多可以携带2个）。该“寄生 2”飞机组合属于KG(J) 30联队。

点来看，“寄生”方案的安全性更高。

随着二战中期德国军事形势转坏，“寄生”方案再次被提出，只是这次的“寄生”方案不是用来“拖曳”滑翔机，而是把滑翔机改为携带大量炸弹的退役轰炸机。在成功地试验了“寄生”方案后，1943年年初，滑翔机研究院提议将“寄生”飞机项目升格为研制项目，项目代号为“贝多芬”，方案的具体内容就是1架Bf 109F战斗机架在1架Ju 88A-4飞机上。这个项目后来转交给容克公司弗里茨·哈伯博士来着手飞行试验项目，试验在1944年2月结束。作战使用时，“寄生”飞机组以15度角浅俯冲对准目标，在距目标约1.2公里时，上下两机分离。上面的Bf 109F战斗机爬升脱离战区，下面的Ju 88A-4飞机在自动驾驶仪的控制下径直冲上目标。

截至此时，德国航空部正式下令要求生产15套“寄生”飞机，这些方案飞机仍是Bf 109飞机（上）和Ju 88A-4飞机（下）组合，德国空军称之为“寄生1”，其上部的飞机通过金属架子与下方飞机固定在一起，通过爆炸螺栓实现两机分离。在训练期间，Ju 88飞机的座舱段保留，作战时，座舱段会被大型空心炸药战斗部所取代。这个巨大的战斗部是易北河畔雷泽一家公司在秘密状态研制的，战斗部重量达到3804公斤，其中炸药重量达到1700公斤（30%TNT＋70%雷索金），战斗部采用空心设计，紧贴炸药前方的是软铜药形罩，炸药爆炸时压缩软铜形成一个固态（很多资料称是液态）金属体，其学名是自锻弹丸或自锻破片，也就是依靠爆炸能量把药型罩锻造成一个穿甲弹丸，击穿装甲，自锻弹丸形状短粗，速度达到2000—3500米/秒，可以穿透4倍战斗部直径的装甲，主要用于攻击装甲防护水平高的目标，如战列舰、堡垒和桥梁。在战斗部的前面伸出一个2.75米的长杆，俗称大象鼻子，长杆顶端上有四个碰炸引信。使用时，当引信被触发，稍延迟后战斗部后面的起爆装置引爆战斗部炸药，软铜被压缩成穿甲弹丸攻击目标，理论上可以击穿7.4米厚的钢质装甲。

早期，“寄生”项目都是采用退役或损坏的Ju 88轰炸机，后来采用的是全新定制生产的Ju 88飞机。在转场飞行或训练时，上下飞机均可有人驾驶，在决定投入实战时，飞机座舱被去除，装上巨大的空心炸药战斗部。换装工作需要六名机械师、两名武器操作员和一部4吨起重机工作一天时间，一旦升空，“寄生”组合的下面飞机或战斗部的使命就结束了，因为升空后，安装战斗部的飞机就不能再着陆，不管是否执行任务，不管是否会击中目标。在测试期间，试验人员用“寄生”飞机数次攻击了丹麦岛上悬崖，试验证明这种武器具备可行性。

驾驶“寄生”飞机的飞行员从1944年4月开始训练，起初使用2架原型机，每名飞行员需要完成10架次飞行，这些飞行训练不需要释放下面的飞机。之后再进行3架次训练，这些飞行每次都要释放下面飞机。飞行员反映战斗机的视野不好，起飞有点困难，更不能在夜间使用。但是，一旦“寄生”飞机组合升空，驾驶起来非常容易，只是操作上有点迟钝。

“寄生”飞机组合的首次实战是Bf 109和Ju 88飞机，

被盟军缴获的“寄生 2”飞机组合，这个组合上下飞机的连接跟其他的似乎不同，支撑杆比较短，对比下图。

和上图相比，这2架飞机的组合支撑更长，上面的Fw 190飞机的左侧翼尖已经破损，背景还有几架“寄生”飞机，但还没有架起来。

但是，1944年12月底，德国空军司令部下令要求“寄生”飞机采用Fw 190A-8战斗机和Ju 88G-1轰炸机组合，这两型飞机组合的“寄生”飞机之前就在进行试验，该组合被称之为“寄生2”。第一架被用来改进作为“寄生”飞机的是Fw 190，SR＋GC飞机，该机组合在12月5日进行了飞行测试，测试取得了成功。此后，“寄生2”飞机被交付给驻扎在马格德堡附近伯格的6./KG 200中队。1945年1月初，几个“寄生2”组合被部署到丹麦的齐斯楚普参加“龙穴行动”（Operation Drachenhöhle），即攻击英国皇家海军斯卡帕湾内英国舰船行动。但是，“寄生2”飞机还未参战就被英国皇家空军战斗机炸毁，行动不得不取消。剩余的“寄生2”飞机转而准备参加“铁锤行动”（Operation Eisenhammer），这是德国空军在1943年年底实施的攻击苏联莫斯科周围和上伏尔加一带发电厂行动，由于苏联红军大反击推进速度太快，行动的主力He 111轰炸机已经鞭长莫及，只得让“寄生2”飞机在1944年12月底，后改在1945年年初参与行动。

德国空军认为“寄生”飞机攻击苏联发电厂的成功几率很大，自从1943年中期以来，苏联红军不断向西推进后，德国轰炸机已经无法飞抵苏联核心地区，因此这里的防空力量比较薄弱。“寄生”组合飞机的作战半径为1223公里，这么远的作战距离，上面的Fw 190飞机携带2个300升副油箱。在乌德特基地的实际测试（真实战斗部）表明，携带两枚空心炸药的Ju 88飞机可以摧毁一个小型发电站，6枚可以消灭一座大型发电部。作战使用时，“寄生”飞机部署在东普鲁士机场，由于苏联红军在1945年1月和2月推进速度惊人地快，“寄生2”飞机的行动再次被取消，德国空军转而想用这种飞机攻击波兰维斯瓦河上的桥梁。1945年3月，6./KG 200中队被划归赫尔比希联合战斗组，这个单位的主要任务就是摧毁奥得河上的桥梁，在这些行动中，3./KG(J) 30中队也加入进来，这个中队也装备“寄生”飞机。4月10日，装备“寄生”飞机的两个中队攻击了奎斯河和博伯河上的公路大桥，之后的4月12日，德国用“寄生”飞机攻击了奥得河大桥。

负责指挥攻击奥得河大桥行动的是汉斯-约阿西姆·赫尔比格上校，用“寄生”飞机攻击桥梁实际上是德国绝望中的一种尝试，因为空心炸药攻击厚装甲战舰，或是钢筋水泥加固碉堡特别有效，对于攻击桥梁效果并不算好，桥梁比较窄，精度难以保证，最主要的是，空心炸药战斗部的爆炸原理主要是穿透装甲防护进入内部毁伤，炸桥则只会在桥上留下一个洞而已，难以对大桥的关键结构造成严重毁伤。

典型的攻击奥得河畔科斯琴大桥行动发生在1945年4月12日。当天傍晚6时25分，Ⅰ./KG 66大队的汉斯·奥尔特罗格少尉驾驶Ju 88飞机从佩纳明德基地起飞充当此次行动领航飞机，4架“寄生”飞机紧随其后升空，飞机编队向南迫不及待地飞向目标。由于“寄生”飞机上的Fw 190飞机的视野不好，领航的Ju 88轰炸机必须飞在“寄生”飞机编队的前上方，距离为3.2公里，高度差为450米，这样Fw 190飞行员才能时刻观察到领航机。在飞抵奥得河畔科斯琴时，天色已暗，Ju 88飞机在预定空域发现大桥后立即摆动机翼，随后领航机爬升离开。摆动机翼是一个攻击信号，即“寄生”飞机开始俯冲进入攻击步骤，迎着地面密集的炮火，德国飞行员冒死实施攻击：飞机分离，然后转弯爬升离开。

空心炸药战斗部的Ju 88飞

这张照片的背景故事不详，“寄生 2”飞机组合喷涂了英军机徽，远处1架Ju 52/M3运输机也是如此。英军进入德国后，发现德国飞机（肯定也包括其他武器）就喷涂上英国皇家空军标志，表示这些飞机现在属于英国财产。

近距离看一下“寄生”组合的上下飞机是如何连接在一起的。上面的Fw 190A-8飞机机腹携带了ETC 501挂架。飞行员要爬进Fw 190飞机相当困难。

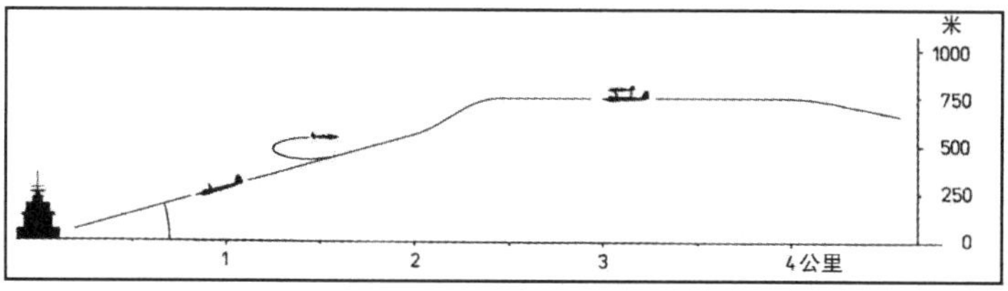

“寄生”飞机组合攻击步骤示意图。

机接连命中桥梁，奥尔特罗格看到桥梁消失在浓烟、尘土和飞扬的碎片之中。在抛下负载后，上面的Fw 190飞机立即变成威力十足的战斗机，心有不甘的德国飞行员驾驶Fw 190飞机折返回来用机载武器扫射敌人高炮阵地。当烟尘散去，奥尔特罗格可以清楚地看到他们的战果：桥被击中了，但是没有倒塌。从苏联的官方记载可以看出，被攻击的大桥仍然在使用。4月16日，苏军发动进攻战役，只两天时间，苏军就在奥得河西侧建立了两个桥头堡，宽度分别达到32公里和48公里，之后苏军立即在沿岸80公里宽的奥得河上搭建了数不清的浮桥，已经绝望的德国空军用各种手段，包括“寄生”飞机和Hs 293导弹反复攻击苏军浮桥，希望把苏联红军赶回奥得河东侧。但是一切无济于事，德国空军所有手段加在一起也只是杯水车薪。

4月18日最后一次攻击施泰瑙铁路大桥。4天后，6./KG 200中队被撤消，单位人员最后在战争结束时向英国军队投降。与此同时，3./KG(J) 30中队继续执行轰炸奥得河上桥梁行动，直到最后投降。

另外还有两个跟Fw 190飞机有关的“寄生”飞机项目，一个是与Ta 154双发夜间战斗机（下）的组合；另一个是与Fi 103（V-1）导弹组合，后者是Fw 190飞机驮在V-1导弹之上，导弹放置在前三点式滑车上，“寄生”组合机起飞后滑车留在地面，滑车相当于“寄生”组合的可抛起落架。但是，这两个“寄生”项目都只停留在项目研究阶段就被放弃。

还有一个机密项目跟Fw 190飞机有关，也就是Fw 190飞机机腹携带1架微型轰炸机，这个项目名称为“JS”，“JS”的含义不详，可能是“初期冲压发动机”（Jugend Staustrahlrohre）的意思，也可能是“战斗机对地攻击”（Jagd-Schlacht）的意思。所谓的微型轰炸机采用单翼双垂尾布局，飞机采用冲压发动机，其进气口在飞机背部，飞机长度为3米。虽然只有3米长，轰炸机内还是布置了“座舱”，称为“趴舱”，可能是来自希特勒青年团的飞行员趴在轰炸机中操纵飞机，飞机头部有玻璃罩以提供前方视野。冲压发动机无法自行启动，上面的Fw 190飞机可以提供初始点火速度让冲压发动机启动。到目标区，Fw 190飞行员释放JS轰炸机，而后者可以携带2枚250公斤或是4枚100毫米火箭弹，携带炸弹的JS轰炸机采用上单翼布局，携带火箭弹的飞机采用下单翼布局。完成任务后，JS轰炸机自行返回基地，飞机利用雪橇起落架着陆。福克-沃尔夫公司的JS项目跟阿拉多公司的E 381项目类似，这种超级怪异的概念武器实行起来问题颇多，战争后期德国根本没精力和时间去形成这种具备作战能力的武器系统，因此，跟数量众多的怪异武器一样，JS项目在早期设想阶段就被取消。

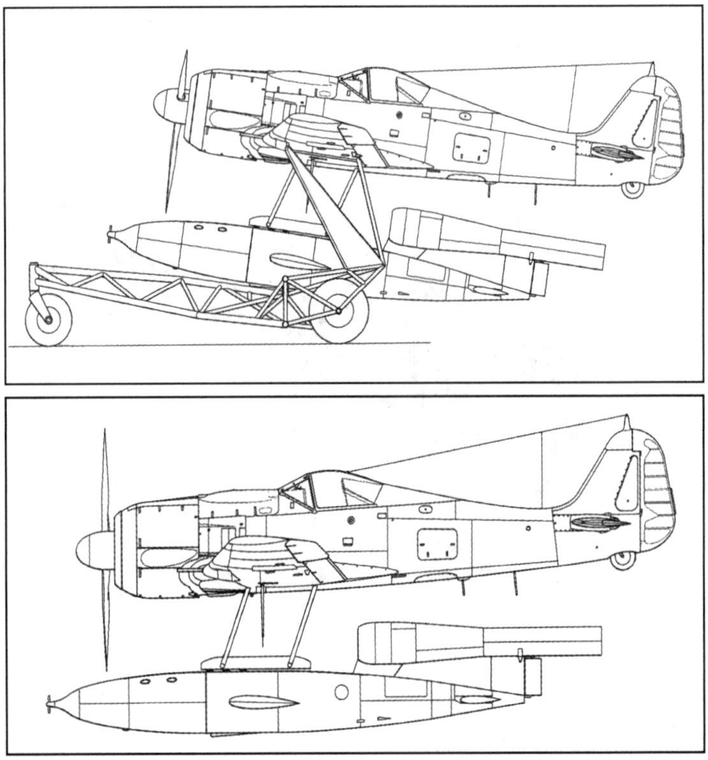

费施乐公司的Fi 103导弹，即V-1导弹的空射型号一般用He 111轰炸机携带发射，德国空军也提出过Fw 190战斗机和Fi 103导弹的组合方案，这个方案没有结果。

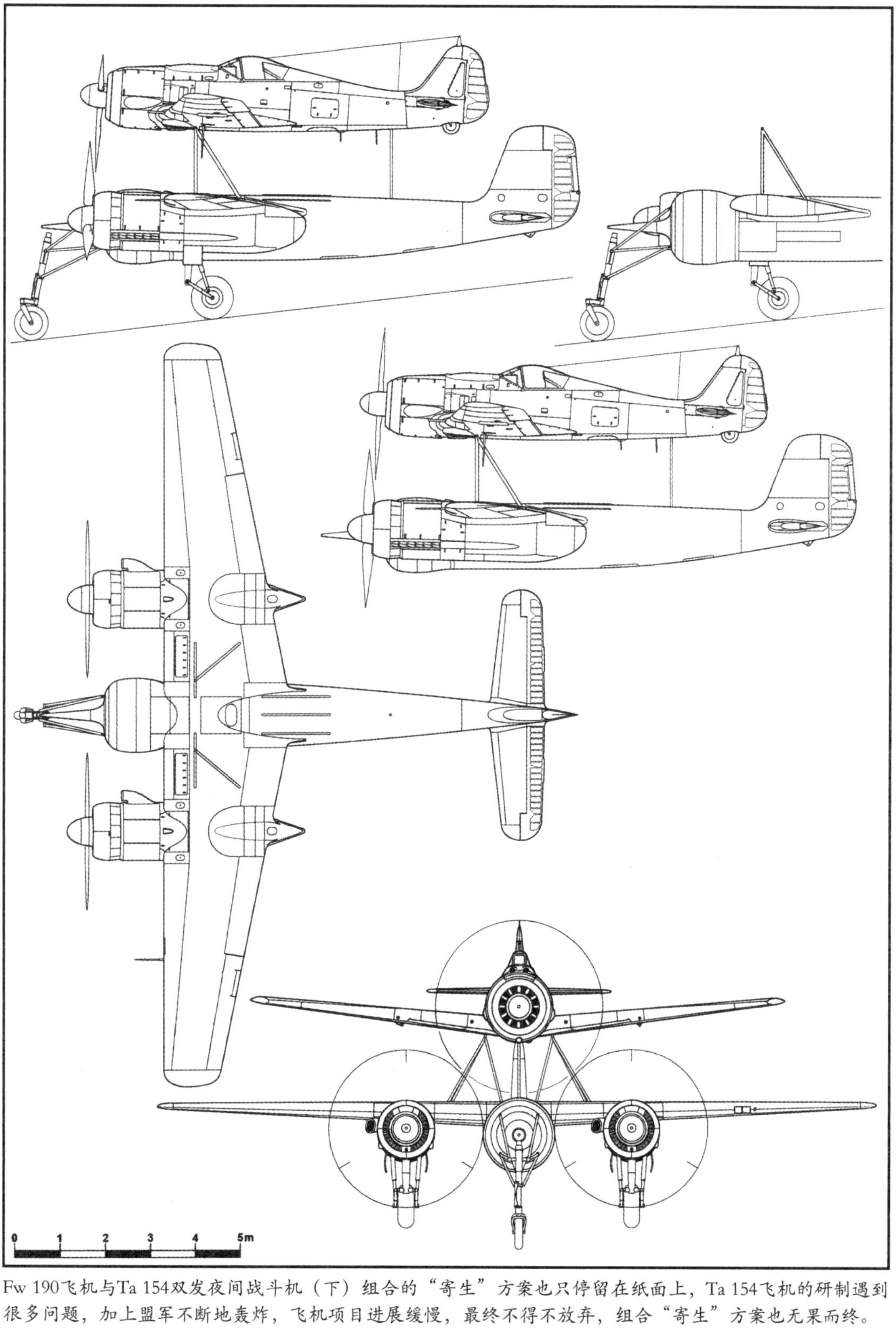

Fw 190飞机与Ta 154双发夜间战斗机（下）组合的“寄生”方案也只停留在纸面上，Ta 154飞机的研制遇到很多问题，加上盟军不断地轰炸，飞机项目进展缓慢，最终不得不放弃，组合“寄生”方案也无果而终。

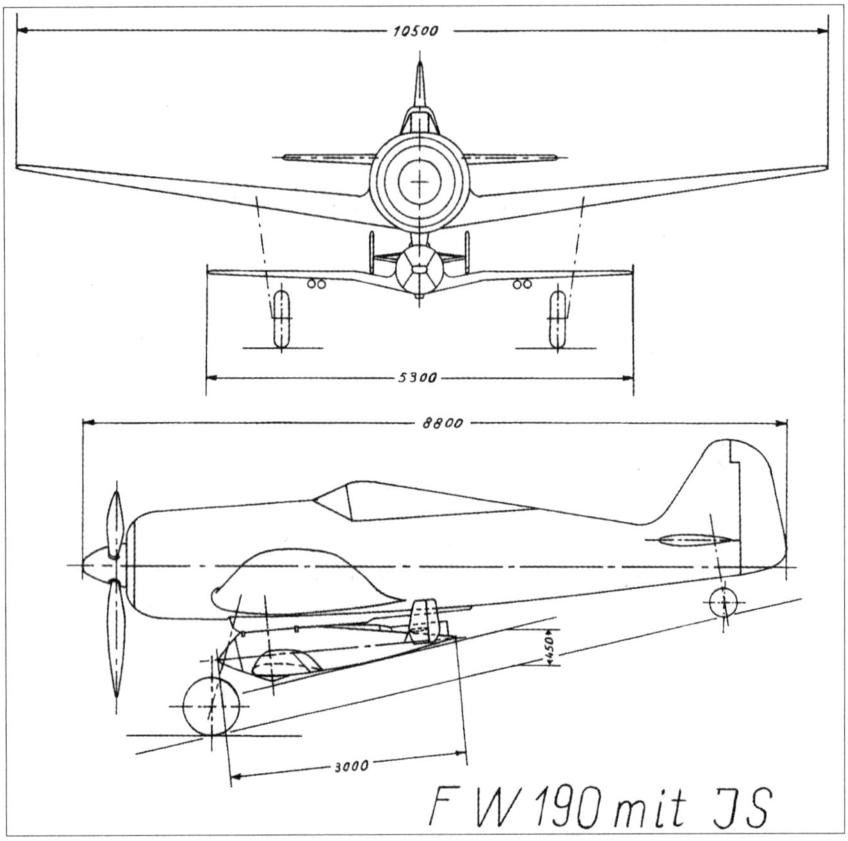

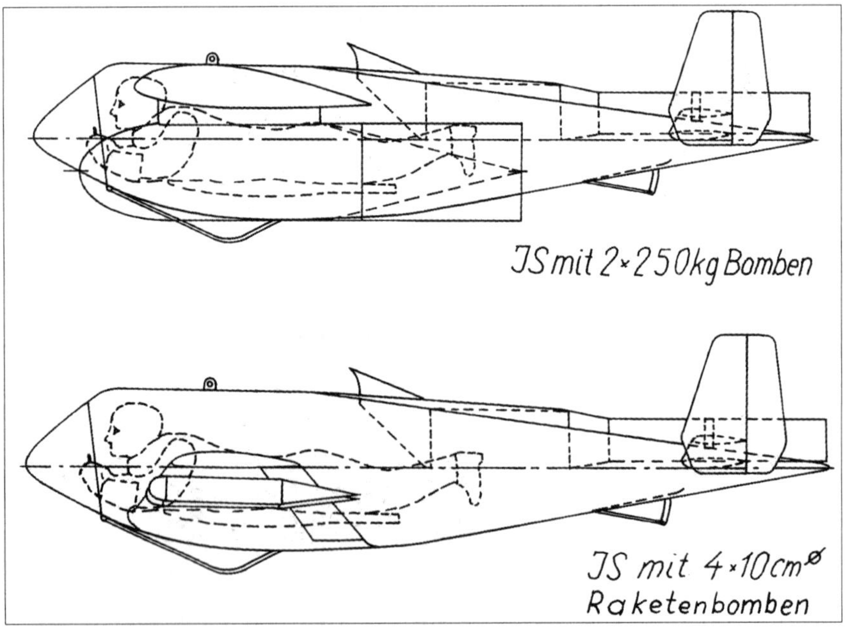

这个JS项目也停留在理论研究阶段，很多现实问题都还没考虑，这个JS飞机非常像人工制导巡航导弹。问题是，JS飞机中的人如何驾机返回。第3幅图中的JS飞机携带2枚250公斤炸弹，第4幅图中的则携带4枚100毫米火箭弹。

第三章　Fw 190飞机海外用户

随着盟军深入德国腹地，英美为首的盟军和苏联展开了争夺德国最新技术的竞争，主要是针对德国的喷气发动机和火箭技术等，两派盟军同样对德国的最新螺旋桨发动机也感兴趣，特别是苏联对德国几乎一切技术都有浓厚的兴趣。笔者无数次听说苏联人只对实物感兴趣而无视德国科学家，这完全不是事实，苏联人对德国的科学家和实物表现出的是一种近乎贪婪的占有欲。美苏两国战后喷气发动机技术和火箭技术发展突飞猛进跟此时争夺德国科技有很大关系，两国都以德国的技术为开端逐渐发展起各自特色的高科技。

战争后期，盟军缴获大量德国Fw 190飞机，很多飞机完好无损，但是，盟军此时对曾经威震一时的福克-沃尔夫飞机已经兴趣索然。图中是被英国缴获的Fw 190飞机，飞机的螺旋桨全被拆下，防止德国飞行员驾机逃跑。一名英国人正对BMW 801发动机的12叶冷却风扇进行检查。

进入德国领土后，盟军发现了很多原德国空军的遗弃的机场或修理厂和生产厂，这些地方发现了大量德国飞机，很多飞机要么在盟军的空袭中被炸毁，要么被德国人自己炸毁，竟然还有一些属于诱饵性质的，也就是技术上把盟军引向邪路的，德国最后灭亡之际还不忘使坏。另外，德国空军飞行员也竭尽全力拖家带口地从苏联进攻方向往西撤，指望向西方盟军投降，这里的投降待遇好一些。苏军声名在外，德国人认为苏军会野蛮对待他们，害怕报复，德国人应该明白他们在苏联领土上干的坏事也堪称野蛮残忍。

让盟军特别震惊的可能是在德国乡村发现大量飞机组装厂和修理厂，德国战斗机参谋部负责战争后期德国飞机生产工业的疏散安排等，因此会出现盟军连续轰炸和地面不断推进，德国飞机生产数量却仍然在增加的情况。1945年4月中旬在德国策勒附近发现的地

德国鲁尔区盖沃尔斯贝格的一处Fw 190飞机地下生产和修理厂，入口外摆满了刚刚完成生产的机体。

地下工厂的内部，这里整齐摆放的是Fw 190A-8飞机，图中第二架飞机的机翼携带2个ETC 50炸弹挂架，地面方形物体是软油箱。

图中是德国柏林滕珀尔霍夫区的威悉飞机制造有限公司生产厂，等待组装的是Fw 190A-8飞机。整体机翼结构清晰可见，这是Fw 190飞机一大特色。该生产厂已经遭受过盟军的轰炸。

下工事最让盟军吃惊，历史学家西恩·朗敦描述称："穿过幽深黑暗的森林，他们抵达了入口大门处，这里就是一个隧道入口。一些士兵留下来保卫洞口安全，其他人，包括一些英国皇家空军专家进入隧道搜索有用的东西。进入隧道，他们发现一个巨大的地下飞机生产厂，这里属于福克-沃尔夫公司，这家公司的飞机曾经在战场上叱诧风云。进入生产车间，盟军官兵被两英里长的地下通道所震惊，通道两侧就是正在生产的飞机，这些发现提示了德国人在盟军日夜不停的轰炸行动中如何保持飞机生产的。在附近的一个被英国人占领飞机生产厂，一个皇家空军技术部的人员正在和这家生产厂负责商讨如何将厂里设备运出。"

战争结束时，几个Fw 190飞机最新型号被英军、美军和苏军缴获并运回国内进行测试评估，但是大部分福克-沃尔夫公司的飞机最终被拆解销毁，为此，德国、奥地利和捷克斯洛伐克都建立销毁中心进行集中销毁，销毁过程有盟军士兵监督，并且有摄影人员拍照。

下面按国家名称字母顺序分别介绍一些国家装备和使用Fw 190飞机情况。

虽然厂房房顶已经被盟军炸飞，位于奥舍尔斯累本的阿戈公司生产厂仍然坚持生产到战争结束。不争的事实是，这些飞机生产出来却飞不上天，因为没有足够的燃油。

法国

早在1940年，为了应对德国进攻，法国在欧塞尔附近的克拉旺巴扎尔纳（巴黎东南160公里）修建了一些山洞，山洞主要用来修理飞机，山洞还没有投入使用法国就沦陷，这些山洞被德国人占有。1943年年底，随着盟军空袭行动日益加大，德国人开始利用这些法国山洞为德军服务，德国人得先完成山洞的施工，包括布设电缆、铺设单线铁路、在附近修建机场等。1944年2月6日，德国阿戈公司将法国维拉古布莱（巴黎西南15公里）和梅西帕莱索（巴黎西南10公里）的Fw 190飞机修理厂转移到克拉旺巴扎尔纳山洞，在这里被称为阿戈飞机公司特别修理厂，或是918营地。以1944年6月诺曼底登陆为开端，法国领土陆续被解放，为此，德国在1944年8月10日放弃克拉旺巴扎尔纳山洞，德军撤走时留下约120架Fw 190A-4、Fw 190A-5和Fw 190A-8飞机机体和数不清的其他部件。

德国人撤走后，盟军情报部门对缴获的设备进行了检查，能拿走的拿走，剩下的交给了法国国营中部飞机制造公司（SNCAC），也就是法国接

法国人根据德国遗留下来的飞机部件组装了Fw 190飞机，这些飞机的法国编号是NC.900。但是，被占领期间，法国工人蓄意搞破坏，使得法国组装的飞机存在很大的安全隐患。

法国的Fw 190飞机机尾有飞机编号和生产编号，图中是第23号飞机。

管的山洞工厂。接管工厂后，法国人利用在多尔多涅发现的发动机继续修理剩余的Fw 190飞机，这些修理好的飞机在法国编号为NC.900，飞机编号从1往后。第一架NC.900飞机在1945年3月16日进行了首飞，随后位于奥尔日河畔布雷蒂尼的法国飞行测试中心（CEV）对飞机进行了测试，参与测试项目的三名试飞员为德克卢、查罗雷奥和布鲁诺德。除了16号机因故障实施了一次迫降，其他测试项目进展令人满意。

但是，从1946年1月开始交付到法国空军战斗机单位GC Ⅲ/5（GC的意思是战斗机大队，5表示中队）“诺曼底·涅曼”（Normandie-Niemen）中队[①]后，麻烦来了，这个中队飞行员原来在东线战场驾驶雅克-3战斗机，他们并不喜欢NC.900飞机，尽管后者性能稍好一些。服役后，很快又遇到其他各种各样的问题，原因都是法国人自己过去的蓄意破坏，德国人在法国境内工厂维护Fw 190飞机时，雇佣的法国人想尽办法搞破坏，这些破坏一般很难当场检查出来，飞机用过一段时间后故障就会出现。第一起严重事故发生在1946年1月2日，第28号飞机飞行中在空中解体。随后，第4号和第21号飞机在1947年2月24日空中飞行时解体；当年5月8日，第58号飞机空中飞行时突然伸出起落架，导致飞机坠毁，所幸飞行员跳伞逃生。很快NC.900飞机就获得了不安全飞机的名声。当年年底，GC Ⅲ/5中队全部换装英国的“蚊子”战斗机，最后一架NC.900飞机是第64号，这架飞机在1946年3月14日进行了首飞，1949年6月22日，所有NC.900飞机全部从法国空军退役。

匈牙利

1944年11月1日，德国空军第4航空队司令德斯洛赫、驻匈牙利德国空军司令福特尔和匈牙利皇家空军新任司令于斯特上将、匈牙利战争部代表里泰中校进行了商讨，决定在匈牙利皇家空军组建第102战斗轰炸机团。决定做出后不久，匈牙利空军立即按德国空军对地攻击单位的编制，即三个大队三个中队的三三制组建新战斗轰炸机团，匈牙利的团相当于德国空军的联队。最小单位中队装备12架飞机，另外，每个大队都有一个三机参谋部飞行队，这相当于德国空军的大队队部，只是德国的队部装备4架飞机形成四机编队。1944年11月7日，18架Fw 190F-8飞机交付给匈牙利空军第102团第Ⅰ大队（简称FBS 102/Ⅰ），该大队指挥官是利瓦·吉奥左上尉，大队驻扎在伯戈德（首都布达佩斯西南60公里，塞克什白堡东南10公里），11月13日具备作战能力，不过一个星期就形成战斗力说明此前已经接受过训练。与此同时，一些独立俯冲轰炸机联队的老兵被送到德国新鲁平飞行员学校（FFS）进行B2资质训练，即从Ju 87飞机转型训练Fw 190飞机。

这段时间驾驶Fw 190飞机的一位匈牙利飞行员贾诺斯·贾尔米热情洋溢地赞扬道：“这真是令人着迷的飞机，是非常

① 诺曼底-涅曼是二战时期一支法国空军飞行大队，服役于东线苏联空军第一军，该单位也是二战中西方盟军空中力量中仅有的两支服役在苏军的部队（另一支是英国皇家空军151中队），也是唯一一支同苏军并肩作战一直到欧洲战场战争结束的一支部队。诺曼底-涅曼大队组建于1943年中期，为的是在东线协助苏军对抗德国。1944年，诺曼底大队被提升为团级编制，下辖4支中队。斯大林亲自嘉奖该部队，并称之为涅曼以纪念在1944年为涅曼河战役中所取得的辉煌成就。二战期间，诺曼底-涅曼大队共击落273架敌机，自己损失52名飞行员，有四名飞行员获得苏联英雄称号。1945年6月20日，该大队返回法国巴黎。现在法国空军仍有诺曼底-涅曼飞行大队，装备“阵风”战斗机。如今的俄罗斯联邦也有这支部队保留，也称之为Normandie-Niemen，这支部队作为空军第11军的一部分部署在远东的乌苏里斯克。

非常好的飞机！（Fw 190）飞机比梅塞施密特公司的飞机要好得多，任何时候我都会选择Fw 190飞机而不是Bf 109飞机。”

匈牙利皇家空军第1战斗轰炸机中队（FBS 102/1，指挥官卡扎尔上尉）在1944年年底至1945年年初相当活跃，该中队经常和德国空军SG 2联队的Fw 190飞机一道作战。1944年12月4日，该中队部署到皇宫堡（布达佩斯西南100公里，塞克什白堡西20公里），由于匈牙利首都布达佩斯被苏联包围，之后的12月23日，中队再次向西北转移到凯梅尼斯岑彼得（布达佩斯正西125公里）。尽管德国向匈牙利皇家空军交付了45架Fw 190飞机，FBS 102/1中队的可升空作战飞机数量到12月19日急剧下降到只有7架。德国计划截至1945年2月，每月向匈牙利交付15架Fw 190飞机，这个计划是否真正执行不得而知，德国自身难保，匈牙利也很快变节，没有交付的可能性更大。1945年1月，FBS 102/1中队指挥官卡扎尔在起飞过程中飞机坠毁，他本人受伤，接替他的是莫尔纳中尉，后者原是一名俯冲轰炸机飞行员。1945年1月26日，匈牙利空军飞行员霍瓦特·桑德尔和F·蒂姆勒中士获得

关于匈牙利皇家空军Fw 190飞机的照片非常少，图中飞机从鼓胀的发动机罩和排气口活页判断这是Fw A-7以后的型号，飞机机腹携带1枚250公斤炸弹，翼下一侧携带2枚50公斤炸弹，炸弹前部有一个长杆和圆盘（合称长杆引信），它的作用是在炸弹钻地前引爆炸弹，主要用于增强杀伤有生力量。

1943年1月，德国和日本签订了两国经济合作协议，其中内容之一就是军事技术交流，为此，德国在1943年间向日本提供了2架Fw 190A-5战斗机供日本测试评估，跟之前德国提供Bf 109E战斗机一样，合作没有下文。

“匈牙利橡树叶加二级铁十字勋章”，为的是表彰他俩在埃斯泰尔戈姆（布达佩斯西北50公里）地区击落1架苏联红军“波士顿”轰炸机。

与此同时，匈牙利皇家空军第二个中队，即原战斗机飞行员斯齐蒙上尉指挥的FBS 102/2中队转移到波兰布雷斯劳附近的奥劳，之后的1945年1月16日，该中队返回凯梅尼斯岑彼得，这里战事正酣，需要帮手。两个星期后，该中队第一次执行实战任务。在2月中旬，第三个中队（FBS 102/3）成立，但是，这个中队一直“忙”着训练驾驶Fw 190飞机的新飞行员，始终没有形成作战能力。说是“忙”，实际上匈牙利也受燃油短缺的困扰，训练新学员的工作几乎停滞，所谓的“新学员”指的是其他单位原来驾驶过其他型号飞机的飞行员。

匈牙利首都布达佩斯被苏联红军占领后，匈牙利皇家空军FBS 102/1中队转移到瓦斯扎尔机场为执行向布雷斯劳包围圈内空投物资的运输机提供护航任务。在3月13日至15日间，已经改番号为At.G 102/1和At.G 102/2的中队返回匈牙利驻扎到皇宫堡。3月6日，德国军队在匈牙利发动最后一次反击战，这次战役只取得了一点点成功，而且还是暂时的，不久苏联红军发动最后一次进攻战，直取奥地利维也纳。3月18日，At.G 102/1和At.G 102/2中队再次返回到凯梅尼斯岑彼得，在着陆期间，斯齐蒙上尉坠机身亡，接替他的是斯齐拉格伊上尉。很快，匈牙利全境被苏联占领，两个装备Fw 190飞机的中队先是转移到法国莱斯瓦机场，之后在奥地利几处机场来回折腾。4月7日，At.G 102大队的4架Fw 190飞机遭到一大群美国陆航第15航空队“野马”战斗机的突然围攻，当即有3架Fw 190飞机被击落，匈牙利飞行员这段时间忙着逃命，战技水平一点也没提高。At.G 102大队最后一次执行作战任务是三天后，此时，该大队装备着15架飞机，其中11架具备作战能力。4月16日，剩余的Fw 190飞机在美国战斗机空袭拉费尔丁机场时被摧毁。1945年5月5日，匈牙利的两个中队向美国人投降，在作战期间，两个中队损失15名飞行员，其中12人在战斗中损失。德国共向匈牙利交付了70—80架Fw 190飞机。

在匈牙利皇家空军中，Fw 190飞机采用黑色方框加白色十字图案，机尾采用红色、白色和绿色条纹，每架飞机都有序列号，黑色W开头，后面是三位数字。发动机两侧有独立数字，数字是序列号的后两位。1945年3月7日，德国第Ⅳ航空军要求匈牙利空军飞机在机头、机身喷涂50厘米宽的黄色条纹，垂直尾翼方向舵也喷涂成黄色，为的是便于轴心国单位识别。

日本

德国在1943年间送给日本2架Fw 190A-5飞机（分别是W.Nr.1087和W.Nr.1090）供其评估。盟军给日本这2架飞机起了绰号“弗雷德”（Fred）。

波兰

二战结束时，波兰获得了一些Fw 190飞机，估计这些飞机只是用来训练新成立的波兰人民空军地勤人员。

罗马尼亚

罗马尼亚在1943年8月23日发动军事政变倒向盟军，第二天，罗马尼亚皇家空军扣留了22架德国Fw 190飞机，这些飞机可能是德国空军Ⅰ./SG 2大队的，当时该大队正驻扎在福克沙尼南部。被扣留的飞机很快换成了罗马尼亚皇家空军涂装和黄蓝红机徽，其中1架

这架提供给日本的Fw 190A-5飞机照片比较清晰。日本和德国展开了军事合作，但日本似乎并没有看上德国飞机（日本也获得过Bf 109战斗机），主要原因是日本的空军作战思想差异造成在武器使用方面德国飞机并不适合日本，另一个重要因素是自身的工业水平并不支持大规模批量生产德国飞机。

飞机在奥托佩尼西北35公里拦截德国空军3./TG 5运输中队飞机时被运输机上机枪手萨特曼下士击落，这可能是有文字记载的唯一一次德国人在空中击落Fw 190飞机。扣留的22架Fw 190飞机中只有9架最终在罗马尼亚皇家空军服役，但是，很快这些飞机就被苏联人没收。

苏联

苏联人缴获第一架完整的Fw 190飞机是1943年1月16日，这架飞机（W.Nr.2310）属于德国空军2./JG 54中队，作战行动中，布兰德特的Fw 190A-4飞机的同步协调器出现故障，射出的子弹击伤了螺旋桨，因此飞机在拉杜加湖实施了迫降。随东线战争推进，苏联红军又缴获几架Fw 190飞机。苏联人缴获这些飞机后立即展开飞行测试，仅以1944年冬天苏联人测试1架Fw 190F-8，W.Nr.580967飞机为例，测试表明该机最大海平面速度为542公里/小时，在6500米高度时最大速度为642公里/小时，爬升到5000米高度用时5.4分钟。苏联试飞员一致认为，德国Fw 190飞机不再对苏联当时的战斗机具备优势。

苏联缴获的2架德国Fw 190A-8战斗机，图中是Fw 190A-8/R2飞机。苏联空军立即对德国飞机进行了测试，在度过最艰难的时刻后，苏联空军战斗机性能大大提升，德国Fw 190和Bf 109战斗机都不再是威胁。

这些完好无损的Fw 190D-9飞机在梅林堡被苏联人缴获，之后飞机在苏联海军航空兵短暂服役。

战争后期，第一架Fw 190D-9飞机，W.Nr.210251，落入苏联人之手，苏联试飞员A.G.科契特科夫工程上校、A.G.普罗沙科夫中校、V.I.霍姆亚科夫中校和V.叶·戈尔法斯托夫少校认为Fw 190D-9飞机的性能低于苏联空军雅克-3、雅克-9U和拉-7战斗机。苏联人只提供了6500米高度四型飞机最大速度，下表中第五纵列是德国官方提供的数据。

雅克-3	雅克-9U	拉-7	Fw 190D-9(苏)	Fw 190D-9(德)
637 公里/小时	672 公里/小时	634 公里/小时	624 公里/小时	685 公里/小时

二战后期，虽然苏联研制出性能与德国Fw 190战斗机性能类似的战斗机，从工业基础来看，苏联很多方面还比较落后，因此，苏联人占领德国后什么东西都要，说苏联人只要物资不要技术人员的说法是错误的。

另外，在拉沃契金设计局拉-7战斗机和Fw 190D-9飞机的模拟空战显示，前者的机动性更好，苏联的测试报告称：“用Jumo 213A液冷发动机取代BMW 801气冷发动机后，Fw 190D-9飞机的最大平飞速度明显增加。”

除了这架Fw 190D-9飞机，苏联人在1945年3月占领福克-沃尔夫公司马林堡（现称马尔堡，在波兰）生产厂时发现至少6架全新的Fw 190D-9飞机，这些飞机被缴获后立即喷涂上苏联机徽，并且由苏联空军第2近卫战斗机团和第322战斗机团在扎罗（马林堡附近）基地进行测试飞行。

瑞典

至少有6架Fw 190飞机飞到中立国瑞典，大部分是飞到瑞典寻求避难，第一架飞抵瑞典的是1架Fw 190F-8/R1，W.Nr.63801022飞机，这架飞机原计划由飞行教官汉斯·约瑟夫·迪特尔中士驾驶从哈勒飞往波兰科尔贝格（现称科沃布热格），但是飞机加油出现了问题，在飞越丹麦上空后，迪特尔最终不得不在1945年2月3日降落在瑞典最南部靠近丹麦的布尔托夫塔。瑞典当局扣留了这架飞机，当月月底，瑞

这架“白色15”号的Fw 190F-8飞机（W.Nr.739136）在1945年4月30日逃到瑞典，作为中立国，瑞典扣留了这架飞机。之后在1946年，这架飞机被拆解。

典试飞员拉姆伯特·梅勒驾驶这架Fw 190F-8/R1飞机进行了测试。在战争结束前，又有2架飞机降落在瑞典，其中1架是Fw 190A-8，W.Nr.961076，“黑色10”号飞机，飞行员是阿克塞尔·凯斯勒候补中士，这位爱沙尼亚籍飞行员驾驶这架飞机于1945年4月19日叛逃到瑞典。另一位爱沙尼亚飞行员驾驶另一架Fw 190F-8，W.Nr.739136，“白色15”号飞机在4月30日叛逃到瑞典。

二战尾声的1945年5月8日，又有4架Fw 190飞机逃到瑞典，其中1架Fw 190A-8，W.Nr.739137飞机属于1./JG 54中队，飞行员是路德维希·尼特施下士；另一架是Fw 190A-8，W.Nr.682790，“蓝色11”号飞机属于5./JG 54中队，除了飞行员，这架飞机里还塞进另外三人！最后2架全是Fw 190F-8型号，其中1架W.Nr.931484，M＋I飞机属于Ⅲ./SG 3大队，飞机迫降在瑞典奥斯科斯加德，另一架W.Nr.584205，可能是C＋I飞机平坠在瑞典格雷明格，这2架Fw 190F-8飞机叛逃时都额外携带了两名乘客。

土耳其

上文提到过，福克-沃尔

土耳其空军装备了70（余）架Fw 190Aa-3战斗机。下图中土耳其空军Fw 190Aa-3飞机和本国的“喷火”V战斗机一道编队飞行。

夫公司、阿戈公司和阿拉多公司专门生产一批Fw 190飞机出口到土耳其，这些飞机编号为Fw 190Aa-3，小写的“a”意思是出口（Ausland）。出口型Fw 190飞机跟德国空军同等型号相比没有某种无线电设备，机翼翼根的MG 151机炮也被MG 17机枪所取代，飞机也采用单独的序列号：0134101—0134172，从序列号看应该是72架飞机，但有资料称是70架，外界存疑W.Nr.0134110、W.Nr.0134123、W.Nr.0134146和W.Nr.0134148是否真正交付给土耳其空军。土耳其空军在1943年至1948年间装备使用这些Fw 190Aa-3战斗机，至少四个中队装备该型飞机，包括驻扎在布尔萨的第5航空团的第3中队和第5中队，四个中队的绰号分别是“白头”（Akbas）、“金头”（Sarybas）、“红头”（Albas）和“黑头”（Karabas），各个中队的飞机桨毂罩喷涂上对应颜色。

英国

英国缴获第一架完整的Fw 190飞机没费吹灰之力，1942年6月23日19时36分，德国空军Ⅲ./JG 2大队副官阿明·法贝尔中尉驾驶Fw 190A-3飞机鬼使

天上掉馅饼的事真有，德国空军主力战斗机Bf 109和Fw 190飞机都曾误降英国，德国也从多种途径获得了英国的作战飞机，包括降落在德控区的飞机。上两图是误降英国的1架Fw 190A-3战斗机，第一张照片侧机身有“MP499”字样。第二张照片，英国皇家空军对这架Fw 190A-3飞机进行了测试。

神差地降落到英国南威尔士的彭布雷机场。按照惯例，这架飞机被喷涂上英国飞机涂装、机徽和战术编号，该机战术编号为MP499。所有缴获的轴心国飞机，不管是误降英国，还是作战时坠毁或迫降在英国的，都会被送到位于范堡罗英国皇家飞机研究院（RAE）进行评估和测试，随后修复好的飞机转交给位于诺托尔特（伦敦西郊）的皇家空军空战研究单位（AFDU）进行模拟空战，以便找出制胜的战术。阿明·法贝尔的这架Fw 190A-3飞机在1942年7月3日在范堡罗进行了首飞，随后，该机用于与英国不同型号战斗机进行对比空战测试，最后一次有记录飞行是1943年1月29日。最终在9月，这架飞机被去功能处理并用于结构破坏性试验。

一些被缴获的飞机还被送到第1426飞行队（全由敌机组成），该大队于1941年11月21日在剑桥郡的达克斯福德成立，跟德国空军特殊测试单位一样，英国第1426飞行队的主要任务是向英国空军（及后来的美国陆航）展示德国飞机性能，让皇家空军飞行员对敌人飞机性能和外观特征有充分的了解。另一个专门评估敌机的单位是位于博斯科姆比顿的飞机和武器试验研究所（A&AEE）。随着欧洲战场的战事趋于尾声，英国皇家空军空战研究单位并入战斗机截击单位（FIU），而第1426飞行队被撤消，后者的德国飞机和单位人员在1945年3月被转交给位于谭格梅尔的战斗机研究院（CFE）的敌机飞行队。

下一批Fw 190飞机被英国皇家空军在1943年4月17日缴获，当时，德国空军Ⅱ./SKG 10大队的3架飞机被英国探照灯照晕了头，失去方向误降在英国肯特郡的西莫灵机场，其中1架由奥托·贝赫特霍尔德上士驾驶的Fw 190A-4/U8，W.Nr.7155飞机完好无损。第二天，这架飞机飞到范堡罗，飞机换上英军飞机涂装，战术编号为PE882。之后，这架飞机被送到第1426敌机飞行队，还向当时英国国王乔治六世进行了展示。该机在1944年10月13日坠毁，第1426飞行队指挥官莱温顿上尉丧生。

之后又有2架Ⅰ./SKG 10大队的Fw 190飞机误降在英国机场，1架是W.Nr.5843飞机，该机在1943年5月20日误降英国肯特郡曼斯顿；另一架Fw 190A-5/U8，W.Nr.2596飞机在整整一个月后误降在英国。这2架德国空军Fw 190飞机的英国皇家空军战术编号分别是PM679和PN999，英国缴获后立即把飞机送到范堡罗，第一架飞机（PM679）送到皇家空军空战研究单位，但是，这架飞机在1944年6月25日因事故损坏，已经无法再修复使用；第二架飞机（PN999）由英国几位著名试飞员，如杰夫里·奎尔、吉奥弗雷·德·哈维兰特和罗兰德·比

1架Fw 190F-8后期型（鼓胀座舱罩）在汉堡被英军缴获，背景是1架布洛姆与福斯公司研制的Bv 222C-09巨型水上飞机，战争后期，这家公司也负责将一些Fw 190飞机改进成Fw 190F-8/R13夜间作战型号。

这架Fw 190A-5/U8飞机在1943年6月20日误降英国芒斯顿机场，因为执行对地攻击任务，飞机发动机上方和机翼外侧的武器被去除。

蒙特（Roland Beamont）驾驶进行了测试，该机的最终命运不详。

稍提一下罗兰德·P·比蒙特，他是英国皇家空军著名飞机试飞员。于1939年随英国远征部队部署到法国与德国作战，当时，他在皇家空军驻扎在法国里累的第87中队服役，驾驶霍克公司的“飓风”战斗机。在法国与德国空军作战期间，比蒙特曾击落3架德国飞机。法国沦陷后，他返回英国参加了英国保卫战，其间他再次击落3架敌机。1941年，他获得“卓越飞行十字勋章”，随后被分配到皇家空军第79中队。1941年12月，他进入霍克公司成为一名试飞员。1942年7月，他返回皇家空军并在第609中队服役，在这个中队，比蒙特驾驶霍克公司的“台风”战斗机，不久他便升任中队指挥官。

1943年，比蒙特再次回到霍克公司成为一名试飞员，其间主要试飞霍克公司的“暴风”战斗机。1944年，在英国反攻德国前，比蒙特又进入皇家空军参与作战，这次他被任命为皇家空军第一个“暴风”联队（第150联队）的指挥官。与德国空军作战期间，第150联队击落3架德国Bf 109战斗机，己方无一损失，比蒙特一人就击落其中2架。“暴风”战斗机在英国反攻德国期间主要用来拦截肯特郡上空的V-1导弹，共击落638枚V-1导弹，比蒙特一人共击落32枚。1944年10月2日，比蒙特击落第九架，也是最后一架德国飞机（Fw 190战斗机）。当年10月12日，比蒙特在执行他第492次作战任务时被击落，当时，他率领编队对德国博霍尔特附近严密设防的运兵火车进行了攻击，他被击落后成了战俘。1945年5月底，他获释回国。二战结束后，他又干起了老本行，做试飞员，他驾驶试飞过“堪培拉”、“闪电”和后来的TSR.2飞机。1948年，在美国期间，他驾驶过北美公司的B-45“狂风”轰炸机，还被允许驾驶XP-86“佩刀”（当时只生产2架）。结束试飞员生涯后，比蒙特成为英国飞机公司（BAC，后来的BAe公司）沃顿分公司负责人，主要负责飞行任务。1970年以后，他负责“狂风”变后掠翼战斗机的试飞工作。1979年，比蒙特退休，闲赋在家主要写一些关于航空方面的书籍。2001年11月19日，比蒙特去世，享年81岁。

英军还于1943年6月在意大利西西里岛缴获2架Fw 190A飞机，这2架飞机运回英国后交付给第1426飞行队，其英国皇家空军的战术编号是NF754和NF755，后来2架飞机均被拆解。

德国在1945年5月战败投降后，英国航空部情报部门A.I.2(g)分部奉命到德国收集德国最新飞机，收集的飞机转交给埃里克·M.布朗少校负责的一个部门，之后，他的上级部门再选择其中一些飞机进行修复使用，布朗回忆他驾驶Fw 190A-4/U8飞机称：

（Fw 190A-4/U8）飞机起飞相当容易，襟翼放下10度，发动机转速为2700转/分最大功率状态下起飞距离跟英国“喷火”Ⅸ类似，前者的离地速度为180公里/小时，但是，德国飞机有一个毛病，总是有偏向左侧的趋势。速度设置在259公里/小时时的爬升率为914米/分。在飞行过程中飞机很少需要用调整片（用于微调）来控制，但是确实飞机也没这个功能。如果地勤人员调整飞机上的固定调整片（只能在地面状态下人工调整），或是其他因素造成的调整，飞机在调整状态下就会失去平衡。Fw 190飞机的滚转率很高，副翼在速度最大644公里/小时范围内的响应很出色，达到这个速度后副翼操纵会很沉重。所有速度状态下飞机水平尾翼操纵都比较吃力，特别是速度超过563公里/小时时，因此，在低空俯冲改出时限制飞机达到这个速度。如果调整片设置在低速状态下，那么高速状态下飞机就会出现严重机头向下的趋势，此时操纵水平尾翼需要极大的力量。飞机的所有控制协调性（控制舵面同时工作）非常好。Fw 190飞机武器强大，使之成为性能优异的格斗战斗机，但是飞机的缺点是飞行时飞行员很难读取仪表，或是仪表飞行，飞机的失速品质也不好。飞机的失速速度为204公里/小时，失速发生时没有任何警告，左侧先掉翼（先失速）非常剧烈，导致Fw 190飞机几乎立即倒转起来。当拉杆使飞机进行G过载转弯时，飞机会进入反向螺旋，即左转操作时飞机会向右坡度转弯，随后开始进入螺旋。飞机的着陆失速很容易处理，在速度约为164公里/小时时，剧烈的震颤会导致右侧机翼柔和地失速。

这架Fw 190A-8飞机被英国缴获，机翼外侧机炮已经被去除，机翼下表面的抛壳孔仍在，机腹携带了ETC 501挂架，这说明这是1架执行对地攻击任务的型号。飞机在德国工厂被英军发现后立即在德军机徽上喷涂上皇家空军机徽。

英国缴获的11架Fw 190各型飞机被赋予了航空部的编号，参见下表，英国缴获的Fw 190飞机很多，大部分飞机没有获得编号，获得编号的飞机如下：

航空部数字	飞机型号	序列号	备注
10	Fw 190A-6/R6	W. Nr. 550214	
29	Fw 190F-8/U1	W. Nr. 584219	
36	Fw 190F-8/U1①	W. Nr. 580058	双座教练机，在哥本哈根凯斯楚普被发现，1945 年 8 月 23 日在凯斯楚普进行了测试飞行，可能在丹麦就被拆解。
37	Fw 190S-1②	W. Nr. 582044	“红色 54”号双座教练机，在哥本哈根凯斯楚普被发现，后运到英国范堡罗，1945 年 11 月 30 日在伍德雷坠毁，飞行员贝克尔上尉丧生。
40	Fw 190S-8/U1	W. Nr. 580392	“红色 51”号双座教练机，在哥本哈根凯斯楚普被发现，没有运到英国。
75	Fw 190A-8	W. Nr. 733682	情况不详。
76	Fw 190A-8	不详	“寄生 3B”的上面部分，在丹麦哥本哈根凯斯楚普被发现，飞机没有运到英国。
77	Fw 190A-8	W. Nr. 733759	“寄生 3A”的上面部分，在丹麦哥本哈根凯斯楚普被发现，飞机其他部件散落在石勒苏益格，飞机最终命运不详。
90	Fw 190D-9	W. Nr. 210596	有 2 架 Fw 190D-9 飞机抵达英国，1 架是“底板行动”中坠毁的 W. Nr. 210079 飞机，另 1 架是 W. Nr. 210596，后者英国航空部的编号是 90，但是，这个编号明显在阿拉多公司 Ar 196 水上飞机上使用过。这架飞机于 1946 年 5 月在西兰德的第 47MU 出现过，之后这架飞机随“帕斯郡”号船到南非，最终该机在德蓝土瓦的伯诺尼一所学校拆解。
111	Fw 190F-8/R15	不详	携带鱼雷的型号，属于德国特拉弗明鱼雷研究所。1945 年 7 月 19 日，飞机飞到石勒苏益格，之后再飞到英国范堡罗和布雷兹诺顿。后来该机送给了克兰费尔德的航空技术学院，截至 1948 年飞机仍在该学院，之后命运不详。
230	Fw 190A-8	W. Nr. 171747	1944 年 8 月 30 日，德国空军第 1 飞机转场联队第 3 中队（3. /FL. Ü. G. 1）的飞行员约翰尼斯·克拉恩在驾驶这架飞机转交给 JG 26 联队飞行途中叛逃，飞机最终在英国肯特郡的蒙克顿沼泽地实施了迫降。这架飞机安装 BMW 801TU 发动机，带 GM-1 喷射助燃系统，飞机垂尾方向舵有“白色 13”编号。1946 年 2 月至 5 月在英国伦敦科学博物馆展出，后来该机被送到第 23 大队，之后飞机命运不详。

① Fw 190F-8/U1 不是教练型号，怀疑是 Fw 190S-8/U1 之误。

② 没有 Fw 190S-1 编号，双座教练型只有 Fw 190S-5 和 Fw 190S-8。

这架飞机的编号非常奇怪，有一个问号“？”，实际上从另一张同一架飞机的照片笔者判断，英军缴获这些飞机后立即喷涂上英国皇家空军机徽，机场同时缴获很多飞机，一时编号序列不详，就用“？”来代替了。

一位英国皇家空军军官和另一人（手拿杯者）在监督一名被俘的德国士兵为1架Fw 190飞机绘上英军机徽，这种迫不及待的做法实际上宣告这属于英国财产。

在1945年10月29日至11月9日间，英国皇家飞机研究院举办了德国飞机展，当时只有1架Fw 190飞机展出，即英国航空部编号111的Fw 190F-8/R15飞机。目前英国只有2架完整的Fw 190飞机在博物馆中。

美国

德国对美国宣战不久后的1941年12月底，美国以英国A.I.2(g)为模式成立了航空技术情报（ATI）部门。一年后，美国又成立了技术数据试验室（TDL）评估分部，它的主要任务是测试缴获的敌人飞机和设备，这些被用来测试的飞机都有“EB”（评估分部）数字。

第一架运送到美国的是EB-101的Fw 190飞机，该机于1943年8月20日运抵美国陆军航空队怀特基地试验中心，经过一番大修后，这架飞机进行了数次飞行测试，其中第九次飞行在1943年12月29日由贝尔飞机公司阿瑟·W.尼尔森负责进行，他的报告称发动机冷却有点过度，发动机必须在转速2000转/分状态下运行几分钟后汽缸才能获得足够的温度，他还说：

飞机的副翼和方向舵控制是这位飞行员遇到的最轻的，我们没有注意到飞机方向舵上没有可控制调整片，在表速在258公里/小时至563公里/小时时，只需极小的压力就可以保持小球处在转弯和坡度指示器的中间位置。副翼特别轻（指操纵），也特别有效，在熟悉（这架Fw 190）飞机特别快速的滚转动作前，这位飞行员的头部数次撞到座舱罩两边，飞行员只需稍稍移动操纵杆（飞机就会进入快速滚转状态），这位飞行员从未驾驶过滚转率这么快的飞机。飞机在没有安装侧向调整片（指垂尾方向舵后缘固定气动补偿片）的情况下航向稳定性足够，操纵杆力跟27%重心位置（重心在飞机纵轴27%位置）的P-39飞机的类似。

美军缴获德国Fw 190战斗机后立即送回美国进行飞行测试，图中的飞机型号不详，从空速管和发动机上方机炮整流罩判断是Fw 190A-6以前的型号，包括F和G系列；从垂尾天线杆判断是Fw 190A-4及以后型号。飞机的武器已经全部被拆除，除了美国陆航机徽，还没有赋予其他编号。

这是美军缴获的Fw 190A-5飞机，这架飞机发动机上方机枪和翼根机炮仍保留着。

随着1944年6月盟军准备进入欧洲大陆，航空技术情报部的欧洲分部成立，并且开始编制希望获得的德国飞机和设备的名单。为了协助搜索行动，美国陆军还成立了联合情报目标分委员会（CIOS），其人员来自美国和英国情报部门。诺曼底登陆成功并进入德国西部纵深后，盟军越来越需要搞清楚德国先进技术，以获取这些技术来发展自己，为此在1945年4月22日，盟军下达特别命令，即“路斯蒂行动”（Operation Lusty），“路斯蒂”的英文是“德国秘密技术”（Luftwaffe Secret Technology）的缩写，这个行动目标就是在德国境内搜寻所有德国最新技术，美国陆军航空兵指派前怀特基地试飞员哈罗德·E.瓦特森上校领导这次行动。

“路斯蒂行动”后来被人起了个“瓦特森扒手”（Watson Whizzers）的绰号，当时行动目标是寻找喷气式飞机，如Me 262、Ar 234和He 162等等。但是，行动单位的一个由弗雷德·麦克因托什上尉领导的分部却负责搜索螺旋桨发动机。在德国搜索机密技术也是要冒很大风险的，一位地勤人员约翰·吉尔森上士回忆称：

我们发现的第一架Fw 190D飞机几乎是全新的，伯克斯在飞机的尾部，他要求我给后起落架机轮解锁，这样我们才能将飞机与吉普车连接起来拖走。我先是爬上机翼，再爬进座舱，然后按动开关给机轮解锁，但是，我按错了开关，（当我按下自以为是的开关时）座舱罩突然被吹掉，强大的气流几乎把我击倒。座舱飞到空中有1米高，然后翻转着落在站在机尾部的伯克斯旁边，他对我大叫，“你是不是想谋杀我啊？”我们离开这架飞机去旁边其他飞机看了看。

最后，共有9架Fw 190飞机乘坐英国皇家海军“死神”（HMS Reaper）号航母经过12天的旅途在1945年7月31日运到美国纽瓦克，之后飞机先被送到纽瓦克陆军机场，再被送到怀特机场由美国陆航进行测试。抵达这里后9架Fw 190飞机立即喷涂上FE-113至FE-121战术编号，“FE”的意思是外国飞机，“EB”前缀不再使用。同样在1945年7月，测试单位划归T2-情报部门，因此，“FE”前缀也改为“T2”，下表是美国获得的Fw 190飞机概况：

战术编号	飞机型号	序列号	备注
EB-101	Fw 190A-3	不详	美国在北非缴获，1943 年 8 月 20 日运抵美国空军怀特基地航空军试验中心，首飞是在 1943 年 11 月，武器试验在佛罗里达艾格林基地进行。1946 年 8 月在福瑞曼基地，1 架 Fw 190A-3 飞机战术编号定为 FE-497，这可能就是 EB 101 飞机。这架飞机最终命运不详。
FE-497			
T2-497			
EB-104	Fw 190G-3	W. Nr. 160016	该机无线电呼叫信号为 DN+FP，美国人于 1943 年 9 月在意大利蒙泰科维诺机场缴获，德国资料称这架飞机已经被炸毁，实际上没有。之后，该机被送到怀特基地，大修后该机在 1944 年 2 月 26 日进行了首飞，随后进行飞行测试，还跟美国陆航最新战斗机进行了 8500 米以下高度的模拟对抗。飞机可能在 1946 年年底被拆解。
FE-125			
T2-125			
FE-113	Fw 190F	不详	这架“黄色 10”号机是美国军队在新比贝格缴获的，飞机同样乘坐英国“死神”号航母到达美国。1945 年 9 月 12 日，这架飞机在从纽瓦克运往匹兹堡的过程中损坏，飞机水平尾翼调整片被卡住，最终无法修复。
FE-114	Fw 190F	不详	不详。
FE-115	Fw 190F	不详	不详。
FE-116	Fw 190F-8	不详	跟 FE-113 类似。飞机先是储存在帕克里奇，后来拆解。

续表

战术编号	飞机型号	序列号	备注
T2-116			
FE-117	Fw 190F-8/R1	W. Nr. 931884	该机幸存。
FE-118	Fw 190D-13/R11	W. Nr. 836017	该机幸存。
T2-118			
FE-119	Fw 190D-9	W. Nr. 211016	在新比贝格投降时缴获，该机(“白色 12”号)属于5./JG 26中队，被英军缴获时暂时称为“USA 12”或“USA 15”，之后随“死神”号航母运到美国。1945 年 9 月 13 日，这架飞机在飞行试验中坠毁，飞行员海尼斯少尉丧生。
T2-119			
FE-120	Fw 190D-9	W. Nr. 601088	该机幸存。
T2-120			
FE-121	Fw 190D-9	W. Nr. 401392	在新比贝格投降时缴获，该机(“黑色 5”号)属于 6./JG 26中队，被英军缴获时暂时称为“USA 13”，之后随“死神”号航母运到美国。1946 年 8 月，该机被作为拆用件飞机使用(也就是拆解了)。
T2-121			不详。

这架飞机虽然有德军机徽，但实际早就被美军缴获并用来进行测试，垂尾的万字标志很大，这不是德军的风格。

这架美国陆航第85战斗机中队缴获的Fw 190G-3飞机的涂装相当怪异，用于试验的飞机一般涂装都比较醒目夸张，为的是便于观察。

这架Fw 190A-8/R2飞机的涂装实际是大红的，德国5./JG 4中队瓦尔特·瓦格纳驾驶该机降落在比利时向当地美军投降。

一位美国军官在检查这架Fw 190D-13/R11飞机，后机身有“USA14”字样，后来该机获得FE-118编号。

库尔特·谭克教授

福克-沃尔夫公司驻地巴特艾尔森（明登附近）在1945年4月8日被英军占领，英军抵达福克-沃尔夫公司后，一位指挥官告诉谭克教授整个福克-沃尔夫公司将被征用。其间，谭克问指挥官为什么巴特艾尔森从未遭到轰炸，回答称：“我们担心你们的设计办公室，一个未遭破坏的艾尔森对我们更有用！”实际上，设计单位都是一些不可多得的人才，未来用处极大，因此盟军没有空袭艾尔森。几个星期后，艾尔森变成了英国皇家空军驻德国的司令部。

经过一番审讯后，除了谭克，其他人均被允许回家。谭克被监视居住，并且在比克堡接受第一次审讯，之后，他被带到伦敦继续接受审讯。审讯期间，一名加拿大战斗机飞行员拿着一张Fw 190飞机画请谭克签个名，后者拒绝了，但是这位不依不饶的飞行员说“别啊，先生，我们这里都是飞行员，我们不会再与Fw 190飞机战斗了。英格兰和加拿大的每位飞行员都知道您的大名”。这些话改变了谭克对战胜者的看法，之后他在英国受到的待遇良好，他过得也挺愉快。

获得自由后，谭克收到世界各地很多邀请希望到其公司任职，主要还是设计飞机，这是谭克最喜爱的。最后，谭克接受了阿根廷邀请到科尔多瓦的航空技术研究院任职，他在1947

库尔特·谭克教授因设计Fw 190战斗机而著名，他的天才通过Fw 190战斗机体现出来。

战后谭克教授照片，中立者为谭克。

年抵达阿根廷，之后设法招集了很多原福克-沃尔夫公司的员工到阿根廷一道工作。阿根廷航空技术研究院后来变成阿根廷军用飞机研制单位，在此，谭克设计了IAe“箭”Ⅱ（IAe pulqui Ⅱ）战斗机，这是在原福克-沃尔夫公司Ta 183飞机基础上设计的，后来在二战末期达到了模型评估阶段。虽然阿根廷生产了6架IAe“箭”Ⅱ飞机，由于经济危机，该型飞机不得不在1953年被放弃。另外，飞机本身设计上也存在缺陷，阿根廷的制造工艺不过关，设计上有缺陷可以在试验期间逐一解决，但是，阿根廷的工业基础不太好，加上经济危机，项目被迫终止。两年后，时任阿根廷总统胡安·贝隆倒台，谭克和设计队伍被解散，一些人去了美国。

谭克教授没有选择去美国，他受印度邀请去了印度马德拉斯，在马德拉斯技术学院做院长，他的一名学生阿布杜尔·卡拉姆（Abdul Kalam）后来成为印度总统。后来，谭克去了班加罗尔，在印度斯坦航空技术公司任职，在此他设计了HF-24“风神”（Marut）战斗机，这是印度研制和生产的第一款飞机。HF-24飞机于1961年进行了首飞，该型飞机共生

谭克设计的IAe“箭”Ⅱ跟苏联米格-15战斗机有点像，西方人认为苏联人抄袭了谭克的Ta 183飞机方案，这种说法没有根据。一款优秀的设计，没有良好的工业基础支撑也无法变成具备作战能力的武器。阿根廷虽然较早接触喷气战斗机，实际上，谭克的设计对阿根廷航空工业没有任何帮助。

第一架HF-24原型机前合影的人中，右数第五人，胸前挂望远镜者是谭克。

产147架，尽管飞机浑身都是毛病，飞机还是服役到1985年才退役。1967年，聘用期满的谭克回到德国并居住在柏林。有一段时间，他被MBB公司聘用为顾问。1985年6月5日，库尔特·谭克平静地离世。

印度喷气式战斗机的研制也不算迟，除了这款不成功的HF-24战斗机外，印度在LCA战斗机前几乎没有再独立研制作战飞机。图中HF-24飞机的进气道固定激波锥设计很有意思，另外，座舱前的甚高频天线非常扎眼，正式服役飞机移至其他位置。

第四章 Fw 190飞机特殊武器试验

1. RZ 65空对空火箭发射器

Fw 190V-69原型机准备测试RZ 65三联火箭发射器，每侧机翼各一个三联发射器。

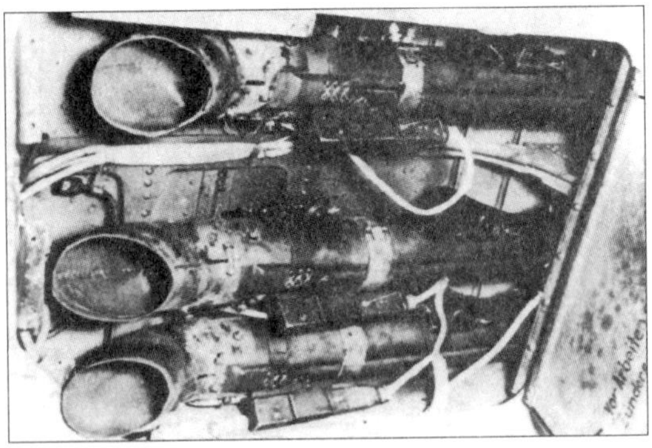

RZ 65发射器安装在Fw 190飞机机翼内部，发射管的尾部向下弯曲，将火箭弹尾气向下排出。发射器的发射管数量可以视情况增减。

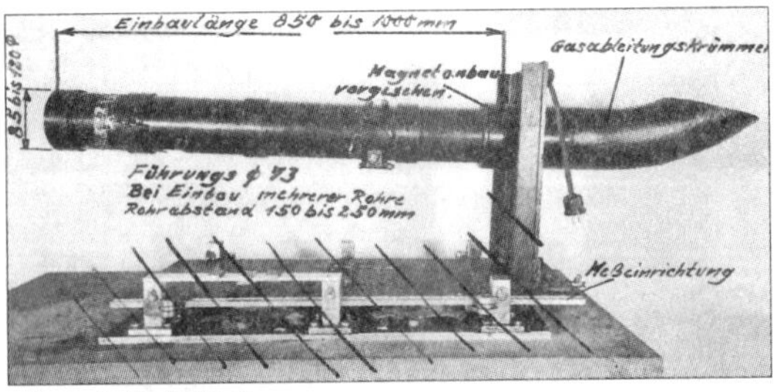

单个火箭发射管。

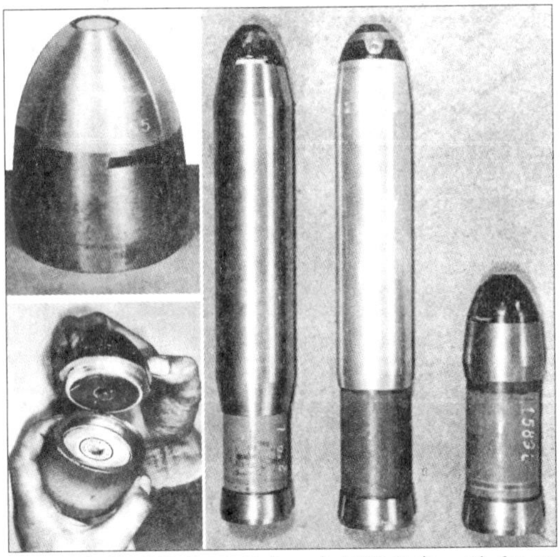

RZ 65火箭弹长度0.262米、直径73毫米、弹重2.78公斤、战斗部重量0.685公斤、最大速度260米/秒、射程250米。由于火箭弹短粗，射程近，因此火箭弹并没有采用旋转稳定或稳定翼设计。

测试试验期间，Fw 190V-69原型机在着陆时发生右侧起落架折断事故，所幸飞机损坏并不严重。

2. R4M火箭弹

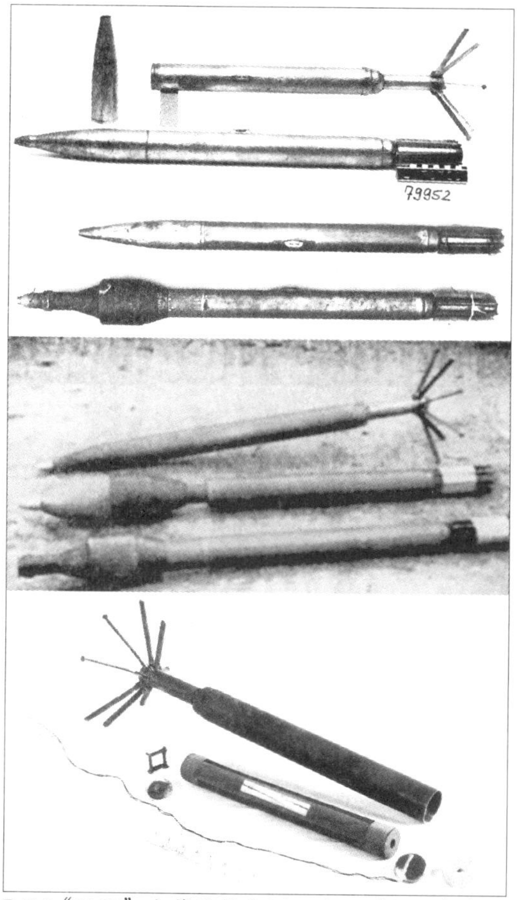

R4M"飓风"火箭弹长度0.812米、弹径55毫米、重量3.85公斤、战斗部重量520克、最大速度525米/秒、最大射程1500米，基本射程为600米。它有两个主要型号，弹头和弹体直径一样的是空对空型，弹头直径明显大很多的是反坦克型（R4H1），内部为空心战斗部，反坦克型也分为两种。

1架5./JG 26中队的Fw 190D-9，W.Nr.210069飞机，其每侧翼通过木质导轨携带13枚R4M火箭弹。图中飞机在1945年5月8日被美军缴获。

盟军缴获的这架Fw 190D-9飞机携带了十三联R4M空对空火箭弹，第四张图是木质导轨，用于试验目的，如果装备使用肯定要换成金属材质的。13枚R4M火箭弹以6枚一组和7枚一组齐射，0.007秒内发射发去。

3. SG 113垂直发射反坦克火箭弹

有3架Fw 190飞机被改进试验SG 113反坦克火箭弹，火箭弹长1.650米、弹径45毫米、发射器直径76.9毫米、单个火箭弹重量48公斤、出口速度650米/秒。试验获得了成功，火箭弹可以击穿大部分盟军装甲车，但是瞄准一直是个大问题。

安装SG 113火箭弹发射的Fw 190飞机正视和后视图。

每侧机翼安装两联发射管，发射管进行了整流处理，阻力小，对飞机性能影响也最小。

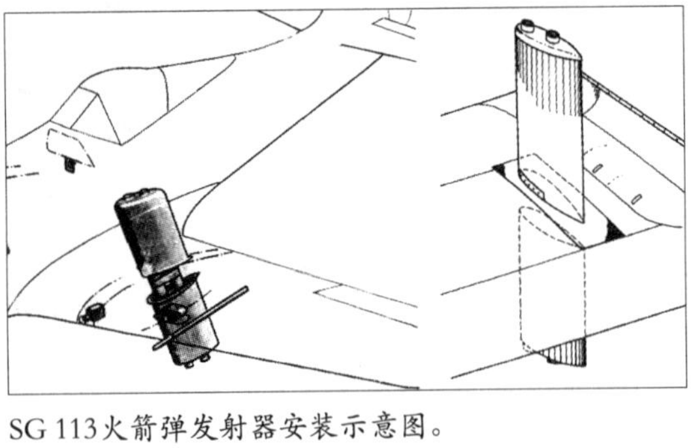

SG 113火箭弹发射器安装示意图。

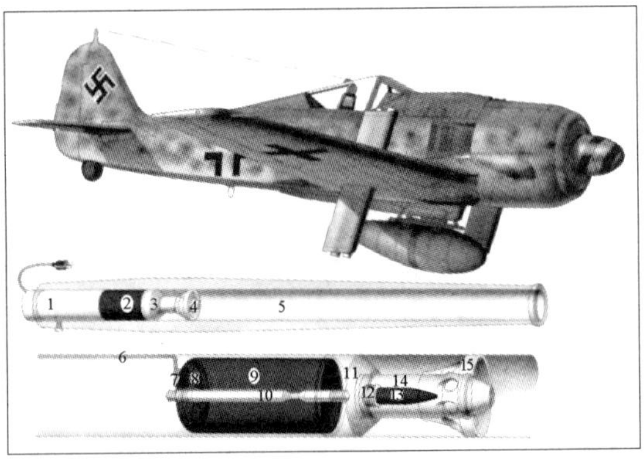

SG 113A火箭发射器和火箭穿甲弹示意图。

1. 平衡配重
2. 火药
3. 后弹托
4. 穿甲弹
5. 炮管
6. 点火线
7. 底火
8. 点火垫
9. 炸药
10. 穿甲杆
11. 次口径炮弹软壳
12. 引信
13. 炸药
14. 穿甲锥体
15. 前弹托

4. SG 116无后坐力斜射炮

1944年11月30日，加兰德将军到JGr 10大队（由E.Kdo 25试验演变而来的试验大队）视察无后坐力斜射炮，这是一种多管炮，口径为30毫米，SG 116机炮就是这种武器的另一个版本。

“白色3”号和“白色11”号均为Fw 190F-8飞机，这2架飞机改进用来测试SG 116斜射炮，机炮向上斜射攻击盟军重型轰炸机，机腹的三根管是机炮的后炮管，炮管采用MK 103机炮炮管。请注意，上下两图炮管排列间距和角度并不一样。

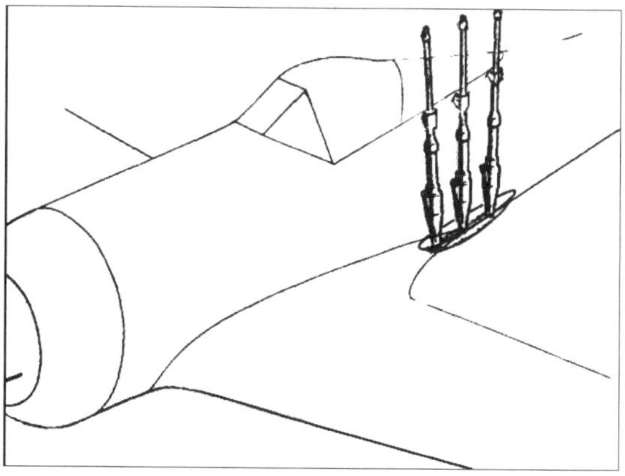

SG 116斜射炮安装示意图。

5. SG 117斜射炮

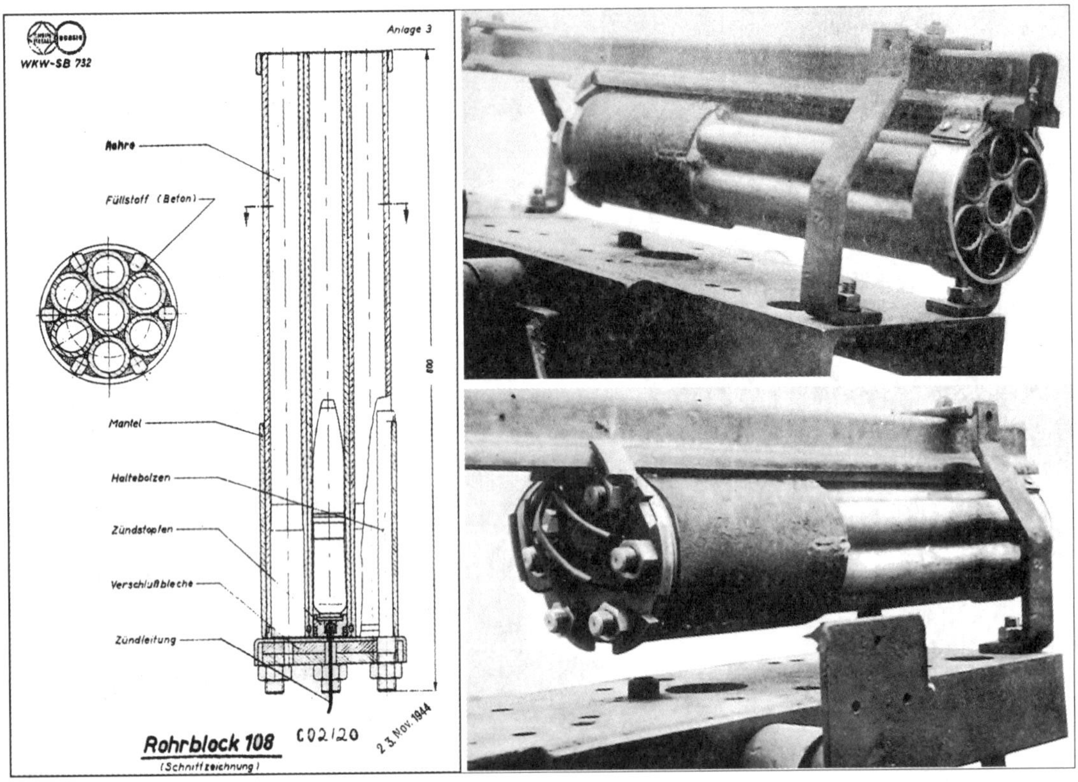

SG 117是SG 116基础上发展的斜射炮，也可用于攻击盟军的重型轰炸机，不同之处在于前者安装在机身内部，即座舱后机身。机炮口径30毫米、直径145毫米、长度0.59米、重量28公斤、炮口初速480米/秒。

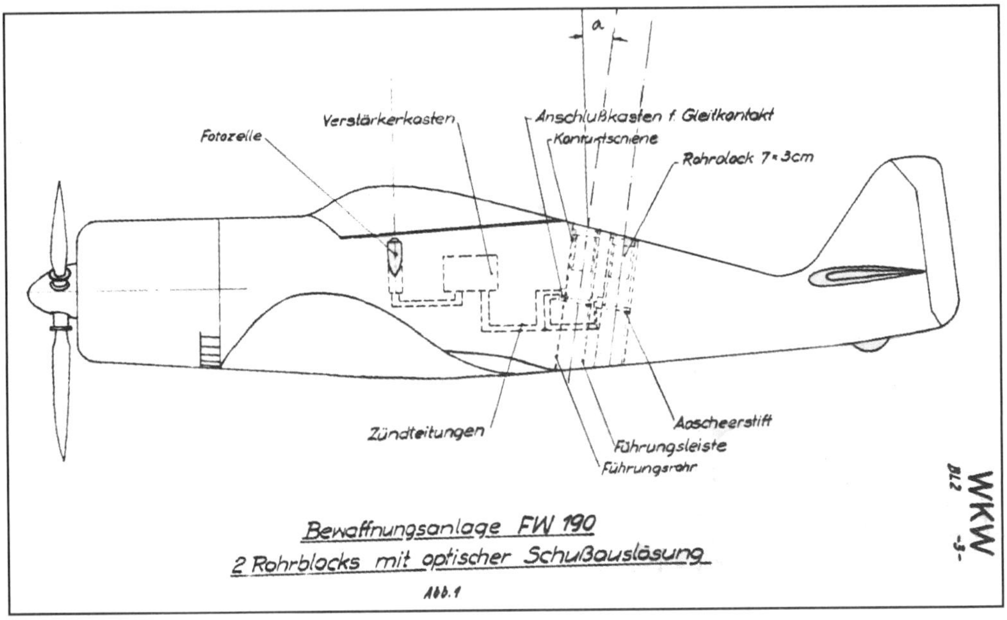

SG 117斜射炮安装示意图。

6. 反坦克火箭弹

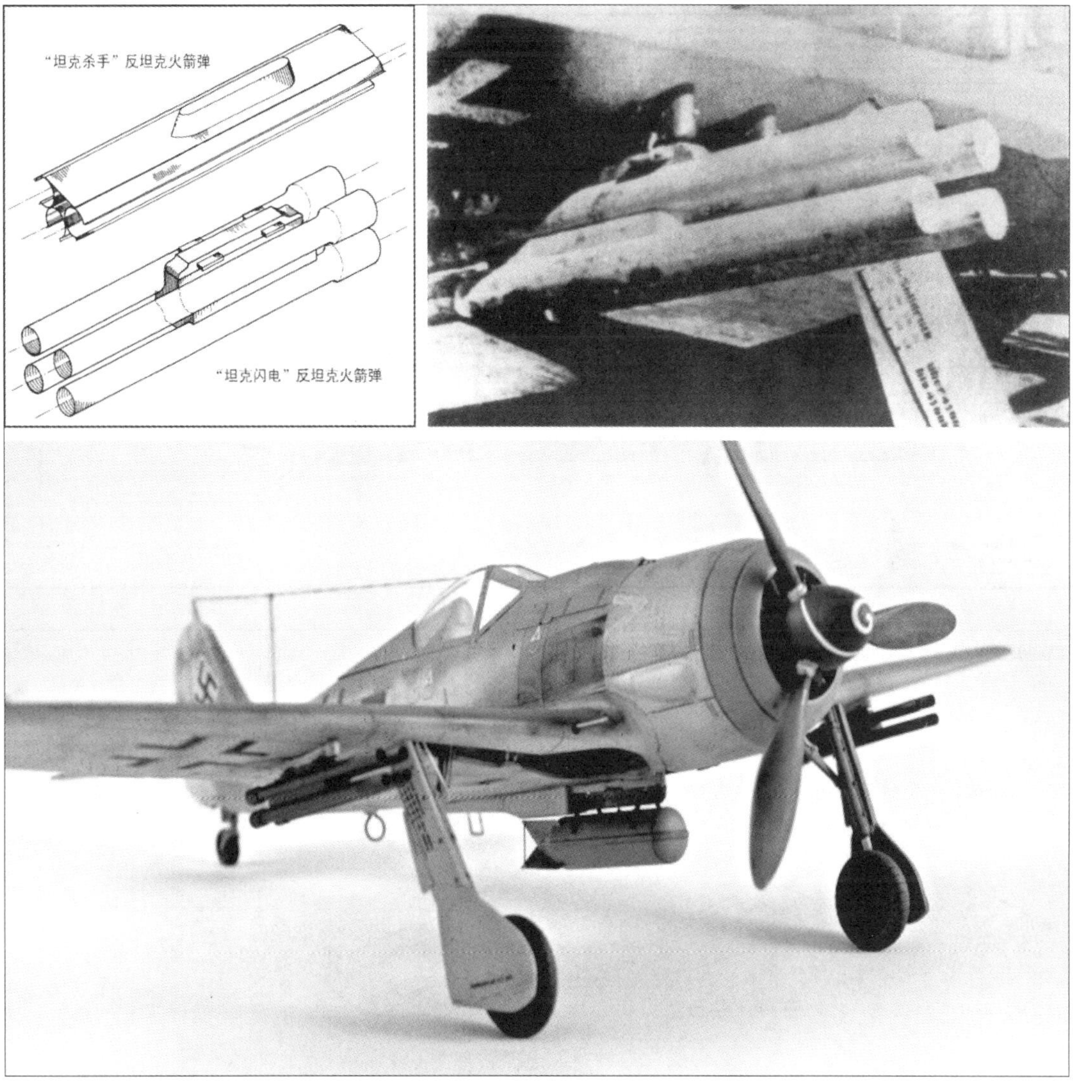

机载反坦克火箭有两个型号，第一种名为“坦克杀手”（Panzerschreck），另一种名为“坦克闪电”（Panzerblitz），上右图为Fw 190F-8飞机通过ETC 701挂架携带4枚“坦克闪电”火箭弹，下图为模型。“坦克杀手”火箭弹测试结果令人失望，因此对其改进形成了“坦克闪电”。“坦克杀手”/“坦克闪电”火箭弹数据：长度705/705毫米、弹径88/88毫米、翼展230/230毫米、重量6.54/6.54公斤、战斗部重量2.1/2.1公斤、最大速度135/374米/秒、射程134/200米。

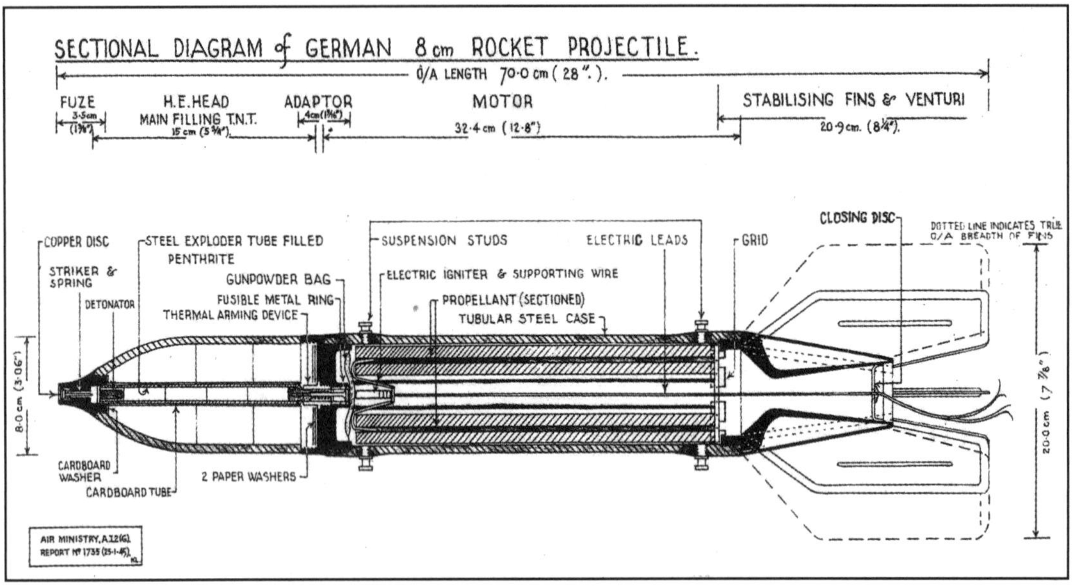

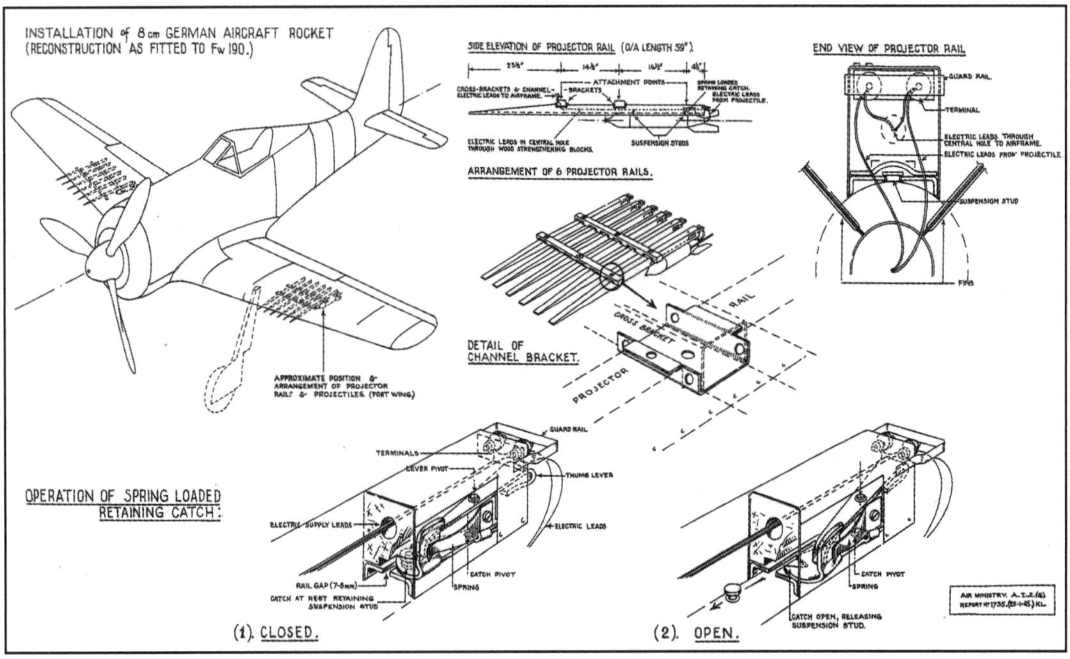

导轨发射的“坦克闪电”火箭弹示意图，这是英军根据1945年1月1日缴获的1架坠毁Fw 190F-8飞机绘制的示意图。

左列上是1架Fw 190F-8飞机，飞机失事迫降，机翼下可以看到六联“坦克闪电”火箭发射导轨和4枚火箭弹，左列下是1架Fw 190F-8或Fw 190F-9飞机，机翼携带六联发射导轨。右图为七联火箭发射导轨。“坦克闪电”对付盟军坦克非常有效，只是出现太迟，未能发挥作用。

7. BT 400炸弹鱼雷

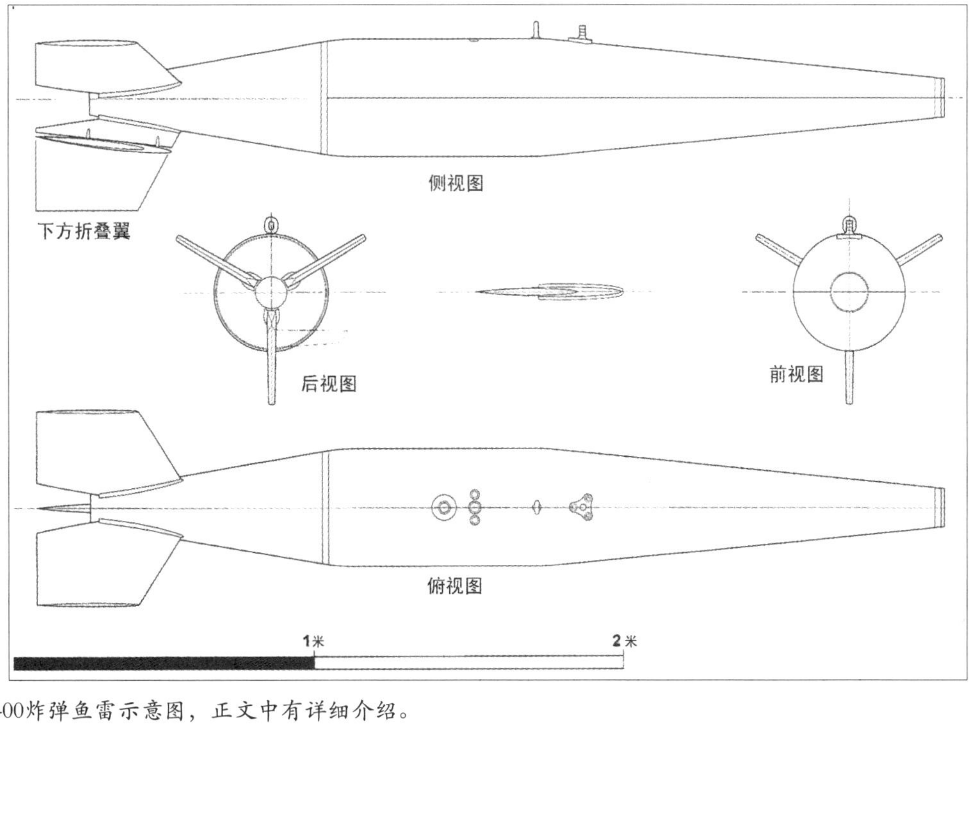

BT 400炸弹鱼雷示意图，正文中有详细介绍。

8. Bv 246滑翔炸弹（制导炸弹）

1架Fw 190A-8飞机被用来测试Bv 246滑翔炸弹，飞机机腹为单一蓝色，这种涂装表明是执行导弹攻击任务。

9. X-4空对空导弹

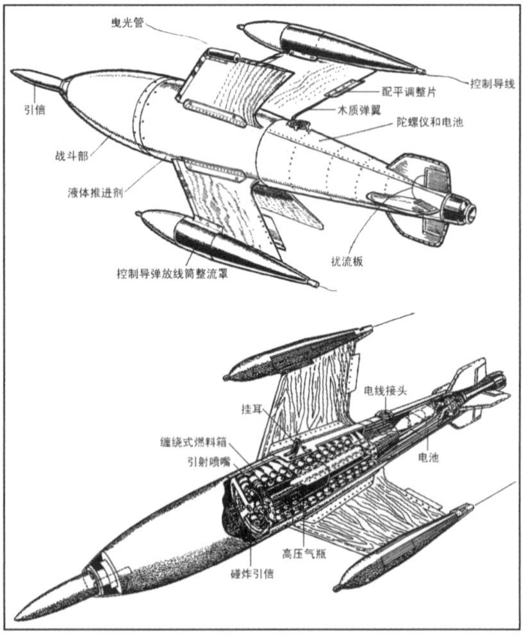

X-4空对空导弹结构示意图。

1架Fw 190F-8飞机被用来测试X-4空对空导弹，飞机通过ETC 71（也称ETC 701）挂架携带。这种革命性的武器因为盟军连续大规模的轰炸导致生产和试验难以为继。

10. SB 800“库尔特”旋转炸弹

1943年5月16—17日夜，英国皇家空军“兰开斯特”重型轰炸机用特殊滚筒炸弹炸毁了德国默内和埃德尔大坝，德国也想效仿英国研制类似炸弹，这就是德国的SB 800旋转炸弹，它不仅可以轰炸大坝，也可以攻击舰船。德国的SB 800 RS Kurt炸弹是纯圆形，不是英国的圆筒形，旋转稳定的原理是一样的。图中显示1架Fw 190飞机正在投掷2枚SB 800炸弹。

笔者查阅一些外国资料，发现有两种SB 800炸弹，一种是纯粹圆球，就前一张图，这里配的图是另一个型号，即带火箭助推器的，飞机一次只能携带1枚，使用时，飞机低空抛下，离水面几米高度，助推器点火，SB 800炸弹几乎是贴着水面向前飞，助推器工作完成后炸弹接触水面，下面的步骤跟其他旋转炸弹一样。笔者估计没有助推器的纯圆球是这种炸弹研制前期的试验，不是定型弹。上图是笔者制作的视频截图。

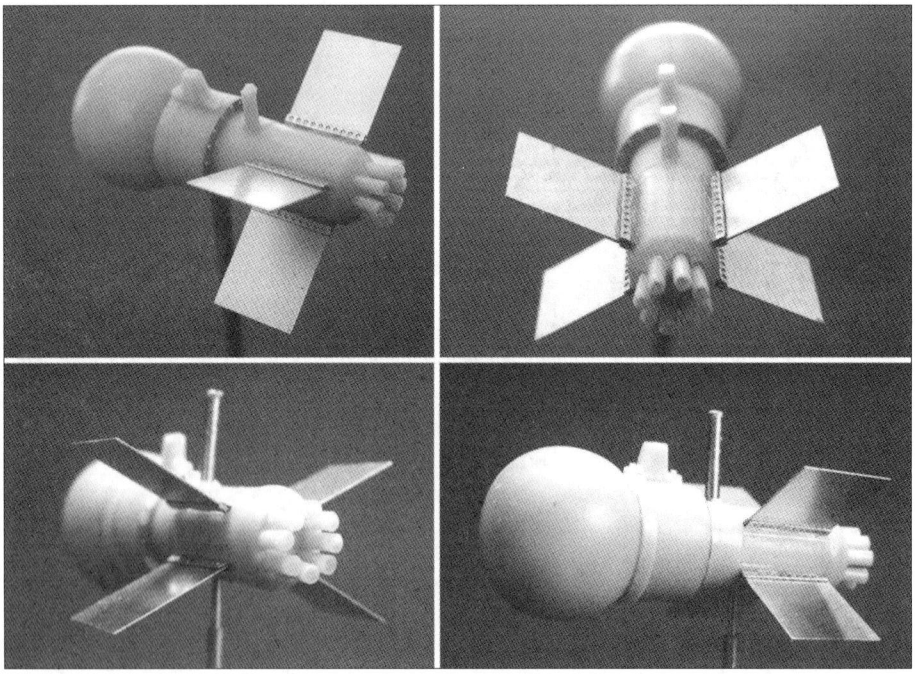

只有模型才容易看清SB 800 RS Kurt炸弹的细节，能找到的资料极少，因此炸弹细节还不清楚。

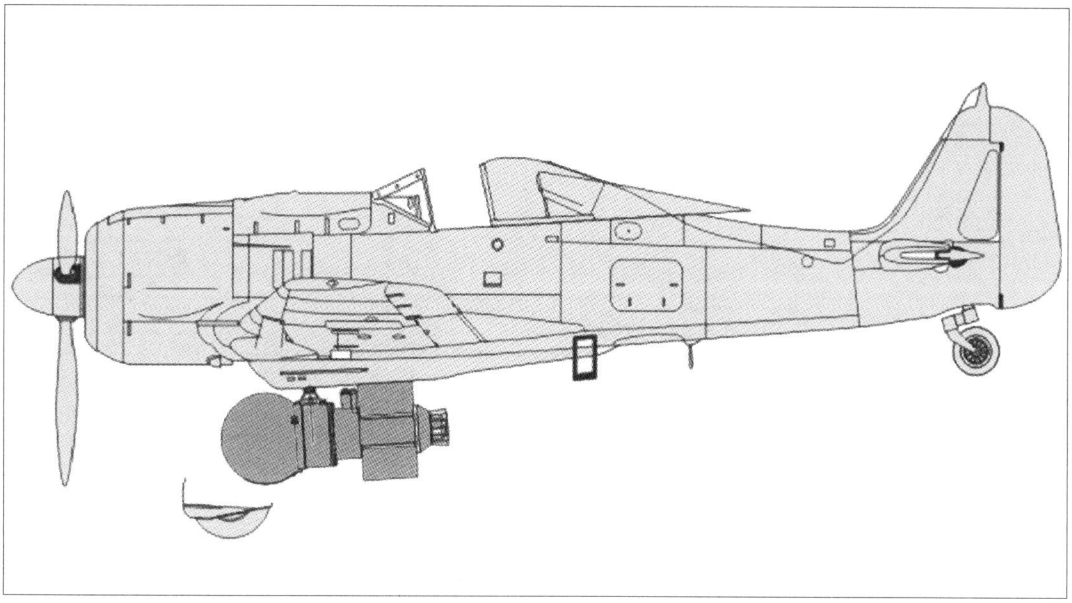

Fw 190飞机只能通过ETC 501挂架携带1枚SB 800 RS Kurt炸弹，感兴趣的朋友可以网上看视频（网址：https://www.youtube.com/watch?v=UlaW40ipwmA），视频中展示了两个炸弹试验情况。SB 800炸弹长度1.9米、弹径750毫米（最大处）、总重量780公斤，不含助推器重量450公斤、发动机工作时间2.8秒、估计射程2500米、实际射程4500米、采用2个水压引信和1个定时引信。

11. 防御烟雾器

轰炸机通常会遭受敌战斗机从后方攻击，因此向后释放黑烟可以干扰敌战斗机的瞄准，这个概念早在1940年就有人提出，处在绝对优势状态的德国空军对此兴趣不浓。但是，到了1944年，情况完全不同了，这个概念再次被提了出来。注意看，在敌机的射击距离上黑烟范围扩大，干扰效果很好。图中是1架Ju 88轰炸机在试验“格罗”Ⅱ烟雾器。

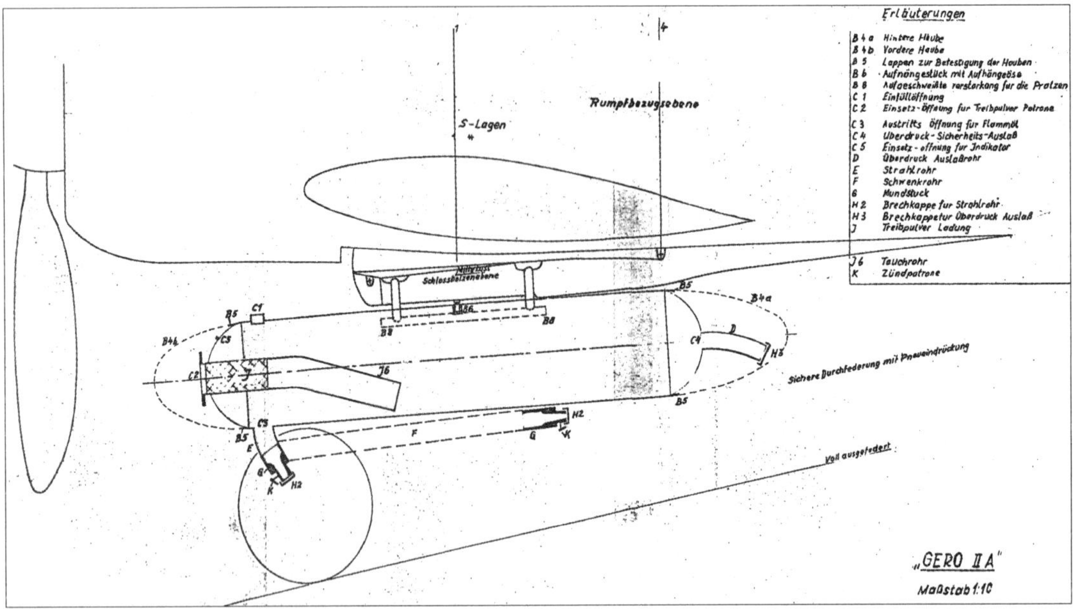

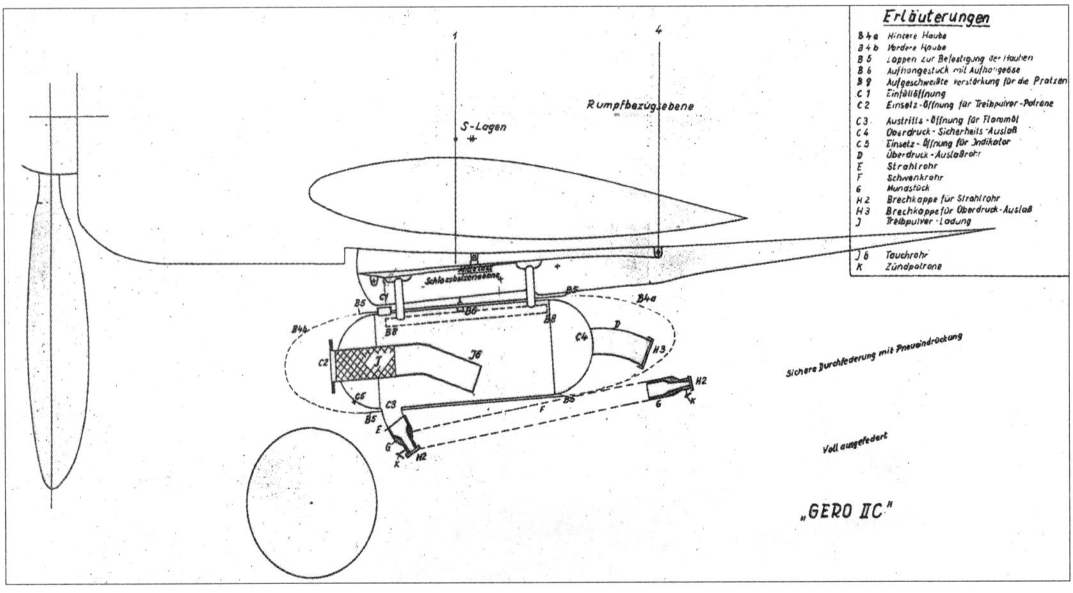

“格罗”烟雾器有三个型号，“格罗”ⅡA和“格罗”ⅡB几乎一样，体积较大，长度达到3.12米、装置加发烟剂（不可燃石油）重量总共540公斤、烟雾器直径为470毫米。“格罗”ⅡC是一种体积更小的烟雾器，长度为1.92米、总重量为300公斤。

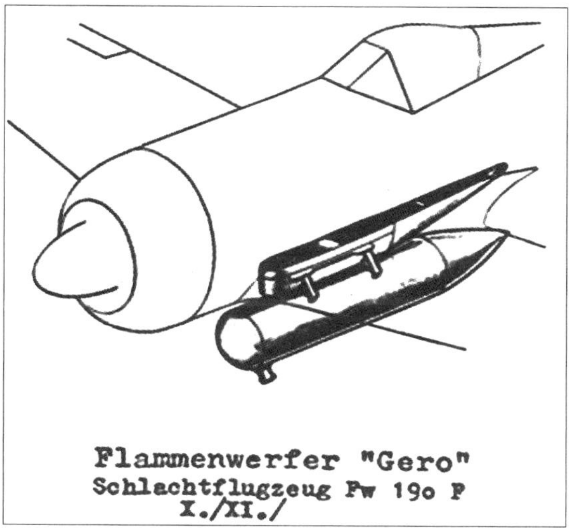

1架Fw 190F-8飞机被指定用来试验这种烟雾器。但战斗机携带它完全得不偿失。

12. HF 15机枪

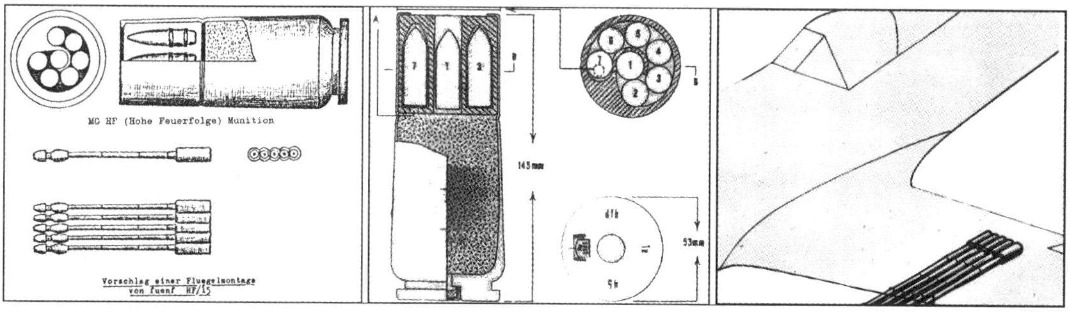

HF 15机枪的概念非常奇怪，7发（有的是9发）15毫米子弹共用一个弹壳及装药，但只有一个发射管，点火后，膨胀的气体进入7发（9发）子弹的匣内，推动子弹一发一发地进入枪管，理论上，每秒可以射出70发子弹，有资料说射速12500发/分。但是，这个概念从来就未变成现实。另外，很多资料称HF 15是机炮。不过20毫米及以上口径才被称为炮。

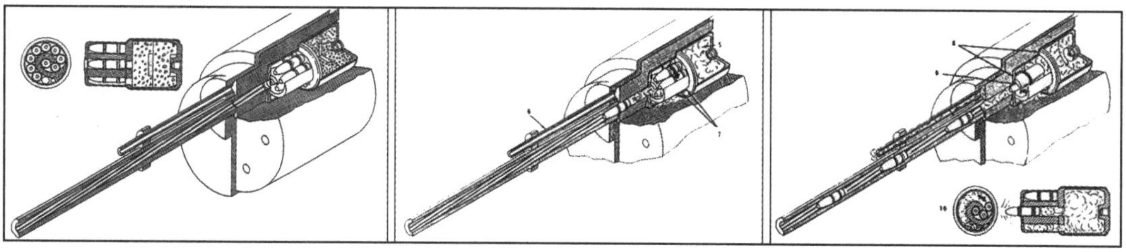

HF 15机枪发射步骤，原理非常简单，“HF”的意思就是快速发射步骤。

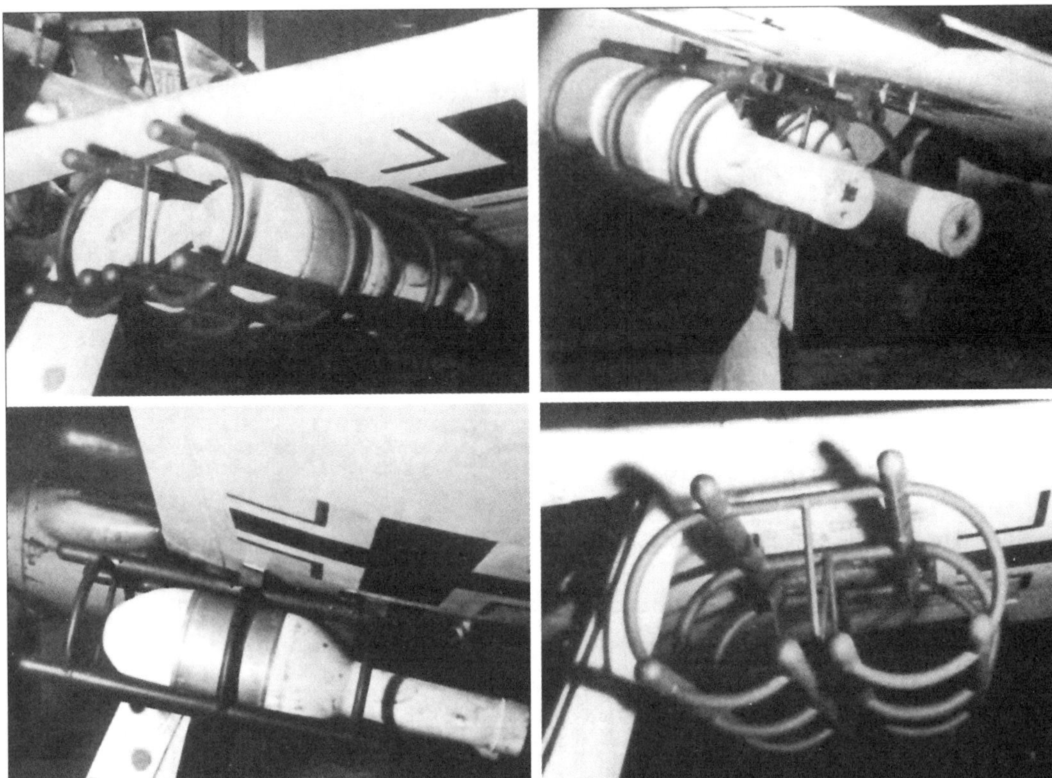

1架Fw 190F-8飞机试验过一种双联210毫米火箭弹，明显这是一种反装甲火箭弹，但是，未见该武器实战使用。

第二篇

Fw 190战斗机战史

Fw 190战斗机出道稍迟，没有赶上希特勒发动的第二次世界大战的首次战斗，事实上，二战爆发将近两年后Fw 190战斗机才首次参战。之后，Fw 190战斗机在实战中证明了自己，特别是其火力强大，较此前德国空军主力战斗机Bf 109的要猛烈得多。在对付美国和英国的重型轰炸机方面，Fw 190的火力展示了其无可比拟的优势，这是该型号飞机在二战中后期开始逐渐取代Bf 109战斗机的主要因素，因为这一时期盟军轰炸机几乎天天光顾德国领空，能飞抵德国本土的都是四发重型轰炸机，这些载弹量巨大的飞机给德国造成的破坏巨大，德国帝国保卫战的首要任务就是拦截盟军的重型轰炸机。得益于性能均衡，Fw 190的对地攻击型号在服役后便开始取代德国空军的其他型号对地攻击飞机，如Ju 87“斯图卡”俯冲轰炸机等，对地攻击行动也是Fw 190飞机一项重要作战任务。

跟Bf 109战斗机一样，Fw 190战斗机也参加了其服役后几乎所有战场的军事行动，西线战役、北非和地中海战役、东线战役等。跟Bf 109战斗机不同的是，由于Fw 190战斗机服役较迟，它没能见证纳粹德国空军所向披靡、横扫千军的气势；相反，它在疲于奔命中竭力挽救纳粹德国失败的命运。

第一章 西线战役和帝国保卫战

希特勒在1939年9月1日发动入侵波兰的行动拉开了第二次世界大战的序幕，仅仅一个月时间，波兰沦陷。经过几个月的休整和准备，第二年（1940年）4月，德国先是入侵北欧，不久后的5月10日对法国和低地国家发起了闪电战，一个星期后，荷兰宣布投降；两个星期后，比利时宣布投降；一个多月后，法国投降。依靠“闪电战”，德国轻取法国和低地国家，合乎情理的下一个目标就是一战后不断压迫德国的英国。事与愿违，德国未能复制“闪电战”的成功，被德国人讽刺为“仅仅是比较宽的河流”的英吉利海峡成了德国人不可逾越的障碍。1940年7月4日对英作战正式开始，截至8月底，德国空军的行动没有取得任何进展，入侵英国的“海狮行动”基本上已经失败，希特勒放弃了进攻英国行动。但是，在英吉利海峡一侧，德国空军并未撤出战斗，这一带保留两个战斗机联队随时准备袭扰英国，这两个联队就是JG 26联队和JG 2联队。

由于不需要那么多战斗机为日渐缩减的轰炸机行动护航，戈林将英吉利海峡沿岸基地所有战斗机联队中三分之一改为战斗轰炸机单位。袭扰英国南部最佳的飞机是战斗轰炸机，为此，JG 26联队和JG 2联队的编制内都增加一个战斗轰炸机中队。

度过了最艰难的时刻，英国皇家空军越战越勇，缓过气来的英国也尝试着主动发起进攻，这就是英国皇家空军战略的高明之处：进攻是最好的防御。从1941年1月开始，英国皇家空军发动了“马戏团”（Circus）、“大黄”（Rhubarb，一种可入药的植物）和“竞技者”（Rodeo）等系列行动，“马戏团”指的是数量众多的战斗机护航少量轰炸机的行动，行动并不是轰炸法国境内德军目标，主

最早2架Fw 190A-1战斗机在1941年夏天交付给前线的Ⅱ./JG 26大队试用，近处这架飞机后机身有黑框褐色“—”符号，意思是第Ⅱ大队，这架飞机交付给了6./JG 26中队。另1架飞机的“—”颜色较深，飞机属于5./JG 26中队。

要目的是引诱德国战斗机升空作战，以便在战斗中消灭德国空中力量；“大黄”和“竞技者”纯粹是战斗机行动，“大黄”行动的规模小一些，而“竞技者”战斗机编队更大一些，这两个战斗机行动跟下文提及的德国空军自由狩猎战术有点类似。

放弃入侵英国行动后，希特勒把下一个目标放在了北非和巴尔干地区，最终目的还是入侵苏联，为此，英吉利海峡一侧仅保留两个实力很强的作战联队，其中之一就是德国空军JG 26战斗机联队。JG 26联队有一个非常独特的历史，其前身最早可以追溯到1935年2月德国空军正式成立时的JG 134“霍斯特·威塞尔”（Horst Wessel）联队的第Ⅲ大队（Ⅲ./JG 134）。

1936年3月7日，德国军队进入莱茵河西岸的非军事区，此次行动中，德国空军Ⅲ./JG 134大队进驻德国西部的边境地区，驻地是科隆，之后不久，该大队第7中队（7./JG 134）被调往杜塞尔多夫，番号改为5./JG 134。1937年春天，德国空军在杜塞尔多夫成立了第234战斗机联队，3月15日，原驻扎在杜塞尔多夫的5./JG 134中队扩编成为JG 234联队第Ⅱ大队（Ⅱ./JG 234），当天，留在科隆的Ⅲ./JG 134大队被改编为Ⅰ./JG 234大队。

1938年11月1日，Ⅰ./JG 234和Ⅱ./JG 234大队从JG 234联队独立出来组建JG 132联队。当年12月11日，JG 132联队获得“施拉格特”（Schlageter）名称，此后联队全称变成：JG 132“施拉格特”联队。1939年5月1日德国空军展开第二次（战前最后一次）番号大调整，之前以军区以及联队属性编成的三位数番号改为两位数番号，番号的原则以当时的四个航空队来区别，第1航空队的番号是1—25，第2航空队的是26—50，第3航空队则是51—75，第4航空队为76—100，第132战斗机联队属于第二航空队，因此番号改为第26战斗机联队（JG 26），“施拉格特”的名称不变。此时的JG 26联队只有两个大队，二战爆发后的9月23日，JG 26联队第Ⅲ大队（Ⅲ./JG 26）在德国韦尔组建，11月1日，大队组建完毕，下辖第6、第7和第8中队。

在全面换装Fw 190战斗机前，JG 26联队由联队队部和三个大队组成，每个大队由大队队部和三个中队组成，Ⅰ./JG 26大队下辖第1（1./JG 26）、第2（2./JG 26）和第3中队（3./JG 26）；Ⅱ./JG 26大队下辖第4、第5和第6中队；Ⅲ./JG 26大队下辖第7、第8和第9中队。

由于驻扎在西部前线，JG 26联队没有参加1939年9月1日入侵波兰的战役，直到1940年5月，装备Bf 109战斗机的该联队才参与战斗，逐步部署到荷兰、比利时和法国境内。西线战役取得决定性胜利后，JG 26

6./JG 26中队的飞行员和地勤人员在等待命令执行下一次作战任务，“褐色10”号飞机发动机罩侧面排气口被喷涂成几何图案，这里经常被发动机排气熏黑，索性喷涂上黑色图案，早期很多飞机都有这种图案。

联队广泛参与了与英国的战斗，经常执行为德国轰炸机护航的任务。1940年8月22日，JG 26联队指挥官格哈德·汉德里克少校离任去指挥罗马尼亚境内的作战行动，接任他的是大名鼎鼎的阿道夫·加兰德少校。刚刚上任，这位年轻气盛，喜欢叼着雪茄烟的小胡子少校就解除了一些能力欠缺的下级指挥官，不仅如此，他本人还身先士卒积极参与每一场重要的行动。他给JG 26联队注入了新鲜的活力，此后，该联队在战斗中表现不俗，成为英国战役中最成功的战斗机单位。

1940—1941年冬天，Ⅱ./JG 26大队成为联队中第一个换装Fw 190战斗机的单位，大队指挥官，原“秃鹰军团”老兵瓦尔特·阿道夫上尉率先垂范将Bf 109E-7飞机换下，紧随其后的是瓦尔特·施耐德中尉的6./JG 26中队，之后是库尔特·埃伯斯伯格中尉的4./JG 26中队和沃尔夫冈·科塞中尉的5./JG 26中队。但是，换装并不顺利，最新战斗机还存在着很多严重的问题，JG 26联队技术官厄恩斯特·巴特迈尔空军工程少校解释道：

Ⅱ./JG 26大队指挥官瓦尔特·阿道夫上尉是一位作战经验丰富的飞行员，他在1941年9月18日的战斗中被英国“喷火”战斗机击落身亡。当时，他驾驶1架Fw 190A-1（W.Nr.0110.0028）战机，机身有“＜＜”标志，这是大队指挥官座机专用标志。

Ⅱ./JG 26大队可能被选定换装Fw 190战斗机之前，有必要让新型战斗机到前线进行实战测试，第一次战斗发生在法国勒布尔歇上空，谁曾想，这次战斗成了一场空难，几乎每一次飞行都因为发动机问题而终止。发动机故障发生太频繁，以至于很多时候正常起飞都不可能，原因是在地面起动暖车时发动机就开始出现问题了。（对此）福克-沃尔夫公司也把宝马BMW 801发动机说得一无是处，而宝马公司反驳称福克-沃尔夫公司设计的飞机没有给发动机冷却装置预留下足够的空间。宝马发动机过热问题十分严重，当MG 17机枪第一次安装到发动机上方后，发动机在地面暖车时机枪子弹竟然因发动机过热而爆炸！

6./JG 26中队指挥官瓦尔特·施耐德正指着自己的战绩（19架），他的座机是1架Fw 190A-1，W.Nr.027，褐色“＋－”。施耐德驾驶这架飞机和其他4架飞机在浓雾中飞行时撞山身亡。图中施耐德穿着海上救生夹克，与英国作战时经常在海上作战，海上救生装具必不可少。

1941年3月，一个特殊的试验中队在雷希林的罗根廷成立，中队指挥官有两人，一个是奥托·贝伦斯中尉，另一个是卡尔·鲍里斯少尉，两人战前都是德国空军的技术官，技术水平较高。特别试验中队正式名称是190作战测试中队，中队成立的目的就是试验Fw 190A-0战斗机参加作战行动的可行性。试验中队包括30名工程师和机械师，不久6架预生产型Fw 190A-0战斗机（已知0013、0014、0018、0021和0022）到位供使用。鲍里斯总结几个月试验遇到的问题时称：

第一次起飞就让我们相信新型战斗机坚固耐用，飞行品质极佳，但是，双排14缸星形气冷BMW 801发动机完完全全是个恶梦，发动机无时无刻不出现这样或那样的问题，我们几乎不敢立即离开停放着我们6架原型机的机场。经常要么燃油管道爆裂，要么发动机前面重装甲防护的油冷却环断裂，后排汽缸底部一次又一次地堵塞，原因就是油泵和冷却器的表面太小。油管泄漏的燃油气化后涌进座舱，被浓烟熏得头晕目眩的飞行员在没有别人的帮助下根本无法爬出座舱。所谓的恒速螺旋桨很少工作正常过。谭克教授试图直接回应我们提出的问题，避免官僚作风，而航空部的发动机专家和雷希林的试飞员在我们驾机拖着浓烟和臭味穿越机场上空时只能摇摇头，航空部的一次会议甚至要求Fw 190飞机退出现役（已经有一批Fw 190A-0和Fw 190A-1飞机生产出来）。我们强烈地反对这个决定，因为飞机本身非常优秀。

随着BMW 801发动机的问题一直延续到1942年，贝伦斯率领190作战测试中队担负起逐步地解决试验期间遇到的所有问题的重任，JG 26联队技术官厄恩斯特·巴特迈尔称："很明显，福克-沃尔夫公司和宝马公司的合作并不那么紧密，大部分问题必须得由贝伦斯他们来解决，经过大约50项改进后，新型战斗机终于可以参加前线的战斗。"

截至这个时候，正常的发动机大故障出现间隔已经达到20小时，具备了上战场的条件，因此，190作战测试中队于1941年7月转移到法国巴黎附近的勒布尔歇机场。当月月底，22架Fw 190A-1战斗机交付给驻扎在比利时韦弗尔海姆

190作战测试中队是临时单位，完成任务后解散，该单位组建的目的是试验Fw 190战斗机作战的可行性，为此，这个单位经常部署到气候条件差异很大的地区进行试验。图中是该单位1架Fw 190A-0飞机（W.Nr.0021）。

Fw 190战斗机差点被德国空军放弃，原因是BMW 801发动机故障不断。若发动机性能稳定，Fw 190就是一款性能极为优异的作战飞机。图中技术人员在检查1架Fw 190A-0飞机的发动机，发动机罩侧面的鼓包又短又粗，说明这是Fw 190A-0型号。

附近摩尔塞尔卫星机场的6./JG 26中队，还未参加战斗，这个单位就遭受巨大空难，8月7日这天，2架Fw 190A-1战斗机因为发动机故障双双坠毁。两天之后，又有1架飞机坠毁。

9月2日，贝伦斯和JG 26联队的参谋，以及来自雷希林试验中心的专家们举行了一次会议，会议的议题是关于Fw 190战斗机的发动机问题。会议称，6./JG 26中队的（Fw 190A-1）平均飞行时间达到30小时，其中4架改进型的飞行时间达到70小时，JG 26联队飞行员抱怨的主要是发动机，特别是发动机排气阀门、火花塞、增压器、发动机火灾和排气管断裂等。贝伦斯中尉质问为什么不给新生产的飞机安装新发动机。作为回应，宝马公司解释称，出现问题的主要是BMW 801D系列发动机，主要是发动机活塞问题。总的来说，宝马公司不愿意承认发动机出现问题是他们的责任，此次会议纪要记载称：

根据宝马公司的说法，最近的发动机增压器损坏问题跟吸入异物有关，贝伦斯中尉并不认为这是唯一的原因，因为发动机叶轮故障会出现在自动增压器工作的高度，有一次造成轮轴断裂。

初战告捷

JG 26联队第一次派出Fw 190战斗机执行作战任务是1941年8月14日，当天的战斗中，6./JG 26中队指挥官瓦尔特·施耐德中尉在敦克尔刻上击落英国皇家空军1架“喷火”战斗机，这是施耐德个人第17个战果。中队另一位飞行员海因茨·申科少尉也在当天战斗中击落1架“喷火”战斗机。一个星期后，瓦尔特·迈耶尔军士长因一场事故而受伤，他驾驶的“褐色2”号Fw 190A-1飞机因发动机故障而在摩尔塞尔机场实施了迫降。截至此时，Ⅱ./JG 26大队的飞机识别数字，即机身编号颜色发生一些变化，6./JG 26中队的机身编号由黄色改为褐色，5./JG 26中队的由红色改为黑色，4./JG 26中队的机身编号颜色不变，仍是白色。研究表明，比较柔和的颜色在空中格斗中不那么醒目，可以降低攻击方的目视条件，反过来，颜色过于醒目鲜艳，攻击方容易将其作为射击参考点。

Fw 190A-1战斗机第一次被击落事件发生在8月29日，当时，海因茨·申科少尉在敦克尔刻南面空域执行作战任务时被己方高射炮击落，飞行员当场丧生，飞机坠毁在海滩上。

在接下来的几周里，Ⅱ./JG 26大队开始全面换装Fw 190战斗机。1941年9月9日，4./JG 26中队记录了本单位第一起Fw 190战斗机事故，当时1架飞机在摩尔塞尔机场着陆时起落架折断。九天后，Ⅱ./JG 26大队的Fw 190战斗机参加了一场规模较大的战斗，当天，8架Fw 190战斗机在大队指挥官瓦尔特·阿道夫上尉的率领下拦截了英国皇家空军一支由“喷火”战斗机护

这架“黑色13”号Fw 190A-1飞机是5./JG 26中队霍斯特·斯腾贝格少尉的座机，他的中队当时驻扎在比利时韦弗尔海姆。“13”在德国是个吉祥的数字，这和西方普遍认为不吉利的观点正相反。

航的“布伦海姆”轰炸机编队，在接下来的伏击战中，4./JG 26中队的罗特军士长击落1架“布伦海姆”轰炸机，就在阿道夫驾机在坠毁的轰炸机上空盘旋时，他被英国皇家空军第41中队的“喷火”VB战斗机击落。德国空军立即采取行动搜索阿道夫，但是，直到10月12日阿道夫的遗体才被发现，原来，他的Fw 190A-1座机（W.Nr.0110.0028）被击中后，飞机坠入比利时奥斯滕德西北30公里的海中，20多天后他的遗体才被海浪冲上比利时诺克海岸。

英国皇家空军记录此次击落阿道夫的战斗时称：“其中1架德国飞机在9月18日战斗中遭到攻击并被击落，飞机坠毁在奥斯滕德，这架飞机可能是美国寇蒂斯公司的‘鹰’战斗机。据信，德国人占领法国后将法国空军的飞机装备部队用于训练目的。”截至9月，英国人一直认为德国空军装备了缴获法国的Bloch 151战斗机或是寇蒂斯“鹰”75战斗机（法国称H-75A“鹰”战斗机，这是美国的P-36的一个改进型），除此，英国皇家空军情报部门早在1940年年底就知道了Fw 190战斗机的存在。后来的1941年1月，一直在雷希林试验中心工作的德国一位航空总工程师告诉英国皇家空军情报官员称：“被称为Fw 190的新型战斗机具备福克-沃尔夫公司典型的特征：翼型、短机身和超高的起落架等，关于主起落架，据一位战俘称，起落架如此之高，以至于爬进座舱必须要借助梯子。跟Do 217飞机一样，Fw 190飞机也安装BMW 801双排星形气冷发动机，发动机的紧凑让他十分惊讶，在试验期间，飞机的最大速度达到了700公里/小时。飞行员的座舱视野非常好，座舱罩没有加固用的结构框。飞机的武器包括2挺机枪和2门机炮。据称，飞机已经投产，而且维尔纳·莫尔德斯和阿道夫·加兰德也准备好飞这些飞机（指两人的单位计划装备）。”[①]

1941年9月21日，据称英国皇家空军第315中队的“喷火”战斗机击落“1架安装星形发动机的不明战斗机”，几乎可以肯定，这是4./JG 26中队的1架飞机，但是，德国方面称，这架飞机参加当天的战斗中因发动机故障而在法国圣奥梅尔附近迫降，迫降过程中飞机严重损坏。当时4./JG 26中队装备的是Fw 190A-1战斗机，而且飞机安装的是风冷星形发动机，因此，英国人声称击落的就是该型飞机。1941年10月13日，英国皇家空军终于确认了Fw 190战斗机的存在，当天，英国皇家空军第129中队的1架“喷火”战斗机用照相枪拍摄到了安装星形发动机的德国新型战斗机。毫无疑问，德国Fw 190战斗机的性能已

这架6./JG 26中队的Fw 190A-1（W.Nr.0110.0033）飞机在1941年12月22日的转场飞行中撞上小山，飞行员库尔特·戈比希身亡。

① 引用的原文中似乎用的是间接引语，不是直接引语，不像是一个人对一个人的谈话。

英国"喷火"是与德国空军Bf 109和Fw 190飞机相媲美的战斗机，"喷火"飞机的型号极多。图中是"喷火"Mk Ⅰ型号，之后的"喷火"Mk ⅤB等都不是德国Fw 190的对手，更新型号的"喷火"飞机才能与Fw 190相抗衡。

经超过了英国皇家空军的"喷火"Ⅴ战斗机，截至9月底的空战表明，德国空军Ⅱ./JG 26大队声称击落了18架英国"喷火"战斗机，而己方只损失2架Fw 190战斗机。

10月15日，德国空军Ⅱ./JG 26大队从比利时摩尔塞尔转移到韦弗尔海姆，这里有条件更好的机库和维修站，对于毛病仍然不断的新飞机来说，这点特别重要。十天后，德国空军战斗序列记录表明，Ⅱ./JG 26大队已经装备了55架Fw 190A-1战斗机，其中34架具备升空作战能力。大队指挥官瓦尔特·阿道夫阵亡后，接替他的是后来名气超响、能力出众的约阿西姆·慕钦堡上尉，此前他是7./JG 26中队指挥官，他一生战绩达到135架。另外，驻扎在科凯勒斯的格哈德·绍佩尔少校的Ⅲ./JG 26大队已经在之前就开始换装了38架Fw 190A-1战斗机，但其中只有7架能够升空作战，飞机的完好率着实让人头疼。最后一个换装的是JG 26联队队部和Ⅰ./JG 26大队，1941年年底，两个单位换装的是Fw 190A-2战斗机，12月6日，格哈德·绍佩尔少校已经接替加兰德任JG 26联队指挥官，接替他任Ⅲ./JG 26大队指挥官的是约瑟夫·普瑞勒。Ⅰ./JG 26大队指挥官是约翰内斯·塞弗特少校，当时该大队驻扎在法国圣奥梅尔。JG 26联队的三个大队是仅有的装备Fw 190A-1战斗机的作战单位，尽管很多飞机后来转交给了战斗机训练单位，比如东方后备战斗机飞行员训练大队和西方后备战斗机飞行员训练大队，两个训练大队后来更名为东方战斗机大队（Jagdgruppe Ost，简称JGr Ost）和西方战斗机大队

这架"褐色13"号Fw 190A-1（W.Nr.0110.0013）飞机属6./JG 26中队，该单位1941年春天驻扎在比利时韦弗尔海姆附近摩尔塞尔卫星机场，单位飞机的战术编号是褐色，此前是黄色，5./JG 26中队的战术编号为黑色。当时这架"褐色13"号飞机驾驶员是格哈德·沃格特下士，他后来晋升为中尉，在JG 26联队的几个中队任过职，后来他还驾驶过"褐色13"号的Fw 190A-5飞机。最终他在1945年1月14日的战斗中阵亡，当时驾驶的是Fw 190D-9战斗机（W.Nr.210176）。

左图为约阿西姆·慕钦堡上尉，当时他是Ⅱ./JG 26大队指挥官；中图是格哈德·绍佩尔少校，当时他是Ⅲ./JG 26大队指挥官，不久后，他接替加兰德任JG 26联队指挥官；右图为约瑟夫·普瑞勒，当时他接任格哈德·绍佩尔少校任Ⅲ./JG 26大队指挥官。这三人均是领导指挥能力、个人战技水平相当高的飞行员。

（Jagdgruppe West，简称JGr West）。东方战斗机大队专门为东线战场输送合格的飞行员，教员是从东线战场轮休回国的老飞行员，这些人经验丰富，了解东线苏联空军作战特点。

JG 26联队换装Fw 190战斗机后最成功的一次战斗发生在1941年11月8日。当天，英国皇家空军发动当年最后一次“马戏团”行动，目标是法国里尔的铁路维修站。德国空军JG 26联队队部、Ⅱ./JG 26大队和Ⅲ./JG 26大队混合编队在拦截行动中击落了不少于14架英国皇家空军“喷火”战斗机，己方损失3架Fw 190A-1飞机，3架飞机都实施了迫降，4./JG 26中队卡尔海因茨·科恩下士丧生，Ⅱ./JG 26大队队部西奥·林德曼中尉严重受伤，Ⅲ./JG 26大队的飞行员迫降过程中毫发无损。两天后，190作战测试中队卡尔·鲍里斯被任命为8./JG 26中队指挥官，此前的11月6日，该中队指挥官约翰尼斯·施密德上尉在英吉利海峡上空作战时丧生，之后该中队一直就没有指挥官。

1941年12月，Ⅱ./JG 26大队遭受严重损失。当月22日，6./JG 26中队指挥官瓦尔特·施耐德中尉率领他的中队从低空由比利时韦弗尔海姆东南方向阿布维尔德吕卡飞行，在纳图瓦山区上空，飞机编队突遭浓雾，施耐德失去方向感，随后飞机编队齐刷刷地撞向地面，五名飞行员，包括中队指挥官施耐德丧生。施耐德是一位多才多艺的指挥官，军事指挥才能和个人战技也相当出色，阵亡时他驾驶的是1架Fw 190A-2飞机（W.Nr.0217），其他四人驾驶的Fw 190A-1飞机，施耐德的20架战绩中只有2架是驾驶Fw 190战斗机取得的。接替施耐德任6./JG 26中队指挥官的是190作战测试中队另一名成员：奥托·贝伦斯中尉。在完成了六个月任期后，贝伦斯中尉再次返回雷希林试验中心，二战后期，他一直在试验Me 262和Ar 234喷气飞机。二战结束后，贝伦斯紧随总设计师谭克去了南美洲，在试飞“箭”Ⅱ喷气战斗机期间的1952年，贝伦斯驾驶“箭”Ⅱ原型机为阿根廷总统庇隆表演时坠机身亡。

从1942年年初开始，德国JG 26联队的Fw 190战斗机和

驻扎在比利时摩尔塞尔的6./JG 26中队的3架Fw 190A-3战斗机，近处飞机机翼前缘伸出的是空速管，不是机炮。

英国皇家空军“喷火”战斗机之间的战斗日趋减少，此时，JG 26联队队部和Ⅲ./JG 26大队驻扎在法国欧当贝尔和科凯勒斯，Ⅰ./JG 26大队驻扎在法国圣奥梅尔的阿尔奎斯，Ⅱ./JG 26大队驻扎在法国阿布维尔德吕卡，这几个地点相距非常近，都是法国西北部加来附近。战斗虽然不多，但是在1942年1月3日，JG 26联队指挥官普瑞勒少校驾驶Fw 190A-2战斗机在加来附近空域击落皇家空军1架“飓风”战斗机。

1941年下半年以来的海峡两岸德国空军与英国皇家空军的战斗主要表现形式就是“穿梭骚扰”式的战斗，这一时期正是Fw 190逐渐成为这里战斗的德国空军主力战斗机，虽然发动机故障较多，Fw 190还是表现出在大部分性能胜过英国皇家空军主力“喷火”V战斗机。加上德国在英吉利海峡的东侧建立起完善的雷达预警系统，德国空军的优势更加明显。英国皇家空军的报告似乎挺乐观，称1941年下半年皇家空军损失411架战斗机，击落德国731架战斗机，实际上，德国空军仅损失103架战斗机，此前，现在和以后，德国空军战斗机单位装备的战斗机数量都不太大，一个联队的战斗机数量理论上会达到120架（实际上要少得多，通常维持在80—100架之间），海峡东侧主要是JG 26联队和JG 2联队，德国驱逐机和轰炸机单位此间也有行动，各个单位加上损失后补充也不太可能损失

图中Fw 190A-2战斗机属于驻扎在比利时韦弗尔海姆的8./JG 26中队，飞机侧面的标志“｜”表示第Ⅲ大队。

JG 2联队的地勤人员正在维护1架Fw 190A-2战斗机，机翼下方两人在检查MK 108机炮，打开整流罩，机炮可以方便地就地检修或是卸下检修。照片拍摄于1942年法国。

"731架"。

随着越来越多的Fw 190战斗机装备英吉利海峡前线德国空军单位，英国的形势更加不乐观，截至1942年1月，这里的德国战斗单位装备60余架可升空作战的Fw 190飞机，到此后的9月，这个数量猛增到350余架。二战初期，德国势头正猛，英国此时仍处下风，就海峡两岸形势看，英国皇家空军直到装备"喷火"Ⅸ战斗机时才具备可匹敌的态势。

"雷电行动"

1942年2月12日，英吉利海峡上空平静后的第一场重要战斗爆发。数月以来，德国海军"沙恩霍斯特"号和"格内森瑙"号战列巡洋舰，以及"欧根亲王"号重巡洋舰一直龟缩在法国西部布列斯特港口内，一方面慑于盟国海军的庞大实力，纳粹海军意识到根本无力与盟国海军抗衡；另一方面，希特勒觉得法国是欧洲的堡垒，安全无忧，倒是担心英国会从北部的挪威登陆，海军重要舰船部署到这里可起到震慑作用，为此希特勒决定将这几艘重要战舰转移到德国北部港口。在法国布列斯特港口的数月里，德国一直担心英国皇家空军的轰炸机前来轰炸，事实上，英国皇家空军轰炸机和海岸司令部（BCC）对德国海军这三艘军舰实施了300次攻击，但由于航程和德国防空原因战果寥寥。要回到德国本土港口也不是件容易的事，军舰必须穿过英吉利海峡。敌对双方作战飞机穿越海峡到对面空域作战有距离和航时的限制，但要攻击在海峡航行的舰船这些都不是问题，这也是希特勒的计划遭到德国军方高层反对的原因：庞大的舰队（有驱逐舰等护航）浩浩荡荡地穿越海峡，肯定会被英国人发现。但是，对于德国来说，海峡航线

2架Ⅱ./JG 26大队Fw 190战斗机飞行在德国舰队上空。德国的此次转移行动相当成功，加兰德的组织能力也相当出色。

不仅最短，综合考虑实际上也是最“安全”的，原因是军舰航行可以得到德国空军的保护，而且趁着夜晚悄悄航行。这次德国海军和空军联合进行的行动代号是“雷电行动”，新上任的加兰德负责制定此次行动中的空中护航行动细节，西线总共252架德国空军战斗机将对德国军舰转移行动实施无缝式接力护航。

高度保密的“雷电行动”计划是战列舰和巡洋舰在7艘驱逐舰的护航下先向北行驶，其间德国空军JG 2联队、JG 26联队和JG 1联队的252架Bf 109和Fw 190战斗机，外加驻扎在法国维拉古布莱（巴黎西南15公里）的30架Bf 110夜间战斗机实施从清晨和黄昏的空中护航，1941年6月入侵苏联后，德国空军在西线只有这三个战斗机联队防备着盟军空中行动。几个星期前从JG 26联队指挥官升任战斗机兵种总监的加兰德负责此次舰队转移行动的空中护航行动，他的作战计划是通过四个指挥中心在平行方向为德国舰队海峡航线上提供不间断防空保护，四个指挥中心分别设在法国卡昂、列度基特（也称勒图凯）、荷兰斯希普霍尔（荷兰首都阿姆斯特丹一处机场）和德国耶弗尔，每个指挥中心负责一段航线的防空任务，而每个指挥中心之间都有交叉重叠的部分，这样，整个英吉利海峡到北海沿岸的防空完全覆盖，形成无缝连接。每个指挥中心部署大量战斗机，当德国海军舰队驶入防空管辖区时战斗机就起飞提供护航。

要实现无缝连接式的防空护航行动，时间的掌握是整个护航行动成败的关键。加兰德的作战计划内容之一就是保证在每个战斗机指挥中心的管辖区都有四个四机战斗机编队共16架战斗机在德国海军舰队周边空域护航30分钟。下一个战斗机大队都会在前一个16架飞机编队护航30分钟的最后10分钟加入到护航任务中，后加入进来的16架战斗机再与舰队结伴30分钟，也就是说，最后10分钟内有32架战斗机在为舰队护航，32架飞机每8架为一组在舰队上空形成严密的保护圈。同时，加兰德命令护航战斗机在低空执行任务，为的是防止英国雷达发现，而且整个行动保持无线电静默状态。另外，为了协调空军和海军的行动，马克斯·约瑟夫·艾贝尔上校（原JG 27联队指挥官）被派驻到“沙恩霍斯特”号战列巡洋舰上。

英吉利海峡最窄处是多佛尔海峡，这里最危险，法国一侧（加来地区）驻扎在德国空军JG 26联队，其南部就是JG 2联队防空区，JG 26联队的北部是JG 1联队防空区，即德国军舰穿过荷兰境内斯凯尔特河入海口就是JG 1联队防区。可能发生的战斗就在JG 2和JG 26联队防空区，其中JG 26联队驻地法国加来地区离英国最近，一个庞大的海军舰队在此航行想不被发现都难，因此这里几乎

JG 26联队队部布鲁诺·希格瑙尔的Fw 190A-2座机，侧机身的“He”是希格瑙尔的缩写，德国飞行员有在飞机侧面写上自己名字（或名字缩写）的习惯。

可以肯定会发生战斗。德国空军实力超强的JG 26联队一直驻扎在这个地区，如果这里发生战斗，其南部同样实力不俗的JG 2联队可以增援。穿过多佛尔海峡向东就是比利时领海，这里仍是JG 26联队防空区，但是，这里已经安全很多，英国皇家空军对德国军舰的威胁大大降低。到荷兰领海JG 1联队就接管防空任务，这个联队长期驻守在德国北部和荷兰，二战早期这里的战斗非常少，大队组成也非常与众不同，基本上属于后娘养的杂牌单位，二战中后期其地位才开始上升。

1942年2月12日午夜刚过，德国海军舰队悄悄离开布列斯特港，黎明前，德国海军舰队抵达瑟堡（法国西北部港口城市），在此，水面舰队与潜艇部队会合，天亮之前的防空任务由Bf 110夜间战斗机执行。出发前出现过一次意外，德国的此次行动计划是2月11日晚8点，舰队刚刚解缆出发就接到英国皇家空军18架“威灵顿”轰炸机来袭警报，舰队只得退回港口内。英国皇家空军的行动没有给德国军舰造成任何损失。2月12日天刚亮（北纬48—49度之间属高纬度，冬天天亮得迟，这个纬度通常9点多天才亮），德国舰队离开瑟堡，Bf 110战斗机的防空任务转交给JG 2联队的16架Bf 109战斗机，9时49分，Ⅱ./JG 26大队的Fw 190战斗机从基地起飞执行巡逻任务。德国人行动前和行动中的保密工作做得非常出色，直到午后德国舰队穿过多佛尔海峡，英国皇家空军巡逻机才发现目标。

这时又出现一个意外。11点刚过，英国皇家空军2架刚刚在法国北部执行完“大黄”任务的“喷火”战斗机在索姆河口发现了德国舰队，两位军衔相当高的英国飞行员维克多·比姆斯上校（10架战绩的王牌）和芬莱·博伊德中校（战绩14架王牌）并不明白怎么回事，也不清楚是否该打破无线电静默向基地汇报，最后两人还是决定不汇报。30分钟后降落基地两人才汇报情况：“海峡里挤满了德国海军舰队。”

此时，德国舰队离多佛尔海峡只有60公里，云层高度只有250米，能见度越来越差。12时15分，Ⅲ./JG 26大队的Fw 190战斗机开始执行巡逻任务，12时30分，德国舰队到达多佛尔海峡最窄处。但是，直到13时25分，英国皇家空军第825中队6架老古董“剑鱼”鱼雷轰炸机才从曼斯顿基地起飞去攻击德国舰船，为“剑鱼”飞机编队护航的仅有一个“喷火”战斗机中队（10架），原计划为此鱼雷攻击行动护航的战斗机中队是五个，不清楚为什么其他四个没有参加。16架“剑鱼”和“喷火”战斗机从北面靠近德国舰队，密切关注英国皇家空军飞机行动的德国空军JG 2联队16架Bf 109F战斗机从南面迎头拦截英国飞机，之后Ⅲ./JG 26大队8./JG 26中队

图中是格哈德·绍佩尔少校和他的Fw 190A-2座机，“<”是联队队部飞机才会有的标志，“<-”一般指联队情报官飞机，但是图中该标志的飞机属格哈德·绍佩尔少校，战术标志后还有一“S”，这是绍佩尔名字的首字母。

和9./JG 26中队的Fw 190战斗机在联队指挥官格哈德·绍佩尔率领下也加入进来。英国皇家空军第75中队的10架“喷火”战斗机竭尽全力试图驱离德国战斗机，德国Fw 190战斗机性能好，数量也多，一部分与英国“喷火”战斗机缠斗，其余的直扑英国“剑鱼”飞机。老古董双翼“剑鱼”飞机速度太慢（本来就慢，携带了鱼雷后就更慢了），德国战斗机必须伸出起落架把速度降得更低才能实施攻击。第一位被击落的是“剑鱼”飞机编队长机尤金·埃斯芒德少校，他后面约60米的Fw 190飞机用20毫米机炮在第一个回合就将他的座机上面机翼打掉，整个战斗短暂而激烈，对“剑鱼”飞机来说，不被击落的几率极小。最终，6架“剑鱼”飞机全部被击落，9./JG 26中队的约翰尼斯·诺曼中尉击落2架，保罗·加兰德击落另1架，后者是加兰德最小的弟弟。剩余的4架“剑鱼”飞机在靠近德国军舰前也全部被Bf 109F战斗机击落。英国飞行员尤金·埃斯芒德少校死后被追授“维多利亚十字勋章”，他英勇顽强甚至得到了德国方面的称赞。除了“剑鱼”飞机，JG 26联队的Fw 190战斗机还击落3架英国“喷火”战斗机、2架“汉普顿”轰炸机和1架“飓风”战斗机。德国方面损失3架Fw 190战斗机，全部是被“喷火”战斗机击落的，属9./JG 26中队的飞机。

虽然损失严重，攻击德国军舰的行动没有取得任何成功，英国皇家空军和海军仍然不依不饶，这些行动缺乏合作，规模也较小，更有德国空军战斗机保护，战果可想而知。随着夜色降临，暴风雪来临，英国的攻击行动逐渐停止，德国Bf 110夜间战斗机也在此时接手防空任务。但是，Ⅲ./JG 26大队的Fw 190战斗机结束当天第三次作战任务返回

JG 26联队的威廉·加特的Fw 190A-2座机的侧面也有名字首字母的“G”（Gath）。飞机前起落架处地面可见格栅，这是临时机场经常铺设的滑行跑道，一般用于松软的地面。

德国空军元帅戈林视察Ⅱ./JG 26大队的法国驻地，和戈林握手的是Ⅱ./JG 26大队指挥官约阿西姆·慕钦堡上尉，背景是1架Fw 190A-2战斗机。

荷兰翁斯德雷赫特基地着陆时却出了问题，结冰的机场导致了飞机着陆困难，有的飞机在跑道上打滑，有的不管在哪儿，刚刚停稳就被放弃。

此次“雷电行动”中，德国空军损失7架战斗机，包括3架Ⅲ./JG 26大队的Fw 190战斗机和1架Ⅰ./JG 26大队的Bf 109F战斗机，JG 2联队击落20架英国飞机，己方未损失1架飞机。剩下的3架应该就是JG 1联队的损失，而且肯定是Bf 109战斗机。此次行动德国取得了巨大的成功，德国舰队在2月13日早晨全部抵达目的地。照例，资料来源不同，敌对双方的损失统计也不同，有资料称德国损失17架战斗机，而英国同样损失17架战斗机，外加20架轰炸机。

英吉利海峡你来我往

截至1941年年底，Fw 190飞机的发动机问题逐渐得以解决，比如一再提及的发动机后排汽缸过热问题，没有想到解决起来相当简单，只需重新部署排气管的位置就行了，但找到这个方法还是用了很长一段时间。Ⅲ./JG 26大队技术官罗尔夫·施罗夫特中尉发明的改进方法使得装备单位在本基地维修站就可以完成改进工作，用不着厂家设计部门的指导，更不需要返厂改进。

出于这个原因，Fw 190飞机的生产得以加速，从1942年1月开始，Fw 190飞机的生产数量激增。同时，德国空军其他战斗机单位也开始换装Fw 190战斗机，此前的JG 26联队装备该型飞机还属于试验性质。下一个开始换装的是JG 26联队左翼的JG 2“里希特霍芬”（Richthofen）联队，其他联队已经在1941年6月离开西线到苏联前线作战。跟JG 26联队一样，JG 2联队也有着出众的历史，它的历史可以追溯到1933年（很多资料称是1930年年底）成立的德国中部广告中队，意思是进行航空运动宣传的中队，听上去好像是做商业广告的，实际上这是德国秘密组建空军的一个开始。这是一战后德国空军（还未正式成立）第一个战斗机单位。1934年5月1日，广告中队正式成为多布里茨航空大队，大队指挥官是罗伯特·冯·格莱姆少校，这位少校是一战的王牌飞行员，也是功勋勋章得主，在一战期间曾担任第34战斗机中队指挥官。1936年4月1日，多布里茨航空大队更名为Ⅰ./JG 132，为了适合未来战争的需要，1938年11月1日，大队番号再次改为Ⅰ./JG 131，最后在1939年5月1日，单位番号改为Ⅰ./JG 2。到1940年春天，JG 2联队已经扩展到三个大队，达到满编状态。在入侵法国和低地国家的战役中，以及随后的英国战役中，JG 2联队都是德国空军战斗机部队的主力。放弃入侵英国计划后，JG 2联队的防区是

驻扎在法国博蒙勒罗歇的6./JG 2中队是JG 2联队中第一个换装Fw 190A-2战斗机单位。图中近处2号（W.Nr.5216）飞机在几个月后的迪耶普战斗机被英国“喷火”战斗机击落，飞行员京特·吉更斯失踪。照片远处是2架Bf 109F战斗机，当时仍有飞行员驾驶该型飞机。

法国索姆河口向西南，联队指挥官是瓦尔特·奥梭中校。

JG 2联队驻扎在法国博蒙勒罗歇的第6中队（6./JG 2）是整个联队第一个将Bf 109F战斗机换装成Fw 190A-2战斗机的单位，1942年2月，该中队接收首批Fw 190A-2飞机。3月初，伊格纳茨·普雷斯蒂勒上尉的Ⅰ./JG 2大队派遣飞行员到勒布尔歇进行换装Fw 190A-2战斗机的训练，但是，这个大队在5月才全面完成换装工作，而此时大队指挥官已经换成了埃里希·莱厄上尉，该大队驻扎在瑟堡的莫佩尔蒂、莫莱斯（布雷斯特东北60公里）和圣布里厄。JG 2联队计划以每月一个大队的规模全面换装，3月中旬，驻扎在法国塞维莱斯（诺曼底西北部一个小村庄）和莫莱斯的汉斯·“阿西”·哈恩（Hans ‘Assi’ Hahn）上尉的Ⅲ./JG 2大队先换装Fw 190A-1作为过渡飞机，日后再换装Fw 190A-2飞机。4月底，卡尔-海因茨·格莱塞特上尉的Ⅱ./JG 2大队全面换装。最后一个换装的是JG 2联队队部，但是，联队指挥官瓦尔特·奥梭偏爱Bf 109飞机，因此队部保留1架该型飞机。

但是，换型训练工作非常不顺利，截至5月底，中队有11架Fw 190飞机在各类事故中要么坠毁要么损坏，其中两名飞行员死于事故，3月18日，5./JG 2中队弗里茨·马利少尉的座机在勒布尔歇机场起飞时因发动机火灾坠毁，飞行员丧生；5月29日，9./JG 2中队指挥官维尔纳·斯托克勒曼中尉在塞维莱斯上空进行编队练习时飞机坠毁。“里希特霍芬”联队第一个作战损失发生在5月31日，当时，5./JG 2中队瓦尔德马·基普尼施中士在与英国皇家空军“喷火”战斗机空战时在法国迪耶普上空被英国飞机击落，另1架Fw 190A-2飞机被己方高炮击伤。

攻击德国海军转移舰队失利后，英国皇家空军在1942年3月继续执行针对海峡另一侧德国目标的行动，除了“马戏团”、“大黄”和“竞技者”行动外，如今又增加了“推弹杆”、“游骑兵”和“锚地”，“推弹杆”行动指的是短程轰炸机对地面目标实施攻击，“锚地”行动指的是

图中这架Fw 190A-2（W.Nr.0269）飞机属于5./JG 2中队霍斯特·本诺·克鲁格尔少尉，该机在1942年7月26日被英国皇家空军第91中队的“喷火”战斗机击落，飞行员跳伞后被俘。

Ⅰ./JG 2联队的1架Fw 190A-3战斗机，发动机罩侧面有飞行员约瑟夫·海因泽勒的吉祥物小狗图案。德国飞机“13”号很多，上文就提到过“褐色13”号和“黑色13”号。

攻击海峡内航行的德国舰船行动。让英国人头疼的是，1941年刚刚找到对付德国空军最新Bf 109F战斗机的方法，如今海峡一侧的德国空军全部换装了Fw 190战斗机，英国人必须研究新的战术以应对目前的窘境。

与此同时，英国皇家空军在4月7日发动一次攻击行动轰炸了位于巴伐利亚州奥斯堡的MAN（Maschinenfabrik Augsburg Nürnberg，机械工厂、奥斯堡和纽伦堡三个单词首字母组成）柴油发动机工厂，这个工厂生产潜艇用柴油发动机，工厂距海岸线约725公里。此次行动，英国皇家空军投入12架来自第44和第97中队的新型四发重型“兰开斯特”轰炸机，这次大胆冒险的昼间行动十分危险。为了隐蔽出击，这次行动两个六机编队在超低空从法国巴黎南部进入德国防空区，其他作战飞机实施牵制和佯攻行动，即出动飞机轰炸法国鲁昂、瑟堡和加来海峡的目标。

穿过法国海岸线五分钟后，5./JG 2中队的Fw 190战斗机正在博蒙勒罗歇基地着陆时无意中看到6架英国“兰开斯特”轰炸机在一树之高的超低空靠近德国空军基地，已经着陆的飞机立即复飞，飞机的燃油足够，不需要加油。联队指挥官瓦尔特·奥梭少校本人驾驶Bf 109F战斗机和其他中队一共25—30架Fw 190战斗机一起升空实施拦截。尽管英国“兰开斯特”轰炸机的自卫火力相当猛烈，机上的机枪手也异常勇敢，在接下来整整一个小时的猎杀行动中，4架“兰开斯特”轰炸机被击落，暂时逃过一劫的2架轰炸机义无反顾地仍去轰炸奥斯堡的目标，但是，只有1架由中队指挥官尼特尔顿少校驾驶的“兰开斯特”轰炸机返回了英国，他本人因此次行动获得了“维多利亚十字勋章”。虽然行动以失败告终，但德国人不得不佩服英国人大胆的进攻计划，在战略空军建设方面，德国与英国还是有相当大的差距的，整个二

在联队全面换装Fw 190战斗机后，联队指挥官瓦尔特·奥梭少校仍然驾驶Bf 109F战斗机作战，他并不反对换装计划，只是偏爱梅塞施密特战斗机。同样，后来有的空军单位从Fw 190战斗机换装到Bf 109飞机，单位指挥官仍保留1架福克-沃尔夫飞机。

英国皇家空军的战略空军建设比纳粹德国强得多，很大一个因素是英国殖民地遍及世界各地，英国为了维护这些战略利益需要远程战略轰炸机。英国战略空军的战略运用上也相当出色，德国入侵英国战役失败后，英国以战略空军为主体开始反击纳粹德国。图中是“兰开斯特”重型轰炸机。

德国1架Fw 190A-2战斗机正在追逐英国皇家空军1架轰炸机，照片上方可以看到轰炸机携带的1枚炸弹，照片拍摄于1942年7月6日。

战，德国这方面都毫无建树。

就在这时，德国空军第三个战斗机联队开始换装Fw 190战斗机，这个单位是JG 26联队右翼，一直不受重视、战事不多的JG 1联队，该联队第Ⅰ大队（Ⅰ./JG 1）前身是1937年4月1日在约特伯格达姆组建的Ⅰ./JG 131大队，而Ⅰ./JG 131大队是Ⅱ./JG 132大队演变而来的，新大队指挥官是伯恩哈德·沃尔登加上尉。1938年11月1日，Ⅰ./JG 131大队番号改为Ⅰ./JG 130，之后的1939年5月1日，大队番号再次改为Ⅰ./JG 1。大队指挥官是卡尔·舒马赫中尉，1939年12月，舒马赫的单位成功地阻击了英国皇家空军针对德国湾一带德国海军和港口的空袭行动，英国皇家空军损失严重，舒马赫劳苦功高。1940年7月6日，Ⅰ./JG 1番号改为Ⅲ./JG 27，战事不多的JG 1联队比较悲催，早期它实际上只有一个大队，而这唯一的大队经常改变番号和隶属关系；随后离开JG 1联队，后者再重新组建Ⅰ./JG 1大队。1940年12月7日，新的1./JG 1中队在荷兰弗利辛恩以荷兰中队（Jasta Holland）为基础成立，中队指挥官是卡尔·穆勒中尉；新3./JG 1中队于1941年3月在荷兰迪考伊成立，新中队部分成员是从JG 52联队的训练大队（Erg.Gruppe/JG 52）抽调的；新2./JG 1中队于1941年7月5日在荷兰卡特韦克以贾斯塔明斯特-洛登海德中队（Jasta Münster-Loddenheide）为基础成立。新Ⅰ./JG 1大队部直到1941年9月26日才在卡特韦克成立，指挥官是埃里希·米克斯中校，对于一个大队来说，“中校”这个军衔高得近乎离谱，但也不是没有道理。二战的这个阶段，盟军轰炸德国本土目标主要是从德国北部方向进入，即JG 1联队防空区。虽然一度损失严重，英军仍然频繁轰炸德国本土目标。鉴于这种情况，德国急需扩展本土防御力量，为此，在1942年1月，JG 1联队突然又增加三个大队，即汉斯·冯·哈恩

1942年夏天，5./JG 1中队驻扎在荷兰翁斯德雷赫特，图中是厄恩斯特·泰伯格代理下士的Fw 190A-2座机，这个单位采用红色字体编号。

从图中飞机翼根机炮判断是4./JG 1中队刚刚换装的Fw 190A-3战斗机，Ⅱ./JG 1大队之前装备的是Fw 190A-1型号，该型号翼根是2挺MG 17机枪，枪管不伸出机翼。

（Hans von Hahn，别跟上文的汉斯·“阿西”·哈恩混淆）上尉指挥的Ⅱ./JG 1大队，赫尔伯特·基由斯基上尉指挥的Ⅲ./JG 1大队和京特·舒尔茨上尉指挥的Ⅳ./JG 1大队。截至1942年年初，JG 1联队的四个大队均装备的是Bf 109F-4战斗机。

JG 1联队此前一直不太受重视，尽做为他人做嫁衣裳的事儿，这还不算，这个联队装备的飞机也都是其他单位退役的过时货，装备Fw 190战斗机也不例外。按理，这个联队换装Fw 190飞机也不算迟，也是在3月，Ⅱ./JG 1大队派六名飞行员到Ⅱ./JG 26大队驻地法国阿布维尔德吕卡去接手后者退役的Fw 190A-1战斗机，前者的全面换装工作在德国罗滕堡进行，截至5月，Ⅱ./JG 1大队换装训练工作结束，从1942年5月12日开始，Ⅱ./JG 1大队部署到荷兰翁斯德雷赫特和卡特韦克两处基地，大队指挥官也改由德特勒夫·罗韦尔中尉担任，在这里，这个大队开始换装首批Fw 190A-2和Fw 190A-3战斗机，由于BMW 801发动机仍存在问题，每个中队都配一名BMW公司机械师，随时解决发动机问题。

Ⅱ./JG 1大队的新型战斗机列装后取得的首次空战胜利是在1942年6月1和2日，当时，6./JG 1中队梅斯纳中士击落1架英国皇家空军“喷火”战斗机，弗莱克斯中士和赫尔伯特·布拉克布施中士分别击落1架英国“哈德逊”轻型轰炸机。有胜利也有挫折，6月3日，Ⅱ./JG 1大队Fw 190飞机首遭损失，埃希讷在起飞过程中出现发动机故障，飞机坠毁，飞行员丧生。JG 1联队Fw 190A-2战斗机参与的较大规模的战斗发生在6月19日，当天，在大队指挥官德特勒夫·罗韦尔率领9架来自4./JG 1中队和8架来自6./JG 1中队的Fw 190战斗机起飞到比利时海岸上空巡逻，在泽布勒赫（比利时西北部港口城市）附近上空，首先

Ⅲ./JG 1大队指挥官赫尔伯特·基由斯基上尉的Fw 190A-3，W.Nr.0485座机，发动机排气口处已经被熏黑。

发现英国空军由24架“喷火”战斗机组成的编队，前者毫不犹豫立即发起攻击。战斗结果几乎是一边倒，德国空军声称击落5架英国“喷火”战斗机，全部是6./JG 1中队飞行员取得的：汉斯·埃勒斯中士击落2架“喷火”战斗机，莱昂哈特少尉击落1架，弗莱克斯中士和赫尔伯特·布拉克布施中士分别击落1架。布拉克布施击落“喷火”飞机后失踪，另一名失踪的是4./JG 1中队的飞行员休中士。

1942年7月间，驻扎在德国胡苏姆的赫尔伯特·基由斯基上尉的Ⅲ./JG 1大队和驻扎在德国罗滕堡的弗里茨·洛西盖特上尉的Ⅳ./JG 1大队也开始换装Fw 190战斗机，后者换装新型战斗机首次与敌机作战是在7月4日。当天，英国空军第226中队（其中一些飞行员来自美国第八航空队第15轻型轰炸机中队）的道格拉斯DB-7“波士顿”轰炸机轰炸了荷兰卡特韦克和滨海贝亨的德国空军机场。英国轰炸机实施轰炸时，德国空军10./JG 1中队的2架Fw 190战斗机紧急起飞实施攻击，约翰尼斯·拉特诺上士盯上1架入侵者并将其击落，这是Ⅳ./JG 1大队成立以来的第一个战绩。

1942年6月30日，德国空军第3航空队所属战斗机单位在德国、荷兰、比利时和法国的战斗序列如下（括号中为可使用飞机数量）：

第2战斗机指挥部(Jagdfliegerführer 2)，驻地：法国布里亚斯圣波尔

Stab./JG 26	Fw 190A-2 和 A-3	圣奥梅尔维泽讷	6(5)
Ⅰ./JG 26	Fw 190A-2 和 A-3	圣奥梅尔阿尔奎斯	40(33)
Ⅱ./JG 26	Fw 190A-2 和 A-3	阿布维尔德吕卡	41(29)
Ⅲ./JG 26	Fw 190A-2 和 A-3	韦弗尔海姆	39(36)
10.(Jabo)/JG 26	Bf 109F-4/B	圣奥梅尔阿尔奎斯	14(8)

第3战斗机指挥部(Jagdfliegerführer 3)，驻地：法国多维尔

Stab./JG 2	Bf 109F-4	博蒙勒罗歇	4(3)
Ⅰ./JG 2	Fw 190A-2 和 Bf 109F-4	特里克维尔	44(32)
Ⅱ./JG 2	Fw 190A-2 和 A-3	博蒙勒罗歇	44(37)
Ⅲ./JG 2	Fw 190A-2 和 A-3	泰维尔	39(35)
10.(Jabo)/JG 2	Bf 109F-4/B	卡昂卡尔皮屈埃 (Caen-Carpiquet)	11(3)

德国湾战斗机指挥部(Jagdfliegerführer Deutsche Bucht)

Stab./JG 1	Bf 109F-2 和 Bf 109F-4	耶弗尔	1(0)
Ⅰ./JG 1	Bf 109F-2 和 Bf 109F-4	耶弗尔	41(33)
Ⅲ./JG 1	Bf 109F-2 和 Bf 109F-4	胡苏姆	33(27)

荷兰/德国鲁尔战斗机指挥部(Jagdfliegerführer Holland/Ruhr)

Ⅱ./JG 1	Fw 190A-2	翁斯德雷赫特	39(28)
Ⅳ./JG 3 部分	Bf 109F-4	贝亨奥普佐姆	30(21)

到1942年9月，西线一侧的德国空军三个联队全部换装Fw 190战斗机，装备数量达到350架。见识过Fw 190的实力后，英国皇家空军也在加紧装备最新型号的“喷火”IX，虽然这款战斗机不具全面压倒性优势，至少也缩短了两国主力战斗机之间的差距。美国重型轰炸机也在此时来到欧洲，德国空军Fw 190战斗机不仅要面对英国最新战斗机，还得逐渐执行拦截重型轰炸机的任务，后来这个任务变成了西线战场的主轴。

德国空军装备Fw 190战斗机的单位越来越多，但是，该型飞机在装备使用过程中还是出现各种各样的问题。为了解决部队中遇到的问题，德国航空部的技术部和JG 26联队在1942年5月22日和5月27日开了两次会议，第一次会议宝马公司参加，第二次福克-沃尔夫公司参加。会上，JG 26联队技术官厄恩斯特·巴特迈尔呈交了一份关于装备使用中遇到的飞机故障报告，主要内容如下：

1.通过改型中心改进的新飞机操纵品质很糟糕，通常需要3、4个架次的飞行来调整飞机的配平片。出现这种情况，福克-沃尔夫公司会通知生产厂的试飞员，生产厂会派出一名工厂试飞员到比利时韦弗尔海姆。

2.反复重新调整升降舵和副翼位置导致飞机操纵品质更加糟糕，甚至导致飞机无法升空作战。在表速为300公里/小时时进行急转弯，飞机会突然滚转进入反方向，随后进入螺旋。专利生产厂生产的副翼会出现严重的颤震现象，在Ⅰ./JG 26和Ⅱ./JG 26大队，福克-沃尔夫公司的首席试飞员都无法对这种飞机的配平片进行调整，唯一的办法就是把飞机送回工厂进行进一步的测试和改进。

3.根据福克-沃尔夫公司的说法，专利生产厂虽然使用相同的工具来生产机翼，但与福克-沃尔夫公司的机翼相比，其他公司生产的机翼后缘差异达到10毫米之多，因此，福克-沃尔夫公司生产的机翼副翼只能安装在本公司生产的飞机上，阿拉多公司生产的副翼只能安装在本公司的飞机上，如此类推。副翼生产出现的这种情况非常令人不安。

4.改进的副翼和升降舵应该尽可能快地提供给作战联队，根据福克-沃尔夫公司的说法，武器储存地应该已经接收了新型升降舵。截至1942年6月1日，法国鲁贝武器供应中心只收到56套升降舵。（副翼和升降舵供应）不应该因运输原因推迟交付。

5.新飞机的轮刹效率不足，这直接导致了主起落架机轮频繁更换。工业部门应该生产测试工具来测试机轮的内衬材料。

6.很多坠毁事故是主起落架机轮轮缘钢环脱落造成的，根据格罗斯奥海姆的VDM公司克里希普博士说法，一名带上

这架8./JG 2中队的“黑色14”号Fw 190A-2飞机在1942年10月9日因发动机故障迫降在法国布列斯特附近海上，飞行员埃尔温·菲利浦中士被淹死。

这架Fw 190A-2是最早交付给9./JG 2中队的飞机之一，两名地勤人员在检查飞机。这架飞机不久后就被英国“喷火”战斗机击落，卡尔·诺瓦克上士失踪。

所需改进材料的机械师应该在1942年5月26日去现场解决问题，他需要在机轮轮缘钢环上加上一道加固装置，但是，直至截至日期他并没有到达。

7.联队有21架Fw 190A-1/A-2和32架Fw 190A-3飞机，从作战需求来看，联队应该紧急装备爬升率高的飞机，因此，应该尽快用安装BMW 801D发动机的Fw 190A-3飞机取代Fw 190A-1/A-2型号。截至1942年6月10日，BMW 801D发动机应该可以大量提供换装了。

8.两个油箱没有同时用光（油箱燃油使用会根据飞机的重心变化有使用顺序），这个问题加上麦哈克公司燃油泵故障导致了很多迫降事故。福克-沃尔夫公司在1942年5月25日进行的燃油泵测试步骤太过复杂。燃油系统和麦哈克燃油泵必须毫不迟疑地立即着手改进。

9.飞行员强烈要求用KG 12操纵杆握手取代KG 14型号，后者的头部太大，射击时，飞行员几乎不可能从中间武器选择切换到所有武器挡。

10.主起落架上位置较低的回收支柱上的吊环螺栓太薄，只有2.89毫米，因此螺栓经常损坏，这也直接导致更换机翼。

11.新近由艾哈德提供的冷起动混合物阀门出现渗漏现象，关于这方面的细节单列报告。

12.座舱罩关闭并不严密，原因就是制造工艺有较大误差，飞行员抱怨座舱罩缝隙处有气流涌入。

13.因为发动机罩延长，这导致起动摇柄短了30毫米，地勤人员只得借用Bf 109战斗机的摇柄来起动发动机。

14.排气管的底部支架螺栓反复断裂，没有安装支架的9号排气管底部出现螺纹滑牙现象。

15.最近刚刚投入使用，在飞行中可以进行调节的新型座舱安全带太短。建议：安全带后带长度为55厘米，前带长度为55厘米。

16.桨距调节涡轮已经安装了加固轴承，其加固效果还不得而知。

17.VDM公司已经提供了螺旋桨调速器和调节单元用于

地勤人员正在给7./JG 2中队的1架Fw 190A-3战斗机加油，这个中队于1942年夏天驻扎在法国泰维尔，中队装备的Fw 190飞机是阿戈公司生产的。

7./JG 2中队Fw 190A-3战斗机启动发动机准备升空训练。注意“8+|”（不是数字“1”，也不是英语字母“I”）飞机发动机罩侧面黑色图案只是简单的几何图形。飞机垂尾采用单色涂装，为的是空中识别。

取代有缺陷的旧型号，但是故障仍然出现，在1942年5月15日至22日的一个星期里，有10个调节单元和4个调速器被更换，在这段时间里，几乎没有飞机升空飞行。

18.水平尾翼支架上的螺栓设计非常怪异，还经常滑牙，福克-沃尔夫公司称允许有设计公差。

19.焊接到油冷却器上的装甲支架环在3架飞机上一而再，再而三地脱焊，其中1架飞机12次里有10次脱焊。

20.福克-沃尔夫公司拒绝了更换发动机型号后增加发动机罩直径的要求，从1942年7月底开始，发动机侧面的百叶窗式排气口将根据外界温度进行手动调节，我们建议，百叶窗式排气口应该根据发动机后排汽缸头部的温度来调节。随着更新发动机后飞机的速度增加，发动机的可靠性不允许有半点降低。

21.飞机的表面处理不需要任何改进，光滑的表面有利于提高速度。

22.在损失润滑油的情况下，发动机仍然得更换，宝马公司已经改进了2架飞机，他们的方法是直接将发动机通风管与润滑油油箱连接，这个改进没有取得什么积极的效果。其中1架飞机上，齿轮润滑油流失情况消失，但是，相同改进的另1架泄漏比较严重的飞机上，改进没有什么效果。测试工作仍在进行。

23.1942年4月间，有40台发动机不得不更换或损坏，5月间这个数字是17台，造成这种差异的原因是5月间的作战飞行只是4月的50%—60%。另外，4月间还有9台发动机因为油管爆裂而报废，4月底，通过去除高温处润滑油连接管的改进消除了故障。57台故障发动机中有51台是BMW 801C，另外6台是BMW 801D，这6台BMW 801D发动机中有1台因卡住轴承连杆而损坏报废；2台因剧烈的、无法修复的震动而报废；1台因喷嘴螺纹嵌件松动而报废；1台因油管爆裂而被卡住报废；1台因被混合物调节器的叶轮卡住而报废。除了卡住轴承连杆问题，其他导致故障的问题可以很容易地得以改进。因此，我们建议将BMW 801D发动机增压器的压力增加到1.42ata（1.42公斤/厘米²）。在改进混合物调节器第8号和第9号叶轮后，这类故障仍然延续了11台发动机。润滑油泄漏案例中的第15号发动机泄漏情况仍很严重，卡住轴承连杆案例中第18号发动机也是如此（严重），这两种问题必须尽快消除以确保发动机在作战时安全可靠。

24.1942年4月间，有20起坠毁（损失）事故跟技术问题有关，17起是因为对敌作战，1起是飞行员犯错。在5月间，对应的数字分别是7起、5起和4起。作战力量如下：

	4月	5月
Stab./JG 26	68%	93%
Ⅰ./JG 26	62%	66%
Ⅱ./JG 26	77%	73%
Ⅲ./JG 26	62%	75%

早期交付给海峡一侧几个联队的Fw 190战斗机事故频发，主要是发动机问题，图中7./JG 26中队的1架Fw 190A-2战斗机在迫降过程中损毁，水平尾翼和垂尾损坏严重。

故障会诊会议结束不久后的6月18日，德国航空部将上述会议报告转交给总设计师库尔特·谭克、鲁道夫·布拉泽和福克-沃尔夫公司其他相关人员，同时命令“与你们相关的第8、第9、第10、第13、第14、第15、第18、第19和第22条内容的反馈信息在1942年6月30日前回复我们”。福克-沃尔夫公司采取相关措施的结果是30%的问题在1942年夏末Fw 190A-4型号大规模投产前得到了解决，完全消除会议所提的问题将在Fw 190A-5型号上体现出来。

Fw 190胜过“喷火”战斗机

虽然还存在着各种各样的问题（其他国家新机也是如此），一段时间以来的战斗让英国空军清楚地认识到，德国新型战斗机在性能上比英国当时最先进的“喷火”Ⅴ存在着相当明显的优势。在德国Fw 190战斗机服役后的几个月里，英国空军一直希望搞到1架能升空的德国最新战斗机，为的是让英国试飞员来找出Fw 190飞机的设计缺点或弱点。但是，战斗中坠毁或迫降要么发生在德军控制的地区，要么沉入海底，为此英国皇家空军设想了很多超级奇怪的主意试图搞到1架完整的Fw 190飞机，有两个计划值得一提。计划之一是英国空军一位在役飞行员的建议：将1架英国缴获的Bf 109战斗机改为原来德国空军涂装，由一名会讲德语身穿德国飞行员装具的英国飞行员驾驶返回德国空军JG 26联队的一个基地，要想逼真一些，最近一群“喷火”战斗机在这架Bf 109飞机后面追击。一旦降落，这名飞行员要求换驾，没有Bf 109飞机Fw 190战斗机也行，他得尽快升空再和英国佬战斗。如果驾驶Fw 190飞机升空，假德国飞行员会以最大速度从零高度（超低空）穿越海峡到最近的皇家空军基地降落。如果实施，这个故事真有点天方夜谭的色彩。

另一个计划不那么不切实际，至少这个计划完全脱胎于英国突击队在1942年2月27—28日的虎口拔牙、奇袭德国雷达站的战例，只是突击队员换成了飞行员。1942年6月23日，英国陆军第12突击队军官菲利普·平克尼上尉制订了一份计划，计划内容是让两人潜入德国机场偷1架Fw 190战斗机并飞回英国，对于这个计划，平克尼说：“我很荣幸授权制

6./JG 26中队的1架Fw 190A-2飞机在拖车的牵引下到维护保养区接受维修。虽然二战时的飞机适应简易机场的能力很强，二战爆发后，德国还是修建了很多等级较高的机场，这类机场有水泥跑道，维护保养设施和工具齐全。

枪械员正在检查1架Fw 190A-3飞机的武器，机场一般都有这样修建的机枪/炮测试场地。这种武器测试一是检查机枪/炮工作状态，二是确定不同距离枪/炮的弹点区域。战斗机上的几种武器的弹道并不平行，在特定距离上有交叉点，这样可以提高射击点的火力密度。

订这个计划，联合作战部指挥官通过保密频率让我尽可能快地推进这个计划。我进一步提议让一位飞行员，也是我的一个好朋友杰弗里·奎尔参与制订计划，他同时也是一名战斗机试飞员，他有能力把飞机带回来。”

平克尼的计划具体内容是两人在夜间乘坐可拆卸的独木舟到德国空军机场附近的海滩上岸，上岸后两人隐蔽起来等待下一个夜晚的到来。趁着夜色，两人靠近此前选定的机场，在目标机场，两人花两天时间评估机场安全措施并选择合适的下手飞机。第四天黎明，当德国空军地勤人员启动Fw 190发动机时，两人冲过去击毙德国人，英国飞行员驾驶飞机返回英国。在确定被偷走的飞机安全离开后，另一名英国人，即突击队指挥官自己设法离开德军机场，并且乘坐之前藏好的独木舟返回英国。

平克尼的计划获得了一个响亮的名称“空中主宰行动”（Operation Airchief），行动实施细节也开始着手制定，被选定的德国目标是法国瑟堡的莫佩尔蒂机场，这个机场离海边最近，是合适的目标。令人惊讶的是，平克尼的大胆计划还未出台就因为一件极巧合的事而束之高阁了。1942年6月23日19时36分，德国空军Ⅲ./JG 2大队副官阿明·法贝尔中尉驾驶Fw 190A-3鬼使神差地误降到了英国南威尔士的彭布雷机场，英国人如获至宝，天上有时真会掉下大馅饼。6月23日傍晚，英国皇家空军两个“喷火”战斗机联队完成攻击布列塔尼德军目标后返回途中遭遇刚刚换装Fw 190战斗机的Ⅲ./JG 2大队飞机，双方短暂交手后各自返航，英国“喷火”飞机编队靠近英国德文郡海岸时突然遭到德国Ⅲ./JG 2大队队部和7./JG 2中队几架Fw 190飞机袭击，这次交手仍然十分短暂，因为双方飞机燃油均已不足。这时，英国人发现1架德

“喷火”Mark Ⅴ（简称“喷火” Ⅴ）在1941年年初装备英国空军，这个型号的性能跟德国Fw 190战斗机相比还有一些差距，特别面对那作战经验丰富的德国老兵。英国人知道这一点，因此急于搞1架Fw 190飞机进行研究。

这架Fw 190A-3就是阿明·法贝尔中尉误降到英国的飞机。这架飞机的侧面有点意思，应该是“＜+|”，但是，这架飞机的竖杠却延长成围绕机身的条纹。另外，机头的公鸡图案是Ⅲ./JG 2大队的标志，该大队指挥官是汉斯·“阿西”·哈恩，哈恩（Hahn）在德语中是好斗的公鸡的意思。

国飞机向东北方向埃克塞特飞去，这位Ⅲ./JG 2大队副官法贝尔混战后跟编队走散，又迷失了方向，他一直以为自己向南穿越了英吉利海峡，他的前方就是法国上空。

实际上，法贝尔穿越的是布列斯托尔海峡，他所看到的前方陆地是英国南威尔士。此时他的座机燃油只剩下最后几滴，他只得找最近的机场着陆。在这种情况下，法贝尔仍不忘记在着陆前做起表示胜利的滚转机动，他自信满满地伸出起落架倒飞起来，然后……降落在彭布雷机场。最有意思的是，法贝尔向英国人要求把飞机加满油，然后他向英国人展示一下飞机的性能，英国人毫不客气地拒绝了这个像是玩笑的要求。

法贝尔为英国人带来1架完整的Fw 190战斗机，这使得英国皇家空军有机会让德国最新战斗机和英国空军作战中队的“喷火” ⅤB战斗机进行对比测试。按照惯例，这架Fw 190飞机也被喷涂成皇家空军战斗机标准迷彩涂装，红白蓝色圆形机徽和MP499战术编号。测试的结果证实了皇家空军最坏的担心，德国Fw 190战斗机在所有高度上都具备速度上的优势，下页表格就是两型机的对比数据：

在 300 米高度，Fw 190 的速度比“喷火”VB 的快 40—50 公里/小时
在 900 米高度，Fw 190 的速度比“喷火”VB 的快 50—55 公里/小时
在 1500 米高度，Fw 190 的速度比“喷火”VB 的快 40 公里/小时
在 2750 米高度，Fw 190 的速度比“喷火”VB 的快 40—50 公里/小时
在 4500 米高度，Fw 190 的速度比“喷火”VB 的快 30 公里/小时
在 5500 米高度，Fw 190 的速度比“喷火”VB 的快 30 公里/小时
在 6400 米高度，Fw 190 的速度比“喷火”VB 的快 40 公里/小时
在 7600 米高度，Fw 190 的速度比“喷火”VB 的快 40—50 公里/小时

德国Fw 190战斗机在所有高度上的爬升性能都优于英国“喷火”VB飞机，爬升的最佳速度，两型机几乎一样，但是，Fw 190飞机的爬升角度更陡（角度更大）。在最大速度连续爬升条件下，德国飞机的爬升性能明显超过英国飞机。当两型飞机从俯冲状态拉起进入爬升状态时，Fw 190飞机可以快速转换到爬升状态，此时英国飞机根本无法赶上德国飞机。

两型机俯冲对比测试时，Fw 190飞机轻易地就把“喷火”VB战斗机甩开，特别是俯冲的初始阶段。

Fw 190飞机的机动性比“喷火”VB战斗机的更好，只是前者的转弯半径稍逊，“喷火”飞机可以轻易地胜出德国飞机。在所有飞行条件下，Fw 190飞机的加速性能都优于“喷火”VB战斗机，空战时这个性能指标非常有用。

Fw 190飞机在转弯时遭到“喷火”战斗机攻击，前者因具备优异的滚转性能而可以轻易地从转弯状态转换到俯冲转弯，并且转到“喷火”飞机的反方向，英国飞行员发现“喷火”飞机很难跟着Fw 190飞机做这个机动，即使在有所准备的情况下也很难做出正确的偏移角度。也就是说，Fw 190飞机做这个机动可以很容易地摆脱“喷火”飞机的攻击扬长而去，此时“喷火”飞机只有退

Fw 190A-2和A-3飞机算一个型号，两者外观上没有区别，只是发动机不同。图中飞机属7./JG 2中队，注意“9”后面的“|”，意思是第Ⅲ大队。此时，飞机发动机罩上的公鸡图案改成为大拇指按帽子，原因是原指挥官汉斯·“阿西”·哈恩离任，接替他的是埃贡·迈耶尔。

一名机场卫兵站在Fw 190A-2飞机旁边警戒，这架飞机属于Ⅲ./JG 26中队，注意看后机身的“|”。

出攻击状态。

为了搞清楚两型机遇到时的最佳规避机动以便飞行员掌握，两型机还进行了几架次模拟对抗飞行，试验表明，如果“喷火”飞机在低速巡航飞行时遭遇Fw 190飞机攻击，前者很容易被盯上，如果Fw 190飞机还在武器射程之外就被“喷火”飞行员发现，此时“喷火”飞机只能利用转弯半径小的优点来躲避攻击；如果“喷火”飞机在最大巡航速度飞行时遭遇Fw 190飞机攻击，前者合理的选择是加大油门并进入小角度俯冲来躲避攻击，条件是“喷火”飞行员及时地发现Fw 190飞机。这两种情况都可以迫使Fw 190飞机进入追尾攻击状态，尽管德国飞机具备速度优势，最后会赶上“喷火”飞机，但是，这需要较长的时间，而且迫使敌机离基地越来越远（应该是迫使敌机离开作战空域越来越远，编队作战，这种情况非常不利）。因此，上述两种规避机动对于“喷火”战斗机突遇敌机攻击非常有用，而且，这种机动已经在最近的作战行动中采用，好几次都获得了成功。如果“喷火”ⅤB战斗机突遇敌机，急剧大角度俯冲以躲避攻击是很不明智的选择，Fw 190飞机可以毫不费力地盯上英国飞机，因为前者的俯冲性能优于“喷火”ⅤB飞机。

英国空军评估测试单位对德国Fw 190战斗机的评价是性能优秀，大部分性能都超过英国最新的“喷火”ⅤB飞机，但是，评估的总结报告却鲜有赞誉之词：“通过对飞机的检查发现，Fw 190飞机的工艺比之前我们检查过的德国空军各类标准飞机相比有明显的倒退，特别是很多部位的埋头铆钉只适合他们的钻孔，或者用锤子钉时会出现偏心的现象。”

1941年下半年和1942年上半年海峡两岸之间的战斗已经说明了一切，在与德国空军JG 26联队Fw 190战斗机的战斗中，“喷火”ⅤB飞机根本占不到便宜，甚至有德国飞行员会在英国“喷火”飞机编队一侧做起上升滚转机动来戏弄英国人。英国人承认“他们（德国）的战斗机比我们的性能要好”，官方数据更是支持这种说法：1942年3月间，英国皇家空军战斗机司令部损失32架“喷火”战斗机，而德国空军JG 26联队只有五名飞行员丧生。到4月，英国皇家空军的情况更加糟糕，该月损失急剧上升到104架。

5月，德国空军JG 26联队继续重创英国皇家空军。6月1日爆发一次规模较大的战斗，这天，英国皇家空军在第178次“马戏团”行动中出动8架携带炸弹的“飓风”战斗机到比利时北部轰炸德军目标，为这些飞机护航的是168架之多的“喷火”战斗机。德国空军JG 26联队的两个大队——驻扎在法国圣奥梅尔阿尔奎斯的约

这架12号（12＋－）是6./JG 26中队指挥官奥托·布伦斯的座机，地勤人员在检查飞机发动机，机翼下方一块黑色的板子是MK 108机炮的整流罩，它可以打开对机炮进行维修。

翰内斯·塞弗特少校的Ⅰ./JG 26大队和驻扎在比利时韦弗尔海姆的约瑟夫·普瑞勒上尉的Ⅲ./JG 26大队立即起飞拦截。在比利时奥斯滕德附近海域上空，德国Fw 190飞机编队与英国空军德布登联队的四个“喷火”战斗机中队遭遇，在接下来的战斗中，8架“喷火”战斗机被击落，其中包括德布登联队指挥官，另有5架被击伤。被击落的“喷火”飞机中有7架是被Ⅰ./JG 26大队击落的，第八架是约瑟夫·普瑞勒上尉的战果，也是他个人第73架战果，驾驶Fw 190战斗机的第15架战果。JG 26联队的两个大队此次战斗竟然没有任何损失。

JG 26联队队部的地勤人员正在将1架Fw 190A-2战斗机向后推进掩护棚，注意一名地勤人员操作后机轮。

驻扎在比利时韦弗尔海姆的8./JG 26中队1架Fw 190A-3战斗机正在接受检修，韦弗尔海姆是Ⅲ./JG 26大队的主要驻地，该大队的几个中队驻扎在附近简易机场，有的相距甚远，条件也不好。

第二天，该是驻扎在阿布维尔德吕卡的约阿西姆·慕钦堡上尉的Ⅱ./JG 26大队表演了。这个大队的Fw 190飞机拦截了一支为英国空军北威尔德联队护航的加拿大空军第43中队12架“喷火”战斗机，这些没有战斗经验的加拿大飞行员在高空掩护攻击圣奥梅尔德军目标的英国飞机。第43中队新任指挥官是英国战役中王牌A.C.迪尔少校（战绩17架），他刚刚在美国进行了为期六个月的学习，此次战斗中，他没有听从敌人Fw 190飞机性能优于“喷火”战斗机的劝告，当德国一个中队Fw 190战斗机从第43中队编队后方快速接近时，迪尔命令编队立即分三路解散，这是他在英国战役期间摸索出的战术。遗憾的是，德国人早就摸透了这种战术，Ⅱ./JG 26大队的另两个中队在攻击中队上方600米的薄云层中隐蔽待敌，当加拿大飞机编队分三路解散时，德国三个中队分别实施突然攻击。战斗结果让自信的迪尔十分震惊：12架飞机中有8架当即被击落，这是一个十分惨痛的教训，不论是德国Fw 190战斗机还是德国飞行员素质都远在加拿大战斗机和飞行员之上。

一次典型的战斗

时至7月，双方你来我往的战斗仍在继续，只是态势有了一些变化，德国空军绝对优势正在逐渐消失，同时，德国的战略重点放在了其他战场，这里相对平静了一些。但是，从任何角度看，跟英国皇家空军作战都不是件容易的事，自然选择的法则在这里也同样适用：如果一位德国飞行员在第一次战斗中幸存，那么他很可能在日后成为可怕的杀手。

7月4日，英国皇家空军12架“波士顿”轻型轰炸机（其中一半是美国人）轰炸了德国空军JG 1联队位于荷兰境内的机场，这是美国人驾驶轰炸机第一次出现在欧洲上空（此前一次单机行动不算），这天正是美国独立日纪念日，美军选择这天参战自有寓意。尽管有2架美国人驾驶的轰炸机未能返航，至少此次行动预示了未来战场的作战形势会出现重大的变化。

下面的一场战斗是这一段时间来典型的空中行动。7月26日13时40分，德国空军5./JG 2中队霍斯特·本诺·克吕格尔少尉在顿杰内斯南10公里处空域被英国空军第91中队2架“喷火”战斗机击落，当时，4架Fw 190战斗机从法国阿布维尔起飞去追击英军一支正在返航的飞机编队，德国飞机起飞后在3000米高度向西（英吉利海峡方向）飞行，但是，未能发现英机编队。不久，德国飞行员发现下方有2架英国“喷火”战斗机，随后敌对双方在英吉利海峡上空发生空战，每2架Fw 190飞机攻击1架“喷火”飞机。几乎就在发起攻击的同时，克吕格尔座机突然被击中，随即发生爆炸，飞行员被甩出座舱。克吕格尔及时打开了降落伞并降落在海上，他没受什么大伤，只是脚踝骨

4./JG 26中队的地勤人员正在维护1架Fw 190A-3，这架飞机机翼外侧的MG FF机炮被拆除，一名地勤人员的头伸进了机炮舱内。机翼外侧机炮拆除为的是减重，因此可以判断这是Fw 190A-3/U3对地攻击型。

Ⅲ./JG 2大队的地勤人员和枪械员在维护和给武器系统补弹，敞开的发动机罩上有鹰头图案。

折。之后，克吕格尔被英国皇家海军救援艇救起。

克吕格尔在1941年8月参加德国空军JG 2联队，在当年10月，他获得了一级铁十字勋章。截至他被击落，他已经获得了26个战果，在西线取得这样的战绩算是不错的了。被俘后接受审讯时他说，JG 2联队的所有中队都已经满编，5./JG 2中队比较特别之处在于该单位有六名军官飞行员，这个比例在全联队是最高的，其他大部分中队只有三名。补充的飞行员来自驻扎在卡佐（法国最南部）的训练大队，这里远离战场，敌机根本不会，也不愿意飞到这里，因此，这里为德国空军储备了大量训练有素的飞行员。克吕格尔被俘前一个月的日记内容比较有看头：

6月21日　紧急起飞，但被取消。

6月23日　一级作战准备状态……什么事也没发生。（克吕格尔解释称，作战准备级别并不是硬性规定，每个大队都稍有不同。就Ⅱ./JG 2大队来说，其作战准备状态规则如下：

座舱警戒：飞行员坐在飞机座舱里，一名高级飞行员通过电话跟大队作战指挥所，或是跟机场作战指挥部门保持联系。Ⅱ./JG 2大队在座舱警戒状态下，飞行员每一个小时轮换一次。

一级作战准备　飞行员必须在飞机足够近的地方待命，接到命令后一分钟内起飞。

二级作战准备　接到命令后，飞行员必须在三分钟内起飞。

三级作战准备　接到命令后，飞行员必须在三十分钟内起飞。

6月24日　三级作战准备状态——什么也没有发生。

6月26日　7时—7时45分到鲁昂执行侦察任务。

7时54分—9时02分，在鲁昂和巴黎之间空域击落23个空漂气球。（克吕格尔解释称，

两名地勤人员正在给Fw 190A-3飞机加油，注意看这种三通结构的加油管，一条油管加油，另一个排掉油箱空气以达到快速加油目的，图中可见油刚刚加满。

当天早上，英国释放了40个携带宣传册的空漂气球，这些气球全都漂向巴黎方向。JG 2联队派出两个双机编队去对付英国气球，由于气球的速度太慢，需要战斗机飞行员不断变换机动，这样的"战斗"相当耗神费力，比一场真正的战斗要难。）

17—18时，作战飞行任务……击落1架"喷火"战斗机（此前一次行动任务中，克吕格尔发现他的座机机枪工作不协调，之后他进行了调整，他认为调整后帮助他击落了这架"喷火"飞机。）

6月27日　三级作战准备状态……什么也没有发生。

6月28日　指挥官生日，聚会在大队的驻地指挥所举行。

6月29日　陪同沃兰茨中士进行他的第一次作战飞行行动。修理后测试飞行。

6月30日　三级作战准备状态。

7月1日　二级作战准备状态。

7月3日　转移到利格斯科特，1./JG 2中队就驻扎在此。

7月4日　在利格斯科特执行战备执勤。

7月5日　三级作战准备状态，到英格兰伊斯特本和顿杰内斯上空执行侦察任务。

7月6日　二级作战准备状

态，整个晚上都在阿布维尔。

7月7日　第一次四机起飞，遭遇敌机。

7月8日　侦察飞行任务，整个晚上都在阿布维尔。

7月9日　解除戒备状态，但有4架飞机待命……什么也没有发生。

7月11日　侦察飞行任务。

7月12日　阿布维尔今晚遭受攻击……（我们）起飞太迟。

7月13日　作战……击落1架“喷火”战斗机（Ⅱ./JG 2大队的通常战术原则是俯冲攻击，（完成攻击后）立即脱离战斗，之后再爬升重复这些攻击步骤。有经验的老飞行员会告诫新飞行员不要过于迷恋近距离左冲右突的快感，这会给“喷火”飞机反击机会，而俯冲和爬升战术可以充分发挥Fw 190飞机的优势。）

7月14日　侦察飞行任务。

7月15日　在英国海岸附近作战，击落2架“喷火”战斗机。

7月16日　恶劣天气。

7月17日　侦察飞行任务（这些反入侵侦察行动通常会在英国南部很长的海岸一带飞行）。

通过英军对克吕格尔的审讯，英国人也了解了德国空军对Fw 190战斗机的看法，克吕格尔供述，他被击落的那架飞机的发动机已经进行了减功率处理，他了解的情况是，他们接到命令要求所有Fw 190飞机的发动机都进行减功率处理，为的是保护发动机。有时大队指挥官并不理会上级这个命令，他们有自己的看法。但是，德国人普遍的看法是，即使发动机进行了减功率处理，Fw 190战斗机仍然优于“喷火”飞机。克吕格尔称自己有个疯狂的念头，就是把飞机的表面油漆刮掉，把飞机表面擦得光光滑滑，他称这样可以增加飞机速度10—15公里/小时。他同时也承认，这样做的不利因素是飞机表面反光问题，强烈的反光让敌人可以在更远的距离发现自己。Fw 190战斗机主要由两家生产厂生产，即福克-沃尔夫公司和阿拉多公司，Ⅱ./JG 2大队认为，阿拉多公司生产的飞机表面抛光处理不如福克-沃尔夫公司的。

英军了解到，关于编队战术德国飞机比较喜欢四机编队（Schwarm）作为基本作战单位，俯视状态看，四机尤如人的四指，因此也称四机指形编队。四机编队中每2架飞机（Rotten）为一个作战单元，位置稍靠前的是长机，负责攻击，靠后的僚机负责掩护。四机编队的长机在外侧，要么右要么左，更大的编队则由多个四机编队组成，编队虽然变大，但最小作战单元不变，德国空军战斗机单位这种战术非常有效。早在西班牙内战期间，参战的德国空军通常采用三机编队（Kette），其间，莫尔德斯就提出了四指编队来

7./JG 2中队的地勤人员在给1架Fw 190A-2战斗机加油，油加满后另一个油管会冒出油，因此需要桶接着。这架飞机是中队指挥官埃贡·迈耶尔的座机，垂尾方向舵上有54架战绩的标志。

取代三机编队，四指编队相对过去的三机编队更为松散和灵活，编队长机可以集中精力搜索敌机，而僚机保护脆弱的后方。不仅如此，这种编队还减少了飞机相撞的风险，允许飞机飞得更快，更好地机动。数个四指编队还可以组成更大规模的编队，通常规模是三个或四个四指编队，每个四指编队的高度不同，相互照应，相互保护，还相对独立，德国空军后来的中队规模是12架飞机就是根据四指编队来制定的。

8./JG 2中队两名飞行员正在下象棋，他们后面是2架Fw 190A-3飞机，近处的W.Nr.2181飞机在1943年2月4日的发动机故障中坠毁，飞行员跳伞获救。

关于行动战术（仅指Ⅱ./JG 2大队），大队的战斗机从瑟堡半岛基地起飞后通常会向北飞行，然后爬升到英吉利海峡上空。如果从内陆机场起飞，战斗机通常会向南飞行并爬升，为的是引诱英军飞机离开英国海岸。如果英国飞机飞行高度高于德国飞机，后者会改变航向继续爬升，直到飞行高度高于英国飞机，并绕到英国飞机后方。在当时，速度和高度仍是制胜法宝。

关于攻击战术，德国空军最流行的攻击战术就是从后方高空俯冲攻击英军战斗机，从敌机上方开始俯冲，大约俯冲750米，直到敌机下方。之后，德国战斗机再爬升到英国飞机上方重复刚才的攻击。以德国一支四机编队为例，占据高度优势时，其他飞行员不会擅自实施俯冲攻击，只有四机编队长机率先俯冲发出攻击信号，或是长机用无线电下令，其他飞行员才会采取行动。如果空中只遭遇2架英国飞机，四机编队长机和他的僚机会单独出击，为的是让另2架飞机保持高度和位置，这样，在第一波攻击失利的情况下，后者有优势再实施攻击，失利的第一波2架飞机重新爬升占据有利位置，有点类似车轮战。

7./JG 2中队1架Fw 190A-3战斗机，注意看发动机排气处没有黑色图案，该处机身被熏黑，机翼副翼处在上偏状态。照片拍摄于1942年8月。

假如攻击方没有被发现，Fw 190战斗机飞行员在攻击单个英国飞机时最喜欢的攻击方式就是，通过侧滑机动下降450—900米高度到英国飞机另一侧，然后爬升，从底部攻击目标，专门瞄准敌机发动机位置。据称，这种攻击方式可以避免正常情况俯冲攻击时飞行员需要用力拉杆改出俯冲，而且攻击后可以快速爬升，这种战术成功的前提是敌机没有发现攻击者。如果德国空军飞机编队由Fw 190和Bf 109战斗机混合编成，两型机分别采取自己拿手的攻击战术。混合编队里，Bf 109F飞机的飞行高度高于Fw 190飞机，前者担当观察警戒角色，而且可以充分发挥Bf 109F飞机良好的俯冲性能。一般作战步骤是，Bf 109F飞机俯冲进入，攻击英国飞机编队中部飞机，这样可以打散英国飞机编队，之后Fw 190飞机再进入攻击步骤。这种混合编队各自发挥自己优势，分工有侧重，攻击有先后。

普遍的看法是，Fw 190战斗机小半径转弯性能略逊于英国“喷火”飞机，因此，Fw 190飞行员会尽量避免近距离跟“喷火”飞机缠斗、转弯等机动，除非有数量上的优势。克吕格尔指出，双方发生战斗的高度取决于某种飞机优势范围的高度，换句话就是不在自己没有优势的高度发起攻击，Fw 190是一种机动性能优异的飞机，在8000米以下高度都具备良好的操纵性。

根据英军对克吕格尔审讯，以及实际模拟对抗测试，英国情报部门报告总结称：“必须再次强调，驻扎在法国北部的德国空军战斗机以防御为主，现在我们清楚的是，只有两个战斗机大队驻扎在这一战区，无论是飞行员还是飞机必须尽可能地保存实力，因此，这些德国战斗机单位只在完全对他们有利时才会主动出击寻找目标，当然他们也不总是这样。”

7月30日的战斗虽然不算激烈，但也十分有意义：Fw 190战斗机首次与“喷火”IX战斗机正面交锋。当天，在第200次“马戏团”行动中，英国空军霍恩彻奇联队“喷火”战斗机护航6架“波士顿”轰炸机空袭了德国空军JG 26联队的法国阿布维尔德吕卡基地。英军第64中队“喷火”IX飞行员声称击落5架德国Fw 190战斗机，而实际上德国只损失1架飞机，这架被证实的战果属于英国人唐纳德·金加比上尉（战绩为21架）。那些仍然驾驶“喷火”V战斗机的单位损失极为惨重：14架飞机被击落，其中至少10架战果属于Ⅰ./JG 26和Ⅲ./JG 26大队。

Ⅲ./JG 2大队指挥官汉斯·“阿西”·哈恩的Fw 190A-3座机和座机垂尾，“>>”是大队指挥官专用标志。左右照片拍摄时间不同，左图垂尾显示战绩为61架，右图为64架。

迪耶普战斗

德国JG 2联队和JG 26联队在1942年8月19日第一次参与了一场大规模空中行动，当天，盟军发动了一场针对德国占领下的法国迪耶普港口的军事行动，代号“欢乐行动”（Operation Jubilee）。盟军的计划是发动海上攻击行动，选定的法国境内目标在英国南部战斗机作战半径之内，也就是英国空军可以为海上行动提供空中保护。这是一次试验性的进攻行动，称武装侦察行动似乎更适合，盟军方面主要意图，一是测试德国防御能力，二是占领港口后花一天时间摧毁港口设施和所有具备战略意义的建筑，盟军没敢奢望能多占迪耶普港口一天。联合作战行动中，皇家空军主要任务是将德国飞机引向计划好的空域，在那里，大批英军飞机隐蔽待敌，企图围歼德机。另外，海上行动将派加拿大士兵参加，二战初期，加拿大向英国派驻了军队，但这支军队进入英国以来就没有参战，有机会一试身手会让加拿大指挥官感到高兴。

目前，盟国只有足够运送6000名士兵和约160辆坦克上岸的舰船，而英国皇家空军可以集中尽可能多的作战飞机支援，包括48个“喷火”战斗机中队、8个“飓风”战斗机中队、3个“台风”战斗机中队、5个“波士顿”轻型轰炸机中队、2个“布伦海姆”轰炸机中队、4个“野马”战斗机中队和1个“英俊战士”战斗机中队。另外，美国陆军航空兵第97轰炸机大队的4个B-17轰炸机中队也可以投入使用。对面的德国空军包括JG 2联队和JG 26联队总计200架战斗机，大部分是Fw 190战斗机，少量新型Bf 109G战斗机。其他空中力量包括KG 2联队、KG 40联队和KG 77联队的约100架轰炸机，其中大部分是Do 217和Ju 88轰炸机。至少从纸面上看，盟军具备十分明显的数量上优势。

不幸的是，盟军进攻迪耶普的军事行动后来演变成一场彻头彻尾的灾难，德国防守严密，盟军准备力量也不足。盟军早晨登陆部队未被德国空军发觉就开始登岸，似乎是一个良好的开端，但是，德军发现盟军的登陆行动后故事就有了另一个结局，从一开始盟军登陆部队就被德军完全压制，几个小时后的10时整，盟军被迫考虑撤退，放弃此次行动。截至13时30分，盟军仓皇撤退。此次战役没有达到任何作战目的，6086名登上海滩的士兵中，有3623人要么被打死，要么受伤，再或者被俘，也就是损失了60%的士兵。58辆坦克中有29辆登上了海滩，但再也没有回去。德国方面的损失非常轻微，只有311人被打死、受伤或失踪。空中行动中，英国皇家空军没有能成功地引诱德国飞机进入伏击圈，但双方仍然爆发了激烈的空战。

迪耶普战役是盟军首次试图在西欧大陆登陆，行动以失败而告终，图中滩头上留下的是盟军官兵尸体和遗弃的坦克。

8月19日早上5时整，德国空军接到英国进攻警报，之后的6时15分，5./JG 26中队的首批Fw 190战斗机从阿布维尔德吕卡基地起飞，几分钟后，约瑟夫·海伯克中尉的1./JG 26中队10架Fw 190飞机从圣奥梅尔阿尔奎斯基地起飞，之后是2./JG 26中队和3./JG 26中队的飞机。

Ⅰ./JG 26大队的Fw 190战斗机很快就和为登陆部队掩护的皇家空军“喷火”战斗机混战在一起。不久，Ⅱ./JG 26大队的其他飞机和Ⅲ.JG 26大队也赶到登陆点实施屠杀。1./JG 2中队在6时20分就起飞参战，其他单位来得较迟。

“飓风”也是二战时期英国空军主力战斗之一，但是，英国把对抗德国空军先进战斗机的制胜法宝押在了“喷火”战斗机上，“飓风”战斗机所有改进型都不是德国Bf 109和Fw 190飞机的对手。图中是第402中队“飓风”Mark Ⅱb飞机，飞机携带了2枚127公斤炸弹。

Ⅱ./JG 26大队首批飞机升空仅23分钟后的6时43分，5./JG 26中队指挥官海因里希·比尔沃思就击落1架英军第340中队的“喷火”战斗机。随后不久，Ⅰ./JG 2大队的飞行员又击落1架“波士顿”轰炸机和另1架“喷火”战斗机。8时整，双方的空战进入高潮，英军北威尔德联队的“喷火”战斗机对阵的是德国空军Ⅱ./JG 2大队、Ⅰ./JG 26大队和5./JG 26中队的Fw 190战斗机，以及在高空出击的11./JG 26中队的Bf 109G战斗机。9时15分，英国西莫灵联队的战斗机与50架Fw 190和Bf 109战斗机遭遇，此次战斗，德军击落5架“喷火”飞机，英军则击落1架Fw 190和1架Bf 109战斗机。空中行动一直持续到盟国地面部队挣扎着后撤，上午11时整，德国KG 2联队的Do 217轰炸机光顾盟军后撤的海滩，局势越发对加拿大军队（此次盟军行动的主力）不利。为了给轰炸机护航，JG 2联队和JG 26联队的一些Fw 190战斗机被抽调过来随轰炸机一道出击。中午12时30分，英国空军5架“喷火”和1架“野马”战斗机几分钟内被执行护航任务的Fw 190战斗机击落。下午3时前一刻，德国空军Do 217轰炸机再次出动，参与护航的Fw 190战斗机又一次与皇家空军执行拦截任务的战斗机发生混战，参与此次战斗的9./JG 26中队副指挥官奥托·施塔姆伯格后来的报告称：

当时，我们就在他们中间，我们的编队呈作战队形疏散，随后刮起了一股杂乱的旋风，最后，我的双机编队脱离大编队飞到了整个编队的上方。在高处，我可以方便地观察周围，这时我看到两个“绅士”悠闲地在我们周围飞行，似乎在骑马旅行。这两个漫不经心的英国人注定要付出惨痛的代价，我调整到一个绝佳位置，然后向其中1架飞机发起攻击。当我快速地从他身边飞过，我看到他的座机副翼已经被我射穿，飞机起落架也放了下来，发动机的油冷却器也开

图中是Ⅱ./JG 26大队的1架Fw 190A-3战斗机，机翼翼根MG 151和外侧MG FF机炮清晰可见，在专门对地攻击型号（F型和G型）出来前，对地攻击型一般会将机翼外侧MG FF去掉。

飞越在英吉利海峡上空的JG 26联队1架Fw 190A-3飞机，海面上航行3艘运输船。对地（舰）攻击单位负责攻击英国舰船，而制空作战的飞机也时常执行为近岸航行的德国舰船护航任务。

始冒出黑烟。很明显，他完蛋了。

下午4时30分，天色将暗（高纬度地区此时白昼变短），战斗仍然持续了近两个小时，最后，JG 26联队指挥官格哈德·绍佩尔少校击落1架英军第222中队的“喷火”战斗机，结束了当天的战斗。这次空中行动是二战开始以来单日最大规模的空战，英国空军共飞行了2617架次，损失106架飞机，其中88架是“喷火”飞机，这些飞机中有40架被JG 2联队飞行员击落，38架被JG 26联队飞行员击落，剩下的被德国地面高炮击落。在被JG 26联队击落的飞机中，联队指挥官绍佩尔少校击落2架，3./JG 26中队指挥官辛克中尉击落2架，4./JG 26中队指挥官埃本斯伯格中尉击落2架，7./JG 26中队指挥官梅图施中尉击落2架，9./JG 26中队指挥官库尔特·鲁佩特中尉击落2架。

相比之下，德国空军的损失较小，当天战斗共损失48架飞机，大部分是Do 217轰炸机，JG 2联队损失7架Fw 190战斗机，7名飞行员丧生或失踪，另有6人受伤。JG 26联队有4名Fw 190飞行员丧生或失踪，2人受伤。尽管在迪耶普行动中Fw 190战斗机获得了成功，此次战斗也预示着英国皇家空军最新型“喷火”Ⅸ战斗机的诞生，这个型号的研制速度非常快，为的是消除与德国空军最新战斗机即Fw 190飞机之间差距。英国最新型“喷火”Ⅸ飞机在1942年6月装备皇家空军第64中队，迪耶普战役时，皇家空军又有两个中队装备了该型战斗机。

稍说明一下，本段迪耶普战斗的描述跟英国著名的“鱼鹰”（Osprey）出版社系列丛书中的描述出入极大，作战时间、战果、单位，甚至中队指挥官的名称都不一样。如果笔者一一考证，篇幅可能太大，故此下文除非必要不再赘述。

在迪耶普战役前不久的1942年8月17日，另一个事件的发生预示以后的空中战斗会天天发生，当天，美国陆军航空兵第97轰炸大队（BG）的12架B-17轰炸机第一次执行白天轰炸德军位于法国境内鲁昂索特维尔火车编组站。德国空军JG 2联队和Ⅱ./JG 26大队的Fw 190战斗机拦截了此次盟军突袭编队，战斗中Fw 190战斗机击落英国皇家空军2架“喷火”Ⅸ飞机，德国损失1架Fw 190飞机，飞行员是霍恩少尉。盟军所有B-17轰炸机都返回了英国，只有2架飞机在目标区上空被高射炮击伤。从这天起，新近抵达欧洲战场的美国第八航空队逐渐增加打击范围和空中编队规模，英国空军的护航战斗机（主要是“喷火”系列）也越来越多地与德国Fw 190和Bf 109战斗机交锋对决。

1942年夏天，Ⅱ./JG 1大队的Fw 190A-2战斗机驻扎在荷兰翁斯德雷赫特。照片中近处2架飞机（6号和7号）为黄色字体，说明是6./JG 1中队；远处为“黑色3”号，这是5./JG 1中队飞机。令人费解的是飞机“+”另一侧没有表示Ⅱ大队的“－”标志。

10./JG 26中队的1架Fw 190A-3/U3飞机机腹携带了1枚250公斤炸弹，飞机机翼外侧的MG FF机炮已经被拆除（机场地勤就可以完成改装），这是对地攻击型。此时，德国开始报复英国皇家空军跨越海峡的各种攻击行动，此前德国空军装备的Bf 109F-4对地攻击型航程始终令人失望，Fw 190飞机的航程可以满足作战要求。

对于美国陆军航空兵重型轰炸机的昼间轰炸行动，英国人表示了忧虑，1939年最后几个月和1940年上半年，英军轰炸德国湾的惨败让英国人至今心有余悸，英国人曾经信奉的“无护航昼间轰炸机只要在密集编队下就会安然无恙”信条早就荡然无存。虽然有英国人的友情提醒，美国陆军航空兵却自信重型轰炸机的自卫火力猛，只要保持密集的队形德国战斗机就无法靠近。美国人

早期的Fw 190战斗机主要交付给海峡一侧的德军JG 2联队、JG 26联队和JG 1联队，图中是Fw 190A-3飞机，地点是法国境内。飞机旁边简易手推车在德国机场十分常见，这可能是一种电源车，用于飞机充电和加油之用。

的这种自信在四天后的8月21日得到了验证，当天，美国第97轰炸大队的12架B-17轰炸机再次出动轰炸鹿特丹造船厂，抵达目标前，护航的英国皇家空军“喷火”战斗机航程不足而离开编队，之后不久（德国人也在等英国护航战斗机返航），美国B-17轰炸机编队就遭到了德国战斗机的攻击，实施拦截的是Ⅱ./JG 1大队由罗伯特·欧莱伊尼克中尉率领的9架Fw 190战斗机。由于美军B-17轰炸机的火力异常猛烈，Ⅱ./JG 1大队飞行员也是头次见识这么强大的自卫火力，后者竟然无法实施有效的攻击，此次战斗中只有3架B-17轰炸机受点轻伤。攻击不成，德军差点损失1架飞机，战斗中，中队指挥官路特（不清楚哪个中队）的Fw 190座机发动机被美国轰炸机的自卫火力击伤，最终他成功地在荷兰卡特韦克机场迫降。JG 1联队的Ⅱ./JG 1大队和Ⅳ./JG 1大队是德国空军战斗机部队里最早接收Fw 190A-4战斗机的单位，Ⅳ./JG 1大队在8月25日首次遭受损失，当天有3架Fw 190A-4战斗机被击落。第二天，Ⅱ./JG 1大队2架同型号飞机被击伤。

美军重型轰炸机渐成主角

虽然盟军的迪耶普行动完全失败，当天战斗的亮点是美国陆军航空兵（以下简称美国陆航）第八航空队的22架B-17重型轰炸机空袭德国Ⅱ./JG 26大队的阿布维尔德吕卡基地，该基地德国空军从接到警报到美国轰炸机炸弹投下仅仅只有三分钟时间，德国人根本来不及转移机场的Fw 190飞机。尽管如此，轰炸几乎没给德国Ⅱ./JG 26大队造成什么损失。此次美国轰炸行动是B-17轰炸机第二次在欧洲大陆上空出现，也是德国空军初次拦截美国轰炸机的尝试，作战表明，德国空军拦截美国轰炸机技术相当欠缺。不管怎样，作战双方大规模的轰炸和拦截行动从此拉开序幕。

1942年5月，美国陆航第八航空队抵达英国，随后美国飞行员跟英国皇家空军装备“波士顿”轻型轰炸机的中队

德国人明白，美国陆航这种四发重型轰炸机毁伤能力惊人，其自卫火力也极为猛烈，首次交锋，德国空军竟然不知从哪下手。图中是美国B-17F轰炸机。

进行合练，主要是为了熟悉欧洲战场环境。美国B-17轰炸机第一次参加战斗是8月17日，当天，美国陆航出动12架B-17轰炸机空袭了法国卡昂的铁路编组站，所有轰炸机都安全返航，但有2架被高炮击伤。

1942年8月结束前，美国陆航又发动了六次轰炸任务，这些行动都没有任何损失，多数行动中没有与德国战斗机打照面，8月21日计划空袭鹿特丹的行动中，美国轰炸机编队与德国空军Ⅱ./JG 1大队飞机遭遇，双方刚刚发生战斗轰炸机编队就被召回，美国人觉得没有战斗机护航执行轰炸任务有点冒险。短暂的交手中，美国陆航轰炸机单位首次出现机组成员死伤，但是飞机未被击落。美军也有收获，陆航第97轰炸机大队声称击落2架Fw 190战斗机，可能击落5架，击伤6架。实际上，德特勒夫·罗韦尔中尉的Ⅱ./JG 1大队只有2架Fw 190飞机被轰炸机自卫火力击伤。美国轰炸机自卫火力所报的战果经常水分很大，这并不是机组成员有意为之。例如，经常机头和机尾的射手攻击的是同一架飞机，但两者并不知情，分别上报自己的战果。

德特勒夫·罗韦尔中尉在6月15日接替汉斯·冯·哈恩代行Ⅱ./JG 1大队指挥官一职，后者因枪击一名卫兵而被关了禁闭，这事儿充满谜团，也未见详细资料说明原委。虽然德国空军战斗机单位还没有找到击落美国重型轰炸机战术，但盟军其他昼间来袭飞机还是被德国战斗机压着打。

此时，海峡一侧德国空军JG 1联队、JG 2联队和JG 26联队的Fw 190战斗机越来越多地参与拦截美国重型轰炸机的战斗。德国Fw 190战斗机首次实战中击落四发重型轰炸机（Viermots或Vier Motoren，四个发动机指代重型轰炸机）的重任最后还是落在了Ⅱ./JG 26大队身上，此时该大队指挥官是卡尔-海因茨·“科尼”·迈耶尔（Karl-Heinz ‘Conny’ Meyer）上尉，原大队指挥官约阿西姆·慕钦堡被调到JG 51联队作见习指挥官一职，也就是为未来担任联队指挥官一职做铺垫。

这是一张寓意深刻的照片，B-17轰炸机来了，以后英国人会经常看到这样的场景，有时场面不忍直视，伤痕累累的飞机挣扎着返回英国，它们逃出纳粹魔爪，却在着陆的最后一刻坠毁。图中是美国陆航第97轰炸机大队的1架B-17E正在起飞，骑自行车的地勤在向机组成员挥手致意。

9月6日，美国陆军航空兵出动30架B-17轰炸机去轰炸法国莫尔特（亚眠东北25公里）境内的波泰飞机制造厂，法国投降后，很多原来的法国企业都被德国征用为德国生产武器设备。计划为美国轰炸机编队护航的是英国皇家空军“喷火”Ⅸ战斗机，但是，英国“喷火”战斗机在预定位置与美国轰炸机会合时出现混乱，抓住时机的德国Ⅱ./JG 2大队和Ⅱ./JG 26大队Fw 190战斗机立即向美国轰炸机编队发起攻击，德国拦截飞机的分工十分明确，Ⅱ./JG 2大队负责驱散在高空护航的英国第133中队飞机，Ⅱ./JG 26大队几乎所有50架Fw 190飞机负责攻击轰炸

Ⅱ./JG 26大队指挥官卡尔-海因茨·“科尼”·迈耶尔是一位出众的战术专家，他的拦截轰炸机战术在早期战斗中起到了很大作用，即使是二战后期，他研究的战术仍在使用。

机编队。随后的混战中，Ⅱ./JG 26大队指挥官卡尔-海因茨·迈耶尔上尉于18时55分在法国亚眠附近击落美国陆军航空兵第97轰炸机大队1架绰号“南方淑女”的B-17F轰炸机（41-24445），这是德国空军首次击落美国四发重型轰炸机。11分钟后，4./JG 26中队指挥官威利·罗特少尉在美国飞机返航进入海上时击落第二架美国陆航第92轰炸机大队绰号“玩具娃娃”的B-17E轰炸机（41-9026），几乎所有轰炸机都不同程度被击伤。

第二天，美国B-17轰炸机再次轰炸鹿特丹目标，这次执行拦截任务的是德国空军JG 1联队的Fw 190战斗机，行动中2架Fw 190飞机被击落，1架被英国皇家空军护航的“喷火”战斗机击落，另1架被轰炸机的自卫火力击落。付出这么大的代价，JG 1联队却没有击落1架B-17轰炸机。美国轰炸机此次战斗中声称用自卫火力击落12架德国飞机，另外可能击落10架，击伤12架。

这架美国陆航第八航空队第91轰炸机大队第323中队的B-17F轰炸机被JG 26联队约翰尼斯·瑙曼击落，照片在飞机被击落前拍摄。一个强大空军必须能经得起失败，从失败中吸取教训，成长壮大，二战中美国重型轰炸机的运用就说明了这个道理。

尽管在9月6日的战斗中有2架B-17轰炸机被德国战斗机击落，美国这种重型轰炸机强大自卫火力和紧凑的战术队形仍然给德国飞行员实施攻击带来很大麻烦，9月7日的战斗就可以说明这点。攻击轰炸机的经典战术就是从轰炸机的侧后方发起攻击，但是，B-17轰炸机上12挺勃朗宁机枪的密集火力经常迫使德国飞行员大大缩短射击时间，以避免被轰炸机上自卫火力击中。另外，Fw 190战斗机上标准Revi C/12C瞄准具是专门为攻击单发战斗机设计的，在100米距离上，瞄准具的光环就套住了整个飞机，而在这个距离上，Revi C/12C瞄准具光环里只有轰炸机的局部。另一个问题是，美国B-17轰炸机的机枪手通常在德国战斗机还没有占位攻击时就开始射击，以打乱敌机攻击步骤，这招儿挺有效。美国重型轰炸机上自卫火力为12.7毫米机枪，它的初速高，射程也远远超过Fw 190战斗机的7.9毫米MG 17机枪，因此，德国飞行员一般用MG 17机枪射击为MG 151机炮指示弹道，这又带来另一个问题，MG 17机枪射击后，飞行员会驾驶飞机进入机枪的弹道再用MG 151机炮射击，这个过程会耽误几秒钟时间，最主要的是这种攻击方式还会导致攻击队形过早疏散，长机发现将疏散的战斗机召回再组织战斗队形十分困难。总之，与美国轰炸机的早期战斗中，德国空军还十分缺乏与重型轰炸机作战的经验，没有形成一套行之有效的战术。

JG 1联队之前是一个不受重视的单位，原因是二战早期德国北部战事较少，美国重型轰炸机来到欧洲战场后，盟军认为打击德国本土目前最可行的路线就是从德国北部的德国湾进入，这里正是JG 1联队的防区，为此，JG 1联队迅速扩编，也开始最早装备最新型号的Fw 190A-4战斗机。图中仍是Fw 190A-3战斗机，从地勤人员装束判断是1942年夏天。

这架Ⅱ./JG 1中队的Fw 190A-3战斗机螺旋桨桨毂罩图案十分花哨，这个不受重视的单位逐渐成为拦截美国重型轰炸机的主力。

随着击落的美国重型轰炸机越来越多，德国空军研究部门的测试显示，从轰炸机后方射击，平均20发20毫米炮弹会击落1架飞机。对一般水平的战斗机飞行员来说，他们射出的炮弹平均只有2%会击中敌机，按这个标准计算，这样的飞行员射出1000发20毫米炮弹才可能击落1架美国重型轰炸机。早期的Fw 190A-1战斗机装备2门20毫米MG FF机炮，每门机炮备弹250发，Fw 190A-2型号安装的是毛瑟MG 151/20机炮，这个型号炮管更长，因此有效射程也更远。MG 151/20机炮的备弹量也是每门250发。有时，战场改进时机翼外侧增加2门MG FF机炮，备弹量减少到每门90发。

除了上述问题，美国B-17轰炸机抗打击能力（抗毁伤能力）和受伤后的持续飞行能力堪称传奇，在10月9日的战斗中，9./JG 26中队指挥官库尔特·鲁佩特中尉反复攻击1架落单的B-17轰炸机，他击中了轰炸机的3台发动机，甚至其中1台已经脱离机翼。耗尽所有弹药后，鲁佩特惊讶地看着这架只有1台发动机在工作的B-17飞机仍在飞行，机组成员不断地将机枪、弹药和其他非重要设备往机外扔，为的是减轻飞机重量。最后，这架伤痕累累的B-17飞机穿越了英吉利海峡，抵达英国一侧后，飞机在拉姆斯盖特附近的海滩成功地实施了迫降。

1942年夏天，向德国空军其他单位交付Fw 190战斗机的工作开始进行，下一个接收单位是号称“北冰洋”的战斗机联队（JG 5）的第Ⅰ大队（Ⅰ./JG 5），该大队驻扎在挪威斯塔万格，指挥官是格哈德·冯·魏伦少校。据信，首批Fw 190A-3战斗机交付给驻扎在赫尔德拉岛（斯塔万格正北180公里，卑尔根西北30公里）上的作战单位（应该是中队），北极地区战事较少，因此，战斗机大队的中队分散部署在挪威各地，有的相距数百公里，驻扎在赫尔德拉岛上的中队番号不详。Ⅰ./JG 5大队装备Fw 190战斗机不久后的7月6日，2架飞机，分别是Fw 190A-2（W.Nr.0433）和Fw 190A-3（W.Nr.0460）在空中发生相撞事故，两机均严重受损，两名飞行员竟然都没受伤。Ⅰ./JG 5大队第一个驾驶Fw 190战斗机丧生的是马丁·布伦斯中士，1942年8月10日，这名中士驾驶Fw 190战斗机从奥兰特机场起飞时因技术问题飞机坠毁。发动机问题，以及极北地区恶劣的天气及地形导致事故频发，在换装后的九个月里，Ⅰ./JG 5大队损失六名飞行员，还有一些飞行员受伤，大量飞机毁坏后注销，这些全部是事故造成的。

Ⅰ./JG 5大队取得一次作战胜利完全由于意外，1942年9月25日，该大队4架Fw 190战斗机从斯塔万格索拉转移到挪威首都奥斯陆为当地举行的纳粹党集会助威。抵达奥斯陆机场一个小时后，预警部门称发现1个可能是“波士顿”轰炸机编队正在靠近奥斯陆海峡，由于当地机场没有起动机，2架Fw 190飞机的自行起动装置无法使用，最后只有2架Fw 190飞机升空拦截英国皇家空军飞机。仅仅一分钟后，德国飞行员发现奥斯陆南10公里处的敌机正贴着水面飞行，双方在城市中心上方遭遇，德国飞行员埃里希·克莱恩下士对准1架敌机猛烈射击，目标立即被击落坠毁在湖中。克莱恩的僚机也

这张照片质量不佳，却十分重要，通过简易铁架，地勤人员可以方便地将发动机从机身拆卸下来。照片显示的是1942年JG 26联队的1架Fw 190A-3飞机正在进行发动机维修。

驻扎在挪威斯塔万格的Ⅰ./JG 5在1942年夏天开始接受Fw 190A-2和A-3战斗机，驻扎在赫尔德拉岛的单位最先接收新机，图中就是赫尔德拉岛的德军机场。

击中1架敌机，这架飞机凭借着1台发动机挣扎着返航，直到这个时候克莱恩才发现所谓的“波士顿”其实是“蚊子”战斗机。当天，英国皇家空军4架“蚊子”战斗机从兰开斯特起飞到奥斯陆计划轰炸德国盖世太保驻地。此次意外战斗后，Ⅰ./JG 5大队又无所事事了，1943年年初，该大队和英国皇家空军飞机发生过一次或两次规模极小的战斗，之后的4月，该大队再次换回Bf 109战斗机。

Ⅳ./JG 5大队队部的1架Fw 190A-3着陆时失事，这种拿大顶通常是着陆事故，看样子飞机损坏并不严重。

紧随Ⅰ./JG 5大队，Ⅳ./JG 5大队也换装了Fw 190战斗机，这个大队于1942年7月在挪威特隆赫姆组建，大队指挥官是汉斯·克里格尔上尉。12./JG 5中队一名飞行员厄恩斯特·苏菲勒上士回忆道：

8月30日，我们从丹麦哥本哈根的瓦尔劳斯获得第一批Fw 190飞机，我清楚地记得这个日期，原因是我的朋友海因茨·劳夫勒少尉驾驶Fw 190飞机因丹麦的恶劣天气导致飞机坠毁。Fw 190飞机很容易驾驶，电气仪表盘在座舱的左侧，最重要的是飞机尾轮对于我们十分新奇，着陆后，尾轮可以锁定（防止飞机滑行时跑偏）。跟驾驶优雅的Bf 109战斗机相比，驾驶Fw 190战斗机是另一种感受，在3500—4000米高度，当发动机增压器换到高速挡时我感觉我的心脏都掉到裤子里了。每次我都有一种飞机要散架的感觉。

Ⅳ./JG 5大队同样也很少参与战斗，一位苏联前线老兵分配到这里问该大队一名飞行员的战绩，这位飞行员告诉他，他飞了60多个架次还从未在空中遇过一次敌机，更别说有机会能击落1架敌机了。

1943年年底，这里的空中行动才稍稍多起来，英国皇家空军的“英俊战士”战斗机数次轰炸这里的德国目标，这期间Ⅳ./JG 5大队才有机会击落几架英国飞机，其间12./JG 5中队的威利·苏尔特下士在起飞过程中被英国皇家空军“蚊子”战斗机击落。事实上直到1944年春天，挪威一带的战事才真正多起来，在1944年3月30日，Ⅳ./JG 5大队击落7架英国“英俊战士”战斗机，接下来的5月又击落3架英国皇家海军航空兵飞机。1944年8月底，Ⅳ./JG 5大队短暂部署到芬兰帮助德国地面部队撤离芬兰。10月，Ⅳ./JG 5大队被调回西线战场，一道回国的还有Ⅲ./JG 5大队，该大队已经部分换装了Fw 190战斗机。

东线第一个接收Fw 190战斗机的是Ⅰ./JG 51大队，大队指挥官是海因里希·克拉夫特上尉，这个单位在1942年9月开始接收第一批Fw 190战斗机。下页表是装备Fw 190战斗机的作战单位，括号中是可使用的飞机数量：

第3航空队(Luftflotte 3)

1.(F)/123	Ju 88、Bf 109、Fw 190和Bf 110	图苏斯布克	18(11)
Stab./JG 2	Fw 190A-3	博蒙勒罗歇	8(5)
Ⅰ./JG 2	Fw 190A-3	特里克维尔和圣安德烈	42(35)
Ⅱ./JG 2	Fw 190A-2/A-3	博蒙勒罗歇	40(35)
Ⅲ./JG 2	Fw 190A-2/A-3	普瓦(Poix)	41(33)
10.(Jabo)/JG 2	Fw 190A-2/A-3	圣安德烈	15(9)
Stab./JG 26	Fw 190A-2	圣奥梅尔维泽讷	5(4)
Ⅰ./JG 26	Fw 190A-2/A-3/A-4	圣奥梅尔阿尔奎斯	39(32)
Ⅱ./JG 26	Fw 190A-2/A-3/A-4	阿布维尔德吕卡	44(43)
Ⅲ./JG 26	Fw 190A-2/A-4和Bf 109	韦弗尔海姆	58(48)
10.(Jabo)/JG 26	Fw 190A-2	圣奥梅尔维泽讷	16(11)

西第5航空队(Luftflotte 5 West)

Ⅰ./JG 5	Fw 190A-3	斯塔万格和赫尔德拉	35(28)
Ⅳ./JG 5	Fw 190A-2/A-3	特隆赫姆	3(3)

东航空队(Luftflotte Ost)

Ⅰ./JG 51	Fw 190A-3	柳班	35(28)

中部总司令部(Oberbefelshaber Mitte)

Stab./JG 1	Fw 190	耶弗尔	2(-)
Ⅱ./JG 1	Fw 190A-2/A-4	翁斯德雷赫特	60(19)
Ⅲ./JG 1	Fw 190A-2/A-3	胡苏姆	37(31)
Ⅳ./JG 1	Fw 190A-3/A-3和Bf 109	慕尼黑-格拉德巴赫	67(24)

1942年最后三个月里，西线战场的德国空军三个战斗机联队依旧顽强地拦截盟军重型轰炸机并与盟军护航战斗机作战，10月2日，盟军32架B-17轰炸机再次返回法国莫尔特轰炸波泰飞机制造厂，另有8架轰炸机去轰炸JG 26联队队部和战斗轰炸机中队驻扎的维泽讷机场。此次行动，美国陆军航空兵第4战斗机大队（FG）的“喷火”战斗机首次为美国轰炸机编队提供护航任务，这个装备英国“喷火”飞机的美国陆航大队是由英国皇家空军三个“鹰”中队组成的。另一个参与护航的是美国陆航第1战斗机大队，这个大队装备P-38远程战斗机。盟军的轰炸机编队规模越来越大，护航战斗机越来越多，双方的空战也逐渐升级，此次是1942年间美国陆航最大规模的空中行动。当天上午9时整，普瑞勒上尉的Ⅲ./JG 26大队刚刚从内地休整返回前线基地着陆，接到来袭警报后，该大队飞机立即起飞迎敌。即使是已经拥有77架战果的“老兔子”普瑞勒也是第一次参加拦截美国重型轰炸机战

很经典的一张Fw 190战斗机攻击1架B-17轰炸机照片。经典攻击轰炸机的战术一般是从后侧方进入，对准敌机投影面积最大的机身中部实施射击，图中B-17飞机右侧机翼被击中后起火。

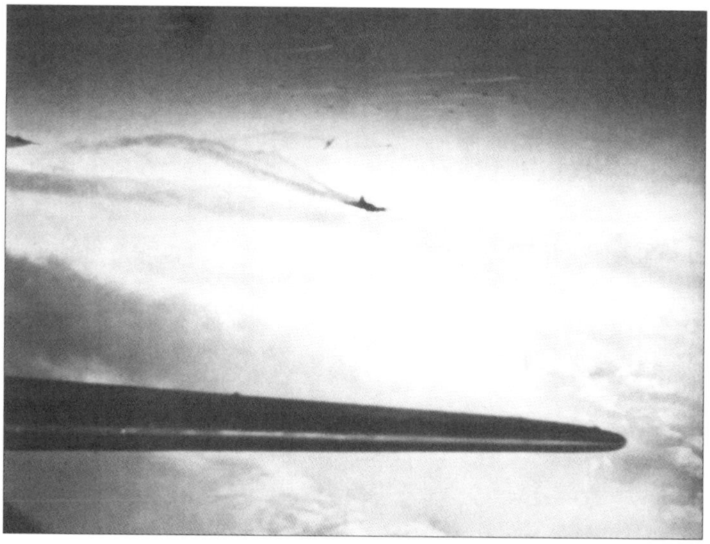

这是从1架B-17飞机上拍摄的1架Fw 190战斗机从后侧上方攻击轰炸机编队外侧B-17的照片，从被攻击的飞机冷凝迹判断，这架轰炸机试图躲避攻击。在高空，发动机排出的热空气遇冷会开成冷凝迹，图中所有飞机后均有，被攻击的B-17飞机还未被击中。

斗，他头一次看到这么大的飞机，由于没有与之打过交道，此前判断敌机距离的方法完全不适用，战斗开始时，普瑞勒两次命令占位实施攻击都没有成功，他感觉攻击距离和高度应该足够了，实际上美国轰炸机还在更远更高处。第三次他没搞错，他命令2架Fw 190飞机从后下方攻击离开了编队的3架呈V字队形飞行的B-17，他和僚机去攻击其他飞机。很快，普瑞勒上尉就击落1架第306轰炸机大队的B-17飞机，目标坠毁在法国里尔南部。9./JG 26中队副指挥官奥托·施塔姆伯格描述击落美国陆航第92轰炸机大队的1架B-17飞机：

以最大油门从后方靠近目标，前面的目标越来越大，我开火太早，为了避免撞上敌机，我射击后立即转弯脱离战斗。我纳闷为什么没有击中目标，这时我突然想起这个“怪兽”的翼展足足有40米！（第二次攻击）我更靠近一些，没有过早射击，紧紧瞄准敌机左侧机翼的发动机。我实施了三轮攻击，敌机左侧两个发动机均被击中起火。当敌机向左侧倾斜时，我又向敌机右侧机翼开火射击，目标划着大圈向地面坠去。在大约2000米高度，敌机机组成员设法跳伞逃生，之后飞机坠毁在法国旺德维尔。

当天的战斗异常激烈，双方损失相当，盟军有4架“喷火”战斗机和1架P-38战斗机被JG 26联队击落，另有2架“喷火”飞机被Ⅲ./JG 2大队击落，德国空军也损失7架Fw 190战斗机，其中之一是4./JG 26中队

迎头攻击是个技术活儿，把握不好就会与被攻击的飞机相撞，图中就是1架Fw 190在迎头攻击时与B-17轰炸机的螺旋桨相撞，后者最终迫降成功，Fw 190飞机坠毁。

埃尔马尔·戈克中尉，他被1架B-17轰炸机的自卫火力击落，这是JG 26联队Fw 190战斗机首次被敌轰炸机击落。戈克的座机是在尾部实施攻击时被机枪击中的，他设法在法国亚眠一处空地迫降，后来伤重死在医院里。

10月2日的战斗也是美国陆航第93轰炸机大队B-24轰炸机首次在欧洲上空出现，不幸的是，轰炸机编队中有1架B-24飞机在法国里尔上空被7./JG 26中队指挥官克劳斯·梅图施上尉击落。梅图施还在当天的另一场战斗中击伤1架美国陆航第301轰炸机大队的B-17轰炸机，这架飞机最终在英吉利海峡实施了迫降。

一个星期后的10月9日，美国陆航第八航空队出动108架重型轰炸机去轰炸法国北部城市里尔科特赖克境内的钢铁厂和发动机工厂，这是Fw 190战斗机装备部队以来，盟军重型轰炸机首次在白天轰炸德国占领区内的重要工业目标。除了工业目标，盟军的轰炸目标还包括德国空军Ⅲ./JG 26大队驻扎的比利时韦弗尔海姆基地。为轰炸机护航的飞机有不少于36个中队的“喷火”和P-38“闪电”战斗机，但是，庞大的护航编队中大量飞机因协调问题妨碍了其他飞机为轰炸机护航，这明显是组织上出现的疏漏。这天的战斗中，美国共损失了6架轰炸机，包括1架美国陆航第93轰炸机大队的B-24轰炸机，击落这架B-24的是Ⅲ./JG 26大队指挥官约瑟夫·普瑞勒，其他5架被击落的全是B-17轰炸机，其中2架是7./JG 26中队指挥官克劳斯·梅图施的战果。10月9日的轰炸行动是美国第八航空队在欧洲战场参战以来损失最严重的一次，此次战斗说明，美国重型轰炸机抗打击的神话正一点点地褪色，德国空军超强的战斗素质使得它可以在最短时间内

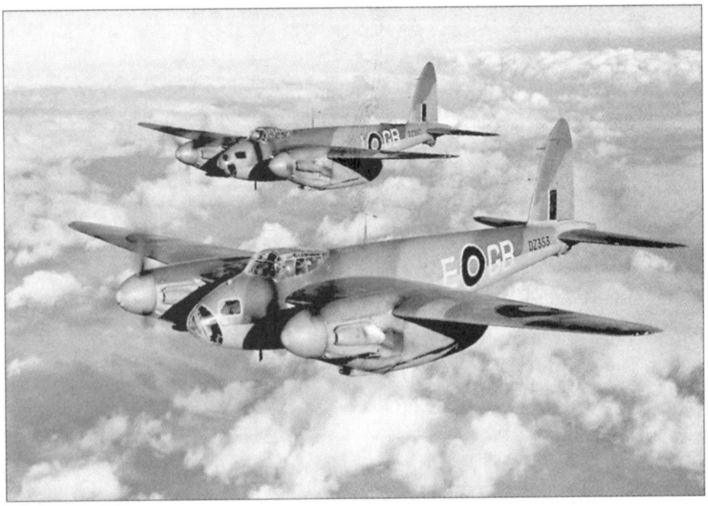

德国人相当欣赏被称为“木头奇迹”的英国“蚊子”战斗机，也试图尝试着研制类似的机型，这就是上文提到的Ta 154夜间战斗机，德国的尝试极不成功。

交付给作战单位的飞机一般有作战单位的标志或战术编号等，但是，也有一种情况飞机机身没有任何表示单位信息的图案或字母、数字，图中飞机也没有交付部队前的无线电呼叫代号。这架Fw 190A-3飞机采用迷彩涂装，这种涂装一般用于对地攻击单位，飞机机翼外侧MG FF机炮已经被去掉，说明该机用于对地攻击。

队基尔施奈中士在海上分别击落1架“蚊子”飞机。

一段时间以来，德国空军内部也在研究攻击四发重型轰炸机的各种战术，德国空军最后结论是，美国B-17和B-24轰炸机薄弱的防御方向是前面，Ⅲ./JG 2大队指挥官埃贡·迈耶尔上尉此前战斗中就是从轰炸机前方发起的攻击。但是，直到11月23日的战斗迈耶尔才有机会证明自己的前方攻击理论。这天，美国陆航出动36架没有护航的四发重型轰炸机计找到制胜战术。

除了美国四发重型轰炸机，德国空军面临的另一个威胁就是英国空军的德-哈维兰特公司的“蚊子”战斗机，这种双发轻型木质飞机，既可以当作战斗机，也可以当作轻型轰炸机、侦察机来使用，而且它的速度也超过德国空军的Fw 190战斗机。“蚊子”轰炸型第一次投入战场是1942年5月，此后，“蚊子”轰炸机就给德国防御系统带来很大麻烦，正如它的绰号一样，让人防不胜防。但是，德国空军也不是吃素的，面对威胁，德国人很快就会找出制胜之道，德国空军Ⅱ./JG 1大队的Fw 190战斗机在1942年10月11日给予了“蚊子”重重一击。当天，4./JG 1中队科尔谢克中士和5./JG 1中

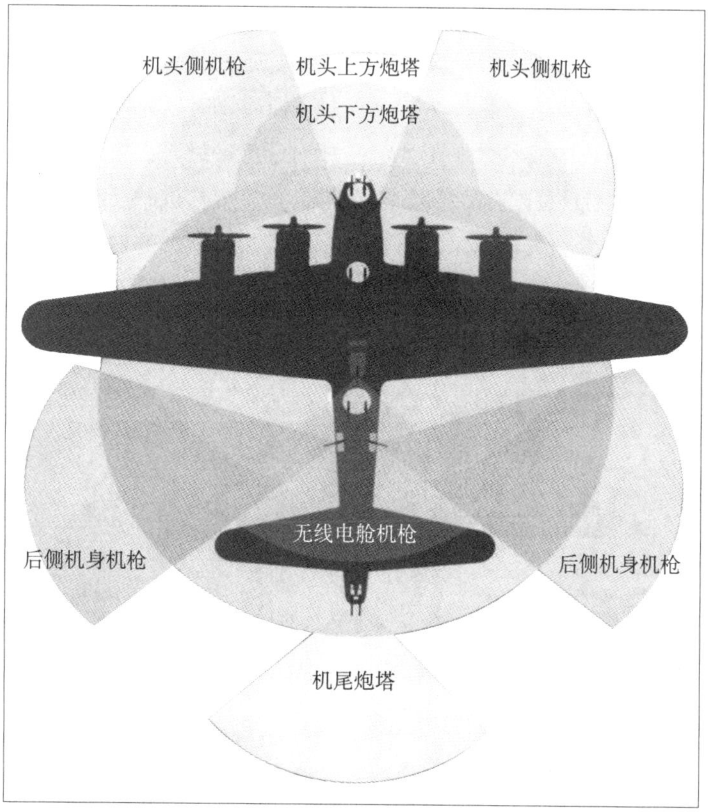

美国B-17G轰炸机的自卫火力分布图。早期在欧洲战场使用的B-17E轰炸机前面的自卫火力较弱，只有机头和机头上方火力，利用这个弱点，Ⅲ./JG 2大队指挥官埃贡·迈耶尔发明了迎头攻击战术。针对德国的攻击战术，美国改进出了B-17G型号，前面火力大大增加。

划第15次轰炸法国境内圣纳泽尔的德军潜艇基地，圣纳泽尔在法国西南部，即最西边凸角后面，“喷火”战斗机航程不够，而且飞越法国领空危险重重，取道海上航线路途更远，这是没有派出护航战斗机的原因。由于气候恶劣，美国陆航中途取消了轰炸行动，但还是有9架B-17轰炸机抵达了目标，靠近圣纳泽尔时，美国轰炸机遭到迈耶尔Ⅲ./JG 2大队的Fw 190战斗机的拦截，德国飞机组成三机编队迎头冲向轰炸机群，正面实施攻击后，战斗机立即爬升或者半滚转从轰炸机下方脱离。这个迎头攻击，或称正面攻击战术十分成功，此次拦截行动德国击落4架轰炸机，己方仅损失1架Fw 190飞机。美国陆航第八航空队的报告称：“这次行动中，德国战斗机攻击战术明显有了变化，所有的攻击都从正面实施，明显是对着机头侧面。”

对付四发重型轰炸机的“古典攻击战术”就是从后方（实际上是后侧方）发起攻击，针对这一点，各国轰炸机的防御火力重点也放在了后方和侧向，美国轰炸机后方和侧面的自卫火力相当猛烈就是考虑到了后方敌机的攻击。美国早期轰炸机没有前射自卫武器是因为战斗机前面（正面）实施攻击十分危险，正面（迎头）攻击的时间只有短短几秒钟，双方以时速为1000公里的相对速度接近，在战斗机的瞄准具里，轰炸机的投影瞬间越来越大，必须把握射击时机和及时脱离，不然有撞机的危险。这正是德国空军目前遇到的问题，迎头攻击似乎找到了解决（攻击轰炸机）之道，避开了轰炸机的自卫火力，却增加了相撞的危险，一般水平的战斗机飞行员做不了这么危险的活儿，德国2./JG 26中队飞行员弗里特兹·恩戈尔上士称：

从敌机后方实施攻击过程中，我们长时间暴露在敌机自卫火力之中，每架飞机至少有三个机枪位置朝我们射击。另外，护航战斗机也在驱赶我们离开轰炸机，因此，我们别无选择，只有迎头实施攻击。（迎头攻击时）一切都发生得非常快，每秒都使我们与目标拉近200米！我们当然不想跟敌机相撞，（射击后）我们会从轰炸机上方拉起飞机脱离战

左图为迎头攻击重型轰炸机的发明者埃贡·迈耶尔，他也是Ⅲ./JG 2大队指挥官；中图为汉斯·“阿西”·哈恩，右图为弗兰克·利森达尔，他是战斗轰炸战术的发明者。

斗，要做这个机动，飞行员必须在最后2秒钟（大约400米）完成。我们的机枪/机炮因此按这个距离射击进行了调整，这种情况下，我们有两个选择，要么提前在600米或500米距离开始射击，要么半秒钟（100米）后拉起飞机（指最后2秒钟开始射击），这是十分危险的活儿，我们的射击实际上1秒钟都不到（最后的1秒半用于脱离战斗）。有人认为我们一切的努力都是为那一秒钟简直不可思议，有一件事绝对是至关重要的，那就是瞄准要十分精确。

1942年12月初，德国JG 26联队有两天的战斗十分成功，12月4日击落7架“喷火”战斗机，12月6日击落5架“喷火”飞机和2架四发重型轰炸机。12月20日的拦截行动中Fw 190战斗机获得了更大的成功。当天，美国陆航出动100多架B-17和B-24轰炸机空袭法国塞纳河畔罗米利德军主要军火库，参加拦截行动的是JG 26联队三个大队加上Ⅱ./JG 2大队。采用迎头攻击战术，JG 2联队和JG 26联队声称共击落5架B-17轰炸机，事实上，美国损失了6架轰炸机，另有30架不同程度受伤。这天的行动中，德国损失3架Fw 190战斗机，2架属于Ⅱ./JG 2大队，另1架属于1./JG 26中队，这3架Fw 190战斗机均由于着陆事故损失，不是被击落的。一次战斗击落5架（实际上是6架）美国重型轰炸机是德国空军迄今为止最大的胜利，但是，和11月23日相比却是很失败的，问题就在敌机的数量不一样：100多架对9架。德国空军为此重新评估了迎头攻击战术，这个战术是有效的，但是需要改进优化，比如，迎头攻击角度需要调整，角度过小，飞行无法判断距离，这对于射击后急速转弯避免相撞十分关键，最后试验评估的结果是迎头上方10度是最佳角度，这点跟低空对地扫射十分类似。

另外，美国重型轰炸机抗打击能力仍然很强，不是一两架战斗机就能搞定的，攻击编队的规模必须加大，也要找出大编队攻击策略（战术），这种战术就是先与敌轰炸机箱形编队平行飞行，高度稍高，飞到敌机前方4.8公里时，攻击编队180度转弯，以四机编队为基本攻击单元依次迎头进入攻击步骤，在距敌机1000米时开火射击。攻击编队实施攻击时时刻保留目视联系，为的是攻击完成后迅速重新组成编队再次实施攻击。武器性能好也得有好的战术将武器效能发挥到最大化，但是，德国空军研究出的这种战术最后一点很不受飞行员的待见，原因就是最后攻击阶段，飞行员射击后更愿意做破S机动（Split S，飞机翻滚180度后做出一个向下的半筋斗的动作，因此也被称为半滚倒转机动）迅速向下脱离战斗。敌人轰炸机的自卫火力太恐怖了。

1942年即将过去，一方

JG 1联队早期接收其他单位退役的破烂飞机的历史一去不复返了，这个联队的Ⅱ./JG 1大队和Ⅳ./JG 1大队是整个德国空军中最先装备最新Fw 190A-4战斗机的单位，原因很简单，美国重型轰炸机这个时候频繁进出JG 1联队的防区。图中是Ⅱ./JG 1大队的Fw 190-4飞机，跟此前型号相比，它最明显的特征是垂尾上的天线杆。

面，目前西线的战斗态势基本形成，未来的战斗只是这种模式的延续，不同的是盟军的行动规模越来越大，德国空军战斗机单位在这些战斗中也越战越有经验，但是，这种消耗战背后是科技和国力的较量，相对而言德国不过是一小国而已，只能逞一时之强；另一方面，这年年底从11月初开始德国空军西线战斗机单位出现频繁调动，根本原因是11月8日盟军在北非登陆，这预示着希特勒的欧洲堡垒出现危机。为了挽救败局，11月中旬，瓦尔特·奥梭的JG 2联队有两个大队被调离海峡前线，埃里希·莱厄上尉的Ⅰ./JG 2大队被调到法国马塞以支援对法国南部维希区的占领，赫尔穆特-菲利克斯·勃尔兹上尉的Ⅱ./JG 2联队准备穿越地中海部署到突尼斯，埃贡·迈耶尔上尉的Ⅲ./JG 2大队已经法国普瓦转移到瓦纳附近默孔，部署到这里的目的是保护该处的德国海军潜艇基地。JG 26联队的各个单位没有变动，这支强师劲旅仍然顽强地试图阻止盟军的空中行动。但是，12月底，Ⅲ./JG 26大队再次由Fw 190换装成Bf 109战斗机。

德国空军的调整部署实际上是有理由的，因为美国重型轰炸机在这个阶段没有护航战斗机伴随的情况下空袭德国本

Ⅳ./JG 1大队副官京特·维特和他的Fw 190A-4座机。JG 1联队的历史很有意思，早期只有一个大队，大队满编后就被划归其他联队，如今，JG 1联队率先扩编到四个大队。

JG 26联队也在1942年下半年开始换装最新型号的Fw 190A-4战斗机，图中这架飞机的涂装比较少见，机翼前缘有网状条纹。

JG 2联队跟JG 26联队几乎同时换装Fw 190A-4战斗机，这架JG 2联队队部的Fw 190A-4飞机的标志很奇怪，这可能是作战单位飞行员的发挥之作。这架飞机在1943年8月16日的战斗中被B-17轰炸机或P-47战斗机击落，3./JG 2中队飞行员威廉·乌兹下士阵亡。照片拍摄于1942年11月的法国。

土目标最佳途径是取道北海轰炸德国北部目标，这里是JG 1联队的主要防区，后娘养的JG 1联队很快就会转正，并衍生出其他联队。法国境内有其他装备Bf 109战斗机的德国空军战斗机单位，战场形势完全可控。

Fw 190战斗轰炸机的骚扰战术

德国入侵英国的危机结束后，英国皇家空军经常派出战斗机和轰炸机轰炸海峡一侧的德国目标，德国人也没闲着，做着跟英国空军相同的事，这就是派出战斗轰炸机骚扰海峡另一侧的英国目标，以牙还牙。

从德国空军第3航空队所属战斗机单位在1942年6月30日战斗序列可以看出，驻扎在法国和比利时的两个战斗机联队的所有三个大队均装备了Fw 190战斗机，两个联队各自有一个战斗轰炸机中队，即10.(Jabo)/JG 2和10.(Jabo)/JG 26仍然装备着Bf 109F-4/B飞机。但是，仅几天后，这两个单位后撤到巴黎附近的勒布尔歇基地，在这里，两个中队开始换装Fw 190A-2和A-3战斗机，单位番号也改为10./JG 2和10./JG 26，这两个型号飞机均可以在机腹携带1枚500公斤炸弹。10./JG 2中队的新飞机第一次参加实战是7月7日，当天的战斗中，弗里茨·施罗特中尉和列奥波德·温格尔少尉在英吉利海峡的怀特岛附近海域击沉3艘舰船。三天后，10./JG 26中队返回到卡昂卡尔皮屈埃，中队指挥官卡尔·普伦塞上尉暂时离任，施罗特中尉临时接任到7月17日。就在这一天，10./JG 2中队失去了长久以来一直担任指挥官的弗兰克·利森达尔上尉，他在布里克瑟姆附近海域攻击英国舰船时被高炮击落身亡，列奥波德·温格尔少尉后来

弗兰克·利森达尔上尉的Bf 109F-4/B战斗轰炸机垂尾，全黑军舰图表击沉，半黑半白表击伤。利森达尔阵亡前两个星期他的单位才换装Fw 190飞机，因此，阵亡当天战斗中他仍驾驶Bf 109F-4/B飞机。

弗兰克·利森达尔上尉（右）和JG 2联队指挥官瓦尔特·奥梭少校。

回忆道：

我们的指挥官没能从这次战斗返回，四天后的现在，我们仍无法想象他已经不再和我们在一起了。阵亡几天前他刚刚击沉1艘英国驱逐舰，而现在，他可能是被敌人高炮击落了。我第一次执行战斗轰炸任务就是和他在一起，可以说，我从他那里学到了很多，他已经获得了金质德意志十字勋章，几天后他本应该会再获得“骑士十字勋章”。

关于弗兰克·利森达尔上尉得多说几句，因为JG 2联队和JG 26联队的两个战斗轰炸机中队的诞生就跟他有关。当时还是中尉的利森达尔在1941年夏末成功地说服了JG 2联队指挥官瓦尔特·奥梭少校成立一个独立的战斗轰炸机中队，于是13.(Jabo)/JG 2中队在1941年11月10日正式成立。利森达尔的中队飞行员来源包括第2、6、7中队那些在执行战斗轰炸任务时表现出色的飞行员，以及那些刚完成训练被派往JG 2联队的新飞行员。在1941年11月10日至1942年2月18日这段时间里利森达尔的中队训练并完善了攻击英国船只的战术，这一战术被命名为“利森达尔步骤”，这种攻击战术的步骤是战斗轰炸机在距海面仅5米的低空以450公里/小时速度接近目标，距离目标1800米时飞机迅速爬升至500米高度，随后以3度角和550公里/小时速度俯冲投弹，投弹后再拉起飞机脱离战斗。

1942年2月10日，利森达尔的13.(Jabo)/JG 2中队击伤英国1艘3000吨的轮船。八天后，13.(Jabo)/JG 2中队宣布完成作战准备。3月4日，第3航空队司令部下令JG 26联队必须在3月10日也成立自己的战斗轰炸机中队。1942年6月，两个联队的战斗轰炸机中队番号统一，为此，13.(Jabo)/JG 2中队番号正式变更为

10./JG 2中队的地勤人员在维护1架Fw 190A-2或A-3飞机，这个单位的飞机执行对地攻击任务，因此机翼外侧的MG FF机炮被去除。中部机身开口处是无线电设备舱，内部空间可以容纳一个人。照片拍摄于1942年法国博蒙特罗歇基地。

同样属于10./JG 2中队，图中是1架Fw 190A-4飞机，注意看垂尾项部天线杆，飞机机腹还携带了1枚250公斤炸弹。照片拍摄于1943年1月的法国圣奥梅尔。

10.(Jabo)/JG 2。

由于弗兰克·利森达尔阵亡，弗里茨·施罗特中尉接任他的10./JG 2中队指挥官一职，施罗特临时担任的10./JG 26指挥官一职被约阿西姆-汉斯·格贝尔提希替代。不过，格贝尔提希任指挥官一职只持续了12天的时间，7月30日，他率领一个编队攻击英国小汉普顿东北3公里1艘锚定运煤船，在低空实施攻击时，他被船上机枪击落，他的座机当即坠入海中。格贝尔提希设法爬出了座舱，但却被英国营救人员抓获。接替格贝尔提希的是保罗·凯勒少尉，后者不久就获得了“轰炸凯勒”的绰号，表示他轰炸方面的技术特别出色，就像一架轰炸机。

1942年8月26日，10.(Jabo)/JG 26中队的Fw 190战斗机发动了一次掠袭行动，目标是英国伊斯特本（英格兰东南区域东萨塞克斯郡的海滨城市）东郊居民区内的一座工厂，这是当时JG 26联队的战斗轰炸机中队的典型战术，只针对航程范围内的小型目标，炸完就跑。当天早上8时刚过，10.(Jabo)/JG 26中队指挥官维尔纳·卡塞和僚机威特曼驾驶Fw 190A-2/U3飞机从法国境内的阿布维尔机场起飞，飞越英吉利海峡后，2架飞机穿过佩文西湾的苏塞克斯海岸（伊斯特本东北10公里）进入英国领空，穿越海岸时2架飞机就对英国渔民进行了扫射。之后，2架飞机在不高于60米的低空沿着海岸线向伊斯特本一家汽车修理厂飞去，这个修理厂的厂房房顶埋伏着一名布朗机枪手，德国2架飞机靠近后，英国机枪手迎头对着前面的Fw 190A-2/U3飞机猛烈射击，这个过程中，德国飞机各自投下了SC 250炸弹。投下炸弹后，卡塞的座机突然在空中翻滚起来随即在8时34分倒扣着坠毁在一座堤坝上，据分析，卡塞的座机肯定被布朗机枪射中，飞行员丧生。

尽管时常有一些损失，德国空军JG 2联队和JG 26联队的战斗轰炸机中队对英国人来说如芒在背，局面相当尴尬，德国出动的战斗轰炸机规模非常小，造成的损失也不大，最主要的是，这种打了就跑战术防不胜防，不值得“喷火”战斗机天天在英国海岸线一带巡逻待敌，因此，每当德国飞机来临，紧急起飞的“喷火”战斗机根本追不上Fw 190战斗机。即使正在巡逻的“喷火”也来不及拦截高速穿过的德国飞机，成功实施拦截的战斗几乎没有，当然，德国飞机也瞅准时机采取行动，刻意避开英国“喷火”战斗机。最后，英国人想出一个办法，即在英国海岸线一带布置约150个观察哨所，这些观察哨所隶属英国皇家观察队，增设哨所为的是增加低空覆盖面。英国海岸预警系统里，从海岸线到内陆48公里宽的地带为一个预警级别，观察哨所可以提高这个预警级别的低空探测能力。英国人的设想是可以及时发现准备深入

10./JG 26中队的1架Fw 190A-4/U3飞机，飞机机翼只保留翼根2门MG 151机炮，机腹还携带了1个ETC 501挂架，这是重载挂架，可以携带1枚250公斤炸弹，也可以通过ER 4适配器携带4枚SC 50炸弹。

英国内陆的德国作战飞机，增加作战部队的反应时间，增设观察哨所花了数个月时间才具备实战效能。但是，这种方法对于拦截德国Fw 190战斗机来说仍然作用不大，英国人长时间的实践发现，对付这些散兵游勇式的战术最好的办法就是轻型火力，也就是小口径机枪。德国Fw 190战斗轰炸机出动的规模不大，而且是低空飞行，小口径机枪威力虽小，但火力密集，战术使用也灵活，击落击伤德国飞机的主要是这些武器。

1942年10月，JG 2联队和JG 26联队的战斗轰炸机中队减少了作战架次，行动主要集中在攻击英国肯特郡和苏塞克斯境内的目标，原因很简单，这些目标离德国的基地最近。另一个变化是战斗轰炸任务有了其他战斗机的护航，但实际上根本不需要护航。战斗轰炸任务的损失主要是地面轻型火力造成的，不是英国战斗机。一段时期里，有四个月此类行动10./JG 2中队未损失1架飞机，而10./JG 26中队一个月里唯一的损失发生在10月10日。当天，该中队一个四机编队攻击了英国肯特郡马盖特西面的一家煤气厂，刚刚参加10./JG 26中队仅几个星期的夏马特中士在返回对马盖特南面曼斯顿机场进行第二轮攻击时犯下致命错误，他的座机被机场密集的小口径防空火力击中，飞机当即爆炸成一个大火球，夏马特及时跳伞幸存，在监狱中度过二战岁月。

1942年夏天，英国皇家空军中队换装了又一款新型战斗机，即霍克公司的“台风”飞机。但是，早期使用发现这款战斗机表现让人十分失望，虽然皇家空军使用这款飞机时间不长，飞机的潜力也没有完全挖掘出来，飞行员们并不管这些，冒着生命危险驾驶“台风”飞机不如省下宝贵的物资多生产“喷火”战斗机。1942年8月，皇家空军三个“台风”中队指挥官上书称，执行反击德军扫射任务的最佳机型是“喷火”，而不是“台风”，后者的速度和火力跟Fw 190战斗轰炸型号相比稍稍领先。尽管有反对声，截至9月，皇家空军有五个“台风”战斗机中队部署到英国沿岸一带，这些中队的作战任务是拦截德国战斗轰炸机。同样，极有必要进行“台风”Ⅰb与德国Fw 190的性能对比试验，以便摸索两型战机作战方面的技术和战术问题，纸面上的性能对比取代不了实机的对抗。

由于缴获的Fw 190战斗机需要大修，对比实验被迫中断，就已经完成的试验来看，在600米高度，两型机性能不

英国“台风”战斗机没有超过人们的认知范围，即英国作战飞机设计都比较怪异，图中“台风”Ⅰb的发动机冷却器非常大，进气口面积相当大，但是飞机的垂尾却又小得出奇。“台风”战斗机的机翼有4门20毫米机炮，火力相当强大，“台风”经常执行地对地攻击任务。

分高下，“台风”飞机速度稍快。在2分钟最大油门状态下，“台风”没有足够的时间达到最大巡航速度，这说明飞机的加速性能欠缺。就已知的试验结果分析，“台风”在所有高度的速度都优于Fw 190，在2500米、5000米和6250米高度上，“台风”飞机的速度优势更明显。爬升时，Fw 190飞机可以轻松地超过“台风”飞机，但俯冲时后者强于前者。尽管“台风”的俯冲性能较好，但飞机操纵较Fw 190飞机更加沉重，而且飞机响应方面也不如德国飞机。关于飞机机动性，两型机转弯半径不分伯仲，Fw 190飞机的滚转性能更好，该型机从一个方向滚转转弯进入反方向俯冲转弯时，“台风”战斗机无法跟进做类似机动。“台风”加速初始阶段，特别是从低速时开始加速时明显比Fw 190要慢得多，高速时的加速性能“台风”飞机落后稍小一些，总体来说德国飞机加速性能更优秀。总结报告称，在高速状态下，Fw 190飞机很难占绝对的优势，相反，这种情况下“台风”飞机如果有一点高度优势就有机会获胜。

英国“台风”战斗机中队的通常战术就是一天执行15个巡逻任务，每次巡逻都有2架飞机在低空飞行，另有2架飞机的飞行员坐在座舱里随时待命。2架巡逻飞机一般在离海岸3—10公里的海上飞行，并在此待敌。“台风”飞机这种战术第一次获得成功是在1942年10月17日，当天，皇家空军驻扎在西莫林基地的第486中队2架“台风”战斗机拦截了2架德国10./JG 26中队的Fw 190战斗机，德国飞机刚刚在13时25分攻击了黑斯廷斯（港口小镇）一座教堂，造成2名平民死亡，16人受伤。轰炸完成后刚刚进入海上，2架执行巡逻的“台风”战斗机赶到并立即对德国战斗机发起攻击。德国10./JG 26中队关于此次行动报告称：

攻击了英国黑斯廷斯一个街区后，我们的飞机编队在14时42分（德国时间）离开英国海岸，刚进入海上，我们的飞机遭到敌2架“战斧”战斗机（原文如此）的攻击。（遭到攻击后）卡尔·尼塞尔上士突然爬升，向300米高度的云层飞去，敌人“战斧”战斗机紧追不舍，这时，突然第

10./JG 26中队的“黑色10”号Fw 190A-4飞机正起动准备执行作战任务，飞机机腹携带了1枚250公斤PC 250穿甲炸弹。照片拍摄于1942年夏天，地点是法国圣奥梅尔。10./JG 2和10./JG 26中队飞机“＜”标志后都有一个炸弹标志，但数字颜色不同，10./JG 2中队的为蓝色，而10./JG 26中队的为黑色。

二架“战斧”飞机从侧面向尼塞尔发起攻击。在150米高度，尼塞尔座机突然左转并俯冲，不久他和飞机一道小角度坠入海中，他的长机没有看到降落伞，也没有在海面上发现飞机残骸。

这张照片真伪难辨，不排除是电脑合成的，很多外国权威资料都在引用。资料称1942年夏天的一次战斗中Fw 190飞机在追击1架“喷火”战斗机，背景是英国沿岸。

这个角度看，英国“台风”战斗机跟德国Fw 190飞机十分相像，为此，“台风”采用条纹涂装，其实德国飞机也采用了识别涂装，比如机头或垂尾采用醒目的颜色。

尽管遭受损失，德国空军这种打完就跑的行动并没有停止，相反，此后不久的10月31日，德国空军发动了迄今为止最大规模的攻击大教堂城市坎特伯雷的行动，参加此次行动的除了JG 2联队和JG 26联队的战斗轰炸机中队外，还有Ⅲ./ZG 2大队有经验的飞行员，后者不久前刚刚换装Fw 190战斗机，并部署到法国北部城市里尔附近的梅维尔。一些战斗机单位的Fw 190战斗机也携带炸弹参与这次战斗，这次行动共有68架Fw 190战斗机携带炸弹执行轰炸任务，为其护航的是62架战斗机，另有6架战斗机进行牵制性战斗。庞大的德国飞机编队从低空快速穿过迪尔（坎特伯雷东稍偏南）海岸线进入英国领空直奔坎特伯雷。由于德国飞机编队高速飞行，加上英国预警时间不足，当德国飞机抵达目标区时，坎特伯雷地区的阻塞气球刚刚升起，尽管如此，阻塞气球还是迫使一些Fw 190飞机提前投下了炸弹。在目标区上空，德国有48架飞机投下了炸弹，其中31枚炸弹直接命中目标，行动中只有2架Fw 190飞机被击落，其中一名飞行员是8./JG 26中队保罗·加兰德少尉，他是阿道夫·加兰德最小的弟弟，他的座机（Fw 190A-4，W.Nr.2402）在加来以西20公里的空域被“喷火”战斗机击落，他的战绩永远停留在17架，其最后一架战果是“波士顿”轻型轰炸机。

直到12月19日，英国“台风”战斗机才击落第二架Fw 190飞机，这架Fw 190A-4飞机的飞行员是10./JG 26中队指挥官库尔特·穆勒中尉。“台风”战斗机的问题之一是，在某种情况下，该型飞机看上去跟Fw 190飞机十分相像，为了避免混淆情况在空战中发生，英国人给“台风”飞机的头部喷涂成黑色，机翼下表面再配上白色条纹以示识别。

组建专门的战斗轰炸机联队

德国空军Fw 190战斗轰炸机1942年在英国沿岸的作战取得了一些成功，虽然对战局影响并不大，德国空军还是决定组建专门的Fw 190飞机单位执行类似的作战任务。之前的情况是英国对岸的德国Fw 190战斗机大队一般有一个战斗轰炸机中队，或者是战斗机大队或中队有几架飞机专门执行战斗轰炸任务，所谓“专门”就是指从战斗机单位的附属变成独立的战斗轰炸机联队或大队。1942年11月底，德国空军决定组建第10快速轰炸机联队（SKG 10），先成立大队，扩编后形成满编联队。SKG 10联队首先成立的是两个大队，第三大队是Ⅲ./ZG 2大队改变名称和隶属关系而来的。跟当时常规情况不同的是，每个对地攻击大队都由四个中队组成，而不是通常的三个中队。

SKG 10联队的飞行员主要来自Bf 110重型战斗机单位，这些飞行员没有，或者说极少有驾驶Fw 190战斗机的经历，因此，训练这些飞行员驾驶Fw 190战斗机是当务之急。为此，驻扎在波兰登布林伊雷纳（首都华沙东南100公里）的驱逐机训练大队第4中队负责短期驾驶Fw 190飞机的转型训练。更糟糕的是，除了来自重型战斗机单位的，那些来自A/B训练学校的飞行员中大部分没有任何作战经验，或者没有驾驶过任何战斗机的经历，他们首先必须紧急进行战斗机教程学习和训练，之后再被送到波兰登布林进行驾驶Fw 190战斗机的训练。

SKG 10联队第Ⅰ大队（Ⅰ./SKG 10）于1942年12月20日在法国诺曼底圣安德烈鲁尔组建，最初，这个大队只包括队部，第1和第2中队，第3中队（3./SKG 10）是8./St.G 77于1943年3月1日改变番号和隶属关系而来。SKG 10联队第Ⅱ大队（Ⅱ./SKG 10）在Ⅰ./SKG 10成立十天后在卡昂卡尔皮屈埃正式组建，大队指挥官是京特·托尼少校，这个大队包括队部和第5中队、第6中队和第7中队。同样是1942年12月，在法国柯纳克，德国空军第3轰炸机训练学校联队（KSG 3）抽调人员组成SKG 10联队的训练中队和后备中队，在此，新飞行员训练攻击KSG 3联队范围内的陆上目标。飞行员还训

SKG 10联队成立较晚，因此有的大队装备了最新型号Fw 190A-5飞机，这个型号跟Fw 190A-4外观上肉眼难区别，图中仍是Fw 190A-5的制空型号，专门执行对地攻击任务的Fw 190A-5/U3飞机通常会去掉机翼外侧的机炮。

1943年夏天驻扎在法国境内的Erg./SKG 10训练单位“白色7”号Fw 190A-5飞机，后机身白色圆盘子是对地攻击单位的标志，飞机的机翼中部机炮已经去除。

练了两种攻击舰船战术，第一种战术是Fw 190战斗机呈纵列在2000米高度靠近目标，最后攻击时，飞机以50—60度角俯冲准备投弹，之后飞机在750米高度改出俯冲，此时飞机的速度（俯冲最后阶段）会达到750公里/小时，这几乎是飞机的极限速度。改出俯冲时的飞机平飞高度为500米（惯性下冲），就在这时借助瞄准具，飞机投下炸弹。之后，投完弹的飞机再以小角度爬升脱离目标；另一种战术是10./JG 2中队指挥官弗兰克·利森达尔上尉发明的战术，Fw 190战斗机在低空靠近目标并投弹，在距目标2000米时，飞机突然大角度爬升到500米高度，随后飞机再以中等角度俯冲，当速度达到500公里/小时时，飞机在100米高度改出俯冲状态，距目标为300米，这个过程中借助反射式瞄准具飞机投下炸弹，投完弹后飞机爬升脱离目标。

截至1943年2月中旬，Ⅱ./SKG 10大队开始接受第一批Fw 190战斗机，同时，单位有20—25名飞行员在接受新机训练。该单位第一起事故发生在2月17日，1架Fw 190A-4/U8飞机因为燃油耗尽而在雷恩的圣雅克机场实施了迫降，飞机受损。3月6日，又发生两起更严重的事故，大队队部的霍斯特·辛格斯特上尉和5./SKG 10中队马克斯·穆勒下士在训练事故中丧生，飞机注销。

SKG 10联队仍在训练期间，德国空军的海峡前线战斗机力量因为德国各个战场，特别是北非战事吃紧被调走而有所缩减。

截至1943年1月10日，德国空军西线装备Fw 190战斗机单位主要战斗序列如下：

第 3 航空队(Luftflotte 3)

Stab./JG 2	Fw 190A-4	博蒙勒罗歇	14(7)
Ⅰ./JG 2	Fw 190A-4	圣布里厄	39(25)
Ⅲ./JG 2	Fw 190A-3/A-4	瓦纳默孔	48(37)
10.(Jabo)/JG 2	Fw 190A-3/A-4	卡昂卡尔皮屈埃	10(1)
Stab./JG 26	Fw 190A-4	圣奥梅尔维泽讷	5(5)
Ⅰ./JG 26	Fw 190A-4	圣奥梅尔阿尔奎斯	36(26)
Ⅱ./JG 26	Fw 190A-3/A-4 和 Bf 109G	维提	54(39)
Ⅲ./JG 26	Fw 190A-4	韦弗尔海姆	35(30)
10.(Jabo)/JG 26	Fw 190A-4	圣奥梅尔维泽讷	13(10)

中部总司令(Oberbefelshaber Mitte)

Stab./JG 1	Fw 190A-4	耶弗尔	4(4)
Ⅱ./JG 1	Fw 190A-4	翁斯德雷赫特	40(26)
Ⅲ./JG 1	Fw 190A-4 和 Bf 109G	胡苏姆	59(49)
Ⅳ./JG 1	Fw 190A-4	慕尼黑-格拉德巴赫	41(29)

帝国保卫战拉开序幕

即将跨入1943年，1942年12月6日的一场战斗值得一提，它预示着Fw 190战斗机的帝国保卫战正式拉开序幕。当天，英国皇家空军第2轰炸机大队全部中队的轰炸机一起出动轰炸荷兰境内埃因霍温菲利普无线电工厂，其中一支轰炸机编队从低空飞越Ⅱ./JG 1大队的翁斯德雷赫特基地，机场防空高炮击落1架“文图拉”轰炸机。敌机飞越基地上空竟然没有Fw 190战斗机拦截，原因是作为英国空军行动的牵制性行动，美国陆航第八航空队的B-17轰炸机当天同一时间空袭了法国里尔境内德军目标，Ⅱ./JG 1大队的Fw 190飞机被吸引到西面去拦截美国轰炸机编队。在拦截B-17编队战斗中，莱昂哈特中尉的6./JG 1中队击落1架B-17，这是JG 1联队首次击落四发重型轰炸机。告别零分后，JG 1联队的飞行员不久之后就得天天跟美国重型轰炸机打交道，因为JG 1联队就在美国轰炸机进入德国领空的航线上。JG 1联队左翼（南面）就是分散部署在比利时和法国北部的格哈德·绍佩尔少校的JG 26联队，该联队主要拦截由此处经过轰炸德国鲁尔工业区的盟军飞机。再往南是瓦尔特·奥梭的JG 2联队，该联队的主要任务就是防守法国领空。

实际上，从宏观上看，1943年1月开始到1944年6月的美国重型轰炸机空袭德国境内目标的战斗可以称得上是一本流水账，战斗很单调，几乎千篇一律，无非是德军击落多少敌机，己方损失多少飞机。但是，微观上看，有一些空中行动具备标志性的意义。量变达到质变，质变就体现在某一次战斗或某一阶段的战斗，这些战斗相当有看头。不可争辩的事实是，美国陆航空袭的规模越来越大，最终压垮了纳粹德国。美国陆航重型轰炸机行动是主线，点缀主线的仍然是海

近处这架Fw 190A-5，W.Nr.1197飞机是4./JG 26中队指挥官奥托·斯塔姆伯格中尉的座机，他在1943年5月13日的战斗中被英国“喷火”战斗机击落，当时他驾驶的是1架Fw 190A-4，W.Nr.0739，“白色9”号飞机，被击中后飞机当即爆炸，之后他才跳伞，由于降落伞被烧坏，他重重摔在地面，侥幸不死，但重伤恢复后无法再升空作战。

来自地狱的恶魔是Ⅳ./JG 1大队的标志，图中是Fw 190A-3战斗机，实际上，这个大队是德国空军单位中最先装备Fw 190A-4的单位。

后机身的圆圈表示第Ⅳ大队，憋屈的日子一去不复返了，JG 1联队最先装备最新型Fw 190A-4战斗机。

峡两岸的敌对双方的战斗轰炸机你来我往的行动，这种刷存在感的骚扰行动战略上毫无意义（只有一些战术意义），希特勒不这么看，盟军重型轰炸机在欧洲出现后他就特别气恼，下令轰炸机和战斗轰炸机单位用同样的方法回敬英国人。此时，德国空军的战略短板开始显现。

西部战线1943年的第一场重要的战斗行动发生在1月3日，当天，美国第八航空队出动68架B-17和B-24轰炸机再次对法国境内圣纳泽尔的德军潜艇基地进行轰炸，之前盟军轰炸机已经反复轰炸了多次。除了德国高炮对美国轰炸机造成的损失，德国空军Ⅲ./JG 2大队的Fw 190战斗机给美国造成的损失更大，这个大队声称击落了不少于17架轰炸机，其中包括埃贡·迈耶尔上尉和9./JG 2中队指挥官齐格菲尔德·施奈尔中尉分别击落2架。事实上，美国人声称只有7架B-17轰炸机被击落，另有2架飞机严重受损在迫降过程中坠毁，但是，美国人的数据也不准确，加上毁于地面高炮的，美国轰炸机损失数量应该大于9架。此次战斗德国方面有14名Fw 190飞行员声称击落了敌机，己方损失2架飞机。同一天，威廉-费迪南德·“伍兹”·加兰德（Wilhelm-Ferdinand 'Wutz' Galland）上尉接替卡尔·海因茨·“科尼”·迈耶尔上尉任Ⅱ./JG 26大队指挥官。公认“伍兹”·加兰德是加兰德家族中最优秀的战斗机飞行员，而阿道夫·加兰德是家族中最优秀的作战指挥官。一个星期后，原Ⅲ./JG 26大队指挥官约瑟夫·普瑞勒晋升为JG 26联队指挥官，他的位置被弗里茨·盖斯哈特上尉取代。

美国陆航本年度第二场重要行动是十天后的1月13日，当天，美国出动64架B-17轰炸机轰炸了法国北部城市里尔的火车机车工厂，此次行动遭到了德国空军Ⅲ./JG 26大队的迎头拦截，美国方面称陆航第305轰炸机大队的22架B-17轰炸机中有10架被严重击伤，但只有1架未能返回，也就是被击落。德国方面声称此次拦截行动击落3架B-17轰炸机，其中7./JG 26中队指挥克劳斯·梅图施上尉击落1架，德国空军没有任何损失。

尽管德国空军JG 2联队和JG 26联队的战斗轰炸机中队一直没有中断对英国南部沿岸目标进行骚扰式轰炸，这些行动规模都不大，每次出动几架Fw 190战斗机，每架飞机通常最多携带1枚500公斤炸弹。但是，1943年1月20日，德国战斗轰炸机单位发动了一次自1940年以来最为大胆的昼间空袭英国首都伦敦的行动。作为当天行动的一部分，德国空军先是派出飞机对英国文特诺（怀特岛最南部小城镇）和坦布里奇韦尔斯进行了几轮牵制性攻击，临近中午，由28架Fw 190战斗机（并不完全是战斗轰炸机中队的飞机）组成主要攻击力量在Ⅰ./JG 2大队的8架Fw 190飞机护航下起飞升空，每架战斗轰炸机都混合携带了SC 500和SC 250炸弹，作战简令要求飞行员实施恐怖轰炸，即任何他们感兴趣的目标都可以实施轰炸。中午12时22分，34架Fw 190飞机（不清楚另2架情况）在海平面高度穿越英国海岸，英国的拦阻气球已经收起，发现德国飞机来袭已经来不及将其升起。12时30分，德国Fw 190战斗机在房顶高度进入伦敦东南部上空，随即飞行员就随心所欲地对感兴趣的目标实施了轰炸和扫射。一座煤气储气罐被击中燃起大火，格林威治区的英国皇家海军学院也遭轰炸，德特福德的发电站和萨里商业码头等也未能幸免于难。在桑德赫斯特学校，德国人投下的500公斤炸弹炸死了38个孩子和6名老师，当地报纸描绘这场灾难称，这是“凶残的敌人发动的血腥屠杀”。

这次突袭行动还造成另外26名平民丧生，许多人不同程度受伤。在行动中，只有10.(Jabo)/JG 26中队的1架Fw 190A-4飞机在萨里的卡博尔附近被防空炮火击落，这架德国飞机的飞

左图中的Fw 190A-4飞机正在进行发动机维护工作，维护舱口设计比较科学，维护人员可以方便地对发动机进行维护。右图中枪械员正在给发动机上方机枪补弹。

2./JG 2中队的飞行员正在1架Fw 190A-4飞机（“黑色1”号）前进行交流，飞机侧面的黑色鹰图案全凭发挥，没有固定的样式。

行员是赫尔曼·胡希少尉。胡希座机被英国高炮击中后，他试图在一处已经犁过的农田实施迫降，迫降过程中，他的座机撞到了一棵树，发动机当即被树干扯掉，无头的飞机最后冲进灌木丛才停下来。整个迫降过程十分惊险，胡希竟然发现自己身上一处伤都没有，只是受了点惊吓。很快胡希被英国人活捉。此次德国空袭编队在返航时遭到英国皇家空军第91中队的“喷火”战斗机拦截，不幸的是没有战果，反倒被7./JG 26中队指挥官梅图施上尉击落2架。

德国第一波战斗轰炸机返航后，第二个由30架Fw 190A-3/A-4和Bf 109G-4组成的战斗轰炸机编队在3000米高度飞抵英国伊斯特本，大部分德国战斗轰炸机在布赖顿（伊斯特本西北25公里的海滨城市）投下了炸弹，其他飞机遭到拦截胡乱投下炸弹自保，因为英军已经被前一次德国人行动“炸”醒。此次行动，英军已经做好了充足的准备，第340中队的“喷火”战斗机率先对德国飞机编队实施了攻击，5./JG 26中队的阿尔弗雷德·巴特尔上士被击落。德国人被迫放弃任务返航，“喷火”和“飓风”战斗机紧追不舍，一直追击到海峡另一侧。本来Fw 190抛掉炸弹的空战性能就不输给“喷火”，更不用说“飓风”战斗机，加上海峡法国一侧有接应，德国2./JG 26中队富尔伯特·辛克中尉在法国布洛涅西北上空击落1架“喷火”战斗机。英德空军你来我往的伏击战一直持续到当天下午，JG 26联队指挥官约瑟夫·普瑞勒在英国坎特伯雷附近击落1架“喷火”战斗机，但德国方面损失3架Fw 190，这些飞行员分别是3./JG 2中队约瑟夫·伯克尔上士和8./JG 26中队汉斯·科莫灵少尉，以及JG 2联队队部海因茨·埃伯斯巴赫少尉，其中前两人当即丧生，后者受伤。与此同时，还有4架Fw 190飞机被击伤返回基地后实施了迫降，其中2架归属Ⅱ./JG 26大队，另2架属Ⅲ./JG 26大队。与当天战斗相关的最后一架飞机损失

“黄色11”号Fw 190A-4属于9./JG 2中队，飞机侧面的鹰图案跟其他飞机的不一样。远处进行的是空降演习。

发生在第二天早上，4./JG 26中队的沃尔夫冈·陶夫曼下士被第609中队的1架“台风”战斗机击落。

西部战线的下一场重要行动发生在1月23日，如今，德国人任何大胆行动都会很快遭来盟军的报复。当天，美国陆航出动54架B-17轰炸机又一次轰炸了法国境内洛里昂和布雷斯特的德国潜艇基地。出于对1月13日拦截轰炸机行动中美国重型轰炸机自卫火力的畏惧，德国空军战斗机单位之后研究出一种新的拦截战术以减少被敌机自卫火力击中的危险，这种战术就是同时从敌轰炸机编队两侧发起攻击，以此来削弱单一方向的敌机火力密度，让轰炸机上的机枪手无暇顾及两个方向的德国飞机。美国陆航第303轰炸机大队的35架B-17轰炸机遭到德国空军Ⅲ./JG 2大队的Fw 190战斗机拦截，当即有5架美国轰炸机被击落，其中2架成了7./JG 2中队埃里希·霍哈根中尉的囊中物。此次行动，Ⅲ./JG 2大队的1架Fw 190A-4飞机因发动机故障在瓦纳坠毁，飞行员成功跳伞。

1月25日，10.(Jabo)/JG 2中队执行了两次打了就跑的骚扰任务，一次针对的是英国南部港口城市伯恩茅斯，另一次是英国德文郡的金斯布里奇（普利茅斯东南25公里）。1月26日，10./JG 26中队突袭了英国拉姆斯盖特（坎特伯雷东30公里海滨城市）。骚扰任务中，10./JG 2中队的卡尔·布拉泽上士被英国空军第266中队的“台风”战斗机击落身亡。Ⅰ./JG 2大队的Fw 190飞机与“喷火”战斗机在法国勒图凯（加来南50公里海滨小镇）上空遭遇，这次遭遇战中，2./JG 2中队指挥官克里斯蒂安·埃克霍夫中尉被“喷火”战斗机击落身亡，另一位德国飞行员被击落，但成功跳伞逃生。

海峡两岸的战斗仍在继续，这是德国空军Ⅲ./JG 1大队在本年度首次获得战果，1月12日，8./JG 1中队阿洛伊斯·乔布下士在挪威上空击落1架执行侦察任务的“喷火”飞机。五天后，6./JG 1中队两名飞行员在斯凯尔特河入海口（荷兰境内）遭到20架“喷火”战斗机的围攻，其中乔治·施特龙茨下士被击落。Ⅱ./JG 1大队本年度第一个战果是1月22日取得的，当时，12架Fw 190战斗机拦截了一支由“喷火”和“野马”战斗机护航的B-25“米切尔”轰炸机编队，在比利时布兰肯贝尔赫西北上空，Ⅱ./JG 1大队一口气击落6架英国战斗机，另有2架飞机被在高空执行掩护任务的11./JG 1中队飞行

图中是南部训练大队的1架Fw 190A-4战斗机垂尾，方向舵上的战绩为4架英国飞机和3架美国陆航飞机。训练大队的教官一般是有经验的飞行员，学员中也有天赋较好的准飞行员。

Ⅱ./JG 1大队的标志是塔佐蠕虫（Tatzelwurm），这种虚构的生物长得像蛇、浑身覆盖鳞片、两条腿靠前、眼睛明亮、长着猫耳，它能散发出有毒的臭气置人于死地。Ⅱ./JG 1大队的三个中队塔佐蠕虫颜色并不一致，第4中队为白色，第5中队为红色，第6中队为黄色。

员击落。

目标：德国本土

1943年1月27日，美国陆航第八航空队首次昼间轰炸德国本土目标，这是标志性的时间，从此盟军开始了近30个月战略轰炸德国本土行动，德国本土不再安全，德国的战争格局也开始发生不利的巨大变化，东线的苏联已经取得了斯大林格勒战役的决定性胜利，德国进入战略防守态势。1月27日当天，美国陆航出动64架B-17和27架B-24轰炸机轰炸德国北部威廉港，德国空军Ⅰ./JG 1大队的Bf 109G-1战斗机主要拦截B-17轰炸机，4./JG 1中队和Ⅳ./JG 1大队的Fw 190A-4战斗机主要拦截B-24轰炸机，Fw 190飞机单位声称击落4架敌轰炸机，实际上2架被击落，另有9架被击伤，己方则有2架Fw 190战斗机被击落，另有1架被击伤。装备Bf 109G-1战斗机的Ⅰ./JG 1大队损失最惨，这个大队先是声称击落5架B-17轰炸机，而事实上，只有1架轰炸机被击落，该大队反倒被击落5架Bf 109G-1战斗机，3名飞行员丧生。这次行动似乎可以说明，对付敌人四发重型轰炸机，Fw 190战斗机比Bf 109战斗机要有效得多。另外，Ⅲ./JG 2大队发明的迎头攻击战术在其他单位运用还不那么娴熟，在1月23日的战斗中，Ⅲ./JG 2大队在拦截35架B-17轰炸机行动中采用两侧同时进行的迎头攻击战术一举击落5架美国轰炸机。

此时，德国空军高层决定将西线的JG 26联队与东线的JG 54联队对调以便让后者进行休整和补充，1943年1月底，

在法国和比利时短暂热身后，美国陆航B-17重型轰炸机从1943年1月开始轰炸德国本土，轰炸编队规模从百余架逐渐扩展到上千架。美国重型轰炸机的参战直接促使德国空军在战略上转变为主要应对美国的大规模轰炸，其武器研制、战略部署、战术使用等发生很大变化。

早期“野马”战斗机为美国北美公司为英国皇家空军研制的飞机，首批“野马”Ⅰ在1941年11月交付给英国皇家空军，虽然这个型号飞机低空性能优异，但是艾利森发动机极不可靠。

4./JG 54中队和Ⅲ./JG 54大队由Ⅰ./JG 26大队和7./JG 26中队替换返回战事仍不算多的西线，但是，替换的单位中只有齐格菲尔德·冯·马图施卡中校指挥的Ⅰ./JG 26大队装备了Fw 190战斗机。此时，JG 26联队新任指挥官约瑟夫·普瑞勒（接替格哈德·绍佩尔少校）发现很多调到西线的JG 54联队飞行员的训练严重不足（临时归普瑞勒指挥），他们在东线战场主要与素质低的苏联空军飞行员作战，特别是大部分作战任务是拦截素有“黑色死神”之称的伊尔-2攻击机，面对西线英美飞行员时这些东线战绩显赫的飞行员显得非常吃力。训练中普瑞勒发现，他从后面实施攻击，竟然没有被一个飞行员发现，这件事促使他下令要求非作战单位必须立即强化飞行员战术训练。

除了“台风”外，英国皇家空军还引进了美国“野马”ⅠA战斗机，联合对比试验表明，这款飞机即使安装艾利森发动机也足以匹敌德国Fw 190战斗机。在速度方面，于7000米及以下高度，德美两国战斗机性能不相上下，只是在3000—4500米高度，美国战斗机比德国战斗机快8—24公里/小时。在爬升性能方面，德国Fw 190在所有高度都优于美国“野马”ⅠA，后者最大爬升速度比德国Fw 190慢16公里/小时。美国飞机的爬升角度不如德国飞机的大，爬升率也明显不如。两个型号飞机从快速俯冲转拉起到爬升状态，爬升的初始阶段，美国飞机落后并不明显，但之后德国飞机明显超过“野马”ⅠA。对比俯冲测试表明，德国和美国飞机几乎没有什么区别，如果一定要说有，那就是美国“野马”ⅠA飞机在持续俯冲方面稍稍比德国Fw 190速度快。

在机动性能方面，德国Fw 190比美国“野马”ⅠA要好，但后者转弯半径方面更强。在一次两型机对比格斗测试中，当“野马”ⅠA攻击Fw 190时，后者可以借助优异的垂直机动性能躲开攻击，然后再顺势俯冲，紧接着大角度爬升，“野马”ⅠA根本跟不上Fw 190这一连串动作。如果遭受攻击时Fw 190在极近的距离才发现“野马”ⅠA，后者有机会在前者爬升前实施短射。“野马”ⅠA最不利的高度是6000米以上和3000米以下。在作战条件下，包括空战和爬升到7500米高度，Fw 190的续航时间和爬升时间分别是约1小时和20分钟。以265公里/小时的速度爬升到5500米高度，Fw 190的爬升率为900—1000米/分。在最佳巡航速度条件下，Fw 190从平飞状态拉起爬升，爬升高度特别高，爬升角度相当陡。Fw 190从俯冲状态拉起爬升的性能特别出众。对比试验另一个重要内容就是遭到Fw 190攻击后采取什么样的机动战术最佳，如果“野马”ⅠA高速飞行，并且在

Bf 109战斗机一生最为人所诟病的是火力增加困难和起落架轮距过窄，虽然一再增加火力配置，机炮的内置一直就没有实现，只得通过外挂吊舱来增加火力，外挂吊舱最大的问题是射击精度不如内置机炮。图中是Bf 109G-6战斗机。

1架Fw 190战斗机被“喷火”飞机击中后飞行员跳伞连续画面，明显这是攻击方飞机照相枪拍摄的。Fw 190一个起落架伸出，可能是被击中后自动伸出的。

1800米距离就发现Fw 190，躲避攻击的最佳办法就是将发动机油门加到最大，然后俯冲逃离，一旦速度上来，Fw 190几乎没有可能追上美国战斗机。如果是低速状态下“野马”ⅠA飞机遭到Fw 190飞机攻击，指望俯冲加速逃离是不可能的，最好的办法就是在Fw 190进入武器射程内时，“野马”ⅠA快速转弯机动。

1943年2月3日，德国JG 26联队拦截了英国皇家空军两次“竞技者”行动，这是英国空军发动的跨越英吉利海峡的战斗行动，跟上文提及的德国空军跨越海峡骚扰战术有点类似，只是风水轮流转，英军主动进攻了。在第一次拦截行动中，JG 26联队声称击落11架英国飞机，主要是“喷火”战斗机，其中2./JG 26中队富尔伯特·辛克中尉一人独得两个战果。英军的第二次“竞技者”行动遭到了Ⅱ./JG 26大队和8./JG 26中队的拦截，卡尔·鲍里斯上尉独占此次行动6架战果中（除“喷火”战斗机还有1架“哈德逊”轻型轰炸机）的2架“喷火”，德国方面仅损失1架Fw 190。第二天，美国陆航出动65架B-17轰炸机去轰炸埃姆登（德国主要港口之一，在北海多拉尔特湾右岸、埃姆斯河口附近，即耶弗尔西部，与荷兰交界），这里是JG 1联队辖区，Ⅱ./JG 1大队和Ⅳ./JG 1大队拦截了美国轰炸机编队。德国空军这两个大队声称击落6架美国轰炸机，己方损失2架Fw 190，其中包括6./JG 1中队指挥官瓦尔特·莱昂哈特中尉，他在实施第二轮攻击B-17轰炸机时突然座机爆炸，很可能被敌自卫火力击中。这天行动中，Ⅲ./JG 26大队也与“喷火”战斗机照面，不过战绩为零，己方还损失2架Fw 190。

2月5日，10.(Jabo)/JG 26中队的四机Fw 190编队轰炸了英国黑尔舍姆（伊斯特本北10公里小镇），行动中，赫尔伯特·布特纳下士被英国皇家第609中队南基威尔上尉驾驶的“台风”战斗机击落。尽管“台风”已经在皇家空军服役一段时间，德国空军飞行员还是经常误以为“台风”飞机是美国产P-40战斗机，JG 26联队的作战报告称：“我们的四机编队遭到2架寇蒂斯P-40的攻击，赫尔伯特·布特纳下士在编队后面，他遭到1架P-40两次射击，他拉起飞机大角度爬升，随后跳伞。”12天后，10.(Jabo)/JG 26中队番号改为10.(Jabo)/JG 54，中队著名的“施拉格特”臂章也从飞行员的制服上摘除，改变番号的中队仍归约瑟夫·普瑞勒指挥，但

JG 2联队的2架飞机分别是Fw 190A-3（近处）和Fw 190A-4（远处），可以对比2架飞机的垂尾顶部。为了敌我识别，JG 2联队的飞机发动机罩和垂尾方向舵采用醒目的黄色，黑白照片发白的部位就是黄色。

是该中队的战绩不再计入JG 26联队账下。

此前的2月16日，美国陆航一支再次光临法国圣纳泽尔的轰炸机编队遭到Ⅰ./JG 2大队的Fw 190战斗机拦截，德国声称击落6架B-17轰炸机，其中约瑟夫·沃姆希勒少尉击落2架，大队指挥官赫尔穆特-菲利克斯·勃尔兹上尉击落1架。不久，又有2架美国B-17轰炸机被击落，取得这些战果的是2./NAGr 13中队，这是短程战术侦察单位，该中队装备的就是Fw 190飞机，取得战绩的是科林克少尉和施罗德上士。

Fw 190侦察单位

早在1942年3月，首批Fw 190A-3飞机就被送到驻扎于特博格达姆的9.(H)/LG 2中队进行测试试验，这个中队是侦察评估单位。四个月后，第一个作战中队，即1.(F)/123开始接收Fw 190A-3，这个驻扎在法国图苏斯布克的远程侦察机中队在1942年7月至10月间对Fw 190A-3进行了测试。10月9日，6架Fw 190A-3交付给3.(F)/122中队，该中队刚刚从法国克雷伊调到荷兰阿姆斯特丹的斯希普霍尔。3.(F)/122中队每天出动4架Ju 88轰炸机执行任务，2架执行黎明任务，2架执行傍晚任务，一次在英格兰东岸空域，一次在荷兰沿岸。早上在英国东部沿岸的飞行最远可达英国中部弗兰伯勒

近处“红色10”号Fw 190A-3/U4是5.(F)/123中队的侦察机，机腹登机梯后有一个突出的整流罩，这里是照相机位置。照片拍摄于1943年法国圣波尔。

角海域，晚上的飞行只抵达英国泰晤士河口，或者东盎格鲁外海。装备Fw 190战斗机后，该机执行的就是Ju 88飞机傍晚的飞行任务。10月24日，3.(F)/122中队1架Fw 190A-3飞机因故障在法国东北部圣波尔的芒契布雷顿机场实施迫降，飞机受损25%，可修复再使用。

同样在10月，两个短程侦察中队，即1./NAGr 13和2./NAGr 13在苏联战场成立，前者由1.(H)/23中队改变番号而来，后者由4.(H)/13中队演变而来，两个中队成立不久，中队原来装备的Hs 126B和Fw 189飞机换装为Fw 190A-4飞机，换装完成后，由乔治·瓦纳特少校指挥的Ⅰ./NAGr 13①大队被调到法国圣布里厄。在此仅仅休整几个星期，之后的11月，该大队转移到西西里岛，11月30日，大队1架Fw 190遭到毁坏。1942年12月17日和18日，该大队的13架Fw 190和地勤人员抵达突尼斯西迪艾哈迈德机场。但是，Ⅰ./NAGr 13大队在突尼斯并没有执行作战任务，很快，将飞机转交给Ⅱ./JG 2大队和Ⅲ./ZG 2大队后，Ⅰ./NAGr 13大队返回了法国。

与此同时，3.(F)/122中队的报告称单位在1942年11月17日有2架以上Fw 190A-3在作战中受损，更大的损失发生在12月19日，当天战斗中，保罗·格勒特上士在海边肖勒姆（在布赖顿西5公里，常简称肖勒姆）附近海域被新西兰空军（RNZAF）第486中队的“台风”战斗机击落，这是3.(F)/122中队唯一驾驶Fw 190丧生的飞行员。截至12月1日，3.(F)/122中队主要装备是8架Fw 190A-3战斗机、7架Ju 88D-1轰炸机、2架Ju 88D-5轰炸机和1架Bf 109F-4战斗机。

在11月底，又有两个侦察中队成立，驻扎在法国泰维尔的4.(F)/123中队和驻扎在法国圣波尔的5.(F)/123中队，这两个中队可能是3.(F)/122中队拆分后成立的，因为后者已经停用Fw 190。截至1943年2月，德国空军装备Fw 190战斗机的侦察单位如下表所示。

4.(F)/123中队的首例飞机受损事故发生在1943年1月，1架Fw 190A-2飞机在泰维尔机场发生事故。2月27日，乔治·瓦纳特少校被汉斯·弗雷德里希·舒尔策-莫德罗少校取代任NAGr 13大队指挥官（一个大队指挥官军衔是少校极为罕见，可能说明独立大队级别较高）。1943年3月3日，大队1架Fw 190飞机在着陆时发生起落架折断事故，飞机损坏。5月7日，由于技术问题，又有1架Fw 190飞机损坏。其他

Stab./NAGr 13	法国圣布里厄	1架Fw 190A-3/U3和3架Fw 190A-4
1./NAGr 13	法国圣布里厄	2架Fw 190A-3/U4和10架Fw 190A-4
2./NAGr 13	法国圣布里厄	10架Fw 190A-4和4架Fw 190A-4/U4
4.(F)/123	法国泰维尔	1架Fw 190A-2、2架Fw 190A-3和13架Bf 109F/G
5.(F)/123	法国圣波尔	10架Fw 190A-3和2架Bf 109G-4/R3

① “Ⅰ./NAGr 13”的书写方式怀疑有误，在德国空军，“G”后有小写“r”表示是独立大队，不隶属任何联队，例如，NAG 13是联队，NAGr 13是大队。既然是大队，为什么还有“Ⅰ”、“Ⅱ”或“Ⅲ”之分呢，罗马数字表示大队，阿拉伯数字表示中队，因此，“Ⅰ./NAGr 13”怀疑是“1./NAGr 13”，下文中“截至1943年2月，德国空军装备Fw 190战斗机的侦察单位如下”中没有提到“Ⅰ./NAGr 13”这个单位。

NAGr 13短程侦察大队Fw 190A-3/U4侦察机，为了减重，飞机机翼外侧机炮被拆除。

(F)/123侦察大队几个侦察中队的标志，5.(F)/123和6.(F)/123中队标识不详。

2./NAGr 13中队2架Fw 190A-3/U4侦察机，画中画是NAGr 13大队的标志，一只鹰在窥视英国。近处飞机机腹可见明显鼓包，飞机垂尾方向舵颜色与机身不一样，为的是敌我识别。

单位飞机损失情况大致是：5.(F)/123中队1架飞机在3月13日被“台风”战斗机击落。4.(F)/123中队指挥官约阿西姆·赫内布特上尉在6月21日丧生，资料未说明是事故还是作战被击落。除了上文提到2./NAGr 13中队击落2架B-17轰炸机外，4.(F)/123中队在1943年6月2日下午2时55分击落过1架英国空军“蚊子”飞机。

更多的西线空战

盟军具备了轰炸德国本土目标的能力后，这类远距离空袭就一波接一波，规模也越来越大。继上次大规模行动后，美国陆航第八航空队下一个大规模空袭行动发生在1943年2月26日，这天，美国出动65架重型轰炸机继续轰炸德国威廉港的潜艇基地。德国空军第一个拦截美国轰炸机编队的是驻扎在荷兰东部阿纳姆第伦机场的Ⅳ./JG 1大队，大队副官埃伯哈特·布拉特中尉回忆道：“我最后发现了敌轰炸机并以最大速度迎头而上，随着敌机轮廓越来越大，危险性也在增加。简直不敢想象一个人怎样与这些重型四发巨兽作战，敌机肯定有60—70架，与盟军重型轰炸机交过手的飞行员此时看到敌机都会有一丝恐惧油然而生，但是我没有。没有丝毫犹豫，我改变航向直接迎头向敌机编队发起攻击，敌机所有机枪都朝我开火射击，我感觉我驾驶飞机似乎在子弹和曳光弹形成的巨大云层里飞行。我也开了火，刚刚射击，突然我发现一串子弹朝我飞来，子弹来自我左侧，红得像西红柿，就是这种红色引起了我的注意，我在最后时刻躲过子弹。他们（敌机射手）至少可以说击中了我的发动机，但是我安全地返回了基地。”美国轰炸机编队也遭到了Ⅰ./JG 1大队Bf 109G-1战斗机的拦截，这个大队此次拦截行动的战果出奇地好，在不到20分钟的战斗中，Bf 109G-1飞机一口气击落8架美国轰炸机，其中4架B-17和4架B-24轰炸机。Ⅱ./JG 1大队的Fw 190战斗机也参与了战斗，跟Ⅳ./JG 1大队一样，Fw 190飞机单位此次行动表现欠佳，行动中只击落1架B-17轰炸机，不过，这么激烈的战斗，德国空军没有损失一架飞机。有外文资料称此次行动Fw 190和Bf 109G飞机一共击落7架B-17轰炸机，另有43架被严重击伤，这份资料

约瑟夫·普瑞勒少尉在1943年1月10日接替格哈德·绍佩尔任JG 26联队指挥官，图中是他的Fw 190A-5战斗机，飞机机腹携带了1个300升副油箱，同样，机翼外侧机炮被去除。

没有提及此次行动中的B-24轰炸机。

3月3日，5./JG 1中队乔治·胡特上士声称在英国东海岸洛斯托夫特东部海域50公里击落1架英国“蚊子”轻型轰炸机，这是该型号飞机当年首次被德国战斗机击落。这架“蚊子”飞机属英国空军第139中队，该中队装备10架“蚊子”飞机。第139中队此前执行过一次远程攻击任务，轰炸挪威境内的一座钼矿。

3月4日，美国陆航出动71架B-17轰炸机去轰炸德国哈姆的火车站，由于气候恶劣，只有16架轰炸机飞抵了目标，其余的飞机选择轰炸次要目标，即荷兰境内特别是鹿特丹的德军目标，每次轰炸行动都会规划主次目标，避免冒着生命危险跑空腿。实施拦截的德国空军JG 1联队四个大队声称击落了7架B-17轰炸机，一扫上次行动失利的阴霾，其中Ⅱ./JG 1大队的Fw 190战斗机击落了5架，前来增援的JG 26联队击落3架，德方共损失5架Fw 190。

3月8日，美国陆航出动了16架B-24轰炸机前去轰炸法国鲁昂，为轰炸机护航的是英国空军三个中队的“喷火”战斗机，负责拦截此次盟军行动的是德国JG 26联队，其中联队指挥官普瑞勒率领Ⅲ./JG 26大队主要任务是把护航的“喷火”引开并消灭，“伍兹”·加兰德少校的Ⅱ./JG 26大队则迎头攻击轰炸机编队，德国空军的战术很成功，失去护航保护的美国轰炸机编队首先被击落2架，其他飞机则慌作一团，四处逃散的B-24飞机遍布法国北部上空。当天行动，JG 26联队声称击落3架B-24轰炸机和2架“喷火”战斗机，虽然战绩并不那么突出，但这是首次，也是唯一一次美国第八航空队的轰炸机编队没有抵达目标就被迫返航。JG 26联队指挥官普瑞勒战斗中击落1架“喷火”，赶来增援的7./JG 2和8./JG 2中队也在当天击落2架B-17和1架

驻扎在荷兰吕伐登的Ⅱ./JG 1大队基地，近处是2架Fw 190A-4战斗机，远处是Ⅰ./JG 1大队的Bf 109战斗机。这里是永备机场，机场条件较好。

“黄色6”号是12./JG 1中队的Fw 190A-4战斗机。如今，德国最新战斗机通常被优先考虑装备海峡两岸的作战联队，特别从1943年1月开始，JG 1联队的重要性陡然上升。

“喷火”。

两天后的3月10日，美国陆航P-47战斗机（属第4战斗机大队）首次出现在欧洲战场（法国上空），当天战斗中，P-47飞机纯粹是“喷火”战斗机的配角，前者跟着后者熟悉一下战场环境，行动中没有遭遇德国Fw 190战斗机。P-47战斗机外形短粗，其貌不扬，看上去比德国飞机更大更重，虽然稍显笨拙，却具备航程远的特点，不久为其设计大型副油箱后，P-47战斗机的航程可以达到德国与比利时的边界，对于为轰炸机护航的单位来说，这是一个很大的进步。P-47飞机刚开始颇受美国和英国飞行员怀疑，但是该机使用的增压器使其高空性能相当出色，加上该机装备的8挺12.7毫米机枪，任何小看“雷电”（P-47的绰号）战斗机的人都会付出代价。美国第八航空队第一个装备P-47的单位是第56战斗机大队，之后不久，第78大队和第4大队也换装P-47，后者替下了腿短的“喷火”。装备新机后，美国陆航这三个大队也经常派出P-47战斗机执行对地攻击任务。P-47的出现是另一个标志性的事件，虽然出场并不那么轰轰烈烈。

为了报复英国皇家空军夜间轰炸德国城市，德国空军海峡前线单位继续跨海骚扰袭击英国目标。3月的第一个星期，Ⅰ./SKG 10大队和Ⅱ./SKG 10大队又有一些飞行员完成了训练准备参加实战，此时SKG 10联队主要指挥官分别是，联队指挥官京特·托尼少校（不久前还是Ⅰ./SKG 10大队指挥官）、Ⅰ./SKG 10大队指挥官威廉·舒尔曼上尉和Ⅱ./SKG 10大队代理指挥官赫尔穆特·威蒂班特中尉。

7./SKG 10中队执行的第一次作战任务是在1943年3月8日，该中队2架Fw 190战斗机轰炸了埃迪斯通灯塔（埃迪斯通外海一块石头上有一座灯塔，日久成为地名，在普利茅斯西面）附近的一艘拖网船。在3月11日空袭海斯廷斯）的行动中，SKG 10联队首遭作战损失，库尔特·巴拉巴斯上士被英国地面高炮击中，他的Fw 190A-5座机挣扎着穿越海峡最后坠毁在比利时科克赛德（海滨城市，距西南法国敦

美国P-47战斗机跟德国Fw 190飞机一样采用风冷发动机，短粗的外形使得很多人并不看好这款飞机，实际上，P-47有很多可圈可点之处，四处征战使其获得了二战名机的美誉。图中飞机属美国陆航第五航空队。

克尔刻18公里）。3月12日清晨，JG 2联队和JG 54联队的战斗轰炸机中队出动19架Fw 190飞机低空攻击了英国埃塞克斯地区的伊尔福德和巴金目标，空袭造成的物质损失几乎可以忽略不计，但造成很多平民伤亡。英国皇家空军只有两个中队，第122中队和第331中队设法拦截了德国飞机编队，其中第331中队声称击落5架Fw 190飞机，实际上，只有2架德国飞机被击落，飞行员是10./JG 2中队的科尔特中士，他的飞机也穿越海峡最后坠毁在比利时科克赛德；10./JG 54中队的博施上士的座机坠毁在敦克尔刻外海。当天13时15分刚过，Ⅱ./SKG 10大队也出动Fw 190飞机空袭了德文郡萨尔康姆贝目标，己方没什么损失，但是，第二天针对同一地点的行动中，2架Fw 190被英国空军第266中队的“台风”战斗机击落。

3月18日，美国陆航103架重型轰炸机空袭了不来梅南面威悉河旁的费格扎克潜艇生产厂，轰炸机编队首先遭到Ⅰ./JG 1大队的Bf 109G的拦截，随后Ⅳ./JG 1大队的Fw 190也加入猎杀行动，10./JG 1中队鲁道夫·赫伯尔下士、12./JG 1中队的卡尔·贝克尔中尉和哈特维希·库伯上士击落2架B-17和1架B-24，每人各得1架战果。美国B-17轰炸机的火力也相当猛烈，10./JG 1中队路德维希·高切灵少尉的Fw 190A-4（W.Nr.0590）座机被击中失踪，飞机最终坠毁在北海。几乎同一时间，Ⅱ./JG 1大队拦截了一支英国空军由40架“喷火”战斗机护航的“文图拉”双发中程轰炸机编队，英国此次作战任务是轰炸荷兰马斯莱斯石油提炼厂。德国Ⅱ./JG 1大队击落3架英国战斗机，哈里·科赫中尉、莱因哈德·弗莱克斯上士和欧根·沃劳钦斯基下士分别击落1架，但是，科赫中尉获胜不久也被击落，他的座机坠毁在海中，他本人跳伞后被救起并送到阿姆斯特丹医院接受治疗。另一位获胜的飞行员是沃尔夫冈·斯泰因代理下士，他是福克-沃尔夫公司的工厂防御中队飞行员，他当天也击落1架B-17轰炸机。

五天后，德国再次出动20架Fw 190空袭英国伯恩茅斯目标，行动中仅有1架飞机损失，即Ⅱ./SKG 10大队副官奥

这架2./SKG 10中队的Fw 190A-4/U8飞机在1943年5月30日凌晨3时误降在英国芒斯顿机场，注意看飞机翼下携带的容克公司设计的挂架。飞机表面的迷彩涂装破旧不堪，可见这架飞机使用的频率。

斯瓦尔德·劳曼中尉被英国地面轻型火力击落，他的Fw 190A-5（W.Nr.2544）飞机坠毁在海中，但第二天的损失更大。3月24日，来自JG 2联队和JG 54联队的战斗轰炸机中队的15架Fw 190在10./JG 54中队指挥官保罗·凯勒中尉的率领下前去轰炸肯特郡的阿什福德目标，接近目标时，战斗轰炸机编队分成两个编队，一个编队轰炸火车站，轰炸取得了良好战果，另一个编队把炸弹投给了这座城市。保罗·凯勒中尉驾驶Fw 190A-5（W.Nr.2587）飞机在树梢高度的超低空用机炮攻击了一辆停在农业工厂院子内的油罐车，卡车中弹后爆炸并燃起大火。也许是油罐车爆炸的碎片，或者是英国人的轻型火力击中了凯勒座机携带的炸弹，Fw 190当即凌空爆炸。德国人的此次行动作战报告称："炸弹投下后，凯勒中尉立即右转爬升，就在此时，凯勒座机被直接击中，他的座机爆炸成一个明亮红色的大火球。飞出去的螺旋桨是爆炸后唯一仍能看到的飞机部件。"这次突袭行动给肯特郡造成了整个二战期间最严重的伤亡：51人丧生，154人受伤。上文就提到过这位素有"轰炸凯勒"之称的保罗·凯勒中尉，他是一位轰炸技术相当娴熟的飞行员，也是一位优秀的中队指挥官，阵亡后，接替他的是埃尔温·布施中尉。

3月底，SKG 10联队队部具备作战能力并驻扎在圣安德烈，队部装备6架Fw 190战斗机。同时，Ⅰ./SKG 10大队因战术要求转移到荷兰阿姆斯特丹的斯希普霍尔机场，以便攻击英国东南沿岸的港口目标。3月底和4月初，SKG 10联队的飞机和JG 2联队、JG 54联队的两个战斗轰炸机中队继续在白天轰炸英国目标，但是规模都不大，战果也不丰富，损失也看得见。例如3月29日，德国出动8架Fw 190空袭英国布莱顿，行动中约阿西姆·科赫下士被击落身亡。4月3日，在攻击英国伊斯特本的行动中，埃伯特下士被英国防空炮火击落。六天后，在轰炸英国福克斯通行动中，赫克下士也被高炮击落，巴克豪斯少尉在英吉利海峡上空搜寻赫克时遭到第609中队"喷火"战斗机的攻击而被击落。

1943年4月1日，德国空军JG 1联队进行了重组，以便分出一部分组成新的战斗机联队，即JG 11。新分出去的单位扩编后形成JG 11联队的大队，而JG 1联队空出的编制通过招募重新成立。进入1943年后，德国战争局势每况愈下，特别是盟军轰炸机开始从德国北部空袭德国本土目标是促使JG 1联队改组和组建JG 11联队的主要原因。此前，JG 1联队的四个大队分散部署在比利时至丹麦一带，这里战事稀少，一个联队足以应付，进入1943年情况就完全不同了，简而言之，德国需要组建更多的战斗机单位拦截由北部入侵的盟军轰炸机。这次改组后，这一带德国

驻扎在荷兰东部阿纳姆第伦1./JG 1中队的1架Fw 190A-4/U8战斗机，飞机携带了1枚250公斤炸弹。

空军战斗机单位负责的空域面积缩小，但单位面积内的作战飞机数量增加，作战效率大大提高。下面列出的就是重组后的JG 1联队和JG 11联队单位构成：

Stab./JG 1
未变。新任指挥官汉斯·菲利普中校(不久前刚刚从东线战场返回取代埃里希·米克斯博士中校)，单位驻扎在荷兰东部阿纳姆第伦，装备Fw 190A-4战斗机。
Ⅰ./JG 1大队
由Ⅳ./JG 1大队改组而来，大队指挥官弗里茨·洛西盖特少校，单位驻扎在荷兰东部阿纳姆第伦，装备Fw 190A-3、Fw 190A-4、Fw 190A-4/U1和Fw 190A-5战斗机。
Ⅱ./JG 1大队
未变。大队指挥官赫尔伯特·基由斯基少校，单位驻扎在荷兰翁斯德雷赫特，装备Fw 190A-3、Fw 190A-4和Fw 190A-5战斗机。赫尔伯特·基由斯基在4月16日的战斗中被美国P-47战斗机击落阵亡，接替他的是迪特里希·魏乔普上尉。
Ⅲ./JG 1大队
新成立。大队指挥官卡尔-海因茨·莱斯曼少校，单位驻扎在荷兰吕伐登，装备Bf 109G-6战斗机。
Stab./JG 11
新成立。指挥官安东·马德少校(原Ⅱ./JG 77大队指挥官)，单位驻扎在德国耶弗尔，装备Bf 109G-1和Bf 109G-6战斗机。
Ⅰ./JG 11大队
由原Ⅰ./JG 1大队转变而来，大队指挥官瓦尔特·斯拜斯少校，单位驻扎在德国胡苏姆，装备Fw 190A-4和Fw 190A-5战斗机。这个大队损失的第一架Fw 190飞机事故发生在1943年4月25日，Ⅰ./JG 11中队赫尔穆特·格拉格勒下士因事故坠机丧生。
Ⅱ./JG 11大队
由原Ⅱ./JG 1大队转变而来，大队指挥官京特·拜泽上尉，单位驻扎在德国耶弗尔，装备Bf 109G-1、Bf 109G-2、Bf 109G-3和Bf 109G-6战斗机。

2./JG 1大队的1架Fw 190A-5战斗机，该单位驻扎在德国胡苏姆。从1943年4月开始，德国加强了北部防空力量，增加战斗机联队，提高作战空域内的拦截飞机数量。

随着JG 1联队转移到荷兰境内，驻扎在德国北部的JG 11联队负责德国湾的防空任务。5月，JG 11联队的两个大队抽调部分人员组成Ⅲ./JG 11大队，该单位装备Bf 109G战斗机。德国战斗机防御力量增强的同时，盟军空军的作战格局也发生了变化，其中之一就是P-47战斗机在一个多月的战场磨合和锻炼后正式取代“喷火”战斗机成为盟军主力护航战斗机。P-47与德国战斗机首次主要交锋发生在4月15日，当天，美国陆航三个战斗机大队的59架P-47执行第204次“竞技者”作战任务，攻击法国圣奥梅尔地区的目标。德国空军Ⅱ./JG 1大队（新成立的）的15架Fw 190战斗机对美国飞机编队实施了拦截，5./JG 1中队厄恩斯特·黑森上士当即击落2架P-47C（第4战斗机大队所属第334中队）。美国飞行员声称击落了3架Fw 190飞机，但是，德国空军损失记录里并没有当天战斗有任何损失的记载。

德国空军JG 1联队重组的同时战斗也在继续，4月1日，3./JG 1中队弗里茨·蒂姆中士击落1架英国空军“兰开斯特”轰炸机，驾驶这架轰炸机孤身进入德国领空的是一位爱冒险的中队指挥官，12天前他就一人驾机独闯德国领空，这次他没那么走运了。4月17日，Ⅳ./JG 1大队（现在的Ⅰ./JG 1大队）指挥官弗里茨·洛西盖特少校击落1架B-17轰炸机，这是他个人第一个轰炸机战果，也是当天JG 1联队和JG 11联队联合行动中击落7—10架美国轰炸机中的1架。

西南方向的JG 26联队和

2./JG 11中队标志，其义不详。这架飞机上方有伪装网，这是平原战场中简易的伪装措施。

3./JG 11中队指挥官正在给飞行员下达命令，后面的Fw 190为“黄色1”号。3./JG 11的前身是9./JG 1中队，单位标志也沿用。

JG 2联队面临的压力也越来越大，战损不断在增加。4月5日，Ⅲ./JG 26大队指挥官弗里茨·盖斯哈特上尉在拦截空袭安特卫普美国轰炸机编队的战斗中严重负伤，他从侧面攻击了B-17轰炸机，被敌机自卫火力击伤后，他驾驶Fw 190A-4座机设法在根特安全迫降，但是第二天他还是死在医院里。

灾难性的夜间袭扰行动

稍早前的4月10日，驻扎在法国卡昂卡尔皮屈埃的两个独立的战斗轰炸机中队10./JG 2中队和10./JG 54中队番号分别改为13./SKG 10和14./SKG 10，另一个中队，15./SKG 10在前两个中队抽调人员的基础上成立。这三个中队组成了Ⅳ./SKG 10大队，单位指挥官是海因茨·舒曼少校。跟SKG 10联队的其他单位不同，Ⅳ./SKG 10大队完成编制重组后立即投入战斗，这个大队的飞行员大多是经验丰富，久经战场的老兵，根本不需要适应性训练。

1943年4月16日，德国SKG 10联队首次执行夜间轰炸伦敦目标行动，早在训练期间就有人提出借助月光执行夜间骚扰英国战术，但是，这个提议并没有得到普遍赞同，5./SKG 10中队弗里茨·塞泽少尉解释称：“这个主意很荒谬，飞机没有安装夜战设备，飞行员也没有进行夜战训练和仪表飞行训练，我们的飞机根本就没有导航系统。”事实上，很多飞行员只进行过平均8—10架次的夜间常规飞行、2—3架次夜间高空飞行和夜间触地复飞练习。SKG 10联队最后在4月14日准备进行夜间攻击任务。

此时，Ⅰ./SKG 10大队驻扎在法国北普瓦，Ⅱ./SKG 10大队从法国雷恩转移到亚眠的格利西（亚眠城东南10公里），在转场飞行过程中，Fw 190战斗机第一次携带副油箱，但油箱是空的。在执行夜间攻击任务前，每位飞行员都由中队指挥官进行单独作战简情介绍，而且飞行员都得到一张绘制了任务航线的基本地图。正式作战任务在4月16日晚开始进行，由于训练不足，准备不充分，此次行动是灾难性的。首先，2./SKG 10中队弗兰茨·施瓦格尔中尉驾驶的Fw 190A-5飞机和另1架飞机在阿布维尔因事故坠毁。不久，不少于3架Fw 190在普瓦机场起飞过程中相撞，事故导致3./SKG 10中队指挥官鲁道夫·特雷恩中尉丧生，他死后被追授骑士十字勋章，军衔也晋升为上尉。开局就不利，但任务并未放弃，飞机编队在英国多佛尔附近穿越海峡后，23时35分，2./SKG 10中队指挥官汉斯·克拉恩中尉坠毁在肯特郡斯泰普尔赫斯特的亨赫斯特农场，当场丧生。

Ⅱ./SKG 10大队在23时30分起飞，编队中8架Fw 190来自亚眠格利西机场的7./SKG 10

1943年4月16日夜的行动是灾难性的，7./SKG 10中队奥托·贝赫托尔德上士驾驶1架Fw 190A-4/U8飞机误降在英国。

中队，另外8架来自5./SKG 10中队。这个大队飞行员采用双机编队起飞，为的是夜空中也组成双机一组的纵列队形进入英国伦敦上空。这16架飞机每架都携带2个副油箱（左右机翼各一）和机腹携带1枚250公斤SC 250炸弹，有意思的是副油箱里携带的是100升燃油，不是满载的300升，因为，副油箱满载情况下加上1枚炸弹，飞机在夜间起飞存在很大困难，或者说危险性。

就在Fw 190编队飞往伦敦途中，Ⅱ./SKG 10大队的3架飞机迷路了，其中1架飞机飞行员是7./SKG 10中队的奥托·贝赫托尔德上士，他驾机靠近目标时被地面探照灯照得暂时失明，当即失去了方向感，他决定投下炸弹向南返航，返航途中，他不断地用无线电呼救，但没有回应，原因是其他飞行员的窘境跟他类似，都在发求救信号造成线路阻塞。刚刚穿过泰晤士河口，他误以为英国肯特郡北岸是法国北岸。虽然地面高炮不断向他“问候”，贝赫托尔德自信地认为这是德国人误射它，为此，他发射了1枚照明弹并打开导航灯准备着陆。随后，他在英国西莫灵机场探照灯的引导下完美地着陆，那一刻他仍然坚信这是法国机场。同一中队的舒尔茨中士将炸弹投给了地面一个工厂的烟囱，投完炸弹后他发现座机只剩下78升燃油，返回法国机场根本不可能了，为此，他决定找一处平坦的地面实施迫降，当看到西莫灵机场的灯光后，他决定到那里降落。悲催的是，当舒尔茨靠近灯光时，地面灯光突然关掉，他的座机坠毁在一个果园里。第三个迷路的是5./SKG 10中队的塞泽少尉，躲过了密集的地面炮火后，他也发现飞机燃油不足，并且决定在他以为的法国某处机场着陆，没想到他以为的“法国机场”也是英国西莫灵机场。这次与前两次不同，英国一辆装甲车上的射手毫不留情地对着塞泽飞机射击，一点也不意外，德国Fw 190被击落。此次夜间行动德国方面损失的最后一名飞行员是Ⅱ./SKG 10大队的安拉塞克上士。

贝赫托尔德为盟军带来了1架完整的Fw 190A-4/U8战斗机，盟军如获至宝，毫无疑问这架飞机给盟军带来了极其有价值的信息。仅仅两天后的4月18日，英国皇家空军航空技术飞行大队指挥官J.F.托宾少校驾驶这架德国飞机在范堡罗进行了适应性飞行，此时，这架Fw 190A-4/U8飞机已经获得了皇家空军的战术编号：PE882。对这架飞机检查发现，飞机的机身有自动测向器天线插座，但实际上没有安装FuG 25测向器，对贝赫托尔德的审讯获知，Fw 190A-4/U8型号仍处在试验阶段，因此有些设备还没有安装，但是，中队指挥官的飞机安装了自动测向器。检查还发现，飞机的机翼用十字形面板进行了结构加固处理，后机身结构也进行了加强，翼根MG 151/20机炮的射击距离设置在了200米，而不是450米。

德国人发动的骚扰式空袭任务越来越不轻松，如今，执行战斗轰炸任务的Fw 190还得面对新的对手，也就是英国皇家空军的“喷火”Ⅻ飞机。新“喷火”飞机安装功率更大的“格里芬”发动机，翼尖也进行切尖处理，改进后的飞机特别适合与低空偷偷入侵英国领空的德机作战。最先装备“喷火”Ⅻ飞机的是皇家空军驻扎在瓦莱的第41中队，4月3日，该中队达到作战能力。十天后，第41中队被调往肯特郡的霍金奇（福克斯通正北5公里），这里是德国战斗轰炸机进入伦敦的主要航线。“喷火”Ⅻ飞机首次取得战绩，击落1架Fw 190的战斗发生在4月27日。当年5月，皇家空军第91中队也被调往霍金奇机场，但是不久后的5月21日，

两图仍然是奥托·贝赫托尔德上士的Fw 190A-4/U8，飞机涂装破损严重，机身英语为“禁止触摸”。

第41中队就再次转移到比根希尔（伦敦市中心南10公里）机场。装备“喷火”Ⅻ飞机单位的主要任务是保护英国沿岸城镇免遭德国骚扰式的空袭。

对缴获的德国Fw 190A-4/U8详细检查后，下一步就是该型飞机与英国“喷火”Ⅻ原型机的对比测试试验，参与试验的是秀波马林公司经验丰富的试飞员。进行的两轮距离为16公里，高度分别为300米和600米的速度对比测试，试验表明，“喷火”Ⅻ的加速性能优于Fw 190A-4/U8，前者速度也强于后者。由于天气恶劣，两型机俯冲性能和爬升性能对比测试没有进行，但是机动性能进行了简单的测试，英国飞机稍好于德国飞机。

1943年4月17日，美国第八航空队发动了第52次轰炸任务，此次任务美国出动四个B-17轰炸机大队总计107架（四个大队总计飞机115架，8架因故障修理未参加），目标是不来梅郊区的福克-沃尔夫飞机制造厂。盟军的轰炸规模越来越大，德国空军在4月1日的重组也大大提高了作战效率。此次盟军超过百架轰炸机的行动理所当然地遭到了德国空军战斗机单位最猛烈、最顽强的拦截，Ⅰ./JG 27大队和Ⅲ./JG 54大队的Bf 109战斗机，JG 1联队和JG 11联队的Fw 190和Bf 109战斗机悉数上场。德国战斗机一波又一波地迎头攻击美国轰炸机，地面宽达800米

已经喷涂一新的Fw 190A-4/U8，机身有英国皇家空军飞机标志，机身战术编号为PE882。英国人当然不会放过这么好的机会测试一下德国飞机。

“喷火”Ⅻ是“喷火”战斗机家族中改进较大的一个型号，最明显的是飞机不再采用此前尖拱形机翼，也可看作此前型号机翼切尖处理，改进后的飞机低空性能大大提高。

纵深的密集高炮也对美国飞机构成严重威胁，尽管如此，美国轰炸机仍然义无反顾勇往直前，最后将炸弹投向了福克-沃尔夫制造厂，该厂被严重炸毁，工厂内已经生产出来的Fw 190战斗机很多被摧毁在地面。当然，德国战斗机飞行员也十分顽强，保卫家园的决心甚至让他们冲进地面高炮射击禁区追击美国轰炸机。这天的行动，盟军行动达到了战役目的，付出的代价也很大，德国战斗机单位也显示了高超的战技术水平和指挥能力。在两个多小时拦截作战中，德国战斗机对美国轰炸机实施了连续不断的攻击，各个作战单位配合默契，行动有条不紊，德国方面声称美军不少于26架轰炸机被击落，而美军方面称只有16架轰炸机被击落，另有39架受伤。Fw 190战斗机单位当天表现出众的飞行员有Ⅰ./JG 1大队指挥官弗里茨·洛西盖特少校、Ⅰ./JG 11大队指挥官瓦尔特·斯拜斯少校和古托斯基上尉，唯一损失的Fw 190飞行员是3./JG 1中队的汉斯·佩尔泽下士，他被1架B-17飞机上的自卫火力击落。

当天晚些时候，英国空军还执行了一次“推弹杆”行动，目标是法国阿布维尔、卡昂和比利时泽布勒赫，拦截行动中，“伍兹”·加兰德击落1架P-51“野马”战斗机，这

Ⅰ./JG 1大队1架Fw 190A-6战斗机，这实际上是Fw 190A-5/U10的新编号，机翼外侧用MG 151机炮替代原来MG FF机炮，前者是长管机炮，射击精度和射程都比后者强。

“黄色8”号是3./JG 1中队1架Fw 190A-5/R6飞机，“R”表示战场改进组件，“R6”表示飞机携带W.Gr. 21火箭发射器，实战中，这种210毫米火箭弹攻击美国重型轰炸机效果并不好，在盟军出现护航战斗机后，携带火箭发射几乎就是送死。

是他个人第39架战果。此时的“野马”战斗机还只是个配角，更新型号的出现才会改变欧洲战场的局势。

四天后，英国皇家空军再次出动11架“文图拉”轻型轰炸机（第21中队）在“喷火”战斗机的护航下轰炸法国阿布维尔的火车编组站，德国空军Ⅱ./JG 26大队立即起飞实施拦截，当时德国空军第3航空队司令胡戈·施佩勒战地元帅正在Ⅱ./JG 26大队视察。激烈的混战中，3架“文图拉”飞机被击落，其中2架成为“伍兹”·加兰德囊中之物，另1架被5./JG 26中队指挥官霍斯特·斯滕伯格中尉击落。行动中英国还有2架“喷火”被击落，取得这2个战果的分别是4./JG 26中队汉斯·菲舍尔少尉和5./JG 26中队彼得·克朗普上士。7./JG 2中队的埃里希·霍哈根少尉也击落1架“文图拉”飞机。不苟言笑的施佩勒冷冷地看着德国飞行员升空作战再胜利返回，他则继续视察工作。

4月25日，英国皇家空军第487中队出动11架“文图拉”轰炸机攻击了荷兰阿姆斯特丹发电厂，正在试验“轰炸轰炸机”战术的Ⅰ./JG 1大队正好想验证一下新战术，但这种战术首次使用很不成功。Bf 109战斗机冒着巨大的风险去拦截“文图拉”完全得不偿失，只有美国B-17和B-24才值得一试身手。装备Fw 190的Ⅱ./JG 1大队却展开了疯狂屠杀，当即就有9架“文图拉”被击落，但实际上有10架被击落。被击落的英国飞行员中有一位是中队指挥官列奥纳德·H.特伦特，他声称击落1架Fw 190后被击落，他被击落后成了战俘，后来因为他的勇敢而获得了“维多利亚十字勋章”。这次行动比较成功的德国飞行员是汉斯·埃勒斯上士（击落2架“文图拉”飞机）和维乔普上尉（击落1架“文图拉”、1架“喷火”飞机）。同时，JG 1联队损失两名飞行员，一名是5./JG 1中队的厄恩斯特·黑森少尉，另一位是4./JG 1中队卡尔·法伊弗上士，另有一名飞行员胡特上士受伤。

5月4日，美国陆航79架B-17轰炸机在P-47战斗机的护航下轰炸了位于比利时安特卫普的原美国通用汽车公司，由于为P-47飞机研制了新型副油箱，该机第一次可以深入敌方领空执行护航任务。当天的战斗证明了P-47飞机护航的重要性，行动中没有1架B-17被击落，但是，Ⅱ./JG 1大队的汉斯·埃勒斯上士和维乔普少尉分别击落1架“喷火”战斗机。英国“喷火”腿也短，深入敌领空的护航任务中，“喷火”一般会在半途与轰炸机编队分离。JG 26联队指挥官普瑞勒和约翰·埃德曼上士也分别击落1架“喷火”，但是，JG 26联队一名愤愤不平的飞行员后来记述此次战绩称：“……来自帝国元帅戈林的‘贺词’却说，我们应该被开除，我们的编队长机也应该由于怯懦而被捕！”同一天的挪威战场，英国空军海岸司令部的2架“英俊战士”战斗机分别被1./JG 5中队的哈伯曼少尉和3./JG 5中队的舒尔茨下士击落。

5月14日，美国陆航第八航空队发动两次重要轰炸行动，一次行动是轰炸德国北部基尔的造船厂，另一次是空袭Ⅲ./JG 26大队位于比利时韦弗尔海姆的机场。第一次轰炸行动遭到了Ⅰ./JG 1大队和Ⅰ./JG 11大队的Fw 190，以及Ⅱ./JG 11大队的Bf 109的拦截，3架B-17和5架B-24被击落，两名Fw 190飞行员丧生，分别是3./JG 1中队的威利·吕克上士和3./JG 11中队卡尔·托恩上士，4./JG 1中队的沃尔夫冈·格里姆少尉受伤，死伤均是P-47飞机造成的。美国飞机的第二次突袭给韦弗尔海姆机场造成严重损失，大量地勤人员和飞行员死伤，飞机和机场建筑，以及机场跑道都破坏严重，Ⅲ./JG 26大队因此有一段时间完全失去了战斗力，该大队直到转移到法国里尔北部机场才恢复作战能力。Ⅲ./JG 26大队拦截行动也取得一些战果，5./JG 26中队指挥官汉斯·诺曼上尉和5./JG 26中队指挥官霍斯特·斯滕伯格中尉分别击落1架B-17；9./JG 26中队指挥官保罗·施劳德中尉和5./JG 26中队海因茨·戈曼下士分别击落1架“喷火”。3./JG 1中队的埃默里希下士击落1架P-47。JG 26联队损失三名飞行员，另有三人受伤，受伤的飞行员中包括8./JG 26中队指挥官卡尔·鲍里斯，他被敌轰炸机的自卫火力击中，他跳伞后，降落伞没有完全展开，因此受伤，他在医院里疗养一段时间后才重回部队。同样在5月14日，德国空军3./SKG 10中队的埃里希·豪斯勒下士被英军第157中队的1架“蚊子”飞机击落，最让人惊讶的是，1./JG 107训练中队的斯泰克迈尔上士在隆吉翁（卢森堡市西南50公里）附近击落1架“蚊子”飞机。

5月15日的战斗中，2./JG 2中队指挥官霍斯特·汉尼希中尉

布鲁诺·斯托勒上尉在1941年春天时是8./JG 26中队指挥官，1943年7月1日被任命为Ⅲ./JG 26大队指挥官。后来，他到Ta 152试验单位任指挥官。图中“黑色12”号Fw 190A-4在后来的迫降中坠毁，造成训练中队学员鲁道夫·穆勒丧生。

在法国卡昂上空被“喷火”击落，汉尼希跳伞后由于降落伞未能打开而阵亡。年仅21岁的汉尼希在1943年1月从苏联战场返回任2./JG 2中队指挥官，他在苏联的战绩为90架，回国后战绩又增加8架，包括1架重型轰炸机。

在5月初的一次为期三天行动中，14.(Jabo)/JG 5中队取得了击沉2艘潜艇、1艘2000吨辅助船和1艘3000吨护卫舰的战绩，其中，卡尔-海因茨·弗罗谢克上士和瓦尔特·波尔分别击沉1艘潜艇，击沉辅助船和护卫舰的是弗雷德里希-威廉·史特拉克扬上尉，这人比较牛，他还击落过9架苏联飞机。因为这些战斗轰炸任务完成出色，北方（东方）战斗机指挥部在5月16日给全体中队成员发了一份电报：“元首已经表达了他对北方（东方）战斗机指挥部战斗轰炸机单位攻击舰船的褒奖，在此传达元首良好的祝愿，并命令用一切可能的办法继续这类行动。”仅仅一个月后的6月18日，14.(Jabo)/JG 5中队在攻击波甘角外海舰船的行动中损失2架Fw 190，其中埃瓦尔德·胡莱因上士的Fw 190A-3座机在攻击过程中撞到舰船桅杆，他当场丧生。瓦尔特·波尔则被防空炮火击落。

在5月16日几场独立的战斗行动中，JG 1联队、JG 2联队和JG 26联队与英国和美国战斗机激烈交锋，Ⅱ./JG 1大队指挥官迪特里希·魏乔普上尉在北海上空被P-47击落，他的指挥官一职暂时由罗伯特·欧莱伊尼克上尉接任，直到6月28日正式任命瓦尔特·赫克纳上尉任Ⅱ./JG 1大队指挥官。

1943年5月17日，美国陆航第八航空队出动159架B-17轰炸机空袭法国境内洛里昂德国潜艇基地，德国潜艇给盟军造成的损失最大，因此，潜艇基地和潜艇生产厂是盟军空袭的首要目标。德国空军Ⅰ./JG 2大队和Ⅲ./JG 2大队的Fw 190拦截了美国轰炸机编队，德国方面称行动中击落10架美国飞机，获得战果的飞行员中，9./JG 2中队的约瑟夫·“塞普”·沃尔姆席勒少尉后来名气最响，他原是一名Bf 109飞行员，后改驾驶Fw 190，此次战斗前的1942年8月19日他已经获得了橡树叶加骑士十字勋章，当时战绩为67架。拦截行动中唯一受伤的格哈德下士也属9./JG 2中队。此次行动中，Ⅱ./SKG 10大队试图采用“轰炸轰炸机”战术在美国B-17轰炸机编队上方投掷250公斤炸弹，战术运用得十分失败，没有击落1架美国轰炸机，单位卡尔·阿恩特上士反倒被轰炸机自卫火力击落。几乎就在拦截B-17的同时，11架美国B-26“掠夺者”轰炸机遭到德国空军Ⅱ./JG 1大队的拦截，美国这种中型轰炸机编队的目标是荷兰艾默伊登（阿姆斯特丹西北10公里）和哈勒姆（阿姆斯特丹西5公里）地区的发电厂。此次轰炸行动，美军不少于10架轰炸机被击落，大部分是德军高炮的功劳，只有2架被Fw 190击落，Ⅱ./JG 1大队队部的库尔特·尼德里希豪尔茨上士和4./JG 1中队厄恩斯特·温克勒分别认领

JG 2联队在1943年3月开始接收Fw 190A-5战斗机，图中是驻扎在法国博蒙特罗歇的JG 2联队队部飞机，远处几架全是Bf 109G-4战斗机。

1架。

三天后，SKG 10联队又有1架Fw 190A-4/U8战斗机误降在英国机场，这次是Ⅰ./SKG 10大队的飞机误降肯特郡曼斯顿机场，德国飞行员海因茨·埃尔哈德以为自己降落在了法国圣奥梅尔机场。5月22日，这架Fw 190A-4/U8被送到英国范堡罗的皇家航空研究中心，一个星期后该机获得英国飞机战术编号：PM679。这架飞机由英国人驾驶在英国首飞是在1943年6月2日，两个星期后的6月17日，飞机转交给威特灵的空战研究单位后，不幸的是，PM679飞机在6月25日损坏，飞机无法再修复。飞机剩余的部件后来交付给位于科利威斯顿的第1426飞行大队作为备用件，供英国其他的Fw 190飞机使用。

5月21日，123架美国陆航第八航空队B-17轰炸机再次光顾威廉港和埃姆登轰炸德国潜艇基地，美国轰炸机编队遭到德国空军Ⅰ./JG 1大队和Ⅰ./JG 11大队的Fw 190战斗机，以及JG 1联队、JG 11联队、JG 27联队和JG 54联队大量Bf 109战斗机的拦截。历次的拦截轰炸机战斗，德国人发现只有当轰炸机编队长机投弹后其他轰炸机才会跟着投弹，根据这一特点，德国战斗机飞行员决定专门迎头攻击这些编队长机，打乱敌机投弹程序。随后爆发激烈而混乱的战斗，德国方面声称击落不少于24架B-17，而实际上美国承认的只有德国声称的一半。美军声称击落不少于31架德国战斗机，其中11架是被轰炸机自卫火力击落的，而实际上，德国只损失2架Fw 190，2架飞机均来自1./JG 1中队，其中1架飞机飞行员是中队指挥官汉斯·芒兹中尉。Ⅰ./JG 1大队副官埃伯哈德·布拉特中尉回忆道：

5月21日是既伟大又困难的一天，早上10时30分，我们被引导拦截美国四发轰炸机编队，但是，我们没有发现敌机，11时13分，我们返航并在荷兰斯希普霍尔机场着陆。12时21分，我们再次起飞拦截已经返航的美国飞机编队。这次方向是正确的，我们在阿默兰岛北面100公里发现敌机，敌机正向西北方向飞行准备返回英国基地。我是施诺尔上尉的僚机，我们追上并超越敌机编队，为的是迎头实施攻击，在敌机下方，我的瞄

误降在英国的德国空军1./SKG 10中队1架Fw 190A-5/U8飞机，英国人立即进行了检查，并随后进行了对比测试飞行。上图中右侧为1架误降在英国的Bf 109战斗机。

准具在几乎不可能的角度套上敌机编队右侧最外面的B-17飞机，（瞄准具中）敌机轮廓达到三个长度时，我按下了所有武器按钮，但是没有任何效果。战斗结束返航着陆后，施诺尔上尉向我祝贺我的第一个战果，我听了一头雾水，不相信这是真的。汉斯·芒兹中尉是我在慕尼黑格拉德巴赫（也称门兴格拉德巴赫）的室友，这次战斗中他失踪了。我想去搜索他，我的飞机一准备好就立即起飞。飞行一段时间后，我发现翻滚的海浪上有一个黄色的东西，那是橡皮筏，但是让我伤心的是随着海浪起伏的橡皮筏上没有人。我降低高度在橡皮筏周围小半径搜索，除了海浪的白色泡沫，没有其他东西。“汉斯，你在哪里？”——什么也没有。六个星期后，他的遗体在叙尔特岛海滩被发现——我从未遇到过这么好的一个人。

汉斯·芒兹的1./JG 1中队指挥官一职被乔治·绍特少尉替代，后者是一位西班牙内战老兵，当时他的战绩就是3架飞机，Ⅳ./JG 1大队在多布里茨成立时他就在这个单位服役，一个多月前这个大队番号改为Ⅰ./JG 1。再回到5月21日的战斗，除了埃伯哈德·布拉特，Ⅰ./JG 1大队还有两名Fw 190飞行员分别击落1架B-17，他们是威廉·克雷布斯少尉和约翰尼斯·拉特诺下士。2./JG 11中队也有两名Fw 190飞行员各击落1架敌机，即奥尔文·多普勒上士和汉斯·潘克里秋斯少尉。德国空军的新战术运用是十分成功的，美国轰炸机最后的投弹程序被打乱，轰炸效果大大降低。但是在战术应变能力上，美国并不输于德国。

当天战斗中另一个登场的新武器是W.Gr 21火箭弹，上文已经介绍过Fw 190改进型携带这种武器系统，几架特殊的飞机被送到第25试验单位进行测试，这个特殊单位于1943年4月17日在维特蒙德哈芬成立，单位指挥官是爱德华德·特拉特少校，单位主要任务是测试各种战斗机武器和设备。这种常被人称为“烟囱”的W.Gr 21火箭弹发射器由Fw 190A-4/R6飞机的两侧翼下携带，它可以在敌轰炸机自卫火力射程外发射，但是，没有制导能力的火箭弹精度较差。事实上，德国人的意图是火箭弹在敌轰炸机编队中心爆炸，爆炸的碎片能击中敌机最好，不能命中至少可以打散敌机编队，这样其他德国战斗机就可以“一一点卯”，打乱轰炸机编队可以大大降低攻击方战斗机的损失，实战中，这个作战意图确实达到了。5月21日的战斗中，爱

德国空军的战斗轰炸机穿梭轰炸给英国造成了一定的损失，这种损失只表现在平民的心理上，对国家机器没有重大影响，而英国空军重型轰炸机夜间轰炸德国本土却给德国造成了不可挽回的损失。最终，盟军轰炸机成功地瘫痪了德国工业基础。两图是英国伯恩茅斯标志性建筑都市旅店被炸前后对比。

第25试验单位（E.Kdo 25）的1架Fw 190A-5/R6被用来进行发射W.Gr 21火箭弹试验，火箭发射器轴线稍向上偏。图中可见火箭弹的火箭发动机冲力特别大。

同一架飞机进行携带2个和3个W.Gr 21火箭发射器试验，机腹携带显然面临的问题更多，上偏角发射时，避开螺旋桨是个挑战，因此，这两图中飞机携带的火箭器是后射的，注意发射器轴向后上方倾斜。上图还未发射，下图已经发射完毕，两侧机翼襟翼均被破坏。

德华德·特拉特用W.Gr 21火箭弹真地击落1架B-17轰炸机。此后不久，进行R6组件改进的Fw 190A-4和Fw 190A-5飞机交付给Ⅰ./JG 1大队，6月1日，这个大队部署到荷兰斯希普霍尔机场。携带W.Gr 21火箭弹发射器会恶化飞机的性能，但是，早期的使用挺鼓舞人心，短腿的美国护航战斗机撤回后，德国战斗机可以放心地在敌机火力范围外发射火箭弹，打乱敌机编队。

5月23日中午1时整，德国SKG 10联队发动两次攻击英格兰南部沿岸目标的行动，德英两国当时都进行着类似的作战行动，隔三差五你来我往。德国空军的两次行动中一次是Ⅱ./SKG 10大队的20架飞机空袭英国海斯廷斯，另一次是Ⅳ./SKG 10大队的26架Fw 190空袭英国伯恩茅斯。英国预警部队被德国空军这次的协调行动所迷惑，因此德国空军行动达到了战斗突然性，英国这两个城市损失严重。海斯廷斯有25人丧生，另有80人受伤。伯恩茅斯的伤亡更为严重，有77人丧生，至少150人受伤，59幢建筑被炸毁。德国方面，Ⅱ./SKG 10大队损失两名飞行员，阿达姆·弗舍尔上士（驾驶Fw 190A-5/U8）被英国高炮击落，赫尔伯特·道布拉赫中士

强大的冲力将机翼襟翼打烂。注意发射器向后上方倾斜，说明是向后发射的。

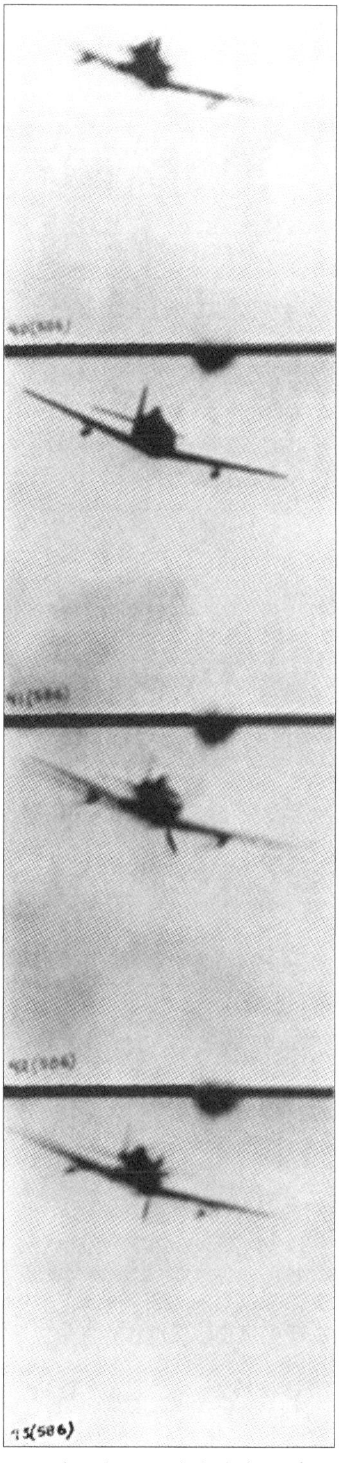

1943年7月28日的战斗中，美国轰炸机上照相枪拍摄的1架实施攻击的Fw 190，这架飞机携带了2个W.Gr 21火箭发射器。

（驾驶Fw 190A-4/U8）被英国空军第1中队的“台风”战斗机击落；Ⅳ./SKG 10大队弗雷德里希·卡尔·施密特下士被高炮击落，另一位飞行员，14./SKG 10中队的埃尔温·布施少尉返回法国卡昂卡尔皮屈埃机场迫降时受伤。

两天后，24架Fw 190再次出动轰炸英国布赖顿，这次行动中造成英国24人死亡，127人受伤。当天晚些时候的第二次行动中，Ⅱ./SKG 10大队的19架飞机轰炸了英国福克斯通，这次行动不太成功，因为英国人及时得到预警，皇家空军第91中队的“喷火”战斗机从霍金奇机场起飞率先实施了拦截，结果只有4架Fw 190飞机抵达了目标上空。关于这次拦截行动，英国空军第91中队的战报记载：“我们今晚击落

2./SKG 10中队的1架Fw 190A-4/U8误降在英国，SKG 10联队的很多照片都可以从英国方面找到。到英国领空作战就会增加被敌人俘获的几率，英国空军飞机到海峡另一侧德军控制区作战也一样。

英国人没费多大周折就让Fw 190A-4/U8重上蓝天，实际上德国人也在研究缴获的英国作战飞机，甚至包括美国B-17重型轰炸机。

了德国飞机，足足5架敌机，全部是在海上击落的！”为鼓舞士气而夸大战果谁都干过，将敌机击落在海里更是个无从考证的难题。实际上，德国仅损失1架Fw 190，另有1架受伤，让德国人痛心的是，损失的这架飞机主人恰恰是6./SKG 10中队指挥官约瑟夫·凯勒中尉，他被击落身亡。

5月29日16时05分，美国陆航第4轰炸机联队57架B-17“飞行堡垒”空袭了雷恩的德国海军物资储存点，在返航的途中，美国轰炸机编队遭到了德国空军Ⅰ./JG 2大队和Ⅲ./JG 2大队的Fw 190截击，Ⅰ./JG 2大队声称击落4架“空中堡垒”，而Ⅲ./JG 2大队声称击落了不少于14架B-17，约瑟夫·沃姆希勒少尉和卡尔-海因茨·芒舍上士击落2架，毫不例外，美国声称只损失了6架飞机，另有30架受伤。德国有三名飞行员受伤，分别是1./JG 2中队指挥官于尔根·希佩、Ⅲ./JG 2大队汉斯-约阿西姆·金泽尔和9./JG 2中队海因茨·施耐德下士，其中金泽尔伤重不治在一个多星期后死在医院里。当天第一次行动仅半个小时后，美国陆航再次出动147架B-17轰炸法国境内圣纳泽尔和拉帕利斯的德军潜艇基地，拦截这个轰炸机编队的仍然主要是Ⅰ./JG 2大队和Ⅲ./JG 2大队的Fw 190，11./JG 2中队和12./JG 2中队的Bf 109G-3和Bf 109G-6也参与了战斗。战斗结果是德国飞行员击落12架B-17轰炸机，联队队部击落2架，1./JG 2中队击落1架，Ⅲ./JG 2大队击落4架，剩余的是两个Bf 109G战斗机中队的战果。取得战绩的飞行员包括联队指挥官瓦尔特·奥梭和Ⅲ./JG 2大队指挥官埃贡·迈耶尔上尉。美国方面称损失8架“飞行堡垒”飞机，不少于58架飞机受伤。JG 2联队只有两名飞行员丧生，一个是1./JG 2中队汉斯·洛卡姆普下士和7./JG 2中队保罗·罗斯纳下士。和战绩相比，德国损失相当轻。

同一天，Ⅳ./SKG 10大队的2架Fw 190A-5飞机在美国轰炸机空袭法国卡昂卡尔皮屈埃机场时被炸弹炸伤，这点损失并没有影响第二天这个大队在14时40分出动22架飞机轰炸英国托基，其中21架飞机向这个海滨小镇投下炸弹，45名英国平民丧生，157人受伤，50幢建筑被毁。最为恶劣的是，轰炸圣马丽教堂村导致了21名儿童丧生。用德国的观点看，这次行动是成功的，尽管己方损失了4架Fw 190，其中卡尔·劳尔代理下士的飞机撞上了一座教堂塔尖，埃里希·斯帕特下士、莱蒙特·皮勒巴赫下士和赫尔伯特·坎格特下士被英国高炮击落，赫尔曼·穆勒被英国皇家空军第257中队的1架“台风”战斗机击落，这些飞行员中只有坎格特跳伞存活下来，成为了战俘，他后来回忆道：

突然，我的座机震动起来，我看见我的两侧机翼布满了弹孔，我被击中了。投下炸弹后，我立即转弯向海峡和法国方向飞去，我用无线电报告称我正尽最大努力向法国海岸靠近。只短短的一会儿，我的发动机突然停止工作了，但螺旋桨仍在旋转，发动机速度表没有显示任何数据。我仍在低空飞行，这样（发动机停止工作）我就不可能跳伞逃生。我准备实施海上迫降，这个迫降程序我已经讨论数千次了，也在理论上进行了测试。

我的座机正在损失速度，我努力维持着水平飞行高度，我突然感觉飞机要损失高度，我拉起操纵杆，为的是让飞机尾部先触水，这样飞机才不会触水后翻滚。此前，我已经解开了座椅保险带，左手紧紧地抓住仪表板。但是，我的座机却机头先触水面，我的头受到重重一击，当我也浸入水中时才醒过来，我仍然坐在座舱里。我从座舱里爬了出来并向上游出水面。这时我才能思考和活动一下……我仍然活着。我不知道是什么救了我，我猜肯定有一个护卫天使（在帮我）。

当天（5月30日）19时25分发动的第二次行动中，Ⅱ./SKG 10大队的21架Fw 190攻击了英国埃塞克斯郡弗林顿和沃尔顿地区目标，行动的备选目标是科尔切斯特。虽然有20架德国飞机投下了炸弹，英国仅仅有五人丧生，其他方面损失也较轻微。同时，德国有2架Fw 190被英国高炮击落，弗里茨·凯斯勒上士当场丧生，而阿罗伊斯·哈罗斯少尉驾驶受伤飞机试图返回基地，最终在

Ⅰ./SKG 10大队的地勤人员正在给1架Fw 190A-5/U8飞机挂载500公斤炸弹，为了增加航程，飞机还携带了2个300升副油箱。

克拉克顿外海坠入海中，哈罗斯被1架“海象”水上飞机救起，在战俘营度过二战剩下的岁月。6月1日，13./SKG 10中队的Fw 190飞机攻击了怀特岛最南端文特诺附近的尼顿。与此同时，Ⅰ./SKG 10大队和Ⅱ./SKG 10大队的飞机联合空袭了肯特郡的马盖特，行动中，5./SKG 10中队奥托·祖根鲁克被英国空军第609中队“台风”战斗机击落。

6月2日早晨天刚刚亮，Ⅱ./SKG 10大队再次派出17架Fw 190空袭英国伊普斯威奇和费利克斯托，原本空袭目标是英国哈里奇，因这里的阻塞气球妨碍攻击改为上述两地。关于此次行动的德国空军战报记述道：“伊普斯威奇港口地区和铁路遭到了炸弹轰炸和机枪/机炮的低空扫射，与此同时，另一个战斗轰炸机编队靠近英国费利克斯托，这个编队仍在海上时，他们遭到了英国巡逻船的猛烈射击，他们顽强地穿过敌人高炮区和当地的阻塞气球，最后攻击了这个小镇的军事目标。”

3架Fw 190成功地在伊普斯威奇投下了炸弹，但是，他们的飞行高度太低，其中7./SKG 10中队的汉斯·夏特少尉因躲避高压电线而撞上起重机，他和Fw 190A-5/U8座机一道坠毁在地面，当场殒命。在费利克斯托，13架Fw 190成功投弹，炸毁了一座铸造厂和一个煤气罐，后者燃起熊熊大火。一个防空阵地也遭到了扫射。

两天后，Ⅳ./SKG 10大队的18架Fw 190飞机空袭了英国东伊斯特本，这是这个大队最后一次突袭英格兰目标。空袭造成英国7名平民丧生，33人受伤。德国方面，Ⅳ./SKG 10大队副官库尔特·希夫勒上尉被英国空军第41中队的“喷火”Ⅻ飞机击落。另一名飞行员，13./SKG 10中队的列奥波德·温格尔少尉受轻伤，他的座机被英军1发20毫米防空炮炮弹击中。6月6日，Ⅱ./SKG 10大队的16架飞机再次光顾英国伊斯特本，这次给这个城市造成的损失相当大，德国方面也再次损失1架Fw 190飞机，飞行员是7./SKG 10中队的多米尼库斯·米勒少尉，他在13时29分被英国空军第91中队的“喷火”Ⅻ击落。

在6月11日至22日，SKG 10联队队部、Ⅱ./SKG 10大队和Ⅳ./SKG 10大队被调到西西里岛的吉比尼。德国军队撤出北非后，盟军下一个战略行动就是渡过地中海消灭意大利法西斯，之后从南面进攻德国，时至6月，盟军在北非集结兵力，特别是舰船在突尼斯和阿尔及利亚集结准备进攻南欧的跳板西西里岛。为了应对盟军的行动，德国军队也加紧部署，德国空军大量作战单位云集于此，SKG 10联队的几个单位部署到这里为的就是攻击盟军登陆舰船。由Ⅲ./ZG 2大队更改番号而来的Ⅲ./SKG 10大队从北非撤到西西里岛后经常利用圣彼得罗和卡斯特尔韦特

9./JG 2中队1架Fw 190A-4。1943年上半年，盟军主要轰炸目标是德国本土和法国境内德军目标，JG 2联队在法国南部，这里战事不如北部JG 26联队和更北部的JG 1和JG 11联队的多，但是战斗也是几乎天天都有。

拉诺的前线机场与盟军作战。Ⅰ./SKG 10大队仍在法国驻扎一段时间，最后于7月12日被部署到西西里岛与兄弟单位一起并肩作战。

6月10日，英国空军第98中队6架B-25“米切尔”轰炸机在“喷火”战斗机的护航下从诺福克起飞前去轰炸比利时根特北部一座发电厂。在布鲁日和根特之间空域，英国飞机编队遭到德国空军Ⅱ./JG 1大队的28架Fw 190拦截，1架B-25被库尔特·奈德雷乔尔茨上士击落。海因茨·特罗格尔少尉、4./JG 1中队鲁道夫·哈宁格尔上士和6./JG 1中队汉斯·埃勒斯分别击落1架“喷火”战斗机。但是，皮萨斯基阵亡，京特·罗斯特受伤。第二天，美国陆航再次出动250架B-17空袭德国威廉港和库克斯港，美国轰炸的规模越来越大。此次拦截行动中，装备Bf 109的Ⅱ./JG 11大队特别成功，Fw 190单位表现不如以前，行动中只击落4架B-17轰炸机，获得战绩的飞行员是1./JG 1中队的汉斯·劳恩中士、2./JG 1中队赫尔佐格下士、3./JG 11中队施拉曼上士、Ⅲ./JG 26大队队部鲁道夫·斯图特下士和9./JG 26中队阿尔弗雷德·尼塞上士。跟其他国家不同，在德国空军没有共同击落一说，因此可能外文文献采用原始资料过程中出现错误。此次行动Fw 190单位3./JG 11中队一名飞行员丧生，4./JG 1中队一名飞行员受伤。

6月13日，德国空军和盟军空军再次爆发激烈空战，当天早晨，美国陆航第56战斗机大队P-47与德国空军Ⅰ./JG 26大队的一支Fw 190战斗机编队突然遭遇，美国声称击落3架德国飞机，而Ⅰ./JG 26大队记录显示损失2架飞机，分别是3./JG 26中队卡尔-海因茨·伯切尔中士和新成立的10./JG 26中队（当时临时隶属Ⅰ./JG 26大队）的海因里希·泽恩科代理下士。P-47实际上是在牵制德国空军战斗机力量，“雷电”飞机无法随轰炸机编队深入德国境内，只能尽量吸引德国战斗机力量，没有护航的美军轰炸机独自去轰炸德国基尔和不来梅。这个轰炸机编队遭到德国Ⅰ./JG 1大队、JG 11联队、JG 26联队和JG 54联队Fw 190和Bf 109的疯狂拦截，德国方面称击落了不少于31架B-17飞机，实际上美国承认损失了39架飞机，德国表现最成功的Fw 190飞机单位是Ⅰ./JG 1大队，该单位击落7架美国轰炸机，获胜飞行员之一是爱德华德·特拉特，他临时被派到Ⅰ./JG 1大队指导飞行员使用W.Gr 21火箭弹攻击轰炸机编队，首次行动中就用火箭弹击落3架B-17轰炸机。当天下午，8./JG 2中队击落3架英国空军“蚊子”战斗机，其中2架战果属弗雷德里希·迈中士。击落“蚊子”飞机不久，美国44架P-47战斗机编队突遭Ⅱ./JG 26大队的Fw 190战斗机拦截，后者击落3架“雷电”。另一场战斗中，Ⅱ./JG 26大队瓦尔特·赫尔曼少尉在荷兰上空

美国陆航B-25轻型轰炸机活跃在二战很多战场，其自卫火力也不断增强。

这时候另一个变化就是美军P-47战斗机可以携带副油箱参战了，虽然这种副油箱增加航程有限，毕竟又深入欧洲天空一些了。

被英国“喷火”击落身亡。夜幕降临，又有1架Fw 190被击落，这次是3./SKG 10中队的Fw 190A-5，飞行员海因茨·乌尔里希少尉被第85中队夜战王牌约翰·卡宁汉姆中校驾驶的“蚊子”击落，前者严重受伤，后被救成了战俘。

6月17日对Ⅱ./JG 1大队飞行员来说并不那么让人开心，当天9时30分，该大队20架Fw 190起飞执行任务，途中在荷兰南部空域与40架“喷火”不期而遇。“喷火”的作战半径也只能够到荷兰一带，进入6月以来，盟军战斗机部队差不多每天都进入荷兰、法国和德国北部主动挑战德国战斗机部队，其中大部分行动主要以牵制德国战斗机为主，6月17日的这次战斗也是如此。德国Fw 190和英国“喷火”是一对老冤家，作战中互有胜负。这天Ⅱ./JG 1大队有点背，被击落2架飞机，造成两名飞行员丧生，一个是海因茨·特罗格尔少尉（战绩为5架），另一个是厄恩斯特·温克勒中士（战绩为15架），战斗中另有三名飞行员受伤，而战绩为零，脸丢大了。但是，Ⅱ./JG 26大队和Ⅲ./JG 26大队当天相当成功，5./JG 26中队指挥官霍斯特·斯滕伯格中尉、6./JG 26中队瓦尔特·马托尼少尉和保罗·施瓦尔茨下士分别击落1架“喷火”，己方损失2架Fw 190。

6月20日天还未亮，又有1架Fw 190战斗机误降在英国机场，这次是英国肯特郡的曼斯顿机场，德国飞行员是Ⅰ./SKG 10大队维尔纳·奥涅下士，当时，奥涅正执行针对英国伦敦任务返航。第二天，K.J.罗伯森少尉驾驶这架Fw 190飞到皇家航空研究中心，三天后，该机获得英国飞机战术编号：PN999。在皇家航空研究中心，PN999飞机进行了34架次，共计14飞行小时的试验，主要是测试德国的FuG 16Z无

1./JG 1中队伯恩哈德·昆泽下士在完成任务着陆后受到地勤人员的祝贺，这可能是他在1943年6月16日击落1架B-17轰炸机，这是他个人第一个战果。昆泽的个人总战绩记录为9架，他后来命运不详。注意看JG 1联队飞机发动机罩黑白方格图案，这是1./JG 1中队采用的颜色，2./JG 1中队为黑红方格，3./JG 1中队是黑黄方格。

线电设备。1943年10月1日，PN999飞机被送到科利威斯顿的第1426飞行大队作为目标识别飞机使用。最后在1945年1月31日，这架飞机被送到谭格米尔的飞行研究中心的敌机飞行大队。

6月22日，盟军发动了三次类似的攻击行动，第一次，B-25轰炸机在“喷火”的护航下轰炸荷兰鹿特丹地区的工厂，这次行动遭到了6./JG 1中队的Fw 190拦截，4架“喷火”被击落，其中莱因哈德·弗来克斯上士一人独得2架战果；第二次行动，47架B-17在P-47护航下轰炸比利时安特卫普地区工业目标。9时15分，这支美国飞机编队遭到Ⅱ./JG 26大队的Fw 190拦截，德国飞行员一直从太阳方向发起攻击，迎着太阳射击的轰炸机射手受到很大干扰。在接下来15分钟的战斗中，德国飞行员声称击落了8架“飞行堡垒”，“伍兹”·加兰德击落2架，JG 26联队指挥官约瑟夫·普瑞勒少校击落1架。美国声称只有4架轰炸机被击落，而德国方面三名飞行员，即约翰尼斯·纽曼上尉、约翰·埃德曼中士和彼得·克朗普上士受伤。第三次行动，也是当天规模最大的行动中，美国出动183架B-17轰炸机空袭德国埃森北部马尔地区的赫斯化学品有限公司工厂，德国埃森地区的合成橡胶产量占德国的三分之一，是个重要工业基地。美国这个飞机编队在韦塞尔和多斯滕之间空域遭到德国Ⅰ./JG 1大队的拦截，由于为轰炸机护航的飞机已经返航，孤军奋战的轰炸机被击落不少于15架，取得战绩的德国飞行员分别是恩格勒德少尉、绍特少尉、皮夫尔上士、昆泽下士、拉特诺下士、沃豪瓦下士、拉赫拉上士、科内下士、洛尔下士、伯格尔候补中士和莫尔特下士。Ⅰ./JG 1大队的试验单位两名飞行员汉斯·劳恩中士和菲克中士用W.Gr 21火箭弹击落4架B-17飞机[①]。这次，德国公布的战绩跟美国陆航承认的16架损失基本一致，这种情况并不多见。第二天，Ⅰ./JG 26大队从苏联战场返回德国赖讷，大队指挥官弗里茨·洛西盖特上尉同时被卡尔·鲍里斯上尉取代。

Ⅱ./JG 26大队取得重大战绩的战斗是6月26日拦截轰炸法国维拉古布莱（巴黎西南15公里）、普瓦西（巴黎西北30公里）和特里屈埃维尔的美国轰炸机编队。当护航的P-47战斗机刚刚与轰炸机分道扬镳，Ⅱ./JG 26大队的Fw 190立即从后面追击P-47，燃油不多的护航战斗机编队被德国战斗机打散，接下来的15分钟混乱中，德国声称击落了10架

JG 26联队的地勤在维护Fw 190战斗机，飞机具体型号不详，但可以肯定是执行对地攻击任务的。

① 6月13日和6月22日两次战斗中，Ⅰ./JG 1大队用W.Gr 21火箭弹共击落7架B-17飞机，其中汉斯·劳恩中士一人就击落5架，因此他成为德国空军中首个“火箭弹王牌”。

5./JG 1中队的1架Fw 190A-4飞机在训练中失事，飞行员已经爬出了座舱，飞机损毁并不严重。

美国飞机编队的是Ⅲ./JG 2大队，德国声称击落12架“飞行堡垒”，美国人承认损失8架飞机。德国此战只损失一名飞行员，汉斯-维尔纳·扎乔恩茨少尉被轰炸机自卫火力击落，他的座机就是Ⅲ./JG 2大队指挥官埃贡·迈耶尔上尉此前经常驾驶的飞机。当天，美国陆航第八航空队还出动轰炸机空袭了JG 2联队队部所在的基地，飞行员约瑟夫·赫勒尔中士试图实施攻击时被击落。

有一个小故事需要提及一下，1942年12月12日，美国陆航第303轰炸机联队的1架B-17F-27-BO“猎狼犬”（Wulfe Hound，生产序列号41-24585）几乎完好无损地迫降在巴黎默伦（巴黎东南97公里）一块空地，德军缴获这架

P-47飞机，获胜的飞行员包括“伍兹”·加兰德和库尔特·高尔特施上士，他们分别击落2架敌机。实际上，美国承认只损失了5架“雷电”，另有5架严重受伤，德国方面没有任何损失。JG 26联队指挥官约瑟夫·普瑞勒击落1架“飞行堡垒”。

1943年6月最后一次大规模行动是6月28日，当天，美国陆航派出191架B-17去轰炸法国境内圣纳泽尔，目标还是德国海军潜艇基地。拦截当天

Ⅰ./JG 1大队队部罗尔夫·斯特罗哈尔的Fw 190A-5座机。1943年上半年，战事越来越多，德国空军联队也在扩编，空中识别和地面部队识别越来越重要。JG 1联队的飞机发动机整流罩多用黑白条纹或黑白方格图案。飞行员小腿上绑的可能是用于救援的染色剂或发烟管。

德国也缴获很多盟军飞机，包括英国空军“喷火”、“飓风”等战斗机，美国重型轰炸机等。图中就是迫降后被德国缴获的美国B-17轰炸机。

飞机后用运输机将其拆解运送到荷兰的吕伐登进行修复，并达到飞行状态。该机修复后喷涂上了德国空军标志和DL＋XC无线电呼叫代号，下方被喷涂上了缴获飞机经常使用的RLM27黄色。随后，这架飞机被送到雷希林试验中心进行检查和试飞。1943年3月17日，这架德国空军B-17F进行了首飞。之后的飞行主要供德国空军研究拦截轰炸机战术。1943年7月，这架德国空军B-17飞机被派往作战和训练基地进行了一次巡回展示，每个作战基地停留半天时间供战斗机飞行员研究对抗方法。

“野猪”联队诞生

Fw 190战斗机强大的火力和优异的机动性能证明是对付美国陆航重型轰炸机的最理想选择，它是否也胜任拦截英国空军的夜间轰炸行动？当时，二战初期德国湾轰炸行动惨败后，心有余悸的英国空军决定在夜间执行轰炸德国本土行动，而财大气粗，轰炸机性能也超好的美国选择昼间轰炸德国。Fw 190是单发单座轻型战斗机，而当时夜间战斗机多是双发重型战斗机，最关键的是单发战斗机几乎没有或根本没有夜间导航设备，上文介绍过德国空军Fw 190部队的夜间作战尝试，结果却是个悲剧。简而言之，缺乏夜间导航设备的单发战斗机不适合夜间作战行动，但是，有一位德国飞行员却有不同的看法，他就是汉斯-约阿西姆·“哈乔”·赫尔曼中校。

赫尔曼是一位受到尊敬的原轰炸机飞行员，他在1940年10月13日就获得了“骑士十字勋章”，之后的1941年9月至1942年7月任Ⅲ./KG 30大队指挥官。卸任后晋升为德国空军作战参谋，在此期间，他特别留意到盟军的重型轰炸机产量远远大于德国战斗机产量，双方的产量相差悬殊。他还注意到，德国空军昼间和夜间战斗机司令部之间几乎没有合作联系，各自为政，早期，这种局面对帝国防空似乎没有太大不利影响。善于思考的赫尔曼最后想到一个让昼间战斗机执行夜间作战任务来拦截盟军轰炸机的主意，赫尔曼是轰炸机飞行员，因此对轰炸机的弱点十分了解。这个主意的背景是英国空军大量使用的干扰措施使德军夜间拦截指挥系统基本失效，赫尔曼的主意就是不依赖雷达系统的单发轻型战斗机在夜间凭借目视（借助探照灯和燃烧的城市火光）拦截英军轰炸机战术，德军称为“野猪”（Wilde Sau，Wild Boar）战术。

为了证明他的理论，赫尔曼在1943年4月请求德国空军军需部第6科的埃舍瑙尔中校从附近的柏林斯塔根机场借用1架战斗机，不顾德国空军总参谋长汉斯·耶索内克上将的反对，埃舍瑙尔为赫尔曼搞到1架Fw 190，赫尔曼回忆称：

以前，傍晚我常常驾驶我的参谋部汽车在汽车试车跑道（AVUS）上狂奔，直到我原来经常起降的斯塔根机场。这儿的高炮部队经常和飞机单位联合演练，前者用探照灯搜索和照射He 111轰炸机，后者扮演来袭敌机供地面高炮部队练习，（我发现）我可以根据被照射的He 111飞机位置驾驶战斗机跟在后面，我可以这样飞行和搜索目标练习。德军第一高炮师司令马克斯·沙勒将军不太可能同意我这个不太常规的要求，但是，他的作战指挥官弗雷德里希·赫尔兹伯格中校是位善于思考和认真负责的人，他过去在值班空闲时间喜欢研究日本，他给了我们极大的支持。

进行了几架次飞行训练后，我说我可以进行一次实战防御练习，我建议高炮部队把射击高度限制在6000米以下，为的是为我留下安全的空域，但是，马克斯·沙勒拒绝了我的要求。在高炮师官员激烈的讨论会上，沙勒说中央区司令胡贝特·魏泽上将已经下令无限制射击，这实际上是元首的命令。如果我无视这一点继续我的试验，那是我自己的选择（意思是后果自负）。

我想继续下去，我设想如果我准备好快速飞进和飞出由大量敌轰炸机组成的编队，德国地面高炮部队也应该对此有充分的准备（不要射击），但是，事情却变成了另一个样子。一个孤独的“陌生人”向我们走来，这可能是1架英国空军“蚊子”飞机，数百门高炮可能会同时向它和我射击。我在电话里恳求“不要射击”，或是“注意有我在呢”，但是我得到的回答让人感觉非常不舒服，“你若喜欢你就飞。我们不想为任何人停止射击”。

我爬进了1架Fw 190，在

哈乔·赫尔曼和“野猪”单位标志，不仅一个单位使用这种标志，其他夜战单位后来也使用，比如NJGr 10大队等。

我滑向跑道时那架快速轰炸机已经抵达了威悉河，我飞到覆盖柏林和周边地区的探照灯区域外围待命。（我的行动）一切都依赖探照区域外围的直径达2米的大型探照灯先及时发现高空飞行的木制飞机，然后我才能根据照射目标的情况对敌机实施连续的攻击。突然，1台探照灯斜着向西面高空照射过去（向高空照射意思是探照灯照射倾角增大，说明目标已经在头顶上方），我立即循着光飞过去，但是太迟了！我真蠢了！我计算错误：我就在敌机后面800米处，我加大油门并前推杆下降到敌机的9000米高度。我几乎无法赶上敌机，我的下方，较以前大大增强的火雨开始喷射，这些等待合适机会的高炮以团为单位猛烈射击。最后，我终于追上了敌机，决定将其变成一堆胶合板，我按下射击按钮，闪光出现在我的前方：我的眼睛被曳光弹晃得暂时失明。弹链中应该装填一些夜间使用的曳光弹，我的计划太糟糕了！我真是太愚蠢了！太没有经验了！

尽管第一次实战夜间拦截暴露很多问题，赫尔曼还是证明了单发战斗机可以在夜间拦截敌人轰炸机。他继续游说空军高层试图建立一支混合装备Fw 190和Bf 109战斗机的夜间拦截单位，但是，还是无法说服中央区司令胡贝特·魏泽上将将高炮射击在6000米以下高度，因为盟军重型轰炸机的飞行高度通常就在6000米以上。虽然请求未被同意，但赫尔曼没有被吓倒，继续在没有限制令的情况下执行任务。

哈乔·赫尔曼和戈林的关系较好，因此他的新战术得以排除层层阻碍向前推进，戈林和一名士兵之间的就是哈乔·赫尔曼。

“这个听起来就像一只‘野猪’的攻击步骤”，魏泽

汉斯-约阿西姆·赫尔曼

汉斯-约阿西姆·哈乔·赫尔曼于1913年8月1日生于德国基尔，早在1935年就加入新成立的德国空军。跟很多他的同行一样，赫尔曼作为一名轰炸机飞行员参加西班牙内战。回国后，他服役的第一个德国空军单位是KG 253轰炸机联队（后番号改为KG 4），在这个联队，他驾驶He 111轰炸机参加了入侵波兰战役。赫尔曼是个非常肯思考的人，波兰战争期间，他将自己总结的战术报告呈交给德国空军高层，他的报告受到了重视。

1940年6月的英国战役开始时，赫尔曼任7./KG 30中队指挥官，该中队装备的是Ju 88中程轰炸机。由于在此次战役中出色的表现，赫尔曼在1940年10月13日获得了“骑士十字勋章”。之后，他所在大队（Ⅱ./KG 30）奉命部署到西西里岛，驻扎这里他执行了很多马耳他和希腊战役行动，在一次空袭希腊比雷埃夫斯港（雅典西南10公里）任务中，他投下1枚炸弹击中“克兰·弗拉塞”号弹药补给船，这个“火药桶”的剧烈爆炸击沉了其周围的11艘舰船，港口设施损坏极其严重，之后几个月都无法投入使用。后来，Ⅱ./KG 30大队部署到挪威，主要作

战任务是轰炸北冰洋航线上英国向苏联运送物资的舰船，其间数艘运输船被赫尔曼击沉。在作为轰炸机飞行员期间，赫尔曼执行过320次作战任务，击沉12艘舰船，总吨位达到70000吨。

1942年年初，赫尔曼被任命为Ⅲ./KG 30大队指挥官。1942年7月，他升任德国空军作战参谋，此间他成为戈林的心腹。虽然历史上并不怎么出名，他仍称得上是思维活跃，对新战术研究有特别爱好的战术发明家，德国空军上上下下都知道这人喜欢研究新战术以提高作战效率，用单发战斗机实施夜间拦截轰炸机的“野猪”战术就是他的杰作。早期试验中，“野猪”战术取得了意想不到的效果，为此德国空军在1943年7月底组建第一支单位，即JG 300“野猪”联队，联队指挥官就是赫尔曼少校。在“野猪”联队，赫尔曼执行过50余次夜间拦截行动，击落9架英国空军轰炸机。鉴于他“野猪”战术的成功（只是当时），1943年8月2日，赫尔曼获得第269号“橡树叶加骑士十字勋章”。1944年1月23日，赫尔曼再次获得“宝剑加橡树叶加骑士十字勋章”。赫尔曼还是自杀式撞击战斗机的先锋，并于1945年春在马格德堡地区仿效日本“神风”突击队建立了“易北河特别行动队”（Sonderkommando Elbe），这个敢死队在1945年4月7日的战斗中出动138架自杀飞机试图撞击盟军重型轰炸机，但是，行动以失败告终，行动队损失88架飞机。二战结束时，赫尔曼被苏军俘虏，直到1955年才被释放。回国后，他定居在杜塞尔多夫，直到2010年11月5日去世。

哈乔·赫尔曼和他的战友们，前排右二牵大狼狗者即他本人。

将军的作战官卡尔·勃姆-泰德巴赫上校回应道，“这个名字（指野猪）暗示了单座战斗机进行自由夜间战斗”。尽管有人质疑“野猪”战术，赫尔曼也有那么一点自大，手下飞行员很难一下子就喜欢他，8./JG 300中队格哈德·斯坦姆普中尉评论道：

你可能会问我赫尔曼是一个什么样的人，我必须实话实说，刚开始我并不喜欢他，他知道自己有点自负、狂妄、冷淡、不合群。从前我和他的军衔一样时，我可以和他平等地对话，我告诉他，他是一台精密计算的机器，但是他却认为每个人都可能做得跟他一样好。我对他说这种情况不可能，“并不是每个人都像你一样有飞行天赋”，他才是真正有飞行天赋的人。

尽管德国高炮部队跟赫尔曼之间缺乏合作，战斗机兵种总监加兰德少将还是决定赌一下分出几架战斗机供赫尔曼进行实战战术研究。为了他的新战术，赫尔曼四处召集飞行

哈乔·赫尔曼和ZG 26联队指挥官卡尔-伯梅·泰德尔巴赫上校在交谈，照片拍摄于1944年。

员，他所需要的飞行员必须适合，也得自愿加入，他召集的飞行员包括训练学校的教官，这些教官白天进行正常的教学任务，晚上则到斯塔根基地待命随时准备升空作战。经过一番筹备，赫尔曼在1943年4月20—22日组建了一个试验单位，其名称是赫尔曼夜间战斗机试验行动队，之后进行了一段时间训练和战术研究。

最后在1943年6月，赫尔曼建议将他的试验行动队向西部署到鲁尔工业区，因为这里是英国空军轰炸机光顾的主要目标，而且高纬度夏天的黑夜越来越短，英国飞机也不可能飞得更远。让赫尔曼欣慰的是鲁尔地区的第4高炮师约翰内斯·辛茨中将答应将高炮射击限制在5500米高度以下，以上则是赫尔曼需要的作战高度。另外，对于单个低空飞行的敌人轰炸机，当德国战斗机发射信号弹后高炮就停止射击。

尽管如此，仍然有一些德国空军高层官员不愿意采纳赫尔曼的夜间拦截战术。1943年6月27日，在上萨尔兹堡举行会议期间，赫尔曼被要求将他的新战术直接呈报给戈林，战术报告同时呈送给德国空军总参谋长汉斯·耶索内克上将，并给同样是一位著名轰炸机飞行员的维尔纳·博姆巴赫少校过目，会议期间会面内容如下：

赫尔曼少校（原文如此）勾勒出单发战斗机进行夜间拦截的计划，作为他的计划中的地面部分，他指出，需要建立一个防御带，以及某个小型空域的战斗机编队与地面指挥机构紧密联系，后者引导分散部署的飞机进入作战空域。当攻击集中在某个空域和时间段，这个系统可以取得一定数量的成功，但是，用这种方法建立真正的集中防空是不可能的。

赫尔曼少校因此建议，除了目前正在采用的夜间拦截战术，应该采用“明亮的夜间战斗”战术，即在高炮部队的探照灯区域，探照灯提供照射，标准单发战斗机实施攻击。探照灯和“沃尔兹堡”雷达配合使用会使这种战术特别有效，因为雷达甚至可以在大雾天气探测到目标。在鲁尔地区（杜塞尔多夫、埃森等地）的主要拦截行动中，通常情况下探照灯会引导50—140架飞机进行3分钟的作战，这就意味着，这种情况下拦截行动跟白天的拦截行动类似。实际上，夜间发现敌机比白天更容易一些，原因是目标识别完全依靠灯光（意思是对比夜色中一个亮点和白天里一个黑点），也就是目标搜索完全靠人的肉眼而不是复杂的雷达搜索。采用这种方法，在目标区上空80—100架单发战斗机进行夜间拦截作战是可能的，提高击落敌机数量也是完全有可能的。

另外，因为系统并不依赖地面指挥机构，当敌轰炸机靠近时应该迅速改变防御焦点，以便让单发夜间战斗机大队快速抵达鲁尔地区并迅速爬升到敌机进入轰炸步骤的高度，以此保护鲁尔地区的个体目标。如敌人轰炸机继续向西进入柏林或汉堡，（德国单发夜间战斗机）能尾随敌机编队并在目标区上方，借助探照灯对敌机实施攻击。

和高炮部队合作的问题已经和辛茨将军进行了讨论并得到了许可，高射炮完全停止或部分停止射击不存在问题，但（停止射击）应该得到及时的光学信号（指发射信号弹）指示，这样，德国空军飞机在尾部攻击1架特定敌机才能得以完成（而不影响高炮射击其他敌机）。识别己方飞机必须采用“酋长”系统（“沃尔兹堡”雷达系统的敌我识别装置，通过与飞机的信号联系判断敌我）。

德国空军元帅建议采用光学识别手段作为补充，即“猫眼”反光系统，在己方飞机机身喷涂合适的反光涂料或是其他（可以反光的），这样就可以通过机尾部的亮光来判断己方飞机。夜间拦截有一个非常有利的因素，那就是战斗机在暗处，敌人轰炸机尾部射手被探照灯照射时无法看到德方夜间战斗机。

Ⅱ./JG 300大队Fw 190A-5/U8和Bf 109E战斗机。其实“野猪”单位都在本土作战航程并不远，但是夜晚升空执行任务需要花很多时间寻找敌机，因此，携带副油箱以增加续航时间十分重要。

早期JG 300单位都是借用JG 1和JG 11联队的飞机，后来才装备属于自己的作战飞机，图中是Ⅱ./JG 300大队的Fw 190A-8战斗机。照片拍摄于1944年。

这次会议上得到行动许可后，赫尔曼在1943年7月3日日落后开始实施他第一次“野猪”行动，接到敌轰炸机编队靠近德国科隆的警报后，他得到许可让他的飞行员（刚刚执行完白天作战任务）起飞升空。午夜刚过，赫尔曼率领他的行动队飞行员从波恩汉格拉（波恩东北郊区，科隆东南30公里）起飞执行拦截任务。此时不受高炮干扰，他的战斗机编队放心大胆地在埃森和杜伊斯堡上空6000—7000米高度盘旋待敌，赫尔曼回忆此次战斗时称：

火焰从远处腾空而起，已经飞出地面高炮防御带的敌轰炸机编队领航编队此时在黑暗的夜色里，我有点紧张，问自己发生了什么？突然，如海洋一般的探照灯在我前面亮起，同时，地面高炮也齐声怒吼，英国领航飞机发射的彩色信号弹缓缓坠向地面，第一枚重型炸弹在我斜下方爆炸。

当时我们并不在辛茨将军的高炮射击区域上方，我们在第7高炮师的科隆米尔海姆上空，这个高炮师对敌轰炸机和我们战斗机无区别对待，他们根本就不注意我们飞机机腹的闪光灯和闪烁的导航灯。探照灯的灯光照耀在我们周围，我们听到前方高炮炮弹爆炸的声音，我们全神贯注地投入那个夏日夜晚的战斗，完全忘记了无数高炮炮弹的碎片和其他我们面对的危险。我们奋不顾身地跳进巫师的大锅里，热血沸腾，紧张而又兴奋，我们就是纯粹的野猪。

近距离看一下4./JG 300中队的Fw 190A-8战斗机（“白色9”号），为了在夜间作战，发动机排气口安装了火焰挡板，上文介绍过几种火焰挡板，图中这种最为简单，虽然效果差一点。

1架Fw 190A-5/U8被改进用来测试这种发动机火焰挡板，中文有资料称防焰盾。这种挡板效果一般，但对飞机性能影响最小。

赫尔曼夜间战斗机试验行动队声称击落了12架四发重型轰炸机，但是，有不同的声音质疑其中一些是被地面高炮击落的，最后，行动队的战绩改为6架：弗里德里希-卡尔·“纳森-穆勒”·穆勒（Friedrich-Karl 'Nasen-Müller' Müller）①中尉在1时28分击落1架“哈利法克斯”轰炸机；赫尔曼少校在1时30分击落1架“兰开斯特”轰炸机；厄恩斯特·穆勒上士在1时31分击落1架肖特“斯特灵”轰炸机；霍夫尔中士在1时37分击落1架四发重型轰炸机；爱华德·詹森上尉在1时55分击落1架重型轰炸机（型号不详），在2时05分击落1架“哈利法克斯”轰炸机。德方的损失是1架Fw 190，坠毁在波恩汉格拉南部机场，飞行员安全跳伞逃过一劫。

即使是6架战绩也是相当

① 德语“Nasen”意思是鼻子，很明显“Nasen-Müller”就是大鼻子穆勒。在德国，名字相同的人非常多，有的甚至一个单位就有几个名字相同的飞行员，一般情况按年龄分大小某某。也有一种情况按特征来区分，文中就是这种情况，德国空军还有一人名字也叫弗里德里希-卡尔·穆勒，而“野猪”联队的这个弗里德里希-卡尔·穆勒鼻子较大，为了与另一位区分，常称之为大鼻子穆勒。

惊人的，因此这次战斗称得上十分成功，受此鼓舞，德国空军总参谋长汉斯·耶索内克上将请求赫尔曼少校组建一支单发战斗机夜间联队，耶索内克上将说："你是第一个这么做的，还能有谁胜任'野猪'指挥官？"除了驻扎在波恩的满编一个大队的Bf 109飞机外，赫尔曼还得到允许可以使用驻扎在赖讷的Ⅱ./JG 1大队和驻扎在奥登堡的Ⅲ./JG 11大队的战斗机，以增强他的夜间力量。1943年7月底，赫尔曼战斗机联队构成和指挥官情况如下：

Stab./JG Herrmann	4 架 Fw 190A-5 和 Fw 190A-6	哈乔·赫尔曼中校	波恩汉格拉
Ⅰ./JG Herrmann	38 架 Bf 109G-6	爱华德·詹森少校(刚晋升)	波恩汉格拉
Ⅱ./JG Herrmann	4 架 Fw 190A-4/A-5/A-6	库尔特·凯特纳少校	赖讷
Ⅲ./JG Herrmann	1 架 Bf 109T	汉斯-J·冯·布赫瓦尔特	奥登堡

尽管第一次战斗取得了成功，第二次夜间战斗直到7月25—26日夜才进行，这次战斗赫尔曼的单位击落4架四发重型轰炸机，获得战绩的飞行员是库尔特·凯特纳少校、维尔纳·特鲁施少尉、沃尔夫冈·诺布洛赫下士和霍斯特·海因斯滕上士，这四人都属Ⅱ./JG Herrmann大队，驾驶的也都是Fw 190战斗机。第二天，5./JG Herrmann中队的泰施少尉因飞机坠毁而受伤。7月27—28日夜，又有2架敌轰炸机被Ⅱ./JG Herrmann大队的Fw 190击落，两天后，这个大队再次击落当天17架战绩中的9架。7月最后一天，该大队又击落15架战绩中的7架。前一天7月30日，同时在Ⅱ./JG 1大队服役的

德国空军"卡姆胡伯防线"中一个雷达控制单位组成包括1部"弗里亚"预警雷达（图中间竖立）和2部"沃尔茨堡"引导雷达（圆锅状），后者用于引导夜间战斗机进行拦截，或者为高炮部队指示目标位置。

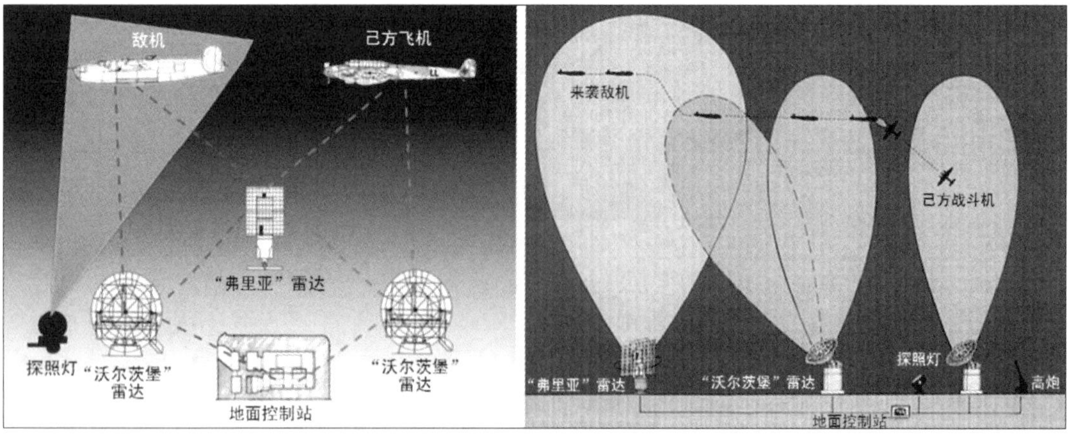

"弗里亚"雷达和"沃尔茨堡"工作示意图。

安格尔曼上尉在汉堡上空被击中跳伞后丧生，赫尔曼的单位飞机少，飞行员也缺，因此常借用附近其他昼间战斗机单位的飞机和人。

在1943年7月和9月间，赫尔曼的飞行员已经学会了如何在高炮射击空域与探照灯部队合作，也学会了靠近敌轰炸机的最佳方法。“野猪”单位飞机唯一的额外装备是2个300升副油箱，为的是增加续航时间。由于缺少夜间战斗机，特别是用于夜间战的单发战斗机，这就意味着有必要让飞机持续地作战，而这又导致几乎没有机会研究最佳战术。另外，负责高炮和其他相关单位的航空区在规划制定敌机编队防区时把自由作战的夜间战斗机位置再考虑进去相当繁琐，因此，通常情况下深入德国本土内部的都被视为是敌机。

面临的问题很多，但装备Fw 190战斗机的“野猪”部队在这段时间里仍旧屡获战果，甚至福克-沃尔夫公司总设计师谭克也相当吃惊，毕竟，设计Fw 190时并没有考虑夜战能力。8月17—18日夜，英国皇家空军出动重型轰炸机空袭德国佩纳明德，这里是德国火箭武器的研发基地。在此次拦截行动中，穆勒中尉在斯维内明德（现称希维诺乌伊希切，属波兰）击落2架“兰开斯特”轰炸机，埃德蒙德·拉泽纳下士击落1架“蚊子”战斗机，这架飞机当时执行牵制性任务飞越在柏林上空。六天后，大鼻子穆勒中尉在柏林空域击落3架重型轰炸机，其中1架为“哈利法克斯”，2架为“斯特灵”。8月28日，大鼻子穆勒再次击落1架“兰开斯特”，而奥托·厄特尔中尉、克劳斯·布雷特施奈德少尉、恩格斯特下士和库尔特·洛特尔下士分别在纽伦堡上空击落1架英国轰炸机。

弗里德里希-卡尔·“纳森-穆勒”·穆勒（1912年12月4日至1987年11月2日）参加“野猪”联队时已经是老飞行员了，二战末期，25岁就算老将了。大鼻子穆勒长得并不帅，却是经验丰富的老兔子，他的个人总战绩为30架，全是在52次夜间作战行动中取得的，击落1架重型轰炸机相当于4架单发战斗机，加上夜间击落，换算一下他的战绩应该在百架以上了。

与此同时的8月2日，赫尔曼联队更名为JG 300，联队的飞机数量仍然没有增加，继续借用Ⅱ./JG 1大队和Ⅲ./JG 11大队的飞机。

9月1日晚的战斗中，Ⅱ./JG 300大队声称在柏林上空击落了9架重型轰炸机，4./JG 300中队的理查德·希姆索特中士击落2架，而同中队的布尔克哈特·海涅代理下士阵亡。五天后，Ⅱ./JG 300大队在曼海姆

这架“绿色3”号就是大鼻子穆勒的Fw 190A-6座机，拍摄此照片时，他于1943年10月22日在德国古默斯巴赫被击落，他跳伞时受伤，此时他的战绩为16架，图中飞机垂尾方向舵上有记录。

上空的行动中再次击落8架四发轰炸机，大鼻子穆勒击落2架，其他6架战绩分属六名飞行员，包括库尔特·凯特纳少校和克劳斯·布雷特施奈德少尉。当天，5./JG 300中队两名飞行员丧生，威廉·施密特下士作战阵亡，赫尔曼·贝德尔下士在事故中丧生。再接再厉的大鼻子穆勒在9月7日战斗中又取得2架战果——“兰开斯特”轰炸机。9月19日，4./JG 300中队的多伊埃灵下士因事故在不来梅坠机身亡。

1943年9月26日，德国空军高层决定再组建两个“野猪”联队，即JG 301和JG 302，德国空军命令：

1. JG 300、JG 301和JG 302联队构成：

在两个月内，每个联队的一个大队将装备自己的飞机（意思是不借用其他单位的飞机），同时，其余的大队仍将借用其他昼间单发战斗机单位的飞机，昼间行动继续像往常一样。

2. 指挥和隶属关系：

发明这种新战术的赫尔曼中校领导这支部队，这支部队由德国空军中央区司令指挥，日后将组建合适的航空师。除了探照灯照射大队，JG 300联队、JG 301联队和JG 302联队由赫尔曼指挥。

3. 作战区域：

允许的作战区域如下：

一个联队和其装备自己战斗机的大队作战区域为柏林-莱比锡-马格德堡，该联队的其他大队在这个区域的北部或西北部。

一个联队和其装备自己战斗机的大队作战区域为波恩汉格拉，该联队的其他大队在这个区域的北部或南部。

一个联队和其装备自己战斗机的大队作战区域为慕尼黑-奥格斯堡-纽伦堡，该联队其他大队中的一个大队也在此作战区域，另一个在维也纳地区。

4. 训练：

为了训练和装备新机，位于奥滕堡的学校被用来训练，这个学校也将为夜间战斗机部队提供补充学员。

5. 武器供应：

战斗机兵种总监将负责武器供应

6./JG 300中队克劳斯·布雷特施奈德少尉驾驶Fw 190A-6战斗机完成一次夜战任务后返航，迎接他的是理查德·罗夫根中士。这架飞机为红色3N，“N”的意思是夜间（Nacht）。

这个命令下达不久，德国空军成立了第30战斗机师，师指挥官当仁不让由赫尔曼担任，接替他任JG 300联队指挥官的是库尔特·凯特纳少校。跟JG 300联队一样，JG 301和JG 302联队也与驻地附近的昼间战斗机单位使用战斗机，但是，这两个联队中只有一个大队，即Ⅱ./JG 301大队使用Fw 190战斗机，因此这个大队跟Ⅰ./JG 11大队使用Fw 190，其他单位使用Bf 109。Ⅱ./JG 301大队驻扎在奥滕堡，大队指挥官是亚历山大·雷塞古尔·德·米尔蒙特上尉。JG 301联队主要负责德国南部领空，而JG 302联队驻扎在柏林地区。

两个新联队JG 301和JG 302成立的命令是9月26日颁布的，此前的9月4日，2./JG 301中队的汉斯·穆勒上士的Bf 109G-4飞机损坏，这说明，正式成立命令颁布前两个联队实际上就已经开始作战了。Ⅱ./JG 301大队首次参加作战是9月21—22日夜，4./JG 301中队损失两名飞行员，弗里德里希·哈吉奥斯下士阵亡，拉夫齐尔上士实施迫降时丧生。下一次行动发生在9月22—23日夜，英国空军轰炸机空袭了德国汉诺威，这次拦截行动中，装备Bf 109的“野猪”单位获得战绩占绝大多数，Fw 190飞机大队只击落3架轰炸机，5./JG 300中队厄恩斯特-埃里希·希尔施费尔德少尉击落1架，5./JG 301中队的库尔特·维尔特中士击落2架，后者后来组建了第一个Me 262夜间战斗机单位，库尔特·拉姆少尉回忆道：

> 库尔特·维尔特是一名出色的飞行员，我们刚到5./JG 301中队不久他就在石勒苏益格汉堡地区获得1架战果。只有富有经验的飞行员才能驾驶单发战斗机在夜间击落敌机，随后几个月的作战行动就清楚地说明了这一点。作战时，有经验的飞行员需要同时驾驶飞机飞行、导航、计算、读取荧光表盘和数字时钟等等，表盘数据经常会有一些出入，受到干扰的信息也会传过来，此时飞行员就得凭经验解读这些数据。另外，飞行员还必须要正确地理解信号弹意义和地面探照灯照射所透露的信息，避免被其他探照灯干扰，这样才能与敌轰炸机作战。最后就是找到一座灯光点亮的机场，在用光最后一滴油前安全着陆。这一切几乎是人的大脑和身体所能做的极限。

空袭汉诺威的同一个晚上，5./JG 300中队潘泽上士丧命，而Ⅱ./JG 1大队损失了三名飞行员——马腾上士、克鲁辰下士和齐尔吉贝尔下士。JG 302联队在当晚战斗中获得首个胜利，Ⅱ./JG 2大队一名飞行员驾驶Bf 109G飞机击落2架“哈利法克斯”轰炸机。

9月23—24日夜，英国皇家空军轰炸机空袭了德国曼海姆，德国JG 300联队有五名飞行员声称击落了英国飞机：联队队部爱华德·詹森上尉、Ⅱ./JG 300大队队部鲁道夫·霍夫曼中尉、5./JG 300中队库尔特·格雷内森上士、6./JG 300中队安东·盖斯迈耶尔下士和汉斯·库格勒上士。第二天晚上，德国“野猪”联队出动75架飞机参加拦截行动，这么大规模的战斗，既没有击落敌机，己方也没有损失。9月27—28日夜拦截空袭汉诺威行动中，Fw 190单位终于又获得8架战果，其中5./JG 300中队厄恩斯特-埃里希·希尔施费尔德少尉击落2架“兰开斯特”轰炸机，6./JG 300中队安德烈亚斯·哈特尔下士也获得2架战果。这天德军损失严重，五名飞行员丧生，包括汉斯·希尔伯格中尉、鲁迪·霍夫曼中尉5./JG 300中队厄恩斯特-埃里希·希尔施费尔德、瓦尔特·尼采上士和阿尔弗雷德·雷蒂格尔上士。另外，维尔纳·特鲁施少尉轻微受伤。

上述的这些行动中，“野

猪”单位的飞机损失并没有什么异常，一些来自常规夜间战斗机单位的飞行员觉得整个“野猪”战术并不现实，甚至有人评论称“野猪”单位飞行员跳伞比获胜还多。但是，赫尔曼仍然觉得他的战术是有效的，他说：

你的工作是击落敌人轰炸机，你自己飞机的安全性与之相比应该放在第二位，尽可能长地待在空中才有机会击落敌人轰炸机，如果你的飞机燃油耗尽，如果你迷航或者是无法找到机场着陆，放弃你的座机直接跳伞逃生，而不是试图迫降。

“野猪”联队在1943年9月取得的胜利使得德国宣传机器将这些飞行员提升到“国家英雄”这个地位，但是，进入10月以后，由于天气条件恶化，夜间单座战斗机单位的战绩越来越少，而事故损失却越来越大，甚至损失率达到了50%。“野猪”联队很多飞行员是夜间战斗机单位调过来的，他们以前接受的是仪表飞行的盲飞。而且标准的夜间战斗机都是双座重型战斗机，多人机组，黑夜里，仅靠一个人无法完成搜索跟踪和攻击步骤。“野猪”单位装备的是单座轻型战斗机，几乎没有夜视设备，全凭人眼与探照灯的密切配合作战。另外，单发战斗机与双发战斗机也有很多不同，比如前者速度更快，原双发重型战斗机飞行员转型驾驶单发飞机原本并不困难，德国空军有多例原来双发重型战斗机（德国称驱逐机）甚至是轰炸机飞行员改行驾驶单座战斗机成功的超级王牌。但是“野猪”单位的情况有所不同，原驱逐机飞行员转型训练的时间大大缩短，他们根本就没有充足的时间熟悉单发战斗机。另外一个因素也相当关键，那就是“野猪”单位的飞行员作战负荷极重，除少量是专职“野猪”飞行员外，其他借用飞行员不仅要白天在自己的单位执行作战任务，晚上还得执行“野猪”作战任务。人不休息，白天和黑夜天天跟死亡打交道，铁打的飞行员也受不了，因此，“野猪”单位的飞行员士气不高，怨气十足。“野猪”单位的战斗危险性比夜间双发驱逐机和昼间单发战斗机的都要大。一是他们在不

库尔特·维尔特被称为“夜空幽灵”，这是对他夜战能力的最高评价。不仅如此，他后来组建了第一个Me 262夜间作战单位，成为喷气战斗机王牌。在93次作战任务中共击落63架敌机，其中56架是在夜间作战击落的，他是驾驶Me 262喷气战斗机击落敌机最多的人。右图中，库尔特·维尔特站在1架安装“海王星”雷达的Fw 190A-5旁边。这是1架专门用于试验消焰装置的飞机。

利气象条件下也得起飞作战，比如在能见度低于100米条件下也要升空，甚至有一次在9000米高度以下全是云层的情况下也出动，这是相当危险的，这种气象条件下其他单位是禁止升空的；二是单发战斗机没有自动导航设备，升空后一切都靠飞行员肉眼。装备Bf 109的8./JG 300中队指挥官格哈德·斯塔姆普中尉的报告称："我们处在一个紧急状态，任何时候都得起飞！"

在通常情况下，当接到盟军飞机来袭警报时，德国飞机要进行十分钟准备，其间发动机起动，接到起飞命令后迅速升空，而"野猪"联队的飞行员十分钟准备的时间中坐在座舱里不起动发动机，为的就是节省燃油。他们经常不知道即将升空拦截的是什么目标，直到升空后才知道目标性质，此时，他才把无线电频率调到德国战斗机控制中心上，但是，目标选择完全依赖飞行员自己，也就是地面指挥控制中心不会引导他们攻击哪个方向的飞机，只是通告敌机位置。糟糕的是，无线电通讯经常被英国飞机干扰，或是发射虚假错误的信息。英国航空史学家普莱斯博士记录过一次有意思的欺骗干扰事件：英军经常通过无线电向德国飞行员发送虚假的信息，但是，由于发音的问题被德国人发现，德国战斗机指挥中心警告夜战飞行员"不要被敌人的信息引入歧途，以施密特中将（德国第1航空军司令，负责帝国保卫战的战斗机单位作战）的名义，我命令所有飞机飞向卡塞尔"。这个命令更让飞行员一头雾水，德国地面控制中心大发脾气，发誓自己就是德国指控中心，这时，英国人的干扰信号传过来："英国佬在发誓！"真正的德国人大叫："正在发誓的不是英国人，是我！"

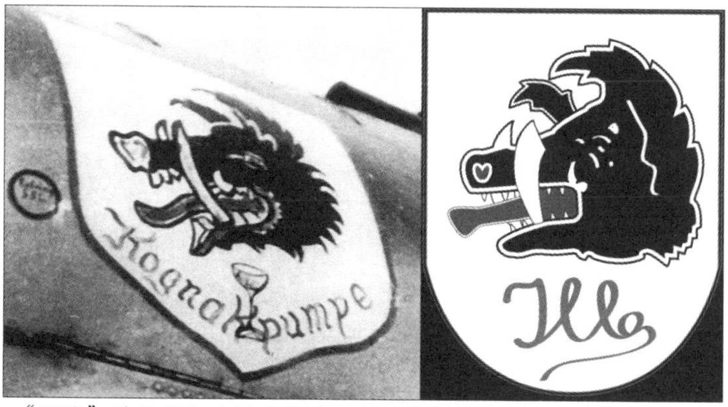

"野猪"单位的标志图案大致一样，细节稍有区别，左图野猪头下有"Kognakpumpe"字样，意思是去水白兰地酒，字中间有一个高脚杯。右图是NJGr 10夜战大队的标志。

无法看到地面的导航给飞行员带来很多麻烦，飞行员们不得不把地图摊在膝盖上边看地图边驾驶飞机。有时，需将探照灯和有颜色代码的伞降照明弹综合起来判断才能帮助飞机找到目标。在主要城市上空，探照灯部队和高炮部队几乎没有坐标可供参考，要命的是高炮随时都会向敌机和友机射击。到高炮射击区域执行任务必须跟高炮部队协调好，双方共同商定一个限定高度（高炮引信爆炸高度可调），之上高度对德国飞行员是安全的，但是，飞行员经常不顾这个限制高度到下方作战，高炮部队也常不理会限定高度。由此可以看出，夜间作战经常会引起混乱，损失增加完全在意料之内。

关于战术，全凭飞行员个人技能发挥，例如格哈特·斯塔姆普采用的战术就是他在埃及看到英国皇家空军采用的，即从敌机尾部下方垂直高度20米靠近敌机，如果在敌机上方，攻击方飞机进入射击步骤时的速度就太快，慢一些可以确保射击精度。靠近敌机后在50—100米距离内射击，太远则命中敌机的机会小，太近则有撞机的危险。

1943年夏天，Ⅱ./JG 300大队1架Fw 190A-5/U8飞机正准备从赖讷机场起飞，此时，这个大队还在借用Ⅱ./JG 1大队的飞机，此后不久，JG 300联队开始装备自己的飞机。下图飞机下方白色云雾状似乎是飞机开炮，实际这里没有武器，可能是发动机启动喷出的。

着陆实际上就是寻找最近机场并祈祷好运的过程，大部分机场指挥官会在夜间选择将机场的跑道灯全部关掉，以防“蚊子”夜间战斗机偷袭，英国空军这种木质的多面手（夜间战斗、轰炸和侦察）给德国空军带来很大麻烦。解决问题的办法还是有的，那就是准备着陆的德国战斗机着陆前释放彩色信号弹，发现信号弹并确认后再将机场跑道灯打开。如果需要紧急着陆——夜间战斗机经常因燃油耗尽要紧急着陆——飞机就释放红色信号弹，然后飞机直接进近，在最后一滴油耗尽前对准跑道着陆。但是，实际上，飞行员最终着陆不成功的例子很多，经常会出现飞机着陆的最后一刻坠毁、飞机冲出跑道，或者是飞机着陆失败而在跑道上翻滚起来。

格哈特·斯塔姆普坚称，良好的气象条件下作战是“野猪”单位升空作战最根本的条件，否则，升空作战简直就是浪费时间。虽然对细节持不同意见，格哈特·斯塔姆普还是特别欣赏哈乔·赫尔曼：“他就是‘野猪’战术的驱动力，问题是他自己可以做得到，而其他人却不能。他可以在任何时候驾机升空，他为我们做出了榜样，毫无疑问他是我们的安逸的战士（指作战从容不迫）。”

尽管不利因素很多，“野猪”单位的飞行员仍然在战斗中取得成绩，成功的飞行员中上文一再提到的大鼻子穆勒是佼佼者，他在10月2—3日夜三次行动中击落1架四发重型轰炸机。“野猪”行动击落敌机数量明显越来越少，英国人也不是傻子，很快找到一些应对措施。大鼻子穆勒在二战前是一名德国汉莎航空公司导航飞机飞行员，之后成为一名德国空军盲飞（仪表飞行）教官。在JG 300联队、NJGr 10联队和Ⅰ./JG 11大队服役期间的52次作战任务中，他击落了29架重型轰炸机和1架“蚊子”战斗机。10月3—4日夜，希尔斯费尔德少尉和特鲁施少尉分别击落1架“斯特灵”轰炸机，而维尔特击落2架“哈利法克斯”，这些战绩都是在德国卡塞尔地区取得的。10月8—9日夜，大鼻子穆勒和特鲁施再次分别击落1架敌轰炸机，Ⅱ./JG 301大队队部的卡尔-海因茨·泽勒中尉和库梅尔少尉分别击落1架“哈利法克斯”和1架“兰开斯特”。十天后，大鼻子穆勒再次击落1架“兰开斯特”，4./JG 300中队海因里希·斯皮特泽上尉和Ⅱ./JG 301大队汉斯·戈图克中尉分别获得1架战果。10月22—23日夜，英国空军出动569架次飞机再次空袭卡塞尔地区，其间库尔特·维尔特击落3架敌机，Fw 190飞行员战绩较多的是Stab./JG 300队部京特·米格中士、4./JG 300中队理查特·洛夫根中士和Ⅱ./JG 301大队约瑟夫·沃尔夫斯伯格少尉。战损的Fw 190飞行员中包括大鼻子穆勒，他在古默斯巴赫上空跳伞后受伤，此时他的战绩才16架。

6./JG 300中队“黄色12”号Fw 190A-8/R2战斗机，飞机的涂装破损严重，飞机的使用强度相当大。照片拍摄于1944年洛布尼茨机场。

随着冬季的来临，“野猪”单位的损失开始增加，11月17日，4./JG 300中队指挥官马克斯·克拉温科尔少尉在美因兹芬滕机场着陆时坠毁丧生。第二天夜，JG 301联队指挥官赫尔穆特·魏因赖希少校击落1架四发轰炸机，交战的同时，他的Fw 190座机也被这架轰炸机的自卫火力严重击伤，他试图在莱茵美恩机场着陆时飞机发动机突然爆炸，他当场丧生。赫尔穆特·魏因赖希在Ⅲ./KG 30大队共执行过320次作战任务，之后在1943年夏天改驾驶单发战斗机，接替他任JG 301联队指挥官的是曼弗雷德·莫辛格尔少校。同一天，克鲁梅尔中士试图在威斯巴登机场着陆时，他的Fw 190A-6座机因发动机出现故障而坠毁，飞行员丧生。

11月底，Ⅱ./JG 302大队开始执行作战任务，该大队借用Ⅰ./JG 11大队的Fw 190。前者的首个损失是4./JG 302中队指挥官戈图克中尉跳伞时（不清楚是训练还是作战），飞机的水平尾翼击中他的头部，在这种情况下他竟然设法打开了降落伞，落地后严重受伤。这个大队另两起损失发生在12月2日和3日，之后的10日、12日和18日各损失1架飞机，12月20日更是损失2架飞机，而这期间的作战任务中，这个大队

1943年11月至1944年2月间，NJG 3夜间战斗机联队装备几架Fw 190A-4或Fw 190A-5战斗机，上图是11./NJG 3中队的1架Fw 190飞机（9号，颜色不详，可能是黑色，字体非常小），下图是10./NJG 3中队的2架飞机。

图中是被用来试验“海王星”V雷达的Fw 190A-6之一，1943年11月，2./JG 2中队专门测试这种安装雷达的Fw 190，这些飞机试验时都携带1个300升副油箱。

没有取得1架战果。从这组数字可以看出，飞行事故的损失急剧上升，战果却在严重缩水，其他单位的情况也大同小异。“野猪”单位开始进入低潮期，质疑和反对声逐渐占据上风。

NJG 1夜间战斗机联队的几个大队也装备一些Fw 190战斗机，这些飞机后来也转交给“野猪”单位，这些飞机包括Ⅳ./NJG 1大队在1942年10月至12月使用的6架Fw 190A-2，Ⅰ./NJG 1大队在1943年7月至9月间使用的4架Fw 190A-5，Ⅱ./NJG 1大队在1943年7月至10月使用的3架Fw 190A-5。NJG 1联队装备Fw 190的目的和用途都不详，夜战联队主要装备双发重型驱逐机，单座飞机与之有很大不同，因此不太可能用于训练，更不可能用于白天参战打打牙祭，飞行员得抓紧一切时间睡觉。

装备雷达的Fw 190战斗机

受到1943年夏天“野猪”单位作战战绩的鼓舞，德国空军高层开始考虑安装雷达的Fw 190战斗机，在当时，夜战的标配就是雷达。1943年9月初，1架Fw 190A-6，W.Nr.550521在韦尔诺伊亨的德国汉莎公司的工厂进行了测试，这架飞机安装了德国航空无线电研究院（FFO）的FuG 217“海王星”V/R机载截击和尾部告警雷达，“V”的意思是前视，即截击；“R”的意思是后视，即告警。安装雷达后，飞机的两侧机翼和机背部座舱前后安装了数个偶极天线，座舱仪表板左上方还安装一个阴极射线显示器。“海王星”V雷达工作频率为158—187兆赫兹，其搜索角度为120度，工作距离为400—4000米，整个雷达系统（安装在后机身的发射机和接收机）总重为35公斤。

不久之后，试验又在另1架Fw 190A-6，W.Nr.530380飞机上进行了测试，这架飞机安装的是德律风根公司FuG 212“利希滕施泰因”C-1机载截击雷达，测试试验也在韦尔诺伊亨进行。跟之前的FuG 202相比，FuG 212雷达更轻，重量只有60公斤，该雷达的工作频率可以在420—480兆赫兹之间选择。但是，“利希滕施泰因”C-1雷达还是太复杂，它有两个阴极射线显示器，分别显示距离和方位，很明显，对于单座飞机来说，这款雷达会加重飞行员负担，因此不是最佳选择。另外，这种雷达安装在机翼上的鹿角式天线无疑会降低飞机的性能。

在1943年年底，几架改进安装了FuG 216“海王星”V雷达的Fw 190战斗机被转交给驻扎在法国康切斯的2./JG 2中队进行实战测试，作战的报告称：“这些飞机甚至在最恶劣的气象条件下也能分辨出敌机，根本不需要地面指挥控制中心的引导信息，某天夜晚一次就击落8架波音轰炸机就是最好的例证。FuG 216的阴极射线显示器在3000米距离就显示了敌机信息，在1000—1500米距离，显示器的数据异常精确，飞行员甚至想将‘海王

Ⅰ./NJG 11大队（6./JG 300中队在1944年独立出来后形成的单位）的1架Fw 190A-6被改进安装FuG 216雷达进行测试，图中是FuG 216雷达安装鹿角天线。

FuG 212雷达的鹿角天线，1架Fw 190A-6被改进测试这种雷达，FuG 216雷达也可以安装这种天线。很明显，鹿角天线会严重影响飞机性能。

星’雷达跟210毫米的火箭炮（改进型äA123）结合起来使用。也有飞行员建议取消MG 17机枪，腾出空间安装所谓的‘箭猪’（又称豪猪）天线系统，如此改进的飞机可以装备驻扎在赖讷的JG 300联队。”

上段报告中声称击落了8架波音轰炸机的战斗发生在1943年11月11—12日夜和11月15—16日夜，实际上击落的是3架英国空军“哈利法克斯”轰炸机，美国轰炸机执行的是昼间轰炸任务，夜间空袭德国本土目标的基本上都是英国飞机。第一个夜晚击落英国轰炸机的有2./JG 2中队赫尔伯特·弗拉斯下士和维尔纳·埃德尔曼下士，第二个夜晚，弗拉斯下士再次击落1架

Ⅰ./NJGr 10大队的1架Fw 190A-8飞机也被改进用来测试FuG 216雷达，这架是1./NJGr 10中队京特·米格上士的座机，下图中手扶MG 151机炮炮管者即他本人。

上两图为“白色11”号Fw 190A-6（W.Nr.550143）测试的FuG 217V/R雷达，座舱前和背脊是前视雷达（截击雷达）发射天线和接收天线，机翼上右侧为告警雷达发射天线，左侧为接收天线。下两图为FuG 216告警雷达天线，右为发射天线（4根），左为接收天线（3根）。

右图：FuG 216和FuG 217“海王星”系列雷达的阴极射线显示器布置在仪表板最上方左侧。

上图：FuG 217雷达显示器。

上图：FuG 216雷达显示器直径只有75毫米，显示的内容极其简单，但雷达的出现在军事和其他领域是革命性的发明。右两图：“海王星”雷达资料封面和显示器显示的内容，即本机与敌机不同的距离。

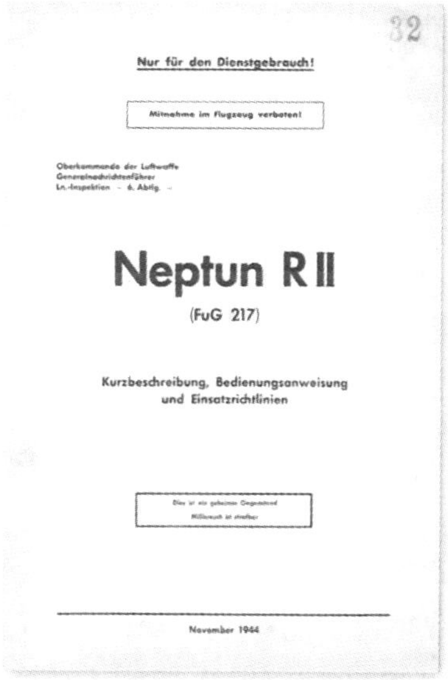

32

Nur für den Dienstgebrauch!

Mitnahme im Flugzeug verboten!

Oberkommando der Luftwaffe
Generalnachrichtenführer
Ln.-Inspektion - 6. Abtlg. -

Neptun R II

(FuG 217)

Kurzbeschreibung, Bedienungsanweisung
und Einsatzrichtlinien

November 1944

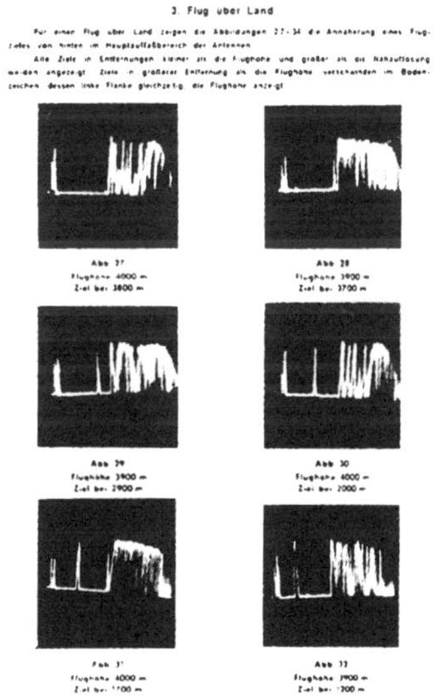

3. Flug über Land

英国轰炸机。

上段的报告同时还建议在英国诸岛作战的Ⅰ./SKG 10大队也安装“海王星”R尾部告警雷达，报告称：“最近一段时间，SKG 10联队在英国上空的作战损失如此之高，我们认为，如果没有安装‘海王星’R告警雷达，这些飞机将无法幸存，因此，首批安装告警雷达的飞机应该在12月底全部完成。”

两名地勤人员正在维护1架Fw 190A-5飞机，这架飞机安装了FuG 216雷达，注意，这架飞机的天线在机翼下表面，当时这架飞机正在雷希林试验中心进行雷达试验。

与此同时，第三架飞机，即Fw 190A-5，W.Nr.181703，

C I + P U飞机改进安装了FuG 216“海王星”R尾部告警雷达，于1943年12月在德国汉莎公司进行了测试。安装这种雷达后，飞机的机翼上下表面各安装了4根杆状天线，发射天线在机翼右侧，接收天线在机翼左侧。“海王星”R雷达工作频率为182兆赫兹，该雷达有一个直径7.5厘米的阴极射线显示器，它只显示距离信息。

“闪电周”行动

截至1943年7月，德国空军指挥中心和西线第3航空队装备Fw 190战斗机的单位如下：

德国空军指挥中心（Luftwaffenbefehlshaber Mitte）

Stab./JG 1	驻扎在荷兰阿纳姆第伦，指挥官汉斯·菲利普中校，装备Fw 190A-4/A-5/A-6和Bf 109G
Ⅰ./JG 1	驻扎在荷兰斯希普霍尔，指挥官埃米尔-鲁道夫·斯诺尔上尉，装备Fw 190A-4/A-4/U1和A-5
Ⅱ./JG 1	驻扎在荷兰翁斯德雷赫特，指挥官瓦尔特·赫克纳上尉，装备Fw 190A-3/A-4/A-4/R1和A-5
Ⅰ./JG 11	驻扎在德国胡苏姆，指挥官埃尔温·克劳森上尉，装备Fw 190A-4/A-5和A-6
E. Kdo 25	驻扎在德国威斯巴登埃本海姆，指挥官霍斯特·盖尔上尉，装备Fw 190A-5

第3航空队（Luftflotte 3）

Stab./JG 2	驻扎在法国博蒙勒罗歇，指挥官埃贡·迈耶尔少校[①]，装备Fw 190A-3/U7/A-5和A-6
Ⅰ./JG 2	驻扎在埃夫勒和博蒙勒罗歇，指挥官赫尔穆特-菲利克斯·勃尔兹上尉，装备Fw 190A-4/A-5
Ⅲ./JG 2	驻扎在法国瓦纳默孔，指挥官布鲁诺·斯托勒上尉，装备Fw 190A-3/A-4和A-5
10./JG 2	驻扎基地和指挥官不详，装备Fw 190A-4/A-5/A-5/U12和A-6
Stab./JG 26	驻扎在法国旺德维尔，指挥官约瑟夫·普瑞勒上校，装备Fw 190A-5和A-6
Ⅰ./JG 26	驻扎在德国赖内，指挥官卡尔·鲍里斯上尉，装备Fw 190A-4和A-5战斗机
Ⅱ./JG 26	驻扎在维特里昂纳图瓦，指挥官威廉-费迪南德·加兰德少校，装备Fw 190A-4/A-5和A-6
Ⅲ./JG 26	驻扎在德国诺德霍尔茨，临时指挥官罗尔夫·赫尔米兴上尉，装备Fw 190A-4/A-5和Bf 109G
10./JG 26	驻扎在法国维特里昂纳图瓦，指挥官鲁道夫·卢舍尔上尉，装备Fw 190A-4和A-5
Ⅰ./SKG 10	驻扎在法国罗西耶尔和博韦，指挥官埃德蒙德·克劳斯上尉[②]，装备Fw 190A-4/U8和A-5/U8
4.（F）staffel/123	驻扎在法国泰维尔，指挥官不详，装备Fw 190A-2、A-5和Bf 109
5.（F）staffel/123	驻扎在法国芒契·布雷顿，指挥官不详，装备Fw 190A-5和Bf 109
NAGr 13	驻扎在法国圣布里厄和迪纳尔，指挥官汉斯-弗雷德里希·舒尔泽策-莫德罗上尉，装备Fw 190A-3/U4和A-4
1./SAGr 128	驻扎在法国布雷斯特，指挥官海因茨·沃尔姆中尉，装备Fw 190A-5/U8

① 埃贡·迈耶尔少校刚刚接替瓦尔特·奥梭任JG 2联队指挥官，后者升任布列塔尼战斗机司令部指挥官。

② 1943年7月16日，Ⅰ./SKG 10大队被命令从法国北部署到萨隆普罗旺斯，归第2航空队指挥，但是，这个命令在7月24日被取消。

另外，隶属德国空军指挥中心的Ⅲ./JG 1大队、Ⅱ./JG 11大队和Ⅲ./JG 11大队、Ⅲ./JG 54大队，以及第3航空队的Ⅱ./JG 2大队、11./JG 2中队和12./JG 2中队、11./JG 26中队和12./JG 26中队都装备Bf 109G战斗机。

西线战场1943年7月Fw 190飞机单位首场重要战斗发生在7月4日，当天，美国陆航第八航空队出动83架B-17空袭法国境内勒芒和南特的飞机制造厂、拉帕利斯（拉罗歇尔港的一部分）的船闸。拦截美国轰炸机编队的是JG 2联队的Fw 190战斗机，随后作战训练单位JGr Ost（东部训练大队）也加入进来，JG 2联队装备Fw 190飞机的单位声称击落21架B-17，其中指挥官埃贡·迈耶尔少校击落2架，约瑟夫·沃尔姆希勒少尉也击落2架。事后美国承认损失8架轰炸机，另有54架飞机被不同程度击伤。拦截行动中，德国JG 2联队损失14架Fw 190，损失指的是要么被击落，要么被击伤，有四名飞行员受伤，只有一人即维普雷赫特少尉阵亡。

7月14日，美国陆航又一次出动264架B-17轰炸机空袭法国北部维拉库布莱（巴黎西南郊区）、勒布尔热和亚眠格利西的德军机场，只有轰炸亚眠格利西的轰炸机编队有P-47战斗机护航。轰炸维拉库布莱的空袭十分成功，该处机场的几座机库被炸毁，导致36架Fw 190飞机完全被毁，另有7架被不同程度炸伤，这一般指可以修复再使用。这43架被炸毁和炸伤的飞机中，2架属于Ⅰ./JG 1大队、Ⅱ./JG 1大队1架、Ⅰ./JG 2大队8架、Ⅱ./JG 2大队1架、Ⅲ./JG 2大队3架、Ⅰ./JG 26大队2架、Ⅱ./JG 26大队4架、Ⅲ./JG 26大队3架、Ⅰ./SKG 10大队7架、Ⅱ./SKG 10大队2架、Ⅳ./SKG 10大队1架、Erg./SKG 10训练大队1架、东部训练大队6架、阿戈公司修理厂2架。几座机库存放这么多单位的飞机，可能说明这里是飞机存储点。勒布尔热机场

法国境内某处机场的3架Fw 190A-5战斗机，飞机后面是加了伪装网的机库，这是一种简易机库，并不防弹，但可以遮风挡雨，对飞机进行维护修理。

美国陆航第八航空队第384轰炸机大队的B-17轰炸机编队正飞往目标途中，美国一个轰炸机大队大约装备30－36架轰炸机，图中可见4个六机编队。

遭袭的损失小得多，只有3架Fw 190受损，亚眠格利西机场的损失更小，2架飞机轻微受损，只需修理便可再投入使用。

德国空军的损失极大，战果却不尽如人意，拦截行动中，JG 2联队队部、Ⅰ./JG 2大队和12./JG 2中队声称击落5架B-17，埃贡·迈耶尔少校再次击落2架敌机。另外，来自2./JG 105训练中队（驻扎在维拉库布莱机场）的埃沃·埃德勒·冯·吕比赫中尉也击落1架“飞行堡垒”轰炸机。当天行动获得战果的飞行员之一是12./JG 2中队指挥官乔治-彼得·埃德中尉，他击落1架美国陆航第305轰炸机大队的B-17，他回忆此次行动时称：

我们以450公里/小时的速度，机头稍稍向下，瞄准B-17轰炸机的机头。我们约200架战斗机攻击约200架轰炸机，敌人还有护航战斗机。我们冲向敌人轰炸机，当我们实施攻击时，敌人护航的P-47战斗机也向我们俯冲而来，在被截击前，这简直就是一场比赛。我靠近敌轰炸机，在其上方185米高度径直冲过去，在500米距离，我用20毫米机炮向敌轰炸机射击，大约在300米距离，我又用30毫米机炮（这说明飞机安装的是MK 108短管机炮）射击。只是一阵短射，我估计有10发炮弹出膛，我看见轰炸机爆炸，并且开始燃烧。我在被攻击的敌轰炸机上方15米飞速而过，然后急速爬升转弯。当我转过弯已经在敌机后上方300米处，我突然发现我身处敌人护航战斗机之中，我正前方就是1架“雷电”飞机。我完成转弯立即对着敌机开火，我击中了敌机螺旋桨洗流（指螺旋桨后面），我的火力如此猛烈，敌机左侧机翼当即被打掉，我看着敌机向下坠去……我向南飞了几秒钟，准备向其他轰炸机发起攻击，从上方，我看见了敌机，我发出警告“印地安人（战斗机）就在我们上方”。当敌机从后面向我们飞来，我立即做左坡度急转弯，看见10架P-47战斗机和我们的4架战斗机，我们都在做尽可能小半径的转弯，就好像要组成卢式防御队形。我成功地做了一个半径更小的急转弯，飞到距我前面P-47飞机72米处，并立即开火。敌机被我立即击中，其他两人（德国飞行员）也分别击中1架敌机，也就是在1.5分钟内，3架P-47飞机被击落。

实际上，此次行动只有这3架P-47飞机被击落，1架属于美国陆航第4战斗机大队，另2架属于第78战斗机大队，还有1架飞机被击伤后在英国纽黑文迫降。德国空军损失2架Fw 190战斗机，其飞行员分别是3./JG 2中队纽斯下士和5./JG 26中队卡伯恩下士。

有一个几乎不为外界知晓的装备Fw 190飞机的单

从1943年年初开始，欧洲战场的主要表现形式就是美国轰炸机跨越海峡空袭德军目标，德国空军战斗机单位拦截美国轰炸机，从军事上看，德国始终处在防守态势，唯一的进攻态势就是对地攻击单位（SKG或Schl.G、SG）跨越海峡进攻英国目标，这种不痛小痒的行动给英国造成的损失，对德国形势的的影响几乎可以忽略不计。图中是5./SKG 10中队的Fw 190A-5飞机，1943年6月期间该单位驻扎在法国圣阿奎斯，之后不久被调往西西里岛吉比尼。

SKG 10联队1架Fw 190A-4/U8飞机，进入英国本土，Fw 190飞机需要携带副油箱。Fw 190A-4/U8后来编号改为Fw 190G-1。

位参与了此次拦截战斗，这就是驻扎在布列斯特的1./SAGr 128中队，“SAGr”是德语Seeaufklärngsgruppe的缩写，即海军侦察大队。这个中队此前番号为5./BFGr 196，“BFGr”是德语Bordfliegergruppe的缩写，即舰载侦察大队，原计划部署在德国海军舰船上，比如战列舰和巡洋舰。早先这个中队装备的是He 60，后换装Ar 196水上飞机。在1943年年初，德国海军抱怨称德国空军没有为德国海军大西洋基地的潜艇提供合适的防空保护，盟军飞机在1943年2月安装厘米波雷达后，德国海军被击沉的潜艇数量激增。因此，在1943年3月，5./BFGr 196中队换装更先进的Fw 190A-5/U8飞机，利用该型飞机的航程远优势在英吉利海峡和比斯凯湾拦截盟军反舰飞机。这个中队指挥官是海因茨·沃尔姆，中队归乌尔里希·凯斯勒中将的大西洋战斗机航空师指挥。

1943年5月，5./BFGr 196番号改为1./SAGr 128，新单位的第一个战果是中队指挥官沃尔姆在5月17日击落1架B-17，当时美国轰炸机编队正飞往法国境内洛里昂的德国潜艇基地。此次胜利后，沃尔姆中尉又在5月30日击落1架英国空军海岸指挥部第224中队B-24“解放者”轰炸机。1./SAGr 128中队首次战损发生在6月6日，该单位1架Fw 190A-5/U8，W.Nr.0888飞机在战斗中被击伤70%（受损程度的一种表达方式），损伤严重的飞机最终坠毁在布列斯特附近海域。7月7日，中队指挥官沃尔姆中尉和弗雷德里希·约斯特中士分别击落1架英国布列斯托尔“博福特”鱼雷轰炸机，该单位最成功的战斗要在六天之后。7月13日当天，1./SAGr 128中队和8./JG 2中队一道拦截了轰炸完意大利都灵返航的英国空军295架“兰开斯特”轰炸机，沃尔姆中尉首开此战记录是在6时27分，三分钟后，8./JG 2中队弗雷德里希·迈中士获得他个人第26架战果。6时35分，沃尔姆中尉又击落1架“兰开斯特”。一分钟后，8./JG 2中队弗里茨·舒勒下士和埃贡·赫斯代理下士在低空击落第

NAGr 13短程侦察机大队的1架Fw 190A-4/U4侦察机，单位标志是一只鹰在窥视英国。盟军在诺曼底登陆前，这个单位主要驻扎在诺曼底的迪纳尔，之后被迫转移到巴黎西南的沙特尔。

三架和第四架英国轰炸机。6时40分，汉斯·格里茨中尉和约斯特分别在700米和1000米距离击落1架敌机。三分钟后的6时43分，沃尔姆击落第三架敌机。所有这些被击落的全是“兰开斯特”轰炸机，但是德国1./SAGr 128中队一直误以为这些是“哈利法克斯”轰炸机。第二天，1./SAGr 128中队的1架Fw 190A-5/U8，W.Nr.840055飞机在美国轰炸机空袭勒布尔热机场时被炸毁。

从1943年7月24日起，美国陆航第八航空队开始了一系列不间断的轰炸行动，这就是外界熟知的“闪电周”行动。第一天的行动目标是挪威境内德军目标，这天行动几乎没有遇到德国空军的拦截。第二天，针对德国本土汉堡、基尔、雷里克（德国北部）和海德的空袭遭到了德国空军Ⅲ./JG 26大队、JG 1联队和JG 11联队的拦截，后两个联队出动的飞机中有几架Fw 190飞机携带了210毫米的空对空火箭弹。这天拦截行动中德国共击落19架B-17轰炸机，另有117架飞机不同程度受伤，德国较为成功的Fw 190飞行员包括克劳斯·梅图施上尉，他在7月4日刚刚接替赫尔米米兴（此前代理）任Ⅲ./JG 26大队指挥官；Ⅰ./JG 11大队指挥官克劳森上

一位地勤人员正将2部Rb 12.5/7×9照相机塞进照相机设备舱，相应位置的机腹有突出的整流罩。非侦察型号的Fw 190战斗机此处是无线电设备舱，二战后期有人被塞进这里逃离。

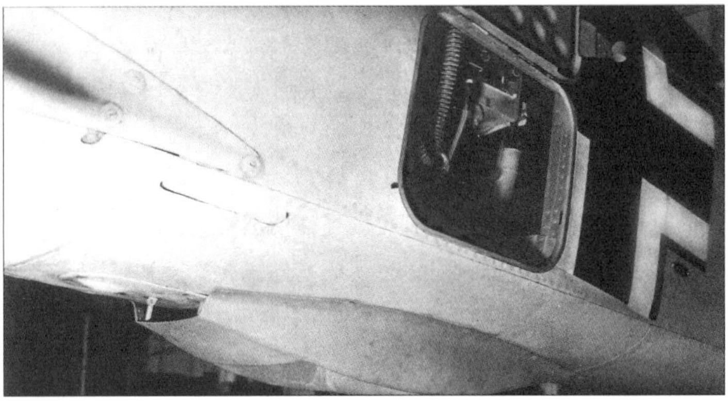

这是NAGr 13侦察单位的1架Fw 190A-3/U4侦察机，Fw 190A-4/U4的整流罩与此不同，即底部是平面，不是鼓包状。图中整流罩处在关闭状态，侦察时整流罩舱门向后滑动开启。

德国空军采用迎头攻击战术后给美国陆航轰炸机造成很大的损失，美国也针对德国这种战术进行了改进，那就是增加轰炸机（不仅限于B-17）机头部位的火力，图中这种B-17G飞机是名副其实的“刺头”，它的名字是“最后一根稻草”，很有寓意。

迎头攻击战术有很大的局限性，那就是需要攻击方飞行员具备高超的技能，稍有不慎就会与轰炸机相撞。

尉和爱德华·特拉特少校，以及E.Kdo 25试验单位的乌尔里希中士。

E.Kdo 25试验单位于1943年5月在维特蒙德哈芬成立，为的是测试新的武器组合以对付美国四发重型轰炸机，最初的测试证明武器组合攻击重型轰炸机效率并不高。E.Kdo 25试验单位第一任指挥官是爱德华·特拉特少校，但是他不久被任命为Ⅱ./ZG 26大队指挥官，接替他的是霍斯特·格耶尔上尉。E.Kdo 25试验单位由三个中队组成，即战斗机中队、驱逐机中队和轰炸机中队，战斗机中队指挥官是斯普鲁斯内少尉，单位主要装备Fw 190战斗机。这个单位的首要任务就是实战检验210毫米的空对空火箭弹作战效能，之前，这个单位已经简要地测试过80毫米（W.Gr 8）和300毫米（W.Gr 30）火箭弹，这两个口径火箭都存在一些问题，要么威力不足，要么太重不适合战斗机携带。

Fw 190飞机上的标准反射式瞄准具可以为W.Gr 21火箭弹提供瞄准，飞行员操纵杆上有发射按钮，火箭弹本身有时间引信，火箭弹飞行800米后爆炸，引信爆炸时间不可调，需要飞行员把握距离射击。火箭弹的使用战术是瞄准敌人轰炸机编队中心，这样就可以使爆炸效率最大化，也就是战斗部爆炸的碎片尽可能多地击中轰炸机。通常情况是在敌机后方相同高度发射，同向飞行时敌我双方飞机速度差最小，便于瞄准和准备发射步骤。对于单发战斗机来说，一般每侧翼下携带1枚火箭弹，试验期间测试过机腹携带1枚火箭弹，甚至1架飞机携带3枚（机腹和两翼各1枚）。E.Kdo 25试验单位还测试过其他武器，完成试验后的1944年7月，该单位番号改为JGr 10大队。

1943年7月25日下午，Ⅰ./JG 26大队的Fw 190和Ⅲ./JG 54大队的Bf 109拦截了英国空军

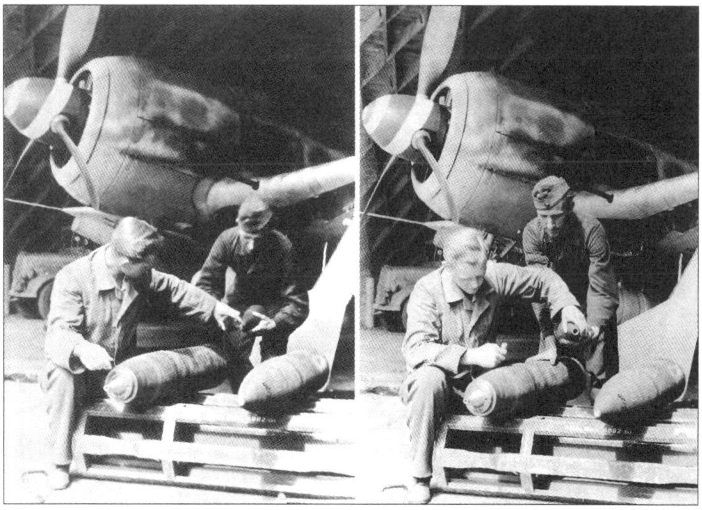

两名地勤人员在给W.Gr 21火箭弹安装引信，他们后面是JG 26联队队部的1架Fw 190A-8/R6飞机。

空袭荷兰阿姆斯特丹斯希普霍尔的轰炸机编队，4架英国“喷火”被Ⅰ./JG 26大队击落，其中2架属于大队指挥官鲍里斯上尉的战果。第二天，9./JG 26中队和12./JG 26中队拦截了一支前往汉诺威，没有护航的B-17编队，两个中队声称击落3架美国轰炸机。当天，实际上最成功的是JG 1联队和JG 11联队的Fw 190战斗机，其中Ⅰ./JG 1大队击落8架B-17，Ⅱ./JG 1大队击落4架，Ⅰ./JG 11大队击落5架，后一个大队指挥官克劳森上尉独得2架战果，分别是他个人第123和第124架战果。另一位当天较为成功的飞行员是埃伯哈德·布拉特少尉，他回忆道：

从我们的编队疏散后，

三图是地勤人员在给1架Fw 190A-8/R8飞机的火箭发射管安装火箭弹。机翼下方，即副油箱和W.Gr 21发射管之间垂直向下伸出的是FuG 216无线电设备天线。

我盯上了1架落在后面的B-17飞机，这时我的座机油箱内只剩下最后一点燃油，根本不够我跟敌机纠缠，我只得迎头攻击。在相同高度，我做了一个右侧急转弯对准敌机从座舱开始向机尾一路开火射击。我不喜欢战斗的时候有别人参与进来，偏偏我看到2架Bf 109战斗机正给这架美国轰炸机致命一击。我在博尔库姆紧急着陆，机场的每个人都对我大喊大叫（呼叫），“感谢上帝和我的减速板”，我设法将座机停在了机场周围环形道的边缘，这使我感觉好像降落在航母上。不久之后的起飞也让人头皮发麻，我的飞机尾轮几乎刮到机库的房顶，这一个星期里，我又经历了一次更危险的飞行。

这次行动的德国方面损失包括哈腾道夫上士和库恩下士阵亡，维甘德下士和科诺布劳赫下士受伤，另一位阵亡的飞行员是E.Kdo 25单位的巴茨中尉。由于气候恶劣，美国陆航没有在7月27日执行作战任务，但是，德国Ⅰ./JG 2大队却和英国空军“喷火”战斗机在法国卡昂遭遇，德军击落2架敌机，己方损失1架飞机，飞行员是斯图科曼下士。

第二天，美国陆航182架B-17轰炸位于卡塞尔的费施乐公司飞机制造厂，与此同时，还有120架轰炸机空袭奥舍尔斯累本的阿戈公司飞机制造厂，这两家生产厂都生产Fw 190飞机。照例，德国空军Ⅲ./JG 26大队和E.Kdo 25试验单位是第一批在9时15分参与拦截行动的Fw 190单位，行动中两个单位击落3架B-17，E.Kdo 25单位获得战绩的是哈德科中尉、乌尔里希中士和芬克中士，战斗中，E.Kdo 25单位的法斯特少尉失踪。有意思的是，美国陆航飞行员报告称第385轰炸机大队的1架B-17轰炸机被W.Gr 21火箭弹击落。7./JG 26中队的海因茨·科梅特穆勒击落他个人第73架敌机，Ⅲ./JG 26大队也损失一名飞行员：吉米希少尉。这次战果报告令人有点疑惑，击落3架轰炸机，却列出四名飞行员（E.Kdo 25单位三名，Ⅲ./JG 26大队一名），这不符合常规，因为德国空军战绩认定标准中没有共同击落一说，笔者猜测其中有人击落的是1架护航战斗机。在当天随后的战斗中，Ⅰ./JG 26大队击落3架敌机，其中3./JG 26中队指挥官罗尔夫·赫尔米兴上尉击落1架他误以为是英国皇家空军“台风”的美国P-47。Ⅰ./JG 26大队战斗中也损失三名飞行员，分别是特里布尼希少尉、索芬中士和金德下士，他们均被美国护航战斗机P-47所击落。

不久，Ⅰ./JG 11大队也加入到猎杀美国B-17轰炸机的行动中，这个大队比前几个单位更成功，在发动的一系列攻击中击落7架B-17，其中2架战果归克劳森上尉一人。大约一个小时后，Ⅰ./JG 1大队和Ⅱ./JG 1大队展开另一场杀戮，当即又有7架B-17被击落，己方损失是科内斯佩尔下士阵亡，哈丁格尔上士受伤，克劳森上尉又击落2架“飞行堡垒”。克劳森是Ⅰ./JG 11大队指挥官，不清楚为什么Ⅰ./JG 1大队和Ⅱ./JG 1大队的战斗中他又获战绩，一般来说，统计没有错误，战斗的衔接交待不清楚。参与当天行动的还有费施乐公司的工厂防御中队（ISS），该中队的格哈德·格鲁维茨后备役少尉在贝优普附近击落1架B-17，对于作战参与度低，经验不丰富，战技水平也远差于前线单位的工厂防御中队飞行员来说这是了不起的成绩。格哈德·格鲁维茨是费施乐公司试飞员，他的日常工作除了测试Fw 190外，还驾驶过公司Fi 153、Fi 253和Fi 256飞机。当天晚些时候，E.Kdo 25试验单位盖尔上尉击落2架B-17飞机，这样，这个试验单位一天的战绩就达到了5架，对于这

JG 26联队的Fw 190飞机的机腹ETC 501挂架通过ER 4适配器携带4枚50公斤炸弹，这种武器配置通常是执行对地攻击任务，但是，这架飞机并不是专用对地攻击型。

个单位来说，这个成绩相当突出。

7月29日，美国193架重型轰炸机空袭了德国基尔的造船厂和瓦尔内明德的亨克尔公司飞机制造厂，Fw 190战斗机单位再次成为拦截行动的主角，第一批参与战斗的是Ⅰ./JG 26大队、8./JG 26中队和10./JG 26中队，这三个单位在8时20分与敌轰炸机编队在比利时上空遭遇，激烈的战斗中德方声称击落5架B-17。一个小时后，Ⅱ./Schl.G 2对地攻击大队也与美国轰炸机交上火，并且击落2架敌机。10时15分，Ⅱ./JG 26大队指挥官威廉-费迪南德·加兰德击落1架B-17飞机，3./JG 26中队指挥官赫尔米兴上尉击落2架。进入Ⅰ./JG 1大队防区后，这个大队也击落5架B-17轰炸机，外加2架P-47战斗机，击落护航战斗机的是汉斯·沃豪尔下士和鲁道夫·皮弗上士。当天战斗结束，德国Fw 190飞机单位共击落32架美国飞机，美国第八航空队的损失记录记载被击落10架B-17，另有69架不同程度被击伤，7架P-47战斗机被击落。德国方面的损失也相当严重，在荷兰上空，Ⅰ./JG 1大队的飞机与美国陆航第4、第56和第78战斗机大队的P-47相遇，由于德国空军这个大队有数架Fw 190飞机携带了笨重的W.Gr 21火箭弹，在与美国护航战斗机的交战中，这些Fw 190损失最大。当天战斗结束，德国Fw 190飞机单位损失16架飞机，另有13架被击伤。战斗丧生或失踪的飞行员有2./JG 1中队指挥官马克森少尉、3./JG 1中队指挥官贝克中尉、Ⅰ./JG 1大队劳恩中士和威宁格尔下士、Ⅱ./JG 1大队魏斯纳少尉、10./JG 2中队霍尔茨曼上士和克里斯托夫上士、Ⅰ./JG 26大队斯普林茨少尉和Ⅱ./JG 26大队麦克肯斯泰德上士。另外，还有八名飞行员受伤。鉴于此次拦截行动中携带W.Gr 21火箭弹的飞机损失最重，Ⅰ./JG 1大队决定不再携带该武器作战。

9./JG 26中队的施奈尔中尉至少驾驶过2架不同型号的“黄色4”号飞机，图中是Fw 190A-2，W.Nr.5281飞机，截至1942年8月29日，他的战绩为62架。

马克森的阵亡让布拉特少尉十分难过，他回忆道：

我的战友阵亡对我震动很大，特别是我最喜欢的指挥官马克森，他很不幸，跳伞时头骨正撞上座机的水平尾翼。他的葬礼对我来说是非常难以接受。此后不久，我接到施诺尔电话，他批准了我在8月6日结婚。他对我说："既然你要去汉堡，也去一下伊策霍，马克森的父母就靠近那里，他们还没有收到通知"。在此次旅程中，我试图找一些更恰当词语告诉马克森父母这一悲恸消息，但是我没有成功。面对家门，我希望按下门铃前那一刻是永恒。一位老人打开了门，他看了看我，我一句话也没有说出来。然后他转过身再次走进过道，突然他对房间大喊道："Mama，起床吧，彼得死了！"此时，我唯一能做的就是告诉他们，他们的儿子没有遭受痛苦。怀着巨大的悲痛，我离开了伤心欲绝的马克森父母，我赶往汉堡，在那里，我明天就要结婚。生活慢慢地回来了。

1942年9月，施奈尔中尉换了1架Fw 190A-4，W.Nr.0746飞机，飞机战术编号仍然是"黄色4"号，此时他已经升任9./JG 26中队指挥官。下图施奈尔座机垂尾方向舵上是72架战绩标志，图中是32个标志，跟72架不知道是什么关系。也许战绩太高，某个特定标志表示10架或5架。

除了上文提到的那些大队或中队，NAGr 13战术侦察单位也在英国普利茅斯上空损失2架Fw 190，两机均被英国皇家空军第165中队的"喷火"击落。

1943年8月和9月的战斗

1943年8月的最初两天没有什么特别大的战斗，但是，8月3日，Ⅲ./JG 2大队的Fw 190战斗机与英国空军"喷火"V和"台风"战斗机遭遇，德国飞行员展示了技高一筹的战术水平，5架英国飞机被击落，8./JG 2中队指挥官赫尔伯特·胡佩茨中尉和9./JG 2中队沃尔姆希勒各击落1架。德方的损失是1架Fw 190被英国"台风"击落，8./JG 2中队飞行员奥科勒中士阵亡。另外，JG 2联队队部戈曼少尉在起飞事故中丧生。从上个月开始，2./JG 2中队奉命驾驶Fw 190飞机进行夜间战斗训练，约瑟夫·比格中士汇报了他第一次进行夜间训练的经历："我第一次夜间紧急起飞是1943年8月9日夜11时35分，此次任务由地面控制中

在1943年8月19日的战斗中，1./JG 1中队伯恩哈德·昆泽下士（右）获得他个人第五架战果（1架B-17轰炸机），这个战绩很不起眼，但是，那些超级王牌都是从这里开始的，唯一不同的是现在这个阶段想积累足够的经验越来越困难。昆泽旁边是他的Fw 190A-5，W.Nr.410055座机。

一名技术人员在擦拭Rb 12.5/7×9照相机镜头，他身后是1架阿戈公司生产的Fw 190A-3/U3飞机，注意看垂尾顶部没有竖起的天线桅杆，飞机可能属于NAGr 13侦察大队。

心指挥，战斗机司令部监督。（飞行过程中）无线电通讯和导航都很完美，尽管我在空中飞行了1小时45分，我还是没有发现敌机（之后在01时20分着陆）。”

由于气候原因中断几天后，8月12日，美国陆航第八航空队再次出动330架B-17空袭鲁尔工业区的波鸿、波恩、盖尔森基兴和雷克灵豪森。第一个迎战B-17的是6./JG 2中队，弗里茨·卡赫少尉在8时40分击落1架敌机。之后不久，Ⅰ./JG 26大队和Ⅱ./JG 26大队也是8时42分至10时30分参加战斗，在近两个小时的猎杀中，不少于12架“飞行堡垒”被德国两个大队Fw 190击落，最成功的飞行员是指挥官威廉-费迪南德·加兰德少校，战果为2架。在靠近索林根时，美国轰炸机编队又遭到密集的高炮射击，飞机编队被迫散开，就在这时，Ⅱ./JG 1大队趁机捡个大便宜，离开编队的轰炸机最容易得手，因此这个大队没费太大周折就击落7架B-17飞机，取得战果的飞行员中包括大队指挥官霍克纳上尉，付出的代价是布鲁蒙德下士阵亡，12架Fw 190飞机被轰炸机自卫火力击伤，其中6架毁伤严重。Ⅰ./JG 1大队也参与了这次拦截行动，击落3架轰炸机。南部训练大队（JGr Süd）也参与战斗并取得3架战果，获得战绩的飞行员全部来自1./JGr Süd中队，他们是克里斯曼少尉（从军衔判断是教官）、科罗伊穆勒下士和霍尔茨下士。吸取7月30日（应该是29日）遭受重大损失的教训，德国空军飞机始终在美国P-47护航战斗机的航程外陆地上空作战，尽管如此，德国空军还是有4架战斗机被美国P-47击落。8月12日是近一段时间以来，德国空军最成功的一天，共击落37架（美国承认25架）B-17轰炸机，击伤172架，己方损失大大小于此前战斗。

8月16日，美国陆航第八航空队的轰炸机编队在P-47和“喷火”战斗机的护航下空袭了法国境内勒布尔歇、普瓦和阿布维尔机场，10时30分前，美国飞机编队遭到德国Ⅰ./JG 2大队和7./JG 2中队的Fw 190拦截，约瑟夫·比格中士称：“第二天早晨10时27分，我又一次紧急起飞，但是，我没能发现敌机，我的“黑色1”号座机在8月13日的行动中已经严重受损而注销，“黑色5”号飞机由于机炮炮弹提前爆炸而在修理。”尽管比格中士没有遇到敌机编队，已经有2架B-17被击落，1架是指挥官博尔茨少校的战果，另1架被汉斯-弗

1./NAGr 13中队一名飞行员驾驶“白色9”号Fw 190A-8飞机准备起飞，除了专门的侦察型号，这个单位也同时装备着标准型号Fw 190A-7和A-8飞机。侦察单位的飞机机身战术编号字体较小。

吉德里希·卡斯滕森下士击落。迈耶尔少校、胡戈·达梅尔少尉和约翰·桑特勒少尉分别击落1架P-47战斗机。由于法国境内的机场都在P-47护航战斗机的作战半径之内，德国方面的损失也不小，三名飞行员丧生，分别是穆勒中尉、乌莰上士和科诺普夫勒下士；两名飞行受伤，分别是迈中士和科列内特下士，后者驾驶的是Fw 190A-5/U12战斗机，该型飞机每侧翼下携带一个内装2门MG 151机炮的吊舱。美国飞机编队在返航途中又遭到9./JG 2中队和10./JG 2中队的拦截，1架P-47和4架“喷火”不幸成为他们的猎物，德国飞行员施拉曼下士和施密特下士阵亡。

1943年8月17日是驻扎在英国的美国陆航第八航空队第一个值得纪念的日子，不仅是美国重型轰炸机到欧洲上空执行作战任务一周年，也因为当天的战斗。这天，美国陆航出动16个轰炸机大队全部共367架B-17轰炸机空袭德国纵深目标，这是截至目前规模最大的一次轰炸行动，也是深入德国领空最大纵深的行动。此次美国轰炸行动的两个主要目标一是位于雷根斯堡的梅塞施密特飞机制造厂，另一是位于施魏因富特的球形轴承厂。针对第一个目标由七个轰炸机大队146架轰炸机组成的飞机编队进入荷兰领空后直奔雷根斯堡，当美国飞机途经荷兰翁斯德雷赫特附近领空时，驻扎在此的Ⅱ./JG 1大队和Ⅰ./JG 26大队（最近刚刚部署到Ⅱ./JG 1大队所在翁斯德雷赫特机场）的Fw 190已经在空中静候敌机的到来。德国人的想法是等美国护航的P-47与轰炸机编队分离后再对轰炸机下手。为了此次行动，美国P-47携带了容积更大的副油箱，虽然作战半径有所增加，但仍然有点捉襟见肘，作战半径只够飞抵荷兰和德国边境，而且时间不能逗留太长。这天情况也正是如此，美国飞机编队到两国边境后护航的P-47返航，B-17轰炸机则独自勇往直前。见时机已到，等候多时的德国战斗机在11时30分一拥而上，首先从太阳方向发起攻击的是卡尔·鲍里斯上尉的Ⅰ./JG 26大队Fw 190战斗机，以及Ⅲ./JG 26大队的Fw 190和Bf 109，前一个大队在12分钟内击落3架B-17，后者也击落3架，1./JGr Süd中队阿尔弗雷德·格里斯拉沃斯基少尉也击落1架。Ⅰ./JG 26大队飞行员于格·基夫纳少尉回忆此次战斗称：

当时的景象相当恐怖，天空中有大约150架四发重型轰炸机，任何一个人都会被这一庞大的飞机编队所震惊，但是，与此同时，我们的猎杀本能苏醒，也许是意识到这些飞机携带的大量炸弹可能会落在德国领土上深深地刺激着我们（让我们产生猎杀欲望）。我没有看到任何战斗机在波音轰炸机周围，我估计是哪个环节出了错，如果我很有经验，我倒是乐意看到敌轰炸机周围没有战斗机，但是，我知道的很少，当时有很多事要做，我没有想太多。

我们左转迎向敌机，并从敌机前方发起攻击。当你第一次从前面看到敌机编队，可能会觉得轰炸机编队很小，我们的长机率领我们向下直扑轰炸机编队中心位置。这些波音轰炸机组成紧密的编队，看上去就像一串葡萄。我们不得不从一边转向另一边，为的是观察附近是否有敌人战斗机。你可以很容易地认出一名经验丰富的飞行员，通常这样的飞行员驾驶飞机像一个酒鬼，他们被称为老兔子。一个老手可以很快选中一个攻击目标，并将敌机机头套在瞄准具的十字准星中，当瞄准具中的目标投影充满了瞄准具，这时他才会开火——只是一阵短射，不超过2秒。我们都尽可能对着靠近机身的机翼和发动机射击，如果你击中了敌机，你可以看到机炮炮弹在敌机表面微小的爆炸，或者是大爆炸，如果你击中飞机油箱的话。我们这些年轻的小伙子也想效仿‘老兔子’，但是成功的机会很小。刚才不超过2秒的短射后，没有再次射击，只是穿过敌机编队。甚至到现在我也无法相信，我们从敌机编队中穿过时竟然没有发生撞机事故，似乎这一幕只有一秒钟时间。

下一场该Ⅰ./JG 1大队的Fw 190一试身手了，这个大队在中午时分与美国轰炸机编队相遇，让人失望的是，这个大队只击落4架B-17轰炸机，己方却损失一名中队指挥官，即2./JG 1中队指挥官费斯特尔少尉，他被严重击伤后跳伞，四天后死在医院。中午参加拦截行动的有几个训练单位，包括之前提到的JGr Ost东部训练大

约瑟夫·沃姆希勒后面是他的Fw 190A-6，W.Nr.530314，“黄色2”号座机，他的座机垂尾方向舵上有“骑士十字勋章”和战绩为74架的标志。

美国陆航第452轰炸机大队的B-17轰炸机飞临德国上空准备投弹，弹舱门已经打开。从发动机的冷凝云判断飞行高度较高，对于轰炸面目标来说，高空投弹精度不足可以通过数量来弥补。

这张可能是摆拍的照片，JG 26联队指挥官普瑞勒上校驾驶着他的“黑色13”号战斗机。

地勤人员在推普瑞勒上校的Fw 190A-8座机，这架飞机也是“黑色13”号，说“13”不吉利纯粹是心理因素作怪。上下两图可以比较一下并不是同一个型号，“13”字体也不一样。Fw 190A-8飞机的左侧机翼下方伸一个天线，这是FuG 216ZY无线电设备天线。

队、2./JG 104中队和3./JG 106中队等。尽管美国轰炸机损失严重，但也给梅塞施密特飞机制造厂造成巨大破坏，最后，美国飞机编队向南穿过意大利领空在北非着陆。

当天中午刚过，第二支前往施魏因富特的美国轰炸机编队（九个轰炸机大队）还未与护航战斗机分开就遭到德国战斗机拦截，之后的激烈战斗持续了将近三个小时，这一天被德国人称为“战斗机日”，Fw 190战斗机是拦截行动的主力，因此最为成功：JG 1联队队部击落1架、Ⅰ./JG 1大队击落10架、Ⅱ./JG 1大队击落7架、Ⅱ./JG 2大队击落5架、Ⅰ./JG 11大队击落5架、JG 26联队队部击落1架（联队指挥官普瑞勒的战果）、Ⅰ./JG 26大队击落1架、Ⅱ./JG 26大队击落4架（外加1架P-47战斗机），甚至侦察单位5.(F)/123中队冯·阿尼姆中尉也击落1架B-17轰炸机。这天轰炸行动中，美国陆航第八航空队损失60架B-17轰炸机，158架不同程度受伤，另有3架P-47战斗机被击落，这是美国轰炸德国本土以来损失最惨重的一次行动。

德国Fw 190飞机单位的损失情况是三名飞行员丧生，特别值得一提的是Ⅱ./JG 26大队指挥官威廉-费迪南德·加兰德少校，阵亡时他的战绩已经达到了55架（其中8架为重型轰炸机，几乎全部是驾驶Fw 190战斗机取得的战果），他率领的编队重组后准备实施第二轮攻击（返航的美国轰炸机编队）时遭到P-47战斗机的袭击，没有人看到指挥官最后一刻，可能他的Fw 190A-6座机被击中后在空中爆炸解体，两个月后他的遗体残片在荷兰马斯特里赫特西4公里被发现，后被安葬。其他阵亡的两人是1./JG 26中队施密特克下士和10./JG 26中队哈德拉巴下士。至少有九名飞行员受伤，分别是Ⅰ./JG 1大队的胡布尔中士和内特上士、Ⅱ./JG 1大队里佩中士、乌伯特中士和戈特瓦尔德代理下士、Ⅰ./JG 26大队的基夫纳少尉和贝克下士、Ⅱ./JG 26大队兰格少尉和戈曼下士。接替加兰德任Ⅱ./JG 26大队指挥官的是原7./JG 26中队指挥官汉斯·瑙曼上尉。

1943年8月19日，英国皇家空军发动了一次代号为“推弹杆”行动（短航程轻型轰炸机行动），出动的飞机是“波士顿”轰炸机，为其护航的是“喷火”和“台风”战斗机，目标是亚眠格利西和普瓦的德军机场。当天中午刚过，Ⅱ./JG 2大队的Bf 109和Ⅱ./JG 26大队的Fw 190就拦截了英国飞机编队，3架“台风”和4架“喷火”被击落。当天晚上晚些时候，美国B-17也轰炸了荷兰希尔泽瑞珍（布雷达市和蒂尔堡市之间）和法拉盛（现称弗利辛恩），JG 26联队队部和Ⅰ./JG 1大队拦截了美国飞机编队，前一个单位声称击落2架B-17，后一个单位声称击落7架，而美国方面承认只有4架B-17被击落，另有42架不同程度受伤。德国方面有一名飞行员，即10./JG 26中队的约翰内斯·迈耶尔中尉丧生，当时这个中队临时归Ⅱ./JG 26大队指挥参与了拦截行动。从一开始就驾驶Fw 190参与拦截盟军轰炸机行动的Ⅰ./JG 26大队指挥官卡尔·鲍里斯上尉的作战报告（并非指8月19日战斗）称：

我们的联队从西线战役开始到结束都没有停止过战斗，我们非常骄傲我们的作战效率并没有像其他单位一样随着时间推移而有所下降，因为我们认为应该为彼此负责，我们中没有因为渴望成功而忽略自己僚机安全的飞行员。我们的作战战果是积极的，也就是我们击落的敌机总是比己方损失的多。我从1939年11月就一直在这个大队服役，直到在弗伦斯堡执行最后一次作战任务。到二战结束，我共执行了400—500次作战任务。我们整个联队在任何时期都有100名飞行员，整个战争期间我们用过的飞行员达到1000人。战争结束时，我感觉就像最后的莫希干人（北美印地安人一个分支）。

美国丝毫没有因为巨大的损失而停止对纳粹德国的打击，8月22日，美国陆航第386轰炸机大队和第322轰炸机大队出动B-26“掠夺者”轰炸机空袭德国Ⅰ./JG 2大队位于法

驻扎在法国北布列斯特的8./JG 2中队3架Fw 190A-5战斗机，近处这架“黑色14”号飞机在1943年8月失事损坏，飞机修复后转交给了东部训练大队。

国博蒙勒罗歇的机场，但是，由于失去了“喷火”战斗机的护航，第322轰炸机大队退出战斗返航。接到警报，JG 2联队队部和Ⅰ./JG 2大队战斗机立即升空保卫自己的基地，两个单位分工明确，前者引开敌护航战斗机，后者主攻轰炸机编队，战斗中，联队队部击落2架“喷火”战斗机，Ⅰ./JG 2大队则击落4架以上B-26轰炸机。Ⅰ./JG 2大队的两名飞行员索尔上士和平格尔下士阵亡，另一名飞行员索尔滕伯格下士受伤。

8月25日下午，1./SAGr 128中队的Fw 190与英国空军可能是第143中队的“英俊战士”战斗机在法国布列斯特以西约120公里处遭遇，在十分钟的混乱中，4架英国战斗机被击落，中队指挥官沃尔姆中尉和约斯特中士分别击落2架，这两人是1./SAGr 128中队的顶梁柱，中队的大部分战绩都是这两人获得的。Fw 190击落英国“英俊战士”一点也不意外，德国单发Fw 190比英国双发重型战斗机“英俊战士”先进得多。

两天后，美国陆航第八航空队第一次派出重型轰炸机轰炸瓦唐（法国北部，加来东南30公里）地区的导弹阵地，刚刚接替博尔茨任Ⅰ./JG 2大队指挥官的埃里希·霍哈根、5./JG 26中队瓦尔特·马托尼中尉在拦截行动中分别击落1架B-17。9月的最后一天，盟军发动了大量“推弹杆”行动，主要轰炸法国境内亚眠格利西机场、里尔旺德维尔和马赞加尔伯。不少于5架“喷火”被8./JG 2中队击落，其中中队指挥官赫尔伯特·胡佩茨中尉击落1架，7./JG 2中队也击落1架“喷火”飞机。德国有两名飞行员丧生，分别是希克少尉和德·拉·卡姆普下士。

在1943年6月前，驻扎在法国卡昂卡尔皮屈埃机场的13./SKG 10中队执行的是飞越海峡轰炸英国目标的任务，此后，由于地中海战事告急，Ⅳ./SKG 10大队被调往西西里岛吉比尼。Ⅳ./SKG 10大队的飞机上有白色圆形图案，德国空军中黑色圆形图案一般表示“Ⅳ”大队。

9月3日，美国陆航第八航空队发动了几个相互独立战斗行动，主要是空袭法国境内德国空军机场，包括高德隆雷诺、塞纳河畔罗米利、厄尔河畔圣安德烈和埃夫勒。美国轰炸机编队遭到了德国空军Ⅲ./JG 2大队和Ⅱ./JG 26大队的拦截，在9时30分至10时整的战斗中，德国声称击落6架B-17和1架P-47。这两个大队和随后赶来的JG 2联队队部在一个半小时后再次对美国飞机编队实施了攻击，这次又击落6架B-17。两个行动中最成功的飞行员是约瑟夫·沃尔姆希勒，他一人击落2架轰炸机。其实，当天美国承认的损失是

9架B-17轰炸机和1架陆航第56战斗机大队P-47战斗机。德国Fw 190飞机单位阵亡三名飞行员：简德中尉、施密特少尉和舒尔茨下士，沃格特上士、古尔特曼下士和霍夫曼下士受伤。第二天，Ⅰ./JG 26大队、Ⅱ./JG 26大队和10./JG 26中队又与英国空军战斗机在两个独立的战斗中交手，第一场战斗发生在法国特雷波特南部，英国2架“喷火”被击落；第二场战斗发生在贝尔克西部，这里德国空军声称击落6架英国战斗机，德国格鲁恩林格中士阵亡，京特中士和索尔下士受伤。

轰炸法国境内目标的行动规模一般较小，空袭德国本土目标的行动规模大得多，而且越来越深入德国纵深领土。9月3日，美国派出157架B-17轰炸机空袭斯图加特，没想到此次是美国第八航空队代价最高的一次行动。德国空军Ⅱ./JG 2大队的Bf 109战斗机率先在9时45分实施拦截战斗，直到12时10分，第一个Fw 190飞机单位：Ⅲ./JG 26大队才投入战斗，不久JG 2联队队部和Ⅰ./JG 2大队也赶来助战。德国获胜的飞行员中包括埃贡·迈耶尔少校（2架）和瓦尔特·埃伯特中士（2架）。2./JG 2中队约瑟夫·比格中士也击落1架轰炸机，但战斗结尾却并不那么令人愉快，他说：

1943年9月6日，我和我的僚机莱因霍尔德·科列恩下士在11时24分起飞，我们的任务是扮演所谓的阴影双机组，也就是在由120架B-17飞机组成的编队上方待命，当时敌机编队刚刚飞出巴黎东南160公里的特罗韦地区直奔沙特尔（法国巴黎西南78公里）方向（从地理位置看美国飞机编队在返航）。完成我们的既定任务后，我们向美国飞机编队发起了攻击，并在沙特尔南30公里的沃夫斯附近击落1架波音轰炸机。我们在13时11分着陆的同时，我们的机场遭到另一支轰炸机编队的猛烈轰炸，我们别无选择只得硬着头皮在跑道上着陆，座机刚一触及跑道我就被击中。

加兰德陪同戈林（手拿权杖）视察海峡沿岸的德国空军单位，1943年中后期，戈林仍然不相信盟军护航战斗机会进入德国领空，甚至出现在与荷兰接壤处的边境一带都不相信，事实上，他不想让希特勒指责他的空军没有能力把敌人护航战斗机拦在德国本土之外。

其他Fw 190飞机单位当天获得战果的有10./JG 2中队和Ⅱ./JG 26大队飞行员。总的来说，德国空军战斗机单位声称击落51架B-17，美国承认的数量是45架，另有116架被击伤，有一些轰炸机后来因燃油耗尽而坠毁，这些未被美国算在被击落的损失记录里。德国空军两名来自6./JG 26中队的飞行员乔格上士和贝格尔下士阵亡，其他五名飞行员比格中士、布伦德尔上士、普法夫上士、卡斯滕森下士和汉克下士受伤。

在1943年7月至9月间，德

从机腹挂载的SC 250炸弹推断这是对地攻击单位的1架Fw 190A-5，飞机后机身有“E”字母，对地攻击单位的飞机一般采用单个字母作为识别序列，不用数字，到1944年年底，对地攻击单位飞机才将字母改为有颜色的数字。图中飞机正在加油，这种加油车比常见的两轮车更复杂一些。

国空军Ⅰ./SKG 10大队几乎没有执行针对英国南部诸岛的任务，原因是这个大队被命令部署到西西里岛加入到在当地作战的SKG 10联队。在转移部署前，仅有的几次小规模战斗中，Ⅰ./SKG 10大队至少有四名飞行员丧生，他们是吉斯勒上尉、布齐克少尉、布雷下士和艾尔格下士，其中后三人被英国皇家空军第85中队的“蚊子”夜间战斗机击落。

美国和英国一直都在研制新型副油箱来增加护航战斗机的航程，这是十分迫切的要求，护航战斗机的航程能更深入德国领土，美国重型轰炸机的损失就会更小。这时，美国陆航P-38和P-47战斗机都可以携带副油箱为轰炸机编队护航，当德国战斗机兵种总监阿道夫·加兰德向希特勒反映盟军这一动向时，空军司令戈林却不相信这是真的，德国军备与战争生产部部长阿尔伯特·斯佩尔后来在他的报告中记述了戈林和加兰德的讨论：

“告诉元首美国战斗机可以深入帝国领土，这个主意是什么意思？”戈林呵斥道。

“元帅先生”，加兰德镇静地回复道，“不久，他们会进入德国更远的纵深”。

戈林情绪更加激动地说：“不可能，加兰德，是什么让你有这种幻想？那纯粹是胡扯！”

加兰德摇摇头，“这是事实，元帅先生，美国战斗机已经在亚琛（与荷兰接壤的德国边境城市）被击落，毫无疑问这是事实！”

戈林顽固地坚持他的观点，“很简单，那不是事实，加兰德，这不可能”。

加兰德有一点嘲讽地反击道：“你最好自己去调查一下，先生，被击落的飞机就在亚琛呢。”

戈林最后说道：“敌机也许在亚琛被坠毁，但那儿离德国西部远着呢。我的意思是，如果敌战斗机飞得很高，当其被击落，飞机完全可能从高空滑翔很远的距离才坠毁（在亚琛）。”

加兰德面无表情，脸上的肌肉也没有动一下，“向东滑翔，先生？如果我的飞机被击落……”

加兰德的话没有被记录完整，没这个必要了，普通读者都会知道，如果能滑翔这么远，说明飞机可控，那么盟军飞行员肯定会往西滑翔，而不是向东。

由于气候条件不佳，在9月16日之前，西线战场上空几乎没有什么战斗，但是，这种平静预示着更激烈的战斗即将发生，此前美国陆航轰炸机损失严重，相对平静期正好让美国陆航休整补充，强大的美

6./JG 26中队瑙曼正从他的Fw 190A-5，“褐色1”号座机下来，他的这架飞机属Fw 190A-5/U10重武装型，机翼安装4门MG 151机炮。

国工业很快就会显示威力。当然，德国人也在加紧备战。果真，在9月16日这天，美国陆航出动295架轰炸机空袭法国南特、拉帕利斯、拉罗歇尔和干邑，这几个地点均在法国西部。德国空军1./JG 2中队和10./JG 2中队首先实施拦截战斗，并声称击落5架B-17飞机，不久，4./JG 2中队也击落1架“喷火”战斗机。混合装备老式Bf 109和Fw 190战斗机的东部训练单位（JGr Ost）也在随后击落3架“飞行堡垒”轰炸机。在此次战斗中，霍哈根上尉负伤，沃尔夫冈·迈耶尔少尉阵亡，最让德国空军痛心的是SAGr 128海军侦察大队指挥官沃尔姆上尉被美国B-17的自卫火力击落身亡。

9月21日，由三个大队和三个中队，外加三个临时中队（10./JG 2、11./JG 2和12./JG 2）组成的JG 2联队重新进行改组，改组后的编制如下：

Stab./JG 2	未变。指挥官埃贡·迈耶尔少尉，单位驻扎在法国博蒙勒罗歇，装备Fw 190A-6战斗机
Ⅰ./JG 2	指挥官埃里希·霍哈根上尉，单位驻扎在法国埃夫勒和博蒙勒罗歇，装备Fw 190A-4、A-5和A-6，加上少量Bf 109G战斗机。1./JG 2、2./JG 2和3./JG 2中队未变，增加由11./JG 2中队变更番号而来的4./JG 2中队，也就是一个大队扩编为四个中队
Ⅱ./JG 2	指挥官库尔特·布赫林根上尉，单位驻扎在法国维特里昂纳图瓦，装备Bf 109G-4和G-6战斗机。5./JG 2和6./JG 2中队不变，7./JG 2中队由原4./JG 2中队变更番号而来，而8./JG 2中队由12./JG 2中队变更番号而来。
Ⅲ./JG 2	指挥官布鲁诺·斯托勒上尉，单位驻扎在法国瓦纳默孔，装备Fw 190A-4、A-5、A-5/U8和A-6战斗机。9./JG 2中队未变，10./JG 2中队保留番号，但划归Ⅲ./JG 2大队，11./JG 2和12./JG 2中队由原7./JG 2和8./JG 2中队变更番号而来。

从组织结构调整可以看出，单位作战力量基本不变，只是由原来三个大队加三个临时中队改为三个大队，每个大队由四个中队组成的结构，三个临时中队分别给三个大队，这样有利于简化指挥结构。通常情况下，三个中队可以组成一个大队，但是，JG 2联队的三个临时中队仍独立归联队指挥，并没有组成“Ⅳ./JG 2大队”，这完全是指挥上的考虑。

9月24日中午，Ⅰ./JG 2大队和Ⅲ./JG 2大队，以及Ⅱ./JG 26大队在法国亚眠地区上空遭遇正在为“波士顿”轻型轰炸机护航的英国空军“喷火”和“台风”战斗机，接下来的战斗中，1./JG 2中队声称击落3架“台风”和1架“喷火”，己方亨宁上士和施密特茨代理下士阵亡。8./JG 2中队胡贝特茨中尉击落1架“喷火”，但

这架“白色11”号Fw 190A-6是1./JG 1中队指挥官乔治·斯科特中尉的座机，拱背黑猫是斯科特个人的标志。斯科特是参加过“秃鹰军团”的老兵，他阵亡时的战绩为16架，参加过“秃鹰军团”的老兵此时军衔较高，战绩也多，但斯科特却是个例外，这跟他所在的单位战事少有关。

是，9./JG 2中队的布兰德尔上士丧生。Ⅱ./JG 26大队获得2架战果，均是“喷火”，损失是5./JG 26中队胡梅尔少尉和戈恩特中士受伤。三天后，美国第八航空队发动当月最后一次大规模行动：308架B-17空袭德国埃姆登港。拦截此次行动的主要是Ⅱ./JG 3大队和Ⅱ./JG 11大队，这两个大队均装备Bf 109G，但是，装备Fw 190的Ⅰ./JG 11大队也参与了战斗，该单位克劳森上尉和布雷特少尉分别击落1架B-17和1架P-47。Ⅰ./JG 1大队和Ⅱ./JG 1大队主要与美国护航战斗机作战，1./JG 1中队指挥官乔治·斯科特中尉阵亡，施纳保夫下士受伤；6./JG 1中队罗姆保特上士阵亡，贝克上士和乌尔里希中士受伤；3./JG 11中队的库恩拉中尉失踪。同一天，Ⅲ./JG 2大队和Ⅱ./JG 26大队拦截了由“喷火”和“台风”战斗机护航的“波士顿”轰炸机编队。

1943年10月的战斗

1943年10月1日，参照JG 2联队组织结构调整，JG 26联队也进行了调整，即由三个大队组成，每个大队包括四个中队。调整后的结构如下：

联队队部（Geschwader Stab./JG 26），驻扎在里尔北部

指挥官	约瑟夫·普瑞勒上校
副官	副官
联队Ⅰa	作战官
联队Ⅰc	情报官
联队Ⅱa	副官助手（正式受委任）
联队Ⅱb	副官助手（非受委任）
联队Ⅳa	行政管理军官
少校参谋（Major beim Stab）	少校被分配到联队队部
联队 TO	联队技术官
联队 NO	通讯指挥官
Kfz. -Offizier	作战分遣队指挥官

联队队部四机编队(Stabsschwarm)

由4架飞机组成的作战编队，其中每2架飞机组成最小作战编队。双机编队中，其中一个双机编队由联队指挥官和他的副官组成，另一个双机编队由被分配到联队队部的少校参谋和作战官(联队Ⅰa)组成。

联队队部下属(Unterstab)

主要包括办事员、司机、队部飞机的地勤人员、勤务士兵，人员总数大约为60人。

通讯连

通讯连的指挥官为魏泽尔上尉，连队包括三个排，每个排由三个班组成：		
1排	即作战通讯排	
	1班	无线电操作员
	2班	电报操作员
	3班	高级司令部情况判读员
2排	即无线电排	
	1班	联队摩尔斯码(密码)操作员
	2班	地对空通讯调频
	3班	维护保养
3排	即电话排	
通讯连总人员约为150人		

Ⅰ./JG 26大队

大队指挥官	卡尔·鲍里斯少校
大队副官	副官
大队Ⅰa	作战官
大队Ⅰc	情报官
大队Ⅳa	行政管理官
大队Ⅳb	医药官
大队TO	技术官
大队NO	通讯指挥官
大队参谋	上尉参谋
大队WO	武器官
Kdr. Stabskompanie	参谋连指挥官

大队四机编队

由 4 架飞机组成的作战编队，正常情况下，其中每 2 架飞机组成最小作战编队。双机编队中，其中一个双机编队由大队指挥官和他的副官组成，另一个双机编队由作战官(大队 Ⅰa)和上尉参谋组成。

大队队部连

包括修理人员、技术人员、通讯兵、高炮兵、作战士兵和勤务士兵组成，人员总数约为 260 人。

中队

正常情况下由十二名飞行员(包括中队指挥官)和 12 架飞机组成，地勤人员大约为 98 人，Ⅰ./JG 26 大队的主要构成：			
1./JG 26 中队	阿图尔・比泽	中尉	未变
2./JG 26 中队	威廉・盖特	少校	未变
3./JG 26 中队	罗尔夫・赫尔米兴	上尉	未变
4./JG 26 中队	库尔特・埃伯斯伯格	上尉	原 8./JG 26 中队

Ⅱ./JG 26 大队

大队组织结构参见Ⅰ./JG 26 大队，目前，Ⅱ./JG 26 大队主要构成：		
5./JG 26 中队	赫尔穆特・霍佩上尉	原 4./JG 26 中队
6./JG 26 中队	霍斯特・斯滕伯格上尉	原 5./JG 26 中队
7./JG 26 中队	汉斯・瑙曼上尉	原 6./JG 26 中队
8./JG 26 中队	鲁道夫・卢舍尔上尉	原 10./JG 26 中队

Ⅲ./JG 26 大队

大队组织结构参见Ⅰ./JG 26 大队，目前，Ⅲ./JG 26 大队主要构成：		
9./JG 26 中队	汉斯-乔治・迪佩尔上尉	原 7./JG 26 中队
10./JG 26 中队	保罗・绍德上尉	原 9./JG 26 中队
11./JG 26 中队	保罗・斯滕德尔上尉	未变，但加入到Ⅲ./JG 26 大队
12./JG 26 中队	赫尔曼・斯泰格上尉	未变，但加入到Ⅲ./JG 26 大队

JG 26 联队组成为 160 名空勤人员和 2200 名地勤人员，总计为 2360 人，160 架飞机。

短暂的消停后，美国陆航第八航空队再次在10月4日派出轰炸机空袭包括美因河畔法兰克福在内的各种目标，装备Fw 190的JG 1联队首先在10时24分至11时50分拦截美国轰炸机编队，双方的混战发生在9000—10000米高度，Ⅰ./JG 1大队声称击落5架B-17，Ⅱ./JG 1大队击落3架。稍早前，美国的B-24轰炸机为B-17的空袭进行了牵制性行动，拦截B-24飞机编队的是Ⅰ./JG 11大队，该大队声称击落5架“解放者”飞机，大队指挥官埃尔温·克劳森上尉贡献1架，这是指挥官本人第132架战果（也是第14架重型轰炸机战果），事实上也是最后一个。击落敌机不久，克劳森上尉也被击中坠入北海，他的遗体至今未被找

JG 26联队指挥官普瑞勒的身高只有1.62米，却深受下属爱戴。他还喜欢跟上司顶嘴，但是，上司赋予的任务会不折不扣地完成。

德军地勤人员正在维修1架“白色12”号Fw 190A-5战斗机的损坏的方向舵，从地勤人员赤膊上阵可以看出这是1943年夏天。

到。克劳森上尉执行过561次作战任务，死后被追授“橡树叶加骑士十字勋章”，他的位置临时被埃里希·沃伊特克上尉接替，之后的10月15日，赫尔米兴上尉被正式任命为Ⅰ./JG 11大队指挥官。

10月4日的空袭给法兰克福造成了非常严重的破坏，暴跳如雷的法兰克福行政长官（省纳粹党头目）飞到柏林向希特勒大加抱怨，称德国空军未能保护这座城市。气急败坏的希特勒把怒气发到了戈林的身上，不敢争辩的戈林三天后在一次会议上又把委屈和怒火发到德国空军高层领导人身上，称他们“缺乏好斗精神，甚至还要差”。戈林同时强烈要求立即、毫不犹豫地采取最快的步骤提高飞行员的技术水平。

接到命令后，所有帝国保卫战的战斗机单位都给战斗机安装自动测量装置以测量每位飞行员爬升到敌轰炸机作战高度所需要的时间，还必须用照相枪拍照证明与敌机近距离交会过。甚至还考虑过监督员，也就是军官驾驶飞机与战斗机飞行员一起升空，在发起进攻时脱离编队观察每个飞行员攻击步骤，以此判定作战技能是否合格。戈林还下了一道三点命令来指导帝国保卫战：

赫尔曼·格拉夫战绩达到202架后于1942年9月26日从东线被调回德国，他先是在1943年1月任东部训练大队指挥官，之后在1943年12月被任命为JG 11联队指挥官。图中是格拉夫任东部训练大队指挥官时1架Fw 190A-5，W.Nr.2594座机，发动机整流罩上是郁金香花瓣图案，“Karaya”是格拉夫无线电呼叫代号。

这几张照片非常有意思，手拿相机并不是侦察，其实是一位摄影人员被塞进无线电设备舱拍摄用于宣传的照片。Fw 190飞机中“U4”是侦察型号，侦察设备也在这个位置。这个设备舱拆除设备后可以容纳一个人，二战末期经常有人这么做。图中是4./JG 26中队1架“蓝色10”号Fw 190A-8，W.Nr.730414飞机。

1.没有什么气象条件可以阻止战斗机单位升空作战！

2.如果飞行员没有取得战果却带着伤返回的必须上军事法庭！

3.如果战斗机弹药耗光，或是武器出现故障，那么飞行员必须撞击敌机！

德国空军总监埃哈德·米尔希元帅争辩称戈林的命令太过草率，会让战斗机飞行员有很大的压力，戈林不加掩饰地称“他们没必要感到有压力，他们只需要靠近400米距离射击，而不是1000米；他们需要一次战斗击落80架敌机，而不是20架。这样，他们就不会感到有压力了，我也乐意向他们脱帽致敬”。

10月8日、9日和10日，美国陆航再次密集出动，第一次（8日）行动仍然是B-17轰炸机为主角轰炸不来梅目标，B-24轰炸机执行牵制性任务空袭费格扎克（奥尔登堡西10公里）。B-17编队在15时15分被装备Fw 190战斗机的Ⅰ./JG 1大队和Ⅱ./JG 1大队拦截，在接下来半个小时的混乱中，德国两个大队声称击落了不少于19架“飞行堡垒”飞机，获得战绩的飞行员中包括E.Kdo 25试验单位指挥官霍斯特·盖尔和伊布列兴少尉。福克-沃尔夫公司的工厂防御中队四机编队也参与了拦截战斗，试飞员蒙德里击落1架B-17，但是，库尔特·梅尔霍恩被击落身亡，这两名试飞员上文都提到过，后者的丧生是公司的一大损失。JG 1联队战果颇丰，损失极大，三名飞行员阵亡，另有六人受伤，其中JG 1联队指挥官汉斯·菲利普中校的阵亡损失最大，此次战斗中，他刚刚将战绩提升到206架，其中200多架是在东线战役中取得的，西线战斗中只击落1架B-17、1架“喷火”和1架P-47。死后，菲利普中校被追授“宝剑加橡树叶加骑士十字勋章”。另外，他的僚机此次战斗中也被击落。其他受伤飞行员包括2./JG 1中队埃勒斯少尉和2./JG 11中队宏德少尉。取代菲利普任JG 1联队指挥官的是赫尔曼·格拉夫少校，另一位超级王牌。

Ⅰ./JG 1大队和Ⅰ./JG 11大队再次拦截了第二次（9日）的美国飞机编队，当日美国轰炸目标是安克拉姆（柏林正北130公里）和马林堡的福克-沃尔夫公司飞机制造厂。自从1929年，马林堡就有一座民用机场，1934年被德国空军（未正式成立）征用，机场附近就是占地4050公顷的福克-沃尔夫公司飞机制造厂。盟军飞机在1942年6月空袭不来梅后，福克-沃尔夫公司就将飞机制造厂由不来梅迁到马林堡，后者生产了大约有一小半的Fw 190飞机。在10月9日的

Ⅰ./JG 11大队大队指挥官埃尔温·克劳森上尉（左）在10月4日的战斗中阵亡，这个月中损失最大的是JG 1联队指挥官汉斯·菲利普中校（右），他的206架战绩中大部分是驾驶Bf 109战斗机取得的。

福克-沃尔夫公司位于不来梅的工厂防御中队。试飞员专业技能水平强，但作战水平不一定很好，空战战术配合和技巧是在战斗中摸索起来的。

空袭中，马林堡的Fw 190飞机生产厂损失严重，航拍照片显示，96架B-17轰炸机投下的炸弹有58%命中300米范围内目标，83%的炸弹命中在600米范围内（83%里包括58%）。此次投弹精度高的部分原因是B-17降低了投弹高度，平均投弹高度为3300—3900米。降低投弹高度也给德国高炮射击带来麻烦，对轰炸机的威胁几乎可以忽略不计，因为高炮炮弹引信需要装订，此前德国人没有意识到美国轰炸机在这个高度投弹。这天空袭马林堡使得德国高层决定将Fw 190飞机的生产部分转移到西里西亚的索劳（现波兰扎雷）。当天拦截行动中，Ⅰ./JG 1大队击落4架B-17，其中大队指挥官埃米尔-鲁道夫·斯诺尔上尉击落2架；Ⅰ./JG 11大队战绩稍好，达到7架。德方的损失是，1./JG 11中队佩尔特泽少尉丧生，福克-沃尔夫公司试飞员阿尔弗雷·蒙特施受伤。

10月10日发生的是另一场残酷的战斗，Ⅰ./JG 1大队和Ⅱ./JG 1大队，以及分别临时驻扎在这两个大队基地上的Ⅰ./JG 26大队和Ⅱ./JG 26大队是当天拦截行动的主角儿，在14时

美国陆航第94轰炸机大队第410中队B-17G轰炸机在1943年10月9日轰炸了福克-沃尔夫公司位于马林堡的飞机生产厂，图中是410中队1架绰号“维京人的喜悦”的飞机。

30分左右，Ⅱ./JG 1大队的13架Fw 190和Ⅱ./JG 26大队飞机奉命在德国明斯特地区巡逻准备迎战由200架B-17组成的编队，美军的目标是明斯特市区和其周围的目标。15时刚过，Ⅱ./JG 1大队迎头向美机发起攻击，随后，飞机重组编队再从敌机右侧发起攻击，大队指挥官瓦尔特·赫克纳上尉击落1架B-17，但是，他的“红色6”号座机也被敌人的自卫火力击中，他被迫跳伞逃生。Ⅱ./JG 1大队又击落4架B-17飞机后，Ⅱ./JG 26大队也加入到屠杀行列，很快便击落4架敌机。德国的损失情况是，Ⅰ./JG 1大队有四名飞行员被击落：埃梅里希上士、哈布兰克下士、沃豪瓦下士和斯沃伯达下士。8./JG 26中队汉斯·迈耶尔少尉在与1架P-47战斗机格斗时受伤。E.Kdo 25试验单位有2架飞机受伤：“白色14”号和“白色35”号。当天美国损失30架B-17轰炸机，德国空军Fw 190飞机单位的损失极轻微，虽然被击落几架飞机，但飞行员并没有丧生，德军损失最大的是双发昼间战斗机和夜间战斗机。

位于不来梅的福克-沃尔夫公司飞机生产厂遭到盟军轰炸后的侦察照片，大片区域已经被炸毁，其他区域还有此前轰炸过的弹坑。

福克-沃尔夫公司的一个生产车间用砖头垒起以保护车床操作台，德国工业惨状可见一斑。

与此同时的10月14日，美国陆航第八航空队不屈不挠地只要条件允许就出动轰炸机，在这天的第二次突袭行动中，291架B-17轰炸机在196架P-47战斗机的护航下再次空袭施魏因富特球形轴承厂。德国空军Ⅱ./JG 26大队是第一个对美国轰炸机编队实施拦截的战斗机单位，这个大队在荷兰马斯特里赫特（其东部30公里就是德国亚琛）上空与敌机编队相遇，汉斯·纽曼上尉在13时30分击落1架B-17。战斗还未结束，Ⅰ./JG 1大队和Ⅱ./JG 1大队赶来增援，就在这时为美国轰炸机编队护航的战斗机刚刚返航，德国亚琛是空袭行动的一个标志性地点，当时，美国护航战斗机最远只能到这里。JG 1联队的两个大队在随后展开的20分钟战斗中，Ⅰ./JG 1大队声称获得10架战果，而Ⅱ./JG 1大队击落5架敌机，前一个大队最成功的飞行员是鲁道夫·恩格勒德中尉，他一人击落2架轰炸机。另一个获得战果的4./JG 1中队迪特列夫·鲁特中士关于此次战斗的报告称：

我向敌机编队右侧1500米距离的3架飞机靠近，当我距离这3架敌机足够近时，我发现这些竟然是“雷电”战斗机。我进入敌机后面的位置，但就在同时，我遭到第四架“雷电”战斗机攻击，敌机一直追着我下降到5000米。这时我的座机燃油仍然充足，我环顾四周找我的队友，3—4分钟后我突然意识到根本不可能找到他们，我只得独自战斗。我飞到一支由15—20架波音轰炸机组成的编队上方，然后从敌机编队右侧开始俯冲，我飞了一个大大的弧形从敌机编队下方穿过，占据攻击位置向左侧最后1架波音飞机发起攻击，我继续靠近敌机，从150米拉起开始射击直到50米距离，敌机的机身被我打下碎片，方向舵也撕掉，随后左侧机翼也飞出机身。我继续跟着支离破碎的敌机一会儿，敌机自卫火力仍在向我射击直到飞机脱离编队，向左下方飞去。我看到有两名机组成员跳出飞机，这时我发现1架Bf 109战斗机又向这架飞机发起攻击，我立即从敌机右侧飞过，我又看到两名美

随着盟军对德国空军机场的空袭日益增多，机场保护工作也在加强，图中显示停机坪周围用草料包垒成防冲击波墙，这都是就地取材的办法，好歹可以起一点作用。

Fw 190战斗机照相枪中的B-17轰炸机，这是从轰炸机底部向上攻击时拍摄的。

国飞行员跳伞逃生，敌机开始向地面坠去，开始飞机还能操纵住，到3000米高度时飞机解体，我确定飞机在迪伦（亚琛东30公里）东南10公里处触地爆炸。之后我遭到2架美国护航战斗机的追击，我的弹药已经不足以支持一场战斗。此时正是13时40分，35分钟后，我降落在科隆奥斯泰姆机场。

就在JG 1联队猎杀不久后，Ⅱ./JG 26大队也投入一场新的战斗，之后的15时50分，Ⅰ./JG 2大队也赶来助阵。在很短的时间内，这两个德国战斗机大队又击落8架B-17。福克-沃尔夫公司的工厂防御中队也参与了拦截战斗，该单位的沃尔夫上士在15时30分击落1架轰炸机。当天的整个行动中，德国空军有34个单发和双发战斗机单位参战，共击落60架B-17，还有12架飞机最终迫降成功，但飞机已经无法修复，只得注销，至于P-47战斗机，战斗中被击落也不少，跟轰炸机比起来护航战斗机的损失不入德军法眼。德军损失极为轻微，JG 1联队有两名飞行员受伤：布伦纳上士和尼德雷赫霍尔茨上士。Ⅰ./JG 26大队的里希特下士阵亡，希尔特下士受伤。

当天战斗中有1架P-47可能是被Ⅱ./JG 26大队阿道夫·格伦茨（1916年6月11日—2002年8月1日）中士击落的，两个月前，格伦茨获得“骑士十字勋章”，这是JG 26联队唯一一个获此勋章的士官。阿道夫·格伦茨最早在JG 52联队服役，1941年7月8日才被分配到Ⅱ./JG 26大队第4中队，直到二战末期。二战结束前几个星期，格伦茨到JG 7联队驾驶Me 262喷气战斗机，但是没有机会参与战斗。花点篇幅介绍这个士官是因为格伦茨有点特别，他的个人战绩为71架，除了在东线战场取得3架战果，其余68架战绩全部在西线取得的，其中包括20架重型轰炸机（相当于80架单发战斗机的战果）。另外，格伦茨在四年的战斗中共参加了574次作战任务，最特别的是，他还从未被击落过，也从来没有负过伤。

10月20日上午9时45分，JG 26联队的Fw 190与英国空军的“喷火”在奥斯滕德上空遭遇，前者击落4架英国战斗机，己方也被击落4架飞机，四名飞行员：沃尔费特少尉、比格尔下士、克拉特泽尔下士和罗斯纳下士全部丧生。Ⅰ./JG 2大队也参与了此次空中行动，击落1架“喷火”，但却损失两名飞行员，迈中士阵亡，盖茨下士受伤。中午刚过，美国一支空袭迪伦的轰炸机编队遭到德国Ⅱ./JG 1大队、Ⅱ./JG 2大队和Ⅲ./JG 26大队的Fw 190拦截，德军声称击落7架B-17和1架P-47。

有必要提一下德国空军空战胜利的认定和记分标准，一般规定是：击落1架战斗机算1分（或称1点），击落1架双发轰炸机算2分，击落1架四发轰炸机算4分。德国空军表

图中这架“黄色1”号Fw 190A-6飞机可能是6./JG 26中队指挥官汉斯·瑙曼上尉的座机，在任中队指挥官期间，他曾临时任Ⅱ./JG 26大队指挥官。

示空战胜利或是成功的还有两个词，一是“Herausschusse”（德语，简称HSS），这是德国空军描述被击中重型轰炸机受伤程度的一个名词，专门是指该轰炸机遭受到攻击后无法在编队中保持自己的位置，成为掉队飞机，无法得到其他飞机保护，简单地说就是击伤导致其脱离编队。对应的英语是“shooting out”。飞行员一个“Herausschusse”胜利可得2分；另一个词是“endgultige Vernichtungen”（德语），它的意思是最后一击（英语为final destruction），也就是给予已经受伤或受伤掉队的轰炸机最后致命一击，实际上就是我们通常所说的最后击落这架飞机，由于敌机受伤在先，而且专门指伤势还挺重的，最终击落并无悬念，也不存在很大困难，因此，“endgultige Vernichtungen”只算1分。最大的区别还在于，如果敌轰炸机最终被击落，那么，飞行员的“Herausschusse”胜利算1架战果，而“endgultige Vernichtungen”飞行员（最终击落这架轰炸机）却不计战果。

1./JG 1中队1架Fw 190A-4飞机在荷兰希斯普霍尔机场滑行时失事，飞机轻微受损。Ⅰ./JG 1大队的三个中队发动机罩上的图案从黑白照片看是一样的，实际是有区别的，1./JG 1中队的是黑白方格，2./JG 1中队的是红黑方格，3./JG 1中队的是黄黑方格。

对于双发轰炸机，计分值低一些，对应的分别是1分和0.5分。

上文提到SKG 10联队夜间作战的惨痛经历，之后，这个联队的三个大队被派遣到地中海战区，剩余的单位在西线的战事急剧减少，这个时候盟军开始主动攻击，德国空军一次出动几架，最多也不过20余架的规模根本称不上是战役规模，跟美国的轰炸机编队，甚至跟英国皇家空军的轰炸机编队比起来根本不值一提。最关键的是，德军此时只能自保，被动防御了。Ⅰ./SKG 10大队仍然部署到法国境内，短暂部署到地中海战区，对战场形势没什么影响就又回来了。10月6日，德国空军高层又开始命令Ⅰ./SKG 10大队重拾轰炸英国诸岛的任务。此时的这个大队力量已经得到增强，新任指挥官是库尔特·达尔曼上尉，驻地也转移到法国罗西耶尔。10月6日晚，Ⅰ./SKG 10大队空袭了英国东安格利亚地区的目标。Ⅰ./SKG 10大队的基地距英国东安格利亚地区非常远，直线距离达到300公里，不太可能从罗西耶尔基地起飞直接执行任务，估计需要转场。之后，这个大队又执行几次夜战任务，直到10月20日晚该大队才出现这段时间以来的第一例战损，斯普尔中士被英国空军第29中队的“蚊子”战斗机击落。第二天，Ⅰ./SKG 10大队的10架Fw 190向伦敦和布莱顿分别投下了500公斤的炸弹，来自1./SKG 10中队的两名飞行员被击落，其中一人也是被英军第29中队的“蚊子”飞机击落。

单发战斗机的夜战仍然十分困难，必须采取方法来提高夜战的效率，指挥官库尔特·达尔曼称：“1架飞机改进成照明飞机，首先飞机的所有装甲板都得被拆除，机枪和机炮，以及ETC炸弹挂架也要拆除，这样飞机才能在机腹携带1个副油箱，当燃油耗尽，副油箱和防震支撑一起抛掉，尽量保持机身平滑；其次，ETC挂架携带的照明弹或指示弹安装到机身内部，这样就不会产生气动阻力。外表光滑（指无外挂）的飞机在海平面最大速度可以达到520公里/小时。如此改进的飞机可以执行气象侦察、正常照相侦察和目标指示等任务，这种飞机很难被夜间战斗机击落，因此它可以在目标区上空盘旋，最后进行战果评估侦察。”

在第二次突袭德国施魏因富特行动过后，直到11月初，美国陆航第八航空队又执行了一系列针对德国本土目标的行动，这些行动规模不太大，美国也需要从严重的损失中喘口气，但绝不能放弃行动。此时原来在地中海战区执行任务的美国陆航第九航空队在地中海战事平息后也部署到英国，并

Ⅰ./JG 26大队的一名飞行员作战任务返回后受到战友的祝贺，他后面是1架Fw 190A-5战斗机，飞机仍保留着无线电呼叫代号，通常飞机交付给作战单位后会去掉代号。这架Fw 190A-5飞机在后来的盟军突袭机场行动中被炸毁。

在1943年10月16日重新投入战斗。第九航空队首次在西欧战场执行战术任务是两天后的10月18日，当天这个航空队派出26架B-26“掠夺者”轰炸机执行轰炸任务，这种对美国来说超小规模的飞机编队根本不值一提，因此也没有当天行动的详细报道，全当是热身行动。10月24日，200架B-26轰炸机出动轰炸法国境内蒙迪迪耶、博韦尼维莱尔和圣安德烈的德军机场，为轰炸机护航的是第八航空队的P-47和P-38战斗机，以及英国空军的“喷火”战斗机。拦截美国飞机编队的是德国空军Ⅰ./JG 2大队、Ⅲ./JG 2大队和Ⅱ./JG 26大队的Fw 190战斗机。战斗中，9./JG 2中队埃尔温·克鲁普克上士击落1架“喷火”，6./JG 26中队彼得·克朗普（上文提到他时还在5./JG 26中队）上士击落1架B-26，但是，德国方面有三名飞行员被击落，损失最大的是4./JG 26中队指挥官库尔特·埃伯斯伯格上尉（在攻击1架B-26时被“喷火”击落），其他两人是弗鲁沃特中士和豪克下士。

10月底，戈林到西线的南部战斗机单位视察，其间视察Ⅱ./JG 51大队和Ⅱ./JG 53大队（两个大队装备的是Bf 109战斗机），戈林显然还没有从上次（8月）被希特勒斥责的恼羞中恢复过来，他严令他们在攻击敌轰炸机时要“显示出冷酷无情的进攻性，不要像有的飞行员只会耍小聪明，漫无目的地飞行，没有任何目的地用光燃油，或是白白地损失掉飞机”。在费尔萨姆瓦格拉姆（奥地利东北部）附近的基地，戈林的话更加刺耳，“我不是有意特别指责哪个大队或中队，但是，我向你们保证，

这架Fw 190A-3飞机是Ⅰ./JG 1大队副官迪特拉少尉的座机，到1943年下半年，西线德国空军战斗机单位很少再使用旧型号Fw 190飞机，图中飞行员大腿旁的JG 1联队标志可以说明这点，此时该联队已经采用其他标志。飞机“＜”下方是可伸缩登机梯，座舱内可以控制收放。

美国陆航第九航空队2架B-26B轰炸机，这种轻型轰炸机活跃在战场的各个角落。1943年5月17日的战斗极其惨烈，11架B-26轰炸机穿越英吉利海峡执行轰炸任务，此次行动没有1架B-26飞机返回，60名机组成员失踪。

我不希望我的空军部队中出现懦夫，（如果有）我会将其连根拔掉！”

1943年11月的战斗

1943年11月3日，美国陆航第八航空队首次出动500架飞机编队轰炸德国威廉港。为B-17和B-24轰炸机编队护航的是第55战斗机大队的P-38战斗机，这种双发重型战斗机的航程大大超过P-47“雷电”，因此可以执行全程护航行动。美国飞机编队遭到了Ⅰ./JG 1大队和Ⅱ./JG 1大队的Fw 190拦截，两个大队声称击落4架B-17和1架P-38，但己方两名飞行员，分别是拉特诺上士和希维克下士阵亡。两天后，美国第八航空队再次派出300架B-17空袭盖尔森基兴和100架B-24空袭明斯特，加上护航战斗机，这天出动飞机的总数也不少于500架。实施拦截的是JG 1联队、JG 2联队、JG 11联队和JG 26联队的各个下属单位，德国声称击落12架B-17、1架B-24和8架P-47，此次战斗中击落2架敌机的德国飞行员包括JG 2联队队部埃贡·迈耶尔少校、12./JG 26中队赫尔曼·斯泰格上尉、Ⅰ./JG 11大队赫尔米兴上尉、3./JG 1中队厄恩斯特·弗罗里安和瓦尔特·科内下士。战斗轰炸机单位3./SKG 10中队也来捡便宜，中队科肖下士竟然也击落2架B-17轰炸机。其实Fw 190不携带炸弹时制空作战相当出色，只是对地攻击单位制空作战的训练要少得多，座机火力有的进行了缩减。当天战斗中，拉赫下士和恩格灵下

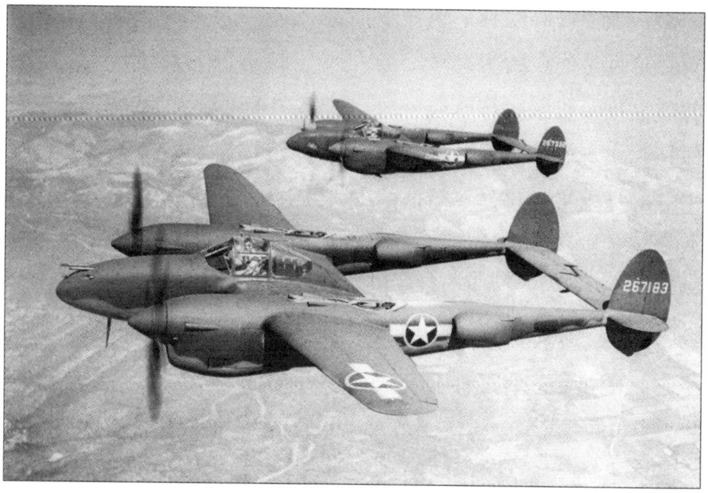

美国陆航P-38战斗机格斗性能明显不如德国Fw 190飞机，但是，前者的航程远，可以为重型轰炸机护航。P-38飞机也不是遇到Fw 190战斗机就认栽，美国飞行员作战水平不断提高，而德国空军飞行员却在不断下降，至少德国飞行员不敢再肆无忌惮地攻击美国轰炸机。

2./SKG 10中队斯蒂潘·科尔下士的Fw 190A-4战斗机，机身的“5”战斗编号在这个位置极不寻常，座舱旁边的三角内是发动机使用的燃油标号，这点也很少见。

士阵亡，基恩勒下士和魏曼上士受伤。从这些获得战绩和阵亡受伤的军衔可以看出德国空军与其他国家空军作战战术的区别，战绩好的会越来越好，新兵永远是伤亡的主力军，也就是水平一般的飞行员会全力保护长机（水平高的）实施攻击。补充上来的仍是军衔低的新兵蛋子，缺乏训练的新飞行员再次为“老兔子”们牺牲生命，德国空军体制和战局造就了它只能接受这种恶性循环战术。

在11月6—7日夜间战斗中，Ⅰ./SKG 10大队的两名飞行员丧生，其中一人被英国空军第85中队的“蚊子”战斗机击落。新近成立的SG 10联队指挥官海因茨·舒曼在比利时沙勒罗瓦上空遭遇“喷火”战斗机围攻而被击落身亡，他的指挥官一职由赫尔穆特·威蒂班特接任。

11月13日，美国陆航第八航空队继续发动攻击，当天的目标是德国不来梅，德国Ⅰ./JG 11大队在拦截战斗中击落8架B-24和1架P-38。Ⅰ./JG 1大队击落1架B-17、1架B-24和1架P-47。Ⅱ./JG 1大队击落3架P-38。4./JG 26中队击落1架B-17、1架B-24和1架P-47。美军P-38战斗机可以全程护航使得美军轰炸机的安全性大大提高，但是，这种重型战斗机格斗性能方面显然不如Fw 190战斗机，当天战斗中只有一名Fw 190飞行员，即2./JG 11中队的劳弗上士阵亡。

11月20日晚上8时整，1./SKG 10中队5架、2./SKG 10中队2架或3架和3./SKG 10中队1架Fw 190战斗机，每架携带1枚500公斤炸弹从法国卡昂起飞去空袭英国布莱顿目标，其中一人，即1./SKG 10中队指挥官库尔特·约加上士（士官中队指挥官极少）在英国苏塞克斯郡布罗德布里奇希斯上空被英国空军第29中队的“蚊子”战斗机击落，他的经历有点意思，也可以一窥战斗轰炸行动的一些细节。库尔特·约加上士希望能目视找到要攻击的目标，但是，跟预想相反，肉眼什么也看不清，当发现地面的探照灯时，他知道已经穿过了英国海岸线。由于无法找到目标，也不知道自己的具体位置，他只得抛下炸弹准备返航。就在这时，他的座机突然遭到三阵连续短射，前两次短射虽然命中飞机却无大碍，第三次的短射将他击伤，他跳伞并安全着陆，随后找了个地方躲藏起来。降落在英国，迟早会被逮住，最终，库尔特·约加在第二天早上10时被英国本土警卫队抓获。

随后英军审讯库尔特·约加的报告显示，Fw 190战斗机以单机短时间隔起飞升空，随后直线飞行并爬升到6000米高度，在靠近英国海岸线时，飞行员开始组成编队，变换高度，直到飞抵目标。当时德国飞机编队保持着无线电静默状态，库尔特·约加飞在编队外侧，在估计离目标还有两分钟时，他打开了FuG 16

这架红色X的Fw 190A-5战斗机是德国空军第3战斗机师指挥官瓦尔特·格拉布曼上校的座驾，他是“秃鹰军团”老兵，当时在西班牙内战中战绩就达到了6架。红色X飞机后来转交给第1夜间战斗机师，发动机罩上有夜战单位的标志，遗憾的是看不清楚。

瓦尔特·格拉布曼上校（中间者）在和Ⅱ./JG 1大队指挥官海因茨·巴尔（左）、JG 1联队指挥官瓦尔特·奥桉上校（右）交谈，他们后面就是原红色X，现在为白色X的Fw 190A-5战斗机。

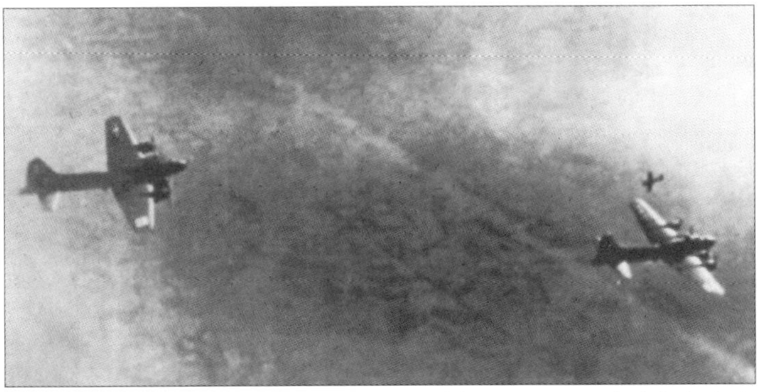

另1架轰炸机拍摄的照片，1架Fw 190战斗机试图从B-17轰炸机侧舷实施攻击。

Ⅱ./JG 26大队指挥官约翰内斯·塞弗特在1943年11月25日的战斗中阵亡，距他任Ⅱ./JG 26大队指挥官仅两个多月。以后德国会越来越习惯有经验的单位指挥官一个个地阵亡。

无线电来判别方向，他发出“standarte”暗号来最终确认方向和距离。每次行动的无线电频率都不一样，约加上士称，由于受到干扰，每次最终的无线电指示信号总是收不到。这次行动中，约加想打开无线电确认一下方向和距离，没曾想他把释放炸弹的按钮当成了无线电开关按钮。

11月25日的战斗中，Ⅱ./JG 26大队指挥官约翰内斯·塞弗特少校阵亡，他在与美国1架P-38战斗机格斗中迎头与敌机相撞。在入侵波兰战争中，塞弗特是一名驱逐机飞行员，后改驾驶单发战斗机。1940年3月1日，他被任命为3./JG 26中队指挥官。他的第一架战果是1940年5月10日击落的1架荷兰产D.XXI战斗机。1941年7月11日，他升任Ⅰ./JG 26大队指挥官，直到1943年6月1日离任，其间他在苏联战场作战。关于离任Ⅰ./JG 26大队指挥官并到保加利亚任参谋官一职，塞弗特本人不知道的内情是，在Ⅲ./JG 26大队服役的弟弟格哈德·塞弗特阵亡后，他的妈妈向德国空军提出申请不让约翰内斯·塞弗特在一线作战，德国空军有规定，一名亲属阵亡，另一名可以免一线战斗。不甘心闲职的塞弗特特意向阿道夫·加兰德申请返回一线，为此，1943年9月1日，塞弗特被任命为Ⅱ./JG 26大队指挥官。1943年11月25日，塞弗特率领6./JG 26和8./JG 26中队去拦截空袭里尔的美国陆航第55战斗机大队的P-38战斗机编队，战斗中塞弗特的Fw 190A-6（W.Nr.470006）飞机与美国P-38相撞，阵亡后，约翰内斯·塞弗特军衔追升为中校，他个人战绩为57架。

11月26日，美国飞机再次轰炸不来梅目标，这里是德国军事工业密集区，单凭几次轰炸还不足以消灭敌人目标。首先拦截美国轰炸机编队的仍然是Ⅰ./JG 1大队和Ⅱ./JG 1大队的Fw 190战斗机，战斗中德军声称击落11架B-17和2架B-24。E.Kdo 25试验单位也参加了拦截行动，盖尔上尉击落2架B-17。JG 1联队只有卢特陶下士一人阵亡，其他空军单位可没这么幸运，JG 2联队损失4架Fw 190，JG 11联队损失2架，JG 26联队损失3架。三天后的另一场拦截空袭不来梅敌机编队的行动中，Ⅰ./JG 1大队和Ⅱ./JG 1大队再次击落5架B-17，其中梅图施上尉击落2架，另一位获得战果的是1./JG 1中队新任指挥官阿尔弗雷德·格里斯劳斯基上尉，他的个人战绩此前已经达到113架。两个大队战绩不如三天前的

3./JG 11中队2架Fw 190A-6战斗机，近处的“黄色7”号是汉斯·乔治·古滕科的座机。3./JG 11中队当时驻扎在德国胡苏姆，机场跑道铺设了木板，这样有利于飞机起降和阴雨气象条件下使用。

被送到3./JG 11中队试用的Fw 190A-6/R1战斗机，飞机携带2个WB 151/20机炮吊舱，飞机仍保留着无线电呼叫代号。

1./JG 1中队乔治·斯科特（左）和他的战友，他们后面是斯科特的Fw 190A-6座机，这架飞机的机翼外侧安装的是MG FF机炮，这是早期飞机的武器配置。

战斗，损失却相当惨重，四名飞行员丧生，两人受伤。对于双方来说，战斗结果并不总偏袒一方，由“喷火”战斗机护航的53架B-26轰炸机组成的编队空袭了比利时谢夫尔机场，Ⅰ./JG 26大队和Ⅱ./JG 26大队是拦截行动的主力，这天的战斗大失水准，有6架Fw 190被击落。谢夫尔机场在“喷火”的作战半径内，因此Fw 190主要是被护航战斗机击落的。

这时，德国空军西线战斗机部队主要分属德国空军指挥中心（德国和荷兰）和第3航空队（法国和比利时），这两个单位的下级分别是第Ⅰ战斗机航空军和第Ⅱ战斗机航空军，两个航空军共有七个战斗机航空师，单位指挥官和驻地如下：

第Ⅰ战斗机航空军（Jagdkorps Ⅰ）	约瑟夫·施密特中将	荷兰宰斯特
第1战斗机航空师	京特·吕佐夫上校	柏林多布里茨
第2战斗机航空师	马克斯·伊贝尔少将	施塔德
第3战斗机航空师	瓦尔特·格拉布曼少将	荷兰阿纳姆第伦
第7战斗机航空师	不详	奥地利斯莱斯海姆
第Ⅱ战斗机航空军（Jagdkorps Ⅱ）①	维尔纳·容克中将	法国尚蒂利
第4战斗机航空师	卡尔·维克上校	法国梅斯
第5战斗机航空师	约阿西姆-弗雷德里希·胡特中将	法国巴黎茹伊昂若萨区

1943年12月的战斗

伴随着又一次大规模空袭行动，1943年12月拉开序幕，这次行动美军派出了280架B-17轰炸机和374架P-47、42架P-38战斗机，空袭目标是德国索林根和勒沃库森。德国空军JG 26联队的战斗机负责引开（牵制）美国护航战斗机，Ⅰ./JG 1大队则在11时30分主要拦截轰炸机，拦截战斗中获得战绩的飞行员包括1./JG 1中队新任指挥官阿尔弗雷德·格里斯劳斯基，击落2架B-17，汉斯·埃勒斯少尉击落1架，鲁道夫·恩格勒德中尉击伤1架。随后参战的Ⅱ./JG 1大队击落3架B-17，其中哈里·科赫获得2架战果，这是他第27和第28架战果。这个大队损失三名飞行员，谢曼少尉阵亡，埃特曼少尉和基赫迈耶尔下士受伤。当天12时50分左右，JG 2联队队部和Ⅲ./JG 2大队与美国护航战斗机发生混战，联队指挥官迈耶尔少校一口气击落4架（可能是5架）P-47和1架B-17，代价是11./JG 26中队的一名飞行员丧生，另一名飞行员受伤。在返航途中，JG 26联队又拦截另一个分队的美国飞机编队，当场击落4架B-17、1架P-47和1架“台风”，德国付出的代价相当高，5./JG 26中队指挥官霍佩和另一名飞行员阵亡，另有两人在与“喷火”战斗机格斗时被击伤。

除了德国空军常规的战斗机单位，德国空军的作战训练单位有时也被命令升空执行拦截任务，比如在12月5日这天，西部战斗机（训练）大队（JGr West）拦截了一支空袭

① 未见任何第6战斗机航空师资料，甚至可能根本就不存在这个单位。第Ⅱ战斗机航空军除了包括两个战斗机航空师还有其他作战单位，如南法国战斗机师（Jagdfliegerführer Südfrankreich，1943年9月15日至1944年8月31日）、布列塔尼战斗机师（Jagdfliegerführer Bretagne，1943年9月15日至1944年8月31日）、波尔多战斗轰炸机师（Jagdabschnittsführer Bordeaux，1944年4月至1944年7月）、西线航空师（Fliegerführer West，1944年7月）等，这些单位建了又撤，存在时间长的有一年，短的只有几个月。

德国境内有很多高等级机场，这样的机场设施完善，飞机操作区域地面也采用铺设地面，左图隐约可见是镂空水泥预制板地面。

法国境内波尔多梅里亚尼克机场的美国B-17轰炸机编队，3./JGr West中队的约瑟夫·洛尔上士和奥托·施密特下士分别击落1架“飞行堡垒”。参加此次拦截战斗的Ⅰ./JG 1大队埃伯哈德·布拉特中尉回忆称：

1943年12月5日，由于当晚喝了很多酒，我仍然躺在床上大睡，这时空袭警告拉响，从海上飞来的四发重型轰炸机的目标是法国波尔多。穿上我最好的裤子和鞋，我跑向疏散停机坪，听取作战指示和空情报告后我们立即升空，方向很正确，我们与敌机编队照面，携带炸弹的敌机刚刚转弯正处在海岸线上空。我没有受战术条例规定的影响立即从后面攻击敌机，我从后面一直攻击到敌编队右侧再到其上方。对缺乏迎面攻击经验的飞行员来说，从前面机动攻击似乎没有机会成功，我仍然绕到1架B-17飞机后方，并向敌机右侧机翼2台发动机之间部位开火射击，就在我脱离攻击时，我听到座机后机身一声巨响，随之我的无线电停机，我的好运彻底结束，再也找不回来了。我飞到了比斯凯湾上空又一次发起攻击，之后我向海岸线飞去。我看了一眼座机仪表：油压为零、发动机点火开关失灵、发动机螺旋桨处在顺桨状态、襟翼处在起飞状态，驾驶滑翔机才有的那种天堂般的寂静围绕着我，我的座机正向海岸线滑翔。“能飞到海岸线吗”，飞机高度表无情地向下转动，这时海岸线出现了。还剩下1000米距离，不，我肯定飞不到那儿了，我想用最后一滴油更靠近一些，或许只是我一厢情愿！我的发动机螺旋桨处在顺桨状态，其中一片桨叶直指下方。海上迫降？大海翻涌着白色的浪花，（迫降后）飞机会像潜艇一样沉入海底，在海滩上迫降？这个位置的螺旋桨（向下的桨叶）会让飞机立即翻滚起来。最后，我决定尽可能地靠近海滩，然后跳出座舱。

对于德国Fw 190战斗机来说，12月5日是一个特别的日子，因为它强劲的对手来了，这就是美国陆航第九航空队第354战斗机大队新近抵达欧洲战场的P-51B“野马”战斗机。英国皇家空军早就装备了P-51A战斗机，这个“野马”飞机早期型号毛病特多，可靠性也差，因此装备数量也少，没有成为德国Fw 190战斗机的对手。P-51B安装了美国帕卡德公司专利生产的罗尔斯·罗易斯公司“梅林”（又译灰背隼）发动机，这款发动机功率大，高空性能优异，因此，P-51B战斗机的各方面性能都因此大幅度提高，特别是高空性能。1944年3月（怀疑是1943年3月），英国空军空战研究单位（AFDU）短暂进行了P-51B和Fw 190A-8战斗机的对比测试，试验结果表明，在所有高度，德国Fw 190A-8战斗机的速度比P-51B的快50公里/小时，在8500米以上高度，前者比后者快70公里/小时；爬升率方面美国飞机与德国战斗机几乎没有差别，美国P-51B稍好；“野马”飞机在所有高度的急速爬升性能比Fw 190飞机的快得多，而且俯冲速度也超过后者。两个型号飞机的转弯半径几乎一样，“野马”在遭遇敌机时急转弯性能稍稍好于Fw 190飞机，因为速度差异，前者在遭到Fw 190飞机攻击开始阶段飞行员总能通过转弯机动躲避攻击，因此，这种机动在遭受攻击时极有价值；关于飞机的滚转率，“野马”飞机明显不如Fw 190A飞机。英国空军的报告总结称：“在攻击时，应该在开始阶段保持高速，或者获取高速以便达到高度的优势。Fw 190战斗机不可能仅仅通过俯冲战术躲避攻击。防御时，最大油门状态俯冲，紧接着急速转弯可以在重新获得高度和航线前增加距离，近距离与Fw 190战斗机格斗并不推荐采用。飞机速度没有达到至少402公里/小时，千万不要试图通过爬升来躲避攻击。”

1943年12月11日，德国Ⅰ./JG 1大队、Ⅱ./JG 1大队和Ⅰ./JG 11大队的Fw 190战斗机拦截了一支由P-47战斗机护航，空袭目标为法国亚眠的美国轰炸机编队，德国三个大队这次行动中击落11架B-17和1架B-24，获得战绩的飞行员包括赫尔米兴上尉、6./JG 1中队指挥官哈里·科赫上尉和3./JG 11中队指挥官汉斯-海因里希·科尼希中尉，后者战斗结束后在荷兰格罗宁根迫降时受伤，1./JG 11中队鲁道夫中尉失踪。

五天后，Ⅰ./JG 1大队又参与拦截了由500架轰炸机和200架护航战斗机组成的庞大飞机编队，美军的目标仍然是德国不来梅。下午2时刚过，德国战斗机与美国飞机编队在荷兰须德海（20世纪80年代修建大堤后改称艾瑟尔湖）上空相遇并交战，德军声称击落

	美国 P-51B“野马”	德国 Fw 190A-8
动力装置	1620 马力“梅林”V-1650-3	1700 马力 BMW 801D
翼展	11.28 米	10.5 米
长度	9.85 米	8.95 米
高度	3.72 米	3.95 米
机翼面积	21.898 米^2	18.30 米^2
空重	3168 公斤	3060 公斤
起飞重量	5352 公斤	4248 公斤
最大速度(6500 米)	687 公里/小时	640 公里/小时
航程(机内燃油)	885 公里	915 公里
实用升限	12800 米	11400 米
武器	4 挺 12.7 毫米机枪	2 挺 13 毫米机枪加 4 门 20 毫米机炮

首批P-51B战斗机于1943年12月1日装备欧洲战场的美国陆航第八航空队，四天后第九航空队也开始装备此型号战斗机。P-51B比P-51A飞机性能上有很大提升，最主要的是飞机性能稳定可靠。P-51B战斗机的装备使用使得德国空军拦截盟军重型轰炸机时面临越来越大的挑战。

2./JG 1中队胡戈·弗雷驾驶着1架“红色1”号的Fw 190A-3战斗机飞行在德国海岸上空，他是德国空军最著名的四发重型轰炸机杀手。弗雷在1943年4月1日任7./JG 11中队指挥官，1944年3月6日阵亡前，他共击落了25架B-17和B-24轰炸机，几乎相当于100架单发战斗机。

12架B-17，战果为2架的飞行员包括格里斯劳斯基上尉、汉斯·埃勒斯少尉和鲁道夫·恩格列德中尉。2./JG 1中队指挥官恩格列德作战报告写道：“当天天气很恶劣，大雾浓重得可以用刀来划，云底高度只有150米，我们必须爬升到2800米高度才能穿出云层。起飞升空的命令在13时整传达给我们，航向300度。在登海尔德上空7000米高度，我们与敌机编队遭遇，我率领手下七名飞行员发起两次迎头攻击。第一次攻击后，我获得1架战果，在发起第二轮攻击后，我的座机也被击中，崩落的玻璃碎片像小冰块一样击中我的右眼，我的脑袋左侧也受伤。我一只眼睛失明，敌机编队已经过去，我用无线电通告了我的飞行员我的情况，我的四机编队之一皮弗中士飞到我的旁边，他用无线电引导我向南飞到须德海上空，最终，我降落在特文特机场。多亏我的无线电，我最后成功地完成了盲降。”恩格列德是当天驾驶Fw 190A-7飞机损失（被击落和击伤，飞行员受伤和丧生都称为损失）的三名飞行员之一，另两人是1./JG 11中队拉恰少尉和穆勒上士。

下一次由500架（B-17和B-24）轰炸机组成的庞大轰炸机编队突袭德国不来梅是12月20日，德国Ⅰ./JG 1大队、Ⅱ./JG 26大队和Ⅲ./JG 26大队的Fw 190战斗机仍是拦截的主力，其他单位如E.Kdo 25试验单位也参与了行动，后者声称击落1架B-17，付出的代价是损失一名飞行员：施梅尔普费尼希。4.(F)/123侦察中队的萨弗上士驾驶Fw 190击落1架B-26（原文如此，要么是B-24轰炸机之误，要么是指当天的另一场战斗）和1架P-47。两天后，美国陆航第八航空队的轰炸机编队空袭了德国奥斯纳布吕克和明斯特，拦截此次行动的仍是Ⅰ./JG 1大队和Ⅱ./JG 1大队，前一个大队声称击落2架B-17、2架B-24和1架P-47。Ⅱ./JG 1大队此次很不走运，6./JG 1中队指挥官哈里·科赫的座机与米托下士的飞机相撞，后者跳伞并安全着陆，没有受伤，指挥官科赫丧生。

500架重型轰炸机加上几百架护航战斗机的规模已经让德国人目瞪口呆了，更厉害的还在后面，12月30日，美国陆航出动710架B-17和B-24轰炸机空袭德国路德维希港石油提炼厂和港口设备，为轰炸机编队护航的是463架P-47、79架P-38和第354战斗机大队的41架P-51战斗机。Ⅱ./JG 26大队和Ⅲ./JG 2大队首先在11时15分与美国飞机编队遭遇并激战，随后的Ⅱ./JG 2大队和Ⅰ./JG 26大队在13时30分实施第二波攻击，德国空军这四个大队的Fw 190战斗机共击落21架敌机：9架B-17、5架B-24和7架P-47。被击落的B-17中有1架是5.(F)/123中队的巴特尔中士的战果。JG 2联队有两名飞行员丧生，JG 26联队有两名飞行员受伤。

1943年最后一场战斗是美国陆航第八航空队空袭德军在法国巴黎伊夫里、白鸽林、波尔多、柯纳克、圣让当热利、拉罗歇尔和兰德斯德布塞克的机场，这些机场都在大西洋沿岸，因此这次拦截战斗主要是东部战斗机大队和西部战斗机大队的Bf 109和Fw 190战斗机，东部战斗机大队击落9架飞机，西部战斗机大队击落8架。JG 2联队和JG 26联队也与美国飞机编队遭遇，每个联队都有一名飞行员丧生和一人受伤。这天战斗中，1./SAGr 128海军侦察中队的库尔特·奥伯斯少尉阵亡。

一位不知姓名的飞行员在1架Fw 190A-7/R6战斗机垂尾前留影，从垂尾上的序列号判断这是阿戈公司的产品，该公司生产的大部分Fw 190A-7飞机都是“R6”型号，即携带W.Gr 21火箭发射管。飞机垂尾方向舵上有表示48架战果的标志。

Ⅱ./JG 26大队1架Fw 190A-4飞机机腹通过ETC 501挂架携带1个300升副油箱，为了减阻，JG 26联队的修理单位也会自己研制挂架，这样的挂架不具备通用性。

Fw 190战斗机飞行员训练

当一个新兵加入德国空军，他会被先送到空勤人员训练团进行基础的训练和知识培训，在这里，一些人会被挑选出来日后作为战斗机飞行员进行训练。二战开始时，德国境内分布着26个这样的训练团。在进行了平均两个月的训练后，通过了培训的学员被送到A/B飞行员学校（FFS），在这里，新学员将接受更进一步的理论学习，和如何驾驶飞机的指导。在这里，学员会进行四个深度递进水平的指导训练，之后，成功的学员将进行A1、A2、B1和B2资质培训。

获得A1资质意味着学员在教员的带领下通过了双操纵系统飞机（初级教练机）的基础飞行训练，已经能够熟练驾驶飞机起飞和着陆，并且完成了失速改出等训练，学员可以在机场周边进行单飞（没有教员在机上）。进入A2资质培训阶段，学员开始学习飞行理论，包括特技飞行、气象学知识、飞行程序和航空法律知识等，应用航空工程技术、初级导航知识和无线电使用等也在学习范围内。在空中，学员将进行野外（相对A1阶段只在机场周围）单飞训练，还要进行长续航时间，以及驾驶更大飞机的驾驶训练。航空特技飞行是必不可少的课目，但时间不会太长。A2资质培训阶段一般会持续6—9个月，早期，每个教员会指导四名飞行员，但是到1942年，这个数字上升到六名。

在下一个阶段B1资质培训中，学员需要进行高性能双发飞机的训练，通常这种飞机采用可收回起落架。如果这个学员被分配驾驶战斗机，他之后

早在二战开始Bf 109B战斗机就已经落后，这些飞机产量不大，主要用于训练飞行员。当时，Bf 109B在世界上仍是先进战斗机，因此，用该型号飞机训练飞行员起点相当高。

图中是第5战斗机飞行员学校（JFS 5）的机场，1架Bf 109D飞机正在加油，这个型号是过渡机型，下一个，即Bf 109F才是德国空军计划的主力装备。

将会被分配去驾驶正逐渐被淘汰的战斗机型号，比如Bf 109B或Bf 109D等。下一个阶段培训就是B2资质，学员的训练包括精确着陆、高空编队飞行、越野飞行、夜间着陆、仪表飞行和危险条件下的处置能力等等。截至此时，学员已经积累了100—150飞行小时，学期达到14—17个月。二战后期，这两个数据降低到只有40小时和数个星期。

结束B2阶段训练后，学员就会获得德国空军飞行员资质，飞行联队也可以正式接纳这些新飞行员了。比较热门的，令人羡慕的战斗机和对地攻击飞机飞行员正常情况下不需要盲飞知识，他们直接被分配到战斗机或对地攻击飞机训练学校。侦察机、轰炸机和运输机飞行员会被送到C飞行员学校（FFS C）进一步学习，直到拿到扩展军事飞行员证书。C飞行员学校也包括盲飞的基础项目训练，之后，这些飞行员会进入盲飞飞行学校（BFS）进行更专业的训练。

德国空军第1战斗机飞行员学校（JFS）于1934年4月1日在施莱斯海姆成立，隶属于当时尚处秘密状态下的德国空军一部分。1937年11月1日，第2战斗机飞行员学校在韦尔诺伊亨成立，由于有一些能力出众的教官，这个学校后来因培训了大量超级飞行员而赢得最高荣誉。第二次世界大战开始后，德国境内共有五所战斗机飞行员训练学校，分别是：

第 1 战斗机飞行员学校(JFS 1)	韦尔诺伊亨
第 2 战斗机飞行员学校(JFS 2)	施莱斯海姆[①]
第 3 战斗机飞行员学校(JFS 3)	斯托尔普雷茨(现斯武普斯克，属波兰)
第 4 战斗机飞行员学校(JFS 4)	菲尔特(纽伦堡附近)
第 5 战斗机飞行员学校(JFS 5)	施韦夏特(维也纳南部)

到1942年年底，又有几个战斗机飞行学校建立，随着新型Fw 190战斗机开始交付给前线作战单位，德国空军装备的老旧型号战斗机开始供应给这些训练学校。在战斗机飞行员学校里，首次正式报告中出现Fw 190飞机损失是在1942年11月30日，这是第5学校的1架Fw 190A-2，飞机在法国基扬古尔（巴黎西南20公里）严重损坏；这个学校的另1架飞机在12月12日损坏。四天后，第3学校的学员罗森塔尔下士因飞机故障而受伤。从报告看，似乎只有第3学校和第5学校装备了Fw 190飞机。

在1942年12月和1943年3月间，战斗机飞行员学校更名，也就是用常规的战斗机单位命名规则进行命名，三位数字通常就是训练单位，这些战斗机飞行员学校更名后的第一个就是JG 101联队，下面列出这些学校更名后的番号，以及原名称和单位指挥官：

JG 101	JFS 1	韦尔诺伊亨	埃里希·冯·塞勒中校
JG 102	JFS 2	采尔布斯特	于尔根·罗特中校
JG 103	JFS 3	巴得艾布林	赫尔伯特·伊勒费尔德少校
JG 104	JFS 4	菲尔特	汉斯·特鲁本巴赫少校
JG 105	JFS 5	北维拉古布莱	理查德·列普拉少校
JG 106	JFS 6	拉兴拜尔多夫	亨宁·斯特鲁姆佩尔中校
JG 107	JFS 7	南希埃塞	乔治·迈耶尔中校

在1943年至1944年，训练未来Fw 190战斗机飞行员的主要机型是Ar 68和He 51双翼飞机（到1944年就极少了）、Ar 96、

① 跟上一段正相反，不知道是资料错误，还是单位地点更改了。

海峡一侧的JG 26联队最早装备的Fw 190A-1飞机也退出一线分配给训练单位，这些飞机要么分配给综合训练单位，要么分配给联队的训练单位。一般来说，综合训练单位毕业的新学员先到各个单位的训练单位再训练一段时间就会被分配到具体的中队。

Bf 109D或Bf 109E，以及缴获的法国D.520飞机等等。一名新飞行员在被分配到一线作战单位前，他必须进行200小时的飞行训练，这些战斗机训练联队有经验的教官偶尔会被招回作战单位参加实战，其实很多教官原本就是从前线退下来的，他们很多具备丰富的作战经验。训练联队最早的两起Fw 190飞机事故出现在1943年2月20日，2架飞机均来自JG 103联队（原JFS 3），其中一名飞行员——波斯特格斯少尉死于事故。JG 103联队另一名飞行员也在2月27日的事故中丧生。JG 101联队的第一起Fw 190飞机事故发生在3月1日，飞机坠毁。六天后，JG 105联队的卢姆普列哈德少尉也在事故中丧生。

正常的训练先从双机编队飞行开始，这是德国空军战斗机单位最小的作战编队。双机编队中，教官是长机，新飞行员作为他的僚机。作战时的双机编队飞行高度一样，两机相隔50米。由于前线战斗机的座舱后方视野不好，因此条例规定不准飞行员单机执行作战任务。

双机编队飞行训练一般会持续大约一个小时，最后五分钟是机场上空盘旋科目，其内容包括教官在空中随意飞行，训练新飞行员如何紧紧跟着他，甚至是如何获得攻击占位。这些机动实际上在地面模型上进行过演示，但新飞行员会发现，空中要实现目标比地面模拟演示要困难得多！什么是理想的射击位，机枪/炮射击的过去和现在，理想的射击位就是敌机尾部，最好是敌机直飞，两机在同一高度，但是，实际空战中，理想的条件极难达到。德国飞行员，以及西方国家飞行员训练更有素，因此作战水平最高，但是，到1943年，甚至苏联飞行员的作战技能也在逐步提高，德国空军那些“老兔子”仍然是空战主角，而那些新飞行员的素质在不断下降。

防御机动也是训练的重要内容，其中之一机动就是90度坡度侧滑急转弯，急转弯如果成

1943年1月前，驻扎在德国最北部的JG 1联队因为战事不多也不受重视，其他单位退下的旧型号飞机被送到这个单位，图中是10./JG 1中队的1架Fw 190A-3战斗机。

功，很可能猎物变成猎人，被攻击方占据攻击方尾部有利位置。但这个机动动作有一定的危险性，飞机和飞行员承受的过载大，流经机翼的气流会发生紊乱，因此飞机有失速的危险。

随着二战进程深入，德国空军越来越迫切地需要更多的新飞行员补充战争损耗，一方面缩短新飞行员训练周期，另一方面扩大训练联队规模，具体情况如下：

JG 108	FFS A/B 62	1943 年 7 月 1 日	巴特弗斯劳	库尔特・穆勒上尉
JG 109	JG 105 下属单位	1944 年 5 月 1 日	斯托尔普雷茨	瓦尔特・凯恩茨勒少校
JG 110	BFS 10	1943 年 10 月 15 日	奥滕堡	马克斯・格斯滕伯格少校
JG 111	FFS B 13	1944 年 7 月 19 日	罗特	罗尔夫・赫尔米兴少校
JG 112	新成立	1944 年 7 月 15 日	伊萨尔河畔兰道	瓦尔特马尔・伍布克上尉
JG 113	Ⅲ./ZG 101	1944 年 7 月 15 日	劳普海姆	弗兰茨・斯莫勒少校
JG 114	新成立	1944 年 9 月 2 日	哈德斯莱本	未知
JG 115	FFS B 35	1944 年 9 月 3 日	哈格诺	未知
JG 116	FFS B 37	1944 年 9 月 3 日	希尔德斯海姆	未知
JG 117	Ⅰ./NAG 102	1944 年 8 月 22 日	布里格(现称布热格)	库诺・埃德灵少校

这些新成立的联队中大部分只有一个大队，后来都并入了成立更早的训练联队中，成为其第Ⅱ大队或第Ⅲ大队。截至二战结束，只有少量经过战争洗礼的Fw 190飞机转交给了JG 101联队、JG 107联队和JG 110联队用于训练。除了这些战斗机训练联队，德国空军还成立了对地攻击飞机训练联队，即Schl.G 101，这个联队包括两个大队，库尔特·穆勒少校（名字跟JG 108联队指挥官同名同姓，军衔不一样）指挥的Ⅰ./Schl.G 101大队，该大队于1943年2月1日在法国兰斯成立，其前身是德国空军第1对地攻击学校；Ⅱ./Schl.G 101大队指挥官是齐贝尔特·瑞恩茨少校，他原

很多训练单位也装备Bf 109双座教练机供训练，未来驾驶Fw 190战斗机的新学员也可以驾驶这种教练机进行训练。实际上，图中Bf 109G-12属于同型教练机，也就是训练匹配型号单座战斗机飞行员，Fw 190S-5和S-8专业教练机出现后这种情况才改观。

在Ⅲ./Zerstörerschule 2训练大队服役，这个驱逐机训练大队当时驻扎在法国马黎奥利基地。Schl.G 101联队的两个大队都装备Ar 96、Hs 129和Fw 190飞机，联队第一个Fw 190飞机损失发生在1943年3月16日，当时，Ⅰ./Schl.G 101大队的1架Fw 190A-1飞机在法国兰斯附近发生事故，飞机损坏20%。

JG 107联队成立不久，该联队刚刚入役的飞行员，沃尔夫冈·费舍尔回忆了他驾驶Fw 190飞机的第一次愉快经历：

我一坐上飞机就立即喜欢上了福克-沃尔夫公司这款安装星形发动机的战斗机，它比梅塞施密特公司的Bf 109战斗机更加先进，也更加坚固结实，坦率地说，福克-沃尔夫飞机（Fw 190）正在创造自己的时代。梅塞施密特飞机的机翼通过跟人大拇指粗细的螺栓与机身相连，这就意味着，Bf 109飞机俯冲时速度超过800公里/小时时机翼极可能会脱离机身。而福克-沃尔夫飞机的机翼通过整体抗扭翼盒与机身连接，换句话说，机身就安放在中央翼盒上，因此，Fw 190飞机的俯冲速度可以达到950公里/小时（原文如此，活塞式螺旋桨飞机很难达到850公里/小时，因为达到此速度时螺旋桨就开始失速了）。Fw 190飞机在俯冲时增速特别快，这种情况下控制也很容易，只是飞行员向后拉杆从俯冲状态改出需要相当的力气。

BMW 801发动机公认不如Bf 109飞机的液冷发动机精致，但前者比较坚固，需要飞行员花点时间适应它的特点。福克-沃尔夫飞机的轮距较宽，因此起飞和着陆不存在什么问题。地面滑行时，飞机有轻微的向左侧偏的趋势，只有加大方向舵偏转角度就可以抵消这种趋势。在地面状态，鼓胀的发动机罩会严重影响飞机，升空后的情况好一些。

Fw 190飞机在很多方面都超过梅塞施密特战斗机，例如，前者采用全电力系统，Bf 109飞机的发动机需要摇柄来起动发动机，而Fw 190飞机安装了惯性起动器，通过外部电源或是飞机上的电源就可以起动发动机。Bf 109飞机上的副翼和调整片也需要手动操作，Fw 190飞机上只有通过按钮或调节开关就可以操作。在转弯性能方面，在8000米以下高度，Fw 190飞机的更好。Fw 190飞机的全向视野的座舱也比其他飞机的要好得多。

训练大队

在上述训练大队完成必要的训练课程后，新飞行员会被送到前线战斗机联队的训练中队，然而，在1942年2月初，这些训练中队合并成三个训练大队：于尔根·罗特指挥的西部训练大队（EJGr West）、京特·贝塞上尉指挥的东部训练大队（EJGr Ost）和阿尔弗雷德·穆勒少校指挥的南部训练大队（EJGr Süd），这三个大队的组成如下：

Fw 190飞机有两个教练型号，一个是在Fw 190A-8基础上改进的，这个被称为Fw 190S-8。另一个是在Fw 190A-8此前型号飞机按Fw 190S-8标准改进的，这个被统称为Fw 190S-5（图中即为此型飞机）。

西部训练大队(EJGr West)

原 Stab. Erg. Gruppe/JG 2	法国卡佐
原 2. Ausbildungsstaffel/JG 2	法国卡佐
原 2. Ausbildungsstaffel/JG 26	法国卡佐
新成立	法国卡佐
于 1942 年 4 月 8 日新成立	法国卡佐

东部训练大队(EJGr Ost)

原 Stab. Erg. Gruppe/JG 51	克拉科夫
原 2. Ausbildungsstaffel/JG 51	克拉科夫
原 2. Ausbildungsstaffel/JG 52	格利维采
原 2. Ausbildungsstaffel/JG 54	克拉科夫
原 2. Ausbildungsstaffel/JG 77	罗马尼亚米齐尔
原 Erg. Staffel/Schl. G 1	利普施塔特

南部训练大队(EJGr Süd)

原 Stab. Erg. Gruppe/JG 27	曼海姆山德霍芬
原 2. Ausbildungsstaffel/JG 3	曼海姆山德霍芬
原 2. Ausbildungsstaffel/JG 27	丹麦奥尔堡
原 2. Ausbildungsstaffel/JG 53	杜塞尔多夫洛豪森

西部训练大队记录的第一起损失发生在1942年4月4日，1架Fw 190A-2飞机坠毁在法国南部比斯卡尔罗斯（靠近西班牙的大西洋沿岸城市）附近海中，飞行员安全跳伞。东部训练大队的首起事故飞机也是Fw 190A-2飞机，由于发动机故障，这架飞机紧急迫降在法国布拉尼亚克（图卢兹西北郊区），飞行员达恩上士受伤。此时，大部分训练大队装备的是老旧的Fw 190A-1和A-2战斗机，前一个型号的一次损失值得一提，1942年9月1日，西部训练大队指挥官斯塔克上尉驾驶Fw 190A-1飞机在法国卡佐机场因事故丧生，指挥官丧生是一起严重的事故。在9月里，斯塔克上尉开了一个不好的头，紧接着这个大队在这个月里又有三名飞行员丧生或受伤：9月18日，施罗特下士；9月23日，斯佩克上士；9月30日，舒勒下士。其实这些训练大队的训练损失仍在正常的范围内，哪个国家都不例外，但是，西部训练大队在1942年11月10日一天中出现四起事故就不太正常了，这天事故造成4架飞机不同程度损坏，两名飞行员受伤，受伤的是克鲁格少尉和贝格尔上士。11月28日，南部训练大队出现第一起Fw 190飞机损失，当时，1架Fw 190A-4飞机在一次战斗结束返航途中坠毁（具体情况不详）。

被盟军缴获的1架Fw 190S-8教练机，注意看后座舱（教员）座舱罩，座舱罩上多了几道加固框，可以对比上图。

1942年11月底，训练大队番号中的“E”被去掉，作战训练单位只是简称JGr West/Ost/Süd等等，在12月上半月，东部训练大队的3架Fw 190飞机在事故中损坏，其中一名飞行员约翰宁代理下士在12月8日的事故中受伤。新年伊始的1943年1月4日，西部训练大队的卢茨少尉受伤，布兰德下士丧生，而东部训练大队的施勒耶尔少尉在1月5日的事故中丧生。几个训练大队在1943年2月里没有损失报告，截至这个月月底，三个训练大队装备的飞机型号主要是：

西部训练大队：	29架Bf 109E-4和E-7飞机，32架Bf 109F-1、F-3和F-4飞机，6架Bf 109G-1、G-2、G-3和G-4飞机，24架Fw 190A-1、A-2和A-3飞机，还有1架Fw 190A-4飞机。
东部训练大队：	27架Bf 109E飞机，33架Bf 109F-4飞机，3架Bf 109G-2飞机，43架Fw 190A-2和A-4飞机。
南部训练大队：	23架Bf 109E-3、E-4和E-7飞机，16架Bf 109F-1和F-2飞机，21架Bf 109F-4飞机，5架Bf 109G-2飞机和1架Bf 109G-4飞机。

一位从驻扎在韦尔诺伊亨JG 101训练大队分配到西部战斗机作战训练联队的飞行员诺伯特·哈尼希回忆这段时间经验时称：

我得踏上前往法国南部卡佐的行程，这段行程花了我和其他六名同伴两天时间。卡佐是西部训练大队的司令部所在地，训练大队实际上是作战训练单位，它的主要职责就是为前线作战单位提供合格的新飞行员，就像我们这些人。训练大队的教官都是经验十分丰富的原前线战斗机飞行员，他们暂时从战场的单位返回，唯一的目的就是把前线最新实践知识传授给我们这些新手。就是在卡佐训练基地，我们将最终决定被分配到东线战场还是西线战场，我已经表达了愿意去东线的决定，因此我被分配到克莱里科中尉的第2中队，他的中队驻扎在法国南部度假胜地比斯凯湾沿岸的比亚里茨，这儿离西班牙与法国边境只有20公里。

作战训练大队最大的特点是仍保留与前线作战大队的紧密联系，也就是这些训练单

图中是5./JG 26中队1架Fw 190A-1战斗机，这样的飞机如果没有在作战任务中或训练中损失掉，在换装时飞机就会分配给训练单位。

这架Fw 190A-1飞机属于4./JG 26中队，飞机的机翼翼根和中间都没有机炮，这说明该机只用来进行飞行训练。训练也分为几种，如新学员初级和中级训练、转型训练和技能保持训练等，作战单位用于训练的就属于技能保持训练。

这架Fw 190A-4飞机发动机上方机枪和机翼机炮被去除，翼根圆孔要么是MG 17机枪，要么是去掉MG 151机炮留下的圆孔，飞机的侧机身有无线电呼叫代号，这架飞机主要用于训练。

段并没有考虑为其研制一个双座教练型号，后来Fw 190战斗机主要用于原装备Bf109战斗机的单位，这些飞行员有驾驶单发高性能战斗机经验，改型训练并不困难。但是，Ju 87“斯图卡”俯冲轰炸机飞行员改驾驶Fw 190飞机确实存在一些困难，因此有必要研制一款双座教练机来将俯冲轰炸机飞行员训练成战斗机飞行员。

与此同时，德国空军战斗位成立时就与前线单位定点对接，类似定向委培，特定的训练大队专门为某个作战大队输送新飞行员。在抵达作战训练大队后，这些新飞行员还要进行四个星期的最后指导训练，为的是让他们熟悉他们未来将去作战的战场作战特点，如战术、地理和气象特点，敌飞行员作战特点，该战场的作战特点等等。刚开始只是进行训练飞行，逐渐地有经验的飞行员开始尝试参加实战。

从座舱判断，这是1架Fw 190S-5教练机。

除了战斗机训练和人员补充单位，由驱逐机训练单位演变而来的对地攻击训练大队也于1943年3月在波兰的登布林伊雷娜成立，大队指挥官是海因茨·弗兰克少校，后来乔治·道菲尔少校接任。1943年11月15日，大队番号改为Ⅰ./SG 152。

Fw 190战斗机早期研制阶

正处在发动机维护之中的1架Fw 190S-8教练机，可以看出发动机上方和翼根都没有安装机枪或机炮。

机和对地攻击训练单位继续训练Fw 190飞机飞行员，截至1943年12月31日，大部队中队部署在法国南部，盟军的轰炸机暂时无法光顾这里。这些训练单位的此时情况如下：

西部训练大队	指挥官是乔治·米卡莱克少校，大队队部和第 3 中队驻扎在法国卡佐，第 1 中队驻扎在法国塔布斯奥桑，第 2 中队驻扎在法国比里亚茨，第 4 中队驻扎在科米埃克卢斯。这些单位主要装备 1 架 Bf 109E 飞机、30 架 Bf 109F 飞机、14 架 Bf 109G 飞机、5 架 Fw 190A-1 飞机、9 架 Fw 190A-2 飞机、7 架 Fw 190A-3 飞机、18 架 Fw 190A-4 飞机、7 架 Fw 190A-5 飞机和 1 架 Fw 190A-6 飞机。
东部训练大队	指挥官是维克托·鲍尔少校，大队队部、第 4 中队和第 5 中队驻扎在法国圣让当热利，第 1 中队驻扎在法国比里亚茨，第 2 中队驻扎在法国拉罗歇尔拉列，第 3 中队驻扎在法国贝尔热拉克。这些单位主要装备 31 架 Bf 109F 飞机、9 架 Bf 109G 飞机、1 架 Fw 190A-1 飞机、7 架 Fw 190A-2 飞机、13 架 Fw 190A-3 飞机、5 架 Fw 190A-4 飞机和 2 架 Fw 190A-5 飞机。
南部训练大队	指挥官是埃哈德·布劳涅少校，大队队部和第 1 中队驻扎在法国奥朗日卡里塔特，第 2 中队驻扎在法国亚维农皮若，第 3 中队驻扎在法国尼姆科贝萨克，第 4 中队驻扎在法国马塞马里尼昂。这些单位主要装备 2 架 Bf 109E 飞机、40 架 Bf 109F 飞机、17 架 Bf 109G 飞机、2 架 Fw 190A-4 飞机和 1 架 Fw 190A-6 飞机。

从座舱看这似乎是1架Fw 190S-5飞机，而实际上这是1架Fw 190S-8飞机，对比本章节中的配图可以发现不管是Fw 190S-5还是Fw 190S-8，一个型号中飞机外观也有一些明显的区别，比如图中飞机座舱后没有天线。

这架Fw 190S-8型号比较容易区别，它的翼尖前缘有空速管，这是Fw 190A-8及以后型号的特征。

就在这段时间左右，这些训练单位有几名飞行员要么丧生要么受伤，均是事故造成的。由于德国空军各个战场均急需大量新飞行员补充，飞行员的训练时间必须缩短，这些都是造成事故频发的原因，随着战争发展，事故率急剧上升。盟军对法国的轰炸导致这些训练大队逐步向东移动，并最终撤回德国本土。这时，德国空军又成立第四个战斗机飞行员训练大队，即北部训练大队（JGr Nord），该单位于1943年9月1日在奥瓦瓦（属波兰）组建，单位指挥官是马克希米利安·马耶尔上尉。但是，这个训练单位的历史极短，到1944年11月4日就被撤消，该大队和其他三个大队联合组成第一作战训练联队（EJG 1），联　　队指挥官是维克托·鲍尔中校，　　这个联队组成如下：

Ⅰ./EJG 1	原北部训练大队，单位驻扎在波兰杂甘库柏、斯普罗陶(即波兰什普罗塔瓦)、里格尼茨(即波兰莱格尼察)和阿斯劳。大队指挥官马克希米利安·马耶尔上尉，单位主要装备3架Fw 190A-3飞机、2架Fw 190A-4飞机、4架Fw 190A-5飞机、2架Fw 190A-6飞机、4架Fw 190A-7飞机、51架Fw 190A-8飞机、1架Fw 190G-2飞机和133架Bf 109G飞机。
Ⅱ./EJG 1	原南部训练大队，单位驻扎在斯特劳斯贝格、韦尔诺伊兴和新鲁平。大队指挥官埃哈德·布劳涅少校，单位主要装备1架Fw 190A 2飞机、2架Fw 190A-3飞机、2架Fw 190A-4飞机、2架Fw 190A-5飞机、10架Fw 190A-6飞机、6架Fw 190A-7飞机、51架Fw 190A-8飞机、1架Fw 190A-9飞机和86架Bf 109G飞机。
Ⅲ./EJG 1	原东部训练大队，单位驻扎在里格尼茨、奥地利加伯斯多夫、斯科费尔德、罗森伯恩(波兰境内)和维登加特(波兰境内)。单位指挥官是埃米尔·鲁道夫·施诺尔少校，单位主要装备1架Fw 190G-3飞机和184架Bf 109G飞机。
Ⅳ./EJG 1	原西部训练大队，单位驻扎在边疆弗里德兰和斯塔加德(什切青旧城)克鲁佐夫。指挥官是赫尔伯特·维内尔特少校，单位主要装备7架Fw 190A-3飞机、6架Fw 190A-4飞机、2架Fw 190A-5飞机、7架Fw 190A-6飞机、45架Fw 190A-8飞机和71架Bf 109G飞机。

同时，德国空军又成立了第二个训练联队，这个联队拥有19个中队，其中只有1./EJG 2中队装备了Fw 190飞机，该中队由夜间战斗机训练单位演变而来，单位指挥官为海因里希·斯皮特泽上尉，单位的主要装备是2架Fw 190A-3飞机、2架Fw 190A-4飞机、3架Fw 190A-6飞机和13架Fw 190A-8飞机。该中队的第一起事故发生在1944年11月5日，飞行员道勒下士丧生。在1944年12月和1945年1月，又有4架Fw 190飞机因事故损失。由于德国空军的形势越来越糟糕，EJG 1联队和EJG 2联队被命令执行保卫帝国的作战行动，训练本来就很不充分，这些新飞行员升空只是白白送死，但是他们至少还能用生命来挽救那些作战经验丰富的“老兔子”。训练联队最后一次参加的官方记录是1945年2月13日，当天，雷波尔茨候补军官在柏林加托机场附近作战时被击落身亡。训练联队实际作战时间可能更长一些，甚至可能战斗到1945年5月，战争后期德国完全被毁，根本找不到官方记录，可以十分确定的是，这些单位的飞行员损失极大。

毫无疑问，训练单位的训练事故不可避免。另外，从1943年年底开始，大部分训练单位装备的飞机档次也在上升，甚至出现与前线作战单位相同的型号。图中是1架Fw 190A-7飞机，注意看座舱风挡前的机枪整流罩比较鼓，而空速管仍在机翼前缘中部，这是这个型号的特征。

盟军轰炸机天天来轰炸

跟Bf 109战斗机相比，Fw 190飞机的火力更猛，图中是6./JG 26中队瑙曼的Fw 190A-5/U10座机，飞机机翼安装4门20毫米机炮。大口径机炮是对付盟军重型轰炸机的利器。

到1944年1月，美国陆航重型轰炸机对德国本土的轰炸越来越频繁，规模也越来越大，数量足够的Bf 109战斗机的火力很弱，而火力够猛的Fw 190战斗机数量上又不足，德国空军的防空形势并不乐观。福克-沃尔夫公司的Fw 190A-5的标准武器是2挺7.9毫米机枪和4门20毫米机炮，3秒钟的射击可以消耗掉130发20毫米炮弹（2挺机枪射击对重型轰炸机来说没有什么威胁），通常来说，从敌机尾部射击，平均20发20毫米炮弹命中重型轰炸机才可能将其摧毁。战斗机上的照相枪显示，平均水平的飞行员在目标尾部发起攻击射光所有炮弹只能有20%炮弹命中敌机，Fw 190A-5的20毫米炮弹携带总量只有500发，为了达到所需要的20发命中，需要2架或3架Fw 190A-5攻击同一架美国重型轰炸机，或者是这些飞机的炮弹携带量应该达到上千发，显然这是不现实的。为了解决这个问题，德国空军考虑采用火力更强的空射武器，但这又带来另一个负面问题，携带重武器的Fw 190无法逃脱盟军的护航战斗机攻击，特别是美国陆航开始在欧洲西线使用性能更好的P-51B“野马”战斗机，这款战斗机的航程可以达到德国纵深领空。

1944年1月1日，德国空军新的航空队，即帝国航空队正式成立，取代原来德国空军指挥中心，后者的主要职责就是指挥空军力量进行德国本土防空。此时，新成立的帝国航空队装备Fw 190战斗机的单位如下：

Stab./JG 1	驻扎在荷兰东部阿纳姆第伦，指挥官是瓦尔特·奥梭①中校，装备4(1)架Fw 190A-6战斗机。
Ⅰ./JG 1	驻扎在多特蒙德布拉克尔，指挥官是鲁道夫-埃米尔·施诺尔，装备29(27)架Fw 190A-4、A-5/R1、A-6和A-7战斗机。
Ⅱ./JG 1	驻扎在赖讷，指挥官是瓦尔特·霍克纳上尉，装备21(17)架Fw 190A-4、A-5/R1、A-6、A-7战斗机和Bf 109G战斗机。
Ⅰ./JG 11	驻扎在胡苏姆，指挥官是罗尔夫·赫尔米兴上尉，装备19(11)架Fw 190A-4、A-5和A-6战斗机。
Ⅲ./JG 11	驻扎在奥尔登堡，指挥官是安东·哈克尔上尉。这个大队在1943年12月开始换装Fw 190战斗机，到1944年1月，装备着32架Fw 190A-5、A-6和A-7战斗机。

① 瓦尔特·奥梭在1943年11月12日接替赫尔曼·格拉夫任JG 1联队指挥官。

续表

10./JG 11	驻扎在奥尔堡西部，指挥官是海因茨·格洛塞中尉，装备11(?)架Fw 190A-4、A-5、A-6和Fw 190G-3战斗机。
Sturmstaffel 1	驻扎在多特蒙德布拉克尔，指挥官是汉斯-京特·冯·科纳特斯基上尉，装备14(11)架Fw 190A-6战斗机。
Stab./JG 300	驻扎在荷兰东部阿纳姆第伦，指挥官是库尔特·科特纳中校，装备3(0)架Fw 190A-6战斗机。
Ⅱ./JG 300	驻扎在赖讷，指挥官是库尔德·彼得斯少校，装备4(4)架Fw 190A-6和A-7战斗机。
Ⅱ./JG 302	驻扎在路得维希卢斯特，指挥官是威廉·福尔达上尉，装备2(2)架Fw 190A-7战斗机。
E. Kdo 25	驻扎在阿赫默，指挥官是霍斯特·格耶尔上尉，装备Fw 190A和Fw 190F战斗机。

需要说明的是，德国空军夜间作战单位，如NJG 1联队队部、Ⅲ./NJG 1大队、Ⅳ./NJG 3大队和2.Jagd.Div队部也装备少量Fw 190战斗机，这些夜战单位主要装备是Bf 110和Ju 88重型战斗机（也称驱逐机）。

德国空军第3航空队主要负责法国和比利时战区的防空，这个航空队装备Fw 190战斗机的单位如下：

Stab./JG 2	驻扎在法国弗克桑地区科尔梅耶，指挥官是埃贡·迈耶尔少校，装备7(3)架Fw 190A-7/R6和Bf 109G战斗机。
Ⅰ./JG 2	驻扎在法国弗克桑地区科尔梅耶，指挥官是埃里希·霍哈根少校，装备42(31)架Fw 190A-6/R6、A-7/R6和Bf 109G战斗机。
Ⅲ./JG 2	驻扎在法国弗克桑地区科尔梅耶和加厄，指挥官是赫尔伯特·胡佩茨上尉，装备29(20)架Fw 190A-5/U8、A-6、A-6/R6和A-7/R6战斗机。
Stab./JG 26	驻扎在法国里尔北部，指挥官是约瑟夫·普瑞勒中校，准备2(1)架Fw 190A-5和A-6战斗机。
Ⅰ./JG 26	驻扎在比利时弗洛雷讷，指挥官是卡尔·鲍里斯上尉，装备34(25)架Fw 190A-4、A-5、A-6和A-7战斗机。
Ⅱ./JG 26	驻扎在法国康布雷埃皮昂，指挥官是威廉·加特上尉，装备38(27)架Fw 190A-5、A-6和A-7战斗机。
1./SAGr 128	驻扎在法国布列斯特南部，单位指挥官不详，装备7(5)架Fw 190A-5和A-6、Fw 190G-2和G-3战斗机。这个单位又称布列斯特战斗机司令部，1944年2月1日，单位番号改为10./ZG 1。
Ⅰ./SKG 10	驻扎在法国圣安德烈罗西耶尔，指挥官是库尔特·达尔曼上尉，准备31(26)架Fw 190A-5/U8和Fw 190G-3战斗机。
Stab./NAGr 13	驻扎在法国迪纳尔，指挥官是亨宁·冯·卡姆普茨上尉，装备1(1)架Fw 190F-1战斗机。
1./NAGr 13	驻扎在法国迪纳尔，中队指挥官不详，装备12(10)架Fw 190F-1和Bf 109G-8战斗机。
2./NAGr 13	驻扎在法国迪纳尔，中队指挥官是科林克中尉，装备7(5)架Fw 190A-3和A-4战斗机。
Stab./Aufkl. Gr 123	驻扎在法国图苏斯布克，指挥官是汉斯·沃尔夫中校，装备3(2)架Fw 190A-3和Ju 88D-1战斗机。
4.(F)/123	驻扎在法国泰维尔，指挥官是塞尔梅尔上尉，装备10(7)架Fw 190A-5和A-6战斗机。
5.(F)/123	驻扎在法国芒契·布雷顿，指挥官是基弗尔中尉，装备16(11)架Fw 190A-5和Fw 190G战斗机。

从机头黑白条纹图案和标志判断这是Ⅰ./JG 1大队的1架Fw 190A-7战斗机。这架飞机不清楚出了什么事故，上图中飞机侧面有一块脏斑，机腹的圆圈形测向器天线上有絮状物，很像撞上了飞鸟，下图地勤人员在用水清洗。

德国JG 1联队和JG 11联队的Fw 190在1944年的第一场重要战斗发生在1月5日，当天，这两个联队拦截了美国陆航第八航空队空袭德国基尔和埃伯费尔德、法国图尔和波尔多轰炸机编队，接下来的战斗中，JG 1联队队部声称击落2架B-24，Ⅰ./JG 1大队击落5架B-17（其中4架属于严重击伤（HSS），最后被其他人击落，但战绩算前者），Ⅰ./JG 11大队击落3架B-17、2架B-24、2架P-38等。德国的损失情况是：Ⅰ./JG 1大队三名飞行员被击落身亡，其中包括昆泽上士和卢茨霍夫尔候补中士。JG 2联队队部和Ⅲ./JG 2大队也在法国上空拦截了美国轰炸机编队和护航战斗机编队，联队指挥官埃贡·迈耶尔少校声称击落2架P-47战斗机，Ⅲ./JG 2大队击落1架P-47和2架“飞行堡垒”。12./JG 2中队的伊格诺上士战斗中阵亡。当天下午晚些时候，侦察单位4.(F)/123中队的斯托普曼上士击落1架“喷火”战斗机。

4./JG 1中队埃伯哈德·布拉特中尉在1月5日的战斗中没有找到敌机，他的作战报告称：

帝国防空体系在这段时间里大大增强，敌人四发重型轰炸机经常由远程护航战斗机保护进入德国领空，德国飞行员很难靠近敌人轰炸机，甚至那些老手也时常被敌护航战斗机攻击。我们在费马恩岛（德国北部）和瑞士边界之间来回奔波，经常我们用尽最后一滴油寻找敌人轰炸机编队，最后不得不找个机场着陆。这时，美国四发轰炸机已经不再使用曳光弹，攻击时，我们必须要穿过敌机防御火力编织的密网，这种情况下什么都可能发生，火力网的另一边就是安全。在我们这边，大型飞机编队正在组织起来防御帝国首都柏林。战斗最激烈的地方是汉诺威-不伦瑞克-马格德堡一带，大量的金属（指炸弹和飞机残骸）从这里的天空落下。

1944年1月7日，美国陆航出动178架轰炸机空袭德国路德维希哈芬港，返航途中，12时30分在法国和比利时边境上空，美国飞机编队遭到德国战斗机拦截，Ⅰ./JG 2大队声称击落3架P-47，其中鲍里斯上尉的战果是他个人第31架战绩。半个小时后，JG 2联队队部和Ⅲ./JG 2大队接着攻击这支美国轰炸机编队，指挥官迈耶尔少校在12分钟内击落4架B-24。在13时40分最后的拦截美国飞机编队行动中，Ⅱ./JG 26大队在法国滨海布洛涅上空击落2架B-17和2架P-47，但是，这个大队却在行动中损失三名飞行员，分别是萨利格曼少尉、瓦夫肯少尉和维特上士阵亡，法尔克下士受伤，这些飞行员均被盟军护航战斗机击落或击伤。当天的另一场战斗中，NAGr 13远程侦察单位在格恩西岛上空击落3架“台风”战斗机。

四天后，美国轰炸机编队将目标锁定在奥舍尔斯累本的阿戈公司飞机生产厂和哈尔贝尔斯塔德的一家飞机生产厂，首先在11时08分至11时45分之间拦截美国飞机编队的是Ⅰ./JG 1大队和Ⅱ./JG 1大队，随后加入战斗的是安东·哈克尔上尉的Ⅲ./JG 11大队（去年12月刚刚用Fw 190战斗机换下Bf 109G飞机），这三个大队声称共击落27架B-17轰炸机，其中5./JG 1中队吕迪格尔·冯·基赫迈尔中尉击落2架，Ⅲ./JG 11大队指挥官安东·哈克尔上尉也击落2架。布拉特中尉称：“1月11日，我们在帕德伯恩上空发现一大批美国重型轰炸机正向柏林方向飞行，我们从敌机编队下方拉升跃起实施蛇咬式攻击，我的瞄准具中套住1架B-17飞机，我射出的炮弹正中敌机机身。拉升攻击时，我仍在敌机下方，因此我持续开火，对敌机来说（射出的炮弹）已经足够了，这是我的第三个战果。”此次拦截行动，德国空军的损失极其轻微，Ⅱ./JG 1大队的米特霍下士阵亡，同中队的基尔赫纳上士受伤。Ⅲ./JG 11大队有三名飞行员伤亡，其中伯尔迈斯特代理下士和哈克代理下士阵亡。在12时30分开始的20分钟战斗中，Ⅰ./JG 26大队和Ⅱ./JG 26大队Fw 190战斗机在荷兰须德海上空再次拦截了返航的美国轰炸机编队，两个德国大队共击落15架B-17和1架P-47，格尔德·维甘德上士取得了他个人的第14个战果。同样在第一次行动中，第1战斗突击中队取得中队第一个战果，即奥特马尔·泽哈特中尉击落1架B-17，这是战斗突击中队走上舞台的标志性事件。

JG 1联队指挥官赫尔曼·格拉夫的Fw 190A-5座机，超级王牌的座机涂装极为独特，这么扎眼，也不指望天天升空作战，这一时期，像格拉夫这样战绩过200的王牌都禁止升空作战。

除了战略轰炸，美国陆航第八航空队和英国空军轰炸

Ⅱ./JG 11大队的Fw 190A-5/U12战斗机，飞机翼下携带2个WB 151/20吊舱，为了减重，机翼前缘中部的机炮去除。这种超强火力在实战测试中效果并不好，飞机的机动性受到很大影响。

JG 1联队的Fw 190A-5/U12战斗机，这架飞机仍保留着出厂时的无线电呼叫代号，因此可能是送到前线单位试用的。有敌机护航战斗机拦截，携带这么重的武器对于躲避攻击十分不利，这正是WB 151/20吊舱没有大量装备的原因。

机司令部此时也开始轰炸位于法国北部的德国V-1飞行炸弹（以下均称导弹）阵地，第一次执行此类作战任务是1944年1月14日，德国空军Ⅱ./JG 26大队的Fw 190与盟军P-47和“喷火”护航战斗机遭遇，空战结果让德国人非常失望，似乎完全不在状态的这个大队有三名飞行员丧生，大队指挥官威廉·盖特少校受伤。伤亡很大，战果极小，只有5./JG 26中队瓦尔特·马托尼中尉和7./JG 26中队威廉·迈耶尔上士分别击落1架“喷火”。这场战斗结束后，指挥官威廉·盖特的位置被约翰内斯·纽曼上尉取代。一个星期后，盟军再次执行轰炸V-1导弹阵地任务，此次拦截行动由Ⅰ./JG 26大队和Ⅱ./JG 26大队共同执行，两个大队发挥出了应有的水平，击落5架B-24和2架B-26轰炸机、2架“喷火”和1架P-47战斗机。1月24日，美国又一次发动大规模空袭行动，目标是德国法兰克福，由于气候恶劣，轰炸机编队在路途中放弃任务，但是，轰炸机编队在法国北部和比利时上空仍遭到Ⅰ./JG 1大队和Ⅱ./JG 1大队的Fw 190战斗机拦截，德国人声称的战果是4架B-17、2架P-38和2架P-51，战绩看上去还不错，其实代价很高，德方有四名飞行员丧生，另有三人受伤，受伤的飞行员中包括1./JG 1中队指挥官阿尔弗雷德·格里斯劳斯基上尉，他驾驶的飞机是Fw 190A-7Y，“Y”指的是使用Y程序技术，采用这种技术的飞机可以充当飞机编队的领航机。

盟军的下一次大规模空袭行动是1944年1月29日，1月中下旬里由于欧洲战场的气候恶劣，空袭行动规模小，次数也不多，因此天气稍有好转美国陆航第八航空队就派出800架重型轰炸机，为其护航的是632架战斗机，主要是P-47，另有两个大队的P-38战斗机。此

Ⅰ./SKG 1大队的1架Fw 190G-8飞机在滑行。“G”系列是对地攻击型，机翼外侧的机炮被去除，取而代之翼下携带炸弹挂架。图中飞机机腹挂架可以隐约看到。德国空军跨越海峡的骚扰式空袭远比不上盟军重型轰炸机规模，此时德国防空已经自顾不暇。

这架“黑色12”号是2./JG 1中队1架Fw 190A-8战斗机，照片的看点是后机身的红色条纹，德国领空中盟军护航飞机越来越多，采用醒目条纹为的是空中识别。1944年初期，红色识别条纹在所有常规战斗机单位采用，后来红色分配给JG 1联队，其他联队使用其他颜色的条纹。

次美国空袭的目标仍然是德国法兰克福。从11点30分开始，美国飞机编队在德国特里尔和科布伦茨之间遭到Ⅰ./JG 26大队和Ⅱ./JG 26大队的Fw 190拦截，一个半小时后美国飞机编队返航，Ⅱ./JG 26大队再次起飞在法国北部上空实施拦截。当天的战斗中，Fw 190战斗机单位声称击落11架B-17和5架B-24轰炸机、3架P-47和2架P-38战斗机，最成功的飞行员是海因茨·戈曼上士，战绩为2架（不知道是轰炸机还是战斗机，两者的性质完全不一样），德国损失三名飞行员，另有一人受伤。Bf 109战斗机单位也参与了拦截行动，取得的战绩跟Fw 190飞机单位的差不多。

第二天，虽然规模小点儿，美国轰炸机编队仍然持续地轰炸德国本土目标，这天的目标是德国布伦斯维克（也译成布伦瑞克）的德国Bf 110战斗机生产厂和汉诺威。首先拦截美国轰炸机编队的是第1战斗突击中队，也就是汉斯-京特·冯·科纳特斯基少校建议成立的一个试验性质的特别装备的战斗突击中队，该突击中队11时45分在奥斯纳布吕克（汉诺威正西120公里）西南与美国飞机交火，威利·马克西莫维茨下士击落1架B-24，赫尔曼·瓦尔费尔德下士撞下1架B-24，埃尔温·巴克希拉少校击落1架B-17。第1战斗突击中队首战损失不小，两名飞行员丧生，包括撞击敌机的赫尔曼·瓦尔费尔德，两名飞行员受伤。第1战斗突击中队表演完不久，Ⅰ./JG 1大队的Fw 190上场，其中一些飞机携带W.Gr 21火箭弹发射器。随后的战斗中，Ⅰ./JG 1大队声称击落8架轰炸机，其中JG 1联队指挥官奥梭中校击落1架，付出的代价是三名飞行员丧生。瓦尔特·赫克纳的Ⅱ./JG 1大队也参加了拦截战斗，声称击落4架B-17，该大队的埃伯哈德·布拉特回忆此次战斗时称：

今天的战斗跟以前经常作战的一样，大约200架美国四发重型轰炸机出现在汉诺威上空，只要我们接近轰炸机编队，盟军庞大的护航战斗机编队就会将我们隔开，并不和我们恋战。但是，我们发起第一轮攻击后，我们的好运就此结束，每个飞行员后面都跟着一大群敌机，当时我被16架“雷电”战斗机同时追击，我只得进入哈茨群山避敌，唯一躲避敌人攻击的方法就是在一树之高的超低空反复机动。

第1战斗突击中队的Fw 190A-7战斗机机群，近处“白色20”号是多斯特少尉的座机，当时该中队驻扎在多特蒙德的萨尔茨韦尔德。多斯特少尉驾驶“白色20”号Fw 190A-7飞机在1944年3月6日被美国陆航第357战斗机中队的1架P-51战斗机击落，多斯特阵亡。

大约11时45分，美国轰炸机编队在返航时又遭遇Ⅰ./JG 26大队和Ⅱ./JG 26大队的拦截，这两个大队声称击落3架B-17、2架P-38和1架P-47，己方2./JG 26中队昆泽少尉阵亡。JG 2联队今天的战斗相当丢脸，联队队部和Ⅲ./JG 2大队损失四名飞行员，战绩为零。第25试验单位也有两名飞行员丧生，没取得战绩。此一时彼一时，盟军战斗机飞行员的作战素质也在不断提高。

埃尔温·巴克希拉少校（右侧站立者）在向他的地勤人员描述第1战斗突击中队第一次作战的经历，这个单位的飞机增加了装甲防护能力，图中“白色7”号Fw 190A-7飞机的座舱罩侧面增加了防弹玻璃。图中画是战斗突击中队的标志。

2月4日，美国陆航出动748架重型轰炸机空袭美因河畔法兰克福，照例，从法国北部和比利时一带进入或返航都会得到Ⅰ./JG 26大队和Ⅱ./JG 26大队的“关照”，Fw 190飞行员在拦截战斗中声称击落4架B-17和1架B-24，两个大队分别有一名飞行员的座机被美国护航的P-47战斗机击落。在法国南部，最近刚刚转移到普罗旺斯艾克斯的Ⅰ./JG 2大队拦截了美国陆航第15航空队的B-17轰炸机编队，后者当天的任务是轰炸法国土伦港的造船厂，Ⅰ./JG 2大队击落2架“飞行堡垒”，但路德维希下士阵亡。2./JG 102训练中队也击落1架B-17，也损失一名飞行员瓦格纳中士。

四天后，由200架轰炸机和553架护航战斗机组成的飞机编队再次空袭德国美因河畔法兰克福，率先实施拦截的是德国Ⅲ./JG 2大队，随后就是Ⅱ./JG 26大队和Ⅰ./JG 26大队、Ⅰ./JG 1大队和Ⅱ./JG 1大队。在10时26分至12时52分的两个半小时战斗中，Fw 190战斗机单位声称击落12架B-24、5架P-47和3架P-38，击落P-38的是Ⅰ./JG 26大队飞行员。但是，美国方面的资料称当天参与护航的只有一个“野马”飞机单位，即美国陆航第354战斗机大队，该大队作战报告中没有当天损失记载。德国空军Fw 190飞机的损失情况是，Ⅰ./JG 1大队损失3架，12./JG 2中队损失2架（均被英国空军“台风”战斗机在法国加厄附近击落），Ⅱ./JG 26大队和4./JG 11中队分别损失1架。第二天，1./JG 2中队齐格菲尔德·莱姆科中士在法国南部港口城市戛纳东南一口气击落4架“喷火”战斗机。

Ⅱ./JG 26大队的地勤人员在向1架起飞的Fw 190战斗机挥手欢呼，该大队当时驻扎在法国康布雷埃皮昂。图中飞机当时的任务是战场巡逻，飞机携带了副油箱。

JG 26联队至少有1架Fw 190飞机携带了双联W.Gr 21火箭发射器，携带1个（单侧）发射器都会严重影响飞机性能，更不用说双联了。图中JG 26联队指挥官普瑞勒在和其他飞行员探讨携带新武器的战术，照片最左侧是威廉-费迪南德·“伍兹”·加兰德。

Ⅱ./JG 1大队埃伯哈德·布拉特回忆此次战斗时称：“几天后的2月8日，敌机编队从南部而来，我的座机只剩下最后一点燃油，我想在比利时列日或是荷兰马斯特里赫特着陆，但是到了列日机场却发现，为了防止敌机着陆，机场跑道设置了路障。没有办法，我只得飞往列日南部一座机场准备着陆，但是埃菲尔到亚琛之间的低空云层阻碍了我的视线……”

2月10日的拦截战斗对德国Fw 190战斗机单位来说喜忧参半。美国陆航169架轰炸机在466架战斗机的护航下空袭德国布伦斯维克，美国飞机编队11时15分首先在荷兰上空遭到Ⅱ./JG 1大队的拦截，6./JG 1中队海因茨·巴尔少校击落2架B-17，这是他个人第180和第181架战绩。5./JG 1中队和6./JG 2中队两名飞行员分别击落1架轰炸机。战斗突击中队斯泰番一级候补中士和E.Kdo 25试验单位各击落1架轰炸机，Ⅰ./JG 1大队的战绩最丰，达到6架，其中一名飞行员是3./JG 1中队瓦尔特·科内上士，他回忆道：

真是混乱不堪的一天！一会儿他们会告诉你敌机来了，过了一会儿又告诉你敌机不来了……坐在座舱里的警戒随后变成出舱十分钟警戒状态，之后又有人让你去坐在飞机里等待命令，直到一切又重新开始（指再次出舱进行十分钟警戒）。之后，有人告诉你进行30分钟作战警戒。

因此，我们就有了时间去吃点东西，当你刚刚在餐桌前坐下，电话响起“紧急起飞！”我们离开餐桌快速跑向自己的飞机。进行第一遍检查后，大队获得了出航命令：先是1中队和大队队部，然后是3中队殿后。福克-沃尔夫飞机一架接一架升入空中，但是，有一架飞机却撞上了一座房子的房顶，飞机翻滚着砸向地面，并且发生了可怕的爆炸，多么不顺的开始！

我按要求把发动机油门推到最大，我的座机飞过火球加入到大队编队向东飞去。跟前些天一样，天空相当晴朗，可以一眼看到7000米处的飞机发动机凝迹。不久，一些战斗机开始俯冲向我们大队攻击，我们的编队立即散开，每个人都做了一个急转弯（避开敌人攻击），简直是空恐惧一场，那些是Bf 109战斗机！又一次，一切恢复平静，我看见我的中队飞机只剩下5架在编队里，我靠近中队指挥官为的是让他放心，至少还可以依赖我的已经少了1架的四机编队，我的四机编队中四号机已经消失了，变成了冒着烟的大坑（指起飞坠毁的那架），碎片中唯一可以辨认的就是机轮刹车片。今天实在太不走运了！

编队长机摆动副翼（实际上就是摆动机翼），示意在我们下方有1架不名身份飞机，我的一位战友立即机动冲向那个小黑点，但是，我感到一阵阵恐惧，我长长地吸了一阵氧气才感觉好点。当我恢复理智，我意识到只有我一个人在和奥西（沃尔夫·奥斯瓦尔德）下士在一起，他并不是一名出色的飞行员，但是，他非常勇敢，值得信任。突然，在我们上方300米，1架“野马”战斗机从我们前面的太阳方向直冲向我们，这位美国飞行员的位置十分有利，我的年轻飞行员最终意识到了危险，跟着我一起做急转弯，但是，追击我们的美国飞行员十分具备攻击性，他不会让我们轻易逃脱。他缓缓地接近奥西，我对

三名3./JG 1中队飞行员站在1架“黄色7”号Fw 190A-8战斗机旁边，飞机座舱边写着“Löwe”，意思是狮子。

着奥西大喊让他急转弯。没有用，美国人已经发起了第一轮攻击，还好，他的射击并没有击中奥西。但是，致命的时候正在靠近，我仍旧大喊："向后拉满杆！"（操纵杆拉到最后）。

最后，奥西终于反应过来，他减速成功，美国人对他的动作非常吃惊，只得放弃追杀。随后"野马"飞行员加大油门驾驶飞机朝太阳方向爬升而去，随后在我们的视野里消失。似乎，今天每件事都很不顺。我再次爬升去搜索敌人重型轰炸机，奥西紧紧跟着我，但是，我们前方发生了什么？我们的长机在向左转弯，我们立即跟随长机一道转弯，从1架四发重型轰炸机旁飞过。上帝啊，我讨厌尾部攻击！但管他什么命令呢！让我们做自己的事！

我靠近敌机，将敌机尾部炮塔打得哑了火，我射出的炮弹击中了敌机机翼，炸毁了机尾部炮塔。同时我也被敌人的子弹包围着，我减速转向右侧，我突然感到小小的震动，我的机翼被击中，但是伤情并不严重。拖着浓浓的黑烟，被我击中的轰炸机逐渐损失高度。奥西似乎不见了，整个天空中充满了盟军战斗机，难道就没有德国的战斗机了吗？

我向左侧俯冲想看看我的牺牲品的结局，敌机不断下降高度的同时也改变了方向，至少他的炸弹不会落在他的目标上（预定轰炸的德国目标）！但是，敌机仍可控制，现在，我必须靠近再给敌机最后一击，否则敌机可能会逃走。这时我头上出现一片阴影，我转个弯发现是1架Fw 190飞机。我摆了摆机翼，意思是邀请他一起加入猎杀行动。我的猎物呢？我刚刚有充足的时间再攻击一次，猎物却跑到云层里了。我仍保持高度和航向——向西，不一会儿，伤痕累累的轰炸机再次出现，我跟着敌机，在距离只有几十米处，我的座机上所有武器一齐射击，所有子弹和炮弹都落入敌机机身，一个机轮先是落了下来，消失在视野里。随后飞机起火，仅仅一秒钟后，一道强光点亮整个天空，敌机爆炸了。

奥西在我之前几分钟已经着陆，他的座机发动机被敌轰炸机自卫火力击伤。

下一场拦截战斗由Ⅰ./JG 11大队担纲，该大队声称击落6架B-17轰炸机，其中1架战果

Ⅰ./JG 11大队的地勤人员正在给大队副官汉斯·斯兰格尔少尉的Fw 190A-7座机加油和补充弹药，准备下一次作战任务。这一时期战斗天天有，有时一天几次。机身侧面"＜｜"是联队副官座机标志。

属于1./JG 11中队指挥官约瑟夫·泽内曼中尉，这是他个人第118架战果。另一位获得战果的是大队指挥官赫尔米兴上尉，他击落1架P-38战斗机，这是他个人第49架战果。大队成功的代价是七名飞行员丧生或受伤。当天最后一场战斗中，JG 1联队指挥官瓦尔特·奥梭中校声称击落1架B-17和1架P-47，分别是他个人第108和第109架战果。

1944年1月初，德国空军建立了一个特殊的夜间战斗机大队，其主要作战任务是用新型战斗机和改进的武器对付英国皇家空军的轰炸机。上文提到过，美国陆航重型轰炸机主要执行昼间轰炸德国本土任务，英国空军的轰炸机主要执行夜间轰炸德国西部目标（鲁尔重工业区就在英国轰炸机打击范围内）的任务，英军的轰炸机规模虽小，给德国重要城市造成的破坏却相当大，特别是夜间任务很难被拦截。德国空军组建的这个特殊作战单位就是NJGr 10夜间战斗机大队，单位指挥官是鲁道夫·舒奈特少校，大队混合装备Bf 110驱逐机、Ju 88轰炸机（当拦截战斗机使用）、Bf 109A和Fw 190战斗机等。这个新成立大队第一次取得战果是2月19—20日夜，指挥官鲁道夫·舒奈特（驾驶的可能不是Fw 190战斗机）声称击落1架“哈利法克斯”轰炸机，弗雷德里希-卡尔·穆勒上尉击落1架“兰开斯特”轰炸机，两人都是在莱比锡上空击落的敌机。同一场战斗中，5./JG 300中队保罗-乔治·萨夫拉特少尉、6./JG 300中队哈拉尔德·洛维尼赫下士和5./JG 302中队库尔特·魏尔特中士分别击落1架重型轰炸机。两个月前，“野猪”单位的Fw 190战斗机只在夜战中击落几架敌机，由于单发战斗机夜战越来越难取得战绩，“野猪”单位也逐渐开始执行昼间作战任务。

5./JG 300中队的1架红色21号Fw 190A-5飞机迫降时左侧起落架折断，这架飞机安装了“海王星”雷达，机翼上部和座舱前后都有天线。

“大轰炸周”

2月20日开始，盟军发动了持续一周的大规模高强度轰炸行动，主要目标就是德国飞机制造业，以摧毁和削弱德国飞机的产量，减小德国飞机对盟军作战行动的威胁。宏观地看，盟军希望借此削弱德国空军力量，为下一步在欧洲登陆做前期准备。这个计划持续一周的轰炸行动代号为“争论行动”（Operation Argument），更为人所熟知的是“大轰炸周”，轰炸目标主要集中在飞机结构生产厂、组装厂和单发双发战斗机主要配件生产厂，最令盟军心悸的还是德国空军战斗机力量，也是对盟军空中行动威胁最大的。总的来说，盟军为这次行动准备了16个重型轰炸机联队，总计1000多架轰炸机，加上美国陆航第八航空队和第九航空队所有能用的战斗机提供护航任务，这是美军空中战略力量历史上最大规模的集结。

“大轰炸周”的第一次作战任务的实施是在2月20日，当天，美国陆航第八航空队所有三个航空师计1003架重型轰炸机，在美国陆航17个战斗机中队加英国空军16个中队战斗机的护航下空袭德国阿拉多公司飞机生产厂所在地图托、亨克尔公司飞机生产厂所在地罗斯托克、埃尔拉公司飞机生产厂所在地莱比锡、容克公司飞机生产厂所在地贝恩堡和阿戈公司飞机生产厂所在地奥舍尔斯累本等，外加几个飞机零部件生产中心。这么大的行动，不可能瞒过德军，因此德军也做足了准备工作。Fw 190战斗机当天的第一个战果是1架P-51“野马”战斗机，取得战绩的是阿戈公司工厂防御中队的奥滕伯格下士，他是在当天13时25分击落了这架敌机。不久之后，Ⅰ./JG 11大队加入到拦截行动中，在汉诺威南部与美国轰炸机编队遭到并混战了30分钟。该大队最成功的飞行员是指挥官赫尔米兴上尉，他击落了4架B-24，除此，他的大队还击落3架B-24和4架B-17，大队唯一损失是比尔基特上士，此次战斗中，他驾驶的Fw 190A-7/R6携带了W.Gr 21火箭弹发射器，很可能携带火箭弹发射器导致飞机笨拙而被击落。13时35分左右，Ⅰ./JG 1大队和Ⅱ./JG 1大队的Fw 190在马格德堡地区上空对美国飞机编队发起三轮攻击，6./JG 1中队莱因哈德·弗莱克斯中士重伤1架B-17，击落1架P-38，4./JG 1中队海因茨·福克斯上尉击落1架B-17，2./JG 1中队蒂穆特中士和3./JG 1中队埃勒斯少尉分别击落1架B-17和1架P-51。Ⅰ./JG 1大队队部一人和2./JG 1中队两人的座机被击落，包括2./JG 1中队指挥官哈拉尔德·罗梅尔上尉，取代罗梅尔的是JG 54联队一位老兵——赫尔穆特·比德比克中尉，他后来回忆此次战斗时称：

我随JG 54联队在东线作战，那里取得空战胜利相当容易……对其他飞行员来说也不是个问题，因为我从内心来说不是个具备攻击性的飞行员，（作战时）我太在乎观察我后面的情况，反倒不那么关注我的猎物。帝国保卫战是个可怕的阶段，在西线进行作战警戒时，我们通常只有五分钟准备时间，穿上我们必须要穿的救生夹克，然后去一趟WC让我们的神经放松一下。机场的高音喇叭播放着军队进行曲，伴随着音乐，我们到各自的座机前集合，有时，有新消息要发布音乐声才停止，诸如“迪克汽车”（美国重型轰炸机）或“印度安人”（盟军战斗机）来了。我们在地图上跟踪着敌机踪迹，每个中队指挥官的座机机翼上都有一部电话与大队队部连接，音乐声再次停止，喇叭里传来“座舱内战斗准备”，我们随时会起飞升空。当绿色信号弹在机场上空升起，发动机起动暖车，我们依次升空。当在空中发现敌人，

美国重型轰炸机始终是德国头疼的武器，西线战斗主要是拦截盟军重型轰炸机，Fw 190比Bf 109更适合攻击美国轰炸机，因此德国空军西线战斗机单位大部分装备的是Fw 190战斗机。图中是美国陆航第2轰炸机大队的1架B-17G轰炸机，该型号加强了自卫火力。

在1架Fw 190A-8飞机前摆出各种造型的是11./JG 3中队威利·恩格尔下士，他早在1941年年底就进入战斗机训练学校学习，但是直到1944年1月才被分配到11./JG 3中队参加实战。1944年4月11日，在第七次作战任务中，恩格尔下士获得个人第一个战果：1架美国B-17轰炸机。截至10月11日，恩格尔的战绩上升到21架，全部是四发重型轰炸机，这相当于80架单发战斗机。

我们会飞在与敌机编队平行高度，为的是评估敌机的力量和方向，我们也时刻注意着敌人的护航战斗机，但是，这个时候敌战斗机一般不会发起攻击。我们提升飞机速度，以敌机编队的宽度展开队形，之后做180度转弯。然后，我们从迎头方向攻击敌机，在横穿敌机编队时我们开火射击。实施攻击期间，我们的编队必须散开，这正是敌人护航战斗机等待的时刻，他们把我们一个个驱离轰炸机尾部。

在返航途中，美国轰炸机编队又遭到Ⅱ./JG 26大队的Fw 190在比利时蒙斯至列日之间拦截，6./JG 26中队弗雷德里希·兰格少尉击落1架B-17和1架P-47，大队的代价是损失一名飞行员希尔下士。“大轰炸周”第一天，美国实际损失只有21架轰炸机和4架战斗机，德国地面目标损失极为惨重。截获的德军无线电显示，德国战斗机单位的指挥控制出现了组织混乱和命令含糊不清的现象，德国空军出现的拦截行动只有362架次，比盟军估计的还要低一半。总的来说，盟军第一天的空袭达到了战役目的，十分成功。

“大轰炸周”第二天（2月21日），美国陆航第八航空队出动861架轰炸机空袭布伦斯维克和汉诺威，以及德国空军位于迪福尔茨、赖讷、韦尔、居特斯洛、汉多夫和阿赫默的基地。美国飞机编队于14时整在汉诺威西部与德国空军Ⅱ./JG 1大队和Ⅰ./JG 11大队相遇，4架轰炸机和2架“野马”战斗机被击落。6./JG 1中队指挥官海因茨·巴尔少校获得其中2架战果，他的战绩上升到185架。德国两个大队有两名飞行员丧生，三名飞行员受伤。受伤的飞行员中有一人是5./JG 1中队奥托·施密特上士，他的大腿被严重击伤，但他最终设法返回了赖讷基地。机场指挥官获知他的伤情后，在他抵达机场时发射了红色信号弹以阻止其他飞机着陆，着陆是成功的，也立即进行了施救，但施密特的腿还是在6月被截去。

警报声拉响，Ⅱ./JG 56大队的飞行员快速跑向自己的座机。照片拍摄于1944年2月。实际上，这是摆拍照片，连续拍摄的另一张照片显示这几位飞行员在闲庭信步地走向这架飞机。

7./JG 300中队驻扎在慕尼黑的霍尔基兴，该中队装备的是Fw 190A-8战斗机，近处“白色5”号，W.Nr.681366飞机在1944年9月11日被击落，飞行员弗雷德里希·奥滕下士阵亡，图中在“白色5”号飞机旁边睡觉的可能就是奥滕下士。

大约50分钟后，Ⅱ./JG 300大队的两名飞行员，埃里希·沃伊特克上尉和厄恩斯特-埃里希·希施费尔德分别击落1架B-24，后者当时轰炸的目标是阿赫默。之后，第1战斗突击中队库尔特·罗赫里希下士声称击落1架B-17，随后的15时10分，格哈德·马尔伯格也击落1架轰炸机，不久之后还重伤1架。德国的损失是：拉姆伯图斯下士在吕贝克东北25公里被击落身亡，瓦尔特·考斯特下士在孙登上空被击落。虽然天气在恶化，Ⅱ./JG 26大队还是在荷兰上空拦截了美国飞机编队，5./JG 26中队指挥官阿道夫·格伦茨上士击落1架B-17，战果少的原因跟气候条件不佳有关。美国飞机的空袭炸毁了迪福尔茨机场第1飞机转场联队的4架Fw 190。

“大轰炸周”第三天（2月22日），美国重型轰炸机的目标是奥舍尔斯累本（阿戈公司所在地）、阿舍斯累本（马格德堡南稍偏西）、哈尔伯施塔特（马格德堡西稍偏南）、贝恩堡、施魏因富特、哥达和丹麦奥尔堡，德国空军2./JG 2中队指挥官胡伯特·胡佩茨上尉在12时20分首先击落1架B-24，随后他也被击伤。之后激烈的混战中，德国空军Ⅰ./JG 1大队和Ⅱ./JG 1大队、Ⅱ./JG 26大队、Stab./JG 1联队队部、第1战斗突击中队、Ⅱ./JG 300大队、Ⅰ./JG 11大队和10./JG 2中队声称击落25架B-17、1架B-24和4架P-47，其中Ⅱ./JG 26大队在美国轰炸机编队进入和返回两个阶段分别实施了拦截，因此，这个大队获得的战果最多，而上述其他单位都只击落1架B-17。Ⅱ./JG 26大队当天战斗最成功的飞行员是阿道夫·格伦茨，他击落2架B-17和1架P-47。格伦茨是5./JG 26中队指挥官，令人奇怪的是，这位25岁的中队指挥官军衔只是上士，说得好听一些就是候补军官。

6./JG 26中队的彼得·克朗普上士在当天第一次执行任务时相当倒霉，他从法国阿蒂机场升空后就与编队失散，而且他也没有找到敌机编队，最终，由于燃油耗尽而选择在杜伊斯堡附近实施了迫降。成功迫降后，克朗普用手动加油泵为飞机加了200升燃油，随后他奉命升空飞往杜塞尔多夫，这里，Ⅱ./JG 26大队正在重新集结，但是抵达这里的只有他，以及6./JG 26中队指挥官霍斯特·斯滕伯格上尉和5./JG 26中队保罗·格罗斯下士。二战时的情况跟现在有些不同，作战飞机作战后经常会降落到其他机场，那时的飞机不娇气，随便找块空地就能着陆，这也造成一个问题，一个作战单位的飞机在一次战斗后就分散了，必须重新聚集起来，因此，分散在各地的飞行员被命令飞往荷兰芬洛（靠近德国边境城市），这里已经有30—40架飞机准备升空作战，临时指挥官是姓名不详的一位少校。接到命令后，这些战斗机迅速升空并爬升到3000米高空，在这个高度，他们发现了在其上方3000米高度的美国B-17轰炸机编队正迎面飞来。

大部分德国飞行员立即迎战美国轰炸机，而克朗普却吃惊地发现斯滕伯格上尉没有跟上，而是继续往前飞。在他们的远处，1架严重受伤的“飞行堡垒”飞机从左侧脱离编队，这架飞机转了一个很大的弯，拖着浓烟螺旋式向下坠去。斯滕伯格可能认为这架已经脱离编队的受伤飞机好“欺负”，因此他才冒险离队编队从下方攻击这架受伤美国飞机。克朗普被指挥官这种违反纪律的举动震惊了，但是他还是选择跟在指挥官后面，保护他六点钟方向。就在这时，克朗普发现了大约12架P-47战斗机从高空俯冲飞向他们，敌人长机直奔克朗普而来，他反应迅速，在敌机开火前率先扣动扳机，随后俯冲躲避敌机攻击。

5./JG 26中队指挥官阿道夫·格伦茨完成一次拦截美国轰炸机任务后返回法国康布雷埃皮昂基地，这位指挥官的军衔只是上士，可能是单位损失严重找不到军衔更高的人了。

与此同时，这架美国P-47长机在300米距离向斯滕伯格开火，射击后这架美国飞机随德国飞机一道进入俯冲状态，由于俯冲性能更好（P-47飞机更重，因此俯冲增速快），P-47很容易稳定地跟在Fw 190后面，其间，P-47上的8挺12.7毫米机枪猛烈射击，其前面的Fw 190被击中，碎片从机身脱离。最后，P-47在152米高度拉起并转向右侧，为的是观察被击中的目标：Fw 190飞机坠地并爆炸。P-47的僚机同时也在攻击保罗·格罗斯下士，第一轮攻击未能击中格罗斯，但是，明显缺乏经验的格罗斯仍旧反复做着规避机动，这个过程给了P-47机会再次调整好位置射击。就在美国飞行员开火前一刻，格罗斯突然急转弯，P-47飞行员及时调整再次跟上德国飞机，这回，美国飞行员将射击距离拉近到30—45米，Fw 190毫无悬念地被击中，格罗斯快速逃出飞机跳伞，但是，他的降落伞被击中而无法打开。

第二个美国护航战斗机编队快速转弯也朝克朗普飞来，后者只得再次俯冲摆脱不利位置，美国飞机照例跟上。一直追到地面高度，美国飞机始终没有获得有效的射击距离，最后，美国飞机放弃攻击脱离战斗。按理说P-47的俯冲速度更快，但是经验丰富的克朗普始终没有给美国人射击机会。第二次俯冲躲过攻击后，又有3架P-47向克朗普发起攻击，但都没有击中目标，这时，克朗普决定爬升来摆脱美国飞机的攻击，这一动作反而让美国飞机拉近了距离，彼得·克朗普回忆称：

1944年2月5日，德国B集团军司令隆美尔元帅到法国圣奥梅尔的JG 26联队司令部驻地视察，下图轿车上有摄像机在拍摄。机库中这架Fw 190A-6是联队指挥官约瑟夫·普瑞勒上校的座机。

我决定爬升摆脱攻击的想法被地狱般的光和声音打断，飞机操纵杆突然从我手中脱开，座舱里飞舞着各种碎片，一道闪光从我面前飞过，这可能就是被击中了！另一架“闪电”飞机的机头从我前面快速掠过，同时献上了所有子弹。在本能的驱使下，我推开了座舱罩，跳出座舱。意识到我还在低空，我立即拉开伞索，降落伞平缓地张开，我像钟摆似地只摆动一次就接触到了大地母亲。落到冰冷的地面后，我发现我的膝盖韧带被扯掉，除此之外还有一处小伤，这场灾难中，我很幸运其他一切都好。

这次战斗发生在一座小村庄附近，我降落在一所房子的外面。我仍在德国境内，亚琛北部40公里的地方，我意识到这一点是半个小时之后。用当地人的话说，当天下午，地狱已经在他们的村庄打开：5架飞机残骸从天而降，2架敌机，3架德国飞机，2架敌机中的第一架是1架B-17轰炸机，飞机的残骸形成的大圆圈跟一间农舍只有100米的距离。我的福克-沃尔夫飞机坠落在流经村庄的一条小河河岸并砸出一个大坑。

有人告诉了我另2架德国飞机坠毁地点，因为我几乎无法用我受伤的膝盖走路，我被送上一辆汽车，我的担心变成了事实：另2架坠毁的是我们编队的另两名飞行员，两人均已阵亡。当我回到单位后又发现另一件事：击落我的“闪电”飞机飞行员对他的战果并不满意，我的座舱罩抛离后正好击中他的飞机螺旋桨，螺旋桨当即折断，这位受伤的美国飞行员后来成了战俘。

后来的调查显示，最早对德国空军飞机编队发起攻击的是美国陆航第4战斗机大队所属第335中队的P-47飞机，击落克朗普的是美国陆航第78战斗机大队所属第83战斗机中队1架P-47战斗机。

2月22日的战斗中，美国认定的损失是41架轰炸机（其中21架被Fw 190战斗机单位击落）和11架护航战斗机（其中4架被Fw 190战斗机单位击落），这个损失比前两天都要大得多。

由于天气原因，美国陆航第八航空队在2月23日并没有作战行动，但驻扎在意大利的陆航第15航空队对奥地利境内的斯泰尔公司进行了轰炸。第二天（2月24日），美国陆航出动809架重型轰炸机空袭位于罗斯托克的亨克尔公司飞机生产厂、位于哥达的火车生产厂、位于施魏因富特的轴承厂和埃森纳赫周围目标。中午前一刻，德国空军Ⅰ./JG 26大队和Ⅱ./JG 26大队、Ⅱ./JG 1大队率先拦截了美国轰炸机编队，空战在德国奥斯纳布吕克地区上空展开。就在Ⅰ./JG 26大队和Ⅱ./JG 26大队飞机刚刚升空时，2架P-47飞机呼啸着穿过机场上空，几秒钟后，德国飞机编队中最后面1架由摩尔下士驾驶的Fw 190被击中，飞机立即变成一个大火球坠毁，飞行员丧生。飞在前面的飞机有足够的高度迎战美国飞机，鲍里斯上尉折返过来攻击美国战斗机，1架P-47飞机被他击落，另1架仓皇逃离。剩余的10架Fw 190（共起飞12架，1架被击落，鲍里斯忙着攻击2架P-47）编成的编队很快在韦茨拉尔附近发现了一支B-24轰炸机编队，5./JG 26中队的瓦尔特·马托尼中尉攻击编队最后的“解放者”飞机，而赫克曼中士和瓦尔德马尔·拉德纳少尉从后面攻击了编队外侧的2架B-24，马托尼的目标首先被击中，这架B-24坠毁在拉斯托尔夫附近，这是JG 26联队第2000架战果。几分钟后，拉德纳少尉的目标也被击落坠毁在韦茨拉尔西北部。在随后的第二波攻击中，2./JG 26中队的汉斯·哈蒂斯中尉和卡尔·威硫斯少尉分别击落1架B-24。

盟军的轰炸规模越来越大，德国空军对战斗机的需求也越来越大，一些战斗机联队的对地攻击中队也转而执行拦截任务，图中是Ⅱ./JG 1大队的Fw 190F-8/R1战斗轰炸机，飞机的热带地区使用的沙尘过滤器和翼下炸弹挂架仍然保留，机翼中部没有机炮。

战斗到此时，很多Fw 190的弹药已经消耗过多，拉德纳少尉更是发现弹药已经耗尽，就在这时，他遭遇1架P-51战斗机，不敢应战的拉德纳立即急转弯准备逃离，转弯后他发现这个空域就他1架德国飞机。更加要命的是，这一带是宽阔的平原，地面根本没有遮蔽物，雪上加霜的是当天万里无云，拉德纳没地儿躲没地儿藏，他被迫和这架P-51玩起了急转弯的"游戏"，他希望以此消耗敌机的燃油，最终迫使敌人放弃追击。这时意想不到的事发生了，"野马"的发动机突然发生喘振，并开始喷出黑烟，明显发动机出现故障，美国飞行员立即放弃追击径直向西北方向飞去。驾驶着受伤的飞机，拉德纳终于松了一口气，这时美国飞机半滚着又突然出现，随后美国飞机坠毁在波恩郊区，飞行员跳伞逃生，拉德纳没有时间观察美国飞行员着陆，因为他的座机燃油告警灯亮起后他已经又飞行了十分钟。坠毁的"野马"属于美国陆航第357战斗机大队，这架飞机当然未能返回，但是也没有目击者证实这是拉德纳"击落"的，因此这并不算拉德纳的个人战绩。双方空战，即使不开枪/炮，通过反复机动导致敌机坠毁也算战绩。

1944年5月8日，第1战斗突击中队番号改为11.(Sturm)/JG 3，该中队隶属Ⅳ./JG 3大队。外文资料称图中是1架Fw 190A-8飞机，但是，机翼前缘的空速管却在机翼中部，这应该是Fw 190A-7，Fw 190A-8型号的空速管在翼尖位置。

这是Ⅰ./JG 2大队队部1架Fw 190A-6，发动机排气口旁边画成了几何图案，而不是一只鹰。飞机的方向舵和发动机罩下方喷涂了醒目的黄色，为的是空中识别，不久之后，各个单位的飞机都采用了后机身识别条纹。

在13时15分开始的20分钟的战斗中，Ⅰ./JG 11大队的Fw 190在哥达上空冲进轰炸机编队中大开杀戒，德军称击落不少于10架B-24，其中2./JG 11中队阿尔温·多普勒上士一口气击落3架。德方只有一个损失，大队的赫尔穆特·潘能贝克候补上士受伤。

与此同时，Ⅰ./JG 1大队声称击落5架B-24，鲁道夫·胡贝尔中士击落2架，安东·皮弗尔中士、埃米尔·迪穆特中士和大队指挥官埃米尔·鲁道夫·施诺尔分别击落1架，取得这些战绩的代价是三名飞行员丧生，四人受伤。同样参加当天战斗的Ⅱ./JG 1大队也击落5架B-24，巴尔少校击落2架，吕迪格尔·冯·基赫迈尔中尉、屯格勒下士和迪佩少尉分别击落1架，该大队有三名飞行员丧生。JG 1联队队部也同Ⅱ./JG 1大队一道参与了战斗，联队指挥官瓦尔特·奥梭击落1架B-17轰炸机。“野猪”单位即Ⅱ./JG 300大队在卡塞尔附近拦截了美国飞机编队，但是，战斗非常不成功，大队一人阵亡、一人受伤，没有取得任何战果。

“大轰炸周”的最后一天是1944年2月25日，当天，美国陆航出动754架轰炸机，为其护航的是899架战斗机，这天的目标是德国南部的奥斯堡和雷根斯堡境内梅塞施密特公司飞机生产厂。当天的首次拦截行动发生在11时25分，Ⅰ./JG 26大队和Ⅲ./JG 2大队在比利时海岸上空拦截了美国陆航第九航空队的B-26“掠夺者”轰炸机，2./JG 26中队的卡尔·米硫斯少尉和9./JG 2中队指挥官约瑟夫·沃尔姆希勒中尉分别击落2架敌机，两个大队共击落7架B-26。半个小时后，Ⅱ./JG 26大队的Fw 190与美国四发重型轰炸机在萨尔布吕肯上空遭遇，混战中，2架B-17和2架B-24被击落，己方3架Fw 190被美国护航的P-47战斗机击落，三名飞行员分别是刘塞尔中尉、基尔少尉和齐恩吉贝尔中士。

一个小时后，JG 1联队队部和Ⅱ./JG 1大队在巴登巴登地区对美国轰炸机编队实施了拦截，这两个单位的战果颇丰，共击落6架轰炸机，另有5架被严重击伤脱离编队，海因茨·巴尔击落1架B-17，严重击伤1架，他在返回机场简单休息装弹后再次升空作战，这次他又击落2架轰炸机，这些是他第190架和第191架战果。JG 1联队指挥官瓦尔特·奥梭当天两场战斗中分别击落1架B-17和1架B-24，两个参战的单位没有任何损失。

1944年2月对德国空军来说是个异常艰难的月份，这个月里，德国空军有240名飞行员阵亡，另有140人不同程度受伤，仅JG 26联队来说，“大轰炸周”期间联队损失了1/4中队指挥官，没有经验的年轻飞行员是阵亡或负伤的主力军。在西线战场，跟装备福克-沃尔夫战斗机的空军单位一道作战的是16个装备梅塞施密特战斗

后三点起落架飞机在着陆过程中经常会出现“拿大顶”现象。图中飞机侧面的“>”表明这是大队副官的座机。

Fw 190A-7飞机在1943年年底装备西线单位，发动机上方安装威力更大的MG 131机枪，这个部位整流罩比较鼓。背景有1架“白色5”号飞机，2架飞机属于5./JG 26中队，该中队当时驻扎在法国康布雷埃皮昂，拍摄时间是1944年2月。

JG 11联队一直驻扎在德国北部胡苏姆没有动窝，由于拦截美国重型轰炸机的需要，德国北部的JG 11联队和JG 1联队都率先装备火力更猛烈的最新Fw 190飞机，重火力试验的飞机也常到这里来测试。两图为驻扎在胡苏姆的3./JG 11中队Fw 190A-7战斗机。

机的单位：Ⅲ./JG 1大队、Ⅱ./JG 2大队队部、JG 3联队四个大队（Ⅰ./JG 3大队、Ⅱ./JG 3大队、Ⅲ./JG 3大队和Ⅳ./JG 3大队）、JG 11联队队部、Ⅱ./JG 11大队、Ⅲ./JG 26大队、JG 27联队队部和所属三个大队（Ⅰ./JG 27大队、Ⅱ./JG 27大队和Ⅲ./JG 27大队）、Ⅲ./JG 54大队、Ⅰ./JG 300大队、Ⅲ./JG 300大队、Ⅰ./JG 301大队和Ⅰ./JG 302大队等。盟军在2月发动的“大轰炸周”中损失也相当惨重，共有160架四发重型轰炸机被击落，大部分是被Bf 109战斗机击落的。

盟军的轰炸目标是经过精心而科学地选择的，德国的战斗机仍是对盟军空中行动最大的威胁，因此，盟军的目标主要是德国飞机制造厂。虽然盟军针对这类目标的轰炸取得了一些成效，但远低于预想，德国航空工业生产只是有几个星期进度受到影响，到1944年3月底，德国航空工业生产又恢复到原来产量。迅速恢复生产完全得益于卡尔-奥托·索尔首席机关领导的战斗机参谋部，这个部门在1944年3月1日成立，主要由航空工业部门代表和德国航空部下属部门领导，以及德国武装力量和战争生产部的部门领导组成，负责统一规划德国飞机生产，新机构要求优先建造可以防止轰炸的地下工厂以生产飞机和机载设备，以及其他特别重要的军事装备。希特勒本人对这种地下生产的主意相当推崇，他下令德国展开修建地下工厂的运动，下页表就是有关Fw 190飞机的225项目生产数量和德国战斗机参谋部估计生产数量，从表中可以看出，盟军的“大轰炸周”对德国飞机生产产生了暂时的不利影响，至1944年5月底，飞机生产数量开始逐步上升。

生产商	1944 年 3 月		1944 年 4 月		1944 年 5 月	
	225项目	战斗机参谋部	225项目	战斗机参谋部	225项目	战斗机参谋部
福克-沃尔夫公司(不来梅地区)	200 架	200 架	225 架	300 架	260 架	300 架
阿戈公司(奥舍尔斯斯累本)	160 架	80 架	190 架	250 架	210 架	250 架
阿拉多公司(瓦尔内明德)	135 架	140 架	140 架	200 架	150 架	250 架
费施乐公司(卡塞尔)	120 架	80 架	140 架	200 架	155 架	200 架
北德道尼尔公司(维斯马)	30 架	40 架	50 架	100 架	70 架	100 架
威悉河飞机制造有限公司	—	—	2 架	20 架	12 架	30 架
总计	645 架	540 架	747 架	1070 架	857 架	1130 架

由于气候恶劣，“大轰炸周”结束后，美国陆航第八航空队蛰伏了几天，直到3月2日大轰炸行动再次展开，当天，美国陆航481架重型轰炸机从英国东盎格鲁起飞前去轰炸德国南部的法兰克福。轰炸机编队首先在法国沙勒维尔和色当之间遭到Ⅲ./JG 2大队Fw 190战斗机的拦截，德军声称击落1架B-17，而己方损失4架战斗机，拦截行动相当失败。之后，美国轰炸机编队在特里尔附近遭到Ⅰ./JG 26大队和Ⅱ./JG 26大队的拦截，Fw 190战斗机从8000米高度俯冲攻击美国飞机编队，美国第365战斗机大队的P-47护航战斗机在德国飞机后方发起攻击，通常情况下护航战斗机的巡航高度要高于轰炸机编队。高度和后方位置是空战的优势因素，因此，当即就有3架6./JG 26中队的Fw 190被击落，包括中队指挥官弗雷德里希·兰格少尉。另外，Ⅰ./

7./JG 26中队的Fw 190A-7和A-8飞机编队飞行在德国科斯特费尔德的斯特雷德上空，照片拍摄于1944年4—5月。近处是“褐色4”号Fw 190A-7，之后是“褐色5”号和“褐色7”号Fw 190A-8，远处的不详。“褐色4”号是中队指挥官瓦尔德马·拉德纳座机。

戈林在和德军高官交谈，他左侧正立者为加兰德，照片右二穿白色军装者为布鲁诺·洛泽尔，右一背对相机的是阿尔伯特·斯皮尔。得益于斯皮尔的出色领导能力，德国战斗机在“大轰炸周”后产量逐渐回升。

埃贡·迈耶尔

东线战场最成功的Fw 190战斗机飞行员代表是瓦尔特·诺沃特尼，而西线战场最成功的Fw 190战斗机代表就是埃贡·迈耶尔。迈耶尔于1917年8月19日出生在博登湖（也称康斯坦茨湖，位于瑞士、奥地利和德国三国交界处）沿岸的康斯坦茨，他于1937年参加德国空军，当时为候补军官。1939年12月6日，迈耶尔参加的第一个作战单位是驻扎在法兰克福里布斯托克的Ⅰ./JG 2大队，这个单位当时装备的是Bf 109E战斗机。不久，迈耶尔被分配到新近成立的6./JG 2中队，在该中队的1940年6月13日，他获得个人首架战果：击落1架法国空军“莫拉尼”406（Morane 406）战斗机。1940年8月，迈耶尔被分配到位于韦尔诺伊亨的战斗机训练学校，之后，他又返回驻扎在法国博蒙勒罗歇的3./JG 2中队，在此期间的1940年10月7日，他获得个人第二架战果：在英国波特兰附近击落1架英国空军“飓风”战斗机。此后，迈耶尔再次被分配到8./JG 2中队，1940年11月15日，他在英国奇切斯特再次击落1架“飓风”战斗机。1941年6月10日，已经晋升为中尉的迈耶尔被任命为7./JG 2中队指挥官，该中队当时驻扎在法国圣波尔布里亚斯。1940年8月1日，由于战绩达到20架，迈耶尔获得“骑士十字勋章”。1942年4月15日，他击落1架“喷火”，这是他第30架战果。1942年6月初，迈耶尔的中队开始换装Fw 190战斗机，之后的8月19日，在他25岁生日当天，他在法国迪耶普上空击落2架“喷火”，这些是他第51架和第52架战果。

1942年11月，迈耶尔上尉接替汉斯·“阿西”·哈恩上尉任Ⅲ./JG 2大队指挥官，当月23日，他在战斗中首次击落美国四发重型轰炸机。在拦截重型轰炸机时，过去经典战术让德国遭受了严重损失，实际上，美国重型轰炸机就是为经典拦截战术设计的自卫火力，为此迈耶尔和乔治-彼得·埃德共同研究出迎头攻击美国重型轰炸机的战术。1943年4月16日，迈耶尔获得第232号“橡树叶加骑士十字勋章”，此时他的战绩已经达到63架。两个月后的6月

（以上三图）照片可能拍摄于1942年夏天，当时迈耶尔是7./JG 2中队指挥官，单位装备的是Bf 109F-4战斗机，不久之后，他所在的单位开始换装Fw 190战斗机。

16日，迈耶尔在一次战斗中遭遇1架P-47，这架美国飞机在此前与Fw 190的战斗中已经被击伤，机身布满油污，迈耶尔决定给予敌人最后致命一击，但是，他的第一轮攻击没有击中P-47，随后两次攻击也没成功，这时他的弹药已经耗尽了。迈耶尔非常敬佩这位美国飞行员，他靠近美国飞机并行，然后摆动机翼以示敬意，表达敬佩之意后，迈耶尔返回了基地。后来资料显示，这位美国飞行员是美国陆航第56战斗机大队罗伯特·约翰逊，这位美国王牌的个人战绩是27架，对于盟军来说，这个战绩相当出色了。

1943年7月1日，迈耶尔被任命为JG 2联队指挥官，前任瓦尔特·奥梭升任布列塔尼战斗机司令部指挥官。1943年9月6日，迈耶尔在19分钟内击落3架B-17。1943年12月1日，迈耶尔在当天的战斗中击落4架美国P-47和1架B-17。他的第90架战果是在12月31日取得的，不久后的1944年2月5日，他在阿古恩附近击落1架P-47，这架飞机使得他的战绩上升到100架，同时他也是英吉利海峡前线首位战绩达到百架的飞行员。2月6日，迈耶尔获得第101架和第102架战果，这也是他最后的战果，这2架战果是他在法国桑斯地区击落的P-47。当天战斗中，迈耶尔被1架P-47战斗机击落身亡，他死后被追授第51号“宝剑加橡树叶加骑士十字勋章”。迈耶尔所有的战果都是在西线战役中取得的，主要包括26架B-17和B-24轰炸机、51架“喷火”战斗机和12架P-47“闪电”战斗机。

JG 26大队的2架飞机在云层中相撞。这么大损失，换来的战果只有3架B-17。兰格丧生后，取代他任中队指挥官的是格伦茨上士。更让德国空军难以承受的是，JG 2联队指挥官埃贡·迈耶尔中校被1架P-47击落身亡，击落他的美国飞行员可能是第355战斗机大队的沃尔特·格雷夏姆少尉。接替迈耶尔的是原Ⅲ./JG 77大队指挥官库尔特·乌本少校，但是，不到两个月后，乌本在法国上空被1架P-47击落身亡。JG 2联队二战期间最后一任指挥官是1944年4月28日上任的库尔特·布赫林根中校，这也不是一般的角色。布赫林根自1940年就在JG 2联队服役，之后的1944年6月9日在巴黎上空获得第100架战果。

首次进攻柏林

1944年3月初，美国重型轰炸机将轰炸目标转移到德国首都柏林。针对德国柏林的轰炸任务最早计划是在3月3日和4日实施，但是由于气候原因放弃。3月6日，首次大规模空袭柏林正式开始，当天，美国陆航出动730架重型轰炸机和801架护航战斗机。美国首批轰炸机编队在10时52分穿过荷兰海岸线进入欧洲，50分钟后，德国空军战斗机单位，包括装备Fw 190战斗机的JG 1联

1944年3月初，美国轰炸机开始光顾德国首都柏林，本图就是这一时刻的见证。图中为美国陆航第94轰炸机大队的B-17G重型轰炸机。

Ⅱ./JG 26大队地勤人员正将1架Fw 190A-8飞机推进树林隐蔽起来，法国境内的德国空军基地都在盟军打击范围内，盟军的战术轰炸机和战斗轰炸机经常空袭德军机场。似乎有些Fw 190A-8飞机的机翼空速管仍在机翼中部，不是翼尖位置。

队队部、Ⅰ./JG 1大队、Ⅱ./JG 1大队和Ⅰ./JG 11大队在施泰因胡德湖集结，然后开始追击美国飞机编队。击落第一架B-17的是1./JG 1中队指挥官约瑟夫·泽韦内曼中尉（他的僚机飞行员之一，兼学生就是世界空战王牌排名第一的埃里希·哈特曼），他在11时55分击落的这架飞机是他第121架战果。随后的空战相当激烈，参与当天战斗的埃米尔·迪穆特候补中士回忆称：

我在第一轮攻击中就击落1架B-17飞机，随后我将第二架轰炸机套在我的瞄准具内，就在我准备再上前实施攻击时，我突然发现我后方的僚机不见了，我寻找了一下发现他在我的下方，我命令中队的其他飞行员继续实施攻击，而我则中断自己的攻击步骤向我的僚机方向俯冲。我很容易地就追上了他，并且和他再次组成攻击编队，我严厉地命令他紧紧地跟着我。就在我们爬升时，我看到我们上方有5架P-47战斗机，这些美国飞机很快就会转弯朝向我们以获得最佳攻击位置。我提醒我的僚机注意观察敌情，然后向后看了看以确信他仍在后面，让我惊讶又气愤的是，僚机再次失踪了。

我的Fw 190座机机身和机翼数处中弹，中弹后飞机立即起火，现在我唯一需要做的就是快点跳伞！我解开安全带，抛掉座舱罩，此时突然涌进的风把火焰带了进来，我本能地用手挡住自己的眼睛，为此，我只得用脚将飞行操纵杆推向前面，为的是让自己顺势出舱。出舱后，我的飞行服、我的靴子和我的手套仍在燃烧，我手脚并用企图灭掉身上的火，但是丝毫不起作用。这时我才想起向下方看看高度，这一看吓我一跳：是开伞最后的时刻了，我匆忙猛拉开伞索！伞打开了！我的飞行服上仍然有火星冒出，我祈祷这些火星千万不出飞溅到丝质的降落伞上！我仍然拼命地要扑灭身上的火，幸好，我最后把火全部扑灭了。

最后，我在靠近一座村庄处着陆，三位年轻的妇女骑着自行车过来，她们帮我拖出降落伞，随后把我带回村庄。太幸运了，当地正巧有一辆救护车，救护人员在我的伤处涂抹了药膏。我的烧伤很严重，脸部烧伤达到了二级，双手烧伤达到了三级，救护车急速将我送到明登医院，在那里，我给我的单位指挥部打了电话。

在40分钟的战斗中，Ⅰ./JG 11大队声称击落了12架B-17、Ⅱ./JG 1大队的战绩为5架B-17、Ⅰ./JG 1大队的战绩为7架B-17和1架P-47。当天战斗最成功的飞行员是赫尔米兴上尉，他击落了3架轰炸机；另一位飞行员，即JG 1联队指挥官奥梭中校（1943年11月12

日返回前线接替格拉夫任JG 1联队指挥官）击落1架B-17和1架P-47。在12时35分，第1战斗突击中队加入战斗，他们面对的是美国陆航第91、第401和第457轰炸机大队的100多架B-17。此次战斗，第1战斗突击中队获得了迄今为止最大的成功，声称一举击落7架B-17轰炸机，其中1架被Fw 190撞落，己方仅有的损失是道斯特少尉，他在萨尔茨韦德尔（汉诺威东北）上空在试图驱离2架“野马”时被击落。道斯特少尉应该就是撞落敌机的人，如果这样，1架Fw 190飞机撞落1架B-17轰炸机时前者没什么事，似乎很难理解，实际上有人几次撞击都活了下来，撞击敌机也有技巧。

大约13时整，美国首批轰炸机编队抵达柏林上空，美国轰炸机向柏林投下了1200吨炸弹。就在美国轰炸机编队返航途中，上述德国空军战斗机单位再次升空实施拦截，其他单位，如Ⅰ./JG 26大队也加入进来，该大队在林根上空拦截了轰炸编队。在下午的战斗中，Ⅰ./JG 11大队再次声称击落4架B-17、Ⅱ./JG 1大队击落5架、Ⅰ./JG 1大队击落1架，Ⅰ./JG 26大队战绩最好，击落2架B-17和3架B-24，5./JG 26中队瓦尔特·马托尼中尉击落1架B-17和1架P-47。此次空袭柏林行动，美国陆航损失后来证实是整个空袭德国行动中最惨重的：69架轰炸机被击落，347架被击伤，另有11架护航战斗机（5架P-47、5架P-51和1架P-38）被击落。当天异常激烈的战斗中表现最好的是7./JG 11中队指挥官胡戈·弗雷中尉，他一人击落不少于4架B-17，就在他攻击第五架敌机时，他被敌机自卫火力击伤，随后他和座机一道坠毁在荷兰库福尔登附近。胡戈·弗雷特别擅长近距攻击轰炸机，这样命中率高，但也是他最终死于轰炸机火力的原因。弗雷阵亡后的1944年5月4日，他被追授“骑士十字勋章”，他个人战绩为32架，其中25架是重型轰炸机，这相当于100架单座战斗机，更何况，他的战绩都是在西线取得的。

这架“黄色5”号Fw 190A-8飞机属于海因茨·巴尔的Ⅱ./JG 1大队，确切地说属于6./JG 1中队，后机身有识别条纹。

虽然损失极大，但这并没有削弱美国消灭纳粹德国的决心。两天后，美国陆航再次出动320架B-17和150架B-24轰炸埃尔克纳（柏林东南郊）的VKF轴承厂，其中69架轰炸机轰炸了柏林郊区的目标，为美国轰炸机编队护航的战斗机多达891架。德国空军第一个与美国飞机编队照面的是Ⅱ./JG 1大队，该大队声称击落6架B-17和1架P-47，另外重伤3架轰炸机。获得战果的飞行员包括Ⅱ./JG 1大队指挥官塞加茨上尉，但是，随后他就被美国护航战斗机击落身亡。接替塞加茨的是6./JG 1中队指挥官海因茨·巴尔少校，接替巴尔的是乔治-彼得·埃德中尉。下一个与美国轰炸机交火的Fw 190战斗机单位是Ⅰ./JG 1大队和Ⅰ./JG 11大队，前者声称击落3架P-47和2架B-17，后者击落3架B-17和2架P-47。13时30分，诺曼的Ⅱ./JG 26大队接过接力棒，该大队声称击落6架“飞行堡垒”和1架P-51。紧随其后的是E.Kdo 25试验单位，该单位的芒施少尉和芬克中士分别击落1架B-17。在美国飞机编队返航途中，重新加油和补充弹药的Ⅰ./JG 11大队Fw 190战斗机再次升空实施拦截，在随后的25分钟战斗中，这个大队声称击落3架B-24、2架B-17、2架P-47和1架P-51，其中大队指挥官赫尔米兴上尉一人就独得4架战果。5./JG 300中队的厄恩斯特-埃里希·希尔斯费尔德少尉在荷兰上空也击落1架B-17，但是此后不久他也被击落。在当天最后的拦截行动中，Ⅰ./JG 26大队的鲍里斯上尉于16时50分在荷兰乌德勒支击落1架“喷火”，一个小时后，又有2架英国空军战斗机被2./NAGr 13短程战术侦察中队的约翰少尉和马斯勒少尉击落。

同样是在3月8日，福克-沃尔夫公司工厂防御中队的两名飞行员被击落，而中队没有取得任何战果，被击落的是两名试飞员，一个是汉斯·坎普迈耶尔中士，他的中队当时驻扎在索劳飞机生产厂；另一个是汉斯·伯纳特中尉，他的中队当时驻扎在汉诺威朗根哈根。坎普迈耶尔是Fw 190A/U10原型机试飞员，他驾驶这架飞机因事故实施了迫降，飞机损坏60%，他本人受伤。

美国陆航第八航空队的下一次行动是在十天后的3月18日，当天，美国出动738架重型轰炸机空袭慕尼黑周围的德国空军机场，驻扎在罗滕堡的Ⅰ./JG 11大队率先实施了拦截，此次战斗对于这个大队来说十分成功，击落10架B-24，而己方没有任何损失。该大队的三名飞行员阿尔温·多普勒上尉、诺伯特·舒克灵上士和汉克候补上士分别击落2架轰炸机。Ⅲ./JG 2大队的战斗逊色得多，只声称击落3架B-17（其中2架属于严重击伤，这种情况算战果）和1架P-51，己方有两名飞行员丧生。Ⅰ./JG 26大队的情况更糟糕，该大队两名飞行员丧生，一个受伤，战果仅仅是1架B-17轰炸机。

Ⅰ./JG 11大队又一次在3月23日的战斗中率先拦截了美国轰炸机编队，这天美国出动768架重型轰炸机空袭不伦瑞克、明斯特和阿赫默的目标，拦截行动从上午10时整开始，在接下来26分钟的混战中，德方声称击落7架美国轰炸机，

标准300升副油箱和ETC 501 A/Ⅻ/A挂架，这种挂架实际上是ETC 501挂架加上适配器形成的。

己方两名飞行员丧生。随后，Ⅰ./JG 1大队的Fw 190继续对美国飞机编队展开猎杀，这个单位声称击落3架B-17。不久，Ⅱ./JG 1大队赶来接力，击落6架B-17。获得战绩的飞行员之一是布拉特中尉，他称："3月23日空袭柏林行动（德方认为美国空袭的目标仍是柏林）期间，不伦瑞克上空爆发了激烈的战斗，在10时33分，我击落个人第五架B-17轰炸机。敌人的损失十分严重（28架重型轰炸机和4架护航战斗机）。"11时整刚过，第1战斗突击中队在哈姆北部上空从正面攻击了美国飞机编队，在十分钟的战斗中，这个中队击落5架B-17，这个战绩相当了不起，战斗中还将1架B-17飞机赶出了编队，这个不算战绩，但实施攻击的飞行员会得分。战斗突击中队损失也挺大，有两名飞行员丧生，另有一人受伤。Ⅰ./JG 26大队最后一个加入战斗，从11时40分开始的拦截战斗中，该大队击落2架B-17，基夫纳少尉被1架"喷火"击落。

在3月24—25日夜，Ⅱ./JG 302"野猪"大队对英国空军的夜间轰炸机实施了拦截，并声称击落7架英国重型轰炸机，当天晚上英国轰炸机的目标是德国首都柏林。7架战果中，不少于4架属于安德烈亚斯·哈特尔上士，他的战果增至11架。

3月中最后一次大规模昼间空袭行动发生在3月29日，美国陆航出动236架B-17轰炸机和428架护航战斗机空袭德国不伦瑞克、恩特卢斯和斯泰多夫。巴尔少校指挥的Ⅱ./JG 1大队是第一个接敌的德国空军单位，指挥官巴尔击落2架P-51，斯蒂格勒下士也击落1架"野马"，冯·基尔赫马尔中尉击落1架B-17。其他飞行员不那么走运，布拉特中尉回忆称：

3月29日当天，紧急起飞后，我们立即爬升，计划在上方云层狭小的缝隙盘旋待命，谁知，我们爬上云层就发现美国"闪电"战斗机正恭候着我们。敌机立即抛下副油箱，数百升燃油撒向地面村镇，随后美国飞机分头追击我们。我和我的僚机，一个年轻的小伙子立即俯冲进入下面云层，突然，我的操纵杆柔软得像黄油，我看了一眼座舱仪表，仪表指针全部指示错误信息，地平仪也是如此。我疯狂地试图控制飞机，但是操作没有任何响应，我很快损失了高度，在1000米高度，我抛掉座舱罩，在500米高度，我决定出舱。此时，我只要解开座椅安全带就会像石头一样从座舱掉出飞机，因为这时的飞机正腹部朝上做平螺旋下坠。拉开开伞索，我进入云层，出了云层我就进入了漫天飞雪之中。一阵风将我吹向地面房舍方向，我拉一下降落伞侧索以便增加下降率（应该是转弯），但

FZG 76A导弹（即V-1）发射需要很长的斜轨，因此发射场地面积大，这里是盟军轰炸机重点光顾的目标。Fw 190战斗机单位的作战任务之一就是保护这些导弹基地。

是，太迟了，我直接重重地撞上了牧师花园里的洗衣店柱子上，我仍挂在伞下，有点神志不清。这时传来一阵呼喊声，“把他打死，你这个恶棍，吊死他，走狗！”

过了一会儿，我完全清醒了，用最清晰的德语向已经聚集在我周围，手里拿着棍棒和猎枪的人群喊叫，这时，他们看到了我的德国军队标志的臂章，不是万字标志（这个标志更鲜明，更易辨认），不止一个人，在我这种情况下被愤怒的群众打死，“哦，是德国人”，他们似乎相当失望。我可以理解他们对盟军轰炸机飞行员的痛恨。一个小时后，我向驻扎在赫尔姆施泰特基地的指挥官汇报我的情况，他对待我像一位老朋友。与这种热情相反，大队副官斯塔克中尉在赖讷跟我打招呼的词十分怪异，“你真的想永远活下去吗？”我没有发现他话有多友好。几天后，大队指挥官巴尔强制斯塔克坐在教练机敞开的座舱里上了天，在天上，巴尔做着剧烈的机动，甚至我们在地面观看都翻了胃，更不用说斯塔克自己的胃了，在天上他几次几乎要吐出来。（看到这一幕）我十分满意，他活该！

布拉特中尉在和降落伞“斗争”时，Ⅰ./JG 11大队赶来屠杀美国轰炸机，这个大队声称击落8架B-17，重伤2架，还击落1架P-51战斗机。一位不知姓名的飞行员丧生，另有两人受伤。紧随Ⅰ./JG 11大队之后加入战斗的是Ⅰ./JG 1大队，此时美国护航战斗机已经有所准备，因此德国Fw 190战斗机实施攻击时遭到美国战斗机顽强攻击，当即有六名德国飞行员被击落丧生，只有汉斯·埃勒斯中尉击落1架P-38战斗机。

这架“白色4”号Fw 190A-8飞机属于5./JG 26中队。为了防止机轮陷入泥土中，地面铺设了简易网，只供前起落架用。图中地勤人员在将飞机推出树丛。

1944年4月的第一场重要空袭行动规模照例不小，4月8日，美国出动664架重型轰炸机，加上780架护航战斗机空袭德国西北部几处重要机场，外加不伦瑞克的飞机生产厂。当天中午13时40分，德国空军Ⅰ./JG 11大队和Ⅲ./JG 1大队首先实施拦截，紧跟其后的是Ⅰ./JG 1大队和Ⅱ./JG 1大队，其中后者是从位于斯道梅德（德国中西部）新基地起飞迎敌的。在20分钟的战斗中，这四个大队声称击落24架B-24、6架P-51和1架P-47，其中Ⅰ./JG 11大队的飞行员泽韦尼曼中尉击落2架P-51，这是他第125个和第126个战果。但是，击落2架“野马”后，泽韦尼曼被美国另1架“野马”战斗机击落。美国轰炸机编队继续无畏地前进，下一个拦截美国飞机的是第1战斗突击中队，此时，这个中队的Fw 190战斗机已经增加了装甲，而且行动中有JG 3联队的Bf 109战斗机护航。仅仅在几分钟内，第1战斗突击中队就击落4架美国轰炸机。在美国飞机编队返航过程中，德国Ⅰ./JG 26大队在拦截战斗中击落2架P-47和1架B-24，但是，己方损失2架Fw 190。

被击落的飞行员之一是2./JG 26中队指挥官卡尔·海因茨·“查里”·威硫斯少尉，目睹指挥官被击落的海因里希·希尔德少尉回忆道：

在飞抵荷兰须德海时，我们看到了美国轰炸机编队，随即我们便展开攻击。这里大概有36架美国轰炸机，加上无数的护航战斗机。查里击落1架“解放者”轰炸机①，攻击完成后，我们脱离战斗迎着太阳飞去，就在这时，1架“雷电”战斗机向查里发起了攻击，敌机上所有机枪一起开火。我看见指挥官座机上飞出碎片，飞机尾部拖着又长又黑的浓烟，最后飞机坠毁在须德海的岸边。

威硫斯少尉和1./JG 11中队阵亡的那斯特少尉驾驶的可能都是首批Fw 190A-8战斗机。此前的4月3日，2./JG 1中队的赫尔穆特·雷尔下士驾驶新近装备的Fw 190A-8飞机在赖讷机场坠毁，他本人受了轻伤。这个型号飞机似乎最早装备的是Ⅰ./JG 1大队、Ⅰ./JG 11大队和Ⅰ./JG 26大队、Ⅱ./JG 26大队，但是，截至1944年4月底，其他前线单位也由Fw 190A-6和A-7换装到Fw 190A-8飞机。

4月9日，Ⅰ./JG 1大队、Ⅱ./JG 1大队和Ⅰ./JG 11大队联合攻击了美国再次出动的轰炸机编队，此次美国的目标是德国北部和中部的飞机生产厂，其中包括马林堡（福克-沃尔夫公司）、图拖（阿拉多公司）和瓦尔内明德（阿拉多公司）的Fw 190飞机生产厂。三个大队的联合攻击共击落9架“解放者”和8架“飞行堡垒”（其中3架属重伤）轰炸机、3架“雷电”和1架“野马”战斗机，最成功的飞行员是6./JG 1中队的埃德中尉和2./JG 11中队阿尔温·多普勒中士，他俩当天战果均为2架。但是，三个大队战斗中共有十名飞行员要么阵亡要么受伤。

德国空军其他单位也参与的拦截行动，获得战果的飞行员包括6./JG 302中队埃伯哈德·克洛克中士（有资料称他可能当时驾驶的是Bf 109战斗机）、2./SG 152中队文迪施中士、博格丹上士和鲍曼中士。Ⅰ./SG 152大队是1943年11月5日由提供Fw 190飞机转型训练大队演变而来的，其实转型训练的主要对象是对地攻击飞行员，“SG”就是对地攻击的意思，不执行对地攻击任务，战斗轰炸型Fw 190飞机也具备较强制空和拦截能力。4月9日至5月24日，Ⅰ./SG 152大队声

Ⅲ./JG 54大队在1944年春天开始换装Fw 190A-8战斗机，5月19日，该大队的Fw 190A-8飞机首次从法国境内维拉古布莱机场起飞作战。

① 这是卡尔·海因茨·“查里”·威硫斯少尉的第50架战果，他在15时18分，7000米高度击落这架美国飞机。威硫斯的遗体在23年后才被荷兰飞机求援队找到，遗体送回德国并被安葬在荷兰奈梅亨市德国战争公墓。

称共击落8架敌机，其中5架战果属于一个突击队，这个突击队在捷克普罗斯尼茨（现称普罗斯捷约夫）成立，为的是加强拦截空袭奥地利维也纳新城和维也纳的美国陆航第15航空队。从资料可以看出，突击队隶属Ⅰ./SG 152大队指挥，而且主要执行拦截任务。

4月10日，德国空军Ⅲ./JG 2大队与美国轰炸机编队在法国北部遭遇，前者的沃尔姆希勒中尉击落1架P-47和1架P-38，12./JG 2中队弗里茨·舒勒上士击落1架B-24和1架P-47，而10./JG 2中队汉斯-乌里希·塔特施少尉击落1架B-24。取得这些成绩的代价是大队三名飞行员阵亡，另有一人受伤。

福克-沃尔夫飞机的生产厂再次成为4月11日美国轰炸机的目标，这些生产厂所在地包括科特巴斯、索劳、波森（波兹南）和奥舍尔斯累本。拦截当天美国飞机编队的德国战斗机达到432架，包括JG 1联队和JG 11联队各自的两个Fw 190战斗机大队。战斗结束后，德方声称，Ⅰ./JG 1大队击落10架美国飞机，Ⅱ./JG 1大队战绩为8架、Ⅰ./JG 11大队战绩为12架、Ⅲ./JG 11大队战绩为5架。第1战斗突击中队这天战斗再创“辉煌”，在不到三分钟的时间里，这个单位共击落7架B-24和1架P-47，两个小时后，该单位的格哈德·威夫罗克斯下士又击落1架敌机。

4月12日的战斗中，德国Ⅱ./JG 26大队和Ⅲ./JG 2大队在比利时列日附近拦截了美国B-24轰炸机编队，战斗力最强的Ⅱ./JG 26大队不仅要与美国陆航第455轰炸机大队的B-24轰炸机作战，还得与数量惊人的护航战斗机作战，最终，这个德国战斗机大队击落5架轰炸机和6架护航战斗机。美国P-47护航战斗机击落2架，很可能是3架Fw 190战斗机，有1架P-47被威里希下士击落。实力稍弱的Ⅲ./JG 2大队击落3架B-24，但己方损失2架Fw 190。

第二天，Ⅰ./JG 1大队、Ⅱ./JG 1大队和第1战斗突击中队联合攻击了由243架B-17轰炸机组成的美国轰炸机编队，这天的美国轰炸目标是达姆施塔特和曼海姆之间的奥格斯堡（不是慕尼黑西北部的奥格斯堡）地区目标。德国空军三个单位声称当天行动击落12架轰炸机（包括4架重伤），其中5./JG 1中队胡伯特·斯沃伯达

两图均为Ⅰ./SKG 10大队的Fw 190G-8飞机，飞机平时隐蔽在树林中。对地攻击型飞机为了减重都去掉了机翼外侧的机炮，有的甚至将发动机上方的机枪也去掉。跨越海峡的对地攻击任务一直持续到1944年，当年6月，Ⅰ./SKG 10大队番号改为Ⅲ./KG 51，而实际上到当年10月官方文件中才正式更改番号。

Ⅱ./JG 26大队的1架Fw 190A-8飞机正在进行发动机维护，这个Fw 190A-8型号机翼外侧安装的是MG FF机炮。

下士驾驶Fw 190A-7/R2战斗机用30毫米MK 108机炮击落2架轰炸机，他是在敌机编队后方发起的攻击，瞄准的是编队右后方的飞机，30毫米炮弹炸掉了目标左侧机翼和垂直尾翼，三名美国机组成员迅速跳伞逃生。攻击时，斯沃伯达的座机也被轰炸机的自卫火力击中，当即起火，尽管他的头部有一小块被烧伤，他还是在飞机坠地爆炸前成功跳伞逃生。斯沃伯达的战友可没他这么走运，Ⅰ./JG 1大队有两名飞行员阵亡，汉斯·埃勒斯在击落1架B-17和1架P-51后返航，着陆时，飞机一侧起落架未能放出，单轮迫降过程中他轻微受伤。Ⅱ./JG 1大队和Ⅰ./JG 11大队（后来加入到战斗中）共损失3架Fw 190，第1战斗突击中队击落2架B-17，驱散另外3架（使之脱离原编队）。Ⅱ./JG 26大队在法国北部拦截另一支美国轰炸机编队，击落6架敌机，己方一名飞行员丧生，另有一人受伤。10./JG 2中队有3架Fw 190被击落，而该中队没有取得任何战果。

Ⅱ./JG 1大队在4月16日遭受严重损失，由于Fw 190A-7座机发动机故障，大队指挥官埃米尔·鲁道夫·施诺尔少校严重受伤，Ⅰ./JG 1大队供需官路德维希·齐格菲尔德上尉回忆称："1944年4月16日，星期天，施诺尔上尉来看我，他问我午餐是否会像往常一样在13时供应，我回答可以。此时正是中午时分，他还有一小时时间进行场地飞行，没有人知道发生了什么，施诺尔尝试着在一块空地实施了迫降，起落架无法承受巨大的冲击力而当场折断，他的头部严重受伤，被立即送到了代特莫尔德医院，他在医院里治疗了六个星期之久。施诺尔的婚礼日期早就确定，因此他从医院直接回家参加婚礼。"

4月22日，803架美国重型轰炸机再次出现在德国上空，此次轰炸目标主要是哈姆的铁路货运编组站，所谓"主要"指的是如果天气条件不允许就选择轰炸次要目标，或者是小部分力量轰炸主要目标附近的其他目标。德国Ⅰ./JG 1大队和Ⅱ./JG 1大队在当天18时整

Fw 190G-3飞机主要装备驻扎在法国的Ⅰ./SKG 10大队，通常情况下，飞机机翼携带2个300升副油箱，机腹携带1枚250公斤或500公斤炸弹。

起飞，并且在目标区上空拦截了美国轰炸机编队，战斗结果是，Ⅰ./JG 1大队击落5架B-17和1架P-47，Ⅱ./JG 1大队击落3架B-17和3架P-47，这两个大队也有损失，前者一人阵亡两人受伤，后者一人丧生一人受伤，两个大队还有两人被击落，但是没有受伤。此次拦截行动两个大队有7架Fw 190战斗机被击落。此战中Ⅱ./JG 1大队指挥官海因茨·巴尔少校取得他个人第200架战果，这是德国（甚至全世界）空军第七位战绩达到或超过200架的飞行员。当天晚上8时前一刻，巴尔少校看到1架孤零零的B-24，他立即驾驶Fw 190A-8（W.Nr.172689，红色23）起飞迎战，在第一轮攻击中他就击落敌机，这水平不是一般飞行员所具备的，美国B-24飞机上有四名机组成员跳伞逃生。巴尔的这架战果也是Ⅱ./JG 1大队队部的第122架战果，或者Ⅱ./JG 1大队的第687架战果。这个阶段，战斗机单位越来越习惯每次战斗返航后都失去一位经验丰富的单位（要么联队、要么大队，或者是中队）指挥官，巴尔总是例外。老兵赫伯特·纽纳候补军官回忆4月22日的战斗时称：

4月22日，大队飞机紧急起飞，大队队部的飞机首先起飞，然后每个中队以四机编队一组依次起飞。升空的编队像一条长长的彩绸，我们编队爬升到足够的高度，我丝毫没有感到害怕，对我来说这是一次令人兴奋的全新经历。我们迎头向敌人四发轰炸机发起攻击，第一轮攻击完成后，我们的编队分离，但是，我设法飞到一位同事身边，他似乎被击中了。此后，我什么也记不清了，因为我的座机也被击中，几乎可以肯定是被我们自己的高炮击中的。尽管有爆炸的危险，不顾长官的禁止的命令，一位附近营地的中士将我从正在燃烧的Fw 190飞机中救出，我在医院里一直待到7月5日。

两天后，Ⅰ./JG 1大队、Ⅱ./JG 1大队和Ⅰ./JG 11大队再次拦截了当天轰炸德国南部目标的美国轰炸机编队，战斗中，Ⅰ./JG 11大队的损失相当严重，德国Fw 190战斗机在曼海姆上空遭到美国P-51战斗机的围攻，尽管德国方面声称击落3架“野马”，己方有七名飞行员被击落身亡。阵亡的飞行员中有一人是于普纳中士，他当时驾驶Fw 190A-7/Y飞机，该型飞机的无线电安装了Y程序技术，可以充当飞机编队的领航机。胡伯特·赫克曼中士谈到Y程序技术的缺点时称：

通常情况下，Y程序技术设备安装在新手飞机里，这种装置会发出特定频率从而从地面获得方向信息，频率每天都在更换。每天早晨为Y程序装置设置频率是我的职责，因此，我每天都会进行一小时的神秘飞行，地面站会一路指引我们飞机编队，通告我们实时位置。Y程序装置的缺点也很

这架“黑色1”号是2./JG 11中队的1架Fw 190A-7/R2飞机，这个子型号的机翼外侧安装2门30毫米MK 108机炮，该子型号主要是费施乐公司生产的。

明显，尽管飞行员可以收听全部无线电，也可以全程与地面站通讯，但是，他就是不能跟飞行编队的战友通讯（空战中，有时这个缺点是致命的）。”

1944年4月27日，盟军出动大型轰炸机编队空袭法国北部目标，包括新近被发现的V-1导弹发射阵地。盟军轰炸机编队先后遭到德国Fw 190战斗机单位的拦截，包括JG 2联队队部、Ⅲ./JG 2大队和Ⅱ./JG 26大队。5./JG 26中队格哈德·沃格特中士在苏瓦松西北击落1架P-47，但是，同一中队的福克纳下士在拉昂科夫伦机场附近被击落。更大的损失是JG 2联队指挥官库尔特·乌本少校，战斗中他被1架P-47战斗机击落，尽管乌本少校跳了伞，但他的Fw 190A-8/R2/R6座机（W.Nr.680113）飞行高度太低，降落伞没有及时张开。“橡树叶加骑士十字勋章”获得者乌本少校在1944年3月10日刚刚接替埃贡·迈耶尔任JG 2联队指挥官，二战初期他在Ⅱ./JGr 186舰载战斗机大队服役，这是专门为“齐柏林伯爵”号航母组建的单位。1940年7月5日，Ⅱ./JGr 186并入Ⅲ./JG 77战斗机大队，1941年9月5日，他被任命为该大队指挥官。库尔特·乌本几乎在所有战场作战过，从挪威到北非，再到苏联战场等。乌本阵亡时的个人战绩为111架，其中90架是在苏联战场取得的。他是德国空军这两个月中丧生的第二位联队指挥官，以后还会更多。接替库尔特·乌本少校的是库尔特·布赫林根少校（不久晋升中校）。

第二天，美国陆航第八航空队又一次出动轰炸机空袭德国首都柏林，实施拦截的德国空军Fw 190飞机单位依旧是Ⅰ./JG 1大队、Ⅱ./JG 1大队、Ⅰ./JG 11大队和第1战斗突击中队，这次拦截行动，德国再次获得“辉煌”战绩，Ⅰ./JG 1大队和Ⅱ./JG 1大队分别击落9架敌机，Ⅰ./JG 11大队声称击落不少于21架敌机，第1战斗突击中队的战绩也史无前例地达到14架，后来加入战斗的Ⅱ./JG 26大队也击落3架B-17。在总共56架战果中，有14架属于被严重击伤。德国付出的代价是：Ⅰ./JG 1大队损失1架Fw 190、Ⅱ./JG 1大队损失3架、Ⅰ./JG 11大队损失1架、第1战斗突击中队损失1架，海因茨·巴尔后来的报告称：

我坐在我的“红色23”号座机待命，9时40分我率领我的大队起飞，与Ⅰ./JG 1大队和Ⅲ./JG 1大队一道，我们向卡塞尔方向飞去，途经帕德博恩时，我们爬升到7000米高空。在汉诺威地区130度方向，我们看到了由“飞行堡垒”和“解放者”轰炸机组成，并有大量护航战斗机伴随的敌机编队，正向东飞行。我们爬升高度并在不伦瑞克附近向敌机发起攻击，击落1架“解放者”轰炸

随着西线战斗机单位扩编，作为最小编制单位的中队规模也在扩大，从上文配图中可以发现飞机的编号多为一位数，即使是两位数最大也不过“13”，如今，飞机的编号数字越来越大。图中“白色20”号是Ⅰ./JG 2大队的Fw 190A-6飞机。

机后，我也遭到敌人护航战斗机的攻击，我们在空中展开激烈残酷的空战。我做了一个急速爬升动作试图重新获得高度优势，这时，在我上方，我发现1架右侧起落架已经伸出的Fw 190飞机，它的后面正追击着1架“雷电”战斗机。我立即绕到这架P-47飞机的后方，在150米距离开火射击，敌机中弹爆炸，碎片散落在不伦瑞克的南面。

西线Fw 190战斗机单位参与的下一场重要战斗是1944年5月8日，当天早上，美国出动807架重型轰炸机和729架护航战斗机再次空袭德国柏林和不伦瑞克。德国空军Ⅰ./JG 1大队在9时38分首先实施拦截，战斗中击落6架美国轰炸机，己方也损失相当数量Fw 190。紧随其后参战的Ⅱ./JG 1大队击落6架轰炸机和1架P-51，己方损失2架Fw 190。Ⅰ./JG 11大队的当天战绩也是6架，其中汉斯·施兰格尔少尉击落2架，大队两名飞行员阵亡。

这一阶段，西线Fw 190战斗机和战斗轰炸机单位战斗序列如下：

帝国航空队(Luftflotte Reich)

Ⅰ./JG 1	Fw 190	利普施普灵格	第1航空师	38(28)
Ⅱ./JG 1	Fw 190	斯道梅德	第1航空师	38(24)
Stab./JG 11	Fw 190	奥尔登堡	第2航空师	4(3)
Ⅰ./JG 11	Fw 190	罗滕堡	第2航空师	40(28)
Ⅲ./JG 11	Fw 190	奥尔登堡	第2航空师	40(25)
10./JG 11	Fw 190/Bf 109G	丹麦奥尔堡	丹麦战斗机指挥部	13(7)
Ⅲ./JG 54	Fw 190	伊萨尔河畔兰道	第7航空师	45(37)
Einsatz. JG 104	Fw 190/Bf 109G	黑措根奥拉赫	第7航空师	5(2)
Einsatz. JG 106	Fw 190/Bf 109G	拉亨阿纳姆	第3航空师	5(3)
Stab./JG 300	Fw 190	阿纳姆迪伦	第3航空师	2(2)
Ⅱ./JG 300	Fw 190	多特蒙德布拉克尔	第3航空师	26(24)
Ⅲ./JG 302	Fw 190/Bf 109	沃尔肯罗德	第1航空师	22(17)

注：Einsatz的意思是突击单位。

第3航空队

Stab./JG 2	Fw 190	弗克桑科尔梅耶	第5航空师	1(1)
Ⅰ./JG 2	Fw 190	艾克斯普罗旺斯	第5航空师	43(24)
Ⅲ./JG 2	Fw 190	弗克桑科尔梅耶	第5航空师	29(23)
Stab./JG 26	Fw 190	里尔北部	第4航空师	3(3)
Ⅰ./JG 26	Fw 190	比利时弗洛雷讷	第4航空师	30(14)
Ⅱ./JG 26	Fw 190	法国康布雷南部	第4航空师	26(11)
Ⅰ./SKG 10	Fw 190	法国罗西耶尔	第Ⅸ航空军	32(18)

跟JG 54联队其他单位不同，该联队的Ⅲ./JG 54大队从1940年6月开始装备Bf 109战斗机，后来该大队全部换装Fw 190战斗机，截至1944年5月，该大队装备了49架Fw 190A-8，随后的6月又增加28架。此时，Ⅲ./JG 54大队指挥官是赖因哈特·施罗尔少校。该大队装备Fw 190的首次战损发生在5月9日，被击落的是查鲁普卡代理下士，5月11日，科贝克下士和兰格尔代理下士也在战斗中被击落。新装备第一次取得战果是在5月19日，当天，大队队部埃乌根·路德维希中尉击落1架B-24，8./JG 54中队阿尔弗雷德·山克尔贝尔候补中士和阿尔弗雷德·格罗斯中士击落1架P-38。这种表述很奇怪，德军没有共同击落一说，可能是两人分别击落1架P-38战斗机。

Ⅰ./SKG 10大队是西线唯一的Fw 190战斗轰炸机单位，属英格兰盎格鲁指挥部，大队的主要任务仍然是夜间骚扰攻击英国南部目标，企图重现1940—1941年的德国闪电战。但是，实际情况是德国夜间战斗轰炸任务每况愈下，英国皇家空军的“蚊子”夜间战斗机对德国Fw 190飞机的威胁越来越大，仅在1944年1月，Ⅰ./SKG 10大队就损失了4架Fw 190，2月损失5架，3月再损失4架，实际上，德国空军的这种作战规模跟盟军相比实在不值一提，也没有什么战略意义。3月，Ⅰ./SKG 10大队在法国的战斗相当成功，这个对地攻击单位声称击落20架敌机，己方无一损失。4月29日，1架Fw 190被击落，3./SKG 10中队1架Fw 190在5月22—23日晚空袭英国波特茅斯行动中未能返回基地，这可能是Ⅰ./SKG 10大队穿越海峡作战行动中最后一次损失。

1944年5月11日是德国JG 1

Ⅲ./JG 54大队早在1943年3月就装备过少量早期型号的Fw 190战斗机，后来全部转交给其他单位，1944年5月，该大队再次换装Fw 190A-8战斗机。之后的1944年10月，Ⅲ./JG 54大队成为第一个装备Fw 190D-9战斗机的单位。照片中“黑色5”号是1架Fw 190A-8，背景是1架Me 323巨型运输机。

Ⅲ./JG 54大队的1架“黑色10”号Fw 190A-8飞机在滑行跑道上进行发动机维护，比较有趣的是，表示Ⅲ大队的“｜”是白色的，本图中是黑色的。

联队最黑暗的一天，当天战斗中，联队指挥官瓦尔特·奥梭上校被1架P-38战斗机击落身亡，当时这位指挥官驾驶的是1架Bf 109G-6/AS，W.Nr.20601，“绿色13”号飞机。奥梭上校死后，联队指挥官一职暂由海因茨·巴尔担任，直到赫尔伯特·伊勒费尔德中校正式上任。

1944年5月12日代表着这段时间以来典型一天的战斗，当天，美国陆航第八航空队派出轰炸机空袭德国东部的石油工业设施，当天作战行动很能代表此前和日后一天作战行动是如何展开的，这些细化的步骤如下：

08时30分　德国无线电截获监视站发现美国重型轰炸机在英格兰南部沿岸集结。

10时30分　第一批敌轰炸机编队离开英国海岸线。

11时00分　德国空军Ⅰ./JG 1大队和Ⅱ./JG 1大队飞机起飞并在帕德伯恩上空集合待命。

11时08分　第一批敌轰炸机编队穿过法国敦克尔刻和奥斯滕德之间的海岸线进入欧洲大陆上空，敌机航向是科布伦茨和法兰克福地区。

11时09分　美国陆航最后的轰炸机编队离开英国海岸线。

11时15分　德国空军Ⅰ./JG 11大队紧急从罗滕堡机场起飞，同时，Ⅲ./JG 11大队从奥尔登堡机场紧急起飞。

12时18分　5架美国轰炸机被Ⅱ./JG 1大队击落，获得战果的是：

5./JG 1中队米尔德下士击落1架B-24轰炸机

大队队部乔治-彼得·埃德中尉击落1架B-24轰炸机

6./JG 1中队宾德塞尔上士重伤1架B-24轰炸机（HSS）

5./JG 1中队海因茨·韦博下士重伤1架B-24轰炸机（HSS）

大队队部斯图肯布洛克下士重伤1架B-24轰炸机（HSS）

12时20分　6./JG 1中队布霍尔茨中尉击落1架P-47战斗机。

12时26分　Ⅰ./JG 11大队和Ⅲ./JG 11大队参加拦截战斗，声称击落5架轰炸机。获得战果的是：

7./JG 11中队霍斯特-京特·冯·法松上尉，击落1架B-17轰炸机。

12时27分　2./JG 11中队卡尔费尔德下士，击落1架B-17轰炸机。

2./JG 11中队弗雷塔格下士，击落1架B-17轰炸机。

1./JG 11中队洛威下士，重伤1架B-17轰炸机（HSS）。

Fw 190A-9型号在1944年8月才在福克-沃尔夫公司的科特巴斯生产厂投产，大部分的Fw 190A-9飞机采用的是鼓胀的座舱罩，此前型号，如Fw 190A-8后期生产的少量也采用这种座舱罩。

12时28分　8./JG 11中队埃尔温·拉斯科夫斯基中士击落1架B-17轰炸机。

3./JG 11中队古滕科少尉击落1架B-17轰炸机。

12时30分　3./JG 11中队汉斯-海因里希·柯尼希中尉击落1架B-17轰炸机。Ⅲ./JG 11大队指挥官安东·哈克尔少校击落1架B-17轰炸机，这是他个人第146架战果。

13时30分　驻扎在哥达南部的第1轰炸机师

驻扎在施魏因富特的第2轰炸机师

驻扎在开姆尼茨的第3轰炸机师（原文如此，未说明这三个师行动）

14时14分　由吉森地区的战斗机紧急组成的临时编队向

西飞去。

14时27分　另一个战斗联队离开富尔达吉森地区。

14时40分　又一个战斗联队从吉森哈亨堡向西飞去。

14时44分　又有大量轰炸机向西北飞往法兰克福和巴特瑙海姆方向。

14时45分　3./JG 11中队比尔基希特上士重伤1架B-17轰炸机（HSS）。

14时45分　Ⅰ./JG 11大队队部汉斯·施兰格少尉在吉森地区上空击落1架B-17轰炸机。

14时53分　美国轰炸机编队航线指向北部危险地区（包括下文，“危险地区”指有德国战斗机拦截）的空域。

14时59分　在德国富尔达和法兰克福之间发现大规模美国轰炸机编队和护航战斗机编队。

15时00分　3./JG 1中队瓦尔特·科涅候补中士在韦茨拉尔地区击落1架B-24轰炸机。

15时02分　1./JG 1中队鲁道夫·皮弗尔少尉也在韦茨拉尔地区击落1架B-24轰炸机，这是他个人第28架战果。

15时12分　返航的美国轰炸机编队穿过宾根和科布伦茨之间危险地区向西飞行。

15时24分　美国轰炸机编队穿过科布伦茨南面的赖讷，航向仍然向西。

15时27分　美国轰炸机编队完全离开危险地区，向英格兰飞去。

下一次重要的空袭行动在5月19日展开，当天，美国陆航出动818架轰炸机和700架护航战斗机轰炸德国首都柏林、基尔和不伦瑞克。德国空军Ⅱ./JG 1大队依旧在帕德博恩上空集结后向美国飞机编队发起攻击，但是，盟军护航战斗机破坏了德国飞机迎头攻击的企图，这个过程的战斗中，斯沃伯达候补中士和舒马赫分别击落1架P-47战斗机。迎头攻击战术被破坏后，Ⅱ./JG 1大队先转弯向东，十分钟后折返再次试图迎头攻击美国轰炸机，埃德中尉击落1架B-24和2架P-47，他回忆这次战斗时称：

实际战况远不像照片中表现的那么祥和。背景中近处是1架“黄色6”号Fw 190A-4飞机，该机属于驻扎在法国中南部的Ⅲ./JG 2大队。

接到敌机来袭警报后，我立即命令大队飞机在11时40分起飞迎敌，并且告诉他们在帕德博恩上空集结，联队的其他飞机在当地1000米高度，（集结完成后）我们大队飞机在7000—8000米高度向波塔韦斯特法利卡（汉诺威西北50公里）飞去。抵达这里时，我们的飞机仍在爬升，此时我们收到命令向340度方向飞行。几次改变航向后，我们终于看到敌机并且和敌机展开了激烈的空战。我们计划的攻击方向没有成功，原因是敌人护航战斗机拖住了我们。（之后）我们的飞机向东飞去，计划实施第二次联合攻击。我从敌机编队的一个分队前下方攻击了1架左侧第二架B-24轰炸机，这架敌机立即中弹起火，并且从分队脱离。当敌机坠向地面过程中，我看见飞机的尾部从机身脱离，不久飞机在空中爆炸。（攻击轰炸机的战斗后）我们又和敌人护航战斗机混乱在一起，战斗延续到明登地区上空。在800米高度我和几架“雷电”战斗机混战时，我的战斗机在做急转弯时失速。这时，我看到我下方1架Fw 190飞机，它正被2架“雷电”飞机追击。我从失速状态改出，从敌机后上方对其开火，我射击时间很长，从远距离一直射击到30米，2架P-47飞机同时在空中爆炸。

随后，Ⅰ./JG 1大队、Ⅱ./JG 1大队和Ⅰ./JG 11大队再次向美军飞机编队发起攻击，混战一直持续到中午1时整，这些单位声称击落11架B-24（其中6架为重伤（HSS））和6架P-47。此后不久，Ⅲ./JG 54大队新装备的Fw 190A-8发起首次重要攻击行动，战绩为4架B-24和3架P-38。美国轰炸机编队返航途中，Ⅰ./JG 11大队再次升空拦截，此次战斗击落2架B-17，迫使3架轰炸机脱离编队，另外还击落1架“野马”战斗机。Ⅱ./JG 2大队与“喷火”战斗机遭遇，奥托·卡贝姆下士在法国科尔梅耶（巴黎西北郊区）附近被击落。

地勤人员正在维护1架阿戈公司生产的Fw 190A-6飞机，飞机右侧机翼中部的MG 151机炮已经卸下，开启的整流罩上有明显的抛壳孔，下图中炮管已经被拆下放到了飞机前方。

之后几天，西线的德国战斗机单位主要与轰炸法国目标的盟军轰炸机作战，盟军计划在西线开辟第二战场，在法国登陆已经迫在眉睫，这段时间针对法国境内目标的轰炸就是为登陆做准备。5月29日，Ⅱ./JG 1大队的20架Fw 190战斗机在15分钟的待命后依次升空，升空后的飞机还是到帕德博恩集结，准备拦截空袭图托、波利茨（现属波兰）、莱比锡和科特巴斯的美国轰炸机编队。在帕德博恩上空，Ⅱ./JG 1大队和JG 1联队的其他两个大队在1000米高度会合。中午时分，德国飞行员发现敌机编队，三个大队飞机与之平行飞行几分钟，这个过程指挥官在调整攻击位置。由于有Ⅲ./JG 1大队的Bf 109战斗机护航，Ⅰ./JG 1大队和Ⅱ./JG 1大队加大飞行速度，并且很快超过美国轰炸机编队，这种战术很明显，德机准备冲到前面再转弯180度从正面攻击美国轰炸机。随后的战斗中，Ⅱ./JG 1大队的埃德中尉、巴赫少尉、斯沃伯达少尉和大队其他两人分别击落1架

B-17，还重伤4架B-17。由于燃油快耗尽，13架Fw 190决定在科特巴斯机场着陆，但是，此时这个机场也正遭受美国轰炸机的轰炸，因此着陆过程中，赫夫勒下士失事丧生，巴赫、斯泰布和瓦祖列克受伤。Ⅰ./JG 11大队也有两名飞行丧生，另有两人受伤。美国轰炸机空袭科特巴斯机场导致另外13架Fw 190毁伤。

正在进行战场发动机维护的Fw 190A-8战斗机，图中可见飞机的MG 131机枪和翼根MG 151机炮，以及机翼前缘的照相枪，发动机桨毂罩也拆下。

两图为BMW 801D发动机，其中上图为安装在发动机舱支架上的发动机气总成，整流罩和其他部件已经移除。

5月29日的战斗后，欧洲西部的天气变得十分糟糕，盟军的空中行动被迫中止，直到6月6日才恢复。当天，盟军在法国诺曼底登陆，这预示着西线的德国军队加速全面溃败的开始。盟军诺曼底登陆不久后，苏联军队发动了“巴格拉季昂行动”，这是东线最重要的进攻战役之一，也是德军损失最严重的战役之一。盟军西线登陆，苏联东线收复国土都加速了纳粹德国的灭亡。但是，希特勒并不甘心失败，残酷的战斗仍在进行，对于德国空军来说，Fw 190飞机单位也在极力负隅顽抗，企图挽救德国灭亡命运。

覆灭的开始

诺曼底登陆战役

第三航空队的将士们！敌人已经发动了长久以来就声称的入侵行动，我们也一直在等待这个时刻的到来，我们早就做好了迎击敌人的准备，不仅在内部，也在各个战场上，我们不知疲倦，没完没了地投入战斗。我们现在的任务就是打败敌人。我知道你们每一个人，你们忠诚于自己的誓言，勇敢地执行赋予自己的任务。你们，刚刚宣誓进入我的部队，或是作为帝国防御战中老练的战士；你们，曾经在海峡作战、在大西洋作战、在地中海作战的不知疲倦的战士，如今你们将肩并肩地在祖国的土地上作战，抱着必胜的信念。伟大的事业在召唤你们，你们将向世人展示你们的勇猛和无畏。向元首致敬！

德国空军第三航空队司令斯佩勒元帅

1944年6月6日6时30分，

第二次世界大战造就了一大批出类拔萃的将领，胡戈·斯佩勒元帅就是其中之一。但再了不起的指挥能力也无法扭转德国败局，德国在很多方面都无法与一个大国相比，跟日本一样，只能逞一时之勇。图中为斯佩勒元帅，其早在西班牙内战期间就被任命为“秃鹰军团”指挥官，1940年7月19日晋升元帅军衔。

盟军官兵开始在法国诺曼底沿岸五个登陆点登陆，盟军精心制定的欺骗战术让德军相信盟军的主力部队不会在诺曼底登陆，实际上，13./NAGr 13侦察中队的1架Bf 109战斗侦察机已经在当天第一丝光线出现时就发现了盟军登陆舰队，但是，德军认为盟军在诺曼底的登陆只是个幌子，真正的主力部队登陆点在法国加来地区，因此，当盟军部队在法国诺曼底登陆时，德军主要的防御部队仍在远处来不及增援，而且此时，德国空军部署在法国的新型战斗机在盟军持续不断的轰炸中遭受巨大损失，更加糟糕的是，盟军空军400—600架战斗机在诺曼底上空从早上到晚上持续不断地作战，德国空军根本无法反击，即使能反击也阻挡不了盟军铺天盖地的飞机。

此时，驻扎在法国准备Fw 190战斗机单位战斗序列如下：

Stab./JG 2	克雷伊(巴黎正北50公里)	8(4)架
Ⅰ./JG 2	南希	19(14)架
Ⅲ./JG 2	克雷伊	13(11)架
Stab./JG 26	里尔北	2(2)架
Ⅰ./JG 26	转移到兰斯	33(23)架
Ⅱ./JG 26	在比亚里茨附近蒙德马桑休整	32(25)架
Ⅲ./JG 26	南希	79(?)架

法国北部是库尔特·布赫林根中校的JG 2联队防区，诺曼底就在JG 2联队防区内，但是，这个联队分散部署在法国境内，形成不少合力，其中离诺曼底最近的是埃里希·霍哈根少校的Ⅰ./JG 2大队，该大队刚刚从意大利安齐奥返回法国弗克桑地区科尔梅耶，这里离诺曼底只有60公里。上表中Ⅰ./JG 2大队驻扎在南希，这里靠近德国边境，离诺曼底相当远，推测诺曼底战役爆发后转移到弗克桑地区科尔梅耶。库尔特·布赫林根少校的JG 2联队队部驻扎在克雷伊，装备Bf 109战斗机的Ⅱ./JG 2大队驻扎在这里，赫尔伯特·胡佩茨上尉的Ⅲ./JG 2大队四天前刚刚撤离科尔梅耶部署到拉罗歇尔北部丰特奈勒孔特，战事爆发后紧急部署到克雷伊。

JG 26联队的部署也很分散，Ⅱ./JG 26大队驻扎在比亚里茨附近蒙德马桑（面临大西洋靠近西班牙边境）休整，Ⅰ./JG 26驻扎在梅茨（在兰斯正东125公里），Ⅲ./JG 26大

盟军诺曼底登陆是二战重要战役之一，此次战役加速了纳粹德国的灭亡。德国完全没有能力与美国这样具备强大工业基础和科技的国家抗衡，更何况是以美国为首的盟军。图中是盟军在奥马哈登陆点登陆。

队驻扎在南希，该大队共有79架，外加13架Bf 109战斗机可供使用。另外，驻扎在法国的迪纳尔短程侦察单位NAGr 13也混装着Fw 190和Bf 109战斗机，其中3./NAGr 13中队在6月8日被部署到前线。部署在法国北部圣康坦克拉斯特、弗雷里斯和勒吕克（法国最南部）的对地攻击单位Ⅲ./SG 4大队，以及驻扎在圣安德烈罗西耶尔和桑泰尔的Ⅰ./SKG 10大队共装备着37架仍能升空作战的Fw 190。

在盟军登陆第一天，第一个升空作战的是当时驻扎在科唐坦半岛的3./SKG 10中队的Fw 190飞机，这个中队在当天5时不到就升空拦截英国空军的“兰开斯特”轰炸机，战斗中在莱赛和埃兹尼之间击落4架轰炸机，其中第一架在5时01分被击落。3./SKG 10中队升空不久，JG 26联队队部的2架Fw 190A-8也参加了战斗，驾驶2架飞机的是联队指挥官约瑟夫·普瑞勒中校和他的僚机海因茨·沃达克舒下士，他们升空并不是拦截敌机，而是向“宝剑滩”的英国士兵扫射。这就有点奇怪了，最先升空作战的竟然是对地攻击单位，执行的是拦截轰炸机任务，而战斗机单位执行的却是对地攻击任务，战场就是这样，没有一成不变的东西。德国空军当时的记录称，盟军的空中力量是2100架四发重型轰炸机、600架双发中型轰炸机和3500—4000架单发战斗机，而德国在法国的第3航空队只有319架作战飞机，双方力量对比是20比1，力量对比悬殊。

到早晨9时左右，德国情报部门发出警告，盟军开始大规模向德国空军第Ⅱ航空军司

两图是JG 2联队指挥官库尔特·布赫林根中校的Fw 190A-8座机，飞机左侧机翼下伸出的是FuG 16ZY设备天线，“+”处机腹为PR 16无线电测向器天线，其后面是FuG 25a天线。

令部挺进，但是，这个情况在传送到帝国防御单位时出现延误，部分原因是气候恶劣，部分原因是盟军的欺骗战术成功。与此同时，驻扎在法国的德国战斗机单位开始升空反击盟军的入侵行动，其中之一就是埃里希·霍哈根少校的Ⅰ./JG 2大队，该大队奉命用W.Gr 21火箭弹攻击盟军的滩头阵地，该单位参加当天此类战斗的飞行员之一是3./JG 2中队沃尔夫冈·费舍尔少尉，他后来在报告中称：

6月6日凌晨大约5时整，我们奉命部署到巴黎北部郊区的克雷伊，那里此时一片忙碌，我们的“多代尔”火箭弹已经准备好，我们在9时30分起飞，准备从低空去攻击卡昂和巴约一带登陆的英国部队，英国的登陆艇就是绝好的靶子。

到第一天傍晚时分，我们被击落了3架Fw 190飞机。赫尔伯特·胡佩茨上尉率领他的Ⅲ./JG 2大队8架飞机在8时整个返回机场着陆，我们Ⅰ./JG 2大队3架飞机返回基地。胡佩茨上尉的8架飞机当天攻击了滩头阵地和盟军载人滑翔机，我们三机编队成员是埃克霍夫少尉、1./JG 2中队巴尔候补中士和我自己。

晚上8时30分刚过，我们再次起飞，然后从低空靠近贝尔奈附近里勒河上一座大型公路桥。在那里，我们发现12架“野马”飞机正在扫射德军的物资供应车队，我们来得太迟了，帮不上忙，为此，胡佩茨上尉率领我们在1200米高度向左转弯离开，我们飞进傍晚的雾色里（纬度高，夜晚来得迟），不久我们就看到另外的“印地安人”（美国战斗机）。我们设法躲开8架“野马”战斗机直奔另外4架飞机。

我在做反转机动时盯上1架正在靠近大桥的敌机，我击落了这架敌机，目标拖着火焰坠向里勒河岸的森林里，坠地爆炸点燃了一棵大树。随后我看到胡佩茨上尉和他的僚机正在同时攻击1架敌机，2架飞机交叉着攻击前面的“野马”飞机，惊人的火力使得目标被击中后立即爆炸解体。埃尔霍夫和巴尔都击落1架敌机。当我

W.Gr 21火箭弹设计用来攻击美国重型轰炸机，实战效果令人失望，但是，这种武器用于攻击舰船和地面目标却取得了意想不到的效果。图中是1./JG 1中队的1架Fw 190A-5战斗机。

们返航在桑利斯着陆后，两名记者被要求证实我们的战果，整个作战过程他们俩都看到了。在第二天早上一次攻击坦克登陆艇的任务中，我被舰船的高炮击落，我被关进了战俘营。

除了JG 2联队的损失，格哈德·魏耶特少校的Ⅲ./SG 4大队也有5架Fw 190飞机在转移到法国拉瓦勒过程中被美国战斗机击落，被击落的德国飞行员是波林格中尉、利姆伯格少尉、斯皮尔下士、拉霍费尔下士和科尔伯格中士。拉瓦勒离诺曼底登陆点约140公里，正好在Fw 190对地攻击机的作战范围内。当天晚些时候，另一个Fw 190对地攻击单位，即库尔特·达尔曼上尉的Ⅰ./SKG 10大队设法对滩头阵地进行了侦察，并且带回了盟军登陆的首批侦察照片。

当天战斗结束前，Ⅰ./JG 26大队和Ⅲ./JG 26大队也参与战斗，2./JG 26中队指挥官弗兰茨·昆茨中尉在卡昂击落1架P-51“野马”战斗机，Ⅲ./JG 26大队的Bf 109战斗机执行了对地扫射任务。正在休整的Ⅱ./JG 26大队在当天5时整被调往法国中北部，两个小时后该大队的Fw 190战斗机升空作战。不太清楚调动方面的细节，JG 26联队在当天反应较为迟缓，而大部分作战任务是JG 2联队完成的。

中午刚过，首批德国境内战斗机单位开始向法国境内部署以增援当地作战部队，由于气候恶劣，一些单位被迫推迟行动，直到当天傍晚时才转移到法国。截至6月7日早晨，首批400架战斗机抵达法国，其中装备Fw 190战斗机的单位如下：

Stab./JG 1	Fw 190A-8	博韦蒂勒	3(?)架
Ⅰ./JG 1	Fw 190A-6/A-7/A-8	勒芒	25(12)架
Ⅱ./JG 1	Fw 190A-7/A-8	勒芒	25(13)架
Ⅳ./JG 3	Fw 190A-7/A-8	德勒	51(24)架
Stab./JG 11	Fw 190A-8、Bf 109	雷恩	1(0)架
Ⅰ./JG 11	Fw 190A-6/A-7/A-8	雷恩	14(4)架
10./JG 11	Fw 190A-4/A-5/A-6/A-7/G-3、Bf 109G-5	博韦蒂勒	10(3)架
Ⅲ./JG 54	Fw 190A-8/A-8/R2	沙特尔	18(12)架

接到“西部行动，基地勒芒”的命令后，汉斯·埃勒斯的Ⅰ./JG 1大队立即从巴特利普施普灵格起飞，取道法国蒙迪迪耶最后抵达勒芒。同时，乔治-彼得·埃德中尉的Ⅱ./JG 1大队离开斯道梅德基地直奔弗莱尔（亚眠东北100公里），途中听说该处机场遭到盟军轰炸，该大队只得到勒芒降落。6月7日抵达勒芒机场后，Ⅱ./JG 1大队发现这里的情况一团糟，飞机拥挤不堪，随时会遭受空袭，这让所有的人绷紧神经。

Ⅱ./JG 1大队抵达勒芒的首个作战任务是在勒芒、沙特尔和沙托丹之间的重要公路上空巡逻，为地面德军增援部队和物资供应车队向诺曼底行进提供保护。当天，Ⅱ./JG 1大队共执行了三次1小时的巡逻任务，分别是凌晨5时整、中午1时整和傍晚5时整，三次巡逻都未发现盟军飞机。第二天，该大队25架飞机分别携带1枚250公斤炸弹从勒芒基地起飞去轰炸法国特鲁维尔和多维尔海岸盟军登陆舰船，飞机在2000米高度以密集队形展开攻击，炸弹落在了舰船编队的中间，但是没有确切的战果。尽管此次轰炸行动中发现20架盟军战斗机，Ⅱ./JG 1大队不敢恋战，而是迅速脱离战斗，战前飞行员们得到命令：避免空战！德国飞行员对战区敌人高炮射击心有余悸，其火力密集程度令人咂舌，几架Fw 190飞机实施攻击时被高炮击伤，后来这些受伤飞机都返回了基地。完成任务的飞机从超低空返回基地，为的是防止被盟军战斗机发现。

Ⅰ./SKG 10大队的1架Fw 190G飞机正在挂载1枚SC 500炸弹，这个大队在诺曼底战役时驻扎在法国埃夫勒，离诺曼底并不远，但是，携带重磅炸弹会严重影响飞机航程，因此飞机携带了2个翼下副油箱。

2./SKG 10中队的1架“褐色6”号飞机机腹携带了1枚AB 250炸弹容器，这是一种反人员子母弹，容器内是微型炸弹，专门用于杀伤有生力量。

6月9日，Ⅱ./JG 1大队的Fw 190飞机再次携带250公斤炸弹去轰炸盟军特鲁维尔和多维尔之间滩头阵地的步兵和补给部队，此次行动没有任何损失，都安全返回基地。第二天（6月10日）凌晨1时整，德国重要的机场勒芒基地遭到英国皇家空军109架“兰开斯特”和“哈利法克斯”轰炸机的轰炸，领航的是“蚊子”飞机。英军的空袭行动将勒芒机场彻底炸瘫痪，作战室、3座机库、2个营房和邻近的建筑被炸毁，但是，德国空军的飞机损失极小，只有2架Ju 52运输机被击中起火，Ⅱ./JG 1大队的Fw 190飞机全部紧急转移到了勒芒机场东500米的疏散场地，未受任何损失。空袭后，德国人在机场发现大大小小300多个弹坑，此后，德国奋力抢修也直到6月16日才铺平跑道，机场重新投入使用。

并不是仅勒芒机场遭到了盟军空袭，事实上，法国境内几乎所有德军机场都是盟军轰炸机关照的目标，Ⅲ./SG 4大队的新驻地拉瓦勒机场在6月10日这天上午10时整遭到盟军

作战飞机设计上很重要的一点就是战场维护性，Fw 190飞机设计很多维护舱口，地勤人员维护非常方便。

12—15架“野马”战斗机的扫射，4架Fw 190损坏，达莱姆中尉严重受伤。空袭过程中，Ⅲ./SG 4大队几架飞机设法升空拦截敌机，战果不详，但己方有2架Fw 190A-6飞机被击伤，其中一人是文泽尔下士。

此时很多战斗机单位执行对地攻击任务，这跟当前的战场形势有关，德国空军在法国境内仅驻扎两个对地攻击单位，即Ⅲ./SG 4大队和Ⅰ./SKG 10大队，要把盟军赶下海，对地攻击任务是首选，但恰恰这方面力量不足，为此，很多战斗机单位被命令为战斗机挂载炸弹挂架执行对地攻击任务。6月11日，德国空军第3航空队要求所有单发战斗机都挂载炸弹执行对地攻击任务，此时对地攻击比击落敌机更加重要。两天后，德国武装部队司令部要求所有德国战斗机单位全部执行对地攻击任务。

从德国本土调动到法国的战斗机单位中，威廉·莫里茨少校的Ⅳ./JG 3大队的经历比较有戏剧性，该大队从德国萨尔茨韦德尔（汉诺威东北）启程到法国，该单位是德国空军唯一一个重装甲、重火力战斗突击大队，主要用来对付美国陆航重型轰炸机。Ⅳ./JG 3大队飞机和飞行员在6月8日抵达德勒机场，随后，单位设备和地勤人员随6架Ju 52运输机抵达。由于盟军轰炸机和战斗机天天光顾德勒机场，Ⅳ./JG 3大队几次准备参加战斗都被打乱而最终放弃。在诺曼底一带驻扎的几天里，盟军几次轰炸和扫射都没有造成战斗突击大队飞机和人员损伤，但在6月10日，盟军出动B-24轰炸机再次空袭该机场，不胜其扰的Ⅳ./JG 3大队终于被迫返回德国，之后的6月15日，该大队又奉命部署到奥地利维也纳东南45公里的艾森施塔特。

回到6月7日，赖因哈特·施罗尔少校的Ⅲ./JG 54大队在作战中飞行员里特候补中士在巴约一带失踪，要么被击落，要么因事故坠毁。6月8日，这个大队又损失4架Fw 190A-8，飞行员是齐维加特中尉、里扎少尉、陶兴少尉和穆勒中士，其中齐维加特是拥有69架战果的“老兔子”，他在1943年1月22日就获得了“骑士十字勋章”。同样在这一天，Ⅰ./JG 11大队在前线遭受第一次损失，5架Fw 190飞机被击落，飞行员是科基施中士、富尔格下士、塞尔下士和达梅斯代理下士，损失最严重的是大队指挥官齐格菲尔德·西米施上尉，他参加过400次作战任务，战绩为54架，阵亡前他刚刚被任命为Ⅰ./JG 11大队指挥官。西米施的Fw 190A-8座机是在雷恩上空被“野马”战斗机击落的，临时接替他任指挥官的是弗里茨·恩高中尉，之后，维尔纳·兰格曼上尉被正式任命为Ⅰ./JG 11大队指挥官。6月8日后，法国雷恩一带的德军形势越来越糟糕，Ⅰ./JG 11大队被迫后撤到勒芒东北30公里的贝勒。

8./JG 54中队的地勤人员正在给1架“白色6”号Fw 190A-8，W.Nr.690140飞机喷漆作业。上图中飞机前面有高压气瓶。这一时期的飞机空中识别非常重要，法国上空到处是飞机，肉眼难以区分是敌是友。

同样是在6月8日，“骑士十字勋章”获得者，Ⅲ./JG 2大队指挥官胡伯特·胡佩茨上尉在卡昂上空被1架P-47击落身亡。胡佩茨是一位出众的飞行员，盟军在诺曼底登陆当天的战斗中他击落5架敌机，其中在卡昂东部击落3架“台风”，在埃夫勒附近击落1架“野马”和1架“雷电”。他在6月7日战斗中可能在阿罗芒什击落另1架P-47，他个人最终战绩为78架（加上可能击落的这架P-47飞机），6月24日，他被追授“橡树叶加骑士十字勋章”，军衔晋升为少校。

Ⅲ./SG 4大队的作战日志可以看出当时诺曼底一带战斗的激烈：

6月9日6时10分。早上的行动在恶劣气象条件下，在尽可能低的高度进行，但是，没有抵达目标。之后20时10分的攻击行动主要是攻击里瓦贝拉一带登陆的盟军部队。盟军在法莱斯实施了一次紧急登陆行动。14架飞机出动执行作战任务。当天晚上，驻地机场遭到盟军四发重型轰炸机轰炸，跑道被弹坑分成几段。

6月10日。仍然无法参加战斗，机场无法投入使用。威德金德上尉和格哈德·里姆伯格少尉到西战斗机指挥官拜访。

6月11日。无法参加战斗。清理跑道。

6月12日6时35分。4架飞机出击轰炸里瓦贝拉的盟军登陆部队，没有抵达目标，炸弹中途抛掉。索佩尔中士紧急迫降。其后行动是将空军人员运送到杜夫尔登陆点，当时，该地的德军雷达站仍被德军控制，但已经被英国部队包围。但是，在机场起飞点，4架Fw 190飞机被8架“喷火”战斗机扫射击伤，天上的2架Bf 109飞机被击落。当天危机解除后，十名飞行员被送到布尔歇接收新飞机。

第二天（6月9日），1./JG 1中队齐格菲尔德·斯托费尔少尉和瓦尔特·道布拉特下士为Ⅰ./JG 1大队在诺曼底战役打响以来赢得首次胜利，他们在卡朗唐北部上空击落2架P-47。德国方面也有损失，恩德勒下士和亨克下士在同一场战斗中受伤。两天后，JG 26联队指挥官约瑟夫·普瑞勒中校在德勒和沙特尔之间空域击落他个人第100架敌机，第99架是1架B-24轰炸机，他在随后的战斗报告中描述击落B-24飞机的过程时称：

我从一个敌机箱形编队（轰炸机多采用此战术编队）侧面发起斜向攻击，同时，我几次攻击敌编队左侧的波音轰炸机，在攻击了一个有众多护航战斗机保护的敌机编队后，我又从前方向一支B-24轰炸机编队发起攻击，我瞄准敌机编队外侧第一个V形编队的“解放者”轰炸机，我亲眼看到敌机的座舱和左侧2个发动机被我击中。在俯冲脱离战斗后，我看见那架被我击中的“解放者”脱离了编队，发动机冒出明亮的火焰，随后目标向下俯冲而去。我并没有看到目标坠地，因为我正忙着战斗。

6月16日，Ⅰ./JG 1大队声称击落6架“喷火”战斗机，其中，安东-鲁道夫·皮夫尔少尉击落2架，该大队付出的代价是损失两名飞行员：文克上士和霍夫曼下士。就在几天前，Ⅱ./JG 1大队由于7./JG 51中队的加入而实力增强，后者从波兰泰雷斯波尔返回德国并换装Fw 190A-8战斗机。7./JG 51中队首次驾驶装备福克-沃尔夫战斗机取得战果是在6月16日，该中队亨克尔下士在卡昂卡尔皮屈埃机场附近击落1架“野马”。第二天，该中队弗雷德里希·克拉科威泽少尉再次在阿朗松北部击落1架“野马”。但是此次战斗中，7./JG 51中队损失3架Fw 190，包括获得战果的亨克尔下士的战机在阿朗松被击落。7./JG 51中队飞行员京特·赫克曼回忆此次战斗时称：

一天总有三次或四次电话响起命令执行作战任务，在东部战线获得的经验是有用的，在苏联，我们经常以小编队形式与苏联空军最优秀的飞行员作战。我们很快就摸到了在诺曼底战斗中幸存的门道儿，“野马”和“雷电”战斗机在战场持续盘旋，他们一发现目标就俯冲攻击。躲避敌人攻击最好的办法就是迎上去进行格斗，这需要坚强的意志才行，千万别试图逃跑，这正中敌人下怀，敌机会在几秒钟内追上。“台风”、“暴风”和“喷火”战斗机可以与Fw 190飞机一较高下。

斜倚机身穿制服者为1./JG 26中队乔治·基夫纳少尉，旁边站立者为他的座机维护人员。他俩后面是刚刚交付的Fw 190A-8，W.Nr.171079飞机。照片拍摄于1944年6月24日，不久后的7月6日基夫纳被任命为1./JG 26中队指挥官，直到第二年4月14日。之后，他被分配到JV 44专家中队驾驶Me 262喷气战斗机。

6月20日早晨8时30分，7./JG 51中队8架加上Ⅰ./JG 1大队的4架Fw 190战斗机联合组成“自由长矛”编队执行战场巡逻任务，大约半个小时后，Fw 190飞机编队在特兰阿尔让唐（卡昂东南60公里）地区遭遇一支P-38飞机编队，德国飞机很快击落5架敌机，其中1./JG 1中队瓦尔特·道布拉特下士击落2架，已方7./JG 51中队汉斯·赫尔曼下士失踪。此时，Ⅱ./JG 1大队已经在6月16日从勒芒移动到埃塞（勒芒正北约60公里），该大队想更靠近战场便于战斗，没想到盟军轰炸机天天轰炸，大队被迫在四天后离开埃塞。Ⅱ./JG 1大队这次驻扎的目的地是阿朗松东北10公里的塞马勒，但是，该处机场在6月25日遭受美国15架战斗机的扫射，几乎相同数量的Fw 190飞机被击伤。形势很明朗，在法国境内哪里都不安全，更远处的德国本土也是如此。遭受重大损失后的Ⅱ./JG 1大队直到7月14日才恢复战斗能力。

Ⅲ./JG 2大队指挥官胡伯特·胡佩茨上尉在6月8日阵亡后，接替他的是原9./JG 2中队指挥官约瑟夫·沃姆希勒少校，但是，沃姆希勒仅仅任职了15天。6月22日当天，他在法国阿朗松附近与P-51混战中被击落身亡。但是，有资料称他在阿朗松附近与加拿大空军“喷火”战斗机格斗过程中与自己的僚机相撞阵亡。约瑟夫·沃姆希勒的个人战绩为102架，除了9架外其余均在西线战场取得，包括13架重型战斗机。1944年10月24日，他被追授少校军衔和第108号“宝剑加橡树叶加骑士十字勋章”。

上述单位在诺曼底战役打响后的作战一直不顺，几个单位频繁转换机场，甚至一次战斗也没有参加过，这段时间，法国战场上例外的是JG 26联队两个装备Fw 190战斗机的大队。JG 26联队是德国实力最强的几个单位之一，一直在西线与美英盟军作战，其作战经验和飞行员素质极高，联队的每个中队都至少包括两名有经验的军官，强将手下无弱兵，基层飞行员个个久经沙场，他们对Fw 190A战斗机非常自信，从纸面数据看敌机在某方面性能优于Fw 190飞机，而JG 26联队飞行员却认为自己的飞机更胜一筹，比如他们认为Fw 190A战斗机在低空的转弯性能就优于盟军战斗机。再比如Fw 190滚转率相当出色，在攻击和脱离战斗时相当有用。机翼火炮的火力重量（单位时间内射出子弹或炮弹重量）和火力散布甚至让一些缺乏经验的飞行员有很大机会击落敌机。在整个夏天的战斗中，赫尔曼·斯泰格上尉的Ⅰ./JG 26大队和约翰尼斯·诺曼上尉的Ⅱ./JG 26大队在交换比（战绩和损失）上始终维持在2:1以上的水平，这个数据比整个德国战斗机单位这段时间的平均水平都要高。但是，国力不再，JG 26联队的损失也在增加，而且相当严重，比如Ⅱ./JG 26大队在6月23日遭受重大损失，当天，大队指挥官约翰尼斯·诺曼遭到1架P-51战斗机追击，在飞越卡昂一处无人地带时，他被英国的地面高炮击中，炮弹击中了他的座机尾部，导致他的两条腿受伤，接替他的是埃米尔·“布利”·朗上尉。

这架Fw 190A-8，W.Nr.172689飞机是海因茨·巴尔少校在1944年5月开始驾驶的飞机，当时，他是JG 1联队代理指挥官。

连续损失两位大队指挥官，这种损失德国空军承受不起，为此，戈林在1944年7月5日分布命令要求所有战斗机单位的指挥官都不得擅自参加空中行动，除非得到特定数量战斗机的保护，即中队指挥官，必须有6架战斗机保护，大队指挥官必须有15架，联队指挥官必须有45架战斗机保护。这种短视的命令负面效应很明显，也就是各个单位必须找足了飞机指挥官才能升空作战，那个时候，一段时间恶战后，一个中队或一个大队已经剩不下几架飞机可以升空作战了。终于拼凑出足够数量的飞机，上天后，这些飞机忙着保护指挥官，基本上处于被动挨打的地步。不过这些指挥官个人素质非常好，只要交战就容易得手。以埃米尔·"布利"·朗上尉为例，他在阿尔弗雷德·格罗斯少尉的8./JG 26中队支援下勉强升空作战，他上天就在六分钟里在卡昂利雪地区击落3架"喷火"战斗机，格罗斯少尉也击落1架，但是，之后，由于凑不齐飞机，他只得在地面干瞪眼。

由于对盟军主要登陆地点判断失误，德军实际上在疲于应付当时的局势，因此造成了很大的混乱，让战斗机单位执行对地攻击任务使得乱上加乱。其实，即使不乱，德国也难以与盟军数十倍以上的压倒性优势抗衡，诺曼底登陆当天盟军飞机执行了14000架次作战任务，德国空军战斗机作战仅为170架次。德国空军当时的形势是，天上有敌机骚扰，地面被轻型轰炸机和战斗轰炸机扫射，基地被轰炸机空袭，己方指挥和通讯乱成一锅粥。截至6月底，德国空军阵亡230人，伤88人，被击落飞机551架，另有65架飞机在地面被摧毁，290架飞机战损。尽管面临着极大的困难，德国空军战斗机单位还是顽强地击落盟军526架飞机，包括203架P-47。这段时间里，普瑞勒击落4架敌机（1架P-51、1架P-47、1架P-38和1架B-24），8./JG 26中队指挥官威廉·霍夫曼击落3架美国飞机，如今任6./JG 26中队指挥官的格伦茨在两分半的时间里击落3架P-47。

比利时圣特雷登机场的Fw 190飞机木质模型是用来迷惑盟军情报部门的，敌对双方都在机场布置了模型来迷惑对方，但是，盟军的情报部门对德军这种小伎俩了如指掌，因此英军会冒着生命危险用木质炸弹来"轰炸"这些木质模型飞机，以此嘲弄德军。

7月7日，在圣洛（卡昂西100公里）西南发起一次重大攻击行动后，盟军在维尔（卡昂西南100公里）一带建立起一个新桥头堡，随后盟军部队向维尔南部和西南部挺进。7月8日，盟军开始集中力量攻击战略要地卡昂，在7月9日至10日间，盟军和德军进行了激烈的战斗，最终，卡昂被盟军攻占，盟军战线整体向前推进了一大步。7月18日，盟军进入圣洛，卡昂郊区的战斗也取得了成功。由于盟军空中力量太过强大，德军企图在卡昂郊区发起的反击以失败而告终。

截至7月10日，德国空军第3航空队驻扎在法国北部，装备Fw 190战斗机的战斗序列如下：

第Ⅱ战斗机航空军(指挥官阿尔弗雷德·布洛维斯航空兵上将)，驻地沙特尔附近尚蒂利圣皮亚特

Ⅰ./JG 1	汉斯·埃勒斯少校	隆赖	Fw 190A-8(包括9./JG 77)
Ⅱ./JG 1	鲁迪格·冯·基尔赫马尔(代行)	塞马勒	Fw 190A-7、A-8(包括7./JG 51)
Stab./JG 2	库尔特·布赫林根少校	克雷伊	Fw 190A-8/R2、A-8/R6
Ⅰ./JG 2	埃里希·霍哈根少校	克雷伊	Fw 190A-6/R6、A-7/R6、A-8、A-8/R2、A-8/R2/R6
Ⅲ./JG 2	格哈德·施罗德上尉	克雷伊	Fw 190A-6/R6、A-7/R6、A-8、A-8/R2、A-8/R6、F-8/R1
Stab./JG 3	海因茨·巴尔少校	圣安德烈	Fw 190A-8
Ⅰ./JG 11	维尔纳·兰格曼上尉	贝勒	Fw 190A-8
Stab./JG 26	约瑟夫·普瑞勒中校	弗克桑地区科尔梅耶	Fw 190A-7/R2、A-8
Ⅰ./JG 26	赫尔伯特·斯泰格上尉	弗克桑地区科尔梅耶	Fw 190A-6/R6、A-7/R6、A-8、A-8/R2
Ⅱ./JG 26	埃米尔·朗上尉	基扬古尔	Fw 190A-5、A-6/R6、A-7/R6、A-8
Ⅲ./JG 54	赖因哈特·施罗尔少校①	北维拉古布莱	Fw 190A-8、A-8/R2

6月底，沃尔夫冈·厄恩斯特中尉的9./JG 77中队被调拨给Ⅰ./JG 1大队指挥，中队也从Bf 109战斗机换装到Fw 190A-8战斗机，随后进行改型训练。改型训练的时间非常短，7月6日，9./JG 77中队第一次执行作战任务，并且在阿尔让唐地区遭遇美国陆航第474战斗机大队的P-38战斗机编队。在之后几分钟的战斗中，2架“闪电”飞机被击落，获胜的飞行员是厄恩斯特中尉和洛赫上士。但是，同一场战斗中，马希莫夫下士被击落阵亡，厄恩斯特中尉受伤，指挥官战后报告称：“我不得不跳伞，但是，我直到最后一刻才跳伞，我们都知道，美国人会毫不迟疑地用机枪对着跳伞飞行员射击。我跳出了座舱，强大的气流冲击着我，我撞上了垂尾方向舵，我的右臂被撞骨折。”

第二天（7月7日），Ⅰ./JG 1大队和Ⅱ./JG 1大队正式分别扩充到四个中队，9./JG 77中队成为4./JG 1中队，7./JG 51中队成为8./JG 1中队。虽然番号正式更改，一些资料仍称呼旧番号。

7月15日，Ⅰ./JG 26大队的几架Fw 190飞机携带W.Gr 21火箭发射器去攻击盟军装甲车辆集结地。尽管火箭弹的命中精度不高，但是实战效果却很好，几架Fw 190飞机同时向敌人发射了火箭弹。在雷希林试验中心的测试表明，在2000米距离射击，一半的火箭弹会落在直径30米的圆圈内，使用Revi 16d瞄准具会提高火箭弹命中精度。但是，Ⅰ./JG 26大队的飞行员却不喜欢执行对地攻击任务，特别是携带W.Gr 21火箭发射器。在法国战场，其他Fw 190战斗机大队也使用W.Gr 21火箭弹攻击盟军地面目标。

Ⅱ./JG 1大队在7月20日的战斗中遭受重大损失，当时，一支Fw 190飞机编队飞行在

① 1944年7月21日，赖因哈特·施罗尔少校被罗伯特·巴兹·魏斯上尉取代任Ⅲ./JG 54大队指挥官，前者被调到战斗机兵种总监隶属的单位指挥官训练学校（或编队长机训练学校）任职。

11.(Sturm)/JG 3中队的威利·马克希姆威特茨下士驾驶1架Fw 190A-8/R2飞机在跑道上滑行准备升空去法国德勒突出部执行扫射任务，飞机没有携带外挂武器。这段时间里，德国战斗机单位执行的大多是对地攻击任务。

贝里格尼（圣洛东10公里）地区上空700米高度，在此编队突然遭到盟军“喷火”和“雷电”战斗机的攻击，当即就有7架Fw 190战斗机被击落，躲过第一次攻击的吕迪格尔·冯·基赫迈尔中尉成功地击落2架“喷火”飞机，而6./JG 1中队赖因哈德·弗莱克斯上士击落另1架“喷火”飞机。当天的另一场战斗中，7./JG 51（即8./JG 1）中队卡姆斯基代理下士阵亡。

6./JG 1中队损失的（损失并不是阵亡）飞行员斯图肯布劳克被英国士兵抓获，他为盟军提供了十分有价值的情报，他透露，截至7月20日，Ⅱ./JG 1大队自诺曼底战役以来所有的损失包括24架飞机和9名飞行员，这些数字包括15架飞机于6月25日在地面被摧毁，当天中午1时整，大队的塞马勒机场遭到空袭。当天晚上，Ⅱ./JG 1大队的20名飞行员乘坐Ju 52运输机到科隆奥斯泰姆接收新机，但是，这些飞行员直到7月1日才回来。斯图肯布劳克还称，德军在勒芒机场储存了大量反舰船的250公斤炸弹，因此，盟军估计Ⅱ./JG 1大队肯定也执行了战斗轰炸任务。实际上，战斗机大队的飞行员之前就没有接受过对地攻击训练，战斗前，他们只是接受简单的介绍：在3000米高度靠近目标，然后俯冲到1800米高度投弹，然后快速拉起飞机改出俯冲。对战斗机飞行员来说，这些简单动作做起来也不算难。

7月25日，盟军司令艾森豪威尔发动了代号“眼镜蛇行动”，行动目的是突破诺曼底

JG26联队指挥官约瑟夫·普瑞勒中校在注视地勤人员给他的Fw 190A-8，W.Nr.170346座机装填弹药，弹药箱处的上盖板已经掀开。普瑞勒座机标志红心加“Jutta”仍可看到部分。

约瑟夫·沃姆希勒少校任Ⅲ./JG 2大队指挥官仅15天就在战斗中阵亡，他的战绩过百，除了9架外其余均在西线战场取得，包括13架重型战斗机，这个成绩跟东线取得200架战绩的类似。

桥头堡。随后的几天，盟军开始发动大规模行动进攻圣洛侧翼，凌厉的攻势迫使德军在7月27日快速后撤，当天晚上，盟军突破德军数个地点的防线，随后快速向南推进。7月31日，盟军攻占阿夫朗什，德国正面防线也被撕了几个缺口，同时在卡昂西南，盟军部队直指法莱斯。这段时间里，德国战斗机苦苦挣扎幻想能阻止盟军的空中行动，实际上，这些战斗机单位一直处在被动挨打的境地，狼狈不堪，随着战斗继续，战斗机大队一个接一个后撤到德国本土进行休整和补充装备。兵败如山倒，撤退的过程在盟军空军持续不断的打击下一度十分混乱，为此，Ⅰ./JG 1大队整整推迟了十天才撤退到胡苏姆驻扎。而JG 2联队在撤退过程中被消灭殆尽，情况稍好的Ⅱ./JG 26大队在7月25日就撤退到新驻地莱因塞伦（不来梅东100公里），幸亏走得早。此时，JG 1联队和JG 11联队已经撤出法国，在法国战斗期间，两个联队损失100多名飞行员。截至7月29日，德国空军第3航空队所属第Ⅱ战斗机航空军只有30架战斗机仍在法国参加战斗，情况相当惨。

1944年7月和8月，德国高层一致决定扩充西线的战斗力量，就装备Fw 190战斗机的单位来说（装备Bf 109战斗机的单位也是如此），Ⅰ./JG 1大队和Ⅱ./JG 1大队分别扩充到四个中队，8月10日，Ⅲ./JG 54大队也增加一个中队，即12./JG 54，该中队由2./JG 54中队演变而来，原隶属大队Ⅰ./JG 54重新组建一个2./JG 54中队。五天后，Ⅲ./JG 54大队分批从西线撤退到奥尔登堡换装Fw 190D-9战斗机。又一天后，Ⅰ./JG 11大队也扩编，即增加一个中队。与此同时，7月底，德国空军成立一个新战斗机联队，即JG 6，该联队的前两个大队由原ZG 26“霍斯特·威塞尔”联队[①]的两个大队更名而来，即Ⅰ./JG 6大队和

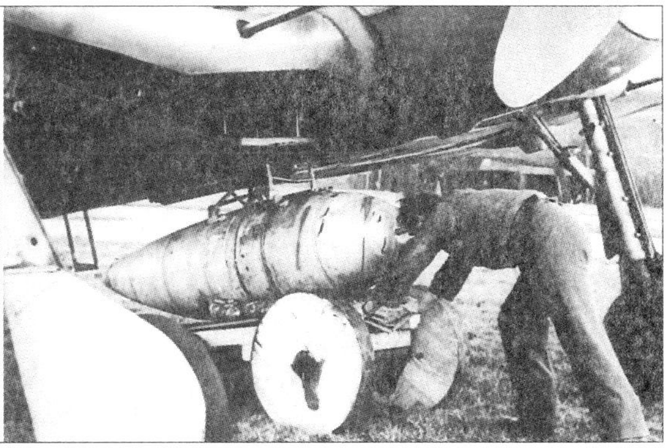

驻扎比利时期间，维甘德上士发明木质副油箱推车非常原始，但却很有效，地勤人员非常方便装卸副油箱。左图中鲁斯滕卡姆普下士正在抽烟，油箱里装满了高度易燃的燃油，越是失败，军纪越是废弛。

① 原装备的Me 410重型战斗机（驱逐机），已在此前帝国保卫战期间损失殆尽。ZG 26联队的绰号“霍斯特·威塞尔”是JG 26联队前身JG 134联队的绰号。

JG 6联队匆匆组建，人员训练极不充分，之后的战斗中损失惨重。这个联队名气不响，战绩很少，因此照片也极少。图中是5./JG 6中队卡尔·格拉布迈尔的Fw 190A-8座机。

Ⅱ./JG 6大队，这两个大队也由原来三个中队扩充为四个中队，组建完成后，两个大队换装Fw 190A-8，并在柯尼斯堡代瓦（Devau，现属俄罗斯加里宁格勒）进行训练。

尽管扩充扩编，德国空军战斗机单位还是无法应付高层所要求的作战任务，例如，驻扎在法国隆赖（卡昂南）的Ⅰ./JG 1大队在1944年8月初时只有11架Fw 190A-8战斗机具备升空作战能力。尽管困难重重，这个大队在8月3日转移到奥桑威勒（巴黎西南140公里）后还是每天出动2—3架次勉强作战。4天后，Ⅰ./JG 1大队出动15架Fw 190飞机执行了一次对地攻击任务，但是，这次行动遭到了美国战斗机的拦截，4架Fw 190被击落。当天的第二次作战行动稍成功一些，3./JG 1中队指挥官埃米尔·戴姆茨少尉和奥斯瓦尔德少尉分别击落1架P-47战斗机，在过去，这点战绩根本不值一提，如今却“弥足珍贵”。

此前一天，Ⅲ./JG 54大队在拦截一支盟军B-24轰炸机编队的行动中取得很大成功，5分钟内击落7架敌机，大队指挥官罗伯特·魏斯上尉击落2架，9./JG 54中队恩塞下士击落2架，7./JG 54中队加塞下士、施瓦茨代理下士和9./JG 54中队奥斯特夫斯基下士分别击落1架。8月11日，Ⅱ./JG 1大队从科南特尔转移到本土莱因塞伦，但是，在转移期间，鲁迪格·冯·基尔赫马尔因遭受1架“野马”战斗机的攻击而被迫在法国诺让实施了迫降。在迫降地点，他被一支德国装甲单位发现，他浑身是血，一只手臂也骨折。四天后，Ⅱ./JG 26大队的飞机在驻地法国基扬古尔和朗布依埃（巴黎西南70公里）附近遭遇美国陆航第373战斗机大队的“雷电”，双方爆发的战斗在低空进行（因在机场附近，德国飞机爬升高度还不够），虽然比较被动，德国人还是声称击落9架P-47，美

Ⅰ./JG 2大队的三名飞行员正在讨论战况，他们后面是1架“黑色10”号Fw 190A-8，W.Nr.171002战斗机，左侧的是克里斯蒂安·埃克霍夫少尉，二战结束时他任Ⅰ./JG 2大队指挥官。

国方面只承认损失3架飞机。而美国声称此次战斗击落3架德国飞机，德国方面的记载是损失2名飞行员：威德金德中士和穆勒上士。

刚刚成立的JG 6联队两个大队中，威利·埃尔斯特曼上尉的Ⅱ./JG 6大队最先形成战斗力，并很快在8月22日被部署到法国兰斯北50公里的亚皮。三天后，该大队第一次执行实战任务，在法国北部圣康坦克拉斯特，大队的40架Fw 190战斗机与相同数量的美国陆航第367战斗机大队P-38“闪电”战斗机遭遇，结果相当悲剧。Ⅱ./JG 6大队声称击落11架P-38，美国只承认损失7架，而德国这个原“霍斯特·威塞尔”联队骨干却一口气损失16架Fw 190，14名飞行员丧生或严重受伤。迄今为止德国战斗机单位还从来没有一次被击落过这么多飞机。阵亡的飞行员中包括8./JG 6中队指挥官鲁迪·达索夫少尉，他是德国空军最出名的双发战斗机飞行员之一，个人战绩是22架，后来他被追授“骑士十字勋章”。Ⅱ./JG 6大队一位飞行员弗里茨·布赫霍尔茨的回忆称：

离开亚皮郊区不久，我们收到地面指挥站发来的新命令：敌人的战斗轰炸机正在攻击圣康坦附近克拉斯特德军机场。埃尔斯特曼率领大队飞机转弯向北，不久我就看见北部几英里外敌人飞机编队，敌机在我们中队编队下方，但在我们大队编队的上方。我向大队指挥官汇报：“注意！右侧有疑似敌机”，他收到我的报告并确认是美国P-38“闪电”战斗机。此时太阳在我们的后方，我们从太阳方向追击敌机，靠近后我发现有大约12架敌机。

埃尔斯特曼下令“抛掉副油箱！”随着副油箱抛离飞机，我们中队指挥官帕夫拉特中尉带领我们向下对敌机实施攻击，我带领我的四机编队紧紧跟着指挥官急转弯，但是，我的福克-沃尔夫座机突然猛地一震，我的座机出现了掉翼现象（失速前兆），我立即进入螺旋向下方混战的机群坠去。我赶紧做标准的螺旋改出动作：向前推杆，反向蹬舵，在我周围到处是激烈的格斗，场面十分混乱，Fw 190飞机追击着“闪电”飞机，“闪电”飞机也在追击Fw 190飞机。改出螺旋后，我正对着1架“闪电”飞机，我立即开火短射，（短射的原因是）我不得不做规避动作，另一架“闪电”飞机划着弧形向我冲来随即开火。就在这时我才发现我的座机进入螺旋的原因，原来副油箱没有抛掉，不管我怎么想办法都没法抛掉。副油箱内几乎是满油，重量达到454公斤，没有抛掉副油箱的情况下，不能做抛掉副油箱后才能做的急转弯。

空战开始阶段，我们狠狠地打击了美国飞机，我看见数

一名地勤人员正协助大队指挥官进入座舱，大队番号不详，从座舱侧面的标志看这是大队指挥官飞机。

架“闪电”飞机被击中坠向地面。我们可能对于空中格斗还比较陌生，但我们从太阳方向实施攻击，加上数量优势，我们开始占据着主动权。残余的美国飞机左冲右突，极力躲避我们一次又一次的攻击。

突然，似乎很多“闪电”飞机从各个方向俯冲攻击我们，这回，我们变成了猎物，跟我们战斗机与战斗机格斗相比，美国飞行员在守株待兔方面经验更丰富，刚刚赶到这里的美国飞机此前一直在高空寻找目标，（发现这里战斗后）美国飞机立即成双成对地挑选猎物逐个射击，（一轮射击结束）再迅速爬升高度。我们被狂虐，我看到福克-沃尔夫飞机一架接一架向下坠去。

我也爬升试图重新加入战斗，掩护1架没有任何防护的Fw 190飞机，但是，当我靠近那架己方飞机，2架“闪电”飞机从后上方向我们发起攻击，我前面的Fw 190飞机立即做急转弯，我试图跟着做相同的动作，结果我的座机再次进入螺旋。（改出螺旋后）我重复几次想解救我的战友，最后我不得不放弃，在这种情况下，我驾驶Fw 190飞机的经验还很不足，在激烈的空战环境下想冒生命危险学习一些作战知识实在不合适。我无法帮助我的战友，如果我在他的周围待的时间再长一些可能我也会成为敌人的猎物。我脱离战斗，俯冲到低空逃跑。我在亚皮机场着陆后滑行到疏散停机坪，爬出座舱我才发现我的飞行服已经完全湿透了。

之后，幸存的飞机三三两两地返回着陆，一些飞机带着满身伤痕。随着傍晚来临，我们大队惊人的损失终于有了明确的数字：16架飞机被击落，14名飞行员丧生或失踪，另有3人受伤，我们的中队指挥官帕夫拉特在受伤者之列。

与此同时，两个一直在法国奋战的战斗轰炸机大队Ⅲ./SG 4大队和Ⅰ./SKG 10大队却经历着不同的遭遇，前者在6月8日至19日间共执行13次作战任务，合计82架次，在盟军战斗机和地面高炮的双重打击下，这个大队的飞机几乎损失殆尽。为此，该大队之后从诺曼底地区转移到法国中南部的克莱蒙费朗地区进行补充和休整，计划此后其主要作战对象是法国西南的游击队。在和游击队作战前，苏军已经在6月22日发动了“巴格拉季昂行动”，因此，该大队火速被调往拉脱维亚东南陶格夫匹尔斯准备与苏联红军作战。

Ⅰ./SKG 10大队在诺曼底前线日夜不停地轰炸盟军目标，有时候，一些飞行员一天要执行五次作战任务。至8月中旬，这个大队Fw 190飞机共执行了3000架次作战任务，飞机和人员损失也相当巨大。6月26日，Ⅰ./SKG 10大队从简

战斗间歇，疲惫不堪的JG 26联队地勤人员在温暖的阳光下抓紧休息。照片右侧是亨舍尔公司研制的消防车，每当有飞机返航着陆，这些消防车都必须待命应对紧急情况。

JG 5联队远在极北地区，这里的战事逐渐增多，但是这里对战争全局没有任何影响，南部战线仍然是德国成败的关键。图中是9./JG 5中队马丁·乌尔曼的Fw 190A-8座机。

易机场转移到图尔驻扎，归属第Ⅸ战斗机航空军指挥，指挥关系划归KG 51“雪绒花”（Edelweiss）联队，作为其第Ⅲ大队（Ⅲ./KG 51），但是，单位番号Ⅰ./SKG 10一直使用到当年10月20日才正式变更。盟军突破诺曼底桥头堡后，Ⅰ./SKG 10（Ⅲ./KG 51）大队转移到鲁瓦东南10公里的艾米。8月下旬，该大队驻扎在康布雷期间执行数次作战任务，不久，大队撤退到比利时勒库洛特（布鲁塞尔东南15公里），之后的9月初再转移到德国本土慕尼黑格拉德巴赫，部署这里的作战意图是阻止盟军从亚琛方向进入德国本土。

9月3日，Ⅱ./JG 26大队指挥官埃米尔·“布利”·朗上尉在布鲁塞尔东北6公里梅尔斯布罗克机场起飞时遇到机械故障，他的座机起落架无法收回，十分钟后，他和僚机汉斯-约阿西姆·博雷克下士遭到英国皇家空军第41中队“喷火”ⅩⅣ战斗机的拦截，朗上尉最后被看见是他的座机在起落架伸出状态下垂直坠向地面，飞机在比利时圣特雷登坠地爆炸。击落朗上尉的是英军泰利·斯蓬塞上尉。埃米尔·“布利”·朗参加过403次作战任务，个人战绩是173架，他在6月29日从苏联战场返回后任Ⅱ./JG 26大队指挥官，在诺曼底战役期间他的战绩达到28架，这是西线德国空军中战绩最高的。接替朗上尉的是乔治-彼得·埃德上尉。在同一场战斗中，Ⅱ./JG 26大队的另一名飞行员阿尔弗雷德·格罗斯受伤。在当天13时15分，2./JG 26中队从布鲁塞尔赫林贝亨起飞到慕尼黑格拉德巴赫，途中遭到18—20架“野马”战斗机攻击，随后的战斗中，2./JG 26中队损失四名飞行员，包括执行过445次作战任务，战绩为65架的卡尔海因茨·肯普少尉。

德国空军修理单位

作战飞机战损情况各不相同，没有修复价值的当然弃之不用，还有一些可以修复后再使用。不过可以修复的飞机情况也不相同，有的战场作战单位修理部门可以完成修复任务，比如替换一些部件。还有的损伤飞机必须送到空军基地的维护保养部修理，这个部门归作战机场指挥部指挥。关于送修飞机的一般规则是，损伤修理估计需要超过两天的将被送到主要驻扎机场，在此的修理工作一般包括更换机翼、修理机翼或翼肋、特别大的蒙皮损坏修理、安装和调整新的或大修过的发动机等等。

如果战损的飞机连空军基地的维护保养部也无法修复就得送到修理中心，修理中心分为两类，一类是飞机生产厂的下属部门（修理厂），如福克-沃尔夫公司、阿戈公司和威悉河飞机制造有限公司都有这样的部门，福克-沃尔夫公司的修理厂位于马林堡、索劳、里加、华沙、波森（波兹南旧称）、布雷斯劳（波兰南部）、利格尼茨（莱格尼察的旧称）和克雷辛等地；阿戈公司的很多修理厂在法国巴黎附近，而威悉河飞机制造有限公司的修理厂在德国柏林和汉堡一带，其中一处最大的修理厂在威塞蒙德（又称不来梅哈芬）附近的斯佩肯布特尔，战争结束后，英军在这个修理厂发现大量修理工具、大量库存物资和供应零部件，包括未加工材料、飞机和电子设备、五花八门的零部件和维护保养材料等。

阿戈公司的修理中心被称为特殊修理厂（SRS），该厂位于法国克拉旺巴扎尔纳（巴黎东南160公里），这里有一座山洞，二战前修建为的是抵抗德军。1943年年底，德军接管了这一军事堡垒，在此通了电并修建了铁路直达这里。这里还有一座原来法国空军使用的小型机场，德国人也扩建了这个机场。这个修理厂在阿戈公司的技术支持下主要修理结构损坏的飞机，该厂1944年2月开始修理Fw 190战斗机。

随着盟军从诺曼底登陆进入法国，德国在1944年8月放弃了克拉旺的这个特殊修理厂，撤离时点了一把火把厂全部烧毁。盟军占领该地后发现这里有120架Fw 190飞机机体结构（112架在山洞里，8架在附近机场）、156副机翼，106个水平尾翼、81个升降舵、37个方向舵、8副螺旋桨和1台烧毁的发动机。清点发现，这些部件涵盖了Fw 190飞机几乎全部型号，正在修理的几架飞机如下：

JG 1联队在1944年换装了Fw 190A-7战斗机，该型号飞机的火力较此前型号大大增强。飞机的后机身已经喷涂了识别条纹，发动机整流罩下方也喷涂了识别色。图中是1./JG 1中队指挥官阿尔弗雷德·格里斯劳斯基上尉的座机。

Fw 190A-3，W.Nr.2159，PD＋SV飞机，这是阿戈公司生产的飞机，服役战术编号为“黑色9＋·”，这架飞机在1943年10月9日从阿布维尔机场起飞时遭到盟军飞机射击，5./JG 26中队飞行员海因茨·戈曼代理下士没受一点伤。

Fw 190A-7，W.Nr.340341，SV＋KK飞机，这是福克-沃尔夫公司索劳生产厂生产的飞机，1944年3月4日，这架飞机作战返航过程中在法国埃皮诺（康布雷境内小镇，阿布维尔正东100公里）坠毁，7./JG 26中队飞行员威廉·迈耶尔中士没有受伤。

Fw 190A-7，W.Nr.431002飞机，这是阿戈公司生产的飞机，该机转场飞行过程中在法国布雷蒂尼（巴黎正南50公里）被盟军战斗机击中，飞机损伤为30%—35%，有修复价值。Ⅲ./SG 24大队飞行员格哈德·里姆伯格少尉轻微受伤，他的报告中称座机是Fw 190A-7/R6。

另一类修理中心相当于废物再利用的性质，特殊的独立废物回收单位（工厂）和大修公司负责这类修理工作，目前已知在柏林、波兰格劳登茨（现称格鲁琼兹）、海利根贝尔（现称马莫诺沃，属俄罗斯飞地加里宁格勒州）、拉赫梅尔（现称鲁米亚，属波兰）、施奈德穆尔（现称皮瓦，属波兰）、伍珀塔尔兰格菲尔德和茨维考都有这种的修理中心。除了修理，这些修理厂还负责对飞机重要时段的大修工作。完全可以想象，在修理和大修期间，来此修理的飞机经常会被安装上新的，或是最新的零部件，比如新型座舱、MW 50系统、木质襟翼、新型尾翼单元等等，有时会将飞机的功能部件全部替换掉，而不是修修补补，比如机翼、垂直尾翼、机身重要部件等等。有的时候，换上的零部件并不是全新的，经常会从其他受损飞机上拆下来重新利用，也就是现在所称的拆用件。不管怎么修理，飞机的原始序列号保持不变，通常情况下，序列号会压印在发动机防火墙到尾翼连接结构框等重要部件上，因此，尽管飞机更换了机翼、尾翼单元，原始序列号不变。被指定的修理单位修理好的飞机会独立地统计在德国飞机工业生产目录里。

由于德国航空工业生产秩序从1944年开始被打乱，德国空军不得不到处寻找飞机配件供使用，北非战场（撤退前）、南欧战场和苏联战场都出现过这样的事，缺少零配件，无法及时修复飞机再利用，造成作战单位可用飞机只有个位数，甚至了出现过一个大队（更不用说中队了）没有一架飞机可用。最终，德国空军供应体系完全瘫痪，越是这时，作战任务越繁重。盟军的持续轰炸使得零部件供应和修理工作没有一天好转过，作战单位的地勤人员只好自己想办法解决问题，基本办法就是东拼西凑。这种情况在1945年初期最严重，特别是JG 2联队，为了修复飞机升空让德国灭亡的步伐慢一点，这个单位想出串

这架黑色5号Fw 190A-8，W.Nr.171612飞机可能是2./JG 1中队马克斯-乌里希·福斯特的座机，1944年7月28日，福斯特在诺曼底附近被击落，德军文件显示他为“战斗中失踪”。

12.(Sturm)/JG 3中队的Fw 190A-8机群，这些飞机的机腹都携带了一个W.Gr 210火箭发射器。

件拼修的怪招儿，这种做法完全是浪费零部件和消耗地勤人员的体力，大量Fw 190D-9飞机似乎完好无损，或是损伤极轻就被弃之不用。未见详细解释串件拼修（或称同型装配）的做法为什么导致飞机无法投入使用。

盟军的轰炸机和战斗轰炸机持续地对德国空军机场的轰炸加重了德国飞机维护保养问题，很多空军单位状况极其糟糕，一些能飞但无法升空的飞机不得不藏在临时掩体里，再用树枝等覆盖起来，那些受损的飞机情况更糟，要么被随意放弃，要么点把火烧掉，防止落入盟军手中。

荷兰阿纳姆和奈梅亨

9月17日，盟军发动“市场花园行动”，通过空降和滑翔机降的形式夺取荷兰阿纳姆和奈梅亨的桥梁，为盟军进一步向德国本土推进做准备。Fw 190飞机单位离盟军着陆点最近的是Ⅰ./JG 26大队和Ⅱ./JG 26大队，两个大队分别驻扎在克雷费尔德和科伦。“市场花园行动”第一天，这两个德国战斗机大队竭尽全力拦截盟军运输机和滑翔机，但是拦截行动并不成功，原因就是英国空军战斗机司令部和美国第八、第九航空队战斗机防守严密，德国战斗机无法靠近。Ⅰ./JG 26大队行动中击落3架“喷火”战斗机，己方损失纽曼下士。而Ⅱ./JG 26大队参加了两场战斗，击落3架“野马”战斗机，己方损失霍尔茨雷特纳下士和格洛斯下士。Ⅱ./JG 6大队也参与了战斗，照例损失严重，击落2架P-51飞机，己方损失4架Fw 190飞机。

第二天，天气变得十分恶劣，双方都在这种不利条件下坚持参加战斗。Ⅱ./JG 6大队声称击落4架“野马”和1架奥斯特（英国一家轻型飞机公司名称）飞机，当时德军都将轻型联络飞机称为“奥斯特”飞机。击落4架“野马”的代价是不少于10架Fw 190被击落，9月19日的气候好转，双方的空中行动也增多，这天盟军声称击落20架Bf 109和Fw 190，己方损失5架“野马”，其中5./JG 26击落4架，8./JG 26中队击落1架，但是，德国方面的损失记录却是7./JG 6中队1架，3./JG 11中队1架，6./JG 26中队1架。

恶劣的气候让双方在20日停止了空中行动，但是，虽然第二天气象条件仍旧不好，盟军却命令等待已经久的第1波兰空降旅投入战斗，为之护航的只有美国陆航第56战斗机大队和第353大队的90架P-47，美国护航战斗机编队与一支可能是Ⅳ./JG 54大队的Fw 190遭遇，后者9月初刚刚从东部战线调到这个战区，短暂换装Fw 190战斗机训练后再次走上战场。与苏军作战与跟西线盟军战斗机作战完全是两回事，似乎所向披靡的东线德军飞行员在与西线盟军飞行员作战时吃亏不少。这次战斗，美军声称击落Ⅳ./JG 54大队15架Fw 190飞机，而后者实际损失是8架，取得的战果不详。当天同时，Ⅰ./JG 26大队的25架Fw 190穿过斯海尔托亨博斯上的云层对英国空军第38和第46大队的DC-3运输机发起攻击，运输机编队当即被击落17架，德方此次行动最成功的飞行员是3./JG 26中队指挥官阿尔弗雷德·赫克曼中尉，他一人就击落4架，还有几名飞行员击落2架。这里的战斗发生不久，美国陆航第353战斗机大队飞机赶到奈梅亨地区准备拦截Ⅱ./JG 26大队，后者也是赶来屠杀DC-3运输机的。尽管有美国战斗机干扰，Ⅱ./JG 26大队还是

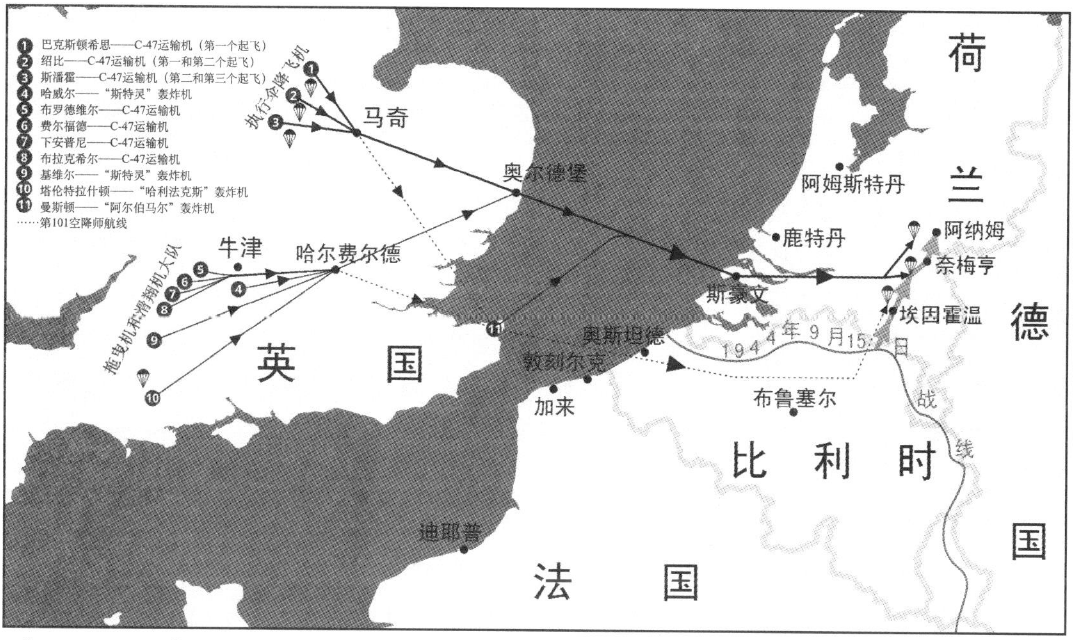

“市场花园行动”作战示意图。

击落3架DC-3运输机，8./JG 26中队指挥官威廉·霍夫曼少尉击落1架P-47。已方被击落2架Fw 190，还有1架在鲁尔被美国P-51战斗机击落。当天行动中，英国空军实际上损失13架“斯特灵”轰炸机和10架DC-3运输机，比德国JG 26联队声称的还多3架。这天的拦截行动对德国空军战斗机单位来说是二战期间大规模空中猎杀运输行动中唯一一次大获全胜的，德国空军很难再像过去那样肆无忌惮地猎杀别国的飞机了。

图中为美国空降部队在荷兰赫鲁斯贝克空降着陆。

Fw 190战斗机参与的下一场重要的战斗是9月23日，当天，德国Ⅰ./JG 26大队和Ⅱ./JG 26大队在德国戈赫上空与盟军P-51战斗机编队遭遇，德国两个大队分别声称击落4架“野马”飞机，代价是分别损失3架和1架Fw 190，获得战果的飞行员中包括Ⅰ./JG 26大队指挥官鲍里斯少校。Ⅳ./JG 54大队也与一支P-47编队混战在一起，前者击落2架敌机，己方损失2架飞机。9月25日，Ⅰ./JG 2大队击落1架“喷火”和1架“台风”，Ⅰ./JG 26大队击落3架“喷火”，Ⅱ./JG 26大队击落3架“喷火”和1架“野马”，Ⅳ./JG 54大队击落4架B-25。击落B-25的飞行员中有一人是大队指挥官沃尔夫冈·斯帕特少校，他后来被调到Me 163火箭战斗机单位研究火箭战斗机战术。

此时，由于未能攻占阿纳姆，盟军被迫准备用小船将地面部队运过莱茵河撤退，此次行动中，盟军有1100人丧生，另有6400人被俘。尽管冒着被杀头的危险，有的荷兰家庭藏起部分盟军士兵。荷兰一带的最后空中行动发生在9月27日，Ⅰ./JG 26大队和Ⅱ./JG 26大队在行动中击落5架“喷火”，己方损失6架Fw 190。在这段时间的行动中，比较成功的是Ⅰ./SKG 10大队，该大队用1800公斤的炸弹炸毁了奈梅亨一带几座重要桥梁，盟军“市场花园行动”的失败跟Ⅰ./SKG 10大队炸毁桥梁有很大关系，桥梁被毁导致盟军计划从荷兰取道进入德国本土的计划落空。

1944年9月底，由于阿纳姆行动的失利，形成了德军重新集结，而盟军前进的步伐暂停的局面，盟军供应线延长，占领区需要稳固也是造成这种局面的因素之一。同样是9月，在德国空军战斗机司令部（1944年7月22日成立）的努力下，德国交付了3000余架全新或是修理好的单发战斗机。

Fw 190A-9和Fw 190D-9两个型号战斗机也在9月开始装备德国空军。8月26日，威廉·布格拉夫少校的Ⅰ./JG 301大队从前线后撤到德国中部萨尔茨韦德尔进行休整和补充装备，这个原“野猪”单位一直驻扎在法国埃皮诺与盟军作战，当时装备的是Bf 109G-6战斗机。返回德国的9月间，该大队全面换装Fw 190A-8战斗机，第一次训练事故发生在9月23日。到了10月，Ⅰ./JG 301大队将大部分飞机转交给其他单位，大队再次换装68架全新的Fw 190A-9战斗机。同月，Ⅱ./JG 301大队在扎毫也用Fw 190A-8飞机换下原来的Bf 109飞机，该大队第一起事故发生在10月16日，斯图姆下士在起飞时发生碰撞事故丧生。差不多相同时间，威廉·福尔达上尉的Ⅲ./JG 301大队（由驻扎在艾伯施塔德（爱尔福特正北10公里）的Ⅰ./JG 302大队演变而来）也接收了一些Fw 190A-8和Fw 190G-2飞机，该单位首次训练损失发生在10月13日，当时，8./JG 301中队的马尔茨下士在飞行训练中坠机身亡。

Fw 190A-9战斗机的首次战损发生在1944年10月6日，当时，8./JG 26中队陶伯特上士在荷兰赫鲁斯贝克（奈梅亨东南10公里，靠近德国边境）东北被“喷火”战斗机击落。第二天，15./JG 54中队也损失1架Fw 190A-9。10月中旬，Ⅰ./JG 2大队和Ⅰ./JG 26大队也开始换装Fw 190A-9。更加重要的是，Fw 190D-9也在这个时候开始装备德国空军部队，首批4架该型飞机在9月20日开始装备罗伯特·巴兹·魏斯的Ⅲ./JG 54大队，之后该大队对Fw 190D-9飞机进行了短暂的

Fw 190A-9跟Fw 190A-8基本类似，区别在于发动机，前者安装的是BMW 801TS发动机。“市场花园行动”开始时，Fw 190A-9和Fw 190D-9两个型号战斗机开始装备德国空军，这两个型号较以前的型号没有质上的提高，即使有也挽救不了德国的败局。

理论上，Fw 190D-9战斗机的性能此前Fw 190型号要先进得多；但是实战情况正相反，这一时期德国飞行员缺乏足够的训练，高性能飞机掌握能力还相当欠缺。

测试，五天后，9./JG 54中队和12./JG 54中队开始加紧深化训练，截至9月底，共有30架Fw 190D-9交付给Ⅲ./JG 54大队。Fw 190D-9战斗机首次实战是1944年9月28日，当天，魏斯和他的僚机拦截了英国空军第541中队1架执行侦察任务的“喷火”，随后将其击落。与此同时，大队的10./JG 54中队和11./JG 54中队在奥尔登堡南面的瓦雷尔布施加紧换装Fw 190D-9飞机的训练。但是，此时德国石油工业设施在盟军轰炸机日夜不停的轰炸下损毁严重，生产能力大大降低，德国已经出现的油荒现象，航空用油也是如此，因此，飞行训练的滞空时间非常有限。9月30日，拜访Ⅲ./JG 54大队期间，库尔特·谭克发表了一个相当令人好奇的演讲，称他对新型战斗机（Fw 190D-9）的感觉并不算好。他说：

新型Fw 190D-9飞机是Ta 152战斗机系列生产前紧急过渡方案，德国宝马公司在盟军的轰炸下已经全毁，因此，我们的工厂已经生产出来的飞机机体没有发动机可用。然而，德国仍有大量Jumo 213发动机可用，原因是德国新型轰炸机项目被取消，因此，我们决定充分利用这些直列式发动机，我相信你们不久就会掌握这个新型飞机的性能，因为你们都是非常有经验的飞行员。我需要指出的是，我们现在每个月可以生产4000架战斗机，在（来年）3月，我们的产量将超过盟军的产量。

1944年9月3日，7./JG 26中队撤离位于布鲁塞尔梅尔斯布罗克的基地返回德国本土，一些受损的飞机没有来得及炸毁，图中就是该中队的1架褐色6号Fw 190A-8，W.Nr.175140飞机。

再出众的指挥官，诸如约瑟夫·普瑞勒（前），再天才的设计师，如库尔特·谭克也无法让德军跟盟军抗衡。上图是1942年9月，谭克到驻扎在比利时韦弗尔海姆的Ⅲ./JG 26大队进行调研，为的是改进Fw 190A-2战斗机。

10月9日，9./JG 54中队转移到赫塞佩（奥斯纳布吕克北25公里），两天后，12./JG 54抵达阿赫默，他们的任务是保护诺沃特尼飞行队的Me 262飞机起飞和着陆。早期喷气战斗机有它的特别出众之处，但是飞机在起飞和着陆期间遭到攻击却毫无还手之力，原因就在于发动机推力不足，飞机的加速性能差（慢）。10月10日，Ⅲ./JG 54大队遭受首次严重损失，当天，大队指挥官魏斯上尉和10./JG 54中队彼得·克鲁姆普少尉在比塞尔前线一座小机场起飞滑行相撞，相撞的原因就是Fw 190D-9飞机的前视视野差，导致飞行员对前方视野判断不明。

更严重的损失发生在10月15日，当天，9./JG 54中队6架正在巡逻的Fw 190D-9飞机在赫塞佩上空突然遭到美国陆航第78战斗机大队P-47D战斗机的攻击，当即就有5架Fw 190D-9被击落，都是首次驾驶该型号飞机作战的四名飞行员丧生，唯一未被击落也没受伤的是格哈德·科罗尔下士，他的座机（W.Nr.210008）被严重击伤后，他实施了紧急迫降，飞机被注销。

虽然初战不利，Fw 190D-9还是实战证明其性能相当出色，Ⅲ./JG 54大队一名飞行员威利·赫尔曼称：“这个‘陌生家伙’进行了一些改进，原来腆着大肚子的绅士变成了苗条漂亮的女士。”不久后，德国空军其他几个大队也换装Fw 190D-9战斗机。

战斗突击大队

盟军在诺曼底登陆战役开始后，德国空军迅速调动战斗机单位到西线协助德国地面部队阻止盟军登陆。但是今非昔比，德国本土防御形势也不容乐观，盟军登陆的同时，空袭德国本土的大轰炸并没有停止，因此德国帝国防御体系也急需大量战斗机，特别是盟军轰炸机给德国战争机器造成严重破坏，飞机生产厂是重点轰炸的目标。例如6月29日，美国陆航第八航空队的B-24轰炸机对德国飞机生产厂和机场进行了狂轰滥炸，其中目标之一就是位于奥舍尔斯累本的阿戈公司Fw 190战斗机生产厂，该厂遭到了203吨炸弹的轰炸，工厂设施和飞机遭受巨大损失。第二天，梅塞施密特公司位于雷根斯堡生产厂领导罗鲁夫·卢赫特参谋工程师描述他参观被炸工厂时称：

从上往下看，整个奥舍尔斯累本被彻底摧毁，所有的高爆炸弹都没有正中目标，但是燃烧弹却击中了工厂，被击中后，工厂燃起大火，这里有很多工厂未来将投产的飞机。生产厂损失了10—12架飞机，而盟军4架“野马”飞机被击落，敌机坠地爆炸，工厂防御高炮做得很出色。车间防御高炮也进行了射击，但是他们只击落1架入侵者（指的是轰炸机）……

为了转变目前的不利形势，德国空军司令部决定扩充重火力重装甲防护的第1战斗突击中队，这个中队指挥官是汉斯-京特·冯·科纳特斯基（Hans-Günther von Kornatzki），在拦截盟军重型轰炸机行动中，他指挥的中队取得了很大的成功。有必要回顾一下战斗突击单位的历史，这个单位在帝国保卫战的战斗序列中发挥了一定的作用。

作战飞机生产厂是盟军重点轰炸的目标，两图是奥舍尔斯累本的阿戈公司Fw 190战斗机生产厂，工厂已经被炸得面目全非。即使如此，盟军轰炸机仍然会频繁光顾这些飞机生产厂。

早在1943年下半年，随着美国昼间轰炸行动越来越频繁，规模越来越大，深入德国纵深越来越深，德国空军司令戈林严令德国空军战斗机尽可能长时间地待在空中应对这种威胁。战斗机兵种总监加兰德立即指出，携带副油箱增加飞机的滞空时间会严重恶化飞机的性能，对飞行员的体质和精神承受能力来说也十分不利。跟往常一样，戈林没有听从加兰德的意见，而是命令飞行员不准抛弃副油箱，除非他的座机被敌机击中！加兰德还请求戈林允许他的战斗机在敌机下一波空袭行动时重新组合编队实施攻击，但是，戈林却要求所有能用的飞机全部投入战斗，不管什么情况。戈林要求的这一切到1943年年底导致飞机磨损达到了令人无法接受的地步。帝国元帅如果干涉战术级别，甚至是战斗细节的运用，说明他已经疯了，这是本末倒置的事，这足以说明德国的空中形势已经危如垒卵。

为了按照戈林的命令行事，汉斯-京特·冯·科纳特斯基少校建议成立一个特别装备的战斗突击大队，大队的专门任务就是攻击敌人轰炸机。冯·科纳特斯基少校在1939年9月至1940年8月间任Ⅱ./JG 52大队指挥官，之后，他被调到第1战斗机飞行员训练学校任指挥官，后又被调到加兰德的战斗机兵种总监任职。

在加兰德的同意下，冯·科纳特斯基少校花了一个月时间在E.Kdo 25试验单位研究他的战术，其间用他的Fw 58飞机来试验对付轰炸机的最佳方法。他还仔细研究电影、阅读作战报告、采访与轰炸机作战过的飞行员，他得出的结论是，从敌轰炸机编队后方实施攻击，单个德国战斗机可能就暴露在40多挺12.7毫米机枪的枪林弹雨之中，攻击期间，飞行员安全逃生的机会很渺茫。而整个装备重火力和重装甲的战斗机大队在近距离对敌轰炸机编队实施攻击可以大大降低单个战斗机面临的火力，也就是集体出击可以分散敌自卫火力。重装甲和重火力会使战斗机的速度和机动性下降，这个缺点可以通过战术使用来弥补，即在战斗突击大队主攻轰炸机时，另外两个常规战斗机大队负责将敌护航战斗机驱离，或是牵制性引开敌护航战斗机，使得战斗突击大队攻击时不受干扰。作为最后的手段，如果战斗突击大队的飞机离敌机足够近，而且弹药已经耗尽，那么为了把敌机击落，飞行员可以采用撞击敌机的方法。

在加兰德的允许下，冯·科纳特斯基开始建立一个战斗突击中队来训练自愿飞行员，所有参加这个中队的飞行员都必须宣誓：

1. 我自愿加入战斗突击中队，我熟知中队的基本要求。

a. 没有例外，我们必须靠近敌机编队。

b. 靠近敌机编队期间如出现损失，攻击长机必须立即补上。

c. 应该在最近的距离击落敌机，如果攻击变得不可能，撞击敌机就是唯一的选择。

d. 战斗突击队的飞行员必须和被击中的敌人轰炸机待在一起，直到敌机撞击地面。

2. 我自愿承担采取上述战术的义务，在敌机坠毁前决不着陆。如果没有做到上述誓言，我将面对军事法庭审判，或者是被战斗突击队开除。

首批突击队飞行员在1943年10月就位，11月8日，加兰德向突击队指挥官发去作战训令：

德国战斗机已经无法在拦截美国四发重型轰炸机行动中获得绝对性的成功，甚至在使用新型武器的情况下也未能改变这一局势，主要原因攻击编队的长机没能在尽可能近的距离上攻击敌轰炸机编队。帝国元帅戈林因此下令建立战斗

汉斯-京特·冯·科纳特斯基的战斗突击战术只是德国绝望中的权宜之计，包括日后的“易北河行动”等自杀行动都是垂死挣扎的表现。

突击中队，这个作战单位的主要任务就是打乱盟军轰炸机编队，最后，在最近距离上用装备重武器的战斗机将其击落。飞行员采取的这种攻击方式为的是向盟军飞机编队表明，不管发生什么，也不在乎任何损失，德国飞行员一如既往，直到将敌机编队彻底消灭。

自愿飞行员就位后就是训练，但是，这个过程相当缓慢，直到1944年1月，这个突击中队才执行第一次作战任务。

上文提到的1944年4月27日战斗中，最令德国空军司令部意外的是，第1战斗突击中队的作战行动，至少证明“战斗突击”这个概念是切实可行的。因此，空军最高司令部在1944年5月初下令组成两个新大队，即Ⅱ.(Sturm)./JG 4大队和Ⅱ.(Sturm)/JG 300大队。汉斯-京特·冯·科纳特斯基被命令在原第1战斗突击中队骨干人员的基础上组建Ⅱ.(Sturm)/JG 4大队，新单位包括一些原第1战斗突击中队有经验的飞行员。到1944年7月，这个单位在萨尔茨韦德尔形成完全作战能力，这个单位（Ⅱ.(Sturm)./JG 4大队）组成如下：

Stab. Ⅱ. (Sturm). /JG 4	汉斯-京特·冯·科纳特斯基中校
5. (Sturm)/JG 4	威廉·福尔达上尉(不久被埃里希·于格尔上尉取代)
6. (Sturm)/JG 4	曼弗雷德·科普克上尉
7. (Sturm)/JG 4	奥特马尔·泽哈特中尉

不久，Ⅱ.(Sturm)/JG 4大队又增加一个中队，即8.(Sturm)/JG 4，这个中队直到9月才正式参加战斗。

同时，空军司令部还下令Ⅳ./JG 3大队改变作战角色，这个大队原来装备的是Bf 109战斗机，所谓“改变作战角色”可能指的是由Bf 109飞机换装成Fw 190战斗机执行战斗突击任务。1944年5月8日，第1战斗突击中队更名为11.(Sturm)/JG 3（原单位一些老兔子留下，另一些到Ⅱ.(Sturm)./JG 4大队），也就是隶属于Ⅳ./JG 3大队指挥，该大队原来的中队也全部转而执行战斗突击任务，因此，单位番号改为Ⅳ.(Sturm)/JG 3，大队新任指挥官是威廉·莫里茨上尉。第1战斗突击中队并入到Ⅳ./JG 3大队的原因是前者一直驻扎在后者的萨尔茨韦德机场联合作战，执行战斗突击任务隐含的意思就是装备装甲防护能力增加的Fw 190飞机，即Fw 190A-8/R2、A-8/R7和A-8/R8等子型号，当时，这些型号飞机已经生产出足够的数量。现在的问题是，由于飞机装甲防护能力增加，导致飞机的重量

威廉·莫里茨上尉早年在Ⅱ./JG 77大队服役，短暂在JFS 4学校任职后再次返回战斗机单位。1943年10月19日，他被任命为6./JG 3中队指挥官；1944年4月18日，他升任Ⅳ.(Sturm)/JG 3大队指挥官。战争结束时，他任Ⅱ./JG 4大队指挥官。图中坐在Fw 190A-8/R2飞机座舱边缘的即莫里茨上尉。

5.(Sturm)/JG 4中队1架白色16号Fw 190A-8战斗机，战斗突击单位装备的大多是Fw 190A-8/R8型号，也有一些是Fw 190A-8/R7和R2飞机。

增加较多，飞机的作战性能明显下降，这对于攻击轰炸机不成问题，如果敌人护航战斗机前来拦截问题就大了。要解决这个问题也不难，那就是每个战斗突击单位都由两个大队的Bf 109战斗机为之提供护航任务，这些Bf 109战斗机也都换装改进的发动机，更适合将敌人护航战斗机赶走。这种混合编队的战术被称联合战斗组。

Ⅳ.(Sturm)/JG 3大队指挥官是威廉·莫里茨上尉，他回忆称：

当我在萨尔茨韦德尔被任命为战斗突击中队指挥官时，这个单位的两名高级军官科纳特斯基和巴克希拉已经不适合参加作战行动，他们一人生病，一人受伤。我必须承认，我跟这两位军官的关系并不是最好的，因为他们都允许他们的中队在没有他们领导的情况下参加战斗，对于一位负责的军官来说，这种情况让人无法接受。在他们缺席的情况下，哥特少尉率领中队出击。在我看来，我绝不会接受冯·科纳特斯基喜欢的那套战术，我从来就不限制一名飞行员去撞击敌人轰炸机。

尽管冯·科纳特斯基被任命为Ⅱ.(Sturm)/JG 4大队指挥官，实际上直到1944年7月12日他的官方指挥权才正式开始。Ⅱ.(Sturm)/JG 4大队的骨干是原战斗突击中队的成员，包括奥特马尔·泽哈特中尉、维尔纳·佩尼曼少尉、乌尔里希·布利泽少尉和格哈德·马尔伯格上士。大队的其他飞行员来自已经撤消的Ⅰ./ZG 1大队，这个大队原来装备使用的是Ju 88重型战斗机（德国称驱逐机，原是轰炸机），主要用于攻击大西洋航线上和诺曼底附近海域的盟军舰船。遭受重大损失后，这个单位后撤到波兰波兹南附近的霍亨萨尔扎（现称伊诺弗罗茨瓦夫），在此，该大队紧急换装Fw 190飞机并加紧训练。

装备战斗突击大队的大多数是Fw 190A-8/R8战斗机，这个型号飞机翼根安装2门MG 151机炮，机翼外侧安装2门MK 108机炮，为了减重，原发动机上方2挺MG 131机枪被去除，取而代之的是此处安装装甲板。另外，座舱前风挡和座舱侧面都安装了防护装甲。

截至7月初，德国空军帝国航空队装备Fw 190战斗机的单位如下：

第Ⅰ战斗机航空军	不伦斯维克奎卢姆		
Ⅳ.(Sturm)/JG 3	威廉·莫里茨上尉	伊莱斯海姆	Fw 190A-7、A-8
2./JG 51	霍斯特·哈泽中尉	伊莱斯海姆	Fw 190A-8
JGr 10	乔治·克里斯托尔中尉	帕希姆	Fw 190A-7、A-8、G-2、G-3
Stab./JG 300	瓦尔特·达尔少校	下斯劳斯巴赫	Fw 190A-6、A-7、A-8、G-8
Ⅱ./JG 300	阿尔弗雷德·林登伯格少校	下斯劳斯巴赫	Fw 190A-5/-6/-7/-8、G-2/G-3/G-8

Ⅳ./JG 3（番号还未改为Ⅳ.(Sturm)/JG 3）大队6月21日前驻扎在安斯巴赫，7月6日，该大队转移到伊莱斯海姆，之后的7月17日再次转移到梅明根；2./JG 51中队于1944年6月25日从东线战场返回德国，随后全部换装Fw 190A-8战斗机，在Ⅳ.(Sturm)/JG 3大队指挥下参与战斗；Ⅱ./JG 300大队是一个战斗突击单位，但是，实际上到1944年8月才执行战斗突击任务。

在原第1战斗突击中队和11./JG 3中队服役的飞行员奥斯卡·博施上士描述他在战斗突击单位早期经历时称：

每次作战任务，我们即将看到的都是令人恐惧的场面，如果敌人的护航战斗机没能及时赶到，我们肯定会给敌轰炸机造成巨大的破坏。我们更喜欢从高空敌机后方俯冲攻击，最好是敌机侧向10度，因为在这个角度敌人后射机枪手很难向我们射击。获得命令后，我们会在距敌机400米时开火射击，就在我们几乎与敌机相撞前迅速转弯脱离战斗。我们的30毫米机炮产生的巨大破坏效果使得我们几乎是在敌机（被击中后爆炸的）碎片中飞行，甚至有一些就是敌机完整的部件。

迎头攻击也非常有效，但是，这时我们只有3秒钟的射击时间，射击后我们必须立即转弯以避免撞上目标。如果敌人的护航战斗机还没有及时赶来求援，那么我们就有足够的时间组成攻击编队，然后再次俯冲攻击。敌人轰炸机射手在距离2000米左右就开始向我们射击，这完全是浪费弹药，很明显，他们也像我们一样害怕。B-17飞机后面的紊流使我

7.(Sturm)/JG 300中队在1944年8月间驻扎在沃尔茨堡附近的霍尔茨基兴，图中的Fw 190A-8/R2飞机发动机全部启动准备执行下一个作战任务。注意看，前面这架飞机携带的副油箱跟后面的不一样，见文中副油箱介绍。

Ⅱ.(Sturm)/JG 300大队的Fw 190A-8/R2飞机，跟上图中同大队（不同中队）飞机相比，这些飞机有白色战术编号。

15.(Sturm)/JG 3中队Fw 190A-8/R2飞机正在起动，机翼外侧是MK 108机炮，值得一看的是座舱加装了防弹装甲。

们的飞机颠簸，发动机的冷凝雾让我们视野模糊，我们遭受敌人自卫火力数分钟或数秒钟射击，虽然只有几十秒钟，似乎时间相当漫长。这个过程我们也在射击，穿过枪林弹雨靠近敌机我们才能看清我们的攻击效果。

尽管我们的座机座舱有重装甲保护，我们还是相当畏惧敌轰炸机密集的火力，我特别记得1944年5月8日的战斗，当时战斗的细节深刻地印在我的记忆里，从一开始就不顺利。当时，我们飞行在一支高度稍低的B-24轰炸机编队旁3000米高度，我们的地面高炮把我们也当成了敌机射击！1枚炮弹在我的座机旁爆炸，爆炸的碎片把座舱前打成了筛子。座舱风挡和发动机罩上立即出现油污，一个油管被碎片击断，我用无线电通知我的战友我得离开编队。被高炮炮弹击中后，我的座机仍然离B-24飞机越来越近，我驾驶座机俯冲准备脱离战斗，这时我发现我正穿过B-24轰炸机编队，（这么好的机会）我不得不开火射击，我对着编队中最后1架轰炸机射击，这架飞机被我击中后碎片飞离机身。我穿过敌机编队时不停地射击，我根本没有时间查看结果，因为在极短的时间内，我必须穿过60多架轰炸机。

Ⅳ.(Sturm)/JG 3大队的标志之一就是靶心中间有一个红色的美国重型轰炸机，这个寓意很明显，他们的作战目标就是击落美国轰炸机。

我处在一个相当安全的位置，轰炸机射击手都不敢冒着击中己方飞机的危险对我射击，弹药耗尽，我异常兴奋，我决定撞击1架敌机！我驾驶飞机飞到1架B-24飞机的侧后方向，此时我可以感受到轰炸机滑流形成的旋涡，我的飞机失去了平衡，并且距我要撞击的目标几米处飞过。撞击失的，我的眼前突然亮起来，我向周围看了看，发现轰炸机都不见了，只有炮火在向我射击。我的座机再次被击中而震动起来，我确信我的座舱侧向装甲板保护了我的性命。我向前推杆，不顾巨大的负过载，飞机进入了估计1000公里/小时的俯冲（有点夸张了）。我处在子弹形成的弹雨中，丝毫不敢浪费时间，我解开保险带并抛掉座舱罩，冰冷刺骨的风将我从座椅上掀开抛出座舱。我从6000米高度自由落体式坠落过程中十分害怕，我等着穿过云层再打开降落伞。最后，我降落在戈斯拉尔的哈尔茨山脉。很幸运，我只是脑袋被弹片击中而受点轻伤，降落过程中面部轻微烧伤，原因是我的降落伞被很多子弹击穿（不太理解因果关系）。

Ⅳ.(Sturm)/JG 3大队第一次与美国轰炸机作战是在1944年7月7日，该大队刚刚从法国返回德国本土。战争进入这个阶段，美国轰炸机再次将轰炸重点放在德国合成油和飞机生产厂这类目标上，7月7日当天，美国出动939架B-17和B-24轰炸机，为之护航的是656架P-38、P-47和P-51战斗机。随着美国第492轰炸机大队的B-24编队从西面靠近奥舍尔斯累本，由JG 300联队新任指挥官瓦尔特·达尔少校率领的联合战斗组准备迎击美国飞机编队，这个联合战斗组包括Ⅳ.(Sturm)/JG 3的44架Fw 190A-8战斗机，和为之护航的JG 300联队三个大队（Ⅰ/Ⅱ/Ⅲ）Bf 109G-10战斗机，联合战斗组小心地避开敌护航战斗机，并且从低空靠近

在完成飞行训练后，1944年1月，瓦尔特·卢斯才被分配到Ⅲ./JG 3大队服役，后又转到Ⅳ./JG 3大队（当时还不是突击大队），不久再次被分配到达尔的JG 3联队队部。1944年10月，在击落22架重型轰炸机后，卢斯被分配到JG 301联队队部，转而驾驶Ta 152战斗机。图中他正坐在自己的“蓝色14”号Fw 190A-8飞机座舱里。

轰炸机编队。9时40分，在奥舍尔斯累本上空5600米高度，Fw 190从敌机编队后侧方并排向目标发起攻击，在接下来约四分钟的时间里，Fw 190击落24架B-24，获得战果的飞行员是：Ⅳ.(Sturm)/JG 3大队队部威廉·莫里茨上尉（1架）；10./JG 3中队（此时应该称呼10.(Sturm)/JG 3，下同）指挥官汉斯·魏克中尉、瓦尔特·哈根瑙少尉、汉斯·舍费尔少尉、奥托·埃哈特上士、胡伯特·德德拉下士和京特·海尼希代理下士，他们每人击落1架；11./JG 3中队维尔纳·戈特（2架），卡尔-海因茨·凡·德·斯泰嫩少尉（2架），维尔纳·佩尼曼少尉和沃尔夫冈·恩格尔下士分别击落1架；12./JG 3中队威利·翁格尔上士（2架）、海因茨·杰罗维克下士（2架），汉斯·拉赫尔中尉、马克斯·穆勒少尉、莱因霍尔德·霍夫曼下士和汉斯-约阿西姆·舒尔茨下士分别击落1架。

同样是在这天，2./JG 51中队换装Fw 190A-8战斗机后第一次执行战斗任务，该中队首战告捷，在奥舍尔斯累本上空击落10架B-24轰炸机，包括中队指挥官霍斯特·哈泽上尉击落1架，中队仅损失1架飞机，这架飞机还是在哈尔贝尔斯塔德机场起飞时出现故障损失的。当美国陆航第2航空师的B-24编队返航时，该师有28架B-24被击落，其中包括JG 300联队队部达尔少校和瓦尔特·卢斯上士分别驾驶Fw 190击落1架，这个战斗突击大队在攻击过程中损失9架飞机。

战斗突击大队作战过程介绍

集结和编队

德国无线电收听单位收到敌轰炸机编队来袭情报后，战斗突击大队进入一个小时战斗准备，其他战斗警报一般会有15分钟或5分钟战斗准备，在这个时间段里飞行员进入座舱准备升空。起飞后，一个Fw 190战斗机编队和三个Bf 109战斗机大队在地标空域1000—2000米高度组成联合战斗组，如果云层低于1000米就取消战斗，如果云层出现裂缝战斗行动继续，10/10云（描述云密度的词）不适合出击。联合战斗组的组成必须在15—30分钟内完成，联合战斗组一般由24—48架Fw 190和其他100架护航战斗机组成。组成战斗组后，飞机编队会爬升到8000米的战斗高度，或是高于这个高度再转弯向敌轰炸机编队飞行。

战斗突击大队Fw 190飞机一般会组成3个8机、10机、12机、14机或16机编队，3个编队

1944年年初时第1战斗突击中队装备的1架Fw 190A-6战斗机，该中队此时可能驻扎在萨尔茨韦德尔或是多特蒙德。上图中的飞机座舱罩明显增加了防弹玻璃，这是战斗突击中队飞机的特征。第1战斗突击中队的标志是一只黑手紧握闪电，标志的外框为盾牌。

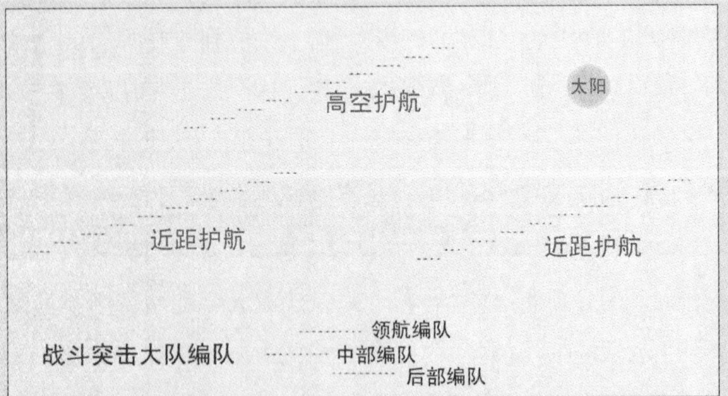

战斗突击大队战术示意图。

以纵队排列，高度交叉（见上图说明）。发现敌轰炸机编队后，Fw 190飞机编队变换成并列队形，并爬升到相同高度，两个由36—40架飞机（最小四机编队）组成的护航战斗机大队靠近Fw 190飞机编队为其护航，其余的护航大队则在高空掩护。从正面看，战斗突击大队的飞机在中间，近距护航的战斗机编队在其右侧和左侧稍高的位置。高空护航的编队在战斗突击大队的后上方，高于太阳的高度。

战斗突击大队通常由联队指挥官带领，他飞在第一个编队里，而他在编队里的位置每次任务都有所不同，通常在右数第四、第五、第八或第九的位置。如果某种原因导致联队指挥官没有参加或是中途被迫退出战斗，他的副手就会取代他的位置。

护航大队的基本组成单位是双机编队，由长机和僚机组成。两个双机编队形成一个四机编队，这是护航行动飞机编队的最基本单位。四机编队的长机可能在左侧，也可能在右侧，并不固定，其位置由飞行中侧滑方向决定。从上往下看四机编队，长机在左侧，最靠着他的是僚机，紧跟着是另一个双机编队的僚机，之后是长机。当然，也可能是四机编队长机在右侧。如果四机编队长机被击落，第二个双机编队的长机就会自动成为三机编队的长机。护航大队的领航机（指挥官）通常飞在最前面的四机编队里，而且在上方掩护编队。如果领航机被迫放弃

专门为战斗突击单位改进的防弹座舱和座舱罩，上两图是座舱罩加装防弹钢板，仅留有小窗户供飞机观察侧面情况，这种防弹座舱罩理所当然没有投入使用，原因就是飞行员视野太差；下两图是在座椅头靠后安装两块防弹玻璃，可以有效防护飞行员后方，这种安装方案也被放弃，取而代之的是在座舱罩外面额外增加防弹玻璃。

这张照片很容易看清Fw 190A-8/R2飞机的火力配置，起落架处是2门MK 108短管30毫米机炮，这个型号机炮射程近，威力大，非常适合战斗突击单位使用。发动机上方机枪去除后覆之以整流罩。

飞行，他的副手将取代他的位置，编队任务和位置不变。每个贴近护航大队（在战斗突击大队两侧）都有一个长机飞在大队的前面，他们都受后上方护航大队指挥官的指挥。

攻击战术

迎头攻击战术是埃贡·迈耶尔发明的，他在训练中将此战术推广到德国空军战斗机单位，这种战术上面讨论过，有优点也有缺点，因此，JG 4联队放弃了迎头攻击战术改为从后方攻击的新战术。护航的基本原则就是Bf 109战斗机保护Fw 190战斗机没有顾虑地攻击敌人轰炸机，梅塞施密特飞机飞行员被严令不得脱离或离开主要编队去和盟军战斗机格斗，除非整个联合战斗组的指挥官下令允许这么做。

在目视到没有护航战斗机的敌轰炸机编队后，联队指挥官会在与敌机编队2000米距离时通过FuG 16无线电发出“嘭！嘭！”暗语，其他飞行员收到暗语后立即抛掉副油箱，俯冲到敌某架轰炸机或轰炸机编队下方，然后机头朝上实施攻击。有时，Fw 190也会改出俯冲状态在水平方向攻击。每个飞行员挑出一架飞机实施攻击，在双方距离拉近到大约350米时用MG 151机炮射击，通常情况下先对敌机尾部自卫火力一阵短射，然后用30毫米MK 108机炮和20毫米MG 151机炮一起对着敌轰炸机内侧发动机（左右均可）射击，稍后使用MK 108机炮的原因是该型炮的弹药携带量小，而且短管炮的远距射击精度不足。这个射击过程中，发动攻击的战斗机会深入到敌机编队内部，后一个攻击编队必须在前一个攻击编队离开敌机编队后才能发起攻击。通常来说，三个攻击编队依次攻击敌机，偶尔也会两个攻击编队实施攻击，另一个编队备用。

美国B-17轰炸机的翼展将

近30米，整个轰炸机轮廓充满Revi 16瞄准具，说明两机距离为300米。通常情况下，攻击方战斗机会根据攻击角度和水平位置在200—750米距离之间射击，飞行员的作战经验也是变量之一。战斗机俯冲到敌轰炸机下方攻击距离比俯冲拉起后水平攻击距离要短，到底多近距离射击跟飞行员作战经验和攻击时遭遇的敌自卫火力有关。

大部分德国飞行员发现，在目标后方实施攻击时，美国“飞行堡垒”轰炸机向上射击的火力最恐怖，一位被俘的JG 4联队飞行员描述称轰炸机的炮塔“最冷酷无情”。他还称，轰炸机的规避动作在战斗突击大队战术下没有任何用处，而且这样只会使得自己脱离编队。紧密队形的轰炸机编队被击落的飞机比松散队形的编队被击落的少，也就是保持编队队形不乱十分重要。他还建议称，轰炸机自卫火力射手应该在最大距离射击，充分利用B-17编队一齐射击的强大火力，等到攻击方战斗机进入正常火力范围再射击是错误的。

一轮攻击完成后，Fw 190会在敌轰炸机编队下方1000米高度重新组成编队，通常在敌机航线的左侧下方。发出攻击指令的长机会根据实际情况命令重组编队从敌机左侧或是右侧实施下一个攻击，此时的无线电暗语翻译过来就是“重组攻击左侧（或右侧）”。

战斗突击大队的飞行员跟一般的拦截轰炸机单位飞行员不一样，前者在一次任务中要实施两次或三次攻击，不管座机是否有弹药，也不管机炮是否出现卡壳故障，甚至敌人护航战斗机出现也是如此，必须义无反顾地攻击敌人轰炸机。战斗突击大队飞行员会尽最大可能直接朝敌机内侧发动机和机身之间部位射击，这个部位更容易毁伤轰炸机，这里的液压设备容易被击毁。

攻击有护航战斗机伴随的轰炸机编队时，Fw 190采用的战术跟上文所述的类似，主要区别是，在实施攻击时，为Fw 190贴身护航的一个大队会立即飞到轰炸机编队下方，这里正是战斗突击大队重组编队位置，受到保护的Fw 190迅速重组编队准备实施第二轮攻击。如果战场局势允许，其他两个护航战

第一战斗突击中队早期装备的Fw 190A-7战斗机，当时的作战行动还只是在摸索攻击战术。飞机后机身黑白黑条纹是早期空中识别尝试，后来这种识别方法被广泛采用，黑白黑也成为JG 4联队的识别条纹。照片背景是1架Bf 109G战斗机。

刚刚执行完任务返回机场的威利·马克希姆维茨下士坐在他的“白色10”号Fw 190A-6座舱内，注意他的座机座舱和侧机身已经安装了装甲板和防弹玻璃。另一个值得看的是他的机号上有一个弹孔，这是战斗纪念。

斗机大队也会加入攻击轰炸机的战斗中，一切视情况而定。

万一遭到敌人护航战斗机的攻击，Fw 190战斗突击大队飞行员明白，他们必须仍旧保持队形，这是严格的命令，赶走敌人护航战斗机的事由己方护航战斗机解决。这样分工明确，不会造成双方任意行动时出现两误的结果。实际情况中会出现几架盟军战斗机（一般是“野马”）穿过高空护航的Bf 109飞机编队直取战斗突击大队后方的Fw 190，这种情况下，Fw 190会损失惨重，特别是最后面V形编队中的飞机。“野马”的攻击还会造成后面几架Fw 190飞行员意志动摇而采取规避机动，这实际也是不允许的。很多情况下，大量盟军战斗机在Fw 190编队后方占位成功，此时整个Fw 190编队就得打破队形，飞机以小编队形式向下俯冲逃离，返回基地。Fw 190战斗机的俯冲速度比“野马”战斗机的更高，因此俯冲机动规避打击是可行的办法。

在完成攻击后，飞机仍以与此前追击敌轰炸机编队时相同的编队返回基地，如果Fw 190攻击编队返航时没有护航战斗机，那么攻击编队就以四机V形编队返航，以便遇到紧急情况时可以迅速投入战斗。

没有明确的战术指导飞行员如何攻击落单的轰炸机，通常情况下，为Fw 190战斗机护航的Bf 109战斗机会克制一些，不去攻击显然比较容易攻击的落单轰炸机，但是，如果遇到了落单又受伤的轰炸机，1架或几架战斗机可能会离开编队实施攻击，此时的攻击步骤和战术都是标准的和常规的。

埃尔温·巴克希拉少校是战斗突击中队老兵，他出生在匈牙利，在奥地利长大，后参加了奥地利高炮部队，之后成为一名飞行员，先后在驱逐机单位和战斗机单位服役过。1943年11月，巴克希拉加入到第1战斗突击中队。1944年4月，在战斗中他手臂受伤，伤愈后到第16训练学校任职。1945年1月，他被任命为Ⅳ.(Sturm)/JG 3大队指挥官。1982年3月2日，巴克希拉在维也纳去世。

坐在“白色7”号的Fw 190A-6座机座舱内的奥特马尔·泽哈特中尉，他在1944年1月11日的战斗中击落1架B-17轰炸机，这是第1战斗突击中队的首架战果。注意看他的座机安装了装甲板，但是座舱风挡还没有安装防弹玻璃。

无线电控制和Y程序

在联合战斗组里，有几架飞机装备了FuG 16ZY无线电设备，该设备可以重复发送调制信号，这样，战斗机编队就可以通过地面发送的无线电信号引导到目标空域，这就是“Y”程序，其作战使用过程是：地面控制站通过特定频率实时监视安装FuG 16ZY的飞机位置，并形成师级指令，地面的发射机发送的频率被“Y”程序飞机接收后，设备会自动用另一个频率向地面发送信号，接收这个信号的是相应的地面控制站，它可以识别“Y”程序飞机并测量飞机的方向和距离，高度信息由“Y”程序飞机自身的无线电高度表来测量。地面控制站发出的指令所有联合战斗组的飞行员都能听到，而“Y”程序飞机发送的无线电只有地面控制站可以接收到。

每次作战任务前，几架适合作为“Y”程序的飞机将进行各种测试，包括飞机本身和其无线电设备，实际作战时，一次作战任务中只有1架“Y”程序飞机被使用，也有可能出现其他情况，比如被指定的“Y”程序飞机被击落或是出现故障。

当战斗机编队集结完毕后，编队长机向地面指挥站发出信号“已经集结”或是“所有兄弟都跟着我”。此时，地面控制站通过呼叫代号（例如“潟湖”31或是“你将成为火车头”）发出指令要求被指定的“Y”程序飞机接管编队，之后，飞机编队爬升到作战高度。地面控制站适时会向编队发出指令，比如“转向295度”等。当飞机编队向敌轰炸机方向飞去，地面指挥站时不时会询问“能看到肥胖的汽车吗”（指四发重型轰炸机）如果敌人轰炸机没有进入视野，“Y”程序飞机飞行员会回答“我们仍然孤零零”，如果看到敌机，飞行员就会说他看到了什么，比如冷凝迹、黑点、天际线等等。

战斗机编队与敌轰炸机编队目视可及时，战斗机编队长机会接管编队控制权，根据他的判断直接发出攻击命令。空战开始后，“Y”程序战斗机与地面控制站的通讯全部停止。如果师级指令因干扰或战斗机在通讯距离外，“Y”程序飞机会调整频率与国家战斗机控制站联系，国家级指令通过德国空军中央控制司令部（负责帝国保卫战战斗序列所有作战单位作战）发出指令。从实际情况看，很少发生这种情况，如果战斗机编队飞出了自己航空师控制范围，那么邻近的航空师可以使用相同频率进行指挥。

通常的规则是，无线电通讯次数减少到最小，无线电使用纪律要加强，甚至对某个战斗机飞行员来说也是如此，因此常会出现这种情况，当盟军的战斗机向己方长机发动攻击时他们也不情愿实时汇报当时情况，原因就是无线电使用纪律的束缚使得他们害怕通报错误。另外，新飞行员（Y程序设备只装在新飞行员飞机上）经常要忙于保持编队，他们的精神负担很重，也无暇汇报当时情况，他们更加有经验的长机对情况应该十分了解。

Ⅱ.(Sturm)/JG 300大队的1架Fw 190A-8/R2飞机停放在松树林中，为的是躲避盟军的空袭。这架飞机的发动机桨毂喷涂了旋转条纹，据说这样可以在发起攻击时扰乱敌轰炸机射手眼睛。

战斗突击大队的表演

战斗突击大队取得巨大成功的一次战斗是在7月18日，当天，美国陆航出动200架B-17和B-24从意大利基地起飞去轰炸曼泽尔的道尼尔公司的飞机生产厂和梅明根的机场，这两个目标正好在Ⅳ.(Sturm)/JG 3大队的防区内，该大队起飞约45架Fw 190前去拦截。在霍尔茨基兴完成集结后不久，地面控制站发出信息称敌轰炸机编队从奥地利茵斯布鲁克和加米施方向靠近。因为天气恶劣，两个美国轰炸机编队转而选择寻找替代目标，其中美国陆航第483轰炸机大队的飞机没有P-38战斗机护航。约10时50分，美国第483轰炸机大队遭到德国战斗突击大队的拦截，当即就有14架轰炸机被击落，其他美国飞机编队也遭到攻击，Ⅳ.(Sturm)/JG 3大队拦截行动中，24架轰炸机和2架P-51“野马”战斗机被击落。击落2架B-17的飞行员包括10.(Sturm)/JG 3中队奥托·埃哈德上士、德德拉下士和海尼希代理下士，11.(Strum)/JG 3中队维尔纳·戈特少尉，12.(Sturm)/JG 3中队海因茨·安格列斯候补上士，最成功的飞行员是该中队的奥斯卡·罗姆少尉，他击落2架B-17和1架P-51。

德国付出的代价不是很大：三名飞行员丧生，全部来自12.(Sturm)/JG 3中队：布罗斯基上士、拜斯上士和施瓦茨代理下士。10.(Sturm)/JG 3中队指挥官汉斯·维克中尉严重受伤，受伤前他击落1架B-17，这是他个人第36架战果，随后他被另一架B-17的自卫火力击中肩膀和手臂，他设法跳伞逃生，但是他的伤势很重，此后一直住院治疗，直到1945年才能再次驾机升空。7月27日，维克被授予“骑士十字勋章”，他的勇敢成为他所在中队的精神象征。因为领导了7月18日的战斗，莫里茨上尉也被授予“骑士十字勋章”。

除了Ⅳ.(Sturm)/JG 3大队，2./JG 51中队也参与了7月18日的战斗，而且击落了8架B-17，其中赫伯特·米凯尔斯上士和京特·波科尼下士分别击落2架。但是，随后战斗中，米凯尔斯上士被击落身亡，贝格曼下士受伤。Ⅱ./JG 300大队也在当天战斗中击落4架B-17和4架P-51，该大队最成功的飞行员是5./JG 300中队库尔特·维尔特少尉，他击落2架“野

1944年7月，Ⅱ./JG 6大队由Me 410驱逐机换装为Fw 190A-8战斗机，换装期间，该大队在柯尼斯堡纽马克进行了训练，以上两图就是训练时的照片。背景机库大门（不是同一机库）上绘制了全尺寸B-17轰炸机图，目的是让飞行员练习判断射击距离。

马”。因为美国护航战斗机已经赶到现场，Ⅱ./JG 300大队有五名飞行员被“野马”击落阵亡。

JG 300联队是原“野猪”单位，如今执行的是昼间作战任务，该联队的Ⅱ./JG 300大队装备着Fw 190战斗机。在诺曼底战役期间，大部分战斗机单位被调往法国前线，只留下JG 300联队独守德国本土。没能阻止盟军登陆，法国战役败局已定，很多战斗机单位再次返回德国，有的则被调往东线与苏联红军作战。

7月20日，美国陆航第八航空队出动1077架B-17和B-24轰炸机，外加476架护航战斗机去轰炸德国爱尔福特和莱比锡地区的目标，包括飞机和发动机生产厂，合成油生产厂和空军机场。在上午11时05分至11时15分间，美国飞机编队遭到德国Ⅱ./JG 300大队、Ⅳ.(Sturm)/JG 3大队和2./JG 51中队的Fw 190战斗机拦截，德方称击落19架“飞行堡垒”轰炸机，最成功的飞行员是6./JG 300中队弗兰茨·伯勒雷代理下士，他击落3架敌机；5./JG 300中队康拉德·鲍尔上士和6./JG 300中队库尔特·魏甘德下士各击落2架。但是，伯勒雷随后在战斗中受伤，他的中队的柯尼希上士阵亡；12.(Sturm)/JG 3中队一名飞行员阵亡，另一人受伤；2./JG 51中队波科米下士丧生。除了19架轰炸机，美国还损失8架护航战斗机。

美国陆航第91轰炸机大队1架“飞行堡垒”上的射手马里奥·哈弗拉尔少尉生动地描述了7月20日的战斗，他当时在“和平缔造者”飞机上，他所在的轰炸机编队突袭目标是莱比锡。他后来的报告称：

我们第401中队飞在编队下方位置，如果敌人战斗机发起攻击，这里是最容易受攻击的位置。飞行中，我检查了轰炸机的轰炸瞄准具，所有数据都已设置好，我突然发现我们前方有一行白色烟雾状的东西，就在同时，我的一位战友大叫“战斗机！”话音未落我几乎立即发现灰色的福克-沃尔夫飞机做着半滚转机动向下一闪而过。随即，我们编队长机翼尖着火从我们座机机头前划过，1架Fw 190飞机在我窗口不超过60米的距离突然出现，它正向1架轰炸机的机头射击。这时，我已经爬到机头炮塔，对着呼啸而过的敌机猛烈射击，敌机俯冲离去。激烈混乱的场面下，我根本没有机会看我是否击中了敌机。很快，一切都结束了：刚才天空中到处是黑烟、火焰、“飞行堡垒”和福克-沃尔夫飞机，现在天空中空无一物。我突然意识到，我们的座机“和平缔造者”肯定被击伤了，而且正在脱离编队。导航员告诉我，我们的情况可能很糟糕，说完他去了驾驶舱，在他回来之前，我感觉等待了一年时间。他告诉我，我们的飞机正在迅速损失高度，必须把一切多余的东西扔出去，随后我们机组成员就着

8.(Sturm)/JG 300中队的1架Fw 190A-8/R2飞机正在起飞，驾驶员是海因茨-迪特尔·格拉姆伯格中尉。这一时期，很多单发战斗机尾部都采用红色识别条纹，到1944年11月，不同的单位才采用五颜六色的识别条纹。

手拆东西扔掉。

让“和平缔造者”机组成员欣慰的是，他们最终设法返回了英国剑桥郡巴辛伯恩并安全着陆。

7月25日，美国陆航第15航空队出动420架B-17和B-24轰炸机去轰炸位于奥地利林茨的赫尔曼·戈林坦克工厂，其他轰炸机去轰炸奥地利菲拉赫机场，以及奥地利和南斯拉夫境内其他目标。上午11时左右，一支B-24编队遭到JG 300联队队部和Ⅱ./JG 300大队的拦截，两个单位声称击落9架敌机，己方5./JG 300中队损失一名飞行员。在7月末，Ⅳ.(Sturm)/JG 3大队转移到奥地利边境的舍恩高驻防，这里是美国陆航第15航空队空袭德国的必经之路，转移到这里可以更好地实施拦截行动。相关资料称本月首次大规模空袭行动发生在7月3日[①]，美国出动600架B-17和B-24轰炸机在300架护航战斗机的保护下前去轰炸炼钢厂、化工厂、位于曼泽尔和洛温塔尔的道尼尔公司飞机生产厂和伊门施塔特轴承厂。德国空军Ⅳ.(Sturm)/JG 3大队率先于11时40分在阿尔卑斯山上空实施了拦截，但是，此次行动该大队只能出动16架Fw 190，数量虽少，战斗中声称击落15架敌机，全部是B-24轰炸机，其中12.(Sturm)/JG 3中队指挥官威利·翁格尔上士（可能刚刚被任命为中队指挥官，军衔还未晋升）击落2架。德军的损失是大队有四名飞行员丧生，两人受伤，受伤的两人在阿尔卑斯莱希塔勒实施了跳伞。2./JG 52中队也参加了战斗，声称在奥伯阿默高上空击落4架

这是11.(Sturm)/JG 3中队维尔纳·戈特少尉的Fw 190A-8/R7座机，这个型号飞机的座舱前风挡、座舱罩两侧和发动机罩都加装了防弹装甲。后机身白色条纹上的波浪符号表示“Ⅳ”大队。

左三图是Fw 190飞机照相枪中的美国B-17轰炸机，Fw 190战斗机从后侧方发起攻击；右三图是Ⅱ./JG 300大队的Fw 190A-8飞机攻击1架美国B-24轰炸机的照相枪照片，B-24轰炸机的翼根发动机和尾部首先起火。

① 这个日期疑有误，不可能是8月，而本章着重介绍7月下旬战斗，“3日”显然不合适，估计是7月23日。

B-24，己方损失一名飞行员彼得斯下士。

实际上，直到1944年7月，Ⅱ./JG 300大队才正式成为战斗突击大队，就在这个月，该大队开始换装重装甲防护的Fw 190A-8/R2战斗机。Ⅱ./JG 300大队指挥官厄恩斯特-埃里希·希尔斯费尔德在7月28日的战斗中阵亡，接替他的是库尔德·彼得斯少校。8月4日，大队新任指挥官彼得斯向联队指挥官汇报称新角色的转型训练全部结束。六天后，JG 3联队的四个大队都已经扩充到由四个中队组成，相应地，10./11./12./JG 3中队番号改为13./14./15.(sturm)/JG 3，而16.(Sturm)/JG 3由上文不断提到的2./JG 51中队演变而来。

Ⅱ.(Sturm)/JG 300大队改变作战角色后的第一次作战任务是在8月15日，当天美国出动877架轰炸机去轰炸德国境内机场，上午10时刚过，由驻扎在巴特弗里斯霍芬的Ⅱ.(Sturm)/JG 300大队部和Ⅰ./JG 300大队、驻扎在霍尔茨基兴的Ⅱ.(Sturm)/JG 300大队、驻扎在舍恩高的Ⅳ.(Sturm)/JG 3大队组成的联合战斗组在奥尔斯堡附近转弯直奔法兰克福方向飞去。当时气象条件不断恶化，但联合战斗组还是在11时45分在摩泽尔西部发现60—80架B-17轰炸机，两个战斗突击大队立即在达尔的联队队部编队组成攻击编队，然后从敌机后方实施攻击。在第一轮攻击中，美国陆航第358和第427轰炸机中队的13架B-17中有9架被击落。德国战斗突击大队第一轮攻击后立即重新组成编队发动第二次攻击，这波攻击完成后Fw 190立即返航，因为这些飞机的燃油几乎耗尽了。这次行动中，达尔击落2架B-17，Ⅱ.(Sturm)/JG 300大队击落7架，Ⅳ.(Sturm)/JG 3大队击落8架轰炸机，总计17架。美国陆航第八航空队承认损失16架轰炸机。德方损失方面，15./JG 3中队赫尔曼·克里斯特下士阵亡，14./JG 3中队恩格尔下士被击落，他受伤后跳伞逃生。

下一个战斗突击大队参与的重要战斗是在8月22日，当时，美国陆航第15航空队出动530架B-17和B-24轰炸机在大量护航战斗机的保护下空袭布列赫哈默、奥德塔尔和科尔新堡的石油精炼厂，以及维也纳罗博的石油储存库。上午10时刚过，Ⅳ.(Sturm)/JG 3大队和Ⅱ.(Sturm)/JG 300大队的Fw 190战斗机在Ⅰ./JG 302大队的Bf 109战斗机护航下在匈牙利东部帕帕上空拦截了美国轰炸机编队，在接下来9分钟的战斗中，两个突击大队击落11架B-24轰炸机和4架P-38战斗机，最成功的飞行员是6. (Sturm)/JG 300中队的鲁道夫·泽维斯肯上士，他击落3架“闪电”战斗机。在美国飞机编队返航过程中，6. (Sturm)/JG 300中队再次击落3架B-24，其中泰斯下士击落2架，泽维

地勤人员在忙着维护1架Fw 190A-7或A-8飞机，这是基本型号，机翼为4门20毫米MG 151机炮。注意看这架飞机的发动机罩、座舱罩加装了防弹装甲；机翼2门机炮之间是照相枪。

斯肯上士击落1架。Ⅱ.(Sturm)/JG 300大队三名飞行员和16./JG 3中队一名飞行员受伤。

1944年8月最后的重要战斗发生在8月29日，两个战斗突击大队攻击了美国陆航第15航空队一支轰炸捷克境内石油工业目标的轰炸机编队，Ⅳ.(Sturm)/JG 3大队击落4架“飞行堡垒”，其中15.(Sturm)/JG 3中队威利翁格尔上士击落2架；Ⅱ.(Sturm)/JG 300大队和队部击落6架轰炸机，两个大队都没有损失记录。

下一场拦截美国昼间轰炸机编队的重要战斗发生在9月11日，这天，美国陆航第八航空队出动1016架轰炸机（654架B-17和362架B-24）轰炸德国东南部石油工业目标，德国战斗机单位出动400架次战斗机实施拦截，这是自5月28日以来德国空军最大规模的行动。

第一波由美国陆航第1轰炸机师321架B-17飞机组成的轰炸机编队直奔梅泽堡和吕真道夫的石油工厂，临近中午11点50分，这支美国飞机编队遭到Ⅱ.(Sturm)/JG 300大队的拦截，后者此时的驻地在爱尔福特西10公里的宾德斯勒本。德国飞机首先与美国护航的P-51战斗机交战，5.(Sturm)/JG 300中队康拉德·鲍尔上士击落3架美国战斗机，随后他被另1架“野马”击落。其后不久，JG 300联队队部达尔少校和赫尔伯特·博嫩坎普上士击落3架B-17。10分钟后，莫里茨上尉的Ⅳ.(Sturm)/JG 3大队在Ⅲ./JG 54大队和Ⅰ./JG 76大队的Bf 109的保护下，随同Ⅲ./JG 300大队的Fw 190参加战斗，之后15分钟的战斗中，Fw 190击落13架“飞行堡垒”和1架“野马”。当天行动中德方损失较大，Ⅱ.(Sturm)/JG 300大队损失9架Fw 190，八名飞行员丧生，Ⅳ.(Sturm)/JG 3大队有三名飞行员阵亡，还有一人受伤。

随Ⅱ.(Sturm)/JG 300大队一道出击的是试验性质的3./JGr 10中队，这个单位的飞机携带1个后射W.Gr 21火箭弹发射器，俗称“螃蟹装置”。与5.(Sturm)/JG 300中队一道参战的厄恩斯特·施罗德下士尖锐地批评这种武器：“（后射W.Gr 21攻击）完全是没有任何用处的概念，一个战斗机飞行员，他既无法看到，也无法瞄准后面的目标。而且，额外的重量让本已笨拙的Fw 190飞机更加笨拙，战术上来说，机腹携带1个副油箱都是一个再好不过的主意了！”这种超级怪异的武器攻击概念在实际使用中很不成功，这方面的信息反馈给了JGr 10大队，9月11日的战斗中，后射火箭弹没有取得什么战果，相反3./JGr 10中队有三名飞行员丧生，一人受伤。

与此同时，由JG 11联队队部、Ⅲ./JG 4大队的Bf 109战斗机和京特·施佩希特少校的Ⅱ.(Sturm)/JG 4大队Fw 190战斗机组成的联队战斗组分别从芬斯特瓦尔德、阿尔特诺和韦

瓦尔特·达尔和Ⅳ.(Sturm)/JG 3大队的其他飞行员在伊莱斯海姆基地交谈，图中右一为达尔，右二为威廉·莫里茨上尉，背景的“黑色13”号是莫里茨的Fw 190A-8/R8座机。

尔措基地起飞，地面控制站引导飞机编队飞向开姆尼茨，中午12时10分，联合战斗组发现敌轰炸机编队。这支美国轰炸机编队由第3轰炸机师的333架B-17轰炸机组成，轰炸目标是德国鲁兰、波伦和布鲁克斯的合成油生产厂，以及开姆尼茨一家军用汽车生产厂。护航的Bf 109战斗机牵制住美国护航战斗机后，5./6./7.(Sturm)/JG 4三个中队集中火力攻击刚刚穿过安娜贝格空域的美国陆航第100轰炸机大队的轰炸机，在接下来的5分钟里，三个突击中队击落14架“飞行堡垒”，另有1架被严重击伤落单，最终在法国境内实施了迫降。获得战果的飞行员包括5.(Sturm)/JG 4中队指挥官埃里希·于格尔上尉、6.(Sturm)/JG 4中队指挥官曼弗雷德·科普克上尉。4分钟后，8.(Sturm)/JG 4中队从敌机编队后方8000米高度准备实施攻击，这个中队在战斗突击大队的后上方，它担负的是护航任务，防止Ⅲ./JG 4大队护航能力不足。8.(Sturm)/JG 4中队再次击落8架B-17，获得战果的包括中队指挥官格哈德·施罗德上尉。当天取得丰硕战果的代价是损失15架Fw 190，11名飞行员丧生，包括8.(Sturm)/JG 4中队阿尔弗雷德·罗施少尉，他试图撞击敌轰炸机，但未成功。这天行动后，JG 4联队估计单位有1/3至1/2的飞机需要修理，23架Fw 190飞机为60%—100%损坏。

第二天，双方的战斗继续，盟军丝毫没有停下消灭纳粹德国的步伐，当天美国陆航第八航空队出动813架轰炸机去轰炸德国鲁兰、布鲁克斯、马格德堡、黑明格斯特、基尔和米斯堡的石油工业目标，摧毁这些目标可以达到釜底抽薪的作用。美国首批轰炸机编队于11时15分在黑明格斯特上空遭到Ⅱ.(Sturm)/JG 4大队的拦截，战斗在8000米高空展开，在10分钟的战斗中，德国声称击落13架B-17，其中1架属被严重击伤而脱离编队，最成功的飞行员是5.(Sturm)/JG 4中队维尔纳·沃伯格中尉，战果为2架。汉斯-京特·冯·科纳特斯基中校击落1架B-17，这使得他的个人战绩达到6架，这个战绩刚刚超过王牌标准，但是，冯·科纳特斯基对于德国空军建设的贡献很大，军衔也比一般的联队指挥官的还要高。击落1架B-17后，他的Fw 190A-8/R2座机也被敌机自卫火力击伤，之后，他被美国1架护航战斗机追击，在试图紧急迫降过程中，他的座机撞上了哈尔贝尔斯塔德东部齐利的电线，飞机坠毁，冯·科纳特斯基当场殒命。这次拦截行动Ⅱ.(Sturm)/JG 4大队损失9架Fw 190。接替冯·科纳特斯基的是原8.(Sturm)/JG 4中队指挥官格哈德·施罗德少校，后者原是一名轰炸机飞行员。11时20分，Ⅱ.(Sturm)/JG 300大队在埃伯斯瓦尔德与美国轰炸机编队遭遇，在5分钟的战斗中，这个大队击落10架B-17，其中7.(Sturm)/JG 300中队阿道夫·亨格候补中士击落3架，克劳斯·布雷特施奈德少尉击落2架。行动中，大队损失6架Fw 190，三名飞行员阵亡。20分钟后，Ⅳ.(Sturm)/JG 3大队接着屠杀美国飞机，该大队击落7架B-17，己方损失4架Fw 190。总的来说，当天（9月12日）战斗中，德国三个战斗突击大队共击落30架美国轰炸机，美国的报告称损失35架飞机，多出的5架可能是返航途中坠毁或迫降的。

德国空军飞行员冒着生命危险做着螳臂挡车的战斗，但是希特勒却并不买账，9月18日，他严厉斥责德国空军总参谋长维尔纳·克赖佩中将，称他认为战斗机飞行员胆小懦弱，因为在恶劣气象条件下，德国飞行员不敢升空作战，而美国陆航轰炸机仍然继续出击。

德国战斗突击大队参与的下一场重要战斗是在9月27

日，此次Fw 190飞机单位出动120架拦截美国轰炸机编队，德国拦截飞机由莫里茨率领的Ⅳ.(Sturm)/JG 3大队、5./(Sturm)/JG 4中队指挥官泽哈特中尉率领的Ⅱ.(Sturm)/JG 4大队和5./(Sturm)/JG 300中队指挥官克劳斯·布雷特施奈德少尉率领的Ⅱ.(Sturm)/JG 300大队组成，美国轰炸机当天的目标是卡塞尔的亨克尔公司飞机生产厂。由于云层密集，美国陆航第445轰炸机大队的35架“解放者”轰炸机和大编队走散，这些飞机遭到了Ⅱ.(Sturm)/JG 4大队的拦截，在3分钟的战斗中，26架B-24飞机被击落（包括重伤使其脱离编队的），后来只有4架轰炸机挣扎着返回了基地，剩余的5架中途坠毁或迫降，这是美国陆航轰炸机大队整个二战期间单次战斗中损失率最严重的一次。Ⅱ.(Sturm)/JG 4大队这天的战斗中击落25架B-24，另外重伤15架。随后，该大队又与美国陆航第361战斗机大队的P-51战斗机遭遇，击落其中2架。当天这个大队损失10架Fw 190。Ⅱ.(Sturm)/JG 300大队当天击落21架B-24和3架P-51，己方损失7架Fw 190。而Ⅳ.(Sturm)/JG 3大队击落19架B-24和1架“野马”，己方损失5架Fw 190。这样算来，德国声称击落的敌机总数达到了85架，这个数字有些夸张，美国承认的损失是30架，另有354架飞机不同程度受伤。

6.(Sturm)/JG 300中队福蒂施代理下士的“白色12”号Fw 190A-8/R2战斗机，这个型号跟Fw 190A-8/R8基本类似，只是后者的装甲更全面。福蒂施在1944年10月7日的战斗中被击落，当时他驾驶的是“白色15”号Fw 190A-8/R8飞机。

坐在1架Fw 190A-8/R2飞机座舱内的是5.(Sturm)/JG 300中队理查德·洛夫根，他正准备从洛布尼茨起飞执行新一次作战任务。

当天晚些时候参与战斗的厄恩斯特·施罗德下士回忆9月

27日战斗时称：

当我们以密集的编队靠近敌轰炸机编队时，突然，一些巨型飞机着火，甚至有的爆炸，这使得我们相信其他的德国战斗机单位赶在我们前方向敌机发起了攻击。但很快，就轮到我们实施攻击了，我的中队指挥官和我的座机上安装了EZ 42陀螺瞄准具，在新型瞄准具的帮助下，我在几秒钟内就击落2架B-24轰炸机，第一架飞机先是滑向一侧，然后栽了下去。邻近的1架之前已经被我攻击的飞机冒出了黑烟，飞机左侧发动机起火。我需要改变瞄准再攻击一次，（第二次攻击）之后敌机变成了明亮的大火球。新型瞄准具功能让我惊讶，我既好奇又着迷，我在被我击中的飞机旁飞行，盯着看目标飞机从机身内蹿出数米高的火苗，巨大的火苗长度超过了飞机水平尾翼。随后，这架巨大的飞机缓慢地翻转过来，机腹朝上向下坠去。

就在施罗德为自己当天击落第二架四发轰炸机高兴时，他遭到美国1架P-51战斗机的攻击：

双方飞机交汇后，两机均180度折返对冲过来，双方靠近的同时都在射击。在第一次靠近时，我的座机尾部中了两弹。第二次靠近时，我的机炮无法射击，很明显，我的机炮弹药在刚才攻击轰炸机时就用光了，当然也可能是机炮故障卡壳了……我不知道确切的原因。我和敌机四次或五次迎头对冲交汇，我所能做的就是做规避动作躲开敌机的射击。最后一次双方侧向交汇时，我几乎是“拥抱”了大地，而且我幸运地因此逃脱了，很可能是我的“红色19”号座机的迷彩救了我。

第二天（9月27日），美国陆航又一次出动728架B-17轰炸机去轰炸德国马格德堡一带的工厂和梅泽堡洛伊纳的石油工业设施，另有第2轰炸机师的244架B-24轰炸机去轰炸卡塞尔的亨克尔公司飞机生产厂，一两次的轰炸还不足以彻底消灭敌人的生产能力。由于天气恶劣，只有美国陆航第303轰炸机大队的飞机找到了马格德堡的目标：克虏伯公司，德国最重要的军工企业之一。在返航途中，编队下方中队的轰炸机编队遭到德国Ⅱ.(Sturm)/JG 4大队和Ⅳ.(Sturm)/JG 3大队的Fw 190的拦截，在不到10分钟的战斗中，10架B-17被击落，美国的作战报告称：

1架轰炸机被击中后，敌军飞行员持续地发起攻击，我们的轰炸机一架接一架向下坠

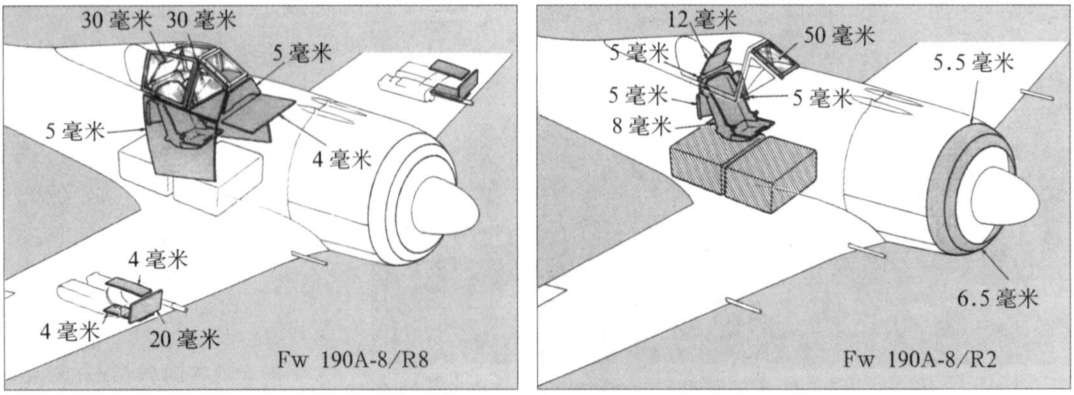

Fw 190A-8/R8和Fw 190A-8/R2装甲防护示意图，后者增加一些装甲防护能力，两个型号武器系统没有变化。

左图为标准Fw 190A-8飞机的风挡装甲防护，即风挡处加装50毫米厚防弹玻璃，玻璃通过钢框与前风挡固定在一起，图中可见钢框铰链。右图为Fw 190A-8/R8的座舱侧面装甲防护。

去。敌人主要从我们编队后方5点至7点钟方向的下方到水平位置发起攻击，攻击主要集中在编队下方中队的轰炸机上。我们的护航战斗机赶来后和敌机混战在一起，双方战斗机空战期间，轰炸机仍然遭到零星的攻击。一些机组成员报告称，攻击有时是1架德国飞机攻击1架轰炸机，有时多达6架敌机攻击1架轰炸机。敌人的战术运用表明德国飞行员坚定的决心，他们的攻击相当有效，飞行员也表现得相当有经验。

这架“白色11”号Fw 190A-8是费施乐公司生产的飞机，该机属于Ⅱ.(Sturm)/JG 4大队，任这个大队指挥官的分别是汉斯-京特·冯·科纳特斯基中校、鲁道夫·施罗德少校和威廉·莫里茨少校。

总的来说，Ⅱ.(Sturm)/JG 4大队声称击落8架B-17和2架P-38，格哈德·施罗德少校击落2架轰炸机。同时，Ⅳ.(Sturm)/JG 3大队声称击落9架“飞行堡垒”，其中奥斯卡·罗姆少尉击落2架。这两个大队攻击完成不久，Ⅱ.(Sturm)/JG 300大队也对美国轰炸机编队实施拦截，这个大队声称在12时50分至13时间，在希尔德斯海姆上空击落11架B-17和1架P-51，该大队最成功的飞行员是林登伯格少校和阿洛伊斯·奥特下士，他俩各击落2架轰炸机。美国陆航第八航空队的记录显示当天战斗中损失34架轰炸机和7架战斗机。德国战斗突击大队当天损失17架Fw 190，其中1架毁于起飞事故。至1944年9月底，Ⅳ.(Sturm)/JG 3大队手头上能使用的飞机只有32架，Ⅱ.(Sturm)/JG 4大队的为37架，Ⅱ.(Sturm)/JG 300大队的为31架。

帝国保卫战的最后阶段

至1944年10月初盟军发动的市场花园行动失败，西线战场的战事突然平静了很多，在这段战事平静期，德国空军战斗机兵种总监阿道夫·加兰德中将计划扩展战斗机数量，并集中手头的战斗机力量对美国第八航空队重型轰炸机部队实施一次“重大打击”，他的计划是在某次大规模的攻击行动中组织2000架德国战斗机消灭400—500架美国重型轰炸机，加兰德真实的想法是重创美国轰炸机部队给德国一个喘气的机会，这样他可以把消灭敌人的希望寄托在Me 262喷气战斗机上，因为目前的Me 262战斗机的产量因盟军的轰炸干扰而提不上去。令人惊讶的是，德国空军司令部对加兰德的计划没有表示任何反对意见，德国战斗机力量也出现大幅度上涨趋势，比如Fw 190昼间战斗机从1944年9月的394架增加到1944年11月初的1007架①，对比西部空军司令部（Luftflottenkommando West②）的两个Fw 190战斗机联队：JG 2联队和JG 26联队，外加Ⅲ./JG 51大队的战斗机数量从200架下降到105架。详情见下表：

帝国航空队(第Ⅰ航空军)

单位	指挥官	飞机型号	1944年9月	1944年10月	1944年11月
Stab./JG 1	赫尔伯特·伊勒费尔德中校	Bf 109G-14	0架	3架	2架
		Fw 190A-9	0架	1架	5架
Ⅰ./JG 1	汉斯·埃勒斯上尉	Fw 190A-8	24架	58架	54架
		Fw 190A-9	0架	1架	1架
Ⅱ./JG 1	赫尔曼·斯泰格上尉	Fw 190A-8	7架	61架	62架
		Fw 190A-9	0架	1架	1架
Stab./JG 3	海因茨·巴尔少校	Fw 190A-8	2架	0架	1架
		Fw 190A-9	0架	3架	4架
Ⅳ.(Sturm)/JG 3	威廉·莫里茨少校	Fw 190A-8	25架	32架	69架
Ⅱ.(Sturm)/JG 4	鲁道夫·施罗德少校	Fw 190A-8	71架	37架	41架
Stab./JG 6	约翰·克格勒中校	Fw 190A-8	0架	0架	3架
Ⅰ./JG 6	威廉·埃尔斯特曼上尉	Fw 190A-8	0架	0架	52架
Ⅱ./JG 2	约翰尼斯·纽曼少校	Fw 190A-8	29架	18架	76架
Jagdgruppe 10	乔治·克里斯特尔少校	Fw 190A-8	41架	44架	53架
		Fw 190G-2	3架	0架	0架
		Fw 190G-3	2架	0架	0架
Stab./JG 11	京特·斯佩希特少校	Fw 190A-8	6架	0架	2架
		Bf 109G-14/AS	8架	7架	8架
Ⅰ./JG 11	吕迪格尔·冯·基赫迈尔上尉	Fw 190A-8	0架	0架	63架
		Fw 190A-8/R6	21架	15架	0架
		Fw 190A-9	0架	6架	0架

① 这些数字包括JG 301联队队部（Stab./JG 301）的1架Bf 109战斗机，JG 1联队和JG 300联队的三个Bf 109战斗机四机编队，也就是13架Bf 109战斗机。

② 帝国航空队在1944年9月26日组建的一个司令部，仍归帝国航空队指挥。

续表

单位	指挥官	飞机型号	1944年9月	1944年10月	1944年11月
Ⅲ./JG 11	霍斯特-京特·冯·法松上尉	Fw 190A-3	3 架	0 架	0 架
		Fw 190A-4	2 架	0 架	0 架
		Fw 190A-5	1 架	0 架	0 架
		Fw 190A-6	4 架	0 架	0 架
		Fw 190A-8	38 架	42 架	55 架
		Fw 190F-8	2 架	0 架	0 架
Ⅲ./JG 54	罗伯特·魏斯上尉	Fw 190D-9	0 架	18 架	56 架
Ⅳ./JG 54	鲁道夫·克莱曼上尉	Fw 190A-6	0 架	1 架	0 架
		Fw 190A-7	1 架	0 架	0 架
		Fw 190A-8	51 架	38 架	46 架
		Fw 190A-9	0 架	4 架	17 架
		Fw 190F-8	2 架	0 架	0 架
Stab./JG 300	瓦尔特·达尔中校	Fw 190A-8	5 架	4 架	5 架
		Bf 109G-14/AS	0 架	0 架	1 架
Ⅱ.(Sturm)/JG 300	阿尔弗雷德·林登伯格少校	Fw 190A-5	2 架	0 架	0 架
		Fw 190A-7	0 架	0 架	1 架
		Fw 190A-8	40 架	30 架	65 架
		Fw 190F-8	1 架	1 架	0 架
		Fw 190G-2	2 架	0 架	0 架
Stab./JG 301	弗里茨·奥夫哈默少校	Fw 190A-9	0 架	0 架	6 架
Ⅰ./JG 301	威廉·布格拉夫上尉	Fw 190A-8	0 架	57 架	14 架
		Fw 190A-9	0 架	0 架	63 架
Ⅱ./JG 301	罗尔夫·杰克布斯上尉	Bf 109G-6	1 架	0 架	0 架
		Fw 190A-8/R6	0 架	0 架	37 架
		Fw 190A-8/R11	0 架	44 架	42 架
		Fw 190A-9/R11	0 架	0 架	6 架
Ⅲ./JG 301	威廉·福尔达上尉	Fw 190A-5	0 架	1 架	0 架
		Fw 190A-8	14 架	53 架	68 架
合计			394 架	594 架	1007 架

帝国航空队(第Ⅱ航空军)

单位	指挥官	飞机型号	1944年9月	1944年10月	1944年11月
Stab./JG 2	库尔特·布赫林根中校	Fw 190A-8/R6	3架	1架	1架
		Fw 190A-9/R6	0架	1架	2架
		Fw 190D-9	0架	0架	1架
Ⅰ./JG 2	瓦尔特·马托尼少校	Fw 190A-8/R2	5架	2架	0架
		Fw 190A-8/R6	43架	16架	21架
		Fw 190A-9/R6	0架	0架	9架
Ⅲ./JG 2	齐格费尔德·莱姆科上尉	Fw 190A-8/R6	0架	32架	0架
		Fw 190A-9	0架	0架	3架
Stab./JG 26	约瑟夫·普瑞勒上校	Fw 190A-8	3架	2架	1架
		Fw 190A-9	0架	0架	2架
Ⅰ./JG 26	卡尔·鲍里斯少校	Fw 190A-8	41架	22架	15架
		Fw 190A-8/R2	3架	1架	0架
		Fw 190A-9	0架	5架	21架
Ⅱ./JG 26	安东·哈克尔少校	Fw 190A-5	1架	0架	0架
		Fw 190A-7	1架	0架	0架
		Fw 190A-8	54架	22架	16架
		Fw 190A-9	0架	7架	13架
Ⅲ./JG 51	库尔特·达尔曼少校	Fw 190A-8	3架	11架	不详
		Fw 190F-8	15架	8架	不详
		Fw 190G-3	5架	0架	不详
Ⅲ./SG 4	格哈德·魏耶特少校	Fw 190F-8	23架	31架	0架
合计			200架	161架	105架

美国陆航第八航空队大规模轰炸德国本土目标的行动一直就没有中断过，只是特别时段，比如诺曼底登陆前后，以及“市场花园行动”等期间轰炸规模小了一点，战争进入到另一个阶段后，美国的空袭再次加大规模和频率。10月初，美国出动1200架B-17和B-24轰炸机空袭斯塔加德（什切青旧城，现属波兰）、波兰什切青、新勃兰登堡、柏林、汉堡和维岑多夫等地的工业目标。在柏林西部的拉滕诺，美国轰炸机编队率先遭到Ⅱ.(Sturm)/JG 300大队和Ⅱ.(Sturm)/JG 4大队的Fw 190战斗机的拦截。在12时03分至12时15分之间短短12分钟里，德军声称两个战斗突击大队击落了美国第3轰炸机师的32架B-17，其中Ⅱ.(Sturm)/JG 4大队就击落22架。此次战斗获得2架战果的飞行员包括5.(Sturm)/JG 4中队指挥官埃里希·于格尔上尉。实际上，美军承认的当天损失为19架B-17，另有395架飞机不同程度受伤。德方的损失情况是，Ⅱ.(Sturm)/JG 4大队损失9架Fw 190飞机，而没能与敌轰炸机编队遭遇的Ⅳ.(Sturm)/JG 3大队损失了4架飞机，怎么损失的相关资料没提，所谓损失

1. 格赖夫斯瓦尔德——联队队部和Ⅰ./JG 1 大队
2. 图托——Ⅱ./JG 1 大队
3. 帕希姆——JGr 10 大队
4. 哈格诺——Ⅱ./JG 6 大队
5. 佩勒贝格——联队队部和Ⅰ./JG 6 大队
6. 莱恩斯恩——Ⅲ./SG 4 大队
7. 奥尔登堡——Ⅲ./JG 54 大队
8. 萨尔茨韦德尔——Ⅰ./JG 301 大队
9. 胡斯泰特——Ⅲ./JG 11 大队
10. 施滕达尔——联队队部和Ⅲ./JG 301 大队
11. 文斯达尔——JG 11 联队队部
12. 沃尔肯罗德——Ⅰ./JG 11 大队
13. 扎亳——Ⅱ./JG 301 大队
14. 格雷芬——Ⅰ./JG 26 大队
15. 科契伦——Ⅱ./JG 26 大队
16. 波恩汉格拉——NSGr 20 大队
17. 尼达——JG 2 联队队部
18. 梅尔茨豪森——Ⅰ./JG 2 大队
19. 阿尔滕施塔特——Ⅲ./JG 2 大队
20. 于特博格——JG 300 联队队部
21. 洛布尼茨——Ⅱ.(Sturm)/JG 300 大队
22. 韦尔措——联队队部和Ⅱ.(Sturm)/JG 4 大队
23. 莫提茨——Ⅳ./JG 54 大队
24. 沙夫斯特——Ⅱ.(Sturm)/JG 3 大队
25. 爱尔福特宾德斯勒本——JG 3 联队队部

西线德国空军Fw 190飞机单位作战基地示意图。

除了被击落外，因执行作战任务发生的事故也算。第二天，美国出动的1401架重型轰炸机在521架护航战斗机的伴随下直取波利茨（现属波兰）、波伦（莱比锡南12公里）、鲁兰和吕晨多夫（威斯巴登北40公里）的石油工业设施，德国空军所有三个战斗突击大队都在哈勒西部的阿尔滕（莱比锡西90公里）上空拦截了美国飞机编队，在10分钟的战斗中，德国击落23架B-17（包括严重击伤）和1架P-51，最成功的飞行员是布雷特施奈德少尉，战绩为3架。Ⅱ.(Sturm)/JG 4大队损失3架，Ⅱ.(Sturm)/JG 300大队损失2架Fw 190。

与此同时，拦截战斗继续在荷兰边境线一带展开。10月6日，上级指挥部命令Ⅰ./JG 26大队和Ⅱ./JG 26大队的Fw 190和Bf 109战斗机升空到荷兰埃因霍温上空执行自由狩猎任务，之后，两个大队的飞机再到德国亚琛西部地面防御工事上空执行巡逻任务。Ⅰ./JG 26大队的21架Fw 190从克雷费尔德（杜塞尔多夫西北25公里）机场起飞，中途13架飞机因故取消任务，剩余的飞机在乔治·基夫纳少尉的带领下继续预定任务，不久，这8架德国飞机在奈梅亨南部遭遇10架“喷火”战斗机，但是，此次战斗既没有战果也没有损失。Ⅱ./JG 26大队的飞机编队在荷兰埃因霍温附近也与“喷火”战斗机相遇，5./JG 26中队击落2架“喷火”，己方8./JG 26中队在奈梅亨东南5公里的格罗斯贝克东北损失1架Fw 190A-9，后来赶来参战的Ⅰ./JG 2大队有2架Fw 190被“喷火”击落。

10月7日上午10时30分，Ⅰ./JG 2大队、Ⅱ./JG 2大队和Ⅰ./JG 11大队的飞机在荷兰和德国边境线一带上空与盟军P-47战斗机编队发生混战，

JG 26联队指挥官约瑟夫·普瑞勒中校在接受祝贺取得第100架战果，这架战果是他在1944年6月15日的战斗中取得的，敌机是美国陆航第492轰炸机大队的1架B-24轰炸机。任联队指挥官到1945年1月，普瑞勒只在1944年10月12日击落过1架美国陆航第357战斗机大队的1架P-51战斗机。

德军击落6架敌机，己方损失3架。当天下午，Ⅱ./JG 6大队的飞机与更多的“雷电”战斗机在科隆波恩一带展开战斗，同样击落6架P-47，己方损失8./JG 6中队飞行员马尔克斯中尉。当天最后的战斗是Ⅱ./JG 26大队的表演，该大队在荷兰阿纳姆地区遭遇一支“喷火”战斗机编队，德国击落4架“喷火”，己方损失3架Fw 190。

10月12日早晨9时整，德军发现一支美国轰炸机正在荷兰须德海上空飞行，航向是德国不来梅和奥斯纳布吕克。10时26分，Ⅰ./JG 26大队飞机起飞迎敌，飞机编队向东北方向航行并爬升到6500米上空，在奥斯纳布吕克和汉诺威之间，Ⅰ./JG 26大队突然遭到大量P-51和P-47战斗机攻击，前者被打得措手不及，迅速散开，一些Fw 190被追到地面高度，其中3架被击落。不久，Ⅱ./JG 26大队的飞机也在相同空域遭到“野马”战斗机的攻击，当即就有5架Fw 190被击落，四名德国飞行员阵亡，第五位飞行员施拉姆候补军官从着火的飞机跳伞逃生才捡了一条命。这天战斗，美军战斗机击落了19架德军飞机，德军唯一的胜利是JG 26联队指挥官普瑞勒中校在彼得斯哈根东部击落的1架P-51“野马”战斗机，这是他个人第101架战果，也是最后一个。后来，这位久经战场的老战士，经验丰富的指挥官在“底板行动”后被调任战斗机兵种巡视官，不再升空作战，接替他的是弗兰茨·戈茨少校。截至当天战事结束，Ⅰ./JG 26大队的作战力量下降到只有22架Fw 190，Ⅱ./JG 26大队更是下降到16架。当天15时15分，Ⅰ./JG 2大队的Fw 190与美国P-38在亚琛上空发生空战，德国击落4架美国飞机，己方没有损失。

战争进展到目前，德国空军开始面临另一个严重的问题。1944年5月，西部战线的盟军开始将空袭重点放在德国石油工业设施上，此类轰炸行动开始后，德国石油供应从3月的927000吨下降到5月的715000吨，似乎下降并不明显，但这只是开始。同时期的德国空军航空煤油供应从4月的180000吨下降到6月的50000吨，到8月再次下降到10000吨，这个数字不得不让德国空军为之头疼。要想应对当前战争，德国每月的石油需求是300000吨，到9月，德国石油储备下降到实际需求的一半。9月底，德国91家生产汽油的企业只有3家未遭破坏。但是，盟军也有忧虑之处，情报发现，几乎每个德国合成油企业在遭受破坏后的两到三个星期内就恢复生产，解决问题的方法只有一个：持续轰炸石油工业设施，看谁能耗得起谁！

10月13日，Ⅰ./JG 2大队和Ⅱ./JG 26大队继续在德国北部与盟军轰炸机对抗，当天战

美国陆航作战飞机性能不断提升，P-47D飞机性能较此前型号有了明显的提高，特别是座舱视野相当出色，美国P-51战斗机也在这一时期采用这种水泡座舱。

斗中，一个大队击落1架P-38战斗机，损失4架Fw 190飞机，另一个大队击落3架美国战斗机，损失1架Fw 190飞机。一个星期后，Ⅲ./JG 2大队在科隆波恩一带与美国陆航第九航空队的P-38战斗机玩起了游击战，在当天上午9时10分至10时47分之间，德国击落13架美国战斗机，获得战绩最高的是大队队部齐格费尔德·莱姆科上尉（指挥官）和奥托·迪耶尔候补中士，他俩战绩均为2架。德国付出的代价是损失8架Fw 190，其中一人是10./JG 2中队指挥官威廉·菲利普斯中尉。

JG 11联队的1架Fw 190飞机R1型正在进行WB 151/20机炮吊舱射击试验，每个吊舱内安装2门机炮，每门备弹130发。加上翼根机炮，这个火力组合使得R1型的射击重量（每秒钟射出的炮弹或子弹重量）相当惊人，但是，携带机炮吊舱会严重影响飞机性能。因此，携带机炮吊舱并不常见。

Ⅰ./JG 2大队和Ⅲ./JG 2大队在10月21日的战斗中遭受重大损失，当时，这两个大队的飞机在科布伦茨上空遭遇美国陆航第365战斗机大队的“雷电”战斗机，大约30架Fw 190迎面与美军P-47战斗机相遇，美军飞机两个编队呈并列队形，第三个在高空实施掩护。美军战斗机编队这种队形用意很深，那就是高空的第三个编队俯冲佯攻，迫使德国Fw 190飞机在下方两个P-47编队之间俯冲，之后三个编队合力围攻德国飞机。美军这招儿非常奏效，德国飞机要么被击落，要么被驱散。屠杀结束后，美国飞机重组编队准备返航，就在这时，他们看到7500米处有更多的Fw 190战斗机正在靠近，尽管燃油所剩不多，美军战斗机再次用刚才的方法攻击德军飞机，当天战斗，美军总共击落21架德国战斗机，己方仅损失3架飞机。德国Ⅲ./JG 2大队声称击落5架P-47，同时，两个大队承认损失10架Fw 190，包括9./JG 2中队指挥官阿尔布雷希特·贝尔斯泰德中尉（他曾在1943年6月1日击落过1架德国航空部的DC-3民用客机，造成机组和13名乘客死亡）。因为此次战斗，美国陆航第365战斗机大队荣获了优秀单位奖状。

10月26日，德国空军司令戈林召集主要防御单位长官到柏林万湖的帝国航空队司令部开会，会议开始时，戈林花了三个小时大谈苏联红军在东普鲁士的暴行，之后他慢慢地谈到德国空军飞行员，他说德国空军缺乏战斗精神，加兰德后来回忆道：

他只是一遍又一遍地重复老掉牙的东西，针对英格兰的作战行动中护航战斗机如何协调不利，尖刻地不断批评非洲、西西里岛、马耳他等行动中的护航任务、德国空军在苏联战场如何取得巨大的胜利等等，最后，对德国飞行员战斗精神的怀疑……有一些人对戈林的话表示了反对，可想而知他们的日子很不好过……此后，（对战斗机飞行员的偏见导致）戈林一见到我就怒容满面。

戈林用一番警告结束了他的长篇大论：

在下一次敌人大规模行动

中，飞行员们如果不击落500架“飞行堡垒”飞机，他们就去战壕（下岗去当步兵）！以后，如果敌人的轰炸机通过，那么编队长机将承担全部责任，所有的指挥官都得升空作战，没有例外。你们都必须准备好每天执行五次或六次作战任务。

戈林甚至将他的勋章摘下，粗暴地扔在地上，声称他的飞行员开始击落（大量）敌人轰炸机后他才会再次戴上。从1944年下半年以来，戈林在很多场合都表达了对战斗机飞行员的不满，灭士气的演讲一个接一个，戈林的压力也重啊，希特勒也不止一次训斥戈林。在会上大发牢骚也就算了，参与会议的指挥官回到单位把话讲得委婉一些还算好，糟糕的是，戈林要求每位战斗机飞行员必须聆听他的演讲，他觉得飞行员们会知耻而后勇，但实际上对士气的负面影响很大。上述会议一结束，帝国元帅就到位于加托夫（柏林西南5公里）的空军战争学院进行为期三天的视察，和高层人员讨论如何改善目前的状况。令人吃惊的是，尽管有30名军官参与会议，却没有一个人来自负责战场行动的作战部。

1944年10月的作战行动中，战斗力相当强的战斗突击大队参与的行动非常少，这跟这些单位驻扎地点有关，因为10月的美国轰炸机空袭目标不在战斗突击大队管辖区。11月2日，战斗突击大队重新加入到拦截美国陆航昼间轰炸行动的战斗中。当天，美国陆航第八航空队出动1100架轰炸机，其中包括陆航第3轰炸机师383架B-17和第1轰炸机师210架B-17，美国的目标是梅泽堡东南35公里的洛伊纳加氢（用于石油炼制工业）生产厂，为轰炸机编队护航的是相同数量的P-51战斗机和少量陆航第九航空队的P-38战斗机。德国空军有500架战斗机拦截了美国飞机编队，但是，由于浓云密布，只有300架战斗机与美国飞机编队遭遇。

当天中午12时45分刚过，Ⅳ.(Sturm)/JG 3大队的61架Fw 190A-8/R2和A-8/R6战斗机在哈勒西北迎头向美国飞机发起攻击，美国陆航第91轰炸机大队13架B-17被击落，有资料称德国这个战斗突击大队声称击落了42架美国轰炸机，毫无疑问，德国空军这个时候需要宣传的力量，因此战果夸大了，美方后来承认26架B-17被击落（包括Bf 109战斗机的战果）。此次行动最成功的飞行员是威利·沃尔候补上士，战果为3架，其他几个飞行员，包括莫里茨击落2架敌机。Ⅳ.(Sturm)/JG 3大队损失相当严重：14.(Sturm)/JG 3中队指挥官维尔纳·戈特中尉在比特费尔德附近撞击了1架B-17飞机，他设法逃出驾驶舱跳伞，但是由于降落伞未能正常打开而殒命。

稍提一下戈特中尉。战斗突击大队要求自愿飞行员在必要的情况下必须撞击敌机，事实上，实战中真正撞击敌机

11.(Sturm)/JG 3中队威利·马克希姆维茨下士驾驶Fw 190A-8战斗机准备升空。这名下士并不出众，但是照片却很多。

的情况极少见，即使撞击敌机，至少有50%的飞行员跳伞后毫发无损地存活下来。维尔纳·戈特中尉经历的特殊就在于他至少11次采取撞击行动，如果他第一次就阵亡了就不会有后面的十次，第11次撞击行动，他还是活了下来，他成了战斗突击单位中的“撞击专业户”。在1944年11月2日的行动中，他驾驶Fw 190A-8/R2（W.Nr.682057）照样撞击敌机，这个危险的动作他已经驾轻就熟了，但是还没有靠近B-17轰炸机他就被目标的自卫火力击落。这次跳伞过程中他因降落伞没有正常打开而坠地身亡。戈特中尉的个人战绩为27架，其中22架是轰炸机。他在不久前的10月29日刚刚获得“骑士十字勋章”。戈特中尉

5.(Sturm)/JG 4中队的弗兰茨·萨尔看着自己的Fw 190A-8/R2座机装甲板，不知道在想什么。这架飞机的座舱防弹玻璃还没有安装。注意看翼根后缘伸缩登机梯。

撞击敌机后，他的两个僚机斯特雷特下士和埃西下士在艾斯勒本被击落身亡，库特纳下士被击中受伤后跳伞。总的来说，Ⅳ.(Sturm)/JG 3大队在11月2日的战斗中损失15架Fw 190战斗机。

大约中午12时30分，Ⅱ.(Sturm)/JG 4大队和大队队部在格哈德·米凯尔斯基少校率领下从韦尔措基地起飞，升空后，飞机编队爬升穿过积云，20分钟后抵达预定空域巡逻待敌。之后不久，他们在德绍附近的科滕上空遇到美国飞机编队，JG 4联队中装备Bf 109战斗机大队负责引开美国护航战斗机，而战斗突击大队的Fw 190飞机向美国陆航第457轰炸机大队的B-17发起攻击。少了敌护航战斗机的干扰，战斗突击大队的攻击相当有效，当即有16架B-17轰炸机被击落，马克霍夫中尉独得3架。美方承认有9架被击落，德军的损失也相当严重：损失9架Fw 190，其中包括5.(Sturm)/JG 4中队指挥官埃里希·于格尔上尉，他被B-17轰炸机的自卫火力击落。

上述战斗结果，不管是美军的损失还是德军的战绩，不同资料说法都有差异，但是明显地可以看出，过去德国人一边倒的优势很难再次出现了。由于燃油短缺，德国新飞行员训练教程一再压缩，因此替补上来的新飞行员素质比前一年的差得多。为了强调燃油告急的问题，德国帝国航空队司令于尔根·斯图普夫上将向战场指挥官发去新命令：

燃油短缺造成必要的作战行动受到很大限制，我因此颁布如下命令：

1. 如果气象预报称适合出击，战术信息可以确保成功，这种情况下可以升空作战。

2. 单位内的飞行训练必须严格限制，直到有新的（取消限制的）命令颁布，除非有特别限定的燃油量用于训练。我的命令没有任何例外。

3. 除非作战转移部署，测试和运输目的，其他飞行一律禁止。

与此同时，Ⅲ./JG 54大队正在进行换装Fw 190D-9飞机的转型训练。11月2日，换装后取得首次2架战果，即汉斯·道滕曼中尉和瓦尔弗雷德·胡特下士分别击落1架B-17轰炸机。仅仅一天后，10./JG 54中队就损失一名飞行员，戈林格下士在高空飞行时由于缺氧导致坠机。随后三个星期里，这个大队又损失六名飞行员。

11月12日，加兰德告诉他

准备交付给Ⅲ./JG 54大队的Fw 190D-9战斗机，纸上性能看，这个型号比此前型号有较大的提升，实际使用却相反，因为此时德国空军缺乏经验丰富的飞行员。

的作战指挥部，战斗机部队已经准备好对美国的空袭实施一次“重重的打击”，几个装备Fw 190和Bf 109战斗机的单位已经减少了当前行动，而将主要精力放在了不久后的重大行动上。参与这次特别行动的装备Fw 190战斗机单位是Ⅰ./JG 1大队和Ⅱ./JG 1大队，Ⅰ./JG 6大队和Ⅱ./JG 6大队，Ⅰ./JG 11大队和Ⅲ./JG 11大队，Ⅲ./JG 54大队和JG 301联队的Ⅰ./JG 301大队、Ⅱ./JG 301大队、Ⅲ./JG 301大队等，加兰德的计划是动用第Ⅰ航空军的2000架战斗机攻击盟军的轰炸机，而第Ⅱ航空军的战斗机在敌机编队靠近和离开时进行骚扰攻击。但是，加兰德的计划注定不会达到战役目的：

在11月中旬，我收到一个紧急警告，我忽略了一个重要因素，计划动用的战斗机必须部署到前线统一行动，而西部前线出乎预料地爆发了一场大规模战斗，这简直不可能！整个训练都瞄准帝国防御行动，所有新飞行员应该进行一些不同战场环境的训练，但是，燃油的短缺限制了新飞行员的训练。鉴于目前的这种燃油供应形势，我们只能使用屯积的燃油来训练那些准备参加重大行动的飞行员。作战单位的内部组织结构、战术、武器、装备等都只适应帝国防御行动，必须在两个星期内对这些进行调整，之前已经下令进行调整，而实际上现在还没有着手进行。单位指挥官和飞行员的作战经验和要求对于帝国防御战来说比上不足比下有余，但对于前线的作战行动来说却完全没有问题。还有一个问题，现在的中队规模比过去大得多，装备的飞机数量达到70架，对于前线小型机场来说（中队规模）实在太大了。

与此同时，驻扎在挪威北部巴杜福斯和阿尔塔、指挥官为弗兰茨·道尔上尉的Ⅲ./JG 5大队和驻扎在挪威南部斯塔万格索拉、弗里茨·斯滕达尔上

新一天开始，Ⅰ./JG 11大队准备新一天的作战任务。德国空军飞机机身侧面战术编号并无规律可循，甚至是个人喜爱的数字。图中可见远处的防冲击波掩体，避免炸弹爆炸伤及更多的飞机。

正准备交付给Ⅰ./JG 1大队的Fw 190，这一时期交付的大多是Fw 190A-8或以后型号，这个大队飞机发动机整流罩采用的黑白条纹。

尉的Ⅳ./JG 5大队都部分装备了Fw 190A-3和A-8战斗机。11月12日，英国空军“兰开斯特”轰炸机发动最后一次行动轰炸德国海军“提尔皮茨”号战列舰，当时，“提尔皮茨”战列舰正在特罗姆塞港林根峡湾避难。英国空军第617中队以及第9中队的“兰开斯特”携带巨型“高脚柜”炸弹由苏格兰起飞，获悉敌情后，已经换装了12架Fw 190A-3战斗机的9./JG 5中队在巴杜福斯机场进行了10分钟准备，准备率队出战的是JG 5联队指挥官海因里希·埃勒少校。埃勒率队升空后，途中他不断收到相互矛盾的敌机轰炸目标和位置信息，有的信息称敌目标是阿尔塔，有的说是伯德，这个过程浪费了宝贵的时间。另一个重要因素是“提尔皮茨”战列舰在9月15日离开阿尔塔峡湾，而埃勒并不知情，当第一个敌机位置信息传来时他确信英国人的目标仍是“提尔皮茨”战列舰，他的猜测是正确的，不过军舰挪窝了。结果是他连跟敌机照面都没打就返回基地，这时他得知消息德国的战列舰已经被英国击沉，陪葬了近千名德国水兵。此次行动，埃勒少校负全部责任，并且受到了军事法庭审判。

11月21日，美国陆航第八

1944年4月22日，当时任Ⅱ./JG 1大队指挥官的海因茨·巴尔少校在斯托梅德附近击落1架美国陆航第458轰炸机大队的B-24轰炸机，这是巴尔的第200架战果。这段时间巴尔驾驶的是1架“红色13”号Fw 190A-7飞机。不久后，巴尔被任命为JG 1联队代理指挥官，不久再次被任命为JG 3联队指挥官。

航空队出动1149架轰炸机去轰炸梅泽堡、奥斯纳布吕克和汉堡的目标，参与护航的是858架P-51和P-47战斗机。第一个被引导实施拦截的单位是Ⅰ./JG 1大队，10时42分，该大队飞机在低云和阵雨中起飞，12时10分，大队飞机在爱尔福特上空与美国护航战斗机遭遇，在接下来的8分钟时间里，Ⅰ./JG 1大队8架Fw 190被击落，德国飞行员也击落几架B-17。10分钟后的第二轮攻击中，又有七名飞行员被击落阵亡，还有五人受伤，这次战斗德国飞行员只击落4架P-51战斗机和1架B-17轰炸机。

此后不久，JG 301联队加入战斗，该联队装备的新型Fw 190A-9战斗机首次参加战斗，这个型号的子型号大部分是Fw 190A-9/R11，也就是恶劣气象条件下使用的型号。JG 301联队第一个被引导实施拦截的是Ⅰ./JG 301大队，但是，这个大队飞机没能靠近美国轰炸机编队，在爱森纳赫和耶拿之间的空域，德国飞机被美国护航战斗机拦截住，双方混战在一起，主要由缺乏经验的飞行员组成的德国机队被美国“野马”战斗机一顿痛宰，当场就有12架Fw 190被击落，其中包括Ⅰ./JG 301大队指挥官威廉·布格拉夫上尉，Ⅰ./JG 301大队仅有的战果是大队队部雷格罗斯基候补上士和2./JG 301中队韦格纳上尉分别击落1架P-51。Ⅱ./JG 301大队随后跟更多的P-51在哥达和埃森贝格上空展开激战，空战结果仍然相当悲剧，6架Fw 190被击落，战绩仅仅是伯尼茨候补中士击落1架“野马”。Ⅲ./JG 301大队是联队中最后一个起飞迎敌的，也是当天唯一与敌轰炸机交战的。由于飞行在低空，Ⅲ./JG 301大队的飞机躲过了美国护航战斗机，最终对B-17轰炸机实施了攻击，9./JG 301中队飞行员威利·雷施克上士回忆道：

我们大队里没有任何飞行员具备侧向攻击敌人轰炸机编队的经验，我们以密集队形攻击时发现距敌轰炸机编队太近了，因此只有编队前面几架飞机获得了良好的攻击位置，其他的飞机以不断增加的角度从美国B-17飞机编队中穿过，可想而知，攻击的成功率为零。

编队中的几架飞机立即转弯并且从敌机后方稍稍偏上的位置对目标发起攻击，我快速地向后面看了一眼，确认一下我的僚机本德代理下士仍然跟着我，我们的Fw 190飞机拥有强大的火力——发动机上方2挺MG 131机枪、翼根2门MG 151机炮、机翼外段2门MK 108机炮。（被攻击的）1架B-17飞机的两个内侧发动机被我击中后起火，目标拖着长长的烟迹脱离编队。就在这时，敌军护航战斗机从四面八方过来，我们的攻击受到干扰，我无法再次攻击B-17飞机。我看见大量B-17飞机正着火下坠，但是，我却找不到我的僚机了。很快我们就和数量众多的敌军护航

Fw 190A-9飞机（本图）跟Fw 190A-8的区别在于采用了BMW 801F发动机，其他方面基本一样。图中JG 301联队（具体单位不详）的Fw 190A-9飞机外翼段的武器被去除，根据作战任务不同，飞机武器可以适当增减。

战斗机混战在一起，时不时我会遭到几架敌机同时攻击，但是，敌机也在遭受我强大火力的回击，因此我可以选择最佳机会脱离战斗。在空中几乎达到两个小时后，在12时51分，我降落在马格德堡附近的伯格机场。

让威利·雷施克难过的是，本德在战斗中受伤，10./JG 301中队代理指挥官克雷施默中尉在击落1架P-51后被击落身亡。当天，Ⅳ./JG 54大队也参与了拦截行动，但是损失了5架Fw 190飞机。

五天后（11月26日）的汉诺威上空，早晨还阴云密布，到中午时分几乎是万里无云，这使得德国空军可以组织更有效的行动拦截美国轰炸机编队，此次美国的目标是米斯堡加氢工厂、比勒费尔德和哈姆的铁路目标。德国空军组织了550架战斗机准备拦截美国此次行动，实际上只有四分之三的飞机实施了拦截，Fw 190战斗机单位中Ⅰ./JG 1大队又是第一个参加战斗，临时由奥托·巴赫少尉率领的编队于12时25分在汉诺威南部与美国陆航第2轰炸机师的B-24轰炸机编队遭遇。战斗中，Ⅰ./JG 1大队和队部分别损失1架飞机，但是，随后参战的Ⅱ./JG 1大队有九名飞行员阵亡，另有两人受伤，受伤人中包括5./JG 1中队指挥官胡伯特·斯沃伯达少尉。JG 301联队的三个大队之后加入拦截战斗，在抛掉副油箱后，Ⅱ./JG 301大队的Fw 190遭到美国护航的P-51拦截，不久Ⅰ./JG 301大队赶到。就在这两个大队与美国护航战斗机混战时，Ⅲ./JG 301大队终于有机会靠近并攻击美国陆航第491轰炸机大队的B-24轰炸机，这次战果颇丰，Ⅲ./JG 301大队声称击落不少于39架轰炸机，毫无疑问，跟JG 301联队其他两个大队一样，战果夸大不少。尽管如此，美国陆航第491轰炸机大队还是损失了一半飞机，逃出魔爪的飞机设法向目标投下了炸弹，因此次战斗，第491轰炸机大队荣获了优秀单位奖状。

起初，德国空军以为JG 301联队取得了很大战果，比如Ⅰ./JG 301大队声称击落11架B-24和2架B-17轰炸机、3架P-51战斗机；Ⅱ./JG 301大队声称击落12架B-24和3架B-17、2架P-51；Ⅲ./JG 301大队声称击落39架B-24和2架P-51，三个大队总共击落74架敌机，美国的战报称当天损失34架轰炸机和9架战斗机，另有299架飞机受伤。等到所有Fw 190飞机全部返回基地才发现，此次战斗，JG 301联队有39名飞行员丧生或受伤，包括5./JG 301中队指挥官阿尔弗雷德·沃尔勒特中尉和6./JG 301中队鲁道夫·施克中尉，80%的损失集中在与敌护航战斗机作战的大队。在两次行动中，JG 301联队的作战量损失了一半。

从11月26日的战斗可以看出JG 301联队的作战模式。1944年秋天，这个联队的三个大队全部换装Fw 190A-8和Fw 190A-9战斗机，JG 300联队有一个大队，即Ⅱ.(Sturm)/JG 300装备Fw 190战斗机，其他两个大队装备Bf 109战斗机。为了在有护航战斗机的情况下（目前次次如此）拦截美国轰炸机编队，JG 301联队的三个大队分工实施拦截，一个大队实施拦截，另两个大队实施掩护，或者说是牵制敌人护航战斗机，这种战术实战运用十分有效。三个大队中攻击大队并不固定，轮流担任，每次任务前规划好。参加当天战斗的JG 301联队的一名飞行员回忆称：

Ⅰ./JG 301大队和Ⅱ./JG 301大队的大部分飞机很快就和“野马”战斗机混战在一起，我在Ⅲ./JG 301大队，此次任务是攻击敌人轰炸机，我们悄无声息地接近，随后靠近“解放者”轰炸机的箱形编队。我们采用常规的两个四机编队箭头队形从敌机后上方500米发起攻击，在射击的前一刻，编队立即分开组成并列队形，为的是让僚机不受干扰地射击。

当第一个箭形编队长机为我选定了目标，我立即穿过敌机尾流进入射击步骤，在以前，我通常会先攻击敌机尾部自卫火力，这儿的火力对我们威胁很大。我在400米距离开始射击，我可以清楚地看到我射出的炮弹弹道，炮弹消失在敌机炮塔和后机身里。

随后我将瞄准点改在了敌机左侧机翼发动机和机身之间位置，同时，我按下20毫米机炮射击按钮，效果立现，敌机发动机立即冒出黑烟，有碎片从机翼脱落。随着我靠近敌机，我的射击更有效，“解放者”飞机侧滑离开编队，左侧机翼燃着熊熊大火，不一会儿，敌机在空中爆炸。

我的战友也很成功，敌机编队出现明显的缝隙，随后的攻击中，几乎没有飞机能够保持队形。整个天空布满了燃烧的飞机和不断下坠的飞机，有敌机，有我们的飞机，地面的坠毁点一个接着一个。

13./JG 54中队也参加了1944年11月21日的战斗，战果没有，损失却很严重。图中Fw 190A-8飞机后机身的波浪符号是“Ⅳ”大队的标志，波浪符号形状并不固定。

厄恩斯特·施罗德在1941年加入德国空军时只是地勤机械员，两年后才开始进行飞行训练。1944年6月，施罗德第一次驾驶Fw 190战斗机飞行，当年8月，他被分配到5.(Sturm)/JG 300中队。施罗德名气并不响，座机却很有特色，图中他的“红色19”号座机侧面文字意思是“科隆还活着”。

11月27日的战斗对于德国空军来说比前一天的损失更

惨重，德国空军第Ⅰ航空军组织了750架战斗机拦截美国轰炸机编队，但是，战斗机却没能与美国轰炸机照面，因此没有击落1架轰炸机，相反，战斗中损失26架Fw 190，其中Ⅱ.(Sturm)/JG 300大队损失12架，Ⅰ./JG 301大队和Ⅱ./JG 301大队损失11架，剩下的3架属于Ⅳ./JG 54大队。美方声称当天战斗中击落98架德国战斗机，大部分是被第353和第357战斗机大队击落的，美军的战绩也有水分。美军承认的损失是13架“野马”和2架“雷电”，相比来说，美国的损失轻微，最关键的是轰炸机不受干扰地完成了轰炸任务。

第二天，天气变得糟糕起来，能见度不足1600米，但是，Ⅰ./JG 300大队和Ⅱ.(Sturm)/JG 300大队设法分别从博克海德和洛布尼茨起飞迎敌。当时，戈林正在JG 300联队队部驻地的柏林于特博格视察，联队指挥官瓦尔特·达尔回忆称：

向帝国元帅介绍我的属下是我的责任，都穿着最好的制服在停机坪上列队的是我的中队官兵，还有一些夜间战斗机单位官兵、指挥站人员和当地士兵。战斗突击联队是四个月前刚刚成立的新单位，所有成员都是自愿者，我们中每个人都签订了生死状，每次战斗任务至少击落1架四发重型轰炸机，如果有必要，就撞击敌机——要么自己被击落。我们的前线作战力量大约是100架飞机和飞行员，他们被分为四个大队，但是其中两个大队专职猎杀轰炸机，他们装备了重火力、重装甲的Fw 190飞机——太重，以至于跟敌人护航战斗机交战时显得非常笨拙，因此，另外两个大队协助驱离敌人护航战斗机，他们装备的是Bf 109战斗机。我们单位其余的昼间战斗机分散部署在前线三个机场，我们是帝国防空体系中唯一的直属单位。

我们的（拦截）作战飞机数量上远远不及盟军的，不管是比敌人轰炸机还是护航战斗机，我们的损失都极大，获得的战果却很糟糕。在此前四个月的战斗中，我们声称的战果是击落723架“飞行堡垒”和“解放者”轰炸机，164架“雷电”、“野马”和“闪电”战斗机，很多敌人轰炸机被撞击成碎片——这是很恐怖的攻击

这些是戈林元帅视察JG 300联队队部照片，图中穿皮衣的是党卫军军官。图1是戈林抵达JG 300联队队部门口受到欢迎；图2中赫尔伯特·诺尔特上尉手拿文件准备向元帅汇报战况，但是戈林粗暴地拒绝聆听；图3是中联队指挥官瓦尔特·达尔上前交谈；图4中戈林在机库高声训斥飞行员，指责飞行员胆小如鼠；图5中可见戈林怒气冲冲地离开，激动地使劲甩动手中的手杖；图6，戈林离开，留下备受打击的空勤人员。

过程，我自己就有两次这么做了。

空勤人员列队静静地等候大人物到来时，我不禁想到帝国元帅此次访问的原因。表面上看，戈林元帅此行是向我颁发“橡树叶加骑士十字勋章”；而实际上，这种不寻常的人物出现有其微妙的动机。元首正逐渐将德国空军的控制权一点点控制在自己手中，帝国元帅为此感到了一丝恐惧，不仅如此，戈林对希特勒的军政大权正向马丁·保曼和希姆莱的冲锋队过渡而感到担心。为此，戈林元帅决定到空军各个机场巡视，“亲自慰问战斗机飞行员，跟他们轻松地聊一聊”，给我们一个印象那就是戈林元帅仍然是他们值得考虑的坚强后盾。

擦得锃亮的轿车进入基地大门，警卫全体敬礼，随着戈林元帅肥胖的身躯移出轿车，我立刻行军礼，元帅先生用夸张手势回敬。在他的后面，从车里走下三名表情严峻的军衔很高的党卫军军官：雷赫施莱特、菲利普和保勒。随后，戈林元帅不再理会我的敬礼，在整个视察过程中他都是单独站立，既没有发表演讲①，也没有向任何人行礼，我后来才知道只是时代的标志（意思是跟当时战局形势有关），戈林元帅一贯是这种咄咄逼人的气势，不久我就发现这不仅仅是一次礼节性的视察。检阅部队几乎还没开始，他突然转向我，问我为什么我的中队没有升空（作战）。

5./JG 300中队的一名地勤人员在进行发动机试车，这架Fw 190A-8/R2飞机属于中队指挥官克劳斯·布雷特施耐德中尉，照片拍摄于1944年11月，地点是洛布尼茨。12月24日，布雷特施耐德在战斗中可能被美国陆航第357战斗机大队的“野马”战斗机击落，他个人战绩为34架，其中一半是美国重型轰炸机。

坐在座舱中的是克劳斯·布雷特施耐德中尉，站在机翼上的是康拉德·保尔上士。布雷特施耐德的座机为“红色1”号，座舱处机身有“街头霸王”（Rauhbautz）Ⅶ的字样。布雷特施耐德中尉在10月7日的战斗中击落2架轰炸机，还撞下1架，撞机后他侥幸生还。他还在夜间击落过14架盟军飞机，这点非常不简单。

① 联队指挥官瓦尔特·达尔回忆的这句话跟上面配图说明不一致，笔者查阅了戈林此次视察的详细资料，戈林在机库里就发表了演讲。

12./JG 3中队的1架“黄色1”号Fw 190A-8战斗机机腹携带了1个W.Gr 21火箭发射器，这是一种后射式发射器，实战证明完全不起作用。

12./JG 3中队奥特菲尔德·拜施上士斜倚在“黄色3”号的Fw 190A-8飞机上，他的座机增加了防弹装甲（座舱侧面30毫米厚钢板），发动机上方的MG 131机炮已经去除，图中可见覆盖的整流罩。

“我们可以升空作战，帝国元帅先生”，我回答道，“但是，这种天气我们无法组成编队，我们的大部分飞行员没有进行过盲飞训练，也无法（在这种气象条件下）着陆”。

我对戈林元帅的回答十分震惊，在笔直站立几乎僵化的飞行员面前，他大声吼道：“你们这群懦夫！现在我知道了为什么你们联队进行了那么多创纪录的跳伞训练——你们只想着跳伞，而不是战斗！”

就在这时，空袭警报拉响，不久敌人的炸弹落下，所幸没有造成什么损失。戈林元帅从防空设施返回，他的眼睛里充满怒火，快速冲到我面前，他抓住我的衣领，用力推搡我，大声叫道：“你为什么不遵守我的命令，你这个懦夫！我将命令我的高炮部队把你从天上揍下来！”

我回答道：“我没有收到命令，帝国元帅先生，我所知道的是来自元首的命令，如果天气条件不适合，编队长机可自行决定是否升空作战。”

“闭嘴，你这个叛徒！你和你的双机编队飞行员最终会知道我的厉害。今晚太阳落山前我就会毙了你！”他就像一个疯婆子胡言乱语，在场每个人都静静地站着大气不敢出，戈林元帅再次转向我，他恶狠狠地说：“我今天到这儿来给你们带来的就是这些。”顷刻之间他的怒气突然不见了，他打开一个皮箱，里面盛放着闪着亮光的橡树叶佩饰，“但是，现在我不能，我必须做一个榜样，从现在开始，你被解除指挥官一职，军衔降级，不久将会有一次军事法庭审判，你将被枪毙”。皮箱“啪”地一声关上，戈林元帅举起帝国元帅权杖将其交给僵硬站立在一旁的随从，随后他钻进他的大型梅塞德斯轿车，那一刻他又怒吼道：“走！快点带我离开这个充满恶臭的地方！”

瓦尔特·达尔中校

瓦尔特·达尔于1916年3月27日出生在巴特贝格察伯恩附近的路克，靠近法国边境。他在19岁时参加德国陆军，最早在驻扎在斯图加特的第119步兵团服役，不久，他被分配到德国空军服役。在德国空军，他最早是一名飞行教官，实际上，他内心希望到作战单位服役，这个梦想直到1940年10月1日才实现，当时，已经是中尉的他被分到京特·吕佐夫少校的JG 3联队，职务是联队副官。此时的德国入侵英国战役已经进入尾声，瓦尔特·达尔几乎没有参加作战行动，直到1941年6月，JG 3联队被部署到东线。6月22日，也就是德国入侵苏联第一天清晨，达尔当时驾驶1架Bf 109F战斗机击落1架苏联伊-16战斗机，但是，随后他也被击落，经过三天的长途跋涉，他穿过苏联控制区返回了他的单位。7月24日，达尔获得二级"铁十字勋章"，此后，已经被分配到Ⅱ./JG 3大队的他在苏联南部战线参加了大量战斗，截至1941年10月23日，他的战绩上升到17架。

1942年年初，Ⅱ./JG 3大队曾短暂部署到西西里岛，临时归JG 53联队指挥，主要执行针对马耳他的军事行动。此时，达尔被任命为4./JG 3中队指挥官，但是，这段时间里，在地中海战场他没有取得任何战果，主要跟这里当时的战场战斗特点有关，空战机会不多。没多久，Ⅱ./JG 3大队再次返回苏联战场，这里的战斗天天有，作战频繁很高，因此达尔的战绩又开始快速上升，到11月底，他的战绩上升到41架，他最成功的一天是1942年10月26日，当天他击落4架苏联伊尔-2攻击机。在斯大林格勒战役期间，达尔又获得25架战果，因为战绩超过了50架，他因此获得了"金质德意志十字勋章"。

1943年7月20日，达尔被任命为Ⅲ./JG 3大队指挥官，前任指挥官沃尔夫冈·埃瓦尔德少校在库尔斯克战场阵亡。8月初，达尔的Ⅲ./JG 3大队返回德国明斯特加入到帝国保卫战序列。此后，达尔在拦截美国陆航轰炸机行动中赢得了战术专家的声誉。例如1944年1月29日，他击落2架B-17轰炸机，2月23日击落2架B-24轰炸机和1架P-38战斗机，之后两天里，他又击落4架轰炸机和1架P-38。因为这段时间战绩显著，达尔在1944年3月11日获得了"骑士十字勋章"，此时他的个人战绩为69架，包括9架B-17轰炸机。

1944年春天，战斗机兵种总监加兰德提议组建一个特别战斗队，正式名称是特别部署战斗联队（JGzbV），主要任务是监督德国南部战斗机大队

左图中左侧为JG 300联队指挥官瓦尔特·达尔少校，右侧为Ⅳ.(Sturm)/JG 3大队指挥官威廉·莫里茨中校，他们是战斗突击单位最重要的两位指挥官。

1944年9月11日获得第75架战果后，达尔在自己的Fw 190A-8座机前留影纪念，第75架战果是1架B-17轰炸机。

快速反应拦截美国轰炸机，实际上“监督”换成“协调”一词更准确一些。加兰德请求达尔来领导特别部署战斗联队，还充满热情地将Ⅲ./JG 3大队、Ⅰ./JG 5大队、Ⅱ./JG 27大队、Ⅱ./JG 53大队和Ⅲ./JG 54大队纳入他的混合指挥部之下。5月24日，特别部署战斗联队首次执行重大作战任务，拦截由517架B-17轰炸机和400架护航战斗机组成前去轰炸柏林的美国飞机编队，美国护航战斗机成功地率先拦截住德国战斗机，德美双方的战斗机进行了激烈的空战，此外一些德国战斗机摆脱纠缠去攻击轰炸机编队，Ⅲ./JG 54大队的Fw 190击落10架B-17，当天战斗美国损失33架B-17，另有256架受伤。达尔向加兰德呈上了令人十分满意的当天作战报告。

达尔任特别部署战斗联队指挥官到6月6日，之后，他被任命为JG 300联队指挥官。9月13日，达尔驾驶重装甲Fw 190飞机用撞击战术撞落1架B-17轰炸机，因为此次战斗，达尔从指挥官一职退下。此时，达尔的个人战绩达到82架。1945年1月26日，达尔被任命为昼间战斗机巡视官，军衔晋升为中校。有人认为达尔在1945年驾驶了Me 262和He 162喷气式战斗机。达尔的个人总战绩为128架，其中包括30架确认的四发重型轰炸机，还有6架未经确认，这使得他成为德国空军排名第四的“轰炸机杀手”。达尔还击落34架伊尔-2攻击机，在他的作战任务中有300次执行的是对地攻击任务。

瓦尔特·达尔在1961年出版过一本自传，他卒于1985年11月25日，享年69岁。

尽管戈林发誓要枪毙瓦尔特·达尔，实际上什么事也没发生，他在1945年1月26日还被任命为昼间战斗机巡视官，他评价1944年11月的战斗时称：

1944年11月作战行动是我整个战争期间经历的最艰难的时候，双方作战力量的对比达到20比1，很多时候甚至达到30比1。我们每天都有很大损失，我们的空勤人员的补充能力和质量都很差，他们没有经过足够必要的训练，燃油短缺使得这种情况愈加糟糕。

达尔在和本大队的一名飞行员交谈，背景是1架Fw 190战斗机。

1943年7月20日，达尔上尉被任命为Ⅲ./JG 3大队指挥官，之后不久这个单位从法国返回德国本土参加帝国保卫战。照片中达尔在向他的属下敬礼，他后面是本单位的1架Bf 109G战斗机。

1944年12月的战斗

12月的开始以美国陆航第八航空队空袭宾根和科布伦茨拉开序幕，当月2日的美军轰炸行动遭到德军Ⅳ.(Sturm)/JG 3大队的拦截，德国方面声称击落22架B-24，而美国承认第2轰炸机师的损失只是德方声称的一半。第二天，很多德国空军战斗机大队被命令执行对地攻击任务以支援亚琛迪伦一带的德军地面战斗，其中一个大队，即Ⅰ./JG 26大队在利尼希一带作战，行动后，该大队极为罕见地受到了德国陆军第5装甲集团军群司令哈索·冯·曼托费尔的褒奖。Ⅱ.(Sturm)/JG 4大队也执行了类似的作战任务，这个大队的Fw 190和剩余的Bf 109战斗机一道从美因茨芬滕的临时机场起飞攻击了迪伦一带的美国步兵，德国战斗机没有携带炸弹或火箭弹，只是用机枪和机炮扫射美国步兵，由于美国的前线机场气象恶劣导致战斗机无法升空，德国飞机尽情地扫射美国地面部队，但是，虽然没有盟军战斗机干扰，盟军地面高炮的火力相当猛烈，特别是20毫米高炮火力非常密集，Ⅱ.(Sturm)/JG 4大队有6架飞机被击落，5名飞行员跳伞后被俘。

美国针对德国本土轰炸的下一次重大行动是1944年12月5日出动450多架轰炸机空袭柏林，当天，柏林上空被9/10浓云覆盖，浓云厚度达到地面上方150米，气象预报还预测当天会有阵雨，可能还会有风暴。这种气象条件非常不适合出航，但是美国轰炸机来了，德国战斗机必须升空拦截。德国Ⅰ./JG 1大队和Ⅱ./JG 1大队的约100架Fw 190在奥拉宁堡（柏林北稍偏西20公里）和韦贝林湖（柏林北偏东50公里）之间空域拦截了返航的美国轰炸机编队，美国护航战斗机P-51顽强地阻止了德国战斗机靠近轰炸机，德机损失惨重，JG 1联队队部损失2名飞行员，Ⅰ./JG 1大队阵亡6名飞行员，9

这架“黄色2”号Fw 190A-8/R2飞机属于6.（Sturm）/JG 300中队赫尔伯特·恩格斯特上士，该机的特别之处在于它安装了EZ 42陀螺瞄准具。在1944年12月24日的战斗中，恩格斯特被盟军战斗机击落，他侥幸生还。

人受伤。而Ⅱ./JG 1大队阵亡14人，2人受伤。阵亡飞行员名单中包括7./JG 1中队指挥官鲁道夫·迪泽姆中尉。当天另一个也参与拦截行动的是JG 301联队，该单位在哈威尔奥德运河（柏林正北40公里）声称击落10架P-51和2架B-17，己方阵亡8名飞行员，1人受伤。Ⅰ./JG 26大队的5架Fw 190飞机在林根西部拦截了落单的美国轰炸机，鲍里斯少校击落美国陆航第452轰炸机大队1架B-17轰炸机，这是Ⅰ./JG 26大队自7月以来第一个重型轰炸机战果。战斗中，2./JG 26中队布瑟格中士被1架P-51战斗机击落。

此时，除了Ⅲ./JG 54大队，又有几个单位开始接收Fw 190D-9战斗机，其中第一个接收的是Ⅱ./JG 26大队，该大队在11月11日从科契伦（杜伊斯堡北20公里）转移到莱恩斯恩进行休整和补充，在转移到新基地的过程中，单位一些飞行员在赫尔姆施泰特接收了一些Fw 190D-9。转移工作八天后完成，而这时单位地勤人员率先出发到位于诺德霍恩的克劳斯海德新基地。11月24日，JG 26联队队部和Ⅰ./JG 26大队从格雷芬（明斯特北15公里）转移到弗斯特瑙，单位的1./JG 26中队在12月10日最先接收Fw 190D-9战斗机。

不久后，Ⅰ./JG 2大队接收了一批12架Fw 190D-9，之后的12月21日，Ⅲ./JG 2大队也开始装备该型号飞机。截至12月底，驻扎在梅尔茨豪森的Ⅰ./JG 2大队共接收了54架Fw 190D-9，驻扎在埃廷格豪森的Ⅲ./JG 2大队接收了53架，驻扎在弗斯特瑙的Ⅰ./JG 26大队接收了63架，驻扎在诺德霍恩的Ⅱ./JG 26大队接收了55架。第四个接收Fw 190D-9飞机的是Ⅱ./JG 301大队，截至12月底，该大队共接收21架该型号飞机，早在12月5日，该大队飞行员驾驶Fw 190D-9飞机和P-38进行了对比空战评估。少量的Fw 190D-9飞机交付给了Ⅳ.(Sturm)/JG 3大队，该单位的奥斯卡·罗姆回忆称：

4./JG 1中队于1944年11月驻扎在德国火箭研发基地佩纳明德附近的格赖夫斯瓦尔德（波罗的海沿岸），“红色3”号是1架Fw 190A-8基础型飞机，机翼外侧安装的是MG 151机炮。这架飞机后来分配给2./JG 1中队，编号改为“黑色9”号，威廉·阿德驾驶该机在1944年12月27日成功实施了迫降。

> 我第一次看到“多拉”9（Fw 190D-9）飞机是1944年12月在波兰斯塔加德（什切青旧城），这架飞机刚刚从东普鲁士但泽附近的马林堡工厂交付到这里。那时，我在Ⅳ.(Sturm)/JG 3“乌德特”大队服役，单位装备的是Fw 190A-8飞机，我们在帝国保卫战的序列里与敌人作战。1945年1月，我被任命为第15中队（15.(Sturm)/JG 3）指

挥官，紧下来的2月里，因为我是大队中最老的中队指挥官（我当时刚刚25岁出头），我被任命为大队指挥官。在斯塔加德，我们的任务是轰炸和扫射不断向柏林和什切青挺进的苏联地面部队。

我非常热切地想快点驾驭Fw 190D-9飞机，因为我知道不久后我们就会在两线作战，一条战线是苏联红军，另一条战线是英国和美国战斗机和轰炸机。对于这样的战斗，我认为Fw 190D-9是理想的战斗机，我成功让一整个中队全部换装了这个型号飞机，我的大队队部也装备了4架该型飞机，外加1架后备飞机。为了得到更多的该型号飞机，我们不得不从一些即将被盟军占领的机场抢救出一部分飞机（回来修理后使用），但是这样会冒很大的风险。

这是第二架Fw 190A-8，W.Nr.170002飞机，该机有段时间装备福克-沃尔夫公司工厂防御中队。后来，这架飞机编号改为Fw 190V-52，作为原型机用来测试用于Fw 190A-9的BMW 801TS发动机。这架飞机还用来测试SG 113A（也称MK 113）垂直发射反坦克炮。

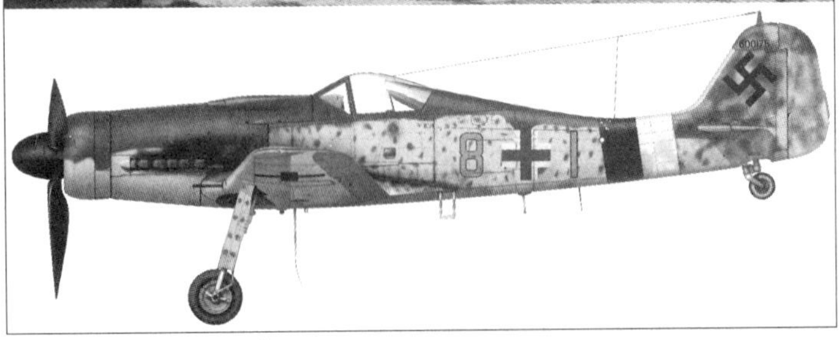

Ⅲ./JG 26大队从1944年12月开始由原来的Bf 109G-14和K-4飞机换装到Fw 190D-9飞机，JG 26联队的其他大队一直装备福克-沃尔夫飞机。图中飞机可能属于11./JG 26中队，而且该机还未使用就被盟军缴获，战争后期，很多单位虽然装备了新机，但缺乏燃油，飞机根本上不了天。

我们大队队部的4架Fw 190D-9飞机安装的是Jumo 213A发动机，水和甲醇喷射系统（指MW 50水-甲醇增压器助燃系统），功率为1750马力。作为一款制空和截击战斗机，Fw 190D-9飞机的操纵性能比Fw 190A的要好，前者的速度更快，爬升率更高。在格斗作战时，在3000米至7500米高度，这是与苏联空军战斗机作战的高度，我发现我可以驾驶Fw 190D-9飞机进行很急的转弯（小半径转弯），同时我仍然保持着速度的优势。驾驶我们以前装备的Fw 190A飞机时，空战期间进行急转弯后，我的座机速度经常会降到最低。在下降过程中，“多拉”9飞机比Fw 190A飞机更容易提升速度。在俯冲时，Fw 190D-9飞机会让苏联的雅克-3和雅克-9飞机几乎静止不动（指进入俯冲和俯冲速度快）。

突出部战役

1944年12月16日，德国在西线发动了最后一次大规模反击战，史称“阿登战役”或“阿登反击战”。早在1944年9月，德国就在筹划代号为“莱茵河卫兵行动”的作战计划，德国的作战意图是集中优势兵力，迅速突破林木茂密的比利时境内阿登山区防线，强渡马斯河，夺取盟军的主要补给港口安特卫普，把盟军一分为二，并制造第二个敦刻尔克，然后再转头来对付苏联。从长远看，希特勒亲自设计的这次战役试图通过欧洲西线战场的最后一次攻势，迫使盟军从德国本土撤出，重新夺回西线主动权。这种想法太奢侈了！

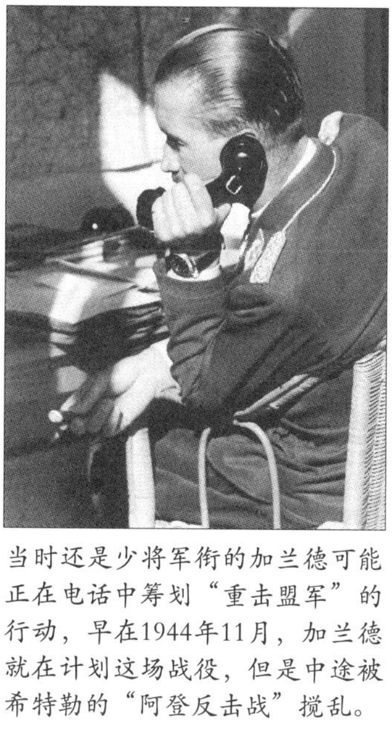

当时还是少将军衔的加兰德可能正在电话中筹划“重击盟军”的行动，早在1944年11月，加兰德就在计划这场战役，但是中途被希特勒的“阿登反击战”搅乱。

由于这一时期欧洲西部上空浓云密布，德军的反击战役达到了突然性，而且，气候恶劣导致盟军的优势空中力量无法升空作战。此时，德国空军中只有JG 300联队和JG 301联队留下保卫帝国领空，其他的战斗机单位全部分散部署，在战役中执行对地攻击任务，参加“阿登反击战”的装备Fw 190战斗机的单位有 I./JG 1大队和Ⅱ./JG 1大队、 I./JG 2大队和Ⅲ./JG 2大队、Ⅳ.(Sturm)/JG 3大队、 Ⅱ.(Sturm)/JG 4大队、 I./JG 6大队和Ⅱ./JG 6大队、 I./JG 11大队和Ⅲ./JG 11大队、 I./JG 26大队和Ⅱ./JG 26大队、Ⅲ./JG 54大队和Ⅳ./JG 54大队、Ⅲ./SG 4大队和NSGr 20大队等。

战役开始后，美国陆航第404战斗机大队的“雷电”战斗机率先对德国波恩汉格拉机场进行空袭，这个机场驻扎着NSGr 20大队的Fw 190战斗机和部分KG 55联队部分单位，前者自11月初就驻扎在这里，主要执行夜间攻击荷兰和比利时边境莱茵河西侧的盟军装甲车辆、步兵集结中心和供应车队，特别是在亚琛许特根地区的美军的任务。当天上午9时30分，Ⅱ./JG 26大队的Fw 190战斗机紧急起飞拦截美国的战斗轰炸机编队，但是，由于气候恶劣，德国飞机未能找到美国飞机编队。 I./JG 2大队和Ⅲ./JG 2大队的Fw 190飞机编队与美国飞机编队遭遇并发生战斗，但是前者被美国P-47战斗机击落5架，四名飞行员丧生，一人受伤。当天下午，Ⅳ./JG 54大队和随后赶来的 I./

加兰德抓紧时间到各个作战单位视察，图中是他视察Ⅲ./JG 51大队，之后又视察了NSGr 20大队，图中背景是1架Fw 190战斗机，机身的编号纯属个人喜好写的，字体也不一致。

JG 26大队一道与美国陆航第474战斗机大队的P-38战斗机混战在一起，德军击落4架P-38，己方损失3架Fw 190飞机。参与当天战斗的其他Fw 190飞机单位还有Ⅳ.(Sturm)/JG 3大队、Ⅱ.(Sturm)/JG 4大队和Ⅰ./JG 11大队等，这几个大队战斗中分别损失2架、4架和7架Fw 190。除了常规战斗机单位，Ⅲ./SG 4对地攻击大队也执行了大量对地攻击任务，当天，这个单位刚刚转移到科隆瓦恩基地。

在东部，美国陆航第15航空队派出“解放者”轰炸机空袭布莱切哈默和奥德塔尔的石油精炼厂，以及德国东部莫拉维亚的俄斯特拉发（现属捷克共和国）和苏德台地区的铁路编组站，先是在捷克奥洛莫乌茨和普热罗夫之间，随后在上西里西亚地区，Ⅱ.(Sturm)/JG 300大队攻击了美国轰炸机编队，德方声称击落21架B-24和1架P-38，己方损失10名飞行员，其中7人丧生，3人受伤。

12月18日，英国皇家空军第2战术空军（TAF）加入到美国陆航战斗序列一道防御德国空军的进攻，当天，德国空军Ⅰ./JG 11大队和英国空军正在亚琛特里尔巡逻的第610中队12架“喷火”战斗机遭遇，1架英国战斗机被乔治·希贝尔中尉击落，但是，Ⅰ./JG 11大队损失2架Fw 190。Ⅳ./JG 54大队和两个美国战斗机编队发生战斗，前者击落9架美国战斗机，其中大队指挥官鲁道·克莱姆上尉击落2架，保罗·布兰特少尉击落2架，己方有3架Fw 190被击落。

此后的天气更加恶劣，双方的空中行动都几乎停止，直到12月23日才恢复，当天，美国陆航第八航空队的417架轰炸机起飞前去轰炸德国赖讷西部的铁路枢纽，企图消灭德国的铁路交通，美国的目标主要是铁路桥梁、高架桥和特里尔厄扬、因克拉特达勒姆和阿魏勒地区的铁路编组站。就在美国飞机编队穿过科隆后，Ⅱ.(Sturm)/JG 4大队、Ⅲ./JG 11大队和Ⅳ./JG 54大队前来拦截，但是，德国飞机遭到美国陆航第56战斗机大队的突然攻击，Ⅳ./JG 54大队当即被击落

这架Fw 190G-3，W.Nr.160699飞机坠毁在比利时圣特雷登机场，照片拍摄于1944年9月26日，该机场已经被美军占领。这架Fw 190G-3可能属于NSGr 20对地攻击大队，当时这个大队装备该型号飞机。

这位一路小跑的地勤人员在给飞行员指引方向，后三点式飞机的头部较高，滑行时飞行员看不到跑道，有转弯处必须得有人引导，非作战任务时，地勤人员常会坐在机翼前缘指引。

2架飞机，其他两个大队在艾弗尔山区和美国护航战斗机爆发激烈空战，美国陆航第479战斗机大队的“野马”战斗机击落Ⅱ.(Sturm)/JG 4大队12架Fw 190，美军仅损失1架P-51。实际上，美军的战绩水分也挺大，德军的这个战斗突击大队被击落7架飞机。同一场战斗中，Ⅲ./JG 11大队被击落9架飞机，其中一名飞行员阵亡，即9./JG 11中队埃里希·普茨卡少校，这么高的军衔应该是中队指挥官，他在3.(F)/121侦察中队期间曾获得“骑士十字勋章”。

战斗激烈进行时，美国陆航第九航空队的B-26轰炸机轰炸了比利时和德国交界外的铁路目标。10时40分在艾弗尔山区的战斗中，Ⅰ./JG 11大队（可能）击落17架美国陆航第322轰炸机大队的B-26“掠夺者”轰炸机，己方损失极为严重，13架Fw 190战斗机或是被轰炸机自卫火力，或是被美国护航战斗机击落。5分钟后，美国陆航第九航空队第391轰炸机大队的B-26前往阿魏勒轰炸铁路立交桥，但是在目标区上空，美国轰炸机编队遭到Ⅳ.(Sturm)/JG 3大队的大约60架Fw 190的突袭，没有护航战斗机伴随的美国轰炸机编队损失严重，16架B-26轰炸机被击落，德军单方面声称的是击落29架。德国的损失是战斗突击大队三名飞行员阵亡，另有三人受伤。另一个参与这场战斗的还有Ⅰ./JG 26大队的Fw 190A-8战斗机，该大队飞机设法避开了美国护航的P-47战斗机，之后向另一个B-26编队发起攻击，击落其中2架。就在这时护航的P-47赶到，很快就击落4架Fw 190，另有两名德国飞行员在追降过程中丧生。Ⅱ./JG 26大队的飞机在11时52分起飞执行当天第一次作战任务，参战的是单位新装备的Fw 190D-9。与美国P-51战斗机遭遇后，2架德国飞机被击落。之后，Ⅱ./JG 26大队的飞机又遇到英国空军“兰开斯特”轰炸机和“蚊子”战斗机编队，这回德国飞行员发挥出色，声称击落6架重型轰炸机和1架战斗机。英国空军第109中队的“兰开斯特”编队长机是罗伯特·A.M.帕尔默少校，尽管他的座机被打得支离破碎，他还是成功地完成了轰炸任务，但是飞机随后坠毁，只有后射机炮手幸存，帕尔默少校被追授“胜利十字勋章”，以此表彰他的英勇无畏。

在圣诞前夜，天气转好，盟军终于有机会发动大规模的空中行动阻止德军的进攻。尽管此前的战斗中德国空军作战损失很大，此次战役，德军还是凑足了700—800架飞机来对抗盟军，能凑足这么多飞机完成是地勤维护人员的功劳，新机生产因盟军空袭而供应断档。

12月24日，英国空军第2战术空军的“喷火”、“暴风”和“台风”战斗机和德国空军Ⅰ./JG 26大队、Ⅱ./JG 26大队、Ⅳ./JG 54大队的Fw 190战斗机在德国亚琛北部遭遇，此次战斗是Ⅰ./JG 26大队的Fw 190D-9战斗机首次参战，空战结果令人失望，德国飞行员设法击落1架P-38战斗机和1架B-17轰炸机，己方损失4架Fw 190D-9飞机。上文提到过，英国皇家空军第2战术空军临时归美国陆航指挥，因此英国战斗机是为美国轰炸机护航的；德国Ⅱ./JG 26大队作战更成功一些，击落5架P-47，己方有3名飞行员阵亡，另有1人受伤；Ⅳ.(Sturm)/JG 3大队在12时30分攻击了美国B-17编队，在比利时列日地区击落9架轰炸机，重伤2架。不久，13.(Sturm)/JG 3中队指挥官沃尔夫冈·科泽上尉击落2架英国“台风”战斗机，但随后他遭到英国空军第274中队的1架“暴风”战斗机攻击，最终科泽上尉被击落，他的飞机燃着熊熊大火坠毁在荷兰埃因霍温地区。除了科泽，Ⅳ.(Sturm)/JG 3大队还损失4架Fw 190；JG 6联队两个装备Fw 190战斗机的大队之后也加入到激烈的战斗中，和盟军战斗机在高芬斯上空展开空战，没想到一口气损失10架Fw 190，惨败！

这时，美国陆航第八航空队再次将目标定在基尔和莱茵河-美因河（法兰克福一带）地区的铁路和机场目标，Ⅱ.(Sturm)/JG 4大队和Ⅰ./JG 4大队、Ⅲ./JG 4大队从法兰克福达姆施塔特的临时高速公路上起飞迎敌，几乎就是起飞一开始，5.(Sturm)/JG 4中队就有2名飞行员被击落身亡。在北部基尔上空，美国轰炸机编队的部分编队在返航途中遭到Ⅱ.(Sturm)/JG 300大队的拦截，德国Fw 190战斗机几次试图攻击美国轰炸机编队，但都被护航的P-51战斗机驱离，战斗突击大队13名飞行员或阵亡或受伤，阵亡名单中包括5.(Sturm)/JG 300中队指挥官克劳斯·布雷特施奈德少尉，他在不久前的1944年11月18日获得了“骑士十字勋章”，个人战绩为31架，其中一半以上是单发夜间战斗机，战绩虽然不高，但都是他在仅仅20次作战任务中取得的。这天的战斗中，德国空军有85名战斗机飞行员阵亡或失踪。

这架Fw 190D-9飞机属于驻扎在韦尔措的Ⅱ./JG 301大队，地面白雪表明这是1944—1945年冬天。韦尔措位于德国最东部，因此Ⅱ./JG 301大队主要作战对象是苏联红军，如今，“东线”并不表明苏联战场，它仅仅表示德国的东部，苏联人已经到了家门口。飞机发动机罩上“Glycol”意思是乙二醇防冻液，Jumo 213液冷发动机上需要。

Ⅳ.(Sturm)/JG 3大队此时驻扎在德国东北部普伦茨劳，大队指挥官是奥斯卡·罗曼中尉。飞机旁边的双轮小车是一种多功能车，充电、加油和发动机起动等，德国机场常见这种小车。

在12月初，SG 4联队队部和剩下的两个大队从东普鲁士分别后撤到居特斯洛、齐根海因和基特霍夫，后两个地点都在卡塞尔西南。就在这段时间，Ⅱ./SG 4大队一名身份不详的飞行员被击落（如何被击落不详），英国情报部门从他的日记中获得一些他所在单位当时的情况：

1944年12月15日，星期二，我从屈特斯洛起飞，这是一次令人厌烦的飞行，我先是飞往基特霍夫，感谢上帝，飞行途中一切顺利。我和大队指挥官就阿伦斯（4./SG 4中队一名少尉飞行员）进行过一番讨论，最后他们逐渐了解了他（阿伦斯），我觉得说阿伦斯不好很公正。联队指挥官在当天中午打电话给我，我将作为联队副官向他报到，感谢上帝，我最终又向前迈进了一步。

几天后的12月24日，8./SG 4中队飞行员佐特勒特候补中士在巴斯托涅附近被击落后成为战俘，谈到上段中飞行员日记中提到的人，他咕哝着称这些人只会说教，根本没有实战经验！

在这段时间里，Ⅲ./SG 4大队的Fw 190F-8飞机的翼下携带了反坦克火箭弹执行攻击坦克装甲车辆的任务。由于气候恶劣，SG 4联队的三个大队无法升空攻击盟军巴斯托涅一带的目标，直到12月24日天气好转战斗任务才再次展开。此时，这三个对地攻击大队分别驻扎在科隆奥斯泰姆、波恩汉格拉和科隆瓦恩。在12月24日的战斗中，SG 4联队在巴斯托涅一带被美国战斗机击落4架Fw 190F-8。虽有损失，这个联队仍然不断攻击盟军的装甲车辆和汽车纵队，直到“阿登反击战”结束，由于盟军轻型和中型防空火力猛烈，德国的对地攻击效率并不高，损失可不小。西线另一个对地攻击单位是NSGr 20大队，在12月24日的战斗中，该大队飞机在波恩汉格拉一带执行攻击任务时被击伤几架Fw 190。由于盟军战线不断前移，该大队被迫转移到科隆瓦恩机场。

参加1944年12月25日圣诞节战斗的Fw 190战斗机大队主要是Ⅳ.(Sturm)/JG 3大队，这个大队在比利时列日和圣维特之间对美国陆航B-24轰炸机编队展开屠杀，击落大量美国陆航第467轰炸机大队的轰炸机。之后不久，护航的陆航第479战斗机大队的P-51“野马”战斗机赶来救场，随后的战斗中，德国损失八名飞行员，包括Ⅳ.(Sturm)/JG 3大队指挥官胡伯特-约克·韦登哈默上尉，他在12月5日刚刚接替原指挥官威廉·莫里茨少校，后者精神疲惫，已经不适合指挥单位作战。另一个当天拦截美国飞机编队的是Ⅳ./JG 54大队，这次该大队还没与轰炸机打照面就被美国陆航第九航空队的护航战斗机截住，七名飞行员阵亡。

第二天，Ⅱ./JG 1大队在巴斯托涅上空与盟军战斗机战斗时损失8名飞行员，而与此同时，1./JG 26中队和4./JG 26中队的Fw 190D-9与美国陆航第361战斗机大队的“野马”战斗机相遇，前者被击落5架。汉斯·库克拉少尉的作战报告可以提供一些信息，那就是

盟军掌握绝对制空权后，英国轰炸机也敢在白天轰炸德国目标。图中是英国皇家空军第101轰炸机中队的1架“兰开斯特”Ⅰ（SR-B）重型轰炸机在投放燃烧弹，目标是德国杜伊斯堡。

新型Fw 190D-9战斗机并不如期望的那样好，报告称：

我和“野马”战斗机在3000米高度进行转弯格斗，为了不被击落，我选择快速转弯退出战斗。在大约500米高度，我看到右前方有1架“野马”飞机（正向前飞），我立即机动到敌机后面并开火，但是我没有击中目标，这架“野马”立即做出一个右向的急转弯，速度非常快，然后迅速逃离。

同一天，SG 4联队被英国皇家空军击落4架Fw 190F-8飞机，包括1./SG 4中队和3./SG 4中队指挥官，两人分别是舒默上尉和容格克劳森上尉。12月27日，汉斯·埃勒斯的Ⅰ./JG 1大队在与美军P-51的战斗中损失11架Fw 190，被击落的飞行员中包括大队指挥官埃勒斯。被击落但幸存的一名飞行员是格哈德·斯泰默候补中士，他回忆此次战斗时称：

我们的编队和“野马”战斗机交手没有获胜的机会，尽管这可能是灾难性的战斗，埃勒斯仍然十分镇静，他在无线电中命令“冲上去！干掉他们！”在我的右边，奥斯瓦尔德上士的座机爆炸。几乎就在同时，我的座机尾部被击中，（炮弹的）爆炸使我的飞机为之一震，我立即转向左侧。1架P-51飞机追赶着我，但是，敌机的速度比我的快，他在我下方冲到我前方，随后做了一个转弯。不久之后，他又出现在我的瞄准具中，我立即开火并击中了他。此时我飞行的高度非常低，几乎擦到树梢。这时，1架我无法识别的飞机出现在我的前方，（判明是敌机后）我们几乎同时开火。我的座机发动机被击中，溢出的润滑油喷到座舱风挡上。我尝试爬升高度，但那个时候我突然失去了意识，当我醒来的时候

驻扎在斯滕达尔机场的Ⅱ./JG 301大队的一名地勤人员正坐在Fw 190D-9飞机机轮上休息，这个大队在1944年12月才开始接收Fw 190D-9战斗机。

这架7./JG 301中队的Fw 190D-9飞机携带了一个AB 250炸弹容器，这是一种反人员武器，说明该机执行的是对地攻击任务。

发现自己在托登费尔德的一户人家沙发上躺着，一个军医坐在我旁边。

同样是这天，Ⅲ./JG 54大队返回战场，该大队与英国空军第486新西兰中队的“暴风”战斗机在明斯特汉多夫展开激战，前者损失5架Fw 190D-9。这个损失在以前是无法想象的，但是，以后只有更严重。两天后的12月29日是Ⅲ./JG 54大队历史上最黑暗的一天，由于单位力量分散，加上地面指挥引导错误，大队的几个中队分别遭遇10倍于己数量的“喷火”战斗机编队。威利·赫尔曼的9./JG 54中队在10时整在林根附近遭到英国第411加拿大中队的“喷火”战斗机攻击，前者被击落6架飞机。不久，大队指挥官魏斯上尉率领大队队部、10./JG 54和11./JG 54中队的飞行员在同一空域参加另一场战斗，他们的对手是英国空军第56中队的“暴风”战斗机、第311挪威中队的“喷火”飞机和第168中队、第439加拿大中队的“台风”战斗机，这场战斗对德国人来说仍然是悲剧性的，7架Fw 190D-9战斗机被击落，包括大队指挥官本人的座机。魏斯个人总战绩为121架，其中90架战果是在东线战场取得的。1944年3月26日，他获得“骑士十字勋章”，他阵亡后被追授“橡树叶加骑士十字勋章”。Ⅲ./JG 54大队的灾难还没结束，前面的战斗刚刚结束不久，12./JG 54中队就遭受英国空军第401加拿大中队的“喷火”攻击，前者至少被击落2架Fw 190D-9。这个中队击落4架英国战斗机，挽回一点颜面。

1944年的最后一天，美国陆航第八航空队出动1300架轰炸机继续轰炸德国的战略目标，为轰炸机编队护航的是700多架战斗机，这天美国空袭目标是德国汉堡哈尔堡的石油精炼厂和米斯堡的加氢工厂。在罗滕堡上空，美国飞机编队迎头与Ⅱ.(Sturm)/JG 300大队全体出动的飞机相遇，后者刚刚从南面被引导到这里。在接下来几分钟的战斗中，

这架Fw 190D-9早先是Ⅳ.(Sturm)/JG 3大队维尔纳·马丁的座机，后来成了奥斯卡·罗曼中尉僚机卡尔-海因茨·普特下士的座机。

SG 4联队的1架Fw 190F-8飞机，该联队的几个大队一直在北非和意大利作战，盟军从意大利向北推进后，SG 4联队的几个大队返回德国本土作战。图中Fw 190F-8飞机携带了AB 250炸弹容器。

1架美国P-51飞机照相枪拍到的Fw 190D-9飞机在投放炸弹，交战双方的战斗机都可以执行对地攻击任务，这一时期，德国空军战斗机很多时候要执行对地攻击任务，为的是阻止盟军前进的步伐。同时，没有了英吉利海峡的束缚，盟军战斗机随时可以执行对地攻击任务，轰炸前进方向的德军。照相枪拍得这么清晰，说明距离很近。

驻扎在韦尔措机场6./JG 300中队的2架Fw 190D-9飞机准备升空作战，注意看，近处飞机是通过ETC 504挂架携带的300升副油箱，可以对比上文其他挂架的配图。

费施乐公司生产的Fw 190D-9/R1数量非常稀少，Fw 190D-9飞机主要装备战斗机单位，少量对地攻击型号，比如本图Fw 190D-9/R1飞机交付对地攻击单位。“R1”指的是机翼携带4个ETC 701炸弹挂架。

美军14架轰炸机被击落，其中一半属于美军陆航第100轰炸机大队。很快，陆航第78和第364战斗机大队的P-51赶到，双方战斗机爆发激战，德军8架Fw 190战斗机被击落。

与此同时，JG 301联队的所有三个大队从萨尔茨韦德尔地区赶来参战，战斗中击落几架B-24轰炸机，其中1架被威利·雷施克上士击落，谈到此次战斗中30毫米机炮的威力时，他说道：

Fw 190飞机上的MK 108机炮炮弹一旦击中敌机机翼和机身，敌机的命运就已经决定了。任何一个人都不可能不被炮弹的威力所折服，战后的照相枪评估可以证实这一点。（一波攻击完成后）我脱离战斗，再和敌机编队并列飞行一会儿，这时，我看到被我击中的敌机在空中解体，实际上这个过程也不过数秒时间。在敌机编队中间，我看见一个明亮的光点向我飞来，我有一种不祥的预感，从这个方向飞来的不是好东西。很快，有什么东西击中了我的座舱，几乎是一种本能，我立即向下做滚转机动，俯冲脱离战斗。我朝后看了看，看见我的座舱罩上前后两个大洞，就在我的脑后位置。

此时，美国护航战斗机赶过来保护轰炸机编队，德国人的悲剧开始了，Ⅲ./JG 301大队很快就被美国战斗机击落11架Fw 190，其中9./JG 301中队指挥官保罗·奎德瑙上尉被击落阵亡，10./JG 301中队代理指挥官赫尔曼·斯塔尔中尉受伤。JG 301联队的其他两个大队情况也不怎么样，Ⅰ./JG 301大队损失3架Fw 190，Ⅱ./JG 301大队损失10架，后者损失名单中包括大队指挥官赫尔伯特·诺尔特上尉，他被击落受伤，好在伤情不重并且很快恢复。5./JG 301中队指挥官赫尔穆特·奥斯滕道普中尉阵亡。

德国Ⅱ./JG 1大队没能与美国飞机交战，但却碰上了英国空军第137中队的“台风”战斗机，前者损失4架Fw 190。此次战斗后，Ⅱ./JG 1大队剩余的飞机准备全部用于突袭盟军的机场，也就是加兰德设想的重创美国飞机的“底板行动”。

“底板行动”

加兰德将军1944年11月就在筹划重组战斗力量以便给盟军空军力量一记重击，主要是重创美国陆航的昼间空袭力量。但是，在11月中旬，希特勒却要动用德国空军战斗力量参加他亲自计划的“阿登反击战”。加兰德设想的这个行动代号为“底板行动”，和“莱茵河卫兵行动”同时进行，在后一战役爆发前两天，即12月14日，德国空军第Ⅰ战斗机航空军司令迪特里希·佩尔茨少将简要介绍了各个地区的战斗机司令部情况，此时在阿尔滕基兴与会的各个战斗机司令部指挥官才知晓加兰德的大胆计划。“底板行动”的核心是，除了北部的Ⅳ./JG 5大队，以及保卫帝国领空的JG 300联队和JG 301联队外，其他的战斗机单位全部参战，战斗机在低空

荷兰境内的盟军机场遭到了德机空袭，空袭给盟军造成了一定的物质损失，但这点损失盟军会在一两个星期内补充上来。德国目前没有这种能力，特别是德国飞行员的损失需要多得多的时间。

法国梅斯弗来斯卡提机场遭到JG 53联队的Bf 109战斗机空袭，该机场是美国陆航第365战斗机大队的驻扎基地，图中该大队的P-47被炸毁。法国、比利时和荷兰的盟军机场也是如此，德国空军的空袭取得了一定的成功，但于事无补。

进入，采用了打了就跑的战术攻击荷兰、比利时和法国北部的11个盟军机场。

“阿登反击战”的地面行动在12月16日开始进行，由于气候恶劣，加兰德的“底板行动”直到1945年1月1日才正式开始，此时，参加此次行动的Fw 190飞机单位如下：

西部司令部　　约瑟夫·施密德　　驻地：迪恩/林堡

第Ⅰ战斗机航空军

Stab./JG 1	赫尔伯特·伊勒费尔德中校	特文特	Fw 190A-9	1架
Ⅰ./JG 1	乔治·哈克巴特上尉(代理)	特文特	Fw 190A-8	20架
			Fw 190A-9	2架
Ⅱ./JG 1	弗里茨·韦格纳中尉(代理)	德罗佩	Fw 190A-8	36架
Stab./JG 3	海因茨·巴尔少校	申涅拉格	Fw 190A-9	3架
Ⅳ./JG 3	齐格菲尔德·穆勒少尉(代理)	屈特斯洛	Fw 190A-8/R2	19架
Stab./JG 6	约翰·克格勒中校	夸肯布鲁克	Fw 190A-9	3架
Ⅰ./JG 6	威利·艾尔斯特曼上尉	德尔门霍斯特	Fw 190A-8	29架
Ⅱ./JG 6	约翰尼斯·瑙曼上尉	夸肯布鲁克	Fw 190A-8	43架
			Fw 190A-9	3架
Stab./JG 26	约瑟夫·普瑞勒中校	福斯特瑙	Fw 190D-9	1架
Ⅰ./JG 26	卡尔·鲍里斯少校	福斯特瑙	Fw 190D-9	32架
Ⅱ./JG 26	安东·哈克尔少校	诺德霍恩	Fw 190D-9	32架
Ⅲ./JG 26	瓦尔特·克鲁平斯基上尉	普兰特吕涅	Fw 190D-9	1架
Stab./JG 27	路德维希·弗兰茨斯科特少校	赖讷	Fw 190D-9	2架
Ⅲ./JG 54	汉斯·道滕曼中尉(代理)	福斯特瑙	Fw 190D-9	32架
Ⅳ./JG 54	鲁道夫·克莱姆少校	福尔登	Fw 190A-8	11架
			Fw 190A-9	4架

中部战斗轰炸机师　　哥特哈德·汉德里克中校　　驻地：达姆施塔特

Stab./JG 2	库尔特·布赫林根中校	尼达	Fw 190A-8/R6	1架
			Fw 190D-9	3架
Ⅰ./JG 2	弗兰茨·赫德里卡上尉	梅尔茨豪森	Fw 190A-8/R6	6架
			Fw 190D-9	29架
Ⅲ./JG 2	齐格菲尔德·莱姆科中尉	阿尔滕斯塔特	Fw 190A-8	5架
			Fw 190D-9	5架
Stab./JG 4	格哈德·米凯尔斯基少校	莱茵-美因	Fw 190D-9	1架
Ⅱ./JG 4	格哈德·施罗德少校	巴本豪森	Fw 190A-8/R2	2架
Stab./JG 11	京特·施佩希特少校	比布利斯	Fw 190A-8	1架
			Fw 190A-9	3架
Ⅰ./JG 11	吕迪格尔·基赫迈尔上尉	比布利斯	Fw 190A-8	16架
Ⅲ./JG 11	霍斯特-京特·冯·法松上尉	格罗斯奥海姆	Fw 190A-8	47架
Stab./SG 4	阿尔弗雷德·德鲁塞尔上校	波恩汉格拉	Fw 190F-8	3架
Ⅰ./SG 4	维尔纳·道恩布拉克少校	波恩汉格拉	Fw 190F-8	21架
Ⅱ./SG 4	汉斯·斯托尔恩贝格上尉	科隆布茨韦勒霍夫	Fw 190F-8	27架
Ⅲ./SG 4	格哈德·韦耶特少校	科隆瓦恩	Fw 190F-8	24架
NSGr 20	库尔特·达尔曼少校	科隆瓦恩	Fw 190F-8/G-8	—

1945年1月1日天刚刚亮，德国空军各个单位飞机起飞直奔自己的目标，其中很多飞机都由少量Ju 88夜间战斗机带路。当天最成功的攻击行动是JG 3联队执行的，在早上7时整，Ⅳ./JG 3大队代理指挥官齐格菲尔德·穆勒少尉放出该大队飞机直取荷兰埃因霍温机场，该机场驻扎着八个皇家空军“台风”战斗机中队和三个“喷火”战斗机中队，但是，攻击行动开始进展并不好，穆勒后来解释称：

1月1日早晨，计划为我们引路的2架Ju 88引导飞机因故无法出航，我们只得在没有引导飞机的带领下出击。早在两个星期前，我接到联队指挥官巴尔少校的命令为JG 3联队准备此次攻击日行动，为此，我仔细研究了埃因霍温机场的1×2米航空照片，我还必须对作战每个细节了如指掌，这就是为什么巴尔少校请求我执行早晨第一波作战任务，因为我有能力引导编队到达目标。巴尔少校和他的四机编队将在我们编队上方飞行，如果出现什么错误，他会及时干预（接管编队指挥权）。

联队的作战飞机飞抵目标没多少问题，Ⅲ./JG 3大队的Bf 109战斗机在英国空军一个“台风”飞机中队正要起飞时实施了攻击，紧随其后赶到的是Ⅳ./JG 3大队的Fw 190A-8/R2战斗机，这些飞机用30毫米机炮将英军的战斗机一一打爆。尽管盟军的高炮火力密集，被击落的德国飞机仍然是少数，埃因霍温机场的英国战斗机损失惨重，好在飞行员躲过一劫，损失飞机包括16架“台风”、15架“喷火”和2架“野马”战斗机，另有50多架飞机不同程度受损。Ⅳ./JG 3大队在行动中仅损失5架Fw 190飞机，其中一人是14./JG 3中队飞行员奥斯卡·布施上士，他描述当天埃因霍温机场的混乱场景称：

在穆勒少尉的带领下，我们抵达了埃因霍温市上空，随后我们拉起开始攻击当地机场。不久，机场一片混乱：旁边停放着1架“台风”战斗机的加油站被击中起火，很快在我的Fw 190座机前爆炸。在极短的时间内，整个机场被火焰和黑烟所覆盖，在经过4—5轮的攻击后，这里的能见度几乎下降到零，1架Fw 190飞机在我的前方几米处穿插而过。在第一次或第二次攻击后，每个人都独自穿越机场实施了攻击，这种情况下活着逃出去简直就是奇迹！

Ⅲ./JG 54大队海因茨·施密特驾驶“黑色15”号Fw 190A-8飞机在着陆过程中失事，起落架折断。能返回迫降算是好的，很多德国飞机无法返回，飞行员也就无法再参加战斗，这对德国来说是致命的。波浪纹符号表示“Ⅳ”大队是1944年夏天以后的事，有的飞机还没有改过来。

当天另一个成功的行动是JG 26联队和Ⅲ./JG 54大队的Fw 190D-9攻击比利时布鲁塞

尔赫林贝亨和布鲁塞尔埃韦勒机场，由于德国空军情报部门未及时掌握情况，布鲁塞尔赫林贝亨的英国空军第132联队的“喷火”战斗机已经在几天前撤出，只留下几个没用的飞机用于迷惑德国飞行员。在当天8时15分，I./JG 26大队和Ⅲ./JG 54大队60余架Fw 190D-9飞机在普瑞勒中校的率领下从福斯特瑙机场起飞，鲍里斯少校的I./JG 26大队先起飞，紧随其后的是Ⅲ./JG 54大队。这两个大队的飞行航线非常靠近荷兰南部地区，在这里，德国的V-2导弹也在发射攻击英国境内盟军目标。显然，这里是高度保密和禁飞的地区，地面高炮林立，德国飞机途经该地时，德国地面高炮立即开火，很快2./JG 26中队指挥官昆茨中尉在豪达上空被击落，他虽然幸存，但伤势严重。Ⅲ./JG 54大队在该空域也被己方高炮击落几架飞机，之后，该大队飞机靠近布鲁塞尔赫林贝亨。随着目标的靠近，德军飞机遭遇英军一个中队“喷火”战斗机，英军的拦截只是暂时打乱了德军飞机航线，之后，德机开始攻击皇家空军地面高炮，一位Fw 190D-9飞机飞行员尼贝尔少尉被击中后实施了迫降，他后来回忆道：

我率领的四机编队作战任务是消灭赫林贝亨机场的地面高炮，我们对敌人高炮阵地实施了三轮攻击，攻击时敌人的火力相当猛烈。当我第三次攻击后拉起飞机时，我的座机发动机被击中，我猜想发动机被高炮炮弹击中。我爬升到100米高度，我必须立即决定是跳伞还是迫降。我的飞行高度损失很快，最后我只得实施迫降。我发现一家舍旁边有一块刚刚翻整的空地，我成功地实施了迫降。

实际上，尼贝尔少尉的发动机散热器被灰山鹑击中了，不管怎么说，尼贝尔成功迫降让盟军得到1架完整的Fw 190D-9飞机，之后这架飞机被送到英国进行仔细检查。

海因茨·巴尔是一名超级王牌，一生战绩达到220架。1944年6月1日到1945年2月17日间，巴尔是JG 3联队指挥官，之后任Ⅲ./EJG 2试验大队指挥官，加兰德受伤期间，巴尔还短暂代理过JV 44专家中队，这两个单位都装备德国最新的Me 262喷气战斗机。

跟Ⅰ./JG 26大队飞行员一样，Ⅱ./JG 26大队的飞行员也在新年第一天的早晨5时整起床准备参加战斗，后者的攻击目标是布鲁塞尔埃韦勒机场，英国皇家空军几个“喷火”战斗机中队驻扎在这里。在Ⅱ./NJG 6大队的2架Ju 88飞机的引导下，哈克尔少校率领他的大队在低空途经荷兰鹿特丹，飞越斯凯尔特河直奔布鲁塞尔埃韦勒机场。随着抵达目标空域，德国飞行员看到英军第416中队的“喷火”正开始滑行升空。穿过密集火力的高炮阵地，德国Fw 190飞机用机载武器扫射机场地面目标，还有一部分Fw 190专门驱赶少量已经艰难升空的“喷火”，8./JG 26中队维尔纳·莫尔格代理下士的作战报告称：

在第一波的攻击中，敌人所有的地面高炮都被消灭，随后我们自由地（放心大胆地）扫射停在地面的飞机，这些飞机整齐地排好队伍等着我们（的到来）。在我第二波攻击行动中，地面到处可见火焰，黑烟开始腾空而起。第三波的攻击几乎就是自杀性质的，因为我不得不俯冲到黑烟中去攻击目标，几乎是最后一刻我才看到目标。第四波攻击中，我改出俯冲都十分困难，我离地面太近了（改出俯冲根据速度不同有最低改出高度）。这种情况下，我只得放弃攻击返回基地。

随着Ⅱ./JG 26大队返回诺德霍恩基地，布鲁塞尔埃韦勒机场留下9架“喷火”战斗机和16架埃维维“安森”通讯飞机的残骸，机场设施和其他机械设备大量被损毁。

JG 3联队和JG 26联队的当天战斗相当成功，损失极其轻微，但是，其他单位的战斗中损失相当严重，比如JG 2“里希特霍芬”联队当天攻击的目标是比利时圣特雷登机场，这个机场驻扎着美国陆航第48和第404战斗机大队的P-47战斗机。首先起飞出击的是Ⅰ./JG 2大队，紧随其后的是执行对地攻击任务的Ⅲ./JG 2大队，装备Fw 190F飞机的Ⅲ./SG 4大队殿后。随着德国飞机编队靠近圣特雷登机场，他们遭受盟军地面高炮猛烈的射击，所有12个中队都有飞机被击落。2./JG 2中队1架由汉斯·威索拉下士驾驶的Fw 190D-9被击中，这位飞行员后来回忆称：

大约在小镇马尔默迪和奥伊彭之间，我们飞越一座森林覆盖的小山，这时，我们突然遭到美国地面高炮的射击，敌人高炮部队装备了四联高炮。此后，一切都变得很快，我感觉我的座机有两下或三下撞击，座舱前半部分立即被滑油覆盖，黑烟开始冒出，而且越来越大，此时发动机仍在运转。我并不想随着飞机坠落，因此我决定跳伞逃生。我开始打开座舱罩，但是我从座舱里爬出去并不容易，（当我爬出座舱后）我的大腿上部撞到了飞机垂直尾翼上。是时候打开降落伞了，我向下看了看森林覆盖的地面，计划着在哪里降落。从我的左脚位置判断，我确信我的左侧大腿上部（被撞击的位置）已经骨折，因为我的脚趾朝后。但是，当时我处在这种状态（紧张状态），我没有感觉到疼。降落伞缠在一棵树顶上，我被挂在离地面2—3米处，我解开降落伞上束带，脸朝下栽到地面。

3./JG 26中队的Fw 190D-9飞机起动发动机准备升空，照片右侧还有1架飞机隐藏在树下。照片拍摄于1944—1945年冬天的弗斯特瑙。

汉斯·威索拉被美国士兵发现并被带到奥伊彭的医院。当德国三个大队完成任务返回基地，作战损失统计发现，Ⅰ./JG 2大队和Ⅲ./JG 2大队有32名飞行员或阵亡，或被俘，或受伤，其中12./JG 2中队指挥官弗里茨·斯沃伯达少尉丧生。SG 4联队只损失四名飞行员，包括联队指挥官阿尔弗雷德·德鲁塞尔上校阵亡。德鲁塞尔上校生前执行过800多次作战任务，战绩为7架，他一直在对地攻击单位任职，战绩比不上战斗机飞行员。德鲁塞尔在1944年12月25日被任命为SG 4联队指挥官，他丧生的当天（1945年1月1日）晋升为上校，他曾获得“宝剑加橡树叶加骑士十字勋章”。当天战斗中，他的联队在JG 2联队战斗机的掩护下攻击圣特雷登机场，由于盟军高炮火力猛烈，他在躲避炮火时跟编队失散，可以肯定他被高炮击落，他的尸体至今未找到。

另一个在当天战斗中遭受巨大损失的是JG 1联队，该联队队部和Ⅰ./JG 1大队的目标是比利时马尔德海姆机场，这里驻扎着英军第349和第485（新西兰）中队的“喷火”战斗机。在哈克巴特上尉的率领下，Fw 190D-9战斗机攻击了英军机场，当场击毁12架“喷火”，击伤2架。但是不久，哈克巴特被英军第308中队的斯塔诺基上士击落，前者的Fw 190坠毁在比利时根特圣彼得火车站附近的一座鲜花店上。另一位飞行员，即4./JG 1中队指挥官美因霍夫中尉在战斗中阵亡。JG 1联队指挥官赫尔伯特·伊勒费尔德中校被击中后在鹿特丹附近实施了迫降，什么伤也没有。

Ⅱ./JG 26大队在1944年11月22日至1945年3月25日驻扎在靠近荷兰边境的诺德霍恩克劳斯海德，英军逼近后，该大队后撤到汉诺威东北30公里的策勒。照片显示的是1945年2月，7./JG 26中队的Fw 190D-9飞机从机场疏散。

这张照片拍摄于1944年12月莱因塞伦，当时，Ⅱ./JG 26大队正进行换装Fw 190D-9飞机的转型训练。图中飞机垂尾方向舵上的“白色9”号是转场交付号码，德国空军服役飞机垂尾上没有数字。

与此同时，Ⅱ./JG 1大队攻击了圣迪尼斯韦斯特里姆（根特西南8公里）机场，这里驻扎着英军第302、第308和第317中队。就在德国飞机抵达机场上空准备实施攻击时，第308和第317中队的“喷火”战斗机编队刚刚执行完任务返航，这些“喷火”对Fw 190展开攻击。在混战中，德国Ⅱ./JG 1大队有13架Fw 190被击落，其中至少7架飞机被英军战斗机击落，另外6架是被高炮击落的，被击落的飞行员中包括5./JG 1中队指挥官厄恩斯特·冯·约翰尼德斯少尉。德军空袭的战果是15架“喷火”飞机被摧毁。此次战斗对德国人来说很难称之为成功。

比利时中部的利库勒特机场是德国JG 4联队的目标，这个联队只有Ⅱ./JG 4大队装备了Fw 190战斗机，跟其他单位一样，该大队的出航编队也是由1架NJG 101联队的Ju 88G飞机带领出击，第一个升空的是埃哈德·尼泽中尉的7./JG 4中队，之后是汉斯-马丁·马克霍夫中尉的8./JG 4中队和由弗兰茨·萨尔候补中士率领的5./JG 4中队。6./JG 4中队没有加入前三个中队的编队，之后该中队单独出击。随着Ⅱ./JG 4大队的三个中队飞机靠近目标，盟军的防空炮火是德国飞机必需逾越的第一道障碍，当即有几架飞机被高炮击落，遭到高炮射击导致了Fw 190战斗机编队没能抵达利库勒特主要目标，大队唯一的成功就是摧毁了1架“奥斯特”观察飞机，摧毁这架敌机的是汉斯-马丁·马克霍夫中尉，付出的代价是损失12架Fw 190。

最近刚刚组建的JG 6“野猪”联队被分配的目标是芬兰南部的沃尔克机场，驻扎在这里的是英国皇家空军“台风”和“暴风”战斗机单位。这次攻击编队由Ⅱ./JG 6大队率领，紧随其后的是装备Bf 109战斗机的Ⅲ./JG 6大队，Ⅰ./JG 6大队在后面压阵。然而领航的Ju 88飞机出现失误，它将JG 6联队的飞机引导到了很远的西部海斯和海尔蒙德，错过了沃尔克机场，而很远西部的两个机场驻扎着其他英国空军单位。Ⅰ./JG 6大队的Fw 190飞机还攻击了埃因霍恩机场，因为此前德国JG 3联队已经光顾这里，英军已经完全有所准备，因此，Ⅰ./JG 6大队此时赶来就是自找苦吃了，其中一个丧命者是2./JG 6中队指挥官埃瓦尔德·特罗斯特上尉。

因为当天的行动是沃尔克机场，被错误地引导到海尔蒙德后，JG 6联队和Ⅱ./JG 6大队的飞行员惊讶地发现这里的机场没有敌机，尽管如此，德国飞行员还是实施攻击行动，机场没飞机，高炮竟然有两个团静候着，可以想象此次行动德军的惨状，被击中的飞机包括联队指挥官约翰·克格勒中校座机，亲自目睹指挥官飞机被击中坠毁的乔治·格拉夫·冯·凯勒候补军官回忆称：

没想到敌人的高炮这么猛烈，但是我们的指挥官继续做左转弯，并且再次穿过机场跑道上空。冒着密集的高炮火力，我们也跟着指挥官做左转弯，飞机倾斜着机身，这样敌人高炮射手瞄准就十分困难，因此，所有的炮弹都在我们前方爆炸，甚至在发动机螺旋桨和机翼的空当儿穿过！敌人的炮弹离我的座机很近的距离划过，可能是本能我猛向右蹬舵，突然我的座机冲向指挥官约翰·克格勒中校座机，他当时就在我的右侧，就在这时，我发现1发炮弹击中了指挥官的座机。

约翰·克格勒中校座机成功地迫降，成了盟军的战俘。Ⅱ./JG 6大队遭到英国皇家空军第486中队的“暴风”战斗机拦截，又有几架Fw 190被击落。不一会儿，英军第442中队和紧随其后的第411中队“喷火”战斗机也赶到战场虐

10./JG 54中队泰奥·尼贝尔少尉驾驶“黑色12”号Fw 190D-9飞机在扫射布鲁塞尔赫林贝亨时撞上一只鹌鹑，鹌鹑撞坏了发动机散热器，导致冷却液流光，尼贝尔不得不在布鲁塞尔附近的韦梅尔迫降，盟军缴获了这架飞机，这是截至当时最完整的Fw 190D-9飞机。英国人发现飞机后立即在飞机上标上了F79字样。

杀正准备返航的德国战斗机，第411中队的奥达特上尉击落1架Fw 190，后者的飞行员是5./JG 6中队指挥官卡茨上尉。这天计划攻击沃尔克机场的行动彻底地失败了，JG 6联队两个装备Fw 190战斗机的大队共损失15架飞机，但是，未在计划之列的JG 3联队对埃因霍恩机场的突袭却取得了一定的战果。

在“底板行动”中遭受重大损失的另一个德国空军单位是JG 11联队，这个联队计划攻击的目标是比利时阿施（列日北35公里，美军称Y-29基地）机场，这里驻扎着美国陆航第352战斗机大队的“野马”战斗机和第366战斗机大队的“雷电”战斗机，以及英国空军第41、第130、第350和第610中队的“喷火”战斗机。当天早晨8时刚过，JG 11联队队部4架Fw 190战斗机在斯佩希特少校的四机编队（其他三人是施密特下士、纽伯格候补中士和克伦茨下士）率领下首先升空，紧随其后的是Ⅰ./JG 11大队的四机编队和Ⅲ./JG 11大队飞机，Ⅱ./JG 11大队的Bf 109战斗机负责在Fw 190飞机编队上方护航。进入盟军控制的区域不久，德机编队就遭到盟军高炮的射击，在马斯特里赫特附近，费德勒中尉和巴里恩下士被击落。JG 11联队的作战航线被引导正好穿过奥弗汶（马斯特里赫特正北30公里）机场，这里是英国空军第125联队的基地，德国飞行员误以为这里就是阿施机场（奥弗汶机场在其东北10公里处），因此立即展开攻击，用机枪扫射机场地面目标，结果2架Fw 190被英军高炮击落，另有4架飞机被击伤。

与此同时，剩余的JG 11联队飞机继续向阿施机场飞行，在这里让德国人大感意外：美国陆航第366战斗机大队的第390战斗机中队两个战斗机编队已经在空中静候他们的到来。德机编队刚刚抵达目标，美军战斗机立即率先发起攻击，让德国人心痛的是联队指挥官斯佩希特少校被击中，他驾驶Fw 190D-9试图迫降，结果迫降失败身亡。不久，美国陆航第352战斗机大队的第486战斗机中队12架“野马”紧急起飞也加入拦截战斗中，之后的战斗中，德军又有更多的飞机被击落。JG 11联队总损失18架Fw 190，美方只有1架P-47被击落，另有1架P-51被击伤。除了联队指挥官，其他损失包括Ⅲ./JG 11大队指挥官冯·法松上尉，他被1架P-47击落；2./JG 11中队指挥官多普勒少尉，被击落阵亡。接替斯佩希特少校的是于尔根·哈德少校，接替

7./JG 6中队的1架Fw 190D-9飞机正从积水的跑道起飞，上图中螺旋桨强劲的气流吹起了水雾，机轮也溅起水花。这个中队当时驻扎在东普鲁士韦尔措，而且飞机主要执行近距支援任务，即在地面部队的请求下攻击不断推进的苏联红军。图中“黄色2”号飞机机腹ETC 504挂架携带了1枚SC 250炸弹。

完成当天早晨的任务后，8.(Sturm)/JG 300中队海因茨-迪特尔·格拉姆伯格中尉返回洛布尼茨基地，地勤人员立即上前展开维护工作。在1944年10月底参加突击单位前，格拉姆伯格一直在意大利作战，他此前是一名海军飞行员。1945年1月底，他在轰炸苏联红军高炮阵地时被击落身亡，他参加突击单位后仅获得2个战果。

冯·法松上尉的是保罗-海因里希·达涅中尉，不久后，达涅中尉在“底板行动”中也被击落，但是，迫降过程中没有受伤。

参加“底板行动”的最后一个Fw 190飞机大队是Ⅳ./JG 54，该大队临时归属装备Bf 109战斗机的JG 27联队指挥，它们的共同攻击目标是布鲁塞尔梅尔斯布罗克（现称斯滕奥克尔泽尔，布鲁塞尔东北12公里）机场，因为此前JG 27联队的Bf 109战斗机已经攻击过该机场，并且给其造成很严重的破坏，Ⅳ./JG 54大队的Fw 190战斗机只是再次用20毫米机炮扫射了机场停放几排的盟军飞机。此次行动是“底板行动”第一天行动中最成功的一次战斗，梅尔斯布罗克机场的英国空军第69中队损失11架“威灵顿”轰炸机，第140中队几乎全部“蚊子”战斗机被摧毁，至少5架“喷火”战斗机和7架“哈罗”滑翔机牵引机悉数被毁。德国Ⅳ./JG 54大队只损失3架Fw 190战斗机。

加兰德的“底板行动”是成功还是失败？对比数据可以让读者自己判断：盟军损失305架飞机（空战中被击落80架），190架飞机被击伤，而德国空军损失271架战斗机，65架不同程度受损。仅仅从这组数据判断盟军损失似乎大一些；但是，相比之下德国更经不起损失，更何况，盟军损失的是飞机，飞行员的伤亡极少（飞机在机场被毁，大部分情况飞行员不在飞机上），而德国战斗机单位有143名飞行员丧生或失踪，70人被俘，21人受伤，伤亡中包括19名单位指挥官，这是最致命的。事实是，加兰德计划重创盟军空军力量变成了重创自己，德军不论是飞机还是飞行员遭受如此的损失后再也无法恢复了。

德国战斗机单位突袭盟军机场的行动进行时，美国陆航第八航空队出动700多架轰炸机继续轰炸德国铁路、桥梁和石油工业设施。此时，汉斯-于尔根·斯图普夫上将的德国帝国航空队只有如下几个装备Fw 190战斗机的单位：

第Ⅰ航空军司令部　　约阿西姆-弗雷德里希·胡特中将　　驻地：特罗恩布里岑

Stab./JG 300	瓦尔特·达尔中校	于根伯格瓦尔德拉格	Fw 190A-8/A-9	4架
Ⅱ./JG 300	库尔德·彼得斯上尉	洛布尼茨	Fw 190A-8&A-8/R2	28架
Stab./JG 301	弗里茨·奥弗哈默中校	斯滕达尔	Fw 190A-9	5架
Ⅰ./JG 301	弗雷德里希-卡尔·沃德克上尉	萨尔茨韦德尔	Fw 190A-8/A-9	26架
Ⅱ./JG 301	威廉·诺尔特上尉	扎毫	Fw 190A-8/A-9/D-9	28架
Ⅲ./JG 301	卡尔·海因茨·迪特谢上尉(代理)	斯滕达尔	Fw 190A-8	20架

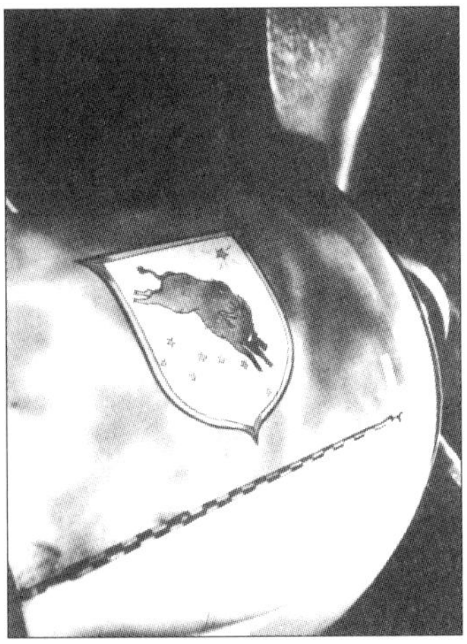

5.(Sturm)/JG 300中队的飞机仍保留着野猪标志，但是，这个单位不再执行夜间作战任务，英国皇家空军也可以大摇大摆地白天执行任务。

当天（1月1日）随着美国B-17轰炸机编队靠近马格德堡，JG 301联队的Fw 190率先实施了拦截，但是，Ⅰ./JG 301大队的飞机遭到美国护航战斗机的拦截，前者3架Fw 190A-9/R11被击落，但是，Ⅰ./JG 301大队的损失为Ⅱ./JG 301大队和Ⅲ./JG 301大队攻击轰炸机编队开辟了道路，德军击落2架B-17轰炸机，击伤多架，但却损失了6架Fw 190。击落B-17的飞行员之一是雷施克上士，但此次战斗的结局却不那么让他开心：

我简直不敢相信我所看到的：在所有我攻击敌四发重型轰炸机战斗中，我从来没有看到哪架飞机像今天这架被击中后立即起火，中弹的飞机火势迅速蔓延，顷刻之间敌机就变成一个大火球。我想靠近一些看看这架被我击中燃烧的轰炸机，我没有多想从目标左侧穿过，距离相当近，整个敌机就像一个大火炬，仅几秒钟后飞机就向下坠去。目标飞机唯一没有着火的就是背部炮塔（戏称奶酪盘子盖儿）和极小部位的机身，大多数机组成员在这种情况下会选择放弃飞机赶快跳伞，但是，机身未燃烧部位的自卫火力竟然还开火向我射击，我的Fw 190座机发动机被击中，几秒钟后，我的座机也燃烧起来。我用无线电通知了机场指挥站我的情况，指挥站指挥人员用无线电向我呼叫："飞机着火！跳伞！你听明白了？"我已经下意识地这么做了，并不会等指挥人员下达跳伞的命令。我必须要做一件事情：尽可能快地爬出座舱，我解开座椅保险带，扯开氧气面罩，切断连接头盔的无线电，抛开座舱罩，向前猛推杆，之后我就出了舱。

驻扎在弗斯特瑙的3./JG 26中队的飞机被精心地掩蔽在树丛中，德国本土哪儿都不安全，机场随时都可能遭到盟军空袭。照片拍摄于1945年2月。

1945年1月14日及以后的战斗

下一场由德国空军西线几乎所有战斗机单位参加的大规模战斗发生在1945年1月14日。当天，德国境内地面有浓雾，浓雾高度达到300米，但是，浓雾上方却晴空万里，只是温度非常低。早晨8时刚过，在荷兰特文特上空，德国Ⅰ./JG 1大队的Fw 190战斗机刚刚起飞就遭到英国空军第401、第411和第442中队的"喷火"战斗机突袭，这种情况下任何战斗机都无法取胜，德国空军这个大队当即有5架Fw 190A-8、6架Fw 190A-9和1架Fw 190D-9被击落，英国空军声称击落了11架敌机，己方损失2架"喷火"。大约三个小时后，Ⅱ./JG 26大队接到命令去攻击比利时圣维特的盟军战斗轰炸机编队，但是，前者却在途中遭遇准备去轰炸科隆的莱茵河大桥的美国陆航187架B-17轰炸机编队，以及为之护航的大量美国战斗机。还未

具体联队不详的Ⅲ大队Fw 190F-8飞机准备执行东线作战任务，这些飞机的发动机罩和垂尾方向舵采用醒目的黄色涂装，为的是便于地面德军分辨敌我。

与轰炸机编队照面，Ⅱ./JG 26大队先遭受美国陆航第56战斗机大队的P-47M战斗机的攻击，9架Fw 190D-9被击落，其中一人是5./JG 26中队指挥官格哈德·沃格特中尉，他在1944年11月5日获得了“骑士十字勋章”。当天下午3时30分，Ⅰ./JG 26大队奉命去守护驻扎着9./KG 76中队Ar 234喷气轰炸机的明斯特汉多夫机场，Fw 190编队与英军第331和第332中队的“喷火”战斗机遭遇，前者损失3架Fw 190D-9。

不一会儿，在相同空域，英军第3中队和第486中队的“暴风”战斗机拦截了Ⅳ./JG 3大队飞机，后者损失8架Fw 190A-8和Fw 190A-9。另一场战斗发生在明斯特兰上空，由于损失严重，已经有几个星期没上战场的Ⅳ./JG 54大队在多默湖和米特兰运河之间遭到美国陆航“野马”战斗机袭击，德国这个大队久不上战场似乎技术生疏了，大队竟然有12架Fw 190被击落，损失极其地严重，迫使这个大队再次退出以后的战斗，最后在2月7日，Ⅳ./JG 54大队改组演变成Ⅱ./JG 7大队，单位换装更先进的Me 262喷气战斗机。

与此同时，JG 301联队的Fw 190战斗机准备拦截美国陆航第八航空队的650架轰炸机，这些轰炸机的目标是德国石油工业设施，特别是根廷附近的燃油储存地和其他地方的铁路编组站。轰炸机编队一直深入到德国佩勒贝格（柏林西北120公里），这时，护航的第357战斗机大队“野马”飞机发现了Fw 190战斗机，双方在哈维尔和易北河之间爆发大规模激烈战斗，战斗结果是Ⅰ./JG 301大队9架Fw 190A-9/R11、Ⅱ./JG 301大队10架Fw 190A-9和Fw 190D-9/R11、Ⅲ./JG 301大队6架Fw 190A-8被击落，也就是JG 301联队有25架飞机被击落，美军声称击落了56架，有点夸张了。德国被击落的飞行员中包括1./JG 301中队和11./JG 301中队指挥官沃尔夫冈·汉卡默上尉和克里斯托弗·赫尔措格中尉，其中汉卡默原在Ⅰ./KG 2大队服役，在此期间的1944年11月5日获得“骑士十字勋章”，之后他被分配到JG 301联队。这次行动中，JG 301联队有20名飞行员

在1944年年底的一次会议上，吕佐夫上校表达了对加兰德将军（吕佐夫右侧）被解除战斗机兵种总监一职的不满。在1945年1月的会议上，吕佐夫代表大部分空军人员的心声对戈林提出了批评。

丧生，另有6人受伤，这几乎就是整个联队的三分之一作战力量。自1944年11月起，JG 301联队已经损失了150名飞行员。美国方面损失了大量B-17轰炸机，其中包括陆航第390轰炸机大队的8架B-17，这些飞机在试图轰炸代尔本燃油储存点时被击落。当天参与拦截此次轰炸机编队的还有Ⅰ./JG 2大队和Ⅲ./JG 2大队，两个大队损失8架Fw 190D-9；Ⅱ./JG 300大队战斗中损失7架Fw 190A-8。当整个战斗全部结束时，德军西部战线的战斗机单位共被击落85架Fw 190飞机。

1945年1月14日的战斗预示着德国空军帝国保卫战进入收尾阶段，一天的战斗中几乎将德国空军战斗机单位一半的力量损失掉，这天也是二战空中行动的一个转折点，除一部分战斗机单位仍在东普鲁士作战外，西线所有单位全部返回德国本土。四天后，德国JG 1联队首架Fw 190战斗机被苏联雅克战斗机击落，苏联人到家门口了！

“底板行动”中德国空军战斗机单位的损失堪称灾难性的，特别是1月14日这天的战斗，此时已经对德国战斗机飞行员失去影响力的戈林也迅速失去希特勒的信任，为了寻找一个未能有效拦截盟军轰炸行动的替罪羊，戈林看上了一直对他不满的加兰德中将，1945年1月中旬，加兰德被解职。加兰德后来回忆称：

战斗机飞行员在和罗伯特·冯·格雷姆和阿尔弗雷德·凯勒两位将军商议后，他们向戈林建议召集所有战斗机单位高级指挥官到柏林开会以听取他们的要求和建议，勇敢正直的吕佐夫上校自荐作为战斗机部队的代表。之后，戈林召集几乎所有的战斗机单位高级指挥官在柏林飞行员之家开会，会议持续了5—6小时。

吕佐夫发言首先赞扬戈林建立了一个强大的德国空军部队，并且在波兰战役和法国战役中取得巨大成功。然后，他继续称：“但是，此后，帝国元帅先生，从那时起你就睡着了。”

听到赞扬的话，戈林高兴不过一分钟就被吕佐夫的下一句激得暴跳如雷，“你说什么？”他高声喊道，“这简直就是一次战争会议！一群叛徒！我要把你们全部枪毙！”

此次会议以戈林咆哮结束，他称这是一次公开的军事政变，并且将依法处决和逮捕这些发动政变的人。当天晚上，一份逮捕吕佐夫的命令被签署，但是，很快这个逮捕令就被取消，吕佐夫被放逐到意大利任职。这次“战斗机部队叛乱”事件的直接结果就是

三位军官正在讨论，照片中从左向右分别是：卡尔·海因茨·兰格上尉，Ⅳ./JG 3大队队部中队（二战后期才有的非正式编制单位）指挥官；瓦尔特·达尔少校，JG 300联队指挥官；威廉·莫里茨少校，Ⅳ./JG 3大队指挥官。照片拍摄于1944年年底，莫里茨还是少校，也没有离任。

1月26日戈登·戈洛布被任命为战斗机兵种总监，瓦尔特·达尔接替他任昼间战斗机部队巡察官，安东·哈克尔少校接替瓦尔特·达尔任JG 300联队指挥官。加兰德后来被命令组建Me 262战斗机单位，即JV 44专家中队。与此同时，西线的战斗机部队开始进行重组，两个战斗机航空军被撤消，第Ⅰ战斗机航空军被迪特里希·佩尔茨的第Ⅸ.(J)航空军所取代，后者原来的职责仅仅是监督原轰炸机单位向战斗机单位转型的事务；第Ⅱ战斗机航空军被三个航空师瓜分，即驻扎在芬兰和低莱茵地区的第14航空师、驻扎在莱茵中部的第15航空师和驻扎在莱茵地区的第16航空师。戈林的怒火仍然未消，他对德国战斗机飞行员的“屠杀”仍在继续。

有没有解决“屠杀”战斗机飞行员的方法？早在1944年10月中旬，瓦尔特·达尔就被命令向希特勒汇报此前三天的作战报告，达尔回忆称：

此时德国最需要战斗机，高性能战斗机可以抵消数量上不足的问题，目前德国空军确实有一款这样的战斗机：新型梅塞施密特公司Me 262战斗机，这是敌我双方唯一的喷气式飞机。但是，这款飞机没有被当成战斗机来使用。显然这句话冒犯了希特勒，元首早就下令将Me 262飞机专门当成“闪电战”的轰炸机来使用，这种轰炸任务完完全全不适合Me 262飞机。

这种抗议声在德国空军中很普遍，也很响亮，但是，希特勒完全不理会这些不同声音，并将其（抗议声）扼杀。米尔希和加兰德两人也没有能力说服元首，戈林元帅更是不敢说话。其实几天前，希特勒就煽动性地强令每位官员，包括我签署保证书不要再讨论这款飞机（的用途），否则会受到严惩。此时，只要有机会，我必须兑现我的承诺，就像我一直跟我的同事一样。

“我的元首，如果我们有一些速度特别快的战斗机攻击荷兰沿岸的敌人护航战斗机，迫使他们抛掉远程飞行的副油箱，这样，进入帝国领空的敌人轰炸机就得被迫依赖自卫火力，我们可以（容易地）解决他们！”

（我的话说完）当时有一种不祥的安静，静得我可以听到我的手表嘀嗒声，这声音似乎是把我带到我生命的最后时刻。“你指的是梅塞施密特262飞机。”

“我的元首，我未被允许提到它（梅塞施密特262飞机）。”（听完我的话）希特勒嘴角露出一丝诡异笑容。

“你可以继续说下去！”危机解除了（性命无忧了）。我知道我的战友们的结局，也知道整个战争的可能结局，我获准继续说，但得看我怎么（跟元首说）说。我小心翼翼，言语中肯地表达了我的观点，希特勒竟然仔细地听了！当天晚上我得到命令，50%的新生产Me 262飞机转变为战斗机。

Me 262喷气飞机很可能会恢复德国战斗机部队的命运（指战斗机飞行员遭到戈林的

Me 262喷气战斗机也挽救不了德国的命运，这款喷气飞机还有很多毛病有待解决，仅可靠性这一点就足以让德国空军头疼了。

“屠杀”），但是，太迟了。

Fw 190D-9战斗机和“号角行动”

德苏双方的空中行动因1945年1月底两个星期和2月初一个星期的气候恶劣而进入暂时平静期，零星战斗还是有的。这段时间里，德国战斗机单位一般执行对地攻击任务，制空作战几乎绝迹（苏联攻击机也少有出动）。与此同时，Fw 190D-9型号飞机继续替代德国空军单位的旧型号Fw 190飞机。JG 6联队在“底板行动”中伤亡惨重，一名大队指挥官和三名中队指挥官丧生，其他飞行员和飞机损失也让这个联队失去了战斗力，因此，“底板行动”后，JG 6联队暂时退出战斗休整，补充并换装Fw 190D-9战斗机，联队指挥官也换上格哈德·巴克霍恩少校，这位新任指挥官的个人总战绩达到301架，不折不扣的超级王牌。另一个换装长鼻子Fw 190飞机的是JG 11联队，紧随其后的是JGr 10大队。

至1945年2月6日，作战地区的气候有所好转，空中行动可以展开。当天，JG 26联队的Fw 190D-9飞机升空去保护奥斯纳布吕克一带的Me 262和Ar 234喷气飞机的基地，以及攻击盟军的炮兵侦察部队。三天后，Ⅱ./JG 300大队和JG 301联队紧急起飞拦截正飞往图林根州和萨克森州的美国轰炸机编队，但是，美国护航的“野马”战斗机挡住了德国战斗机的去路，JG 301联队有3架Fw 190被P-51飞机击落，其中包括4./JG 301中队指挥官瓦尔特·布格多夫中尉，跳伞过程中，他的双腿被飞机的垂尾击中，最终不得不双腿截肢。2月10日，NSGr 20大队奉命去攻击克累弗西部的敌人步兵集结点，之后该大队又执行过几次类似攻击任务。三天后，Ⅰ./JG 26大队和Ⅲ./JG 54大队的Fw 190执行了高空轰炸任务，攻击林堡、吉森和梅尔茨豪森的盟军目标，由于气候条件差，3架飞机迷航并最终迫降。当天晚些时候，Ⅲ./JG 54大队两名飞行员：科赫下士和拉特杰下士被美国陆航第36战斗机大队的P-47战斗机击落。

虽然“提尔皮茨”战列舰被击沉，加上JG 5联队指挥官海因里希·埃勒少校被送上军事法庭审判，驻扎在挪威的Ⅲ./JG 5大队和Ⅳ./JG 5大队还是

JG 6联队成立后一直战绩不佳，“底板行动”中该单位几乎全军覆没，换装时装备了最新型Fw 190D-9战斗机，联队指挥官是大名鼎鼎的超级王牌格哈德·巴克霍恩少校。图中就是交付给JG 6联队的新机。

JG 4联队也换装了Fw 190D-9战斗机，但是，此时德国空军缺乏有经验的飞行员驾驶，该型号飞机的战绩不佳。

参加了一些战斗。1945年2月9日，驻扎在赫尔德拉岛的9./JG 5中队和12./JG 5中队拦截英国空军“英俊战士”飞机编队，后者此次的行动是试图炸沉躲在挪威一处峡湾的德国海军Z33驱逐舰。尽管携带鱼雷的“英俊战士”飞机编队得到了“野马”战斗机的护航，德国Fw 190飞机还是设法击落了9架“英俊战士”和1架P-51，德国5./JG 5中队损失2架Fw 190F-8，12./JG 5中队损失3架Fw 190A-8。

随后的2月13—14日夜，英国空军夜袭德国德累斯顿，同时，美国陆航311架B-17轰炸机在两倍数量的P-51战斗机的护航下也飞往该城市，在莱比锡上空，美国轰炸机编队遭到了Ⅱ./JG 300大队和JG 301联队的Fw 190拦截，这两个单位在作战中损失4架飞机。与此同时，2./JG 26中队和Ⅲ./JG 54大队执行了数次保护Ⅱ./KG 51大队Me 262飞机基地（在赖讷）的任务，作战中，4架Fw 190被英军第41中队的“喷火”XⅣ击落。差不多这段时间里，Ⅳ./JG 3大队开始接收少量Fw 190D-9战斗机，大队指挥官埃尔温·巴克希拉少校也让位于奥斯卡·罗姆中尉。同样是在2月中旬，首批Fw 190D-11飞机开始交付。交付详情不太清楚，只知道该型号飞机装备了德国战斗部队单位指挥官训练学校（高级学校），JG 300联队和JV 44专家中队也有少量装备。

JG 5联队驻扎在极北地区，这里战事一向稀少，如今，盟军从各个方向向德军发起攻击，德军JG 5联队也开始忙碌起来。图中是12./JG 5中队的1架“蓝色6”号Fw 190F-8飞机，这个中队驻扎在挪威卑尔根北部的赫尔德拉岛上。

Ⅳ./JG 5大队是1944年8月德国空军扩编后形成的单位，这个大队驻扎在芬兰和挪威等地，大队下属的中队相距通常很远，这是德国空军的一大特点，以中队为基础单位，其独立作战能力强。图中“白色3”号是1架Fw 190A-8飞机。

Ⅱ./JG 26大队一个多月来首次执行大规模作战任务是2月21日，当天，该大队的20架Fw 190D-9战斗机从诺德霍恩起飞执行自由猎杀任务。作战任务期间，Fw 190D-9飞机编队与美国陆航第394轰炸机大队的B-26轰炸机编队不期而遇，让德国人惊喜的是，美国轰炸机编队已经和护航战斗机失散。接下来激烈的战斗中，德国飞行员在阿纳姆上空击落3架B-26，重伤4架。此时，Ⅲ./JG 26大队正在换装Fw 190D-9/R11，但是，在普兰特吕涅的训练仅限三个架次的触地复飞和半个小时的编队飞行，这点训练远远不够，这种训练出来的新飞行员上战场的结局可想而知，11./JG 26中队一名当时正在接受训练的飞行员格尔克下士回忆称：

Fw 190D-9是一只疯狂的鸟，所有系统均是电力操作，收放起落架、调整片、襟翼等均只需按一下按钮。这只鸟速度特别快！驾驶Bf 109飞机，在低空时我们可以飞到500—520公里/小时，而全武装和全设备状态下，Fw 190D-9飞机的速度要快50—60公里/小时。然而，除了纯粹的飞行，我更喜欢梅塞施密特战斗机，尽管这种飞机的所有毛病全部集中在起飞和着陆过程中（主起落架轮距过窄）。

2月22日，英国空军第2战术空军和美国陆航第8航空队、第9航空队、第15航空队发动“号角行动”（Operation Clarion），即派出7000架轰炸机和战斗机试图摧毁德国柏林、莱比锡、卡塞尔和汉堡之间，以及雷根斯堡地区所有的铁路和公路枢纽。

德国空军Ⅲ./JG 54大队此时仍执行保卫德国喷气式飞机基地的任务，这段时间的作战使得该大队损失惨重，到2月25日，该大队竟然没有一架飞机可以升空作战。同一天，Ⅲ./JG 54大队并入JG 26联队，作为其第Ⅳ大队（Ⅳ./JG 26），大队原代理指挥官威利·海尔曼被正式任命的鲁道夫·克莱姆少校取代。与此同时，Ⅲ./JG 2大队在2月23日损失6架Fw 190D-9，但只有2名飞行员比乔夫少尉和克莱恩布林克候补军士阵亡，其他人跳伞逃生。第二天，Ⅰ./JG 2大队损失3架Fw 190D-9。装备Fw 190飞机的Ⅰ./JG 2大队和Ⅲ./JG 2大队在2月25日的战斗中分别损失7架飞机，总共有4名飞行员丧生。到2月底，在西线装备Fw 190战斗机的大队是Ⅰ./JG 2大队和Ⅲ./JG 2大队、Ⅰ./JG 26大队和Ⅱ./JG 26大队和Ⅳ./JG 26大队（原Ⅲ./JG 54大队）、Ⅱ./JG 300大队和JG 301联队的三个大队，这些大队负责帝国领空的安全，但是数量上和质量上已经远远无法跟盟军相比，盟军已经掌握了绝对的制空权，德国空军司令部估计目前的德国战斗机只能攻击那些落单的美国轰炸机。有铺天盖地的护航战斗机在周围，德国战斗机很难靠近轰炸机编队。

奇怪的是，德国的战斗机生产数量竟然维持得挺好，一方面这得益于德国军备与战争生产部部长阿尔伯特·斯佩尔和不久后的继任者卡尔-奥托·绍尔的努力，另一方面，这也是二战初期战争准备的结果。不过这种昙花一现的产量增加或维持根本不可能长久，比如二战后期，由于连续遭到盟军的轰炸，很多生产工作转移到地下或是森林地区。随着盟军轰炸由点到面一步步地扩大，加上对航空工业关键部门的轰炸，任何地方的生产都不可能逃过盟军的轰炸。另外，蓄意破坏在生产过程中也经常出现，明显德国的侵略战争即使在德国也遭到越来越多人的唾弃，飞机转场交付单位的阿道夫·迪尔格回忆称：

在战争的最后阶段，随着越来越多的德国工人被召集到军队服役（抵抗盟军的入侵），他们在飞机生产厂的工作岗位只得由强制劳动力或忠诚受到怀疑的人来干。这些人蓄意在方方面面破坏我们的飞

近处是驻扎在普伦茨劳机场的Ⅳ.(Sturm)/JG 3大队2架Fw 190D-9战斗机，这个型号比安装气冷发动机的型号更修长，看上去更匀称。

机，有时我们会在电气接线盒里发现金属屑，或者是在燃油系统管路里发现沙子。有那么两三次，全新的福克-沃尔夫飞机进行首飞时，飞机刚刚起飞就掉下一个轮子，固定轮子的一个插销“意外”地脱落了。有一次，我奉命去交付1架飞机，飞行过程中发动机突然着火，我跳伞逃生，飞机坠毁在沼泽地里，这里的水扑灭了发动机上的火，对飞机残骸检查发现，发动机7号和8号汽缸之间有两个排焰管被人故意堵住，这两个排焰管在后排汽缸底部，当发动机运作时，（被堵住造成）发动机过热。在交付飞行途中，汽缸不可避免地过热，最终导致发动机着火。每次出现这种事故，盖世太保（秘密警察）总会大惊小怪，尽管他们会找替罪羊交差，蓄意破坏还是一直伴随着我们（飞机生产）。

这架Fw 190D-9飞机机身没有任何表示作战单位的标志，发动机罩有不规则的手写数字，判断是转场交付的飞机，接收单位不详。

“底板行动”失败后，盟军进一步向前推进，德国空军很多Fw 190D-9飞机被盟军缴获，其中一些保存完好。这两张照片可以看清该型号的一些细节，比如机翼机炮、后机身无线电设备舱和机尾敌我识别条纹等等。

3月26日，德国空军最后一位Fw 190战斗机王牌殒命，他就是5./JG 26中队指挥官威廉·霍夫曼中尉，当天，他率领一个Fw 190D飞机小编队到明斯特执行对地攻击任务时遇到一支美国陆航B-26轰炸机编队，虽然气象条件十分糟糕，霍夫曼还是击落1架英国“暴风”战斗机（为轰炸机编队护航），之后，他未能返回基地，后来的分析显示，他是被自己的僚机击落的，被击中后他跳伞逃生，由于高度不够，降落伞未能张开。霍夫曼是西线后期非常活跃的飞行员和指挥官，他的44架战果中的绝大多数是来自诺曼底登陆战役以后，其中包括13架P-47和10架P-51战斗机、6架四发重型轰炸机。这个时期正是盟军空中力量最强大，而德国空军最困难的时期。能有这样的表现，充分地证明了他的技术和胆识。另外，他还以13架“雷电”的击落数量成为了德国空军中击落“雷电”战斗机最多的飞行员。

鲜为人知的Fw 190飞机单位：科阿尔大队

从1945年1月初开始，德国首都柏林几乎天天遭到盟军轰炸，这些远程轰炸行动都有护航战斗机的保护。另外，在东线，苏联红军在整个战线不断向前推进，目标是包围柏林。为了应对目前对德国极为不利的局势，德国空军司令部在1945年年初下令组建特别战斗机大队，这些大队将在柏林西部的加托执行作战任务。加托在哈维尔河下游，这里不仅有天然屏障，也是盟军轰炸机进出柏林的必经之路，而在此起飞也可以对东线的向前推进的红军实施打击。

有人提议将沿哈维尔河的公路当作飞机起降跑道来使用，道路两旁的树木可以隐藏作战飞机，这样所谓的特殊战斗机大队代号是“科阿尔大队”，原因是格哈德·科阿尔上尉想出的这个主意。科阿尔早期在侦察中队服役，之后转而训练战斗机飞行，并加入7./JG 54战斗机中队，他曾任3./JG 54中队、4./JG 54中队、Ⅰ./JG 101大队、Ⅳ./JG 54大队和（最后）Ⅳ./JG 3大队指挥官，在EJG 1作战训练联队服役期间的1944年10月10日，他获得“骑士十字勋章”，当时他的个人战绩为37架。“科阿尔大队”主要以Ⅱ./EJG 1大队为核心组建，这个大队早就装备了Fw 190战斗机，新组建的大队当时驻扎在石勒苏益格-荷尔斯泰因州北部的埃格贝克，这个小市镇靠近丹麦边境。

从一开始，德国人设想的是不断地通过增加飞机和飞行员的方式扩大大队的作战力量，飞机和飞行员主要来自其他战斗机单位。由于气候条件差，“科阿尔大队”在1945年2月12日才开始组建，就是在这天，气象条件转好，因此空军高层决定将驻扎在埃格贝克的EJG 1联队的另一个编队调往柏林加托。但转场飞行期间，天气突然恶化，整个飞行编队中只有埃尔温·泰斯克下士最终设法抵达了加托基地，其他飞行员要么不得不返回埃格贝克，要么寻找另外的机场着陆。中队指挥官哈格纳少尉飞到汉堡准备找个机场着陆，结果他的到来引发了空袭警报，实际上转场飞行前，编队的飞行已经通知了沿途空军单位，虽说如此，还是出了乱子。

纳粹德国行将覆灭之际，很多够得上说话的军官想出了各种方法试图挽救德国，其中一些付诸实施，格哈德·科阿尔的方法实际上就是野战环境独立作战计划。谁都知道草台班子唱不了大戏，但是，能发挥一点作用也值得一试。

第二天，气象条件大大好转，因此所有飞机全部飞抵目的地。在Fw 190飞机飞行过程中，一个先遣队乘坐西贝尔公司研制的Si 204飞机先行抵达加托基地，为的是建立起一个合适的着陆和通讯空间，其他重要的技术人员和机械师通过公路抵达加托。

很快，加托机场就建立了指挥控制站，指控站安置在斯潘道公路（现称波茨坦公路）

“科阿尔大队”的几名飞行员，他们非常年轻，稚气未脱，从服装看军衔也低。

旁的跑道附近，并且用伪装网进行了处理。一位当时的地勤人员古斯塔夫·格罗瑙代理下士回忆称：

我们抵达加托后发现斯潘道公路广场另一侧已经竖立警告牌，这个公路广场原来属于农业部门。根据科阿尔上尉的命令，Fw 190飞机不能在公路上露天停放过夜，因为公路此时被当作了飞机起降跑道使用。他还命令我们每个人协助在公路一侧建立一个特别的区域与斯潘道公路连接。为了尽可能多地保留树木作为伪装和隐蔽物，公路旁停放飞机的区域树木只需要砍掉树枝和地面的灌木即可，飞机可以被推进空地并隐蔽起来，而维护保养和修理工作可以展开。

但是，由于工作匆忙上手，这些公路旁边的停机坪存在着很大问题，也就是为了尽量达到隐蔽性造成空间过于窄小，飞机拖出来时经常会蹭坏翼尖。

在加托，“科阿尔大队”主要使用Fw 190D-9飞机，地勤人员习惯称之为“大鼻子”。1945年2月13日，卡尔·莱波尔茨候补军士获准从加托的公路跑道上驾机起飞，但是，由于Jumo 213发动机故障，飞机没有升空，反倒冲进跑道尽头一户农家里，飞机爆炸起火，农户里一位老妇人设法逃出了燃烧

“科阿尔大队”主要以Ⅱ./EJG 1大队为核心组建，本图就是该大队的1架Fw 190A-7飞机，飞机在进行发动机测试，地点在加托到斯潘道之间的公路旁。

的房子，飞行员莱波尔茨没这么幸运，他在事故中丧生。

“科阿尔大队”的飞机很少升空作战，主要原因是燃油供应跟不上，经常会出现这样的情况，很多飞机（大部分是Fw 190飞机）整齐地停放在公路上晒太阳，为了节省燃油，能不飞就不飞，省下的燃油用于紧急情况。其中很多时候，盟军轰炸机编队穿越上空，这些德国飞行员只能在地面看着而无能为力。

“科阿尔大队”的一位上士飞行员通过非常途径搞到一些燃油，因为受不了被指责为“无所事事地呆在地面”的侮辱，在一次盟军空袭柏林期间，他驾机升空，战斗中他竟然还击落1架B-17轰炸机。不过返回机场后，他没有受到击落1架敌机的祝贺，反倒被逮捕并被带走，以后再也没有回来。

与此同时，剩余的EJG 1联队仍在改组之中，其2./EJG 1中队并入8./EJG 1中队，后者的一名飞行员埃德加·科格尔下士于1945年3月16日飞往加托，他在日记中记载道：

> II./EJG 1大队指挥官是科阿尔，这个大队的第6中队具备作战能力，该中队指挥官是塞弗特少尉；小规模战斗，燃油短缺，谈论战术和射击，每天照例是空袭警报。敌人的空袭频繁在增加，不论白天还是晚上，我们都呆在地面。

埃德加·科格尔的日记记载1945年3月30日当天情况：

> 更多的课（飞行员也要每天学习）、更多的空袭警报、更多的停机坪建设。“准备战斗！”军官传话过来……什么也没有发生。以后这样的命令我们越来越不越相信了，因为我们的飞机被命令隐藏在离跑道3—5公里远的地方，时不时地，我们会接到新命令将飞机运到另一个隐蔽点。

1945年4月14日，加托的所有人员被命令转移到北部乌泽多姆岛上的加茨，这次转移部署也是麻烦不断，埃德加·科格尔的日记记载道：

> 我们大队从柏林加托部署到施韦因蒙德附近的加茨，此次转移变成了一场实实在在的作战任务，我们的飞机编队在低空攻击了苏联地面部队。这可能就是我的末日，但是，我又一次非常幸运，在紧急起飞过程中，我前面的1架Fw 190飞机的一个起落架机轮陷进了泥坑里，整个飞机绕着这个坑打起了转儿，半个跑道被这架飞机占据，我也被挡住。我只得向右转弯先离开跑道，这样才能避免相撞，为此，我不得不放弃起飞。但是，整个大队的其他飞机都在准备起飞，目前的状况是我、我前面的飞机和后面的飞机都只能暂时放弃

“科阿尔大队”的飞机平时就掩藏在公路旁的树丛中，如果树的枝叶繁密就不需要伪装网。找一个适合隐蔽飞机的位置真不容易，注意这架飞机正好在两棵树之间，其实这样做并不安全，飞机水平尾翼被蹭坏的事常有。

升空。但是，我们决定还是升空，在地勤人员的帮助下，我们再次准备起飞。这次一切顺利，我们在低空组成了编队，设置好向北到加茨的航线。让我们感到欣慰的是，我们单位所有的人最终安全地抵达了目的地。

仅仅两天后，这个特别战斗机大队又陷入麻烦：没有燃油。5./EJG 1中队设法返回了加托，也执行了几次有限的作战任务，之后就又静坐观战了，原因还是没有燃油。

“科阿尔大队”部分飞机执行过一次低空攻击苏联步兵的行动，主要是攻击波兰奥得河畔卢巴诺沃（德国施韦特东北80公里）的苏联步兵。此次行动没有任何损失，所有飞机均返回了加茨。最后一个在加茨机场着陆的是科特下士，他着陆时天色已黑，好在没有事故发生，他的座机战术编队是“13”，德国人认为这个数字是吉祥的。

1945年4月16日，相对独立的5./EJG 1中队奉命再次返回加托，或是部署到于特博格（柏林西南60公里），在这些基地，5./EJG 1中队飞行员和JG 4联队的飞行员一道执行为第Ⅰ和第Ⅱ自杀式攻击大队护航的任务，上文提到过“独角兽”特别中队也是自杀式攻击单位，而第Ⅰ和第Ⅱ自杀式攻击大队是飞行员驾驶携带大量炸弹的飞机俯冲攻击奥得河上的桥梁和其他重要目标，如果有必要不惜牺牲自己的生命。参加为自杀攻击大队护航的一位飞行员科特上士和他的僚机一次执行为Ju 87飞机（从法兰克福西南15公里米尔罗塞起飞）轰炸奥得河上目标的护航行动，尽管盟军地面高炮火力猛烈，执行自杀任务的Ju 87飞行员还是穿过重重炮火飞抵奥得河并用自杀方式摧毁了目标。此次行动，德国人用光了最后一滴燃油，JG 4联队的Fw 190飞机返回了加托。

战争后期，这种将飞机隐藏在树林中的场景就十分常见，图中是Fw 190F-8/R1飞机，使用单位不详。

1945年4月17日，“科阿尔大队”大部分成员被转移到波美拉尼亚（曾经是德国一个省，现大部分位于波兰）的施摩尔道，一天后，再次转移到格赖夫斯瓦尔德附近的施米德科。刚刚抵达新驻地就传来消息，整个单位（“科阿尔大队”）将被取消，埃德加·科格尔的日记记载道：

一些飞机被要求飞到于特博格并转交给对地攻击联队，我也和其他机械师一同飞到施摩尔道，在这里，飞机被储备起来随时投入使用。我们大队在施米德科的最后几架飞机交付给了驻扎在普伦茨劳的JG 3“乌德特”联队，我驾驶了其中1架Fw 190飞机，此次竟然是我最后一次飞行，（交付完成后）我乘坐汽车返回施米德科，到这儿发现原单位的剩余人员已经集中起来，之后他们被编入陆军步兵单位。

有一些飞行员费尽周折返回了原单位，包括JG 7联队。在加托的“科阿尔大队”最后几架飞机仍然起飞去攻击奥得河一带的苏联目标，此次作战任务中，科特下士击落了1架苏联伊尔-2攻击机，但是，他的僚机被击落。“科阿尔大队”的最终命运终于降临：在1945年4月27日，格哈德·科阿尔上尉和另一位飞行员在波美拉尼亚一带执行作战任务期间未能返回，据信他们俩被苏联的高炮击落。大队指挥官失踪，该大队剩余的人员和飞机仍在加托，事实上该大队已经不复存在，连纳粹德国也快灭亡了。

德国首都柏林在1945年4月25日被包围前一刻，原“科阿尔大队”的最后几个飞行员设法在凯钦火车站乘坐最后一列火车离开柏林，一些地勤人员和几辆汽车准备向西逃离，乘坐火车逃离的古斯塔夫·格罗瑙回忆称：“当我们抵达新的机场时才获知我们乘坐的是最后一列火车，所有东西，包括我们的设备都留在了柏林。之后，我们设法找到几辆汽车，决定往西部英国和美国军队方向行驶，大约中午时分，我们被党卫军截住，他们没收了我们的汽车，我们只能徒步继续西行。”

最终，原“科阿尔大队”几乎所有的地勤人员全部被苏联红军俘虏，只有少数几个人，包括古斯塔夫·格罗瑙主动被英国人俘虏。

这架飞机停放的位置需要加装伪装网。“科阿尔大队”成立较迟，也不受重视，单位使用的飞机多是借用的，因此没有本大队专用标志。图中飞机后机身可见波浪纹，这是“Ⅳ”大队的标志。

绝望的抵抗

在1944年11月底，德国空军几个轰炸机单位转变为战斗机单位，这样半路出家的单位德语是“Kampfgeschwader（Jagd）”，简称KG(J)，德国空军的最终目的是让这些单位换装Me 262喷气截击机。作战任务改变的单位中，KG(J) 54联队从一开始就换装Me 262飞机，而其他单位初期仍驾驶螺旋桨战斗机进行转型训练。这些单位中，只有Ⅲ./KG(J) 27大队和Ⅲ./KG(J) 55大队换装的是Fw 190飞机，其中前者装备Fw 190A-8、Fw 190A-9和Fw 190F-8飞机，单位驻扎在奥地利韦尔斯；后者装备Fw 190A-8飞机，单位驻扎在德国朗道。另外，在1945年2月间，KG(J) 30联队的三个装备Fw 190A-6、Fw 190A-8和Fw 190G-3飞机的大队被命令执行“寄生”飞机作战任务，这三个大队分别驻扎在捷克布拉格东北郊科贝里、赫拉德茨克拉洛韦（布拉格东100公里）和鲁齐涅（布拉格西郊）。Ⅲ./KG(J) 55大队在1945年1月中出现几次事故，但没有飞行员受伤，2月10日，该大队出现第一起受伤事故，四天后Ⅲ./KG(J) 27大队也出现一起受伤事故。由于燃油短缺，加上战争形

缺少航空燃油，飞机的转运只得靠车辆，甚至是牛和马匹，德国窘境可见一斑。

势恶化，这些装备Fw 190飞机的KG(J)联队没有机会升空作战，最终在1945年4月被取消。

3月2日早晨，Ⅲ./JG 26大队的Fw 190D-9战斗机在保卫喷气飞机机场时与英军第130中队“喷火”ⅩⅣ混战在一起，德军击落2架英军飞机，己方哈梅尔下士被击落。整个3月，英国空军轰炸机司令部和美国陆航第八航空队不间断地对德国目标进行轰炸，投下了73000吨炸弹。在德国马格德堡北部，一支美国陆航轰炸机编队在轰炸石油设施和装甲车辆目标时遭到Ⅱ./JG 301大队的拦截，后者刚刚换装Fw 190D-9战斗机。该大队9架飞机被美国陆航第352战斗机大队的“野马”护航战斗机击落。下午5时30分，Ⅰ./JG 2大队在美因兹附近拦截了一支B-26轰炸机编队，但是整个战斗只击落1架美国飞机，己方损失3名飞行员。

这段时间里，西线的盟军已经将战线推进到莱茵河沿岸，但河上桥梁全部被德国人炸毁。3月7日，美国陆军第27装甲步兵营靠近莱茵河，他们惊讶地发现雷马根处的鲁登道夫铁路大桥竟然完好无损地矗立着。采取紧急措施控制大桥后，美国人迅速地在河流一侧建立了桥头堡，希特勒得知这个消息暴跳如雷，他当即解除了伦德施泰特元帅的西线总指挥的职务。

随后，德国空军采取疯狂的行动企图炸毁雷马根铁路大桥，在Ⅲ./JG 2大队的Fw 190的护航下，NSGr 20大队和Ⅲ./KG 200大队的Fw 190战斗轰炸机，NSGr 1大队和NSGr 2大队的Ju 87“斯图卡”俯冲轰炸机，以及Ⅲ./KG 76大队的Ar 234轰炸机轮番轰炸铁路大桥。在3月9日清晨到中午，不同单位的24架Fw 190飞机分别轰炸了大桥，但是，炸弹落在桥墩旁边靠近铁路的地方。在这样的行动中，Ⅲ./JG 2大队的Fw 190遭遇了盟军6架P-51，双方在低空发生战斗，德机击落1架“野马”，己方可能没有损失（目前战况统计越来越困难）。第二天下午，Ⅲ./JG 2大队的6架Fw 190每架分别携带1枚250公斤炸弹前去轰炸大桥，尽管有10架盟军P-47战斗

Ⅱ./JG 26大队的2架Fw 190D-9飞机正从诺德霍恩克劳斯海德基地起飞，由于跑道泥泞，这里铺上了圆木，乍看以为在航母上起飞。照片拍摄于1945年2月。

机干扰，德国飞机还是在800米高度向大桥投下了炸弹，有1枚炸弹击中了大桥南部，大桥前后端也分别被1枚炸弹击中。3月12日，Ⅲ./JG 2大队的5架Fw 190D-9飞机再次光顾大桥，此次行动由Ⅱ./JG 2大队的Bf 109护航，作战意图是扫射大桥和盟军浮桥之间河西侧的敌人阵地。当天下午，Ⅲ./JG 2大队再次派出11架飞机执行任务，当天两次任务都没有损失。雷马根大桥被盟军占领十天后终天倒塌，但是此时美国工程兵已经在旁边铺设了几座浮桥。

3月24日，西线盟军发起规模浩大的横渡科隆北部莱茵河的作战行动，地面部队和空降兵一起上阵。同样是在这天，德国14./JG 26中队的Fw 190在攻击瓦莱尔布施盟军目标时损失3架飞机。当天，Ⅱ./JG 300大队的Fw 190在少量Bf 109的护航下去攻击哥廷根的美军目标，战斗异常激烈，德国空军损失相当严重，Ⅱ./JG 300大队损失多达14架Fw 190，此次战斗后，这个大队再也没有恢复过来，战争后期，该大队并入Ⅲ./JG 300大队，单位番号为JGr 300（JG是联队缩写，JGr是独立大队缩写）。

第二天（3月25日），Ⅰ./JG 2大队指挥官赫德里卡上尉被美国B-24轰炸机自卫火力击落身亡，接任他的是克里斯蒂安·埃克霍夫中尉。同一天，Ⅲ./JG 26大队在代尔门霍斯特被撤消，单位剩余的飞机转交给了JG 26联队其他仍在的单位。Ⅳ./JG 26大队准备从瓦莱尔布施转移到比塞尔，两地相距很近，飞行只需十分钟，大队指挥官海尔曼中尉的僚机飞行员格哈德·克罗尔回忆转移部署的飞行时称：

当我们在荷兰边境上空盘旋并爬升时，我们看到3架英国皇家空军“暴风”战斗机尾随着我们，“暴风”飞机的爬升性能比我们的Fw 190D-9的要好，很快就会赶上我们。突然，海尔曼从右侧转向左侧，航向朝后，随后飞机以极大的角度俯冲而去，我也紧紧跟上，如果我不这么做就会单独跟3架“暴风”战斗机混战，如果我跟过去，很可能会在敌机射击弹道中穿过。不一会儿，我感觉到飞机中弹后的震颤，我被击中了。当时我在7000米高度，我试图跳伞，但是我的座舱罩被卡住，我前面有什么东西爆炸，我的脸被座舱内仪表板扣住。最终，我通过手动打开座舱罩，虽然只有一英尺的宽度，好在强大的气流将座舱罩扯掉，因为之前我已经解开座椅安全带，我被气流吸入空中。我一直在坠落，直到地面的树看上去非常大，我拉了一下伞带，突然被惊出一身冷汗，伞带悬着，而我还在下降，我肯定在150米高度打开了伞，我第三次被烧，我声嘶力竭地大声叫骂。

就在这件事之前，福克-沃尔夫公司位于马林堡的生产厂已经被苏联红军占领，至少有6架全新的Fw 190D-9飞机被苏联人缴获。4月初，不管是东线还是西线，战斗都非常惨烈，德军的抵抗越来越顽强，对于盟军来说，必须一鼓作气消灭纳粹德国，不给其喘气机会。德军节节败退，迫使德国空军作战单位不断转移部署，4月1日，13./JG 2中队的一个四机编队在从加茨转移到普伦茨劳过程中，4架Fw 190飞机与苏联皮-2和为其护航的雅克-3战斗机编队遭遇，在接下来的战斗中，胡伯特·德德拉上士击落不少于5架苏联飞机。此时，只有Fw 190战斗机单位仍在西线与西部盟军作战，这些单位是Ⅰ./JG 26大队、Ⅱ./JG 26大队和Ⅳ./JG 26大队，加上Ⅱ./JG 300大队和JG 301联队的三个大队驻扎在德国中部，主要与西线盟军作战。4月11日，

Ⅰ./SG 4大队的一名地勤人员正操纵着1架Fw 190F-3飞机穿过草地，前面有车辆在拖曳飞机，后面的人控制方向。这架飞机的数字用了引号，其意不详。

1945年年初，德国空军对地攻击单位大都换装了Fw 190F-8/R1飞机，对地攻击此时比制空更重要，德国地面部队也急需近距支援任务。这架停放在树林旁的飞机座舱罩已经破损，很可能飞机已遭遗弃。

Ⅱ./JG 6大队的Fw 190飞机护航Ⅱ./KG 200大队的“寄生”飞机去轰炸索劳萨根地区奎斯河和博伯河上的桥梁。同一天，Ⅳ./JG 26大队被撤消。单位剩余的飞机转交给JG 26联队的其他两个大队。

4月13日，美国陆航再次发动一场大规模空袭行动，目标是德国北部残余的机场，美国陆航第56战斗机大队的P-47战斗机炸毁了95架德国飞机，包括靠近丹麦边境的埃格贝克这种次要机场。三天后，美国陆航第353战斗机大队摧毁德国南部机场110架飞机。第二天，再次光顾这里的“野马”又将德国200架飞机送进地狱。这段时间，德国很多机场飞机根本无法升空作战，眼睁睁地看着自己被炸而无能为力，受到打击最大的还是德国战斗机单位。

德国空军仅剩的几滴燃油只能供零星的飞机使用，因此，西线战场仍可以看到德国战斗机升空作战，规模、战果和作用聊胜于无。其中一次战斗发生在4月16日，Ⅱ./JG 4大队的汉斯·泽逢特克中尉讲述此次根本无用的战斗时称：

我们扔掉所有物品冲向我们的座机，我的机械师站在飞机旁准备帮助我系好座椅安全带，只是简单地发动机暖车后，我们的领队飞机滑出停机坪准备起飞，之后是鲁迪·兰克、我自己，之后是海因茨·里赫特。我们迅速排好起飞队形，以编队方式起飞，通常情况下，编队起飞并不容易，但是，100%集中注意力，加上彼此互相信任我们经常会设法做到这一点。起飞后，我们立即组成编队并爬升到3500米高度，当天阳光充足，座舱内还不同寻常地热。20分钟后，飞在我们上方300米的飞机报告称我们后方有“野马”战斗机尾随。我们每个人都向后看了看，但是什么也没有看到。当我向我左侧看去，我看见1架“野马”飞机正直接冲向2号位置的鲁迪·兰克，很快敌机便开火。（与此同时）我也解除射击保险立即向这架“野马”飞机射击，这架敌机立即退出攻击离开。但是，我的战友座机已经被击中，他很快跳伞逃生。

在激烈的空中格斗后，我终于成功地击落这架“野

Ⅱ./JG 26大队的1架Fw 190D-9，W.Nr.211934飞机被美国人缴获，同时被缴获的还有1架Bf 109G-14战斗机（可能属于2./NAGr 14中队）和Ju 87D俯冲轰炸机。

马”飞机，看到目标拖着浓浓的黑烟向下坠去，我立即向左侧大角度拉起飞机，这时该是决定我的命运的时候了，1颗子弹穿过座舱玻璃，穿过我的脚击中油箱。当感觉第一下震动后，我注意右侧着火，座舱立即被浓烟充满，我几乎无法呼吸。此刻，我觉得一切都完蛋了。但是我本能地打开了座舱罩，解开座椅安全带，左脚猛踹操纵杆，我一下子跳出座舱。这时我的脸和手已经受到二度和三度烧伤，我立即拉动降落伞开伞索，降落伞立即张开。我在3000米高度悬挂在伞下，我的下方是森林覆盖的大地，不远处有一个面积很大的湖，我的位置在柯尼斯武斯特豪森东南约30公里处。击落我的敌机在我上方盘旋数圈，最后消失不见了。

我悬挂在伞下降落的时间似乎没有尽头，但是实际上我下降的过程仅仅10分钟而已。除了疼痛，我希望我的着陆能顺利一些，因为这是我第一次跳伞。我尽一切努力仔仔细细操纵降落伞远离湖面，除了疼痛，我还算幸运，最终我落向森林的一小块空地，我的降落伞被树枝钩住，我悬挂在下面，离地面只有几尺，我用力拉伞最后平安落地，此时我已经耗尽最后一丝气力。

萨克森贝格飞行队

截至1945年春天，德国空军的螺旋桨飞机很难在与盟军的空战中取得胜利，喷气式飞机有速度快的优点，也有可以使用低标号燃油的优势，而且德国此时已经生产了大量喷气飞机。但是，早期喷气式飞机的缺点是加速性能差，特别是起飞和着陆过程中。盟军也很快得知喷气飞机的这个缺点，因此经常派战斗机到喷气飞机的基地上空专门攻击起降过程中的德国喷气飞机。为此，第一个装备Fw 190D-9战斗机的Ⅲ./JG 54大队被赋予的极重要任务之一就是保护位于阿赫默、赫塞佩和赖讷的Me 262喷气战斗机和战斗轰炸机的基地。

为了挽救纳粹德国的命运，加兰德组建了JV 44专家中队，中队装备世界最先进的Me 262战斗机，单位成员由德国空军的王牌组成，由于早期喷气飞机固有的缺点，喷气飞机主要基地慕尼黑里姆需要得到保护，以在起降过程中免受盟军战斗机的攻击，机场保卫

海因茨·萨克森贝格少尉出身名门，其战绩也超过100架，这成绩在德国算比较普通的。萨克森贝格出道较晚，没有机会充分展示他的才能。

二战结束时，美国陆军第45步兵师在慕尼黑里姆发现了这架“红色1”号Fw 190D-9，W.Nr.600424飞机，这就是萨克森贝格少尉的座机，左侧文字“卖掉我的衣服，我要去天堂”。

飞行队就是在这种情况下成立的。机场保卫飞行队的指挥官是海因茨·萨克森贝格少尉，因此，这个飞行队经常被称为“萨克森贝格飞行队”，或者译成“萨克森贝格四机编队”，在德语中“Schwarm”有“群、组”等意思，还有“四机编队”的意思，实际情况就是这个飞行队只有四人，除了指挥官本人，其他三人是瓦尔德马·伍布克上尉、克劳斯·法伯上尉和卡尔-海因茨·霍夫曼少尉，他们的座机均为Fw 190D-9战斗机。吸取“底板行动”中的误击现象，“萨克森贝格飞行队”飞机采用了非常醒目的涂装，机腹为明亮的大红色，机翼则采用弦向（机翼弦长方向，即与机身平行）白色条纹，这种涂装便

“萨克森贝格飞行队”成员，从左向右分别是：卡尔-海因茨·霍夫曼少尉、克劳斯·法伯上尉、海因茨·萨克森贝格少尉和瓦尔德马·伍布克上尉。他们后面是1架Fw 190D-9飞机，注意机翼的识别条纹。

于部署在JV 44专家中队机场周围的德国高炮部队识别。这种涂装太过鲜艳夺目，因此有人称这个飞行队为“鹦鹉中队”（Papagei Staffel）。

军衔不高，却指挥着两位上尉，海因茨·萨克森贝格少尉肯定有过人之处。萨克森贝格于1922年7月12日出生在德绍，他是一战德国空军王牌哥特哈德·萨克森贝格（31架战绩，曾获“蓝色马克斯勋

章”）的任子。萨克森贝格在1941年参加德国空军，1942年秋天被分配到JG 52联队，同年年底到东线苏联战场，当时在6./JG 52中队服役。1943年4月21日，萨克森贝格获得第一个战果，击落1架苏联伊尔-2攻击机。至1943年年底，他的战绩达到了22架。他随后参加了库班桥头堡的激烈战斗，还曾掩护库尔斯克突出部的德军撤离行动，这段时间里，他再获16架战果。在获得76架战果后，他暂时离开苏联战场一段时间。1944年5月，萨克森贝格返回东线，到1944年6月8日，他战绩上升到101架，他是德国空军第76位战绩达到百架以上的飞行员。1944年6月9日，萨克森贝格获得“骑士十字勋章”。在1944年6月23日的战斗中，他被P-51“野马”战斗机严重击伤，但他驾驶着Bf 109G-6座机成功迫降。他的最后2架战果都是在匈牙利取得的，分别是1架美国P-51战斗机（1945年3月3日，第103架）和1架苏联P-39战斗机（1945年4月16日，第104架）。

1945年4月，他短暂任9./JG 7中队指挥官，不久奉命组建机场保卫飞行队，他的Fw 190D-9座机为“红色1”号，机身的文字非常有个性：卖掉我的衣服，我要去天堂。1951年6月17日，海因茨·萨克森贝格死于二战期间负伤后的并发症。

战后被盟军缴获的Fw 190D-9战斗机，这架飞机属于“萨克森贝格飞行队”，飞机的下表面：机腹、机翼等涂装非常花哨，因此，这个飞行队又被称为“鹦鹉中队”。

克劳斯·法伯的13号座机文字也很有特色：“勇敢向前，尽管会带来眼泪。”红色圆圈加黑白方格是JV 44专家中队的标志。

终曲

时至1945年春天，德国空军帝国保卫战战斗序列的单位开始急剧缩小，几乎每个战斗机大队都被打残，很多战斗机大队仅剩下个位数飞机顽强地撑着门面，甚至一些单位只剩空壳子。仅有的一些飞机被用来扫射东线的苏联红军。在执行这些可怜任务的同时，西方盟军的轰炸机在后面继续实施轰炸，只要有一滴油，德国战斗机就得升空作战。

1945年3月，德国空军迎来首波撤编浪潮。曾经威震法国战场、曾经远赴北非战场、曾经妄想阻止盟军在意大利安齐奥登陆、曾经试图在诺曼底登陆行动中再次将盟军赶下

后期生产型Fw 190A-8、Fw 190F-8和所有Fw 190A-9飞机采用了水泡形座舱，飞行员的视野大大改善。

上图中的Ⅱ./SG 2大队的Fw 190F-9/R1起动发动机正准备起飞，下图是这架飞机被盟军缴获。这架飞机机身倒“V”加“O”表示大队技术官的座机，“一”表示第Ⅱ大队。

海、曾经不分昼夜地拦截美国第八航空队的重型轰炸机，如今，在大决战即将结束的时刻，这些曾经“光彩照人”的战斗机大队一个接一个地消失。3月底，第一个从战斗序列中消失的是Ⅲ./JG 26大队，随后的4月，Ⅳ./JG 26大队被撤消，德国空军最早的Fw 190单位Ⅱ./JG 26大队最后一次取得战果是在4月25日，该大队的Fw 190飞机在柏林上空击落1架苏军的P-39战斗机。虽然接到命令将在下个月和卡尔·鲍里斯的Ⅰ./JG 26大队一道部署到捷克布拉格，战争局势变化比他们想象的更快、更糟糕，因此，不久之后这两个大队就在石勒苏益格-荷尔斯泰因向英军投降。

原驻扎在海峡一侧的老单位JG 2“里希特霍芬”联队在“底板行动”中被打得失去了战斗力，休整一段时间后才逐渐恢复。恢复作战能力后，这个单位的Fw 190D-9战斗机主要与美国陆航第九航空队的P-47战斗机作战，此一时彼一时，原来的强悍战斗力早就化作青烟而去，单位中的“老兔子”没几个了，跟越战越勇的盟军飞行员相比只得甘拜下风。1945年5月7日，在联队最后一任指挥官库尔特·布赫林根的宣布下，JG 2联队正式撤消。

Ⅰ./JG 1大队和Ⅱ./JG 1大队在1945年1月就被部署到东线与苏军作战，在1945年3月，这两个大队将本单位的Fw 190A战斗机换装为He 162（Volksjäger，英语People’s Fighter，也称“火蜥蜴”（Salamander）和“麻雀”（Spatz））喷气式战斗机。而Ⅰ./JG 11大队和Ⅲ./JG 11大队一直使用福克-沃尔夫战斗机到4月底，有一位倒霉的飞行员在4月24日的战斗中，在柏林滕珀尔霍夫区上空与“喷火”、P-51“野马”和苏联雅克战斗机混战中被击落身亡。上文提到京特·斯佩希特阵亡后，于尔根·哈德少校接任他任JG 11联队指挥官，这位原JG 53联队Bf 109王牌也在1945年2月的战斗中阵亡，当时他返航迫降失败。JG 11联队第六任，也是最后一任指挥官是安东·“托尼”·哈克尔少校，他在JG 11联队和JG 26联队中任过大队指挥官，也做过JG 76和JG 300联队指挥官，他在1945年5月初率领残缺不全的单位成员撤回到西线向英军投降。

战争后期，装备Fw 190A-8战斗机的Ⅳ.(Sturm)/JG 3大队和装备Fw 190D-9战斗机的Ⅱ.(Sturm)/JG 4大队一直战斗到最后，主要与苏军空战或对地攻击苏军步兵，最后两个大队后撤向西方盟军投降，JG 6联队队部和联队第Ⅰ大队和第Ⅱ大队也是如此。原“野猪”单位Ⅱ.(Sturm)/JG 300大队自1944年10月开始就驻扎在莱比锡北部机场，战争后期，其他单位像棋子一样被调来调去，Ⅱ./JG 300大队始终不挪窝。尽管JG 300联队指挥官瓦尔特·达尔在1945年1月26日被任命为昼间战斗机巡视官，他仍然驾机升空作战，他的最后一个战果是4月24日击落的1架P-51战斗机，他的战绩中有36架是重型战斗机，这是整个德国空军首位重型轰炸机杀手。

瓦尔特·达尔离开JG 300联队后，短暂接替他的是安东·“托尼”·哈克尔少校，之后1945年3月，京特·拉尔少校正式被任命为JG 300联队指挥官。拉尔是德国空军排名第三的超级王牌，他一直在东线战场作战，之前和这次返回西线战场后他的战绩增加了4架，其个人总战绩达到271架。在二战最后的几个星期里，拉尔在奥地利向美军投降。

4.(Sturm)/JG 4中队的“白色2”号Fw 190A-9战斗机，注意水泡形座舱。这架飞机既没有个人色彩涂装，也没有表示单位的标志，似乎刚刚转场交付。照片拍摄于1945年。

5.(Sturm)/JG 4中队的“白色11”号Fw 190A-8战斗机在战争后期被美军缴获，该机后机身有黑白黑条纹，白色“一”表示Ⅱ大队。照片中美国人正在检查这架飞机。此时螺旋桨飞机技术已经到了尽头，更何况盟军这方面技术也不输德国，对飞机全面检查是为了了解飞机的性能特点，其实没有多大借鉴意义。

原“野猪”单位JG 301联队的结局值得一提，这个最早装备Bf 109战斗机，又执行夜间作战任务的联队从1945年1月开始其四个大队全部换装其他战斗机，而且改执行昼间作战任务。在诺曼底战役和“底板行动”期间，本土战斗机大部分被调往前线，本土只留下JG 300联队和JG 301联队固守德国领空，在命运终结前的最后几周，原“野猪”单位的结局跟其他Fw 190战斗机单位一样被命令参加奥得河前线的战斗，扫射沿河一带潮水般的苏军。阻止苏军前进的步伐失败后，这些单位要么被撤消，要么剩余的几架飞机后撤向西线盟军投降。

JG 301联队有一点与众不同，也很特别，那就是联队队部的飞行编队（从下文看似乎是队部中队规模，装备8—

9架飞机）是德国空军中唯一装备Ta 152战斗机参加战斗的单位。1944年年底，德国空军试验中心雷希林成立了第152试验单位（E. Kdo 152），名称中数字对应飞机编号，这是临时单位，完成测试任务后解散，人员返回原单位。第152试验单位指挥官是布鲁诺·斯托勒上尉，他原是JG 2“里希特霍芬”联队老兵，曾任Ⅲ./JG 2大队和Ⅰ./JG 11大队指挥官。一位驾驶过Ta 152战斗机飞行员描述他对该型战斗机的印象称：

Ta 152战斗机的飞行品质完全盖过此前所有德国战斗机，尽管我从未驾驶过Me 262喷气战斗机，我敢大胆地猜测，如果装备部队与盟军战斗机作战，Ta 152战斗机（比Me 262战斗机）要好得多。

2500马力的发动机使得Ta 152战斗机的最大速度可以达到750公里/小时，三片60厘米宽的螺旋桨可以将飞机提升400米（原文如此）。由于翼展增加，飞机可以做半径相当小的转弯机动，其爬升率也很高，达到15米/秒，飞机升限达到14000米。用我的观点看，当时在役的任何战斗机都无法与之匹敌。

1945年3月初，弗里茨·奥夫哈默中校的JG 301联队队部飞行编队接收首批Ta 152战斗机。在战争的最后八周里，Ta 152飞机编队主要作战任务是为JG 301联队的其他战斗机执行西线和东线作战任务提供高空掩护，或者是在基地上空保护己方战斗机起降，防止盟军飞机偷袭。此时德国领空到处是英军、美军和苏军的飞机，只要有作战任务就会跟盟军飞机照面，因此Ta 152战斗机也和盟军战斗机之间爆发一些战斗。一般情况下，队部飞行编队以六机规模出击，在整个战斗期间，Ta 152战斗机仅损失2架，却击落了至少9架敌机，其中约瑟夫·凯尔中士击落5架，他成为德国空军唯一的Ta 152战斗机王牌；另外3架战果属于威利·雷施克中士，其中2架牺牲品是他在4月24日在柏林上空击落的雅克-9战斗机。雷施克的“绿色9”号飞机后来被英军缴获，战后在范堡罗的皇家航空研究中心（RAE）进行了公开展示。威利·雷施克的第一架战果是10天前（4月14日）获得的，他后来回忆称：

6.(Sturm)/JG 300中队Fw 190A-8战斗机，背景是洛布尼茨机场，这里是Ⅱ.(Sturm)/JG 300大队从1944年下半年到1945年期间主要驻扎基地。照片拍摄于1945年年初，很快这里也会成为一片废墟。

1945年4月初，JG 301联队驻扎在哈格诺（汉堡东稍偏南100公里）、路德维希斯卢斯特（哈格诺东南10余公里）和诺伊施塔特格莱沃（路德维希斯卢斯特东北20公里），其中后者驻扎着Ⅱ./JG 301大队和Ta 152H-1飞机编队。1945年4月14日下午，Ta 152飞机编队到东线执行作战任务，即为扫射柏林东南的奥得河一带苏联红军阵地的飞机护航。

Ta 152飞机编队任务是为Fw 190战斗机扫射期间提供空中掩护，由于没有看到附近有苏联战斗机，Ta 152飞机没开一炮就返回了诺伊施塔特格莱沃基地。（降落后）Ta 152飞机立即加油并滑行到疏散停机坪伪装起来，飞行员仍然时刻做好准备登机再次升空，就在这时，机场东南方向8公里处低空发现2架敌战斗机穿过铁路调度站向这里靠近。

3架Ta 152战斗机被命令立即紧急起飞——飞行员奥夫哈默中校、萨特勒中士和我。飞机升空后沿着通往路德维希斯卢斯特公路刚刚编组就发现了敌人战斗机，靠近才发现是英国皇家空军“暴风”战斗机，飞在3号位置，我看见萨特勒中士在靠近敌机前冲向地面，他的坠毁不太可能受到了敌机射击，因为敌人也刚刚发现我们的存在。

目前的情况是两机对两机，地面高度的空中格斗开始。我们知道“暴风”战斗机的速度很快，被英国人用来追赶和攻击我们的V-1导弹。但是在这儿，超低空条件下，速度不是制胜的关键，转弯性能才是重中之重。双方飞行员从一开始就明白必须尽可能地把握好战术来赢得战斗的胜利，在这个高度，双方都无法承受任何细小的失误。而且这是我驾驶Ta 152战斗机以来第一次见识这种飞机到底能做些什么（意思是它的性能优势在哪里，或者性能优势怎样体现出来）。

做了一个半径很小的急转弯，我一点点地靠近“暴风”战斗机，以前我从来没有做过像Ta 152飞机这样的性能机动。为了甩掉我，“暴风”战斗机飞行员拼命地做危险的规避动作，当他做反向侧滑时，

约瑟夫·凯尔中士（左）的战绩并不突出，个人总战绩不过16架，但他是Ta 152战斗机唯一的王牌，仅凭这点足以使他出名了。威利·雷施克中士（右）战绩为3架，从两人战绩可以看出Ta 152战斗机参与的战斗并不多，原因是服役迟，数量也不多。

Ⅲ./JG 301大队的Ta 152H战斗机驻扎在卢考附近的奥泰诺，从1945年1月27日转场到这里开始，Ta 152H战斗机就在这里与盟军作战。

被盟军炸毁的Ta 152飞机，这种场景在二战后期的德国各个机场十分常见，还有一些完好无损的战机被盟军占为己有。

我知道他转向我内侧的企图失败了。

我第一次射出的炮弹就击中了敌机尾部和后机身，敌机（被击中后）明显地颤抖起来，可能是本能的反应，“暴风”飞行员做了右转弯机动，这实际上给了我更大的机会。

这回“暴风”飞机跑不掉了，我第二次按下射击按钮，但是，射出几发炮弹后我的武器沉默了，尽管我做了各种尝试，机炮就是不肯再射击。我记不清我到底没有咒骂过谁。幸运的是，“暴风”飞行员没有意识到我的窘境，因为他已经被击中，他唯一想做的就是拼命地做滚动和转弯机动，我调整自己的位置，为的是始终能看到敌机，最后——一点也不意外——他失速了，“暴风”飞机坠毁在我下方的树木里。

“暴风”飞机就坠毁在离刚才萨特勒中士坠机地点只有1公里地方，后来得知“暴风”飞行员是新西兰人O.J.米切尔中校，第二天，他们俩在全部军事礼仪下被葬在诺伊施塔特格莱沃，两座坟紧挨着。

12./JG 5中队的1架Fw 190A-8战斗机，这是基础型号，单侧机翼安装2门MG 151机炮，图中外侧机炮可见抛壳孔。

Ⅱ./JG 26大队的Fw 190A-7飞机被推入树丛中隐藏，照片拍摄于1944年6月，此时盟军已成功在法国登陆。从此，法国领土上的德军机场都不再安全。

2./JG 26中队的Fw 190D-9飞机从树林中的跑道滑出准备升空作战，这些飞机是用来保护Me 262基地的。

这两位飞行员的终点可能就是二战结束的一个标志，交战双方都在为国效力，但是，世界上存在着公理，因此就有了“侵略”和“反侵略”的概念，一个代表着邪恶，一个代表着正义。作为军人，服从命令是天职，他们改变不了国家的行为，只有遵命执行。一款优秀的战斗机，如本书介绍的Fw 190也是如此，被纳粹德国使用，它就成为屠杀的机器。著名的卡拉什尼科夫设计师曾经说过：枪械（指AK-47突击步枪）本身无罪，扣动扳机的人才有罪。

第二章　北非和地中海战役

由于投入使用较迟，德国Fw 190战斗机和战斗轰炸机在北非战场和地中海战场的作战历史并不长，特别是在北非，盟军在北非登陆后德国Fw 190飞机才匆匆投入到这个战场，而此时正是北非德军溃败的最后阶段，兵败如山倒，德军很快被赶出北非，况且几十架规模的作战飞机根本就挽救不了北非德军的命运。撤出北非后，驻扎在西西里岛和意大利本土的Fw 190飞机单位主要是几个对地攻击大队，毫无疑问主要执行对地攻击任务，制空作战主要由其他单位的Bf 109战斗机执行，JG 2联队的Ⅱ./JG 2和Ⅰ./JG 2大队分别在北非和意大利战场执行过制空（为对地攻击单位护航）作战任务，当时法国南部的战事不多，这两个JG 2联队的大队可以抽空临时部署到这里。但是，在意大利战役后期，JG 2联队的飞机撤走后，对地攻击单位由对地攻击任务转而执行制空作战行动，作为多面手的Fw 190飞机，执行这些任务丝毫不困难，但是，Fw 190飞机无法阻止盟军进攻的步伐。

Ⅲ./ZG 2大队到北非

1940年6月，德国在西线战场势如破竹，墨索里尼也想效仿希特勒建立一番“伟业”，把南欧和北非收于囊中，没想到意大利军队不争气，入侵希腊仅仅五天后就被人追着打，不仅希腊没占领，阿尔巴尼亚境内军事基地有被希腊军队连锅端的危险，希特勒及时出手挽救了意大利败局；意大利军队在北非的情况也是一个德性，墨索里尼原以为英国忙着与德国作战顾及不到埃及，为此，1940年8月8日，意大利第10军团正式入侵埃及。信心爆棚的意大利军队实际作战的情况是，英国及英联邦仅3万多人的军队顽强地抵抗住了意大利10个师的进攻，站稳脚跟后没费太大的力气就把意大利人赶出了埃及，跟希腊的情况一样，英军一路追击意大利军队进入利比亚，至1941年2月8日占领了昔兰尼加地区，战线推到利比亚班加西一带。意大利这个熊样希特勒实在看不下去了，他派

出了德国空军作战单位到北非帮忙，“斯图卡”俯冲轰炸机单位和Bf 109战斗机单位就是这一时期进驻北非的。不算E. Kdo 19（第19试验单位）在1942年7月1日到利比亚黎波里卡斯特尔贝尼多机场进行试验，第一个装备Fw 190战斗机的单位到1942年11月才部署到北非，这就是Ⅲ./ZG 2驱逐机大队，该大队于1942年4月在德国南部的兰茨贝格成立，装备Bf 109E-7/U1战斗轰炸机。Ⅲ./ZG 2大队指挥官是威廉·哈克费尔德上尉，他是一名经验丰富的王牌飞行员，也是对地攻击战术的创始人，他的战术在苏联战场运用得十分成功，因此，他也有一个绰号“轰炸威利”，还有一位绰号是“轰炸凯勒”。1940年法国战役期间，威廉·哈克费尔德在2.(Jagd)/LG 2中队服役，其间获得2个战果，之后，他被分配到2./JG 51战斗机中队，在这个中队，他参加了对英作战和入侵苏联战役。1941年8月26日，威廉·哈克费尔德被任命为Ⅰ./JG 51大队指挥官，他任大队指挥官到1942年5月，之后，他被分配到刚刚成立不久的Ⅲ./ZG 2大队。

由于德军准备在苏联中部和南部前线发动一场重要的反击战，1942年6月初，Ⅲ./ZG 2大队部署到苏联前线，在6月10日至7月24日间，这个大队在哈尔科夫和库尔斯克前线作战。1942年7月底，Ⅲ./ZG 2大队撤回到奥地利帕恩多夫（维也纳东南45公里）休整并开始换装Fw 190战斗轰炸机，进行转型训练，9月，这个大队转移到法国柯纳克进行作战训练。作战训练的飞行员中，阿道夫·迪尔格上士回忆了在帕恩多夫的训练：

我们发现，相比在苏联战

早在1942年7月，E.Kdo 19试验单位的Fw 190飞机就到利比亚进行试验，这个试验单位包括两名教官和四名飞行员。图中“白色1”号Fw 190A-4飞机在1942年11月被南非军队缴获，飞机已经破败，垂尾方向舵上的“E”意思是试验。

1架Fw 190A-3飞机飞越在利比亚上空，垂尾没有竖起的天线杆。不清楚飞机属于哪个单位，照片拍摄于1942年年底。

场使用的Bf 109E飞机，Fw 190飞机有了很大的提高，执行战斗轰炸任务，Fw 190飞机几乎在任何方面都胜Bf 109E一筹：前者的速度更快，操纵性能更好，更坚固耐用，战场维护十分简单，特别是飞机携带炸弹时的地面滑行远比Bf 109E要稳定。转型训练持续了一个月，之后的9月，我们转移到法国柯纳克（盛产葡萄酒的小镇）进行专门的对舰攻击训练。有一段时间，我们十分清楚盟军正组建部队准备发起进攻，我们大队就是德国空军分配执行反击盟军进攻的单位之一。在法国吉伦特湾内有一艘坐沉的法国老式驱逐舰供我们进行低空和俯冲轰炸训练，我们一般用250公斤和500公斤炸弹。我们还经常受命训练如何穿透波尔多阻塞气球带，这样的训练很有意思。

完全可以想象，训练过程不可能没有事故，训练的头两个星期里就有4架飞机因事故损坏，之后的10月21日，汉斯·绍尔下士因事故在柯纳克附近的蒂塞登坠机身亡。10月31日，海因茨·克莱因上士也在事故中坠机身亡。同一天，Ⅲ./ZG 2大队转移到法国北部城市里尔西边的梅维尔参加轰炸英国坎特伯雷行动。三天后，8./ZG 2中队的两名飞行员，约翰·汉尼希下士和赫尔曼·科尼维希少尉在坎特伯雷西部被英国空军第257中队的“台风”战斗机击落身亡。

不久后的11月8日，英军和美军联合在阿尔及利亚和摩洛哥登陆，同时，英联邦多国部队继续向西追击轴心国部队，此时戈林答应向地中海战场（这个战场包括北非）增派40架Fw 190，因此，在11月15日，Ⅲ./ZG 2大队的20架Fw 190途经意大利本土和西西里岛抵达突尼斯比塞大（突尼斯最北端港口城市）西南的西迪艾哈迈德机场，在此，这些飞机被划归Ⅱ./JG 53大队指挥，这个大队当时仍装备着Bf 109F战斗机。同样是11月15日，9./ZG 2中队的哈里·沙赫特代理下士在意大利上空转场飞行时，他的Fw 190A-3在科森扎（意大利中部）上空发生局部爆炸，他本人受伤。

两天后的11月17日，Ⅲ./ZG 2大队的Fw 190开始执行第一次作战任务，即轰炸在11月12日被盟军占领的波尼港（现称安纳巴，在阿尔及利亚东部），这些行动中，与Fw 190一道出击的还有Ju 87俯冲轰炸机和Ju 88轰炸机，提供护航保护的是Ⅱ./JG 51大队和JG 53联队的Bf 109。Ⅲ./ZG 2大队的6架Fw 190在中午1点整起飞，当英军的“喷火”战斗机与德国空军此次行动的主力遭遇混战时，Fw 190战斗机未受干扰地进行了俯冲轰炸。尽管地面高炮炮火密集，Fw 190还是炸伤了1艘2000吨的护卫舰，炸弹命中舰体中部，爆炸给军舰造成严重破坏，阿道夫·迪尔格回忆称：

我们的作战任务就是攻击港口外航行的舰船，但是，巨大的打击在等着我们：舰船的高炮射击形成一堵严密的火墙，此

Ⅲ./ZG 2大队是第一个装备Fw 190飞机，抵达非洲的单位，图中是该大队的2架Fw 190A-2或A-3抵达西西里岛圣彼得罗，时间是1942年11月。近处的飞机采用了黄绿蓝三色迷彩，远处那架仍是欧洲战场涂装。照片左侧是意大利空军第6联队第358中队Re 2001“猎鹰”战斗机。

两地勤人员一个趴、另一个坐在机翼上，后三点式飞机头部高，飞行员看不到前方，因此在滑行时需要有人指引方向。图中是1架执行对地攻击任务的飞机。

外，我们还得面对无数的敌人战斗机。很快局势就明朗了，对于我们执行的战斗轰炸任务来说，这里比我们曾经在苏联执行的任务要危险得多。

执行战斗轰炸任务一个多小时后，Fw 190返回基地，到家德国飞行员才发现，英国空军第18中队的12架布列斯托尔“比斯雷”（即“布伦海姆”Mk V的别名）轰炸机已经轰炸了机场，摧毁和炸伤各1架Fw 190。11月19日早晨，Ⅲ./ZG 2大队指挥官威廉·哈克费尔德亲自率领一个编队6架Fw 190执行战斗轰炸任务，当天下午，8./ZG 2中队在指挥官汉斯-乔布斯特·豪恩施尔德上尉率领9架Fw 190又执行一次任务，这次任务的目标是奥伊德扎尔加（首都突尼斯西稍偏南65公里）和迈贾兹巴卜（奥伊德扎尔加东15公里）之间的公路上的运输车队，Fw 190用SD 500炸弹成功地摧毁一个高炮阵地，还炸毁大量卡车。11月20日和21日，德国空军再次出动，这两次行动中，Fw 190攻击了刚刚从波尼港机场起飞的皇家空军第81中队的“喷火”战斗机，德国方面称击落了10架“喷火”，事实上，只有3架“喷火”被击落，另外5架飞机要么在地面，要么在空中被击伤。11月21日晚上7点15分，盟军实施了报复行动，出动轰炸机偷袭了德军西迪艾哈迈德机场，炸毁2架、炸伤9架Fw 190。11月22日，Ⅲ./ZG 2大队出动19架次飞机空袭英国空军的索克阿尔巴（现称坚杜拜，首都突尼斯西稍偏南130公里）机场，德军宣称炸毁16架飞机，另有4架严重受损。11月23日，Ⅲ./ZG 2大队再次出动21架次飞机，其中12架Fw 190战斗机携带SC 250炸弹轰炸了盟军步兵和炮兵。

NAGr 13短程侦察大队在1942年11月底部署到意大利西西里岛准备执行北非战场的作战任务，11月最后一天，单位1架Fw 190飞机在圣皮亚托机场着陆时发生事故。12月17—18日，NAGr 13短程侦察大队13架飞机部署到西迪艾哈迈德机场，但是，这个单位并没有执行作战任务，不久大队将飞机转交给Ⅲ./ZG 2大队和Ⅱ./JG 2大队后返回法国。

飞行在北非上空的Fw 190战斗机。查阅很多资料，都没有提及早期Ⅲ./ZG 2大队和后来更名Ⅲ./SKG 10后装备的Fw 190飞机具体是什么型号。从西西里岛圣彼得罗机场照片看是Fw 190A-2或A-3，其他都是Fw 190A-4或以后型号。

Ⅱ./JG 2大队部署到北非

差不多相同时候，11月17日，Ⅱ./JG 2大队在指挥官阿道夫·迪克费尔德的率领下从法国博蒙勒罗歇部署到北非以增援当地的德国空军战斗机力量，当时JG 2联队所在的法国战事并不多，可以匀出作战力量增援。因为恶劣天气，加上西迪艾哈迈德机场缺少设施，当时这个机场已经机满为患，德国一路由东向西溃败，很多单位的飞机都蜂拥到为数不多的几个机场，不得已，Ⅱ./JG 2大队在意大利西西里岛的科米索停留了一段时间。最终抵达突尼斯后，跟Ⅲ./ZG 2大队情况一样，Ⅱ./JG 2大队划归京特·冯·马尔特扎上校的JG 53联队指挥。抵达北非后，Ⅱ./JG 2大队的飞机在11月26日才首次从新机场起飞，就在当天，大队的1架Fw 190A-3战斗机不得不在西迪艾哈迈德机场迫降，飞机损坏45%。第二天，5./JG 2中队开始执行为Ⅲ./ZG 2大队飞机护航的作战任务，后者当天的任务是轰炸盟军的坦克和运输车辆。此次行动中，德国Fw 190首次在北非遭遇美国陆军航空兵第14战斗机大队的P-38“闪电”战斗机，后者当时正在为A-20攻击机（美国道格拉斯DB-7/“波士顿”轻型轰炸机的改进型号）编队的轰炸行动护航。双方的遭遇战中，德军卡尔·法伊弗中士声称击落1架P-38，但实际上美军并没有飞机损失。

美国陆军航空兵已经进行了Fw 190战斗机与P-38F战斗机的对比测试，两个型号飞机在最高7000米以内的速度和机动性进行了对比，Fw 190在最高至6700米高度以内的速度占优，在6700米高度，两型机速度几乎一样，7000米及以上高度，美国飞机稍快。两款飞机速度差异如下：

在600米高度，Fw 190战斗机比P-38F战斗机快24公里/小时。

在2400米高度，Fw 190战斗机也比P-38F战斗机快24公里/小时。

在4500米高度，Fw 190战斗机比P-38F战斗机快8—13公里/小时。

在7000米高度，P-38F战斗机比Fw 190战斗机快10—13公里/小时。

在4500米以下高度，P-38F的爬升率明显不如Fw 190，高于4500米，美国飞机爬升率迅速增加直到6000米高度开始领先。两型机爬升角度相同的情况下，P-38F的最大爬升速度（不是爬升率）比Fw 190的小32公里/小时。在6000米及以下高度，Fw 190飞机从平飞状态，或是从俯冲状态转入爬升状态的爬升率优于P-38F飞机相同条件的数据，高于6000米，美国飞机开始占优。

俯冲性能方面，Fw 190的更好，特别是俯冲初始阶段。深度俯冲（长时间俯冲）时，P-38F偶尔会赶上Fw 190，但是，在实战中，P-38F不太可

一位美国飞行员蹲在1架P-38F飞机上跟一名英国军官交谈。P-38“闪电”战斗机以航程远著称，它的机动性能比德国Fw 190飞机的稍差。

能有时间在脱离攻击步骤时赶上Fw 190。Fw 190的机动性能优于P-38F，特别滚转性能优势明显。高速状态下，Fw 190的转弯性能占优，但是，P-38F将速度降至225公里/小时时，其转弯性能超过Fw 190，在这个速度下，P-38F可以做很小的转弯半径，Fw 190的则大得多。加速性能方面，Fw 190几乎在所有条件下都优于P-38F。

如Fw 190飞机在不利条件下遭到P-38F飞机，并且在900米的距离被发现，前者最好的规避机动就是俯冲转弯。如果P-38F飞行员发现自己被Fw 190飞机追上，他应该尽量用最小的速度拉起飞机盘旋爬升。尽管没有足够的时间对比测试P-38F在不利条件下如何摆脱Fw 190，分析认为如果前者具备高度优势和发起突然攻击，那么它就有机会击落Fw 190。如果Fw 190飞行员在远处发现P-38F，前者快速向一个方向转弯，再俯冲向另一个方面转弯，在这种情况下P-38F飞机很难跟上目标，也就是无法实施攻击。另外，Fw 190飞机加速性能和俯冲速度增加特别快，采用俯冲转弯就可以迅速逃出P-38F的攻击范围。

11月28日，Ⅲ./ZG 2大队执行三次作战任务，其中第二次及时返回机场拦截美国第12航空队B-17轰炸机群对该基地的轰炸，战斗中Fw 190击落2架B-17。尽管Ⅲ./ZG 2大队及时实施了拦截，机场还是有5架Ⅱ./JG 2大队的Fw 190A-2/A-3被美军炸毁，另有5架被炸伤，还有1架慌忙中与1架Ju 52/3m运输相撞而报废。其中4./JG 2中队的1架飞机试图攻击B-17时被轰炸机上的自卫火力击中，Fw 190飞行员埃切尔少尉丧生。11月29日，Ⅲ./ZG 2大队又执行两次作战任务攻击盟军步兵和装甲部队，同一天Ⅱ./JG 2大队也执行20架次作战任务，在其中一次紧急起飞迎敌过程中，6./JG 2中队的厄恩斯特·博斯埃科特上士迎头

Ⅲ./ZG 2（Ⅲ./SKG 10）大队的1架Fw 190A-4飞机携带了1枚SC 250炸弹，这里是突尼斯西迪艾哈迈德机场，即当时德国空军使用的主要机场。画中画是该大队标志，此时为黄色框加白色箭和翅膀，不久改为白色框加黄色箭和翅膀。

Ⅱ./JG 2大队的Fw 190A-4战斗机部署到北非，实际上，Fw 190既可以作战斗机使用，也可以作战斗轰炸机使用，它的性能均衡，使用更方便。图中是Ⅱ./JG 2大队驻扎在突尼斯凯鲁万机场。

1943年1月2日，10./SKG 10中队1架Fw 190A-4飞机在低空与英国皇家空军1架“喷火”战斗机相撞，飞机左侧翼尖被撞掉，后飞机安全着陆，飞行员没有受伤。

与5./JG 53中队的1架Bf 109相撞。当天，Ⅱ./JG 2大队还有3架Fw 190在着陆过程中因事故损坏，其中施瑙尔上士的座机翻扣在地面而受伤。这天库尔特·布赫林根中尉、库尔特·戈尔奇上士和弗里茨·卡赫上士声称各击落1架“喷火”战斗机。

作战行动一直持续到1942年12月，但是，当月2日却发生一起严重事故，Ⅲ./ZG 2大队指挥官是威廉·哈克费尔德的Fw 190A-3飞机跟Ⅱ./JG 2大队的1架飞机相撞，阿道夫·迪尔格回忆这次事故称：“这是最不应该发的事故之一，哈克费尔德当天起飞准备去攻击敌人的阵地，起飞过程中，他的座机与另1架Fw 190飞机相撞，后者已经着陆并停在了跑道上。哈克费尔德的座机机头压在了该机的机背部，相撞引起了其座机大火，救援人员赶到时哈克费尔德已经被烧死。我们惊恐地看着这一切发生却无能为力。”

12月5日早晨，Ⅲ./ZG 2大队派出6架Fw 190去轰炸奥伊德扎尔加的敌人车辆，行动中炸毁6辆敌军车辆，京特·冯·普里特维茨中尉的座机方向舵被地面轻武器击伤，飞机无大碍。当天上午，汉斯·彼得·博塞尔曼中尉率领另外5架飞机攻击突尼斯西迪恩西尔附近的盟军坦克，Ⅱ./JG 2大队的1架Fw 190也被敌地面炮火击伤。在当天结束前，Ⅲ./ZG 2大队报告称，本单位的12架福克-沃尔夫飞机中只有5架仍具备升空作战能力。虽然如此，第二天，这个大队仍执行了三次作战任务，其中2架飞机受伤。当地恶劣的天气限制了12月7日的行动，但是，在轰炸英军一支物资运输车队的行动中，Ⅲ./ZG 2大队的斯塔德伯瓦少尉遭到英国空军第111中队的

这架“白色1”号Fw 190A-4，W.Nr.0145681飞机在1943年1月是4./JG 2中队指挥官库尔特·布赫林根中尉的座机。在当年3月8日的战斗中，这架飞机被美国陆航第31战斗机大队的“喷火”战斗机击落，飞行员埃里希·埃斯特雷纳下士阵亡。

“喷火”攻击而受伤，斯塔德伯瓦设法返回到西迪艾哈迈德机场，但是，着陆失败，飞行员丧生。此后两天，天气依然恶劣，此时Ⅲ./ZG 2大队只有3架飞机可用，Ⅱ./JG 2大队的指挥官阿道夫·迪克费尔德回忆称：“我们的飞机陷进了泥里，有的飞机甚至陷到机翼位置。”鉴于这种情况，Ⅱ./JG 2大队被迫转移到西迪艾哈迈德机场南稍偏西16公里的听德加，而Ⅲ./ZG 2大队仍顽强地驻扎在西迪艾哈迈德机场，并在12月10日傍晚时分出动1架飞机去轰炸盟军的车辆。

早在Ⅱ./JG 2大队转移之前，德国空军高层就有意决定将Ⅲ./ZG 2大队番号改为Ⅲ./SKG 10，“SKG”是德语快速轰炸机联队（Schnellkampfgeschwader）的缩写，这个新名称更能定义这个单位的作战任务，临时指挥官豪恩施尔德（原8./ZG 2中队指挥官）领导的新番号大队是新联队的第一个单位（注意不是第Ⅰ大队，新单位大队番号跟原单位对应），这是德国空军作战单位诞生的繁殖法，大队升格为联队，中队升格为大队，在此基础上再扩编就会形成一个完整的联队。Ⅲ./SKG 10大队主要组成如下：

9. Staffel/SKG 10

即原 7. Staffel/ZG 2 中队，指挥官是京特・冯・普里特维茨中尉，后来的 1943 年 1 月 4 日被汉斯・彼得・博塞尔曼中尉取代

10. Staffel/SKG 10

即原 8. Staffel/ZG 2 中队，指挥官汉斯・乔布斯特・豪恩施尔德上尉

11. Staffel/SKG 10

即原 9. Staffel/ZG 2 中队，指挥官卡尔・普里泽上尉，几天后的 1942 年 12 月 11 日，被弗雷德里希・威廉・博切特中尉取代

尽管单位改番号早在1942年11月30日就改变了，但是德国空军的官方文件中新旧番号同时使用，因此造成了一些不必要的混淆。12月11日，德国空军军需部第6部门记录这个单位三个损失：7./ZG 2中队施列斯卡特下士在转场飞行中丧生，Ⅲ./ZG 2大队以扫上士在作战中飞机损坏，11./SKG 10中队奥特马尔·西蒙中尉的座机被1发高炮炮弹击中。到12月12日晚，Ⅲ./ZG 2大队只剩下2架飞机可用，6./JG 2中队奥古斯特·斯蒂费尔哈根下士在飞往突尼斯的途中在法国卡卡颂坠机身亡。12月13日难得没有战事，第二天，Fw 190战斗机参加了拦截美国轰炸机的行动，2架B-24轰炸机和1架护航的P-38战斗机被理查德·乌贝尔巴切上士击落。12月15日，Fw 190战斗机最成功的飞行员之一：6./JG 2中队指挥官埃里希·鲁道弗中尉抵达西迪艾哈迈德机场，此前一天，他驾驶的Fw 190A-3在西西里岛圣彼得

4./JG 2中队指挥官库尔特·布赫林根少尉（右）在和突尼斯战斗机指挥部司令汉斯·塞德曼少将讨论作战形势和战术，地图就摊在“白色1”号飞机的水平尾翼上。

罗（靠近杰拉的小村庄，离西西里岛南部海岸只有32公里）遇到发动机故障。此时，4./JG 2中队指挥官是库尔特·布赫林根少尉，5./JG 2中队指挥官是沃尔夫·冯·比洛中尉。

12月16日和17日，Ⅱ./JG 2大队的Fw 190飞机执行了几次侦察任务，而Ⅲ./ZG 2大队在12月18日执行了各种对地攻击任务，用SD 250炸弹轰炸机盟军的卡车和坦克。之后，Ⅱ./JG 2大队的6架Fw 190执行了三次护航任务，其中一次，6./JG 2中队的海因茨上士因为Fw 190A-4座机发动机问题而在拉斯本兹布拉角附近的海上实施了迫降，Ⅱ./JG 2大队派出两个搜索求援队前去营救，但没有找到海因茨。

12月19日，Ⅲ./ZG 2大队的3架Fw 190轰炸了突尼斯迈贾兹巴卜西南的盟军炮兵阵地，战后侦察显示，Fw 190A-2飞机投下的炸弹全部命中目标。同时，2架Fw 190A-2被防空炮火击中，2名飞行员是克莱门斯·冯·威斯特霍尔特少尉和齐格菲尔德·巴尔特下士，2人均无恙。当天下午在阿罗萨执行的第二次任务中，又有2架Fw 190被击伤，飞机因受损严重而注销。当天执行护航任务的Ⅱ./JG 2大队的Fw 190出动了34架次，6./JG 2中队指挥官埃里希·鲁道弗中尉和4./JG 2中队指挥官库尔特·布赫林根少尉分别击落了1架“喷火”飞机，己方1架Fw 190A-4被英国空军第72中队的“喷火”击伤。Ⅲ./ZG 2大队最后一次执行作战任务是12月19日下午，当时大队出动5架飞机再次轰炸了迈贾兹巴卜一带的盟军炮兵阵地，行动中，施利克尔下士的Fw 190A-3被地面高炮击中，他设法返回了马特尔机场（首都突尼斯西北45公里），成功地实施了迫降。

尽管Ⅲ./ZG 2大队的番号改成了Ⅲ./SKG 10，实际上这个单位的作战任务跟以往完全一样，装备的飞机也一样。12月20日，4架Fw 190飞机轰炸了盟军索克阿尔巴机场，为这次任务提供护航的是Ⅱ./JG 2大队和Ⅰ./JG 53大队，德方称轰炸机炸毁了3架敌机，事实上，盟军损失极其轻微。空战中，埃里希·鲁道弗中尉击中1架“喷火”，后者受伤后实施了迫降。10./SKG 10中队指挥官豪恩施尔德上尉的Fw 190飞机一侧机翼被高炮击中，无大碍。随后几天里，战事平息，主要原因是当地下大雨。12月26日，天气稍好，Ⅲ./SKG 10大队立即出动5架Fw 190轰炸盟军波尼港（现称安纳巴）机场，几架盟军轰炸机被炸毁。第二天，这个大队再出动5架飞机将SD 250炸弹投到了盟军一支坦克编队中，2辆坦克被炸毁。

阿道夫·迪尔格上士记载了这段时间里Ⅲ./SKG 10大队的作战行动：

我们攻击的大部分是事先确定的目标，偶尔我们会计划一次出动攻击两个或三个目标，（如果是后者）我们会在座舱里等候命令，即携带炸弹座舱准备状态，直到最后一刻目标确定后我们再前去轰炸。

这架Fw 190A-4，W.Nr.2317飞机在1943年1月间是路德维希·塞弗上士的座机，但是在2月2日，该机在执行作战任务时被盟军高炮击中发动机，飞机最终成功迫降，受损40%。

这种情况一般是伴随地面部队的行动，或者是获知敌人准备发起攻击行动，我们在敌人发起攻击时为我们的地面部队提供空中保护。

逐渐地，德国和意大利军队都拥进突尼斯，这里越来越拥挤，而盟军却从东面和西面两个方向向我们靠近。在空中，我们面对的是绝对压倒优势的敌人空中力量，空中行动仍在继续，我们的损失称得上是灾难性的。我在北非作战的整个时间里，没有出现过飞机、燃油或炸弹短缺问题（这只是他个人观点，其他单位可不是这样），但是，我们损失的飞行员却没有补充上来，我们也会从训练单位接收一些新飞行员，他们没有作战经验，通常也不会活多久，很多时候他们下午从西西里岛飞到这里，没几天就在行动中殒命了。形势越来越糟糕，直到一段时间以来我们的大队没有指挥官了，一些攻击行动只得由上士军衔的飞行员来带领完成。在1月（1943年），战斗轰炸机王牌弗里茨·施勒特尔中尉接任大队指挥官一职，但此时，个人已经无法改变局势的发展。

1943年1月1日，Ⅲ./SKG 10大队分别出动8架和6架Fw 190飞机对波尼港实施了两次轰炸，所有飞机都携带了SC 500炸弹。在第一次轰炸行动中，英国海军“埃加克斯”号巡洋舰被SC 500炸弹击中，第二次行动中，盟军1艘大型运输船被炸伤。行动中，德国飞行员霍斯特·德林少尉的座机方向舵被高炮打坏。第二天，普里特维茨中尉率领一个编队轰炸了相同的目标，行动中，Ⅱ./JG 2大队的Fw 190战斗机提供了护航任务。这次任务给港口设施造成了严重的破坏，同时，德军还声称击落3架“喷火”战斗机，其中1架是10./SKG 10

可能是Ⅲ./SKG 10大队的一名飞行员（姓名不详），骄傲地胸戴铁十字勋章在基地拍照，他后面的牌子上是德文“指挥所”，远处是1架Fw 190战斗机。

9./SKG 10中队的地勤人员在1架Fw 190A-4飞机旁边留影。部署到北非战场的Fw 190飞机后机身都有白色条纹，为的是敌我识别。条纹上有“E”字母，1942年7月到北非试验的Fw 190飞机垂尾方向舵上有“E”字母，表示试验，这里仅仅表示序列，1944年才全部改为有颜色的数字。

中队乔治·里施比特下士的Fw 190飞机与“喷火”相撞“击落”的，前者的左侧翼尖严重损坏，里施比特安然无恙。1月3日，弗里茨·施勒特尔中尉到Ⅲ./SKG 10大队任指挥官一职，他曾是10.(Jabo)/JG 2中队指挥官。

Ⅱ./JG 2大队的Fw 190飞机仍然在执行小规模的作战行动。1月8日，大队指挥官阿道夫·迪克费尔德上尉在敌轰炸机空袭凯鲁万机场时的紧急起飞过程中受伤，他的座机Fw 190A-4滑行时冲进了弹坑里，造成飞机翻滚倒扣在跑道上，他本人头骨骨折，被立即送回德国柏林进行治疗。临时接任迪克费尔德的是6./JG 2中队指挥官埃里希·鲁道弗中尉。

随后两个星期里，Ⅲ./SKG 10大队天天派出飞机作战，都是规模很小的对地攻击任务，共损失了3架Fw 190。在1月14日至17日里，Fw 190再次光顾波尼港，第一次的攻击中，盟军1艘驱逐舰被炸伤。1月15日，已经临时转移到凯鲁万的Ⅲ./SKG 10大队出动8架Fw 190轰炸了美国陆军航空兵的阿尔及利亚尤科斯莱斯拜恩斯（泰贝萨西北20公里，与突尼斯接壤）和泰莱普特（在泰贝萨东南60公里）机场，这次德军战果丰硕，美军有7架飞机被炸毁，16—23架飞机被不同程度炸伤。从1月18日开始，Ⅲ./SKG 10大队执行为“快递行动”提供空中支援任务，“快递行动”是德国地面部队在突尼斯南部布阿拉达（首都突尼斯西南70公里）地区发起的反击行动。两天后（1月19日），刚刚上任不久的9./SKG 10中队指挥官汉斯·彼得·博塞尔曼中尉因事故丧生，当天在西迪艾哈迈德机场，博塞尔曼中尉的Fw 190座机与JG 53联队队部的1架Bf 109F战斗机相撞。1月24日，Ⅲ./SKG 10大队执行了三次为轰炸突尼斯港的轰炸机编队护航任务，这是阿道夫·迪尔格的最后一次作战任务，他回忆称：

我们已经换防，正在回家的路上，突然，我看到曳光弹从我的座机旁边划过，随后是一连串的“乒乒”声，紧接着我的福克-沃尔夫飞机颤抖起来并蹿出火苗。原来，美国“闪电”战斗机从太阳方向向我们发起了攻击。我翻转过机身，打开座舱罩跳了出去，伞降的过程中，刚才突遭袭击的震惊已经散去，我开始感觉我的左前臂钻心地疼。我向下看了看，手臂流出的血遇冷凝固起来，我的飞行服也被撕成碎片，很明显，“闪电”飞机发射的1发机枪子弹贯穿了我的手臂，骨头被击碎。当我降落到海面时，我发现我的右手也不能动了，费了好大的劲儿我才设法让救生夹克充气，但是，我的救生筏用单手实在不好对付，始终无法让它充气，我单手捣鼓了几个小时，同时还得忍受剧烈的疼痛。好在上帝帮忙，我看见1艘意大利海军驱逐舰直接向我驶来，我的救生火焰信号弹引起了水兵的注意，我被救起。意大利驱逐舰把我带到突尼斯，几天后，我随其他伤员一道返回意大利。

我的手臂伤势非常严重，军医开始一致建议截肢，但我又一次很走运，在意大利的德国空军医生听说了我的情况，他们建议我去他们那儿条件更好的医院治疗。在德国空军医院，医生从我的大腿处取了一块骨头用在我的手臂上，手术很成功，到1943年10月，我已经完全康复，而且我又通过了飞行能力测试。

与此同时，Ⅱ./JG 2大队的Fw 190战斗机继续为Ⅲ./SKG 10大队和Ju 87飞机单位的行动提供护航任务，1月21日，6./JG 2中队海因茨·加布勒下士被法国空军（指戴高乐将军领导的“自由法国”空军部队，后同）GC Ⅱ./5中队（GC

的意思是战斗机大队，5表示中队）的P-40战斗机击落，这位下士在这个月里已经获得3架战绩。德国方面也有收获，法军2架P-40飞机被击落，还有3架被击伤。德军目前处在被赶出北非的最后阶段，为了保命越到最后阶段战事越多，Ⅲ./SKG 10大队的任务规模也越来越大。1月26日，该大队出动10架Fw 190飞机空袭了盟军索克阿尔巴机场，此次行动，德国方面称用SD 500炸弹炸毁2架英国空军第324联队“英俊战士”战斗机，另有4架被炸伤。1月28日，Ⅲ./SKG 10大队飞机再次轰炸和扫射了盟军炮兵阵地，为其护航的仍是Ⅱ./JG 2大队的Fw 190。1月29日清晨，德军出动11架Fw 190再次光顾波尼港的盟军机场，英国海军第813中队2架“剑鱼”鱼雷轰炸机被炸毁，另有2架被炸伤。1月的最后一天里，德国空军执行三次作战任务，其中第二次行动是拦截美国陆航第97大队和第301大队的B-17轰炸机，当时美国轰炸机正去轰炸德军北非重要的西迪艾哈迈德机场，拦截行动中，1架B-17被击落（未指是谁击落的），施利克尔下士的飞机与另1架B-17相撞坠毁，他未能跳伞，随机殒命。

2月2日，Ⅲ./SKG 10大队的14架Fw 190在Ⅱ./JG 2大队的护航下轰炸了阿尔及利亚索克海米斯（首都阿尔及尔西南60公里）机场，Fw 190投下的SD 500炸弹报销了2架“飓风”战斗机，另有11架飞机被炸伤，德军有1架Fw 190在迫降过程中损坏。第二天，Ⅲ./SKG 10大队出动45架次飞机，第一次作战目标仍然是索克海米斯机场，另两个任务是轰炸盟军舰船。2月4日和7日，Ⅲ./SKG 10大队部署到突尼斯中部的凯鲁万机场，德国空军作战单位经常根据战场需要转移部署，有大队规模，也有中队规模。部署到新机场两天后，Ⅲ./SKG 10大队在空袭波尼港行动中重创了

拍摄于突尼斯拉法克尼雷机场，Ⅲ./SKG 10大队的地勤人员在检查飞机，准备下一个作战任务。

同样拍摄于突尼斯拉法克尼雷机场，10./SKG 10中队枪械员在给“黑色1”号Fw 190A-4飞机的机枪补弹。这架Fw 190A-4飞机比较特别，它的翼根MG 151机炮被拆除，对地攻击单位经常会把机炮拆除以减轻重量。照片拍摄于1943年3月或4月，因此图中可能是中队指挥官沃尔夫冈·施列克的座机。

盟军1艘护卫舰，成果最突出的是Ⅱ./JG 2大队，这个单位飞行员声称击落10架法国空军P-40战斗机和2架美军P-38战斗机，其中不少于8架战果属于埃里希·鲁道弗中尉，他后来回忆称："我清楚地记得这次战斗，因为这是我最成功的日子之一。"德国方面也有损失，Ⅱ./JG 2大队有2架Fw 190A-4/Trop在盟军轰炸凯鲁万机场行动中被炸伤。2月10日，Ⅲ./SKG 10大队的报告称，本单位共有25架Fw 190飞机，其中只有8架仍能作战。在整个北非作战期间，德国空军这两个Fw 190单位遇到了非常严重的飞机维护问题，主要问题一是吸入沙子造成的飞机故障，二是无法及时获得飞机零配件。

盟军在突尼斯的反击行动

1943年2月14日，轴心国在突尼斯中部发动一次大胆的反击行动，行动达成了战役突然性，初期也取得了一些成功。当天清晨行动前，Ⅲ./SKG 10大队部署到凯鲁万机场，Ⅱ./JG 2大队紧随其后也转移到这个机场，行动时，Ⅲ./SKG 10大队出动Fw 190飞机执行了六次空袭行动，主要目标是盟军在西迪布济德地区的坦克和摩托化车队，这些空中行动有利地支援了德国地面部队的反击。此次反击战的高潮是一个星期后，德国地面部队在卡瑟琳山口将美军地面部队赶回了山谷中，这是盟军自阿拉曼战役以来第一次被德国击退。第一天战斗中，Ⅲ./SKG 10大队飞行员阿洛伊斯·格施温德上士在低空扫射时其Fw 190座机撞击地面而丧生，弗里茨·施勒特尔因发动机故障而实施了迫降，11./SKG 10中队西蒙中尉在此战斗中受伤。同一天，Ⅱ./JG 2大队声称击落了11架"喷火"飞机，除了1架外，其余都是4./JG 2中队的战果。实际上，这些所谓的"喷火"或是美国陆航第81战斗机大队的P-39战斗机，或是法国GC Ⅱ/5中队或美国陆航第52战斗机大队的P-40战斗机。当天最成功的飞行员是4./JG 2中队指挥官库尔特·布赫林根中尉（晋升了），他一人就独占4个战果。

第二天（2月15日），Ⅱ./JG 2大队飞行员紧急起飞去拦

9./SKG 10中队1架Fw 190A-3飞机正在滑行，后面是西迪艾哈迈德机场的加固机库，有这样精心构置的机库足以说明这里是德军重要的机场。图中这架飞机于之后的1943年4月10日在奥奎德查尔加附近被击落，飞行员菲利普·库梅特下士丧生。

同样是9./SKG 10中队的Fw 190飞机，这些飞机仍采用欧洲涂装。注意看机腹的炸弹挂架，照片近处是1枚250公斤的SC 250炸弹。

截美国轰炸机编队，这个轰炸机编队由战斗机护航，目标是德国空军凯鲁万机场。紧急起飞过程中，6./JG 2中队的鲁道夫·魏斯格鲁伯下士的座机失事翻滚起来，他受伤未死。拦截美国轰炸机编队的25分钟战斗中，Ⅱ./JG 2大队声称击落了13架敌机，埃里希·鲁道弗上尉（也晋升了）一人就有6架战绩进账，之后的战斗中，他在皮尚（加夫萨东稍偏南45公里）西北又击落1架P-38。这天布赫林根中尉又获得3架战果，库尔特·戈奇上士也击落2架敌机，卡赫少尉击落1架，一位不知名的少尉也击落1架。Ⅱ./JG 2大队获得不俗战绩的同时也付出了代价，2架飞机被敌机击伤，2架被炸毁在地面，还有2架被炸弹爆炸的碎片击伤。Ⅲ./SKG 10大队有4架Fw 190在地面被炸毁或是炸伤，另有2架轻微受损。Ⅱ./JG 2大队在凯鲁万机场的作战指挥部被炸弹直接命中，指挥和通讯设备全毁。

2月16日，Ⅲ./SKG 10大队返回西迪艾哈迈德机场，当天晚些时候，9./SKG 10中队的海因里希·马斯登下士从机场起飞时因飞机失事坠毁丧生。第二天，Ⅱ./JG 2大队的Fw 190与英国空军第93中队和第111中队的“喷火”交锋，1架Fw 190被击落，飞行员阵亡。这是这个大队这个月里唯一的人员死亡记录。阵亡的飞行员是5./JG 2中队的卡尔·森内瓦尔德下士。由于气候恶劣，空中行动暂告一段落，直到2月22日才恢复，前一天，两个大队的所有飞机全部在凯鲁万机场集中。2月22日，Ⅲ./SKG 10大队执行了五次作战任务，每次任务由5—12架飞机组成，作战目标是突尼斯塔莱（凯鲁万正西130公里，卡瑟琳北45公里）周边地区的盟军步兵和车辆集结中心，盟军在这些空袭中损失惨重。2月23日，美国陆航第301轰炸机大队B-17轰炸机轰炸了德军凯鲁万机场，德军损失2架Fw 190飞机事小，最让德国人痛心的是5./JG 2中队指挥官沃尔夫·冯·比洛被炸死，这位指挥官在北非共击落6架敌机，这时在北非战场损失一名中队指挥官都会造成严重的后果，有经验的指挥官太稀缺了。在空袭中，10./

遗憾的是，Ⅱ./JG 2大队在北非作战的照片非常少，这架Fw 190A-4飞机的后机身和机翼采用了白色条纹，后机身白色条纹前有白色“—”，这是“Ⅱ”大队标志。

Ⅱ./JG 2大队的一名地勤人员坐在Fw 190A-4座舱内检查“黄色1”号飞机，这架飞机的机翼外侧有1门MG FF机炮。这架飞机在1942年年底主要作为6./JG 2中队指挥官埃里希·鲁道弗的座机。

SKG 10中队指挥官汉斯·乔布斯特·豪恩施尔德上尉受伤。

随着盟军夺回卡瑟琳山口，德国空军Ⅲ./SKG 10大队于2月25日从西迪艾哈迈德机场临时部署到突尼斯东南的西加贝斯（海滨城市），在此，该大队主要任务是轰炸英国空军托伊莱特巴卡（加贝斯东南95公里）机场。在转场过程中，10./SKG 10中队雅各布·普兰克上士因座机失事丧生，11./SKG 10中队奥特马尔·西蒙中尉在作战中被英国空军“喷火”击中受伤。2月26日，德国第5装甲集团军在突尼斯北部发动“牛头行动”，试图夺阿罗萨（首都突尼斯西南80公里）的控制权，其间，德国空军Ⅲ./SKG 10大队执行高强度作战任务为地面行动提供空中掩护，战斗持续到3月初。

3月3日，6./JG 2中队的理查德·乌贝尔巴切上士驾驶Fw 190A-5飞机靠近他的机场途中在突尼斯费里维尔附近上空被Ⅰ./JG 53大队的2架Bf 109战斗机击落，他的最终命运不详。3月3日和4日，Ⅲ./SKG 10大队继续出动飞机轰炸塔迈拉地区的盟军炮兵阵地和塔巴卡（突尼斯西北，与阿尔及利亚接壤的海滨小镇）至杰贝勒阿卜耶德（在塔巴卡东南60公里）公路上的盟军车队。3月5日，Ⅲ./SKG 10大队再次从西迪艾哈迈德机场转移到西加贝斯，在此增援德国和意大利军队从马雷斯防线发动的反击战，这条防御阵线抵御的是从利比亚方向向突尼斯南部推进的盟军部队。尽管天气糟糕，Ⅲ./SKG 10大队还是在3月6日发起两次行动用SD 500炸弹轰炸了刚刚被盟军占领的那法蒂亚（加贝斯北稍偏东150公里）机场。第二天，Ⅲ./SKG 10大队大部分成员返回突尼斯北部作战，2架Fw 190飞机在转场过程中损坏。3月8日至11日里，该大队的Fw 190在南北两个方向主要执行对地扫射任务。同样是3月8日，Ⅱ./JG 2大队击落4架美国陆航第31战斗机大队“喷火”战斗机，己方损失1架飞机，即恩格尔·布雷希特下士的座机在凯鲁万附近被击落。

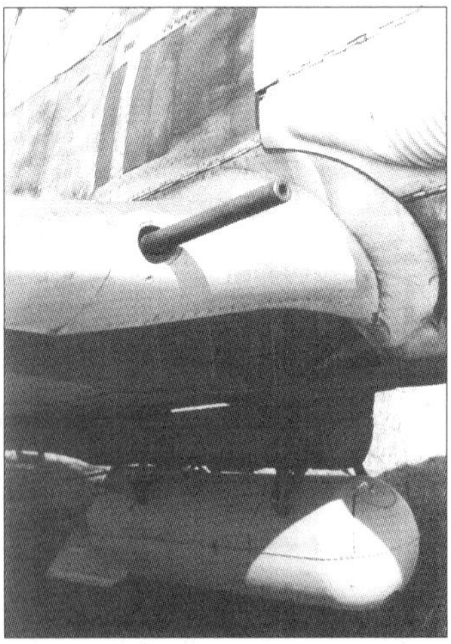

除了常见的250公斤、100公斤和50公斤炸弹外，Ⅲ./SKG 10大队的对地攻击飞机还可以携带AB 250炸弹容器，即一种子母弹箱，用于杀伤有生力量。

随后几天里，Ⅲ./SKG 10大队和Ⅱ./JG 2大队几乎没什么作战任务，就在这段时间里，第三个装备Fw 190战斗机大队开始部署到北非，企图挽救德军在北非的败局，这就是Ⅱ./Schl. G 2大队。这个对地攻击大队在上西里西亚的格莱维茨（现属波兰，称格利维采）成立，大队指挥官是维尔纳·道恩布拉克上尉，大队装备Fw 190A-3和A-5战斗机。读者肯定会注意到德国空军对地攻击单位名称有不同写法，战斗轰炸机单位缩写是“Jabo”，快速轰炸机单位缩写是“Schnellkampf”，现在又冒出了对地攻击（Schlacht），其实，每种写法都有特定的含义，“战斗轰炸机”是由战斗机改装执行对地攻击任务的飞机，“快速轰炸机”原则上是轻型轰炸机，Ⅲ./ZG 2大队番号改为Ⅲ./SKG 10，德国空军的主要考虑是新名称更能定义这个单位的作战任务，飞机仍是Fw 190对地攻击型。所谓“Schlacht”（对地攻击）意思专指与地面部队配合，用小型炸弹打击敌人步兵、坦克和摩托化车辆，特别是使用专门的反人员炸弹。另外，这类作战任务的作战距离比较近。相比

西迪艾哈迈德机场的Ⅲ./SKG 10大队飞行员正在休息交谈，照片后方的防冲击波掩体内停放着1架Fw 190A-4飞机。照片拍摄于1943年3月1日。

之下，Ⅲ./SKG 10大队的Fw 190飞机通常携带重型炸弹，比如250公斤或500公斤炸弹，主要轰炸敌大型目标，如建筑物、加固御工事和舰船等，作战任务距离也较远。但是，对地攻击（Schlacht）和战斗轰炸（Jabo）任务有时是重叠的。

截至1943年3月1日，Ⅱ./Schl.G 2大队的三个中队5./6./7./Schl.G 2共装备26架Fw 190A-5，在3月中旬，这个大队取道意大利部署到北非战场。在转场过程中，这个大队出现首例重大事故，3月16日，海因茨·艾洛克上尉因飞机故障在意大利东北部维琴察附近的卡卡拉实施迫降，飞行员和飞机受伤情况很重。3月18日，该大队的另1架Fw 190A-5飞机也在转场过程中损坏，飞行员在林茨（奥地利北部城市）附近的霍亨布伦实施了迫降，这架飞机所属单位（可能是中队）出发较晚，Ⅱ./Schl.G 2大队是分批转场的。3月19日，Ⅱ./Schl.G 2大队的一支先遣队首先抵达西加贝斯机场。两天后，又有1架Fw 190飞机在意大利东南部的巴里坠毁。更严重的是3月30日，2架Fw 190飞机在慕尼黑附近的图德灵上空相撞。先行抵达北非的Ⅱ./Schl.G 2大队直到4月中旬才开始参加战斗，此时德军正准备最后一战，尽管获胜的希望几乎为零。

与此同时，Ⅲ./SKG 10大队的13架Fw 190A-4战斗机在3月16日轰炸了盟军位于索克阿尔巴附近的一座机场，战斗中德军损失2架Fw 190A-4，其中1架由10./SKG 10中队奥斯瓦尔德·乔普下士驾驶的飞机因发动机故障在巴杰和马特尔之间坠毁。在1943年3月20日傍晚，英国第8集团军向突尼斯南部加贝斯（海岸城市）和梅德宁之间的马雷斯防线发起进攻，这条防御阵线最早是法国人修建用来抵御意大利殖民地邻居

Ⅲ./SKG 10大队的1架Fw 190A-5/Trop的机腹携带1枚250公斤炸弹，发动机两侧大耳朵就是沙尘过滤器，机翼外侧没有安装机炮。

（利比亚）的，后来德国人占用了这个防御工事，这条防线跟阿拉曼防线非常相似，防线从加贝斯一带的海岸开始一直延伸到内陆沼泽地带。由于气候恶劣不宜出航，在整个3月21日，德国空军Ⅲ./SKG 10大队的飞机都没能升空作战。同一天，Ⅱ./JG 2大队将本单位仅剩的6架Fw 190A-3、6架Fw 190A-4和4架Fw 190A-5转交给Ⅲ./SKG 10大队，随后前者取道西西里岛返回法国博蒙勒罗歇。在北非作战期间，Ⅱ./JG 2大队声称获得141个战果，其中43个属于库尔特·布赫林根中尉，27个属于埃里希·鲁道弗上尉，12个归属JG 2联队"老兔子"之一5./JG 2中队的库尔特·高尔特施上士。

尽管恶劣天气仍在持续，Ⅲ./SKG 10大队的飞机还是设法在3月22日执行了四次作战任务，其中最后一次是支援Ⅱ./Schl.G 2大队的Fw 190战斗机，之前，Ⅱ./Schl.G 2大队的位于梅左纳（加贝斯北稍偏西76公里）驻地机场遭到美国陆航第52战斗机大队战斗机的扫射，停放在防冲击波掩体外的Fw 190战斗机有4架被严重毁坏。在3月23日至26日间，已经转移到西加贝斯的Ⅲ./SKG 10大队在哈马（加贝斯西25公里）山口和盖塔尔（加夫萨东南20公里，加贝斯西北140公里）地区多次对地支援任务，阻止盟军地面部队向前推进。在这些战斗中，德方称击毁了盟军几辆坦克和车辆，但10./SKG 10中队在3月25日损失两名飞行员，克劳特施下士驾驶飞机在加贝斯机场起飞过程中坠毁，海尔下士在加贝斯机场迫降过程中丧生，他的飞机后来被改进成了双座教练机。3月27日，Ⅲ./SKG 10大队因为盟军地面部队的逼近而放弃加贝斯机场，临行前，德国人炸毁了1架Fw 190A-4，以免落入盟军手中。此时，北部的

很可能是Ⅱ./Schl.G 2大队在上西里西亚成立时的照片，从机场跑道来看这里是永备机场。后机身黑色三角表示对地攻击单位，字母表示单机识别序列号。

两图拍摄于不来梅工厂，Fw 190A-5安装了沙尘过滤器，明显这是专门供应给北非战场的飞机。

西迪艾哈迈德和南部战线的拉法克尼雷战事仍在继续，这一时期，Ⅲ./SKG 10大队最成功的一次战斗发生在3月29日。当天，这个大队声称击落1架英国韦斯特兰“来山德”联络飞机，摧毁20辆军车和一个防空阵地等。德国方面损失的3架Fw 190A-4战斗机要么被击落，要么被击伤，其中2架是与第260中队的P-40战斗机空战中被击落或击伤的。在3月30日，Ⅲ./SKG 10大队又有5架Fw 190飞机被毁，3月最后一天，再有8架飞机损失。

截至4月1日，Ⅲ./SKG 10大队只剩下3架Fw 190A-3、17架Fw 190A-4和18架Fw 190A-5，可用飞机越来越少，但对地支援的战斗及空袭行动一刻也不能停止。在空袭盟军机场的行动中，在4月2日，匈牙利飞行员彼得·冯·扎拉巴下士的座机被德国空军Ⅱ./JG 77大队的Bf 109战斗机击落。4月4日，Ⅲ./SKG 10大队的Fw 190A-5/U8战斗机首次参加战斗，这个型号飞机的翼下携带2个300升副油箱以执行远程攻击任务，但是，德国飞行员对这个型号飞机并没有多少热情，弗雷德里希·罗特下士[①]接受采访时称：

驾驶这个型号飞机真让人发疯，只要被防空炮火一发子弹击中起火，整个副油箱就会燃烧起来。副油箱确实可以抛掉，但是副油箱挂架仍在，这个挂架毫无用处。另外，机腹还携带1枚500公斤炸弹，你可以想象，飞机的速度只有320公里/小时！（携带500公斤炸弹和2个副油箱时）飞机的武器系统也下降到只有2门机炮，飞机上的机枪得拆除。

两天后，战斗机兵种总监阿道夫·加兰德飞抵Ⅲ./SKG 10大队驻地，大队指挥官弗里茨·施勒特尔向加兰德反映Fw 190A-5/U8飞机时大倒苦水，战斗机飞行员出身的加兰德认同飞行员的反映，当即命令去掉副油箱挂架。不久后运到北非战场，安装了防护装甲的Fw 190A-5/U3飞机却大受飞行员的喜爱。

4月6日，英国第8集团军从加贝斯地区向北挺进，准备夺取首都突尼斯。如今驻扎在西迪艾哈迈德机场的Ⅲ./SKG 10大队全部出动试图协助德国地面部队阻止盟军的推进。但兵败如山倒，德国空军的行动只是徒劳，无法扭转败局。4月7日至9日，Ⅲ./SKG 10大队有9架Fw 190战斗机被盟军的高炮击伤，只有一名飞行员丧生，另有两名飞行员受伤。阵亡的是上文提到过的克莱门斯·冯·威斯特霍尔特少尉，在4月8日这天，他的座机在斯法克斯（突尼斯东部港市）附近被40毫米博福斯高炮炮弹击中。4月10日至11日两天里，Ⅲ./SKG 10大队执行了不少于20次，总计154架次的作战任务，主要在凯鲁万芬都克和奥奎德查尔加（首都突尼斯西稍偏南80公里）地区，这两个激烈的战斗中有2名飞行员阵亡，11架飞机被高炮击落或击伤，阵亡的飞行员是库梅特下士和保维克下士。

Ⅱ./Schl.G 2大队最终被调往突尼斯的命令在4月12日下达，同时接到调令的是，换下装备Bf 109战斗机的Ⅰ./Schl.G 2大队。4月13日，Ⅲ./SKG 10大队在奥奎德查尔加的杰贝勒艾卜耶德地区执行了九次作战任务，空袭不断挺进的英国军队，作战中，德国5架战斗机被英国地面高炮击伤。4月14日，Ⅲ./SKG 10大队空袭了奥奎德查尔加地区一条公路上正在向首都突尼斯西部行进的盟军坦克、炮兵和摩托化车辆，德军在这次战斗中有5架Fw 190A-4

① 弗雷德里希·罗特下士在4月24日的战斗中被“喷火”战斗机击落，他设法在平坦的地面实施了迫降，最终被盟军俘获。

Ⅲ./SKG 10大队指挥官弗里茨·施勒特尔中尉曾驾驶图中这架Fw 190A-4，W.Nr.2327飞机，1943年4月8日，该机被英军40毫米高炮直接击中，飞行员克莱门斯·冯·威斯特霍尔特少尉丧生。

Ⅱ./Schl.G 2大队的1架Fw 190A-4/Trop，携带1枚重磅炸弹。飞机桨毂喷涂了不同颜色，发动机罩下方也采用醒目颜色，这都是为了敌我识别。

和Fw 190A-5飞机要么被击毁，要么被击伤，飞行员中包括阿尔伯特·毕尔迈耶尔上士阵亡，汉斯·海因上士被俘，凯尔纳上士和布尔克上士受伤。4月16日，Ⅲ./SKG 10大队只执行了一次作战任务，23架Fw 190轰炸和扫射了索克阿尔巴周边的盟军机场，毁伤6架美国A-20攻击机。

4月18日，Ⅱ./Schl.G 2大队抵达西迪艾哈迈德机场，该大队受命执行的第一个作战任务是轰炸敌坦克先头部队以支援德国地面部队。截至此时，这个大队的中队指挥官分别是：卡尔·兰根伯格中尉，5./Schl.G 2中队；厄恩斯特·赫尔曼中尉，6./Schl.G 2中队；齐格菲尔德·巴泽中尉，7./Schl.G 2中队。执行首次作战任务的第二天（4月19日），Ⅱ./Schl.G 2大队空袭了首都突尼斯西偏南50公里迈贾兹巴卜的盟军目标。但是，4月20日，由于美国陆航B-17和B-24轰炸机轰炸了西迪艾哈迈德机场，Ⅱ./Schl.G 2大队接到命令立即转移到西西里岛的圣彼得罗，美军的空袭导致Ⅲ./SKG 10大队损失了10架Fw 190。从某种意义上说，Ⅱ./Schl.G 2大队并没有完全遵守命令将大队的主要人员撤离，而Fw 190飞机和主要设备都留在了原驻地。德国军队无法阻止强大的盟军先头部队继续向首都突尼斯进军，德国败局早就注定，现在的问题是能否尽快地撤离北非这个墓地，基于这个原因，两个装备Fw 190战斗机的大队在4月下旬开始的几天里作战任务突减，他们接到命令后撤到西西里岛，在此，他们计划随时飞越海峡到突尼斯前沿机场执行昼间作战任务，如形势不好也可以快速撤回西西里岛。

4月23日，Ⅱ./Schl.G 2大队执行了43架次的作战任务，主要轰炸向古拜拉特（首都突尼斯西南50公里）东面挺进的英国装甲部队，Fw 190飞机的战果丰硕，英军大量坦克、卡车和武器被炸毁。第二天，Ⅲ./SKG 10大队出动13架次，Ⅱ./Schl.G 2大队出动18架次轰炸塞布克雷特科齐亚地区的盟军目标。对德国空军打击最大的是，美国陆航第九航空队70

架B-24轰炸机轰炸了意大利巴里机场，德国空军有50架飞机被炸毁在地面，实际上，Ⅲ./SKG 10大队有10架，Ⅱ./Schl.G 2大队有1架Fw 190飞机，外加德国第2航空队的不少于53架飞机被炸毁或炸伤。第二天，Ⅱ./Schl.G 2大队出动27架次，Ⅲ./SKG 10大队出动22架次轰炸迈贾兹巴卜地区的盟军坦克。截至4月28日，驻扎在西普罗维勒（首都突尼斯北20公里）的Ⅱ./Schl.G 2大队只有20架Fw 190A-5/U3可用，驻扎在西迪艾哈迈德机场和朱代伊德（这里的机场在突尼斯首都西部30公里）机场的Ⅲ./SKG 10大队只有14架Fw 190A-4和Fw 190A-5飞机可用。尽管如此，这两个大队还是在4月28日分别执行了63架次和27架次作战任务，击毁了盟军3辆坦克、一个高炮阵地和3辆军用车辆。就在这天战斗中，Ⅱ./Schl.G 2大队第一次在作战中损失了飞机，1架Fw 190A-5/U3飞机被击伤后实施了迫降。4月29日，德国空军这两个大队再次在泰布勒拜（首都突尼斯西30公里）和巴杰（首都突尼斯西90公里）地区摧毁21辆军车、1辆坦克和一个弹药存储点。Ⅲ./SKG 10大队最后一次从突尼斯基地起飞执行作战任务是在4月30日，这天也相当悲催，11./SKG 10中队指挥官座机与另1架Fw 190在西迪艾哈迈德机场相撞，中队指挥官丧生，相关资料未提名字，应该是弗雷德里希·威廉·博切特中尉。此后不久，Ⅲ./SKG 10大队将剩余的Fw 190飞机全部转交给Ⅱ./Schl.G 2大队。在突尼斯的五个半月战斗中，Ⅲ./SKG 10大队共执行了2396架次任务，摧毁数百辆（架）盟军坦克、摩托化车辆和飞机（在地面），还击落13架盟军飞机，击沉、击伤12艘舰船。

1943年5月2日，5./Schl.G 2中队鲁道夫·约尼上士在首都突尼斯上空与美国陆航第33战斗机大队P-40作战时受伤，不久后伤重不治而亡。第二天，Ⅱ./Schl.G 2大队转移到普罗维勒东南的疏散机场，虽然盟军

这两张照片显示的是Schl.G 2联队队部或Ⅰ./Schl.G 2大队队部在意大利南部布林迪西换装Fw 190战斗机进行转型训练时的场景，两图中是同一架飞机：Fw 190A-4。

一名英联邦士兵在检查1架5./Schl.G 2中队的Fw 190A-5/U3，W.Nr.1257，这架飞机在1943年5月2日被美军P-40击落，飞行员鲁道夫·约尼上士几天后伤重身亡。图中飞机机腹挂架携带了ER-4适配器，通过适配器携带4枚50公斤炸弹。

美国人在检查1架Ⅲ./SKG 10大队Fw 190A-5，KM＋EY，W.Nr.2676，这架飞机于1943年4月30日在奥伊纳（加贝斯西南）机场被英军缴获。

1943年5月15日，中国军事代表团到北非参观了被盟军占领的机场，几位军官在KM＋EY的Fw 190A-5飞机旁留影。

这架Ⅲ./SKG 10大队的Fw 190A-4，W.Nr.2308飞机于1943年5月在拉马萨机场被盟军缴获。从上文配图看，Ⅲ./SKG 10大队的飞机涂装多种多样，没有一个定数，这架飞机侧面是红白蓝条纹，其意义不详。

的战斗机数量具备压倒性的优势，德国空军的这个Fw 190单位仍然每天出动20余架次作战。5月8日，7./Schl.G 2中队指挥官齐格菲尔德·巴泽中尉在战斗后返航，试图在门泽尔布泽尔法机场着陆时失事，飞机翻扣在跑道上，指挥官本人当场丧生。取代他任中队指挥官的是冯·普里特尼兹中尉。就在同一天，Ⅱ./Schl.G 2大队残余人员和飞机设备后撤到西西里岛的圣彼得罗，之后再撤退到西西里岛东岸的北吉比尼（卡塔尼亚西20公里），至此，德国空军Fw 190战斗机在北非的战斗全部结束。

转战西西里岛

1943年5月7日，英军第7装甲师的先头部队第11轻骑兵团进入突尼斯，与此同时，美军第9师解放突尼斯比塞大，美军第1装甲师迂回突尼斯费里维尔直扑波特维尔（加夫萨东南50公里）与美军第7装甲师建立联系。盟军的一系列战役行动促使德军第5装甲集团军群司令古斯塔夫·瓦斯特上将不得不与盟军谈判停火协议。5月12日，所有北非的轴心国部队全部投降，盟军新成立的第18集团军群司令亚历山大上将向英国战争委员会发去一份正式报告，称“我有责任报告，突尼斯战役全部结束，所有敌人的抵抗全部停止，我们已经控制北非沿岸”。

13./SKG 10中队1架“白色22”号Fw 190A-3飞机，垂尾上没有竖起的天线杆。白色圆盘标志表示“Ⅳ”大队，通常情况是黑色的。

此时，德国空军三个装备Fw 190战斗机曾在北非征战的大队，即Ⅰ./Schl.G 2大队①、Ⅱ./Schl.G 2大队和Ⅲ./SKG 10大队已经随着德国兵败后撤到西西里岛机场驻扎，Ⅰ./Schl.G 2大队和Ⅱ./Schl.G 2大队驻扎在岛东部的吉比尼机场，不同时期偶尔也会临时到岛最南部，Ⅲ./SKG 10大队则部署到圣彼得罗机场。北非战役已经完全结束，有必要对德国空军单位隶属指挥关系进行调整，装备需要更新，人员也要休整补充。Fw 190单位的指挥官和装备调整后的情况如下：

Stab./Schl. G 2	指挥官沃尔夫冈·申克少校，截至1943年4月底，联队队部只剩下2架Fw 190A-5/U3飞机。至1943年5月中旬，该联队接收了4架新生产的Fw 190A-5/U3飞机。
Ⅰ./Schl. G 2	指挥官维尔纳·兰格曼上尉，截至1943年4月底，该大队只剩下3架Fw 190A-5/U3飞机。至1943年5月中旬，该联队接收了16架新生产的Fw 190A-5/U8和4架Fw 190F-3飞机，但随后的非战斗中损失2架Fw 190A-5/U3飞机。
1./Schl. G 2	指挥官约瑟夫·贝拉格上尉
2./Schl. G 2	指挥官威廉·霍贝恩上尉
3./Schl. G 2	指挥官马克斯·兰格少尉②
Ⅱ./Schl. G 2	指挥官维尔纳·道恩布拉克上尉，截至1943年4月底，联队队部只剩下18架Fw 190A-5/U3飞机。至1943年5月中旬，该联队共装备12架Fw 190A-5/U3、16架Fw 190A-5/U8和6架Fw 190F-3飞机。
5./Schl. G 2	指挥官卡尔·朗根伯格中尉
6./Schl. G 2	指挥官厄恩斯特·赫尔曼中尉
7./Schl. G 2	指挥官汉斯-亨尼希·冯·普里特维茨中尉③
Ⅲ./SKG 10	指挥官弗里茨·施罗特上尉，截至1943年4月底，该大队只剩下2架Fw 190A-4和12架Fw 190A-5飞机。至1943年5月中旬，该联队接收了39架Fw 190F-3和1架Fw 190A-5/U3飞机。
9./SKG 10	指挥官布鲁诺·舍菲尔少尉
10./SKG 10	指挥官沃尔夫冈·施列克少尉
11./SKG 10	指挥官奥特马尔·西蒙中尉

① 上文提到该大队装备的是Bf 109战斗机，不清楚什么时候换装Fw 190战斗机的，很多资料也未提该单位在北非作战。笔者查阅一些资料称是1943年5月间在意大利换装的Fw 190战斗机。

② Ⅰ./Schl.G 2大队有四个中队，第4中队（4./Schl.G 2）装备的是Hs 129战斗机，当时部署在苏联克里米亚地区。

③ Ⅱ./Schl.G 2大队也有四个中队，第4中队（8./Schl.G 2）装备的是Hs 129战斗机，当时部署在撒丁岛。

德军撤出北非后，驻扎在西西里岛的Fw 190飞机单位参与的首次比较大规模的战斗是在1943年5月21日，目标是马耳他岛上的两个机场。马耳他岛一直是德国和意大利的眼中钉，德国在巴尔干战役以来就一直试图夺取该岛，顽强的英军始终未能让德军得逞。德军进驻北非后，拿下马耳他就可以有安全的海上补给线；撤出北非后，盟军毫无疑问会将马耳他作为跳板进攻西西里岛。除了这两点外，对盟军来说，马耳他岛的存在可以确保地中海航线安全，这是英国能守住埃及十分重要的因素。5月21日的战斗中，德国空军Ⅱ./Schl.G 2大队出动28架Fw 190战斗轰炸机，每架飞机都混合携带了SC 500炸弹和AB 500炸弹容器；Ⅲ./SKG 10大队派出21架Fw 190，这些飞机携带的是SD 250半穿甲炸弹。为Fw 190护航的是Ⅰ./JG 53和Ⅱ./JG 53大队的Bf 109G战斗机。靠近马耳他戈佐岛（马耳他最北的一个岛屿）时，Ⅲ./SKG 10大队指挥官弗里茨·施罗特的座机发动机出现问题，他被迫退出此次任务。此时他的飞机无线电也无法工作，他无法通知他的编队飞机为什么返航，编队飞行员被指挥官一言不发的举动搞得稀里糊涂，其中七人抛下炸弹跟着他返航。之前，这个大队已经有5架飞机因各种故障中途退出了战斗，也就是出动的21架飞机中有13架返航，剩下的8架飞机继续战斗。靠近马耳他岛，Ⅲ./SKG 10大队的8架Fw 190和为之护航的Bf 109G遭到英国空军第229中队和第249中队的“喷火”战斗机拦截，英军称战斗中击落2架Fw 190，另外击伤几架，但是，实际上只有9./SKG 10中队康拉德上士在准备用炸弹轰炸塔卡里机场时被击落。

不久，维尔纳·道恩布拉克的Ⅱ./Schl.G 2大队飞机飞抵哈尔法（马耳他岛最南端）机场，德机从4500米高度俯冲向哈尔法机场投下炸弹，该机场的3架“青花鱼”和1架“喷火”战斗机被炸毁，1架5./Schl.G 2中队索格上士驾驶的Fw 190被击落，另1架飞机被击伤，被击伤飞机的飞行员是法维少尉，他返回西西里岛在布凯里实施了迫降，迫降不算成功，飞机全毁。

6./Schl.G 2中队在上西里西亚格利维采成立时摆拍照片，图中飞机是全新的Fw 190A-5（有资料称是Fw 190F-2），该中队的标志是黑色三角，发动机罩下表面为黄色，桨毂圆头为红色，后半部为黑色，后机身有黄色条纹。

同一时期，Ⅰ./Schl.G 2大队正在意大利布林迪西（意大利东南部港市）换装Fw 190F-3，偶尔，这个大队的飞机也会随Ⅱ./Schl.G 2大队参与一些作战行动。5月21日的战斗后，部署在西西里岛的Fw 190飞机单位暂停了针对马耳他岛目标的大规模袭击。5月28日，Ⅲ./SKG 10大队在执行作战任务时因事故损失2架Fw 190飞机，飞行员是戈勒斯上士和文泽尔下士。

与此同时，盟军轰炸机开始空袭意大利潘泰莱里亚岛，这个微型小岛位于意大利西西里岛和突尼斯之间，岛上驻守着轴心国部队，这里重要性相当于意大利的“马耳他”，因此盟军必须首先拿下这个小岛，为夺取西西里岛的“哈士奇行动”扫平最后一个障碍。5月30—31日夜，英国皇家海军开始炮击岛上意大利驻守部队，之后的6月5日至11日间，德国空军Fw 190单位高强度出击轰炸小岛周围的盟军舰船。

盟军舰船首次被发现在潘泰莱里亚岛周边活动是6月5日，发现敌情后，德国空军Ⅲ./SKG 10大队派出20架Fw 190去轰炸盟军驱逐舰和巡洋舰，由于各种原因，大部分是发动机故障，其中6架Fw 190途中退出战斗。由于作战海域的气候恶劣，这给德国空军的行动带来很大困难，Ⅱ./Schl.G 2大队指挥官维尔纳·道恩布拉克回忆称：“每位飞行员对自己的座机都没有信心，他们必须十分仔细地盯着仪表板而不是观察周围发生了什么。”作战中，德国方面损失1架Fw 190飞机，飞行员是安德烈亚斯少尉，由于燃油告罄，他选择在西西里岛卡斯特尔韦特拉诺实施了迫降。

6月6日，Ⅲ./SKG 10大队的一次作战任务在中途被取消，但是，Ⅱ./Schl.G 2大队的Fw 190却遭遇了美国陆航第52战斗机大队的“喷火”战斗机，德国飞机匆忙抛下炸弹脱离战斗，双方都没有飞机损失。第二天，Ⅱ./Schl.G 2大队和Ⅲ./SKG 10大队精心策划了一次突袭突尼斯邦角半岛盟军机场的行动，行动取得了成功，盟军位于半岛的考巴（纳布勒的一个小镇）和曼兹尔泰米姆（首都突尼斯东部半岛东海岸中部）机场遭到轰炸，而德方行动中仅损失1架Fw 190，飞行员赖克特的座机被击中，他在返航迫降时飞机受损。6月8—9日，德国空军这两个Fw 190飞机大队继续轰炸潘泰莱里亚岛周围的盟军舰船，6月9日这天，6./Schl.G 2中队的魏斯下士被盟军战斗机击落。

从6月5日开始，盟军持续五天日夜不停地轰炸潘泰莱里亚岛，投下的炸弹远远超过了小岛的承受能力，到6月11日，意大利部队放弃了抵抗，盟军在潘泰莱里亚岛登陆，上了岸才发现意大利人早就把投

这张照片显示的也是6./Schl.G 2中队飞机，飞机的发动机罩上有“米老鼠”图案，这在当时德国是严格禁止的，但是阿道夫·加兰德将军比较喜欢米老鼠，他的单位曾将其作为单位标志，不清楚为什么6./Schl.G 2中队也采用。

降的标志部署好了。尽管意大利军队早就想投降了，德国的Ⅱ./Schl.G 2大队和Ⅲ./SKG 10大队还是出动手头所有的飞机攻击盟军舰船。在6月11日的第一次行动中，Ⅱ./Schl.G 2大队的Fw 190遭到美国陆航第52战斗机大队的“喷火”和第57战斗机大队的P-40的拦截，美军声称击落1架Fw 190。德国两个大队共计34架Fw 190飞机在当天中午时分攻击盟军舰船行动中击沉1艘运输舰和12艘登陆艇，德方5./Schl.G 2中队的利特克少尉被击落，击落他的可能是美国陆航第81战斗机大队的1架P-39战斗机。下午，德国空军两个Fw 190飞机大队，外加意大利空军马基C.200、C.202和Bf 109战斗机（意大利空军也装备该型战斗机）发动当天第三次攻击行动，这次行动中，德国两名飞行员阵亡，分别是卢特少尉和科赫上士，他俩可能是被美国陆航第31战斗机大队的“喷火”击落的。另有一名飞行员被击伤后返回到西西里岛卡斯特尔韦特拉诺实施了迫降，没有受伤。

Ⅲ./SKG 10大队于1943年5月2日从突尼斯后撤到西西里岛圣彼得罗机场，之后的5月24日至6月15日间，这个大队继续跨海到突尼斯作战。

6月12日，德国Ⅱ./Schl.G 2大队和Ⅲ./SKG 10大队的飞机执行完攻击盟军舰船任务返回卡斯特尔韦特拉诺机场不久，该机场遭到美国陆航39架B-17重型轰炸机的空袭，当即有19架Fw 190被完全炸毁，1名飞行员，格里夫斯下士被炸死，另有5名飞行员受伤，损失可谓十分严重。6月13日早晨，Ⅱ./Schl.G 2大队出动为数不多的几架Fw 190飞机空袭潘泰莱里亚岛上的盟军登陆部队，行动中德国飞行员皮尔茨少尉被“喷火”击落，其Fw 190座机坠入海中，他则被英国空军的“海象”双翼水上飞机营救成了战俘。随后的审讯中皮尔茨坚称飞机上安装热带地区过滤装置导致了他的座机性能严重下降，可能是飞机坠毁的主要原因。当天的其他战斗中，又有3架Fw 190因受伤而迫降，其中一名飞行员霍佩代理下士失踪。6月14日，Ⅲ./SKG 10大队的2架Fw 190也在战斗中受伤并迫降，两名飞行员都没有受伤。6月15日，盟军又发动一次大规模空袭卡斯特尔韦特拉诺机场的行动，这次轰炸行动炸毁了Ⅲ./SKG 10大队1架和Ⅱ./Schl.G 2大队2架Fw 190飞机，另有9架飞机被炸伤。最近的高强度作战损失，加上6月12日机场遭到空袭，德国空军的这两个Fw 190飞机大队所剩可用飞机已经不多了。

从1943年6月中旬开始，地中海地区的作战行动日益增多增强，西西里岛的德国部队已经力不从心，就Fw 190飞机单位来说，之前的作战损失相当严重，急需人员和飞机的补充，为此，德国空军决定将SKG 10联队的其他大队，除Ⅰ./SKG 10大队全部调往地中海战区。SKG 10联队队部从法国圣安德烈、Ⅱ./SKG 10大队从法国雷恩圣雅克、Ⅳ./SKG 10大队从法国卡昂卡尔皮屈埃调往西西里岛增援，这些单位的指挥官和装备情况如下页表。

Ⅱ./SKG 10大队和Ⅳ./SKG 10大队部署到地中海战区后的第一次执行作战行动是在6月19日，也是攻击潘泰莱里亚岛周围的盟军舰船。除了作战空域恶劣的气候条件，Fw 190飞机单位缺乏零部件，特别是滑油

Stab./SKG 10	指挥官京东·托尼少校，单位驻扎在西西里岛吉比尼，装备4架Fw 190A-5/U8战斗轰炸机。
Ⅱ./SKG 10	指挥官赫尔穆特·威蒂班特上尉，单位驻扎在西西里岛吉比尼，装备10架Fw 190A-4/U8和28架Fw 190A-5/U8战斗轰炸机。
5./SKG 10	指挥官赫尔伯特·维泽上尉。
6./SKG 10	指挥官戈特茨·鲍曼中尉。
7./SKG 10	指挥官维尔纳·戴德金德中尉。
Ⅳ./SKG 10	指挥官海因茨·舒曼上尉，单位驻扎在西西里岛圣彼得罗，装备1架Fw 190A-4/U8和24架Fw 190A-5/U8战斗轰炸机。
13./SKG 10	指挥官列奥波德·温格尔少尉。
14./SKG 10	指挥官埃尔温·布施中尉。
15./SKG 10	指挥官艾尔哈德·尼帕少尉①。

箱和冷却器的零部件短缺对于作战是个大问题。7./SKG 10中队克劳斯·约斯特少尉回忆称：“……当飞机重新加油时，地勤人员发现我的油冷却器已经破裂，因此我不得不独自待在地面（不参加战斗），直到三天后我的飞机才具备起飞条件。联队驻扎在意大利格罗塞托，甚至包括在法国伊斯特尔和意大利阿尔本加的飞机也出现各种故障导致飞机无法使用，但是，并不是所有的故障都是油冷却器破裂这个问题。”

6月26日，Ⅲ./SKG 10大队和Ⅳ./SKG 10大队的Fw 190飞机执行了几次作战任务，主要针对突尼斯沿岸的盟军舰船。这些行动中，Ⅲ./SKG 10大队出现首次作战阵亡战例，雷斯

7./Schl.G 2中队的1架Fw 190A-5/Trop在撤离突尼斯时被盟军缴获。在德军中有几个单位都采用米老鼠的图案，图中米老鼠手拿斧子骑在炸弹上标志被Ⅱ./Schl.G 2大队和Ⅰ./SG 4大队采用。

Ⅰ./Schl.G 2大队作为后备单位一直驻扎在撒丁岛西岸的米利斯，这个单位换装Fw 190战斗机后很少在地中海战场执行作战任务。1943年10月，Ⅰ./Schl.G 2大队被调到奥地利东南的格拉茨，当月18日，单位更名为Ⅰ./SG 10。

① 德国空军计划将SKG 10联队的每个大队扩编为四个中队，实际上，4./SKG 10中队、8./SKG 10中队、12./SKG 10中队和16./SKG 10中队从未组建起来。

曼少尉和克鲁格少尉在突尼斯邦角北部被高炮击落身亡。另一位6./SKG 10中队的舍福尔德中尉在吉比尼机场迫降时丧生。

截至6月20日，整个Schl.G 2联队全部被调往撒丁岛，联队队部和Ⅰ./Schl.G 2大队转移到岛西岸的米利斯，Ⅱ./Schl.G 2大队部署到岛西北部阿尔盖罗。这个联队部署到撒丁岛为的是防止盟军空袭该岛继而在该岛登陆，在此登陆可以严重威胁法国和意大利安全。八天后，美国陆航西北非洲航空军（NAAF）的B-26“掠夺者”轰炸机轰炸了阿尔盖罗德军机场，Ⅱ./Schl.G 2大队的1架Fw 190被炸成碎片，另有2架被严重炸伤。与此同时，美国西北非洲航空军的B-25轰炸机也炸毁1架Fw 190，并且炸伤另外3架。同一天，SKG 10联队执行最后一次针对潘泰莱里亚岛目标的行动，Ⅳ./SKG 10大队的科隆巴赫下士在岛上空被击落身亡，10./SKG 10中队布尔克上士的座机发动机出现故障，他在西西里岛夏卡机场迫降过程中受伤。7月3日，美军的B-25和B-26再次轰炸米利斯和阿尔盖罗德军机场，Schl.G 2联队又有9架Fw 190被毁。

7月2—3日夜，盟军轰炸机开始大规模空袭西西里岛上的德军机场，包括夏卡、科米索、吉比尼和圣彼得罗，盟军突然加大空袭规模和力度预示着登岛行动不久就会展开。7月5日，Ⅲ./SKG 10大队的Fw 190飞机拦截了一支正准备空袭圣彼得罗机场（当时Ⅲ./SKG 10大队已经转移到这里）的美国轰炸机编队，这个大队装备的虽然是战斗轰炸型Fw 190飞机，实际上不携带对地攻击武器时，该型飞机的制空能力

有些资料认为这是JG 51联队在苏联战场作战时装备的Fw 190A-3战斗机。此说应是错误的，其一，后机身白色条纹是北非和地中海战区的识别标志；其二，翼尖下方和发动机罩有一块醒目涂装，这也是这个战场的识别标志，特别是对地攻击飞机，便于地面防空部队识别。较权威的资料称这是Ⅱ./Schl.G 2大队驻扎在撒丁岛期间的照片，当时该单位战事不多，装备的飞机也较落后。

近距观看Fw 190A-5/Trop飞机，一名枪械员在挂载炸弹，沙尘过滤器在沙漠地区使用很管用，但也会对飞机性能造成负面影响。

抢修队准备将1架迫降在意大利南部的Ⅱ./SKG 10大队的Fw 190A-5/U8，W.Nr.181566飞机拖回，他们乘坐的卡车属JG 53联队，车后有该联队的标志。

仍然很强，对付轰炸机更是不在话下，只是火力密集度比制空战斗型弱一些。拦截行动中，Ⅲ./SKG 10大队指挥官弗里茨·施罗特击落1架美军第12轰炸机大队的B-25，不久他又击落1架英国空军第229中队的“喷火”。德军的代价是施洛泽少尉和维赫特少尉被英国战斗机击落身亡，另一名飞行员布特舍克下士被“喷火”击伤。当晚，美国的空袭炸毁了吉比尼机场的4架Fw 190。随后几天，SKG 10联队的几个单位飞机被迫执行制空作战任务而不是对地攻击，德军已经处在绝对的防守态势，丝毫的主动机会也没有。

西西里岛失守

虽然气候条件非常恶劣，盟军决定在1943年7月10日正式在西西里岛登陆作战，德国空军弗里茨·施罗特的Ⅲ./SKG 10大队在当天和空降到圣彼得罗机场的美军在地面发生战斗，70名美国士兵被活捉。此后不久，Schl.G 2联队的21架Fw 190飞机从撒丁岛的米利斯和奥塔纳（岛中部）紧急被调往西西里岛的契尼西亚（特拉帕尼南20公里海滨小镇），这些Fw 190和Ⅲ./SKG 10大队的飞机在早晨过后一起出动攻击西西里岛沿岸的盟军舰船，以及登陆艇和滩头阵地等。此时，Ⅱ./SKG 10大队只有20架Fw 190，其中只有12架仍能升空作战；Ⅲ./SKG 10大队只有25架，其中18架可作战；Ⅳ./SKG 10大队也只有25架，其中11架可以作战。截至7月10日当天战斗结束，SKG 10联队共执行五次作战任务，Schl.G 2联队执行三次。德军的攻击行动中击沉4艘盟军舰船，另有6艘被击伤，德方行动中损失4架Fw 190，2名飞行员，即冯·卡尔登伯格少校和斯拉格沃下士阵亡，约斯特少尉受伤。

第二天，轴心国地面部队开始在杰拉地区反击已经上岸的盟军部队，SKG 10联队的Fw 190飞机接到地面部队的呼叫前来执行近距支援任务，当天早上，第一波出动的是Ⅳ./SKG 10大队的Fw 190，这些飞机携带了500公斤的SC 500炸弹，但是，轰炸效果非常差，几乎未对盟军部队造成什么损失。两个小时后，11./SKG 10中队的飞机升空执行当天第一次作战任务，并在里卡塔（杰拉西北30公里）南部海域击沉1艘盟军LST-158登陆艇。行动中，该中队的库尔帕候补中士座机被盟军高炮击中，他本人受伤。不久后，Ⅳ./SKG 10大队执行当天第二次作战任务，Schl.G 2联队飞机也升空执行第二次任务，前者在当天战斗结束前又执行几次任务，三名Fw 190飞行员失踪，他们是福斯中士、贝尔曼中士和阿本德罗特中士，另有两人受伤。

截至7月12日，Ⅰ./Schl.G 2大队和Ⅱ./Schl.G 2大队全部被调往西西里岛，前者部署到吉比尼机场，后来部署到岛中部的恩纳紧急备用机场。与此同时，Ⅲ./SKG 10大队接到命令要求将所有不能再修复的飞

SKG 10联队几名飞行员，照片拍摄于1943年3月25日。从左向右分别是：5./SKG 10中队指挥官汉斯·科特·格拉夫·冯·斯伯尼克上尉，SKG 10联队指挥官京特·托尼少校，Ⅱ./SKG 10大队作战指挥官汉斯-乔治·伯特格上尉，5./SKG 10中队弗里茨·塞泽少尉。背景白色E飞机上有黑色三角，表示对地攻击单位。

照片近处，Ⅲ./SKG 10大队的1架Fw 190A-5飞机携带1枚500公斤炸弹，2架飞机后面可见用木材构建的掩体，如果机场周边有树，飞机一般会停放在这里，主要是便于隐蔽。

机全部炸毁，然后单位从圣彼得罗机场转移到吉比尼，Ⅳ./SKG 10大队则从芒特卡维诺转移到意大利南部的阿奎诺。所有仍在西西里岛上的Fw 190飞机全部出动轰炸盟军的坦克纵队和炮兵阵地，其间SKG 10联队损失3架飞机，Ⅰ./Schl.G 2大队损失6架飞机，其中齐默尔曼少尉与尼格中士在空中相撞，两机坠毁。

7月13日，Fw 190飞机单位没有执行作战任务，Schl.G 2联队和SKG 10联队奉命全部后撤到意大利本土的基地，两个联队的新驻地在罗马东南110公里的阿奎诺，但是，执行作战任务时，两个联队的大队或中队会部署到意大利地图脚趾部位的维博瓦伦蒂亚，或者是其他临时开阔地，在这里Fw 190才能增援西西里岛上的战斗。但是，初期的几次战斗表明，这些基地非常不适合作战，为此，这些单位不得不再次转移到塔兰托和墨西拿之间的克罗托内（意大利地图脚后跟位置）。由于战场形势变化太快，Schl.G 2联队和SKG 10联队得花一点时间找一个合适的立脚点，但是，一切还未妥当，SKG 10联队指挥官京特·托尼少校却在7月15日从维博瓦伦蒂亚机场起飞时因Fw 190A-5座机故障坠毁身亡，官方的说法是飞机发动机故障导致飞机火灾，但是，也有一种可能是飞机起飞时撞到了机场旁边的树而坠毁。接替京特·托尼的是海因茨·舒曼少校，原6./SKG 10中队指挥官戈特茨·鲍曼接替舒曼任Ⅳ./SKG 10大队指挥官。

这段时间西西里岛战事正酣，而两个Fw 190联队重新投入战斗的步伐却因各种因素一拖再拖，这使得地中海战区的德国空军第2航空队司令沃尔夫拉姆·冯·里希特霍芬元帅在7月16日指令战斗轰炸机兵种巡视官奥托·魏斯上校：“我命令你负责确保战斗轰炸机单位现在就克服遇到的困难，将敌人的战舰从卡塔尼亚海域赶走。”一天后，Schl.G 2联队指挥官沃尔夫冈·申克接到警告称他将受到军事法庭的审判，

在平坦的开阔地带选择机场必须构筑好防冲击波掩体，图中就地取材用草料垒起一个掩体，能起多大作用很难说。照片中远处是Ⅲ./SKG 10大队的1架Fw 190A-5飞机，近处是1枚未安装引信的250公斤炸弹。

实际上，申克受到警告前就很着急了，他已经下令在维博瓦伦蒂亚附近寻找一个合适的机场，但是，他“飞到阿奎诺后的两天里竟然音讯皆无，没有理睬立即汇报（行踪）的命令”。

其实，借给申克一个胆他也不敢临阵脱逃，不光是他，这个战区的两个Fw 190飞机联队处境都十分艰难，哪个联队指挥官一职都不好当，由于缺乏零部件供应，各个单位的飞机完好率一直相当低。缺少副油箱、SC 250炸弹、飞机起动电源车和炸弹提升工具（将炸弹提起挂载到挂架上）等，当前指挥官重要的工作就是找到供应物资让单位的飞机能升空作战。由于这些因素，直到7月19日，Ⅳ./SKG 10大队的Fw 190飞机才从意大利境内的新基地起飞执行首次作战行动，当天早晨，该大队的飞机前去轰炸奥古斯塔（卡塔尼亚南50公里）港口，途中Fw 190飞机编队遭到南非空军（SAAF）第1中队“喷火”战斗机的拦截，就在德国飞机编队准备返航时，13./SKG 10中队的霍尔扎普费尔中尉被敌战斗机击落。7月20日，Ⅱ./SKG 10大队的4架Fw 190再次突袭奥古斯塔港，但是，飞机编队被英国空军第601中队的“喷火”驱散。第二天，SKG 10联队奉命轰炸卡塔尼亚湾内的盟军海军目标，但是行动却没能实现。这次，里希特霍芬元帅对Fw 190飞机单位更加恼火，他在日记中写道：“这两个战斗轰炸机联队被领导得极其糟糕，魏斯自己没有能够让惩罚或送上军事法庭的警告起到应有的作用。”

7月22日，巴顿将军的部队进入西西里岛首府巴勒莫，同时，赫尔穆特·威蒂班特少校被任命为SKG 10联队代理指挥官，此前他还代理过Ⅱ./SKG 10大队指挥官，刚刚上任的威蒂班特少校立即被命令出动飞机不间断地轰炸卡塔尼亚和奥古斯塔之间海域的盟军舰船，同时，他还被命令在尽可能短的时间内确保SKG 10联队飞机的完好率以便迅速升空作战。当时，Fw 190飞机单位面临的最大问题是没有副油箱供Fw 190A-5/U8飞机使用，从意大利本土基地起飞到西西里岛上空作战的距离对Fw 190来说有点远，特别是对地攻击飞机携带炸弹时对航程影响比制空战斗机的更大。尽管有飞不回来的危险，Ⅱ./SKG 10大队的4架Fw 190还是设法轰炸了奥古斯塔港内的盟军舰船，投下的SC 250炸弹成功地击中了美国海军自由轮“塞缪尔帕克”号，造成这艘船严重受损。

第二天，西西里岛特拉帕尼和马萨拉被盟军攻占，目前，只有西西里岛的东北部仍在轴心国的控制下。SKG 10联队仍被命令出动飞机轰炸盟军的舰船，但是，Ⅱ./SKG 10大队在7月23日只能派出4架Fw 190执行任务，其中2架在抵达目标前就被驱散。Ⅰ./Schl.G 2大队的1架Fw 190在盟军空袭阿奎诺机场行动中被炸毁，虽然只有1架飞机被炸毁，也足以让德国人心疼不已了，作战计

Ⅲ./SKG 10大队的1架Fw 190A-5/U8飞机停在机库内，明显西西里岛的条件比北非战场或其他临时机场的条件好得多。照片拍摄于1943年6月西西里岛。

划再次被打乱。两天后，即7月25日傍晚，Schl.G 2联队奉命从意大利基地转移到撒丁岛奥塔纳，单位的Fw 190A-5/U8飞机全部转交给SKG 10联队，Fw 190A-5/U3飞机全部集中分配给Schl.G 2联队队部和Ⅱ./Schl.G 2大队，Ⅰ./Schl.G 2大队的飞行员和地勤人员在三个星期内离开意大利本土。

在7月26日前，一批副油箱运抵意大利克罗托内，Ⅱ./SKG 10大队终于可以在7月26日执行三次作战任务。第二天早晨，Ⅱ./SKG 10大队6架Fw 190奉命从克罗托内起飞轰炸奥古斯塔海域的盟军舰船，但是，飞行员文克少尉却在起飞过程中撞到一棵树，事故原因是前面飞机起飞的尘土遮住了他的视线，飞机毁坏，文克却只受点轻伤。当天早上第二次任务也开始进行，这次赫尔穆特·威蒂班特少校率领Ⅱ./SKG 10大队飞机直接命中了盟军1艘商船，被击中的商船燃起熊熊大火。当天下午，Ⅱ./SKG 10大队执行第三次任务，傍晚前又执行了第四次任务，作战强度相当大，似乎要把前面的缺失补回来。

三天后，Ⅱ./SKG 10大队第一次执行近距支援作战任务，也就是为德国地面部队提供空中支援，轰炸一处橄榄园内的敌坦克和车辆。同样在7月29日，仍在西西里岛的SKG 10联队的剩余单位奉命后撤到阿奎诺，同时，联队队部和Ⅳ./SKG 10大队转移到芒特卡维诺，Ⅱ./SKG 10大队仍驻扎在阿奎诺和克罗托内执行作战任务。7月30日，Ⅱ./SKG 10大队又执行了大量作战任务，用SC 250炸弹轰炸盟军坦克和车辆，甚至还击伤了2架“喷火”战斗机。第二天，这个大队再次轰炸西西里岛上盟军步兵和沿海舰船目标，在一次任务结束返航着陆过程中，赫尔穆特·威蒂班特少校的座机跟1辆汽车相撞，飞机严重损坏，一名意大利平民丧生，少校本人毫发无损。

8月的第一天，Ⅱ./SKG 10大队再次执行三次作战任务，用SC 250炸弹和AB 250炸弹轰炸西西里岛东北部的盟军步兵，投完炸弹再扫射，行动中，瑞普尔齐普中士和阿赫特上士被盟军高炮击落，文克少尉座机被严重击伤。Ⅱ./SKG 10大队高强度作战的同时，Ⅳ./SKG 10大队奉命在8月2日撤回到德国本土休整并补充装备，仍在地中海战区的Fw 190单位中，Ⅲ./SKG 10大队后撤到卡普阿（那不勒斯北50公里）进行休整，Schl.G 2联队队部和Ⅰ./Schl.G 2大队从撒丁岛转移到比萨，不久再次转移到皮亚琴察，而Ⅱ./Schl.G 2大队仍留守撒丁岛。

截至8月4日早晨，Ⅱ./SKG 10大队只剩下2架Fw 190飞机可以升空作战，其窘境可见一斑，好在不久就有4架全新的Fw 190A-5/U8飞机运抵大队驻地，第二天（8月5日）又有5架运抵。就在8月5日这天，西西里岛重要港口城市卡特塔尼亚被英军占领，随后，该城市就成了SKG 10联队的主要攻击目标。由于多了9架新机，战斗力增强的Ⅱ./SKG 10大队在8月5日这天执行了两次作战任务，目标是奥古斯塔港的盟军舰船。8月6日，该大队出动9架Fw 190准备继续轰炸盟军舰船，但是，由于没有战斗机护航，Fw 190飞机编队在遭到盟军战斗机拦截时纷纷抛下炸弹返航。当天的第二次和第三次任务中，Fw 190飞机用炸弹轰炸了美国LST-3登陆舰，美国军舰被严重炸伤。8月7日，Ⅱ./SKG 10大队的4架Fw 190轰炸了圣斯泰法诺迪卡马斯特拉（岛北岸中部）海域载着美国士兵准备上岸的登陆艇，刚刚赶到的美国海军LST-318登陆舰和巡逻艇也被炸伤，美军声称用高炮击落2架Fw 190，但德国军方没有飞机损失记录。

美军的登陆行动在8月8日3时15分正式开始，士兵在圣阿加塔迪米利泰洛一带上岸，大约三个半小时后，Ⅱ./SKG 10大队的飞行员从低空向美军目标投下了250公斤炸弹，可能是穆勒中尉投下的2枚SC 250炸弹击中了美国1艘巡洋舰，造成军舰损坏。美军的最新行动迫使意大利战区的轴心国司令阿尔伯特·凯塞林空军元帅向德国装甲部队总监汉斯·胡贝承诺，协助德国地面部队撤离西西里岛。在之后的九天里，西西里岛上的大部分德国部队都通过墨西拿海峡撤退到意大利南部。

与此同时，Ⅱ./SKG 10大队在6时30分起飞的3架Fw 190飞机攻击了美国海军“费城”号巡洋舰，有2枚炸弹落在了距军舰200米处海中，威利·穆勒中士声称击伤了这艘巡洋舰。另1架Fw 190试图再次轰炸“费城”号巡洋舰时，美国陆航第31战斗机大队的4架“喷火”战斗机出手相助，德国飞行员急忙抛下炸弹以躲避战斗机的攻击。当天第二次攻击“费城”号的行动中，德国Fw 190从两个方向交叉投弹，但是，炸弹并未命中目标。相反，德国盖丁格尔下士和奥斯特曼下士被美国陆航第33战斗机大队P-40战斗机，或是被高炮击落。午后1时左右，Ⅱ./SKG 10大队的14架Fw 190飞机执行当天第三次作战任务，为这个战斗轰炸编队护航的是Ⅱ./JG 77大队的Bf 109。德国飞机编队在遭遇盟军拦截时，盟军战斗机引开护航的Bf 109飞机，没有护航的Fw 190飞机硬着头皮继续前冲，德国护航战斗机数量太少，只是盟军拦截战斗机的零头，将其引开不是难事。当Fw 190飞机编队靠近盟军舰船时遭到美国陆航第31战斗机大队的“喷火”战斗机拦截，11架Fw 190飞机立即抛下炸弹自保，美国方面称击落2架德国飞机，击伤1架，但是德国方面称只有斯托尔下士被击落。

美国海军自由轮“罗伯特·罗弯”号被德国空军Ju 88轰炸机击中，船员撤离后这艘装满军火的船发生猛烈爆炸。德国空军对地攻击单位的Fw 190飞机在盟军登岛期间和之后参与了大量此类攻击舰船的行动。

8月9日的战斗以武装侦察行动开始，之后的10时整，Ⅱ./SKG 10大队出动12架Fw 190在护航战斗机的保护下继续轰

1架Fw 190A-5/U8飞机从克罗托内机场起飞执行轰炸任务，可以看到飞机携带了2个副油箱和1枚重磅炸弹。此时，Schl.G 2联队和SKG 10联队的作战单位都转移到这里，但是，没多久他就得继续后撤。

这架Fw 190A-5/U3/Trop飞机属于5./Schl.G 2中队。在盟军登岛期间，Ⅱ./Schl.G 2大队和Ⅲ./SKG 10大队是战斗轰炸单位的主力，这两个单位参与了大量作战任务。

炸奥古斯塔港的盟军舰船，德军声称炸毁几艘小吨位舰船，但盟军方面没有损失记录。当天下午，克罗托内机场起飞的15架Fw 190执行了另一次攻击舰船任务，下午4时30分，美国海军LST-318登陆舰被2枚炸弹严重炸伤。同一天，Ⅱ./Schl.G 2大队从奥塔纳机场起飞的Fw 190飞机执行了几次侦察任务，但是，7./Schl.G 2中队3架飞机因事故受损，只有一名飞行员，即施滕海姆中士受伤。

这一时期正是地中海地区气候最恶劣的时段，恶劣气象条件加上大强度作战，到8月10日，Ⅱ./SKG 10大队只剩下10架可以升空作战的Fw 190飞机。但是，德国空军第2航空军却颁布命令要求Ⅱ./SKG 10大队尽一切可能提高飞机完好率。第2航空军高层不明白为什么一个大队拥有45架飞机，而具备作战能力的却只有10架。尽管只有10架完好的飞机，Ⅱ./SKG 10大队还是在8月10日早晨7时整出动9架Fw 190飞机用SC 250炸弹轰炸盟军舰船，盟军1艘货运船只被炸伤，后来证实这是美国海军之前已经被炸伤的LST-318登陆舰。5./SKG 10中队克莱恩少尉由于燃油耗尽迫降过程中受伤。当天午后的另一次攻击舰船行动中，Ⅱ./SKG 10大队飞行员沃尔特林下士被“喷火”战斗机击落。

Ⅱ./SKG 10大队的Fw 190飞机在8月11日早晨9时又一次执行反舰任务，尽管采用了精度较高的俯冲投弹方式，仍然没有炸弹命中目标。12时30分，10架Fw 190在Ⅰ./JG 77大

由于战事较紧，很多交付到战场的新飞机仍保留着无线电呼叫代号。图中Fw 190G-3，DN+FR飞机被盟军缴获，飞机基本完好，但是，德军的报告称该飞机作战时100%损坏。

1943年夏天，在蒙泰科维诺机场被美国军队缴获的Fw 190G-3，W.Nr.160043飞机，德国军方报告称在撤退时该机已经被士兵炸毁。上图是该机被缴获前，飞机携带了1枚SC 250炸弹。

队的Bf 109护航下攻击了西西里岛北部的布罗洛和德奥兰多角附近海域的盟军海上目标，战果不大，却损失一名飞行员，7./SKG 10中队约斯特少尉被美国陆航第31战斗机大队的“喷火”击落，跳伞后约斯特被俘。下午的第三次行动中，Ⅱ./SKG 10大队的9架Fw 190采用滑翔攻击方式向盟军军舰，投下了SC 250炸弹，炸弹没有直接命中，而2架Fw 190被击落，飞行员夏伊德上士被高炮击落，拉德马赫下士则被“喷火”击落。

从8月12日起，Ⅱ./SKG 10大队连续执行近距支援任务，为撤离西西里岛的德国和意大利军队提供空中支援，驻扎在克罗托内的Ⅱ./SKG 10大队在8月12日这天执行两次作战任务。在强大的美国空中力量面前，意大利南部也不是安全之所，克罗托内机场就在美国轰炸机的打击范围内，也是重点轰炸目标。同样是8月12日，美国陆航第310和第321轰炸机大队出动45架B-25轰炸机空袭了Ⅱ./SKG 10大队驻扎的机场，1架Fw 190被炸毁。8月13日，Ⅱ./SKG 10大队和Ⅱ./Schl.G 2大队执行几次小规模行动，其间，6./SKG 10中队指挥官赫尔曼中尉的座机发动机出现故障，他只得在那不勒斯附近海域迫降，迫降失败，指挥官丧生。第二天，Ⅱ./SKG 10大队再次出击，两次行动都没有取得任何战果。此时，仍在卡普阿休整的Ⅲ./SKG 10大队没有参与战事，之前上级部门就计划再次将这个大队投入战斗。这边Ⅱ./SKG 10大队飞行员冒着生命危险在作战，而Ⅲ./SKG 10大队仍在后方晒着太阳。才休息一天，Ⅱ./SKG 10大队在8月15日下午再次投入战斗，11架Fw 190飞机用SC 250炸弹去轰炸卡塔尼亚海域的美国海军2艘巡洋舰，由于没有找到目标，轰炸编队转向奥古斯塔港。完成俯冲投弹后，Fw 190编队遭到英国空军第145中队的“喷火”攻击，2架德国飞机被击落，飞行员是克劳斯中士和雷沃尔德中士。当天傍晚的第二次行动仍然没有取得战果，只有1枚炸弹在1艘登陆舰附近爆炸。就在这天，汉斯-约布斯特·豪恩谢尔德上尉被命令取代赫尔穆特·威蒂班特上尉任Ⅱ./SKG 10大队指挥官，但是，前者直到8月23日才到任。8月16日，Ⅱ./SKG 10大队执行两次作战任务，这些行动于事无补，第二天，西西里岛上还未撤出的轴心国部队全部投降。

从7月25日开始，Fw 190飞机单位中只有Ⅱ./SKG 10大队一直在西西里岛上空执行作战任务，Ⅳ./SKG 10大队在7月25日当天执行完最后一次战斗后接到返回法国的命令，实际上，这个大队在1943年9月才动身返回法国。在这段时间里，Ⅳ./SKG 10大队没有飞机可用（飞机转交给其他单位了）。Ⅲ./SKG 10大队退出战斗的时候更早，自从7月11日开始该大队就没再执行任何作战任务。此时，上级部门决定为驻扎在卡普阿的9./SKG 10中队装备12架新飞机，这是一段时间以来中队飞机第一次达到满编状态。Ⅲ./SKG 10大队指挥官弗里茨·施罗特在谈到他的大队最近一段时间的窘况时称：

随着敌人的战斗机数量逐渐增加……空中形势从1943年中期开始，敌人战斗机数量已经有了压倒性优势，我们的对地攻击战斗轰炸机和战斗机数量远远难与之相比。燃油时常短缺使得我们的作战行动次数必须缩减，而敌人空袭机场行动将我们很多飞机炸毁在地面，被炸毁的跑道上出现很多弹坑，这又导致了我们飞机起降过程中进一步损失。我们的单位经常要防止单独执行任务，这一时期，战斗机单位被迫执行防御任务，因此，为我们飞机提供护航的战斗机少之又少。

不久后的8月21日，首架Fw 190G-3（W.Nr.160036，DP+HJ）战斗机交付给Ⅲ./SKG 10大队，这个型号和Fw 190G-1/G-2飞机随后在意大利逐渐取代Fw 190A-4/U8和Fw 190A-5/U8飞机。差不多相同时间，Ⅰ./Schl.G 2大队从皮亚琴察转移到奥地利东南的格拉茨（维也纳西南150公里），在这里，该大队将执行最后的东线战斗（帝国灭亡前，苏联从

两张照片显示的是SKG 10联队的2架Fw 190A-5/U8飞机，上图中飞机携带1枚250公斤炸弹，下图中飞机携带的是1枚500公斤炸弹，两个型号炸弹是对地攻击机常挂载的。

一名地勤人员在指引1架Fw 190F-3/Trop飞机滑向跑道，飞机的翼下通过ETC 701挂架携带4枚50公斤炸弹。

这个方向向德国本土推进）。但是，Ⅰ./Schl.G 2大队的一些老兵仍驻扎在科西嘉岛，Ⅱ./Schl.G 2大队也依旧驻扎在撒丁岛的奥塔纳。

8月24日，Ⅱ./SKG 10大队又一次攻击了奥古斯塔港，这次，Fw 190投下的1枚炸弹直接命中美国海军9000吨的“埃索普罗维登斯”号油轮，另有2枚炸弹在油轮附近爆炸，这艘油轮被严重炸伤，但油轮设法卸下油料后一瘸一拐地返回了马耳他。当天下午的第二次反舰行动中，盟军又有舰船被炸伤，但都不值一提，德国6./SKG 10中队索能伯格少尉在行动中（受伤）迫降时飞机损坏。同样是在8月24日，9./SKG 10中队被命令部署到芒特卡维诺机场执行战斗任务，第二天，10./SKG 10中队也被调到这个机场。下一天，美国陆航出动82架B-17空袭了卡普阿机场，Ⅲ./SKG 10大队的14架Fw 190被炸毁，损失相当严重。

1架10./SKG 10中队（可能）携带1枚PC 250炸弹，这是一种穿甲炸弹，无疑这是用来攻击盟军舰船的。跟具有高爆战斗部的SC 250/500炸弹相比，PC穿甲炸弹尾部更长一些。照片可能拍摄于1943年9月，当时盟军正在意大利萨莱诺登陆。

Ⅱ./SKG 10大队的1架Fw 190A-5/U8飞机正准备挂弹执行下一个作战任务，飞机的后面两轮装置就是重磅炸弹挂弹装置。照片拍摄于1943年8月。

8月28日，9./SKG 10中队10架Fw 190首次执行作战任务，在轰炸奥古斯塔港的行动中，盟军1艘运输舰被炸弹直接命中，投完弹的飞机还扫射了其他地面目标。此次战斗不久，Ⅱ./SKG 10大队又派出飞机轰炸奥古斯塔港和卡特尼亚，除了1枚炸弹险些命中1艘巡洋舰外，没有取得其他战果。

第二天下午4时整，9./SKG 10中队的10架Fw 190分别携带2个300升副油箱和1枚500公斤SC 500炸弹再次去轰炸奥古斯塔港，中队指挥官布鲁诺·舍费尔少尉用俯冲战术将500公斤的炸弹投向1艘20000吨战舰，他确信敌舰被直接命中。投完炸弹后，舍费尔的座机被防空炮火击中，返航途中他刚刚飞行25公里就不得不跳伞逃生，之后他被英国海军救起成了战俘。布鲁诺·舍费尔少尉是一位经验丰富的老兵，执行过170余次作战任务，曾获得金质德意志十字勋章，他还执行过30次反舰任务，曾用俯冲投弹和跳弹攻击方式攻击盟军舰船，他的Fw 190A-5座机上有一个醒目的白色“O”标志。接替布鲁诺·舍费尔任9./SKG 10中队指挥官的是Ⅱ./SKG 10大队的厄恩斯特·亨克尔曼中尉。舍费尔被俘了，编队其他飞行员继续飞往卡塔尼亚，因为油管故障，费舍尔下士未能返回芒特卡维诺机场，以扫上士的Fw 190A-5座机右侧减速板被地面高炮打坏，他不得不实施迫降。两个小时后，Ⅱ./SKG 10大队也派出Fw 190飞机轰炸奥古斯塔港内盟军舰船，几枚炸弹在1艘巡洋舰附近爆炸，一道防波堤被炸毁。由于发动机故障，施列格尔少尉在比安科诺沃（意大利脚趾东侧海岸）实施了迫降。

8月30日天刚刚发亮，Ⅱ./SKG 10大队又一次出动飞机轰炸奥古斯塔港，反复轰炸该港口的目的是消灭盟军舰船，因为此处港口条件好，适合军舰靠泊，能集中火力多击沉几艘盟军舰船可以打乱盟军进攻意大利本土的计划。德国的飞机编队遭到了英国空军第417中队的“喷火”战斗机拦截，尽管双方都宣称有战果，实际上双方都没有飞机被击落或击伤。比Ⅱ./SKG 10大队稍晚一点，9./SKG 10中队的Fw 190飞机编队随后赶到，但没有取得任何战果。8月的最后一天，10架全新的Fw 190飞机交付给10./SKG 10中队，同时，Ⅱ./SKG 10大队继续出击轰炸在意大利南部梅利托迪波托萨尔沃登陆的盟军登陆艇。

到9月1日，形势已经十分明朗，盟军很快就会在意大利本土或者是撒丁岛登陆，为此，德国空军SKG 10联队和Schl.G 2联队被命令进行30分钟作战准备，随时起飞轰炸盟军登陆艇。如果撒丁岛最后证明是盟军的真正目标，所有能够起飞的Fw 190飞机全部在最短时间内转移到撒丁岛上。此时，Ⅱ./SKG 10大队有27架Fw 190A-5/U8可用，而Ⅲ./SKG 10大队有41架可用。9月2日，Ⅱ./SKG 10大队的17架飞机和9./SKG 10中队的3架飞机在12时30分向奥古斯塔港投下了SC 250炸弹，德国飞机编队遭到了英国空军第81中队的“喷火”拦截，德国尼特施曼上士被击落。在返航途中，波恩代理下士实施了迫降，他只是受点轻伤，不久返回单位。在当天傍晚，Ⅱ./SKG 10大队又一次出击轰炸卡塔尼亚港，除了投下的炸弹差点击中目标外，没有实质的战果，此次行动反倒损失3架Fw 190，戴尔托下士在起飞时飞机失事坠毁，洛伦茨下士和科特上士被英国空军第81中队的“喷火”击落。此次战斗不久后，Ⅱ./SKG 10大队接到命令立即从克罗托内转移到芒特卡维诺

1架“白色14”号Fw 190A-4飞机正从西西里岛一处机场起飞。地势平坦非常利于修建机场，但却不利于防空袭，因此，这样的机场必须构建飞机防冲击波掩体。

比较清晰的一张Ⅱ./Schl.G 2中队Fw 190A-5/Trop飞机照片。机腹携带副油箱比较少见，这个重挂载点一般用于挂载重磅炸弹。

基地。

进攻意大利本岛

早在盟军入侵意大利之前，德国空军第2航空队只有722架飞机，其中387架可用，这些是西部和中部地中海战区，包括法国南部、撒丁岛和科西嘉，以及意大利的全部作战力量。这支作战力量的单发战斗机单位没有装备Fw 190战斗机，但却有90架Fw 190战斗轰炸机部署在意大利中部和南部，90架飞机中只有51架具备作战能力，英国的情报部门估计的可用飞机数字更低：

Ⅱ./SKG 10 驻扎在意大利南部克罗托内，指挥官汉斯-乔布斯特·豪恩施尔德上尉，单位装备27架Fw 190A-5/U8和Fw 190G-2飞机，其中15架具备作战能力。

Ⅲ./SKG 10 主要驻扎在意大利那不勒斯附近的卡普阿，指挥官维尔纳·戴德金德上尉（大队原指挥官施罗特在1943年9月1日被调到对地攻击飞机兵种总监的参谋部），单位装备17架Fw 190A-5/U8和Fw 190G-2、G-3飞机，其中16架具备作战能力。

Ⅱ./Schl.G 2 驻扎在意大利撒丁岛中部奥塔纳，指挥官维尔纳·道恩布拉克上尉，装备28架Fw 190A-5、A-5/U3、A-5/U8和Fw 190F-3飞机，其中18架具备作战能力。

盟军于1943年9月3日正式展开攻击意大利本土战役，战役以在雷焦卡拉布里亚登陆为开端，战役代号“湾城行动”。盟军于1943年7月在西西里岛登陆迫使墨索里尼的法西斯政府垮台，由巴多格利奥

Ⅲ./SKG 10大队1架Fw 190A-5飞机机腹携带1枚SC 250炸弹（250公斤），飞机右侧是500公斤炸弹挂弹装置，照片近处散落的是70公斤的SB 70炸弹，枪械员操弄的是SC 250炸弹。德军炸弹中“SB”表示大装药炸弹，“SC”表示高爆炸弹，“SD”表示破片式炸弹，“PC”表示穿甲炸弹。

机身无线电呼叫代号通常在交付到作战单位后去掉并换上作战单位标志或编号或字母，但是，二战中后期，由于物资供应紧张，很多飞机在前线用过很长时间后才被去掉，甚至保留到飞机作战使命结束，上图中Fw 190G-3飞机就是这种情况，被盟军在蒙泰科维诺机场缴获时机身无线电呼叫代号和涂装都跟交付时一样。下图是弗利机场的1架Fw 190A-5飞机。

组成的新政府开始与美英秘密谈判，1943年9月3日，意大利代表和盟国代表秘密签订了停战协定，因此在当天凌晨，英国陆军第8集团军从西西里岛渡过狭窄的墨西拿海峡并没有遇到意大利军队抵抗，换句话说，英国军队一上岸意大利军队就自动投降。但是，德国人不肯轻易承认失败，德国空军Ⅲ./SKG 10大队当天针对雷焦和帕尔米登陆的盟军部队进行了40多架次的轰炸，执行空袭任务的是Fw 190战斗轰炸机，为其护航的也是Fw 190飞机，剩余的Fw 190飞机在德军机场上空巡逻，防止轰炸机偷袭。但是，意大利战区司令阿尔伯特·凯塞林坚定地认为，盟军的主要登陆地点应该是意大利更北的地点，极可能是那不勒斯南部的萨莱诺地区，很快盟军的行动就证明了凯塞林的预见性。其实，在意大利更北一点登陆并不难理解，釜底抽薪可以达到事半功倍的效果，难点在于确定具体登陆地点在哪里。回到9月3日的战斗，这天Fw 190单位唯一的损失是7./Schl.G 2中队的吕根中士在撒丁岛奥塔纳附近被P-38战斗机击落。

从9月4日开始，盟军登陆后的战事激烈程度下降到一半。盟军推断，为了保证足够的后备力量在未来跟盟军大干一场，德国空军战术单位正从经常遭到空袭的南部机场向北撤退。9月4日，Ⅲ./SKG 10大队的作战飞机编队在梵蒂冈角（意大利西岸，特罗佩亚南10公里）遭遇盟军"喷火"战斗机，9./SKG 10中队科恩中士被击落。同一天，5./Schl.G 2中队的科林格上士在一次侦察任务中失踪，失踪地点可能是马耳他。尽管参与了零星的战斗，Fw 190飞机单位还是后撤到那不勒斯一带机场，在此空袭这一带的盟军登陆行动。巴多格利奥的新政府在9月3日与美英秘密谈判，五天后外界才知道双方停战谈判内容，这件事促使德国军队尽快撤离撒丁岛，驻扎在岛上的Schl.G 2联队队部和Ⅱ./Schl.G 2大队从奥塔纳基地先是后撤到科西嘉岛吉索那恰，之后再后撤到意大利北部皮亚琴察。后撤前

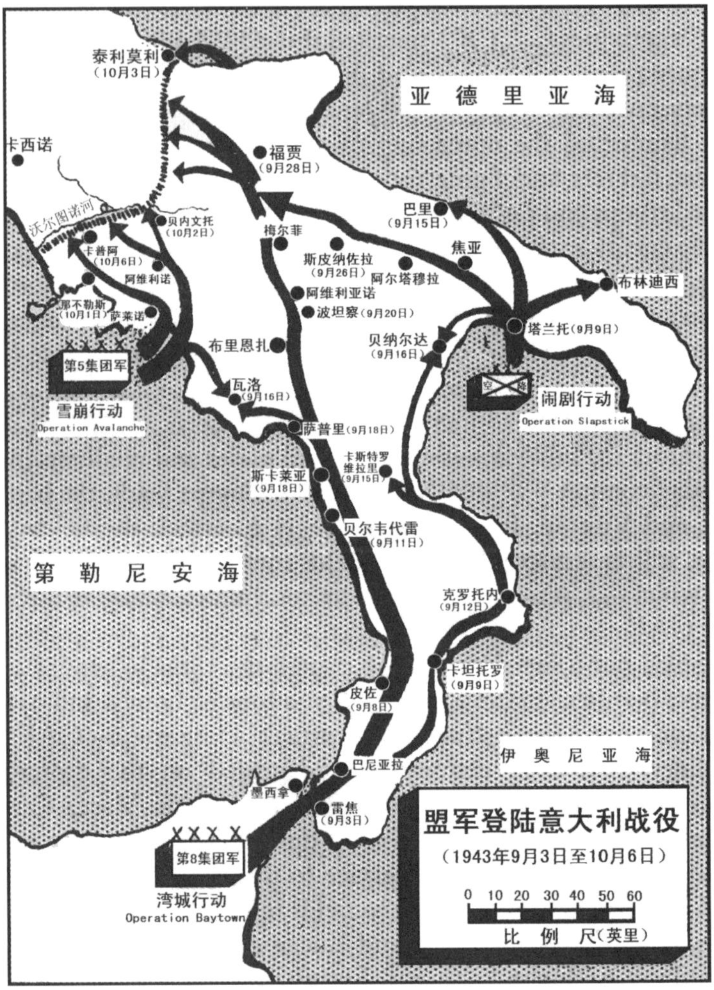

盟军入侵意大利示意图。

的9月4日，Schl.G 2联队一个四机编队有两名飞行员一死一伤，拉德马赫少尉被高炮击落身亡，埃勒斯少尉遇到发动机故障而受伤。

9月9日，盟军部队再次在意大利萨莱诺登陆，作战代号为“雪崩行动”（Operation Avalanche）。德国空军对于盟军登陆行动的“初期反应……迅速而激烈”，战斗轰炸机出动60架次对盟军登陆部队实施了轰炸。盟军的登陆作战总体计划是美国陆军马克·克拉克中将指挥的第5集团军和英国陆军理查德·麦克克雷里中将指挥的第10集团军，加上美国陆军第82空降师作为后备力量夺取那不勒斯港，以确保盟军登陆后的物资供应。下一步就是横穿意大利中部到东海岸，切断意大利南部的轴心国部队的退路，迫使其投降。这个战略不难理解，因此德国空军竭尽全力阻止盟军在萨莱诺登陆，其中Ⅲ./SKG 10大队出动30—40架Fw 190飞机企图连番轰炸登陆艇和上岸士兵，但是，盟军的“喷火”和P-38、P-51战斗机有效地阻止了德军的空袭。盟军设置的阻塞气球也大大阻碍了Fw 190飞机从低空轰炸，总之，德军这点力量（即使加上轰炸机等）阻止不了盟军登岸的决心。

由于盟军登岸后的推进速度相当快，德国空军Ⅲ./SKG 10大队每离开一个机场都被迫烧掉带不走的Fw 190飞机，前后烧掉29架。下表就是离开机场烧毁飞机的情况，括号中为飞机序列号：

那不勒斯北 35 公里的卡普阿机场

Fw 190A-5(1469)	Fw 190A-5(1590)	Fw 190A-5(1664)	Fw 190A-5(1665)
Fw 190A-5(1670)	Fw 190A-5(1671)	Fw 190A-5(1728)	Fw 190G-3(160002)
Fw 190G-3(160010)	Fw 190G-3(160011)	Fw 190G-3(160041)	Fw 190G-3(160062)
Fw 190G-3(160075)			

那不勒斯西稍偏南 75 公里的蒙泰科维诺机场

Fw 190G-3(160016)	Fw 190G-3(160018)	Fw 190G-3(160022)	Fw 190G-3(160023)
Fw 190G-3(160043)	Fw 190G-3(160063)	Fw 190G-3(160085)	

那不勒斯西稍偏南 45 公里的埃博利机场

Fw 190A-5(1669)	Fw 190A-5(1673)	Fw 190A-5(1719)	Fw 190G-3(160007)
Fw 190G-3(160049)	Fw 190G-3(160058)		

那不勒斯西 45 公里的阿韦利诺机场

Fw 190G-3(160017)	Fw 190G-3(1600568)		

那不勒斯东北 55 公里的贝内文托机场

Fw 190G-3(160069)			

德军地面部队节节败退，德国空军也相当狼狈，战损和事故飞机根本来不及修理，物资供应又出大问题，可以想象，缺少飞机严重影响了空军随后几个星期的作战行动，尽管个别飞机还是一有机会就升空作战。与此同时，原驻扎在意大利脚后跟克罗托内的Ⅱ./SKG 10大队也后撤到罗马东北22公里的圭多尼亚。

Ⅱ./SKG 10大队在9月10日的损失尤其严重，指挥官汉斯-乔布斯特·豪恩施尔德上尉在执行轰炸萨莱诺登陆的盟军

专业对地攻击型号Fw 190F和Fw 190G在这一时期开始大量装备对地攻击单位，图中是Fw 190G-3，飞机携带了1个AB 500炸弹容器。每架飞机的机翼上都坐一个人，这是在引导飞机滑向跑道。

行动中阵亡，他可能是被英国空军第111中队的“喷火”Ⅸ在埃博利附近击落的。作战中受轻伤的飞行员包括格哈德·瓦尔特上尉，他后来升任Ⅱ./SKG 10大队指挥官。同一天，在科西嘉，6./Schl.G 2中队的两名飞行员转场到意大利本岛途经吉索那恰时飞机出现故障而受损。两天后，德军下令放弃科西嘉岛。

截至9月11日，盟军已经在登陆地点的阿格罗波利和阿马尔菲建立了纵深18公里，宽70公里的滩头阵地，德国空军Fw 190飞机单位则加紧对波坦察一带登陆的英军第8集团军的登陆艇和盟军舰船实施轰炸，增援Fw 190的是携带W.Gr 210火箭弹的Bf 109，这种用于攻击轰炸机的火箭弹此时用于对地攻击，比攻击轰炸机群更有效。德国空军的反击在9月12日和13日达到高潮，在这些行动中，9./SKG 10中队指挥官施奈德中尉和另一名飞行员被击落身亡。两天后，10./SKG 10中队霍斯特·库尔帕少尉在罗卡达斯皮德西北击落1架“喷火”战斗机，但是，在同一场战斗中，同一中队的伯特少尉被击落。在萨莱诺，德国空军仍旧集中力量攻击盟军舰船和登陆艇，而不是陆上目标，英国的一份报告描述道：

> Fw 190飞机作战力量从来就没有足够强大到扰乱（盟军）登陆行动，但是，他们也确实取得一点成功……

德国空军的新战术有时会取得一些效果，比如Fw 190飞机通过低空攻击来吸引盟军的防空力量，而KG 100联队的飞机在高空投放制导炸弹。9月14日，德国空军用这种战术击沉过2艘盟军自由轮。9月16日下午2时刚过，英国皇家海

近距离观察1架Fw 190G-3飞机，飞机机腹携带1个ETC 501炸弹挂架，左侧机翼携带1个福克-沃尔夫公司设计的副油箱挂架。携带2个副油箱和1枚500公斤炸弹会使飞机速度下降90公里/小时，机动性能大大降低。

军“厌战”号战列舰完成炮击岸上目标后正在返航，这时，12架Fw 190飞机从太阳方向向这艘战列舰发起攻击，“厌战”号战列舰和随行的“德里”号巡洋舰的高炮编织火网拦截来袭之敌，后者击落1架Fw 190，德军的空袭没有给英国舰船造成任何损伤。但是，几分钟后，Ⅲ./KG 100大队飞机投下的FX 1400/X-1/Fritz X制导炸弹却命中了“厌战”号战列舰，军舰遭到严重破坏。同样是在9月16日，Ⅱ./SKG 10大队新任指挥官冯·维德尔上尉被“喷火”战斗机击落，指挥官失踪。11./SKG 10中队的汉斯·施密特中士在圣谢维诺附近击落1架P-40战斗机。

德国只有招架之力，陆军第10集团军司令海因里希·冯·威汀霍夫上将向凯塞林元帅汇报称，盟军的空中和海军力量具备决定性的优势，德军力量远远不足消灭敌人。两个Fw 190飞机大队持续高强度作战的损失仍在增加，9月17日，10./SKG 10中队基特金下士丧生；9月18日，9./SKG 10中队斯图贝尔少尉和6./SKG 10中队施密茨下士阵亡，后者可能是被意大利游击队击落的。9月的最后一个星期，Fw 190仍不断地损失。截至10月初，整个意大利南部已处在盟军控制之下，如今盟军面对的是横穿意大利岛的沃尔图诺防线，这是德军精心构置的第一道阻止盟军北上的防线，德军并不指望这条防线能阻止盟军的步伐，凯塞林的打算是沃尔图诺防线能延缓盟军北上的步伐，给德军充足的时间构筑更坚固的“冬季防线”，所谓“冬季防线”是一系列防线的总称，意思是到冬天时节完全具备阻止盟军推进的能力，几条横穿意大利的防线中最重要、最牢固、德军最倚重的就是“古斯塔夫防线”。

Ⅱ./SKG 10大队最后一次战损发生在10月10日，当时，6./SKG 10中队两名飞行员格拉泽尔上士和庞德候补军士在战斗中均被盟军高炮击落；Ⅲ./SKG 10大队最后一次战损发生在10月13日，厄恩斯特·施奈德中尉在萨莱诺附近被盟军战斗机击落。五天后，仍在地中海战区作战的Fw 190飞机大队番号进行了调整，Stab./Schl.G 2改为Stab./SG 4，指挥官是海因里希·布鲁克少校，单位驻扎在意大利北部皮亚琴察；Ⅱ./Schl.G 2改为Ⅰ./SG 4，指挥官维尔纳·道恩布拉克上尉，单位驻扎在意大利圭多尼亚；Ⅱ./SKG 10改为Ⅱ./SG 4，指挥官格哈德·瓦尔特上尉，单位驻扎在圭多尼亚和福尔巴拉（罗马西北20公里）附近；Ⅲ./SKG 10改

SG 4联队的飞机大多采用沙漠迷彩涂装，这种涂装跟干旱的南部意大利地貌非常相似。但是盟军却称这种迷彩并不合适，作战时可以从很远的距离发现德军飞机。

为Ⅲ./SG 4，指挥官维尔纳·戴德金德中尉，单位驻扎在奥地利格拉茨，这个大队后来部署到法国，再也没有参加意大利战役。

这一时期，驻扎在意大利的对地攻击单位主要装备Fw 190A-5/U8战斗轰炸机。盟军在已占领的机场发现其他型号Fw 190飞机，比如在撒丁岛西北部阿尔盖罗发现1架Fw 190A-5/U17，W.Nr.423008飞机，在那不勒斯卡波蒂奇诺机场发现12架Fw 190F-3。SG 4联队的官方损失记录中主要损失型号是Fw 190G-3和G-2飞机：Ⅱ./SG 4大队圭多尼亚基地在10月24日的盟军空袭中损失4架Fw 190G-3。11月12日，SG 4联队采取报复措施空袭盟军的波米利亚诺达尔科（那不勒斯东北10公里）机场，使用的武器是AB 500炸弹容器。德国SG 4联队被分配的打击目标在那不勒斯周边，这一带多山，德国Fw 190会利用山谷从低空飞抵美国陆航机场，即使现在这种低空利用山地掩护的进攻方式都很难被发现，因此，德国的战斗轰炸机很容易达成突袭。美国陆航的一份报告称：

今天非常刺激，早饭刚过，几架福克-沃尔夫飞机突袭了我们机场，他们在一条跑道尽头投下了“手榴弹”（炸弹容器投下的子弹药），随后用机枪/机炮扫射，1架P-38和1架P-51战斗机，以及1架J-3“幼兽”轻型飞机被击中受损。我们的80毫米“阿克阿克”高炮在机场上空击落1架福克-沃尔夫飞机，这架飞机在空中就中弹解体，剩下的只是一层褐色烟尘。

英国皇家空军第111战术侦察中队的基地也被空袭，但损失并不严重。

1943年11月，Ⅲ./SG 4大队后撤到法国北部圣康坦克拉斯特进行休整和换装工作，转移前，该大队的飞行员转场到意大利，军官则到意大利南部增加一些作战经验。每个中队轮流部署到法国图卢兹进行海岸反潜和巡逻任务。格哈德·魏耶特少校在1944年2月14日被任命为Ⅲ./SG 4大队指挥官，1944年3月，他的大队开始换装Fw 190A-6和Fw 190A-5/U8飞机，4月装备Fw 190A-7飞机。

1943年12月1日，海因里希·齐威普上尉被任命为Ⅰ./SG 4大队指挥官，原指挥官道恩布拉克被调往对地攻击飞机兵种总监任职，监督波兰境内的后备飞行员训练。Ⅱ./SG 4大队有一个额外军官，他的军衔比整个联队任何人的都高，他就是奥地利人，38岁的威尔弗里德·冯·穆勒-莱因茨伯格中校，这个老兵执行过500次作战任务，大部分是制空作战任务

在1944年春夏之际，Ⅰ./SG 4和Ⅱ./SG 4大队主要装备Fw 190F-3/Trop战斗机，意大利某些地方比较干旱，沙尘较多，不过比北非沙漠地区要好多了。

（他原是战斗机飞行员），他的对地攻击经验也相当丰富，凭这几点他被任命为对地攻击联队（SG4）指挥官。12月1日，他参与了一次攻击桑格罗河北部盟军一支地面纵队行动，投弹时他的座机发动机被击中，最后在一处河岸迫降，他根本就没按规定毁掉Fw 190G-3，W.Nr.160435，蓝色G座机，他成了战俘，飞机成了战利品。两天后，33架Fw 190飞机轰炸了德国第76装甲集团军前线的敌方坦克、车辆和帐篷，报告称“远处可以见熊熊火焰和冲天的烟柱，估计轰炸效果非常好”。4./SG 4中队的费舍尔下士还击落1架“喷火”战斗机，另1架被击伤，拖着浓烟逃跑了。12月5日的天气很糟糕，但是SG 4联队仍然出动28架飞机轰炸和扫射了盟军坦克。冬天气候多变，因此战事较少，在12月剩下的时间里，Ⅱ./SG 4大队在战斗中仅仅损失了2架飞机。

1944年1月

新年的1月8日，35架Fw 190飞机参与了针对米尼亚诺的三场作战行动，作战报告称：“……轰炸效果非常好，到处是火光冲天，AB 500炸弹容器撒下的成片微型炸弹炸毁了敌人大量的摩托化车辆。”战斗期间，4./SG 4中队的海因里希·施朗下士的Fw 190G-3座机（W.Nr.160009）被击中，他最后坠落在德军控制区身亡。

一个星期后，德国Fw 190飞机单位只执行了7架次的针对切尔瓦罗作战任务，因为作战单位位于罗马周围的基地遭到盟军轰炸，飞机只得再向北撤退。1月16日，德国空军第2航空队最大程度地出动飞机进行了三次对地攻击任务，所谓最大不过是13架、11架和10架Fw 190飞机规模。这些行动为的是支援德国陆军第5山地师，轰炸那不勒斯东北50公里瓦莱罗通迪的盟军车辆和步兵。由于气候原因，SG 4联队在1月17日没有出击，但是第二天，Ⅱ./SG 4大队派出8架Fw 190轰炸了明图尔诺附近加里利亚诺河沿岸盟军目标，其间1架Fw 190携带的AB 500炸弹容器在空中突然爆炸，不知道是否波及了其他飞机。1月19日的战斗更让德国人无奈，盟军当天轰炸了Ⅱ./SG 4大队的基地，正在返航的7架Fw 190和25架护航飞机（属Ⅰ./JG 4大队和Ⅱ./JG 51大队）只得另寻机场着陆，当天其后的作战任务不得不取消。

盟军部队于1月22日突然在安齐奥聂图诺登陆，直取德军防线侧翼，德军在意大利构建的几条横穿意大利岛防线的最大问题在于绕到背后这些防线就形同虚设。盟军在安齐奥的登陆达到了战术突然性，随后的六个小时里，德国空军没有任何针对性的行动。一份英国的报告称“甚至其后白天的德国反应都很微弱”，虽然如此，德国空军第2航空队的前线战术司令部仍然派出对地攻

Ⅰ./SG 4大队1架Fw 190F-8战斗机，地勤人员似乎在修整跑道，德军不断后撤，作战单位也跟着频繁进驻新机场。

击机执行了四次作战任务：

面对盟军远远占据优势的战斗机力量，有时机场上空必须激战一番把敌机赶走才能着陆。

在聂图诺上空，6./SG 4中队弗兰茨·容格尔斯上士驾驶1架Fw 190A-6，W.Nr.470320飞机被击伤，这个型号飞机在未来几个月将成为SG 4联队的主力机型。5./SG 4中队海因茨·施密特中士击落1架“喷火”战斗机。

1月23日，SG 4联队执行了三次，计35架次的空袭任务，轰炸盟军登陆艇和步兵集结地，第2航空队前线战术司令部报告称：“由于敌人防空火力猛烈，所有出动的飞机都不同程度受伤。”第二天，SG 4联队执行两次作战任务都因天气原因没有取得成功，护航的战斗机则被盟军战斗机驱散。天气稍有好转，德国空军再次于1月25日和26日对盟军舰船发起攻击。

德国SG 4联队的两个大队为随后德军地面部队反击盟军登陆部队的行动提供空中支援，1月27日的战斗达到白热化，虽然数量越来越少，Fw 190飞机仍然全体出动，甚至携带W.Gr 21火箭弹的Bf 109G战斗机也投入到反舰行动中，盟军1艘登陆舰被击沉，1艘大型登陆艇也中弹后沉没，其他一些不同大小的舰船也被击中，有的甚至被击中4次。两天后，德国空军改变攻击战术，之后的轰炸取得了意想不到的效果，步兵集结点、登陆点和登陆艇纷纷被击中，1艘盟军800吨级的登陆艇“被炸弹直接命中爆炸”。第二天，Ⅱ./SG 4大队队部加特纳少尉在安齐奥附近击落1架“喷火”战斗机。

这架“白色1”号Fw 190F-8是1./SG 4中队指挥官海因里希·卡拉斯中尉的座机，但后来他驾驶“白色3”号飞机作战期间失踪。

1944年2月

Fw 190飞机作战单位会定期地在皮亚琴察休整和补充装备、人员等，而Ⅰ./SG 4大队自成立以来就一直在那里，没有参与战斗，该出力了。2月1日，1./SG 4中队和3./SG 4中队被调往罗马北部稍偏东150公里的福利尼奥，与此同时，Ⅱ./SG 4大队已经部署到维泰博（罗马西北100公里），继续战斗。在前线，基本作战模式就是对地攻击单位一天执行两次，偶尔三次作战任务，作战时一个或两个大队战斗机为其护航。安齐奥聂图诺一带的盟军桥头堡是轰炸的重点，其南面更广阔的登陆点是次要攻

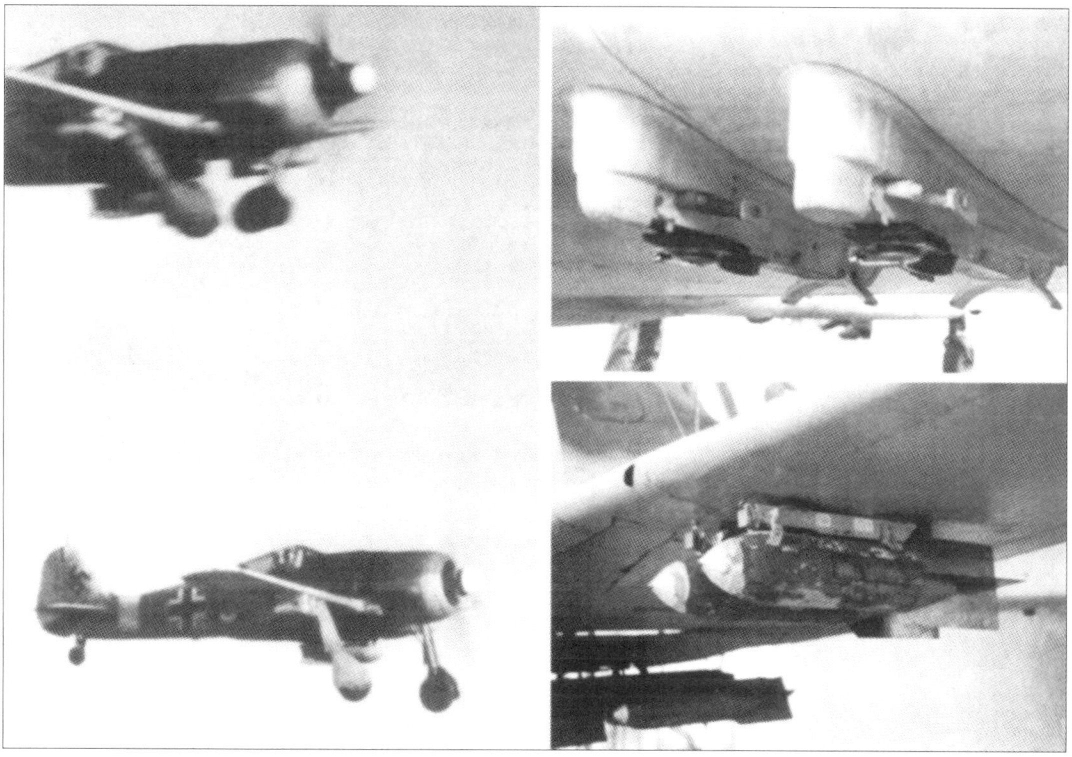

左图中2架Fw 190F-8飞机都满载炸弹，机翼携带4枚50公斤炸弹，机腹携带1枚250公斤炸弹。右侧上下两图是福克-沃尔夫公司资料所称的ETC 501挂架，但是两者区别很大，上图是实际装备使用的，下图估计只是其中一个方案。

击目标。事实上，德国空军在各个战场的战斗机力量、对地攻击机力量，以及其他作战力量的规模很小，完全靠质量取胜，跟盟军一次出动数百架飞机相比不值一提，因此消耗战注定失败的是德军。

2月2日，5./SG 4中队库尔特·拉德伯尔德下士驾驶的Fw 190G-3，W.Nr.160429飞机被"喷火"战斗机击落。Ⅰ./SG 4大队的目标是安齐奥滩头卸货的货船，但是，滩头地带上空云层使得Fw 190不得不返回罗马，之后又返回从低空45度角俯冲进入投下AB 500炸弹容器和SD 500炸弹。第二天，SG 4联队的飞机将炸弹投给了卡西诺最西边德国步兵对面的盟军。2月3日晚，德军向盟军滩头部队发起反攻，原来Fw 190飞机单位负责空中支援，再次由于气候原因空中行动被取消。

在2月7日的两个作战任务中，28架Fw 190飞机攻击了聂图诺和安齐奥港，轰炸后，6./SG 4中队指挥官卢特尔少尉和他的四机编队没有返航，而是继续在目标区一条通往阿普里利亚的公路上空盘旋。这时盟军战斗机突然冲过来攻击卢特尔少尉，他的僚机瓦尔特·克莱恩少尉见状立即飞过来保护他，结果瓦尔特·克莱恩少尉被另1架"喷火"击落，他大难不死，后来在盟军几家医院度过几个星期。那天下午的攻击行动中，5枚反人员炸弹落入了美国陆军第95转运医院，造成90名工作人员和病人伤亡。德方的说法是那架德国飞机遭到1架"喷火"战斗机的攻击，为了保命，德国飞行员投下反人员炸弹，不料炸弹落在了战地医院，随后这架德国飞机还是被击落。这架犯罪飞机可能是1架Fw 190A-6，W.Nr.470440，黄色L，座机属于6./SG 4中队乔治·格兰德尔下士。当时轰炸过一条盟军跑道后，他的中队飞机和护航战斗机一道返航，这个过程中德国飞机编队遭遇“喷火”飞机，格兰德尔遭到1架“喷火”正面攻击，地面高炮也在向德机射击，格兰德尔座机被击中，他跳伞逃生。此次行动中，Ⅱ./SG 4大队队部霍斯特·库尔帕少尉声称击落1架“喷火”战斗机，这是他个人第二架战果，两天前他击落1架“小鹰”（P-40D型号的别称）战斗机，随后的另一场战斗中，对地攻击单位再次击落1架“喷火”，获胜的飞行员不详。2./SG 4中队克雷格少尉在一次训练中丧生。

大部分日子里，SG 4联队被命令随时准备升空作战，但由于气候条件不佳作战任务被取消，或是机场被水淹，飞机不得不减少炸弹载荷。Fw 190飞机的2月10日作战目标是安齐奥阿普里利亚铁路和步兵临时营地。任务中，4./SG 4中队杰克布·凯尔纳上士受伤，之前以为他失踪，后被找到。2月15日，1./SG 4中队弗兰茨·马尔施上士击落1架“蜻蜓”炮兵观察飞机，马尔施上士实际上是JG 4联队的Bf 109战斗机飞行员，很可能后来研究人员将“JG 4”误写成了“SG 4”。

2./SG 4中队的一名地勤人员趴在机翼上为飞行员指引方向，飞机仍保留着番号更改前的标志：手拿斧头骑在炸弹上的米老鼠。

2月16日，德军向盟军登陆部队发起大规模攻击行动，德国空军第2航空队的作战飞机支援德军地面部队行动，空勤人员和地勤人员都十分清楚当天行动的重要性，对地攻击单位SG 4联队的作战任务之一是帕迪廖内（安齐奥北2公里）目标：

13架Fw 190飞机，16时整（GMT，格林威治时间），3枚炸弹落入公路网格地图SI5A内，5枚炸弹落入公路网格地图SI4B内，1枚炸弹落入SH8C内，1枚炸弹落入SI4B内，1枚炸弹落入炮兵阵地网格地图SI4C内，2枚炸弹落入己方地域，但并未爆炸。1架Fw 190飞机起落架受损离开战场。起飞时，12架敌机进入机场上空……没有损失。

第二天，这种高强度的战斗仍在继续，对地攻击单位执行了四次作战任务。2月19日的一次攻击行动中，12架Fw 190在罗马南部空域突遇12架“喷火”，所有Fw 190都在己方控制地区抛下炸弹应战，Ⅱ./SG 4大队队部瓦尔特·希尔霍恩上士被击中受伤，后跳伞逃生。在2月20日至23日的战斗中，德国SG 4联队损失较大，每天损失2架飞机，其中只有5./SG 4中队指挥官埃里希·庞格上尉幸存，他在2月20日被盟军高炮击中，他跳伞后只受点轻伤，后返回了单位。1944年10月，庞格上尉获得“骑士十字勋章”。

2月22日至24日，Ⅰ./SG 4大队通过陆路从皮亚琴察转移到罗马北部的维泰博，Ⅱ./SG 4大队此时也在该地，两个大队分别占据一个机场。2月27

盟军在安齐奥聂图诺登陆期间，2./SG 4中队驻扎在皮亚琴察，这个中队装备的是Fw 190A-6飞机。这一时期，对地攻击单位一般装备Fw 190F或Fw 190G型号，但是，产量跟不上，只得装备Fw 190A型号，好在制空型的对地攻击性能也相当出色，实际上Fw 190F和Fw 190G就是制空型（A）的别称。

盟军在安齐奥登陆期间，德国Ⅰ./SG 4大队主要装备Fw 190F-8飞机，F型是对地攻击单位专用型号，而A型也可以执行对地攻击任务，携带武器品种和数量（重量）也相同，但设备小有差别。

日，SG 4联队派出24架飞机攻击安齐奥港口和码头：2架飞机攻击未成功，1架飞机被高炮击落，2架遭到“喷火”的拦截后失踪，还有1架被击伤后实施了迫降，另1架迫降过程中完全毁坏。

2月29日，德军发动最后一次大规模的反击桥头堡的行动，力求把盟军赶下海，提供战场支援任务的仍是Fw 190部队。实际上，自从2月20日开始，盟军情报部门就在一直密切监视着三个装备Fw 190的中队和一个Bf 109的中队从法国部署到意大利，这就是埃里希·霍哈根上尉的Ⅰ./JG 2大队。在意大利卡斯蒂廖内德拉堡（意大利中部特拉西梅湖边城市）热身训练几天后，Ⅰ./JG 2大队到前线上空执行几次制空作战任务。在两次下午的作战行动中，新到的Fw 190战斗机击落至少4架“喷火”战斗机、1架P-40战斗机和1架“蜻蜓”炮兵观察飞机。3./JG 2中队汉斯·哈斯下士作战过程中受伤，同中队的汉斯·阿赫伦德下士阵亡。盟军方面承认的损失是1架英国空军“小鹰”战斗机（P-40的另一个型号）、1架奥斯特公司研制的飞机（这类小飞机统称“奥斯特”）和1架美国陆军的“喷火”战斗机。

1944年3月

德国空军Ⅰ./JG 2大队的飞机在安齐奥一带上空出现后，盟军惊呼：“装备Fw 190和Bf 109战斗机的新大队出现在滩头阵地上空，这些飞机相当具备攻击性……特别卖力，勇敢无畏。”这是初到意大利战场Ⅰ./JG 2大队赢得的名声，德国空军也将其作为重要打击力量派到这里。奋战五个星期后，Ⅰ./JG 2大队声称击落52架敌机，其中1./JG 2中队就包揽了其中30架，而且没有损失一名飞行员，作战时，这个执行制空作战任务的大队飞机总是最先抵达战场。虽然盟军承认的损失为20—25架飞机，德国Ⅰ./JG 2大队仍让盟军刮目相看。Ⅰ./JG 2大队在3月的第一场战斗发生在3月3日，当天任务是拦截空袭德军机场的美国重型轰炸机，行动前美军机组已经获得情报称，银灰涂装加上黄色垂尾的是Fw 190飞机。在这第一次重要战斗中德国Ⅰ./JG 2大队就大获全胜，击落5架P-47和5架B-24，己方的损失是一名飞行员阵亡和一名飞行员受伤，两人均属2./JG 2中队；另外，4./JG 2中队的一位Bf 109飞行员阵亡。4./JG 2中队是装备Bf 109战斗机的单位，由此可见，这个大队由四个中队组成。

1944年3月8日的意大利战区Fw 190作战力量战斗序列

Ⅰ./JG 2	21(18)架	Fw 190A-6和A-7战斗机	36(33)名飞行员
	7(2)架	Bf 109G-6战斗机	
Stab./SG 4	3(3)架	Fw 190A-6和G-3战斗轰炸机	8(3)名飞行员
Ⅰ./SG 4	38(35)架	Fw 190A-6和G-3战斗轰炸机	44(22)名飞行员
Ⅱ./SG 4	21(16)架	Fw 190A-6和G-3战斗轰炸机	28(13)名飞行员

3月11日早晨，SG 4联队的Fw 190飞机再次返回滩头阵地上空，16架飞机向正在卸载的舰船投下了炸弹，己方没有损失，但有2架飞机因发动机故障脱离战斗。两天后，美国陆航第86战斗轰炸机大队的A-36飞机[①]俯冲轰炸奥尔泰至奥尔维耶多铁路时遭到20—25架Fw 190和Bf 109战斗机从高空实施的攻击，Ⅰ./JG 2大队的两个型号战斗机紧急起飞后来到这里攻击美国飞机，2./JG 2、3./JG 2和4./JG 2中队共有五名飞行员分别击落1架美军A-36，全部战果均在九分钟内搞定。但是，美军称，只有3架飞机被击落，第四架飞机被击伤准备返回波米利亚诺机场，为了更保险一些，这个美国飞行员在海上实施了跳伞，而不是迫降，之后飞行员被营救上岸。

Ⅰ./SG 4大队的Fw 190F-8飞机正滑向跑道准备起飞，飞机后机身白色识别条纹只有后机身一半高，这跟帝国保卫战中的识别条纹样式不一样，但是作用一样。1944年6月间，Ⅰ./SG 4大队驻扎在皮亚琴察。

此次行动后，刚击落1架A-36飞机的弗里茨·哈特曼中士降落在卡尼诺附近的迪亚沃罗机场，机场在卡斯蒂廖内德拉堡西南75公里，离战线更近，

① 美国北美航空公司的对地攻击和俯冲轰炸机，由P-51“野马”战斗机改进而来，飞机绰号是“阿帕奇”（跟AH-64武装直升机的绰号一样），也有资料称之为“入侵者”（Invader），甚至仍称之为“野马”。

因此Ⅰ./JG 2大队更多的飞机随后也部署到这里。3月14日，Ⅰ./JG 2大队的战斗机紧急起飞迎击美国陆航第42轰炸机联队的B-26轰炸机，美国轰炸机编队正在轰炸机罗马普列尼斯蒂纳（罗马城市东10公里）火车编组站。美机轰炸完目标刚刚转弯准备离去时，德国战斗机正好赶到并立即发起攻击，1./JG 2中队齐格菲尔德·莱姆科候补中士击落1架B-26，但美国方面称没有B-26飞机被击落，而德国3./JG 2中队却损失2架Fw 190，1架飞机的飞行员是罗尔夫·埃斯赫少尉，他跳伞后受伤；另一人是中队指挥官阿达尔伯特·索梅尔上尉，阵亡。为美军B-26轰炸机护航的是美军和英军"喷火"战斗机，两个单位都没有声称击落敌机，因此，击落索梅尔的只能是轰炸机的自卫火力。另一位阵亡的德国飞行员是4./SG 4中队的费舍尔候补下士，他着陆时与另一架飞机相撞，飞机坠毁。

3月17日上午，英国空军第72中队的"喷火"飞机拦截了正在靠近安齐奥海滩的Fw 190飞机编队，英军声称可能击落1架、击伤2架敌机，己方损失2架"喷火"飞机，获得战果的德国飞行员是莱姆科和鲁道夫·威特根下士。执行对地攻击的是SG 4联队的21架Fw 190，Ⅱ./SG 4大队队部埃哈德·迈格斯中尉被击落阵亡。大约4个小时后，又有15架Fw 190飞机被派出轰炸卡西诺郊区的铁路桥，为其护航的是Ⅲ./JG 53大队Bf 109。

第二天早晨，SG 4联队的Fw 190战斗轰炸机在Ⅰ./JG 2大队的Fw 190和Bf 109战斗机护航下再次轰炸卡西诺目标，3./JG 2中队莱姆科和卡尔·贝罗赫拉维克下士分别击落1架"喷火"，5./SG 4中队布鲁赫少尉也击落1架"喷火"。当天下午，SG 4联队发动另一次轰炸卡西诺目标的行动，为其护航的是Ⅰ./JG 2大队、Ⅲ./JG 53大队和Ⅱ./JG 77大队，Ⅰ./JG 2大队再次声称击落2架"喷火"，Ⅱ./SG 4大队队部库尔帕少尉也击落1架同型飞机。实际上，美军称，陆航第31战斗机大队仅损失1架"喷火"，另1架受伤，美军声称的战绩是6—1—4架Fw 190和1架Bf 109战斗机。"6—1—4"是英美两国表示战斗战绩的描述方式，击落6架、可能击落1架和击伤4架Fw 190飞机，细看不太可能，德国战斗机单位的作战力量很强，这么大比分的失利不太可能，而且除Ⅰ./JG 2大队外其他护航单位并没有装备Fw 190战斗机。

3月20日，2./SG 4中队损失3名飞行员和他们的Fw 190A-6座机，均被"喷火"飞机在聂图诺上空击落，三名飞行员分别是洛塔尔·迈耶尔少尉、阿尔弗雷德·霍夫梅斯特上士和马蒂

英国皇家空军也装备了美国产的A-36A"阿帕奇"攻击机，第一个"A"表示攻击。注意机翼上下表面的格栅减速板非常醒目，俯冲轰炸机常会用到减速板。

难得一见的重磅炸弹挂弹装置，外国资料常称之为“炸弹推车”，它可以近距将炸弹推到机腹，再通过液压机构（千斤顶）升起炸弹。注意看中间人员手拿的器械，这是炸弹与挂架连接的装置，我们看到的ETC 501包括这个连接装置和整流罩等。

亚斯·海根豪泽上士。在前一天（3月19日），SG 4联队执行了59架次额外的作战任务；3月29日早晨，Ⅰ./SG 4大队的Fw 190轰炸了卡西诺东南目标。当天下午，这个大队再次出动15架Fw 190去轰炸安齐奥附近海域的盟军舰船，为其护航的是Ⅲ./JG 53大队Bf 109，这次行动中，Fw 190投下了阿玛托炸弹（安装阿玛托炸药的炸弹，阿玛托是由TNT和硝酸铵合成的威力更大的高爆炸药），但是4架Fw 190未能返回。

1944年4月

进行了三天休息后，Ⅰ./JG 2大队在4月2日再次走上战场，刚刚晋升为少尉的莱姆科和威特根下士分别击落1架P-39和“喷火”战斗机。这天，美国陆航第347战斗机中队8架P-39在轰炸蒙塔尔托迪卡斯特罗（罗马西北约100公里海滨城市）北面建筑物时，为其在高空护航的“喷火”飞机编队遭到德军4架Fw 190战斗机攻击，美国陆航“喷火”飞行员米尔顿·哈尔伯中尉回忆称：

……他们在很近的距离向我们开火，曳光弹（前几枚一般是指示弹道的曳光弹）在我的座机两侧机翼划过，20毫米炮弹就在我们的前方爆炸……1架Fw 190飞机从我上方飞过直奔亨顿少尉……我立即切入，并在距敌机约90米处开火……我看到（我射出的炮弹）击中敌机发动机罩和机头……我看见碎片从飞机上脱落，敌机小角度向右俯冲，随后向后方意大利海岸方向飞去，飞机的尾部拖着长长的黑烟……我可能击落了1架Fw 190飞机。

事实上，交战双方此次战斗都没有损失飞机。第二天，齐格菲尔德·莱姆科少尉获得金质德意志勋章，他在四天前就已经获得了空军荣誉奖杯[①]。Ⅰ./JG 2大队最后一次在意大利上空作战是在4月6日，两天后，该大队后撤到法国南部普

① 德国空军荣誉奖杯是1940年2月27日正式设立的奖项，用于奖励有特别贡献的德国空军飞行员，该荣誉奖杯在1944年12月10日废止，从设立到废止，共有58000名德国飞行员获此奖杯。奖杯高205毫米，直径100毫米，材质为银合金。

Ⅱ./SG 4大队的1架Fw 190F-3飞机携带1枚SC 250炸弹准备执行作战任务，后机身白色“—”意思是第Ⅱ大队。

罗旺斯艾克斯休整。一个多月后的5月12日，Ⅰ./JG 2大队再次在法国弗克桑地区科尔梅耶恢复作战任务。

4月7日，英国空军第112中队12架“小鹰”Ⅲ战斗机满载炸弹和远程副油箱从意大利库特拉（泰利莫利境内海滨小镇）起飞进行远程武装侦察任务，在意大利列蒂上空，“小鹰”飞机编队发现12架以上Fw 190飞机正在地面滑行准备起飞。被英军沙漠空军司令部称为“锋利刀片”的第112中队趁着德军飞机仓促准备起飞时发起了攻击，起飞阶段，特别是还未升空的飞机遭到攻击时没有任何还手之力，当即刚刚起飞的3架Fw 190飞机被击落，正在滑行的有5架被炸伤：

埃亨上尉攻击了1架正在起飞的敌机……彼得斯上士攻击了1架起落架还未收起的敌机，敌机爆炸后变成一团火球……考克斯上士攻击了另1架正在起飞的福克-沃尔夫战斗机，敌机被击中起火，坠毁在着陆跑道上……考克斯上士做了一个失速转弯继续攻击另1架福克-沃尔夫飞机，但是考克斯飞机失速进入螺旋，然后坠毁……他的飞机和炸弹一起坠地爆炸。

……另1架福克-沃尔夫战斗机此时在埃亨上尉的后面，埃亨的座机机翼、副翼和机身被严重击伤……沃布尔顿上士在发起第一轮攻击后就不见了踪影。但是一名飞行员在无线电中说“我被击中”，说这话的可能就是沃布尔顿。1架Fw 190飞机被发现坠地爆炸成火球……不清楚是被谁击落的。

……敌机的迷彩涂装非常糟糕：上机身为墨绿色，机腹为淡蓝色，这种迷彩涂装飞机在很远就能被发现。

当天（4月7日）下午，SG 4联队出动18架次飞机空袭帕隆巴罗（罗马北约120公里），

英国皇家空军装备了大量美国产飞机，图中是P-40D“小鹰”战斗机。

交付给SG 4联队的1架Fw 190F-3/Trop飞机正在进行发动机试车，注意看机翼下表面的无线电呼叫代号还没有去掉，说明飞机刚刚交付到前线单位。

Ⅱ./SG 4大队的12架Fw 190飞机飞抵了目标并投下11枚炸弹，Ⅰ./SG 4大队的6架飞机（可能是从列蒂机场起飞的）则向德国控制区投下5枚未安装引信的炸弹，没有资料说明为什么误投，而且炸弹也没有安装引信。盟军的“小鹰”战斗机不仅打乱了德国飞机的投弹，还击落1架Fw 190，这架飞机的飞行员是Ⅰ./SG 4大队指挥官海因里希·齐威普上尉，这位“骑士十字勋章”和“金质德意志勋章”获得者被击中身亡。1./SG 4中队的库尔特·费舍尔下士被击落阵亡。同时，1./SG 4中队飞行员声称击落4架“小鹰”，取得战果的飞行员分别是赫尔穆特·希勒布兰德上士、奥赫斯下士（2架）和施克中尉。第五架战果属于3./SG 4中队麦克兰茨上士。这五架战果得到了德国官方承认，但实际上只在Ⅰ./SG 4大队附近找到2架“小鹰”飞机残骸，这就奇怪了，列蒂位于罗马和帕隆巴罗之间正中的位置，在帕隆巴罗上空发生的战斗，却在列蒂找到了残骸。盟军如果给出当天“小鹰”飞机作战损失报告，事情可能会明朗一些，遗憾的是没有。海因里希·齐威普上尉丧生后，接替他任Ⅰ./SG 4大队指挥官的是维尔纳·道恩布拉克少校（晋职加晋升）。

在4月12日傍晚，2./SG 4中队埃德加·哈杰克上士声称击落1架“喷火”战斗机，但是不久，他和另1架“喷火”飞机在空中相撞，两人均丧生。来自5./SG 4中队的另两名飞行员阵亡，希伯勒上士被击落，而穆勒上士与1架Bf 109飞机发生了碰撞。六天后，SG 4联队损失第一架Fw 190G-8：飞行员卡尔-汉斯·理查德候补上士被1架P-47击落。Ⅱ./SG 4大队可能是德国空军第一个开始换装Fw 190G-8飞机的单位。4月20日，SG 4联队空袭了兰恰诺附近海域盟军集结的舰船，Ⅰ./SG 4大队的飞机返回列蒂着陆后，英国空军第250中队的“小鹰”对战场进行武装侦察：

……在列蒂机场上空发现15架Fw 190飞机在西部、东部和南部疏散停机坪……炸弹投下，随后所有飞机都进行了一番扫射，11架敌机着火，其中2架飞机发生爆炸……

根据列蒂的战场指挥部的报告，盟军“小鹰”飞机的侦察情报低估了战果：

……大约20架战斗轰炸机攻击了机场，攻击持续了30分钟……使用了炸弹和机枪/机炮。4枚炸弹投下，但没有造成任何破坏。敌机的扫射造成了飞机着火，因为当时列蒂机场没有任何防空反击措施。13架飞机被炸毁，3架轻微受损，1架严重毁坏。

英国皇家空军沙漠空军司令部称之为“第250中队精彩的表演”，随后盟军技术情况部门最终的核查得出结论，在列蒂机场发现16架毁坏的Fw 190

Ⅰ./SG 4大队的1架Fw 190F-3飞机机轮陷入泥土中，几名地勤人员正想办法拉出飞机。

飞机。

在4月21日早晨的轰炸安齐奥行动中，又有2架Fw 190飞机在空中相撞，只有一名飞行员跳伞。Ⅰ./SG 4大队在整个4月的作战行动相当糟糕，损失25架Fw 190，其中15架毁于盟军“小鹰”的两次重要行动。作战损失很大，补充却相当缓慢，这个大队在4月初的作战力量为44架飞机，到月底只有33架，相比之下，Ⅱ./SG 4大队在作战中只损失6架飞机。

1944年5月

从5月4日起，SG 4联队后撤到皮亚琴察进行修整和补充装备，但是，盟军在5月11日晚些时候发动了代号为“皇冠行动”的战役，这个战役目标是“古斯塔夫防线”，这是德军在意大利的最重要的防线，地面战斗相当激烈，德国空军也不敢怠慢。5月13日中午刚过，SG 4联队21架Fw 190飞机在Ⅲ./JG 53大队和Ⅰ./JG 4大队的战斗机护航下出击，途中，Ⅰ./JG 4大队与美国陆航第324战斗机大队的P-40战斗机遭遇，在利里河谷，Fw 190编队突然遭到盟军“喷火”的攻击，此时，护航的Ⅲ./JG 53大队不知去向。“喷火”的干扰并不严重，没有影响Fw 190用炸弹空袭了明图尔诺西边的盟军士兵，投完弹后Fw 190编队返航，就在这时，更多的“喷火”飞机加入进来。尽管再次遭到拦截，8架Fw 190在当天晚上的行动中轰炸了卡西诺附近的盟军坦克和车辆编队，德军地面部队称，轰炸的精度相当高。但是此次行动中，3架Fw 190未能返航。

第二天，Ⅰ./SG 4大队和Ⅱ./SG 4大队分别拼凑出6架和3架Fw 190飞机再次轰炸卡西诺附近的盟军装甲目标，这个九机编队遭到英国空军第145中队的拦截，德国飞机被迫投下炸弹逃窜，纽曼上士将1架Fw 190的机尾打掉，德国飞行员跳伞逃生，纽曼追击另1架Fw 190，半途出现的1架“喷火”将他前面的德国飞机击落，飞行员也跳伞逃生。突然出现的“喷火”飞机属于英国空军第417中队，这个中队飞机编队从太阳方向俯冲直取由20多架飞机组成的编队，1架Fw 190被击中坠毁在莫纳斯特

一名地勤人员趴在机翼上为飞行员指引方向，这种场景很常见。图中是1./SG 4中队1架Fw 190F-8，飞机携带了炸弹。奇怪的是，这架飞机垂尾上没有德军万字机徽标志。

1944年2月开始，对地攻击单位的飞机开始采用不同颜色的数字来识别飞机，此前用的是字母。这架“白色2”号属于1./SG 4中队。

里山上。德国SG 4联队的报告称，当天行动中Ⅰ./SG 4大队损失2架飞机，Ⅱ./SG 4大队损失1架飞机。

5月15日的行动中，SG 4联队损失2架飞机，第一架是伦舍下士驾驶的Fw 190A-6飞机被美国P-47击落，第二架是联队队部凯茨候补上士的座机被“喷火”击落。第二天，战区司令凯塞林告诉德国陆军，未来战争将不会有对地攻击单位的支援，原因是德国空军对地攻击单位的飞机数量不足，而盟军战斗机力量太过强大。5月17日，德国空军宣布SG 4联队的Fw 190飞机不再执行对地攻击任务，取而代之的是作为制空战斗机来使用。第二天，SG 4联队的10架飞机拦截了一支由“喷火”战斗机护航的A-20攻击机编队，击落1架敌机，击伤7架，付出的代价相当惨重，Ⅱ./SG 4大队指挥官格哈德·瓦尔特上尉座机被击伤，跳伞过程中，他撞到了飞机水平尾翼上，降落伞未能打开。取代他的职务的是弗雷德里希-威廉·史特拉克扬上尉，他原是4./SG 4中队指挥官。

5月21日，Ⅰ./SG 4大队和Ⅱ./SG 4大队在18时整出动24架Fw 190空袭卡西诺和韦莱特里，为其护航的是Ⅲ./JG 53大队。盟军预警单位及时发现德军行动，“喷火”战斗机拦截了德国飞机编队，并将其一分为二，6架Fw 190飞机继续作战任务，其他的飞机被迫扔下炸弹应战，英军声称击落8架、可能击落1架、击伤1架敌机（英国表述方式是8—1—1，下同），其中SG 4联队的损失是2./SG 4中队指挥官罗伯特·雷普里赫中尉、3./SG 4中队罗尔夫·斯托斯纳上尉、5./JG 4中队赫里伯特·伯特拉姆少尉、同中队汉斯·施密特中士、同中队罗尔夫·曼斯凯下士、6./SG 4中队指挥官霍斯特·库尔帕少尉和同中队的格哈德·阿斯曼下士，3架被击落的飞机都是Fw 190F-8型号，这是这个型号飞机首次在意大利被击落。

5月23日，盟军部队最终突破滩头阵地向内陆挺进，之后两天里，德国空军对地攻击单位没有任何行动。两天后，德国SG 4联队飞机全体出动，

两张照片显示枪械员在给Fw 190飞机挂载重磅炸弹，注意炸弹上的连接装置。ETC 501是一种多功能炸弹/副油箱挂架，因此挂架比较大，挂载副油箱时与炸弹相关的装置可以方便拆卸。下图中是1架Fw 190G-3飞机。

第一个八机Fw 190编队在早上七时整遭到美国陆航第57战斗机大队的拦截，5架Fw 190在塔尔奎尼亚上空被击落。不久之后，英国空军第242中队的飞机在维泰博机场上空攻击了另一个八机Fw 190编队，声称战果是4—0—1，加上该处机场防冲击波坪内的3架飞机。德国空军声称击落4架“喷火”飞机，其中指挥官道恩布拉克少校击落1架。临近中午时分，英国空军第451中队8架“喷火”在维泰博地区俯冲攻击了4架Fw 190，声称战果是3—0—1。当天午后行动中，美国B-24轰炸机用9公斤破片式炸弹对皮亚琴察的德国SG 4联队后方基地进行了地毯式轰炸，18架Fw 190不同程度地被炸伤，另有1架几乎被完全炸毁。当天下午，SG 4联队的16架Fw 190攻击了韦莱特里附近的一个目标，这个德国飞机编队遭到了“喷火”的拦截，德国方面声称击落1架“喷火”，己方没有损失，获得战绩的是3./SG 4中队希姆塞梅尔中士。整个5月23日的战斗中，SG 4联队共阵亡三名飞行员，另一人受伤。

5月26日，SG 4联队的战斗轰炸机再次转换角色执行制空作战任务，行动中，3./SG 4中队齐曼上士和2./SG 4中队索内卡埃斯下士分别击落1架“喷火”和P-47，但是，联队指挥官乔治·道菲尔中校（5月初刚刚接替布吕克少校）和6./SG 4中队两名飞行员在罗马北部的布拉恰诺湖附近被“雷电”战斗机击落。5月27日，SG 4联队声称击落3架P-47和1架“喷火”，己方损失1架飞机，即6./SG 4中队奥托·卡伦伯格少尉的座机，这也是SG 4联队在意大利作战期间最后一个损失。第二天（5月28日）早晨7时整，英国空军第324联队的“喷火”战斗机拦截了12架德国SG 4联队12架Fw 190飞机，英方称击落和击伤1架德国飞机，但是，SG 4联队的损失记录中没有这天战斗的任何损失。相反，德方称Fw 190遭到了P-47的拦截，中途抛下炸弹应战，2./SG 4中队的比伯少

5./SG 4中队的地勤人员正在用油桶给1架“红色6”号的Fw 190F-8飞机加油，加油口处是三通管，为的是排出空气，快速加油。简易加油装置通过人工操作液压装置加油。

尉和莱因维克下士分别在蒙塔尔托迪卡斯特罗击落1架P-47。美国陆航第79战斗机大队的飞机就在这个空域，但是，盟军的作战报告称，有2架单发战斗机从美国飞机编队下方穿过，双方并没有交手。

5月29日下午，驻意大利的德国空军指挥中心称，从最近的战场情况来看，对地攻击任务没有必要了，对地攻击单位应该离开所属司令部执行其他作战任务。SG 4联队队部和Ⅰ./SG 4大队后撤到意大利西北部阿伊拉斯卡（都灵附近），Ⅱ./SG 4大队转移到列瓦尔蒂吉（在阿伊拉斯卡南），这两处都距战场比较远，撤退到这里的单位可以进行休整和补充装备，这次换装的是新型号飞机，因此整个6月，这些单位都在此进行训练，直到7月初部署到陌生的战场——拉脱维亚。

在5月期间，SG 4联队队部在作战中损失6架飞机，Ⅰ./SG 4大队损失13架（外加10架因各种事故损失），Ⅱ./SG 4大队损失14架（外加4架因各种事故损失）；18名飞行员丧生，3人受伤，1人失踪，全部是敌战斗机所为，而且除一人外，其余均是在5月13日至5月27日间损失的。伤亡飞行员中，包括SG 4联队指挥官乔治·道菲尔中校、Ⅱ./SG 4大队指挥官格哈德·瓦尔特上尉、1./SG 4中队指挥官海因里希·卡拉斯中尉和3./SG 4中队指挥官罗尔夫·斯托斯纳。

5月31日，SG 4联队的作战力量如下，括号中为仍能升空作战飞机：

Stab./SG 4	Fw 190A-6和F-8战斗机	3架(2架)
StabⅠ./SG 4	Fw 190A-6和G-3战斗机	6架(0架)
1./SG 4	Fw 190A-6和G-3战斗机	3架(2架)
2./SG 4	Fw 190A-6和G-3战斗机	3架(1架)
3./SG 4	Fw 190A-6和G-3战斗机	2架(1架)
StabⅡ./SG 4	Fw 190A-6和F-3战斗机	6架(0架)
4./SG 4	Fw 190A-6、F-8和G-3战斗机	7架(3架)
5./SG 4	Fw 190A-6和F-8战斗机	7架(3架)
6./SG 4	Fw 190A-6、F-8和G-3、G-8战斗机	7架(3架)

此时，SG 4联队的两个大队正忙着从列蒂和维泰博，转道皮亚琴察到阿伊拉斯卡和列瓦尔蒂吉。

绝望的挣扎

随着SG 4联队队部、Ⅰ./SG 4大队和Ⅱ./SG 4大队于1944年5月撤出意大利北部，战术标志的无线电识别装置也从作战基地撤回，还有很多飞机途经意大利奥索波的小机场休整，准备日后返回德国。6月6日，2架Fw 190飞机在意大利格罗塞托省的小村庄佩雷塔和普罗蒙特之间的公路上因故障迫降，锡耶纳机场指挥官用无线电呼唤SG 4联队要求立即营救迫降在游击队占领区的这2架德国飞机。此时，2名飞行员，威苏瓦代理下士和门赫代理下士安全地待在奥贝特罗，第二天，锡耶纳的指挥官称安排人修复了这2架福克-沃尔夫飞机。

SG 4联队队部在6月初开始装备第一架Fw 190A-6飞机，6月底装备最后一架，一个队部通常装备4架飞机。Ⅰ./SG 4大队先是装备14架Fw 190A、Fw 190F和Fw 190G型号，后又有39架入役。在各类事故中，该大队损失5架飞机，其中有的送去大修，有的转交给其他单位。截至6月底，这个大队的飞机总数为42架。Ⅱ./SG 4大队从一开始就装备了27架Fw 190A和Fw 190F-3飞机，到6月30日，该大队飞机总数为44架。在经过一个月的休整恢复到原来作战力量后，SG 4联队离开了意大利。7月1日，至少60架飞机依次从意大利机场起飞回到德国慕尼黑郊区里姆机场，其余的飞机随后几天飞离意大利，最后1架飞机（GS＋BX，“黑色3”号）在7月25日返回德国。驻扎在塞尔维亚兹雷尼亚宁的13./SG 151中队从6月5日开始由Ju 87飞机换装到Fw 190F-8飞机。

这架Fw 190F-8是SG 4联队原指挥官乔治·道菲尔中校的座机，机身的“＜＜－”是联队指挥官座机标志。乔治·道菲尔中校在1944年5月26日阵亡，接替他的是爱瓦尔德·詹森少校。图中飞机携带的炸弹头部有一个长杆（长杆引信），它的作用是引发炸弹在钻入泥土前爆炸，提高对有生力量的杀伤作用。

在法国奎尔皮耶尔雷弗，2./NAGr 13中队装备着少量Fw 190飞机用于在地中海地区侦察行动，该中队原指挥官威廉·梅斯纳中尉在8月中旬被埃尔斯特少尉取代，这个短程战术侦察单位主要任务是对盟军科西嘉岛上的港口实施照相侦察。8月1日早晨，2./NAGr 13中队的3架Fw 190飞机在科西嘉岛西北部上空遭到6架“雷电”战斗机的攻击。8月12日的侦察有力地证明盟军即将在里维埃拉地区登陆，格林威治时间6时40分，3架Fw 190飞机起飞，但是，其中1架仅飞行了几分钟就因故障中途放弃任务。剩下2架飞机中的飞行员乔治·佩姆勒少尉后来回忆道：

1944年8月12日，我今天早晨执行科西嘉岛圣弗罗伦特湾的侦察任务，此时盟军的登陆舰队已经准备完毕，他们拥有

Ⅱ./SG 4大队的1架Fw 190F-8飞机正在进行加油，条件好的情况下有专门的加油车为飞机加油。

Ⅰ./SG 4大队的1架Fw 190F-8飞机从疏散停机坪滑向跑道，这种情况下需要一名地勤人员趴（坐）在机翼上指引方向。

SG 4联队在1944年全面换装Fw 190F和Fw 190G两个专业对地攻击型号，但是，仍有一些Fw 190A-6飞机（图中即是）在役。Fw 190A制空型和专业对地攻击型操作和性能上差异并不大，况且战事频繁损失大，能用的继续使用。

绝对的制空权。

2架Fw 190飞机侦察到盟军两个大型运输舰队正向阿雅克肖南面，随后向东北方向驶去，每个运输舰队有75—100艘商船和军舰，包括2艘航空母舰。另外，侦察发现一座机场有8架滑翔机和5架大型运输机。这些情报已经足够让德国第3航空队有些不安了，为此，航空队司令部要求日夜不停持续监视盟军的动向。

截至8月13日，2./NAGr 13中队装备8架Fw 190，其中4架仍可升空作战。第二天，格林威治时间21时15分，盟军正式在法国南部登陆，德国侦察中队的飞机发现阿雅克肖西盟军登陆舰船展开90公里。在盟军登陆行动期间，德国这个短程侦察单位或双机编队或三机编队出动执行侦察任务。8月16日这天，3架Fw 190飞机出动准备对战场形势进行详细侦察，中途有1架飞机因技术故障而退出行动。为侦察机护航的是JGr 200大队（“JGr”表示大队，“JG”表示联队）的7架Bf 109，这个编队中也有1架飞机因故障返航。升空后，侦察编队一分为二，每架侦察机由几架战斗机护航去侦察敌情。靠近圣拉斐尔，侦察机编队遭到英国空军第72中队的

驻扎在法国布列斯特吉帕瓦的NAGr 13大队Fw 190A-4/U4侦察机，隐约可见这个侦察单位的标志。照片拍摄于1943年年初。

驻扎在法国圣布里厄基地的NAGr 13大队1架Fw 190A-4/U4侦察机，这张照片中单位标志非常清楚：一只鹰在窥视英国。注意看机翼前缘中部“机器人”照相枪。

盟军于1944年8月在法国登陆作战期间，NAGr 13大队是唯一的（侦察单位属战斗机单位）与盟军作战的战斗机大队，其他战斗机单位都在各个战场企图挽救颓势，分不出力量增援。图中是2./NAGr 13中队的1架被盟军缴获的Fw 190A-4飞机。

“喷火”攻击，但是，英国飞行员只看到3架敌机，其中1架是Fw 190飞机。遭到攻击后，德国飞机编队立即解散队形，有的钻进云层中，但是，罗伯特·海克勒候补中士被英国战斗机严重击伤，赫格尔下士则安全逃走。海克勒驾驶着受伤的飞机返回了机场。他的面部、手和上半身三度烧伤，五天后，搭载他的车辆途中遭到盟军飞机的扫射，海克勒中弹身亡。

2./NAGr 13中队最后一次侦察任务是乔治·佩姆勒少尉在8月18日执行的，随后德国空军仓皇从法国南部撤退，短程侦察中队有4架破损的飞机未能带走，其中1架是Fw 190A-4，W.Nr.140703，“黑色5”号，TN＋ZG飞机遗弃在奎尔机场。截至9月5日，这个中队在兰茨贝格重新换装原来的Bf 109飞机，一个月后，该单位在弗赖堡再次参加作战行动。

SG 4联队在转场部署到拉脱维亚过程中，该单位仍有一些Fw 190飞机在卡梅里（米兰正西40公里）机场的韦泽·坎萨飞机公司工厂维修。7月31日，韦泽·坎萨飞机公司紧急要求3名飞行员驾驶已经修好的Fw 190飞机返回德国，8月8日，又有6架飞机离开意大利，到9月21日，工厂仍有13

架可以升空的Fw 190飞机还未返回德国，9月29日，其中11架飞机踏上返回德国的旅程。这11架飞机中有1架在当天下午起飞时被美国陆航第350战斗机大队安德鲁·R.辛德勒少校驾驶的1架P-47战斗机击落，Fw 190坠毁，但是飞行员安全跳伞逃生。直到9月30日，最后2架待在卡梅里的Fw 190飞机才返回德国。

1944年10月，两个装备Fw 190飞机的单位加入到意大利德国空军战斗序列，即“独角兽”特别中队（Sonderstaffel Einhorn）和第20空中海上救援中队（Seenotteilstaffel 20(Land)，很多资料称Seenotstaffel 20，简称SNSt. 20）。海上救援任务在当年秋天就大大减少，意大利也没有水上飞机单位了。第20空中海上救援中队在意大利坎波福尔米多乌迪内成立，中队指挥官是海因茨·兰格中尉（不是下文中反复提到的Ⅰ./JG 51大队海因茨·兰格，这个兰格后来成为JG 51联队最后一任指挥官），中队成立的目的是配合海上救援行动，驱逐盟军飞机对救援行动的干扰。其他任务还包括监视盟军海上力量对威尼斯的威胁和常规侦察行动等。截至10月31日，SNSt. 20中队装备4架Fw 190A-8战斗机，最高峰的11月10日，该中队装备着10架Fw 190飞机。

1945年1月4日早晨，一个Fw 190双机编队对意大利波莱塔山口进行了战斗侦察，其间发现盟军战斗机后2架Fw 190迅速逃离。2月1日，德国空军司令部下令撤消SNSt. 20中队，中队的飞机转交给NAGr 11短程侦察单位，但是转交工作进展比较缓慢。2月13日，英国空军第241中队6架“喷火”在意大利格拉多湖上空巡逻时，A.J.拉德克里弗少校看见2架敌机从北面迅速爬升并追上他的编队，他下令立即转弯：

敌机也跟着我们编队转弯，我们立即认出是Fw 190飞机，星形发动机，土褐色加绿色迷彩，螺旋桨可能也是相同颜色。

拉德克里弗和他的僚机立即爬升到上方实施掩护，这时1架德机脱离战斗离开，英机没有追赶，因为有3架“喷火”战斗机的副油箱无法抛掉。A.J.雷少尉发现另1架Fw 190飞机正尾随着L.A.布莱克中尉，前者立即机动到敌机后方，他试图抛掉副油箱时未能瞄准敌机。同时，布莱克已经摆脱了敌机。拉德克里弗接着回忆道：

……（敌机）进入我的瞄准具，我进行了1—2秒的三四次短射……我发现炮弹击中了敌机发动机罩和机身，敌机进入螺旋转弯……我紧随其后，在他左侧机翼下方2—3英尺（不到1米）处飞行。我再次向敌机射击，炮弹又击中发

SG 4联队的地勤和枪械员齐心协力将重磅炸弹挂载在Fw 190F-8飞机上，完成工作后在飞机的阴影处休憩留影。

动机罩，这次射击导致敌机发动机左侧冒出一股细长的黑烟。敌机继续螺旋向下，我仍旧紧紧跟着，靠近不到18米的距离，再次射击显然没有必要……

在水面上方低空，这架被击中的Fw 190飞机突然消失在水雾中，拉德克里弗亲眼看到了水面溅起巨大的浪花：

……似乎454公斤的炸弹早已经抛掉，或者说，这么大的浪花只能是Fw 190飞机坠入水中溅起的。

三天后，1架Fw 190飞机向盟军1架落单的轰炸机发起攻击，前来解围的美国陆航第325战斗机大队沃尔特·塞伦格尔上尉在格拉多湖南12公里击落了这架德国飞机，敌机坠入亚德里亚海。被击落的Fw 190A-8（W.Nr.680124）的飞行员是中队指挥官兰格中尉，德方声称飞机失踪。

兰格中尉的失踪就是第20空中海上救援中队的绝唱，3月1日，该中队在战斗序列中被撤消，中队的飞机转交给了NAGr 11单位，其中4架Fw 190A-8飞机转交给了NAGr 11队部。3月6日白天，NAGr 11单位的Fw 190飞机扫射了意大利65号公路，这次行动中出现三个事故，其中一个是队部的1架Fw 190A-8（W.Nr.172706）因飞行员操作失误导致飞机受损30%。到4月1日，队部的作战力量下降到3（2）[即3架飞机，其中2架可用]，两天后，在盟军轰炸坎波福尔米多机场行动中，又有2架飞机被炸伤。3月8日，NAGr 11队部和1./NAGr 11中队被撤消，仅剩下的3架Fw 190飞机转交给2./NAGr 11中队。4月12日下午，3架Fw 190飞机在科尔博拉突然遭遇1架盟军F-5C飞机[①]，可能是敌机数量占优，美国飞行员选择立即离开，他返回基地后报告称敌机发动机罩是黄色的。到4月22日，2./NAGr 11中队只剩下Bf 109战斗机，而NSGr 9单位得到3（2）架Fw 190A-8飞机，其中2架飞机生产序列号是W.Nr.730014和W.Nr.730018，E8＋BB，这2架飞机后来在意大利维拉弗兰卡机场被发现在防护掩体内已经烧毁，2架飞机都安装了FuG 101无线电高度表。

再回过头来看其他Fw 190飞机单位的情况。1944年10月25日，德国空军东南空军司令部宣布Ⅱ./SG 10大队将派出9架Fw 190飞机到马其顿斯科普里以支援德国地面部队从希腊撤退。Ⅱ./SG 10大队的飞机在11月1日抵达希腊并立即投入战斗，尽管飞机喷涂了醒

仍然是SG 4联队的Fw 190F-8飞机在挂载重磅炸弹，挂架内除了有炸弹投放电路和机构，还有挂载副油箱的机构和油路。

① P-38“闪电”战斗机的无武装侦察型，第一个侦察型号是F-4，F-5是在P-38E战斗机基础上改进的无武装侦察型，机头处原武器舱改装3—5部精确照相机。

目的识别标志，Fw 190还是经常遭受友军高炮的射击，3架飞机被严重击伤，48小时内无法再升空作战。最严重的是W.Nr.931823飞机，这架飞机在着陆过程中被击落，飞机坠毁爆炸，飞行员德斯下士丧生。第一天参加战斗后的这支Fw 190编队作战力量立即下降到7（3）架飞机和7（6）名飞行员。德军铁路高炮部队不久收到通知称附近有德国空军Fw 190飞机活动，除非己方遭受攻击，或是飞机出现明显的敌对行动时高炮才准开火。

第二天，4架Fw 190飞机（看来连夜修好1架）升空去轰炸马其顿库马诺沃南部的敌人阵地，但是，德控区强大的防空火力迫使他们抛下炸弹返航，1架W.Nr.580228飞机被击落，阿尔滕波尔下士跳伞逃生，没有受伤。开局就十分不利，为此，德国空军同意陆军E集团军建议，也就是地面高炮收到明确的命令停止射击后对地攻击任务才能进行。另外，德国空军计划向该地区增援3架Fw 190，条件是斯科普里在增援飞机抵达前仍在德军手中，很明显，盟军攻占斯科普里的日子很快了。

11月3日下午，库马诺沃西部爆发激烈战斗，保加利亚空军Ju 87俯冲轰炸机参与了战斗，但是被击落3架；第二天，作战架次达到22次，重点轰炸和扫射科索沃波杜耶沃周围敌人，当天没有任何损失：

……攻击精度很高……可能给敌人运输车辆造成相当严重的人员和物资损失。防御：所有口径的高炮部署的位置都很合适。

另一名飞行员安特斯代理下士在11月5日行动中驾驶W.Nr.930854飞机被击落。11月6日和7日，Fw 190继续轰炸波杜耶沃，同样是7日那天，Fw 190特遣队转移到科索沃的普里什蒂纳。11月8日，德国空军决定，天气一旦转好就立即将幸存的3架已经无法继续升空作战的Fw 190送回匈牙利。

NSGr 9夜间攻击大队已经在意大利持续攻击盟军在意大利境内的运输线有9个月时间了，1944年12月，该大队11名Ju 87飞行员被送到波兰希罗达（波兹南东南40公里）接受换装Fw 190飞机的转型训练，其中之一是威利·弗灵少尉，他在12月23日首次驾驶1架Fw 190A-8飞机，当天共飞行了5架次，每个架次都不超过9分钟，这是飞行训练中很简单的连续起飞着陆项目。这些原Ju 87飞行员训练的科目有方向识别飞行、低空飞行、从低空投弹战术、高空飞行和俯冲战术等。但是，飞行训练由于苏军的进逼而草草结束，弗灵少尉回忆称：

1945年1月20日，学校从波兰逃到柏林斯塔根（苏军的攻击给机场造成了灾难性后果，到处是燃烧的飞机），第一次在斯塔根机场驾驶Fw 190F-8

没有树木的开阔地带非常不利于飞机掩蔽，因此就采取土办法，给飞机覆盖杂草。

（22号）飞机准备起飞因发动机故障在10分钟后取消，第二次在下午2时20分的尝试取得了成功，这架飞机在15时12分降落在斯塔根机场。

尽管频繁遭受盟军飞机的轰炸，在斯塔根的转型训练还是有一些进展，此时受训飞行员可以驾驶Fw 190飞机进行夜间训练了。完成必要的课程后，弗灵少尉于2月9日驾驶1架Ju 87飞机从慕尼黑里姆起飞，飞越阿尔卑斯山到意大利维拉弗兰卡维罗纳。保罗-厄恩斯特·泽瓦格上士是飞行员训练学校C20的一名考官，他和其他年轻的飞行教官一起到驻扎在哥本哈根的SG 111联队，协助该单位换装Fw 190飞机并进行夜间飞行训练，之后，完成训练的飞行员加入到NSGr 9夜间攻击大队。

Fw 190飞机逐渐到来并装备1./NSGr 9中队，中队新指挥官将是威利·威尔佐波尔斯基上尉，他此时受Ⅳ./NJG 1夜间大队派遣到战斗机兵种总监（既是单位名称也是单位职务名称）下属的编队长机训练学校。2月1日，威尔佐波尔斯基被派到14./SG 151中队接受Fw 190飞机夜间对地攻击训练。此时，在意大利的训练仍在继续，主要是轰炸战术和在地面指挥站的导引下协同地面部队作战。2月20日，威利·弗灵少尉驾驶大队队部的1架Fw 190（E8＋CB）进行了一次夜间飞行训练。多年以后他回忆此次飞行时称，他在天上什么都没看到，以后类似的夜间飞行也是如此。第二天下午，驾驶E8＋CB飞机练习轰炸的过程中，弗灵少尉遭到8架“雷电”战斗机的攻击，后者当天正执行俯冲轰炸意大利维拉弗兰卡德军目标的任务。“雷电”在追击Fw 190的过程中失去目标，后者在超低空躲进了地面雾气中。2月23日，由于技术故障，1架Fw 190F-8，W.Nr.584549飞机受损30％；四天后，W.Nr.584561，E8＋DH飞机在一次夜间飞行任务中因技术故障而受损5%。

至3月1日，1./NSGr 9中队的作战力量是7（4）架Fw 190F-8飞机和13（12）名飞行员，中队仍在接受飞机过程中。3月3日傍晚，2架Fw 190F-8飞机从维拉弗兰卡起飞，飞行员是威尔佐波尔斯基（驾驶W.Nr.583576飞机）和弗灵（驾驶E8＋FH飞机），他们俩的目标是博洛尼亚东南山区圣克利门蒂的一处小村庄。弗灵回忆这次任务时称：

在执行特殊任务时，无线电着陆和导航系统需要时不时地进行测试……我认为，此次在由我自己和威尔佐波尔斯基执行的任务中，我们在这种情况下应该会看到彼此。飞行员间通过无线电保持联系对我们来说有点新鲜。

进行无线电联系也意味着盟军无线电信号情报部门会发现德军飞机的行踪，事实正是如此，2架Fw 190飞机起飞后不久就被盟军发现，正在博洛尼亚北部巡逻的第350战斗机大队2架P-47战斗机被引导准备拦截德国飞机，2架“雷电”驾驶员是希格蒙德·豪斯纳少尉和“德布”·威尔德二级准尉，后者回忆此次战斗时称：

豪斯纳告诉我天气渐暗，我们应该返航回到比萨，只是一会儿的工夫，雷达操作员“冰柜”（代号）报告称博洛尼亚北32公里处有2架敌机在2400米高度正向西南飞行，地面指挥引导我们朝敌机飞去。

我们从3600米高度下降到暮霭中，我靠近豪斯纳为的是不会在夜色中找不到他……当我们发现敌机，我们正非常快速地靠近左侧的那架敌机，这架飞机在我们右侧大约90米……这时，豪斯纳说，“它看起来像1架P-47飞机”，从后面看，我感觉也是。大约过了1秒或2秒钟，豪斯纳突然开火……我看到前面微小的爆炸，当时我们以极快的速度靠近敌机，豪斯纳的飞机几乎穿过爆炸点。德国飞机当即中弹解体，豪斯纳快速猛向前推杆，让机头朝下飞去。爆炸的力量加上突然剧烈的机动使得豪斯纳的P-47飞机立即翻滚起来，我眼睁睁看着2架飞机向下坠去，消失在夜色中。不一会儿，我看到一个相当白的降落伞“盛开”，我不知道这是谁的伞……我还看到Fw 190飞机和P-47飞机坠地的两个大爆炸。

美军飞行员豪斯纳活了下来，德军飞行员威尔佐波尔斯基丧生，后者的Fw 190和未投下的炸弹一同坠地爆炸。弗灵最后安全地在维拉弗兰卡机场着陆，他的最后一次作战任务就此结束。3月9日，在一次飞行训练任务中，弗灵驾驶的W.Nr.584577飞机因故障在意大利曼托瓦机场迫降，飞机受损10%。三天后，英国空军第178中队的“解放者”KH 248飞机轰炸完意大利帕多瓦的铁路货运编组站后返航，其飞行员回忆道：

19时57分，在2700米高度，1架极可能就是Fw 190的飞机出现在我的右前方，并且迅速靠近到180米距离。“解放者”轰炸机上自卫火力立即在这个距离上进行了3秒钟短射，我看见了曳光弹击中目标，那架飞机几乎垂直向我左侧下方坠去，之后消失在我的视野里，敌机被击中。

1945年2月和3月战斗突然急剧减少，原因是德国空军指挥官企图节约燃油以备盟军的下一次进攻。4月5日，美国军队发起攻击，4月9日，英国军队也在另一个地点发起攻击，德国空军NSGr 9大队的飞机在盟军这些行动中执行了大部分夜间作战任务。4月12日凌晨，维尔纳·亨泽尔上士驾驶1架携带6门机炮的Fw 190（可能是Fw 190A-8）击落1架盟军飞机，他回忆称：

……完成轰炸任务返航……我在低空穿过科马基奥湖向维拉弗兰卡飞去……太阳刚刚从亚德里亚海面升起，通过地面无线电指挥站的汇报，我知道有2架夜间战斗机正朝我飞来，我们在费拉拉不远处遭遇。很明显，第一架“蚊子”飞机没有看到我，这架飞机从我头上飞过，而我却瞄准另1架“蚊子”飞机并立即开火，敌机的左侧发动机着火了，随后，这架飞机在费拉拉附近从200米高度坠向地面，飞机立即爆炸成一个大火球，机组成员没有来得及跳伞。

一位德国军士驱车赶到坠机现场，他证实了亨泽尔的战果，但是，所谓的“蚊子”飞机实际上是美国陆航第414夜间战斗机中队的1架P-61B“黑寡妇”战斗机（序列号42-39515），当天，飞行员拉尔·契利少尉和其他两名机组成员彼得·麦克吉尔少尉及雷达操作员路希恩·比姆少尉从意大利蓬泰代拉起飞执行轰炸德

这2架Fw 190F-8飞机单位不详，从“|”判断是第Ⅱ大队，从后机身白色条纹判断是地中海战场的对地攻击单位。

1944年10月，盟军开着“谢尔曼”坦克穿过佛罗伦萨东16公里蓬塔谢韦处的耶韦河（亚诺河支流），随后，盟军迅速抵达“哥德防线”。

军盖迪机场的任务，飞机起飞后用无线电跟地面指挥进行了联系，但是之后，地面指挥再也没有收到飞机的信号。

4月13日，英国空军第600中队G.W.哈蒙德少校和L.R.摩尔中尉驾驶1架“蚊子”战斗机到拉韦纳西面进行防御性巡逻，在地面指挥的引导下，他们向1架正在往东南方向飞行的目标飞去，不久两人同时目视和仪表（指雷达）发现2架飞机头顶上方600米正从10点钟方向靠近：

（我们）转向160度，向敌机后方爬升，（我们）很快拉近双方距离并爬升到敌机高度……在靠近敌2号机900米距离时，我们识别出敌机是Fw 190型号，敌长机在2号机前方70米……正在向前爬升飞行，2号机则稍稍迂回飞行。

哈蒙德紧紧盯着前方的敌机，在明亮的西部天空映照下，敌机轮廓清晰，他一点点地靠近敌机：

……（我）从敌长机正后方稍稍偏低的位置开火，我看见射出的炮弹命中了这架Fw 190飞机，一些碎片从敌机机身散落下来，好像是远程副油箱（被击中后）悬挂在机身下方，突然燃烧起来。就在敌机向右翻滚时发生大爆炸，飞机燃着大火几乎垂直向下坠去。我看这架飞机的最后一眼是它消失在2100米高度的10/10云层中，仍然着着火。

哈蒙德随后追击第二架正向北穿过云层的Fw 190，依靠雷达仍然可以看到云层中的敌机，之后敌机钻出云层，哈蒙德再次可以目视敌机，他拉近距离对着敌机右侧机翼开火。此时，由于开炮射击的震动导致了反射式瞄准具自动关闭，敌机也钻进了10/10云层中。这架德国飞机到底被击落还是被击伤当时不得而知，后来德国NSGr 9大队的4月16日作战力量报告称，有2架Fw 190F-8

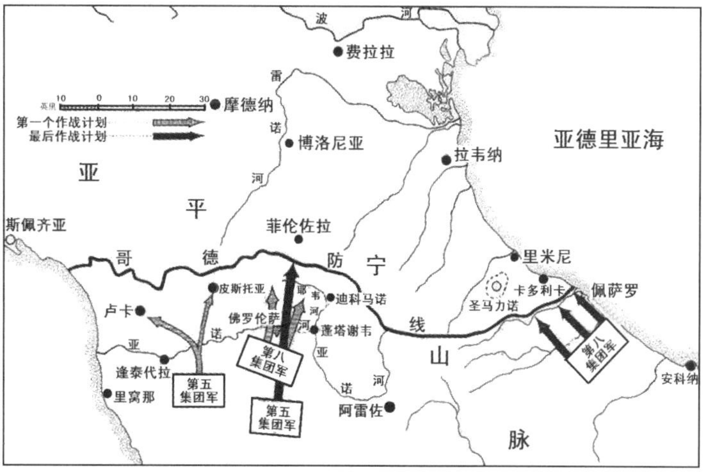

盟军进攻德军“哥德防线”的作战计划示意图。

“黑色12”号Fw 190飞机属Ⅰ./SG 4大队，不同中队使用不同颜色，1./SG 4中队使用白色，2./SG 4中队使用黑色。

NSGr 9大队作战照片几乎找不到，图中这架Fw 190F-9/R1飞机推测属于NSGr 9大队。这架飞机已经在德军撤退过程中被遗弃。

飞机彻底除役，1架被送到工厂维修，10架飞机具备作战能力。

1./NSGr 9中队在地面指挥站的引导下继续执行夜间任务直到战争结束，保罗-厄恩斯特·泽瓦格回忆称：

……（我）驾驶1架Fw 190飞机到博洛尼亚周围对福塔山口的敌人阵地执行几次任务，最后一次任务飞行中，我的飞机无法瞄准，准确地说，原瞄准具坏了，无法拆除也无法修好。

4月19日下午晚些时候，美国陆航第325战斗机大队的里奥·吉尔丁少尉驾驶他的P-51飞机升空进行新发动机试车飞行，之前他从来没有遭遇过敌机，这次他在弗洛伦斯附近发现1架Fw 190飞机。双方都看到了对方，双方迎头交会后，德国飞机选择返回基地，而吉尔丁少尉追了上去，就在敌机准备在维拉弗兰卡着陆时，吉尔丁将这架德国飞机击落。

3天后，1./NSGr 9中队的报告显示，该中队作战力量为3（2）架Fw 190A-8和4（4）架Fw 190F-8飞机，这其中不包括2架有大队队部标志的飞机。美国的战线不断向前推进，迫使德军在4月24日放弃维拉弗兰卡，1./NSGr 9中队后撤到蒂耶内（维琴察北20公里）。第二天，刚刚占领维拉弗兰卡美国步兵发现1架Fw 190F-9（W.Nr.440340）飞机降落在该地机场，随后德国飞行

这架Fw 190F-9/R1飞机在1945年4月25日晚10点降落在维拉弗兰卡机场，不久，这座机场被盟军占领，飞机也被缴获。Fw 190F-9跟此前型号飞机相比采用宽弦螺旋桨，机翼携带的ETC 701挂架是被称为“R1”的原因。

疲惫不堪的SG 4联队飞行员，远处是疏散停机坪，隐约可见防冲击波掩体。

员躲进了附近的森林里，这架被美军缴获的飞机没有单位标志，可能是刚刚交付的新机，转场的飞行员不知道这里已经被盟军占领。在执行完最后一次针对盟军的行动后，1./NSGr 9中队于4月27日撤退到奥地利茵斯布鲁克赫廷，原打算在此继续与盟军对抗，但是德国气数已尽，他们只得放下武器。

“独角兽”特别中队和III./KG 200大队

Ⅱ./KG 200大队中组建一个“独角兽”特别中队是前滑翔机飞行员卡尔-海因茨·兰格中尉想出的主意，他认为在攻击盟军舰船编队时，一些人会选择以牺牲生命来获得最大攻击效果，俗称自杀式攻击，也就是驾驶滑翔炸弹飞机撞击敌人舰船。当时德国并没有滑翔炸弹飞机，但是兰格中队仍然在1944年2月3日招集了120名自愿者。德国不可能现造这样的武器，各个飞机研制单位也不可能分出精力和时间研制这种滑翔炸弹飞机。在4月7日的一次的会议上，KG 200联队技术官汉斯-克里斯蒂安·蒂列纽斯空军工程少校建议用Fw 190飞机携带2500公斤炸弹撞击敌舰船。但是，装甲舰船的水面上方装甲较厚，而舰船龙骨下方的爆炸却很容易重创舰船，飞机可以在撞击敌舰船前投下炸弹。不过常规炸弹入水时会改变弹道。改进现有的炸弹用于此类试验发现，8枚炸弹中只有1枚命中目标，而上文提到的炸弹鱼雷仍在研制之中。

KG 200联队在1944年2月21日进行改组单位结构和任务分配，主要内容包括2./KG 200中队作为完全装备Fw 190飞机单位，4./KG 200中队则作为V-1有人驾驶飞行炸弹的训练和后备单位，有人驾驶V-1飞行炸弹飞机也称Fi 103R-IV。1944年6月中旬，这两个自杀式攻击单位被分配给驻扎在德德尔斯托夫的Ⅱ./KG 200大队，德军也决定开始在Fw 190飞机上训练执行这种自杀任务的飞行员，大部分自愿者都是有滑翔经验的人。飞机携带炸弹的重量设定在1100公斤，兰

被盟军缴获的有人驾驶V-1导弹（飞行炸弹）。二战末期，德国研制了很多超级武器，这些武器多停留在试验阶段，在盟军轰炸机的天天关照下，这些武器很难投入实战。

格本人对炸弹重量减少到原来设想的一半表示了异议，他称炸弹重量太小，配不上飞行员献上自己的生命。

下一步，兰格的大队被带到驻扎在波兰斯武普斯克正东5公里雷茨科沃JG 103联队进行训练，这里相对安全一些，不像德国国内到处被盟军轰炸机轰炸。执行自杀任务的飞行员需要积累15—20个架次飞行经验才能具备资格。在六天的训练课程中没有从水泥跑道起飞的训练项目。但是，携带规定重量的炸弹在草地上起飞并不合适，在夜色或恶劣天气条件下的攻击行动也没有准备好。三天后，兰格的大队返回德德尔斯托夫，KG 200联队作战指挥官库尔特·兰德尔-泽姆佩中校下令继续进一步的训练，因此，兰格的大队再次返回波兰斯武普斯克。但是，由于最近作战调动，JG 103联队目前只剩下Ar 96飞机（先进教练机）可供使用。为此，被称为兰格指挥部的两名军官和六名士官转到雷希林的拉尔茨进行两天训练，在此训练的几个内容包括俯冲角度达到70度，携带和不携带炸弹进行机动，从轻载逐渐过渡到携带PC 1400穿甲炸弹鱼雷起飞等。6月28日，当天训练快结束时，迈埃尔中士在事故中受伤。

诺曼底战役初期最佳攻击盟军舰船的时机已经溜走，当时KG 200联队还没有准备好采取自杀攻击行动，贸然行动只是白白让自愿者飞行员送死。虽然没有来得及露上一手，德国帝国航空队还是提供了2万升燃油供兰格指挥部使用，而且在6月25日向这个单位提供了11架Fw 190飞机，此前的6月16日，该单位只有1架Fw 190F-8飞机，之后到6月24日又装备3架。兰格指挥部首次作战部署，即被调到法国巴黎北部约30公里克雷伊的计划已经敲定，出发前，自愿者飞行员在柏林受到隆重宴请，但是，上级却命令禁止进一步的训练和作战行动。尽管如此，在7月被分到Ⅱ./KG 200大队队部的库尔特·克雷茨下士在写给家里的信中称，他当时正在特拉弗明德和兰格中尉一道训练驾驶Fw 190飞机攻击盟军舰船的战术。

盟军截获一份德军在8月14日发送的电文，电文称Ⅱ./KG 51大队正向施韦比施哈尔转移，“在这种情况下，试验性质的单位KG 200联队将重型战斗轰炸机转交给了Ⅲ./KG 51大队”。这段中出现三个单位，盟军不清楚有什么关联。

德国空军的这种决定意图让人难以捉摸，除非前线一个夜间攻击大队的撤出，使得另一个仍在前线的类似大队作战力量加强。三天后，KG 200联队提议参加攻击舰船行动，另外要求修建一条1500米长的跑道。

此时，德军在法国的前线已经崩溃，8月23日，KG 200联队作战指挥官库尔特·兰德尔-泽姆佩中校到安斯巴赫和兰格中尉、罗伯特·孙特曼（1942年在1.(F)/122中队时获得“金质德意志十字勋章”）中尉，以及其他六名飞行员进行了交谈，此时，这些人已经是“独

枪械员正在给Fw 190A-8/R1飞机挂载SC 50炸弹，这么小的炸弹，显然飞机不属于“独角兽”特别中队。

角兽”特别中队的骨干成员，但是，中队古怪的名字来历不详。这个自杀攻击单位的成员已经发誓驾驶当时仍不存在的滑翔炸弹与敌舰同归于尽，看上去颇悲壮，而实际上他们比德国空军大部分飞行员都安全得多，这一点看上去又颇具讽刺性。德国空军司令很想着手解决这个很矛盾的问题，有人建议颁布新命令，把这种自杀攻击行动扩展到所有机型。

同样是在8月23日，德国空军第3航空队下令从第Ⅸ航空军抽调7名轰炸技术官，从第Ⅱ对地攻击航空军抽调16名地勤人员到Ⅲ./KG 51大队报到，轰炸技术官和地勤人员均是有驾驶或维护Fw 190飞机经验的人员，而Ⅲ./KG 51大队当时驻扎在法国东北部的艾米（亚眠东南，圣康坦西南）。同样的命令还要求将KG 200联队的1架重型战斗轰炸机转交给Ⅲ./KG 51大队，为的是安排“‘独角兽’行动”（Operation Einhorn），但是，这个行动的细节至今不详。8月24日，比利时/北法航空区下令从克雷伊调用3辆可操作2000公斤的装弹车和其他装置到艾米机场，为的是用于计划的作战任务。人算不如天算，6天后，艾米机场被盟军炸毁，该机场也被德军弃用。

8月28日，“独角兽”特别中队指挥官孙特曼中尉奉命到第Ⅸ航空军司令部开会，会上得知他的单位将被部署到法国北部埃皮诺（圣康坦北60公里），隶属Ⅲ./KG 51大队，但行动受航空军直接指挥。另外，第Ⅸ航空军要求KG 101联队在最后4架“寄生”飞机发射后再撤消，“寄生”飞机再服役两天时间，为的是跟“独角兽”特别中队一道作战。第二天晚上，航空军传达命令要求孙特曼的中队专注于最大载荷攻击地面目标。在经过适当的训练后，特别中队准备像Ⅲ./KG 51大队一样执行傍晚微光条件下的作战任务。第Ⅸ航空军计划将特别中队后撤到福尔登，在这里，Ⅲ./KG 51大队训练中队可以对特别中队的夜间飞行能力进行检验。第Ⅸ航空军还为特别中队专门提供了燃油配给，避免给其他大队带来额外的负担。如果训练进展顺利，特别中队的行动将在满月期间（9月1日至4日）进行，主要指距离不远（150公里）范围内的任何合适的目标，仍然使用Ⅲ./KG 51大队在比利时勒库乐特（现称博弗尚）的机场。8月29日，特别中队接到命令，单位飞机分批从恩泽姆转移到福尔登，地勤和设备由铁路运输送抵。

9月初，英国空军情报部门认为：

……尽管在8月30日德国空军就选定了目标让携带1816公斤炸弹的Fw 190飞机白天去轰炸，但是在目前这种混乱情况下执行这些任务的可能性很小。

9月5日，“独角兽”特别中队在福尔登收到第Ⅸ航空军作战指挥官的命令：“9月5日正式开始。”英国情报部门据此猜测可能是指夜间训练正式开始。9月间，特别中队转移到阿赫默，在此，罗塔尔·格雷尔克加入这个中队，格雷尔克是一位经验丰富的后备飞行员，他自愿请求进行Fw 190飞机夜间训练。此时，这个中队有7（5）架Fw 190飞机，根据格雷尔克的说法，他们仍然在为反舰攻击任务进行热身训练。9月11日，德国空军第3航空队向KG 200联队下令，要求“独角兽”特别中队司令部立即转移到慕尼黑里姆归第2航空队指挥，但是，转移行动延误了五个星期之久，原因不详，战争后期德国国内一片混乱可能是唯一的原因。

10月2日，“独角兽”特别中队报告称，在阿赫默基地他们为Fw 190F-8飞机研

这是有关KG 200联队中装备Fw 190飞机唯一的一张照片。

究出了装弹程序，飞机通过ETC 502挂架（又称炸弹挂架2000）来携带重达1800公斤的炸弹，飞机采用新型轮胎以承受SC 1800炸弹，携带这么重的炸弹，飞机的起飞跑道距离达到1200米，正常起飞重量时的起飞距离只有860米。供特别中队使用的这些武器头部有一个“压力盘”，这种称呼不够准确，应该是炸弹的头箍（Kopfring），学名弹道环，作用是保证下落的炸弹弹道稳定。炸弹头锥部位还有防跳弹装置，假如没有这一装置，在低空高速投弹时，炸弹轴线和目标表面角度过小就会出现跳弹现象，在目标上打水漂，偏离目标。炸弹引信也在头锥部。炸弹内部采用Trialen 105炸药。SC 1800炸弹的实际重量是1950公斤。作战时，炸弹摆放在起飞区域，现场还有保护油脂（涂油可以明显地提高防锈和密封性能，减少温度和湿度变化对弹药质量的影响）、20名武器操作地勤人员和LWC 2500液压装弹车等。飞机停放在起飞区域，飞机与飞机之间间隔（翼尖）20米，不同列飞机尾部间隔40米。重量近2吨的炸弹挂在机身上导致机体承受的应力非常大，为此，飞机装弹后必须在炸弹下方塞一个木桩以减轻应力。但是，这种状态下发动机不能起动，主要是担心发动机起动后的震动损坏炸弹挂耳。起飞必须有30秒的间隔，这是实践摸索出来的：9月27日，1架飞机在起飞过程中炸弹掉落，炸弹在跑道上拖着黑烟和火焰滚动了300—400米才停下来。这场面相当恐怖，近2吨的炸弹爆炸，那威力可不是开玩笑的，不过，这次炸弹掉落没有引起爆炸，为此，当天其他原计划的训练任务全部取消。技术人员还得考虑如何安全地挂弹和卸弹，战斗机这身子板挂这么重的炸弹真得费点事。

1944年9月20日，美军夺取了荷兰奈梅亨瓦尔河上的数座公路和铁路大桥，德军用尽办法企图从空中、陆地和水下炸毁这些大桥，“独角兽”特别中队也参加了此次行动。德国空军第3航空队的9月28日战场形势报告称，KG 200联队的7架Fw 190飞机攻击了奈梅亨一带大桥，有1枚炸弹直接命中一座公路大桥，另1枚炸弹直接命中铁路大桥，己方损失1架Fw 190飞机。阿赫默机场的飞行控制官奥托上尉汇报称，赫尔伯特·莱山茨少尉在9月28日的行动中起飞延误，这位30岁的奥地利人飞在编队最后方实施了攻击，据库尔特·克雷茨后来称，莱山茨的座机在战斗中被击落。

英军第100防空旅的报告称，10余架Fw 190从奈梅亨东北方向靠近，这些德国飞机从1500米高度俯冲轰炸了瓦尔河上大桥，攻击行动持续了2分钟，尽管英国防空单位发射了400多发炮弹，德国飞机投下的500公斤炸弹还是击中了铁路大桥。另一座公路大桥被击中，桥面轻微受损。当时，加

照片显示的是1944年9月28日，奈梅亨一座铁路桥遭到Fw 190飞机轰炸后的场景，一节桥体已经被炸塌。

拿大空军（RCAF）第411中队的“喷火”IXB战斗机正在这一带巡逻，M.G.格拉哈姆中尉回忆称：

……在奈梅亨上空有8架以上Fw 190飞机正从东南方向的3600—4200米高度靠近，我们爬升向敌机靠近，我飞到1架正俯冲攻击大桥的Fw 190飞机后方1400米处，穿过盟军的高炮阵地，我将敌我距离拉过到630米。这架Fw 190飞机在一座大桥附近投下了炸弹，然后爬升向右侧转弯进入云层，我紧随其后，并在敌机钻出云层上方发现了目标。我在敌机后方450—630米距离开火射击，敌机向太阳方向飞去，我无法观察到目标，但是，敌机左转随后大角度俯冲进入云层。我继续跟踪，发现敌机向地面坠去，我准备用机载照相机记录这一刻，但是，我也在随敌机一道大角度俯冲，这么低的高度拍照十分危险，好在波特兹上尉证实敌机触地爆炸成火球……我击落了1架Fw 190飞机。

此次战斗，B.埃斯科上尉和波特兹上尉分别击落1架Fw 190，而E.G.拉普上尉、R.M.库克准尉和M.G.格拉哈姆中尉分别击伤1架敌机。但是，根据德国

图中黑色的就是SC 1800炸弹，炸弹体积巨大，Fw 190飞机携带相当吃力。

空军的记录，“独角兽”特别中队在9月的战斗中仅损失1架Fw 190。

10月5日，意大利维罗纳附近的10/Ⅶ（其义不详）地区机场司令部称，“‘独角兽’特别中队和中队的14架Fw 190飞机（携带最重炸弹）将在不久后部署到意大利北部……”实际上，5天后，这个特别中队在帝国航空队战斗序列中的飞机数量是7（5）架。与此同时，孙特曼通知明斯特的运输部门称，他的中队一些“飞行设备”必须通过铁路从阿赫默运到巴伐利亚的霍尔茨基兴，而且他急需一辆篷车。

10月19日，孙特曼上尉的中队和中队12架或14架“特殊飞机”抵达意大利维罗纳的维拉弗兰卡，中队飞行员被派遣到盖迪待十天，在这里，这些飞行员要么转型练习Ju 87飞机，要么在此型号飞机上训练（有的原来就是Ju 87飞行员）。这些Ju 87飞机可能属于3./NSGr 9中队，这个中队没有人听说过“‘独角兽’特别中队”这个名称。第三帝国有些事确实让人摸不着头脑。但是让“独角兽”特别中队花上几个月时间在Fw 190飞机上进行基础技能训练，很难让人相信这些飞行员之后突然去驾驶Ju 87飞机只是例行的训练。事实上，“独角兽”特别中队已经准备好进行夜间飞行训练，在Ju 87飞机上的训练应该是当地方向训练（根据地形地标辨别方向），或是在地面指挥引导下进行轰炸的协同训练。当时，NSGr 9大队已经使用了EGON盲炸系统。11月14日傍晚，特别中队的3架Fw 190飞机从维拉弗兰卡起飞进行训练飞行，起飞过程中，1架飞机撞上了另1架停在地面的飞机，2架飞机均受损。4天后，驻扎在意大利的一位德国空军司令官马克斯·冯·波尔中将在给帝国航空队的电报中提到“独角兽”特别中队时称：

……傍晚和夜间的训练几乎结束，从安全角度考虑，飞机作战半径为150公里。Fw 190F-8型号飞机使用的是C3燃油，使用的特别炸弹是SC 1800、PC 1600和SD 1700等型号。

孙特曼称他的中队在进行对地攻击训练两个多月后，KG 200联队11月1日至6日的作战序列仍将驻扎在维拉弗兰卡的“独角兽”特别中队当成反舰鱼雷轰炸单位。实际上，这个特别中队在意大利既没有执行过冯·波尔将军所称的反舰任务，也没有执行过其他战斗轰炸任务，在之后的每月作战报告中，冯·波尔的情报官在文件中都将特别中队称呼为“对地攻击中队”，文件称“这个单位已经在很短时间内转为执行夜间作战任务”。

10月20日，德国空军作战参谋部颁布关于特别作战单位指挥官的战术职责命令，这个命令就包括了“寄生”飞机和“独角兽”特别中队的内容，

盟军战斗机照相枪拍摄的德国“寄生”飞机，这种组合式飞机作战非常呆板，遭遇盟军战斗机时只有被动挨打的分儿。

英国情报部门推断：

“独角兽”只是执行特殊行动的假名（用以掩盖真实目的），而不是单位的名称……这种独角兽只有一个角，因此，可能是敌人飞机使用一枚重型炸弹执行某一类作战任务。KG 200联队的“独角兽”中队是迄今为止唯一具备实战能力的特殊单位。“寄生”飞机的名称指的是一种植物在另一种植物体上生长，因此可以望文生义，就是一架飞机上发射另一架飞机。

11月6日，德国KG 200联队的两个大队扩编为四个大队，“独角兽”特别中队的作战核心组成新Ⅳ./KG 200大队的13./KG 200中队。德国空军计划将Ⅰ./SG 5大队划归KG 200联队，番号改为Ⅲ./KG 200，11月11日，空军宣布将“独角兽”特别中队划归这个大队。

11月18日，美国B-24轰炸机用破片式炸弹轰炸了德军维拉弗兰卡机场，驻扎于此的“独角兽”特别中队1架Fw 190飞机中弹起火，另有5架飞机被爆炸碎片击伤。十天后，特别中队和NSGr 9大队的Ju 87飞机一道执行了5架次作战任务。当地时间17时25分，盟军地面部队的报告称，2架Fw 190飞机攻击了维拉弗兰卡的弗利一带盟军目标。

12月2日中午11时整，意大利战区的德国空军指挥官颁布命令准备实施夜间攻击，命令称：

“独角兽”特别中队将着手进行夜间对地攻击，飞机用炸弹和机上武器（指机炮）攻击弗利西北部地区公路上（盟军）目标，另一部分负责拦截敌人夜间战斗机。

“独角兽”特别中队的攻击在17时整进行，当时6—8架德机用炸弹或机炮向沙漠空军前进指挥部和弗利东北隆科（距维拉弗兰卡160公里）的桥梁实施了攻击，这次行动没有给盟军造成什么损失，倒是德国空军使用的EGON导航系统被盟军侦测到。同样，盟军对维拉弗兰卡的空袭也没有给“独角兽”特别中队和NSGr 9单位造成损失。

12月9日的作战任务包括Ju 87飞机和Fw 190飞机组成一个或两个编队在EGON导航系统的引导下去攻击前线的东部和北部盟军目标，但是，从维拉弗兰卡机场只侦测到起飞了3个架次飞机，这些飞机出击并没有使用EGON导航系统。第二天晚上，维拉弗兰卡机场起飞15架飞机，盟军估计有12架Fw 190飞机在黄昏时分对英国第8集团军段目标实施了攻击，攻击导致了军人和平

1945年1月10日，赫尔穆特·威蒂班特少校的Ⅰ./SG 5大队（当时驻扎在柏林斯塔肯）番号改为Ⅲ./KG 200，但是大队当时没有11./KG 200中队，之后的2月，“独角兽”特别中队并入新成立的11./KG 200中队。图中是KG 200联队的1架Fw 190F-8飞机，机身没有具体的单位标志，因此不清楚该机属哪个大队或中队。

民伤亡。切塞纳也遭到Fw 190飞机投下的重磅炸弹轰炸，一份德国文件证实，“独角兽”特别中队在12月的行动中使用了1000公斤的炸弹，其中1枚炸弹落在军官食堂附近，但是没有造成很大破坏；另1枚炸弹击中了第8集团军的无线电信号办公室（通讯室），导致所有线路和无线电通讯中止。大约一个小时后，集团军与其他三个兵团的通讯才恢复，英国空军的评估称：“……（德军的轰炸）给皇家加拿大空军即将准备的攻击行动造成很大不便……这个行动有幸运的成分，但是至少可以说明敌人的情报并不总是那么没有成效。德军这种规模的行动造成的破坏并不大，但是确实也挺让人讨厌。”

Ⅰ./SG 5大队的1架Fw 190F-8飞机正携带SC 250炸弹起飞。这个单位在1944年下半年才开始装备Fw 190飞机。

11月11日下午，维拉弗兰卡的“独角兽”特别中队接到命令称当晚不再执行夜间任务，由于这个特别中队的行踪和任务被盟军知晓，该中队以后也不会在意大利再执行类似的任务。原来在之前的11月9日，德国空军司令部计划在即将实施的阿登反击战中，“独角兽”特别中队将专门用来攻击特别重要的目标，如战线侧翼的桥梁等。不久，特别攻击中队在参战单位的名单中被删除，虽然如此，这个中队的6架飞机还是在11月17日从意大利维拉弗兰卡返回德国，其中1架飞机在起飞时发生事故，飞机损坏80%。

第二天（11月18日）早晨，马克斯·冯·波尔将军向巴伐利亚霍尔茨基兴的哈特布罗德发去命令称，尽一切可能让“独角兽”特别中队恢复到作战状态，包括夜间作战。此后，这个单位准备飞到波恩汉格拉执行特别作战任务，也就是在此携带德国最重的炸弹执行任务。如果没有足够的“特别合适的飞机”，那就使用并不适合携带巨型炸弹的“普通飞机”，普通飞机适当改进可以携带重磅炸弹，比较明显的外观特征就是为飞机更换更大的轮胎。11月23日，特别中队转移到汉格拉，临时隶属NSGr 20大队指挥。盟军情报部门发现自1944年12月25日到1945年1月10日“独角兽”特别中队驻扎到波恩，单位装备着5（0）架Fw 190飞机，这段时间里，这个中队可使用的飞机最高数量是3架，但是，德国空军司令部决定将特别中队的作战力量提升到21（15）架，盟军估计在德国有很多残余司令部，也就是很多单位被打得支离破碎，单位编制已经不再完整，形成不了作战力，德国有专门的部门来整合这部分力量。

1944年9月底，Ⅰ./SG 5大队已经离开拉脱维亚返回德国汉诺威朗根哈根，两个月后，该大队又转移到柏林斯塔肯驻扎，在此进行夜间作战训练。1944年10月，由德国空军参谋部任命的新大队指挥官赫尔穆特·威蒂班特少校到任。1945年1月8日，德国空军司令部正式宣布Ⅰ./SG 5大队队部、1./2./3./SG 5中队的番号分别改为Ⅲ./KG 200大队队部、9./10./11./KG 200。截至1945年1月底，NSGr 20大队和“独角兽”特别中队部署到荷兰特文特，前者最后转移的13架飞机当时仍在波恩汉格拉。2月初，孙特曼和他的单位编队被部署到普伦茨劳，单位未能随行的7名飞行员并入11./KG 200中队。

在1945年1月10日的一次会议上，KG 200联队指挥官维尔纳·保姆巴赫中校和德国空军总参谋部的库尔特·冯·格列弗上校一致决定将9./KG 200和10./KG 200中队和其装备的15—18架飞机部署到挪威的斯塔万格，部署到挪威主要是为了参加“龙穴”行动，即Fw 190飞机携带炸弹鱼雷攻击英国皇家海军斯卡帕湾军舰锚地行动，德国的15组“寄生”飞机也将参加此次行动。“龙穴”行动后，Fw 190飞机将部署到荷兰境内斯凯尔特河入海口执行反舰攻击任务。

“龙穴”行动最终被取消，但是Ⅲ./KG 200大队队部和9./KG 200中队、10./KG 200中队继续留在挪威进行训练，训练期间有3架Fw 190F-8飞机在各种事故中损失：2月11日，9./KG 200中队的鲁姆普下士驾驶他的座机（W.Nr.581772）在丹麦坠毁，其本人受伤；3月6日，W.Nr.588043飞机在挂载照明弹时发生爆炸，飞机被毁；3月9日，1架Fw 190飞机在斯塔万格机场着陆时失事倒扣在跑道上，沃平代理下士丧生，这架飞机损坏45%，战后在弗拉斯（斯塔万格南10公里）被发现。

KG 200联队指挥官维尔纳·保姆巴赫中校提议将11./KG 200中队和“独角兽”特别中队划归德国空军第Ⅱ战斗机航空军以便参加西线的夜间对地攻击任务，这个建议得到了批准。同时，保姆马赫还负责评估“独角兽”特别中队攻击比利时安特卫普一处航运船闸的行动，但是，在2月14日，这个计划被取消，其实早在去年10月，德国空军就计划让Ⅰ./KG 66大队和Ⅲ./KG 66大队执行轰炸船闸行动，后来也因故取消了。在1月17日的一次德国空军司令部讨论会上，关于德国飞行员驾驶喷气式飞机采用自杀式行动撞击敌机编队长机的讨论始终没有结果，因为“独角兽”特别中队只有7名飞行员接受了Fw 190飞机的全部训练，只有这几个人才能及时地完成转型驾驶喷气式飞机。

11./KG 200中队指挥官埃尔温-彼得·迪克韦施上尉是一位“骑士十字勋章”获得者，他原是3./SG 5中队指挥官，巴赫纳少尉是11./KG 200中队代理指挥官。11./KG 200中队飞行员在1月底乘火车到基尔托夫接受全新的Fw 190F-8飞机。2月初，11./KG 200中队又抵达荷兰特文特吸收“独角兽”特别中队的飞行员。2月23日，德国空军帝国航空队将11./KG 200中队划归NSGr 20大队指挥。即使此时，前者的行政上仍然独立，甚至短暂不受NSGr 20

盟军在莱茵美恩机场缴获的11./KG 200中队1架黑色18号Fw 190F-8飞机，机身“A3”表示KG 200联队。这架飞机参加了1945年3月轰炸雷马根大桥的行动。

大队指挥。11./KG 200中队的主要目标是公路和夜间交通（夜间目标），以及装甲目标集结地（白天目标）。在2月24日至3月6日间，4架Fw 190飞机在滑行事故或飞行员迷航事故中损坏。

3月8日，11./KG 200中队戈尔下士在克累弗（与荷兰接壤）附近被地面高炮击落而成了盟军战俘，当天早些时候，巴赫纳率领9架飞机的加强编队部署到莱茵美恩支援轰炸雷马根大桥和美国浮桥行动，在3月10日、11日、13日和14日的行动中，Fw 190飞机投下了SC 1000公斤炸弹及SC 500炸弹。盟军强大的空中力量和火力猛烈的地面防空高炮，加上恶劣的天气，使得11./KG 200中队派遣的加强编队取得的战果寥寥。但这个编队的损失也不大，只是在3月11日行动中，格雷尔克下士的座机被盟军高炮击落，他跳伞后被俘。在莱茵河西部，美国第3集团军最近突破了巴特克罗伊茨纳赫（美因茨西南30公里）一带防线，11./KG 200中队加强编队最后一次参加战斗是3月20日傍晚，当时，4架Fw 190飞机向公路上目标投掷了3枚AB 70和4枚AB 500反人员集束炸弹。在撤离莱茵美恩时，该加强编队的1架受损Fw 190F-8，

Ⅲ./KG 200大队的Fw 190飞机试验了携带BT系列炸弹鱼雷（或称鱼雷炸弹）的飞行操作，但是实战中并没有使用。炸弹鱼雷据称也只是使用过一次，即仅在轰炸雷马根大桥行动中使用过。

这是上文配图中介绍的11./KG 200中队“黑色18”号Fw 190F-8飞机。SC 1000炸弹重量达到1吨，而SC 1800炸弹重量达到1.9吨，对于单发战斗机来说携带相当不轻松。

难得一见的Fw 190飞机携带SC 1000炸弹照片。Fw 190飞机早期在各个战场极少携带重达1吨的炸弹执行任务，携带这么重的炸弹，飞行性能会受到很大影响。在二战后期，纳粹德国孤注一掷，任何手段都想用上，为的是阻止盟军推进，飞行员生命是次要的。

Ⅰ./SKG 10大队3架Fw 190G-8飞机挂载炸弹准备出击。1944年夏天，Ⅰ./SKG 10大队番号改为Ⅲ./KG 51，当年11月，番号再次改为NSGr 20。这个单位一直战斗到二战结束，最后一次执行作战任务是1945年5月4日。图中飞机携带的很像SC 1000炸弹，这种炸弹下部没有弹翼（稳定翼和连接环），而且携带SC 1000炸弹后飞机无法再携带2个副油箱。

W.Nr.583262，A3+18飞机被遗弃未能带走。

3月23日，一个维修单位被派到德罗佩（赖讷北30公里）为Ⅲ./KG 200大队维修飞机，后者派出飞机离开斯塔肯基地向前线部署。3月25日，一名军官和16名其他人员从特文特抵达德罗佩。这段时间，11./KG 200中队重新与大队的9./和10./KG 200中队相聚。截至4月，Ⅲ./KG 200大队一直驻扎在吕贝克布兰肯泽（柏林正北100公里）执行昼间和夜间对地攻击任务，之后该大队后撤到靠近丹麦边境的埃格贝克。4月5日，大队出现两起伤亡事件：施密特下士在转场飞行过程中坠机身亡，阿洛伊斯·福克斯上士在伦布鲁附近被高炮击落，大难不死，只是受伤。第二天，又有3架Fw 190F-8飞机被英国空军“暴风”战斗机击落，当时前者正在昼间攻击横渡施托尔策瑙（汉诺威西偏北50公里）易北河的英国军队，被击落的3名德国飞行员是戈灵少尉、马泽尔候补军官和斯蒂姆勒下士。至4月12日，Ⅲ./KG 200大队作战力量为38（24）架飞机，3天后的傍晚，该大队9架飞机攻击了策勒（汉诺威东北30公里）和明登（汉诺威西南60公里）之间的盟军纵队，其间有1架飞机失踪。4月16日，Ⅲ./KG 200大队不少于21架Fw 190飞机攻击了萨尔茨韦德尔和施普拉肯塞尔一带机械车辆集结地，其间2架飞机被击落，另有1架失踪。第二天晚上，该大队再次出动19架飞机轰炸和扫射于尔岑、吉夫霍恩和策勒一带的盟军车辆纵队。4月26日，Ⅲ./KG 200大队的对地攻击中队被命令尽可能早地升空持续攻击波兰什切青和柏林之间的苏军。首波任务完成后，Fw 190飞机降落在了雷希林拉尔茨机场。

在4月30日至5月1日夜，Ⅲ./KG 200大队指挥官赫尔穆特·威蒂班特少校在为柏林防御部队空投物资时身亡。赫尔穆特·威蒂班特于1918年12月23日生于德国波恩，二战爆发时他在5./ZG 1中队服役，不久这个单位番号改为8./ZG 77。威蒂班特参加过法国战役和英国战役，1941年4月18日，他在挪威沿岸击落3架英国空军“布伦海姆”轰炸机，当时英国空军出动6架该型轰炸机到挪威沿岸执行反舰任务，一半飞机被威蒂班特一人消灭。1941年年初，他所在的Ⅱ./ZG 76大队番号改为Ⅱ./SKG 210，后参加入侵苏联的战役。1942年1月4日，威蒂班特所在的单位番号再次改为Ⅱ./ZG 1，当年10月9日，他晋升为5./ZG 1中队指挥官。1943年2月1日，威蒂班特被任命为Ⅱ./SKG 10大队指挥官。1944年10月20日，威蒂班特出任Ⅲ./KG 200大队指挥官。

指挥官阵亡后，Ⅲ./KG 200大队因为缺少燃油，飞机根本无法升空。在德国战败投降，德国空军帝国航空队宣布停止作战的1945年5月6日，驻扎在埃格贝克的Ⅲ./KG 200大队的作战力量为31架Fw 190飞机和446名作战人员（其中60名空勤人员）。11./KG 200中队指挥官埃尔温-彼得·迪克韦施在战争结束时正在汉堡一家医院治疗，而弗兰茨-约瑟夫·索佩中尉计划在5月22日接替阵亡的威蒂班特任Ⅲ./KG 200大队指挥官。

战争结束后，德军很多作战飞机被盟军缴获，大量飞机无处可放就被堆放在一起。图中近处是1架Ju 87飞机，之后是Fw 190和Do 335战斗机。NSGr 9大队在战争后期同时装备Ju 87和Fw 190飞机（一个中队）。

1./NSGr 9中队的1架Fw 190F-8/R1飞机被遗弃在一处机场，它的右侧是1架Me 262飞机残骸。

在突尼斯杰拉机场被盟军缴获的1架9./SKG 10中队的Fw 190A-5飞机。

盟军在西西里岛登陆后，德军迅速溃败，这架7./Schl.G 2中队约翰森上士的Fw 190A-5/U8飞机被遗弃，飞机没有来得及炸毁。

SKG 10联队1架“白色3”号Fw 190飞机，具体型号不详，战斗型（A）和对地攻击型（F和G）很难肉眼区别。

Ⅰ./Schl.G 2大队队部莫里·埃克卡特少尉的Fw 190A-5飞机。照片拍摄于1943年5月意大利布林迪西，当时这个单位正在进行转型训练。

第三章　东线战役

1941年6月22日，德军入侵苏联，几乎从一开始德国空军就对苏联空军形成了空中优势，至1941年年底，苏联空军有8500架飞机在空中被击落或是在地面被摧毁。这段时间里，德国空军战斗机主力装备是Bf 109F战斗机，这个型号比当时苏联空军所有战斗机都要先进得多。但是，到1942年夏天，大量拉格-3、米格-3和雅克-1战斗机陆续装备苏联前线部队，这些飞机的改进型也投入批量生产，其中有的型号作战性能接近或媲美德国Bf 109F战斗机。苏联空军的发展受到了德国空军密切关注，甚至在1942年10月底斯大林格勒反击战役开始前，更大的威胁已经出现，这就是苏联的拉沃契金设计局的拉-5战斗机，在拉格-3战斗机基础上改进的拉-5飞机海平面最大速度达到650公里/小时以上，其机动性更强。

除了不断发展的苏联战斗机，最让德军恐惧的飞机是伊柳辛设计局的伊尔-2攻击机，德国士兵给这种攻击机起了很多绰号以表达他们的畏惧心理，如“屠夫”和“黑色死神”等，德国空军飞行员则称之为“钢铁古斯塔夫”，或者是“水泥轰炸机”，意思是伊尔-2飞机抗打击能力非常强。尽管对于德国战斗机实施攻击来说，伊尔-2飞机速度慢，机动性差，容易成为战斗机的目标。但伊尔-2的重装甲防护使得飞机被德国战斗机攻击时生存能力大大提高。曾经有1架伊尔-2在承受了600次（机枪和机炮的）直接打击，飞机上的所有控制舵面都已经损坏，机身主装甲和其他结构上也布满了弹孔的情况下，最后仍然安全地返回了基地。早期的伊尔-2飞机是单座型号，没有后射机枪，因此德国战斗机在后方攻击造成了伊尔-2很大损失。1942年9月，双座型号伊尔-2M攻击机装备苏联空军，这个型号的座舱后部延伸增加了一名后射机枪手和1挺12.7毫米机枪。

另外，雅克夫列夫设计局在雅克-1战斗机的基础上研制了雅克-7B飞机，更先进的雅克-9战斗机也在研制之中，这两个型号加上拉-5战斗机在二战后期大量装备苏联空军前线单位。此外，美国向苏联空军提供了诸如美国贝尔公司研制的P-39“空中眼镜蛇”战斗机和P-63“眼镜王蛇”战斗机、寇蒂斯公司研制的P-40战斗机和共和公司P-47“雷电”战斗机；英国则向苏联提供了“喷火”和“飓风”战斗机等。苏联自己研制的新型轰炸机也源源不断地装备部队，包括佩特尔亚科夫设计的佩-2双发攻击机/轻型轰炸机，佩-8重型轰炸机等。盟军向苏联提供了轰炸机，如美国道格拉斯公司的A-20“毁灭”、北美公司B-25“米切尔”，以及英国阿姆斯特朗·怀特沃思公司的“阿尔比马尔”轻型轰炸机。所有这一切都意味着，从1942年夏末开始，德国东线战斗机部队开始面临越来越大的挑战，例如，德国空军在1941年东线战役最成功的战斗机联队，JG 51“莫尔德斯”联队在1942年下半年遭受了最严重的损失。

为了重获空中优势，1942年9月，德国空军开始向苏联前线派驻Fw 190战斗机，除了性能优于Bf 109战斗机，采用气冷发动机的Fw 190抗敌打击能力更好，气冷发动机体积较大，可以为座舱提供良好的正面防护；宽距起落架也特别适合苏联前线的简易机场操作，特别是其机载武器2挺7.92机枪和2门20毫米机炮对苏联伊尔-2攻击机的打击更加致命。虽然最多可以携带3门20毫米机炮，其中2门机炮以吊舱形式在翼下携带，Bf 109G战斗机并不适合攻击伊尔-2飞机，机炮吊舱会恶化Bf 109G的性能。伊尔-2M装备部队后，其后射的12.7毫米机枪对Bf 109G威胁很大，甚至有时1发子弹就可能将其击落（击中要害部位，如发动机油冷却器等）。

鉴于最著名的JG 51联队装备Bf 109战斗机遭受重大损失，德国空军决定选择Ⅰ./JG 51大队在苏联前线第一个换装Fw 190战斗机。JG 51联队前身是1937年4月1日在巴伐利亚州巴特艾布林组建的Ⅰ./JG 135大队，历次调整和扩充后演变成JG 51联队。这个联队参加过入侵低地国家和法国战役，也参加过英国战役，最后在1941年5月底部署到东线准备参加入侵苏联战役。苏联战役期间，JG 51联队是中部战线的主力战

上图为拉格-3飞机，下图为米格-3飞机。入侵苏联战役开始时，苏联空军装备最多的仍是伊-15和伊-16战斗机。拉格-3和米格-3战斗机的性能直追德国战斗机，但是差距仍然相当大。

人类航空史上，伊尔-2攻击机的产量在可预见的未来不可能被打破，总产量达到42000架。其实从另一个角度看，它在战争中损失极大，早期型号（左）没有后射机枪，遭到后面战斗机的攻击时束手无策。伊尔-2M（右）开始增加后射机枪，损失有所下降。

斗机单位。接到换装命令后，Ⅰ./JG 51大队在1942年8月初从苏联南部奥廖尔战场撤回到东普鲁士柯尼斯堡（现称加里宁格勒）附近的约绍，开始由Bf 109F飞机换装到1架Fw 190A-1、10架Fw 190A-2和32架Fw 190A-3战斗机。当时的转型并不复杂，也不困难，很多原轰炸机飞行员转型训练作为战斗机飞行员的时间也不很长，完成基本理论、战斗机性能训练、仪表飞行、编队训练和战术训练比较容易。

8月底，海因里希·“高迪”·克拉夫特上尉指挥的Ⅰ./JG 51大队部分成员返回到列宁格勒（现称圣彼得堡）附近的柳班（列宁格勒东南85公里），早期该大队的作战区域就是在这里，在此，这个大队第一个驾驶Fw 190战斗机获得战果的是2./JG 51中队汉斯·布斯少尉，他在8月24日傍晚5时25分在800米高度击落苏联空军1架“飓风”战斗机。截至9月6日，整个Ⅰ./JG 51大队全部返回苏联战场，随后大队先转移到南方的维亚济马（莫斯科西南200公里）南部，再于10月底转移到勒热夫（莫斯科西稍偏北206公里）和维亚济马之间的突出部。这一阶段的战斗中，Ⅰ./JG 51大队损失了第一架Fw 190，1942年9月29日，2./JG 51中队埃里希·普夫劳姆下士驾驶的Fw 190A-3被击落，本人没死，不清楚被什么武器击落的。

1942年10月，一些Fw 190A-4战斗机交付给Ⅰ./JG 51大队，该大队的这个型号飞机首次作战损失发生在10月30日，1架Fw 190A-4飞机在维亚济马附近被苏军地面高炮击落，飞行员约瑟夫·米特施科下士受伤。11月间，又有几架飞机在

JG 51联队1架Bf 109战斗机进场着陆，而另1架Fw 190飞机准备升空执行任务，飞机机腹ETC 501挂架携带了1枚炸弹。

“白色6”号Fw 190A-3是1./JG 51中队京特·约瑟芬的座机，飞机采用墨绿色迷彩，黑白照片显得特别黑。

各类事故中损坏，飞行员受伤的第二例战斗发生在当月11日，1./JG 51中队格哈德·考蒂尔下士驾驶的Fw 190A-3（W.Nr.0500）飞机在战斗中被高炮击落。海因茨·兰格上尉在10月23日离开1./JG 54中队①到3./JG 51中队任中队指挥官，他后来回忆这段时间驾驶Fw 190战斗机时称：

我第一次驾驶Fw 190战斗机是1942年11月8日在苏联维亚济马前线，我完全震惊了，我驾驶过苏联前线服役的所有战斗机，由于机身稍小，Fw 190飞机的视野比Bf 109的要好。我认为福克-沃尔夫战斗机的机动性能要好于梅塞施密特战斗机，尽管后者水平转弯性能更优秀（转弯半径更小），如果你完全驾驭了Fw 190飞机，你可以拉起几个g的过载。关于操纵杆控制力量和感受，Bf 109飞机的杆力比Fw 190的更重一些。在Fw 190飞机上做特技动作简直是一种享受！

从结构上看，Fw 190飞机比Bf 109飞机更好，特别是在俯冲时。安装星形发动机的Fw 190A飞机的抗打击能力更好，（Fw 190）飞机的各个型号火力比较平均，梅塞施密特战斗机的发动机中间机炮精度更高，但是只对战斗机间格斗有优势，Bf 109飞机的30毫米机炮总是卡壳，特别是在急转弯时，为此我至少丢掉了6架战果。

再回到1942年10月7日，哈特曼·格拉塞尔上尉的Ⅱ./JG 51大队返回东普鲁士的约绍换装Fw 190战斗机，但是换装工作还没完成盟军就在北非登陆，为了应对新的战场局势，4./JG 51和5./JG 51中队立即放弃换装Fw 190飞机计划并马上转移到维也纳新城接收已经喷涂沙漠迷彩的20架Bf 109G-2/Trop战斗机，转型训练结束后这两个中队就接到命令在11月初部署到突尼斯。Ⅱ./JG 51大队的6./JG 51中队没有随行，而是继续在约绍进行换装Fw 190战斗机的转型训练，中队番号也改为JG 51队部中队（Stabsstaffel），单位的队部中队和队部直属单位（简称队部）并不一样，德文单词

换装Fw 190战斗机后，Ⅰ./JG 51大队的飞机也放弃Bf 109战斗机的标准灰色迷彩，该单位的Fw 190飞机采用墨绿色迷彩，跟苏联地理环境颜色较一致。飞机后机身“+”字处采用醒目的黄色条纹，方向舵底部也采用黄色条块。参见本书配的彩色图片。

① 原资料称是“1./JG 51”，这明显跟下段回忆中“第一次驾驶Fw 190战斗机是1942年11月8日”这句话不符，Ⅰ./JG 51大队在9月初返回苏联前线时已经完成了换装Fw 190战斗机，笔者查阅资料称，在被任命为3./JG 51中队指挥官前，海因茨·兰格在1./JG 54中队任指挥官，不是1./JG 51中队。海因茨·兰格的经历非常有意思，他频繁在JG 51联队和JG 54联队间的指挥官岗位上转换，最终在1944年4月2日，他任JG 51联队第六任，也是最后一任指挥官。早在1939年10月就驾驶Bf 109E战斗机在德国上空击落1架英国皇家空军执行侦察任务的“布伦海姆”轰炸机，他驾驶Fw 190战斗机第一次取得战绩是1942年12月4日，当天下午他在战斗中击落2架伊尔-2攻击机。

这架2./JG 51中队的飞机采用黑色数字，而上一张图数字为白色，不同中队采用不同颜色，便于辨认。

也不一样，例如联队直属单位德语是Geschwaderstab。队部中队的规模比队部直属单位大一些，队部直属单位一般装备4架战斗机，而中队规模是12架，队部中队装备数量可能也是12架。6./JG 51中队番号更改后，与此同时，Ⅱ./JG 51大队的新6./JG 51中队由3./JG 1中队改变隶属关系而来。

由于Ⅱ./JG 51大队临时放弃了换装计划，1942年11月12日，卡尔-海因茨·施奈尔（Karl-Heinz Schnell）上尉的Ⅲ./JG 51大队从勒热夫和维亚济马突出部撤出并返回东普鲁士约绍换装Fw 190战斗机，12月，该大队返回莫斯科东南360公里的奥廖尔。Ⅲ./JG 51大队损失的第一架Fw 190飞机是在12月11日，当天，9./JG 51中队约瑟夫·朔贝尔下士驾驶的Fw 190在一次训练飞行中坠毁在东普鲁士塔劳，飞行员当场丧生。JG 51联队第一例Fw 190飞行员作战死亡的战斗发生在1942年12月10日，联队队部通讯官霍斯特·雷曼上尉当天战斗中在瑟乔夫卡（莫斯科正西188公里）北部被苏军高炮击落身亡。

Fw 190战斗机初期在苏联作战情况可以通过Ⅲ./JG 51大队的京特·沙克少尉的日记窥知一二：

1942年12月17日。第一次驾驶福克-沃尔夫战斗机作战，我们的任务是为Ju 88轰炸机护航。当靠近目标空域，我们立即遭到苏联战斗机的攻击，但

Ⅰ./JG 51大队奥斯卡·罗姆下士在戴飞行帽，他的个人战绩为92架，1943年1月15日，他击落1架苏联拉格-3战斗机，这是他个人首个战果。Ⅰ./JG 51大队的队徽是一只黑色的鹿站在岩石上，笔者认为应该是一只岩羊。

是，当我们的新型战斗机和苏联战斗机混战在一起时，苏联飞机突然快速离去。这次行动中，我突然看到5架伊尔-2攻击机在向东飞行，我们立即扑了上去，我的座机2挺机枪和2门机炮都开了火，但是，我没能击落一架飞机，只是给敌机造成一些损伤而已。返航途中，在2000米高度，我们与苏联空军4架正准备突袭我们机场的佩-2轰炸机不期而遇，我呼叫我最近的飞行员“马克斯，你攻击右边那一个，我攻击左边那个！”我慢慢地靠近佩-2飞机，距敌机大约150米时，我的座机飞行速度几乎与敌机速度一样，此时敌机尾部射手率先向我开火。我仔细地瞄准敌机，但是我几乎无法按下射击按钮，因为敌机自卫火力冒出的火焰挡住机身。马克斯发疯一般匆忙射击，但是根本就没击中目标，（射击完成后）他从上方脱离苏联飞机。我快速地向另1架飞机射击，令我惊讶的是，目标竟然拖着火焰向地面坠去。

另2架苏联飞机此时开始坡度转弯向东飞行，我紧随其后，交替向2架敌机射击，其间我一直在问自己我的弹药还够射击多长时间。突然，2架苏联飞机同时爆炸成大火球，马克斯是唯一目睹我战绩的

人。其中1架佩-2飞机维持飞行高度好长时间，飞机后面拖着长长的黑烟。这个过程中我看见敌机两名机组成员跳伞逃生，不久，这架飞机在另1架飞机几公里远的地方坠毁。

与此同时，我们已经穿过了苏联战线，在返回基地的途中，我们又遭遇2架佩-2飞机，我们的座机燃油充足，我决定再次实施攻击。马克斯依旧是疯狂地追击敌机，这次他终于击落1架。此时，我的座机弹药（在刚才的战斗中）几乎要耗尽，只有1门机炮仍然有弹药，因此，我转弯脱离战斗。就在我们准备设置返航航线时，我们再次发现前面有其他3架佩-2飞机，此时马克斯只能独自发起攻击，由于紧张过度，他未能击中一架敌机（前两次攻击前都有点发疯，紧张引起的）。由于我们已经深入德军战线，因此我决定不让敌机就这么轻松地离开，我将座机仅剩的1门机炮瞄准具对准敌机机身和发动机之间位置开了火，敌机中弹起火。我没有浪费时间，紧接着向另1架敌机射击，这架敌机也中弹冒出黑烟，此时我的机上所有弹药已经用光。正在燃烧的苏联飞机滑翔着向下飞去，最终迫降过程中敌机爆炸并在地面燃起大火。我此时没有一丝力气，

这架Fw 190A-3，W.Nr.0539是Ⅰ./JG 51大队指挥官海因里希·克拉夫特上尉的座机，注意看“>>”标志。这个大队是东线战场第一个接收Fw 190飞机的单位，1942年8月，该大队接收了10架Fw 190A-2和32架Fw 190A-3战斗机。

汗水浸透了我的衣服，在我们机场上空，没有摇摆机翼表示胜利的动作。这是我驾驶新型战斗机展示其性能的第一次作战经历。

1943年1月29日是9./JG 51中队京特·沙克中尉的幸运日，在为Ju 87飞机护航任务结束后返航过程中，他的四机编队接到情报称“家具卡车”（苏联轰炸机代号）正在诺沃西利（奥廖尔州的一个城市，位于奥廖尔以东70公里的祖沙河畔）一带穿过战线进入德军控制区。靠近后发现，苏联空军8架佩-2轰炸机正呈纵列队形飞行，随后发生的战斗被京特·沙克称为“一场真正的‘猎火鸡’”，全部8架佩-2轰炸机被击落，其中沙克一人就击落5架。

十天后，Ⅲ./JG 51大队天天参加战斗，这为京特·沙克中尉战绩提供了机会，到2月11日，他的战绩跃升到30架。沙克中尉特别擅长的技艺是转弯过程中实施攻击和射击，这项技艺不是一般人能掌握的，北非战场的明星约阿西姆·马尔塞尤这项技术只比沙克强，不会弱。

斯大林格勒和冬季战斗

早在1942年11月22日，苏联军队就包围了斯大林格勒一带的德国第6集团军，成功地合围后，苏军向北移动企图包围和歼灭德军中央集团军群。此时，德国中央集团军群的防御阵线在莫斯科西130公里处，苏联空军由于各种后勤保障问题难以发挥重要的作用，而德国空军却准备充分。这一带德国战斗机力量主要包括装

在东线战场，德军最大的敌人就是严冬，除了人员缺乏御寒衣服，机器设备也因极度的低温而无法工作，对于飞机来说，操作舵面被冻住就会造成机毁人亡的事故。图中Ⅰ./JG 51大队地勤人员在给飞机包裹的部位吹送热空气。

Ⅰ./JG 51大队的1架Fw 190A-4飞机正从冰雪覆盖的机场起飞，在苏联，德国空军经常会使用这种很简易的机场，找一空地作为机场很容易，难的是后勤补给，一个字，苏联就是“大”，战略溃败时期这种状况更明显。

备Fw 190战斗机的Ⅰ./JG 51大队和Ⅲ./JG 51大队，以及仍然装备Bf 109战斗机的Ⅳ./JG 51和Ⅱ./JG 3大队。

德国空军战斗机联队首次肃清苏军飞机的战斗发生在1942年12月4日，这次战斗非常成功，JG 51联队的队部中队和Ⅰ./JG 51大队拦截数量庞大的苏联伊尔-2攻击机的战术证明是有效的，当天战斗中德国方面声称击落了31架苏联伊尔-2飞机，其中Ⅰ./JG 51大队指挥官海因里希·克拉夫特上尉一次战斗就击落5架，即他个人的第71至第75个战果。另一个一次战斗击落5架伊尔-2飞机的是埃德文·蒂尔中尉，而队部中队指挥官霍斯特·雷曼上尉和海因茨·兰格中尉分别击落5架和2架伊尔-2飞机，雷曼的5架不是当天一场战斗中取得的。十天后的战斗中，Ⅰ./JG 51大队两名飞行员被苏军高炮击落，其中1./JG 51中队卡尔·里特布施下士在维亚济马附近被击落。最让德军痛心的是大队指挥官海因里希·克拉夫特上尉在贝利（莫斯科西230公里）被击落，他本人跳伞后被苏联士兵逮捕，最后被殴打致死。克拉夫特早在1942年3月18日就以战绩46架获得“骑士十字勋章”，当时他还只是个少尉，截止他阵亡，他的战绩已经上升到78架。临时接替克拉夫特的是鲁道夫·布施上尉，一个月后的1943年1月18日，埃里希·莱厄少校被正式任命为Ⅰ./JG 51大队指挥官。

这段时间里，德国空军飞行员越来越多地在空中遭遇苏联先进的拉-5战斗机，苏联这款令人生畏的飞机几乎跟德国Fw 190飞机的速度一样快，但是，前者在3500米高度的机动性强于后者。拉-5战斗机和更先进的雅克-9飞机迅速装备苏联前线单位，成为德国战斗机有力的对手。

1942年12月，德国空军第三个东线战场的大队，即Ⅰ./JG 54大队也零散地撤回到东普鲁士海利根贝尔（柯尼斯堡西南48公里），换装Fw 190A-4战斗机，这里是德国空军一个主要基地，战火还未燃烧到这里时，这个后方机场就担负起前线单位换装新机的转型训练

远处“白色9”号是Ⅰ./JG 51大队奥斯卡·罗姆下士的座机，远处的黑烟不像是遇袭，可能是焚烧什么。但有资料说德国人的机场经常遭到苏联人的偷袭。

“黑色21”号Fw 190A-5飞机属于JG 51联队队部中队，飞机座舱处“Anni”应该是飞机主人的心上人。上图中该机携带1个副油箱，左下图飞机携带的是AB 250炸弹容器。

任务。当时装备Bf 109F战斗机的JG 54“绿心”联队在德军入侵苏联战役中部署在战线北部，这是北部战线唯一的战斗机单位。进入1942年，这个联队的几个大队主要部署在列宁格勒周围，因战事胶着，这些单位不像苏联战场其他德国战斗机单位经常被调来调去参加战斗。JG 54联队的战区向南到德米扬斯克突出部一带（与JG 51联队的左翼重合），向北到芬兰湾沿岸，有时会进入芬兰南部境内，其战线总长达到480公里左右。

Ⅰ./JG 54大队指挥官是汉斯·菲利普上尉，他在1942年3月12日刚刚升任大队指挥官时就成为JG 54联队第一位获得“宝剑加橡树叶加骑士十字勋章”的飞行员，该勋章表彰他的战绩达到82架。3月31日，菲利普的战绩达到百架大关，这是德国空军战斗机飞行员中第四个战绩达百架的飞行员。换装后，Ⅰ./JG 54大队部署到列宁格勒南35公里的克拉诺格瓦迪斯克（现称加特契纳）机场。Ⅰ./JG 54大队的Fw 190战斗机首次遭受损失发生在1942年12月28日，当天，3./JG 54中队瓦尔特·拜姆斯少尉驾驶Fw 190飞机训练时在海利根贝尔附近坠机身亡。新近装备Fw 190战斗机的Ⅰ./JG 54大队在1943年1月的战斗中证明了新机型的存在价值。进入1943年1月12日，苏军发动了突破列宁格勒包围圈的战役，苏军主要意图先是试图打开一个通往城市的通道，之后在伊尔-2攻击机的支援下迅速拓宽通道，并保持通道的畅通。但完全解围要在一年后。德国Ⅰ./JG 54大队的作战任务就是阻止伊尔-2攻击机对德国地面部队的攻击，这一阶段的空中行动中，Fw 190战斗机给伊尔-2飞机造成了极其严重的损失。

1943年1月初，JG 26联队指挥官格哈德·绍佩尔少校被约瑟夫·普瑞勒少校取代，与此同时在柏林，德国空军高层决定东线和西线联队对调，为的是让东线作战的联队到西线休整，这个命令要求JG 26联队到苏联前线替换JG 54“绿心”联队后撤休整。为了防止整编制替换出现真空期，及方便后继单位的战场适应，替换过程以大队和中队的形式进行，确保防空区域的作战行动保持连贯性。另外，替换也主要是飞行员、重要参谋人员和相应的关键设备调往苏联战场，地勤维护人员、飞机和其他设备仍在原基地不动。这种调动形式比较科学，避免出现新进入战场的单位，主要是飞行员初期不适应的情况，苏联空军曾出现过整编制替换，越战越勇、越战越有经验的飞行员离开战场后换上来的全是没有人带的菜鸟，他们必须一切从零开始，慢慢适应战争，初期损失通常很大。

JG 26联队第一个进驻苏联战场的是约翰内斯·塞弗特少校指挥的Ⅰ./JG 26大队和克劳斯·梅图施指挥的7./JG 26中队，被替代的Ⅲ./JG 54大队从苏联战场返回驻扎到法国旺德维尔，这个单位装备的Bf 109战斗机在JG 26联队用不上，因此飞机也随单位返回。原计划4./JG 54中队也返回西线，但后来调动一直没成行。到目

Ⅰ./JG 51大队队部的1架Fw 190A-3飞机，机翼外侧的MG FF机炮已经被去掉。

这架Ⅰ./JG 51大队Fw 190A-3飞机仍然保留着无线电呼叫代号，但飞机涂装已经改为墨绿色迷彩。背景是福克-沃尔夫公司1架Fw 189双尾撑侦察机。

在苏联战场，Fw 190战斗机经常执行为Ju 87俯冲轰炸机护航的任务，照片中远处是Ⅱ大队1架Fw 190飞机（具体型号不详），近处是2架Ju 87D飞机。

前为止，汉内斯·特劳罗夫特中校指挥的JG 54联队有两个装备Fw 190战斗机的大队（Ⅰ./JG 54大队和Ⅳ./JG 51大队），外加一个中队。部署到苏联战场前，Ⅰ./JG 26大队在1943年1月底被调往东普鲁士海利根贝尔换装Fw 190A-5战斗机，随后几天里，该大队开始安装、调试无线电设备和武器系统。从上文可以看出，由Bf 109换装到Fw 190战斗机的训练时间一般一个月都不到，Fw 190战斗机的子型号换装训练时间就更短。当然，东线战事吃紧也是加速换装训练的一个因素之一，不可避免地级别低的飞行员时常会在换装后出现事故。

一切准备就绪后，Ⅰ./JG 26大队于1943年2月15日部署到苏联伊尔门湖（列宁格勒南200公里处）西部的雷尔比特兹，果然不出所料，Ⅰ./JG 26大队发现苏联战场的战斗跟西线的有着很大的区别。在苏联战场，大部分战斗发生在低空，为的是拦截伊尔-2攻击机，战斗极少发生在3000米以上高度。另一个特点是，作战行动从来就没有超过中队出动规模，通常就是四机编队出击，很多巡逻任务只需要双机编队就可以了。打通包围圈的战斗虽然不是战役级别，战斗也相当激烈和残酷，只是Ⅰ./JG 26大队离主要战场较远，空中战斗远比其他单位要少。Ⅰ./JG 26大队最常用的战术就是自由猎杀行动，也就是在德军地面部队的要求下四机编队在战场上空巡逻以备攻击不期出现在战场的苏联轰炸机和攻击机。

作战时，德国飞行员最值得注意的就是自己一定要在战线的德军控制一侧上空，越过战线，苏军密集的地面高炮很可能会将其击落，苏联高炮的威胁实际上比苏联战斗机的更大。如果在苏军控制一侧被击落跳伞，或是迫降，最坏的情况，也是最普通的情况就是被当场枪毙或殴打致死，幸运的话，可能会被送到战俘营。在战俘营似乎比被当场枪毙好不到哪儿，飞行员必须要忍受极度恶劣的条件。在德国军队中流传着各种苏联人酷刑的说法。就德国空军而言，飞行员都极度恐惧被苏联人逮住，其实德国人抓住苏联人也使用酷刑，丝毫不比苏联人仁慈。

其中一个十分不走运，被捕当了战俘的德国飞行员是2./JG 54中队的赫尔穆特·布兰德下士。1943年1月16日的战斗中，布兰德的Fw 190A-4飞机的同步协调器出现故障，他射出的子弹将自己发动机的螺旋桨打断，他最终在苏联控制的一侧实施了迫降，其个人命运不详。几乎完好无损的飞机被苏联人缴获，如获至宝的苏联空军指派F.S.奥诺普里晨科组成专家组立即修复了这架飞机准备用于测试，发动机重新安装一副新螺旋桨，螺旋桨可能是缴获的Ju 87“斯图卡”飞机上的。截至1943年6月底，这架飞机在尤里·安蒂波夫少校的驾驶下完成了37架次飞行测试，有意思的是安蒂波夫驾驶的这架Fw 190A-4飞机获得的

在拉格-3战斗机基础上改进的拉-5战斗机性能完全可以匹敌当时苏联战场的德国Fw 190A和Bf 109G飞机。但苏联空军飞行员的素质还远远不如德军飞行员，个人战技水平还欠缺很多。

6000米高度最大速度是610公里/小时，这个速度至少比英国皇家空军获得的相同条件数据慢了20公里/小时，可能的解释是发动机进行了减功率处理，或是不适应新安装的螺旋桨。安蒂波夫称，Fw 190A-4飞机的俯冲非常稳定，增速特别快，俯冲时做半滚转机动很容易，这种状态下的侧滑转弯也没有任何问题。但是，安蒂波夫总结称，苏联雅克-9和拉-5战斗机在6000米以下高度的机动性优于德国Fw 190A-4飞机，东线战场的空战恰恰大部分在这个高度范围内进行的。苏联飞行员测试的Fw 190A-4战斗机主要性能数据如下：

发动机起飞功率	1580 马力
空中重量	3989 公斤
飞机空重	3273 公斤
最大速度和所在高度	510 公里/小时(海平面)
	565 公里/小时(4000 米)
	610 公里/小时(6000 米)
	581 公里/小时(9000 米)
爬升高度和时间	3000 米(3.8 分钟)
	5000 米(6.8 分钟)
	7000 米(10.2 分钟)
实用升限	10500 米
爬升到实用升限耗时	32 分钟
90%最大速度时的航程	552 公里
最大航程(395 公里/小时)	983 公里

大名鼎鼎的JG 54“绿心”联队第Ⅰ大队（Ⅰ./JG 54）也在1942年12月换装了Fw 190战斗机，图中的Fw 190A-4采用白色涂装，苏联漫漫长冬，白色是不变的基调。照片近处马拉的雪橇上有一个油桶，上有“A3 70”字样，蓝色代表A3和B4燃油，绿色代表合成燃油如C2和C3燃油。

尽管苏联的测试报告是负面的，苏联飞行员对德国Fw 190战斗机很多方面的先进设计还是相当赞赏，比如仅靠一个操纵手柄就可以控制发动机转速和调节桨距，确保调节发动机的燃料使用效率时不出错。苏联人特别喜欢Fw 190的发动机罩安装环装甲设计，安装环内安装的是发动机上冷却油箱、冷却器和多叶片冷却风扇。另一个让苏联人羡慕的设计是座舱抛离系统采用弹射方式，即通过炸药微爆将座舱罩弹离机身。苏联飞机，包括德国以前飞机多采用向上或向后滑动开启，显然危急时刻这两种开启方式不如弹射抛离效果好。这些令苏联人佩服的设计后来运用到苏联战斗机上，特别是拉沃契金设计局的飞机上。

布兰德的Fw 190飞机被苏军缴获的第二天，JG 51联队指挥官卡尔-戈特弗里德·诺德曼中校经历了一次死里逃生，当天，他和他的僚机1./JG 51中队的鲁道夫·布施上尉从伊万湖面起飞执行任务，起飞后两机仍在大角度爬升过程中，诺德曼的Fw 190A-3座机突然速度减慢（很可能是发动机故障），在没有任何警告的情况下，他的座机突然偏向一侧，撞上布施的座机。两机在大卢基附近上空相撞，诺德曼跳伞后只受

2./JG 54中队的赫尔穆特·布兰德下士的Fw 190A-4飞机被苏军缴获，苏联人有机会实机进行性能对比测试。下图中这架飞机已经被涂上了苏军机徽，相当粗糙。

一点轻伤，布施丧生。虽然活命，这次事故对诺德曼的刺激很大，伤愈返回联队指挥官岗位后，他再也没有执行作战任务。诺德曼疗伤期间，Ⅲ./JG 51大队指挥官施奈尔上尉代理联队指挥官一职。

1月26日，1935年就参加奥地利空军的马克斯·斯托茨中尉的战绩达到150架，这位5./JG 54中队飞行员（从军衔看很可能是中队指挥官）在1943年8月19日与苏联雅克战斗机作战期间失踪，个人总战绩达到189架。2月19日这天，JG 54联队的战绩达到4000架，当天战斗中，JG 54联队击落33架苏联伊尔-2攻击机，其中包括汉斯·菲利普上尉的第168架和第169架战果、马克斯·斯托茨中尉的第158架和第159架、拜斯文格中尉第137架和汉斯·“阿西”·哈恩少校第107架战果。几天后的2月21日，哈恩在旧鲁萨附近被击落，之后在苏联度过了七年战俘生活。3月6日，战绩已经达到152架的拜斯文格中尉在伊尔门湖上空遭到10架苏联战斗机围攻后失踪。

1943年2月20日的德国空军Fw 190作战单位战斗序列如下：

东线战场德国 Fw 190 战斗机单位战斗序列，1943 年 2 月 20 日

第 1 航空队（Luftflotte 1）（苏联北部）

Ⅰ./JG 26	Fw 190A-4 和 Fw 190A-5	雷尔比特兹(部分仍在换装)	12(6)
		第 3 航空师(普斯科夫)	
7./JG 26	Fw 190A-4	加特契纳	4(4)
Stab./JG 54	Fw 190A-4	普斯科夫(Pleskau，现称 Pskow)	6(2)
Ⅰ./JG 54	Fw 190A-4	加特契纳	40(25)
Ⅱ./JG 54	Fw 190A-4/A-5 和 Bf 109	普斯科夫	43(30)

东部空军司令部（Luftwaffenkommando Ost）（苏联中部）

Stab./JG 51	Fw 190A-4	奥廖尔	8(6)
Ⅲ./JG 51	Fw 190A-2 和 Fw 190A-3	奥廖尔	27(25)
		第 1 航空师(杜吉诺)	
Ⅰ./JG 51	Fw 190A-2/A-3/A-4	维亚济马	39(24)

2./JG 54中队“黑色6”号Fw 190A-4飞机，飞机采用白色涂装，座舱侧面已经被发动机的排气熏黑。

Ⅰ./JG 54大队1架Fw 190A-4飞机已经起动，其左侧是本单位1架Bf 109战斗机，换装后，有的单位仍保留1架到几架不等的原装备，原因是有的指挥官偏爱某一机型。更远处1架白色的是Fw 58飞机。

第1航空队管辖区覆盖了德军在苏联北部的北部集团军群，Ⅰ./JG 26大队的第一个作战任务就是对地攻击，消灭德米扬斯克突出部的苏联地面部队。苏军的反攻战役实际上在1942年11月就开始了，而且一直到2月都在不断地增援后备力量。2月初，Ⅰ./JG 26大队的Fw 190战斗机开始持续地执行向苏联步兵和后勤补给部队扫射的任务，德国空军的密集行动起到了作用，苏军地面部队被迫后撤。德国空军取得的小胜利无法改变德国地面部队的失败，因此，德国决定让第2集团军在2月16日撤出突出部。苏军早就计划合围德国第2集团军，想撤离突出没那么容易，Ⅰ./JG 26大队再次被命令配合地面行动，这次的作战任务不是扫射苏联地面部队，而是拦截苏联伊尔-2攻击机，“黑色死神”给德国地面部队造成了严重伤亡，更可怕的是心理上的伤害。就在2月16日当天，Ⅰ./JG 26大队队部和1./JG 26中队击落了12架伊尔-2攻击机，己方无一损失，但在第二天的战斗中，Ⅰ./JG 26大队损失3名飞行员。在2月18日至3月18日间，Ⅰ./JG 26大队声称击落75架苏联飞机，这一个月内仅损失3名飞行员，这段时间里最成功的一天是3月7日，瓦尔特·赫克纳上尉当天击落5架伊尔-2攻击机和1架P-40战斗机。这天对所有东线战场的Fw 190单位来说都是相当成功的，不少于64架苏联飞机在6时55分至16时25分之间被击落，详细情况如下表。

德国空军东线 Fw 190 战斗机单位 1943 年 3 月 7 日战绩统计

序列	飞行员	单位	击落飞机	时间
1	瓦尔特·赫克纳上尉	1./JG 26	伊尔-2	06:55
2	海因里希·韦弗斯中士	6./JG 54	雅克-1	06:55
3	约瑟夫·费博下士	6./JG 54	雅克-1	06:57
4	瓦尔特·赫克纳上尉	1./JG 26	P-40	07:00
5	格哈德·拜汀上士	2./JG 54	米格-3	07:37
6	菲利克斯·科赫下士	2./JG 54	米格-3	07:38
7	奥托·基特尔上士	2./JG 54	拉格-3	07:55
8	奥托·基特尔上士	2./JG 54	拉格-3	08:05

续表

序列	飞行员	单位	击落飞机	时间
9	赫尔伯特・巴罗伊特上士	3./JG 51	米格-3	08:55
10	汉斯・京特・莱因哈德下士	Stab Ⅰ./JG 54	拉格-3	09:05
11	汉斯・菲利普上尉	Stab Ⅰ./JG 54	拉格-3	09:07
12	汉斯・菲利普上尉	Stab Ⅰ./JG 54	拉格-3	09:09
13	汉斯・京特・莱因哈特下士	Stab Ⅰ./JG 54	拉格-3	09:10
14	汉斯・菲利普上尉	Stab Ⅰ./JG 54	拉格-3	09:14
15	阿尔宾・沃尔夫下士	6./JG 54	拉格-3	09:15
16	海因里希・容格上尉	Stab Ⅱ./JG 54	佩-2	09:21
17	海因里希・斯特尔上士	6./JG 54	佩-2	09:22
18	赫尔曼・斯赖因哈格上士	6./JG 54	佩-2	09:23
19	约瑟夫・齐恩吉伯上士	3./JG 26	伊尔-2	09:58
20	罗尔夫・赫尔米兴上尉	3./JG 26	佩-2	10:03
21	京特・凯尔切上尉	7./JG 26	伊尔-2	11:10
22	威尔海姆・菲利普中士	3./JG 54	伊尔-2	11:13
23	海因里希・容格上尉	Stab Ⅱ./JG 54	伊尔-2	11:13
24	罗伯特・魏斯中尉	3./JG 54	拉-5	11:44
25	罗伯特・魏斯中尉	3./JG 54	I-180-3	11:45
26	海因茨・威尔尼克上士	6./JG 54	伊尔-2	11:47
27	卡尔・弗切斯中士	3./JG 54	伊尔-2	11:50
28	汉斯・菲利普上尉	Stab Ⅰ./JG 54	P-39	11:50
29	施密特茨下士	3./JG 51	拉格-3	12:40
30	施密特茨下士	3./JG 51	拉格-3	12:43
31	汉斯・戈特茨中尉	2./JG 54	伊尔-2	12:48
32	埃里希・贾瓦上士	7./JG 26	伊尔-2	12:49
33	埃里希・贾瓦上士	7./JG 26	拉格-3	12:50
34	埃里希・贾瓦上士	7./JG 26	拉格-3	12:52
35	彼得・不来梅上士	1./JG 54	雅克-4	13:30
36	瓦尔特・诺沃特尼中尉	1./JG 54	拉-5	13:40
37	瓦尔特・赫克纳上尉	1./JG 26	伊尔-2	14:00
38	瓦尔特・赫克纳上尉	1./JG 26	伊尔-2	14:01
39	瓦尔特・赫克纳上尉	1./JG 26	伊尔-2	14:02
40	瓦尔特・赫克纳上尉	1./JG 26	伊尔-2	14:03
41	汉内斯・特劳罗夫特中校	Stab./JG 54	伊尔-2	14:10
42	库尔特・布里尔中士	5./JG 54	雅克-1	14:10
43	霍斯特・弗布里格上士	3./JG 54	伊尔-2	14:13
44	鲁道夫・拉德马赫中士	1./JG 54	伊尔-2	14:13
45	约阿希姆・布伦德尔少尉	2./JG 51	伊尔-2	14:25
46	鲁道夫・拉德马赫中士	1./JG 54	伊尔-2	14:26
47	汉斯・菲利普上尉	Stab Ⅰ./JG 54	伊尔-2	14:32
48	汉斯・京特・莱因哈德下士	Stab Ⅰ./JG 54	伊尔-2	14:33

续表

序列	飞行员	单位	击落飞机	时间
49	汉斯・菲利普上尉	Stab Ⅰ./JG 54	伊尔-2	14:34
50	奥古斯特・穆勒中尉	JG 51 队部中队	伊尔-2	14:35
51	汉斯・京特・莱因哈德下士	Stab Ⅰ./JG 54	伊尔-2	14:35
52	克萨韦尔・穆勒上士	5./JG 54	伊尔-2	14:35
53	汉斯・菲利普上尉	Stab Ⅰ./JG 54	伊尔-2	14:37
54	库泽尔下士	5./JG 54	伊尔-2	14:37
55	汉斯・京特・莱因哈特下士	Stab Ⅰ./JG 54	伊尔-2	14:39
56	库尔特・坦泽尔上士	12./JG 51	米格-3	14:40
57	汉斯・菲利普上尉	Stab Ⅰ./JG 54	伊尔-2	14:40
58	汉斯・菲利普上尉	Stab Ⅰ./JG 54	伊尔-2	14:42
59	罗尔夫・赫尔米兴上尉	3./JG 26	佩-2	15:43
60	沃尔夫冈・格里姆少尉	3./JG 26	拉格-3	15:44
61	海因里希・斯特尔上士	6./JG 54	P-39	15:55
62	海因里希・斯特尔上士	6./JG 54	拉格-3	15:57
63	瓦尔特・诺沃特尼中尉	1./JG 54	拉格-3	16:20
64	安东・德贝勒	1./JG 54	拉格-3	16:25

另一个Fw 190战斗机大队，即Ⅰ./JG 54大队也在德米扬斯克周边奋战，此时，克劳斯·米特施上尉指挥的7./JG 26中队也加入这个大队作为增援力量。此前的1943年1月初，苏联北部的德国空军Fw 190战斗机单位参加了大量空中行动，协助德国地面部队阻击苏联军队解围列宁格勒的企图。虽然苏军有两个集团军攻破了德军的包围圈并建立起一条连接列宁格勒的通道，德军在1月18日还是顽强地阻止了苏军向前推进，但是，德军再也没有能力将包围圈封锁起来。苏军一直试图拓宽通道，这种努力一直持续到4月1日，最终还是没有成功。这段时间，Fw 190经常会执行一些战场巡逻任务。3月17日，Ⅰ./JG 54大队指挥官汉斯·菲利普上尉成为继赫尔曼·格拉夫之后第二个战绩达到200架的飞行员，之后不久他被调回国内在帝国保卫战体系里任JG 1联队指挥官，他对战斗机精湛的技艺埋没在迎头攻击美国超级轰炸机编队上，取得最后一个战果的1943年10月8日，他在德国北部与美军P-47战斗机交战中被击落阵亡。菲利普被调走后，4月间接替他任Ⅰ./JG 54大队指挥官的是莱因哈德·席勒少校，他是西班牙战场老兵，所以军衔较高，以后的战绩也不俗。回到1943年3月20日，克劳斯·梅图施上尉驾驶Fw 190飞机在克

近处这架Fw 190A-5飞机可能是JG 54联队指挥官汉内斯·特劳罗夫特中校的座机，“—＞”是联队情报官座机标志，联队指挥的标志是“—＞＞”。远处那架飞机的标志跟近处的一模一样，其中1架肯定是备用机，只有联队指挥官才有这种特权。

拉诺格瓦迪斯克（现称加特契纳）机场起飞时由于事故导致飞机坠毁，他本人受伤，疗养两个月后他返回战场，在5月21日的战斗中，他击落2架拉格-3战斗机、1架I-153战斗机和1架佩-2轻型轰炸机，战绩跃升到33架。

JG 54联队指挥官汉内斯·特劳罗夫特中校，左图中他的飞机上有JG 54联队不同大队的标志，照片拍摄于1943年年初，之后，各个大队标志有所变化，并无定数。JG 54联队各个单位标志请参见本书的彩色照片。

JG 5“北冰洋”联队的飞机战术编号字体比其他单位的都大，非常醒目。两图中飞机属1./JG 5中队，照片拍摄时间为1942年夏天。这个中队驻扎在挪威斯塔万格索拉，当时指挥官是迪特尔姆·冯·艾歇尔-斯泰伯，他后来成为JG 51队部中队指挥官。

这段时间里，JG 5联队在芬兰佩萨莫成立了一个战斗轰炸中队，中队指挥官是有着丰富作战经验的弗雷德里希·威廉·史特拉克扬上尉，他原来是12./JG 5中队指挥官。新成立战斗轰炸机中队番号为14.(Jabo)/JG 5，这是一个半独立的，流浪性质的单位，哪有战事招呼即到，中队装备Fw 190A-2和Fw 190A-3飞机，主要作战任务是攻击巴伦支海沿岸的苏联舰船，盟军在摩尔曼斯克航线上的运输船，以及在拉多加湖一带为轴心国地面部队提供空中支援。14.(Jabo)/JG 5中队首个损失发生在1943年2月16日，当天，1架Fw 190A-3在挪威北部阿尔塔机场着陆时发生事故，飞机受损。该中队首个战损发生在3月20日，中队弗雷德里希·哈梅斯法尔上士在摩尔曼斯克东北20公里北摩尔斯克上空被击落，飞行员受伤。4月5日，中队首次出现阵亡战例，库尔特·道布纳下士在摩尔曼斯克西南20公里的摩尔马契上空被苏联地面高炮击落阵亡。

与此同时，南面的JG 51联队正参与一场重要的战役，即苏军在2月22日发动了反击德军中央集团军群行动。这天，苏联第16集团军向日兹德拉（布良斯克北50公里）北部侧翼德国第2装甲集团军，以及奥廖尔南部侧翼的德军第XⅢ军和第48军发起了进攻，到2月23日夜幕降临，德国空军JG 51联队的两个大队（Ⅰ./JG 51和Ⅱ./JG 51大队）击落了至少46架苏联飞机，其中京特·沙克少尉和约瑟夫·“佩皮”·耶内温上士分别获得5架战绩，沙克的5架战果中有3架是拉格-3战斗机，而且仍旧采用他特别擅长的急转弯战术——维尔纳·莫尔德斯两年前曾断言这种战术根本无法击落敌机。当天的唯一损失是2./JG 51中队的卡尔·斯塔迪克中士，他在日兹德拉北部被击落。第二天，JG 51联队的两个大队再次与伊尔-2攻击机相遇，德军声称击落47架苏联飞机，其中至少有7架战果归约瑟夫·耶内温上士。

通过2./JG 51中队Fw 190战斗机飞行员格哈德·施瓦茨下士的作战日记可以窥视这段时间里JG 51联队典型的作战任务：

3月18日上午9时30分，我起飞执行当天的自由猎杀任务，我作为约阿西姆·布伦德尔少尉的僚机。我们几乎刚刚离开地面就收到“鹰9”（地面指挥控制代号）无线电称，有5架敌机正在德米特里耶夫上空飞行，我们立即设置航线向敌机飞去。我首先发现了敌机并用无线电通知了约阿西姆·布伦德尔，他证实了我的观察后呼叫“从左侧实施攻击，迫使他们远离我们的航线”。就在此时我们也被伊尔-2飞机发现，他们立即扔掉了炸弹，尽管他们仍在苏军控制地区。我们从底部实施攻击，很快我就飞到右侧1架飞机后面，距离大概50米。当我的瞄准具瞄准了敌机的油冷却器，我按下了射击按钮。目标飞机的起落架从机身脱落，飞机向左转弯离开。约阿西姆冲上去彻底终结了这架飞机，目标坠地爆炸。很快，约阿西姆向第二架伊尔-2飞机实施了短射，敌机冒出黑烟，先是向右翻转，最后坠地爆炸成一个大火球。这时我发现第三架敌机正处在我的瞄准具内，此时，我们正在离地只有几英尺的高度飞行（夸张说法），我不得不从敌机上方进行了射击。伊尔-2飞机的后射机枪手当即死亡，但是飞机继续向前平飞，我再次瞄准目标，非常专注，一阵长射，伊尔-2飞机被击中后立即失控坠向地面。

与此同时，约阿西姆在攻击第四架伊尔-2飞机，但是敌机紧急着陆，剧烈地燃烧起来，我这时开始猎杀最后一架敌机，我很快将这架飞机击落，击落这架飞机后，我的弹药几乎用光了。我在低空绕了一个大弯飞过坠毁的伊尔-2飞机上方，我确信约阿西姆就在我的后面，我转一个急弯发现“他”就在我后方40米处。此时阳光照射在我的左侧，我看到了我们飞机的阴影，突然，我意识到我后面的飞机机头是尖的，这是拉格-3战斗机！约阿西姆这时大声呼叫“埃梅斯，印地安人（德国空军俚语，意思是敌人）就在你后方！”我迅速看了一眼空速表，我意识到我不能飞得再快了，但是，敌机却与我的距离在拉大，我不明白他为什么不开火。我拉起飞机爬升寻找约阿西姆，看到眼前的一切，一阵恐惧向我袭来，我看前7架拉-5战斗机在围攻约阿西姆，“埃梅斯，快来帮我，我的弹药用光了！”我设法绕个大弯爬升高度准备从上方攻击敌机，我对着一群“伊万”开了火，敌机发现被攻击迅速散开。此时我的弹药也耗尽，好在我们也自由了，我们快速地消失在德军控制区域里，（安全后）我们再次爬升，“鹰9”对我们的行动表示了祝贺，我们收到祝贺。在基地机场上空，我们摆动了机翼以示胜利，着陆后我们握手互致祝贺。

14.(Jabo)/JG 5战斗轰炸机中队的1架Fw 190A-3飞机正准备升空执行作战任务，半独立的14.(Jabo)/JG 5中队在1943年1月底成立，直到1944年2月7日番号改为4./SG 5。注意飞机携带的炸弹比较长，这是PC 250穿甲炸弹。

14.(Jabo)/JG 5战斗轰炸机中队枪械员正在给1架Fw 190飞机挂载炸弹，这个中队主要攻击盟军舰船，因此通常使用PC 250炸弹，这是一种穿甲炸弹。图中仍是SC 250高爆炸弹，可以对比上图。

尽管空中作战行动取得了很大的成功，驻扎苏联北部的两个Fw 190战斗机大队还是未能阻止苏联空军15—20架飞机偷袭科特雷（Kotly）[①]机场，这个机场刚刚被Ⅰ./KG 1轰炸机大队占领。3月19日，2架Ju 88轰炸机被炸毁，另有4架严重受损，德军的一份报告中称“……15—20架苏联飞机从海面方向低空靠近机场实施了经典的轰炸”。3月19日的晚些时候，苏联空军再次对科特雷机场实施了轰炸，第二天，又发动第三次轰炸。一份调查报告提示，苏联情报部门已经掌握了德国空军战斗机什么时候会出现在哪里的情报。虽然受到一点挫折，苏联空军力量还是无法与体系完善的德国空军相比，就在3月19日，Ⅰ./JG 54大队声称击落15架苏联飞机，其中包括瓦尔特·诺沃特尼少尉击落2架，他在第二天再次击落1架敌机，其总战绩达到75架。

对地攻击大队的行动

除了德国空军战斗机单位，Fw 190战斗机也开始交付给对地攻击单位，第一个装备Fw 190对地攻击型号的是Schl.G 1

① 苏联有两个地名都叫科特雷，一个在列宁格勒西南100公里，另一个在莫斯科正南300公里，从下文描绘看被偷袭的应该是列宁格勒附近的科特雷，这里靠海。

对地攻击联队，这个联队于1942年1月13日在德国利普施塔特成立，成立时联队有两个大队，第一个大队（Ⅰ./Schl.G 1）由原Ⅱ.(Schlacht)/LG 2大队更名而来，第二个大队（Ⅱ./Schl.G 1）是新组建的，每个大队有四个中队（通常是三个），第4中队（4./Schl.G 1）和第8中队（8./Schl.G 1）是独立单位，编制属大队，但不受大队指挥。德国空军中队独立作战能力强，经常会部署到远离上级大队的驻地。Schl.G 1联队早期混装Bf 109E、Hs 123和Hs 129战斗机等，后两款是老式双翼飞机，从装备不难看出，对地攻击单位的飞机远比战斗机单位的要差。1942年12月，原5./Schl.G 1中队番号改为8./Schl.G 2，也就是隶属关系转给Schl.G 2联队，Schl.G 1联队于1943年1月在乌克兰普罗库罗夫（现称赫梅利尼茨基）重新成立一个新5./Schl.G 1中队，单位装备Fw 190A-4和Fw 190A-5战斗机。

5./Schl.G 1中队的首次伤亡出现在1943年1月12日，齐格菲尔德·布鲁斯克中尉在着陆过程中出现事故，另一位飞行员奥托·格拉泽尔下士在起飞时发生事故，两人均受伤。这个单位第一个丧生的飞行员是特奥多尔·基斯特，他在1月21日与苏联战斗机的战斗中在洛巴契夫西部上空被安东·布列施下士（误）击落身亡。这段时间里，弗兰克·诺伊伯特上尉指挥的Ⅱ./Schl.G 1大队本部和6./Schl.G 1中队返回波兰登布林艾雷纳（华沙东南100公里），装备Fw 190A-5战斗机，换下原Bf 109和Hs 123战斗机。在此期间进行换装训练驾驶Fw 190A-5战斗机的赫尔曼·布赫纳中士回忆第一次驾驶福克-沃尔夫战斗机时称：

仔细看了一遍外表结实的战鸟，我爬进了座舱，机械师此时向我讲解了座舱内复杂的仪表、飞机启动程序、飞机起飞和着陆时的特点等。今天天气相当好，天空清澈，低空没有雾气，也没有侧风干扰我，我可以驾驶飞机进行首次转型飞行。

我系好安全带，调整了方向舵踏板，这个过程中我的双眼一直盯着仪表板，为的是让我熟悉新机的仪表布局。一切妥当后我启动了发动机程序，我对着机械师喊道“离开螺旋桨”，之后我启动了发动机。星形气冷式BMW发动机怒吼着恢复了生命，我挥手让机械师去掉轮挡，飞机滑行着进入起飞点，仔细地驾驶飞机到正确的位置，此时我又一次检查了座舱仪表。准备就绪，我用无线电通知塔台，请求允许起飞。塔台回复到“可以起飞”，收到指令后我将发动机油门加到最大，飞机开始向前移动，并且迅速加速。跑道滑行过程似乎非常短暂，很快福克-沃尔夫飞机就离地升空，飞机升空后我轻柔地向后拉杆，飞机升入空中。几乎没有思考（指本能动作）我收回飞机起

三名Schl.G 1联队地勤人员或坐在座舱里或站在机翼上，在德国空军，黑色三角（▲）表示对地攻击单位，图中Fw 190A-4或A-5飞机携带1枚SC 250炸弹。

落架和襟翼，飞机迅速提速。

到达安全调度后，我立即尝试了第一套机动动作，柔和地驾驶飞机向左侧滑，再向右侧滑，逐渐地增加转弯的下俯角和转弯半径，我对新型的还不熟悉的飞机一点点地在增加信心。飞机并没有令人不快的毛病，相反，似乎非常容易驾驶。很快我就全身心地享受驾驶的乐趣，体验着好久没有飞行的兴奋心情。但是，我并没有被这种兴奋冲晕头脑，严格限制着我自己只做体验飞行的动作，第一次飞行不必太过冒险。我对我做的感到十分高兴，我返回机场并准备着陆程序，我用无线电向塔台通告了我的要求，之后我放下起落架和着陆襟翼，确定自己的着陆点。随着跑道越来越近，我抬起机头到失速位置，让飞机下降高度进行三点着陆。之后，我又多次驾驶飞机，对每次飞行都一点点在增加信心，直到完全掌握这种完美的飞机。

1943年3月初，Ⅱ./Schl.G 1大队被调往乌克兰巴甫洛格勒（顿涅茨克西北150公里）进行为期一个月的训练和热身。其间的3月10日，6./Schl.G 1中队的1架Fw 190A-5飞机在迫降过程中损坏，此前的3月6日，5./Schl.G 1中队赫尔穆特·斯蒂尔纳少尉在马萨罗尔巴雷亚（基辅南稍偏东190公里）上空战斗中被击落身亡，另1架飞机被击伤。3月14日，6./Schl.G 1中队损失2架飞机，其中1架飞机的驾驶员是中队指挥官汉斯·斯道林伯格中尉，他大难不死，只受点伤。斯道林伯格在1942年10月14日获得“骑士十字勋章”，截至授勋，他在Ⅱ.(S)/LG 2大队执行460次作战任务，战绩达到20个。完成热身训练后，Ⅱ./Schl.G 1大队在1943年4月中旬部署到北高加索的阿纳帕（刻赤海峡东南50公里的海边城市）。

东线战场的下一个重要战役是1943年4月17日德军发起的“海王星行动”，即读者比较熟悉的“库班战役”。部署到这里的Ⅱ./Schl.G 1大队主要任务就是为第17集团军撤退提供空中掩护，这个集团军撤离塔曼半岛时被苏军切断。此时的东线战场已经今非昔比，苏军的实力大增，武器产量短时间内爆发式地增长，就库班地区来说，苏联空军的飞机数量已经是这一地区德国空军的四倍。另外，这里还集中了大量高炮。尽管有这些不利的因素，Ⅱ./Schl.G 1大队还是执行了超强度的对地攻击任务。4月19日，德军的阿纳帕机场遭到苏联空军的轰炸，损失并不严重，只有7./Schl.G 1中队的2架Hs 123飞机被炸毁。但是至少表明，苏联空军已经不再是被动防守。在5月10—17日间，Ⅱ./Schl.G 1大队至少有7架Fw 190A-5飞机被摧毁或严重损坏，同时，攻击阿宾斯卡亚（现称阿宾斯克，在阿纳帕东60公里）和克里姆斯卡亚（现称克里姆斯克，在阿宾斯卡亚西北15公里）苏军目标的行动因苏联高炮火力猛烈而

2架飞机要么属于1./Schl.G 1中队，要么属于5./Schl.G 1中队，Schl.G 1联队的每个大队包括四个中队，编制稍大，越是这样，越是表明中队独立作战能力强。图中2架飞机刚刚完成轰炸任务返航。

Schl.G 1联队1架“黄色22”号Fw 190飞机在苏联南部执行完任务后因故迫降，飞机的螺旋桨在此过程中被刮掉，一侧机翼也损坏。注意机翼开裂式襟翼。

化车队时被地面炮火击落。截至3月，JG 51“莫尔德斯”联队的三个大队全部换装了Fw 190战斗机。

3月，德军企图利用勒热夫和维马济马突出部向苏联首都莫斯科挺进的计划彻底失败，换一个角度看，这个德军突出部极有可能被苏联红军包围，德军必须撤退以避免被围歼。Ⅰ./JG 51大队和Ⅳ./JG 51大队在德军撤退的行动中尽最大努力提供防空保护，德军撤出突出部后，埃里希·莱厄的Ⅰ./JG 51大队向南转移到布良斯克，这里正在酝酿巨大的风险，其实，德国此时在各个战线都面临着巨大的威胁。

与苏联空军作战是家常便饭，德国空军JG 51联队飞行员施瓦茨下士在他的日记里回忆了一件与苏联女飞行员遭遇的事，这种情况在东线战场并不常见，尽管苏联也有女性战斗机飞行员，其中不乏战绩佼佼者。日记写道：

驾驶着飞机追赶我前面

失败。

1943年3月，乔治·道菲尔上尉指挥的Ⅰ./Schl.G 1大队也开始换装Fw 190战斗机，换装和训练工作在4月底完成，但是，大队仍保留1—2架Bf 109E战斗机。到5月中旬，Ⅰ./Schl.G 1大队被调往乌克兰巴尔文科沃（斯拉维扬斯克西稍偏北50公里）和瓦尔瓦罗夫卡（哈尔科夫西北75公里），这两个地点都在伊久姆（哈尔科夫西南120公里）西南前线的后方。Ⅰ./Schl.G 1大队首个作战损失发生在5月21日，当天，3./Schl.G 1中队卡尔·哈沃茨下士在行动中在博罗瓦加（哈尔科夫南22公里）北部被苏军高炮击伤，他迫降后被苏军俘获。5月21日至6月4日，Ⅰ./Schl.G 1大队和Ⅱ./Schl.G 1大队至少阵亡了6名Fw 190A-5飞行员，两个大队取得的战绩不详。

第二个苏联冬天

回到1943年1月，鲁道夫·雷施少校指挥的Ⅳ./JG 51大队也返回德国由Bf 109飞机换装成Fw 190A-4/A-5战斗机。这个大队首例Fw 190飞机损失发生在2月11日，当时，10./JG 51中队指挥官威廉·伯温-泰汀中尉在大卢基附近攻击苏联摩托

6./JG 51中队6架Fw 190战斗机。苏联很多地方地势平坦开阔，但是德军机场少见西线和地中海战场的防冲击波掩体，原因是德军机场遭到苏联空军空袭的情况不多，德国空军牢牢地掌握着制空权。

的1架拉格-3战斗机，我感觉我的座机性能优于苏联这款战斗机。苏联拉格-3飞机已经做了一个在翼尖急转弯（指没有掉高的转弯）动作，我也能做这样的急转弯，只要我稍稍移动操纵杆就行，但是，我想缓慢地做侧滑转弯来逗逗“伊万”，如果有人能跟上我们的航迹，他们就会发现我们正在飞一个椭圆形。我可以看到这位苏联飞行员在他的座舱里瞪着我，“小伙子，你的头发挺长”，我嘀咕着。我实际上没有看得十分清楚，只是从他的头发伸出头盔这点判断的。然而，他干净利索地也侧滑转弯。最后，我获得一个合适的攻击位置，拉格-3飞机就在我瞄准具十字准星稍前一点，我立即开火射击。我射击的曳光弹击中他的发动机侧面，但是我的弹药没有了。“弹药没了”，我暗自道，“倒霉”，但是，黑烟却从敌机上冒出来，因此，我决定继续跟在他后面。他持续地倾斜转弯试图甩掉我，我紧紧地跟他，心想他的发动机肯定很快停车，没想到的是，敌机上的黑烟消散了，这时我发现了前方5公里远的苏联机场。我必须退出战斗，但是，我有点不明智的冲动，我相反加速靠近敌机，很明显，苏联人知道我对他没有什么威胁了，他停止了转弯机动。让我十分震惊的是，我突然意识到，这位“他”原来是漂亮女孩。我向她敬了个礼，她点点头以示回应，脸已经十分苍白。我指了指前面的机场，但是她没有明白，摇摇头，耸耸肩表示不明白。我放下起落架让她看，再指指机场，这回她明白了，但是仍怀疑地看着我。我指指我的机枪/炮，然后双手臂放在胸前交叉，这是国际通用信号，表示我已经没有弹药。我们互相敬礼，之后我迅速离开，她则开始进入着陆程序。

10./JG 51中队的1架Fw 190A-4飞机于1943年3月22日在苏联布良斯克机场着陆过程中起落架断裂，飞机修复后转交给其他单位，并且在当年9月15日被毁。注意后机身大“+”后的小“+”，后者表示第Ⅳ大队，在德国空军，表示第Ⅳ大队常采用的是“●”。

这段时间里（3月），Ⅰ./JG 51大队两个飞行员脱颖而出，一个是约阿西姆·“阿西姆”·布伦德尔和约瑟夫·耶内温，跟9./JG 51中队的京特·沙克一样，Ⅰ./JG 51大队这两个飞行员一直在JG 51联队服役，而且在驾驶Bf 109战斗机期间的战绩都非常丢人，布伦德尔在执行第四次战斗中取得第一架战果，在第116次作战任务中才取得第二架战果，这时间真有点长。这两人的战绩突飞猛进就是在1943年3月开始的，随后两年里，布伦德尔的战绩上升到189架，原来那112次作战任务也不是旅游观光的，而且在积蓄能量。奥地利人耶内温原是个滑雪运动员，他的情况好一些，在英国战役期间就成为王牌了，但是直到驾驶Fw 190战斗机他的天才能力才发挥出来。耶内温的特长是一次战斗击落数架敌机，比如6分钟内击落5架苏联轰炸机，一天击落7架敌机等。

3月底，Ⅰ./JG 26大队部署到斯摩棱斯克，为“水牛行动”最后阶段的德军撤退提供空中掩护。所谓的“水牛行动”即东线中段德军第4和第9集团军从勒热夫-格扎茨克-维亚济马地区后撤，消除之前战役形成的威胁苏联首都莫斯科的突出部，德军此时连守住突出部都困难，更不用说进攻了。从突出部后撤到两侧战线平齐位置，德国称“弦阵地”，可以缩短战线370公里，腾出21个师的兵力供其他战场调用。德军的“水牛行动”取得了成功，但是，进入4月，苏联这一地区下起了绵绵春雨，这年春天的春雨特别大，地面和空中行动都受到很大限制。5月，3./JG 26中队被派遣去消灭苏联游击队。在3月19日至6月6日间，即德军向西撤退期间，Ⅰ./JG 26大队声称仅仅击落38架苏联飞机。JG 26联队的其他两个大队在苏联的空中行动中获得了更好的战绩，但是，这两个大队在东线战役爆发后的四个星期里获得的战绩和损失比并不比JG 26联队仍在西线的单位好，而且明显不如技术和经验更胜一筹的JG 54联队飞行员。

苏军和德军在1942—1943年冬天进行的地面作战结果形成了库尔斯克一带的突出部（向德军一侧突出），1943年4月15日，希特勒命令中央集团军群和南方集团军群准备实施钳形行动从两侧包围突出部的苏军，尽量多地消灭苏军，使得德国重获东线战争的主动权，此次战役的代号为“堡垒行动”，外界更熟悉的是“库尔斯克战役”。为了为此次战役提供空中任务，德国空军东部司令部在5月5日番号改为第6航空队，其空军主要力量驻扎在突出部北部奥廖尔，突出部南部哈尔科夫周边驻扎的第4航空队的第Ⅷ航空军。

但是，苏联情报部门却通过各种方法获得了德军行动计划，并且获知德国将在5月10日和5月12日间发动战役，为了先发制人，苏联空军对德军后方通讯系统进行了连续的夜间轰炸。不仅如此，5月6日至8日间，苏联空军出动六个航空军的兵力对德国第4航空队和第6航空队的机场进行了猛烈的轰炸。第一次连续轰炸行动在5月6日早晨开始进行，苏联空军的空袭达到了突然性，德国战斗机防空单位没有及时实施拦截，行动取得了丰硕的战果。下午的行动中，德国战斗机部队做好了充分的准备，在爆发的大规模空战中，德国空军JG 51联队的Fw 190飞行员击落大量苏联飞机。虽然后来分析德国方面的战绩有夸张的成分，不可否认的事实是苏联空军遭受了重大损失。德国方面只有2架Fw 190被击落。一位飞行员即Ⅳ./JG 51大队本队胡贝图斯·希姆普上士丧生，12./JG 51中队的库尔特·坦泽尔受伤。

Ⅰ./JG 54大队的Fw 190A-4战斗机，地面已经没有积雪，但是，飞机仍采用1942—1943年冬天的涂装。比较特别的是“+”处机身条纹颜色较深，正常情况是黄色。

同样在5月，西班牙自愿者战斗机中队，第4a“蓝色”中队返回苏联战场参与战斗，这个中队此前在赫尔曼·格拉夫指挥的法国训练中心进行了战斗任务训练。跟此前三个中队装备Bf 109战斗机不同，第4a“蓝色”中队装备的是Fw 190A-2战斗机，部署到苏联后，该中队被编入JG 51联队，番号改为15.(Span)/JG 51。德军在苏联战场开始战略撤退期间，很多德国空军单位都有仆从国的空军单位一同作战，一般是中队编制，战略进攻期间，希特勒根本瞧不起这些仆从国军队。15.(Span)/JG 51中队首次Fw 190飞机损失发生在1943年5月5日，约安·罗塞拉·西蒙尼特中尉丧生，他可能是死于飞行事故。15.(Span)/JG 51中队在苏联前线一直战斗到1944年2月23日，其间声称共获得74个战果。

由于各种各样的原因，“堡垒行动”推迟到7月5日才开始进行，与此同时，双方都发动了一系列的空中行动轰炸对方后方的通讯系统和机场。6月2日，德国空军发动了代号“卡门行动”，空袭库尔斯克铁路枢纽中心，当天，德国轰炸机和对地攻击机在Ⅰ./JG 26大队（正逐步返回西线战场，德国各个方面战场都形势不妙）和JG 51联队的Fw 190战斗机，以及JG 3联队的Bf 109战斗机的掩护下24小时不间断地轰炸库尔斯克铁路枢纽中心。德国的空袭遭到苏联空军顽强的抵抗，双方爆发的空战极为惨烈，双方都损失严重。但是，Ⅰ./JG 26大队和JG 51联队当天只损失2架Fw 190战斗机，3./JG 26中队的伯恩哈德·施奈尔科内科特上士由于发动机故障而丧生，9./JG 51中队汉斯·伊勒下士在与苏联拉格-3战斗机空战中被击落，他本人受伤。JG 51联队还有2架Fw 190在当天战斗中受伤。

跟Ⅰ./JG 51大队的飞机涂装一样，Ⅲ./JG 51大队的飞机也采用墨绿色迷彩涂装，后机身白色“|”表示第Ⅲ大队。Ⅲ./JG 51大队的战术编号为黑色，配上墨绿色的底色对比不强烈，因此数字“7”加了白色框。

1./JG 54中队1942—1943年冬天驻扎在克拉斯诺瓦尔德斯克，在相持阶段，德军的机场条件较好，设施完备。图中是1./JG 54中队Fw 190A-4战斗机。

6月8日，苏联空军发起了一系列针对德国空军机场和铁路目标的反击行动，苏军惯常的方法就是以铺天盖地的大编队伊尔-2攻击机实施攻击。但是这一时期，刚刚恢复的苏联空军的作战战术极为欠缺，护航战斗机也表现得差强人意，指挥通讯方面更是远逊于德国空军，因此，当天伊尔-2飞机损失非常严重。相反，德国JG 51联队的战绩火箭般地上蹿，战斗异常激烈，德国JG 51联队竟然没有任何损失。Fw 190战斗机没有任何损失并不代表德国地面部队损失小，也无法改变德国节节败退的战局，更糟糕的是，比雅克-9战斗机和性能提高的拉-5FN战斗机数量激增，Fw 190的好日子也快到头了。就目前来说，德国有经验的战斗机飞行员仍在苏联领空掌握着绝对的制空权，1943年6月10日的战斗可以说明这一点。几天前，苏联散发的传单称，他们将对德国空军针对首都莫斯科和高尔基的夜间轰炸行动实施报复，6月10日的战斗就是苏联的报复行动，JG 51联队飞行员施瓦茨下士在他的日记中记载：

那天傍晚，我们被作战单位的飞行员邀请去观看他们的表演，但是，我们突然被指挥官埃里希·莱厄少校命令迅速返回机场，他告诉我们“我感到今晚会有什么事发生”。为此，我们的飞机做好了随时升空的准备，我坐在飞机座舱里听候无线电发来报告。（坐到座舱里）时间很短我就听到我们的通讯官报告称有40架伊尔-2攻击机在大约40架雅克-9战斗机的护航下从日兹德拉向布良斯克方向飞来。我拉开我的座舱罩向指挥官大喊让他起动发动机，与此同时，我也起动了我的发动机。

起飞过程中，我打开武器系统保险，收回起落架和襟翼，同时我也在向空中搜索敌机。苏联夏天的每个夜晚，森林都会被淡淡的薄雾所笼罩，今天也不例外，但我可以看到克劳斯完成任务后返航，他重复了我们刚才听到的报告，并且摆动了他的机翼，同时向机场上空射击以示他此次行动的胜利。我们的地勤人员发射红色信号弹以示回应。

不久，我就发现了伊尔-2飞机朝我们机场飞来，他们在森林上方的飞行高度非常低，我刚开始只看到7架伊尔-2飞机，其上方1800米是护航的战斗机，我认出了这些是苏联最新的雅克-9飞机，总数达到40架。我转向左侧，并用无线电警告埃尔温有敌机的存在。伊万们飞行在树梢高度，由于伊尔-2飞机采用了迷彩涂装，很难从微弱的光亮中辨别仔细。就在我俯冲攻击苏联飞机时，我发现埃尔温也看到了敌机。我的僚机跟在我后面，这是他第一次执行作战任务，“麦克”我呼叫道，“跟在我后面，你自己不要实施攻击”。

在我们的机场充满了兴奋的情绪，飞行员从机场各个角落冲向他们的座机，这时他们的座机发动机已经由地勤人员先行起动了。飞行员以世界纪录般的速度紧急升空，我们的

2./JG 54中队汉斯-约阿西姆·克罗西恩斯基在自己的Fw 190座机前留影，他个人最终战绩为76架。1944年12月21日的战斗中他受伤失明，还失去右腿，当时他在3./JG 54中队服役，驾驶的是Fw 190A-8飞机。

1942—1943年冬天来临，在苏联作战的单位大都临时采用白色涂装，这是一种可以方便清洗的涂料，既方便清洗，也很容易脱落，因此飞机飞行一段时间后会出现斑驳陆离现象。图中是3./JG 51中队1架Fw 190A-4飞机，飞机战术编号是褐色，不是黑色。

指挥官已经处在1架伊尔-2飞机的后面准备开火，我仔细地瞄准，在100米外开始射击。子弹击中了敌机座舱和发动机，我的短射肯定已经足够了，因为被击中的伊尔-2飞机突然上翻，随即翻滚着向下坠去。我用同样的办法又盯上1架飞机，突然，曳光弹从我后面穿过，我看了一眼后方，发现一大群“伊万”跟在我后面。埃德温和麦克在攻击完成后已经向上飞去，我也紧随其后爬升。

这时，我们的无线电里充满了混乱的呼叫“好啊，干得漂亮”，“啊哟！好！”“抓住这个杂种”，“恭喜！恭喜！”等等充塞着我们的耳朵，乱上添乱的是，斯摩棱斯克、塞斯特琴斯卡亚和奥廖尔上空同时也进行着大规模的空战。每个飞行员都试图用自己的声音压过其他人的，最终谁也没听清谁说什么。无线电里的声音太嘈杂，为了让这些人安静一会儿，我模仿起我们指挥员的声音说“请无线电安静一会儿，‘秃鹰’1号呼叫”（指挥官的无线电呼叫代号）“只说重要的信息，绅士们”，我的模仿立即起到了作用，无线电里突然安静得像在教堂！

在我们的下方，Fw 190战斗机正和苏联伊尔-2飞机酣战，不论往哪个方向看，我都能看到坠毁的飞机在森林里燃烧。我一直等到其他人过去才去追击1架伊尔-2飞机，在敌机后方，我只需一阵短射就可以将敌人击落。但是，我突然发现我后方射来曳光弹，原来又是4架雅克-9战斗机，他们在我的上方盘旋，试图把我击落，我的状况十分不妙！这里只有我一人，而我后面跟着一群猎狗，我在无线电里呼叫希望有人能来为我解围，但是，每个飞行员都忙得不可开交。“把他击落，你有足够的时间”，不知道是谁提供了这么没有价值的建议！

理论上，最好的防御就是进攻，我选择主动攻击敌人，其中3架敌机立即离开，第四架飞机竟然有勇气跟我一较高下。他在我上方200米高度转弯时，我立即向他的反方向，即我的右侧倾斜转弯，并准备爬升重新获得高度优势，但是，他的雅克飞机的爬升性能比我的Fw 190飞机要好。我猛地加大油门，但苏联飞机却在1800米远的距离消失在云层里，我立即向左侧滑转弯（试图引诱苏联飞行员），这个小伎俩挺管用，“伊万”钻出云层，而我就躲在他的下方，飞行的速度相当低。“伊万”刚一出云层我就立即抬起机头，在180米的距离开火射击，一阵短射后我立即向左滚转离开，“可恶”，我想“这么做是错的！”但就在我改平后，苏联雅克-9飞机从我身边掠过，拖着火焰和黑烟向地面坠去，这是我第四个战果。这时，我开始感到特别热，快速地看了一眼座舱仪表，仪表显示是110摄氏度（指发动机温度），起飞时我肯定忘记打开冷却系统的盖板了，我现在真正是有麻烦了！我降低发动机功率，打开冷却装置盖板，缓慢地向机场飞去。

在机场上空，一切都非常

图中可能是JG 54联队战斗轰炸机中队飞机，三条白色竖杠可能表示战斗轰炸单位，在德国空军，这种标志并不常见，也未见对应的单位信息。

Ⅰ./JG 54大队队部1架Fw 190A-4战斗机，“｜｜＞”表示少校参谋，这个职位也有其他符号形式，见本书彩色配图。

安静，此时天色微暗，突然，我发现1500米外的云层里钻出10架雅克-9战斗机，1架紧跟另1架。“我是不是要再试一次？”我问埃尔温，“把他干掉”，他说，“好的，我在我的地域上空（怕什么）”，我回应道。我镇定了一下自己的神经，准备像猎狗一样偷袭敌人。可怜的“兔子”并没注意（我的去向），我的同志们正在日兹德拉“逮最后的火鸡”。我从一片云潜伏到另外一片云里慢慢向目标靠近，当我进入距敌500米范围，另1架Fw 190飞机钻出云层，恰恰就在我前面。我的同志离“伊万”比我更近，他有权先于我发起攻击，虽然有些气恼，我无法改变规划。这架飞机可能是刚才我呼叫时赶来的其他单位同志，“骑自行车的（呼叫代号），把他击落，我作你的目击者”，“胜利”，（呼叫代号，表示明白）他回应道。我紧紧地跟在后面，可以看清发生的一切，这架Fw 190飞机离敌机只有50米，我的同志可能是想确认一下他的判断，我大声喊道“射击”。这回轮到我们惊讶了，俄国人肯定转过头看到了我们的飞机，他立即向右转弯跟出膛的子弹一样飞进厚厚的云层里。我们也跟着俯冲，像受惊的兔子一样快，为了安全，我稍稍降低飞机速度。大角度盘旋向下俯冲的过程似乎没完没了，最后我冲出云层时却找不到刚才的同志，“骑自行车的，你在哪里？”我在无线电里呼叫。“我在云层上方，你在哪里？”他回答道，从声音我立即判断出是“厚1号”（呼叫代号）埃梅斯，他大声说“上帝啊！你可真笨，你如果早点告诉我，我就射击了”，他后来告诉我，他以为我是另一个单位的同志，当时他想向不知名的同志演示一下如何发起攻击，因此，他飞得十分靠近雅克飞机。

我们继续搜索敌机，但是，夜色里根本无法再次找到目标。当我们返回机场，一大群飞机正排着队准备着陆，我们能看到的就是红色和绿色的导航信号弹满天闪烁，我只得爬升高度再等待。我喜欢晚上飞行，也很享受这一刻的心情。一切妥当后，我摆动四次机翼随后着陆。机场洋溢着兴奋之情，机械师和战场的女性人员上来跟我握手，“厚1号”和我是当天的获胜冠军。

1943年6月21日，施瓦茨下士升空执行他第60架次作战任务，因为他经常驾驶的“黑色13”号飞机正在大修，他只得驾驶詹尼怀恩的“黑色5”号机。詹尼怀恩是1939年扎科帕内世界滑雪赛冠军，同时还获得了滑雪障碍赛和下降滑雪赛亚军。在东线战场上，詹尼怀恩的座机号是他个人觉得会带来好运的5号，但是施瓦茨却不喜欢数字“5”，此前“5”号就给他带来过坏运气。

虽然不喜欢詹尼怀恩的座机，施瓦茨还是驾机升空直奔日兹德拉方向，但是他没有发现敌机。随后，他飞到苏希尼奇上空，在4000米高度，他转弯搜索敌机，就在这时，他遭到了苏联地面高炮的射击。刚刚他还跟僚机弗兰茨开玩笑，“他们的射击就像尼安德特

I./JG 51大队的“白色11”号Fw 190战斗机在布良斯克机场完成任务后着陆，1943年春天，春雪融化，飞机起降总会扬起大量半化的雪花。

1./JG 54中队Fw 190A-4战斗机，地面仍有积雪，但飞机已经换下冬天白色涂装。为了适应战场环境，德国发明了临时涂装涂料，就是方便清洗，快速喷涂。从图中布良斯克的机场可以看出，这里是德军的一个重要机场，在战争初期快速推进和后期仓皇撤退时，临时机场极其简陋，连一个建筑物都看不到。

人”（尼安德特人是史前的原始人，这里是在嘲讽苏联人的高炮落后）。施瓦茨的Fw 190座机被1发高炮炮弹击中，机身严重受损，飞行员本人受伤流血，在设法控制飞机改为平飞后，他遭到苏联几架拉-5战斗机的围困，苏联飞机迫使他在苏联控制区迫降。苏联人为他包扎了伤口，此后他在战俘营里呆了六年半。他返回德国后不久就过世了。

库尔斯克战役

1943年2—3月，德军赢得了第三次哈尔科夫战役的胜利，此时的德国和苏联的战线暂时维持在列宁格勒到塔甘罗格一带，在奥廖尔南部到哈尔科夫北部之间是一条宽度为200公里、纵深为150公里，以库尔斯克为中心苏军控制的突出部，在突出部北面，德军中央集团军群控制了奥廖尔一带。在突出部南面，曼施坦因的南方集团军群控制了彼尔哥罗德地区。在突出部内的是苏联中央方面军和沃罗涅日方面军。德军最高司令部的意图是从南北两个方向夹击库尔斯克，最终目的是消除突出部，库尔斯克就是突出部两侧南北方向战线延长段的中间，或者说是突出部底部中心位置，南北夹击成功就会拉平战线，不仅会消除对德军的威胁，还可能再次实施入侵苏联早期阶段的口袋战术，一次性大量消灭苏军。同时，库尔斯克也是一个极其重要的铁路枢纽中心，连接罗斯托夫到莫斯科，战略位置十分重要。

德军以中央集团军群和南方集团军群联合发动一个钳形攻势，以摧毁在库尔斯克突出部内苏军的行动作战代号为“堡垒行动”，这个行动计划5月开始，由于德国陆军坦克装甲力量准备还不充分，希特勒决定将“堡垒行动”推迟到7月，届时，德国新型“虎”式和“豹”式坦克，以及“斐迪南”坦克歼击车数量足够支持这次战役。1943年7月初，德国进攻部队集结了50个师约90万人的兵力，其中包括17个坦克和装甲掷弹兵师，以及德国空军第6航空队和第Ⅷ航空军共计1830架作战飞机。掩护空中打击力量从北部进攻库尔斯克突出部的是保罗·戴希曼少将指挥的第1航空师，该师驻扎在奥廖尔，主要战斗机力量是四个大队（见下页表）的Fw 190战斗机，包括少量Bf 109战斗机，两型飞机共计140架，可

“堡垒行动”开始时，Ⅲ./JG 51大队驻扎在奥廖尔。图中是“褐色8”号Fw 190A-4战斗机。

升空作战的为88架。在苏联战场，所有Fw 190战斗机的数量从来就没有超过200架。不超过200架的Fw 190战斗机分布在1900公里长的战线上，有重大战役，相邻的单位会加入战斗序列增援，“堡垒行动”也是如此。

第1航空师所辖战斗机单位，以及装备的飞机型号、基地和单位指挥官的资料如下：

Stab./JG 51	Fw 190A-3/A-4/A-5/A-6和Bf 109战斗机，驻扎在奥廖尔，指挥官是卡尔-戈特弗里德·诺德曼中校
Stabsstaffel/JG 51	Fw 190A-4/A-5战斗机，驻扎在奥廖尔，指挥官是迪特尔姆·冯·艾歇尔-斯泰伯少校
Ⅰ./JG 51	Fw 190A-4/A-5/A-6战斗机，驻扎在奥廖尔，指挥官是埃里希·莱厄少校
Ⅲ./JG 51	Fw 190A-4/A-5/A-6战斗机，驻扎在奥廖尔，指挥官是弗里茨·洛西盖特上尉
Ⅳ./JG 51	Fw 190A-4/A-5/A-6和Bf 109战斗机，驻扎在奥廖尔，指挥官是鲁道夫·雷施少校
15.(Span.)/JG 51	Fw 190A-2/A-3战斗机，驻扎在塞斯特琴斯卡亚，指挥官是马里亚诺·库亚德拉·梅蒂纳
Stab./JG 54	Fw 190A-5/A-6战斗机，驻扎在奥廖尔，指挥官是胡伯图斯·冯·勃宁少校
Ⅰ./JG 54	Fw 190A-4/A-5/A-6战斗机，驻扎在奥廖尔，指挥官是莱因哈德·席勒少校

胡贝图斯·冯·勃宁少校之前取代汉内斯·特劳罗夫特中校成为JG 54联队指挥官，后者晋升为东线战斗机单位巡视官。特劳罗夫特是一位参加过西班牙内战的老兵，也是一位优秀的战斗机单位指挥官，在他的领导下，JG 54联队成为二战德国空军知名的几个联队之一，他在西班牙内战期间设计的绿心标志成了JG 54联队的招牌，日后人们都称该单位为“绿心”联队。特劳罗夫特离开JG 54联队后，联队著名的绿心标志从单位飞机上去除，联队的飞行员阿图尔·加特纳上士回忆称：“我们去除掉绿心标志，原因是这些标志太过引起苏联人的注意。”除了Ⅰ./JG 54驻扎在奥廖尔，5./JG 54中队在7月1日也从斯沃斯卡亚（列宁格勒南100公里）出发，取道维捷布斯克部署到奥廖尔南部，第1航空队海因里希·容格上尉的Ⅱ./JG 54大队50(38)架Fw 190和Bf 109战斗机，以及大队队部5(5)架和12./JG 54中队11(8)架飞机仍在北部战线作战。德军钳形战术的南面部队的防空任务主要是JG 3联队和JG 52联队的Bf 109战斗机担当，这个方向唯一装备Fw 190战斗机的是Schl.G 1联队，这是对地攻击单位，因此，Fw 190主要执行对地攻击任务，为向北推进的德国部队提供近距支援。Schl.G 1联队主要战斗序列见下页表：

Stab./Schl. G 1	Fw 190A-5/F-3战斗机，驻扎在巴文科沃(哈尔科夫东南142公里)，指挥官是阿尔弗雷德·德鲁塞尔中校
Ⅰ./Schl. G 1	Fw 190A-5/F-3战斗机，驻扎在巴文科沃，指挥官是乔治·道菲尔少校
Ⅱ./Schl. G 1	Fw 190A-5/F-3战斗机，Hs 123A-1/B-1战斗机，驻扎在巴文科沃，指挥官是弗兰克·纽伯特上尉

由于Schl.G 1联队不断地转移部署，临时部署的机场伪装工作成为一大问题，为了克服这个问题，德国空军决定最大程度地分散飞机，也就是加大飞机与飞机之间的距离，防止遭袭时的损失面扩大。另外，及时修建停机坪的防冲击波掩体。燃油和弹药被储存在地下，并覆之以伪装网或枯枝树叶隐蔽。每天，飞机都会对地面伪装效果进行检查，苏联人也是如此，发现地面伪装不合格就用无线电通知，或是发射特定颜色信号弹提示。作战前的训练也要尽可能保密，作战单位飞机的训练通常放在夜间进行。德国空军防御系统最主要的优势是雷达的使用，即德国空军预警指挥部的“弗雷亚”雷达，这种雷达的探测距离达到200公里，可对100公里内的敌人飞机方向和高度做出预警。

汉内斯·特劳罗夫特于1931年4月7日开始在德国运输机飞行学校学习飞行，毕业后，特劳罗夫特和其他九人被推荐到苏联的利佩茨克战斗机训练学校进行特殊训练，也就是特准进行战斗机飞行员训练。他最大的贡献就是设计了著名的绿心标志。左图是他的Bf 109座机，右图是他的Fw 190座机，两机座舱旁都有JG 54联队三个大队的标志。

4./JG 54中队的1架Fw 190A-6飞机准备升空执行作战任务，远处天空中飞行的是1./SG 3中队的Ju 87“斯图卡”俯冲轰炸机。

德军的进攻在1943年7月5日凌晨3时整正式开始，德军自以为做得不错的战前隐蔽工作实际上仍有问题，就在7月5日午夜，苏军巡逻队在北侧翼战线逮住一名德国工程兵，德国士兵如实供述了德军进攻时间。获知准确的进攻时间后，苏军立即抢在德军之前用重火力炮击德军阵地，苏联的炮击行动迫使德军发起进攻时间推迟了2.5小时。德国空军轰炸机在3时25分出动执行战役当天首次作战任务，JG 51联队和JG 54联队的Fw 190战斗机也升空进入苏联控制区域发起先发制人打击，企图在苏联战斗机实施截击前将其消灭。

当天德国空军首个空战胜利是8./JG 51中队的胡贝特·斯特拉斯尔上士在3时48分和3时50分击落2架米格-3战斗机，此后不久，苏联空军又有2架拉格-3战斗机分别被2./JG 54中队汉斯·戈茨中尉和同中队赫尔穆特·米斯纳上士击落。随后的地面和空中战斗持续了一整天，当天Fw 190的最后一个胜利是10./JG 51中队的鲁道夫·瓦格纳上士在19时20分击落1架拉-5战斗机。当天空战中表现最为抢眼的是24岁奥地利人胡贝特·斯特拉斯尔上士，在当天的四场战斗中，他击落了不少于15架苏联飞机，在击落2架米格-3飞机后，他又在7时18分至7时28分间用机枪击落3架米格-3飞机；之后又在10时34分和10时51分间击落4架拉-5、1架伊尔-2和1架“波士顿”飞机；第四场战斗中，在18时24分至18时33分间，他击落最后4架伊尔-2攻击机。其他取得战绩较多的飞行员有：2./JG 54中队的京特·谢尔少尉击落8架敌机、9./JG 51中队赫尔曼·卢克中尉战绩为7架、1./JG 54中队鲁道夫·拉德马赫上士战绩为7架。当天，苏联空军不少于360架飞机被德国空军战斗机击落，其中159架属Fw 190战斗机战果。德国空军的总损失为98架飞机，其中包括38架战斗机，这其中又包括12架Fw 190。损失的Fw 190中9架属于JG 51联队，3架属于JG 54联队。更让人惊讶的是，只有4名飞行员丧生或受伤，他们是3./JG 51中队施密特下士、8./JG 51中队布拉克上士和3./JG 54中队祖恩少尉和劳克斯上士。

上文提到过，突出部的南翼防空任务由Bf 109战斗机来执行，Schl.G 1联队的Fw 190飞机主要执行攻击苏联地面部队任务。这个方向的Fw 190也损失9架，主要是苏联地面高炮造成的损失，其中2名飞行员丧生，分别是联队队部安德斯上士和2./Schl.G 1中队齐尔科中尉。虽然执行的是对地攻击任务，Schl.G 1联队飞行员也有空战战绩，比如3./Schl.G 1中队的赫尔曼·费舍尔击落1架拉-5战斗机。在“堡垒行动”第一天，苏联空军共执行了3385架次作战任务，德国空军执行了4462架次。

7月6日全天的战斗中，德国战斗机单位声称共击落205架苏联飞机，其中126架归属Fw 190飞机单位：JG 51联队队部中队为3架、Ⅰ./JG 51大队为8架、Ⅲ./JG 51大队为50架、

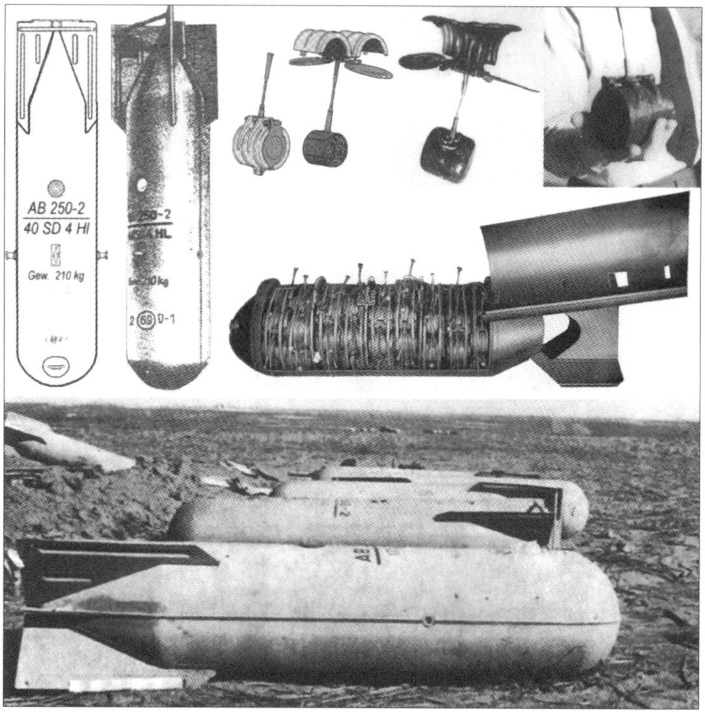

AB 250炸弹容器和SD 2“蝴蝶炸弹”。AB 250炸弹容器也分几种子型号，内装子弹药型号不同，比如有的可以携带224枚SD 1微型炸弹，或17枚SD 10A，或114枚SD 2炸弹等。

Pe-2轻型轰炸机是二战期间最优秀的对地攻击飞机之一，在当时，Pe-2飞机以设计复杂著称：增压座舱、全金属结构，电动操作系统等。到1944年年底停产，Pe-2飞机的产量不少于11400架。

Ⅳ./JG 51大队为31架、Ⅰ./JG 54大队为27架、Ⅰ./Schl.G 1大队为7架。

第二天战斗击落敌机最多的几名飞行员分别是7./JG 51中队指挥官卡尔-海因茨·韦伯中尉和10./JG 51中队鲁道夫·瓦格纳，两人战绩均为6架；10./JG 51中队指挥官霍斯特-京特·冯·法松中尉和1./JG 54中队安东·德贝勒上士战绩分别为5架；胡贝特·斯特拉斯尔第二天再获成功，击落4架苏联飞机。形成巨大反差的是，Ⅰ./JG 54大队只损失2架飞机，其中包括大队指挥官，同时也是“骑士十字勋章”获得者莱因哈德·席勒少校，被击落前，他在6日当天已经击落了3架苏联飞机，包括1架拉-5飞机、1架拉格-3飞机和1架美国提供的P-39战斗机。席勒没死，只是身负重伤，后来重返JG 54联队任其他大队指挥官，但他不再执行作战飞行任务，最后，他在1944年8月被任命为JG 104前线战斗机训练联队指挥官。取代莱因哈德·席勒少校的是埃里希·霍穆特少校，后者在8月1日被正式任命为Ⅰ./JG 54大队指挥官。除了战斗机单位，Ⅰ./Schl.G 1大队有2架Fw 190被击伤，Ⅱ.Schl.G 1大队也有1架飞机被击伤，3架飞机均为地面高炮击伤。

第三天，即7月7日，又有71架苏联飞机被Fw 190战斗机单位击落，其中JG 51联队战绩为35架，Ⅰ./JG 54大队为33架，后者一个大队获得的战绩跟JG 51联队的几乎一样多，原因是5./JG 54中队临时归属Ⅰ./JG 54大队指挥，最成功的两名飞行员分别是2./JG 54中队京特·谢尔和8./JG 51中队的胡贝特·斯特拉斯尔。执行对地攻击任务的3./Schl.G 1中队也有3架战果进账，均是伊尔-2攻击机，其中赫曼·费舍尔独得2架。对地攻击单位至少损失2架Fw 190，飞行员分别是柯尼希上士和福斯特下士。Schl.G 1联队获得“最佳Fw 190战斗机飞行员”称号的弗里茨·塞法特回忆“堡垒行动”的战斗时称：

我于1943年4月参加了当时部署在黑海边阿纳帕的第二大队（Ⅱ./Schl.G 1），从这里我们被调往哈尔科夫西南面的瓦尔瓦罗夫卡一片草地，这里成为我们参加伟大的库尔斯克战役的基地。

我第一次看见和驾驶Fw 190战斗机是1942年，我当时就被这种飞机震惊了。战争期间，我驾驶过Fw 190A、Fw 190F和Fw 190G型号，我也驾驶过Bf 109F飞机。梅塞施密特公司所有型号飞机都没有吸引我，原因是这些飞机由于机翼问题在俯冲时十分危险，而且由于起落架轮距窄，飞机在起飞和着陆时也很危险。Fw 190飞机和Bf 109飞机的不同在于福克-沃尔夫公司飞机的座舱空间更大，飞机操控更加简单，例如，着陆襟翼和调整片都是电动操纵。另一个非常明显的区别是Fw 190飞机的飞行稳定性更出色，得益于贯穿机身的翼梁设计和宽轮距起落架设计，Fw 190的飞行远比Bf 109飞机稳定，特别是在简易机场着陆时表现得更明显。

Fw 190飞机飞行时座舱视野比Bf 109的好得多，但是，前者的起飞和着陆时视野差一些，原因是Fw 190飞机的前起落架较高。在很高的高度飞行，Fw 190飞机的发动机性能并不合适。驾驶Fw 190飞机令人非常愉快，飞机没有特别严重或危险的飞行问题。我们的Fw 190F飞机的正常航程大约为600—700公里，在苏联前线执行作战任务平均达到45—60分钟。作战时，我们采用最成功的战术是，在飞往目标的途中，我们的飞机采用间隔为80—100米编队飞行，抵达目标区域，我们编队分散成双机小组进行攻击，只有返航时我们才会再次组成大编队。

1943年夏末，Ⅱ./JG 54大队的Fw 190A-5飞机正在进行维护检修，此时飞机采用的是绿色斑纹迷彩涂装。

Ⅲ./JG 51大队的地勤人员正在维护1架Fw 190A-4飞机，地勤人员是各类书籍中介绍不多的人物，实际上，他们的作用相当大，飞机安全上天作战全有赖他们的工作，飞行员对地勤人员的感情相当好，有的指挥官十分敬重他们的工作。照片拍摄于“库尔斯克战役”期间。

7月8日，苏联空军战斗机改变了战术，新战术导致德国空军战斗机经常无法攻击苏联轰炸机。但是德国战斗机的干扰还是起了作用，苏联轰炸机设法投下的炸弹，其命中精度往往远不能令人满意。德国空军第6航空队参谋长弗雷德里希·克莱斯上校的报告称：

苏联空军针对我们先头部队重要补给公路的轰炸呈上升趋势，苏联人轰炸的节点深入到德军战线后方25公里，幸运的是，苏联空军执行此类任务没什么经验，或者是技术欠缺，空袭没有给我们的生命补给线造成特别严重的威胁。在一些相互独立的地区，苏联飞机大规模地轰炸被德军占领的机场，特别是奥廖尔一带的机场。同样，敌人的空袭造成的损失并不大，很大的因素归功于德国无线电截击单位（即雷达预警单位），操作人员时常会捕捉到苏联飞机编队起飞的信息，使得德军战斗机有充分的时间升空拦截，并且给敌人造成巨大的损失。

突出部北部的Fw 190战斗机在7月8日这天共击落58架苏

联飞机，其中48架归属JG 51联队，10架归属Ⅰ./JG 54大队。当天最成功的飞行员是7./JG 51中队洛塔尔·迈上士和8./JG 51中队的胡贝特·斯特拉斯尔上士，两人当天战绩均为5架，特别是斯特拉斯尔在4天里战绩狂蹿到30架，这是一个惊人的成绩。但是，就在斯特拉斯尔击落最后1架敌机（拉-5）时，他的Fw 190座机也被另1架苏联战斗机击中。他跳伞逃生，由于高度不够，他的降落伞未能打开。斯特拉斯尔的战绩为67架，1943年11月12日，他被追授“骑士十字勋章”。当天另一个损失是3./JG 54中队指挥官弗兰茨·埃塞纳赫中尉受伤。

与此同时在突击部南面，阿尔弗雷德·德鲁塞尔少校的Ⅰ./Schl.G 1大队和Ⅱ./Schl.G 1大队Fw 190A-5和Fw 190F-3飞机一整天持续出击打击苏联地面部队，这些Fw 190飞机携带的是AB 500武器容器，容器内装SD 2反步兵微型炸弹，俗称“蝴蝶弹”。这种武器一般用于攻击步兵纵队，或是人员密集区，也适用于攻击简易防空武器掩体。4./Schl.G 1和8./Schl.G 1中队的Hs 129飞机则用MK 103机炮攻击苏联坦克。Ⅰ./Schl.G 1大队也成功地击落了3架伊尔-2飞机，己方当天损失4架Fw 190，瓦列泽克中尉失踪，路丁格尔少尉受伤。

7月9日，德国空军战斗机单位在早晨5时之前就开始升空作战，Ⅰ./JG 54大队率先截击了苏联一支没有战斗机护航的伊尔-2攻击机编队，德国飞行员毫无悬念地击落6架。不久，Ⅳ./JG 51大队Fw 190编队与苏联一支由拉-5战斗机护航的33架佩-2轰炸机编队遭遇，随后的混战中，6架佩-2、2架拉-5和1架伊尔-2被击落。随后的战斗越来越激烈，苏联人的勇猛顽强令人敬佩，但是苏联战斗机飞行员素质，以及苏联空军战术运用，指挥官的指挥素质都远远落后于身经百战的德国空军，损失之大令人咋舌。德国空军1./JG 51中队拦截了由6架拉-5护航的12架伊尔-2攻击机编队，1架拉-5和5架伊尔-2被击落。在当天8时30分的第二次作战任务中，Ⅳ./JG 51大队又击落6架伊尔-2、4架拉-5和1架米格-3。从这些数字不难看出苏联投入伊尔-2攻击机的数量，虽然损失巨大，但给德国地面部队造成的损失不容小觑。

5架Bf 110双发重型战斗机（驱逐机）编队飞过Fw 190飞机机场，近处这架Fw 190A-4/Trop飞机没有表示单位的任何标志，发动机安装了热带地区使用的过滤器，从后机身白色条纹判断是从地中海地区临时抽调到苏联战场的对地攻击单位的飞机。

当天中午，Ⅰ./JG 54大队在当天第二次作战中又击落5架伊尔-2、2架拉格-3和2架拉-5飞机。同一时间，JG 51联队队部中队和赶来增援的10./JG 51中队、11./JG 51中队联合再次取得击落5架苏联飞机的战绩。当天最后一场主要的战斗中，Ⅰ./JG 51大队也声称有6架苏联飞机进账。总结当天战斗，Fw 190战斗机单位共声称击落66架苏联飞机，其中45架归属JG 51联队队部中队和三个大队，Ⅰ./JG 54大队获得19

架，Ⅰ./Schl.G 1大队战绩为2架。当天Fw 190飞机单位损失之一是7./JG 26中队普里特泽下士，他的中队自1943年2月17日开始一直在苏联战场作战，“堡垒行动”开始几天后也被调过来增援，在整个“堡垒行动”中，7./JG 26中队的战绩为4架。在7月12日，埃米尔·雷特茨下士击落1架伊尔-2攻击机，7月13日，他又击落1架雅克-7B战斗机，卡尔·塞贝克下士击落2架伊-180战斗机。

此后不久，7./JG 26中队返回原驻地加入驻扎在德国诺德霍尔茨（库克斯港西南10公里）的母大队，在此，这个中队开始换装Bf 109G战斗机。

“堡垒行动”的头五天的战斗最为激烈，德国空军每天作战超过3200架次，除了战斗机单位，Ⅰ./Schl.G 1大队的三个中队在空战中也有斩获，击落13架伊尔-2攻击机、2架拉格-3和1架拉-5战斗机，大部分战果是在别尔哥罗德附近取得的。战绩最高的飞行员是3./Schl.G 1中队赫尔曼·费舍尔，其战绩包括2架伊尔-2、1架拉格-3和1架拉-5，作为一名执行对地攻击任务的飞行员，这个战绩相当了不起。费舍尔在7月11日的战斗中被苏联高炮击落身亡。同样在7月11日，Ⅳ./JG 51大队指挥官鲁道夫·雷施上尉也被击落身亡，这个超级王牌此时的战绩已经达到94架，他的殒命对JG 51联队是个很大的打击，德国以后必须学会承受越来越多这样的痛苦。值得其稍稍慰藉的是，到7月12日，JG 51联队从二战开始以来的战绩已经达到了5500架。

很多资料称图中是4./JG 54中队1架Fw 190A-5战斗机，飞机的机身有白色“K”，而不是数字，德国空军战斗机单位的飞机一般不用字母，而对地攻击单位一度使用字母，因此这架飞机可能属于Schl.G 1联队。这架飞机携带了1枚250公斤炸弹，很像是1枚穿甲炸弹。

Ⅱ./Schl.G 1或Ⅱ./Schl.G 2大队Fw 190A-4飞机，这些是执行战斗轰炸任务的子型号，“—”意思是第Ⅱ大队。当时，对地攻击单位的飞机常用字母作为单机识别号码，战争末期改为有颜色的数字。

到7月10日，瓦尔特·莫德尔上将的第9集团军群从突出部北面向南推进的步伐停了下来，战役开始的头两天，德国地面部队只成功地向前推进了约15公里，越往前，苏联的反击越猛烈。到7月9日，莫德尔的第9集团军群仅仅又向前推进了几公里而已，因为苏联红军在波尼瑞（库尔斯克正北70公里）构筑的完善的工事阻止了德军前进的步伐。德军不仅地面行动遇到很大的困难，德国空军行动在最初几天的疯狂之后也呈疲惫之势，原因是德国空军的补给，特别是燃油开始出现短缺，而苏联空军没完没了的飞机一波一波地飞来，甚至有时苏联飞机毫无顾忌地虐杀德国坦克装甲先头部队，而空中看不到一架德国空军战斗机前来增援。

截至7月12日，德军已经损失了50%装甲力量，就在这天，苏军发起代号为“库图佐夫行动”的反攻战役。当天早晨5时整，苏军装甲部队在DB-3轰炸机的支援下首次向德军发起攻击，战役开始不久，苏联DB-3轰炸机编队遭到了德国空军7./JG 51中队的Fw 190拦截，之后的战斗中，3架苏联轰炸机和1架米格-3战斗机被击落。这次战斗不久，1./JG 51中队的6架Fw 190又与苏联一支雅克-1护航的伊尔-2攻击机编队遭遇，战斗中又有6架伊尔-2被击落，其中3架战果属布伦德尔中尉。之后5个小时的激烈战斗中，JG 51联队和Ⅰ./JG 54大队疲于奔命，1./JG 54中队（疑是Ⅰ./JG 54大队之误）击落5架拉-5，激战5个小时后战场出现难得的平静期。但到下午5时25分战斗重新开始。战事再起后的45分钟里，海因里希·容格上尉指挥的Ⅱ./JG 54大队的Fw 190A-5击落2架拉-5，这个大队刚刚被调到奥廖尔前线。之后19时整到20时整，JG 51联队早已疲惫不堪的飞行员再次升空参加拦截行动，苏联空军行动势头不减，损失也相当惨重，17架飞机被德国Fw 190战斗机击落。

苏联空军在7月12日共执行了2174架次作战任务，德国第Ⅷ航空军和第6航空队加在一起的当天作战架次只有1874架。苏联空军的损失比德国空军的要严重得多，但是，前者可以迅速得到补充，而德国空军人员和飞机越战越少，对德国空军打击更严重的是，苏联轰炸机此时开始昼间轰炸德军后方的后勤补给线，这些行动经常未受干扰大摇大摆地进行，连轴转的德国空军飞行员越来越无法承受这么大强度的战斗，虽然被击落的数量较少，飞机磨损却极为严重，可供升空作战的飞机逐渐减少。另一个明显变化是，苏联战斗机也开始深入德占区执行战斗轰炸和扫射任务，这个变化的实质说明苏联空军力量仍在增加，已经从最初的防御转变为进攻。总结7月12日的战绩，苏联有102架飞机被德国飞机

10./JG 54中队的这架Fw 190A-4飞机侧机身三个“｜”意义不详，很多资料猜测是罗马数字。有一种说法，1942—1943年冬天，Ⅰ./JG 54大队抽调人员组成了一个战斗轰炸四机编队，其长机为埃尔温·杜特尔，四机编队中的飞机从1—4号机分别用一个到四个“｜”来表示。注意看飞机携带的炸弹，不是通常的SC 250炸弹，这是PC 250穿甲炸弹。

击落，其中Fw 190飞行员贡献68架。1架被赫尔穆特·格罗尔穆斯下士击落的伊尔-2攻击机成为12./JG 54中队的首个战果，这个中队在“堡垒行动”开始前的6月在德国约绍成立，单位由4./JG 54中队的部分成员抽调组建的。新成立的12./JG 54中队指挥官是埃里希·鲁道弗，中队装备Fw 190A-4和Fw 190A-5战斗机。截至7月30日，12./JG 54中队撤出战斗进行换装Bf 109G战斗机的训练，训练期间，该中队扩编再并入鲁道夫·希纳上尉指挥的Ⅳ./JG 54大队。7月12日的战斗中，德国空军Fw 190飞机单位损失的1架飞机非常特别，这是11./JG 51中队格罗斯曼下士

一些德国空军作战飞机经常会喷涂上步兵突击单位的标志，可能是临时协助防空区域内的德国地面单位。空军作战流动性大，不可能长期和某一个地面单位协同，因此飞机上的标志很快就会被去除。注意看突击单位的标志：树枝和一支带刺刀的步枪。

5./JG 54中队“黑色5”号是马克斯·斯托茨的座机。每次作战任务返航之后，地勤人员都会加紧维护检修飞机，作战强度大，机器和人都满负荷运转。

驾驶的Fw 190A-3/U4对地攻击飞机。

截至7月13日，第1航空师的Fw 190战斗机力量得到大大增强，此时，这个师包括7./JG 26中队、JG 51联队队部中队、Ⅰ./JG 51大队、Ⅲ./JG 51大队和Ⅳ./JG 51大队、15./JG 51中队、Ⅰ./JG 54大队、Ⅱ./JG 54大队和Ⅳ./JG 54大队部分力量，这个师的Bf 109战斗机力量也得到了Ⅰ./JG 52大队的Bf 109增援。7月13日的战斗以7./JG 26中队和Ⅳ./JG 51大队的小规模行动为开端，随后的7时整，大规模行动才拉开序幕，在接下来的1个多小时战斗中，德国空军声称击落了18架伊尔-2和5架苏军战斗机，10./JG 51中队的威廉·韦伯下士一战成王牌（击落5架），中队指挥官霍斯特-京特·冯·法松独得3架战果，6./JG 54中队霍斯特·阿德梅特少尉也获3架战果。一个小时后的另一场战斗中，苏联空军又有13架伊尔-2、2架拉格-3、2架P-39和1架雅克-1被击落。上午激烈的战斗一直持续到9时12分，其时2./JG 54中队的京特·谢尔少尉击落1架拉-5。一位苏联战斗机飞行员尼科莱·平秋克回忆称：“敌人绝望地尝试阻止我们的陆军，他们将空军力量派遣到前线最关键区域，整个战场上空布满了敌我双方的轰炸机和战斗机，激烈的空战随处可见。”

到当天战斗全部结束，Fw 190战斗机部队声称击落了不少于174架苏联飞机，取得战绩最多的几名飞行员是，2./JG 54中队的京特·谢尔少尉（6架）、10./JG 51中队的威廉·韦伯（5架）和12./JG 51中队的威廉·莫里茨上尉（5架）。苏军承认当天突出部北面的损失是94架飞机。德国空军在这天

也损失了3名经验丰富的飞行员，即瓦尔特中尉、迪特里希上士和布雷默尔上士，其中布雷默尔上士的战绩达到了40架，1943年8月31日，他被缺席授予“金质德意志十字勋章”。所谓的“缺席”指的是布雷默尔生死不明，被列为失踪人员名单，如果确定已阵亡才会用“追授”一词。另外，二战初期，战绩达到25架就可以授予“骑士十字勋章”，而入侵苏联几个月后，授勋标准上升到40架。实际上，达到或超过40架，甚至有达到百架仍未授予“骑士十字勋章”的飞行员大有人在，原因就是击落苏联飞机太容易了。

同样在7月13日，在库尔斯克突出部南面作战的Ⅰ./Schl.G 1大队损失最后2架飞机，2名飞行员是3./Schl.G 1中队的斯滕格尔少尉和莫特施下士。同一天，6./Schl.G 1中队奥托·道梅拉特斯基上士在别尔格罗德北部击落1架拉格-3。第二天，6./Schl.G 1中队迪尔下士在作战中受伤。但是，由于苏联红军的反攻愈加猛烈，德国Ⅰ./Schl.G 1大队火速被调往北部的奥廖尔地区企图遏制潮水般的苏军坦克和步兵部队。

7月13—14日夜，苏军发起了一系列针对奥廖尔突出部的重大反击战，苏联空军在这些行动中协助地面部队压制德国第18坦克装甲师，战役开始后的前十天里，苏联空军损失惨重，但补充恢复也相当快，德国空军无法与之相比。在苏军顽强凌厉的攻势下，德国地面部队开始后撤，此时，德国空军的主要任务就是掩护地面部队逃出苏军的包围圈。德军一支部队在奥廖尔通往图拉的铁路一带被苏军包围，为了营救被包围的德军，另一支德军在Ju 87“斯图卡”俯冲轰炸机的支援下向苏军发起攻击，为Ju 87俯冲轰炸机护航的是5./JG 54中队的Fw 190战斗机。德国空军的这支混合编队在800米高度出击，飞抵目标区后，Fw 190在战区上空掩护，Ju 87则组成环形编队，在求援部队发射红色信号弹的指引下选择目标实施俯冲轰炸。这次行动，Ju 87携带了50公斤炸弹，为的是每次俯冲轰炸都只投下1枚炸弹，这样就可以多次轰炸苏军的战壕、迫击炮阵地和机枪掩体。

很快，Fw 190战斗机飞行员发现周围没有苏联战斗机活动，有几位大胆的飞行员也加入对地攻击行动，用机枪和机炮扫射苏军阵地，其中包括诺伯特·汉尼希候补中士和克萨韦尔·穆勒中士，在他们的扫射下，德军有充足时间用担架把伤员撤出阵地。当所有的德军都撤离到安全地带上了救援车辆后，他们释放了绿色信号弹。德国空军飞机一直掩护这些救援车辆，直到他们抵达德军控制区。完成任务后，Ju 87摇摆机翼表示对Fw 190护航的感谢，之后混合飞机编队返回各自基地。

这段时间里，Fw 190执行了很多此类作战任务，通常情况战斗机和对地攻击飞机从最近的机场起飞，混合飞机编队在低空出击。此时空战的另一个明显变化是德国战斗机很难再靠近苏联轰炸机和攻击机，原因就是苏联空军越来越多的战斗机投入战场参与护航任务。德国空军Fw 190战斗机单位在7月14日取得的37架战果中大部分是苏联战斗机，其中15.(Span.)/JG 51中队入账3架，获得战果的飞行员是中队指挥官马里亚诺·库亚德拉·梅蒂纳少校、洛伦佐·卢卡斯中尉和桑切斯·塔伯内罗中尉，他们击落的全是拉格-3战斗机。

截至目前，德国战线情况岌岌可危，德国空军第1航空师司令保罗·戴希曼少将希望南面的第Ⅷ航空军分出一部分力量增援突出部北面的空中力量，但是苏军在突出部南面也发起了反击，保罗·戴希曼少将的愿望落空。德国空军Fw 190战斗机力量目前的情况也不容乐观，战役开始的头十天里，JG 51联队已经损失了不少于63架Fw 190。7月15日的战斗中，德国空军仅获得25架战果，让德国地面部队士兵更加绝望的是，当天击落的伊尔-2攻击机的数量仅为6架，德国士兵最恐惧的不是苏联战斗机，而是会带来死亡气息的“黑色死神”。7月15日获得战绩最多的Fw 190飞行员是8./JG 51中队京特·沙克少尉，他的战绩不过4架。

这场战役的局势越来越糟糕，让德国首脑更加绝望的是战略局势也急剧恶化，没有最坏消息只有更坏消息，因为西方盟军已经于7月10日在意大利西西里岛登陆，德军最高司令部开始担心盟军会在巴尔干半岛或是意大利南部登陆，这将直接威胁德国南部，盟军在西西里岛登陆就是这种开辟南线战场战略的一部分。这种潜在的灾难性局面让希特勒坐卧不宁，他最终决定从苏联战场抽调几个装甲单位到意大利，他说：“因为这点（保卫意大利），我不得不停止‘堡垒行动’。”

德国官方正式取消“堡垒行动”，但Fw 190战斗机单位的作战架次丝毫没有因此减少，原因是苏军由原来的反击变成了进攻，包围了奥廖尔一带的德国主力部队，德国空军此时必须协助德国地面部队实施反击，不过11天时间，战场局势颠倒了。虽然有增援部队的协助，德国地面部队还是损兵折将，控制区域一点点地缩小。Fw 190飞机单位在7月16日的第一个胜利是6./JG 54中队的胡戈·布罗赫上士在4时35分击落1架苏联飞机，当时，他在奥廖尔北部波尔乔夫例行巡逻后返回位于斯加布罗沃机场，途中1架拉格-3正好在他航线前面穿过，他迎上前去，只是一阵短射就击中了这架苏联飞机，飞行员跳伞逃生。此后的8时05分，2./JG 54中队的京特·谢尔少尉因为与1架雅克-9相撞丧生，阵亡前他还击落1架“喷火”[①]和1架雅克-9。京特·谢尔的座机与苏联战斗机相撞后，前者的机翼脱落，飞机着火并爆炸，飞行员根本没有时间跳伞。谢尔的作战生涯极其简单，他在1943年春天参加Ⅰ./JG 54大队后开始执行作战任务，在70场战斗中，他获得了71架战绩，其中至少31架是他在“堡垒行动”中的7月7日至16日间取得的。1943年12月5日，谢尔被追授“骑士十字勋章”。

11./JG 51中队的1架“黑色6”号Fw 190A-4/U3飞机被苏联人缴获，埃里希·格罗斯曼误降在苏联控制区域，飞机受损并不严重，苏联修复后进行了性能测试。

① 根据租借法案英国向苏联提供了“喷火”Ⅴ战斗机，这些英国战斗机只装备苏联空军第57近卫战斗机团和第821战斗机团，这两个团飞行员只在1943年4月至7月间短暂驾驶该款战斗机作战，之后逐渐退役。原因是“喷火”Ⅴ战斗机与德国空军的Bf 109战斗机外观上太像，作战识别会出现很大问题。

英国向苏联提供了先进的“喷火”和“飓风”战斗机，但是，英国提供的飞机在苏联并没有起多大作用，原因是“喷火”战斗机外观和德国Bf 109战斗机类似。美国人提供的P-39战斗机虽然数量不多，却受到很多苏联飞行员喜爱，服役时间也较长。

德国空军被迫参与到防御战中，虽然仍不时地击落苏联飞机，总的来说苏联空军越来越把握主动权。7月17日，一名临时到2./Schl.G 1中队任中队指挥官的参谋官霍斯菲尔德被击落身亡。虽然极为艰难，德国空军JG 51联队和JG 54联队这天击落80架苏联飞机，从这个数字就可以看出空战的激烈程度，也更像是德国战斗机部队的回光返照。让德国人感到遗憾的是，被击落的大部分仍然不是轰炸机和攻击机。形势继续恶化，没有丝毫好转，7月18日，苏联空军战斗机击落9./JG 51中队仅剩的最后1架Fw 190战斗机，飞行员阿尔冯斯·米特尔梅尔少尉丧生。同一天，JG 51联队和JG 54联队声称仅仅击落20架苏联飞机，其中有1架是波利卡波夫设计局的波-2双翼飞机，击落这架飞机的是詹克中尉，他是在执行夜间任务时获得这个战绩。苏联空军的这种老式双翼飞机在战场上取得的作战效果相当好，因为飞行距离不远，波-2飞机通常就部署在战线最近的机场（很多时候把地铲平就算机场），不需要精确的导航苏联飞行员就能找到德军目标，而且还不会引起德军高炮部队的注意。笔者查阅的有些资料与此有点出入，老式双翼飞机飞得慢，“不会引起德军高炮部队的注意”这句话值得商榷。实际上，苏联空军使用这种老式飞机为的就是引起德军的注意，让德军以为苏联实施了空袭而疲于奔命，四处躲藏，干扰德军士兵的休息，这种夜间骚扰战术让德军士兵苦不堪言，作战效率降低。甚至德国人后来也想效仿苏联空军做法，但很不成功。

处于防守阶段后，德国空军的损失突然急剧增加，在已经进行了两个星期的“堡垒行动”中，Ⅳ./JG 51大队已经损失了本单位三分之一的飞行员，包括大队指挥官雷施少校；也损失了所有Fw 190战斗机。由于这段时间Fw 190战斗机供应跟不上，Ⅳ./JG 51大队只得重新换装Bf 109G-4和Bf 109G-6战斗机。当时已经有58架战绩在身的“骑士十字勋章”获得者，时任9./JG 54中队指挥官的汉斯-埃克哈特·鲍伯少校被任命为Ⅳ./JG 51大队指挥官，他的到来鼓舞了这个遭受重创，几乎没有了战斗力的大队。其他大队的情况也好不到哪里，例如，在7月8日至20日间没有一天休息的Ⅰ./Schl.G 1大队损失了10名飞行员，其中最后阵亡的是理查德·斯托克下士。到7月底，东线战场的Fw 190战斗机力量已经下降到原来的一半还多，总共损失267架飞机，其中189架是战斗机，78架是战斗轰炸机。下页表是截至7月底，Fw 190战斗机单位的装备情况：

Ⅰ./JG 51 大队

型号	1943 年 6 月底	作战	事故	修理	1943 年 7 月底
Fw 190A-4	26 架	9 架	7 架	0	10 架
Fw 190A-5	33 架	14 架	3 架	1 架	15 架
Fw 190A-6	17 架	5 架	1 架	0	11 架
总计	76 架	28 架	11 架	1 架	36 架

Ⅲ./JG 51 大队

型号	1943 年 6 月底	作战	事故	修理	1943 年 7 月底
Fw 190A-4	11 架	2 架	2 架	3 架	4 架
Fw 190A-5	44 架	8 架	3 架	16 架	17 架
Fw 190A-6	17 架	1 架	1 架	0	15 架
总计	72 架	11 架	6 架	19 架	36 架

Ⅳ./JG 51 大队

型号	1943 年 6 月底	作战	事故	修理	1943 年 7 月底
Fw 190A-4	24 架	10 架	8 架	6 架	0
Fw 190A-5	21 架	17 架	3 架	11 架	0
Fw 190A-6	3 架	0	0	3 架	0
总计	48 架	17 架	11 架	20 架	0

Ⅰ./JG 54 大队

型号	1943 年 6 月底	作战	事故	修理	1943 年 7 月底
Fw 190A-4	18 架	6 架	3 架	1 架	8 架
Fw 190A-5	40 架	13 架	8 架	1 架	18 架
Fw 190A-6	12 架	0	3 架	0	9 架
总计	70 架	19 架	14 架	2 架	35 架

Ⅱ./JG 54 大队

型号	1943 年 6 月底	作战	事故	修理	1943 年 7 月底
Bf 109G-2	18 架	0	0	11 架	7 架
Fw 190A-4	7 架	1 架	4 架	0	2 架
Fw 190A-5	32 架	7 架	6 架	1 架	18 架
Fw 190A-6	6 架	0	0	0	6 架
总计	63 架	8 架	10 架	12 架	33 架

Ⅰ./Schl. G 1 大队

型号	1943 年 6 月底	作战	事故	修理	1943 年 7 月底
Fw 190A-5/U3 和 F-3	71 架	16 架	14 架	13 架	28 架

Ⅱ./Schl. G 1 大队

型号	1943 年 6 月底	作战	事故	修理	1943 年 7 月底
Fw 190A-5/U3	25 架	3 架	5 架	3 架	14 架
Fw 190F-3	34 架	11 架	10 架	3 架	10 架
总计	59 架	14 架	15 架	6 架	24 架

由于7月21日苏军计划发动攻击，切断德军第35集团军与其后方的联系，保罗·戴希曼少将的第1航空师在这天执行了1500架次作战任务，这个作战架次是之前没有出现过的，可以说尽了全力，因为地面德军的生命有赖他们的拯救。在这么高强度的作战中，当天最成功的Fw 190飞行员是2./JG 51中队约瑟夫·“佩皮”·耶内温上士，他在数十分钟内击落5架苏联伊尔-2攻击机。7月22日，Fw 190战斗机单位再次获利17架战果，德国第1航空师则损失11架飞机，其中包括12./JG 54中队拥有27架战绩在身的格雷克上士，他遭到4架雅克战斗机的围攻，最后被击落。第二天，Ⅰ./JG 51大队击落4架苏联飞机，代价是己方损失3架Fw 190，而Ⅲ./JG 51大队获得1架战果（雅克-7）却损失了3名飞行员，包括7./JG 51中队的雷汀格尔下士和9./JG 51中队的格克佐尔上士。那种战绩与损失相差悬殊的日子一去不复返了，当天只有JG 54联队战绩好点，击落7架伊尔-2和2架拉-5。

7月22日晚上，德军第9集团军群已经开始从奥廖尔东南战线后撤，随后的几天里，战斗主要发生在德军后撤部队的殿后行动，兵败如山倒，殿后的部队特别容易出现恐慌而阵脚大乱。战斗的高潮发生在7月28日，即代号为“冬季转移行动”的撤出奥廖尔突出部行动。一天前，2./JG 51中队的耶内温上士在击落1架伊尔-2后遭到密集炮火攻击，他在无线电中最后留言是：“我的发动机被击中了，我正飞向太阳!”在271次的作战任务中，耶内温获得的战绩为86架，在1943年12月5日，他被追授“骑士十字勋章”并晋升少尉军衔。同样在7月27日，9./JG 51中队的赫尔曼·卢克中尉击落1架苏联伊尔-2，这是JG 51联队的第6000架战果。第二天，1./JG 51中队指挥官布伦德尔中尉在击落当天他第三架飞机后被苏联高炮击落，他大难不死，只是受了伤。7月29日，Ⅰ./JG 51大队指挥官埃里希·莱厄少校获得3个战果，6./JG 54中队的海因里希·斯特尔中士当天战绩也是3架。7月30日，德军遭受两个重大损失，一是Ⅱ./JG 54大队指挥官海因里希·容格上尉被击落身亡，二是Stabsstaffel./JG 51联队队部中队的奥托·坦格少尉阵亡，后者是拥有68架战绩的王牌飞行员，前者的指挥官一职被埃里希·鲁道弗取代。

7月1日至31日间，JG 51联队的Fw 190飞行员在东线战场共取得800架战绩，而JG 54联队的这个数字是450架，这两个数字都有水分，但毫无疑问，德国空军击落的苏联飞机数量确实也不少。由于德军在8月初完成了撤出奥廖尔突出部的行动，实际上以坦克大会战著称的库尔斯克战役也宣告进入尾声。“堡垒行动”是

Ⅰ./JG 54大队的“白色10”号Fw 190A-5飞机在战斗中被打掉方向舵，不过飞机返回了机场并安全着陆。照片拍摄于1943年8月26日的奥廖尔。

飞机着陆时拿大顶是后三点螺旋桨飞机的失事特点，这架“黄色4”号Fw 190A-4飞机属于3./JG 54中队，飞机的迷彩涂装很特别，通常情况在冬天用纯白色涂装，冰雪融化的春天用这种白色和绿色双色迷彩。

Ⅲ./JG 51大队的这架“褐色5”号Fw 190A-4飞机实施了迫降，螺旋桨已经刮地变弯，飞机似乎完好。照片拍摄于1943年7月12日。

7./JG 51中队的这架“白色6”号Fw 190A-3飞机在迫降过程中损毁严重，飞机断为两截。照片拍摄于1943年8月的奥廖尔。

德军在东线最后一次重要的进攻战役，最后以失败告终，此后，德军的大部分行动都是防御战，德国在溃败的道路上加速前进。

撤出奥廖尔突出部的“冬季转移行动”和后撤到防御工事完备的哈根防线在7月底开始，Fw 190战斗机单位在德军后撤行动中扮演了重要的防空保护角色，拦截了大量有护航战斗机保护的苏联伊尔-2飞机编队，拦截行动只能减缓德军地面部队损失，不可能扭转战局。8月1日至4日，德国空军JG 51联队和JG 54联队共击落247架苏联飞机，统计数据如下：

在这段时间里，德国空军Fw 190飞机的损失出奇地低，四天激烈的战斗中仅损失17架飞机。飞行员损失包括8月1日的卢克中尉、路德维希少尉和布尔格下士；8月2日的福斯特中士和弗兰克上士；8月3日的赫尔穆特少校、施吕特尔下士和里特尔下士；8月4日的戈茨中尉、鲍辛格尔上士和梅斯上士。格哈德·霍穆特是Ⅰ./JG 54大队指挥官，汉斯·戈茨中尉是2./JG 54中队指挥官，这两人被击落时的战绩分别是63架和82架。更大的损失发生在8月7日，Ⅰ./JG 51大队战绩最高的飞行员海因里希·霍菲迈尔中尉被苏联高炮击落，这位飞行员此时的战绩达到了96架。这段时间德国空军获胜的原因可以从8./JG 51中队的京特·沙克少尉的日记中一窥究竟：

	8月1日	8月2日	8月3日	8月4日	总计
Stabsstaffel./JG 51	0	0	5架	5架	10架
Ⅰ./JG 51	13架	23架	7架	7架	50架
Ⅲ./JG 51	16架	29架	13架	28架	86架
Stab./JG 54	1架	2架	0	1架	4架
Ⅰ./JG 54	8架	21架	9架	25架	63架
Ⅱ./JG 54	8架	20架	0	6架	34架
总计	46架	95架	34架	72架	247架

8月7日，我们转移到斯摩棱斯克东面一座小机场。

8月8日，“舞会”（战斗代号）在16时整开始，我们护航着轰炸机到叶利尼亚（斯摩棱斯克东南67公里）。下午晚些时候，Ⅲ./JG 51的所有飞机都出动执行任务（每个中队飞机不超过4架福克-沃尔夫飞机），情报称苏联质量低劣的飞机在亚尔采沃（斯摩棱斯克东北50公里）出现。我是第一个到达这里的飞行员……我们和步兵有过协商，因此我在降落前可以摆动两次机翼。在基地，我们没有加油，也没有补充弹药就被命令立即起飞，我们只有2架飞机为一个轰炸机编队护航。在目标区上空5000米，我们遭到2架苏联战斗机攻击，很快1架敌机燃烧着向下坠去，另1架迅速离开。在当天我们第三次护航任务中，我们遭遇25架苏联伊尔-2攻击机，为其护航的有40架战斗机。我们只有2架飞机为编队护航，因此我爬升向最高处的敌机发起攻击，我击落2架敌机。取得五次胜利后，我感到特别疲惫，我们每天都得和数量众多的敌机——庞大的轰炸机群（德国称苏联轰炸机和攻击机都叫轰炸机）和数不清的战斗机战斗，这在之前的苏联战场上没有遇到过。

8月13日，京特·沙克少尉完成了他第500次作战任务，这天他又获得4架战果，全部是拉-5战斗机。两天后，他做了一个疯狂的举动。当时他和9./JG 51中队的两名飞行员一道为几架Ju 87护航，遭遇苏联战斗机拦截时，尽管他的瞄准具出现故障，他还是在斯帕斯的杰缅斯克北部击落1架拉-5，

6./SG 2中队赫尔曼·布切纳中士完成600次作战任务受到战友的祝贺，几个星期后，获得“骑士十字勋章”。

得意忘形的沙克竟然在德军高炮阵地上空盘旋机动庆祝他的胜利，地面德军并不知道这是己方飞机，高射炮一阵怒吼，他的左侧机翼战术编号“红色9”的位置被炸出一个50厘米直径的大洞。飞机最终安全返回基地着陆。此后不久，他所在的Ⅲ./JG 51大队转移到不远处的布良斯克，临时受其指挥的11./JG 54中队随后也赶到，之后两个单位一道部署到乌克兰格鲁乔沃。

德国地面部队整体形势是不断撤退，而苏联空军在不断壮大，德国空军面临的压力越来越重。此前的8月10日，瓦尔特·诺沃特尼中尉接替霍穆特任Ⅰ./JG 54大队指挥官。八天后，诺沃特尼获得第150架战果。但是，第二天，5./JG 54中队指挥官马克斯·斯托茨中尉被1架雅克-9战斗机击落，这位战绩已经达到189架的超级王牌生死不明，被列入失踪人员名单。8月20日，沙克少尉被任命代行7./JG 51中队指挥官一职，一个星期后，沙克的飞机与迈中士的座机在空中相撞，迈中士无法从撞击后变形的飞机座舱中爬出，最后与座机一道坠毁在地面，阵亡时，迈中士的战绩为45架。沙克命大，又一次驾驶受伤的飞机安全返回基地着陆。同样是在8月27日，拥有47架战果的穆勒中士被苏联高炮击落身亡。

8月23日，苏军向德国陆军中央集团军群北翼发起进攻，五天后，又在其南翼发起攻击，苏军的战役意图是解放斯摩棱斯克。北部战役（实际上是北部和东部）开始后，苏军迅速攻占叶利尼亚和多罗戈布日，之后，受阻于德军精心构筑的工事而停滞。南部战役更加成功一些，8月27日，苏军解放谢夫斯克，并且在德国中央集团军群和南方集团军群之间撕开一个裂口。

9月3日，京特·沙克少尉取得他个人第100架战果，但是，他没有时间庆祝这一标志性胜利，他所在的Ⅲ./JG 51大队被迫撤退到布良斯克西南100公里的特鲁布切夫斯克。在这期间，Ⅲ./JG 51大队的战绩达到1700架。没过多久的9月12日，这个大队不得不再次

“白色4”号Fw 190A-4是1./JG 51中队京特·约瑟芬的座机，地勤人员在抓紧抢修这架飞机，空中作战行动强度很大，飞行员需要经常升空作战。

“黄色3”号Fw 190A-4飞机属于3./JG 54中队，1./JG 54中队的战术编号是白色。图中飞机采用的是灰色和白色双色迷彩，发动机罩下方和翼尖采用醒目的黄色。

卷起铺盖走人，这次的目的地是罗斯拉夫尔西南约30公里的波尼亚托夫卡，屁股还没有坐热，三天后，这个大队再次向北撤退到斯摩棱斯克，就在这天，JG 51联队的战绩达到惊人的7000架。

整个1943年10月，德国空军Fw 190战斗机单位依旧续写“辉煌”，“辉煌”的背后却是德国垂死的挣扎。10月里最成功的飞行员是5./JG 54中队的埃米尔·“布利”·朗（Emil 'Bully' Lang）少尉，当月他取得的战果不少于66架，其中10月13日一天的战绩就达到10架，之后的21日再次创下新高，达到12架，22日的记录也有9架。朗于1909年1月14日出生在德国符腾堡区的塔尔海姆，他是一名著名的田径运动员，还是德国汉莎航空公司民航客机飞行员。他的“布利”绰号来源于他的外表类似凶猛的斗牛犬，实际上直到1942年朗才被批准进行驾驶战斗机训练。德国空军选拔飞行员非常严格，像朗这样的不在考虑之列，但是，时至1942年，德国不断扩大战争规模和范围，飞行员选拔标准也开始有所降低。进行战斗机训练时，朗的年龄已经达到34岁，这几乎就是德国战斗机单位最老的新飞行员了。朗第一次获得空战胜利是1943年3月，随后的4月，他被调到5./JG 54中队。

10月里其他战绩较多的飞行员有，新近军衔晋升为上尉的Ⅰ./JG 54大队指挥官瓦尔特·诺沃特尼，战绩为32架；6./JG 54中队霍斯特·阿德梅特中尉，战绩为22架；8./JG 51中队奥托·沃尔费尔上士，战绩也是22架；JG 51联队队部中队安东·哈夫纳中士，战绩为19架；2./JG 54中队奥托·基特尔中士，战绩为18架；5./JG 54中队莱茵霍尔德·霍夫曼上士，战绩为17架；1./JG 54中队弗里茨·泰格特梅尔上士，战绩为14架；Ⅰ./JG 51大队指挥官埃里希·莱厄少校，战绩为13架；1./JG 51中队约阿西姆·布伦德尔中尉，战绩为12架；3./JG 54中队弗兰茨·埃塞纳赫中尉，战绩为12架。

军乐队在为1./Schl.G 1中队的官兵演奏，照片近处是1架Fw 190A-5飞机，Ⅰ./Schl.G 1大队的标志是一只黑熊扛着一辆坦克。远处1架Fw 190飞机没有螺旋桨，应该是在维修中。

德国Fw 190战斗机单位在10月的损失极为轻微，值得一提的是10月13日，6./JG 54中队海因里希·斯特尔中士在击落他10月第11架战果后被击落，他被迫跳伞受了点轻伤。10月23日，8./JG 51中队2架飞机在科辛斯基机场相撞，2名飞行员劳弗尔中尉和卢克中尉受伤。

与此同时，装备Fw 190对地攻击型号的Schl.G 1联队的两个大队也忙着参与激烈的战斗，但是，此时这两个大队却遇到一个非常棘手的问题，重载情况下的Fw 190战斗轰炸机很难从前线泥泞的机场升空，对于其他执行制空作战的Fw 190来说这并不是问题。很多情况下，飞机陷入泥潭中无法动弹，飞行员加大发动机功率后飞机会绕着一侧起落架打转。干燥的沙石地面也有问题，经常起落架机构被泥土堵塞而无法收回起落架，这时飞行员只好携带着炸弹返回基地着陆。

奥廖尔在8月4日被苏军攻占后，Ⅰ./Schl.G 1大队被迫转移到卡拉切夫（布良斯克东南43公里），第二天，Ⅱ./Schl.G 1大队转移到哈尔科夫的罗甘地区。8月3日至7日的战斗中，Ⅱ./Schl.G 1大队皮尔格拉姆少尉驾驶的Fw 190F-3飞机被苏联战斗机击落，飞行员生死不明。战斗中另有6架Fw 190在哈尔科夫南部被击伤。在苏军进攻瓦尔瓦罗夫卡（哈尔科夫西北70公里）的战斗中，德国又有4架Fw 190飞机要么被炸毁，要么被炸伤。

德军地面部队一撤再撤，Ⅱ./Schl.G 1大队也跟着撤退，8月11日，这个大队被迫撤退到波尔塔瓦（哈尔科夫西南135公里）附近的卢德卡。在此，Ⅱ./Schl.G 1大队的Fw 190飞机连续出击为哈尔科夫保卫战的德军地面部队提供支援，跟东线战场很多德国空军的机场一样，卢德卡机场实际上就是在一片农田上简单修筑的一个基地。

8月28日，Ⅱ./Schl.G 1大队再次后撤到斯大林诺（现称顿涅茨克），在此协助德国地面部队防御这座城市。

Ⅱ./Schl.G 1大队驻扎在卢德卡机场执行的第一个作战任务是向北和西北方向侦察苏联地面部队的部署情况和战线位置，然后将侦察情况汇报给上级航空师。令执行侦察任务的飞行员沮丧的是，苏军不断追击德军，根本就没有固定的

绿色A的Fw 190A-5/U3飞机是Ⅱ./Schl.G 1大队指挥官汉斯·弗兰克上尉的座机，对地攻击单位有使用字母来表示飞机序列的传统。1943年9月，Ⅱ./Schl.G 1大队驻扎在苏联基辅南部。

战线，德军也没有固定的据点抵抗苏军。苏军坦克先头部队快速地向南和西南方向推进，Ⅱ./Schl.G 1大队的侦察情报显示不会太久德军就会大溃败。为了阻止苏军进攻势头，Ⅱ./Schl.G 1大队的Fw 190战斗机频繁起飞轰炸苏联坦克部队和物资补给车队。尽管Fw 190炸毁了大量苏军坦克和车辆，德国飞行员完全明白，他们的作用只是螳臂挡车，隔靴搔痒而已，战局不是大队几架飞机就能扭转的。更何况，苏联空军对地攻击力量远远胜过德国空军，这才是德国地面部队的恶梦，也是他们一败再败的一个重要原因。

除了执行大量攻击苏军地面部队的任务外，Ⅱ./SG 2大队（番号刚刚更改）的Fw 190也击落了大量苏联飞机。在1943年10月24日至11月6日间，Ⅱ./SG 2大队的4名飞行员击落了17架苏联飞机，其中6./SG 2中队赫尔曼·布赫纳中士独得6架，6./SG 2中队指挥官京特·布莱克曼上尉获得5架，5./SG 2中队弗里茨·谢法尔德少尉击落4架，6./SG 2中队迪特尔·沃伊格特击落2架。这段时间里，Ⅱ./SG 2大队至少损失了4架Fw 190，飞行员包括赫尔曼中尉、格鲁伯少尉和奥特曼中士。

Ⅰ./Schl.G 1大队在7月和8月间参与了大量战斗，随着德国地面部队溃败，这个大队在9月向南撤退到乌克兰科诺托普，之后再转移到乌克兰北部涅任（基辅东北135公里）。在此，Ⅰ./Schl.G 1大队主要任务就是试图阻止苏军先头部队向基辅挺进。9月4日，1./Schl.G 1中队指挥官约翰内斯·梅尼克上尉Fw 190A-6座机在穆蒂诺附近被苏联高炮击落，指挥官当场阵亡。同一天，3./Schl.G 1中队克罗夫考恩上士受伤，他的Fw 190F-3，W.Nr.670050飞机受损。

驻扎在苏联南部的Ⅱ./SG 2大队2架Fw 190F-2飞机，机轮整流罩（兼作舱门）已经被去掉。苏联有的地方是一望无际的平原，选作机场很容易，但是，没有地貌特征对于飞行来说极为不利，即使现在导航如此先进也需要地貌辅助，更何况二战时导航技术并不发达。

9月15日，涅任被苏军解放，Ⅰ./Schl.G 1大队疲惫不堪的飞行员和地勤人员慌忙转移到基辅南部一座机场继续抵抗。9月27日，3架Fw 190F-3战斗机被击落，其中飞行员包括施万特杰中尉和乌尔里希少尉。另两名飞行员詹斯基下士和格斯特少尉分别在10月3日和5日阵亡。10月6日，Ⅰ./Schl.G 1大队击落4架苏联飞机，汉斯·普雷斯少尉、卡尔·乌尔下士、索恩霍夫下士和阿尔弗雷德·穆勒下士在切尔诺贝利东南分别击落1架苏联飞机。德国空军付出的代价也不少，1./Schl.G 1中队新任指挥官“巴兹”·梅纳帕斯上尉当天被苏联高炮击落阵亡，这位指挥官参加过700多次作战任务。10月13日，又有2架Fw 190F-3战斗机在斯塔尼夫卡被苏联战斗机击落，机上飞行员全部丧生。

斯大林诺（顿涅茨克）最终在9月初被苏军重新夺回，

1架Fw 190F-3飞机正在挂载AB 250炸弹容器，这种子母弹用于攻击非加固目标，包括有生力量。

Ⅱ./Schl.G 1大队只得转移到基辅南部机场，Ⅰ./Schl.G 1大队也在差不多相同时间转移到这里。1943年的基辅战役还未打响，因此Ⅱ./Schl.G 1大队后撤到这里为的是进行为期14天的休整、补充和飞机维修，战斗极少，仅有的损失是在9月18日和23日，分别是格特纳上士和格鲁施维茨中士，不清楚是作战损失还是训练损失。10月，战斗任务逐渐增多，仅这个月的头两个星期里，Ⅱ./Schl.G 1大队有八名飞行员阵亡。

在1943年10月18日前，德国空军的俯冲轰炸机、对地攻击、反坦克和夜间袭扰单位的指挥控制权分属轰炸机兵种总监和战斗机兵种总监，这给战场作战带来很大麻烦，随着对地攻击任务的重要性不断增加，德国空军决定将所有这些单位指挥权合并划归给新成立的对地攻击飞机兵种，新机构指挥官是厄恩斯特·库普弗中校①。上任后，库普弗立即重组作战力量结构，由于作战单位的番号编写比较复杂，他决定将已有的名称全部改为Schlachtgeschwader（对地攻击联队），简称“SG”。以下是番号更改前后对比情况：

单位旧番号	更改后新番号
Ⅰ/Ⅱ/Ⅲ./St. G 1	Ⅰ/Ⅱ/Ⅲ./SG 1
1./Schl. G 1	撤消
2/3./Schl. G 1	Ⅱ./SG 77
4./Schl. G 1	10.(Pz)/SG 9
5/6/7./Schl. G 1	Ⅱ./SG 2 大队
8./Schl. G 1	11.(Pz)/SG 9
Ⅰ/Ⅲ./St. G 2	Ⅰ/Ⅲ./SG 2
Ⅱ./St. G 2	单位名称保留到 1944 年 3 月 7 日，之后大队的 4./St. G 2 改为 13.(Pz)/SG 3，6./St. G 2 改为 10.(Pz)/SG 77，5./St. G 2 被取消。
1/2/3./Schl. G 2	Ⅰ./SG 10
4./Schl. G 2	12.(Pz)/SG 9
5/7./Schl. G 2	4./SG 2 和 3./SG 2
6./Schl. G 2	3./SG 4(1./SG 4 和 2./SG 4 新成立)
8./Schl. G 2	13.(Pz)/SG 9
Ⅰ/Ⅱ/Ⅲ./St. G 3	Ⅰ/Ⅱ/Ⅲ./SG 3
Ⅰ./St. G 5	Ⅰ./SG 5
Ⅰ./SKG 10	保持不变
Ⅱ./SKG 10	Ⅱ./SG 4
Ⅲ./SKG 10	Ⅲ./SG 4
Ⅳ./SKG 10	Ⅱ./SG 10
Ⅰ./St. G 77	Ⅰ./SG 77
Ⅱ./St. G 77	旧番号保留到 1944 年 1 月，之后改为Ⅲ./SG 10
Ⅲ./St. G 77	Ⅲ./SG 77
Pz. Ja.. g. Sta./JG 51	14.(Pz)/SG 9

① 厄恩斯特·库普弗中校死于1943年11月6日，当天，他乘坐的He 111飞机由于大雾坠毁在希腊多伊兰湖北18公里的贝拉西亚靶场。他死后被追授上校军衔，11月12日接替他任对地攻击飞机兵种总监一职的是胡贝图斯·希特施霍尔德上校（不久晋升为少将）。

对地攻击单位进行重组和番号调整预示着战损相当严重，性能也落后的Ju 87飞机逐渐被Fw 190战斗机取代。尽管戈林下令要求提高Fw 190的产量，实际上，产量上去了也不够用，战场铺开面广是一个因素，另一个重要因素就是德国帝国保卫战战斗序列更需要火力强大的Fw 190战斗机，盟军重型轰炸机一点点地在深入德国内地执行轰炸任务，Fw 190更适合攻击重型轰炸机。此外，作为战斗机兵种总监，加兰德不同意他将Fw 190战斗机从战斗机角色转换到对地攻击任务上，加兰德对他掌管的战斗机有明确的分工，德国空军高层的组织序列调整遭到他的暗中抵制。毫无疑问，加兰德的做法引起了对地攻击飞机兵种总监胡伯图斯·希特施霍尔德少将的不满，他后来回忆道：

技术方面的调整不够有远见，到1943年敌人的防空越来越有效，但是，德国俯冲轰炸机单位继续装备和使用着落后的Ju 87，只有兵种总监要求把所有对地攻击力量全部换装为Fw 190才能适应作战需要。

新成立的对地攻击联队之一是SG 10联队，这个联队成立后就在法国和荷兰境内进行了热身战斗。11月8日该联队遭受巨大损失。当天在比利时沙勒罗瓦附近，SG 10联队指挥官海因茨·舒曼少校遭到英国空军“喷火”战斗机围攻，最后被击落身亡，接替他的是赫尔穆特·威蒂班特少校。指挥官变更不久，SG 10联队被调往苏联前线直接支援德军第4装甲集团军群，后者正在法斯托夫-日托米尔-科罗斯坚一线被苏军追击。12月6日，Ⅱ./SG 10大队遭受第一次作战损失，费舍尔下士被苏联高炮击落。两天后，Ⅰ./SG 10大队在作战中也损失1架飞机，当时克鲁塞上士的Fw 190F-3战斗机在俯冲攻击时未能拉起而触地爆炸。第二天，SG 10联队获得本单位第一个战果，即1./SG 10中队柯尼希少尉击落1架拉-5战斗机。四天后的战斗中，1./SG 10中队指挥官塞弗特中尉和费尔特纳中士在作战中生死不明，被列入失踪人员

1./JG 54中队Fw 190A-4飞机，除了后机身黄色条纹，机翼翼尖和发动机罩下方都涂装了醒目黄色，飞机垂尾方向舵为白色。

Ⅰ./JG 54大队Fw 190A-5战斗机，机炮位置加装了保护装置。

4./SG 2中队的1架Fw 190F-3飞机机头伸进帐篷中进行发动机维护，苏联的冬天实在太冷，机器设备也吃不消。

Ⅱ./SG 2大队的1架Fw 190F-2飞机旁摆满了炸弹，这种情况在苏联和北非战场十分常见，机场遭遇空袭时十分危险。

名单中。除了Ⅰ./SG 10和Ⅱ./SG 10大队，Ⅱ./SG 77大队也奉命到乌克兰增援德军第4装甲集团军群，但是，截至11月19日，苏军已经取得了很大的胜利，之后的战斗暂时有所减弱。Ⅱ./SG 77大队的第一个有飞行员伤亡的战斗发生在12月4日，克列斯勒少尉在作战中负伤。两天后，德国陆军第4装甲集团军群发动一次规模较大的反击战，一点也不意外，德军的反击徒劳无功，最后不得不在12月21日再次回到防御作战上。两天前，Ⅱ./SG 77大队指挥官斯滕霍夫上尉在遭受到苏联战斗机攻击后丧生，接替他的是亚历山大·格拉塞尔上尉。

对于俯冲轰炸目标和敌步兵目标，Fw 190称得上是一款优秀的对地攻击飞机，但是，作为猎杀坦克的飞机，Fw 190飞机的能力值得商榷。Fw 190A-5/U11飞机携带的30毫米MK 103机炮攻击坦克，其作战效果相当令人失望，机炮炮弹无法击穿苏联坦克的厚装甲，无法使敌坦克丧失战斗力。试验表明，在100米距离射击，炮弹的散布点达到568平方厘米，甚至机炮安装了特制的炮口制退器后的散布点仍然达到542平方厘米，这么大的散布点说明炮弹无法准确命中坦克最薄弱的顶装甲，除非射击距离再近一些，敌人坦克速度再慢一些，瞄得更准一些。此外，Fw 190飞机携带2个机炮吊舱给飞机造成的不利影响也很大。为此，德国空军在1944年秋天开始装备反坦克火箭弹，这种武器打击坦克效果最佳，但是新武器出现得太迟了，德国命运已经注定。

与此同时，Fw 190战斗机单位的飞机仍旧每天升空作战，1943年11月1日，德国空军装备Fw 190飞机的单位作战序列基本未变，主要情况如下：

第1航空队(Luftflotte 1)

第3航空师	驻扎在普斯科夫
Stab./JG 54	Fw 190A-5、A-6，驻扎在普斯科夫，指挥官胡伯图斯·冯·勃宁
4./JG 54	Fw 190A-4、A-5和A-6，驻扎在普斯科夫，中队指挥官不详

第 5 航空队（Luftflotte 5）

Ⅳ./JG 5	Fw 190A-2、A-3 和 A-4，Bf 109G-2、G-6，驻扎在挪威特隆赫姆、戈森岛和赫尔德拉岛（卑尔根西北 50 公里），指挥官汉斯·克列格尔上尉
14.（Jabo）/JG 5	Fw 190A-2 和 A-3，驻扎在芬兰佩萨莫，指挥官弗雷德里希·威廉·史特拉克扬

第 6 航空队（Luftflotte 6）

第 4 航空师	驻扎在苏联奥尔沙
Stab./JG 51	Fw 190A-4 和 A-5，驻扎在奥尔沙，指挥官卡尔-戈特弗里德·诺德曼
Stabsstaffel/JG 51	Fw 190A-5 和 A-6，驻扎在奥尔沙，指挥官迪特尔姆·冯·艾歇尔-斯泰伯
Ⅰ./JG 51	Fw 190A-4、A-5 和 A-6，驻扎在奥尔沙，指挥官埃里希·莱厄
Ⅲ./JG 51	Fw 190A-4、A-5 和 A-6，驻扎在奥尔沙，指挥官弗里茨·洛西盖特
15.（Span.）/JG 51	Fw 190A-3，驻扎在塞斯特琴斯卡亚，指挥官马里亚诺·库亚德拉·梅蒂纳
Ⅰ./JG 54	Fw 190A-4、A-5 和 A-6，驻扎在维捷布斯克，指挥官瓦尔特·诺沃特尼
Ⅱ./JG 54	Fw 190A-4、A-5 和 A-6，驻扎在日托米尔，指挥官埃里希·鲁道弗

1943年11月3日，苏军向基辅发起总攻，苏军装甲力量和空军对地攻击力量都远远大于德军。在当天9时15分到14时50分，德国空军Ⅱ./JG 54大队连续出击拦截苏联空军伊尔-2攻击机和为之护航的战斗机，战斗中击落31架苏联飞机，埃米尔·朗少尉仍旧是当日的德国明星，战绩达到17架，这个成绩追平了约阿西姆·马尔塞尤1942年在北非战场创造的记录。另一位较成功的飞行员是同一中队5./JG 54中队的莱茵霍尔德·霍夫曼上士，他的战果是8架。

这架“白色10”号Fw 190A-4是1./JG 5中队指挥官沃尔夫冈·科塞中尉的座机，科塞还出任过5./JG 5中队指挥官。但是，1943年11月30日，科塞被解除指挥官一职，还被降级为普通飞行员，原因是未经允许飞行并损坏了那架飞机。

“黑色5”号Fw 190A-3是14.(Jabo)/JG 5中队指挥官弗雷德里希-威廉·史特拉克扬上尉的座机，注意看地面摆放的炸弹，有的炸弹尾翼上有固定环，有的没有，有固定环的体积也比较大，这种就是专门攻击舰船的PC 250炸弹。

恶劣天气限制了基辅南部的战斗，但是在北部，Ⅰ./JG 54大队在12月4日的战斗中获得12架战果，第二天，该大队再获得12架战果。总的来说，德国空军在12月5日这天执行了1444架次作战任务。12月6日，对地攻击单位5./SG 2中队和6./SG 2中队在贝拉亚特塞尔科夫（现称白采尔科维，基辅南稍偏西70公里）北部和西北部击落了9架苏联伊尔-2攻击机，其中8架是在中午的25分钟内击落的。最成功的飞行员是弗里茨·塞法特少尉，战绩为4架，京特·布莱克曼上尉和赫尔曼·布赫纳分别获得2架。这段时间里，Ⅱ./JG 2大队驻扎在贝拉亚特塞尔科夫，指挥官是马克西米利安·奥特少校，大队装备Fw 190A-4、Fw 190A-5和Fw 190F-3战斗机。在基辅更远的北部，Ⅰ./JG 51大队在当天击落10架苏联飞机，其中大队指挥官埃里希·莱厄上尉一人就独得4架，他的战绩也因此达到100架大关。Ⅰ./JG 54大队在12月6日的战绩为7架，战绩最丰的是Ⅱ./JG 54大队，为27架，其中14架归属大队指挥官埃里希·鲁道弗少校，库尔特·谭格曼下士击落5架。

比较权威的资料称这是1./JG 5中队弗里茨·科尼希少尉的“黑色6”号Fw 190A-3飞机，但是，笔者考证认为这仍然是14.(Jabo)/JG 5中队的飞机，机头标志跟后者的一样，这种炸弹加上弓的图案是14.(Jabo)/JG 5中队标志，Ⅰ./JG 5大队有自己的队标，1./JG 5中队没有自己单独的队标。这架飞机携带的炸弹头部有一个圆盘，它的作用是防止炸弹钻入松软土中不爆炸。

当时驻扎在斯维尔斯卡亚的Ⅱ./JG 54大队的地勤人员正在维护1架Fw 190A-4飞机，前后2架飞机的涂装并不一致，而且“黑色4”号的飞机侧面的涂装也比较有意思，全凭个人发挥。

苏联军队继续以压倒性优势碾压德军，苏联空军也高强度作战，这是德国空军获得战绩多的主要因素。11月10日，JG 51联队队部中队声称击落6架苏联飞机，Ⅰ./JG 54大队的战绩为19架，当天最成功的飞行员是以指挥官诺沃特尼上尉为长机的四机编队，编队其他三人是施瑙尔上士、安东·德贝勒中士和鲁道夫·拉德马赫中士。当天被击落丧生的飞行员是15.(Span.)/JG 51中队的西班牙人阿尔霍纳·桑切斯中尉。

瓦尔特·诺沃特尼简介

毫无疑问，东线战场最成功的Fw 190战斗机飞行员是瓦尔特·诺沃特尼，他于1920年12月7日出生在奥地利格蒙德和捷克威勒尼斯，这原本是一个城市，一战后城市被一分为二，一半属于奥地利，一半属于捷克。1939年10月1日，诺沃特尼参加了德国空军，二战开始仅一个月后就参军跟他从小受的纳粹思想教育有很大关系。他先是在位于维也纳南部施韦夏特的第5战斗机飞行员学校（该单位在1943年1月27日更名为第105战斗机训练联队）进行训练，训练完成后于1941年2月23日被分配到JG 54联队的战斗机训练大队第1中队，这个训练大队驻扎在法国卡佐（靠近西班牙边境），装备Bf 109E战斗机，大队指挥官是莱奥·埃格斯上尉。

就在德国入侵苏联前，JG 54训练大队转移到东普鲁士纽库伦（现称皮奥涅尔斯基，属俄罗斯加里宁格勒），不久再被调往拉脱维亚温达瓦（现称文茨皮尔斯）。在这里，诺沃特尼获得个人首次2个战果，即1941年7月19日在爱沙尼亚沃瑟岛（里加湾入海口）上空击落2架苏联I-153双翼战斗机，获得开门红后不久，他在里加湾上空被苏联空军第153战斗机团未来王牌飞行员亚历山大·阿夫蒂夫驾驶的I-153战斗机击中，他的Bf 109E-7，W.Nr.1137，“白色2”号座机发动机严重受损，当时他有两个选择：要么在敌人战线后方迫降，要么在海上迫降，出于对苏联人的恐惧，他选择在海上迫降。跳入海中的诺沃特尼打开了救生夹克，但是他差点被降落伞背带勒死，这种生死逃亡的事他第一次遇到，因此他落入海中时忘记解开背带。设法爬进救生筏后，他想抽支烟压压惊，但遗憾地发现香烟被海水泡烂。诺沃特尼在海上漂流了三天三夜，历尽千辛万苦，最后上岸返回自己的中队。

1941年8月8日，他击落2架苏联SB-2快速轰炸机，九天后再次击落2架苏联DB-3轰炸机。9月7日，诺沃特尼所在单位转移到爱沙尼亚佩尔努，驻扎于此的9月13日，诺沃特尼获得个人第10架战果。他在训练大队取得的最后2架战果是在1942年1月8日，当时中队驻扎在俄罗斯斯维尔斯卡亚。

1942年3月11日，诺沃特尼被分配到Ⅰ./JG 54大队第3中队（3./JG 54），这个大队当时驻扎在克拉斯诺瓦尔德斯克（加特契纳东南小村庄，或列宁格勒正南约55公里），装备着Bf 109F-2战斗机，大队指挥官是汉斯·菲利普上尉。7月20日，诺沃特尼在一天的

瓦尔特·诺沃特尼是最成功的Fw 190战斗机飞行员，但是他太年轻，还不足以成为一名优秀的指挥官。有些战斗机指挥官战绩并不出众，领导能力却非常强。

战斗中击落5架苏联飞机，此后，他一天击落数架敌机成为常态。8月2日，他当天战绩上升到7架，其总战绩迅速飚升到54架。九天后，在击落1架苏联米格-3战斗机后，他的Bf 109G-2，W.Nr.10360座机也被击中，他驾驶着熊熊燃烧的飞机返回克拉斯诺瓦尔德斯克基地并成功迫降，他只是受点轻伤。此后不久的9月4日，他获得“骑士十字勋章”，不久晋升中尉军衔。

1942年10月25日，诺沃特尼被任命为1./JG 54中队指挥官。1942年12月，1./JG 54中队从苏联战场后撤到东普鲁士海利根贝尔换装Fw 190A-4战斗机，Ⅰ./JG 54大队的其他中队并没有同时换装，各个中队有先后，防止整个大队离开战场造成战场真空。诺沃特尼驾驶福克-沃尔夫飞机取得的第一战果是在1943年3月2日，这也是他个人第63架战果，此后他的战绩急剧上升，成为最成功的战斗机飞行员之一。3月26日，当时驻扎在苏联旧鲁萨（伊门尔湖南20公里）的1./JG 54中队第一次遭遇苏联人驾驶的“喷火”战斗机，这些“喷火”战斗机配属参加列宁格勒保卫战的苏联空军第26近卫战斗机团。双方遭遇战中，诺沃特尼击落1架“喷火”飞机，这是他第79架战果。诺沃特尼1943年6月的战绩为41架，其中包括6月1日击落5架（第84—88架），6月8日击落6架（第93—98架），他的第100个战果是6月15日取得的。之后的6月21日再次击落6架（第109—114架），6月24日的战绩更是达到10架（第115—124架）。

1943年8月10日，诺沃特尼接替格哈德·霍穆特少校任Ⅰ./JG 54大队指挥官，就在这个月，诺沃特尼的战绩达到49架，包括8月13日击落9架敌机，8月18日击落6架，8月21日击落7架，至此，他的总战绩达到161架。1943年9月，诺沃特尼续写“辉煌”，9月1日击落10架飞机，包括5架拉格-3、4架雅克-1和1架雅克-9战斗机。第二天他击落6架苏联飞机，包括4架伊尔-2攻击机和2架拉格-3战斗机。两天后，诺沃特尼获得第293号“橡树叶加骑士十字勋章”，此时战绩为189架。9月8日，他又击落5架飞机，其中最后一架飞机是他个人第200架战果，他也成为德国空军第四位战绩达到200架的王牌飞行员。9月14日和15日，他两天的战绩才6架，对他来说少点，这时他的战绩已经上升到215架。之后，诺沃特尼晋升上尉军衔，几天后的9月22日，他再次获得第37号“宝剑加橡树叶加骑士十字勋章”，此时的战绩为218架，他的老上司汉斯·菲利普是战绩达到82架时获得这个勋章的。整个10月里，诺沃特尼的战绩为32架，其中10月9日击落9架，10月13日和14日分别是6架，最后一架战果让他的战绩跃升到250架，

很多资料称这架“白色5”号Fw 190A-4是当时任1./JG 54中队指挥官的诺沃特尼的座机，照片拍摄于1942年下半年。但是，从垂尾没有天线桅杆看这架是Fw 190A-3飞机，不仅如此，这架飞机的外侧机翼安装的MG 151机炮，非常少见。

此时，他已经成为德国空军战绩最高的飞行员。为了表彰他这一出众的成就，10月29日，他获得“钻石加宝剑加橡树叶加骑士十字勋章”，这是德国武装部队中第八个获得此殊荣的人。这一切都来得太快，给人目不暇接的感觉。

诺沃特尼上尉取得这么优异的成绩跟他的四机编队密不可分，这个编队是他精心挑选的，四人配合非常默契，其他三人施瑙尔上士、安东·德贝勒中士和鲁道夫·拉德马赫中士也非等闲之辈，施瑙尔战绩为34架，安东·德贝勒的为94架，鲁道夫·拉德马赫的为45架。11月11日战斗中，安东·德贝勒中士因Fw 190座机与苏联1架伊尔-2相撞而丧生。更糟糕的是11月12日，当时诺沃特尼和施瑙尔两人在暴雨如注的气象条件下强行起飞拦截苏联空军由雅克-9战斗机护航的伊尔-2飞机编队，诺沃特尼击落的其中1架是他第255个战果，施瑙尔击落的1架是他第35个战果。战斗的下一刻，苏联空军1架战斗机设法绕到诺沃特尼的后面，为了帮助长机解围，施瑙尔的Fw 190战斗机被苏联战斗机严重击伤，尽管他成功跳出飞机，由于高度太低，他的降落伞未能完全展开。施瑙尔摔到地面，伤得不轻，两条腿全部摔断，将近一年的修养后才返回部队。得益于施瑙尔的及时相助，诺沃特尼惊险地躲过一劫。此次战斗后，诺沃特尼被禁止升空作战。

此时，德国宣传部部长戈培尔的宣传机器开动起来大力宣传年轻的王牌飞行员诺沃特尼，瞬间后者就成为德国家喻户晓的超级明星。为了宣传之需要，诺沃特尼暂时离开部队进行了几个月的四处访问以鼓舞德军士气。1944年2月4日，他被调离I./JG 54大队，并离开前线结束他的作战生涯。德国灭亡的最后关头，禁止升空作战的禁令自动解除，诺沃特尼也在1944年4月1日被任命为JG 101战斗机训练联队指挥官，该联队驻扎在法国波城（靠近西班牙）。1944年9月1日，诺沃特尼晋升少校军衔。此时，德军已经研制出了Me 262喷气战斗机，但是德军高层对该飞机的使用却有不同的意见，希特勒对轰炸机有

1943年8月，诺沃特尼接替格哈德·霍穆特少校任Ⅰ./JG 54大队指挥官，图中这架Fw 190A-4飞机机身“<<”表示大队指挥官座机。

这架Fw 190A-4是诺沃特尼任大队指挥官后的第一架座机，跟上图中的标志明显不同，绿心标志和“白色13”号特别扎眼。

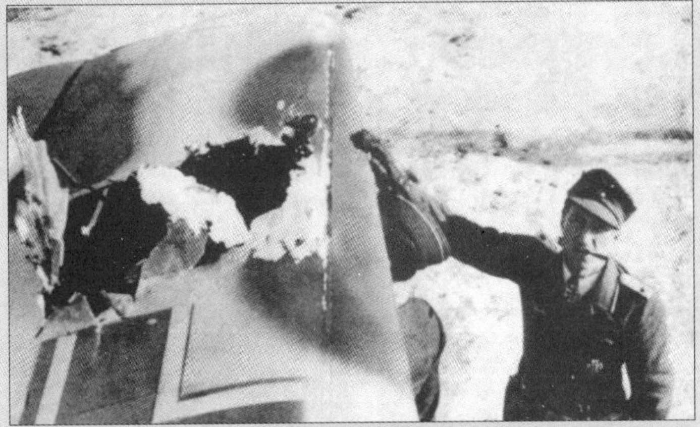

诺沃特尼在查看他的僚机施瑙尔上士受损的飞机机翼，长机和僚机配合默契是空战获胜的关键因素之一，在德国，僚机要全力掩护长机的安全。

诺沃特尼在庆祝他的中队（1./JG 54）获得300架战果，牌子上写着“300架战果的胜利，终于达到了”。

3./JG 54中队的官兵在庆祝诺沃特尼获得“骑士十字勋章”，此后不久，诺沃特尼被任命为1./JG 54中队指挥官。

偏好，因此他打算把Me 262当作一种闪电轰炸机来使用，轰炸老对手英国，以及攻击登陆滩头。而战斗机兵种总监加兰德中将却希望把Me 262当成战斗机来使用，来对付每天前来轰炸的大批盟军B-17轰炸机，保卫帝国的领空。为了验证加兰德的理论，德国空军决定成立一个试验单位，在战斗中测试这种具有革命性意义的新式飞机。诺沃特尼被选中领导这个试验单位并着手进行实战测试。

1944年9月10日，诺沃特尼卸任JG 101联队指挥官一职，他被派去学习驾驶当时世界上最先进的Me 262喷气战斗机。9月26日，他接到命令开始组建世界上第一个喷气战斗机单位——诺沃特尼飞行队，他被任命为飞行队指挥官。诺沃特尼作战经验丰富，技艺高超，但是对Me 262战斗机并不成熟，测试飞机性能并研究适合Me 262飞机的战术过程并不顺利，除飞机本身的因素外，盟军的轰炸也使工作进展缓慢。梅塞施密特公司试飞员弗里茨·文德尔后来评价称：“诺沃特尼少校是一个成功的东线飞行员，但是，他并不熟悉西线的当前形势，23岁这个年龄还不足以让他成为西线战役中一名超级的指挥官。”

1944年11月8日，诺沃特尼驾驶Me 262A-1，W.Nr.110400，“白色8”号飞机升空作战，在击落1架B-24轰炸机（有资料称是B-17）和1架P-51“野马”战斗机后，诺沃特尼驾驶飞机钻入2000米上空的云层中，之后180度折返冲向美国第357战斗机大队爱德华·“巴迪”·海登中尉和第20战斗机大队的厄内斯特·“费伯”·费贝尔考恩上尉的战机，得益于转弯半径小，美国飞机绕到诺沃特尼后面并开火，就在这时，诺沃特尼在无线电中呼叫：“刚刚击落第3架……左侧发动机故障……再次被攻击……被击中了……”随后，Me 262飞机拖着火焰坠毁在布拉姆舍，诺沃特尼未能跳伞。关于他的死前的战斗不同资料说法各异，大部分资料称，他在无线电中最后只说了“上帝啊，我在燃烧”（有的译为“我的天，飞机起火了”），没说“被击中”的话，盟军没有飞行员声称击落了诺沃特尼，Me 262飞机坠落前，美军飞行员爱德华·海登驾驶着P-51飞机一直尾随着他，眼看着诺沃特尼座机坠毁全过程，在战后接受《航空史》杂志采访中，海登称整个过程中他未开一枪。从之前Me 262飞机使用和当天他的座机状态看，很可能是发动机失火造成了坠毁。关于诺沃特尼这天击落几架飞机也有疑问，东线战场255架战果没有疑问，11月8日这天击落2架还是3架分歧较大，有资料称1944年10月7日，他驾驶Me 262战斗机在布拉姆舍击落1架美国B-24轰炸机，11月8日击落的是2架。德国空军的讣告中称其总战绩是258架。

左图是诺沃特尼受到希特勒的接见，右图是诺沃尼在和福克-沃尔夫公司总设计师库尔特·谭克教授交谈。

第三个苏联冬天

时至1943年11月底，苏联的冬季气象条件越来越糟糕，德军在维捷布斯克北部的压力越来越大，短暂沉寂后，双方大规模遭遇战再次爆发。11月22日，Fw 190战斗机单位再次取得重大战果，JG 51联队声称击落16架苏联飞机，其中1./JG 51中队指挥官约阿西姆·布伦德尔中尉独得6架，这使得他的战绩上升到100架。11月26日，苏军白俄罗斯前线部队包围了戈梅利（明斯克东南290公里，基辅正北200公里），三天后，激烈的空战开始，Fw 190战斗机单位参与了大量空中行动，其中Ⅱ./SG 2大队获得4架战果，Ⅱ./JG 54大队获得9架战果，第二天（11月30日）这两个大队又取得相同战绩。

很大因素由于天气恶劣，1943年12月的东线战场大部分战线的空中行动明显减少，只是12月15日的战斗规模较大。这天，JG 51联队的队部中队12架Fw 190击落20架苏联飞机，其中艾歇尔·斯泰伯上尉击落6架，康拉德·鲍尔下士也击落6架。同一天，Ⅰ./JG 51大队的战绩为4架，Ⅲ./JG 51大队的为10架，Ⅰ./JG 54大队的为2架，Ⅱ./JG 54大队的为16架。德国空军也为这些战绩付出代价：JG 54联队指挥官胡伯图斯·冯·勃宁少校在13时39分与6架伊尔-2攻击机和4—6架战斗机作战时被击落身亡。击落冯·勃宁少校的可能是苏联阿列克谢·马列斯耶夫大尉，当天8架拉-5战斗机与6架Fw 190战斗机在此区域混战时，他声称击落1架Fw 190。冯·勃宁是一位老牌飞行员，在西班牙内战中他就曾获得4架战果。他曾任Ⅰ./JG 54大队和Ⅲ./JG 52大队指挥官，后任JG 54联队指挥官。阵亡时，他的个人战绩为51架，曾获“骑士十字勋章”。1944年1月28日，安东·马德中校接替冯·勃宁任JG 54联队指挥官。

德国人发明的一种专门为Fw 190战斗机加热的汽油机，德国人俗称“小仓鼠”，虽然这种装置体积小，使用方便，但是，对于频繁转移的野战临时机场还是供不应求。

毫无疑问，时至1943年年底，苏联空军的质量（飞行员素质和飞机性能）有了很大的提高，比如在1943年12月，德国JG 54联队取得71架战果，自己则损失14架Fw 190战斗机，这个战绩和损失比率明显地缩小。

很多时候，作战单位只能自己想办法解决问题，图中房子被拆了一半，机头伸进去进行维修，还有一半机身露在外，为防止敌侦察机发现，后机身覆盖了伪装布。

1943年年底，德国空军不得不第三次面对苏联极度严寒的冬天，苏联的冬天从来就没给德国人留下好印象，第三次也不例外。苏军的第三个冬季反击战从1944年1月24日开始，这天苏军第1乌克兰方面军突破德军防线，并向基辅西100公里的日托米尔挺进。遭受重创的德国空军第Ⅷ航空军已经无法复制上个月防御战的成功，因为苏联红军把德军战线完全割裂开来。

雪上加霜的是，苏军战斗机力量不断壮大，这意味着德国战斗机单位不可能像以前那样肆无忌惮地屠杀苏联空军对地攻击飞机和轰炸机了。实际上，现在的情况跟此前完全相反，德国空军战斗机部队不仅要给轰炸机护航，还得为德国地面部队提供防空保护，这些作战任务原来是苏联空军战斗机部队常做的。角色互换了，如果说还有什么不同的话那就是苏联不管是战斗机还是对地攻击机、轰炸机都多得让德国招架不住。德国轰炸机此时在白天执行作战任务越来越危险，而Ju 87俯冲轰炸机显然已经过时，战场生存能力日渐下降，德国空军早就计划用

Fw 190战斗轰炸型来取而代之，只是德国帝国保卫战形势危急，德国空军需要更多的战斗机来拦截日益频繁的盟军轰炸机空袭，因此，德国空军对地攻击联队没有整体全部换装性能更好的Fw 190飞机。在捉襟见肘的情况下，换装速度被迫放慢，平均六个星期才能换装一个大队。在产量提升上来后换装步伐才逐渐加快。由于德国石油提炼厂隔三差五就遭空袭，Fw 190飞机使用的C3燃油供不应求，一些Ju 87没有完全从对地攻击单位中退出，这种俯冲轰炸机使用的是B4燃油，这个标号燃油当时还是可以满足供应。

这一时期，只有一个装备Fw 190战斗轰炸机的单位仍在极北地区作战，这就是驻扎在芬兰前线的14.(Jabo)/JG 5中队，不久该单位番号改为4./SG 5。与此同时，在苏联北部，隶属德国空军第1航空队的只有一个单位装备Fw 190并一直在作战，这就是4./JG 54中队，该单位装备10架Fw 190A-4、A-5和A-6战斗机；在苏联前线中部，隶属第6航空队装备Fw 190战斗机的有JG 51联队队部、队部中队、Ⅰ./JG 51大队和Ⅲ./JG 51大队，以及JG 54联队队部和Ⅰ./JG 54大队，这些单位也装备Fw 190A-4、A-5和A-6等型号。另外，西班牙中队15.(Span)/JG 51也装备Fw 190A-3战斗机，该单位驻扎在谢斯特辛斯卡亚（罗斯拉夫尔和布良斯克之间小镇）；苏联前线南部，隶属第4航空队唯一装备Fw 190的战斗机单位是Ⅱ./JG 54大队（除4./JG 54中队），其他对地攻击单位装备Fw 190的是新近成立的Ⅱ./SG 2大队、Ⅰ./SG 10大队、Ⅱ./SG 10大队和Ⅱ./SG 77大队，这些对地攻击单位也执行制空任务，主要装备Fw 190F-2、F-3和Fw 190G-3战斗轰炸机。

苏联前线的Fw 190战斗机单位在1944年新年里第一场重要战斗发生在1月4日，当天，Ⅰ./JG 51大队和Ⅰ./JG 54大队与苏联空军几个由战斗机护航的“黑色死神”对地攻击机编队遭遇，接下来的战斗中，海

“黑色2”号Fw 190A-5可能是5./JG 54中队克萨维尔·穆勒中士的座机，穆勒驾驶这架飞机在1943年8月27日的行动中失踪。注意“黑色2”号字体覆盖在原“白色5”号上，情况不明，笔者猜测是修复后的飞机转交给这个单位的。

在苏联战场，这种马拉雪橇作为交通工具很常见，有时候它比车辆更有效。

因茨·兰格上尉在维捷布斯克以西击落3架伊尔-2攻击机。在博布鲁伊斯克上空，3./JG 51中队飞行员击落1架伊尔-2和2架雅克-9。Ⅰ./JG 54大队更为成功，声称击落8架伊尔-2和1架拉格-3，2./JG 54中队指挥官文森特中尉击落1架伊尔-2，但是他随后被另1架伊尔-2击落。3./JG 54中队也损失1名飞行员，即伊伦费尔德上士。

6天后，JG 51联队队部中队在与苏军另一个飞机编队作战时取得了意想不到的成功，冯·埃歇尔-斯雷伯上尉击落2架伊尔-2和1架雅克-9，格哈德·贝克中尉击落2架伊尔-2，安东·哈夫纳中士也击落2架伊尔-2，整个队部中队共击落12架苏联飞机。当天战斗中，9./JG 51中队指挥官京特·沙克少尉击落2架雅克-9。此时，沙克的中队只有14名飞行员，其中加伯里尔·陶舍尔下士战绩为57架、威廉·科肯中士战绩为37架、文特少尉战绩为8架、卡尔-海因茨·内伯尔少尉为8架、海因茨·斯蒂克尔少尉为6架、斯罗姆斯基少尉为2架，单位剩下的军士还没有取得任何战果，京特·沙克后来的报告称：

一段时间以来，当地气候非常糟糕，不适合作战行动，直到1月10日我们才又升空作战。据我们所经历的，苏联战斗机爬升性能已经跟德国Fw 190飞机一样好，而且前者的转弯半径更小，但是，苏联飞行员还无法将这种优势转化决定性的胜利。因为起飞重量更大，Fw 190飞机俯冲时可以获得更快的速度，因此，德国飞行员不会被迫在不利的条件下作战。

1月11日，Ⅱ./SG 77大队的阿洛伊斯·舒上士击落2架伊尔-2。第二天，JG 51联队队部中队再获成功，声称击落4架佩-2轰炸机、1架伊尔-2和1架拉格-3。Ⅰ./JG 51大队当天击落8架苏联飞机，Ⅲ./JG 51大队击落4架。获得战绩的飞行员中包括陶舍尔下士，但是，在击落1架苏联飞机后，他也被苏联地面高炮击落身亡。Ⅰ./JG 54大队也击落4架苏联战斗机和1架佩-2轻型轰炸机。Ⅱ./SG 2大队在第Ⅰ航空军的指挥下（临时）执行了42架次作战任务，6./SG 2中队一名飞行员京特·布莱克曼上尉击落1架苏联P-39“空中飞蛇”战斗机，第二天（1月12日）他又击落2架伊尔-2。但是，1月13—14日夜，一支苏联红军先头部队攻入Ⅱ./SG 2大队的基地马拉亚维斯卡机场，12个小时激战后，在Ⅱ./SG 2大队防御部队用高射炮，以及在其他友军的帮助下才击退苏联部队。

此时，德国空军对地攻击大队对装备的Fw 190战斗机战术使用和装备情况展开总结，战场形势已经发生很大变化，确切地说对德国非常不利。

Ⅰ./JG 54大队1架Fw 190A-4飞机正在进行起飞前的发动机暖车。明显可以看到该机除了翼根MG 151机炮外，机翼中部还有2门MG FF机炮，机炮炮管突击的整流罩十分明显。

某次攻击任务前的准备

当着手规划一次重要的地面进攻行动时，德国空军对地攻击大队会根据航空侦察情报对选定的目标实施轰炸，通常对战术行动或战役行动影响至关重要的地段目标是空军对地攻击大队的首选，这些目标一般在敌方纵深，包括重火力炮兵阵地、重要桥梁、空军基地和敌人物资供应地等。由于德国地面部队计划发动突然攻击，因此空中行动规模被严格限制，以免过早暴露作战企图。

德国空军对地攻击大队飞机在战场上作战时间和滞空时段由德军地面部队决定，作战任务主要使用炸弹和机枪/机炮扫射。作战目的是消灭敌人或者摧毁敌人志气，减轻或消除德军地面部队遭遇的抵抗。空中行动成功的关键是充分利用德军地面部队发起突然袭击取得的优势，同样，在友军撤退时，空中力量主要执行掩护地面部队的任务，阻滞苏军进攻步伐。

为了协助友军准备发起夜间攻击，对地攻击单位飞机需要多波次攻击苏联炮兵阵地，这样就可以制造巨大声响来掩盖友军坦克部队进入阵地。而且，敌人的物资供应中心，如车站和集散地也得不间断地多波次轰炸，特别是苏联军队防御猛烈时更得如此，这种情况通过一两次空袭行动达到应有的效果。发动一次集中打击行动需要几个对地攻击单位联合出击，在规定的时间将既定的目标消灭，行动开始和结束的时间都要精确到分钟，作战编队规模根据目标性质和大小来决定。

地面行动开始前几个小时空中行动就开始，空中行动针对任何阻碍德军行进企图的敌人目标，主要是战场士兵、阵地和火力点、重要节点、重武器、司令部和通讯站等，在前沿敌人阵地上投完最后1枚炸弹，德军地面部队开始发起攻击。

这些集中攻击行动都经过仔细思考和计划，目标照片中

Ⅰ./JG 54大队的1架Fw 190A-4飞机正在雪地跑道上滑行，螺旋桨搅起细雪飞扬。近处飞机机轮处放着轮挡，这架飞机机翼只有翼根1门（单侧）MG 151机炮。

作战间隙，Ⅰ./JG 54大队的地勤人员在雪地里玩起了雪浴。苏联的冬天对德军来说是一场恶梦，这也算是一种苦中作乐。

苏联的冬天极其寒冷，积雪也相当厚，清除厚厚的积雪也不是件容易的事。图中是Ⅰ./JG 51大队地勤人员在铲雪，近处是1架Fw 190A-4飞机。

即使最小的目标也能被判读出来，同时，大比例地图和相关资料也需准备完善。选择合适的炸弹和引信是空中行动中重要的环节之一，空中行动主要由飞行单位根据作战要求自己规划，但是，上级指挥部门会检查作战单位的准备情况，以免在选择炸弹和引信方面出现混乱。

在作战行动开始时，对地攻击单位主要执行两类作战任务，即对既定目标实施波次轰炸（也称滚动轰炸），这种作战任务目标特别针对敌炮兵和任何前进的后备部队；另一类作战任务是自由掠袭任务，该任务针对所有阻碍德军战斗行动的目标。

波次攻击可以为德军地面行动进行时提供持续不断的空中支援，被攻击的目标是事先确定的，或是指定的小型目标区域，该区域内任何目标，特别是集结目标（人员、车辆和物资集中）都应该被摧毁。为此，对地攻击单位的中队规模或更大一点规模的编队执行此类任务，作战目的就是以最快的方法阻止任何敌军步兵的行动。攻击的时间并不十分精确，由地面部队确定大概范围即可，只有地面攻击行动开始时，空中行动才需要十分精确的时间。执行快速波次作战任务的基本要素就是连续作战准备工作、快速飞抵战斗区域，偶尔空中飞行编队会接到命令改变攻击目标，及时和精确、有力是行动的核心。为了及时打击目标，通常情况下，飞机的炸弹在接到作战命令前就已经挂好，作战指挥部门事先会了解可能攻击什么样的目标。其实对地攻击武器品种非常少，类型不过三四种，重量级别也不多。空中行动的终极目标就是尽可能快地抢在敌人疏散和伪装前消灭敌人，减少地面部队面临的危险。

自由掠袭攻击行动通常情况会在持续地面行动中展开，作战目标非常宽泛，如持续攻击敌坦克先头部队，在突破行动中保护德军侧翼部队等。也可以是单个目标，如机枪阵地、新建炮兵阵地、单辆坦克等，在空中压制敌人的同时密切注意敌军动向。攻击行动中如果遇到强大的敌军，必须呼叫增援力量，或是更大的空中力量来解决。执行自由掠袭任务一般是双机编队，最大为中队规模，而且只在己方夺取了制空权后才能进行。在对地攻击控制站指挥下，或是在前沿司令部的指挥下，空中编队才能迅速打击新指定的目标，消灭敌军的任何抵抗行动。

选择什么样的攻击目标通常情况下由编队长机决定，这就要求长机有丰富的战术知识，这样他才能带领编队在战场上攻击正确的、合适的目标。与地面指挥控制站紧密合作可以使作战任务更加简单。飞机携带的炸弹一般会根据预想的目标混合携带，即携带打击不同目标的不同类型炸弹。

当德国地面部队成功地突破敌人防线并开始追击敌人时，波次攻击就显得十分重要，敌人后撤部队纵队、仍在把守的重要节点、仍在靠近的后备力量和部队集中点都是非常好的攻击目标。追击已经

5./Schl.G 1中队1架Fw 190F-2/Trop飞机。其实在苏联战场，沙尘并不像北非战场那么严重。当时，Schl.G 2联队在地中海战区作战，这个单位装备的飞机很多是热带型号（Trop）。Schl.G 1联队的两个大队一直在苏联战场作战，后来，联队番号改为SG 2，5./Schl.G 1中队番号改为4./SG 2。

被打散的敌人也适合自由掠袭攻击，在瓶颈地带，或是敌人试图发动反击行动的时候都是重要的攻击地点和时刻，因为这种情况下敌人力量也相对集中，便于歼灭。从这点可以看出，波次攻击和自由掠袭攻击任务有重叠，后一种作战更灵活，原因就是编队规模小。

对地攻击任务必须考虑的自然因素是天气和地形地貌，前线作战最低高度一般为1500米，纵深作战最低高度为2000米。所有的情况下都得考虑敌人的防空高炮，在危机时刻，空中作战编队还要不顾危险执行200—300米高度的作战任务（飞得低命中精度高），这时敌人高炮就是行动最大的威胁。

在特别恶劣的气象条件下，如果出击，飞机编队会被严格控制在小编队规模，参与行动的必须是有经验的飞行员。在不良气候下作战，必须为飞机编队规划和提供雷达控制指挥，地面指挥根据雷达信息引导飞机在云层上方，或是云层与云层之间飞行，直到目标区域附近。在穿过云层下降并发现目标后由编队长机决定攻击时机和方式，通常目视和认出目标后才投弹攻击。

地形信息是搜索和确定目标的关键因素，在开阔地寻找目标相对容易一些，在有遮蔽物的地区，如森林覆盖地区发现目标会变得十分困难，因此，对这样地区的目标攻击效果往往要打折。

作战任务

飞机起飞前发动机起动，作战任务就算正式开始。作战下达后飞机开始编组，必须严格地按照命令执行，防止机场出现混乱，如果出现混乱，恰好有敌机发动空袭就会造成严重的损失。另外，Fw 190飞机的BMW 801发动机在低转速情况下的滑油和冷却相当糟糕，发动机起动后就得及时升空。起飞前，有专门指定的军官负责确保飞机快速平稳地升空。

收到同意起飞的信号，飞机以双机编队起飞，升空后，几个双机编队会在机场上空组成一个大型半环形编队，为了不至于过多消耗飞机续航时间，完成编组后的飞机编队会立即进入既定航线，长机会收小油门让后面的飞机跟上。这种编组时间较长，只有预计不会出现敌战斗机攻击情况下才会采用。

升空后的Fw 190会按之前安排组成相应编队，非常重要的两点是：

(a) 编队长机必须能看到整个编队情况，也就是长机位置最高；

(b) 不能有成员掉队，编队纵向和垂直方向保持紧密队形。

这种队形既可以确保内部的机动性（上段(b)中没有提到横向，因此横向不是密集队形），也可以保证整个空域的安全，防止敌机攻击。即使遭到敌高炮射击，飞机编队也可以进行规避性飞行。V字形编队是最常采用的队形，每个四机编队内飞机之间保持着纵向5—6个翼展距离，前后飞机间保持半个飞机长度距离，垂直方向也是半个飞机长度的高度。每个中队的最后一个四机编队与前面编队的高度差为50—100米，它的作用是临时保护前面编队的安全，因为后上方通常是敌机攻击的最佳位置。

四机编队长机负责检查编队在地面上方的位置，其他飞行员保持警戒，观察四周是否有敌机出现，只有有经验的飞行员才配作为四机编队长机。为了组成编队和保持编队队形，各个中队通常会采用有颜色的字母（后来改为数字），如大队队部为绿色，1中队为白色，2中队为红色或黑色，3中队为黄色。一般情况下，队部飞机还会在数字前面加上波纹图案，或是横条图案，发动机桨毂也会喷涂上跟数字相似的颜色。二战初期，一些特别单位会采用纹章盾徽，后来因为保密缘故被取消，这类盾徽一般会融入传统或表示某种特征的图案，很容易泄露信息。德国的四机编队实际上就是英国皇家空军所称的四指编队，或称指形编队、流动四机编队、松散四机编队等。

通常情况下，飞机编队会直接从机场飞到目标区域，或者是飞到某一空域与护航战斗机会合，突出的地貌特征经常被用来导航，铁路和公路也可以用来导航，而且如果沿着公路或铁路就会更加安全一些，此前占领的领土上常会出现成群的游击队，但游击队不敢在铁路或公路附近出现，他们一般会躲在深山老林里展开游击战。如果目标很难找，飞机编队通常会先找到目标周围容易识别的地标，自然的或人工的均可以。尽量远离敌人机场、敌机活动空域和敌人高炮集中的空域。航线应该多有变化，为的是迷惑敌人的观察哨。当然，这种办法会对Fw 190飞机的航程有影响。

从高空靠近目标是比较安全的选择，这通常意味着飞机编队在敌轻型高炮火力范围之外，即1500米以上高度。在前线周围的作战高度在1500—2500米高度是合适的，战场纵深的作战高度要更高一些。总的来说，编队作战高度需要根据作战任务的类型和敌人的防空力量来确定。为了达到战术突然性，有时有必要在一树之高（超低空）出航，超低空飞行速度快，战术的突然性也让敌防空火力来不及反应，敌人雷达也无法探测到目标，苏联空军伊尔-2攻击机几次超低空偷袭德国空军机场就证明了这点，攻击几乎完成后德军高炮部队才反应过来。

约翰尼斯·梅尼克上尉是1./Schl.G 1中队指挥官，他原是一名伞兵，后改飞行。1942年春天，他在Ⅰ./Schl.G 1大队服役并在苏联战场作战，曾任大队技术官，1943年1月7日，他任1./Schl.G 1中队参谋官，几个月后任中队指挥官。他的Fw 190A-6座机上有醒目的“T”字母，这是他任大队技术官时用的字母。1943年9月4日，他在基辅东部上空被苏联高炮击落身亡。

作战时另一个需要考虑的重要因素是当时当地的气象条件，对地攻击飞行员发现2000米高度4/10或6/10云量最理想，这种情况下有云层掩护进入目标区，也不妨碍飞行员观察地面参考地标。1000米以下出现浓云或厚云非常不利，飞行员只得超低空飞行，为的是躲避地面炮火的打击，这听起来有点不合常理，而实际情况却是飞机如果在云层底部（中空高度）飞行，灰色背景下的黑色飞机是高炮极好的目标。由于这个因素，短时气象预报非常重要，白天行动只需要战场气象员提供预报信息，而夜间行动需要大队队部的气象专家提供更详细的信息。

开始攻击

攻击方式有很多种，根据战场环境和目标性质确定采取哪种。

俯冲攻击。在靠近敌目标过程中，每个中队正常情况下都采用纵列战斗队形，这种队形比较松散，在靠近目标过程中单机并不严格限定动作，灵活性较好，可以有效规避地面高炮

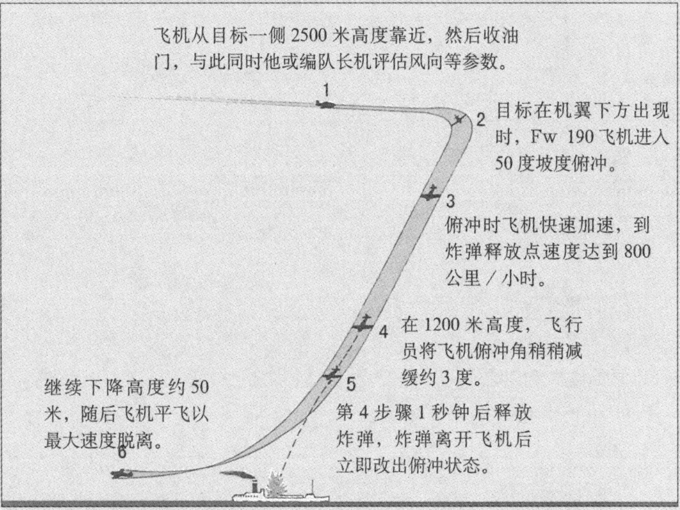

俯冲轰炸舰船示意图。

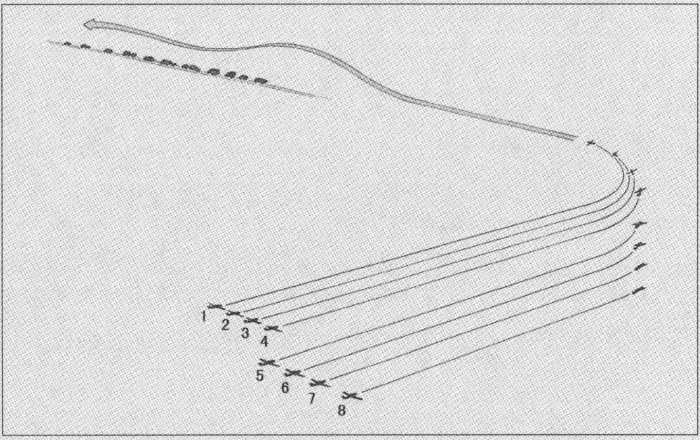

编队对地攻击时靠近目标队形变化示意图。

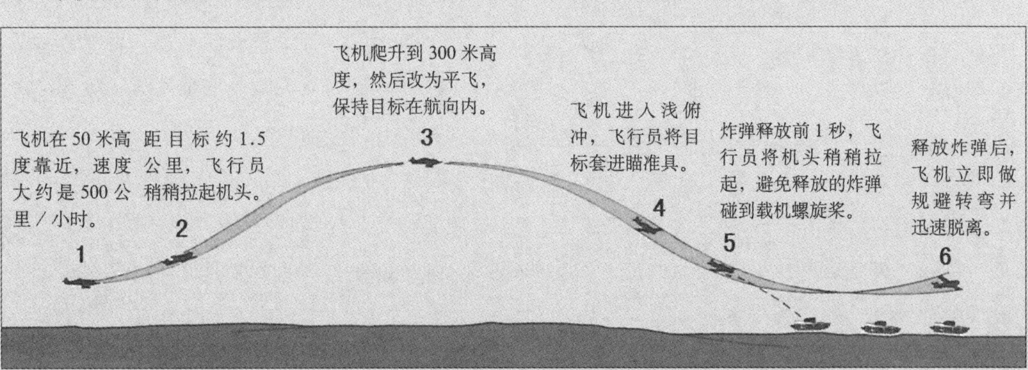

低空攻击战术示意图。

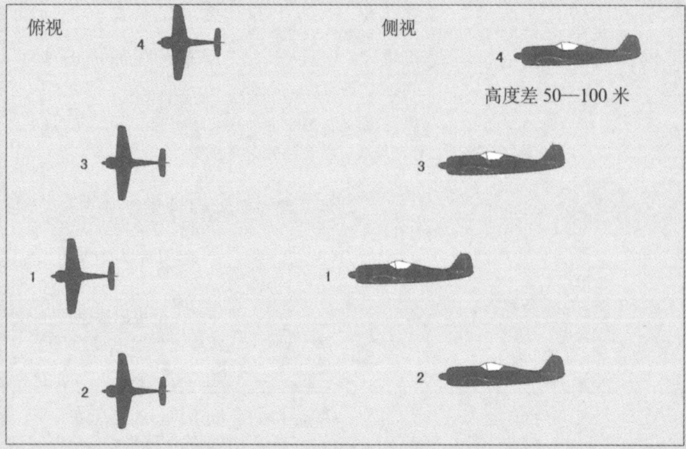

四机攻击编队示意图。

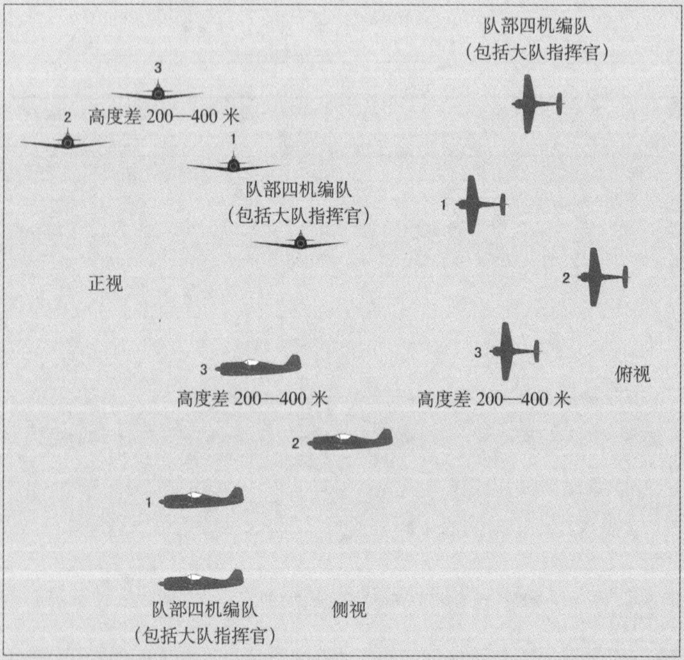

一个攻击大队所有中队全部出动的战术编队示意图。数字1、2、3表示某一个中队。

的打击。每个四机编队变换成纵列队形时，长机都必须处在最前面的位置，紧随其后的是长机的僚机，再之后是双机的长机和僚机，双机编队必须保持联系。

如果是固定目标，识别也很容易，当地高炮也非常猛烈，攻击飞机从进入高度直接向目标俯冲就是最佳选择，这种攻击方式可以缩短暴露给高炮的时间。俯冲航线根据风向和目标类别由长机来决定，如果可能，攻击飞机会利用云层或太阳的掩护实施俯冲攻击，投弹后飞机立即改出向没有高炮的方向飞行并返航。

十分关键的一点是，俯冲攻击过程的时间越短越好，队形必须保持完整，防止落单的飞机成为地面高炮攻击的对象。编队长机必须让编队其他飞机在自己的严格控制之下，整个俯冲攻击阶段，长机都必须在编队的前面，即从俯冲开始，以80—50度角俯冲，最后改出俯冲脱离目标区。用无线电引导编队进入俯冲攻击步骤，保持编队队形等并不十分必要，特殊情况除外。这个过程目视观察比无线电交流更安全更快捷，当然，这一切都建立在平时训练，熟练掌握了这种攻击方式的基础上。

攻击小型目标，或是移动目标，一般飞机先是下降高度，在最后阶段，通过弧形俯冲（指改出阶段高度变化不大）攻击目标，这种战术也可以降低敌人高炮的命中率。在下降高度过程中，编队长机通过无线电向编队其他飞机分配打击目标。

投掷炸弹的高度会根据敌人防御情况、目标性质，特别是目标尺寸，以及改出俯冲的弧形半径等信息进行设置，通常情况下，投掷炸弹的高度设置在1000米。如果攻击只需要一次俯冲便可完成，根据目标类型，可以选择一次全部投放，或是一个接一个投放。这些轰炸技术在1944年5月13日被德国空军最高司令部写入第4号《战术指导条例》内。

浅俯冲攻击指的是允许俯冲高度不够，或者是敌人防空力量不强时采用的攻击方式，俯冲通常从1000—2000米高度开始，俯冲角度一般为50—20度，攻击编队的攻击方向和决定命令等跟上段中俯冲攻击一样。

释放炸弹的高度根据炸弹类型和引信来决定，一般炸弹会在尽可能低的高度投放，为的是确保命中目标。如果地面防空火力较弱，可以重复几次这种浅俯冲，在这种情况下，每架飞机依次投下1枚或2枚炸弹，也可用机枪和机炮扫射，但是开火必须在离目标750米以内进行。在对地攻击任务中飞行员发现，瞄准点设置在目标稍前一点最好，攻击时飞行员可以看到地面弹着点，只需稍稍向上调整就能够命中目标。

低空攻击指恶劣气象条件或是需要突然袭击时采用的一种攻击方式，对于大部分地面目标，这种攻击的成功率并不高，原因就是为了不让投下的炸弹爆炸碎片伤及载机，炸弹会采用迟时引信。如果可能，飞机会在靠近目标前一段距离从低空爬升至300—400米高度，这样飞行员就可以看到轰炸效果，便于再实施一次更精确的轰炸。低空轰炸也分多种类型，有一种被称为萝卜轰炸步骤（Steckrubenwerf，Turnip bomb run），主要用于攻击舰船，甚至有些有经验的飞行员用来攻击坦克。萝卜轰炸步骤（战术），指的是攻击飞机先从1000—1500米，或更高高度俯冲，攻击前飞机拉平，距目标300—700米时飞机抛下炸弹，此时的炸弹同时具备向前（飞机改平飞）和向下（重力和俯冲惯性）的速度。

因为低空投掷炸弹的轰炸效果并不好，因此低空攻击最常用的是机枪和机炮扫射。低空攻击时瞄准比较困难，因此，事先必须做好准备工作，瞄准也得十分完美才能实施这

三图均为Ⅱ./SG 77大队Fw 190F-8/R1飞机，这个大队是原2/3./Schl. G 1中队更改番号而来的。这个新成立的大队飞机发动机罩侧有白色字母，图中可见白色E和白色F，上文中介绍的对地攻击单位飞机字母一般在后机身。第二张照片非常能说明进入1944年以后德军的窘境：用牛来拉飞机，燃油短缺已经非常严重。

种攻击方式。如果地面防空情况允许，低空攻击需要连续做很多次才能达到预定效果，因为这个因素，严格地指挥编队是十分必要的。

无线电通讯是十分有必要的。在突然袭击行动中，需要保持无线电静默，直到攻击步骤开始。无线电通讯通常仅限于编队长机和中队指挥官之间进行，这里指的是独立作战的中队，德国空军中队的独立性很强，经常不与上级大队驻扎在一起，或者说，完整建制的大队极少驻扎在一起作战。编队其他飞行员只有在紧急情况下才能使用无线电，其他时间都是被动地听指挥部发来的信息，空地之间的通讯仅限于长机与地面控制站联系。极少数情况除外，通讯时使用呼叫代号，这不是为了保密，实际上是为了联系更畅通。

反坦克攻击跟上述浅俯冲攻击和低空攻击一样，只是目标不同。对于特别的坦克攻击单位，和携带炸弹进行对地攻击单位的沟通十分重要，后者负责压制敌防空火力，给前者反坦克攻击创造条件。最有效的反坦克攻击方式是使用大口径机炮和火箭弹攻击，常规炸弹绝对不行。如果用30毫米机炮直接攻击坦克，必须要确保炮弹以90度角命中坦克薄装甲部位，比如坦克尾部。瞄准坦克厚装甲攻击是白费力气。如果用火箭弹攻击坦克，这些限制条件就不存在了。

攻击坦克时，通常采取双机或四机纵队攻击，攻击时飞机和飞机之间要保持足够的间隔，这样前面攻击的飞机就不会被后面飞机的射击威胁到，或是妨碍后面飞机瞄准。到进入200—50米的有效射程内，飞机要注意规避地面防空火力，离得越近，防空火力越猛烈，而且二战的这个阶段，苏联防空火力密集度也大大增强。火箭弹攻击注意事项跟机炮攻击一样。什么都不是绝对的，比如有的飞行员就喜欢用萝卜轰炸法来攻击坦克，没有经验的飞行员做不来。

反舰攻击。从实际作战情况来看，俯冲轰炸是反舰攻击最好的方法，最关键的一点是轰炸精度高。但是危险性也很大，被攻击舰船的防空火力和其周围舰船的防空火力交织射击组成枪林弹雨。攻击1艘护卫舰至少需要一个四机编队才能完成，而攻击1艘战列舰和驱逐舰至少需要一个中队规模的编队。为了分散防空火力，俯冲轰炸会从几个方向展开。如果是1艘孤零零的大型舰船，用萝卜轰炸法就可以确保成功；如果是轻型舰船，如鱼雷艇，用浅俯冲攻击战术或是扫射就可以了；轻型登陆艇，比如苏联前线常见的那种，反坦克飞机用带高爆弹头的30毫米机炮就可以搞定。

重新编组和返航

在攻击结束后，攻击编队需要尽快重新组成编队，编队长机用无线电或是来回摆动机翼来下达组成编队的命令。长机照例飞在编队前方，但是，他会不断地转弯，为的是让后面的飞机跟上编队。一般情况

Ⅰ./SG 77大队队部1架Fw 190F-8/R1飞机全副武装：机腹1枚SC 250炸弹，机翼携带4枚SC 50炸弹。照片拍摄于1944年8月德国塞夫斯多夫。

两图均是Ⅰ./SG 152大队Fw 190A-3/U4飞机，这个大队飞机发动机罩有一个白色圆盘子，这可能就是该单位的标志。二战后期新成立的单位一般由四个中队组成，Ⅰ./SG 152大队的4./SG 152中队在1944年4月19日更名为7./SG 10，剩余的1/2/3./SG 152中队更名为Ⅳ./SG 151。

下，重新组成编队应该在敌人防空火力外的空域进行。

返航编队跟出航时的一样，高度一般不低于1000米，航线会根据地面敌人防空火力情况重新确定。在己方空域，航线通常会选择沿着德军地面部队行进的公路，航线稍稍偏离公路上方，这样，地面人员可以识别飞机是敌是友，敌人飞机这时肯定会在公路上方飞行以便实施攻击。着陆时，如果编队规模很大就以中队规模着陆，一个中队飞机鱼贯着陆，越快越好，另一个中队在天上待命，防止此时有敌机偷袭，直到轮到自己着陆。

作战成功的报告

一份详细的对地攻击任务成功的报告非常重要，越快被送到司令部就会越快被利用起来，指导其他单位日后执行此类作战任务。为此，飞机着陆后，中队指挥官会招集参战的飞行员回顾作战过程，之后他再编制飞行员声称的战果（包括空中和地面的）、观察到的场景和飞机使用状态等。报告完成后会被立即呈送给大队指挥官，而后者在接到报告前就通过电话向上级简要汇报了当天作战的重要细节，在中队指挥官的报告基础上，大队汇总后将报告呈送给司令部。这份报告内容包括德国飞行员获得战果的细节和损失情况，以及敌人位置、战线、敌人防空力量和战斗防御力量，及其他重要信息。最后，下一次作战任务的时间根据仍能使用的飞机数量来确定，也就是上级必须了解基层单位每次作战后的剩余力量，这样才能规划下一次作战任务。

飞行员

训练单位常常不需要训练新学员具备某一特定的技能，因此，很多飞行员在完成初级训练后再进入特定作战任务的训练单位进行专业技能训练。进行战斗机训练的新学员被战斗机单位拒绝（没有通过这方面的训练）后通常也会被对地攻击单位拒绝，但是，单发侦察机单位的飞行员却相当受对地攻击单位的欢迎，事实证明，这些飞行员在对地攻击任务中表现十分出色，具备侦察经历，这些飞行员对执行对地攻击任务有非常好的理解能力。原轰炸机飞行员事实证明并不适合对地攻击任务。

一个中队理想的军官数量，除中队指挥官外是三名或是四名年轻有经验的人，这些年轻军官主要作为四机编队长机，其他的飞行员一般是士官。在战争的最后几个月，中队年轻有经验的军官根本凑不齐，甚至士官也当上了中队指挥官，这就造成中队作战能力大幅下降。

地勤人员

对地攻击单位的地勤人员

第三个苏联冬天的到来，德军不得不再次面临诸多困难。图中是Schl.G 1联队的战斗轰炸机，近处飞机携带1枚炸弹，飞机安装了沙尘过滤器，侧机身的“＜”表明这是大队队部的飞机。

跟战斗机单位的类似，唯一的不同点在于前者更精通于炸弹一类的对地攻击武器，而后者只是常规的武器维护人员。作战单位向外派遣单位时，通常会安排一个技术人员组成的小组先行抵达新机场，这个技术组在随机抵达的其他人员帮助下安排新机场事宜，为每架飞机进行维护保养，保证单位飞机和人员抵达后就可以投入使用。德国空军有命令允许女性地勤人员进驻，但是，实际上这个命令从未施行，前线危险性高是一方面，另一方面就是存在诸多不便，比如各个战场都可以看到地勤人员赤膊上阵的现象，有女性在就不文雅了。

地面支持设备和通讯

技术设备通常保持最少数量状态，也就是能不用就不用，这点跟战斗机单位一样，比如氧气瓶就极少需要，原因就是绝大多数战斗发生在低空，根本不需要吸氧。但是，操作炸弹的设备却是必不可少的，宁多不能少。对地攻击任务理想状况是不依赖任何专业的地面人员，实际上做不到这点。

无线电话的使用早于铺设线路的有线电话，前者的好处是没有电线，因此也不怕断

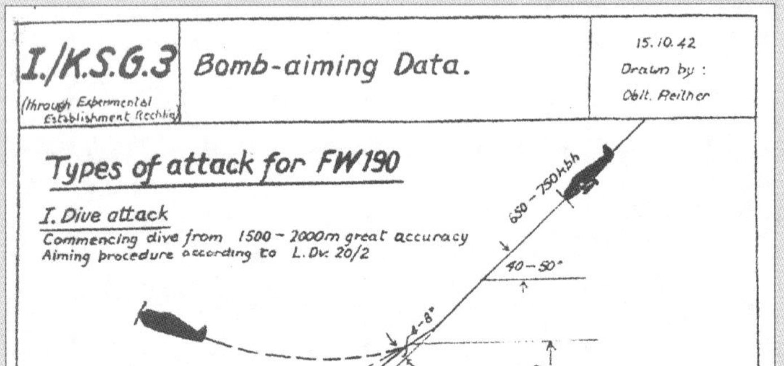

Ⅰ./SKG 3大队雷特中尉绘制的Fw 190飞机三种攻击舰船方式，分别是俯冲轰炸、平飞轰炸和萝卜轰炸，资料已经翻译成英文。

线，没有遭受敌人毁线之忧，通讯距离还足够远，比如指挥部（指大队或中队）和分散各机场的单位都以此进行沟通。电报只有联队指挥部才有。联队队部和大队都装备无线电通讯设备，这些设备可以与德军地面部队通讯。在二战后期，所有大队也都装备了“狂风”无线电信标机，它可以与Fw 190飞机上FuG 16电台进行通讯联系。

对地攻击单位的维护保养人员有时会通过公路或铁路方式转移，有时通过飞机。所有地面设备，除了摩托化（指安装发动机的）修理平台都可以空运转移，因此，对地攻击单位都有飞行修理平台，为的就是方便空运转场。对地攻击单位配备的地勤人员和设备可以保证单位在没有其他地面单位的支援下独立使得本单位具备升空作战能力。他们唯一不能做到的是，将炸弹和燃油运到他们所在的机场。这实际不是他职责之内的事。

2架Fw 190F-3飞机要么属于4./SG 1中队，要么属于4./SG 2中队，白色“—”表示第Ⅱ大队。对地攻击单位经常采用字母。注意看，飞机的起落架上的舱门板已经被去掉，苏联雨季或是冰雪融化后土地松软，飞机机轮极易陷入泥中，去掉起落架上舱门板更利于操作。

这架单位不详的Fw 190G-3飞机携带了3枚SC 250炸弹，这种武器挂载方案极少采用，因为超载情况下飞机航程很短，飞机起飞距离相当长。

第三个苏联冬天（续）

由于气候原因几经推迟后，1944年1月14日，苏军第2突击集团军（司令罗曼诺夫中将）开始从列宁格勒西部一片狭长地带的奥拉宁鲍姆（现称罗蒙诺索夫桥头堡向德军发起攻击，紧接着第二天（15日），苏军第15列宁格勒方面军和沃尔科夫方面军也加入这场战役，苏军反击战的地面行动得到了苏联空军第13集团军（VA）、第14集团军和红色旗帜波罗的海舰队航空兵的空中支援。被围困900天的列宁格勒解围战役正式打响，这是苏联战场战役的另一个转折点，对德国也是，但它所代表的意义正好相反。

由于气候恶劣，德国空军Fw 190飞机单位并没有参加第一天的行动，第二天，6./JG 54中队的Fw 190战斗机与由拉-5战斗机护航的佩-2轰炸机编队在纳尔瓦地区遭遇，混战中，指挥官霍斯特·阿德梅特上尉在十分钟内击落1架拉-5和1架佩-2，在9时20分击落的这架佩-2是阿德梅特上尉第100架战果。不久，他接替诺沃特尼成为Ⅰ./JG 54大队指挥官。同样在1月15日，Ⅱ./SG 2大队被调往乌克兰基洛夫格勒西南的诺沃，在此，这个大队执行为克里沃罗格（现称克里维里赫）地区德军地面部队提供空中支援任务，这里的战斗也相当激烈，毫不例外，德军也处在被动防守的境地。当天行动中，这个对地攻击大队击落2架P-39，战果分属梅亭斯中尉和斯托勒少尉。第二天（1月16日），Ⅱ./SG 2大队的布莱克曼上尉击落1架伊尔-2，迪特尔·沃伊格特下士击落1架P-39。1月17日，沃伊格特又击落1架“空中飞蛇”战斗机。

一个星期后，苏军第2乌克兰方面军发动新一轮攻击行动，即对第聂伯河的科尔逊-舍甫琴柯夫斯基（基辅南稍偏东135公里）地区发起突然袭击。这天，Ⅱ./JG 54大队与伊尔-2攻击机编队遭遇，后者有战斗机为其护航，Fw 190战斗机单位声称击落8架苏联战斗机和1架伊尔-2攻击机，6./JG 54中队海因茨·韦尼克上士获得2架战果，诺伯特·哈尼希少尉击落3架飞机。哈尼希生动地描述了他的单位当天的作战情况：

苏联的冬季仍然牢牢地控制着我们，降落在我们新基地的大雪被压实，这样我们就可以起飞和着陆。作战行动还是跟以前一样，我们的任务主要是为我们的前线步兵提供防空保护，防止敌机低空攻击。选块空地，压实积雪再升空作战不久就变成了例行工作，我们甚至接受了这种四处飘荡的生活，把它看得很正常。当我们从一个基地转移到另一个机场，每个飞行员需要随身携带的就是作战任务：他的前线身份证和他的手枪，其他的东西都由行李搬运车送来。尽管整个系统运作越来越困难，在苏联的整个时间，我的个人物品没有丢失过，也没有被偷过。

到1月28日，苏联红军第2乌克兰方面军已经在第聂伯河西的切尔卡瑟（基辅东南167公里）包围了德国第40集团军和第42集团军共计56000人。在1月29日至2月3日间，Ⅱ./JG 54大队的Fw 190战斗机高强度出击与苏联空军战斗机作战，试图阻止敌机对德国空军空投物资运输机的攻击，切尔卡瑟包围圈内的德军物资供应完全依赖空投。这段时间里，德国Ⅱ./JG 54大队声称击落了15架

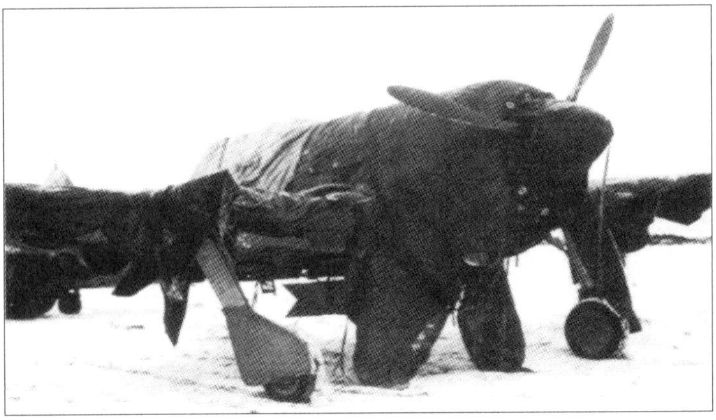

苏联的严寒，机器设备也难以承受。这架Fw 190飞机被加厚的帆布包裹得严严实实，飞机携带了炸弹，随时准备出击。

联队不详的第Ⅱ大队1架Fw 190F-8/R1飞机，远处1架双发飞机被帆布包裹得严严实实。

苏联飞机，但是，就在苏军不断向前推进过程中，列宁格勒南100公里的斯沃斯卡亚（几个月前还是JG 54联队的驻地）在1月30日被苏军包围。几乎是同一时间，Ⅱ./SG 10大队在这一地区也与苏联空军展开了激战，在2月1日，5./SG 10中队埃贡·霍伦上尉击落1架伊尔-2。在更远的南部，苏军向第聂伯河转弯处（第聂伯罗彼得罗夫斯克到扎波罗热之间）发起攻击，并且在1月30日包围了尼科波尔。

1944年2月5日，苏军第1乌克兰方面军挺进320公里抵达罗夫诺（基辅西320公里）和卢茨克（罗夫诺西75公里），随后，苏军在此向南从文尼察穿过布格河。为了反击苏军的进攻，德国南方集团军群总司令曼斯坦因元帅展示了他出色的指挥能力，2月8日，他派出4个坦克装甲师去解围切尔卡瑟包围圈内的德军。作战力量已经大大增强的德国空军第Ⅷ航空军奉命为解围行动提供空中支援，曼施坦因的战术运用相当成功，最后，在2月17—18日夜，切尔卡瑟包围圈内的德军终于突破苏军包围圈，与德军主力部队会合，但是，56000人的德军部队仍有18000人被俘。

与此同时，Ⅱ./SG 2大队已经奉命部署到克里米亚的巴吉罗沃（刻赤西10公里）以对付苏联登陆舰船在此一带的活动，以及塔曼半岛的苏联机场、炮兵阵地和西瓦什地区的其他目标，这个对地攻击单位也拦截刻赤海峡上空的苏联飞机，Fw 190战斗机是个多面手，执行这些任务都很适合。1944年1月26日至28日间，6./SG 2中队指挥官布莱克曼上尉击落3架P-39，而汉斯·威尔摩汀格尔中士击落1架伊尔-2。战斗到2月25日，Ⅱ./SG 2大队后撤到辛菲罗波尔（克里米亚半岛中南部）东部80公里的卡兰库特，苏军已经在刻赤登陆，巴吉罗沃机场就在苏联炮兵打击范围内，不后撤不行。在撤退前一个月里，6./SG 2中队声称击落11架苏联战斗机，其中5架属于布莱克曼上尉，2架归属赫尔曼·布赫纳中士，2架属于奥古斯特·拉姆伯特少尉。拉姆伯特少尉2架战果中的第一架是他2月12日击落的雅克-9战斗机，后来，他成为德国空军战斗轰炸机单位最成功的飞行员之一。拉姆伯特在1937—1938年间接受的是战斗机飞行员训练，训练结束后成为了一名教官，他执行的第一次作战任务是随Ⅱ./Schl.G 1大队在苏联前线南部战区作战，直到1943年4月28日他才第一次升空作战，后来这个单位番号改为Ⅱ./SG 2，他仍在这个单位服役。

赫尔曼·布赫纳中士回忆这段时间战斗时称：

这是典型的一天——灰色的云、雾和地面湿气，我们只能在苏联人铺设的水泥跑道上起飞，跑道的两侧停放着中队飞机，作战简报下达后，飞行员爬进自己的座机座舱，打开各种设备开关并起动发动机。

（就在这时）苏联空军由9架雅克战斗机编成的编队从1000米高度俯冲，穿过云层直扑我们停在跑道上的Fw 190

1943—1944年冬天，德国空军又采用新冬季迷彩涂装，上一个冬天是纯白色涂装，图中是斑纹类涂装，这架Fw 190A-4属于1./JG 54中队。

飞机。费了好大劲儿我才驾驶飞机离开地面，我设法从机库的顶部飞过，飞机起落架还没有收起，就在这时，雅克战斗机向我射击。我很幸运，苏联飞机的速度太快，甚至苏联飞行员自己都很惊讶有这么好的机会朝我们射击，但是他没有击中我，子弹在我身边掠过。在起落架伸出和襟翼未收回状态下，我驾驶Fw 190想追上敌机，为了与敌机空战，我抛掉了250公斤炸弹。这下机会平等了，现在是拼飞机性能的时候了。我有一个优势，那就是地面控制人员会用无线电引导我，他告诉我（向我射击的）雅克在周围一带，至少在这个空域唯一的一架飞机，我成功地占据了雅克飞机后面的位置，但是，我的射击也不成功——我有点紧张（造成射击未命中）。

随后，我和敌机在机场300—400米上空激烈地转弯缠斗，我的战友在地面用无线电也参与其中（提供目标信息，指导作战），我让他们把嘴闭上，把无线电关掉。我和这个苏联飞行员都在设法开火射击，但是都没有命中对方，我们在机场上空绕了至少五圈，这时苏联人犯了一个致命的错误，他不再转弯缠斗，而是试图脱离战斗，向右侧飞去。他飞到低空，就在这时，我在他后方50—80米距离，他的座机轮廓占满了我的瞄准具，我按下机炮按钮，他的座舱突然闪出亮光，紧接着他的右侧机翼翻到上方（左侧机翼在下），飞机坠地爆炸。我的战友在无线电中大叫“你击落了他！你可以着陆了，机场上空没有敌机了”。着陆时，我的地勤人员向我欢呼，（战斗时）他们仿佛也跟我一起在空中与敌作战。他们后来告诉我，有9架或10架雅克飞机从云层里窜出来攻击我们的机场，其中1架飞机返回攻击我们的Fw 190，其他苏联飞行员没有理睬这位飞行员径直返回基地。

东线战场的Fw 190单位在1944年2月的战斗有喜有忧，2月16日天刚亮，6./JG 54中队的飞机与苏联空军老古董U-2双翼飞机编队遭遇，这种老式落后飞机被用于夜间骚扰德国地面部队，作战效果奇好。在五分钟的战斗中，9架U-2飞机被击落，其中海因茨·韦尼克上士

1架Fw 190正在试车，远处1架被包裹着的是Fw 189，图中铁塔是更换发动机的铁架，2架飞机旁边都有一台充热空气的汽油机。

3./JG 54中队1架Fw 190A-4在列宁格勒一带迫降，飞机成了苏军的战利品，图中苏军正在检查这架飞机。

击落6架，德特勒夫·容格击落3架。当天晚些时候的战斗中，魏尼克上士又击落1架伊尔-2。在德国空军第6航空队战区作战的Ⅲ./JG 51大队在2月21日取得“辉煌”战绩，声称击落22架苏联飞机，其中8./JG 51中队奥托·沃尔费尔中士一人独得6架战果，9./JG 51中队京特·沙克少尉击落3架，7./JG 51中队海因里希·迪特尔曼中士也获得3架战绩。第二天，JG 51联队队部中队击落13架雅克-7和伊尔-2，其中安东·哈夫纳中士击落7架，他的战绩跃升到131架。2月23日，Ⅲ./JG 51大队又击落11架苏联飞机，但是，付出的代价很高，作战期间，迪特尔曼中士和沃尔费尔中士在空中相撞，前者失踪，后者成了苏联人的战俘。跟很多德国空军飞行员一样，沃尔费尔最终也未能活着离开苏联。

Ⅰ./JG 54大队1架Fw 190A-5飞机携带1枚PC 250炸弹，这种炸弹尾部较长，弹翼采用环形固定装置。PC 250炸弹通常用于攻击舰船，Ⅰ./JG 54大队可能用于攻击苏军加固碉堡。

2./JG 5中队1架“黑色9”号Fw 190A-3飞机，驻扎在挪威斯塔万格索拉的这个单位装备的飞机性能稍差，最特别的是JG 5联队飞机的战术编号字体很大，而且起落架上也有数字。

2月24日，在极北地区作战的4./SG 5中队首次声称击落4架苏联飞机，全部是P-39“空中飞蛇”战斗机。这个中队其实就是驻扎在芬兰佩萨莫的原14.(Jabo)/JG 5中队，在部署到苏联索夫波罗格后单位番号改为4./SG 5，中队指挥官为弗雷德里希·威廉·史特拉克扬上尉。4./SG 5中队新驻地索夫波罗格在托波泽罗湖最北面，这里有一座前线机场，而机场的东面就是一条摩尔曼斯克通往内陆的铁路。

2月25日，当时驻扎在爱沙尼亚韦森贝格（Wesenberg[①]）的Ⅰ./JG 54大队击落了8架苏军飞机，该大队新任指挥官是霍斯特·阿德梅特上尉。第二天，2./JG 54中队阿尔弗雷德·陶默中尉和汉斯·道滕曼少尉分别击落3架和2架伊尔-2攻击机。

尽管德国空军取得了一些成功，但1944年头两个月，德国军队在苏联战场的形势总的来说还是相当艰难，曼施坦因的胜利也是暂时的。从苏军当时报告中可以看出一些端倪：

在1944年1月和2月里，苏联步兵在空军的帮助下歼灭了德军地面部队主力，并解放了基辅、第聂伯罗彼得罗夫斯克和扎波罗热地区，将德国侵略者从日托米尔和大部分罗文斯基和基洛夫格勒地区，以及文尼察、尼古拉耶夫、卡缅涅茨-

① 这是爱沙尼亚拉克韦雷城市的德国称呼，德国有一座城市也叫韦森贝格。

两名枪械员正在搬MG 131机枪弹药盒，机翼垂下的是MG 151机炮弹链，地面摆放2枚SC 50炸弹，炸弹上安装了啸声器，炸弹落下时会发出尖叫声，类似Ju 87“斯图卡”俯冲轰炸机的啸声器。

波多利斯基和沃伦斯克部分地区赶走。敌人沿着第聂伯河向西撤退，作战条件有利于我方在苏联整个战线上实施进一步的进攻行动。尽管天气恶劣，春季温度上升导致冻土融化，苏联空军持续为苏联地面部队提供空中支援，在这两个月里（1944年1月和2月），苏联空军第2、第5、第17和第18集团军共飞行了31836架次。

由于德国帝国保卫战战斗序列需要大量Fw 190战斗机来对抗日益严重的美军昼间对德国本土的战略轰炸，为对地攻击大队装备的对地攻击型Fw 190飞机的步伐被迫放慢。同时，德国空军还决定让在苏联战场作战的JG 51联队逐渐换装Bf 109G-6，Fw 190的火力更猛，毁伤能力更强，比Bf 109更适合攻击美国重型轰炸机，苏联战场的形势完全不同于西线，Bf 109最新型号加上德军飞行员作战经验仍可以应付。该联队队部和Ⅰ./JG 51大队在1944年2月开始换装工作，随后的一个月，其他大队全部开始换装梅塞施密特战斗机。Ⅲ./JG 51大队的换装在4月开始，到5月，JG 51联队中只有队部中队保留为数不多的Fw 190战斗机。JG 54联队的Ⅰ./JG 54大队、Ⅱ./JG 54大队、12./JG 54中队和Ⅳ./JG 54大队部分单位仍装备使用Fw 190战斗机，这些是在苏联战场仍装备Fw 190飞机的单位，12./JG 54中队在1943年10月成立后就装备Fw 190A-4、A-5和A-6飞机，这个单位首次作战损失发生在10月13日，芬克勒中士在战斗中被苏联雅克-9战斗机击落。1944年2月，一直作为独立中队的4./JG 54中队扩编形成Ⅳ./JG 54大队。

1944年3月1日，德国陆军北方集团军群被迫后撤到爱沙尼亚边境处，在此，苏军和德国部队展开了一系列大规模空中和地面战斗，为德国地面部队行动提供防空保护的重任落在了JG 54联队身上。这时，JG 54联队的战斗序列如下：

Stab./JG 54	驻扎在爱沙尼亚多帕特(现称塔尔图)，指挥官安东·马德中校，装备5架(可用5架)Fw 190A-4和A-5战斗机
Ⅰ./JG 54	驻扎在爱沙尼亚韦森伯格，指挥官霍斯特·阿德梅特上尉，装备24架(可用17架)Fw 190A-4和A-5战斗机
Ⅱ./JG 54	驻扎在乌克兰中部乌曼，指挥官埃里希·鲁道弗上尉，装备31架(可用24架)Fw 190A-4、A-5和A-6战斗机
Ⅳ./JG 54	驻扎在爱沙尼亚多帕特，代理指挥官格哈德·科奥尔上尉，装备23架(可用18架)Bf 109G-6、Fw 190A-4和A-6战斗机
12./JG 54	驻扎在乌克兰中部乌曼，中队指挥官不详，装备6架Fw 190A-4和A-6战斗机

这一阶段，苏联前线其他装备Fw 190飞机的单位如下：

Stabsstaffel/JG 51	驻扎地不详，指挥官迪特尔姆·冯·艾歇尔-斯泰伯少校，装备9架(可用8架)Fw 190A-5和A-6战斗机
Ⅱ./SG 2	驻扎在乌克兰南部基洛夫格勒，指挥官马克西米利安·奥特少校，装备Fw 190A-3、A-5、F-3和Hs 123B-1战斗机
4./SG 5	驻扎在特萨利姆尤基(现称旁恰，索夫波罗格西40公里)，指挥官为弗雷德里希·威廉·史特拉克扬上尉，装备Fw 190A-2和A-3战斗机
Ⅰ./SG 10	驻扎在乌克兰尼古拉耶夫和基辅南80公里白采尔克瓦，指挥官埃贡·蒂姆少校，装备Fw 190F-3和G-3战斗机
Ⅱ./SG 10	驻扎在乌克兰尼古拉耶夫和白采尔克瓦，指挥官戈特茨·鲍曼上尉，装备Fw 190G-3战斗机
Ⅱ./SG 77	驻扎在基辅南瓦西列科夫(在基辅和白采尔克瓦之间正中位置)，指挥官亚历山大·格拉泽尔上尉，装备Fw 190A-6、F-2、F-3和一些Hs 123B-1战斗机

1944年3月4日，苏军第1乌克兰方面军从舍佩托夫卡（基辅西）和杜布诺向德军发动新一轮攻击，更南面，第2乌克兰方面军在3月5日突破德军防线，紧接着第二天，第3乌克兰方面军开始沿黑海沿岸攻击德国地面部队。这些进攻行动中，苏联空军的有力空中支援是苏军节节胜利的关键，尽管他们面对的是德国空军有经验的飞行员。

尽管德国空军对地攻击单位的主要任务是对地攻击，这些单位也执行空战任务，Fw 190战斗机优异的性能加上德国飞行员整体高超的作战水平，制空作战也明显强于苏联空军，特别是经常拦截的是苏联轰炸机、攻击机，甚至是运输机等。3月8日，4./SG 10中队击落2架里-2运输机，第一架在克里沃罗格西南米罗夫卡附近被击落，第二架在基洛夫格勒附近被击落。在整个3月期间，Ⅰ./SG 10大队和Ⅱ./SG 10大队共击落8架苏联飞机，但己方的损失非常严重，苏联空军逐渐强大，德国空军想获胜必然会付出比以往大得多的损失。最要命的是，这段时间

Ⅱ./SG 77大队2架Fw 190F-8/R1飞机，右侧飞机发动机罩上有白色B字样。照片拍摄于1943年年底上西里西亚塞夫斯多夫。大队原指挥官齐格菲尔德·斯泰霍夫上尉在1943年12月19日阵亡，接替他的是亚历山大·格拉泽尔上尉。

Ⅱ./JG 54大队Fw 190A-6战斗机。不知道为什么，飞机左侧机翼的翼根机炮被拆除了。

里，德军的损失根本得不到补充。德军哪个战场都在败退，都缺少飞机，都缺少飞行员。3月里，制空作战最成功的对地攻击单位是6./SG 2中队，该中队共击落15架苏联飞机，其间获得战绩最高的飞行员是赫尔穆特·米施克中士，战绩为6架。第二位是拉姆伯特少尉，战绩为4架。

北部战场的战斗也相当激烈，3月6日至9日间，JG 54联队队部和Ⅰ./JG 54大队马不停蹄升空作战，四天的高强度作战中，这两个单位声称击落35架苏联飞机，其中3月6日击落10架、3月7日击落6架、3月8日击落13架、3月9日击落6架。获得战果最多的飞行员是1./JG 54中队的弗里茨·泰格特梅尔上士，战绩为7架；3./JG 54中队赫尔穆特·米施纳上士战绩为6架、同样是3./JG 54中队的奥托·基特尔少尉战绩为5架。这一带的战事到3月19日结束，当天，Ⅰ./JG 54大队击落5架苏联飞机，Ⅱ./JG 54大队击落12架，Ⅳ./JG 54大队击落4架。当天战绩最佳者是6./JG 54中队阿尔宾·沃尔夫少尉和4./JG 54中队赫尔穆特·格罗尔穆斯中士，两战绩均为3架。

JG 54联队三个仍在苏联作战的大队在3月剩余的十天里坚持作战，其中Ⅳ./JG 54大队的主要装备还是Bf 109G战斗机。3月23日，阿尔宾·沃尔夫少尉击落1架苏联雅克-1战斗机，这是他个人第135架战果，最重要的是，这也是"绿心"联队自第二次世界大战开始以来取得的第7000架战果。3月25日，Ⅱ./JG 54大队击落7架苏联飞机，其中5./JG 54中队埃米尔·朗中尉击落3架雅克-9。第二天轮到Ⅰ./JG 54大队表演，该大队当天击落13架敌机，Ⅱ./JG 54大队的战绩少点，也有9架之多。Ⅰ./JG 54大队的奥托·基特尔一人独得3架，鲁道夫·拉德马赫少尉和胡贝图斯·灵克下士的战绩均为2架。3月27日，JG 51联队队部中队击落3架U-2飞机和1架米格-3战斗机，而Ⅱ./JG 54大队这天又击落12架苏联飞机，4./JG 54中队海因里希·斯泰尔少尉击落其中4架，阿尔宾·沃尔夫少尉击落3架。同样是在这天，6./SG 2中队Fw 190飞机在乌克兰西瓦什地区击落4架拉格-3，这足以证明，不管是飞机还是飞行员，对地攻击单位并不只是擅长攻击轰炸机和攻击机。在西瓦什地区，苏军正在当地的前线集结地会合，为4月7日的解放克里米亚半岛战役做最后的准备。

在苏联前线北部，1944年1月至4月1日间在列宁格勒周围的战斗中，苏联空军承认损失了260架飞机，这个数字远远低于德国空军宣称的战果。在1944年1月至3月底，德国空军第1航空队战斗机单位共损

德国空军对地攻击单位的作战强度非常大，从飞机斑驳的涂装就可以看出这点。

失68架战斗机。

Fw 190飞机在德国空军已经服役三年，其性能优异，制空和对地攻击性能均衡，因此它成为德国空军飞行员的首选机型，I./SG 4大队执行对地攻击任务的一名士官彼得·特劳贝尔上士评价称：

我们的指挥官道恩布拉克上尉和我驾驶的都是Fw 190F机型，Fw 190是一款非常出色的飞机，由于起落架轮距宽，飞机在地面滑行的稳定性比梅塞施密特公司Bf 109的要好。福克-沃尔夫公司的飞机没有不必要的控制，飞行员的座椅非常舒服，装甲防护也是恰当的，仪表很容易判读，这是我第一次驾驶Fw 190就相当满意的因素之一，我很快就熟悉了飞机。作战期间，我们很害怕飞机被击中而面临的巨大风险，我记得一位年轻飞行员由于他的座机燃油系统被击中，飞机座舱立即燃烧起来，他在座舱里被活活烧死。我们的飞机重载荷也是个问题，在最大起飞重量时，Fw 190显得很笨拙，然而，我却从来未曾想过放弃Fw 190而换其他飞机，至今我仍然认为Fw 190是一款性能优异的战斗机。

14.(Jabo)/JG 5中队的地勤和枪械员在为1架“白色9”号飞机挂载SC 250炸弹，这个中队在1944年2月7日番号改为4./SG 5。

14.(Jabo)/JG 5中队在1943年年底庆祝该中队执行第1000次作战任务，击沉敌舰船38800吨，坐在两名飞行员肩膀上的就是中队指挥官弗雷德里希·威廉·史特拉克扬上尉。

我曾经有过机会检验迫降但后来修复的苏联战斗机，这些苏联飞机的设计和设备都相当原始，但是在空中，这些是值得认真对付的敌人。虽然机动性不如，但其他方面跟Fw 190类似。当我们与苏联战斗机遭遇，我们必须抛掉外载载荷，否则我们就成了水面上的鸭子（指容易被击中）。即使没有出现敌人战斗机，还有一个危险的敌人让我们担惊受怕，那就是苏联地面防空炮火，我记得有一天，我们四机编队攻击一支苏联红军后备部队纵队，我的三名战友连续被地面炮火击落，他们未来的命运我一点也不清楚。

尽管有这些困难存在，我们仍然要奉命攻击地面的敌人，我最后一次执行作战任务是1945年3月，之后我被分配到地面部队，原因就是缺少燃油（飞机无法升空）。我在维也纳郊区被苏联人逮捕，我的战友后来命运如何我不知道，我指的不是在监狱里，也不是我后来联系的原对地攻击联队成员。

春天情况好不到哪儿去

1944年4月，春雪融化，泥泞的土地使交战双方的行动受到很大限制，这点对于进攻方的苏军来说尤为严重，由于苏联空军的前线机场跑道很难投入使用，苏联的地面部队得不到空中支援。对于完全没有能力进攻的德军来说，只需固守阵地，泥泞反倒对他们有利一些。德国空军和罗马尼亚空军此时的情况好得多，这两国空军使用的是永久机场，因此飞机升空作战不受影响，在此前的1944年3月里，德国空军第4航空队的飞机共出动了21000架次。

1944年4月2日是德国JG 54联队的又一个胜利日，Ⅰ./JG 54大队声称击落19架苏联飞机，Ⅱ./JG 54大队击落7架，联队指挥官安东·马德击落1架伊尔-2攻击机，3./JG 54中队米斯纳上士和5./JG 54中队埃米尔·朗中尉分别击落3架。德国空军并不总是战绩“辉煌”损失很小，这次的代价是“老兔子”阿尔宾·沃尔夫中尉在普斯科夫东南与4架苏联雅克-9战斗机格斗时被击落。阿尔宾·沃尔夫是JG 54联队最成功的飞行员之一，他个人战绩为144架。1944年4月27日，他被追授“橡树叶加骑士十字勋章”。

第二天（4月3日），JG 51联队队部中队的2名飞行员冯·艾歇尔-斯泰伯少校和威廉·胡贝尔上士分别击落2架苏联战斗机，但也损失2名飞行员瓦尔茨上士和金德勒下士。这天，JG 54联队再次获得成功，联队队部击落3架飞机，Ⅰ./JG 54大队击落11架，Ⅱ./JG 54大队击落8架，其中前一个大队的米斯纳中士击落3架。4月4日的战斗中，Ⅰ./JG 54大队的战绩更优，达到16架，其中基特尔一人就击落4架。另外，5./JG 54中队埃米尔·朗中尉击落3架雅克-9战斗机和1架伊尔-2攻击机。3天后（4月7日），鲁道弗领导的Ⅱ./JG 54大队击落4架伊尔-2和2架雅克-9。

同样是在4月7日，苏军第4乌克兰方面军向德国第17集团军群发起总攻，后者在1943年年底就被困在克里米亚半岛。苏军从两个方向同时进攻，一个从北部的彼列科普地峡（连接乌克兰和克里米亚半岛狭长地带）进攻，企图切断德军退路；另一个从半岛最东部的刻赤方向发起进攻。在德国空军防御作战的第一天，6./SG 2中队汉斯·威尔摩汀格尔中

（上图）一名苏联军人在检查1架1./JG 51中队Fw 190A-4飞机，从地表情况看这是1944年春夏之际。（下图）“黑色7”号是2./JG 51中队Fw 190A-4飞机，从1944年2月开始，Ⅰ./JG 51大队开始换装Bf 109G-6战斗机，Fw 190飞机从这个大队彻底消失。

士击落1架伊尔-2，随后的4月8日，该中队的米施克中士击落2架雅克-9，汉斯-乔治·沙尔费格上士击落1架伊尔-2。如今被调往Ⅱ./SG 2大队队部的奥古斯特·拉姆伯特少尉在第二天击落1架雅克-9，4月10日这天，他再次击落2架伊尔-2、1架P-39和1架雅克-9。

Ⅱ./SG 2大队另一名飞行员赫尔曼·布赫纳中士描述他在4月14日返回驻扎在克里米亚的单位时称：

当天气候非常糟糕，我们在16时整起飞直奔克里米亚半岛。我们的引导员固执地要求我们按他的航线、高度和速度飞行，但是无线电里什么声音也听不到。我们一直也看不到大海，因此我只得请求指挥部为我们找一个向导。飞行约一个小时后，我们终于飞过赫尔松（塞瓦斯托波尔西部）的灯塔，绿色信号灯亮起，Bf 110战斗机转弯向南。我们现在得靠自己飞行，并准备按命令着陆，向导在无线电中什么也没有说，他不想被苏联人注意到。我们安全地着陆，九天后，我又回到了自己的大队。着陆后，我立即向大队指挥官汇报情况，并介绍了从联队新来的飞行员。我的战友非常高兴我回到了中队，那天晚上，我们交换信息，他们告诉了我前线的形势，一句话："非常糟糕。"

驻扎在荷兰伊莫拉4./JG 54中队Fw 190A-5飞机，远处是芬兰空军布鲁斯特"水牛"战斗机。荷兰空军的标志是白底蓝色卐字，跟德国空军飞机标志没有任何关系。

由于气候恶劣，第二天我们没有作战行动，我因此有机会到其他中队拜访我的老朋友。我们大队的明星是奥古斯特·拉姆伯特，他首次到克里米亚半岛是1944年4月，他击落苏联飞机就像击落风筝一样。甚至有段时间他被禁止升空作战，原因就是他和他的副官有点分歧。那时的条例仍然十分严格，长官可以通过禁飞来惩罚一个优秀的飞行员。有一段时间，长官故意排挤他不让获得"骑士十字勋章"，实际上，他在3月和4月里总共击落了99架飞机。

赫尔曼·布赫纳中士回忆的第一段里飞行航线描述十分不清楚，从哪里来到哪里降落都没有提，也不清楚从哪个方向飞越赫尔松灯塔的。他提到奥古斯特·拉姆伯特的不公正待遇不知道是不是符合事实，他提到的"击落99架敌机"也没有被官方正式认定。据称，他在4月17日击落12架苏联飞机，后来的5月7日击落14架，甚至有一天击落17架飞机。拉姆伯特还是苏联5月19日作战报告中提到的唯一德国飞行员，报告称他击落了3架苏联空军第135近卫轰炸机团佩-2轰炸机，当时，佩-2正在轰炸塞瓦斯托波尔附近的德国地面部队。苏联的报告称这位德国Fw 190战斗机飞行员作战经验极为丰富，他在实施进攻时，躲开了轰炸机所有方向的自卫火力。但是，拉姆伯特有的战绩还是得到了官方证实，不管真相是什么，毫无疑问，拉姆伯特是一位极其出色的飞行员，他在1944年5月14日获得“骑士十字勋章”，这是当天颁发的勋章中最后一人。截至受勋这天，他已经执行了300多次作战任务，他声称的战绩已经达到90架。

4月10日，苏军从塔曼半岛出发穿过海峡在克里米亚最东部登陆，德国空军Ⅱ./SG 2大队的Fw 190飞机对苏联登陆艇、登陆部队和已经上岸装备进行了攻击。五天后，Ⅱ./SG 2大队转移到塞瓦斯托波尔西部的赫尔松，在此，这个大队飞机又一次试图阻止苏军向克里米亚半岛中部挺进，不管是登陆轰炸还是岛中部的轰炸，放眼整个战役全局，德国对地攻击单位力量极其微弱，苏军不受影响地包围了塞瓦斯托波尔。在4月12日至15日间，Ⅱ./SG 2大队击落106架苏联飞机，还摧毁地面28架苏联飞机。4月26日，该大队的弗雷德·拉戈伊斯中士获得“骑士十字勋章”，赫尔曼·布赫纳中士描述这件事时称：

4./SG 2中队直到1944年5月才换装Fw 190F-3/Trop飞机，替下老式的Hs 123B-1飞机。照片显示的是4./SG 2中队在1944年夏天期间驻扎在乌克兰南部基洛夫格拉德，远处2架就是Hs 123飞机。

我们庆祝弗雷德获勋的活动举行到半夜，我们的音乐就是机场上苏联人投下的炸弹爆炸声。第二天早晨，弗雷德还得执行侦察任务，我们告诉他其他人会替他执行他的任务，弗雷德谢绝了战友好意，他坚持要自己驾机执行任务。在返航的途中，弗雷德被自己机场的40毫米高炮击落。他和他的僚机从机场西南靠近机场，这时1门40毫米高炮向他射击，随后所有高炮一起开火，就在Fw 190飞机在海上拉起时，我们掩体旁边的1门40毫米海军高炮直接命中了弗雷德座机，他没有机会逃生，飞机立即垂直扎入海中。又一名老战友陨落，自从战争开始以来，弗雷德和我，以及这个大队就在一起，他被深深地埋入黑海，和很多德国士兵一样。

Ⅱ./SG 2大队另一名飞行员弗里茨·塞法特评价Fw 190飞机性能时称：

在前线执行大约500次作战任务中，我在不同的地形进行了几次机腹迫降，迫降不存在多大困难。有一次，我不得不在塞瓦斯托波尔上空跳伞逃生，因为我的座机已经被击中起火。星形发动机很容易出现后缸冷却方面问题，在我的作战生涯中，这个问题曾导致两次或三次发动机故障，我被迫实施迫降。

德国空军Ⅱ./SG 2大队继续向不断逼近的苏军及其炮兵阵地实施攻击，但是，在赫尔松的最后十天，这个大队勉强能凑足3架或4架仍能升空作战的Fw 190战斗机，这点力量至多起杯水车薪的作用。最终在5月9日，Ⅱ./SG 2大队被迫转移到罗马尼亚康斯坦察玛玛亚，然后再转移到罗马尼亚中部布泽乌东北一处机场。

在克里米亚战场北部，德国空军Ⅱ./SG 77大队正奋力轰炸乌克兰捷尔诺波尔一带的苏联红军。4月15日，5./SG 77中队汉斯·普雷斯少尉击落1架苏联拉-5战斗机，第二天他又击

Ⅰ./SG 2大队飞行员们在讨论下一次作战任务，地勤人员忙碌地为飞行做准备。图中是Fw 190F-8/R1飞机，照片右下角雪堆旁边是2枚SC 50炸弹。照片拍摄于1945年1月匈牙利境内机场。

4./SG 2中队换装了更先进的Fw 190F-3/Trop飞机，4架Hs 123B-1列队进行告别飞行。

落3架伊尔-2攻击机。差不多相同时间，Ⅲ./SG 10大队（1944年1月下旬由Ⅱ./St.G 77大队演变而来）也具备了完全的作战能力，这个大队接收了37架全新的Fw 190F-8战斗轰炸机，单位驻扎在波兰南部热舒夫西北的梅莱茨，大队指挥官为赫尔穆特·莱赫特上尉。具备作战能力后不久，Ⅲ./SG 10大队奉命部署到摩尔多瓦基希纳乌南面80公里小村镇列普兹格与SG 10联队的其他单位会合，SG 10联队如今驻扎在罗马尼亚东部，归德国空军第Ⅰ航空军指挥。与此同时，Ⅰ./SG 10大队已经从摩尔多瓦蒂拉斯波尔转移到罗马尼亚康斯坦察玛玛亚。Ⅱ./SG 10大队也部署到列普兹格机场，该大队4./SG 10中队格哈德·博梅下士在4月24日击落1架伊尔-2。两天后，5./SG 77中队普雷斯少尉又击落1架敌机。SG 10联队在4月28日战果更丰硕，这天共击落8架苏联飞机，其中1./SG 10中队伯恩哈德·约翰尼斯上士击落2架，3./SG 10中队诺伯特·施密特上士击落2架，6./SG 10中队海因茨·劳特巴赫下士也击落2架。

1944年5月1日，6./JG 54中队斯泰尔少尉击落2架伊尔-2和1架雅克-9；两天后，1./SG 10中队伯恩哈德·约翰尼斯上士声称击落5架苏联飞机。在5月3日至5日里，Ⅰ./JG 54大队和Ⅰ./SG 10大队在摩尔多瓦雅西（现属罗马尼亚）又击落14架

Ⅱ./SG 2大队枪械员正在给1架Fw 190F-8飞机挂载SC 50炸弹，注意看挂架上方，即机翼前缘BSK 16照相枪。

Ⅱ./SG 77大队的1架Fw 190F-3/R1飞机正在起飞，飞机机腹携带了1个AB 250炸弹容器，机翼携带了4枚SC 50炸弹。在1944年春天，这个对地攻击大队经常要执行制空作战任务，也取得不少战果。

苏联飞机，在雅西，苏军已经在该地的普鲁特河西岸建立了桥头堡。5月10日，7./SG 10中队京特·汉菲勒少尉击落1架米格-3战斗机，这是他所在大队（Ⅲ./SG 10）成立以来首个战果。两天后，汉菲勒少尉又击落1架苏联战斗机。同一天，9./SG 10中队保罗·京特击落他个人第一架战果——拉格-3战斗机。

最终，Fw 190战斗机在几个对地攻击大队开始取代Ju 87俯冲轰炸机，5月初，4./SG 2中队也将本单位的老式双翼Hs 123战斗机退役，新装备的是Fw 190F-3和F-8战斗机。当时驻扎在波兰鲁米亚和立陶宛维尔纽斯的Ⅲ./SG 1大队也在1944年3月开始用Fw 190战斗机换装原Ju 87D-5俯冲轰炸机，当时装备的Fw 190飞机主要型号是Fw 190A-2和A-5，后来的1944年5月25日又装备Fw 190G-3和G-8型号。装备Fw 190G型飞机时，Ⅲ./SG 1大队正驻扎在卢布林北部62公里的拉兹恩波德拉斯卡，大队指挥官是卡尔·施雷普弗上尉，单位隶属德国空军第1航空师。5月15日，伯哈德·哈梅斯特少校指挥的Ⅲ./SG 3大队奉命撤退到捷克斯洛伐克帕尔杜比采（首都布拉格正东104公里）换装Fw 190F-8，截至1944年5月，这个大队接收了11架新飞机，6月27日，被命令立即部署到靠近苏联和拉脱维亚边境的伊德里察（大卢基正西120公里）。5月22日，Ⅱ./SG 1大队也奉命转移到拉脱维亚维尔纽斯换装Fw 190，几天后，该大队抵达维尔纽斯开始换装工作，在6月里，大队接收了12架Fw 190F-8。

与此同时，Ⅰ./JG 54大队继续驻扎在爱沙尼亚拉克韦雷与苏联红军作战，3./JG 54中队在5月8日声称击落6架苏联飞机，八天后，该大队又在战斗中击落9架苏联飞机，其中2架战果属于米斯纳中士；5月29日，Ⅰ./JG 54大队又获得7架战果，其中3./JG 54中队乌尔里希·威尼茨上士击落3架，米斯纳中士又击落2架；6月15日，3./JG 54中队击落9架，威尼茨上士独得4架；两天后，正在苏联北部战线作战的Ⅱ./JG 54大队击落8架伊尔-2、3架战斗机和1架佩-2轰炸机，赫尔伯特·阿罗伊上尉和格罗尔穆斯少尉各获得2架战果。之后的5

德国地勤人员在维护1架Fw 190A-5飞机，这架飞机的螺旋桨桨毂涂装很特别，一半黑色一半黄色。

5./JG 54中队的飞行员在探讨空战战术，他们后面是1架“黑色12”号Fw 190A-6飞机。1944年夏天，这个中队驻扎在芬兰伊莫拉机场。

Ⅳ./JG 54大队的这架Fw 190A-8飞机的标志很特别，绿心标志中加上大队标志。注意机翼2门MG 151机炮。

月18日，该大队又获得6架战果，第二天的战果更是达到了24架，战绩最高的两名飞行员是格罗尔穆斯少尉（6架）和格哈特·泰本少尉（3架）。Ⅱ./JG 54大队也付出了代价，一直比较牛气的格罗尔穆斯少尉在芬兰维普里东北20公里被击落身亡，汉斯-威特·冯·奥伯尼茨候补中士也在当天行动中阵亡。

尽管Ⅱ./SG 2大队几乎全部换装成Fw 190飞机，大队指挥官马克西米利安·奥特少校仍然驾驶着Ju 87D飞机，很多德国空军单位换装其他机型时单位指挥官偏爱或钟情于原来型号飞机不肯换装。奥特命运不济，在5月20日的战斗中，他在罗马尼亚雅西附近向苏联步兵扫射时被击落，单位同时还损失几架Ju 87飞机。被击落时，奥特正执行他个人第1179次作战任务，接替他任大队指挥官的是布莱克曼上尉。5月28日，Ⅱ./SG 2大队部署到罗马尼亚巴克乌，这里靠近战斗正在逐渐升级的雅西。两天后的战斗中，这个大队在雅西东北普鲁特河上空击落10架苏联飞机，这里的战事相当激烈，苏联投入重兵企图渡过普鲁特河。10架战果中，布莱克曼上尉和迪特尔·沃格特上士分别获得2架。5月31日的战斗更加激烈，空中行动规模也大大超过以前，因此，Ⅱ./SG 2大队获得的战果更多：10架P-39“空中飞蛇”战斗机和3架伊尔-2攻击机。其实，Ⅱ./SG 2大队的主业是对地攻击，这时的苏军已经跨过普鲁特河并在河西岸建立桥头堡，这对德军来说是致命的，因此，Ⅱ./SG 2大队全体出动试图消灭苏联登岸部队。这里的问题是为什么对地攻击单位击落这么多苏联战斗机？明显的一个事实是德国执行对地攻击任务的飞机遭到了苏联战斗机拦截，这种情况下Fw 190飞机必须抛掉炸弹应战，抛弹应战绝对是正确的选择，但也说明对地攻击任务没有完成。苏军损失极大，但是，苏军可以很快补充这些损失，德军的情况正相反。再回到5月31日的战斗，德国Ⅱ./SG 2大队获得的13架战果中有4架属于布莱克曼，3架属于沃格特。另一位获得战绩的飞行员是沃尔夫拉姆·冯·里希特霍芬候补上士，他是里希特霍芬元帅（一战大名鼎鼎的红色男爵曼弗雷德·冯·里希特霍芬的堂弟）的儿子，小里希特霍芬作为战斗机飞行员的经历非常短暂，原因就是他低空飞行时极其鲁莽，他的父亲不得不将他调到战斗轰炸机单位，老里希特霍芬觉得这样的单位比较适合精力无限的毛头小子。同样在5月31日的战斗中，Ⅰ./SG 10大队也击落1架P-39战斗机和伊尔-2攻击机。

交付到Ⅰ./JG 5大队的1架崭新Fw 190A-4飞机，这个大队驻扎在挪威塔万格索拉，在1943年夏天，这个大队主要装备Bf 109G-2战斗机，还有少量Fw 190A-2/-3/4飞机。

一名地勤人员在操纵Ⅰ./JG 5大队Fw 190A-4飞机尾轮控制飞机前进方向，装置十分简单，却十分高效。

图中是2./JG 5中队Fw 190A-4飞机，这个中队飞机采用斑点加不规则线条涂装，发动机上方采用深色涂装，防止炫光晃眼。另外，这个中队采用褐色战术编号。

在6月初的战斗中，Ⅱ./SG 2大队、Ⅰ./SG 10大队和Ⅱ./SG 10大队仍旧复制着上一个月空战的成功，主业和副业已经完全颠倒了。在6月4日，Ⅱ./SG 2大队击落8架苏联飞机，但损失也很大，大队指挥官京特·布莱克曼上尉未能返回。布莱克曼是如何阵亡的不详，他驾驶的Fw 190具体型号也不清楚，只知道执行任务期间他的座机突然爆炸起火，几乎可以肯定是被苏联地面高炮击中的。京特·布莱克曼原本是一位侦察机飞行员，1943年春天才被分配到苏联战场的Sch.G 1联队，并任6./Sch.G 1（番号后改为6./SG 2）中队指挥官，侦察机飞行员特别适合对地攻击作战任务。京特·布莱克曼个人战绩为33架。接替布莱克曼任指挥官的是海因茨·弗兰克上尉。6月5日，又有10架苏联飞机被击落，最成功的飞行员是布赫纳（4架）和大队队部埃里希·穆勒上尉（3架）。普鲁特河一带的对地攻击战斗在6月6日结束，Ⅱ./SG 10大队返回罗马尼亚南部兹利斯提。

风水轮流转

这张照片最能说明苏联的广袤无垠，在这里作战极其艰苦，德国想战胜巨人般的苏联几乎不可能。图中是Ⅰ./JG 5大队指挥官卡尔·施瑙尔的Fw 190A-4座机，他在1943年11月12日严重受伤。

德国入侵苏联整整三年后的1944年6月22日，苏联红军发动了“巴格拉季昂行动”，此次发生在苏联中部战线的战役目标是消灭瓦尔特·莫德尔上将的德国中央集团军群，战役从1944年6月一直持续到10月（决定性的战斗在8月结束）。东线的Fw 190单位分布在从北极圈内的芬兰到南方的克里米亚的战线上，德国战斗机单位很小，分散在各处，讲述这些单位的战史只能了解其大概，除非每个单位的作战历史单独成书。由于起到以一当十的作用，德国战斗机单位在苏联经常是以中队规模驻扎各地，即使是大队编制，可使用的飞机数量也远不能跟西线战场的同级单位相比。

“巴格拉季昂行动”后期主要是小规模游击性质的战斗，苏军需要休整，德国则早就无力发动进攻了。苏联的游击战斗主要在德国集团军的后方，为的是瘫痪德军的铁路网。苏联空军也在战役后期执行了1000多次针对德军后方的攻击，比如轰炸德军炮兵阵地、交通枢纽等目标，德国地面部队以前没经历这样的事（指战役前苏联空军飞机深入战线后方主动攻击），这一切都是为了下一次重大进攻行动做准备。为了应对苏联军队的“巴格拉季昂行动”，德国空军第6航空队司令罗伯特·冯·格雷姆上将和他的司令部调兵遣将部署空军单位，他的航空队战斗序列中Fw 190战斗机单位如下：

第Ⅳ战斗机航空军 **驻地：布列斯特-立托夫斯克**

Stab./NAGr 4	汉斯-约阿西姆·耶格尔少校	比亚瓦波德拉斯卡	Bf 109和Fw 190
3./NAGr 4	不详	白俄罗斯科布林	Bf 109和Fw 190

第1战斗机师 **驻地：博布鲁伊斯克**

Stab./SG 1	彼得·加斯曼少校(代理)	帕斯托维契	Fw 190F-8	5架
Ⅲ./SG 1	卡尔·施列普弗上尉(代理)	帕斯托维契	Fw 190F-8和G-3	38架
Ⅰ./SG 10	埃贡·蒂姆少校	博布鲁伊斯克	Fw 190F-3/-8、G-3/-8	

第4战斗机师 **驻地：奥尔沙**

Ⅱ./SG 1	厄恩斯特-克利斯蒂安·鲁施上尉	维尔纽斯	Fw 190F-8和G-3	74架
Ⅲ./SG 10	赫尔穆特·莱赫特少校	多库多沃	Fw 190F-8	39架

第6战斗机师 **驻地：普里卢基**

Stab./JG 51	弗里茨·洛西盖特少校	奥尔沙	Fw 190A-4和Bf 109	5架
Stabsstaffel./JG 51	埃德温·蒂尔上尉	奥尔沙	Fw 190A-5/A-6	12架

1944年6月底，Ⅲ./JG 11大队的Fw 190A-8战斗机被紧急调往苏联白俄罗斯明斯克地区，以支援德军抵抗苏联红军的反攻。照片拍摄于该大队出发前在奥登堡。

从上面的战斗序列可以看出，第6航空队只有17架Fw 190战斗机（和约60架Bf 109战斗机）可以使用，其他四个对地攻击大队的飞机也可以作为战斗机来使用。后缀“F”和“G”一般指对地攻击，而“A”表示制空格斗，但是，对地攻击型号Fw 190飞机进行减重改进后也可以执行制空任务，即使不改，也有较强的格斗性能。Fw 190飞机参加的第一个重要空中行动是JG 51联队的队部中队为德军增援部队挺进白俄罗斯波拉茨克提供空中保护，在接下来一系列的战斗中，Fw 190飞机单位声称击落18架伊尔-2和4架战斗机，最成功的飞行员是威廉·赫伯纳少尉，战绩为8架，其次是蒂尔上尉，战绩为5架。弗里茨·路德克中士击落3架飞机，其中包括1架安德烈·波波夫上尉驾驶的雅克-9战斗机，波波夫是苏联战绩为21架的王牌。SG 1联队和Ⅲ./SG 10大队的Fw 190飞机组织了四次对地攻击任务，但是这些行动很轻易地就被苏联战斗机驱散。JG 51联队的队部中队在6月24日再次击落7架苏联飞机，第二天又击落4架。

为了增援这个地区的战斗机力量，德国空军在6月24日将汉斯-京特·冯·法松上尉的Ⅲ./JG 11大队（装备26架Fw 190A-8飞机）从德国莱茵塞伦调到白俄罗斯明斯克附近多库多沃，第二天，大队的10./JG 11中队就在战斗中击落5架苏联飞机，其中4架是雅克-9战斗机。但是，德军的战场形势极其糟糕，戈林不得不调遣更多的单位到苏联战场阻止苏军的进攻。此时，有足够的Fw 190飞机单位被部署到库尔特·普夫卢格贝尔航空兵上将的第1航空队，这个航空队管辖着苏联北部和芬兰，这些单位的战斗序列如下：

第3战斗机师　　驻地：普乔雷

Stab./NAGr	赫尔曼·施密特上尉	普乔雷	Fw 190和Fw 189	4架
1./NAGr	京特·南茨中尉	伊德里扎	Fw 190和Bf 109	13架
1./NAGr 31	不详	爱沙尼亚韦森贝格	Fw 190和Hs 126	11架
Ⅱ./SG 3	特奥多尔·诺德曼上尉	叶卡布皮尔斯	Fw 190A-8和Ju 87	36架

奥斯兰(Ostland)战斗机师　　驻地：里加斯皮尔韦

Stab./JG 54	安东·马德中校	塔尔图	Fw 190A-4/-5/-6	2架
Ⅰ./JG 54	霍斯特·阿德梅特上尉	雷维尔(塔林)拉克斯堡	Fw 190A-4/-5/-6	22架
1./JG 54	约瑟夫·海因茨泽勒中尉	芬兰图尔库	Fw 190A-4/-5/-6	8架

库尔梅分遣队(Gefechtsverband Kuhlmey)　　驻地：芬兰伊莫拉

Ⅱ./JG 54	埃里希·鲁道弗上尉	伊莫拉	Fw 190A-3/-4/-5/-6	24架
1./SG 3	约翰·冯·巴根上尉	伊莫拉	Fw 190F-8	8架

作为一种以防万一的紧急措施，2./JG 54和3./JG 54中队从爱沙尼亚雷维尔（塔林）被调往白俄罗斯波拉茨克，刚刚由Bf 109战斗机换装为Fw 190飞机的沃尔夫冈·斯帕特少校的Ⅳ./JG 54大队从白俄罗斯伊莱斯海姆转移到巴拉诺维奇。Ⅰ./JG 54大队队部、2./JG 54和3./JG 54中队部署到白俄罗斯后参与的第一场战斗是在6月28日，当天击落9架苏联飞机，其中奥托·基特尔少尉击落3架伊尔-2和2架P-39。Ⅳ./JG 54大队在6月27日的第一次战斗中也击落4架苏联飞机，大队指挥官斯帕特少校击落1架拉格-3。第二天，3./JG 54中队击落8架苏联飞机，而在6月30日，这个中队击落不少于17架苏联飞机，其中乌尔里希·维尼茨上士包揽了7架，基特尔少尉获得4架战果。6月28日，Ⅲ./JG 11大队也击落3架敌机，但是9./JG 11中队的马耶夫斯基下士阵亡。

此前的6月26日，Ⅲ./SG 10对地攻击大队在战斗中击落2架苏联飞机，但是，大队指挥官赫尔穆特·莱赫特少校在战斗中被击落身亡，有资料称这位参加过900次作战任务的指挥官在白俄罗斯维帖布斯克东部作战时失踪，1944年10月24日，他被追授“橡树叶加骑士十字勋章”。当天战斗不久，Ⅲ./SG 10大队后撤到维尔纽斯东70公里的白俄罗斯帕拉夫亚诺沃，部署这里后的几天战斗中，该大队又击落几架苏联飞机，实际上，这是个对地攻击大队，制空作战不是主业，在对地攻击行动中，该大队不断遭受巨大损失，除了苏联地面高炮，给德国对地攻击飞机造成最大损失的还是苏联战斗机。对德国来说，更大的灾难是博布鲁伊斯克在6月26日被苏联红军攻占，1000名德国士兵阵亡，5500人受伤。7月初的情况更是雪上加霜，德军第4集团军被苏军包围，最终被彻底消灭。

这个时候，德国又有几个Fw 190对地攻击单位被调到这个战区企图协助德国地面部队阻挡苏联红军进攻的潮流，首批部署到这里的是来自意大利的Ⅰ./SG 4大队、Ⅱ./SG 4大队和来自法国的Ⅲ./SG 4大队，6月30日，这三个大队转场到拉脱维亚东南陶格夫匹尔斯，在此，三个大队归战线北部的第3航空师指挥。7月5日，5./SG 4中队塔滕伯格下士为对地攻击单位首开记录，但是，第二天，Ⅱ./SG 4大队指挥官弗雷德里希·威廉·史特拉克扬上尉执行任务时被地面高炮击中而丧生，他随Fw 190F-8，W.Nr.931018座机一道坠毁。他为德国对地攻击战术使用做出过突击的贡献，1943年8月19日，当时任14.(Jabo)/JG 5中队指挥官的他被授予“骑士十字勋章”。史特拉克扬（1914年9月7日—1944年7月6日）出

1944年夏天，5./JG 54中队（所属大队也是）驻扎在芬兰伊莫拉，图中“黑色2”号Fw 190A-6是中队指挥官赫尔穆特·拉德克中尉的座机，他在1945年1月14日的战斗中被盟军战斗机击落身亡。

生在德国北部吕贝克，他在二战前就参加了德国空军，入侵波兰战役期间，他在Ⅰ.(Jagd)/LG 2大队任副官。1940年5月20日，史特拉克扬被任命为2.(Jagd)/LG 2中队指挥官，此时作为对地攻击单位，他已经获得2架战果，均为在法国上空击落的2架“来山德”轻型联络飞机。在任中队指挥官期间，他至少在西线又获得5架战果。1942年7月1日，史特拉克扬被任命为12./JG 5中队指挥官。1943年2月，他再次被任命为14.(Jabo)/JG 5中队指挥官，1944年2月，他的中队番号改为4./SG 5。鉴于他出色的指挥才能和对于对地攻击战术的贡献，史特拉克扬在1943年8月19日获得“骑士十字勋章”，此时他的战绩为9架。1944年5月19日，史特拉克扬被任命为Ⅱ./SG 4大队指挥官，不久后的7月6日，他在战斗中阵亡，死后被安葬在拉脱维亚。史特拉克扬阵亡时才30岁（有资料称他生于1917年，如果这样他才27岁），他的手下非常敬重他，称“史特拉克扬上尉对我们就像一个父亲，他是一个非常优秀的军官”。

在苏联战场阵亡后，接替史特拉克扬任指挥官的是维尔纳·戴德金德上尉。两天后的7月7日，1./SG 10中队博克曼中士击落1架皮-2双发轰炸机，9./SG 4中队弗兰茨·施奈德上士在7月11日击落1架拉格-3战斗机。在之后的四个月里，SG 4联队的三个对地攻击大队几乎天天出动轰炸苏联坦克、步兵和向立陶宛、拉脱维亚和爱沙尼亚挺进的苏联供应部队。正常情况下，这些大队的飞行员一天会执行6—8架次作战任务。

此时，德国陆军中央集团军群陷入一片混乱，所属三

Ⅱ./JG 54大队驻扎在芬兰伊莫拉，这个大队同时装备几个型号Fw 190战斗机，上面两图是Fw 190A-6。下图中飞机左侧机翼前缘两门机炮之间是照相枪。

照片中右侧手拿纸条者是Ⅱ./JG 54大队指挥官埃里希·鲁道弗上尉，他身后是他的僚机库尔特·谭克曼下士。照片拍摄于1944年6月芬兰伊莫拉。

个单位：第4集团军、第3装甲集团军和第9集团军几乎被苏军彻底消灭。7月8日，德军战线有几处被苏军突破，不久拉脱维亚首都维尔纽斯被苏军包围。尽管希特勒要求不惜一切代价守住维尔纽斯，7月12—13日夜，被包围的15000名德军中有3000人突破包围圈逃跑，剩下的德军面对的要么是死亡，要么是投降，苏联红军在7月13日攻下维尔纽斯。三天后，德军重要据点白俄罗斯平斯克和格罗德诺失守，截至7月底，臭德尔上将的北翼全部撤退到东普鲁士领土上。随着“巴格拉季昂行动”主要战事接近尾声，苏联红军已经完全控制了涅曼河桥头堡，这里是苏联和波兰的传统边境线。苏军还抵达了波罗的海的里加湾，将德国北方集团军群完全隔离。

随着地面战斗的进行，德国Fw 190飞机单位开始遭受重大损失，7月14日，JG 51联队的队部中队指挥官埃德温·蒂尔上尉被苏联地面高炮击落身亡，当时，他率领飞机编队正在攻击波兰东部科布里一带苏军纵队。蒂尔参加过300多次作战任务，个人战绩是76架，他在1943年4月16日获得“骑士十字勋章”。接替蒂尔的是海因茨·布泽中尉。蒂尔阵亡当

Ⅱ./SG 2大队指挥官京特·布莱克曼上尉在1944年6月4日的战斗中失踪，接任他的是海因茨·弗兰克少校。这个对地攻击单位在1944年6月间后撤到罗马尼亚，在此经常执行制空作战任务，不仅击落不少苏联空军飞机，还跟空袭罗马尼亚油田的美国陆航飞机交战过。图中中立者为弗兰克少校，他正在跟左侧年轻军官，未来世界空战史上排名第一的埃里希·哈特曼文谈。

天，Ⅱ./SG 10大队击落4架苏联飞机，包括列奈克上尉击落2架皮-2轰炸机。当天最成功的单位是Ⅳ./JG 54大队，击落12架苏联飞机，其中一半是雅克-9战斗机。对地攻击机和轰炸机被击落的比例在缩小，这恰恰是德国地面部队的恶梦。第二天，这个大队又击落9架苏联飞机，其中3架由指挥官斯帕特独占。

随着德国中央集团军群不断溃败，下一阶段的苏军反击战役是，南部第1乌克兰方面军进攻德军约瑟夫·哈佩上将的北乌克兰集团军群，苏军的战役计划是向利沃夫东北和北部发起攻击。这次战役的苏联作战力量包括120万步兵和2200辆坦克，德军的兵力为90万人外加900辆坦克。苏军的进攻在7月15日按计划开始，首轮行动中，苏联空军出动1848架次，投下17200枚炸弹，发射1700枚火箭弹。仅4个小时的战斗，德国部队就损失了半数的武器装备，毫不例外，德国空军也在苏军的进攻行动中遭受巨大损失。但有一个大队获得一点成功，这就是Ⅲ./JG 11大队，该大队在7月18日的战斗中击落8架苏联飞机，第二天再次击落11架。两天后，“绿心联队”取得的成功更大一些，Ⅰ./JG 54大队击落19架，Ⅱ./JG 54大队击落8架，Ⅳ./JG 54大队击落21架苏联飞机。不过，这些胜利于战役无补。

6月26日，德国空军在苏联战场的Fw 190单位序列如下：

第 4 航空队

Ⅱ./SG 2	海因茨·弗兰克少校	罗马尼亚齐利斯塔	Fw 190F-3/-8、G-2	27 架
Ⅱ./SG 10	戈茨·鲍曼上尉	波兰海乌姆诺	Fw 190F-3/-8、G-3/-8	29 架

第Ⅷ战斗机航空军

Stab./SG 77	赫尔穆特·布鲁克少校	波兰杰森卡	全面换装 Fw 190F-8	
Ⅰ./SG 77	卡尔·亨泽上尉	波兰杰森卡	全面换装 Fw 190F-8	
Ⅱ./SG 77	亚历山大·格拉泽尔	乌克兰利沃夫	Fw 190A-6、F-3/-8、G-3	33 架

匈牙利第 102 航空师　　　　驻地：波兰拉布尼亚

1./NAGr 32	不详	拉布尼亚	Fw 190 和 Bf 109	11 架

尽管德国空军战斗机单位取得了惊人战绩，而对地攻击单位换装更先进飞机，特别是Fw 190飞机的进度却出现了拖延，这导致了很严重的问题，“巴格拉季昂行动”开始时，11个对地攻击大队即Ⅱ./SG 1大队、Ⅲ./SG 1大队、Ⅱ./SG 2大队、Ⅰ./SG 4大队、Ⅱ./SG 4大队、Ⅲ./SG 4大队、Ⅰ./SG 10大队、Ⅱ./SG 10大队、Ⅲ./SG 10大队、Ⅱ./SG 77大队和Ⅲ./SG 151大队，外加4./SG 5中队已经全部换装了Fw 190飞机，还有11个大队仍然装备着落后的Ju 87“斯图卡”飞机。另外，跟盟军空军不一样的是，德国空军战斗轰炸机单位对于反坦克火箭弹的使用似乎并不热心，直到1944年年底这种武器才投入使用。还有其他因素

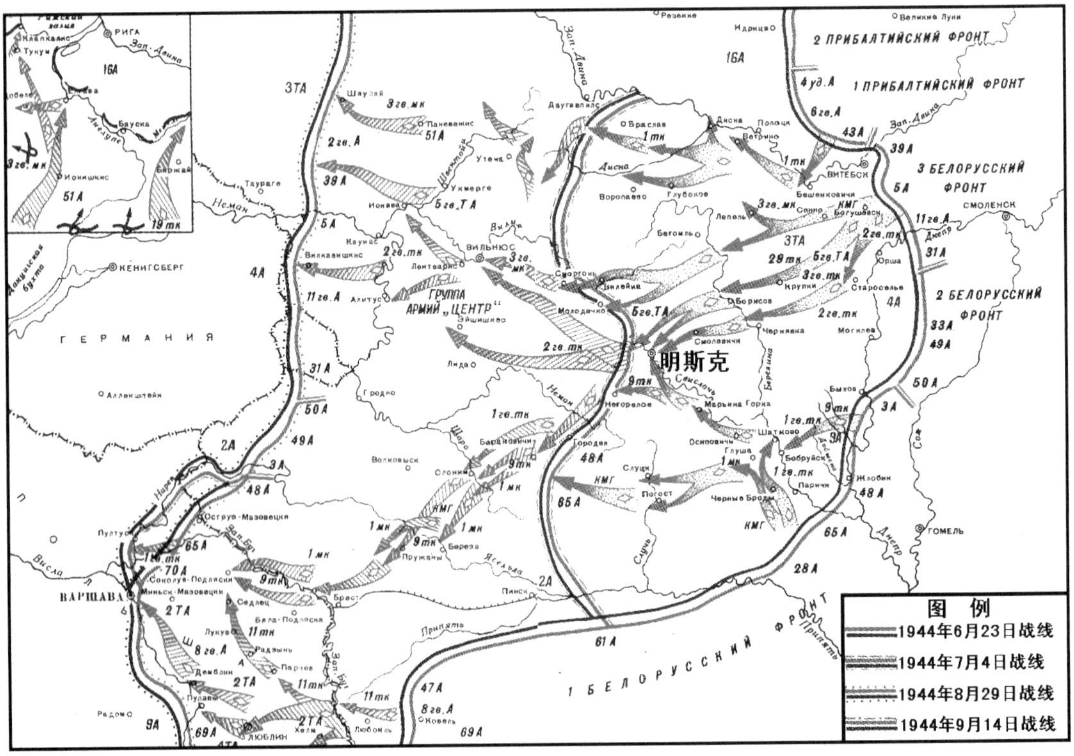

苏军发动的“巴格拉季昂行动”示意图，遗憾是俄文，但三条主要战线十分清楚。

影响到对地攻击单位的作战效能，对地攻击兵种总监胡贝图斯·希特施霍尔德上校战后的报告谈及这方面内容称：

对地攻击单位成功而持续地参加战斗的先决条件是获得制空权，那些我们还没有获得制空权的地方，对地攻击行动就几乎没什么效果，这个教训已经在非洲、意大利和西线战斗中得到证实。由于飞机损失严重，原计划对地面作战提供支援的行动无法展开，或是无法完成。对地攻击单位的数量增加也得在我们重新获得制空权后，他们才会取得相应的作战效能。

技术方面进步还不足以提高作战效能，到1943年，敌人的防御力量不断增加，而我们一些单位仍装备着老旧过时的Ju 87飞机。在成立装备总监来统一管理对地攻击力量后，这些单位才能够装备适合作战的对地攻击机，如Fw 190。

对地攻击飞机的航程短对于作战来说是一个特别严重的缺点，在缺少机场的前线，深入战术地区（指双方交战地区）作战就十分困难，在某种情况下几乎不可能。当敌人获得了制空权，我们的对地攻击飞机很难从前线附近的机场起飞或着陆，因为前线机场上空总是有敌人战斗机活动。而且，对地攻击飞机应该尽可能长时间地待在战场上空，如果机场离前线太远，就无法做到这一点。在前线附近铺设穿孔钢板简易跑道的尝试并不成功。

迟迟没有装备火箭武器（指空射火箭弹）是个巨大错误，战场上的特定目标，如坦克和小型舰船等，如果早点装备火箭武器就可十分有效地对付这些目标。计划让所有的对地攻击单位都装备反坦克火箭弹的目标没有实现，原因是开始研制和使用出现延误，作为临时的补救措施，210毫米陆军火箭弹（改装成空射火箭弹）使用效果很不好，携带这种武器作战需要大量的训练，但无法为这些训练活动匀出燃油。

对地攻击飞机经常要在低空执行作战任务，特别是苏联红军发起进攻期间，或是恶劣气象条件下，而且执行低空任务时，这些飞机没有携带火箭弹、炸弹或是炸弹容器，飞机只能用机炮扫射目标，因为延

5./JG 54中队的地勤人员在维护Fw 190A-4/A-5/A-6飞机，这个单位直到1944年7月才换装更先进的Fw 190A-8飞机。照片显示的是1943—1944年冬天的场景，地点是乌克兰乌曼，临时机场条件极其简陋。

迟引信炸弹在超低空使用几乎起不了什么效果。（有的延迟引信是为低空投弹设计的，防止被爆炸碎片击中；有的是为炸弹钻到目标内爆炸设计的，这种情况下钻深不够，对目标打击威力就会减小。）

由于缺少燃油，新飞行员的训练时间严重不足，因此，在他们参加实战前不可能获得足够的技能和经验，这也经常导致新飞行员参加第一次战斗就损失严重，在特别严酷的战场环境及敌人防御力量相当强大的情况下，他们几乎无法取得成功。另外，仪表盲目飞行（只依靠仪表提供飞机飞行信息，锻炼飞行员相信仪表，不要相信眼睛，人会产生错觉）完全被省略。

2./SG 77中队1架Fw 190F-9飞机飞越白雪皑皑的群山，这架飞机携带的是专用运输容器，发动机罩有白色D字体，后机身是“黑色1”号战术编号，这种既有字母又有数字的形式非常少见。

Ⅱ./SG 77大队Fw 190F-8/R1飞机机翼ETC 701挂架携带4枚（两侧）长杆引信炸弹，其头部有一个圆盘，炸弹钻入泥土前引爆，提高对有生力量的杀伤能力。

人员、装备补充和物资补给很难让对地攻击单位的指挥官满意，就人员来说，如果一名中队指挥官或大队指挥官阵亡，很难找到一位经验丰富的军官来接替他们，因此，战场上经常出现让士官来领导编队出航作战。另一个问题是，训练单位也找不到有经验和合格的军官来训练新飞行员。

由于陆军缺乏对与空军飞机合作的认识，使得双方在合作方面变得愈加困难。陆军会经常提出对地攻击单位无法执行的任务要求；另一方面，他们经常没有充分利用对地攻击飞机攻击后的有利局面。训练一些陆军军官以缓解双方沟通不畅的计划也未能实施。当高层指挥官意识到这个问题时已经太迟了，但是，以后行动中特别会强调这一点（协同作战）。

对地攻击单位的作战准备经常会受到因频繁转移驻地而带来的困扰，这些单位没有足够的运输空间（即运输工具少）来运送技术设备和人员，最缺乏的是对于转移驻地必需的运输机。陆上交通工具，比如汽车并不适合转移部署，他们经常遇到地形条件根本不适合车辆通行的情况，这在苏联冬季特别明显。即使是汽车，数量也是越来越少，这一切都意味着作战准备十分困难，因此作战架次和任务次数不断减少。

Ⅱ./SG 2大队1架Fw 190F-3/Trop飞机正在土质跑道上滑行，照片拍摄于1944年夏天苏联南部，德军处在大溃败之际，战斗机单位和对地攻击单位时常需要转移机场，经常在新机场驻扎没几天就得撤退。

1944年6月23日，驻扎在罗马尼亚南部兹利斯提的Ⅱ./SG 2大队与美国陆航轰炸机编队及其护航战斗机编队发生战斗，前者击落2架B-17轰炸机和2架P-51战斗机。这段时间里，Ⅱ./SG 2大队装备着30架Fw 190F-8、2架Fw 190F-3、2架Fw 190A-6和2架Fw 190A-8飞机。

这段时间里，对地攻击单位之一换装Fw 190F-8飞机的是海因茨·霍格少校的Ⅲ./SG 3大队，这个大队隶属第1航空队，但也经常应邀支援第6航空队的北部侧翼行动。10月底转移到伊德里察后，Ⅲ./SG 3大队短时间内在波罗的海地区更换过近30次机场，这些机场一般在战线后方30—40公里，战局变化导致战线频繁变更，因此，前线机场也快速变更。Ⅲ./SG 3大队的主要攻击目标是苏联红军的阵地、运输车队、步兵集结战和装甲目标等，该大队这段时间经常参加战斗的维尔纳·盖尔少尉描述这段时间的战斗时称：

我们的作战任务是尽我们最大的可能阻滞敌人的进攻势头，给德国地面部队充足的时间加强他们的防御阵地以阻击敌人。如果战线哪个位置出现缺口，我们就得迅速出击补上缺口。这段时间里，地面的战斗形势变化很快，我们每次行动前必须要进行武装侦察：两个或三个四机编队被派到我们管辖地区的不同地点，为的是查看敌人是否有移动，如果有移动会移动到哪里。（频繁的侦察使得）我们对我们管辖地区相当了解，我们知道前一个晚上敌人在哪里，因此，我们也知道明天早上到哪里去找敌人。同样，当敌人的装甲部队突破战线，他们会进入开阔的乡村地带，这时找到他们就会很容易。

当我们发现敌人没有阻挡地向前挺进时，我们的战术原则就是攻击装甲防护能力差的供应车辆，这些车辆用机枪或是机炮就很容易摧毁，我们知道，没有燃油频繁供应，苏联坦克先头部队不可能深入战线太远。如果敌人装甲部队和我们的地面部队正面交锋，那么敌人坦克就是我们的主要目标。

在苏联进攻战役的第一阶段，我们大队的作战频次相当高，甚至有时一天要出击7—8架次，平均每个架次只有半小时，敌人总是在不远处。有时，我们会攻击已经超过了高炮防空火力范围之外的苏联部队，这时，我们会给敌人造成巨大损失，而我们几乎没什么损失。如果被攻击的苏联部队有防空高炮保护，我们的损失有时会很重。我们很少能与苏联战斗机照面，我本人只见过两次，而且两次照面我们没有损失飞机。

Ⅱ./SG 3大队2架Fw 190F-3飞机分别携带1枚SC 250炸弹，近处的飞机仍安装沙尘过滤器，远处“白色I”号飞机则没有安装。

有几个对地攻击单位的飞机战术编号重复出现在起落架舱门上，2./JG 5中队飞机也有这种情况。

跟斯大林格勒战役不同，“巴格拉季昂行动”没有单个引人注目的焦点，而且作战指挥官的名字和苏联地名让西方人听起来十分奇怪，这些原因导致西方国家对苏联的此次战役认识不足，其名气也没有苏联战场几次重要战役的那么大，但从苏联战场角度来看，“巴格拉季昂行动”是具备战略意义的一次战役。

当“巴格拉季昂行动”开始时，驻扎在芬兰北部，约瑟夫·卡姆胡贝航空兵上将的德国空军第5航空队组成如下：

希尔克内斯在挪威最北部，这里有一座德国空军机场，从地图可以看出，由大西洋到苏联摩尔曼斯克的航线由此经过，而且，希尔克内斯东部稍偏南不足200公里就是苏联重要港口摩尔曼斯克，因此，驻扎此地的德军扼守着北冰洋航线，还可以对摩尔曼斯克造成威胁，这里的机场重要性不言而喻。希尔克内斯也是在二战期间遭到最猛烈轰炸的地点之一，人称第二个马耳他。德国在希尔克内斯驻扎有空军、

第 3 航空师　　　　驻地：挪威希尔克内斯

1.(F)/31	海因茨·舒尔茨上尉	芬兰凯米耶尔维	Fw 190F-8 和 Bf 109	15 架
Ⅰ./SG 5	弗里茨·施罗特上尉	挪威希尔克内斯	Fw 190A-3、F-3/-8 和 Ju 87	33 架

驻扎在挪威的 Fw 190 飞机单位组成：

Ⅳ./JG 5	弗里茨·斯泰因达尔上尉	挪威斯塔万格索拉	Fw 190A-3 和 Bf 109	30 架

海军和陆军，空军Ⅰ./SG 5大队的物资供应全部依赖这里的港口。驻扎在这里的对地攻击单位主要任务就是轰炸摩尔曼斯克通往苏联内陆的铁路线，因为盟军供应的物资由大西洋运输到摩尔曼斯克，之后再通过铁路运送到苏联内部；除轰炸铁路，Ⅰ./SG 5大队还轰炸芬兰边境东部一带的苏联步兵集结点和阵地。1944年6月16日，1./SG 5中队离开大队向南部署到芬兰伊莫拉，在此，该中队暂时隶属库尔梅分遣队指挥，这个分遣队和这一带其他对地攻击单位一道企图协助德国地面部队防御6月9日从苏联维伊普里（现称维堡）方向进入卡累利阿地峡的苏军。战斗异常激烈，到7月底，1./SG 5中队在战斗中，或与战斗相关的事故中损失了12架飞机，一个中队常规编制就是12架飞机，相当于整个中队的飞机全部耗光，当然期间也有补充。

与此同时在苏联中部，德国地面部队8月3日在波兰拉济明（华沙东北25公里）暂时阻止了苏联白俄罗斯方面军。四天后，代行JG 54联队指挥官一职的阿德梅特上尉率领一个四机编队到拉脱维亚里加地区多瑙堡（现称陶格夫匹尔斯）一带执行自由猎杀行动，其间德国飞机与苏联空军10架伊尔-2攻击机和雅克-9战斗机遭遇，阿德梅特上尉在15时20分向1架伊尔-2发起攻击，但没有成功。之后不久，他的座机消失在地面升起的烟雾中，几分钟后，飞机坠地爆炸，代理指挥官阿德梅特上尉丧生。阿德梅特于1912年2月8日出生在西里

库尔特·库尔梅于1936年7月1日加入德国空军，在Ⅰ./St.G 162大队服役；1939年9月，他被任命为1./St.G 1中队指挥官；1942年1月13日，也晋升为Ⅱ./St.G 3大队指挥官；1943年4月1日，他再次晋升为St.G 3联队（后番号改为SG 3）指挥官；二战末期，他代理SG 2联队指挥官。上右图是库尔梅中校（中间）在和Ⅱ./SG 3大队指挥官西奥多尔·诺德曼、1./SG 3中队指挥官约翰·冯·巴根上尉讨论战术，下图是4./JG 54中队1架Fw 190A-6飞机，当时，库尔梅分遣队由Ⅰ./SG 3、Ⅰ./SG 5、Ⅱ./JG 54和NAGr 1大队组成。

同样是拍摄于1945年1月匈牙利的Ⅰ./SG 2大队的1架Fw 190F-8飞机，机腹携带1枚SC 250炸弹，机翼携带了ETC 701挂架。这一时期，匈牙利境内的德军对地攻击单位主要任务是协助德国地面部队突破布达佩斯包围圈。

西亚布雷斯劳（现属波兰），他整个从军生涯均在JG 54联队服役，他在1943年4月14日被授予“骑士十字勋章”，1944年3月2日再获第414号“橡树叶加骑士十字勋章”。作战生涯中，他执行过600多次作战任务，个人战绩达到166架。阵亡后，他的Ⅰ./JG 54大队指挥官一职由弗兰茨·埃泽纳赫上尉接任。

同一天，Ⅰ./JG 54大队声称击落15架苏联飞机，但是，德国战斗机单位在8月的战斗中损失开始急剧上升，JG 51联队队部中队在8月10日损失了拥有50架战果的路德克中士。JG 54联队在8月间也参与大量战斗，在8月15日这天，联队击落24架苏联飞机，第二天击落13架，8月25日击落16架，但是，取得这些战果的同时，该联队损失大量飞行员，此时击落苏联飞机不像过去那么容易了。同样是在8月25日，JG 51联队队部中队指挥官布泽中尉被苏联战斗机击落身亡，接替他的是古斯塔夫·斯图姆少尉。

在极北地区，8月20日，德国第3装甲集团军设法建立了一条30公里宽的走廊通往已经在拉脱维亚里加地区被围困的北方集团军群，第二天，在这一带战斗的11./JG 54中队指挥官哈拉中尉被苏联战斗机击落，跳伞逃生的他最终成了苏军战俘，哈拉是拥有40架战绩的王牌飞行员。8月23日，基特尔少尉获得他个人第200个战果，五天后，Ⅰ./JG 54大队的威廉·菲利普中士被苏联空军P-39战斗机击落而受伤，这位军衔仍为中士的飞行员拥有77架战绩，虽然这在德国空军中不算什么，但还是个中士真有点说不过去。

同样是在8月20日，苏联第2和第3乌克兰方面军向德国仆从国罗马尼亚军队发起最后总攻，90万轴心国军队面对的是130万苏军，轴心国集结了300架战斗机，但是没有Fw 190。总攻战役开始三天后，罗马尼亚米哈伊国王发动一场政变，解除了罗马尼亚实际统治者扬·安东内斯库元帅的军职（1944年8月23日安东内斯库在谒见国王时被捕），这一事件直接后果就是罗马尼亚选择站在盟军一边。听到这个消息，大为光火的希特勒立即命令德国军队攻击罗马尼亚部队以帮助安东内斯库元帅恢复统治。另外，希特勒还下令德国空军攻击罗马尼亚布加勒斯特的政府部门，参与此次行动的单位之一是库尔特·劳上尉的Ⅰ./SG 2大队，这个大队刚刚完成换装Fw 190F-8飞机，当时驻扎在福克沙尼（布加勒斯特东北162公里）。在战斗中，这个大队击落几架苏联飞机，两天后的8月25日，2./SG 2中队普伦扎特少尉击落1架罗马尼亚空军飞机。虽然装备了新飞机，由于缺乏Fw 190F-8专用的C3燃油，大队不得不将罗马尼亚空军的Ju 87D俯冲轰炸机缴获过来后继续使用。8月25日，罗马尼亚新政府正式向德国宣战，德国军队不得不仓皇退到匈牙利，一个战壕里的战友突然反目，局势十分混乱。8月29日，苏军包围康斯坦察，第二天包围对于德国性命攸关的普洛耶什蒂油田，31日包围首都布加勒斯特。在这

“黑色2”号是4./SG 3中队的Fw 190F-8飞机，从数字判断这是借用大队其他中队的飞机。该机的驾驶员格哈德·库什纳下士后来在1945年4月19日驾机向西方盟军投降。

些战斗中，罗马尼亚军队抓获了5万名德国士兵，之后罗马尼亚军队向苏联红军投降。在7月和8月的战斗中，SG 1联队损失76架飞机，而SG 10联队损失73架。

至9月初，德国空军在苏联战场的所有对地攻击单位都在拼命抵挡苏军的进攻，此时只有Ⅰ./SG 1大队、Ⅲ./SG 2大队和Ⅲ./SG 77大队仍使用着老旧的Ju 87俯冲轰炸机，后者正在换装Fw 190F-8战斗机。目前为止，装备Fw 190飞机的战斗机单位和对地攻击单位如下：

第1航空队

第3航空师　　**驻地：拉脱维亚威泽拉瓦**

Stab./SG 3	爱沙尼亚珀尔察马	Fw 190A-3和F-8
Ⅰ./SG 3	捷克斯洛伐克帕尔杜比采	正在换装Fw 190F-8，未形成战斗力
Ⅱ./SG 3	拉脱维亚里加斯皮尔韦	Fw 190A-3和F-8
Ⅲ./SG 3	爱沙尼亚珀尔察马	Fw 190F-8
Stab./SG 4	东普鲁士文登	Fw 190F-8
Ⅰ./SG 4	东普鲁士文登	Fw 190A-3、A-8、F-8、G-8
Ⅱ./SG 4	拉脱维亚里加斯皮尔韦	Fw 190F-8和G-2
Ⅲ./SG 4	拉脱维亚瓦尔米耶拉	Fw 190F-8
Ⅰ./SG 5	拉脱维亚斯米尔泰内	Fw 190A-3、F-3、F-8

奥斯兰战斗机师　　**驻地：里加斯皮尔韦**

Stab./JG 54	里加斯库尔特	Fw 190A-4、A-5、A-9
Ⅰ./JG 54	里加斯库尔特	Fw 190A-4、A-5、A-6、A-9
Ⅱ./JG 54	拉脱维亚文登	Fw 190A-3、A-4、A-5、A-6、A-8、A-9

这个师在1944年9月被撤消。

第4航空队

第Ⅰ航空军　　**驻地：匈牙利戈尔根亚诺斯法卢**

Stab./SG 2	戈尔根亚诺斯法卢	Fw 190F-8和Ju 87
Ⅰ./SG 2	戈尔根亚诺斯法卢	Fw 190F-8
Ⅱ./SG 2	戈尔根亚诺斯法卢	Fw 190F-3、F-8和G-8
Ⅲ./SG 10	戈尔根亚诺斯法卢	Fw 190F-8

第6航空队

第Ⅷ航空军　　**驻地：波兰威特科维斯**

Ⅳ./JG 54	波兰纳谢尔斯克	Fw 190A-7、A-8和F-8
Ⅰ./SG 10	东普鲁士因斯特堡	Fw 190A-8、F-3、F-8和G-8
Stab./JG 77 波兰克拉科沃	Fw 190F-8	
Ⅰ./SG 77	波兰克拉科沃	Fw 190F-8
Ⅱ./SG 77	波兰纳格洛维采	Fw 190F-3、F-8和G-3

第1航空师　　**驻地：波兰托帕洛瓦**

Stab./SG 10	波兰别利采	Fw 190F-8
Ⅱ./SG 10	波兰别利采	Fw 190F-8和G-8

第4航空师　　**驻地：波兰托帕洛瓦**

Stab./SG 1	东普鲁士洛贝伦	Fw 190F-8
Ⅱ./SG 1	东普鲁士洛贝伦	Fw 190F-8
Ⅲ./SG 1	东普鲁士因斯特堡	Fw 190F-8和G-8

东普鲁士战斗机师　　**驻地：东普鲁士诺伊豪森**

Ⅲ./JG 11	立陶宛库尔舍奈	Fw 190A-8

9月2日，芬兰和德国断交，随后与苏联签订和平协议。截止9月15日，所有德国部队撤出芬兰，当时，德国空军第5航空队正集中在挪威地区。随后，Ⅰ./SG 5大队从苏联特萨利姆尤基（现称旁恰，靠近芬兰边境）转移到拉脱维亚北部瓦尔加（Valga①）南部38公里斯姆滕。几天后，这个大队再次转移到爱沙尼亚韦森贝格（也称拉克韦雷），以缓解德国北方集团军群的压力，后者正遭受苏联第2和第3波罗的海方面军的围攻，德国地面部队企图在空军的协助下向拉脱维亚里加撤退。

这架Fw 190F-8/R1飞机是Ⅲ./SG 1大队指挥官卡尔·施列普夫弗上尉的座机，1944年8月间，这个对地攻击大队驻扎在波兰克拉科夫。此时，德国空军对地攻击单位已经不再用字母等，机侧标志完全跟战斗机单位的一样。

SG 4联队的2架Fw 190F-2飞机正在进行修理，近处飞机侧面和机翼上有很多白条。

至9月，德国地面部队已经设法稳固了新的战线，此时苏军已经将德军几乎完全隔离在爱沙尼亚和拉脱维亚内，其他部队则深入波兰维斯瓦河一带。9月5日，德军Ⅳ./JG 54大队在第Ⅷ航空军管辖内执行最后一次作战任务，击落5架苏联飞机。在1944年7月里，Ⅳ./JG 54大队损失31架飞机，其中21架是战斗损失。在苏联战场的最后四个星期里，这个大队有十名飞行员丧生。9月6日，Ⅳ./JG 54大队途经波兰中部切哈努夫和德国阿尔特隆讷维茨，最终部署到普兰特吕内（现称吕内，在赖讷正北25公里，靠近德国西部边境），加入到帝国保卫战战斗序列中；Ⅲ./JG 11大队遭受的损失也很严重，在6月底至8月底的三个月里，该大队损失23名飞行员。9月2日，这个大队先是撤退到德国雷泽卡尼茨（基尔西约100公里），然后撤退到阿赫默进行休整和补充。最后于10月6日再次返回战线，在东普鲁士战斗机航空师指挥下作战。

“巴格拉季昂行动”结束后，战场的焦点从苏联北方转移到南方。9月5日，另一个德国仆从国保加利亚也倒向了苏联。在东欧这个方向上，负责阻挡苏联红军的是SG 2联队两个大队（Ⅰ./SG 2大队和Ⅱ./

① 爱沙尼亚最南部也有一个瓦尔加，两个瓦尔加靠近，相当于一个地点被边境线一分为二。

时至1944年12月，Ⅳ./JG 5大队主要装备的是Bf 109G-6和G-14，还有3架Fw 190A-3和17架Fw 190A-8飞机。JG 5联队的飞机战术编号字体特别地大。

SG 2大队）和Ⅲ./SG 10大队，这些对地攻击大队不仅执行对地攻击任务，也被迫执行制空任务，虽然取得的空战战果比苏联战斗机单位还多，损失也相当严重，最可怕的是损失很难弥补上来。此前的6月4日，6./SG 2中队指挥官京特·布莱克曼上尉在罗马尼亚上空被击落身亡，之后的10月，同中队拥有40架战果的奥托·道梅拉特斯基在一次转场飞行途中于捷克斯洛伐克上空被美国战斗机击落，转场过程中，他驾驶的飞机没有携带武器，他的后面还蜷缩着他的长官，这位长官没有配备降落伞。飞机被击中后，道梅拉特斯基不想丢下长官跳伞，他选择冒险迫降，结果迫降失败，两人均丧生。6月撤出克里米亚半岛进入罗马尼亚后，Ⅱ./SG 2大队的飞机就经常与驻扎在意大利的美军P-51遭遇，很多飞行员命丧“野马”，包括两名中队指挥官。

在北方，拉脱维亚库尔兰地区（Kurland，位于现在拉脱维亚西部的一个旧地名），苏军三个波罗的海方面军在9月14日发动新的进攻战役，德国空军Ⅰ./JG 54大队和Ⅱ./JG 54大队参加了此次战役。苏联进攻行动的第一天，Ⅰ./JG 54大队在激烈的战斗中击落不少于57架苏联飞机，其中埃泽纳赫上尉一个人就击落9架，这使得他的个人战绩突破100架大关；弗里茨·泰格特梅尔少尉和奥托·基特尔分别击落6架。第二天，这个大队再次击落21架敌机，而Ⅱ./JG 54大队在这里击落22架敌机，其中5./JG 54中队格哈德·泰本少尉独得4架。9月16日，格哈德·泰本又击落3架拉-5和2架雅克-9战斗机，以及1架伊尔-2攻击机。接下来一天，JG 54联队的这两个大队又声称击落33架苏联飞机，其中Ⅱ./JG 54大队指挥官鲁道弗少校击落3架。9月21日，苏联轰炸机空袭了Ⅰ./JG 54大队机场，埃泽纳赫上尉在指挥所里被严重炸伤。

由于德国空军对地攻击单

这架Fw 190A-5，W.Nr.5960，CJ＋DJ飞机在1943年8月交付给Ⅱ./Schl.G 1大队，后来该机转交给Ⅰ./JG 54大队。1944年8月7日的战斗中，Ⅰ./JG 54大队指挥官霍斯特·阿德梅特上尉驾驶该机与10架苏联伊尔-2飞机混战在一起，最终他被击落身亡。

Fw 190G-3远程战斗轰炸机可以携带1枚250公斤炸弹和2个300升副油箱，载荷达到500公斤。在对地攻击单位，G系列飞机的装备数量远不如F系列。

位的作战任务繁重，SG 151联队的部分训练和后备单位应召参加战斗，Ⅱ./SG 151大队就是其中之一。该大队被部署到匈牙利东南部的贝凯什乔包，在此，该大队受巴纳特特遣队指挥，实际上，这个在罗马尼亚西部巴纳特成立的单位主要指挥运输机单位行动，非常时期作战任务有所拓展。巴纳特特遣队主要任务是支援匈牙利第5集团军，并攻击通过武尔坎山口进入西特兰西瓦尼亚山脉（也称南喀尔巴阡山脉）的苏军。四天后，Ⅱ./SG 151大队再次转移到匈牙利东南的吉奥马恩德罗德（布达佩斯东南142公里），仍受巴纳特特遣队指挥。10月下半月，Ⅱ./SG 151大队作战行动突然终止，随后大队返回德国。稍早前的10月6日，10./SG 151中队也被派遣到东欧归巴纳特特遣队指挥，主要作战行动是阻止苏军穿过罗马尼亚西部进入匈牙利南部和南斯拉夫东部。

奥托·基特尔

奥托·基特尔是德国空军排名第四的超级王牌，也是排名第一的Fw 190战斗机王牌，但是他似乎不及Bf 109战斗机王牌如埃里希·哈特曼、格哈德·巴克霍恩和京特·拉尔的名气响，这并不影响他是一名世界级的飞行员。奥托·基特尔于1917年2月21日出生在科隆斯道夫（现捷克共和国克拉索夫），1939年1月参加德国空军。1939年11月，基特尔开始进行飞行训练，1941年1月完成飞行训练并被分配到当时驻扎在耶弗尔的2./JG 54中队。1941年6月，当时装备Bf 109F-2战斗机的2./JG 54中队被调到东线参加入侵苏联的战争，东线战争爆发后的6月24日，基特尔接连击落2架苏联SB-2轰炸机，这是他作战生涯中首次取得战果。

跟所有其他著名飞行员一样，起初基特尔的战绩上升非常缓慢，直到1942年9月23日他的战绩才达到20架，当时曾任JG 54联队指挥官的汉内斯·特劳罗夫特回忆称：

奥托·基特尔是比较安静的飞行员之一，也是德国最具才华的飞行员之一。他身材矮小，安静，却是一个极严肃的士兵，他说话缓慢，有点口吃。就气质来说，他并不适合作公众偶像飞行员来宣传（这点跟约阿西姆·马尔塞尤不同）。击落1架飞机似乎对这位年轻的飞行员来说就像做一个解谜游戏，他的成功还远没到来。经常跟Ⅰ./JG 54大队的汉斯·菲利普、瓦尔特·诺沃特尼、汉斯·戈茨、弗兰茨·埃克勒和其他天才战斗机飞行员一起出击，奥托·基特尔的作战知识增长很快。突然之间，他变得像彗星一样垂直爬升，从来不会漫不经心。

奥托·基特尔是当之无愧的超级王牌，只是他不善言辞，身材不高，还口吃，并不适合作公众偶像飞行员。右图是他在2./JG 54中队服役时，军衔还是上士时获得一级铁十字勋章。

特劳罗夫特（左）和基特尔。

基特尔和其他德国王牌，如汉斯·菲利普的关系很好，经常与其分享空战的经验。菲利普还是基特尔与埃迪特于1942年6月在克拉诺格瓦迪斯克（现称加特契纳）结婚的主婚牧师，埃迪特到前线附近与基特尔结婚，两人婚育一子，儿子曼弗雷特在1945年出生。

1943年1月12日，基特尔当天击落6架苏联飞机，这是他第22架至第27架战果。就在这段时间，他的中队换装了Fw 190战斗机，换装后的2月19日，他的战绩上升到39架，这个战果也是JG 54联队的第4000架战果。七天后，基特尔获得“金质德意志十字勋章”（DKiG①）。在1943年3月15日击落第47架战果（1架苏联米格-3）后，由于发动机故障，基特尔不得不驾驶Fw 190A-4，W.Nr.142481座机在库尔兰的德祖克斯特附近的冰冻地面，即战线敌方一侧80公里地方实施了迫降，迫降后他立即钻进2公里外的树林中，在一个有树木掩蔽的地方稍事休息时，他开始翻起自己的口袋来，可惜只有两包香烟，却没有火柴！还有一支手枪、一块手表和一个罗盘。由于他想尽快脱离迫降地点，离开时忘记带走自己的救生包和手套等必备物品。3月仍然天寒地冻，奇冷无比，还没有御寒衣物，再冷也抵不上求生欲望，基特尔穿过列宁格勒南200公里的伊尔门湖冰冻湖面，三天没有进食，最终返回德国防线内。因为此次经历，他的军衔晋升为上士。

在医院治疗短暂时间后，基特尔返回战场，并且在1943年6月11日击落他第50架战果，这段时间里，乌尔里希·魏尼

① “金质德意志十字勋章”是希特勒在1941年11月17日设立的勋章，该勋章比“铁十字勋章”的级别要高，但是低于“骑士十字勋章”。入侵苏联半年不到，德国“骑士十字勋章”的颁发标准提高到战绩40架以上，有人战绩甚至达到60、70架还未获得，原因是颁发勋章并不是到了40架就自动荣获，统计上报后会统一颁发，因此会出现极个别战绩达到百架还没获此勋章的情况。为了表彰飞行员的勇敢无畏和战斗中战绩上升较快，在未达到“骑士十字勋章”前，颁发“金质德意志勋章”以示鼓励。

3./JG 54中队官兵自办品尝咖啡活动，当时该中队驻扎在拉脱维亚里加地区，照片中左三戴军帽者就是基特尔，远处是1架Fw 190A-8战斗机。

基特尔少尉在向他的属下讲话，照片拍摄于1944年6月23日，基特尔刚刚被任命为3./JG 54中队指挥官，军衔也晋升为少尉。

茨下士作为他的僚机。这位绰号“皮皮法克斯”的魏尼茨也不是小小下士这么不起眼，他参加过240多次作战任务，个人战绩为101架，他在1944年11月1日获得“骑士十字勋章”，1945年2月晋升为3./JG 54中队指挥官。在1943年7月里，基特尔击落25架敌机，8月4日一天内击落7架敌机，9月14日，他的战绩达到100架，当月28日，他成为JG 54联队第28名获得“骑士十字勋章”的飞行员。1944年1月，基特尔的战绩已经达到127架，此时他被分配到驻扎在法国比亚里茨的东后备战斗机飞行员训练大队，实际上他在这里只服役了三个月，相当于暂时离开前线到后方休息，之后又返回JG 54联队，此时他已经被任命为3./JG 54中队指挥官，军衔晋升为少尉。特劳罗夫特称：

（基特尔）的一系列成功开始迅速增加，由于前线的局势对德国十分不利，他取得的战果更加难能可贵。此时苏联空军力量变得越来越强大，不断溃败的德国地面部队比以往更加频繁呼叫空军来支援，截至1944年4月，基特尔的战绩达到150架，由于面对敌人表现出的英雄主义，基特尔被任命为中队指挥官并晋升为少尉。在库尔兰一带艰难的战斗中，“奥托·基特尔”的名字甚至在前线步兵战壕里都大名鼎鼎。

在获得152架战果后，基特尔在1944年4月14日被授予第449号“橡树叶加骑士十字勋章”。基特尔的第200架战果是在当年8月26日取得的，五天后，他被任命为2./JG 54中队指挥官。11月25日，基特尔被授予第113号“宝剑加橡树叶加骑士十字勋章”，几个月后的1945年2月，他的军衔晋升为中尉。

基特尔的生命最后一战是1945年2月16日（也有资料称是2月14日），当天他率领他的中队四机编队到德祖克斯特附近战线执行自由猎杀任务，大约7分钟后，基特尔发现14架苏联伊尔-2攻击机正在150米高度用炸弹和火箭弹攻击德国步兵。苏联飞机以纵队形式一架接一架实施攻击，基特尔用无线电命令其他飞行员从右侧攻击敌机，他的僚机赖纳候补中士后来回忆称：“我飞行在离基特尔中尉大约100米处，我看见他俯冲到1架伊尔-2的后下方并实施攻击。在我们的后方，另外2架伊尔-2立即大角度拉起。在下一刻，我发现他的座舱内爆炸，随即飞机开始坠落。”几秒钟后，基特尔的Fw 190飞机着火，他的座机右侧机翼先触地，整个飞机爆炸。基特尔的飞机坠毁在德祖克斯特西南6公里处，后来他被葬在拉脱维亚的萨比莱。基特尔参加过583次作战任务，个人总战绩为267架，特劳罗夫特盛赞他：

基特尔在兴奋地讲解什么，背景是他的Fw 190A-8，“黄色1”号座机。

> 即使取得了巨大的成功，奥托·基特尔直到阵亡仍然是一个安静的、无私的人，这就是为什么我们爱戴和赞扬他的缘故。

进攻德国本土

至1944年10月初，苏联红军北部的列宁格勒方面军逐渐将德国军队赶出了爱沙尼亚。在10月5日，Ⅱ./SG 3大队的Fw 190飞机在里加湾的萨列马岛上空遭遇苏联飞机，前者击落5架伊尔-2。两天后，这个大队又击落2架伊尔-2和1架米格-3。

同样在10月5日，苏联第1波罗的海方面军向立陶宛境内的德军第3装甲集团军群发动新一轮进攻行动，为了保护德国地面部队撤退，德国空军对地攻击大队绝望地奋力作战以阻止苏军的前进。10月9日，两个苏军集团军向南挺进到波罗的海沿岸的立陶宛梅梅尔（现称克来佩达），四天后，拉脱维亚首都里加被苏军解放。目前的战局是德国北方集团军群和德国空军第1航空队完全被隔开，也就是德军回家的路被切断，而且被包围在拉脱维亚西北部的库尔兰地区，也称“库尔兰口袋”。在这一地区战斗的对地攻击大队包括Ⅱ./SG 3大队，苏军解放里加三天前，该大队撤退到波罗的海沿岸的里堡（现称利耶帕亚）；Ⅲ./SG 3大队在10月上半月转移到拉脱维亚西南部的弗劳恩堡（现称萨尔杜斯，在利耶帕亚东100公里），这个大队刚刚接收可以携带反坦克火箭弹的Fw 190飞机。

德国空军对地攻击单位在东线的1944年下半年作战任务非常繁重，可以通过Ⅲ./SG 4大队的行动窥其一斑。从1944年7月部署到拉脱维亚开始到10月15日，这个大队执行了2559次对地攻击任务，13名飞行员阵亡，损失飞机无具体数字，肯定挺大。该大队在行动中击落16架敌机，击伤21架，摧毁地面7架飞机，摧毁52辆装甲车辆、54门火炮、1889辆汽车，还有毁伤530辆汽车。这些数字显示，Ⅲ./SG 4大队的主要作战任务是对地攻击，空战中击落敌机纯粹是自卫行动取得的。在10月16日至20日间，在高强度攻击苏联装甲部队行动中，SG 4联队因苏联空军的攻击而损失17架Fw 190飞机。

激烈的地面战争爆发后，“绿心联队”的前两个大队继续在前线的北部战场作战，和其他大部分战斗机单位一样，

两图为6./SG 2中队奥托·多梅拉斯基上士，他的座机是Fw 190F，黑色T。1944年夏天，Ⅱ./SG 2大队经常执行为鲁德尔Ju 87G俯冲轰炸机护航的任务。多梅拉斯基上士在1944年10月13日与美军P-51“野马”战斗机的战斗中被击落身亡。11月25日，他被追授“橡树叶加骑士十字勋章”。

JG 54联队的每个大队都扩编到四个中队，10月，Ⅰ./JG 54大队增加一个中队，新增中队飞行员是原3./KG 2轰炸机中队的成员。同时，Ⅱ./JG 54大队增加一个8./JG 54中队，该大队由原4./KG 2中队演变而来。扩编后的这两个大队在10月9日的战斗中取得了不错的战绩，Ⅰ./JG 54大队击落17架苏联飞机，其中5架属“布鲁诺”·基特尔少尉；Ⅱ./JG 54大队击落14架敌机，其中4架属于赫尔曼·施赖恩黑格少尉。第二天，Ⅱ./JG 54大队击落25架苏联飞机，其中18架是正在空中支持苏联地面部队的皮-2轰炸机。这天最成功的飞行员是大队指挥官鲁道弗上尉，他击落4架皮-2轰炸机和3架“空中飞蛇”战斗机。

此时，对德军威胁最大的是苏军第3白俄罗斯方面军，10月16日，苏军向德国东普鲁士发起新的进攻行动。为了增援在此作战的德国空军第6航空队，几个装备Bf 109飞机的战斗机单位被匆忙调到这里。苏军进攻战役开始两天后，JG 51联队队部中队的赫尔穆特·索恩费尔德中士的战绩上升到40架。在德国第4装甲集团军群和德国空军对地攻击大队的联合苦战下，德军在残酷的坦克混战后成功地在安格拉普（现属俄罗斯飞地加里宁格勒）迫使苏军暂时后撤。参加此次阻击行动的对地攻击单位之一是Ⅱ./SG 1大队，这个大队之前先是转移到于尔根费尔德再部署到东普鲁士的格道恩（现称热列兹诺多罗日内，属俄罗斯加里宁格勒）。此次德军的小胜利使得在东普鲁士和立陶宛边境一带形成一条中央波兰战线。同样在这段时间，维尔纳·霍夫曼的Ⅰ./JG 1大队后撤到西里西亚索恩费尔德（德国境内东部，不是奥地利维也纳北部的地名）的塞弗施道夫，由Ju 87D换装到Fw 190F-8，换装完成后，该大队在1944年12月具备作战能力。

1944年10月27日，苏军第1波罗的海方面军发动第二次进攻，企图消灭“库尔兰口袋”内的德军。同样，德国空

Ⅱ./SG 2大队的Fw 190F-8飞机从积雪覆盖的匈牙利机场准备起飞迎击苏联红军，1944年11月底，这个大队驻扎在匈牙利中部。第一张照片中飞机左侧机翼可以看到两道条纹，1944年年底，德国空军第4航空队要求所属飞机在机翼上采用黄色“V”字形图案，以便空地敌我识别。

军JG 54联队拼了命地拦截苏联空军对地攻击飞机，以及为己方对地攻击飞机实施护航，在战役打响的第一天，Ⅰ./JG 54大队击落21架苏联飞机，其中奥托·基特尔少尉独揽7架；Ⅱ./JG 54大队击落19架敌机。10月28日，Ⅱ./JG 54大队击落23架敌机，不少于11架战果属于埃里希·鲁道弗。10月29日，超过1800架苏联飞机攻击了库尔兰地区的德国地面部队，第二天，JG 54联队新任指挥官迪特里希·哈巴克中校的战绩达到125架，第125架是1架“空中飞蛇”战斗机。哈巴克中校在10月1日刚刚接替安东·马德中校任JG 54联队指挥官。在10月30日，Ⅰ./JG 54大队击落9架敌机，而Ⅱ./JG 54大队击落20架。5./JG 54中队一名飞行员诺伯特·哈尼希少尉描述这段时间的战斗时称：

1944年10月底，苏联地区降下入冬以来的第一场雨夹雪，混合着雪的雨下得很大，时间也很长，这导致了里堡格罗宾一带的地面几乎消失在水中，飞机起飞和着陆几乎不可能。此时，苏联军队沿着爱沙尼亚沿岸向北挺进，占领了里加湾湾口处的大部分岛屿，只有最南部最大的萨雷马岛仍在德国人手中。萨雷马岛南端是类似手指的瑟尔韦半岛，半岛离对岸的库尔兰北部仅20公里，目前，岛上有一个战斗组仍占据此岛。为岛上驻守德军提供支援的是德国海军小型战列舰“舍尔海军上将”号和重巡洋舰“吕佐夫”号。

现在，德国决定将瑟尔韦半岛上的德军战斗组撤出，同时命令空军第1航空队为撤退行动提供空中掩护。航空队前沿司令部将作战命令下达到我们联队司令部，后者再将命令下达给Ⅱ大队（Ⅱ./JG 54）：“一个双机编队掩护萨雷马岛沿岸的德国海军重型战舰。”大队指挥官亲自用电话向联队司令部汇报，目前地面到处是深深的积水，飞机无法起飞。但是，命令必须执行，作战任务必须按时执行，不管机场目前是什么样的条件，飞机都得起飞。

实际情况是，双机编队中有1架飞机勉强成功起飞，第二架飞机起飞失败，由于高度不够，飞机撞上了一座炮楼，随后翻滚坠地爆炸。

随着入侵苏联的第四个冬

1944年春天，4./JG 54中队驻扎在芬兰伊莫拉地区，当时该中队隶属库尔梅特遣队指挥。图中德军地勤和枪械员正在给Fw 190A-6飞机加油和补充弹药，一名芬兰士兵背着手在注视他们工作。

天到来，战场形势已经稳定下来，从9月14日到11月24日，苏联空军损失了779架飞机。然而，12月初，苏军第3乌克兰方面军发动又一次进攻行动，即从南斯拉夫的贝尔格莱德进入匈牙利，12月3日，苏军抵达匈牙利首都布达佩斯西南的巴拉顿湖。两天后，第2乌克兰方面军从布达佩斯北面和南部同时发起攻击，但是，苏军的此次行动被德军的增援部队击溃。在更北面的波罗的海地区，12月14日，苏联空军60架飞机向拉脱维亚里堡港口实施了两次轰炸，德国空军当时驻扎在里堡附近的Ⅱ./JG 54大队的Fw 190飞机拦截了苏联飞机，战斗中击落22架苏联飞机，虽然德国空军取得的战果相当“辉煌”，苏联飞机还是击沉7艘，击伤4艘德国舰船。第二天，200多架苏联飞机再次出动，这次，德国Ⅰ./JG 54大队和Ⅱ./JG 54大队共击落30架敌机，其中Ⅱ./JG 54大队队部赫尔穆特·韦特斯泰因中尉击落1架雅克-9战斗机，这是JG 54联队第9000架战果。Ⅰ./JG 54大队的汉斯-约阿西姆·克罗西恩斯基中士击落3架轰炸机，他的战绩上升到64架。但是，苏联空军在12月15日的空袭行动中将JG 54联队的11架飞机摧毁在地面。

12月21日，苏联第1波罗的海方面军发动又一次进攻企图消灭“库尔兰口袋”里的德军，这天，苏联空军出动了2500架次飞机，而德国JG 54联队两个大队却只击落42架敌机，其中汉斯-约阿西姆·克罗西恩斯基击落5架皮-2轰炸机，他后来描述这场战斗时称：

早上8点30分，我们收到皮-2轰炸机来袭的警报，我起飞后爬升到5500米高度，在此高度我发现了苏联飞机，共三个编队，每个编队9架飞机。我向最后一个编队的最右侧的敌机发起攻击，我当即击落1

这架Fw 190A-6是Ⅱ./JG 54大队指挥官埃里希·鲁道弗上尉的座机，该机原是Ⅰ./JG 54大队指挥官霍斯特·阿德梅特上尉的座机。

Ⅱ./JG 54大队的“白色7”号Fw 190A-6垂尾刚刚重新喷漆，先喷一层底漆，然后再喷涂标志和涂装。

架，随后又击落4架。随着我击落第五架飞机，我的座机因敌机发动机紊流而失去控制，我的一侧暴露在苏联1架飞机面前。够了！我的飞机开始燃烧，我的座舱罩无法抛离，最后，座舱罩还是抛掉了，我爬出了座机。我等了好长时间才打开降落伞，在我下降过程中，我向下看了看，发现我右脚上的靴子不见了，脚踝处冒出血来，1发12.7毫米的子弹击中了我的脚踝。我落在一棵树上，撞击使得我的右肩受伤。最后，我落在雪地上，几乎精疲力竭。幸运的是我落在离野战医院不远处，一些德国人过来将我送到医院。由于战争形势非常糟糕，四个星期后医生才来看看我的伤情，最终我被送到石勒苏益格-荷尔斯泰因一家医院，医院在马伦特东部5公里，在此，我的伤情得到治愈。

同一天（12月21日），7./JG 54中队指挥官格哈德·泰本少尉击落4架苏联飞机。第二天，苏联空军出动1800架次，德国JG 54联队击落39架，泰本少尉再次击落5架敌机，他的战绩也上升到130架。12月23日，苏联空军出动2400多架次到“库尔兰口袋”上空作战。12月27日，Ⅰ./JG 54大队海因茨·韦尼克少尉在与苏联雅克-9战斗机格斗过程中与僚机沃利恩下士相撞，两人均阵亡。海因茨·韦尼克少尉此时的战绩为117架，此前的1944年9月30日，他被授予“骑士十字勋章”。

直指纳粹老巢

西线的“阿登反击战”偃旗息鼓，东线也不安宁。1945年新年伊始，东线的Fw 190战斗机单位被划归德国空军三个航空队，库尔特·普夫卢格贝尔航空兵上将的第1航空队此时正被困在“库尔兰口袋”里，该航空队的司令部在爱沙尼亚的扎拉（现称萨尔德），东线三个航空队战斗序列如下：

第1航空队

Stabsstaffel./JG 51	古斯塔夫·斯图姆少尉	不详	Fw 190A-8	16架
Stab./JG 54	迪特里希·赫拉巴克上校	拉脱维亚希拉瓦	Fw 190A-9	1架
Ⅰ./JG 54	弗兰茨·埃泽纳赫上尉	施伦德和温德瓦	Fw 190A-4至A-9	32架
Ⅱ./JG 54	埃里希·鲁道弗上尉	利耶帕亚	Fw 190A-5至A-9	40架
Ⅲ./SG 3	齐格费尔德·戈贝尔上尉	萨比莱	Fw 190F-8和F-9	35架

在南部，匈牙利西部和南斯拉夫的德国空军力量隶属奥托·德斯洛赫上将的第4航空队，其司令驻扎在斯洛伐克的普莱斯堡（德国人称呼，捷克称布拉迪斯拉发）。

第4航空队

Stab./SG 2	汉斯·乌尔里希·鲁德尔中校	芬斯特瓦尔德	Fw 190F-8/PZ和Ju 87	7架
Ⅰ./SG 2	赫尔伯特·鲍尔上尉	色尔（匈牙利）	Fw 190F-8/PZ和F-8/R1	23架
Ⅱ./SG 2	卡尔·凯涅尔上尉	陶波尔曹	Fw 190F-8/PZ、F-8/R1和G-8	29架
Stab./SG 10	伯恩哈德·哈梅斯特少校	马扎尔迈奇凯（匈牙利）	Fw 190F-8	1架
Ⅰ./SG 10	埃贡·蒂姆少校	托特瓦若尼（匈牙利）	Fw 190F-8	17架
Ⅱ./SG 10	戈茨·保曼上尉	托特瓦若尼（匈牙利）	Fw 190F-8	19架
Ⅲ./SG 10	霍斯特·斯泰因哈德上尉	谢列格耶斯（匈牙利）	Fw 190F-8	20架

负责保卫波兰和东普鲁士的是罗伯特·冯·格雷姆上将的第6航空队，司令部驻扎在波兰奥佐尔库夫。

第 6 航空队

Stab./JG 52	赫尔曼・格拉夫上校	于尔根费尔德	Fw 190A-9 和 Bf 109	5 架
Stab./SG 1	彼得・加斯曼少校	波兰别利采	Fw 190F-8	5 架
Ⅱ./SG 1	厄恩斯特-克里斯蒂安・雷施少校	格道恩	Fw 190F-8	38 架
Ⅲ./SG 1	卡尔・施雷普夫上尉	别利采和克拉科夫	Fw 190F-8 和 G-8	36 架
Stab./SG 3	伯恩哈德・哈梅斯特少校[①]	波兰格道恩	Fw 190F-8	8 架
Ⅰ./SG 3	汉斯・托普弗上尉	波兰格道恩	Fw 190F-8	43 架
Ⅱ./SG 3	特奥多尔・诺德曼上尉	约绍	Fw 190F-8	31 架
Stab./SG 77	赫尔穆特・布鲁克中校	波兰斯普罗陶	Fw 190F-8	6 架
Ⅰ./SG 77	卡尔・亨泽上尉	波兰斯普罗陶	Fw 190F-8	34 架
Ⅱ./SG 77	亚历山大・格拉泽上尉	波兰克拉科夫	Fw 190F-8 和 G-3	31 架
Ⅲ./SG 77	弗兰茨・基斯里希上尉	波兰鲁德尼基	Fw 190F-8	30 架

上面的列表可以看出，除了SG 4联队和NSGr 20大队，德国空军的对地攻击大队全部部署到东线与苏联红军作战。SG 2联队的Ⅲ./SG 2大队仍然装备着Ju 87“斯图卡”俯冲轰炸机直到二战结束；而Ⅰ./SG 1大队当时正在德国空军第10航空队的指挥下在斯科费尔德的塞弗施道夫进行由Ju 87换装Fw 190F-8的转型训练，这个大队一名飞行员卡尔·斯泰因后来回忆称：

库尔兰战役示意图。

我们对Fw 190飞机非常满意，飞机的操作界面非常舒服，我也非常喜爱坚固粗犷的福克-沃尔夫飞机。Fw 190F和Fw 190G型号飞机用机腹迫降

① 第4航空队列表中Stab./SG 10，即SG 10联队指挥官和第6航空队列表中Stab./SG 3联队指挥官同名同姓，原资料作者输入表格出现的错误，笔者查阅各个SG联队历史发现Stab./SG 3联队指挥官确系伯恩哈德·哈梅斯特少校，而SG 10联队此时的指挥官是爱瓦尔德·詹森中校，任职期限1944年7月20日至1945年1月底。1945年1月30日，乔治·杰克布中校接替爱瓦尔德·詹森任SG 10联队指挥官。

没有任何问题，飞机（修理后）可以很快升空使用。很多飞行员借用机上的ETC炸弹挂架进行迫降竟然比用起落架着陆还要完美!

在驾驶Ju 87飞机时，我们经常与刚刚攻击完德军目标的苏联伊尔-2攻击机擦肩而过，不知道为什么，每当这时我们都会有与苏联对地攻击部队产生共鸣的奇怪感觉（惺惺相惜，双方都没有主动攻击能力），这种感觉促使我们在双方交汇而过时会向苏联飞行员挥手致意。但是，我们装备Fw 190飞机后，故事的情节就变了。我们的地面部队遭到了苏联伊尔-2攻击机的猛烈扫射，因此我们急切地想干掉它们。我明显地对准1架伊尔-2的后射机枪手，他的枪正对着我，我立即将所有机炮和机枪一齐射击。目标开始冒烟，右侧起落架脱落，速度也慢了下来。但是，我还是没有击落这架飞机，当我转弯脱离时，敌机仍在空中飞行，尽管它也许无法再返回基地。

除了这两个大队，Ⅰ./SG 5大队此前也奉命从爱沙尼亚返回德国柏林斯塔肯机场进行休整和换装新装备，在完成了夜间和仪表飞行训练后，1945年1月10日，该大队番号改为Ⅲ./KG 200，主要用于西线攻击盟军目标。此前的1944年11月16日，当时装备Hs 129飞机的12.(Pz)/SG 9中队途经芬斯特瓦尔德转移到柏林西北120公里的佩勒贝格，换装反坦克型Fw 190飞机。当年11月底，这个中队接收首批12架Fw 190F-8飞机，12月29日，单位的损失报告中称1架Fw 190G-8/R5飞机因事故损坏，这说明该中队也装备了Fw 190G-8型号飞机。1945年1月7日，12.(Pz)/SG 9中队番号改为1.(Pz)/SG 9，随后又成立两个中队，但开始都装备的是Ju 87飞机，后来，3.(Pz)/SG 9中队也换装了Fw 190F-8/Pz飞机。“Pz”是德语装甲或坦克的简写，单位番号中“Pz”表示反坦克或反

Ⅰ./SG 2大队的1架Fw 190F-8飞机正在滑行起飞，飞机的起落架舱门板被拆掉，防止与跑道积雪剐蹭后引起事故。另外，飞机机翼携带2枚SC 50炸弹。照片拍摄于1945年1月匈牙利。

两图均为Ⅱ./SG 2大队的Fw 190F-8/R1飞机，下图中飞机已经在积雪覆盖的跑道上起飞。1945年1月，这个大队转移到柏林东南部的芬斯特瓦尔德，与那里的SG 2联队队部和Ⅲ./SG 2大队会合。

装甲。

1945年1月12日，苏联红军在东线发动了酝酿已久的进攻行动，首先发起攻击的是第1乌克兰方面军，该方面军从波兰南部突破波兰布拉诺一带的维斯瓦河，并很快建立桥头堡阵地。第二天，第1白俄罗斯方面军开始向德国东普鲁士的波尔卡伦（现称杜布罗沃斯克）发起攻击，但是，进攻行动遭到了德国第3装甲集团军群的顽强抵抗。与此同时，第3白俄罗斯方面军向龟缩在东普鲁士境内的德国中央集团军群发起攻击，第2白俄罗斯方面军穿过波兰纳雷夫河直取托伦和埃尔布隆格，意在截住德国中央集团军群回家的路，将其消灭在东普鲁士地区。战役初期，恶劣的天气使得双方空中力量都无法使用，天气一旦转好，苏联空军投入不少于8000架飞机来支持战役行动，这么强大的空中力量很快就在1月15日挫败了德国第3装甲集团军群针对第1白俄罗斯方面军马格努谢夫（华沙东南60公里）桥头堡的攻击。两天后，华沙被波兰第1自由军解放。

战争后期，Ⅳ./JG 51大队换装了Fw 190D-9战斗机，图中是13./JG 51中队指挥官库尔特·坦泽上尉在思考战争形势。

1945年3月初到4月21日，Ⅱ./SG 10大队也换装了Fw 190D-9飞机，他们主要在东线与苏军作战。4月底，这个大队曾努力阻止进入慕尼黑的美军先头部队，可想而知，作用甚微。

苏联空军以压倒性优势的空中力量迫使德国空军将西线的大部分昼间战斗机单位调往东线作战，包括将装备Fw 190飞机的Ⅰ./JG 1大队调往于尔根费尔德，Ⅱ./JG 1大队被调往东普鲁士因斯特堡（现称切尔尼亚霍夫斯克），Ⅳ./JG 3大队被调往斯塔加德（什切青旧城），Ⅱ./JG 4大队被调往科特巴斯附近的诺伊豪森，Ⅰ./JG 6大队和Ⅱ./JG 6大队被调往波兰索劳（又称布兰扎雷），Ⅰ./JG 11大队被调往波兰莫林，Ⅲ./JG 11大队被调往新哈登贝格（柏林东，靠近波兰边境）。另外，整个SG 4联队全部调往东线，其Ⅰ./SG 4大队和Ⅱ./SG 4大队部署在波兰南部布雷斯劳（现称弗罗茨瓦夫），Ⅲ./SG 4大队部署到波兰沃杰斯劳。SG 4联队的三个大队全部在1月25日抵达新驻地，但是，由于气候恶劣，加上燃油供给不足，以及苏联空军的空中优势等，德国SG 4联队在波兰很少升空作战。1月27日，Ⅲ./SG 4大队损失3架Fw 190飞机，飞行员分别是大队指挥官格哈德·韦耶特少校、赖歇特下士和雷姆勒下士，韦耶特少校伤情严重，接替他任指挥官的是汉斯-埃德加·韦伯中尉。

Fw 190战斗机单位中第一个开始转移部署的是Ⅰ./JG 1大队，1月16日，该大队的地勤人员乘坐两列火车离开荷兰原驻地，四天后，第一列火车抵达于尔根费尔德，而第二列火车不得不转移到海利根贝尔。此时的苏军席卷一切挡在他们前面阻碍，最终，开到海利根贝尔的火车也被放弃。截至1月30日，Ⅰ./JG 1大队的人员听说苏军离他们的机场只有20公里，他们被迫在2月4日后撤到格但斯克（但泽）附近拉梅尔机场。与此同时，Ⅰ./JG 1大队的飞行员已经在1月20日抵达了于尔根费尔德机场，在此，该大队执行了一次保护因斯特堡的作战任务，战斗中损失两名飞行员，即胡斯候补中士和赫格泽尔候补士官，3./JG 1中队指挥官埃米尔·迪穆特中尉回忆当时作战环境时称：

> 大雪将地面一切都覆盖，地面的雾气非常浓密，飞行员几乎不可能依靠地面物体来辨别方向。随着1945年1月至2月在东线爆发一系列的大规模战斗，我们大队损失了八名技术人员。事实上，当我们的大部分地勤人员乘坐卡车向西撤退时，我们八名飞行员和最好的技师仍然驻守在海利根贝尔基地，为的是将我们最后8架Fw 190飞机修好能升空作战。我们已经可以听到战斗的声响：爆炸声、苏联坦克轰鸣声等等，这时我们在无线电中听到指令称不可能有更多的Ju 52运输机来接我们撤离。

德国Ⅰ./JG 1大队的剩余人员最终设法逃离，苏军也在1月23日抵达波兰奥波莱处的奥得河，三天后，苏联第2白俄罗斯方面军在东普鲁士柯尼斯堡（现加里宁格勒）切断德国中央集团军群退路。

此时的德国人意识到，东线才是对德国来说最危险的，为此，德国在东线战场投入的空中力量从800架飞机增加到1800架，大部分是Fw 190和Bf 109战斗机。随后，德意志国防军总参谋部颁布命令，所有储备的航空燃油都必须立即调配给东线的空军作战单位使用。命令还称："所有其他战场的空中行动，相比而言其重要性绝对低于东线。"战争进入到这一阶段，德国空军很多战斗机单位都是由一小部分作战经验丰富的"老兔子"和数量大得多的、毫无经验、训练极不充分的新手组成。由于燃油短缺，训练已经被压缩到最低水平，甚至训练根本无法展开，很多教官不得不离开训练单位到作战单位服役。相比之下，苏联空军飞行员不断积累经验，其硬件水平，比如飞

一张很有艺术感的照片，日落时分的JG 5联队1架"白色4"号Fw 190A-4飞机静静地停放在地面，当时，能看到这个场景的德国人说明他还活着。

Ⅱ./SG 2大队的飞机在1944—1945年冬天改为波纹迷彩涂装，三张照片中飞机都携带了AB 250炸弹容器，第二张照片中飞机机翼还携带了4枚SC 50炸弹。

机和设备等都有很大的提高。如果说德国空军还有一点优势的话，那就是德国人的飞机可以在以前修建的机场，特别是水泥跑道机场起降，机场设施也很完善，而苏联飞机只能使用前线的简易机场。冬天这种情况还好，春天来临，冰雪融化，前线机场跑道就会变得泥泞不堪，苏联飞机的起降大受影响，作战架次大大降低。虽然条件不利，至1月底，德军第6航空队司令罗伯特·冯·格雷姆上将的战斗机和对地攻击机单位声称击落143架苏联飞机，己方损失达到215架。

西线的战斗机单位在抵达东线战场前，德国空军对地攻击大队已经在空战中取得不少战果，损失也是极大的，很多时候空战都是被迫的。例如1月16日，Ⅲ./SG 77大队在苏联飞机空袭吉里诺（波兰布雷斯劳的一处小村庄）机场时损失6架Fw 190F-8，1名飞行员巴尔曼候补士官阵亡。3天后，Ⅱ./SG 3大队指挥官特奥多尔·诺德曼少校在一次作战任务中与他的僚机斯罗卡中士在空中相撞而阵亡，当时，诺德曼正率队在因斯特堡作战，当天的气候非常恶劣，事故因此发生。特奥多尔·诺德曼少校1940年3月前是一名侦察机飞行员，之后被分配到Ⅰ./St.G 186大队的第1中队，这是专门为“齐柏林伯爵”号航母组建的单位，他的早期经历跟JG 2联队指挥官库尔特·乌本的一样。1940年7月，Ⅰ./St.G 186大队番号改为Ⅲ./St.G 1，1942年夏天在苏联前线，诺德曼被任命为8./St.G 1中队指挥官，1943年10月，他被任命为Ⅱ./SG 3大队指挥官。诺德曼在二战中执行过1191次作战任务，击毁至少80辆敌坦克，击沉敌舰吨位达到43000吨。他曾获得“宝剑加橡树叶加骑士十字勋章”。阵亡时，诺德曼可能正代理SG 3联队指挥官一职。接替诺德曼的是阿道夫·海姆里希上尉。

最后的东线防御战

1945年1月1日，德国党卫军部队发动了“康拉德Ⅰ行动”，企图突破去年12月26日就被苏军包围的匈牙利首都布达佩斯，但是，德国党卫军的

Ⅲ./SG 1大队2架Fw 190F-8飞机，近处是红色O，黑白照片已经无法辨认。该大队在1944年3月换装Fw 190飞机，一年后，这个大队主要在奥得河畔科斯琴到波罗的海沿岸的奥得河一带与苏联红军作战。

行动在布达佩斯西20公里的比奇凯被苏军挫败。“康拉德行动”的第二部分行动在1月7日发起，德国党卫军第6装甲集团军冒着大雪发动攻击，目标是夺取机场以协助空军向被围困的守军空投物资。第6装甲集团军的行动最终仍以失败告终，为此，该单位和第3装甲集团军于1月17日再次采取大规模行动，目的是从布达佩斯南部包围10个苏联师，行动仍归失败。

此时很多Fw 190战斗机单位和几乎所有对地攻击单位都部署到东线对苏作战，为的是阻止苏军的挺进。尽管燃油短缺，还面临着诸多其他问题，德国空军对地攻击单位还是在1945年1月的战斗中拼命地想迟滞苏联红军前进，例如1月21日，Ⅱ./SG 1大队的Fw 190飞机全体出动，攻击了正在快速向但泽（格但斯克）一带波罗的海海岸挺进的苏军，苏军此举意在切断东普鲁士的回家之路。行动中，Ⅱ./SG 1大队很多飞机被苏联高炮击落，包括大队指挥官雷伊施少校在波兰莫龙格南部被击落，指挥官本人严重受伤。这段时间里，SG 1联队是第一个装备Fw 190F-9飞机的单位。1月27日，Ⅲ./SG 4大队指挥官魏耶特少校驾驶Fw 190F-8被苏联高炮击落，他本人受伤，暂时接替他任指挥官的是汉斯-埃德加·韦伯中尉。

1月28日，苏联第1乌克兰方面军进入上西里西亚地区。在更北部，其他苏军单位已经穿过布雷斯劳一带的奥得河。同时，苏军已经抵达了古老森林城市奥得河畔科斯琴，该地在柏林东部80公里处。苏军需要借助公路和铁路向东挺进攻占柏林，但是，由于洪水围困，加上战略失误，苏军围困科斯琴长达两个月之久，这给奥得河对岸的德军充分的时间加固防御工事。在围困科斯琴期间的战斗，德军阵亡近5000人，苏军阵亡人员也差不多这个数，最终只有1000多名德国守军返回了奥得河西部。至此，苏军在三个星期里已经将战线向前推进了320—640公里，但随后前进的步伐不得不停止，为的是让补给能跟得上。在2月开始的前两天里，德国空军单位执行了2500架次作战任务，但是被地面高炮和苏联战斗机击落83架飞机。在1月12日至2月3日间，苏军在维斯瓦河-奥得河战役中共损失343架飞机。

1945年2月1日，东线战场的Fw 190飞机单位战斗序列如下（有的单位装备飞机数量和可使用数量不详）：

第1航空队　　驻地：拉脱维亚里加附近扎拉

Stab./JG 54	拉脱维亚希拉瓦	Fw 190A-9
Ⅰ./JG 54	拉脱维亚萨比莱	Fw 190A-8和A-9
Ⅱ./JG 54	拉脱维亚里堡和亚希拉瓦	Fw 190A-8和A-9
Ⅲ./SG 3	拉脱维亚萨比莱	Fw 190F-8

第 4 航空队　　　　驻地：斯洛伐克普莱斯堡（捷克称布拉迪斯拉发）

Ⅰ./SG 2	匈牙利帕帕（布达佩斯西 120 公里）	Fw 190F-8
Stab./SG 10	匈牙利拉布（布达佩斯西北 110 公里，现称杰尔）	Fw 190F-8
Ⅰ./SG 10	匈牙利维斯普雷姆西南托特瓦若尼	Fw 190F-8
Ⅱ./SG 10	匈牙利维斯普雷姆西南托特瓦若尼	Fw 190F-8
Ⅲ./SG 10	匈牙利帕帕	Fw 190F-8
Ⅲ./SG 151	德国拜伊罗特宾德拉赫	Fw 190F-8

第 6 航空队　　　　驻地：勃兰登堡附近梅茨多夫

Stab./JG 1	柯尼斯堡附近纽库伦	Fw 190A-8 和 A-9	
Ⅰ./JG 1	柯尼斯堡附近海利根贝尔	Fw 190A-8 和 A-9	
Ⅱ./JG 1	柯尼斯堡附近纽库伦	Fw 190A-8 和 A-9	
Ⅳ./JG 3	波兰斯塔加德（什切青旧城）	Fw 190A-8	24(18)架
Stab./JG 4	科特巴斯附近诺伊豪森	Fw 190A-8 和 D-9	
Ⅱ./JG 4	科特巴斯附近诺伊豪森	Fw 190A-8 和 D-9	38(12)架
Stab./JG 6	西里西亚索劳	Fw 190A-8、A-9 和 D-9	4(4)架
Ⅰ./JG 6	西里西亚索劳	Fw 190A-8、A-9 和 D-9	36(24)架
Ⅱ./JG 6	西里西亚索劳	Fw 190A-8、A-9 和 D-9	52(31)架
Stab./JG 11	柏林东 30 公里斯特拉斯堡	Fw 190A-8 和 A-9	6(2)架
Ⅰ./JG 11	勃兰登堡附近费瑙	Fw 190A-8 和 A-9	28(21)架
Ⅲ./JG 11	柏林东 30 公里斯特拉斯堡	Fw 190A-8 和 A-9	
Stabssta./JG 51	不详	Fw 190A-8	
Stab./SG 1	但泽（格但斯克）巴伦德	Fw 190F-8	3(3)架
Ⅰ./SG 1	科特巴斯	Fw 190F-8 和 F-9	50(24)架
Ⅱ./SG 1	波兰埃尔宾（现称埃尔布隆格）东 45 公里奥尔内塔	Fw 190F-8 和 F-9	34(14)架
Ⅲ./SG 1	但泽（格但斯克）巴伦德	Fw 190F-8 和 F-9	25(18)架
Stab./SG 2	波兰米罗斯瓦维茨	Fw 190F-8、F-9 和 Ju87	
Ⅱ./SG 2	奥得河畔法兰克福	Fw 190F-8、F-8/Ps、F-8/Pb	
Stab./SG 3	柯尼斯堡东南 15 公里约绍	Fw 190F-8	
Ⅰ./SG 3	柯尼斯堡东南 15 公里约绍	Fw 190F-8	
Ⅱ./SG 3	格尔利茨东北 60 公里斯普罗陶	Fw 190F-8 和 F-8/Ps	31(11)架
Stab./SG 4	波兰布雷斯劳附近罗森伯恩	Fw 190F-8	3(2)架
Ⅰ./SG 4	波兰布雷斯劳附近罗森伯恩	Fw 190F-8	3(2)架
Ⅱ./SG 4	波兰布雷斯劳附近罗森伯恩	Fw 190F-8	33(16)架
Ⅲ./SG 4	波兰布雷斯劳附近罗森伯恩	Fw 190F-8/Pb	10(7)架
Stab./SG 77	格尔利茨东北 60 公里斯普罗陶	Fw 190F-8	3(2)架
Ⅰ./SG 77	波兰克拉科夫	Fw 190F-8	25(12)架
Ⅱ./SG 77	西里西亚阿斯劳	Fw 190F-8/Ps	9(5)架
Ⅲ./SG 77	格尔利茨东北 60 公里斯普罗陶	Fw 190F-8	29(19)架
Stab./SG 151	柏林东南 97 公里芬斯特瓦尔德	无飞机	
Ⅰ./SG 151	西里西亚索恩费尔德塞弗施道夫	Fw 190F-8	24(16)架
Ⅱ./SG 151	德国西里西亚利格尼茨	Fw 190F-8	
10./SG 151	德国普罗斯尼茨	Fw 190F-8	
12./SG 151	德国普罗斯尼茨	Fw 190F-8	
13./SG 151	德国韦尔诺伊亨	Fw 190F-8、F-8/Pb	14(5)架

德国空军一直受燃油短缺的困扰，而且越来越严重，苏联空军的情况也不乐观，由于没有条件较好的机场使用，苏联飞机只得在前线简易机场起降，这些机场要么积雪很难清理，要么是气温升高后变成沼泽地。在2月的头十天，苏联第1白俄罗斯方面军记录德国空军共进行了13950架次针对苏军的作战，而苏联第16集团军只执行了624架次作战任务。但是，当苏联人铺设了水泥跑道，或是修复了被德国人破坏的跑道后，战场形势立即发生逆转。从一位德国战俘日记内容可以看出，在2月4日这天的战斗中，双方分别有14架飞机被击落。第二天，德国空军JG 51联队队部中队声称击落7架苏联飞机，其中1架是赫尔穆特·舍恩费尔德的第50架战果。

这一时期，德国Ⅰ./SG 2大队和SG 10联队参加了支援布达佩斯口袋内德军和匈牙利军巴拉顿湖一带的行动，Ⅱ./SG 2大队和大队队部在奥得河畔科斯琴一带与苏军作战。尽管燃油短缺，Ⅰ./SG 3大队和Ⅱ./SG 3大队还是参加了奥得河畔科斯琴和格尔利茨的战斗，作战期间被苏联高炮击落几架Fw 190飞机。Ⅲ./SG 2大队是库尔兰包围圈中唯一的对地攻击单位，这个大队同样被苏联高炮或战斗机击落几架Fw 190。2月间，SG 4联队有规律地经常攻击不断向前推进的苏联坦克，执行攻击坦克任务时，JG 77联队的Bf 109战斗机负责为其护航。一位德国战俘的日记记载在2月8日这天德方损失19架飞机，而苏联仅损失9架。这时，苏联第1乌克兰方面军从奥得河桥头堡和布雷斯劳地区向下西里西亚地区发起了进攻，德国空军Ⅰ./SG 77大队被迫于2月10日转移到德累斯顿东北40公里的卡门茨，在此，该大队继续执行攻击苏联先头部队的任务。同样是在2月10日，苏联第2白俄罗斯方面军继续进攻波美拉尼亚，德国空军Ⅱ./SG 10大队和Ⅲ./SG 10大队被迫后撤到德累斯顿东北10公里的克罗茨谢。

2月12日，一位德国战俘的战争日记记载当天苏联空军空中行动达到1500架次，而德国空军的为1133架次。同一天，经过几周激烈血腥的战斗，匈牙利首都布达佩斯最终被苏军攻占，这场攻坚战之惨烈尤如两年前的斯大林格勒战役。仍然是2月12日这天，Ⅰ./SG 1大队指挥官霍斯特·考比施少校在战斗中与敌机相撞阵亡，接替他的是阿图尔·皮潘上尉。该大队一名飞行员卡尔·斯泰因在谈到他对这段时间苏联飞行员的感受时称：

我们的印象是他们有非常漂亮的飞机，但是他们不知道如何驾驭这些飞机，如果实施攻击，他们只是一个照面就绝尘而去。他们总是在很远的距离就开始射击，他们也不会偏转射击。他们比我们爬升得更快，而我们的俯冲速度占优，他们的转弯性能也比我们强，

SG 151是一个训练联队，在德国空军，超过100的番号一般是训练单位，训练单位的飞机经常保留着出厂时的无线电呼叫代号。战争后期，即使是训练单位也会升空作战，作用微乎其微。

他们几乎总是加大功率，然后向后猛拉杆。

卡尔·斯泰因还描述了一次与苏联飞机遭遇，当时2架苏联战斗机出现在他的Fw 190的后方：

我机动到2架苏联战斗机之间，并且向敌长机射击，敌长机转弯，我立即跟上。然后，他做了一件蠢事，你在空中格斗时绝对不能做的事：他180度转弯向反方向飞行。我先是失去了锁定，但他转弯时我再次盯上他。（这个过程中）他的僚机始终没有向我射击，可能是他怕伤及他的长机。

10./JG 54中队指挥官（左）库尔特·萨佩上尉正在和地勤握手，接受他的祝贺，萨佩刚刚获得铁十字勋章。

10./JG 54中队的Fw 190A-8飞机被隐藏在树丛中进行维护，德国的天空中随时会出现盟军的作战飞机，而德国能升空拦截的飞机越来越少。这个中队刚刚用Fw 190A-8飞机换下Bf 109G-6飞机。

有资料称，在1944年10月29日至1945年2月13日间的战斗中，苏联空军损失293架飞机（这个数字明显偏低，可能是指某个方向战场），这段时间的最后一天（2月13日），德国空军的资料称德国损失25架飞机，而苏联损失12架飞机，其中德方的损失中包括SG 2联队代理指挥官弗雷德里希·朗少校，他驾驶的Fw 190F-9飞机在捷克弗雷瓦尔多（现称耶塞尼克）机场失速坠毁，他本人只是受伤。接替弗雷德里希·朗暂时任联队指挥官的是汉斯·乌尔里希·鲁德尔中校。第二天（2月14日），德国空军有21架飞机被击落，取得的战绩仅为5架苏联飞机。2月16日，德军从波兰阿恩斯瓦尔德（现称霍什奇诺）向南发动反攻行动，SG 77联队队部、Ⅱ./SG 77大队和Ⅲ./SG 77大队奉命部署到科特巴斯与奥得河沿岸东部和柏林东南方向的苏军作战。此时库尔兰包围圈的战斗仍在继续，这里的战斗导致德国最成功的Fw 190飞行员，即时任2./JG 54中队指挥官的奥托·基特尔中尉阵亡，他在当天12时13分与苏联伊尔-2攻击机作战时被击落。

2月的下半月，德国Ⅱ./SG 2大队途经德国菲斯滕瓦尔德、捷克弗雷瓦尔多和波兰萨根库柏抵达德累斯顿西北的格罗森海因，这个转移部署的路线可能顺序上有误，不排除战术上的安排。Ⅰ./SG 4大队在2月20日被部署到捷克贝内绍夫，在此战斗期间被防空炮火击落几架Fw 190F-8飞机。截至2月21日，苏联第1乌克兰方面军已经推进到西里西亚地区，距尼斯河只有110公里。妄图抵挡苏军前进的德国空军主要对地攻击单位之一是SG 77联队，该联队的三个大队此时都部署在科特巴斯附近：Ⅰ./SG 77大队驻扎在西北阿尔特诺，Ⅱ./SG 77大队驻扎在西南加罗，Ⅲ./SG 77大队驻扎在科特巴斯。

此时的库尔兰包围圈战斗仍在进行，2月26日，Ⅰ./JG 54大队损失1架Fw 190A-6战斗机，卡尔瓦茨下士驾驶这架飞机迫降时坠毁。同一天，Ⅲ./SG 3大队在攻击萨比莱一处苏军机场时被击落至少1架Fw 190F-8飞机。

覆灭时刻终于到来

3月8日，德国空军采取一次重大行动轰炸格尔利茨一带奥得河上苏联架设的浮桥，JG 4联队队部的Fw 190D-9飞机和Ⅲ./JG 4大队的Bf 109战斗机组成护航编队为6./KG 200中队4架“寄生”飞机和5./KG 200中队2架Ju 88飞机、5架Ju 188飞机护航。在这些行动中，米凯尔斯基少校获得他个人第73架战果，也是最后一架。一个星期后在波兰什切青上空进行的激烈战斗中，Ⅳ./JG 3大队战斗中损失2架刚刚装备不久的Fw 190D-9飞机。3月的第三个星期，1./JG 2中队、Ⅱ./JG 6大队和JG 26联队总共损失了至少33架Fw 190D-9战斗机。同时，JG 2联队从法兰克福北部的基地转移到捷克的比尔森、卡罗维发利和玛丽安巴德。

到4月中旬，苏联已经沿奥得河一线集结了20个集团军约150个师250万人的兵力，坦克6300辆，火炮41600门，作战飞机达到7500架，最后对纳粹德国发动致命进攻的号角很快就会吹响。相比之下，对面的德国在东线的仅有100万兵力，作战飞机为2200架多一点点，这些德国空军被分为两个部分，一个是东北司令部①，另一个是第6航空队司令部，和残余的帝国航空队一道，东北司令部负责德国首都柏林的防空，而西部司令部、第Ⅳ航空军司令部和第Ⅸ航空军全部划归第6航空队司令部指挥。

Ⅰ./JG 54大队的地勤人员在匆忙地给飞机加油，准备下一个作战任务。在西线与盟军作战，作战高度高，航程远；而在东线与苏军作战，作战高度低，航程短，因此，有时候飞行员不得不一天执行五六次作战任务。

① 德国空军东北司令部由原第Ⅱ航空军演变而来，主要为维斯瓦集团军群提供空中支援，后者的司令官是党卫军司令海因里希·希姆莱。

这架Fw 190A-8飞机属于6./JG 54中队，当时，该中队驻扎在库尔兰地区的里堡（现称利耶帕亚）。图中飞机在1945年2月21日与苏联雅克-3战斗机空战中被击落，飞行员保尔·贝尼克丧生。

苏联红军总攻德国柏林的战役在4月16日开始，苏联第1白俄罗斯方面军从奥得河畔科斯琴桥头堡，第1乌克兰方面军从下西里西亚地区同时向德军发起攻击。德国空军绝望地投入保卫柏林的战役，4月17日，8./SG 77中队新任指挥官奥古斯特·拉姆伯特率领他的中队升空作战，他的编队遭遇60—80架美国陆航“野马”战斗机，当即6名德国飞行员被击落，此时天空中满是盟军的战斗机，数量是德国空军的十数倍之多，升空意味着很难再活着回去。

在4月18日，德军声称击落109架苏联飞机，其中JG 6联队击落23架，己方损失10架Fw 190。尽管拼命抵抗，苏军还是包围了位于措森德国陆军最高司令部（OKH），4月21日，苏联红军开始包围柏林。

德国空军对地攻击大队这段时间也加入了保卫首都的行动，这些单位包括Ⅰ./SG 1大队和Ⅱ./SG 1大队，其他的对地攻击单位则奋战在德国南部。这段时间，对地攻击单位的飞行员经常奉命执行与西线盟军战斗机作战的任务，卡尔·斯泰因回忆称：“我们是战斗轰炸机单位，不是战斗机单位，我们有足够的信心与苏联战斗机作战，但是，我无法与盟国的战斗机作战，永远不能！”在德国提出有条件投降前，一些Fw 190D-9交付给对地攻击单位，如Ⅱ./SG 1大队、SG 2联队队部和Ⅱ./SG 10大队等。

Fw 190昼间战斗机单位在德国灭亡前的最后一个星期里仍然想尽办法升空作战，尽管这完全是徒劳，Ⅳ./JG 3大队奥斯卡·博施上士描述其中一次战斗时称：

4月24日该我升空作战了，那天，我在2架Bf 109G-8护航下实施侦察任务，返回普伦茨劳机场刚刚着陆，就在这时，我看见一支苏联伊尔-2攻击机编队正朝我们机场飞来。没有任何命令，我和我的战友立即紧急升空拦截，几分钟后，我们遭到了苏联护航战斗机的攻击，此时与敌交战十分困难，我穿过雅克战斗机编队准备进入云层，我此时感觉在玩命，天空中到处都是苏联战斗机。利用短暂的有利时机，我决定攻击一支伊尔-2飞机编队，但是，我无法避开敌人战斗机，我只得从一片云层飞到另一片云层（利用云层掩护）。

这时我才注意到我们的编队正向更远的东部飞去，地面控制台命令我们立即返回普伦茨劳机场，在我往西飞行的时候，我遭到4架雅克-9的迎头攻击，我立即向敌机开火……几秒钟后，我和敌机相撞！我根本就不知道我是怎样从撞碎的飞机残骸中跳伞的，我降落在苏军控制区域，被数百名苏联红军抓住。他们冷冰冰的枪口加上可憎的面容使我意识到这是我最后的时刻了。幸运的是，一位军队政委出现，他提出要审讯我。我因受伤只能一瘸一拐地走，但是抓捕我的人没有丝毫同情心，他们不断地推搡着我让我沿着战壕行走。路上，我看到一片巨大的金属片，我立即认出这是我的座机起落舱盖板，（我的座机残骸旁边）也密布着苏联飞机的残骸。

仍在“库尔兰口袋”中的Ⅲ./SG 3大队没多少德国人惦记着了，这个大队指挥官霍斯特·施努赫尔在此前1945年3月6日的战斗中被苏联高炮击落身亡。纳粹德国灭亡前几个星期，可能这个大队已经被撤消了，“库尔兰口袋”中的德军仍在抵抗，但灭亡之日屈指可数了，因此，Ⅲ./SG 3大队决定向西撤退向英军或美军投降，绝不能向苏军投降，一方面觉得丢人，另一方面怕遭受酷刑。另一个投降的单位是汉斯-乌尔里希·鲁德尔中校的SG 2联队，这个联队飞机于1945年5月8日降落在美国陆航第405战斗机大队驻扎的基青根机场向美军投降，当时，鲁德尔驾驶着Ju 87G-2飞机，伴随他左右的是2架Ju 87D-5飞机和4架Fw 190飞机，驾驶Fw 190飞机的包括Ⅱ./SG 2大队指挥官卡尔·凯涅尔上尉。

阿道夫·迪尔格回忆这些奔向西方盟军投降的飞行员时称：

大限降临，甚至我们专门负责交付飞机的飞行员都在忙着帮被苏联红军威胁的地区撤离德国妇女和儿童。在1945年3月中旬，我们接到命令将所有飞机全部从科尔贝格（现称科沃布热格，属波兰）撤退，我们刚撤退该地就被苏军占领。我逃离时驾驶的是1架Fw 190飞机，我的座椅后装甲被去除，（腾出的地方）让一个12岁的小女孩蜷曲在那里；飞机后机身设备舱内的无线电也被拆除，蜷曲在这里的是小女孩的妈妈，她身上和衣服上所有金属物件都被扔掉，为的是不干扰她后面的主罗盘。另一位飞行员驾驶Fw 190飞机逃离的是赫尔茨曼代理下士，他的大腿上分别坐着一个小孩，他们的妈妈在后机身里。

这架“红色25”号Fw 190A-9的所有信息均不详，可能属于JG 6联队，德国全面溃败之际，所有资料都不完整，一切都被打乱。注意看飞机鼓包座舱。

奥斯卡·伯施记述最后一刻：

我在4月27日逃出苏联位于加茨·奥得的战俘营，随后踏上返回1000公里之遥的博登湖之路，一路上我又饥又渴，我的一个膝盖还受过伤。我发现这种经历是锻炼我们信念的好办法。

殊途同归的命运

德国空军原在苏联境内奋战的两个单位JG 51联队和JG 54联队在德国地面部队不断后撤的情况下返回波罗的海地区，到1945年3月中旬，北部德国军队被包围在但泽湾两边的口袋里，一个在柯尼斯堡，另一个就在但泽市。两个包围圈之间的弗里斯奇尼赫鲁格地岬（波兰人称维斯图拉地岬）仍在德国手中。3月中旬，JG 51联队队部中队就驻扎在地岬最北端的纽提夫基地，在此，队部中队在3月25日击落7架苏联空军轰炸机，两天后，苏联岸上火炮炮击了纽提夫基地，为炮兵提供指示的是海边陆地上的系留气球。随后的战斗中，基地的地勤人员竭尽全力维护Fw 190飞机，指望与苏军血拼到底。4月7日，队部中队指挥官①威廉·赫伯纳在东普鲁士纽库伦上空被高炮击落身亡，阵亡时的个人战绩为62架。眼看着纽提夫基地不保，队部中队转移到不断缩小的柯尼斯堡口袋内（无处可去，只能到这儿来），但是，新驻地利陶多夫基地天天遭受苏军伊尔-2攻击机、佩-2轰炸机和“空中飞蛇”战斗机持续不断的轰炸和扫射，战斗强度一天比一天猛烈。4月15日这天，一位飞行员冒着猛烈的炮火奇迹般地降落在利陶多夫机场，这个人就是海因茨·兰格少校，他单独驾机飞行400公里来到这里接替弗里茨·洛西盖特少校任JG 51联队第六任，也是最后一任指挥官。能耐再大也无法阻止这个曾经“辉煌”的联队走向解体。4月28日，联队队部中队首先被解散，仅有的几名飞行员向西撤退，其中一人不忘记把自己的女朋友也塞进了飞机逃离。

由于联队队部解散，海因茨·兰格少校成了光杆司令，他不得不再返回Ⅳ./JG 51大队继续领导这个大队，这个大队新近刚刚在德国北部乌泽多姆岛的加茨机场装备了Fw 190A-8战斗机，其中有少量的Fw 190D-9飞机。跟1942—1943年冬天从Bf 109飞机换装到Fw 190飞机痛苦的经历相比，最近的换装称得上匆忙、草率、混乱，换装期间，福克-沃尔夫公司的技术人员介绍新机操作品质时只是对飞行员说“在起飞期间，飞机尾部千万别先抬起……”一点也不夸张，就这点！只进行极少架次的训练后，Ⅳ./JG 51大队被部署到柏林南部。不管怎么说，这个大队在此后三个星期的作战中击落115架敌机，己方仅损失5架。

4月29日，海因茨·兰格少校率领一支Fw 190飞机编队在新勃兰登堡上空与4架苏联空军拉-7战斗机进行了一次空战，空战中，阿尔弗雷德·劳赫中士击落1架敌机，这是JG 51联队的Fw 190战斗机的最后一架战果。5月1日，JG 51联队损失最后一架Fw 190飞机，当时，海因茨·马夸德中士在柏

Fw 190的无线电设备舱在拆除设备后可以塞进一个人，早期战争时，军事摄影记者经常蜷曲在里面拍照或摄影，注意右图中舱门上玻璃窗。溃败时，这里经常塞人逃离。

① 队部中队（Stabsstaffel）不是正式编制，只是规模上达到的中队标准，非常时期的非常措施，因此，队部中队的指挥官只能用“Kapitän”一词，只表示某个单位的长官，不是军衔，也不是职务，中队指挥官有专门的词汇，即“Staffelkapitän”。

苏军推进的速度太快，德军在撤退过程中不能使用的飞机和设备全部遗弃。图中同一机场的2架Fw 190A-8飞机状态表明德军撤退非常仓促，上图中飞机已经挂载了炸弹，地面还摆放一个AB 250炸弹容器。下图中飞机看上去遭受了人为破坏，地面还有炸弹说明是一架可用飞机正准备挂弹升空作战。

林北部与“喷火”战斗机作战时被击中跳伞。第二天，Ⅳ./JG 51大队到弗伦斯堡向英军投降，至此，JG 51联队在二战中的历史全部结束。

下一个灭亡的就是JG 54联队了。

德军的“库尔兰口袋”似乎相当坚固，实际上，这里的战斗无关战争大局，德国人想突破包围圈返回根本不可能，苏军的攻击重点在纳粹老巢柏林，因为这个原因，“库尔兰口袋”顽强地存在着。1945年1月24日，苏军在东普鲁士发动第四次攻击，2月20日，再发动第五次进攻。这段时间里，JG 54联队失去两位重要指挥官，一个是原Ⅱ./JG 54大队指挥官埃里希·鲁道弗，他在1945年1月15日被调到Ⅱ./JG 7（有资料称是Ⅰ./JG 7）大队任指挥官，这个大队装备Me 262喷气式战斗机，其间鲁道弗成为德国空军第一个喷气王牌（战绩为12架，其中10架是四发重型轰炸机）；另一个人的失去对“绿心联队”的打击更大，他就是奥托·基特尔。2月14日阵亡后，他的中队飞行员说“对我们来说，奥托·基特尔阵亡，黑暗降落在‘库尔兰口袋’上”。

这句话真实地反映了当时的战局，3月18日，苏军向“库尔兰口袋”发动第六次，也是最后一次进攻行动。希特勒在战争的最后阶段念念不忘“库尔兰口袋”，他幻想德军坚守这个口袋，日后德国军队就可能以此为跳板反击苏联。但是，他自己都不相信这个妄想会变成现实，完全丧失最后一点信心的希特勒终于在4月30日自杀。对于“库尔兰口袋”里的德国空军来说，要么死亡要么投降，投降也得选择西方盟军，德国人在苏联的罪行使得他们明白向苏联投降的后果。当投降的命令一下达，包围圈内的德国空军利用一切飞机企图飞出包围圈向西方盟军投降，第1航空队司令库尔特·普夫卢格贝尔航空兵上将提供他的Ju 52专机让更多人员撤离，他和他的参谋则留下，最后他在苏联战俘营度过几年岁月。

Fw 190战斗机单位在“库尔兰口袋”中的飞机数量大约为50架，这些战斗机目前也改作运输机来使用，通常情况下，1架飞机拆除不必要设备

枪械员正在给Fw 190G-3飞机挂载SC 250炸弹，飞机还携带2个副油箱。

后可以塞进2—4人。飞机安全着陆后，有人惊讶地发现除飞机上下来的4人外，还有2人蜷缩在飞行员座椅后，1人藏在飞机后设备舱，另有2人爬出两侧机翼弹药舱。

有的飞行员选择穿越320公里的波罗的海到瑞典避难，实际上，投降命令要求德国空军飞到英军占领的弗伦斯堡或基尔向当地盟军投降。最后一个离开库尔兰地区到基尔投降的是7./JG 54中队指挥官格哈德·泰本中尉，他在1944年9月30日获得第100架战果，之后又增加56架。

5月8日早晨，泰本驾机起飞，他的座机里蜷缩着他的机械师阿尔伯特·迈耶斯，泰本的僚机弗里茨·汉格布鲁克上士也同时升空。2架Fw 190升空后向西飞行，进入海面上空，飞行员看到里堡腾起巨大的烟尘，就在这时，泰本突然发现他的前下方有1架佩特亚科夫飞机……

当时，苏联海军航空兵这架佩-2侦察机正在库尔兰西部两个尚在德军手中的港口里堡和温达瓦外海进行侦察，“库尔兰口袋”内的德国军人和平民趁着苏军还未到达，蜂拥到两个港口准备乘船到基尔向西方盟军投降，苏军侦察机掌握了这方面的信息，并将信息传达给苏联海军红色旗帜波罗的海航空兵俯冲和鱼雷轰炸机单位。

苏联佩-2侦察机上的机组成员正专心致志地搜索飞机下方的海面，他们没有注意到飞机右舷上方，即太阳方向出现的两个黑点，仅仅几秒钟，两个黑点变成了星形发动机的战斗机，猎人转眼变成了猎物。在很远的距离，Fw 190飞机编队长机开始射击，遭到攻击后，苏联飞行员犯了一个致命的错误，他没有俯冲逃离，相反他只是简单地增加速度。俯冲脱离战斗是首选做法，再做下一步决定，简单增加速度对于在后上方攻击来说没有任何作用。实际情况是，Fw 190长机再次射击，射出的炮弹将佩-2的右侧发动机覆盖，直到这时，佩-2飞行员才决定做规避机动并向陆地方向飞去，与此同时飞机上的观察员和射

虽然二战时期的螺旋桨飞机适应简易机场跑道，但土质跑道上起降比硬质铺设跑道更容易出事故，特别是着陆过程中起落架容易折断。图中是1架Fw 190F-8/R1，所属单位不详，从“—”判断是Ⅱ大队。

手猛烈地回击。在波光粼粼的海上，佩-2飞机的航迹清晰可见，Fw 190飞机再次向目标俯冲时，苏联飞机栽入海中，海面激起巨大的浪花，佩-2上的戈里·达维登科少校和观察员格拉斯乔夫少校（两人均为苏联英雄）和不知名的射手随机殒命。

实施攻击的长机飞行员是格哈德·泰本中尉，他在7时54分击落的这架苏联佩-2飞机是Fw 190战斗机在二战中击落的最后一架敌机，同时也是JG 54联队9600多架战果中的最后一架。至此，福克-沃尔夫战斗机的二战战史全部结束。

不明单位的Fw 190A-8四机编队，除了战术编号没有更多的信息。“13”在德国是吉利的数字，不少著名的飞行员座机也采用这个数字，但是，它并不会给纳粹德国带来好运。

附表·附图

Fw 190 战斗机飞行员西线王牌(50 架及以上) (1941—1945 年)

	姓名和军衔	服役单位	西线战绩	其他战场	勋章	结局
1	库尔特·布赫林根中校	JG 2	112 架①	—	*	
2	埃贡·迈耶尔中校	JG 2	102 架	—	*	阵亡
3	约瑟夫·普瑞勒上校	JG 51/26	101 架	—	*	
4	齐格菲尔德·莱姆科上尉	JG 2	95 架	1 架	@	
5	约瑟夫·沃姆希勒上尉	JG 53/2	93 架	9 架	*	阵亡
6	齐格菲尔德·施奈尔上尉	JG 2/54	87 架	6 架	#	阵亡
7	埃里希·鲁道弗少校	JG 2/54/7	86 架②	136 架	*	
8	安东·哈克尔少校	JG 77/11/76/ 26/300	73 架	119 架	*	
9	瓦尔特·奥梭上校	JG 51/3/2/1	71 架	52 架	*	阵亡
10	汉斯·哈恩少校	JG 2/54	68 架	40 架	#	
11	乔治-彼得·埃德少校	JG 51/2/1/26/7	68 架	10 架	#	
12	阿道夫·格伦茨中尉	JG 52/26/7	68 架	3 架	#	
13	海因茨·巴尔	JG 51/77/1/3/ EJG 2/JV 44	59 架	163 架③	*	
14	约阿西姆·慕钦堡少校	JG 26/51/77	58 架	77 架④	*	阵亡
15	罗尔夫·赫尔米兴少校	ZG 1/26/11/104	56 架	8 架	#	
16	威廉·费迪南德·加兰德少校	JG 26	55 架	—	@	阵亡
17	鲁道夫·普夫兰茨中尉	JG 2	52 架	—	@	阵亡
18	赫尔伯特·伊勒费尔德上校	LG 2/77/52/103/ 25/11/1	56 架	74 架	*	
19	瓦尔特·达尔上校	JG 3/zbV/300	51 架	77 架	#	
20	康拉德·鲍尔中尉	JG 51/3/300	50 架	18 架	@	
21	赫尔曼·斯泰格少校	JG 51/26/1/7	50 架	13 架	@	

* “宝剑加橡树叶加骑士十字勋章” @ “骑士十字勋章”

\# “橡树叶加骑士十字勋章”

① 包括突尼斯战场取得的战绩。

② 包括突尼斯战场取得的战绩。

③ 包括驾驶Bf 109战斗机在北非战场取得的战绩。

④ 包括驾驶Bf 109战斗机在北非战场取得的战绩。

Fw 190 夜间战斗机王牌(10 架及以上)①

	姓名	单位	夜间战绩	昼间战绩	勋章
1	库尔特·魏尔特中尉	JG 300/10/11	56 架②	6 架	"橡树叶加骑士十字勋章"
2	弗雷德里希-卡尔·穆勒少校	JG 300/10/11	30 架③	—	"骑士十字勋章"
3	赫尔曼·威斯涅斯基候补中士	JG 300	16 架	2 架	"骑士十字勋章"
4	克劳斯·布雷特施奈德中尉	JG 300	14 架	17 架	"骑士十字勋章"
5	威廉·道尔曼上尉	JG 300	14 架	—	"骑士十字勋章"

Fw 190 战斗机击毁四发重型轰炸机王牌(25 架及以上)

	姓名	单位	轰炸机	总战绩
1	瓦尔特·达尔上校	JG 3/zbV/300	36 架	128 架
2	乔治-彼得·埃德少校	JG 51/2/1/26/7	36 架	78 架
3	安东·哈克尔少校	JG 77/11/76/26/300	32 架	192 架
4	康拉德·鲍尔中尉	JG 51/3/300	32 架	68 架
5	罗尔夫·赫尔米兴少校	ZG 1/26/11/104	26 架	64 架
6	赫尔曼·斯泰格少校	JG 51/26/1/7	26 架	63 架
7	胡戈·弗雷少校	JG 1/11	26 架	32 架
8	安东-鲁道夫·皮弗少尉	JG 1	26 架	35 架
9	埃贡·迈耶尔中校	JG 2	25 架	102 架
10	阿尔温·多普勒少尉	JG 11	25 架	29 架
11	维尔纳·戈特上尉	JG 53/1./3/(Sturm)/300	25 架	30 架

① 包括驾驶Bf 109和Me 262飞机取得的战绩。

② 包括25架"蚊子"夜间战斗机。

③ 包括在"野猪"单位取得的战绩。

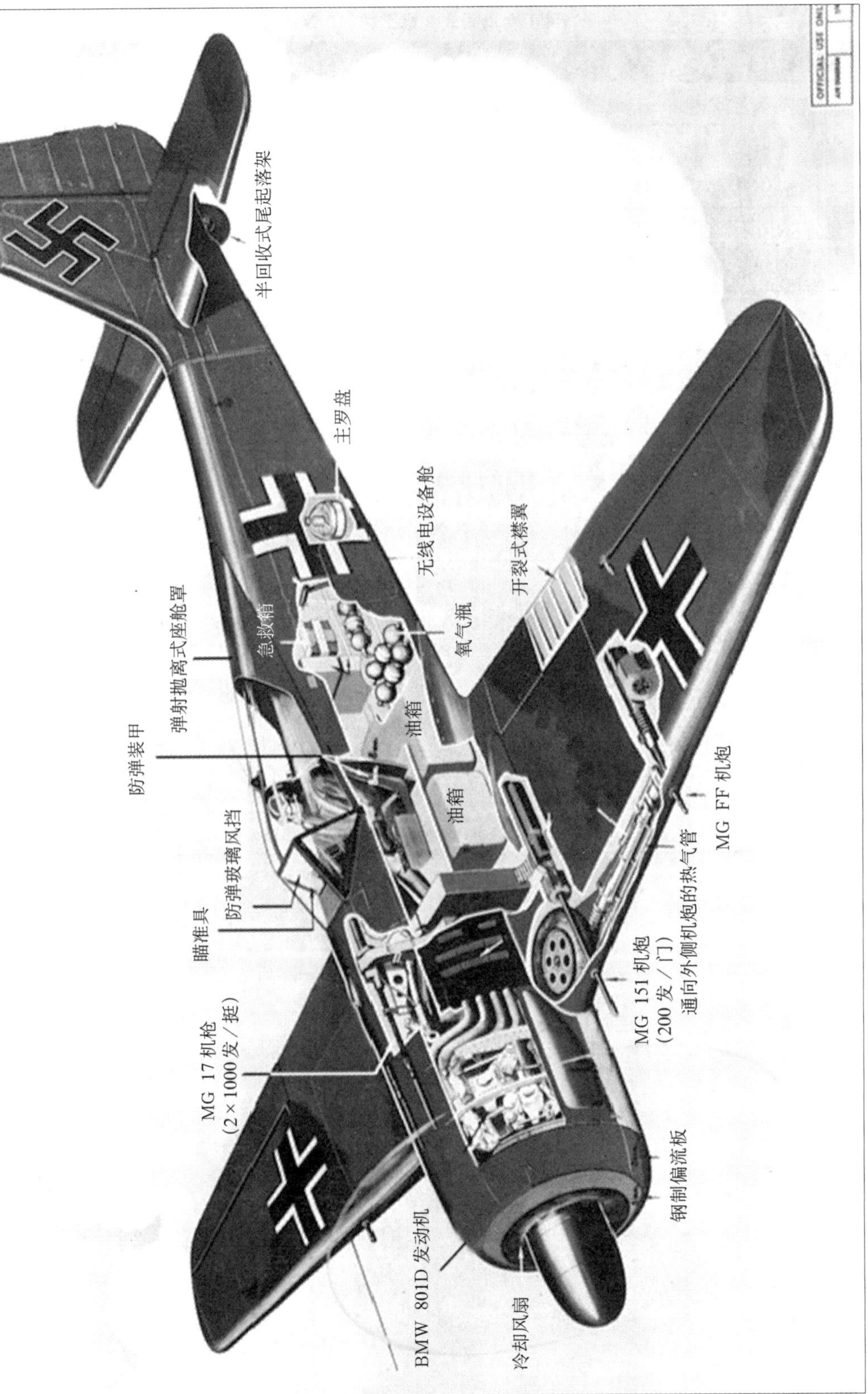

福克-沃尔夫Fw 190-3战斗机结构剖视图

Fw 190A-3战斗机结构剖视图（1）

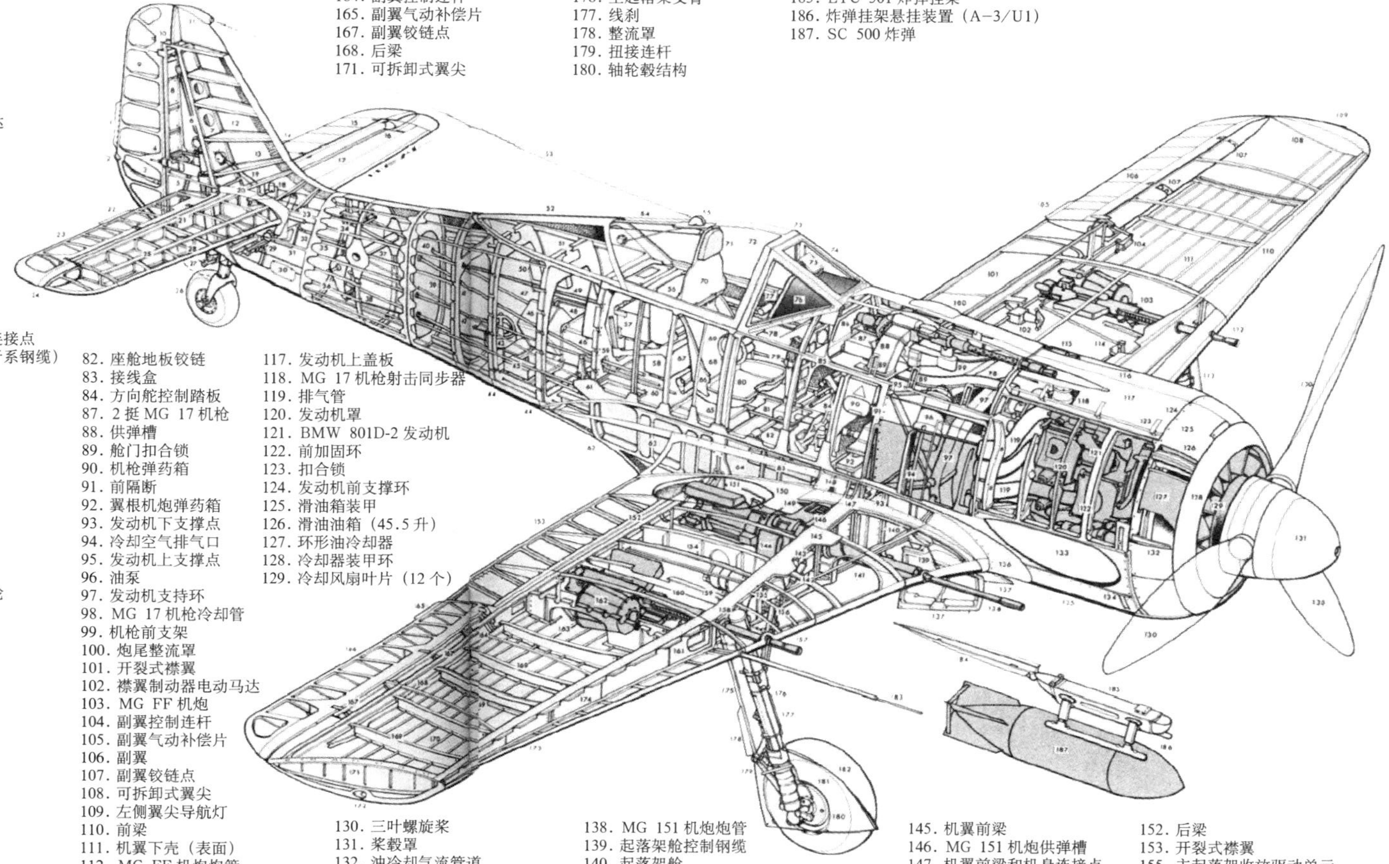

1. 固定气动补偿片
2. 导航灯
4. 方向舵链接
5. 后起落架弹簧
7. 后起落架支臂
9. 方向舵结构
11. 天线座
12. 安定面结构
15. 升降舵
16. 配重
17. 水平尾翼
18. 水平尾翼安装角马达
20. 水平尾翼连接结构
21. 右水平尾翼结构
22. 升降舵气动补偿片
23. 升降舵结构
25. 水平尾翼前梁
26. 后起落架机轮
27. 拖架
29. 机轮锁定铰链
31. 致动杆
32. 推拉杆
34. 方向舵差动铰链
35. 后机身和尾翼单元连接点
37. 后机身升降管（用于系钢缆）
38. 升降舵控制钢缆
39. 帆布隔断
41. 方向舵连杆
43. 主罗盘
45. 急救箱
46. 相机（A-3/U4）
48. 左舷舱口
50. 配电板
51. 座舱罩滑动槽
52. 座舱罩后金属罩
53. 天线
54. 头靠装甲固定支架
55. 天线支撑／拉紧滑轮
56. 设备或物品存储舱
57. 无线电设备舱
58. 电池
59. 座舱后隔断
61. 座舱地板
62. 翼根整流罩
63. 后软油箱（291 升）
64. 前软油箱（232 升）
66. 座椅支撑架
67. 装甲隔板
70. 14 毫米装甲板
71. 座椅头靠
72. 座舱
74. 防弹玻璃风挡
75. 反射式瞄准具
76. 主仪表板
77. 油门控制手柄
78. 左控制台
80. 座舱底盆
82. 座舱地板铰链
83. 接线盒
84. 方向舵控制踏板
87. 2 挺 MG 17 机枪
88. 供弹槽
89. 舱门扣合锁
90. 机枪弹药箱
91. 前隔断
92. 翼根机炮弹药箱
93. 发动机下支撑点
94. 冷却空气排气口
95. 发动机上支撑点
96. 油泵
97. 发动机支持环
98. MG 17 机枪冷却管
99. 机枪前支架
100. 炮尾整流罩
101. 开裂式襟翼
102. 襟翼制动器电动马达
103. MG FF 机炮
104. 副翼控制连杆
105. 副翼气动补偿片
106. 副翼
107. 副翼铰链点
108. 可拆卸式翼尖
109. 左侧翼尖导航灯
110. 前梁
111. 机翼下壳（表面）
112. MG FF 机炮炮管
113. 主起落架支臂整流罩
114. 副翼控制连杆
115. MG 17 机枪枪口
116. MG 17 机枪射击槽
117. 发动机上盖板
118. MG 17 机枪射击同步器
119. 排气管
120. 发动机罩
121. BMW 801D-2 发动机
122. 前加固环
123. 扣合锁
124. 发动机前支撑环
125. 滑油箱装甲
126. 滑油油箱（45.5 升）
127. 环形油冷却器
128. 冷却器装甲环
129. 冷却风扇叶片（12 个）
130. 三叶螺旋桨
131. 桨毂罩
132. 油冷却气流管道
133. 气流管道整流罩
134. 下扣合锁
136. 翼根整流罩
137. 机身起落架舱门
138. MG 151 机炮炮管
139. 起落架舱控制钢缆
140. 起落架舱
141. 起落架支臂舱
142. 起落架控制千斤顶
143. 起落架锁定装置
144. MG 151 机炮抛壳槽
145. 机翼前梁
146. MG 151 机炮供弹槽
147. 机翼前梁和机身连接点
148. 弹药盒舱
149. MG 151 机炮
150. 炮尾整流罩
151. 机翼后梁与机身连接点
152. 后梁
153. 开裂式襟翼
155. 主起落架收放驱动单元
156. 半径杆铰链
157. MG FF 机炮炮管
158. 主起落架支臂支撑结构
159. 主起落架致动器马达
160. MG FF 机炮
161. 前梁结构
162. 圆形弹药箱（俗称弹鼓）
163. 切口翼肋
164. 副翼控制连杆
165. 副翼气动补偿片
167. 副翼铰链点
168. 后梁
171. 可拆卸式翼尖
172. 右侧翼尖导航灯
173. 机翼前缘结构
174. 机翼前缘肋
175. 主起落架支臂整流罩
176. 主起落架支臂
177. 线刹
178. 整流罩
179. 扭接连杆
180. 轴轮毂结构
181. 主起落架整流罩
182. 主起落架机轮
183. 空速管
184. 炸弹挂架后整流罩
185. ETC 501 炸弹挂架
186. 炸弹挂架悬挂装置（A-3/U1）
187. SC 500 炸弹

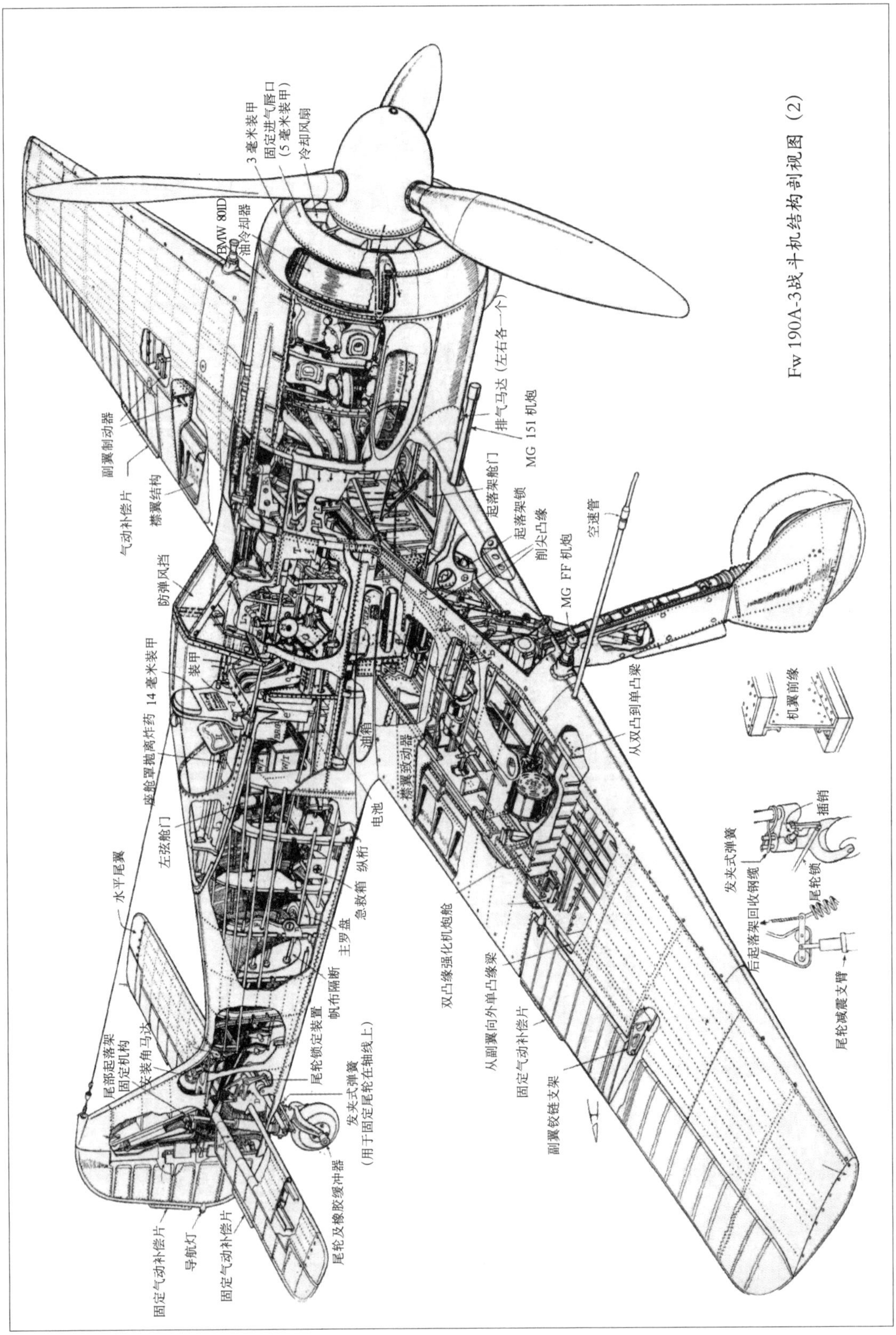

Fw 190A-3战斗机结构剖视图（2）

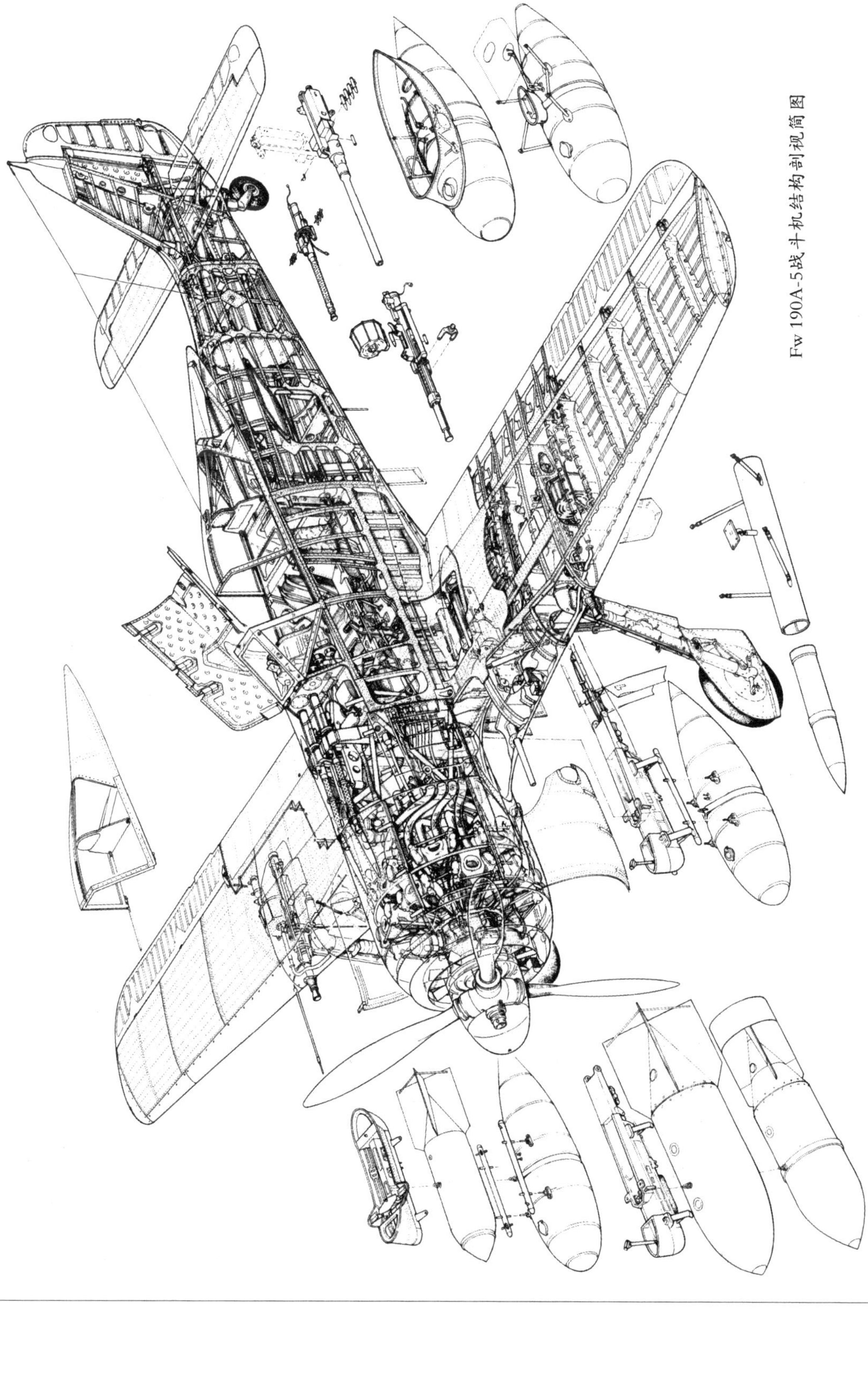

Fw 190A-5战斗机结构剖视简图

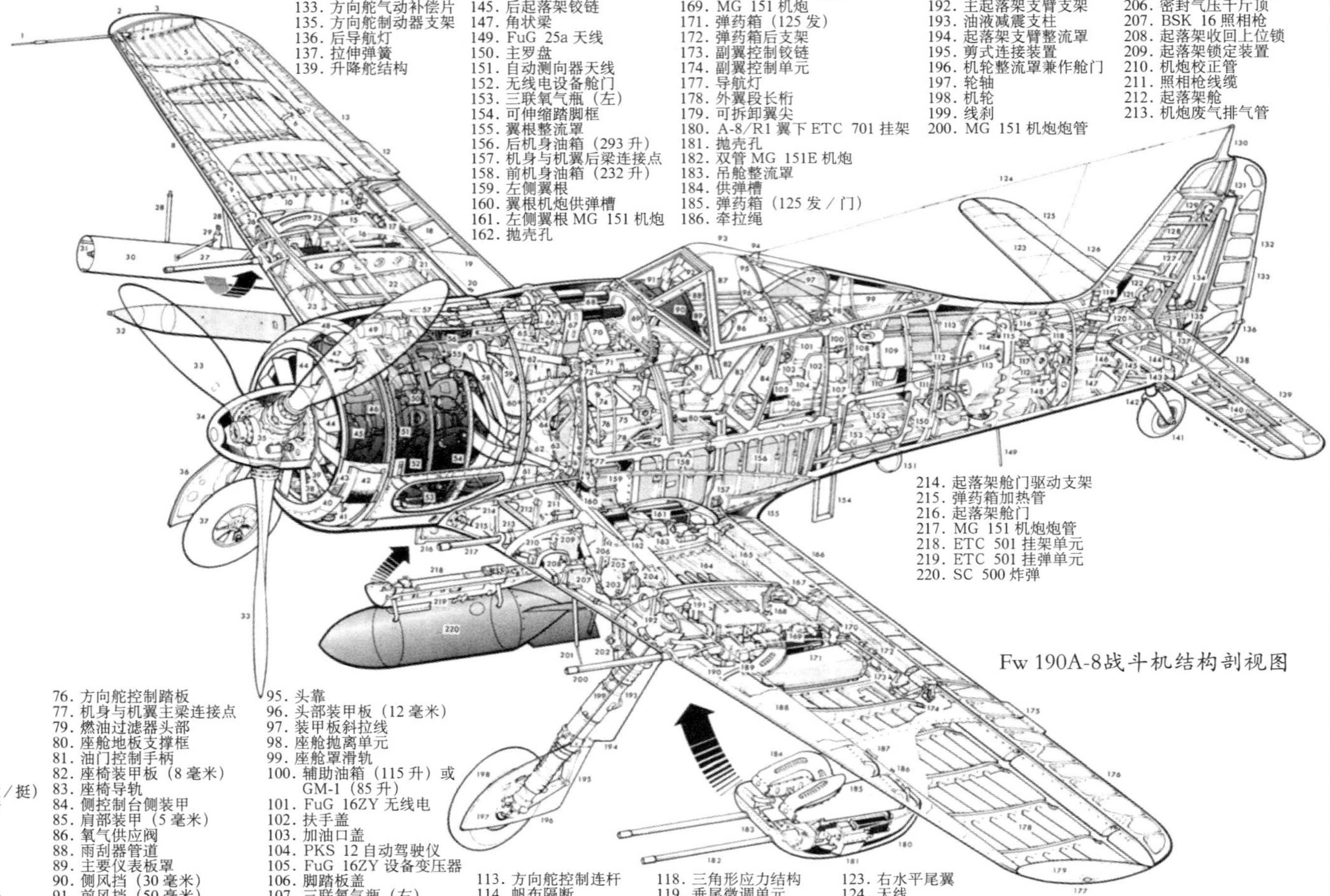

Fw 190A-8战斗机结构剖视图

1. 空速管
2. 导航灯
3. 可拆卸翼尖
4. 空速管加热线
5. 机翼下壳肋条
6. 副翼铰链点
7. 机翼下壳长桁
8. 机翼前缘肋条
9. 前梁
10. 最外侧翼肋
11. 机翼上壳长桁
12. 副翼气动补偿片
13. 副翼结构
14. 副翼制动器和控制连动器
15. 弹药箱（125 发）
16. MG 151 机炮
17. 弹药箱后支撑
18. 襟翼结构
20. 襟翼偏转观察孔
21. 后梁
22. 内翼结构
23. 起落架指示器
24. 翼肋加强结构
25. 供弹槽
26. 静压和动压管
27. 火箭弹发射管
28. 发射管固定支撑
29. 发射管悬挂装置
31. 发射管内导轨
32. W.Gr 21 火箭弹
33. VDM 三叶螺旋桨
34. 桨毂罩
35. 螺旋桨轴
36. 右起落架整流罩
37. 右起落架机轮
40. 冷却器装甲环（6.5 毫米）
42. 环形滑油箱
43. 油冷却器
44. 冷却风扇（12 个）
45. 电液桨距调节器
46. 主油管
47. 磁电发电机
48. 油箱装甲
49. 冷却剂空气管
50. BMW 801D-2 发动机
51. 发动机罩支撑环
52. 扣合锁
53. 增压器进气口
54. 油泵
55. 滑油过滤器
56. 翼根机炮同步协调器
57. 机枪射击槽
58. 发动机支撑环
59. 座舱通风管
60. 发动机排气管
61. MG 131 机枪抛壳孔
63. MG 131 机枪弹药箱(400 发／挺)
65. MG 131 机枪弹药箱冷却管
66. MG 131 机枪后座支撑
67. 供弹槽
68. 2 挺 MG 131 机枪
69. 座舱风挡支撑
70. 紧急电源保险和配电盒
72. 发动机支撑及隔断连接装置
73. 控制杆
74. 变压器
75. 副翼控制扭杆
76. 方向舵控制踏板
77. 机身与机翼主梁连接点
79. 燃油过滤器头部
80. 座舱地板支撑框
81. 油门控制手柄
82. 座椅装甲板（8 毫米）
83. 座椅导轨
84. 侧控制台侧装甲
85. 肩部装甲（5 毫米）
86. 氧气供应阀
88. 雨刮器管道
89. 主要仪表板罩
90. 侧风挡（30 毫米）
91. 前风挡（50 毫米）
92. Revi 16B 反射式瞄准具
93. 座舱罩
94. 天线基座
95. 头靠
96. 头部装甲板（12 毫米）
97. 装甲板斜拉线
98. 座舱抛离单元
99. 座舱罩滑轨
100. 辅助油箱（115 升）或 GM-1（85 升）
101. FuG 16ZY 无线电
102. 扶手盖
103. 加油口盖
104. PKS 12 自动驾驶仪
105. FuG 16ZY 设备变压器
106. 脚踏板盖
107. 三联氧气瓶（右）
108. 辅助油箱加油点
109. FuG 25a 发射机
112. 升降舵控制钢缆
113. 方向舵控制连杆
114. 帆布隔断
116. 天线引入线
117. 后机身升降管（用于系钢缆）
118. 三角形应力结构
119. 垂尾微调单元
120. 垂尾固定单元
121. 后起落架回收导管
122. 回收钢缆下滑轮
123. 右水平尾翼
124. 天线
125. 升降舵
126. 升降舵气动补偿片
127. 后起落架减震支臂导轨
128. 安定面结构
129. 回收钢缆上滑轮
130. 天线桅杆
131. 方向舵上铰链
133. 方向舵气动补偿片
135. 方向舵制动器支架
136. 后导航灯
137. 拉伸弹簧
139. 升降舵结构
140. 水平尾翼结构
141. 后起落架机轮
142. 叉状机轮支撑
143. 拖架
145. 后起落架铰链
147. 角状梁
149. FuG 25a 天线
150. 主罗盘
151. 自动测向器天线
152. 无线电设备舱门
153. 三联氧气瓶（左）
154. 可伸缩踏脚框
155. 翼根整流罩
156. 后机身油箱（293 升）
157. 机身与机翼后梁连接点
158. 前机身油箱（232 升）
159. 左侧翼根
160. 翼根机炮供弹槽
161. 左侧翼根 MG 151 机炮
162. 抛壳孔
163. 机炮后支架
164. 上下翼壳长桁
165. 后梁
168. 襟翼偏转电动马达
169. MG 151 机炮
171. 弹药箱（125 发）
172. 弹药箱后支架
173. 副翼控制铰链
174. 副翼控制单元
177. 导航灯
178. 外翼段长桁
179. 可拆卸翼尖
180. A-8／R1 翼下 ETC 701 挂架
181. 抛壳孔
182. 双管 MG 151E 机炮
183. 吊舱整流罩
184. 供弹槽
185. 弹药箱（125 发／门）
186. 牵拉绳
187. 弹药箱后支架
188. 机翼前缘蒙皮
189. 供弹槽
190. 弹药箱加热管
192. 主起落架支臂支架
193. 油液减震支柱
194. 起落架支臂整流罩
195. 剪式连接装置
196. 机轮整流罩兼作舱门
197. 轮轴
198. 机轮
199. 线刹
200. MG 151 机炮炮管
201. FuG 16ZY 设备天线
203. 旋转驱动单元
204. 起落架回收马达
205. 起落架收放指示杆
206. 密封气压千斤顶
207. BSK 16 照相枪
208. 起落架收回上位锁
209. 起落架锁定装置
210. 机炮校正管
211. 照相枪线缆
212. 起落架舱
213. 机炮废气排气管
214. 起落架舱门驱动支架
215. 弹药箱加热管
216. 起落架舱门
217. MG 151 机炮炮管
218. ETC 501 挂架单元
219. ETC 501 挂弹单元
220. SC 500 炸弹

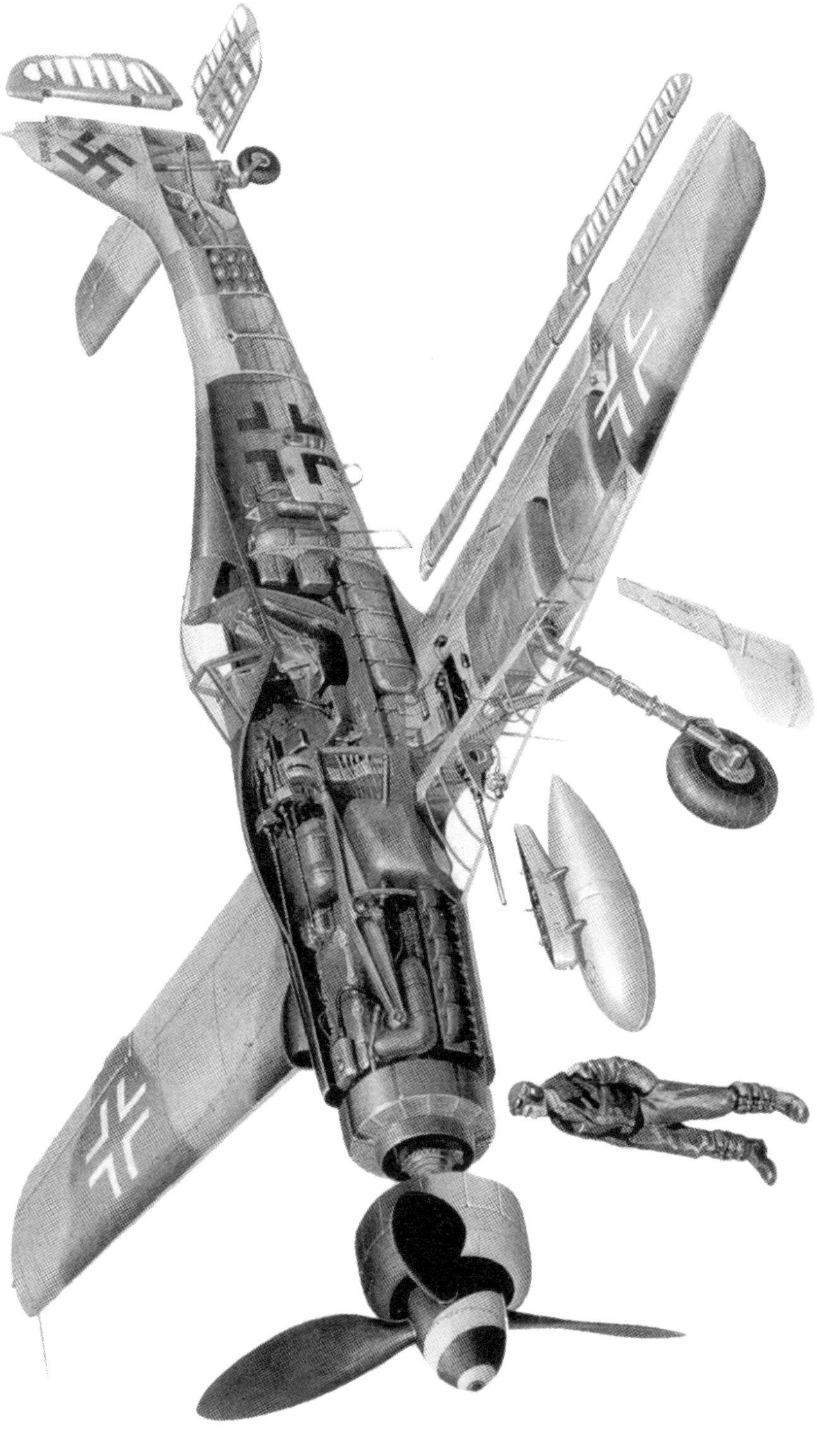

Fw 190D-9战斗机结构剖视图

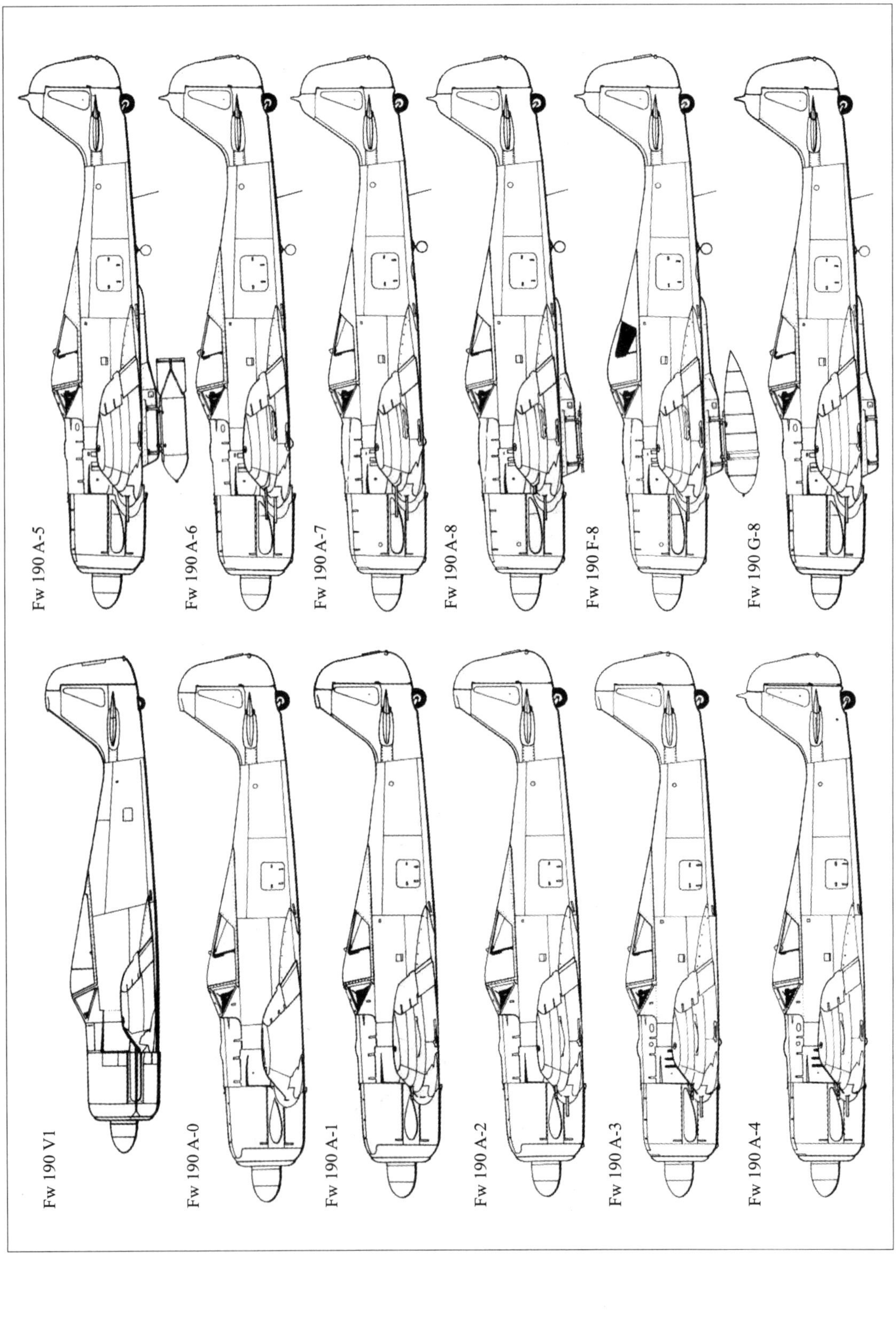
Fw 190 A-5
Fw 190 A-6
Fw 190 A-7
Fw 190 A-8
Fw 190 F-8
Fw 190 G-8
Fw 190 V1
Fw 190 A-0
Fw 190 A-1
Fw 190 A-2
Fw 190 A-3
Fw 190 A-4

主要参考资料

1. J. Richard Smith and Eddie J. Creek, Focke-Wulf Fw 190 (Volume One 1938-1943) , Ian Allan Publishing, 2011.

2. J. Richard Smith and Eddie J. Creek, Focke-Wulf Fw 190 (Volume Two 1943-1944), Ian Allan Publishing, 2012.

3. J. Richard Smith and Eddie J. Creek, Focke-Wulf Fw 190 (Volume Three 1944-1945), Ian Allan Publishing, 2013.

4. Marek J. Murawski, Focke-Wulf Fw 200 Conder, KAGERO, 1995.

5. Stefan Draminski, Focke-Wulf Fw 190D, KAGERO, 2008.

6. John Weal, Fw 190 Defence of the Reich Aces, OSPREY PUBLISHING Ltd., 1996.

7. Fritz Ambros, Focke-Wulf Fw 190, Delta Editrice, 1996.

8. Don Greer, Walk Around Focke-Wulf Fw 190A/F, Squadron/Signal Publications, 2001.

9. The History of German Aviation, Kurt Tank:Focke-Wulf's Designer and Test Pilot, Schiffer Publishing Ltd., 1998.

10. Jerry Crandall, The Story of the Ultra-rare Fw 190D-13, Eagle Editions Ltd., 2000.

11. Willy Randinger, MONOGRAM Close-Up 10, Monogram Aviation Publications, 1992.

12. E. Brown Ryle and Malcolm Laing, Walk Around Fw 190D, Squadron/Signal Publications, 1998.

13. Ales Janda and Tomas Poruba, Focke-Wulf Fw 190F/G, JaPo Publishing, 1993.

14. Andrew Arthy and Morten Jessen, Focke-Wulf Fw 190 in North Africa, Ian Allan Publishing, 2004.

15. Robert Forsyth, Fw 190 Sturmböcke VS B-17 Flying Fortress(1944-1945), OSPREY PUBLISHING Ltd., 2009.

16. Morten Jessen, Focke-Wulf Fw 190：The Birth of the Butcher Bird(1939-1943), Histoire & Collections, 2003.

17. Peter Allen, Fw 190, Tank's "Cavalry Horse" , Golden Press, 1999.

18. Adam Skupiewski, Focke-Wulf Fw 190A/F/G, AJ. Press, 1994.

19. Christopher shores, Luftwaffe Focke-Wulf Fw 190A/F/G, OSPREY PUBLISHING Ltd., 1974.

20. Edward Shacklady, Butcher Bird: The Focke-Wulf Fw 190, Cerberus Publishing Ltd., 2003.

21. Jerry L. Campbell, Focke-Wulf Fw 190 in Action, Squadron/Signal Publications, 1975.

22. Malcolm V Lowe, Focke-Wulf Fw 190, OSPREY PUBLISHING, 2005.

23. Krzysztof Janowicz,

Focke-Wulf Fw 190 Vol. Ⅰ, KAGERO，2003.

24. Krzysztof Janowicz, Focke-Wulf Fw 190 Vol. Ⅱ, KAGERO，2004.

25. Krzysztof Janowicz, Focke-Wulf Fw 190 Vol.Ⅲ, KAGERO，2005.

26. Krzysztof Janowicz, Focke-Wulf Fw 190 Vol.Ⅳ, KAGERO，2005.

27. 长谷川一郎，Fw 190D and Ta 152，株式会社大日本绘画，2003.

28. John Weal，Fw 190 Aces of the Western Front, OSPREY PUBLISHING Ltd., 1996.

29. John Weal，Fw 190 Aces of the Russian Front, OSPREY PUBLISHING Ltd., 1996.